[編]

扇元敬司　　韮澤圭二郎　　桑原正貴
Ogimoto Keiji　　Nirasawa Keijiro　　Kuwahara Masayoshi

寺田文典　　中井　裕　　杉浦勝明
Terada Fuminori　　Nakai Yutaka　　Sugiura Katsuaki

最新 畜産ハンドブック
HANDBOOK OF STOCK RAISING

講談社

序　文

　『畜産ハンドブック』は1984年に刊行され，その後，冠名称を変えながら1995年，さらには2006年と，当時の畜産情報を改新しながら続刊されてきた．幸いにも，これらの各版は好評を博し，広範囲の多くの人々に利用されてきた．
　しかしながら，近年，大きく変貌した畜産情勢に対応したコンパクトで新たな情報が要求されるようになってきた．その要望に応えるため新たな編集委員会を結成し，本書の刊行を企画した．

　本書の編集コンセプトは，①現在の畜産の全貌が理解できる，②専門職公務員試験や関連企業への受験参考書として役立つ，③新たな農業政策や畜産行政が理解できる，④畜産データーベースとして活用できる，⑤現場重視の内容が盛り込まれていること，である．
　その読者対象は，国・地方自治体・農業団体などの関係者，大学・高校の教員，学生などの専門的な畜産情報を期待する方々である．また，さらに初めて家畜や動物生産について入門情報を得ようと期待する一般の方々にも利用できるようなハンドブックを意図した．
　その項目構成は，これまでの『畜産ハンドブック』の大筋をふまえ，家畜資源の育種・繁殖，生体機構，動物産業の根幹である飼料・飼養と栄養，草地利用と保全，生産現場における家畜行動とアニマルウェルフェア（動物福祉），動物の衛生，家畜感染症・ズーノーシス（動物由来感染症），さらに畜産物の機能と安全性，重要度を増す畜産環境と排泄物資源，行政と流通制度を知る畜産法規・制度とした．そして，国家公務員採用の際に行われる畜産学関連の過去試験問題集および本書解読支援のための畜産キーワードや略語，さらに各章に関係する図表を付録として加えた．

　現在，日本の畜産は，グローバルな観点から食料自給率よりも生産力に重点を置く政策目標が議論されており，21世紀の「食料・農業・農村基本計画」に伴う畜産関連の法整備が急速に進行している．そして，さらに浮上している国際的問題では，日本の畜産に重い荷重が予想されている．このような政策変換や改革進行に加えて，社会的不安を煽る鳥インフルエンザなどの家畜感染症やヒトと共通疾病の多発，食肉や乳

製品など畜産物安全問題の頻発などに対する的確な情報提供による正確な社会的対応が焦眉の急務になっている．

このような大きな社会的な転換期に際し，新たな多くの畜産情報を搭載した『最新畜産ハンドブック』の刊行は大きな意義があり，多方面での活用が期待される．

本書の企画刊行にあたり，多くの方々のご協力をいただき，執筆や編集には多数の文献，資料を参考また引用させていただいた．使用した図表については出典一覧として掲載した．しかし，文献引用，参考文献等については，本書の性質上，記載はできなかった．よって，ここに改めて甚大なる謝意を表する次第である．

そして本書出版企画にご尽力された奥薗淳子氏，複雑な原稿整理，校正，索引など多くの困難な作業を遂行された堀　恭子氏をはじめ講談社サイエンティフィク関係各位に厚く御礼申し上げる．

2014年初夏

最新畜産ハンドブック編集委員会

代表　扇元敬司

編集委員・編者・執筆者一覧

〈編集委員〉

扇元敬司（おうぎもとけいじ）	日本畜産環境学会名誉理事長，元東北大学農学部教授
韮澤圭二郎（にらさわけいじろう）	(公社)農林水産・食品産業技術振興協会調査情報部主任調査役
桑原正貴（くわはらまさたか）	東京大学大学院農学生命科学研究科教授
寺田文典（てらだふみのり）	明治飼糧株式会社研究開発部顧問
中井　裕（なかいゆたか）	新潟食糧農業大学教授，東北大学名誉教授
杉浦勝明（すぎうらかつあき）	東京大学大学院農学生命科学研究科教授

〈章別編者〉（章編集順）

扇元敬司	日本畜産環境学会名誉理事長，元東北大学農学部教授｜1章，8章，過去問題，畜産キーワード・略語，付録C
韮澤圭二郎	(公社)農林水産・食品産業技術振興協会調査情報部主任調査役｜2章，付録A
平子　誠（ひらこまこと）	元(独)農研機構畜産草地研究所家畜育種繁殖研究領域上席研究員｜2章
桑原正貴	東京大学大学院農学生命科学研究科教授｜3章，6章，付録A
寺田文典	明治飼糧株式会社研究開発部顧問｜4章，5章，付録B
中井　裕	新潟食糧農業大学教授，東北大学名誉教授｜7章，10章，畜産キーワード・略語，付録C
相川勝弘（あいかわかつひろ）	元(独)農研機構畜産草地研究所畜産物研究領域長｜9章，付録D
佐々木啓介（ささきけいすけ）	(独)農研機構畜産研究部門食肉用家畜研究領域食肉品質グループ長｜9章
杉浦勝明	東京大学大学院農学生命科学研究科教授｜11章，付録E

〈執筆者〉（五十音順）

青山真人（あおやままさと）	宇都宮大学農学部｜6.2，6.3
荒川愛作（あらかわあいさく）	(独)農業生物資源研究所｜2.5.3
荒川由紀子（あらかわゆきこ）	農林水産省生産局｜1.3.6
飯野昌朗（いいのまさあき）	農林水産省生産局｜1.3.2
伊佐雅裕（いさまさひろ）	(独)家畜改良センター十勝牧場｜11.2.3F
石井和雄（いしいかずお）	(独)農研機構畜産研究部門｜2.2.3，2.4.3
磯貝　保（いそがいたもつ）	農林水産省九州農政局｜11.1.2
井田俊二（いだしゅんじ）	(独)農畜産業振興機構｜11.2.1，付録E8
伊藤文彰（いとうふみあき）	(独)農研機構北海道農業研究センター｜3.4
犬塚明伸（いぬづかあきのぶ）	農林水産省生産局｜11.1.7，11.1.8，11.1.9，11.2.3G
今井壮一（いまいそういち）	日本獣医生命科学大学｜8.8

岩渕和則 (いわぶちかずのり)	北海道大学北方生物圏フィールド科学センター	6.4, 6.5
江草 愛 (えぐさあい)	日本獣医生命科学大学応用生命科学部	9.4.2
永西 修 (ながにしおさむ)	(独)農研機構畜産研究部門	4.4, 4.7
扇元敬司 (おうぎもとけいじ)	元東北大学農学部	8.1, 8.2, 8.4, 8.5, 8.6
大石明子 (おおいしあきこ)	農林水産省消費・安全局	11.1.14
大山憲二 (おおやまけんじ)	神戸大学大学院農学研究科附属食資源教育研究センター	2.2.1, 2.4.2
荻窪恭明 (おぎくぼやすあき)	農林水産省消費・安全局	11.1.13
小倉振一郎 (おぐらしんいちろう)	東北大学大学院農学研究科	7.6
長田 隆 (おさだたかし)	(独)農研機構畜産研究部門	10.2.2
親川千紗子 (おやかわちさこ)	東北大学大学院農学研究科	7.3
勝俣昌也 (かつまたまさや)	麻布大学獣医学部	4.8.4
金澤正尚 (かなざわまさなお)	農林水産省生産局	11.1.18, 11.2.3I
金田正弘 (かねだまさひろ)	東京農工大学農学研究院	2.7
河津信一郎 (かわづしんいちろう)	帯広畜産大学原虫病研究センター	8.7
川原祐三 (かわはらゆうぞう)	農林水産省生産局	11.2.3D
菊水健史 (きくすいたけふみ)	麻布大学獣医学部	6.1
菊地 令 (きくちさとし)	(独)家畜改良センター十勝牧場	1.3.1, 付録E1, E6, E7
北原 豪 (きたはらごう)	宮崎大学農学部獣医学科	2.6
木村 澄 (きむらきよし)	(独)農研機構畜産研究部門	2.2.8, 4.8.7
木元広実 (きもとひろみ)	(独)農研機構畜産研究部門	9.4.1
葛谷好弘 (くずやよしひろ)	農林水産省生産局	1.3.4, 1.3.7
熊谷 元 (くまがいはじめ)	京都大学大学院農学研究科	5.6
桑原正貴 (くわばらまさたか)	東京大学大学院農学生命科学研究科	1.2
幸田 力 (こうだちから)	昭和大学医学部	8.3
河野博英 (こうのひろひで)	(独)家畜改良センター十勝牧場	2.2.5
國分裕之 (こくぶんひろゆき)	農林水産省生産局	付録E2(3)(4), E5(3)(4)
國分玲子 (こくぶんれいこ)	農林水産省消費・安全局	11.1.17
小坪清子 (こつぼきよこ)	文部科学省科学技術・学術政策局	11.2.3C
小林栄治 (こばやしえいじ)	(独)農研機構畜産研究部門	2.5.2
小林美穂 (こばやしみほ)	(独)農研機構畜産研究部門	9.1.1
小林良次 (こばやしりょうじ)	(独)農研機構九州沖縄農業研究センター	4.3.1～4.3.5
小針大助 (こばりだいすけ)	茨城大学農学部附属フィールドサイエンス教育研究センター	10.2.3, 10.2.4
小牟田暁 (こむたさとる)	農林水産省消費・安全局	11.1.15
佐伯真魚 (さえきまお)	日本大学生物資源科学部	4.1, 4.2
阪谷美樹 (さかたにみき)	(独)農研機構九州沖縄農業研究センター	2.9
佐々木修 (ささきおさむ)	(独)農研機構畜産研究部門	2.4.1
佐々木啓介 (ささきけいすけ)	(独)農研機構畜産研究部門	9.2.3, 9.2.4, 9.2.5

氏名	所属	担当
佐藤 幹	東京農工大学農学研究院	4.6
佐藤 繁	元岩手大学農学部	7.1
佐藤正明	国立感染症研究所	7.2
佐藤正寛	(独)農研機構畜産研究部門	2.3.2, 2.3.3
塩谷 繁	(独)農研機構畜産研究部門	4.8.1
柴田昌宏	(独)農研機構近畿中国四国農業研究センター	3.3
嶋﨑智章	農林水産省動物医薬品検査所	11.1.11, 11.1.12
新納正之	農林水産省消費・安全局	11.1.16
祐森誠司	静岡県立農林環境専門職大学生産環境経営学部	10.5
鈴木一好	(独)農研機構畜産研究部門	10.4
鈴木俊一	(独)農業生物資源研究所	2.14.3B
鈴木チセ	(独)農研機構畜産研究部門	9.4.1
須藤賢司	(独)農研機構北海道農業研究センター	5.4, 5.5
関村静雄	農林水産省生産局	付録E4, E9, E10, E11
太鼓矢修一	農林水産省生産局	11.2.3H
高橋ひとみ	(独)農研機構畜産研究部門	2.11
高橋昌志	北海道大学大学院農学研究院	2.10
田上貴寛	(独)農研機構畜産研究部門	2.14.4
田島 清	(独)農研機構畜産研究部門	4.5.1〜4.5.3
多田千佳	東北大学大学院農学研究科	10.6, 10.7
舘 敦史	北海道農政部生産振興局	11.1.6, 11.2.3A
田中正仁	(独)農研機構九州沖縄農業研究センター	7.8
谷口康子	農林水産省生産局	1.3.5, 11.1.4, 11.1.21
丹菊直子	日本中央競馬会	11.2.3L
丹菊将貴	農林水産省生産局	11.2.3E, 付録E3(2)(3)
都築政起	広島大学大学院生物圏科学研究科	2.2.6
恒川直樹	東京大学大学院農学生命科学研究科	3.1
寺田文典	明治飼糧株式会社	1.1, 1.4
戸崎晃明	(公財)競走馬理化学研究所	2.2.2
富澤宗高	農林水産省生産局	11.2.3B
富田育穂	農林水産省生産局	11.1.10, 付録E3(1)(4)
外山高士	(独)家畜改良センター	1.3.3
内藤 充	元(独)農業生物資源研究所	2.4.4
中井 裕	新潟食糧農業大学	10.1, 10.6
中辻浩喜	酪農学園大学農食環境学群	5.1, 5.2, 5.3
名倉義夫	(独)家畜改良センター茨城牧場長野支場	2.2.4, 2.2.7
西村博昭	(独)農畜産業振興機構	付録E5(1)(2)

二宮　茂 (にのみや しげる)	岐阜大学応用生物科学部	6.6
韮澤圭二郎 (にらさわけいじろう)	(公社)農林水産・食品産業技術振興協会	2.2.9, 2.5.4
野中和久 (のなか かずひさ)	(独)農研機構畜産研究部門	4.3.6 ～ 4.3.9
信戸一利 (のぶと かずとし)	農林水産省九州農政局	付録E2(1)(2)
野村　将 (のむら まさる)	(独)農研機構食品研究部門	9.1.2
萩　達朗 (はぎ たつろう)	(独)農研機構畜産研究部門	9.1.3
橋谷田豊 (はしやだ ゆたか)	(独)家畜改良センター	2.13
八田　一 (はった はじめ)	京都女子大学家政学部	9.3, 9.4.3
春名竜也 (はるな たつや)	農林水産省畜産局	11.1.3
引地和明 (ひきち かずあき)	農林水産省生産局	11.1.1, 11.2.2
平子　誠 (ひらこ まこと)	(独)農研機構畜産研究部門	2.8
平山琢二 (ひらやま たくじ)	琉球大学農学部	7.7
福井逸人 (ふくい はやと)	農林水産省消費・安全局	11.1.5
福田智一 (ふくだ ともかず)	東北大学大学院農学研究科	7.5
藤田　優 (ふじた まさる)	(独)家畜改良センター十勝牧場	4.8.5
伏見啓二 (ふしみ けいじ)	農林水産省消費・安全局	11.2.3J
古澤　軌 (ふるさわ ただし)	(独)農研機構生物機能利用部門	2.14.3A
古川　力 (ふるかわ つとむ)	ヤマザキ動物看護大学	2.1, 2.5.1
松井　朗 (まつい あきら)	JRA競走馬総合研究所	4.8.3
松川和嗣 (まつかわ かずつぐ)	高知大学総合科学系	2.14.1, 2.14.2
松本浩道 (まつもと ひろみち)	宇都宮大学農学部	7.4
松脇貴志 (まつわき たかし)	東京大学大学院農学生命科学研究科	3.2.1, 3.2.3
美川　智 (みかわ さとし)	(独)農業生物資源研究所	2.3.1
室谷　進 (むろや すすむ)	(独)農研機構畜産研究部門	9.2.1, 9.2.2
安田知子 (やすだ ともこ)	(独)農研機構畜産研究部門	10.2.1
山崎　信 (やまざき まこと)	(独)農研機構九州沖縄農業研究センター	4.5.4, 4.8.6
山田明央 (やまだ あきお)	(独)農研機構九州沖縄農業研究センター	4.8.2
山内啓太郎 (やまのうち けいたろう)	東京大学大学院農学生命科学研究科	3.2.2, 3.2.4
山野淳一 (やまの じゅんいち)	農林水産省生産局	9.6
山本　希 (やまもと のぞみ)	株式会社ベリタス	10.3
吉岡耕治 (よしおか こうじ)	(独)農研機構動物衛生研究所	2.12
吉原　佑 (よしはら ゆう)	東北大学大学院農学研究科	5.2.7
吉村圭司 (よしむら けいじ)	東京都立皮革技術センター	9.5
吉村幸則 (よしむら ゆきのり)	元広島大学大学院生物圏科学研究科	3.5
若松純一 (わかまつ じゅんいち)	北海道大学大学院農学研究院	9.2.6
和合宏康 (わごう ひろやす)	農林水産省生産局	11.1.19
渡邊弘樹 (わたなべ ひろき)	農林水産省生産局	11.1.20, 11.2.3K

編集委員・編者・執筆者一覧

目　次

序文 iii

第1章　畜産と生産技術 1

1.1　農業生産と畜産 1
  1.1.1　農業と動物生産の関係 1
  1.1.2　生産立地と動物生産 1
  1.1.3　日本の家畜生産の特性 2
1.2　畜産の歴史 2
  1.2.1　世界の畜産の歴史と将来 2
  1.2.2　アジアの畜産の歴史と将来 4
  1.2.3　日本の畜産の歴史と将来 4
1.3　畜産の現状と動向 5
  1.3.1　一般的な情勢 5
  1.3.2　肉牛生産の現状と動向 6
  1.3.3　乳牛生産の現状と動向 7
  1.3.4　養豚生産の現状と動向 8
  1.3.5　家禽生産の現状と動向 9
  1.3.6　馬生産の現状と動向 9
  1.3.7　特用家畜生産の現状と動向 ... 10
1.4　畜産技術 10
  1.4.1　日本の畜産技術の特性と変遷 ... 10
  1.4.2　これからの畜産技術 11
  1.4.3　国際貿易交渉の展開と畜産 ... 12

第2章　育種・繁殖・アニマルテクノロジー 13

2.1　家畜 13
  2.1.1　家畜と家畜化の歴史 13
  2.1.2　家畜改良の歴史 15
2.2　育種資源 17
  2.2.1　ウシ 17
  2.2.2　ウマ 19
  2.2.3　ブタ 22
  2.2.4　ヤギ 25
  2.2.5　ヒツジ 28
  2.2.6　ニワトリ・ウズラ 29
  2.2.7　ウサギ 34
  2.2.8　ミツバチ 35
  2.2.9　その他の家畜 36
2.3　育種の基礎理論 39
  2.3.1　遺伝子の構造と機能 39
  2.3.2　質的形質の遺伝 42
  2.3.3　量的形質の遺伝 44
2.4　育種目標と方法 50
  2.4.1　乳牛の育種 50
  2.4.2　肉牛の育種 53
  2.4.3　ブタの育種 55
  2.4.4　ニワトリの育種 58
2.5　新育種技術 61
  2.5.1　バイオテクノロジー技術の利用 ... 61
  2.5.2　DNAマーカーの利用 63
  2.5.3　ゲノム評価とその利用 65
  2.5.4　新育種素材の開発 67
2.6　性の役割と性分化 68
  2.6.1　性の役割 68
  2.6.2　性決定 68
  2.6.3　性分化 69
  2.6.4　性の分化異常 71
  2.6.5　性の人為的区別 72
2.7　生殖器の構造と機能 73
  2.7.1　雌雄生殖器の構造 73
  2.7.2　生殖腺の機能 76

- 2.7.3 生殖細胞の形態 ... 76
- 2.7.4 生殖細胞の分化 ... 77
- 2.7.5 生殖細胞の機能 ... 78
- 2.8 生殖内分泌 ... 79
  - 2.8.1 生殖にかかわるホルモン ... 79
  - 2.8.2 ホルモンの作用機序 ... 86
  - 2.8.3 ホルモンの相互作用 ... 87
  - 2.8.4 ホルモン剤としての利用 ... 89
- 2.9 性現象と繁殖行動 ... 90
  - 2.9.1 性成熟 ... 90
  - 2.9.2 繁殖周期 ... 91
  - 2.9.3 繁殖と環境 ... 95
- 2.10 胚の初期発生 ... 96
  - 2.10.1 受精 ... 96
  - 2.10.2 初期胚発生 ... 99
- 2.11 受胎機構 ... 101
  - 2.11.1 妊娠認識 ... 101
- 2.11.2 妊娠の維持 ... 102
- 2.11.3 分娩 ... 104
- 2.12 人工授精 ... 105
  - 2.12.1 人工授精の意義 ... 105
  - 2.12.2 人工授精の歴史 ... 107
  - 2.12.3 人工授精技術 ... 108
- 2.13 胚移植 ... 111
  - 2.13.1 胚移植の意義 ... 111
  - 2.13.2 胚移植の歴史と現状 ... 112
  - 2.13.3 胚移植技術 ... 115
  - 2.13.4 胚の2分離 ... 117
  - 2.13.5 胚の性判別 ... 117
- 2.14 生殖工学 ... 118
  - 2.14.1 体外受精 ... 118
  - 2.14.2 核移植とクローン家畜 ... 119
  - 2.14.3 遺伝子組換え ... 120
  - 2.14.4 家禽の発生工学 ... 122

第3章 家畜の生体機構 ... 125

- 3.1 家畜の体構造 ... 125
  - 3.1.1 外貌 ... 125
  - 3.1.2 皮膚および皮膚付属器官 ... 125
  - 3.1.3 骨格と骨格筋 ... 126
  - 3.1.4 組織と細胞 ... 128
- 3.2 生体の調節機構 ... 134
  - 3.2.1 神経系による調節 ... 134
  - 3.2.2 体液系による調節 ... 137
  - 3.2.3 呼吸循環器系 ... 140
  - 3.2.4 排泄系 ... 143
- 3.3 産肉の生体機構 ... 145
  - 3.3.1 筋肉の発生と発達 ... 145
- 3.3.2 筋肉の発達に及ぼす要因 ... 147
- 3.3.3 筋肉の特殊な発達と異常 ... 149
- 3.3.4 産肉技術 ... 151
- 3.4 産乳の生体機構 ... 152
  - 3.4.1 乳汁の生産機構 ... 152
  - 3.4.2 泌乳の内分泌と制御 ... 156
  - 3.4.3 誘起泌乳 ... 160
  - 3.4.4 産乳技術 ... 161
- 3.5 産卵の生体機構 ... 165
  - 3.5.1 産卵機構 ... 165
  - 3.5.2 産卵周期と制御 ... 171
  - 3.5.3 産卵技術 ... 172

第4章 飼料・栄養と飼養 ... 174

- 4.1 飼料の種類と特性 ... 174
  - 4.1.1 飼料の分類 ... 174
  - 4.1.2 粗飼料 ... 175
- 4.1.3 濃厚飼料 ... 176
- 4.1.4 特殊飼料 ... 179

4.2	飼料の加工・貯蔵・配合, 運搬, 給与	180	
4.2.1	加工処理	180	
4.2.2	貯蔵	181	
4.2.3	飼料の配合	182	
4.2.4	飼料の運搬	183	
4.2.5	飼料の給与	183	
4.3	飼料作物の開発と生産・利用	184	
4.3.1	飼料作物の育種	184	
4.3.2	飼料作物の種類	185	
4.3.3	飼料作物の生理生態	192	
4.3.4	飼料作物の栽培	195	
4.3.5	青刈飼料	199	
4.3.6	サイレージ	200	
4.3.7	乾草	208	
4.3.8	TMR	212	
4.4	家畜栄養素と飼料成分	213	
4.4.1	栄養素	213	
4.4.2	飼料成分	218	
4.4.3	栄養価値・飼料価値評価	220	
4.5	消化と吸収	222	
4.5.1	単胃動物	222	
4.5.2	反芻動物	225	

4.5.3 ルーメン微生物 227
4.5.4 家禽類 229
4.6 家畜栄養代謝・配分調節 230
4.6.1 エネルギー代謝 230
4.6.2 炭水化物代謝 232
4.6.3 脂質代謝 233
4.6.4 タンパク質代謝 236
4.6.5 栄養素の配分調節 237
4.7 家畜・家禽の養分要求 239
4.7.1 飼養標準 239
4.7.2 エネルギー 240
4.7.3 タンパク質 243
4.7.4 ミネラルおよびビタミン 246
4.7.5 その他の養分要求 247
4.8 家畜の飼養 248
4.8.1 乳牛 248
4.8.2 肉牛 254
4.8.3 ウマ 258
4.8.4 ブタ 264
4.8.5 ヒツジ・ヤギ 269
4.8.6 ニワトリ・特用家禽 273
4.8.7 ミツバチ 278

第5章 草地利用と保全　282

5.1 地球環境と畜産 282
5.1.1 地球環境生態系 282
5.1.2 生物生産と生態系 282
5.2 草地の生態 283
5.2.1 草地生態系 283
5.2.2 草地のエネルギー効率 284
5.2.3 草地の資源循環 285
5.2.4 草地の植生生態と遷移 286
5.2.5 草地資源の評価 286
5.2.6 草地の機能 287
5.2.7 草地の生物多様性保全 288
5.3 草地の造成管理 289
5.3.1 自然条件と草地造成 289

5.3.2 草地造成方式の種類 290
5.3.3 草地造成と草地生産量 291
5.3.4 草地造成と環境保全 292
5.4 放牧管理 293
5.4.1 放牧と草地管理 293
5.4.2 放牧飼養 296
5.4.3 放牧行動 298
5.5 主な放牧飼養形態 299
5.5.1 公共牧場 299
5.5.2 集約放牧 300
5.5.3 耕作放棄地放牧・小規模移動放牧 300
5.5.4 水田放牧 301

5.5.5	周年放牧	301	5.6 熱帯・サバンナの畜産	302
5.5.6	山地酪農	301	5.6.1 熱帯農業と畜産	303
5.5.7	野草地放牧	301	5.6.2 熱帯の畜産	303

第6章 家畜行動とアニマルウェルフェア　312

6.1	**家畜行動と生産**	**312**	**6.4 畜舎と付属施設**	**328**
6.1.1	生得的行動	312	6.4.1 畜舎の構造と建築材料	328
6.1.2	習得的行動	312	6.4.2 畜舎の種類	329
6.1.3	行動と神経・内分泌	313	6.4.3 畜舎に具備すべき要件	332
6.1.4	家畜集団と社会	317	6.4.4 畜舎の基本計画	332
6.1.5	家畜行動の管理	317	**6.5 搾乳・鶏卵処理施設**	**333**
6.2	**家畜管理と環境**	**318**	6.5.1 搾乳施設	333
6.2.1	温度と家畜	318	6.5.2 鶏卵処理施設	334
6.2.2	湿度と家畜	320	**6.6 動物の福祉と飼育管理**	**334**
6.2.3	風・光・音と家畜	320	6.6.1 動物福祉の歴史	334
6.2.4	有毒ガスと家畜	321	6.6.2 動物福祉の定義	337
6.2.5	塵埃と家畜	322	6.6.3 動物福祉の評価	338
6.3	**家畜管理工学**	**322**	6.6.4 産業動物の福祉基準	341
6.3.1	家畜管理の社会的影響	322	6.6.5 実験動物の福祉基準	342
6.3.2	畜舎環境と制御	323	6.6.6 展示動物の福祉基準	343
6.3.3	輸送環境	326	6.6.7 伴侶動物の福祉基準	343

第7章 動物の衛生　344

7.1	**生体防御と免疫機能**	**344**	7.2.8 海外悪性伝染病	373
7.1.1	生体防御機能	344	**7.3 移送衛生**	**374**
7.1.2	自然免疫抵抗性	344	7.3.1 家畜移送の影響	374
7.1.3	常在微生物叢	346	7.3.2 移送の法規制	375
7.1.4	獲得免疫抵抗性	347	7.3.3 動物検疫	375
7.2	**家畜疾病と防疫**	**353**	7.3.4 国際防疫	376
7.2.1	生体恒常性と病態	353	**7.4 繁殖障害と衛生**	**376**
7.2.2	家畜疾病の疫学	353	7.4.1 家畜の主な繁殖障害	376
7.2.3	家畜疾病の診断	355	7.4.2 繁殖障害の臨床診断	377
7.2.4	家畜防疫の原則	357	7.4.3 繁殖障害の治療	377
7.2.5	家畜防疫の対策	358	7.4.4 妊娠分娩の衛生	378
7.2.6	消毒	358	7.4.5 人工授精の衛生	379
7.2.7	家畜の主な伝染性疾病	359	7.4.6 胚移植の衛生	379

7.5	家畜遺伝病と育種衛生	379
7.5.1	幼畜の育種衛生	380
7.5.2	成畜の育種衛生	380
7.5.3	家畜の遺伝病	380
7.5.4	家畜遺伝子の衛生管理	383
7.6	生産病と生産衛生	383
7.6.1	生産病の発生要因	383
7.6.2	生産病の発生概況	384
7.6.3	ウシの消化器障害と予防対策	385
7.6.4	家畜の代謝障害と予防対策	386
7.6.5	畜舎の保健衛生	388
7.6.6	SPF家畜生産	388
7.7	放牧病と放牧衛生	389
7.7.1	放牧病の発生要因	389
7.7.2	放牧病の発生概要	389
7.7.3	放牧病の予防対策	389
7.7.4	放牧牛群の健康管理	391
7.7.5	放牧地における多発疾病	392
7.8	飼料安全性と飼料衛生	393
7.8.1	飼料の安全性	393
7.8.2	飼料の製造・使用等の規制	394
7.8.3	家畜の栄養障害	395
7.8.4	飼料による中毒症状と対策	395
7.8.5	飼料添加物	396
7.8.6	飼料の汚染と対策	396

第8章　家畜感染症・ズーノーシス　401

8.1	家畜の監視伝染病	401
8.2	ズーノーシス	401
8.3	細菌性疾患	401
8.3.1	炭疽	401
8.3.2	腐蛆病	402
8.3.3	破傷風	403
8.3.4	気腫疽	404
8.3.5	豚丹毒	404
8.3.6	リステリア症	405
8.3.7	結核病	406
8.3.8	鶏結核病	407
8.3.9	ヨーネ病	407
8.3.10	大腸菌感染症	408
8.3.11	サルモネラ症	409
8.3.12	家禽サルモネラ感染症	411
8.3.13	馬パラチフス	411
8.3.14	エルシニア症	411
8.3.15	野兎病	412
8.3.16	ブルセラ病	413
8.3.17	出血性敗血症	414
8.3.18	家きんコレラ	415
8.3.19	鼻疽	415
8.3.20	類鼻疽	416
8.3.21	馬伝染性子宮炎	417
8.3.22	萎縮性鼻炎	417
8.3.23	猫ひっかき病	418
8.3.24	牛カンピロバクター症	418
8.3.25	オウム病	419
8.3.26	流行性羊流産	420
8.3.27	Q熱	420
8.3.28	アナプラズマ病	421
8.3.29	レプトスピラ症	422
8.3.30	豚赤痢	422
8.3.31	ライム病	423
8.3.32	牛肺疫	424
8.3.33	伝染性無乳症	424
8.3.34	山羊伝染性胸膜肺炎	425
8.3.35	鶏マイコプラズマ病	425
8.4	プリオン	426
8.4.1	伝染性海綿状脳症	426
8.5	ウイルス性疾患	427
8.5.1	牛痘	427
8.5.2	牛丘疹性口炎	427
8.5.3	伝染性濃疱性皮膚炎	428
8.5.4	羊痘	428
8.5.5	山羊痘	428

8.5.6	馬痘	428
8.5.7	鶏痘	428
8.5.8	サル痘	428
8.5.9	ランピースキン病	429
8.5.10	兎粘液腫	429
8.5.11	アフリカ豚コレラ	429
8.5.12	牛伝染性鼻気管炎	430
8.5.13	悪性カタル熱	430
8.5.14	オーエスキー病	430
8.5.15	伝染性喉頭気管炎	431
8.5.16	マレック病	431
8.5.17	あひるウイルス性腸炎	431
8.5.18	Bウイルス病	432
8.5.19	牛アデノウイルス症	432
8.5.20	牛乳頭腫	432
8.5.21	口蹄疫	432
8.5.22	豚水胞病	433
8.5.23	豚エンテロウイルス性脳脊髄炎	433
8.5.24	あひる肝炎	434
8.5.25	アフリカ馬疫	434
8.5.26	チュウザン病	434
8.5.27	ブルータング	435
8.5.28	イバラキ病	435
8.5.29	ロタウイルス病	435
8.5.30	伝染性ファブリキウス嚢病	436
8.5.31	豚水疱疹	436
8.5.32	兎ウイルス性出血病	436
8.5.33	東部ウマ脳炎	437
8.5.34	西部ウマ脳炎	438
8.5.35	ベネズエラウマ脳炎	438
8.5.36	豚繁殖・呼吸障害症候群	438
8.5.37	豚コレラ	438
8.5.38	日本脳炎	439
8.5.39	ウエストナイル感染症	439
8.5.40	牛ウイルス性下痢・粘膜病	440
8.5.41	高病原性鳥インフルエンザ	440
8.5.42	低病原性鳥インフルエンザ	441
8.5.43	鳥インフルエンザ	441
8.5.44	馬インフルエンザ	442
8.5.45	豚インフルエンザ	442
8.5.46	牛疫	442
8.5.47	ニューカッスル病	442
8.5.48	馬モルビリウイルス肺炎	443
8.5.49	ニパウイルス感染症	443
8.5.50	小反芻獣疫	444
8.5.51	狂犬病	444
8.5.52	水胞性口炎	445
8.5.53	牛流行熱	445
8.5.54	SARS	446
8.5.55	豚流行性下痢	446
8.5.56	馬伝染性貧血	446
8.5.57	牛白血病	446
8.5.58	マエディ・ビスナ	447
8.5.59	山羊関節炎・脳脊髄炎	447
8.5.60	鶏白血病	447
8.5.61	馬ウイルス性動脈炎	447
8.5.62	馬鼻肺炎	447
8.5.63	ラッサ熱	447
8.5.64	エボラ出血熱	448
8.5.65	マールブルグ病	448
8.5.66	アカバネ病	449
8.5.67	アイノウイルス感染症	449
8.5.68	ナイロビ羊病	449
8.5.69	クリミア・コンゴ出血性熱	450
8.5.70	ハンタウイルス感染症	450
8.5.71	腎症候性出血熱	451
8.5.72	ハンタウイルス肺症候群	451
8.5.73	リフトバレー熱	452

8.6 真菌性疾患 452

8.6.1	チョーク病（アスコスフィラ症）	452
8.6.2	仮性皮疽（ヒストプラズマ症）	453
8.6.3	アスペルギルス症	453
8.6.4	カンジダ症	454
8.6.5	クリプトコッカス症	455
8.6.6	ムコール症（接合菌症）	455
8.6.7	皮膚真菌症（皮膚糸状菌症）	456
8.6.8	小胞子症（ミクロスポルム症）	457
8.6.9	マイコトキシン毒（カビ毒）	457

8.7 原虫性疾患 458

8.7.1	トリコモナス病	458

8.7.2	ヒストモナス病	459	8.8.2 バロア病	465
8.7.3	トリパノソーマ病	459	8.8.3 ノゼマ病	466
8.7.4	コクシジウム症	460	8.8.4 アカリンダニ症	466
8.7.5	トキソプラズマ症	461	8.8.5 牛バエ幼虫症	466
8.7.6	ネオスポラ症	462	8.8.6 無鉤条虫症	466
8.7.7	ピロプラズマ病	463	8.8.7 有鉤条虫症	466
8.7.8	ロイコチトゾーン病	464	8.8.8 旋毛虫症（トリヒナ症）	467
8.7.9	クリプトスポリジウム症	464	8.8.9 その他の蠕虫症	467
8.8	寄生虫症	465	8.8.10 衛生動物による害	467
8.8.1	肝蛭症	465		

第9章　畜産物の機能と安全性　470

9.1	乳および乳製品の品質と機能	470	9.3.2 卵の品質と機能	514
9.1.1	乳成分とその特性	470	9.3.3 卵製品の品質と機能	518
9.1.2	飲用乳の加工技術と品質	478	**9.4 畜産物の健康機能性**	**525**
9.1.3	乳製品の加工技術と品質	483	9.4.1 乳・乳製品	525
9.2	**食肉の構造・品質と加工品**	**489**	9.4.2 肉・肉製品	528
9.2.1	食肉の構造	489	9.4.3 卵・卵製品	531
9.2.2	骨格筋から食肉への変換	493	**9.5 皮革・毛皮製品**	**534**
9.2.3	食肉の流通・格付と品質評価	493	9.5.1 皮革の品質と機能	534
9.2.4	食肉の栄養	500	9.5.2 毛皮の品質と機能	539
9.2.5	畜産副生物	503	9.5.3 皮革・毛皮の品質評価	541
9.2.6	食肉加工および加工品とその品質	503	**9.6 生産段階における安全性**	**542**
			9.6.1 フードチェーンアプローチ	542
9.3	**卵および卵製品の品質と機能**	**507**	9.6.2 これまでのとりくみ	542
9.3.1	卵の成分とその組成	508	9.6.3 農場HACCP認証基準	543

第10章　畜産環境と排泄物利用　546

10.1	畜産環境	546	10.2.3 家畜騒音の防除	553
10.1.1	畜産環境の現状	546	10.2.4 家畜害虫の防除	555
10.1.2	畜産環境の保全	547	**10.3 排泄物資源**	**556**
10.1.3	畜産環境の諸制度および法規制	547	10.3.1 排泄物の成分組成	556
			10.3.2 乾燥処理	557
10.2	**畜産環境の浄化**	**548**	10.3.3 堆肥化利用	558
10.2.1	悪臭防除	548	10.3.4 液状堆肥化利用	561
10.2.2	水質汚染の防止	551	10.3.5 その他の利用	562

10.4	家畜排泄物のエネルギー利用		562
	10.4.1 バイオガス生産		562
	10.4.2 直接燃焼		566
	10.4.3 炭化利用		567
	10.4.4 熱分解利用		567
10.5	排泄物の制御（飼養形態ととり扱い）		567
	10.5.1 乳牛		568
	10.5.2 肉牛（和牛）		570
	10.5.3 ブタ		571
	10.5.4 ニワトリ		571
10.6	家畜排泄物の管理施設工学		572
	10.6.1 固液分離		572
	10.6.2 堆肥化		573
	10.6.3 汚水処理		574
	10.6.4 メタン発酵		576
10.7	家畜排泄物の資源循環		579

第11章 畜産法規・制度 … 581

- 11.1 畜産法規 … 581
  - 11.1.1 概要 … 581
  - 11.1.2 酪農及び肉用牛生産の振興に関する法律 … 581
  - 11.1.3 家畜改良増殖法 … 583
  - 11.1.4 養鶏振興法 … 585
  - 11.1.5 畜産物の価格安定に関する法律 … 585
  - 11.1.6 加工原料乳生産者補給金等暫定措置法 … 587
  - 11.1.7 肉用子牛生産安定等特別措置法 … 589
  - 11.1.8 家畜取引法 … 590
  - 11.1.9 家畜商法 … 591
  - 11.1.10 飼料需給安定法 … 592
  - 11.1.11 家畜伝染病予防法 … 593
  - 11.1.12 牛海綿状脳症対策特別措置法 … 595
  - 11.1.13 獣医師法 … 595
  - 11.1.14 獣医療法 … 597
  - 11.1.15 医薬品，医療機器等の品質，有効性及び安全性の確保等に関する法律 … 598
  - 11.1.16 飼料の安全性の確保及び品質の改善に関する法律 … 600
  - 11.1.17 愛がん動物用飼料の安全性の確保に関する法律 … 603
  - 11.1.18 家畜排せつ物の管理の適正化及び利用の促進に関する法律 … 603
  - 11.1.19 牛の個体識別のための情報の管理及び伝達に関する特別措置法 … 605
  - 11.1.20 動物の愛護及び管理に関する法律 … 606
  - 11.1.21 養蜂振興法 … 607
- 11.2 畜産制度・施策 … 608
  - 11.2.1 世界の畜産の現状 … 608
  - 11.2.2 日本の基本的農業政策 … 619
  - 11.2.3 日本の畜産に関する制度・施策 … 620

出典一覧	637
国家公務員採用試験の過去問題	639
畜産キーワードと略語	649
付録	679
索引	733

第1章
畜産と生産技術

1.1 農業生産と畜産

1.1.1 農業と動物生産の関係

　食料の確保は人類の生存の基本で，それを可能とするものが農業，水産業，林業であり，これらを第一次産業とよぶ．農業のあり方も多様で，土地の利用方式や依存度によって農耕，畜産の2つに類型化される．農耕とは，土地を耕作し，作物を栽培し，収穫するものであるが，水田作のように単一作物を連作するかたちから，畑作のように多種の作物を組み合わせることが可能な形態などがあり，いずれも作物生産の持続性を前提としている．一方，焼き畑農業のように収奪を基本とするものもある．同様に畜産においても粗放な放牧を行う形態から集約的な施設型畜産までいろいろな形態が存在する．土地への依存度でみると，依存が大きいウシなどの大家畜生産と比較的それが小さいブタやトリなどの中小家畜生産がある．地域の農業が展開していくためには農耕と畜産の連携も重要である．家畜の糞尿は昔から堆肥，厩肥として農耕において活用されてきたものであり，畜産にとっても農産副産物は貴重な飼料資源として利用されてきた．また，農耕においては役畜として家畜が利用されてきた長い歴史も忘れてはならない．

　そもそも家畜とは人間が利用することを目的として野生動物から遺伝的な改良がなされたものであり，餌と繁殖の制御により人間の管理下において計画的に飼養することが可能で，人間にとって乳，肉，卵，毛皮，畜力などの経済的な利益をもたらすものである．したがって，畜産業の発展も人間と家畜の両者のかかわり合いによって規定されてきた．例えば，ヨーロッパにおける三圃式農業は夏作，冬作，放牧を組み合わせた粗放な輪作体系であり，家畜は農耕における畜力の提供と地力回復のための厩肥供給の役割があり，一方で放牧地における飼料確保がなされていた．さらに18世紀に発達した輪栽式農法では，飼料用カブの栽培が開始されたことで冬季の飼料不足が解消し，舎飼飼育方式が成立して土地利用性，家畜生産性の向上をもたらした．しかし20世紀に入ると家畜の畜力としての利用は機械にとって代わられ，もっぱら食料生産に特化し，生産形態も集約化が進行した．その結果，農耕との乖離が生じて環境汚染が顕在化した．また，アジアやアフリカでは過度の経済性追求が過放牧による砂漠化の拡大を進めるなどの問題も発生した．

　地球の人口は増加の一途をたどり，2050年には90億人に達すると予測されている．人口問題は食料問題と表裏一体であることから，畜産業の展開のためには飼料と食料との競合を回避することが求められる．一方で，畜産は農耕が困難な地域においても飼料資源を有効に活用することで迂回生産としての食料生産方式となりうることにもその意義がある．

1.1.2 生産立地と動物生産

　世界の家畜生産は飼料作物生産と家畜飼養環境の両面から規定され，大きく，遊牧型，放牧型，複合型，加工型の4つに分類できる．

遊牧型は生産性の低い広大な土地に家畜群を移動させることで活用する．放牧型は生産性の低い草地に家畜を放牧し，省力的に生産する方式である．複合型は農耕と畜産が可能な地域で，多様な経営形態として展開する．加工型は経営内に飼料生産部門をもたず，家畜・家禽の飼養に特化した形態であり，海外からの輸入飼料に依存する日本の畜産経営がその典型である．

1.1.3 日本の家畜生産の特性

アジアモンスーン地帯に位置し，人口に対して耕作可能面積が限られている日本においては，農業の主要形態は土地生産性が高い水稲作が主体となることは必然であった．そこにおける家畜の役割は畜力と堆肥・厩肥の供給であり，食料そのものとしての価値はあまり大きくはなかった．仏教伝来に伴う殺生禁止の思想も家畜の食料としての役割のありさまに制約を加えていたものと思われる．乳肉生産を目的とする畜産業の展開は明治維新を待ってからとなり，明治政府による欧米の家畜飼養技術の導入があったものの，本格的な展開がなされるのは第二次大戦後，特に1961年（昭和36年）の『農業基本法』の成立からとなる．また，その発展を支えたものは畜産物消費の拡大であり，食生活の欧米化があった．急激な市場の変化に対応するため，国内生産も急激に増大するが，その発展は土地基盤に立脚した飼料生産ではなく，輸入穀物に依存した畜産経営の展開によってもたらされたものであった．

このため，日本の家畜生産の特徴は，土地への依存性が比較的高い大家畜生産においても飼料生産基盤が脆弱で輸入濃厚飼料に依存した飼養形態が多く，中小家畜経営においてはさらに飼料自給率が低い状況である．

経営形態としては専業経営と複合経営があるが，酪農，肥育牛，養豚，養鶏（レイヤー，ブロイラー）は専業が多く，経営規模も拡大している．複合経営は繁殖牛経営に多く，畜産と耕種（水田作，畑作）との複合などいろいろな形態があるが，規模は比較的小さい．経営のあり方は，土地面積や地形，他作目との競合，消費地との関係などによって左右される．東北地方や中国地方の中山間地域では集約的な飼料生産が困難なことから放牧利用による肉用牛繁殖経営が成立している．北海道では広大な土地資源を有効に活用するかたちで大規模酪農が展開されている．消費地に近い都市近郊では加工型の酪農，養豚，養鶏が営まれている．

以上のように，日本の畜産業は必ずしも土地基盤と密接に関連して発達したものではないが，過度の集約化による糞尿問題の発生や今後の人口増加とエネルギー資源の枯渇等を背景とする世界的な食料需給のひっ迫を考慮すると，畜産と耕種との連携を強化する方向は重要である．土地を基軸に作物生産，畜産を適正に配置し，持続的な物質循環系を構築することが安定的な経営展開，食料供給のために必須であり，同時に地域社会の形成・維持にも貢献する．

1.2 畜産の歴史

1.2.1 世界の畜産の歴史と将来

2014年における世界の畜産物生産量は，国連食糧農業機関の統計（FAO Food Outlook）によると，牛肉生産量は6828万t（枝肉換算ベース），豚肉生産量は1億1803万t（枝肉換算ベース），鶏肉生産量は1億1298万t（骨付き換算ベース），生乳生産量（水牛乳を含む）は7億8532万tとなっている．このように大量の畜産物が生産され消費される状況にあるが，そこに至るまでには乳，肉，卵などの人間の生活に必要なものを畜産物として利用するために，動物を飼育し増やす畜産技術の発展が必須であったことはいうまでもない．

動物生産の歴史は野生動物の家畜化にはじまるが，その起源には遊牧と農耕の2つが存在すると考えられている．定住生活をはじめる以前，狩猟あるいは遊牧時代からある種の動物と人間は共存していた．その後，ヤギ，ヒツジ，ウシ，ウマなどの家畜化が進められるが，これらは人間が定住して農耕を営むようになってから耕種産物を飼料として利用することによるものである．ヒツジ，ヤギ，ウシ，ブタという有蹄類の家畜化は，肉食動物（イヌやネコ）の家畜化よりも遅れてはじまったが，食料供給に大きな変化をもたらした点ではより重要であると考えられる．有蹄類が最初に家畜化された時期と場所については多くの説がくり返し提示されてきた．紀元前8000年のイランとする説からはじまり，紀元前7000年のイスラエルとする説，紀元前8000年のシリアとする説，紀元前9000年の南東アナトリア（トルコ）とする説まである．現在では，最初の家畜化は南東アナトリアのタウルス山脈南麓ではじまったと考えられている．例えば，トルコのネバル・チョリ遺跡における紀元前8500年の層では，ヒツジ（*Ovis orientalis*）とヤギ（*Capra aegagrus*）の小型化が顕著になると同時に，幼獣個体の比率が増加することが明らかとなっており，同時期のガゼルには形態変化はまったく認められていないことから，家畜化の結果であると考えられている．家畜は，その起源地である南東アナトリアから急速に広がり，紀元前8000年にはヒツジとヤギがユーフラテス川中流域に出現していたことがテル・ハルーラやテル・アブ・フレイラなどの遺跡で確認されている．ユーフラテス中流域はヒツジやヤギの野生種が本来いなかった地域であるから，他の地域から持ち込まれたことは明らかである．

　一般に脊椎動物が馴化されると，行動と個体発生にかかわる生理的変化が自動的に起こるといわれている．したがって，最初期の家畜化によって起こった形態変化のほとんどは人類が意図的に引き起こしたものとは考えにくい．意図的な選別によって形態的および行動的特徴を変化させるような実質的な動物管理が行われていた証拠が出現するのは紀元前7500～7300年頃であり，この西アジアではじまった本格的な動物管理をいわゆる家畜化と考えるのがふさわしいと思われる．

　家畜は農業の進展に不可欠であり，ヨーロッパにおいては「家畜なければ農業なし」といわれるように，穀物生産において土地を開墾するための畜力や家畜糞尿の肥料資源として重要な役割を果たしてきた．ヨーロッパでは，7～8世紀には土地の利用形態が短期間のムギ類の耕作および7～8年の放牧・休耕を周期とした穀草式農法が中心だった．11～12世紀になると休耕期間が三圃式農法へと変遷し，19世紀に至っては，いわゆる農業革命が起き，穀物生産力と家畜生産力が飛躍的に増大するようになった．一方，16世紀以降の北米大陸やオーストラリア大陸では豊かな草原を利用した大規模な肉牛，ヒツジの粗放的な飼養が展開された．当初，北米大陸の牛肉生産はヨーロッパの需要を満たすものとしてはじめられた．

　19世紀後半以降，穀物給与による生産方式が開始され，家畜生産にとって大きな転換点といえる集約的な家畜生産が行われるようになった．家畜生産の集約化や大規模化は生産性の向上に多大な貢献をもたらしたものの，環境問題や動物福祉（アニマルウェルフェア）といった問題についても考慮することの重要性が20世紀末には提唱されるようになった．家畜糞尿による河川や地下水の汚染や，二酸化炭素やメタンなどによる大気汚染や地球温暖化に対する配慮も循環型の生物生産をめざすうえで重要な課題といえる．また，食の安全性は消費者にとって重要な関心事であり，EUは2003年に欧州食品安全機関（EFSA）を創設し，食品および飼料の安全性に関して直接または間接的に影響を与える

すべての分野において科学的な支援を行う体制を整備している．

1.2.2　アジアの畜産の歴史と将来

紀元前6000年頃の西南アジアの農耕遺跡にブタの遺骨が多く出土することから，この時期の前後に野生のイノシシからブタの家畜化がはじまったと考えられている．ニワトリは東南アジアに野生している赤色野鶏を家畜化したもので，紀元前3000年頃，インド，ビルマ，マレー地方を起源にしたものと考えられている．このようにアジアにおける家畜化の歴史は古いものの，畜産の発展には食習慣や宗教の影響が色濃く反映されており，現在に至っても各国ごとに畜種の重要度は異なっている．

歴史的にアジアの人々は，高温多雨なアジアモンスーン気候下において米を主食とし，動物性タンパク質は補助的な食料であった．畜産は半乾燥気候の草原で発達したが，生活の向上に伴ってアジア諸国でも畜産物の消費量が急速に増加し，今日ではその栄養バランスはすっかり変化してきている．

東南アジアでは伝統的にウシとスイギュウは役用が主体であり，現在でも牛肉の中心は廃用牛かスイギュウの肉である国が多い．肉用牛のフィードロットを有しているのは，タイ，フィリピン，インドネシアの3か国に限られる．フィリピンとインドネシアのフィードロットは，オーストラリアから輸入した肥育素牛の短期飼育が中心である．豚肉の生産量はフィリピンとベトナムで多いが，ベトナム，ラオス，カンボジア，ミャンマーでは，ほとんどの農家が1, 2頭のブタを飼養しているのが現状である．鶏肉は，アジア各国共通の主要畜産物といえるが，庭先養鶏による自家消費分も相当にあると推定されている．

中国の酪農は，古くは遊牧民が黄牛やヤクの乳を利用して乳製品に加工する自給型のものであった．改革開放政策が実施されて以降，経済発展に伴う生活水準の向上により都市部を中心とした食生活の西洋化から牛乳の消費も拡大している．2007年には中国の生乳生産量は世界第3位になったと報じられ，その後もアメリカやインドに続きロシアやブラジルと同程度の生産量で推移している．牛肉生産の歴史は新しく1990年代に入り，それまでの役畜の飼養から本格的な牛肉生産へのとりくみがはじめられた．豚肉は食肉全体の消費量の2/3を占めており，歴史的にもっともよく食べられているもののひとつである．養鶏は1970年末の農政改革を契機として大きく発展し，豚肉に次ぐ食肉として消費されるとともに，輸出産業としても位置づけられるようになった．

東南アジア諸国を中心としたアジア地域の国々は経済的発展が著しく，新たな畜産物需要の核となるとともに，集約的な畜産の多面的な拡大をもたらすと思われる．また，生産拡大に向けて家畜の改良や飼養管理，衛生問題，粗飼料確保に加え，コールドチェーンなどの流通体制の整備も重要な課題であると考えられる．

1.2.3　日本の畜産の歴史と将来

日本においては，水田農業が中心であったため，西洋とは異なり必ずしも家畜の畜力と堆肥を必要とするものではなかった．したがって，日本における家畜飼養は西洋における家畜飼養とは異質の展開をたどってきた．古くは大和朝廷時代の大宝律令に牛乳・乳製品の生産管理を制度化したという記述が残されているが，明治時代になって用畜の飼養が行われるようになった．それまでは使役を目的とした役畜が中心であり，庭先養鶏といわれた粗放的な採卵目的の養鶏や，観賞用・戦闘用・宗教のためにも家畜・家禽は飼養されていたものの，いずれも農業生産を目的とするものではなかった．

国民の食生活のなかに畜産物が利用される

ようになったのは，文明開化がはじまった明治以降である．明治政府は，ウシ，ヒツジ，ヤギ，ニワトリを外国から導入し，積極的に牧畜政策を推進したものの，ときの政府の政策目標であった殖産興業，富国強兵のために，畜産も騎兵隊強化のための軍馬養成を中心として位置づけられていた傾向にあり，1908年の農業生産額に占める畜産の割合は2.9%と，畜産はごくマイナーな産業でしかなかった．

第二次世界大戦後になり，畜産の経済的地位は若干向上したものの，日本において畜産が本格的に展開したのは1960年の所得倍増計画を契機とする高度成長期以降である．日本の畜産は，その後，諸外国に例をみないような急速な発展を遂げ，乳牛・豚・採卵鶏・ブロイラーの飼養規模ではヨーロッパの平均水準を凌駕するまでになった．

ここ十数年の日本の状況を見てみると，2000年には92年ぶりに日本で口蹄疫の発生が確認され，2001年には日本で最初の牛海綿状脳症（BSE）に罹患した乳牛の発生が発表された．また2003年〜2004年にかけては重症急性呼吸器症候群（SARS）と高病原性鳥インフルエンザの発生も起こっており，動物の飼養衛生管理や防疫体制における強化の必要性が求められた．そして，世界的な干ばつによる飼料作物の減収は穀物価格の高騰を招き，畜産農家に大きな打撃を及ぼすこととなった．

このように，日本の畜産は以前から指摘されているとおり加工型畜産に偏り，その生産構造はきわめて脆弱で，飼料自給率の低下，畜産公害の多発，家畜疾病の蔓延のほか，畜産物消費の停滞，畜産物輸入の増大などの諸課題を抱えている．今後，これらの課題を解決するとともに，食の安全に配慮した畜産物の安定供給を可能にする新たな畜産業を構築しなければならない状況下にある．したがって，日本の畜産は地球的視点から持続可能な畜産の展開を図るべきであり，安全有益な畜産物を供給するだけではなく，これまでの穀物多消費型畜産，化石エネルギー多消費型畜産から脱皮するとともに，環境保全・再生産可能資源利用型技術の開発を推進していくことが必要である．

1.3 畜産の現状と動向

1.3.1 一般的な情勢

日本の畜産は，食肉や牛乳・乳製品というかたちで，日常の食生活を豊かにするおいしさを与えてくれる（表1.1）とともに，タンパク質等のさまざまな栄養素の供給，また地域の活性化や国土の保全等の多面的機能の発現，さらには「土・草・牛」を通じた資源循環などといった重要な役割を果たしている．

農業総産出額（約8兆円）に占める畜産の

表1.1 ● 畜産物の1人1年あたり消費量の推移

(単位：kg)

区　　　分	1960年度	1970年度	1980年度	1990年度	2000年度	2010年度
肉類計	5.2	13.4	22.5	26.0	28.8	29.1
牛肉	1.1	2.1	3.5	5.5	7.6	5.9
豚肉	1.1	5.3	9.6	10.3	10.6	11.7
鶏肉	0.8	3.7	7.7	9.4	10.2	11.4
牛乳・乳製品	22.2	50.1	65.3	83.2	94.2	86.4
鶏卵	6.3	14.5	14.3	16.1	17.0	16.6

〔農林水産省「食料需給表」〕

表 1.2 ● 農業総産出額の推移

(単位：億円，%)

区　分		1960年	1970年	1980年	1990年	2000年	2010年
総産出額		19,148 (100)	46,643 (100)	102,625 (100)	114,927 (100)	91,295 (100)	81,214 (100)
耕　種		15,415 (81)	34,206 (73)	69,660 (68)	82,952 (72)	66,026 (72)	55,127 (68)
	うち米	9,074 (47)	17,662 (38)	30,781 (30)	31,959 (28)	23,210 (25)	15,517 (19)
畜　産		3,477 (18)	12,096 (26)	32,187 (31)	31,303 (27)	24,596 (27)	25,525 (31)
	うち肉用牛	375 (2)	974 (2)	3,705 (4)	5,981 (5)	4,564 (5)	4,639 (6)
	うち乳用牛	635 (3)	2,834 (6)	8,086 (8)	9,055 (8)	7,675 (8)	7,725 (10)
	うち豚	559 (3)	2,538 (5)	8,334 (8)	6,314 (5)	4,616 (5)	5,291 (7)
	うち鶏卵	1,063 (6)	3,062 (7)	5,748 (6)	4,778 (4)	4,247 (5)	4,419 (5)
	うち鶏肉	142 (1)	1,080 (2)	4,004 (4)	3,844 (3)	2,776 (3)	2,933 (4)

注：(　)内は総産出額に占める割合．

〔農林水産省「農業総産出額」〕

産出額（約2.5兆円）の割合は約3割（表1.2）で，なかでも酪農および肉用牛生産を合わせた大家畜生産は畜産の約5割を占め，稲作に次ぐ土地利用型農業部門として重要な位置を占めている．

こうしたなか，消費者のライフスタイルの変化や健康志向の高まりなどを反映して，国民の畜産物に対するニーズが多様化しており，安全の確保といった面での期待も高まっている．その一方で，①世界的に穀物需給がひっ迫基調で推移しているなかで日本の畜産は輸入飼料に依存していること，②景気の低迷などを背景として畜産物の需要や価格が低迷していること，③今般，国内で大きな被害をもたらした口蹄疫等の悪性伝染病が今後もいつどこで発生するのかわからないこと，といった問題が国内外のリスク要因として存在している．

このため，①飼料用稲の生産拡大，コントラクター（飼料生産受託組織）の育成，未利用資源の飼料化等資源循環型で環境負荷軽減に資する自給飼料基盤に立脚した酪農・肉用牛生産への転換，②赤身主体のヘルシーな牛肉生産等消費者ニーズに応えた畜産物の生産・加工・流通や酪農教育ファーム等の体験活動を通じた自給飼料基盤に立脚した国内生産の意義についての国民における理解の促進，③家畜衛生対策の充実・強化などを図っていく必要がある．

1.3.2　肉牛生産の現状と動向

日本の牛肉需給は，輸入牛肉の増加に伴い消費量も増加傾向にあったが，2001年のBSE発生などの影響により，生産，輸入，消費の一時的な減少など変動がみられる．

日本における肉用牛は，1960年頃まで耕作や運搬などの使役，堆肥生産を主目的とする役肉用牛として飼われていた．肉用牛の飼養頭数は，1960年には240万頭飼養されていたが，この頃から耕耘機が普及しはじめる

表1.3 ● 牛肉需給（部分肉ベース）の推移

	1975年度	1985年度	1995年度	2000年度	2005年度	2010年度	2011年度	2012年度
需要量（千t）	291	542	1068	1088	806	870	870	866
生産量（千t）	235	389	413	365	348	358	354	360
輸入量（千t）	64	158	658	738	458	512	516	506
自給率（%）	81	72	39	34	43	41	41	42

と，役肉用牛から肉用牛に飼養目的が転換されるのに伴い急激に減少し，1967年には155万頭まで減少した．その後，乳用種雄牛の肥育が普及しはじめることにより増加傾向で推移した．1991年から牛肉輸入が自由化されたが1994年に297万頭のピークを迎えるまで増加した．その後，減少傾向に転じたが，2006年以降，増頭対策の推進等により増加に転じ，2009年には292万頭まで増加した．2009年以降は，生乳の減産型計画生産の影響による乳用種の減少や2010年の宮崎県での口蹄疫発生の影響等により減少している（表1.3）．一方，飼養戸数は，小規模農家を中心に年率数%の割合で一貫して減少しており，2004年には10万戸を割り，2012年には6.5万戸となっている．

1戸あたりの飼養頭数は，小規模農家の離脱と大規模農家の増加により，着実に増加し，規模拡大が進展している．2012年と牛肉輸入自由化時の1991年を比べると，子取り用雌牛（繁殖経営）で3倍，肥育牛で約4倍の規模となっている．子取り用雌牛は2009年には1戸あたり飼養頭数が10頭を超える水準となったが，依然として小規模の割合が多い．

繁殖経営の収益性については，子牛の販売価格によって大きく変動する．繁殖経営の所得は，子牛の販売価格の安定的な推移により1996年以降安定的に推移してきた．2002年のBSE発生による収益性の悪化からは回復したものの，近年では2007年以降の飼料価格高騰や2008年以降の景気の低迷などの影響を受け，収益性は大幅に低下した．しかし，2012年頃からは子牛価格の上昇に伴い，収益性は改善されている．なお2011年度の肉用牛生産費調査では，子牛1頭あたりの生産費は，近年，飼料費が約35%，次いで労働費が約33%を占めている．

肥育経営の収益性については，枝肉価格と素畜価格によって大きく変動する．特に近年は飼料価格高騰等の影響を受けたことから大幅に悪化した．なお，肥育牛1頭あたりの生産費は種類によって多少異なり，2011年度の肉用牛生産費調査では，去勢和牛では素畜費が約50%，飼料費が約33%を占め，乳用雌牛では飼料費が約58%，素畜費が約25%を占め，交雑種では飼料費が約46%，素畜費が約40%を占めている．

1.3.3 乳牛生産の現状と動向

日本で乳牛の飼養がはじめられたのは明治初期からである．その後，畜産物の需要の増加や有畜農業の奨励などにより乳牛の飼養頭数は増加し，1944年には戦前のピークである約27万頭に達した．戦後に入り，酪農経営は，農業経営改善のための積極的振興対策や国民の食生活の変化による畜産物需要の増大などにより飛躍的に発展した．その結果，飼養頭数は1985年にピークの211万頭に達した．以降，安定的に推移したものの，1993年以降，減少傾向で推移し，2012年には142万頭となっている．

一方，飼養戸数は，1963年にピークの42万戸に達したものの，それ以降小規模層を中

心に減少し，2012年現在，19,000戸となっている．この間，1戸あたり飼養頭数は，戸数がピークの1963年には3頭であったものが，2012年には73頭となっており，規模拡大が着実に進展している．なお，2012年現在，北海道は113頭，都府県は50頭となっている．また，生乳生産量は，1996年度の866万tをピークに減少傾向で推移し，2012年度には760万tであった．泌乳能力の改良と飼養管理技術の向上により，1頭あたり生乳生産量は増加（1996年度7,168 kg → 2012年度8,154 kg）しているため，戸数・頭数の減少ペースに比べて，生産量の減少ペースは緩やかとなっている．また需給緩和に備え，1979年度以降，生産者団体による計画生産が行われている．

酪農の経営構造は，規模拡大の進展や労働の周年拘束性などから専業農家の割合が高く，酪農単一経営が多い．酪農経営の粗収入のなかで大部分を占める生乳販売額は，飼養規模の拡大と1頭あたり生乳生産量の増加により年々増加している．日本の生乳生産者価格は2010年現在，90.14円/kgとアメリカ（32.02円/kg）やEUの平均（35.92円/kg）と比べて2倍以上と格差が大きく，国際化の進展するなかにあっていっそうのコスト低減への努力が必要となっている．

飼養規模の拡大による生産性向上に加え，機械化の進展や飼養管理技術水準の向上などにより労働時間は着実に減少し，2011年度には1頭1年あたり105時間となっている．しかしながら，生産費の約2割を占める労働費を削減し，ゆとりある酪農業を実現するためには，労働時間の5割弱を占める搾乳および牛乳処理・運搬作業や，2割強を占める飼料の調理・給与・給水作業のさらなる軽減を図る必要がある．このため，酪農ヘルパーやコントラクターなどの外部支援組織の普及・定着が必要である．

1.3.4　養豚生産の現状と動向

日本の養豚は，戦前より，軒下豚舎などによる零細経営や中小規模の副業的経営を主としていたが，1960年代より多頭飼育に適したデンマーク式豚舎の導入や配合飼料の普及などを受け，急速に規模拡大が進み，産業としての形態が整備されるようになった．その後も日本の堅調な食肉需要を背景に，大規模経営に適した品種，飼養衛生管理手法の普及などにより着実に発展してきた．

ブタの飼養戸数は，1962年にはピークの102万5,000戸に達したものの，それ以降，小規模層を中心に減少し，2013年では5,570戸となっている．一方で，飼養頭数は，経営規模の拡大などにより1989年に1187万頭まで増加したが，近年は減少ないし横ばい傾向で推移しており，2013年では969万頭となっている．この間，1戸あたり飼養頭数は，戸数がピークの1962年には4頭であったものが，2013年には1,739頭となっており，規模拡大が着実に進展している．なお，経営タイプは，防疫上の観点などから，従来主流であった繁殖，肥育部門の分離という形態から，繁殖から肥育まで自農場で行う一貫経営へ移行してきており，2010年では戸数で80%，頭数で92%を占めている．

また，日本の豚肉の消費量は，近年横ばい傾向で推移するなか，国内生産も横ばい傾向で推移しており，その結果，豚肉の自給率は50%をやや上回る水準で推移している状況にある．しかしながら，日本の養豚は，濃厚飼料のほぼすべてを海外に依存していることから，飼料自給率を考慮したカロリーベースでの豚肉の自給率は6%と非常に低い状況にある．このようななか，近年，中国やインドなどの新興国を中心とした人口増や食生活の改善，世界的なバイオ燃料需要の高まりなどを背景として，トウモロコシ等の飼料穀物の需給がひっ迫基調で推移しつつある．これらのことを踏まえ，飼料効率の改善による飼料

給与量の低減，肥育期間の短縮，エコフィード（食品残渣利用飼料）の推進，飼料用米の利活用などにより，穀物相場に翻弄されない足腰の強い養豚経営を実現し，消費者ニーズに対応した安全・安心な国産豚肉の安定供給に努めることが重要である．

1.3.5 家禽生産の現状と動向

養鶏産業は，昭和30年代以降，多羽数飼育に適したケージ飼育および自動給餌器などの生産施設とともに，配合飼料やワクチンなどの開発普及などにより，生産性の向上および省力化が図られ，規模拡大が進展してきた．

A. 採卵鶏経営

採卵鶏の飼養戸数は零細規模層を中心に大幅に減少する一方，専業化，企業化の進展とともに飼養規模は拡大してきた．これに伴い飼養羽数および鶏卵生産量は増加したものの，一方で鶏卵消費の伸びは鈍化し供給過剰となったため，1972年より鶏卵の生産調整が行われることとなった．採卵鶏の飼養戸数は，2013年で対前年比5.7％減の2,650戸，成鶏雌飼養羽数は対前年比1.8％減の1億3309万羽となっている．1戸あたりの平均成鶏雌飼養羽数は5万羽であるが，10万羽以上飼養している階層を中心に規模拡大は続いており，全体に占める割合は戸数では13.5％であるが，羽数は68.8％となっている．

鶏卵生産は，近年約250万t程度で推移している．供給量に占める国内生産量の割合は95％と高く，1人あたりの消費量も世界でも最高水準にある．

B. ブロイラー経営

ブロイラー生産は，昭和40年代以降，ブロイラー専用鶏種の導入，床面給温方式による平面大群飼育技術の確立などにより急速に増大した．生産地は消費地に近い都市近郊から，飼養規模の拡大，処理加工・保存技術の向上による流通形態の変化などにより東北，九州など遠隔地へと移動し，2013年現在では，東北，九州におけるブロイラー出荷の地域別割合は，戸数で68.9％，羽数で73.0％を占めている．

出荷羽数規模の拡大は大規模層を中心に一貫して続いており，2013年の1戸あたり出荷羽数は27万羽，年間50万羽以上出荷階層が全体に占める割合は，戸数では9.2％であるが，出荷羽数では41.7％となっている．

鶏肉輸入量は，業務用需要の伸びなどから増加傾向で推移してきた．2004年には輸入先国であるタイや中国において疾病発生による輸入一時停止があり，ブラジルからの輸入が大幅に増加した．また2011年には東日本大震災の影響などにより，輸入が一時的に増加するなど，国内外の生産事情により変動があるものの，国内の鶏肉生産量は近年約140万t程度，供給量における国内生産量の割合は約70％で推移している．

1.3.6 馬生産の現状と動向

日本の馬生産は，競走用を目的とする軽種馬がもっとも多く，次いでばんえい競馬や肥育用を目的とする農用馬（重種馬），乗用馬，在来馬などの生産が行われている．

日本における馬は，古くは農耕や運送用など生活に密着した役畜として，または軍用馬としても利用され，明治から昭和初期の最盛期には150万頭が飼養されていた．戦後は農業機械や交通機関の発達により役畜としての役割は少なくなり頭数が激減したものの，現在は競馬や乗馬，肥育用に加え，日本古来の祭事等馬文化の継承や教育・観光目的での利用，ホースセラピーなど多方面で活用されている．2010年の飼養頭数は81,000頭であり，その内訳は軽種馬44,000頭（54％），農用馬・肥育馬18,000頭（22％），乗用馬・在来馬などが19,000頭（23％）となっている．

2010年における軽種馬の生産は7,100頭で，競走用を目的として生産されており，97％が北海道，特に日高・胆振地方で生産

されている.

2010年の農用馬の生産は1,700頭で，北海道のばんえい競馬や肥育用を目的として生産されているが，その大半（9割）が北海道で，次いで東北・九州で生産されている．ばんえい競馬は世界で唯一の農用馬にそりを曳かせてその重さとスピードを競うものである．肥育用としては主に九州で，次いで東北地方等で飼養されている．近年は生産頭数が減少傾向にあるなかで，海外から肥育素馬が4,000頭程度輸入されてきており，国内での生産頭数を上回っている状況にある．馬肉の国内生産量は5,800 t，輸入量が7,000 tの計12,800 tであり，自給率は45％となっている．

乗用馬は北海道，東北地方で生産されている．しかし，乗用馬の大半は競走用馬から転用されたものであり，競技用馬として海外からの輸入も行われている．近年，乗馬人口の増加，ホーストレッキングやホースセラピーなどの多様な活用がなされていることを反映して，飼養頭数は増加傾向にある．

日本在来馬は日本固有の貴重な遺伝資源であり，現在，北海道和種，木曽馬，野間馬，対州馬，御崎馬，トカラ馬，宮古馬，与那国馬の8種があるが，その保存および利活用を図っていくことが重要である．

日本の馬産は，競馬産業，食品産業，観光・サービス産業，教育現場など，幅広い分野と関連したものとなっている．

1.3.7　特用家畜生産の現状と動向

特用家畜は，ウシ，ブタ，ニワトリ以外の家畜および家禽で，ヒツジ，ヤギ，シカなどの家畜，ウズラ，アヒル，シチメンチョウなどの家禽類，ウサギなどの毛皮動物のほか，ミツバチなどが含まれる．その生産物は乳，肉，卵，はちみつなどの食用以外にも，化粧品，薬品，衣料など多岐にわたり利用されている．このような特用畜産については，近年の食生活の多様化とともに地域特産物として中山間地域の活性化，耕作放棄地対策などの観点からも期待がかけられており，地域によるとりくみを中心に生産が行われている．

ヒツジは1960年代以降，羊毛の輸入自由化に伴い肉用としての生産が主となったことから，現在は肉用種であるサフォークが中心に飼養されている．飼養戸数は2010年で590戸，飼養頭数は約14,000頭で，主な産地は北海道である．ヤギは飲用やチーズ等の加工のための乳生産と，沖縄県など地域的な需要に対応した肉生産が行われており，飼養戸数は2010年で1,670戸，飼養頭数は約14,000頭である．アヒルおよびアイガモは主に肉生産を目的として飼養されており，飼養戸数は2010年で860戸，飼養羽数は約21万羽である．また近年では，アイガモの雛を水田に放して雑草や害虫を食べさせる環境保全型農業にとりくむ地域もある．

1.4　畜産技術

1.4.1　日本の畜産技術の特性と変遷

日本の近代的な畜産技術は明治時代にはじまる欧米からの導入技術がその第一歩となる．そのため，早い時期から国立・公立機関の業務として優秀な種畜の導入と配布，技術講習が行われていた．戦後，食生活の欧米化に伴い急増する畜産物需要により，また昭和36年に成立した『農業基本法』による選択的拡大作目としての行政施策による後押しを受け，輸入飼料に依存するかたちの加工型畜産として国内家畜生産が飛躍的に拡大する．さらに経営の集約化大規模化の進行に伴い，畜産環境問題の深刻化やBSEや鳥インフルエンザなどの防疫問題，アニマルウェルフェアへの関心の高まりなどに応える新たな産業展開が求められるようになる．このような変遷における技術的な対応をみると，初期には集約化，大規模化を推進する低コスト生産技術の開発に主力が注がれていたが，近年

では持続的な経営環境を確立するために貢献する技術開発に主眼が置かれるようになってきている．また，畜産経営は専業化率が高く，法人化も進んでいること，種畜供給，飼料供給のグローバル化が進んでいることから，新技術の導入も意欲的である．

この間，家畜生産の基礎となる家畜育種・繁殖技術は，欧米からの導入技術を基本としつつも，日本独自の技術開発が行われている．繁殖技術では，大正末期に開発された初生雛雌雄の肛門鑑別法や昭和40年代に普及したウシの凍結精液による人工授精技術や近年の受精卵移植技術は，日本の畜産業はもとより，世界の畜産業にもインパクトを与えた業績として評価されている．また，乳牛牛群検定事業や豚の閉鎖群育種など育種理論に基づいた組織的な改良事業が実施され，飼養管理技術の高度化と普及のためには，家畜・家禽の日本飼養標準，日本標準飼料成分表が定期的に改訂されるなどにより最先端の情報が整理，提供されており，産業を支える基盤的な技術システムが整えられている．

1.4.2 これからの畜産技術

「食」の役割には，ヒトに必要な栄養素を供給する，嗜好性を満たす，健康な生活を営むために役立つなどがあるとされているが，もっとも基本的なことはヒトの栄養充足を保証することであり，世界の人口が今世紀半ばには90億人に達することが予想されるなか，十分な食料供給が困難となる事態を避けるためにも革新的な食料増産技術の開発は必須である．特に良質な動物性タンパク質を計画的に生産することが可能な畜産の重要性はますます高まる．食料生産技術は地球環境問題やエネルギー資源問題，国際的な経済格差問題などを背景とするなかで展開することから，国際的な動向に強く左右されることも自明のことである．また，「食」が食習慣と強く結びついていることから，文化としての側面も強調される．さらに，日本はもとより先進国が現在迎えつつある高齢化社会において健全な生活を人々が過ごすためにも「食」の健康機能性，健全な食生活への関心はさらに高まるであろう．これまでの畜産技術開発においては経済性が重要な視点となっていたが，これからの畜産技術は経済性に加えて日本国内の技術開発といえども国際的な視点をもち，安全性や健康機能性などの付加価値を高め，低環境負荷型技術への転換や低炭素社会形成への貢献など，多様な価値観に対応する技術開発を進めることが必要となる．

日本の畜産業の最大の問題は飼料自給率がきわめて低いところにある．気象災害の多発や人口問題，エネルギー問題を背景として近年の穀物価格は高騰する傾向にあり，安価な輸入飼料に依存する従来の加工型畜産から，国内飼料資源の活用による飼料基盤の強化と畜産物の高付加価値化による収益性の向上をめざす畜産へと構造を変革していくことが強く求められている．そのため，水田，畑作などの耕種との連携を強め，転作田や耕作放棄地を飼料生産のために有効に活用していく技術開発が進められている．イネホールクロップサイレージおよび飼料用米の栽培面積は2015年度には約12万haと近年急激に増加しつつある．イネホールクロップサイレージの収穫調製技術，ウシへの給与技術は，東アジアの畜産においても活用されうる技術である．耕作放棄地の放牧利用も進められており，小規模移動放牧として，日本独自の放牧技術として定着しつつある．また，転作水田を積極的に飼料作に活用していくため，湿害に強いトウモロコシ，牧草の育種や栽培技術の開発を急ぐべきであり，従来型育種に加えて遺伝子解析情報を用いて品種開発を加速することが試みられている．食品加工副産物，食品廃棄物の飼料化も国産飼料原料開発のひとつとしてとりくまれている．その開発目標は安価な飼料資源の安定確保にとどまらず，

飼料の安全性や畜産物の高付加価値化を達成する資源循環型畜産技術にあり，その事例として発酵リキッドフィーディング技術を活用した食品残渣飼料化技術が挙げられる．

日本の畜産経営規模は著しく拡大してきているものの，その傾向は今後も続くものと思われる．大規模化に対応した飼料生産・調製技術として，コントラクターやTMR（total mixed rations,（完全）混合飼料）センターを支援する技術開発の要望が増加している．これらの技術は農家の軽労化と生産技術の高位平準化を促すだけではなく，飼料畑の集約や耕畜の連携強化につながり，飼料の安定低コスト供給につながることが期待される．家畜糞尿の効率的な処理と利用も大きな課題であり，悪臭対策技術や水質汚染防止技術の高度化を図るとともに耕畜連携による資源循環を意識した新たな技術開発が進められている．

畜産物生産の低コスト化とともに多様な消費者ニーズに対応した畜産物の高付加価値化を実現する技術開発も重要である．そのため，食品としての畜産物の安全性を確保するための研究開発や抗生物質等の使用を抑制し，飼料の機能性を活用し，かつ家畜・家禽へのストレスを軽減した飼養方式など，今後さらに研究が進められるものと思われる．また，畜産物の「おいしさ」をわかりやすく表現し，日本の食文化における畜産物のあり方を消費者にアピールすることも重要である．牛肉に関していえば，霜降りに代表される脂肪の「うまさ」から赤身肉の「うまさ」まで，多様な消費者の嗜好に応えられる品質評価基準とその効率的生産技術の開発が行われなければならない．

日本は狭い国土に1億を超える人口を有している以上，すべての食料，飼料を自給することは不可能である．そのため，海外への依存度の高い飼料の革新的な生産技術開発は国際的な広い視野をもって進めなければならない．家畜の能力を飛躍的に改善していくためにも，また，畜産学が動植物生命科学としての基礎的な重要性を併せもつことからも，ゲノム解析情報の育種利用やクローン生産技術の高度化，遺伝子組換え技術など先端的技術にも果敢に挑戦することが求められる．IT技術などの機械化，軽労化技術は人間の生活改善技術にもつながっていく．

1.4.3　国際貿易交渉の展開と畜産

世界貿易機関（WTO）による世界的な多角的貿易体制協議は頓挫しているものの，経済連携協定（EPA）/自由貿易協定（FTA）による複数国間の貿易体制づくりが世界各地で進んでいる．環太平洋地域においても，近年，関係12か国による環太平洋パートナーシップ（TPP）協定交渉が進められた経緯がある．

このような国際経済のグローバル化の動きに対し，畜産業として着実に低コスト化，高付加価値化を進めることが求められている．一方，畜産業が地域の活性化において果たす役割の重要性もますます高まるものと考えられる．したがって，これからの畜産技術は安価で高品質な畜産物の生産技術にとどまらず，ヒトの生活の質を高め，社会・地域の持続性，多様性に貢献する技術として，さらに高度なものとなっていかなければならない．

第2章
育種・繁殖・アニマルテクノロジー

2.1 家畜

2.1.1 家畜と家畜化の歴史
A. 家畜
　家畜とはその生殖がヒトの管理のもとにある動物のことである．この定義によれば，なじみのある哺乳類，鳥類のほか，コイ，ミツバチ，カイコも家畜に含まれるが，ここでは哺乳類と鳥類について扱う．

　全世界で既知の哺乳類は約6,000種，鳥類は約9,000種といわれているが，家畜が含まれる種はごくわずかであり，世界各地で農業用に飼われている動物としてはウシ，ウマ，ヒツジ，ブタ，ニワトリがあり，スイギュウ，ヤギ，ロバ，ウサギ，アヒルも広範囲に飼われている．ラクダ，ヤク，トナカイ，アルパカ，ラマ，ガチョウ，シチメンチョウ，ホロホロチョウ，ダチョウなどは限られた地域で飼われている．また，伴侶動物であるイヌ，ネコや実験動物であるマウス，ラット，ハムスターなども家畜の仲間である．しかし，ゾウは野生のものを捕獲して飼い慣らしヒトの役に立っているが，繁殖はヒトの管理下にないことから家畜には分類されない．

B. 野生動物の家畜化
　家畜は野生動物をヒトが飼い慣らしたものであり，その過程が家畜化である．家畜化にはヒトが積極的に野生動物をヒトの社会にとり込んだ場合と，動物がヒトの生態系に接近してきた場合とがあるが，いずれにしてもヒトと野生動物との密接な接近と接触がなければならない．ヒトは動物の習性を観察し，その知識を継承することにより，効率的に捕獲をするとともに，野生動物の子どもを自らの手で育て，繁殖を管理するようになった．ヒトに接近した動物は掃除係のようにヒトの残飯を餌として利用し，次いでヒトの管理下に置かれることにより，餌と安全を得ることができた．

　家畜の祖先種や家畜化の時期については，遺跡から発掘された骨の分析から推測されている．それによると，もっとも早く家畜化されたのはイヌであり，その時期は紀元前1万～1万5000年前後，ユーラシア大陸のどこかであったが，それが1か所かあるいは独立した複数の場所であったかは明らかではない．イヌの祖先種はオオカミであり，ジャッカルなど他の種の寄与は少ない．日本へは縄文期に伝わったと考えられている．

　農用動物でもっとも早くに家畜化されたのはヒツジとヤギである．紀元前1万年前後に西南アジアにおいてヒツジが家畜化され，次いでヤギが家畜化された．ヒツジの祖先種は現存する野生ヒツジのアジアムフロン，ヨーロッパムフロン，アルガリ，ウリアルが候補として挙げられていたが，アジアムフロン単独起源説が有力である．ヤギの野生種はベゾアー，マーコール，アイベックスに分類されるが，西アジアの山岳地帯に分布するベゾアーが野生原種と考えられる．一方，それが世界へ伝播する過程でマーコールやアイベックスが交雑したとする説もある．ヤギは9世紀ころ日本に伝わったとされ，現在の日本在来種へとつながっている．

　ウシはユーラシア大陸とアフリカ大陸に広

く分布していた原牛（オーロックス）を起源とし，紀元前6000〜8000年前に西アジア地域とインド亜大陸でそれぞれ家畜化された．西アジアで家畜化されたウシはヨーロッパ牛（Bos taurus）となり，インド亜大陸で家畜化されたウシはゼブー牛（Bos indicus）となったが，それぞれの祖先原牛は約20万年前に分岐したとされる．原牛はラスコーやアルタミラなどの洞窟壁画にも描かれているが，1627年にポーランドで狩り尽くされて絶滅した．アジアにはウシとは種が異なるバンテン，ガウル（図2.1）などの野生牛が存在し，バンテンからはバリ牛が，ガウルからはガヤル（もしくはミタン）が家畜化されている．日本ではウシの遺骨は縄文後晩期から現れはじめるが，ヨーロッパ牛の系統とみられている．

図 2.1 ● ガウル

ブタの野生原種はイノシシである．イノシシはユーラシア，東南アジア島嶼地域，北アフリカに広く分布し，約20の亜種が報告されている．ブタは紀元前6000〜7000年に多くの地域で家畜化されたと考えられ，主要な祖先はヨーロッパのイノシシとアジアのイノシシであるが，アジアの各地では現在もイノシシから遺伝子の流入を受けている．日本では弥生時代の遺跡からイノシシの骨が出土しているが家畜化の過程にあったかどうかは明らかではない．ブタは7世紀頃に日本に渡来したが，肉食禁止とともに薩摩や西南諸島などを除き，途絶えた．

ウマは主要農用動物のなかではもっとも遅く，紀元前3500年前に東南ヨーロッパで家畜化された．ウマは最初は肉用として利用されたが，使役，特に軍事に利用されるようになってから人類の歴史に大きな影響を与えた．ウマの祖先種は野生馬で，アジア大陸中央部に分布する草原型，中近東から南欧，北アフリカに分布する高原型，ヨーロッパに分布していた森林型に分類される．蒙古馬は草原型，アラビア馬は高原型，大型の西洋馬は森林型の野生馬から生まれた．日本の在来馬は5世紀頃に導入された蒙古馬系統の末裔と考えられている．

ニワトリは東南アジア大陸部から島嶼部，さらに南太平洋諸島にまで分布する赤色野鶏を祖先種とし，紀元前3000年前後に東南アジアで家畜化された．近縁種に灰色野鶏，セイロン野鶏，緑襟野鶏がいるが，これらの野鶏は赤色野鶏との間で雑種を生産することができるが繁殖能力は完全でないことから，家畜化には貢献していないと考えられる．ニワトリは家畜化された当初は闘鶏もしくは宗教的儀式に供され，その後，肉や卵の利用に供された．日本には弥生期以降に導入され，江戸時代に愛玩用や闘鶏用に多くの品種が成立した．

ウズラ属は旧世界に広く分布するが，家禽のウズラは日本で家畜化された唯一の動物種である．家禽ウズラの祖先種は渡り鳥のニホンウズラであり，室町時代に鳴き声を愛でるために家禽化された．第二次世界大戦後にウズラは北米，ヨーロッパ，近東に導入され，ワクチン製造，実験動物，肉用として飼育されている．食卵用に飼養しているのは日本だけである．

C. 家畜化による動物の変化

野生動物はヒトに管理されるようになると次のような変化が生じる．

家畜化の初期の段階において，体格は小型

化する．これは家畜に対して十分な餌を与えることができなかったため，維持飼料の少ない小型の個体が適応したためと考えられている．この体格の違いは，遺跡から出土した遺骨が野生動物か家畜かを判定するときのひとつの根拠となっている．しかし，その後の改良により体型は大型化したり，さらに小型化するなど大きく変化する．

ウシやブタでは頭骨長が短縮する．イノシシを幼獣から飼育すると10年間で下顎骨が短縮する傾向がみられる．

家畜は野生動物よりも繁殖能力が増大する．具体的には，性成熟の早期化，一腹産子数の増加，繁殖季節の消失，就巣性の消失などがみられる．これは野生動物を動物園で飼育する場合にもみられ，性機能の異常亢進とよばれている．また，野生ウズラを10世代にわたりヒトの管理下に置くだけで初産日齢が短縮し，産卵率が向上したと報告されている．これは，もともと野生種には大きな遺伝的変異があり，ヒトの飼育下に適する能力として発現したものと考えられる．繁殖能力は家畜の生産性としてもっとも重要な形質であり，現在の家畜の繁殖能力は野生種と比較にならないほど改良されている．

家畜化により変異が増大する．野生動物では極端な個体は自然淘汰され，平均的な個体が生き残りやすい．一方，ヒトの管理下では管理者の好みにあったものが選抜されるので，極端な個体が残りやすい．イヌは，もっとも小さいチワワ種ともっとも大きなセントバーナード種では体重で100倍以上の差があり，イヌ科全体の種間差（40倍程度）よりも大きい．また，毛色についても，野生では突然変異の毛色は天敵に見つかりやすく淘汰されるが，ヒトの管理下では毛色の変異は珍重されて固定され，変異が増大する．

家畜はヒトに保護されるため，外敵に対する自己防衛能力は低下する．改良された家畜を自然条件下にさらすと生存することができない場合もある．一方，家畜は密飼いなどの過酷な環境条件でも高い生産能力を示すが，野生動物は強いストレスに耐えることができないものもある．また，抗病性について改良された品種もあり，家畜化によって強健性が失われたと，一概にいうことはできない．

2.1.2 家畜改良の歴史
A. Bakewellの改良技術

組織的に家畜の改良にとりくんだのはRobert Bakewell（1725〜1795）が最初であるが，それ以前にも家畜の能力は改良されていた．親子や兄弟は似ているということはわかっていたし，優れた種畜を親にすれば子どももよくなることもわかっていたであろう．これらの知識は伝承され，わずかずつながら改良が進み，その地方の風土，飼養管理に適するものがつくられてきたと考えられる．

Bakewellはイギリスレスター州に生まれ，若い頃はヨーロッパを旅して農業を見て回り，1760年に約180 haの農場を相続した．農地の1/4で作物を栽培し，残りを草地として，ウシ160頭，ヒツジ400頭，ウマ60頭を飼育した．当時は発育の優れた個体を売り，残った能力の劣る個体から次世代が生産されるような飼い方であったが，Bekewellは改良目標を定めて，目標に近い個体を選抜してこれを繁殖に用いた．彼は骨格標本や液浸標本をつくるなど研究熱心であり，肉用家畜では骨が細く，背線と腹下線が平行で四肢が短い体型がよいなどとした．また，親子関係を記録し，子孫の能力を調査するなど後代検定に近いようなことも行っており，当時避けられていた近親交配を行って形質の固定を図っている．このような体型，能力，血統は現在でも種畜の選抜の基本であり，Bakewellは家畜育種の父とよばれる．こうして，ウシのロングホーン種，ヒツジのレスター種，ウマのシャイアー種などを作出した．

その後，これらの品種は使われなくなった

が，育種技術は彼の弟子の Colling 兄弟など多くの弟子に引き継がれた．Colling 兄弟は，形質が確実に伝わるようにするためには血液を濃くすることが重要と考え，ショートホーン種において親子交配をくり返して名牛コメット号を作出した．コメット号は近交係数が 46.8 % にも達し，ショートホーン種の改良に貢献した．

なお，血統の登録が事業として行われたのは，イギリスで 1791 年にウマのサラブレッド種について『General Stud-Book』序巻が発行されたのが最初である．ウシでは 1808 年にショートホーン種の登録協会が設立され，1822 年に登録簿が発行された．家畜の標準体型が決められ，共進会なども開かれて改良が進み，18 世紀から 19 世紀にかけて多くの品種が成立した．乳牛の産乳能力検定は 1895 年にオランダで開始され，ブタの産肉能力検定は 1907 年にデンマークではじめられ，登録簿には血統とともに体型や能力も記載されるようになった．

日本においても Bakewell が活躍した頃に，備中阿賀郡（現 岡山県新見市）の浪花元助は，皮膚が薄く，皮毛が繊細で，骨細の蹄がかたい形質をもつウシを選んで近親交配を重ね，「竹の谷蔓（たけのたにつる）」という系統を作出した．その後，同じような手法により中国地方を中心に蔓（つる）とよばれる系統が多数作出され，「竹の谷蔓」と兵庫県美方郡の「周助蔓」，広島県比婆郡の「岩倉蔓」が三名蔓とよばれていた．奇しくも同じ 18 世紀後半に洋の東西において家畜の育種技術が芽生えていたことになる．

B．遺伝学と家畜育種の発展

Charles Darwin は 1859 年『種の起源』を著し，種は不変ではなく，小さな変異の積み重ねが進化をもたらすことを明らかにした．しかし，小さな変異が進化をもたらす機構については不明であった．なお，進化論の発想にはガラパゴス島におけるフィンチの種の多様性とともに，家畜においては育種によって種内に多様な品種が存在していたということも貢献した．

1865 年にメンデルの法則が発見され，1900 年に 3 人の学者が独立してメンデルの法則を再発見し，実質的な遺伝学がはじまった．家畜においても，角の有無や毛色などの質的形質についてメンデルの法則が確かめられた．しかし，メンデルの法則では量的な形質である家畜の生産能力については説明ができず，家畜育種への貢献はみられなかった．

集団遺伝学は集団内における遺伝子の構成や動態を明らかにする学問であるが，1908 年のハーディ-ワインベルクの法則の発見によりはじまり，Fisher, Haldane, Wright によって 1930 年代に理論の基礎が確立された．集団遺伝学は Lush によって家畜集団へ応用され，Lerner, Falconer らにより量的形質の解析の理論が発展し，家畜育種へ応用されてきた．なかでも近交係数，遺伝率，育種価，選抜指数式の概念や計算法の開発が重要である．育種価の推定については，Henderson によって開発された BLUP（best linear unbiased prediction：最良線形不偏予測）法の実用化により家畜の改良が促進された．

家畜の改良には育種理論の発展とともにその他の分野の技術の発展も重要である．家畜繁殖においては，人工授精，凍結精液，胚移植などの技術により，優良な遺伝子が広範囲に利用できるようになり，家畜の改良は飛躍的に発展した．また，コンピューターの発展により大量のデータを用いた複雑な計算が可能となり，BLUP 法も実用的に利用できるようになった．さらに，近年急速に発達している遺伝子解析技術も，遺伝子情報の利用により育種の効率化に貢献すると期待されている．

主要な家畜の能力が向上する一方で，品種内では遺伝的均一化が進むとともに，品種の寡占化が進んでいる．その結果，品種内の遺伝的多様性が減少し，将来的に品種の維持が困難になることが危惧されている．また，経

済性に劣ることから多くの在来種が絶滅しており，将来における環境や嗜好の変化に有効な遺伝資源が失われている危険性がある．そのため，遺伝資源や遺伝的多様性を保全するためのとりくみが求められている．

2.2 育種資源

2.2.1 ウシ
A. 分類
「ウシ」はウシ属（Bos）の家畜牛をさすことが多く，原牛ともよばれるオーロックス（$B.\ primigenius$）を祖先としている．家畜牛は1万年ほど前に西アジアで家畜化されたと考えられるヨーロッパ牛（$B.\ p.\ taurus$）と，少し遅れてインドで家畜化されたインド（ゼブー）牛（$B.\ p.\ indicus$）の2つの亜種に分類されるが，次に紹介するウシ品種の多くはヨーロッパ牛に属している．かつてオーロックスはユーラシアおよび北アフリカに広く生息していたが，1627年に絶滅した．ちなみにスイギュウはアジアスイギュウ属（$Bubalus$），バイソンはバイソン属（$Bison$）であり，家畜牛とは属レベルで異なっている．

B. 主な品種
a. 乳用種
ⅰ）ホルスタイン種（ホルスタインフリーシアン）（Holstein, Holstein-Friesian）

オランダの北ホラント州およびフリースラント州周辺を原産とする．品種名はシュレスヴィヒ・ホルシュタイン州を含むドイツ北部にいた在来牛が起源であることに由来する．黒白斑，白黒斑の被毛を外貌上の特徴とするが，改良の過程で交配したショートホーンの影響で赤白斑のものもみられる．本品種は，泌乳能力を重点的に改良したアメリカ型と，産肉能力にも配慮したヨーロッパ型に大別され，世界各国で飼養されている．日本へは1885年にアメリカから初めて輸入され，現在では日本の乳用牛の99％を占めている．

体格は大型で，乳房がよく発達し，くさび型をしている．体高／体重は雄で160 cm／1,100 kg，雌で144 cm／680 kgくらい．泌乳量の多さが最大の特徴であり，日本での305日乳量は9,200 kg，乳脂率は3.9％程度で搾乳速度も速い．また，ホルスタインの去勢肥育は日本の牛肉生産にも大きく寄与し，国産牛肉の60％を本品種とその交雑種が占めている（図2.2）．

図 2.2 ● ホルスタイン（雌）

ⅱ）ジャージー種（Jersey）

イギリス海峡のジャージー島を原産とする．被毛は淡褐色から濃褐色まで変異が大きい．ただし体下部と四肢の内側の色は淡く，頭や頸に濃色のぼかしがある．黒い鼻鏡を淡色の毛が囲む糊口をもつ．1874年に日本へ初めて輸入された乳用種で，現在は岡山県，北海道，熊本県を中心に1万頭ほどが飼育されている．本品種は特に草地の利用性に優れており，体格は小型で，くさび型をしている．雌の体高／体重は128 cm／505 kgくらい．また，乳脂率の高さに特徴があり，バターの原料乳として評価が高い．日本での305日乳量は6,100 kg，乳脂率は5.0％程度である．

その他の乳用種には，スイス原産で乳肉兼用種としての性質が強いブラウンスイス，ジャージーと同様の起源をもつガーンジー，スコットランド原産のエアシャーなどがある．

b. 肉用種

ⅰ）和牛

　明治から昭和にかけて日本で作出された次の肉用牛4品種を和牛と称している．それぞれの品種は異なる遺伝的背景を有し，能力や外貌上の特徴にも差異がみられる．

● 黒毛和種（Japanese Black）

　中国地方の在来牛を主な起源とする．明治時代にはデボン，ショートホーン，ブラウンスイスをはじめとする外国種との交雑が奨励されたものの長続きせず，在来牛に外国種の美点を一部とり入れるかたちで選抜改良された経緯をもつ．被毛は黒く，わずかに褐色を帯びている．前躯・中躯に比べ，後躯の充実に欠ける．皮膚は薄く，被毛はやわらかく密生している．体はよく締まり，性質は温順．体高/体重の成熟値は雄で 147 cm/718 kg，雌で 130 cm/454 kg．全国各地で和牛の98％に相当する169万頭が飼養され，特に多いのは鹿児島県，宮崎県，北海道である．登録業務は全国和牛登録協会が行っている．外国種と比較すると増体性は劣るが，枝肉の歩留は良好で，最大の特徴は脂肪交雑の高い「霜降り」牛肉をつくり出すことである．さらに黒毛和種の脂肪は，不飽和脂肪酸の割合が高く融点が低いことも特徴である．日本の牛肉生産の中心的役割を果たしており，国産牛肉の38％を占める和牛肉はほとんどが黒毛和種由来，同じく25％は黒毛和種の雄とホルスタインの雌を交配した交雑牛に由来する（図2.3）．

● 褐毛和種（Japanese Brown）

　熊本県と高知県で飼われていた朝鮮牛を起源とする在来牛に，熊本県はシンメンタール，高知県は朝鮮牛を主に交配して作出した．熊本県，高知県，北海道などで22,000頭ほどが飼養されている．被毛は黄褐色から赤褐色で，高知県では鼻鏡，尾房，蹄などの黒いものが好まれる．高知系褐毛和種の体格は黒毛和種と同程度であるが，熊本系はやや大型で，体高/体重は雄で 146 cm/979 kg，雌で 132 cm/568 kg．体質は強健で耐暑性があり，粗飼料の利用性が高く，性質は温順．熊本系は日本あか牛登録協会，高知系は全国和牛登録協会が登録業務を行っている．黒毛和種に比べ肉質はやや劣るが増体能力に優れている．

● 日本短角種（Japanese Shorthorn）

　東北地方の鉱山で使役されていた在来の南部牛に，ショートホーンを交配して作出された．岩手県，北海道，青森県などで8,500頭ほどが飼養されている．被毛は濃赤褐色であるが，かす毛もみられる．体高/体重は雄で 145 cm/1,000 kg，雌で 130 cm/600 kg くらい．登録業務は日本短角種登録協会が行っている．改良過程で交配された乳用ショートホーンの影響で泌乳能力に優れている．肉質はやや劣るものの，山地での放牧適性が高く，北日本の環境によく適応する．

● 無角和種（Japanese Polled）

　山口県の在来牛にアバディーンアンガスの純粋種や交雑種を交配し作出した．現在は山口県の無角和種振興公社などで200頭弱が飼育されているにすぎない．被毛は黒色で，完全無角．体高は高くないが，丸みを帯びた肉用牛体型をしている．雌の体高/体重は 126 cm/579 kg（45か月齢）．登録業務は全国和牛登録協会が行っている．肥育が進むと脂肪が厚くなりすぎる傾向があるが，赤肉と

図 2.3 ● 黒毛和種（雌）

しての肉質は比較的良好である．

ⅱ）ヘレフォード種（Hereford）

イングランド西部のヘレフォードシャー原産．18 世紀半ばに Benjamin Tomkins が改良に着手した．毛色は濃赤褐色であるが頭部全体，頸の下部，前胸からの体下部，四肢，尾房などは白い．被毛はやや長めで縮れており，無角のものも作出されている．体高/体重は雄で 152 cm/1,000 〜 1,200 kg，雌で 140 cm/600 〜 800 kg．筋繊維が粗く，肉の締まりに欠けるが，体質は強健で幅広い環境条件によく適応するため世界中で飼養されている（図 2.4）．

図 2.4 ● ヘレフォード（雄）

ⅲ）アバディーンアンガス種
　　（Aberdeen-Angus）

スコットランド東部のアバディーンシャー，アンガス原産．被毛は黒色で無角．円筒型の体躯を有する．体重は雄で 1,000 kg，雌で 500 〜 600 kg．飼料の利用性は高く早熟で，外国種のなかでは脂肪交雑をはじめ肉質に優れている．

ⅳ）ブラーマン種（Brahman）

アメリカ南部メキシコ湾地域が原産．インド牛のカンクレー，オンゴール，ギル，クリシュナ・バレーなどを交配して作出された．被毛は薄い灰色や褐色からほとんど黒色までさまざまである．肩峰と胸垂が発達し，耳は長く垂れているのが特徴．体格は中型で，体重は雄で 750 〜 1,100 kg，雌で 450 〜 650 kg．晩熟で肉質はよくないが，ダニ熱をはじめとして抗病性が高く，耐暑性・耐乾性に優れている．肉用・乳用を問わずさまざまなヨーロッパ牛と交配され，熱帯や亜熱帯地方に適応する品種造成に広く利用されている．

その他の肉用種では，Colling 兄弟らにより作出されたショートホーン，大型で筋肉質のシャロレー，乳用としても利用されるシンメンタール，ネロールともよばれるオンゴールなどが知られている．

2.2.2　ウマ

A．分類

ウマ属（*Equus*）は分類学上，脊椎動物門，哺乳動物綱，奇蹄目（Perissodactyla），ウマ亜目（Hippomorpha），ウマ科（Equidae）に属する．近世に絶滅した種も含めウマ属は，一般的には 5 亜属に分類される．

ウマ亜属（*Equus*）は，草原型，高原型，森林型の 3 つのタイプに分類される．草原型は，モウコノウマ（プルツェワルスキーウマ：*E. przewalskii*）とよばれるアジア中央部のステップ地帯に生息する小型馬（体高 130 cm 内外）で，現在もモンゴルで飼育されている．純粋な野生種は絶滅した可能性があり，現在，欧米の動物園で飼われていた個体を用いての再野生化が行われている．高原型はタルパン（*E. ferus*）とよばれる中近東から南ヨーロッパ，北アフリカ一帯に分布していた中型馬（体高 150 cm 内外）で，1880 年に絶滅したとされている．また，森林型はヨーロッパの森林地帯に生息していた大型馬（体高 180 cm 内外）で，1814 年に最後の野生種がドイツの西南地域で確認されている．

ウマ（*E. caballus*）は，ウシ，ヒツジ，ヤギ，ブタなどよりも遅れ，紀元前 3500 年頃に家畜化されたと考えられている．母系における豊富な遺伝的多様性から，さまざまな地域のウマが家畜化のために利用されたと考えられ

ている．そして，家畜化されたことによる体型の変化をもっとも受けていない家畜ともいわれている．これは，そのままで人間の要求するさまざまな用途に用いられたことを意味している．はじめは食用と使役用を兼ねていたとされるが，紀元前2000〜3000年頃には交通または情報伝達の手段として用いられるようになったという．

また，家畜化されるまでは鹿毛系統の毛色が多数を占めていたが，その後は青毛，栗毛，河原毛などの多用な毛色がみられるようになった．これは，当時，外見的特徴（毛色）による育種が行われたことを示唆している．

B. 品種の分類

ウマの骨格，体格，用途，血統などによりさまざまな分類がある．

a. 純血種，半血種

血統上の分類には，純血種と半血種がある．血統が純正なものを純血種とよび，これに属する種には，アラブ，サラブレッドおよびアングロアラブがある．これらの純血品種を用いて改良されたウマを半血種という．

b. 軽種，中間種，重種

体格からの分類には，軽種，中間種，重種がある．軽種にはサラブレッドとアングロアラブ，中間種にはアングロノルマンやフランス原産の使役用のブルトンが，また，重種にはフランス原産のペルシュロンなどが属している．

c. 東洋種，西洋種

骨格からの分類には，東洋種と西洋種がある．頭蓋骨の発達はよいが，顔面骨の発達が悪く，全体的な骨格が小さいウマを東洋種とよび，アラブやペルシャが属している．また，西洋種にはピンツガワーやアルデンネが属している．

d. 乗用馬，輓用馬，駄馬用馬

用途からの分類には，乗用馬，輓用馬，駄馬用馬がある．

e. ウマ，ポニー

体の大きさからの分類には，ウマとポニーがある．体高が148 cm以下の個体をポニーとして分類している．シェトランドポニーやハクニーポニーなど，品種の名前にポニーを用いている場合もあり，この場合，品種の平均的な体高は148 cm以下となる．しかし，品種名にポニーがついていても，個体によっては，148 cmを超える個体が存在する場合もある．日本在来馬は体高的にはポニーとなる．

f. その他の分類

歩行からの分類には，速歩馬，駈歩馬，障害馬がある．速歩馬は速歩を得意とし，駈歩馬は平地競走での速力を競い，障害馬は障害物の飛越を競う．歩様には，斜対歩（トロット）と側対歩（ペース）がある．斜対歩が一般的であるが，アイスランドホースや北海道和種などには，側対歩をする個体を多くみることができる．また，アイスランドホースはtölt（トゥ）とよばれる独特の歩様をもつ．

C. ロバ

ウマ属には，アフリカノロバ（$E.\ africanus$）やアジアノロバ（$E.\ hemionus$）といった亜属も存在する．なかでも家畜としてのロバは，使役動物として，4000万頭以上が世界中で飼育されている．ロバは，紀元前4000年頃に古代エジプトにおいてアフリカノロバから家畜化されている．ロバは，厳しい粗放な飼育環境に耐える動物で，耳介が長いのでウサギウマともよばれることもある．

ロバはウマとの間に種間交雑の作出が可能で，ローマ帝国では盛んに使用されていたという．ウマ（雌）×ロバ（雄）の一代雑種をラバ（騾），また，ロバ（雌）×ウマ（雄）の一代雑種をケッティ（駃騠）とよぶ．特にラバはロバと同様に使役動物として用いられることが多い．

アジアノロバとしてオナガー，クーランなどがいる．オナガーは古代メソポタミアの時

代に家畜化され，当時，ウマ同様に使役動物として用いられていた．

D. シマウマ

ウマ属には，シマウマやグレービーシマウマといった亜属が存在する．これらは家畜化されておらず，アフリカ大陸の中東部から南部にかけて生息している．生息地域の違いにより，グレービーシマウマ，ヤマシマウマ，サバンナシマウマが存在している．ウマとの間にゼブロイドと称する雑種を作出することも可能である．

E. 品種

現在，世界のウマの品種は200種類を超える．次に主な品種について解説する．

a. アラブ（Arab）

アラビア半島を起源とするウマをベドウィンの人々が2000年以上にわたって改良してできあがった品種である．本種の特徴は優美な体型をもち，運動性，強健性，持久性に優れることである．サラブレッドをはじめ世界中のウマの品種改良に用いられてきた．

b. サラブレッド（Thoroughbred）

競走能力の向上を目標に，イギリス在来のランニングホースに東洋原産の馬を交配することで300年以上の間改良されてきた．バイアリーターク，ダーレイアラビアン，ゴドルフィンアラビアンは，血統書で確認できる父系の三大始祖馬としてよく知られている．現在世界中で生産され，経済的価値のもっとも高い品種といえる（図2.5）．

c. クォーターホース（Quarter Horse）

1/4マイル（約400 m）の競走用の馬として用いられることでこの名がある．サラブレッド，バルブ，アラブ，トルコマンなどを交配することで改良が進められた多目的の乗用馬である．短距離のダッシュ力はサラブレッドをしのぐ．一品種としては世界中でもっとも数が多い．

d. スタンダードブレッド（Standardbred）

1800年代中期にサラブレッド，トロッター，ハクニー，アラブなどを交配してつくられた．繋駕速歩用の競走馬で非常にスタミナがある．標準時間（スタンダード）より速く走行できるかを試走させて能力検定を行ったことからこの品種名がついた．

e. ブルトン（Breton）

中量級の輓用馬で，優雅なトロットが特徴である．ブルターニュ地方の在来種にペルシュロン，アルデンネ，ブーロンネなどを交配して作出された．北海道のばんえい競馬に用いられるウマにはペルシュロンとともにこの品種の血が多く含まれている．

f. ペルシュロン（Percheron）

ノルマンと東洋原産の馬とを交配することでつくられたが，のちにアラブも交配された．フランス国内ではいくつかのタイプに分けられる．軽快な輓用馬で，広く世界中で用いられてきた．日本でも第二次世界大戦前に軍馬の改良で多用された．

g. シェトランド・ポニー（Shetland Pony）

シェトランド諸島の在来馬で，アメリカで非常に人気が高く，現在6万〜9万頭飼われている．1800年代にはイギリス北部の炭鉱でいわゆるマインホースとして盛んに用いられたが，現在はもっぱら子ども用の乗馬として飼われている．

h. 日本在来馬（Japanese Native Pony）

北海道和種，木曽馬（図2.6），対州馬，ト

図2.5 ● サラブレッド

カラ馬，御崎馬，与那国馬，宮古馬および野間馬の8品種が㈳日本馬事協会により日本在来馬として認定されている．5世紀頃に朝鮮半島を経て日本に持ち込まれた蒙古在来馬の血を引いていると考えられている．

図2.6 ● 木曽馬（日本在来馬）

2.2.3 ブタ
A. 分類

ブタ（*Sus scrofa*）はイノシシを家畜化したものである．動物分類学上，脊椎動物門，哺乳動物綱，鯨偶蹄目（Cetartiodactyla），イノシシ亜目（Suina），イノシシ科（Suidae），イノシシ属に属する．家畜化の歴史は9000年ほど前にさかのぼり，考古学的および分子生物学的研究によると，家畜化された地域はヨーロッパ，中近東，中国東部および東南アジアと広汎である．そのため世界各地域にいろいろな特色をもった在来種が存在する．染色体は38本である．在来種（local breeds）541品種，各地域内で広域に流通している品種（regional transboundary breeds）25品種，国際的に流通している品種（international transboundary breeds）33品種の計599品種が確認されている．また，もとは同じ品種として扱われていたが別地域で飼養されることで遺伝的隔離が生じて便宜上別の品種として扱われている場合もある．ブタはその用途によりラード型（脂肪型），ベーコン型（加工型），ミート型（生肉型）に分けることができる．ラード型は脂肪を利用するため脂肪が多い．体型的には体の幅と深みがあり腿も充実している．ベーコン型は加工用途としてバラとロースの肉量が多くとれるよう，肋張りと胴伸びがよく，背脂肪は薄い．ミート型はラード型とベーコン型の中間を示し，体の幅と深みがあるためロースが太く，ハムの割合も高い．しかし，飼料効率の向上，消費者の嗜好の変化，および豚脂利用の減少により，先進国において赤肉割合の高い方向へ育種改良が進展し，品種を用途別に区別することは困難となり，かつ意味をなさなくなっている．また，ブタはヒトと体構成が類似していることから，近年実験用動物として用いられており，その目的で体躯の小さいミニブタの造成も行われている．

B. 日本の主な品種
a. 大ヨークシャー種（Large Yorkshire, Large White, Yorkshire）

イギリスのヨークシャー地方原産のブタで現地在来種と中国種の交雑により作出された．毛色は白，耳は大きく立っている．成体重は雄370 kg，雌350 kgと大型である．胴伸びがよく，幅，深さもあり後駆も充実している．発育，飼料の利用性も良好である．ベーコン型である．産子数は11～12頭と多く，哺乳能力も高いため，三元交雑における雌系品種として世界各国で広く利用されている．

図2.7 ● 大ヨークシャー種（雌）

また，産肉能力も高いため一部の国では三元交雑の雄系品種としても利用されている（図2.7）．

b. ランドレース種（Landrace）

19世紀末にデンマークで現地在来種と大ヨークシャー種の交雑種より作出された．各国で導入・改良が進められ，それぞれの国で独自の系統として成立している（例：スウェーデンランドレース）．毛色は白，耳は大きく前方に下垂している．成体重は雄330 kg，雌270 kg．胴伸びがよく後駆と腿が充実しており，ベーコン型である．産子数は11～12頭と多く，哺乳能力も高い．三元交雑における雌系品種として世界各国で広く利用されている（図2.8）．

図 2.8 ● ランドレース種（雌）

c. デュロック種（Duroc）

アメリカで作出された．毛色は赤褐色の個体が多いが，黒褐色から黄褐色までさまざまな変異を示す．顔はわずかにしゃくれている．耳は立っているが先端が前に折れている．性格は温順，強健で耐暑性も高い．成体重は雄350 kg，雌300 kgである．胴伸びは中程度であるが，幅，深さがあり，後駆も充実して，肉づきがよい．発育が早く飼料効率が優れており，赤肉割合も高い．品種の特徴として筋肉内脂肪含量が高い個体が多く肉質もよい．産子数は9～10頭と大ヨークシャー種やランドレース種に比べて少ない．もともとはラード型であったが，品種改良により現在ではミート型となっている．三元交雑の雄系品種として世界各国で利用されているが，日本では肉質のよさを活かすため，一部の生産者において純粋種の肉豚として利用されている（図2.9）．

図 2.9 ● デュロック種（雄）

d. バークシャー種（Berkshire）

イギリスのバークシャー地方で1862年に成立した品種である．毛色は黒色だが，鼻端，尾端および四肢端が白い，いわゆる六白を呈す．顔はわずかにしゃくれている．成体重は雄250 kg，雌200 kg．体は丸みをおび，幅と深みがあり，ミート型である．発育速度は中程度で枝肉割合は高く，肉質は繊細でやわらかく良好である．産子数は8～9頭と少ない．日本では戦前まで各地で飼養されていたが，産子数や発育速度が戦後に導入された大型種より劣っていたため飼養頭数が激減し

図 2.10 ● バークシャー種（雌）

2.2 育種資源

た．その後，肉質のよさから見直されて飼養頭数が増え，現在は鹿児島県を中心として飼養されている．バークシャー種は純粋種による肉豚利用が主であり，黒豚という名称で販売されて人気が高い．国内のバークシャー種は毛色に関する遺伝子を利用した品種鑑別技術が確立されており，偽物対策として利用されている（図2.10）．

e. 中ヨークシャー種
（Middle Yorkshire, Middle White）

イギリスのヨークシャー地方原産のブタで，現地在来種と中国種の交雑より作出されたとの説と，大ヨークシャー種と小ヨークシャー種の交雑から作出されたとの説の2説ある．毛色は白，耳は立っており，顔はしゃくれている．成体重は雄250 kg，雌200 kg．性格は温順．発育が遅く皮下脂肪が厚い．肉質はよいとされている．ミート型である．戦前は主要品種であったが，現在は一部地域で小頭数飼養されている．

f. ハンプシャー種（Hampshire）

イギリスのハンプシャー地方の在来種をもとにアメリカで作出された品種である．毛色は黒で，肩から前肢にかけて10〜30 cmの白帯（サドルマーク）がある．耳は立っている．成体重は雄300 kg，雌250 kg．背脂肪，皮膚ともに薄く，背は弓状に張り，後駆が充実しており赤肉割合も高い．ミート型である．性質は活発．産子数は7〜8頭と少ない．日本では一時期三元交雑の雄系品種として利用が進んだが，現在はデュロック種にその地位を奪われて，ごく少数飼養されているにすぎない（図2.11）．

g. 梅山豚（Meishan pig）

中国の江蘇省と浙江省にまたがって位置する太湖周辺の在来種は外貌や能力に共通点が多く太湖豚と総称され，梅山豚はその代表的な品種である．毛色は黒色で四肢端は白い．西洋種と比べて頭部が大きく，顔はしゃくれており，耳は大きく垂れている．体側面に深いしわを有し，皮膚は厚く粗野である．背線はゆるく，腹部も大きく垂下している．産子数は15〜16頭と非常に多く，ときには20頭を超える．非常に早熟で，早い個体は3か月で春機発動を迎える．産肉性は低い．

日本では1986年に農林水産省に導入された．各国で遺伝子解析の実験家系として利用された経歴があり，日本においても農林水産省畜産試験場（現 (独)農研機構畜産草地研究所，現 (独)農業生物資源研究所）で梅山豚とゲッチンゲンミニブタを用いた遺伝子解析家系が作出された．また，ヨーロッパでは多産系統を作出するために梅山豚を導入したハイブリット豚の造成が行われている．

h. ゲッチンゲンミニブタ
（Göttingen Miniature）

ドイツのゲッチンゲン大学で小型化をめざして作出したミニブタである．有色系統と白色系統がある．顔面は畸面を呈し，耳は小さく立っている．成体重は50 kg程度であり，産子数は4〜6頭と少ない．日本では1970年代半ばに導入され，主に医学分野で利用されている．日本では鹿児島大学がクラウンミニブタを，(独)家畜改良センターがサクラコユキ系1系統，サクラメヒコ系2系統を作出している．このうちサクラメヒコ系はメキシカンヘアレスピッグをもとに作出され，ヒトとよく似た皮膚構造を有していることが知られている．日本で作出されたこれらの系統

図2.11 ● ハンプシャー種（雄）

も主に医学分野で利用されている．

i．日本在来豚

日本には2種類の在来種が確認されている．沖縄在来豚のアグーと奄美諸島の奄美島豚である．

アグーの起源は諸説あるが，1385年に中国から導入されたブタが祖先といわれている．このブタと明治時代に沖縄県に導入されたバークシャー種との交配により改良作出されたのがアグーとされる．アグーは粗食に耐えるため，第二次世界大戦前までは農家などでよく飼養されていたが，ラード型であったため必要性が薄れたこと，産子数が4～6頭と少ないこと，産肉性の高い西洋種が沖縄に導入されたこと，またそれによる雑種化が進んだことなど，さまざまな要因によりその数は激減した．現在飼養されているアグーはわずかに残っていたアグーの血を引くブタを戻し交配によって復元したものである．形態的には中国種の特徴を有し，毛色は黒，顔は長く耳は大きく垂れている．背線はゆるく，腹部も大きく垂下している．成体重は雄140 kg，雌120 kg．肉質は筋肉内脂肪がよく入り良好であるが，背脂肪が厚い．DNA調査や体型調査に合格したアグーについて沖縄県家畜改良協会で血統登記が行われている．

他方，奄美島豚は沖縄から島伝いに伝播した中国豚が起源とされ，もとは小耳種であったと考えられているが，明治時代に別の中国種である桃園豚との交雑により作出された．形態的特徴はアグーに似るが，より大型でアグーに比べて産子数も多い．耳は立っている．成体重は雌雄ともに160 kg．肉質は良好である．

2.2.4 ヤギ

A．分類

ヤギは動物分類学上，鯨偶蹄目（Cetartiodactyla），鯨反芻亜目（Cetruminantia），ウシ科（Bovidae），ヤギ亜科（Caprinae），ヤギ属（*Capra*）に属し，ヨーロッパからアジアにかけて広く分布する野生ヤギのベゾアー，マーコール，アイベックスが家畜ヤギの祖先とされ，このなかでもベゾアーが家畜化に大きく貢献したといわれている．

用途は，乳用，肉用，毛用があり，300を超える品種があるとされている．ここでは代表的な品種を紹介する．

B．品種の分類

a．乳用種

i）ザーネン（Saanen）

スイス西部ザーネン谷の原産で，代表的な乳用種．毛色は白，有角のものと無角のものがいる．体格は大型で，雌で60～70 kgになり，泌乳能力が高いものへ改良が進んでいる．

世界各国に広まり，それぞれの国で改良がされている．また，日本ザーネン種も本種と在来種により作出されたとされている．

乳量は一泌乳期（240～270日）で，約600～1,000 kg，多いものは3,000 kgを超える．乳脂率は平均3%．季節繁殖性で，腰麻痺にはかかりやすい（図2.12）．

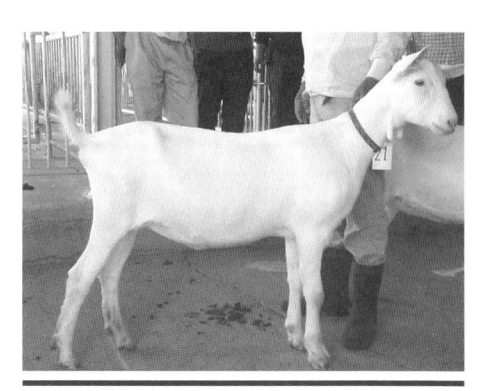

図 2.12 ● ザーネン

ii）アルパイン（Alpine）

スイス，フランスのアルプス地方の原産で，毛色は淡褐色～褐色，黒色を基調として，斑状になるものや鰻線を表すものもある．有角

または無角．体格は大型で雌は 60 〜 70 kg，乳量は 600 〜 800 kg でザーネンより少ないが乳脂率が 3.5 % とやや高い．

ⅲ）トッケンブルグ（Toggenburg）

スイス東部のトッケンブルグ谷が原産で，毛色は淡褐色で鼻梁の両側の白線が特徴．

体格は雌で平均 50 kg，乳量は 600 〜 800 kg とされる（図 2.13）．

5 %（図 2.14）．

ⅴ）ナイジェリアンドワーフ
　（Nigerian Dwarf）

西アフリカ原産の品種で，アメリカでは，ピグミーとともに非常に人気の品種となっている．体重は 20 〜 25 kg と小型であるが，一泌乳期の乳量は 270 〜 320 kg と非常に優れている．毛色は各色の斑模様（図 2.15）．

図 2.13 ● トッケンブルグ

図 2.15 ● ナイジェリアンドワーフ

ⅳ）アングロヌビアン（Abglo-Nubian）

アフリカ東部の垂れ耳の品種がイギリスに渡り改良されたとされる．乳用種として耐暑性に優れ，熱帯諸国でも改良に貢献している．毛色は黒〜褐色の単色，体の大きさは雄で平均 140 kg，雌で 110 kg と大型の品種である．乳量は 1,000 〜 1,200 kg，乳脂率は高く 4 〜

b．肉用種

ⅰ）ボア（Boer）

南アフリカ原産で在来種にヌビアンやザーネンなどの改良種を交配し造成された大型品種で，産肉能力が高い．体重は雄が 100 〜 150 kg，雌が 90 〜 100 kg，毛色は白色で頭部，頸部は褐色，頭部の中心部の顔は白い．すべ

図 2.14 ● アングロヌビアン

図 2.16 ● ボア

ての個体が有角で、耳は垂れ、鼻梁は緩やかにローマンノーズを呈する（図2.16）.

ⅱ）シバヤギ（Shiba）

長崎県五島列島の原産の小型のヤギで、トカラヤギなどと同様に東南アジアを起源と考えられている品種である．体の大きさは、雄が40 kg、雌が30 kg、すべての個体で角があり、毛色は白色．成長が早く雌は3～4か月齢で発情がみられる個体もある．周年繁殖性があり双子率が高く三つ子も珍しくない．腰麻痺の抵抗性がある（図2.17）.

図2.17● シバヤギ（雌）

ⅲ）韓国在来種（Korean）

韓国各地で飼養されている小型のヤギで、体の大きさは雄で18～20 kg、有角で、毛色は灰色、白色、黒色の3タイプがあるが、黒色がもっとも多い．腰麻痺の抵抗性がある．

ⅳ）ウエストアフリカンドワーフ（ピグミー）
　（West African Dwarf, Pygmy）

名前のとおり、西アフリカ原産の品種で、現地では肉用として利用されている．アメリカでは、小型であることや毛色のバリエーションが多いことなどからペットとして高い評価を受けている．体の大きさは18～25 kg、有角で、毛色は黒色、褐色、各色斑である．トリパノゾーマに抵抗性がある．

c. 毛用種

ⅰ）アンゴラ（Angora）

トルコの原産の品種で、代表的な毛用種．良質なモヘアーを生産する．体の大きさは35～50 kg、有角で、毛色は白色．毛の長さは約15 cm、産毛量は年間1.5～3.0 kgになる（図2.18）.

図2.18● アンゴラ

ⅱ）モンゴル在来種（Mongolian）

モンゴルで飼養されている．大きく9つの系統に分類される．体の大きさは雄で60 kg、雌で45 kg、毛色は黒色、褐色、白色などがあり、産毛量は1頭あたり0.1～0.3 kg．特に「バインデルゲルの赤ヤギ」とよばれるものが、毛の太さが16 μm以下で、長さは4 cm以上の良質なカシミアを生産する（図2.19）.

図2.19● モンゴル在来種

2.2.5 ヒツジ

A. 分類

ヒツジ（*Ovis aries*）は鯨偶蹄目ウシ科ヤギ亜科ヒツジ属に属する．およそ1万年前のアラル，カスピ平原およびトルキスタンが家畜化の発祥地といわれており，西アジアから中央アジアに生息する野生ヒツジのウリアル，アルガリ，ムフロンが家畜ヒツジの祖先とする説が有力である．

B. 品種

ヒツジは家畜としての長い歴史のなかで世界各地の環境に適応し，さまざまな目的で改良が行われた結果，1,000種もの品種が作出された．現在，日本には約30品種のヒツジが飼育されているが，このうち生産を目的として飼育されているのは5品種程度である．次に日本にかかわりのある主な品種を紹介する．

a. メリノ（Merino）

もっとも良質の羊毛を生産する細毛種であり，雄は螺旋形の角をもつ．枝肉は脂肪が多く，肉用としての価値は低い．オーストラリアで多く飼育されているが，世界のメリノ系種はすべてスペインで成立したスパニッシュメリノをもとに作出されたものである．日本では明治から昭和初期にかけて軍需用羊毛の生産のために飼育されていた．

b. コリデール（Corriedale）

ニュージーランドでメリノにロムニマーシュやリンカーンなどの英国長毛種を交配して作出された無角の毛肉兼用種．頭部は眼の周辺まで羊毛で覆われ，鼻先は黒い．昭和時代の主要品種であり，1957年には全国で約100万頭が飼育されていた（図2.20）．

c. サウスダウン（Southdown）

イギリスのサウスダウン丘陵地帯で古くから飼育されていた在来種の選抜によってつくられた肉用種．体格は小型であるが，英国種のなかで最高の肉質を誇る．頭数は少ないが，日本でも本種によるラム肉生産が行われている．

d. サフォーク（Suffolk）

イギリス在来種のノーフォークホーンにサウスダウンを交配してつくられた大型の肉用種で，頭と四肢は黒色短毛で覆われる．早熟早肥で産肉能力に優れ，世界各国でラム肉生産用の交配種として利用されている．日本ではコリデールに代わるラム肉生産用品種として1962年から本格的に導入されるようになり，現在の主要品種となっている（図2.21）．

図 2.20 ● コリデール

図 2.21 ● サフォーク

e．ポールドーセット（Poll Dorset）

オーストラリアで有角のドーセットホーンにコリデールやライランドを交配してつくられた無角の肉用種．羊毛はコリデールよりも短く，鼻先はピンクである．繁殖期間が長く，産肉能力に優れ，乳量も多い．ラム肉生産用交配種としてもっとも利用価値の高い品種といわれており，日本でもラム肉生産に利用されている．

f．テクセル（Texel）

オランダ原産の肉用種．東フリースランド諸島で飼育されていた短尾の在来種にリンカーンを交配してつくられた．腿の筋肉がよく発達し，脂肪の少ない良質な肉を生産する．

g．フリースランド（Friesland）

ドイツとオランダ北部のフリースランド地方原産の乳用種で，年間泌乳量は500〜600 kg．きわめて多産であり，産子数の向上を目的として日本にも導入されている．

2.2.6　ニワトリ・ウズラ
ニワトリ
A．分類

ニワトリが何から家禽化されたかについては，長らくセキショクヤケイ（*Gallus gallus*，赤色野鶏）のみがその野生原種であるとする単元説とセキショクヤケイ以外のヤケイも関与しているとする多元説とが存在した．現在では，セキショクヤケイが主な野生原種であることに異論はないものの，一部ハイイロヤケイ（*Gallus sonneratii*，灰色野鶏）からの遺伝子流入もあったと考えられている．セキショクヤケイ，ハイイロヤケイともに，キジ目（Galliformes），キジ科（Phasianidae），ヤケイ属（*Gallus*）に分類される．セキショクヤケイからニワトリへの家禽化が開始されたのは紀元前6000年頃と考えられている．

B．品種

世界中にニワトリの品種は約250存在するといわれている．また一説には約500とする説もあるが，これは内種まで数えた場合の数である可能性がある．ニワトリの品種は，その用途により，大きく卵用，肉用，卵肉兼用，観賞用に分類されるが，純然たる肉用品種数は少ない．卵用品種は軽快な体格をもち，肉用品種は重厚な体格をもつ．兼用品種の体格は両者の中間であるが，体型的には肉用品種に近い．観賞用品種の体格は大小さまざまである．世界的に著名な卵用鶏品種には地中海沿岸地域で作出されたものが多く，肉用および兼用品種にはアメリカで作出されたものが多い．なお，日本で作出されたものは，そのほとんどが観賞用品種である．

a．卵用品種

ⅰ）レグホーン（Leghorn）

イタリア原産であるが，イギリスやアメリカなどに渡り改良がなされた．白色，褐色（赤笹），黒色などをはじめ12の内種が存在するが，もっとも知名度が高いのは白色内種であり，一般には白色レグホーン（White Leghorn）とよばれ，世界中で広く利用されている．しかし，白色レグホーンは卵生産用に徹底的に改良がなされているため，他の内種とは遺伝的構成が大きく異なっている可能性があり，もはやレグホーンの白色内種としてではなく，別品種として扱うことが妥当であるかもしれない．いずれにしろ，レグホーンは，単冠，白耳朶，黄脚をもち，白色卵を産む．系統により大小があるが，一般的には雌1.8 kg，雄2.8 kg程度である（図2.22, 図2.23）．

図 **2.22**●白色レグホーン（雌雄）

図 2.23 ● 褐色レグホーン（雄）

図 2.24 ● 白色コーニッシュ（雌雄）

図 2.25 ● 赤色コーニッシュ（雌雄）

b. 肉用品種

ⅰ) コーニッシュ（Cornish）

　本品種は，イギリスのコーンウオール州で作出された品種のインディアンゲームをもとにしてアメリカで作出された．アメリカへ持ち込まれたインディアンゲームはコーニッシュとよばれたが，その後さまざまな交配がなされ，まず赤色コーニッシュ（Red Cornish）がつくられ，次いで白色コーニッシュ（White Cornish）がつくられたといわれている．白色コーニッシュには，肉用鶏としての徹底的な遺伝的改良がなされ，現在，ブロイラー生産のための雄系として，大規模産業利用されている．一方，赤色コーニッシュの利用頻度は高くない．白色レグホーンの場合と同様に，白色コーニッシュと赤色コーニッシュの間には大きな遺伝的隔たりが存在する可能性があるため，両者は，内種ではなく別品種として扱われるのが妥当かもしれない．赤耳朶，黄脚をもち褐色卵を産む．本来の冠型は三枚冠であるが，現在ではほとんどすべての系統が単冠をもつ．成体重は，雌 4.0 kg 程度，雄 5.5 kg 程度である．（図 2.24，図 2.25）

c. 卵肉兼用品種

ⅰ) プリマスロック（Plymouth Rock）

　アメリカのマサチューセッツ州プリマスで作出されたためにこの品種名がある．横斑，白色，バフなど5つの内種があるが，著名なのは横斑のもの（横斑プリマスロック，Barred Plymouth Rock）と白色のもの（白色プリマスロック，White Plymouth Rock）である．品種としてのおおもとの羽装色は横斑であり，これから劣性突然変異として白色が出現した．横斑プリマスロック，白色プリマスロックともに本来は兼用品種であるものの，現在では，卵生産用に特化した系統あるいは肉生産用に特化した系統が作成されているが，この傾向は，白色プリマスロックにおいてより顕著である．肉生産用に特化した白色プリマスロックの系統はブロイラー生産のための雌系として世界中で広く利用されてい

る．また，肉生産用のものでは，多くの系統において，本来劣性形質であった白色羽装が優性のものに置き換えられている．以上のように，横斑プリマスロック，白色プリマスロックともに，系統ごとに遺伝的改良の方向および程度が大きく異なっているため，これらを同一品種内の内種として扱うべきか否か，白色レグホーンおよび白色コーニッシュの場合と同様に，疑義の残るところである．横斑プリマスロック，白色プリマスロックともに，単冠，赤耳朶，黄脚をもち，褐色卵を産む．成鶏の体重は，横斑プリマスロックでは，雌 2.2 ～ 3.5 kg 程度，雄 2.9 ～ 4.5 kg 程度，白色プリマスロックでは，雌 1.9 ～ 3.7 kg 程度，雄 2.5 ～ 5.0 kg 程度と，その用途の多様化を反映して系統による差異が大きい（図 2.26，図 2.27）．

ⅱ）ロードアイランドレッド
（Rhode Island Red）

アメリカのロードアイランド州で作出されたためにこの品種名がある．尾羽と主翼羽の一部は黒色であるが，体幹の羽毛は赤味を帯びた濃褐色（マホガニー色）である．本来，兼用品種であるが，現在ではプリマスロックの場合と同様に，卵生産に特化した系統あるいは肉生産に特化した系統が存在する．単冠，赤耳朶，黄脚をもち，褐色卵を産む．成鶏の体重は，雌 2.0 ～ 3.5 kg 程度，雄 2.7 ～ 4.7 kg 程度と，プリマスロックの場合同様，その用途の多様化を反映して系統差が大きい（図 2.28）．

図 2.26 ● 横斑プリマスロック（雌雄）

図 2.27 ● 白色プリマスロック（雌雄）

図 2.28 ● ロードアイランドレッド（雌雄）

ⅲ）ニューハンプシャーレッド
（New Hampshire Red）

アメリカのニューハンプシャー州で作出されたためにこの品種名をもつ．ロードアイランドレッドをもとにして，他品種を交配することなく選抜育種のみによって作出された品種である．ロードアイランドレッドと同じくコロンビア型の羽装を示すが，体幹の羽毛色は黄褐色である．兼用品種であるが，産肉能力重視の方向で育種がなされ，現在のように白色コーニッシュおよび白色プリマスロックがブロイラー生産の主力を占める以前にはブロイラー生産に多用されていた．単冠，赤耳朶，黄脚をもち，褐色卵を産む．成鶏の体重

は，雌 3.0 kg 程度，雄 3.9 kg 程度である．

d. 観賞用品種

ⅰ) オナガドリ（尾長鶏）

　国の特別天然記念物に指定されている．正式名称は「土佐のオナガドリ」である．江戸時代に高知県で作出された．適正な管理を行えば，雄の尾羽と蓑羽の一部は終生伸長を続け，長いものでは尾羽が 10 m にも達する．蓑羽の長さは尾羽の半分程度である．本来の羽色は白笹（白藤）であるが，他品種を交配することによって，赤笹，白色，猩々，黒色の内種が作出されている．単冠および白耳朶は各内種に共通であるが，脚の色は内種によって異なっている．白藤，赤笹および黒色内種では柳色であるが，白色内種では黄色である．猩々内種には柳色のものと黄色のものが存在する．また，近年は，白藤および赤笹内種にも黄脚をもつものが増加してきた．淡い褐色卵を産む．成鶏の標準体重は，雌 1.35 kg，雄 1.80 kg である（図 2.29）．

図 2.29 ● オナガドリ（雄）

ⅱ) オオシャモ（大軍鶏）

　国の天然記念物に指定されている．単にシャモとよばれることも多い．本来，闘鶏用の品種であり，気性が激しく，直立した体型をもつ．肉量が多く，かつその味も佳良であるため，現在では，特殊肉用鶏作出のための雄系として頻用されている．三枚冠，赤耳朶，黄脚をもち，淡い褐色卵を産む．羽装色にはさまざまなものがみられる．また，飼育されている地域により大きな体格差が存在する．成鶏の体重は，雌 2.5 ～ 4.0 kg 程度，雄 3.5 ～ 7.0 kg 程度である（図 2.30）．

図 2.30 ● オオシャモ（雄）

ⅲ) トウテンコウ（東天紅鶏）

　国の天然記念物に指定されている．高知県原産．雄の長鳴きを観賞する品種であるが，尾羽と蓑羽が豊かで長く，その姿も優美である．その姿態はショウコク（小国鶏）と似ているが，ショウコクとは異なり，羽装色は赤笹である．単冠，白耳朶，柳脚をもつ．また，淡い褐色卵を産む．成鶏の標準体重は，雌 1.80 kg，雄 2.25 kg である．本品種は，秋田県原産のコエヨシ（声良鶏）および新潟県原産のトウマル（蜀鶏）とともに，日本三大長鳴鶏といわれている．また，これに山口県・島根県原産のクロカシワ（黒柏鶏）を加え，四大長鳴鶏という場合もある（図 2.31）．

図 2.31 ● トウテンコウ（雌雄）

iv）ウズラチャボ（鶉矮鶏）

　国の天然記念物に指定されている．高知県原産．尾が直立するチャボ（矮鶏）とは別品種であることを明確にするために本品種をウズラオ（鶉尾）とよぶ愛好家も多い．本品種は遺伝的に尾羽を欠損している．骨格レベルでは尾椎を欠損している．個体によっては腰椎の一部まで欠損しているものも存在する．さまざまな内種が存在するが，共通して単冠，白耳朶，黄脚をもつ．淡い褐色卵を産む．成鶏の標準体重は，雌 600 g，雄 675 g である（図2.32）．

図 2.32 ● ウズラチャボ（雌雄）

v）シーブライトバンタム（Sebright Bantam）
　イギリス原産．Sebright 卿によって作出されたのでこの品種名がある．実用鶏の多い欧米品種のなかにあって，珍しく純粋に観賞用に作出された品種である．雄は雌性羽（丸羽）をもつ．内種にはゴールドとシルバーがあり，いずれも個々の羽毛における黒色覆輪が美しい．薔薇冠，赤耳朶，鉛脚をもち，白色卵を産む．成鶏の標準体重は，雌 510 g，雄 620 g である（図 2.33）．

図 2.33 ● シーブライトバンタム（雌雄）

C. ウズラ

　ウズラ（*Coturnix japonica*）は，キジ目（Galliformes），キジ科（Phasianidae），ウズラ属（*Coturnix*）に分類される小型鳥類である．採卵目的の家禽ウズラは，雌 120〜150 g，雄 100〜120 g 程度の体重を示す．一方，フランス，イタリア，ブラジルなどでは，日本から渡った卵用ウズラをもとにして，雌の体重が 300〜400 g にも達する肉用ウズラが作出されている．ウズラの家禽化は室町時代に武士の手によって開始されたと考えら

図 2.34 ● ウズラ（雄）

れている．江戸時代あるいは明治時代までは，雄の勇壮な鳴き声を楽しむための「鳴きウズラ」として飼育され，採卵目的での改良がなされはじめたのは明治時代の終わり頃からである．また1960年代以降は，ウズラの実験動物としての利用が世界中でなされるようになった．ウズラにはニワトリにみられるような品種は存在しないが，羽装，行動，代謝などに関して多くの突然変異が発見され，実験用系統が育成されている（図2.34）．

2.2.7　ウサギ
A．分類
　ウサギは動物分類学上，ウサギ目（Lagomorpha），ウサギ科（Leporidae），ウサギ亜科（Leoporinae），アナウサギ属（*Oryctolagus*）のアナウサギ（*Oryctolagus cuniculus*）を家畜化したものとされ，多くの品種がつくられており，ペット用なども含めると100以上の品種があるとされる．用途は，肉用，毛皮用，毛用，実験用のほかに最近はペット用としての需要が高まっている．

B．品種の分類
a．日本白色種（Japanese White）
　明治時代から飼われている毛肉兼用品種で，体型には大，中，小の3つのタイプがみられ，近年では主に実験用として飼育され，近交系統も作出されている（図2.35）．

図2.35 ● 日本白色種

b．ニュージーランドホワイト（New Zealand White）
　アメリカで作出された品種で，毛肉兼用種として改良されたが，強健で温順，繁殖能力が高いことから実験動物として世界的に利用されている（図2.36）．

図2.36 ● ニュージーランドホワイト

c．アンゴラ（Angora）
　毛用種で，その毛は中空で細く軽く保温性に優れているため，高級な肌着などに用いられる．いくつかの内種があり毛色は白（アルビノ），黒，茶などがある（図2.37）．

図2.37 ● アンゴラ

d．ダッチ（Dutch）
　ベルギー原産とされている小型のウサギで，耳，体の後半，目の周辺が黒色なためパ

ンダウサギともよばれる．

e. フレミッシュジャイアント（Flemish Giant）
大型肉用種で平均 8 ～ 9 kg であるが，大きなものは 10 kg を超える．ウサギでは最大の品種といわれている．

f. ネザーランドドワーフ（Netherland Dwarf）
オランダで改良された品種で，体重は 1 kg 以下とウサギのなかでもっとも小型．多くの内種があり，毛色は黒，茶，褐色，灰色などさまざまである．

g. レッキス（Rex）
フランスで突然変異で生まれた極短毛の品種から作出されたとされる．ビロード状の短く密度の高い被毛が特徴．非常に多くの内種があり毛色は多様である．

2.2.8 ミツバチ
A．分類上の位置
膜翅目（Hymenoptera アリ・ハチの仲間），ミツバチ科（Apidade），ミツバチ属（Apis）の昆虫を一般的に「ミツバチ：honeybee」とよび，人類は蜂蜜などの生産物を利用してきた．ミツバチ属は大きく4つのグループ（セイヨウミツバチ，トウヨウミツバチとその近縁種，オオミツバチとその近縁種，コミツバチとその近縁種）に分けられ，最近の分類では9種に分類されている．このうち2種（セイヨウミツバチ，トウヨウミツバチ）が養蜂種として人間の管理下で蜂蜜生産や花粉媒介昆虫として利用されている．野生のオオミツバチ，ヒマラヤオオミツバチの巣から蜂蜜を採集するハニーハンティングが行われている．またコミツバチの巣は，野生から採取され，巣ごと市場などで売られている．

B．ミツバチの種
a. セイヨウミツバチ（Apis mellifera）
一般的に養蜂種はセイヨウミツバチであり，世界の商業的な養蜂はほとんどこの種が用いられる．原産地はアフリカで，野生種はアフリカ・ヨーロッパから天山山脈まで分布している．現在 24 の亜種に分類されている．そのなかで養蜂には，イタリアン系統，カーニオラン系統，コーカサス系統，ドイツ系統などが家畜化され養蜂に使われている．ミツバチには明確な品種はなく，亜種あるいは亜種から生じたグループを系統とよぶ．

ⅰ）イタリアン系統（Apis mellifera ligustica）
現在，世界でもっとも広汎に飼養されている．気性が穏やかで，集蜜性が高い．冬季に大きな個体群を維持する必要があるので，他の系統と比較して，耐寒性が低く，越冬期に多くの貯蜜が必要である．明るい黄色をしている．イタリアン系統は，気候に適していたため，日本においても，明治期以来，ヨーロッパ・アメリカから導入された．現在，日本で飼養されているセイヨウミツバチは，イタリアン系統を起源とする雑種である．近年オーストラリアから輸入される女王蜂も，イタリアン系統由来スリーバンド系統である．

ⅱ）カーニオラン系統（Apis mellifera carnica）
スロベニアのカルロニア地域原産で，オーストリア・アルプスと北バルカン諸国などで普及している．穏和な性格で色は黒っぽい．冬季の間は個体数の規模が縮小しても，春季に個体数の回復が早いことでも知られている．日本へは以前より旧ユーゴスラビアから女王蜂が輸入されており，現在でもスロベニアから導入されている．

ⅲ）コーカシアン系統
（Apis mellifera caucasia）
コーカサス山脈原産で，非常に穏やかで，かつ集蜜性高い．イタリアン系統より体長が大きい．コーカシアン系統のなかで，沿海州地域原産のロシアン系統は，ミツバチヘギイタダニに対する抵抗性が高く，アメリカにおいてミツバチヘギイタダニ抵抗性系統作成のために導入試験が行われている．

ⅳ）ドイツ系統（Apis mellifera mellifera）
北ヨーロッパ原産で暗黒色を呈する．イタリアン系統より攻撃性が高いといわれている

が，耐寒性は高い．

b．トウヨウミツバチ（*Apis cerana*）

アジア全域に分布し，一部地域では採蜜に利用される．逃去しやすく，セイヨウミツバチに比較して蜜の生産性が低い．一方，セイヨウミツバチより，抗病性，耐ダニ性をもつと考えられている．このためトウヨウミツバチのもつ抗病性のメカニズムを解明し，それをセイヨウミツバチに応用する研究が進められている．ニホンミツバチ（*Apis cerana japonica* Rad）はトウヨウミツバチの亜種である．ニホンミツバチは，日本書紀にも記述があり，古代からその蜜を利用していたことがうかがえる．江戸時代には飼養技術の改良が進み，飼養解説書も出版されたりもしたが，明治期にセイヨウミツバチの導入により，本格的な養蜂種としては用いられなくなった．現在，ニホンミツバチの飼養はほとんど趣味養蜂のレベルである．

c．ミツバチゲノムプロジェクト

国際ミツバチゲノム解読コンソーシアム（Honey Bee Genome Sequencing Consortium）は，セイヨウミツバチのゲノムの完全な配列決定・分析を行い，その結果を2006年10月に発表した．ミツバチは，蜂蜜などの生産，花粉媒介昆虫として重要であるだけではなく，高度な社会性をもち，記憶研究などのモデル昆虫として注目され，ゲノムを解読すべき昆虫として選択された．セイヨウミツバチは，ショウジョウバエ，カに続き，3番目にゲノム分析が終了した昆虫となった．解読によりミツバチでは，嗅覚に関した遺伝子が味覚に対する遺伝子より多いことが明らかになった．またミツバチの免疫関連遺伝子は，ショウジョウバエやカより少ないことが明らかになった．このように，ミツバチの特徴が遺伝子レベルでも確認されることとなった．

d．アフリカ化ミツバチ（Africanized honeybee）

1956年にセイヨウミツバチのアフリカの亜種 *A. mellifera sucutella* がブラジルに研究用に導入された．この亜種は逃亡し，ヨーロッパから導入していたセイヨウミツバチとも交配して野生化した．これらはアフリカ化ミツバチ（Africanized honeybee）とよばれ，南米から北米に分布を広げている．分布の拡大は，北はアメリカのカルフォルニア州南部からテキサス州，南はアルゼンチンである．性質が荒く，実際，死亡事故も起こったことからキラー・ビーともよばれている．刺傷による被害が多発して問題になっている．しかし，ブラジルなどでは，高温多湿の環境に適応し，集蜜性にも優れている．また良質のプロポリスを産生すると考えられている．現在は，アフリカ化ミツバチの性質に基づいた飼養方法などが工夫され，沈静化している．しかし，基本的な状況には変化がなく，穏和化への研究が進められている．

2.2.9 その他の家畜

A．スイギュウ（Buffalo）

スイギュウ（*Bubalus bubalis*）は主に熱帯地域で広く飼養されている．沼沢水牛（Swamp buffalo，染色体数 2n = 48）と河川水牛（River buffalo, 2n = 50）に大別される．沼沢水牛は中国，東南アジアで飼育されている．体色は灰褐色〜灰色で，白色もある．直射日光に弱く，体温調節機構が十分ではないため，水浴びや泥遊びで体温を調節する．粗

図 2.38 ● スイギュウ（雄）（中国の沼沢水牛）

飼料に耐え，疾病にも強い抵抗性をもつ．役用が主で，肉，角，皮も利用される．河川水牛はインド，西南アジアおよび南ヨーロッパで飼育されている．体色は灰黒色〜黒色．沼沢水牛に比べて水をあまり必要としない．主に乳用と役用に利用される．イタリアのモッツァレラチーズはスイギュウの乳からつくられる（図2.38）．

B. ヤク（Yak）

ヤクはチベット地方で野生のヤク（*Bos grunniens*）が馴化されたもの．高地に適応し，粗飼料にも耐えるため，チベット高地を中心に，使役用，乳用に利用される．被毛は長く，毛色は多様で，黒や褐色に加え，白色もいる．家畜牛との交雑利用も多い．

C. ラクダ（Camel）・ラマ（Llama）・アルパカ（Alpaca）

ラクダは，砂漠地帯で使役用に利用される．アフリカ，中東，西南アジアなどで飼われているヒトコブラクダ（Dromedary camel, *Camelus dromedarius*）と，中央アジアの草原地帯で飼育されているフタコブラクダ（Bactrian camel, *Camelus bactrianus*）の2種がいる．乾燥に強く，粗飼料によく耐える．ウシと同じく反芻を行う．背部のコブは白色の脂肪である．ヒトコブラクダは肉用にも用いられ，フタコブラクダは毛も利用される．

南アメリカにはラクダ科のラマ（*Lama glama*），アルパカ（*Lama pacos*）がいる．ラマは体重130〜155 kgで，白，褐色，灰色，黒またはそれらの斑を呈する．高地に順応しており，アンデス高地で荷役用に用いられる．アルパカはラマより小柄で体重55〜65 kg，白，褐色，灰色，黒の均一色が多い．長くて品質のよい毛をもち，高級織物用の毛生産に用いられる．

D. トナカイ（Reindeer）とシカ（Deer）

トナカイ（*Rangifer tarandus*）は，スカンジナビア半島北部からシベリア，北アメリカの寒帯地方で家畜として飼育されている．北極圏の気候によく適応し，半野生の状態で放牧地を移動しながら飼われている．肉や皮，乳，角，骨などが利用されるほか，ソリを引く使役用に使われる．

トナカイのほかに，肉や鹿茸（袋角）生産に利用されるシカとして，アカシカ（*Cervus elaphus*），ダマシカ（*Dama dama*），ニホンジカ（*Cervus nippon*），ミュールジカ（*Odocoileus hemionus*），サンバー（*Cervus unicolor*），ジャコウジカ（*Moschus moschiferus*）がいる．ニュージーランド，オーストラリア，ヨーロッパ，アメリカなどでは主に肉用に飼育されており，中国では鹿茸，麝香生産にも利用される．

E. アヒル（Duck）とバリケン（Muscovy duck）

アヒルは，マガモ（*Anas platyrynchos*）から，中国，東南アジア，ヨーロッパなどで個別に家禽化されたものである．多くの在来種がある一方，卵・肉用への改良も行われ，卵用種にはカーキキャンベルやインディアンライナー，肉用種にはペキンやルーアンなどの品種がある．改良品種と在来種の交配も行われている．アヒルの性成熟は約7か月で，成長が早く，肉用種では7週齢で4 kgになる．卵用種では年間250個を超える卵を産む．羽毛は衣料品や寝具に用いられる．近年，日本で盛んになったアイガモ農法は，小型のアヒルとマガモの雑種や雑種どうしの交配など

図2.39 ● バリケン（雄）

でつくられた，いわゆるアイガモを水田で利用する農法である．

バリケンは南アメリカの野バリケン (*Cairina moschata*) から家禽化された．大型で，雄は 6 kg，雌は 3 kg．顔の皮膚が赤く雄には肉阜がある．フランスで肉用に改良された．台湾では純粋種のほかにアヒルとの属間雑種が肉用に利用されている（図 2.39）．

F. ガチョウ（Geese）

ガンカモ科のガンから家禽化された．ハイイロガン (*Anser cinereus*) とサカツラガン (*Sygnopsis sygnoides*) を先祖とする2つの系統に大別される．飼料効率が高く，成長も速い．湿潤な気候にも適応し，耐病性に優れる．産卵性は低い．主に肉，羽毛用で，フランスなどではフォアグラ生産に使われる．主な品種に，ハイイロガン由来のツールーズ種，白色のエムデン種，サカツラガン由来のシナガチョウ，シナガチョウとツールーズ種の交雑に由来するアフリカ種などがある．

G. シチメンチョウ（Turkey）・ホロホロチョウ（Guinea fowl）

シチメンチョウは北アメリカの野生のシチメンチョウ (*Meleagris gallopavo*) から家禽化された．現在の飼養品種は白色種がほとんどで，大型と小型に大別される．肉用に改良され，飼料要求率に優れ，産肉歩留がよい．大型種の雄は 20 週で 13 kg，雌は 17 週で 9 kg で出荷される．雌は約 7 か月齢から産卵を開始し，以後 7 か月で約 100 個の卵を産む．

ホロホロチョウは，西アフリカの野生種 (*Numida meleagris*) が中世にヨーロッパに導入され改良された．灰黒色の地に真珠大の白色斑が散在する真珠色種のほかに白色種などがある．肉用で体重が 10～12 週で 2 kg 前後で出荷される．

H. ダチョウ（Ostrich）

ダチョウ (*Struthio camelus*) はアフリカ原産である．19 世紀後半に南アフリカでアフリカンブラック種が作出され，広く飼養されるようになった．主に皮，羽毛，肉，卵が利用される．草利用性が高く，長命で繁殖用としては 20～40 年供用できる．成体の平均体重は 120 kg．年産卵数は約 40 個．日本でも 1980 年代後半から飼育されている．

I. 実験動物（Laboratory animals）

医学・生物学の研究，医薬品や化粧品の開発などに使用される動物で，人間の飼育管理下で需要に応じて生産されるものを実験動物という．実験動物は，産業用，愛玩用に加えて第三の家畜とよばれることもある．主な実験動物として，マウス，ラット，ハムスター，モルモット，ウサギ，イヌ，ネコなどがある．マウス (Mouse, *Mus musculus*) はハツカネズミが原種である．実験動物としての質が高く，もっとも広く利用されている．特に遺伝子研究分野では，特定の遺伝子を不活化したノックアウトマウスや特定の遺伝子を入れたノックインマウスがつくられている．ラット (Rat, *Rattus norvegicus*) はドブネズミが原種である．温順で，生理学，栄養学の実験に多用される．モルモット (Guinea pig, *Cavia porcellus*) は南米原産で，医学関連で多用される．実験動物には，目的にあった遺伝的な性質をもつように育種され，計画的な交配で維持された系統 (strain) がある．遺伝的制御によって，近交系 (inbred strain)，ミュータント系 (mutant strain)，クローズドコロニー (closed colony) などに分類される．近交系はきょうだい交配または親子交配を 20 代以上継続したもの，ミュータント系は特徴的な形質を示す突然変異遺伝子をもつもの，クローズドコロニーは一定の集団内のみで繁殖を継続しているものをいう．

J. その他の家畜

上記以外に現在家畜として利用されている主な動物を表 2.1 に示す．

表 2.1 ● その他の家畜

用途	動物
毛・皮用	ミンク,キツネ,ヌートリア,フェレット,チンチラ,ワニ
役用	ロバ,ラバ,ハト,イヌ(猟犬,牧羊犬,盲導犬,聴導犬,災害救助犬,警察犬,介護犬)
愛玩用	イヌ,ネコ,ハト,ハムスター,カナリアやブンチョウなど小鳥類
家禽	エミュー,レア,ハト

2.3 育種の基礎理論

2.3.1. 遺伝子の構造と機能
A. 遺伝子とは

メンデルの遺伝の法則が示すように,さまざまな形質が親から子へ伝達する際には,親には2個存在し,子には両親から1個ずつ伝わり2個となり,さらに入り交じることなく後代に伝わる「遺伝子」の存在が想定された.また細胞遺伝学的研究から,染色体上に遺伝子が存在することが示唆された.染色体は核内にあり,多くの多細胞生物は2組(2n)の染色体を有している.細胞分裂の際に倍加して(4n)となり,均等に分裂した後に,もとの細胞と同数の染色体数(2n)を保つ.また生殖細胞(精子,卵子)を形成する際には,減数分裂により染色体数は半減(n)するが,受精によってもとの染色体数(2n)を回復する.また哺乳類の場合,異形対を形成する性染色体(XおよびY染色体)により性が決定される.XXで雌,XYで雄であり,後代には雌から常にX染色体が伝達されるが,雄からX染色体が伝達されると雌に,Y染色体が伝達されると雄となる.また鳥類では哺乳類とは逆に雌がZW,雄がZZである.

染色体はタンパク質と核酸からなるが,遺伝子の正体が核酸の一種のDNAであることは,肺炎双球菌やバクテリオファージなどを用いた微生物研究において明らかとされた.

これらにおいては,まさにDNAの注入において表現型の変化(形質転換)が認められたのである.DNAは4種類の単位で構成され,その単位は塩基としてアデニン(A),チミン(T),シトシン(C),グアニン(G)を含むデオキシリボヌクレオチドである.またDNAは,AとT,CとGが互い相補的に水素結合した二重螺旋の鎖として存在しているが,それぞれの鎖が複製することにより,半保存的複製を可能としている.

ヒトの遺伝病やアカパンカビの遺伝的変異体などの生化学的解析において,遺伝的変異では特定の生化学反応が欠失していることが示された.遺伝子は生化学反応を媒介する酵素と関連していると考えられたが,その後の解析により酵素を含むタンパク質の設計図であることが明らかとなった.タンパク質は20種類のアミノ酸からなり,そのアミノ酸配列が4種類の塩基の並びによって指示されている.DNAは連続する3つの塩基で1つのアミノ酸を規定しており,これをコドンという.DNAは細胞が必要とするタンパク質のすべての情報を蓄積しており,その大きさは哺乳類の場合,1つの細胞で約60億塩基対である.

B. 遺伝子の発現

染色体上のDNAの特定領域には,特定のタンパク質のアミノ酸配列情報が存在し,それが遺伝子である.4種類の塩基からなるDNA配列からタンパク質が合成されるには,転写と翻訳の過程が必要である.転写はDNAからメッセンジャーRNA(mRNA)に情報が写しとられる現象であり,翻訳はmRNAの情報をもとにタンパク質が合成される過程である.これらの過程はセントラルドグマとよばれる.

DNAは5′から3′方向にRNAに写しとられる.RNAは,DNAと構造がよく似たリボヌクレオチドを単位としているが,塩基としてチミン(T)の代わりにウラシル(U)が

含まれている．DNAの特定の領域にはRNAへの転写を指示する配列があり，プロモーター配列という．このプロモーター配列の直後からDNAはRNAに転写されるが，転写の終了を指示する配列もあり，ターミネーターという．転写されたRNAは，さらに5′末端への7-メチルグアノシン（キャップ構造）の付加，3′末端への連続したアデニン塩基；ポリ（A）の付加が起こる．転写されたRNAには，さらに特定領域の切断と除去（スプライシング）が加えられ，成熟mRNAとなる．真核生物においては，遺伝子の内部においても遺伝情報として翻訳されない領域があり，この介在配列をイントロンとよぶ．スプライシング後に残る領域はエキソンとよぶ．

mRNAは核から細胞質に出て，リボソームという細胞内小器官へ移動し，タンパク質が合成される．リボソームでは，mRNA上のコドンに対応したアンチコドンを有するトランスファーRNA（tRNA）を介してタンパク質が合成される．アミノ酸特異的なtRNAが存在し，アンチコドンに対応したアミノ酸が結合している．mRNA上には翻訳開始を指示する配列があり，その直後のATGから翻訳が開始される．翻訳開始コドンであるATGはメチオニンをコードし，タンパク質合成はすべてメチオニンからはじまる．翻訳の終了のシグナルは，翻訳終止コドンであり，TAG，TAA，TGAの3種類である．4種類の塩基が3つでひとつのアミノ酸情報をもつことから理論的には64通りを区別することができるが，タンパク質を構成するアミノ酸は20種類である．上記のメチオニンのほかにトリプトファンが1種類のみのコドンにコードされており，その他のアミノ酸は2種類から6種類のコドンによりコードされている．

C. 遺伝子の構造

遺伝子の上流にはプロモーター配列があるが，真核生物での代表的な配列としてTATAボックス，CATTボックス，GCボックスなどがある．また遺伝子発現調節を担うさまざまな転写因子が結合するDNA配列もある．これらの配列のプロモーター上での有無は遺伝子ごとに異なっており，またプロモーターとして必要な領域の大きさも，数百塩基から数千塩基と多様である．またプロモーターを増強する働きのあるエンハンサー領域，逆に抑制させる働きのサイレンサー領域などさまざまな発現調節領域が真核生物には存在し，遺伝子発現調節機構はきわめて複雑なものになっている．

遺伝子はエキソンとイントロンからなり，エキソンはmRNAに転写される領域であり，イントロンはmRNAになる過程でスプライシングされる領域である．エキソンにおいて，mRNAの5′末端から翻訳開始コドン直前までに対応する領域はタンパク質をコードしておらず，5′非翻訳領域とよばれる．また終止コドンより後ろも同様に3′非翻訳領域とよばれる．エキソンとイントロンの数は遺伝子によって異なり，イントロンのない遺伝子もあるが，一方で数十のエキソンとイントロンからなる遺伝子もある．イントロンの大きさもさまざまで，成熟mRNAが数百塩基しかないにもかかわらず，イントロンが数十万塩基であることもある．

また同一の遺伝子においても，利用されるエキソンが一律ではなく，同じ遺伝子から複数の異なる構造のmRNAが合成される場合がある．これは選択的スプライシングとよばれるが，組織特異性，発生時期特異性を示すものもあり，これらを支配する塩基配列がイントロンに存在すると考えられる．哺乳類のゲノム解析により確認された遺伝子の数はこれまでに推定されていたものよりかなり少なく25,000程度と報告されているが，この選択的スプライシングが複雑な生命現象に必要なタンパク質の多様性を担っているとの考え

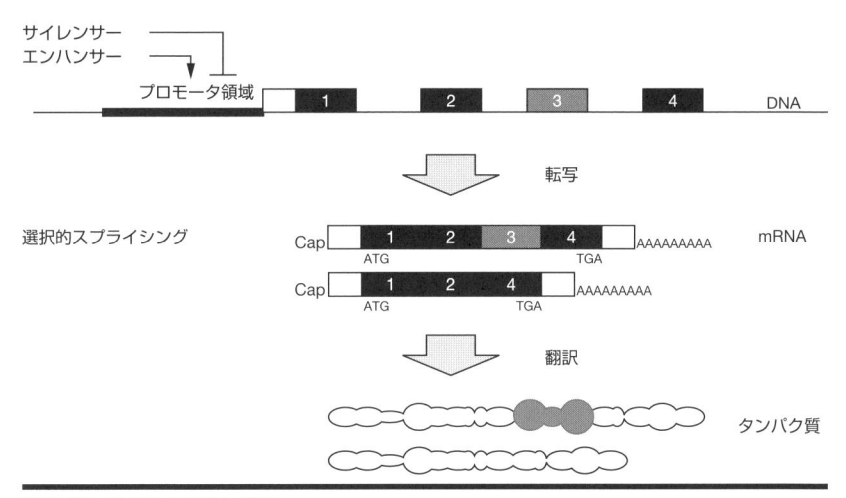

図2.40● 遺伝子の構造と発現

遺伝子は制御領域であるプロモーターとエキソン，イントロンからなる．またプロモーターの活性は，離れた位置にあるエンハンサー，サイレンサーからの制御を受ける．DNAである遺伝子はmRNAに転写されるが，その際にイントロンがスプライシングされる．利用されるエキソンが一律ではない場合，選択的スプライシングという．mRNAにはキャップ構造とポリ（A）が付加され，開始コドン（ATG）からタンパク質に翻訳される．mRNA上のタンパク質に翻訳されない領域は非翻訳領域という．

方もある（図2.40）．

D. 遺伝子発現のインプリンティング

　遺伝情報とはDNAの塩基配列であるが，それがすべてではない．エピジェネティックという現象のひとつとしてインプリンティングがあり，インプリンティングを受ける遺伝子では，父親または母親から受け継いだものしか発現しない．これらの機構により卵子だけでは発現しない遺伝子（父方発現遺伝子）が存在することとなり，哺乳類では単為発生が起こらないと考えられている．また，ある形質がインプリンティングのある遺伝子に支配されている場合には，後代の表現型は片方の親の遺伝子のみに影響される．インプリンティングにはDNAのメチル化や染色体を構成するヒストンのアセチル化が関与していると考えられており，それらは発生の過程で生殖系においてリセットされる．雄においてインプリンティングによって発現できなくなっている母方遺伝子も，次の世代では雄および雌の両方において父方遺伝子として発現する．

E. 遺伝子の多型

　遺伝子の種類やその配列は種によって異なっており，これらが種を規定している．また同一種内においてもDNA配列には多様性（多型）があり，個体差の原因となっている．個体間においてDNA配列中の1つのヌクレオチドの塩基が置換している場合を一塩基多型(single nucleotide polymorphism：SNP) という．また1～数塩基，さらにはもっと大きな領域の欠失または挿入による多型も存在する．

　遺伝子の多型により表現型が変化することがある．塩基の欠失の場合，たとえ1塩基でもコドンを形成する連続する3塩基の組み合わせが変化するので，コードするタンパク質の構造が大きく変わる．またSNPであっても，重要な領域のアミノ酸が変わるような塩基置換（非同義置換）の場合，例えば酵素活性に大きな変化が生じるようなこともある．アミノ酸は複数のコドンにコードされている

ので，塩基が置換してもアミノ酸は変わらない場合もある（同義置換）．また遺伝子の発現調節領域での多型も表現型に影響する場合がある．塩基置換により発現が抑制され，ホルモンの量が減少する場合などである．多くの家畜の形質では量的な個体差がみられ，これらを規定しているものは発現調節領域の多型が多いと考えられている．

表2.2 ● 家畜における染色体数

動物種	染色体数（2n）
ウシ	60
ウマ	64
ブタ	38
ヒツジ	54
ヤギ	60
イヌ	78
ニワトリ	78
ウズラ	78

2.3.2　質的形質の遺伝
A．メンデル遺伝

　生物は同じ種であっても個体ごとに変異がある．このような変異は遺伝と環境に起因する．このうち，遺伝的変異は遺伝子の発現の違いによって生じる．遺伝子の発現はDNAの並び方（配列）によって決まってくる．DNAの大部分は細胞核に存在するため，遺伝子の多くはそのDNAの配列によって構造や発現が決定される．

　細胞核のDNAは染色体を形成している．一般に細胞核内には同じ形状の1対の染色体（相同染色体）が複数存在する．そのうちの1対は性を決定する染色体で，哺乳類では雄（XY染色体），鳥類では雌（ZW染色体）の形状が異なる．このような染色体を性染色体，それ以外の染色体を常染色体という．哺乳類における雌の性染色体はXX，鳥類の雄はZZで，YおよびW染色体上に性を決定する因子が存在する．

　染色体の数は生物種によって異なる（表2.2）．対をなす染色体の一方は雄親由来，もう一方は雌親由来である．それぞれの染色体を形成しているDNAは精子と卵子に存在し，受精によって対をなす．相同染色体には同じDNAが対をなしている．このうち，遺伝子として機能しているDNAの1対を対立遺伝子，対立遺伝子が存在する染色体上の位置を遺伝子座という．同じ種であっても，1対の遺伝子におけるDNAの配列は個体によって一致しない場合がある．特に遺伝子として機能しているDNAの配列が異なる場合には，その機能も異なる場合がある．この違いが遺伝的な個体差の生じる原因で，その差がさらに大きい場合には種の違いとなって現れる．

　個体レベルでの対立遺伝子数は最大2であるが，ヒトのABO式血液型のように集団レベルでみると3以上の対立遺伝子が存在することもある．今，集団のある遺伝子座に表現型の異なる2個の対立遺伝子が存在し，その一方をA_1，もう一方をA_2とする．また，A_1をホモにもつ個体（A_1A_1）の表現型をT_1，A_2をホモにもつ個体（A_2A_2）の表現型をT_2とする．このとき，ヘテロ個体（A_1A_2）の表現型がT_1であれば，T_1（T_2）はT_2（T_1）に対して優性（劣性）であるといい，A_1を優性遺伝子，A_2を劣性遺伝子という．また，A_1A_2のように，対立遺伝子のペアを遺伝子型という．

B．質的形質

　毛色や皮膚の色，鶏冠，角の有無のように，形質の表現型から遺伝子型が予測できる形質を質的形質という．一方，体重や乳量のように，多くの遺伝子が関与すると同時に，環境の影響を受けやすい形質を量的形質という．質的形質の多くは，単一または少数の遺伝子座によって影響を受けている．質的形質にはヘテロ型の発現が優性・劣性となる表現型以外にも，ヘテロ型において両者の表現型がと

もに発現する共優性や中間の表現型が発現する無優性などが知られている．

　単一遺伝子座だけが関与する質的形質において，その対立遺伝子が2の場合，一般に遺伝様式の解明は容易である．しかし，一遺伝子座に複数の対立遺伝子が存在することにより同一形質の表現型が3以上存在する場合（複対立遺伝子），同一染色体上の近傍に複数の遺伝子座が存在する場合（連鎖），遺伝子座が性染色体上に存在する場合（伴性遺伝子），ある遺伝子が異なる形質の発現に関与する場合（遺伝子の多面発現）など，質的形質でも複雑な遺伝様式を示す例は少なくない．

C．外貌の遺伝

　形態的特徴の質的形質の遺伝としては，ウシやヤギにおける角の有無が挙げられる．無角は有角に対して優性である．豚尻として知られるウシの筋肥大症は，ベルジアンブルー種をはじめとする多くの品種で発症例があり，日本でも日本短角種で発症の報告がある．筋肥大症はミオスタチン遺伝子の機能欠損が原因の劣性遺伝である．ニワトリでは正常の60～70％の体格となる伴性で劣性の矮性遺伝子が有名である．また，ニワトリの冠には，単冠，マメ冠，バラ冠，クルミ冠の4種があり，2種類の2対立遺伝子，P, p および R, r によって決定される．すなわち，$pprr$ は単冠，$P\text{-}rr$ はマメ冠，$ppR\text{-}$ はバラ冠，$P\text{-}R\text{-}$ はクルミ冠となる．羽の生え方が通常の速羽性よりも遅くなるニワトリの遅羽性遺伝子や茶色の羽色を白色に変える銀色遺伝子は伴性優性遺伝子で，雄親を劣性ホモ，雌親を優性遺伝子とすることで，羽毛による雛の雌雄鑑別に広く用いられている．

　家畜の毛色や家禽の羽色は，色の違い，濃淡，斑点の有無などの組み合わせにより，多様なものが存在する．これらはメラニン色素の有無や量的な違いによって生じるメラニン合成に関連する酵素の働きを反映した形質である．例えば，メラニン合成酵素であるチロシナーゼが遺伝的に欠損し，それがホモ型になるとアルビノ（白子）となる．アルビノはすべての組織においてメラニン色素の沈着がみられないため，その表現型は網膜を通した血液の色により赤眼となって発現する．また，色素細胞が部分的に欠損する場合，その表現型は白斑となる．ウシの白色にはシャロレー種の優性白色とショートホーン種の劣性白色がある．また，ショートホーン種のかす毛は赤色と白色遺伝子のヘテロ型である．一方，ホルスタイン種や黒毛和種にみられる黒色は優性遺伝子によるもので，劣性ホモ型では褐色となる．また，ホルスタイン種の斑紋は無斑に対して劣性である．ブタでは白色が他色に対して優性であり，また白帯は単色に対して優性である．ニワトリでは黒色は褐色に対して優性である．また，白色には白色レグホーンの優性白色と白色プリマスロックの劣性白色がある．

D．疾病の遺伝

　遺伝性疾患に関する遺伝子の多くは単一の劣性遺伝子である．ウシでは，白血球の機能異常を起こす牛白血球粘着不全症，胎児死亡の原因となるウリジル酸合成酵素欠損症，子牛の神経異常を発症させるシトルリン血症などが劣性で致死性の高い遺伝性疾患として知られている．日本でも，黒毛和種の先天性溶血性貧血を発生させるバンド3欠損症，腎機能不全を引き起こす牛クローディン16欠損症，尿路結石による腎障害を引き起こす牛モリブデン補酵素欠損症などがあり，いずれも常染色体劣性の遺伝性障害である．ブタでは肉質を悪化させる豚ストレス症候群が知られており，正常豚に対して劣性である．これに関する遺伝子をホモ型にもつ個体は，ハロセン感受性試験により発症前に検出の試みがなされてきたが，現在では原因遺伝子（豚リアノジン受容体1遺伝子）の遺伝子診断がなされている．

生産上有利で効果の大きな遺伝子は，家畜として長期間にわたる選抜を受けてきた結果，ホモ化しているものが多いと考えられる．一方，質的形質の多くは，突然変異により機能が失われることによって生存あるいは生産上不利となったものが多い．そのため，一般に多くの遺伝性疾患は劣性遺伝子として集団内に潜んでいると考えられる．このような生産上不利な形質における遺伝子の割合を下げるための手法として，遺伝性疾患における遺伝子レベルでの解明が期待される．

2.3.3 量的形質の遺伝
A. 量的形質
質的形質と量的形質との間に明確な境はない．一般に，体重や乳量のように，多くの遺伝子が関与し，同時に環境の影響を受けやすい形質を量的形質という．量的形質は，表現型が長さ，重さ，面積などのように数量として測定あるいは数量化できる形質である．疾病の発症の有無のように表現型が2種類しかなくても，多くの遺伝子が関与し，ある閾値の前後で表現型が異なると考えられる形質は量的形質である．量的形質に関与している遺伝子（量的形質遺伝子座，quantitative trait loci：QTL）のすべての効果が小さいわけではない．しかし，特定の形質を表現型値に基づいて選抜した場合，効果の大きなQTLは短期間に固定され，逆に効果の小さなQTLはゆっくりと固定されることが知られている．そのため，過去の選抜対象形質に関与するQTLのうち，固定されていないQTLの多くは，効果の小さなものであると考えられる．

B. 集団遺伝
a. 遺伝子頻度と遺伝子型頻度
いま，常染色体に1対の対立遺伝子（A_1，A_2）が存在する遺伝子座を考える．このとき，個体のとりうる遺伝子型は，A_1A_1，A_1A_2，A_2A_2 の3通りである．この遺伝子座における集団の遺伝的特徴は，これらの遺伝子および遺伝子型の割合で決まってくる．集団中の各遺伝子および遺伝子型の割合をそれぞれ遺伝子頻度および遺伝子型頻度という．選抜，移住，突然変異がなく，無作為交配が行われている大きな集団では，集団の遺伝子頻度および遺伝子型頻度は変化しないことが知られている（ハーディ-ワインベルクの法則）．

b. 近交係数と血縁係数
ある個体の両親の間に血縁関係がある場合，当該個体の遺伝子座における対立遺伝子は，その両親に血縁関係がない場合に比べ，ホモ型になる確率が高くなる．また，それがホモ型になる確率は，両親の血縁関係が強いほど大きくなることが予想される．両親に血縁関係があるとは，両親に共通の祖先が存在することである．個体の対立遺伝子がともに共通祖先の同一遺伝子に由来する確率を Wright の近交係数（以下，「近交係数」）という．いま，個体 Z の両親を X，Y，両親の共通祖先を A とすると，Z の近交係数 F_Z は，

$$F_Z = \sum (1/2)^{n+n'+1} (1+F_A)$$

で表される．ここで，n，n' はそれぞれ X，Y から A までの世代数で，Σは共通祖先が複数存在する場合，すべての共通祖先についての総和を意味する．近交係数 F_Z は個体 Z における対立遺伝子間の相関係数である．

個体間における血縁関係の程度を表す指標のひとつに血縁係数がある．個体 X と Y の血縁係数 R_{XY} は，

$$R_{XY} = \frac{\sum (1/2)^{n+n'} (1+F_A)}{\sqrt{1+F_X}\sqrt{1+F_Y}}$$

で表される．血縁係数は2個体間の遺伝子型値（後述）の相関係数である．近交係数と血縁係数の計算例を図2.41に示す．

集団の個体数が十分多く，無作為交配がなされている理想的な集団は，実際の家畜集団には存在しない．一般に家畜集団の雄の数は雌の数よりもはるかに少ない．実際の集団に

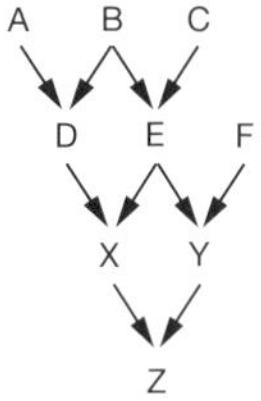

共通祖先	経路	X,Yからの世代数	$\Sigma(1/2)^{n+n'+1}$	近交係数
B	X-D-B-E-Y	2+2	$(1/2)^{4+1}=0.03125$	$F_B=0$
E	X-E-Y	1+1	$(1/2)^{2+1}=0.125$	$F_E=0$

$F_X=(1/2)^{1+1+1}=0.125$

$F_Z=(1/2)^{4+1}+(1/2)^{2+1}=0.15625$

$R_{XY}=\left[(1/2)^4+(1/2)^2\right]/\sqrt{(1+F_X)}=0.29463$

図 2.41 ● 近交係数と血縁係数の計算例

における個体数を理想化された集団の個体数に換算したものを集団の有効な大きさ（N_e）という．いま，N_m，N_fをそれぞれ雄および雌の個体数とすれば，集団の有効な大きさは，

$$N_e = \frac{4N_m N_f}{N_m + N_f}$$

で表される．また，当該集団における世代あたりの近交係数の上昇（ΔF）は，

$$\Delta F = \frac{1}{2N_e}$$

で表される．

C. 遺伝的能力
a. 表現型値と遺伝子型値

量的形質における表現型の測定値を表現型値という．表現型値（P）は，特定の遺伝子型が表現型値に及ぼす効果として表される遺伝子型値（G）と無作為に作用する環境効果（E）との和，すなわち $P = G + E$ として表すことができる．

ある遺伝子座に2個の対立遺伝子が存在するとき，そのヘテロ型の遺伝子型値は2種類のホモ型の遺伝子型値の平均になるとは限らない．遺伝子型 A_1A_1 および A_2A_2 の遺伝子型値を a および $-a$ とし，ヘテロ型 A_1A_2 の遺伝子型値を d とする．$d = a$ のとき完全優性，$d = 0$ のとき無優性（または共優性），$d = -a$ のとき劣性という．さらに，$a < d$ のとき超優性，$-a < d < a$ のとき部分優性という．A_1 および A_2 の頻度をそれぞれ p，q（$p + q = 1$）とすると，無作為交配集団における遺伝子型値の平均は，$p^2a + 2pqd - q^2a = (p - q)a + 2pqd$ で表される．

一方，環境効果は年次，季節，地域といった系統的環境効果と原因のはっきりしない無作為環境効果に分けることができる．無作為環境効果は微少な誤差のランダムな集積によって生じることから，平均0の正規分布を仮定することが多い．

b. 育種価

表現型値は遺伝子の影響だけではなく環境の影響を受けているため，必ずしも遺伝的能力を正確に反映しているとは限らない．さらに，ある個体の遺伝子型値が高くても，その個体の子孫の遺伝子型値が高くなるとは限らない．例えば，優性遺伝子の存在する遺伝子座において，ヘテロ型をもつ個体の遺伝子型値は優性ホモ型をもつ個体の遺伝子型値と同じである．しかし，ヘテロ型よりも優性ホモ型の遺伝子型をもつ個体のほうが子の遺伝子型値は平均的に大きくなる．

A_1 および A_2 の頻度がそれぞれ p，q の無作為交配集団において，配偶子 A_1 がその集団内で無作為交配を行った場合，A_1A_1 の子が生まれる頻度は p，A_1A_2 の子が生まれる頻度は q となる（表2.3）．配偶子が A_2 の場合も同様に考えることができる．このとき，配偶子 A_1 および A_2 から生まれる子の遺伝子型値の平均はそれぞれ $pa + qd$，$-qa + pd$ となるが，これらの集団平均からの偏差をそれぞれ A_1 および A_2 の平均効果という．

ある個体の遺伝子型が A_1A_1 のとき，その

表 2.3 ● 遺伝子の平均効果

親	子の世代				
配偶子の遺伝子	遺伝子型値と遺伝子型頻度			遺伝子型値の平均	平均効果
	A_1A_1	A_1A_2	A_2A_2		
	a	d	$-a$		
A_1	p	q		$pa + qd$	$q[a+(q-p)d] = \alpha_1$
A_2		p	q	$-qa + pd$	$-p[a+(q-p)d] = \alpha_2$

表 2.4 ● 遺伝子型値と育種価との関係

遺伝子型	頻度	遺伝子型値 (G)	育種価 (A)	優性偏差 (D)
A_1A_1	p^2	a	$2\alpha_1$	$-q^2d$
A_1A_2	$2pq$	d	$\alpha_1 + \alpha_2$	$2pqd$
A_2A_2	q^2	$-a$	$2\alpha_2$	$-2p^2d$

集団平均 : $\mu = (p-q)a + 2pqd$; $G = \mu + A + D$

配偶子は常に A_1 となるが，遺伝子型が A_1A_2 の配偶子は A_1 と A_2 が半々である．育種価は 2 個の対立遺伝子における平均効果の和として与えられる（表 2.4）．したがって，育種価とは，ある個体がその集団内の個体と無作為交配を行ったときに生まれてくる子の平均的な遺伝子型値の，集団平均からの偏差の 2 倍である．育種価は親から子へ相加的に受け継がれるので，相加的遺伝子型値ともいわれる．

個体自身における遺伝的能力はその遺伝子型値の大きさで決まる．しかし，選抜によって次世代を改良しようとするとき，その評価基準は，選抜候補個体自身の遺伝子型値ではなく，その個体を親としたときに生まれてくる子の遺伝子型値の良し悪しである．個体の対立遺伝子はいずれか一方しか子孫に伝達しない．すなわち，選抜候補個体における 2 個の対立遺伝子をセットとして評価するのではなく，個々の対立遺伝子を評価し，それらの平均を選抜候補個体の遺伝的能力とみなすのが育種価の概念である．したがって，家畜を選抜によって改良するとき，育種価はもっとも重要な遺伝的能力の評価基準となる．

このように，遺伝子型値（G）あるいは遺伝子型値の集団平均からの偏差（$G-\mu$）と育種価（A）とは必ずしも一致しない．両者の差は対立遺伝子の組み合わせ効果（優性効果）によるもので，（$G-\mu$）の A からの偏差を優性偏差という．対立遺伝子数，遺伝子頻度，遺伝子型値は遺伝子座ごとに異なる．したがって，育種価も遺伝子座ごとに定義される．しかし，量的形質では複数の遺伝子座が関与しているため，形質の遺伝子型値や育種価は当該形質に関与している遺伝子座の総和として表される．量的形質に関与する遺伝子は，一般に複数の遺伝子が互いに影響を及ぼし合っている，すなわち，異なる遺伝子座の遺伝子間に相互作用の生じることがある．このような相互作用を上位性効果という．

D. 遺伝的類似性

a. 表型分散と遺伝分散

ある形質を測定したとき，その値，すなわち表現型値には個体によるばらつきがみられる．このばらつきの大きさを表型分散という．この原因は，遺伝的な違いと環境効果の違い

による．遺伝と環境に相互作用がなければ，表型分散は遺伝子型値のばらつき（遺伝分散）と無作為環境効果によるばらつき（誤差分散）との和として表される．前述したように，遺伝子型値は育種価とそれ以外の部分に分割することができる．そこで，遺伝分散のなかで育種価以外のばらつきを誤差分散に含めると，表型分散（σ_P^2）は，育種価の分散（相加的遺伝分散：σ_A^2）と誤差分散（σ_E^2）との和として表される．すなわち，

$$\sigma_P^2 = \sigma_A^2 + \sigma_E^2$$

が成り立つ．

　表現型値に基づいて遺伝的能力を選抜したいとき，表現型値と育種価との関係は選抜効率の指標となる．表現型値に対する育種価の回帰係数（h^2），

$$h^2 = b_{AP} = \frac{\text{cov}(A, P)}{\sigma_P^2} = \frac{\sigma_A^2}{\sigma_P^2}$$

を遺伝率として定義する．遺伝率は，表型分散に対する相加的遺伝分散の比でもある．

b. 形質間の類似性

　2形質における一方の表現型値（P_1）が大きくなるにつれ，ほかの表現型値（P_2）に変化の生じる傾向がみられるとき，形質間には表型共分散が存在する．表型共分散のうち，遺伝的な部分を遺伝共分散，無作為環境による部分を環境共分散といい，表型共分散は遺伝共分散と環境共分散の和で表すことができる．すなわち，これらの関係は，

$$\begin{aligned}\text{cov}(P_1, P_2) &= \text{cov}(G_1 + E_1, G_2 + E_2) \\ &= \text{cov}(G_1, G_2) + \text{cov}(E_1, E_2)\end{aligned}$$

となる．表型共分散を各形質の表型標準偏差単位で表したものを表型相関という．すなわち，表型相関（r_p）は，

$$r_p = \frac{\text{cov}(P_1, P_2)}{\sigma_{P_1} \sigma_{P_2}}$$

で表される．遺伝相関や環境相関も同様に定義される．

　遺伝共分散が生じる原因は，ある遺伝子が2形質の発現に同時に関与する場合（多面発現）と，2形質に関与する別々の遺伝子が同一染色体上の近傍に連鎖している場合が考えられる．環境共分散は，個体の発生から形質が発現するまでの間に受けた共通の環境によって生じた共分散である．例えば，ある個体が低栄養環境下に置かれれば，体重と体長はともに小さくなる傾向にあるだろう．環境共分散は個体内の形質間に生じた環境の共分散である．したがって，雄の形質と雌の形質，例えば，排卵数と精巣重量の環境共分散は存在しない．しかし，雌雄別の形質であってもその形質に共通に作用する遺伝子が存在し，それが片性にのみ発現する場合，遺伝共分散は存在すると考えることができる．

E. 選抜の指標

a. 育種目標と選抜形質

　家畜を育種改良するために，真っ先になされるべきことが育種目標の設定である．育種目標とはどのような能力を備えた家畜をつくり出すのかという目標である．育種目標は中長期的な収益性や将来の方向性などに基づいて設定する．選抜によって家畜を改良しようとするとき，その指標は育種目標に基づいて決定される．育種目標を達成するためには，改良すべき形質の選定，種畜の評価法，交配方法など，効率的な計画（育種計画）を構築する必要がある．育種目標がある形質の改良であれば，その形質を直接選抜すればよい．直接選抜することが困難な形質は，その形質と遺伝的に相関のある形質を選抜することで，間接的な改良が可能である．

　改良すべき形質が単一の場合は，その遺伝的改良量が最大になるような選抜を行う．一方，改良すべき形質が複数存在する場合は，それらの形質に対して適当な評価基準を設ける必要がある．この場合，各形質に収益性を

考慮した経済的な重み付けを行うことでその総合育種価を選抜の指標とする方法と，各形質に改良目標を設定してその相対的な改良量を選抜の指標とする方法の2通りに大別できる．前者は，一般に単位改良量あたりの収益が重み付け値となる．

b. 遺伝的パラメーターの推定

形質（間）の遺伝（共）分散や環境（共）分散を遺伝的パラメーターという．ある形質あるいは複数形質の育種価を推定するためには，遺伝的パラメーターが必要である．遺伝的パラメーターは当該形質の表現型値とそれを得た個体の血縁情報に基づいて推定する．例えば，全きょうだいや半きょうだいは血縁関係のない個体間よりも遺伝的な似通いの程度が大きいため，表現型値や育種価のばらつきの程度は小さくなる．しかし，閉鎖集団では，集団内における個体の血縁関係は複雑化している．そのため，異なる父をもつ個体間に血縁関係のある場合や，共通の父をもつ個体間でも血縁係数の異なる場合が生じる．そのため現在では，個体間の複雑な血縁関係を考慮し，推定値がパラメーター空間内に収まるように制限を加えたREML法（制限付き最尤法）が遺伝的パラメーターの推定法として広く用いられるようになってきた．

REML法は遺伝的パラメーターを推定するために用いる個体数や形質数が多くなるなどして同時に推定したいパラメーター数が増えると，現在のコンピューターでも処理しきれない場合がある．このような場合，Gibbs sampling法などの推定法が用いられる．

c. 育種価の推定

育種価は種畜としての遺伝的能力の良し悪しを判断する評価基準である．しかし，育種価は直接計測できないため，表現型値や血縁情報を用いて推定する．育種価にはさまざまな推定法がある．個体の表現型値（p）も推定育種価の一種である．$\bar{p}$を表現型値の集団平均とすると，厳密には$(p-\bar{p})h^2$が推定育種価となる．

1形質の表現型値を基準とする選抜法を表型選抜という．一方，複数の形質を同時に評価するという視点から考案されたのが選抜指数法である．選抜指数法における選抜の評価基準（選抜指数値）は，改良したい形質の育種価にその経済的重み付け値を加重した総合育種価に基づいており，選抜指数値は総合育種価の推定値である．選抜指数値を得るためには，まず遺伝的パラメーターおよび改良したい形質の経済的重み付け値に基づいて，選抜形質の表現型値に対する重み付け値（選抜指数の係数）を算出する．これにより，個体ごとに総合育種価の推定値を算出することができる．選抜指数法には親やきょうだいのように選抜候補個体以外の血縁情報を用いることも可能である．

ある形質の集団平均が最適値に到達している場合，それ以外の形質だけを改良する選抜指数や形質の改良目標をあらかじめ設定する選抜指数も考案されている．このような選抜指数を制限付き選抜指数という．選抜指数は種畜の評価法としては今や古典的な手法ではあるが，現在でも育種システムの構築や選抜反応の予測などに使われている．

育種価を推定するためにもっとも広く用いられている手法がBLUP法である．BLUP法は，表現型値（測定値）に影響を与えている系統的環境効果を母数効果として補正するとともに，個体のすべての測定値と個体間の複雑な血縁関係を考慮して育種価を推定する．また，個体によって形質の記録数が異なる場合や，記録が欠測している場合でも，その形質の育種価を推定することができる．さらに，母性遺伝効果など育種価以外の遺伝的な効果および恒久環境効果や共通環境効果などの変量効果を推定することも可能である．そのため，BLUP法は選抜指数法に比べて汎用性が高く実用的である．また，BLUP法は選抜指数法よりも育種価の推定精度が高く，特に遺

伝率の低い形質に対して有効である．BLUP法では測定値に影響を与える効果によって数学モデルが異なる．現在では，個体の測定値がその育種価とそれ以外の効果から成り立つと仮定されたアニマルモデルが広く用いられている．また，一泌乳期に複数の記録が得られる乳量などの測定値に対しては，変量回帰モデルが用いられるようになってきた．BLUP法によって複数形質の育種価を推定する場合，形質ごとの育種価が推定されるが，ある形質の改良量を0にしたまま他の形質を改良したい場合や各形質の改良目標を達成したい場合には，制限付きBLUP法が用いられる．

近年，数万個のSNP情報をBLUP法にとり入れて育種価を推定する方法が広く研究され，この方法による乳牛の選抜が実用化されつつある．今後，SNP情報を得るためのコストダウンとコンピューターの計算能力の向上により，育種価がより高い精度で推定できる可能性がある．

F. 選抜反応の予測

選抜は形質に関与する集団の遺伝子頻度を変化させることであるが，その結果として形質の集団平均が変化する．いま，選抜の対象となる形質の表現型値に正規分布を仮定する．この形質の集団平均を $\bar{p}$，表型選抜を行った後の集団平均を p_s とする．また，選抜前の育種価の集団平均を $\bar{g}$，表型選抜を行った後の育種価の集団平均を g_s とすると，遺伝率（h^2）は表現型値に対する育種価の回帰係数であるから，選抜反応（Δg）は，

$$\Delta g = g_s - \bar{g} = (p_s - \bar{p})h^2 = \Delta p h^2$$

となる（図2.42）．ここで，Δp を選抜差，表型標準偏差単位で表した選抜差（$\Delta p/\sigma_p$）を標準選抜差という．表型選抜は指数選抜の一種と考えることができるので，表現選抜の代わりに複数形質の指数選抜が行われても，選抜指数値や各形質の選抜反応を予測すること

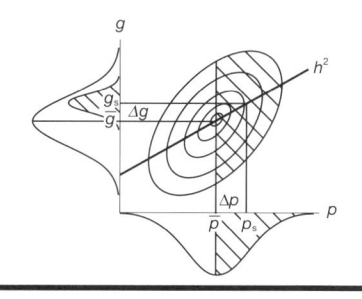

図 2.42 ● 表型選抜による選抜反応の予測

ができる．選抜個体間で無作為交配が行われれば，選抜反応は世代間の育種価の差，すなわち遺伝的改良量となる．そこで，標準選抜差を i とすれば，

$$\Delta g = \Delta p h^2 = i \sigma_A r_{AP}$$

となる．ここで，σ_A は相加的遺伝標準偏差，r_{AP} は育種価と表現型値との相関係数である．r_{AP} の大きさは選抜方法によって異なり，また選抜反応に直接影響を与えるため，選抜の正確度とよばれる．このとき，形質1の選抜により他の形質（形質2）に生じる遺伝的な変化を相関反応（$\Delta g_{2 \cdot 1}$）という．相関反応は，

$$\Delta g_{2 \cdot 1} = i \sigma_{A_2} r_{A_2 P_1}$$

によって予測することができる．複数形質の選抜指数（I）による総合育種価（H）の改良量（ΔH）は，

$$\Delta H = i \sigma_H r_{HI}$$

となる．ここで，σ_H は総合育種価の標準偏差，r_{HI} は総合育種価と選抜指数との相関係数である．

選抜指数による選抜反応は，表現型値や育種価に多変量正規分布を仮定することができれば理論的に予測可能である．しかし，生後間もない段階で予備的な選抜を行った後に本選抜を行う二段階選抜や，選抜候補個体ごとに選抜の正確度が異なるBLUP法では，選抜反応の厳密な予測は困難である．BLUPに

よる簡便的な選抜反応の予測として，家系情報を用いた選抜指数法（家系選抜指数）を用いることができる．選抜は親から子へ何世代にもわたって継続される．継続的な選抜による反応の蓄積を累積選抜反応という．仮に選抜の初期世代の形質における表現型値や育種価が正規分布でも，選抜を重ねることで，表現型値や育種価の平均だけではなく，それらの分散の大きさや分布の形が変化する．このように，累積選抜反応を理論的に予測するためには，解決すべきいくつかの問題が残されている．

2.4 育種目標と方法

2.4.1 乳牛の育種
A．日本の乳牛改良のしくみ

日本で飼養されている乳用種の99.2％はホルスタイン種で，そのほかにジャージー種が0.7％，ブラウンスイス種が0.1％おり，他品種の飼養頭数はきわめて少ない．2012年現在，日本の乳用種で国が遺伝的能力評価値を公表しているのは，ホルスタイン種とジャージー種の2品種である．乳牛の育種は，大きく3つの要素に分けられる．1つめは両親の血統を明らかにすることで㈳日本ホルスタイン登録協会が，2つめは乳量などの記録を正確にとることで㈳家畜改良事業団が，3つめは正確に遺伝的能力を評価することで㈬家畜改良センターが主に担っている．日本ホルスタイン登録協会は，1911年に創立された日本蘭牛協会からいくつかの変遷を経て1948年に創立した．ホルスタイン種牛の優良な血統の保存および普及などを目的として，血統登録のほかに体型審査も行っている．家畜改良事業団は1965年に凍結精液の生産と広域的利用を目的に財団法人として設立され，1971年に乳用牛の改良事業の主体を担うために社団法人に改組された．この背景には，乳牛の家畜人工授精の普及率が1950年代半ばに90％を超えたことと，1965年からはじめられた凍結精液の普及が1971年頃に90％を超えたことがある．現在，家畜改良事業団は，人工授精および受精卵移植技術の普及定着化のほかに，家畜の能力検定および検定成績のとりまとめ，改良情報の配布，優良種雄牛の選抜など家畜の改良に関するあらゆることを行っている．家畜改良センターは，日本ホルスタイン登録協会や家畜改良事業団に収集された，血統データ，体型審査データ，牛群検定データを用いた国内評価の実施，および国際評価結果のとりまとめを行っている．

B．乳用牛の後代検定と牛群検定

国による乳用種雄牛の後代検定は，1969年に全国22道県23施設の後代検定ステーションを用いた，ステーション方式により開始された（ステーション検定または集合検定）．当時，ステーション検定では，飼養できる検定材料娘牛数に限りがあり（30頭/施設），後代検定にかけられる候補種雄牛数は36頭であった．現在の後代検定は，1年目が優良雄・雌牛の検索と候補雄子牛生産のための計画交配，2年目が候補雄子牛の取得・育成・選抜，民間候補雄牛の募集選定，3年目が検定材料娘牛確保のための調整交配，4年目が検定材料娘牛の生産・育成，5年目が検定材料娘牛の初産妊娠のための交配，6年目が娘牛の泌乳能力検定，体型および管理形質調査，7年目が検定成績とりまとめ・集計分析，検定済み種雄牛の選抜・供用開始の手順で行われ，後代検定開始当初から大きな変更はない．また，1974年度から，優良乳用雌牛資源の確保とその選択利用および飼養管理の合理化と酪農経営の改善のために，現在の牛群検定が開始された．牛群検定とは，月に一度，検定員とよばれる専門家が酪農家の搾乳に立ち会い，乳牛一頭一頭の乳量，乳成分，繁殖状況，飼養管理状況などのデータを収集し，解析した結果を酪農家に還

元する事業である．1983年の海外精液利用自由化に対して，後代検定では，国内で必要な頭数の，遺伝的能力が明確な検定済み種雄牛を，計画的に作出することが求められてきた．このとき，牛群検定の普及が，開始当初の1975年度における実施農家割合5.9％（7,531戸），実施牛割合8.6％（96,953頭）から，1990年度にはそれぞれ29.2％（17,587戸）および42.3％（543,176頭）まで進み，牛群検定に参加した酪農家から多くのフィールドデータが得られるようになっていた．そこで，1984年から候補種雄牛数を増やすために，後代検定は，牛群検定データを活用するステーション・フィールド併用検定に移行し，1989年には候補種雄牛を155頭まで増やすことができた．1990年にはステーション検定が終了して完全にフィールド検定（現場検定）に移行し，候補種雄牛数は1992年以降184または185頭まで増えている．これに合わせて調整交配頭数も，1973年のステーション検定時には候補種雄牛あたり15頭の娘牛を生産するために5,520頭であったが，候補種雄牛数の増加と，遺伝的能力推定の正確度を高めるために候補種雄牛あたりの娘牛数を50頭に増やしたことから，2004年度以降91,575頭まで増やしている．この背景には，牛群検定の普及率が，2015年度末にそれぞれ51.2％（8,353戸）および61.4％（535,003頭）まで上昇していることがある．

C．遺伝的能力評価と改良目標

種雄牛の遺伝的能力評価も，ステーション方式においては最小二乗法が用いられていたが，コンピューターの発達に伴って，1984年のステーション・フィールド併用検定への移行に合わせてMGSモデルBLUP法に移行した．1992年からはアニマルモデルBLUP法に移行することで，種雄牛のほかに牛群検定に参加している雌牛の遺伝的能力評価も可能になった．2010年からは泌乳形質について，従来の一乳期あたりの305日総乳量を評価する乳期アニマルモデルBLUP法から，検定日の記録をそのまま評価する検定日アニマルモデルBLUP法に移行した．2016年度現在，種雄牛の国内評価は年2回，国際評価は年3回，雌牛評価は年4回行われている．評価形質は，泌乳形質（7形質），体型形質（23形質），その他（13形質）の43形質である（表2.5）．そのほかに，これらの評価形質から算出する総合指数（Nippon Total Profit index：NTP）とその構成成分（産乳成分×7.0，耐久性成分×1.8，疾病繁殖成分×1.2），長命連産効果，乳代効果，および遺伝病である牛白血球粘着性欠如症（BLAD），牛複合脊椎形成不全症（CVM），牛短脊椎症（BY）の検査結果を公表している．NTPは，産乳成分，耐久性成分，疾病繁殖成分にそれぞれ70：18：12の重みをつけたもので，泌乳能力と体型をバランスよく改良し生涯生産性を向上させるための指数である．2015年に公表された家畜改良増殖目標では，日本の経産牛1頭あたりの乳量が過去25年間で2,000kg増加しており，能力向上の成果が酪農先進諸外国と比肩する水準である一方，牛群検定実施牛と非実施牛の乳量差が拡大傾向にあるとしている．また，2025年度までの改良目標とし生涯生産性向上のためNTPを重視して，能力と体型をバランスよく改良することが重要であるとし，乳量，乳脂量，無脂固形分量，乳タンパク質量，繁殖性，体型に加えて，泌乳持続性，飼料利用性の改良の必要性を示している．また，国産飼料の利活用を高める飼料利用性の向上，搾乳ロボットの導入に対応した体型の改良，ゲノミック評価を用いた効率的な種畜の作成，性判別技術の活用についても言及している．

D．国際評価

海外では，デンマークで1895年に牛群検定が，1902年に後代検定が開始された．その後，ヨーロッパを中心とした各国で牛群検定が開始された．アメリカは，1883年から

表 2.5 ● ホルスタイン種種雄牛の評価形質一覧

泌乳形質		体型形質				その他の形質	
		得点形質		線形形質			
形質名	遺伝率	形質名	遺伝率	形質名	遺伝率	形質名	遺伝率
乳量	0.500	体貌と骨格	0.27	高さ	0.53	体細胞スコア	
乳脂量	0.498	肢蹄	0.13	胸の幅	0.30	遺伝率	0.082
乳脂率	−	乳用強健性	0.34	体の深さ	0.38	反復率	0.505
無脂固形分量	0.448	乳器	0.20	鋭角性	0.25	在群期間	0.08
無脂固形分率	−	決定得点	0.27	BCS*	0.23	泌乳持続性	0.32
乳タンパク質量	0.429			尻の角度	0.41	気質	0.08
乳タンパク質率	−			坐骨幅	0.34	搾乳性	0.11
				後肢側望	0.20	難産率（産子・娘牛）	
				後肢後望	0.11	直接遺伝率	0.06
				蹄の角度	0.05	母性遺伝率	0.03
				前乳房の付着	0.21	死産率（産子・娘牛）	
				後乳房の高さ	0.26	直接遺伝率	0.03
				後乳房の幅	0.21	母性遺伝率	0.04
				乳房の懸垂	0.20	未経産娘牛受胎率	0.016
				乳房の深さ	0.46	初産娘牛受胎率	0.020
				前乳頭の配置	0.38	2産娘牛受胎率	0.021
				後乳頭の配置	0.31	空胎日数	0.053
				前乳頭の長さ	0.40		

遺伝率は 2016 年 8 月現在，評価に使用している値．
＊：ボディコンディションスコア

〔乳用種雄牛評価成績　2016 年 8 月，家畜改良事業団（2016）〕

乳量記録がとられているが，検定組合が生まれたのは 1905 年とされている．その後，国際間の遺伝資源の流通が盛んになるにつれて，国産種雄牛と海外種雄牛の能力を正確に比較する必要が出てきた．そのため，1983 年に家畜の能力検定に関する国際委員会（International Committee for Animal Recording：ICAR）と欧州畜産学会（European Association for Animal Production：EAAP）および国際酪農連盟（International Dairy Federation：IDF）によりインターブル（Interbull）が設立され，1994 年から参加国各々の土俵に合わせた国際評価成績を配布している．ICAR は 1951 年に設置された乳および乳脂肪検定に関する欧州委員会が母体で，1971 年に乳用動物の能力検定に関する国際委員会（International Committee for Recording the Productivity of Milk Animals：ICRPMA）に名称が改められ，1991 年から現在の ICAR となった．ICAR は，牛群検定における各形質の測定方法や測定器具，生産性の評価など家畜の能力測定方法の標準化を行っている．日本では 1984 年 1 月に ICRPMA に正式加盟し，2003 年 8 月からインターブルによる国際評価に正式に参加している．2015 年現在，インターブルでは，34 か国 6 品種，40 形質の国際評価を行っている．実際の国際評価値の推定には SD−MACE 法（Sire-Dam Multiple-trait Across Country Evaluation）が用いられている．MACE 法と

は，各国の後代検定に推定された遺伝評価値を，国別に相関のある異なる形質として推定する多形質BLUP法である．MACE法では遺伝と国ごとの環境との交互作用を考慮するために，国によって種雄牛の遺伝評価値の順位が異なり，種雄牛間の比較には自国用の国際評価値を使う必要がある．

E．ゲノム評価

近年，乳用牛において，ゲノム情報を利用した遺伝的能力評価が検討されており一部実用化が進んでいる．インターブルでは，2010年からゲノム情報を利用した推定育種価（ゲノミック育種価，Genomic Estimated Breeding Values：GEBV）の国際評価の試験を開始している．ゲノム情報としては多くの国で50k-SNPチップの解析結果を利用している．2016年現在，ホルスタイン種の38形質について日本を含む33か国が評価に参加し，そのうち11か国が評価値を公表している．インターブルに参加せずにGEBVを公表している国もいくつかある．しかし，GEBVの利用方法について，まだ検討中の国も多く，日本でも今後の利用について検討が進められている．

2.4.2 肉牛の育種
A．肉牛育種の黎明期

日本の肉牛の育種改良は，遺伝の基本法則さえ明らかでなかった江戸時代後期にまでさかのぼることができる．当時の日本では「蔓（つる）」というウシの母系系統が造成されていた．「蔓」とは植物の1本の蔓に同じような実がなることになぞらえて，ひとつの家系から性質の似たウシが生産されることを意味している．特に19世紀中頃の中国地方には日本最古の「蔓」として「竹の谷蔓（岡山県）」「岩倉蔓（広島県）」「周助蔓（兵庫県）」「ト蔵蔓（島根県）」が記録されている．しかしこれらはいずれも個人を主体とした育種であり，国や地域によるとりくみは1900年から行われた在来和牛と外国種との雑種奨励に端を発する．外国種との交雑の結果，体格は大きくなり，飼料の利用性や泌乳量も向上して在来和牛の欠点は改善された．一方，各地でさまざまな外国種が供用されたように交雑事業に明確な方針はなく，役用能力，資質，歩留などの低下がみられるようになり，在来和牛のよさを損なうことにもなった．このため外国種との交雑熱は10年ほどで冷め，外国種の利点をとり入れるかたちで雑ぱくになった在来和牛の整理を各地で進め，それらを改良和種というようになった．

B．和牛の誕生と肉専用種への転換

1920年の因伯種標準体型（鳥取県）をはじめとして，中国地方の各県を中心に標準体型が定められた．その目標を達成するため，審査標準の作成や登録事業が開始され，改良和種の斉一性は急速に高まった．1935年には共通の審査標準ができるまでになり，その2年後には登録事業が全国で一本化された．そして改良和種の段階は終わり，1944年には黒毛和種，褐毛和種および無角和種，1957年には日本短角種が品種として公認されるに至った．この頃の和牛は役用としての利用が主体で，肉や乳の利用はあくまで補足的なものであった．しかし高度経済成長期を迎え，和牛の役用としての役割はトラクターにとって代わられ，食生活の洋風化とともに肉専用種への転換が進んだ．

a．種雄牛の産肉能力検定

和牛の肉用種としての地位確立には，1968年に導入された種雄牛の産肉能力検定が大きな役割を果たしてきた．現在の産肉能力検定は直接検定および現場後代検定の二段階で実施され，質量兼備の種雄牛が全国で造成されている．

ⅰ）直接検定

種雄牛候補自身を用い，検定施設で発育能力や飼料の利用性を調査する．生後6〜7か月の雄子牛を20日間予備飼育した後，112日

間にわたり検定を行う．期間中，体重は2週間ごと，体型は4週間ごとに測定し，飼料の摂取量は毎日記録する．検定は10 m²程度のパドックを併設した単房（おおむね2.7 m×3.6 m）で行うと規定されている．全国で年間200～300頭が直接検定を受検している．

ⅱ）現場後代検定

過去には種雄牛候補の去勢後代（調査牛）8頭以上を検定施設で364日間肥育し，発育や飼料の利用性に加え枝肉形質を調査する間接検定が行われていた．しかし半きょうだいの調査牛セットが1つの牛房で同時に肥育されるため，検定時期を異にする種雄牛候補との比較が困難になるなどの問題があった．このため現在は，通常出荷の枝肉情報を活用する現場後代検定が行われている．本検定では調査牛15頭以上を要するが，間接検定と違い雌を含めてもよく，肥育の開始や終了時期についても間接検定より条件は少ない．ただし，肥育終了月齢については検定県の平均出荷月齢以内と規定されている．調査牛は複数の肥育場所に配置する必要があり，同一時期に他の種雄牛の産子が肥育されていることが望ましい．後述するBLUP法による育種価評価を前提にデザインした検定における年間受検頭数は全国で100頭ほどである．また，調査牛を全国的に配置し，県域を越えた種雄牛の共同利用を図る広域後代検定も実施されている．

C．改良の進展と多様性の減少

一般出荷される肥育牛の枝肉成績は，肥育場所や肥育期間などの環境要因がさまざまで，それらの単純な比較は意味をなさない．また屠畜された肥育牛は後代を生産できないため，肉用種では枝肉記録をもたない種牛の評価が重要となる．このような問題を解決するため，和牛の枝肉6形質（枝肉重量，胸最長筋面積，ばらの厚さ，皮下脂肪の厚さ，歩留基準値，BMS No.）には1991年にBLUP法による育種価評価が導入された．育種価と

は，対象とする形質における個体の遺伝的能力を数値で表したものであり，特に後代に伝達される能力をさす．当初は枝肉記録の環境要因を補正し，父親である種雄牛の育種価を予測するサイア（種雄）モデルが用いられていたが，コンピューターの発達に伴い現在は血縁関係にあるすべての個体の評価が可能なアニマルモデルが採用されている．育種価評価には牛枝肉格付規格の改正に伴う枝肉記録の育種情報への活用，そしてなにより登録業務を通じて正確な血統情報が蓄積されてきたことが活かされている．

産肉能力検定やBLUP法の導入は，和牛の枝肉形質に大きな改良効果をもたらした．特にBMS No.で評価される脂肪交雑は，外国種と比較した際の和牛の特質であるため最重要改良対象と位置づけられてきた．この傾向は牛肉の輸入自由化以降，特に顕著になり，種雄牛の供用は脂肪交雑に優れた個体に集中することとなった．その結果，和牛集団は急速に遺伝的多様性を低下させ，黒毛和種では血縁関係がなく供用の均等な理想集団に換算するとわずか24頭ほどの多様性に減少しているとも報告されている．多様性の減少は，長期的には将来の需要の変化に対応できなくなるなど，品種存続の問題になりうる．このため，多様性の維持拡大を企図した希少な遺伝資源の発掘や改良目標の多様化などを通して計画的に和牛の遺伝資源を活用することが求められる．

D．これからの和牛の育種改良

健康志向の高まりや生産コストの高騰をきっかけに和牛の改良目標にも少しずつ変化が起きている．特に牛肉の風味に影響を与えるオレイン酸などの一価不飽和脂肪酸の割合は，現在，もっとも脚光を浴びている経済形質である．これには迅速かつ非破壊に脂肪酸組成を推定できる近赤外分光分析法による食肉脂質測定装置の実用化が大きく貢献しており，オレイン酸の推定値をブランド牛肉の基

準に採用する動きも出ている．繁殖能力に対しても初産月齢や分娩間隔が育種価評価の対象となっている．また飼料の有効利用の指標として摂取した飼料から体の維持と増体にかかわるエネルギーを控除した余剰飼料摂取量も直接検定での調査項目となっている．このような改良目標の多様化と同時にゲノム上の一塩基多型（SNP）情報を利用した選抜マーカーの探索や育種価の予測精度向上など，育種改良の技術面にも改善が進んでいる．

2.4.3　ブタの育種
A．日本の養豚とブタの改良の歴史

日本では，縄文時代後期に原始的なブタの飼育が行われていた痕跡が発見されている．また，日本書紀には西暦664年に帰化人がブタを飼っていたことを示す記事も存在している．このようにブタは古代日本で重要な肉資源のひとつであったと考えられている．しかし，7世紀末の仏教伝来による殺生禁断令を経て，養豚の歴史は南西諸島を除き途絶えてしまった．その後，江戸時代に長崎出島の外国人のために中国からブタが導入され，養豚が次第に行われるようになった．1900年代に日本政府は中国種に比べ経済的能力の高い，大ヨークシャー種，中ヨークシャー種および小ヨークシャー種を輸入・増殖して民間へ譲渡した．これ以後，西洋種の導入が広く行われるようになり，中ヨークシャー種とバークシャー種が主要な品種となった．1960年以降，経済性の高いランドレース種（L）が導入され，雑種強勢効果を発揮させるために交雑種を用いた肉豚生産が中心となり，中ヨークシャー種の雌にランドレース種の雄を交配した一代雑種が用いられるようになった．さらに，大ヨークシャー種（W），ハンプシャー種（H），およびデュロック種（D）が導入・増殖されるにつれ，ランドレース種の雌に大ヨークシャー種の雄を交配して生まれた一代雑種の雌にデュロック種あるいはハンプシャー種を交配して生産した肥育素豚，いわゆるLWDまたはLWH豚を肉豚生産に用いる三元交雑が行われるようになった．他方，海外の育種会社からは純粋種だけではなくハイブリット豚とよばれる雑種豚が導入されている．これらハイブリット豚も三元交雑の種豚として利用されている．

1960年代半ばから，日本の環境や日本人の嗜好にあったブタの系統を作出する気運が高まり，閉鎖群で選抜をくり返して経済的能力が高く，斉一性に優れた系統を作出する系統造成が推し進められるようになった．系統造成は国の種畜牧場（現（独）家畜改良センター），各都道県の畜産関係研究場所，および一部民間機関で実施された．2016年12月現在，92系統が完成し，28系統が維持されている．また4系統が造成中である．これに対して，民間の種豚生産者では，閉鎖群を用いた改良手法は用いずに外部から能力の高いブタを逐次導入しつつ群の改良をすすめる開放型の育種改良が行われている．開放型の育種改良をさらに推し進めるべく，2002年から㈳日本種豚登録協会（現（一社）日本養豚協会）により純粋種の育種価推定を行う遺伝的能力評価事業が行われている．

B．育種目標

現在，日本で飼養されているブタの総頭数は約931万頭（2016年2月現在）であり，そのうち子とり用雌豚および肉豚はそれぞれ約84万頭および約774万頭である．牛肉の輸入自由化による安価な牛肉の輸入増大，加工用や外食産業を中心とした豚肉の輸入増大，および『家畜排せつ物の管理の適正化及び利用の促進に関する法律』の施行などにより飼養戸数は1974年の277,400戸から4,830戸（2016年2月現在）と激減している．こうした情勢のなかでブタの育種は生産効率の向上は当然のことながら消費者の多様なニーズに応えうる，高品質で安全な豚肉を供給するための育種目標を設定することが重要となって

表 2.6 ● ブタの改良増殖目標（全国平均）

(A) 純粋種豚の能力に関する 2025 年の目標数値

	品種	繁殖能力		飼料要求率	産肉能力		
		一腹あたり育成頭数（頭）	一腹あたり子豚総体重（kg）		1日平均増体量（g/day）	ロース芯の太さ（cm²）	背脂肪の厚さ（cm）
現在	バークシャー	9.0	51	3.3	706	30	2.0
	ランドレース	9.9	62	2.9	881	36	1.6
	大ヨークシャー	10.3	61	2.9	907	36	1.6
	デュロック	8.2	45	2.9	912	38	1.5
目標	バークシャー	9.8	57	3.2	750	32	2.0
	ランドレース	11.0	69	2.8	950	36	1.6
	大ヨークシャー	11.5	69	2.8	970	36	1.6
	デュロック	9.0	53	2.8	1,030	38	1.5

注1：繁殖能力の数値は，分娩後3週齢時の母豚1頭あたりのものである．
 2：産肉能力の数値（飼料要求率を除く）は，雄豚の産肉能力検定（現場直接検定）のものである．
 3：飼料要求率は，体重 1 kg を増加させるために必要な飼料量であり，次の式により算出される．
  飼料要求率＝飼料摂取量／増体量
 4：飼料要求率および1日平均増体量の数値は，体重 30 kg から 105 kg までの間のものである．
 5：ロース芯の太さおよび背脂肪層の厚さは，体重 105 kg 到達時における体長 2 分の 1 部位のものである．

(B) 肥育素豚生産用母豚の能力に関する 2025 年の目標数値

	一腹あたり生産頭数（頭）	育成率（％）	年間分娩回数（回）	一腹あたり年間離乳頭数（頭）
現在	11.0	90	2.3	22.8
目標	11.8	95	2.3	25.8

注：育成率および一腹あたり年間離乳頭数は分娩後3週齢時のものである．

(C) 肥育豚の能力に関する 2025 年の目標数値

	出荷日齢（日）	出荷時体重（kg）	飼料要求率
現在	189	114	2.9
目標	180	114	2.8

いる．

ブタの改良で基本となるのは，①奇形など遺伝的な欠陥がなく，②温順・強健で，③繁殖能力が高く，④飼料の赤肉への効率がよく，⑤成長が速いことである．これらは時代が変わっても普遍的に改良すべき形質である．また，群内の遺伝的能力のばらつきが少ないことも必要である．近年，輸入豚肉との差別化のため，肉質改良の必要性が指摘されており，食味に大きく影響する筋肉内脂肪含量向上を目的とした系統造成が複数の場所で行われてきた．またドリップロスを育種改良目標とした系統造成も一例存在する．今後，さらなる差別化のため，さまざまな肉質の遺伝的改良が進むと考えられるが，肉質のみならず，高品質で安全な豚肉を供給するために，疾病抵抗性など多様な育種目標の設定が考えられる．2015 年に農林水産省が公表したブタの改良増殖目標数値を表 2.6 に示す．また，改良増殖目標に数値として盛り込まれていないが，肉質改良のためデュロック種においてロース芯筋内脂肪含量を増加させる方向で改良を進めることが明記されている．

C. 選抜

主要な形質の遺伝率を表 2.7 に示す．一般的に遺伝率は体型・屠体形質は高く，発育形質は中程度，繁殖形質は低い値を示す．通常

表 2.7 ブタの主要形質の遺伝率

形質	遺伝率の推定値
体型	
体長	0.50 ～ 0.60
乳頭数	0.20 ～ 0.40
繁殖形質	
生時一腹産子数	0.05 ～ 0.15
3 週時一腹頭数	0.05 ～ 0.10
3 週時一腹総体重	0.05 ～ 0.20
発育形質	
1 日増体量（30 ～ 105 kg）	0.25 ～ 0.40
飼料要求率	0.25 ～ 0.40
屠体形質	
ロース芯断面積	0.20 ～ 0.40
ハムの割合	0.40 ～ 0.60
背脂肪厚	0.25 ～ 0.50
肉質	
肉色	0.20 ～ 0.30
ロース芯筋内脂肪含量	0.40 ～ 0.60

　ブタの改良は，同腹内で子豚の資質を勘案して一次選抜を行ったのち（腹内選抜），複数の選抜形質に重み付けをして算出した総合育種価で二次選抜する，二段階選抜を行うことが多い．また，それとは別に肢蹄など，体型について独立淘汰により選抜を行うことが多い．総合育種価は，選抜指数式を作成してその式に形質の表型値を代入することで求めることができるが，現在は，育種価予測精度のより高い多形質 BLUP 法アニマルモデルを用いて算出した個々の形質の予測育種価に重み付けをしたものが用いられている．多形質 BLUP 法アニマルモデルは，①選抜候補豚の血縁情報を活用し，②異なる環境の影響をとり除き，③形質の記録をもつ個体のみならず記録をもたない個体の育種価も予測できることに特徴がある．また，血縁を考慮することで従来遺伝率が低く改良が困難であった産子数などの繁殖形質も改良可能となった．

　日本では公的機関を中心とした閉鎖群による育種（系統造成）と，民間の種豚場による開放型の育種の 2 つの異なる方法で育種改良が行われている．系統造成の利点は，短期間で能力が高く，斉一性のある種豚群を作出できることにある．これに対して開放型の育種の利点は，外部の優れた遺伝資源を逐次導入できることである．系統造成は登録審議会から造成計画の承認を受け，数世代選抜を行い，目的とする形質が一遺伝標準偏差以上改良され，かつすべての個体間に血縁があることを最低条件として系統の認定を得る．系統造成計画として，例えば，増体，背脂肪厚およびロース芯断面積を同時に改良することとし，種雄豚および種雌豚をそれぞれ 10 頭，50 頭程度基礎豚として導入したとする．基礎豚同士を交配して，①生まれた産子について体重 25 kg 前後に達したときに，成長が良好，健康，および肢蹄など体型を勘案して腹内選抜を行い，育成豚として雄 1 頭，雌 2 頭程度を一次選抜し，さらに各腹に残った子豚のなかか

ら，屠体調査のための調査豚を選抜する．②育成豚・調査豚について30 kgから105 kgまでの1日平均増体量，105 kg時点での体長1/2部位の背脂肪厚およびロース芯断面積をスキャナーで測定する．また，調査豚を屠殺して，背脂肪厚，ロース芯断面積を直接調査する．これら測定値から各形質の育種価を推定して総合育種価を算出し，それを用いて育成豚の二次選抜を行い，次世代に寄与する雄10頭，雌50頭を得る．これを1年1産で5世代ほどくり返すことで系統豚を作出する．系統造成の計画や完成までの世代数は目的とする形質や造成群の規模により異なる．

D．交雑利用

ブタでは一部の生産様式を除いて，生産効率を高める目的で雑種強勢効果を期待して品種間交雑を行う．ブタでは品種間の一代雑種，三元交雑，四元交雑が行われている．日本では三元交雑が主流であり，ともに繁殖能力の高い異なる雌系品種を交配して生産した一代雑種の雌を繁殖母豚に用いて，それに産肉能力の高い雄系品種を交配して肥育素豚を生産する．雑種強勢効果は遺伝率の低い形質に強く現れるため，繁殖母豚となる一代雑種の雌に産子数の増大が期待でき，生産された肥育素豚にも強健性や発育能力に雑種強勢の効果が期待できる．バークシャー種など純粋種を肉豚生産に用いる場合，通常，雑種強勢効果を期待することはできないが，同一の品種間でも遺伝的に遠い系統間であれば，ある程度の雑種強勢効果が期待できるため，系統間交雑により肉豚生産をしている農場も存在する．

E．登録

日本養豚協会では，種豚の改良と養豚の効率化をめざし，各種能力検定や登録制度を実施している．2012年4月に登記・登録制度が抜本的に見直され，母豚が生産した一腹の子豚をまるごと記録する一腹記録制度が導入された．国内で生産されたブタは，一腹記録に子豚として載っていて血統が記録簿に登載された純粋種の子豚のみが，子豚登記とそれに続く種豚登録の資格を有する．一腹記録には産子数などの成績を記入する必要がある．この制度見直しにより，登記・登録のしくみが簡略化されると同時に，より多くの成績が収集できるようになった．現在，登記・登録制度は単に血統を記録して証明するにとどまらず，登録された血統情報と，収集した成績を活用して純粋種豚の遺伝的能力評価を行い，農家へ育種価を提供する役割を担うようになり，育種価を利用した実効性の高い改良の進展が期待されている．遺伝的能力評価の開始当初は各農家内でのみ利用できる農家内評価が行われていた．農家間の血縁交流が進むにつれ，一部地域において地域内で育種価の比較ができる地域内評価が開始された．バークシャー種においては全国で育種価の比較ができる全国評価が行われている．

2.4.4 ニワトリの育種

日本では江戸時代以前は仏教の影響もあり，ニワトリは報晨（ほうしん）や闘鶏に使われていた程度であった．明治時代に入り外国鶏の輸入が盛んになって，ニワトリの改良が注目されるようになり，1928年には産卵能力集合検定（ランダムサンプルテスト）が開始された．その頃海外では，集団遺伝学に基づく近代的な育種が進められ，1963年以降，日本に急速に流入するようになった．これに対抗するため，1965年より農林水産省を中心として組織的なニワトリ育種事業が実施され，外国鶏と能力的に肩を並べる国産実用鶏が作出されるまでになった．しかし，養鶏農家の規模拡大や系列化等の影響により，現在のところ外国鶏が多数を占めている状況となっている．

A．改良目標および主要な量的形質とその遺伝

農林水産省より2010年に公表された2020

表2.8 ● 卵用鶏の能力に関する目標数値（農林水産省）

	飼料要求率	産卵率	卵重量	日産卵量	50%産卵日齢
現在（2015年）	2.0（124 g/個）	87.9%	61～63 g	54～55 g	143日
目標（2025年）	2.0（124 g/個）	88.0%	61～63 g	54～55 g	143日

注1：飼料要求率，産卵率，卵重量および日産卵量は，それぞれの鶏群の50%産卵日齢に達した日から1年間における数値である．
2：飼料要求率の（ ）内は，1個（62 g）あたりの鶏卵を生産するために必要な飼料量（g）の数値であり，参考値である．

表2.9 ● ブロイラーの能力に関する目標数値（農林水産省）

	飼料要求率	体重	育成率	出荷日齢
現在（2015年）	2.0	2,870 g	96%	49日
目標（2025年）	1.9	2,900 g	98%	49日

注1：飼料要求率は，雌雄の出荷日齢における平均体重および餌付けから出荷日齢までの期間に消費した飼料量から算出したものである．
2：体重は，雌雄の出荷日齢時の平均体重である．
3：育成率は，出荷日齢時の育成率である．
4：出荷日齢は，平均的な出荷体重（2.9 kg）の到達日齢であり，参考値である．

年の卵用鶏および肉用鶏の改良目標は表2.8，表2.9に示すとおりである．ニワトリの量的形質として重要なものは次に示すとおりであり，主要な産卵・産肉形質の遺伝率およびそれら形質間の遺伝相関を表2.10，表2.11に示す．

a. 産卵数（率）

個体レベルでは一定期間（例えば181～270日齢，181～500日齢）の産卵数（率）をいうが，鶏群の平均として表す場合にはヘンハウス産卵数（率）とヘンデイ産卵数（率）が用いられる．ヘンハウス産卵数（率）は検定期間の総産卵数を検定開始時の羽数で除した値であり，生存率を加味した値となる．ヘンデイ産卵数（率）は検定期間の総産卵数を生存鶏の延羽数で除した値である．

b. 卵重

個体あたり5個の卵を測定し平均値で表す．特定の週齢で表す場合と年間平均で表す場合がある．日産卵量は卵重と産卵数の積を検定日数で除した値である．

表2.10 ● 産卵・産肉形質の遺伝率

形質	遺伝率
卵重	0.3～0.7
体重	0.4～0.6
初産日齢	0.2～0.5
産卵率（短期）	0.1～0.3
産卵率（長期）	0.1～0.2
飼料要求率	0.1～0.3
卵殻強度	0.3～0.5
孵化率	0.1～0.2
育成率	0.05～0.1
生存率	0.05～0.1
枝肉量	0.6～0.8
胸角度	0.3～0.6

c. 発育速度および体重

発育速度は検定終了時体重と検定開始時体重の差を検定開始時体重で除した値であり，幼若期は高く日齢が進むにつれて低い値となる．肉用鶏では血液，羽毛，内臓を除去した屠体重で表すことが多く，幼若期の体重を大

表2.11 ● 産卵・産肉形質間の遺伝相関

形質	—	形質	遺伝相関
卵重	—	体重	0.2 ～ 0.5
卵重	—	初産日齢	0.1 ～ 0.5
卵重	—	産卵率	− 0.6 ～ − 0.1
体重	—	初産日齢	0.0 ～ 0.3
体重	—	産卵率	− 0.4 ～ 0.0
初産日齢	—	産卵率	− 0.3 ～ 0.0
産卵率（短期）	—	産卵率（長期）	0.5 ～ 0.8
増体重	—	飼料要求率	− 0.4 ～ − 0.6
体重	—	胸角度	0.0 ～ 0.4

きくするように改良する．胸の肉付きは胸角度から推定できる．また，腹腔内脂肪は筋肉割合の減少や飼料効率の低下を招くため減少するように改良する．

d. 初産日齢
個体ごとの初産日齢の平均値は，鶏群の50%が産卵するに至った日とほぼ一致する．

e. 飼料要求率
卵または肉を1kg生産するのに要した飼料の量（kg）として表す．その逆数は飼料効率となる．飼料要求率を改良する指標として，残差飼料消費量（residual feed consumption：RFC）を用いる場合がある．これは卵用鶏では初期体重，増体量および産卵量より求めた期待される飼料消費量と実際の飼料消費量との差で示されるもので，この値を小さくすることによりニワトリの飼料利用性を改善することができる．肉用鶏では初期体重と増体量より同様に残差飼料消費量が求められる．

f. 卵殻質，内部卵質
卵殻強度の測定には，卵殻厚，卵の比重，卵殻卵重比，卵殻破壊強度，卵殻非破壊変形量などが用いられる．内部卵質は一般にハウユニット（Haugh unit：HU）で表される．これは平板上に割卵した卵白の高さを卵重で補正した値であり，卵の品質の判定に用いられる．

g. 受精率，孵化率
受精率は入卵後5～7日頃に透視により調べる．孵化率は入卵数に対する孵化率と受精卵数に対する孵化率とがある．入卵数に対する孵化率には受精率が加味されることになる．

h. 育成率，生存率
育成率は，卵用鶏では孵化から150日齢までの鶏群の生存率で表され，肉用鶏では育成開始から出荷時までの生存率で表される．生存率は，卵用鶏では151日齢以降の鶏群の生存率で表される．

i. 抗病性
抗病性には，特定の病気に対する抵抗性を表す場合と，病気全般に対する抵抗性を表す場合とがある．

B. 卵用鶏の育種
卵用鶏の育種では，系統間交雑により実用鶏を作出する．閉鎖群育種においては，育種目標に応じた素材を集めることからはじめ，これらを基礎集団として集団内で選抜・交配をくり返して，育種目標に沿った改良を進めることにより系統造成を行う．選抜は一般に個体の表現型値に基づく個体選抜を中心に行われる．選抜対象形質としては，卵重，体重，初産日齢，産卵率，卵殻質等がとり上げられ，選抜指数法あるいは選抜指数法と独立淘汰水準法を組み合わせる方法により行われる．最近ではBLUP法の利用が行われており，選抜指数法に比べ2～5%高い選抜効率が得られると期待されるが，選抜個体が特定の家系に偏る傾向があり，近交係数の上昇に注意する必要がある．実用鶏の作出のためには造成系統の二元，三元あるいは四元交雑が利用されるが，ヘテローシス効果を最大限に現す優れた組み合わせ能力をもつ系統を用いて実用鶏の作出を行う．

C. 肉用鶏の育種
肉用鶏の育種においても，基本的には卵用鶏の育種と同様に閉鎖群育種によるBLUP

法を利用した系統造成が行われている．選抜は通常第一次～三次と3回に分けて行われる．第一次選抜は49日齢頃に，第二次選抜は180日齢頃に，それぞれ体重，外貌をもとに行われ，第三次選抜は240日齢頃に産卵性をもとに行われる．肉用鶏においてもヘテローシス効果を利用するため，系統間交雑種を実用鶏として用いる．この場合，父系種には白色コーニッシュが，母系種には白色プリマスロックが用いられることが多い．父系種は主に成長速度が速く体重の大きいものを，母系種には成長速度，体重とともに産卵性のよいものを用いる．一方で，日本在来種や在来種と卵肉兼用種等との交雑種を利用して，既存のブロイラー肉とは異なる特殊鶏肉の生産が日本各地で行われている．

D．ニワトリ育種における新しい技術

最近，ニワトリゲノムの全塩基配列が解読され，経済形質を支配する遺伝子座の解析や有用遺伝子の解析にきわめて有用な情報が提供されるようになった．ニワトリ育種において重要な経済形質を支配する遺伝子や抗病性遺伝子等が明らかになれば，マーカーアシスト選抜や遺伝子導入法を応用した新しいニワトリ育種技術の開発が期待される．

2.5　新育種技術

2.5.1　バイオテクノロジー技術の利用

家畜の改良は育種理論と繁殖技術によって支えられてきた．本項では繁殖技術の発展による改良の進展について述べる．

家畜繁殖技術はバイオテクノロジー技術ともいわれ，人工授精にはじまり，凍結精液，受精卵移植，体外受精，核移植，体細胞クローンなどへとめざましく発展してきた．このような新しい技術を育種に応用するにあたっては，それにより従来の方法に比べて改良がどのように進むかを検討しなければならない．改良効率の指標としては年あたり遺伝的改良量が比較の基準となる．年あたり遺伝的改良量は，"選抜強度×遺伝標準偏差×選抜の正確度/世代間隔"によって求められる．ここで，選抜強度は候補畜に対する選抜される家畜の割合（選抜率），遺伝標準偏差は基礎集団の遺伝的構成，選抜の正確度は候補畜の情報量，世代間隔は種付けから検定終了までの年数によりそれぞれ決められることから，新しい技術がこれらの要素にどのようにかかわるかを見極めなければならない．なお，ブタは一腹産子数が多くかつ世代間隔も短いため，バイオテクノロジー技術の利用による改良効率の飛躍的な向上は期待できないことから，ここでは主にウシを対象とする．

ウシの人工授精技術は1920年代には実用化され，日本では1950年には乳用牛の56％，肉用牛の26％が人工授精により交配され，1970年代には乳用牛の100％近く，肉用牛では約95％にまで普及した．凍結精液は1969年から利用がはじまり，1980年には98％を超える普及率となった．人工授精技術により1頭の種雄牛が交配できる頭数が飛躍的に増大し，地域を越えて精液の流通が可能となった．また，凍結精液により時間を超えた流通も可能となった．その結果，供用種雄牛頭数が急激に減少し，選抜率が高まって，改良効率が向上した．ただし，人工授精が普及した時期は能力検定が十分ではなく，選抜率は高まったものの選抜の正確度は低かったため，実際の改良速度は大きくはなかった．その後，検定制度が確立し，遺伝的能力評価が行われるようになってから改良速度は飛躍的に向上した．

1964年，農林省畜産試験場の杉江らは世界で初めて非手術的手法によってウシの受精卵移植の産子を生産した．受精卵移植は優良雌牛からの多数の産子生産や，ホルスタイン種からの黒毛和種生産など増殖技術として定着し，2008年には体内受精卵移植による産子が2万頭を超えた．また，優秀な雌牛から

候補種雄牛を確実に生産できるようになり，雌牛側からの改良が可能となった．乳牛の改良事業においては，まず優秀な種雄牛の精液を優秀な雌牛に授精し，優秀な候補雄牛を生産する．通常の人工授精では1頭の雌牛から雄子牛を生産できる確率は約40％であるが，過排卵処理により多数の受精卵を採取して移植すれば，供卵牛からほぼ確実に雄子牛を生産することができる．これにより，候補雄牛生産の段階において選抜強度が高まる．実際，ホルスタイン種の国内種雄牛評価結果（2013年8月）における総合指数上位50頭中34頭は受精卵移植による産子であった．

過排卵と受精卵移植を組み合わせた繁殖技術はMOET（multiple ovulation and embryo transfer）法とよばれる．MOET法で同時に生産された多数の産子は全きょうだい（兄弟姉妹を併せて「きょうだい」と表記）であることから，ウシにおいてもブタで行われている全きょうだい検定が可能となる．後代検定では乳用牛は娘牛の泌乳成績，肉用牛では息牛の枝肉成績に基づき選抜が行われるが，全きょうだい検定では，全きょうだいの泌乳成績や枝肉成績に基づき選抜を行うこととなる．この検定法の利点は世代間隔の短縮である．肉用牛では後代検定に5年かかるが，全きょうだい検定では3年に短縮できる．また，乳用牛では後代検定の6年を4年に短縮できる．一方，全きょうだいとして生産できる頭数は後代の頭数に比べて格段に少ないので，候補牛の選抜の正確度は低くなる．ただし，一定の検定頭数のもとでは候補雄を増やすことができるため，選抜率を高めることができる．その結果，年あたり遺伝的改良量は後代検定よりも全きょうだい検定において大きくなる．ブタは群として生産されることから，群平均の遺伝的改良量が重要であるため，全きょうだい検定が有効である．ただし，ウシでは，種雄牛が多数の雌に供されることから1頭の種雄牛の価値が非常に高く，個体の遺伝的能力の正確度がより重要であるため，個体選抜のための全きょうだい検定は現実には採用されていない．

選抜の正確度は候補個体と調査個体との遺伝的関係の強さ（血縁係数）に大きく影響される．全きょうだい検定では両者間の血縁係数は0.5である．この血縁係数を大きくすることができれば選抜の正確度を高めることができる．そのための技術が卵分割，核移植あるいは体細胞クローンである．これらの技術を用いて遺伝的に同質なクローン個体を作出すれば，それらの間の血縁係数は1.0となり，少ない頭数を用いた検定でも選抜の正確度を高めることができる．肉用牛においては全きょうだい検定の代わりにクローン検定が考えられる．検定法としては，卵分割あるいは核移植により一卵性多子を生産し，1頭を候補雄として残りを肥育する方法（受精卵クローン検定），候補雄をすべて肥育して枝肉形質を調査し，枝肉成績がもっともよかったウシの体細胞クローンを作出して種雄牛とする方法（成牛クローン検定），候補雄が生まれたところでその体細胞クローンを作成し，体細胞クローンを肥育検定する方法（幼牛クローン）などがある．調査牛頭数を一定とするならば，世代間隔が短く選抜強度を高めることが可能な受精卵クローンがもっとも効率的と計算される．選抜の正確度を基準とするならば，8頭の後代検定と同じ正確度を得るためには，遺伝率が0.3の場合はクローン2頭，遺伝率が0.5の場合は1頭を肥育調査すればよいことになる．

体細胞クローン技術の活用場面として，名牛のクローンを作出することが提案されたが，遺伝的に同じものを増やしても改良にはならない．そればかりか，集団の遺伝的均質化を高めるため，改良を妨げることになる．一方，体細胞クローン技術を用いると希少な品種の増殖や失われた個体の復元が可能となる．遺伝的改良量を確保するとともに，改良

方向の変化に対応するためには遺伝的多様性を守る必要があるが，集団から失われた個体の復元は遺伝的多様性の保全に貢献するものである．また，遺伝資源の保全のためには精子とともに受精卵や卵子の凍結保存技術が不可欠である．さらに，顕微授精技術により貴重な生殖細胞を有効利用することができる．今後，遺伝資源保全の必要性が増してくるとともに，改良品種においても遺伝的多様性の保全が重要になってくることから，バイオテクノロジー技術が果たす役割は大きい．

2.5.2 DNA マーカーの利用
A. DNA マーカー
a. DNA マーカーと情報

マーカーは，品種や個体のもつ特徴のなかで，染色体を識別するための指標として用いられる．なかでも DNA マーカーは，比較的簡便な方法により検出できる DNA 配列の違いであり，ゲノム上の特定の位置に配置された標識である．その扱う対象により核とミトコンドリアに大別され，違いの種類により反復回数変異と点突然変異の2種類に分類される．ここで DNA マーカーは，多型情報，位置情報，遺伝子情報という3つの情報をもっている．多型情報には，品種や系統・集団での対立遺伝子の数と分布およびその頻度がある．位置情報は，染色体や連鎖地図上の位置を示すもので，遺伝子および他の DNA マーカーとの相対的な位置関係も含まれる．遺伝子情報は，DNA マーカーが遺伝子領域内に存在するか，またタンパク質を構成するアミノ酸配列の違いを生じるかなど，遺伝子の機能や発現との関連性が情報である．

b. DNA マーカーの特徴

マーカーとしては，容易に，正確に，経済的に，効率よく，開発および分析ができるという4つの基本的条件がある．反復回数変異を示す MS（マイクロサテライト，microsatellite，1〜5塩基対を単位とした反復配列）マーカーは，対立遺伝子の数が多く，ゲノム中に適度に散在しており，上記の条件を十分に満たしていることから，DNA マーカーとして主に利用されてきた．一方，点突然変異である SNP（スニップ，single nucleotide polymorphism，一塩基多型）マーカーは，MS マーカーよりも高密度に存在し，新たに汎用的な分析手法（DNA アレイ技術）が実用化されたことから，最近では，特定領域の詳細な解析やゲノム全体を一度に評価する解析などに利用されている．これまで，主要な家畜ではそれぞれの畜種において数千個の MS マーカーが，また SNP マーカーも数百万個のマーカーが開発され，DNA データベースに登録されている．

c. DNA マーカーの分析

MS マーカーでは分析手法がほぼ確立され，システム化されている．これに対し SNP マーカーでは，高密度で膨大な数の分析が可能であるが比較的高価であり，関心ある少数のマーカーに対する廉価で効率のよい分析手法の開発が課題である．MS マーカーの分析では，個体や品種の間での反復配列の反復回数の違いが PCR（polymerase chain reaction，ポリメラーゼ連鎖反応）産物の長さの違いに反映し，電気泳動による易動度の差として検出される．最近では，蛍光標識したプライマーを用いて PCR 増幅し，DNA シーケンサーを用いて分析する方法が一般的であり，非常に効率よく多検体の遺伝子型の判定が行えるようになっている．一方，SNP マーカーは，塩基配列の違いをさまざまな条件や手法により判別し検出する．一般に，PCR 増幅後特定の制限酵素により切断処理する PCR-RFLP（restriction fragment length polymorphism）法，PCR 増幅後特殊な電気泳動装置により分離する PCR-SSCP（single strand conformation polymorphism）法，配列の違う DNA を貼りつけたマイクロチップへの結合の仕方により判定する DNA チップ

技術を応用した方法などを用いて分析される．ここで，SNP マーカーには機械化や自動化が可能という利点があり，技術的・機械的改良により分析精度の向上やコストダウンが可能なことから，DNA マーカーの主流になりつつある．このため現在では，SNP マーカーに関して新たな分析技術やより効率のよい分析機器の開発が進められている．

B．DNA マーカー情報の利用

遺伝・育種分野では，DNA マーカーのもつ各種情報を効率的な育種技術の開発に利用するためさまざまな研究が進められてきた．次にそれぞれの DNA マーカー情報の利用面に関して簡単に紹介する．なお，高密度 SNP マーカーを用いた評価や，その利用に関しては 2.5.3 項で述べる．

a．DNA マーカー選抜（位置情報，遺伝子情報の利用，量的遺伝学的利用）

家畜の成長，乳量，繁殖性，抗病性，生産物の品質などの量的形質を遺伝的に改良するために，多数の遺伝子すなわちポリジーンが関与するという前提で育種理論の構築がなされてきた．ここで，ある形質に比較的大きな影響を与える遺伝子が解明されない場合でも，密接に連鎖する DNA マーカー（特定の対立遺伝子）と表現形質との間に関連性が認められるとき，これら DNA マーカーの情報を実際の育種改良の場で利用することが可能となる．このような目的のため，さまざまな形質データを測定した資源家系を用いて，量的形質遺伝子座（quantitative trait loci：QTL）とマーカーとの関係を分析し，QTL の位置と効果を正確に推定する研究が多数実施され，多くのマーカー情報が得られている．これらの情報を積極的に用いる選抜手法を広い意味でマーカーアシスト選抜とよんでいる．また，DNA マーカーを利用した育種法には，複数の品種・系統の遺伝子を組み合わせる方法や，それぞれの品種・系統内での選抜にマーカー情報を利用する方法がある．また，育種価の推定に DNA マーカー情報を加える方法，形質データの測定前や測定できない個体に利用する方法など，さまざまな利用法が考えられている．

一方，QTL における個々の遺伝子の構造や機能を解明しその効果を直接判定することができれば，育種手法の精度をさらに高めることが可能となる．これまでに経済的に重要な形質に関与するいくつかの遺伝子が解明されている．例えば，乳用牛の *DGAT1* 遺伝子（diacylglycerol O-acyltransferase 1，乳量および乳成分に影響），肉用牛の *NCAPG* 遺伝子（non-SMC condensin I complex, subunit G，枝肉重量），ブタの *VRTN* 遺伝子（vertnin，椎骨数），ニワトリの *CCKAR* 遺伝子（cholecystokinin A receptor，発育性）などがある．また，量的形質だけではなく，毛色などの質的形質に関しても遺伝子が解明され，表現形質の固定や望ましくない形質の回避などの選抜に利用されはじめている．

b．遺伝病の遺伝子診断（遺伝子情報の利用，メンデル遺伝学的利用）

アミノ酸配列の違いや生産されるタンパク質の構造異常により，正常に機能しない酵素やタンパク質が生産されると，特定の遺伝性疾患を発症することがある．このとき DNA レベルで原因が明らかな場合，遺伝子情報がおおいに役立つ．劣性遺伝病の因子をヘテロに保有するキャリア個体では，臨床症状が現れないため，その検出が困難である．こうした遺伝病の遺伝子診断では，キャリア個体の同定とその淘汰により，集団全体として原因遺伝子の除去に貢献できる．すでにいくつかの家畜遺伝病の原因遺伝子が解明され，ウシやブタでは遺伝病の遺伝子診断が実用化されている．例えばウシでは，牛白血球粘着不全症（bovine leukocyte adhesion deficiency：BLAD〈ブラッド〉），クローディン 16 欠損症（claudin-16 deficiency：CL16），ウリジル酸合成酵素欠損症（deficiency of uridine monophosphate synthase：DUMPS），牛複合脊椎形成不全症（complex vertebral malformation：CMV）などがある．またブタでも，豚ストレス症候群（porcine stress syndrome：PSS）がある．一方，ニワトリでは，遺伝病の原因遺伝子が解明されているものの，一般的な診断に用いられている例はない．

c. **遺伝的多様性の評価（多型情報の利用，集団遺伝学的利用）**

　集団の遺伝的多様性の低下や個体の近交度の上昇により表型値が低下してしまうため，遺伝的多様性や近交度の評価は，改良の効率や改良された集団の維持および利用にとって重要な課題である．ここで，近交係数は血統情報から計算した近交度の指標にすぎないため，全きょうだいの間で同一の値として算出されるが，実際の近交度は全きょうだいの間でもばらつきがある．また，多様性の程度も集団の構造や選抜などの歴史により違いが生じ，集団内の多様性や集団間の遺伝的距離を血縁や表型値から予測することは困難である．このように遺伝的な多様性や近交度は，表現形質や血統を分析しただけでは正確に評価できないことから，DNAマーカーを利用した評価が有効な指標として期待されている．一方，交雑育種を行う場合，雑種強勢（ヘテローシス）や遺伝子間の相互作用が期待される．この場合も具体的に遺伝子の効果として評価できれば，雑種強勢や相互作用の程度を推定することで育種改良は効率的に進められる．

d. **個体識別と品種識別（多型情報の利用，集団遺伝学的利用）**

　DNAマーカーの多型情報は，食肉のトレーサビリティーのシステムなどで，個体識別および品種識別にも利用できる．個体識別としては，同一性を検討する場合と血縁関係を検討する場合がある．例えば，前者が飼育時のウシから採取したサンプルと牛肉サンプルが同一であるかを判定するのに対し，後者は生産された子牛の父親を特定するなど親子関係の検証として分析される．これらの識別では，分析するDNAマーカーに大きな違いはないが，マーカーの多型情報から計算される確率論的な統計値が異なっている．いずれの場合も関係を否定できる確率を問題にしている．

　一方，品種識別においては，食肉サンプルからその品種や産地などの製品表示を確認するためにDNAマーカー情報が利用される．ウシでは，黒毛和種とF1やホルスタイン種との識別および国産牛肉と輸入牛肉との識別が行われている．ブタでは，黒豚（バークシャー種）を他の品種と識別するため，主に2個の毛色関連遺伝子がマーカーとして利用されている．これらのマーカーを用いることによって国内で生産される主要なブタ品種は識別できる状況になっている．しかし，主な肉豚の生産はランドレース種と大ヨークシャー種およびデュロック種の三元交雑であるため，産地間の識別は困難である．一方，ニワトリでは，秋田県の比内地鶏や愛知県の名古屋コーチンなど，生産に用いた在来品種のもつDNAマーカーの対立遺伝子に着目して真偽の判定が可能となっている．

2.5.3　ゲノム評価とその利用
A. ゲノミック選抜とは

　量的形質は，効果の小さい多数のポリジーンに支配されており，統計的に検出されるような効果の大きな量的形質遺伝子座（QTL）だけでは，その遺伝的変異のわずかな部分しか説明することができない．ゲノム評価では，全染色体上に配置した数万から数十万の一塩基多型（SNP）の情報を用いて，遺伝的変異の大部分が説明できる遺伝的能力評価を行うことを目的とする．SNPなどのゲノム情報から予測された育種価はゲノミック育種価とよばれ，ゲノミック育種価を利用した選抜はゲノミック選抜とよばれる．

B. ゲノミック選抜の利点

年あたり遺伝的改良量（ΔG）は，

$$\Delta G = \frac{ir\sigma_a}{L}$$

と表される．ここでiは選抜強度（選抜差），rは選抜の正確度（育種価と表現型値との相関係数），σ_aは相加的遺伝標準偏差およびLは世代間隔を表している．形質にかかわる遺伝分散（σ_a^2）を一定と仮定すると，ΔGを増加させるためには，①選抜強度（i）を強める，②選抜の正確度（r）を高める，もしくは③世代間隔（L）を短縮する必要がある．

全ゲノム上に配置したSNPの情報により，血統情報では説明できなかったメンデリアンサンプリングの説明ができるため，ゲノミック育種価の正確度はBLUP法と比較して高いことが知られている．また，表現型値をもたない個体，すなわち表現型が発現していない若齢の個体においてもゲノミック育種価の正確度は高いため，繁殖が可能となった時点で種畜として利用でき，大幅な世代間隔の短縮が可能となる．加えて，ゲノミック育種価は従来法よりも高い正確度を備えるため，遺伝的能力の優れた種畜を効率的に選択することができ，選抜強度を高めることも可能である．また，従来法では困難であった雌個体の選抜についても，SNP情報が得られれば雄と同様に正確度の高いゲノミック育種価が得られるため可能となる．これらの結果として高いΔGが得られる．

ゲノミック選抜では近交係数の上昇が従来法による選抜と比較して低いことが知られている．BLUP法で用いる血統情報では全きょうだいの間のメンデリアンサンプリングを説明することができず，能力の優れた家系から複数の個体が選ばれる可能性が高い．一方，ゲノム評価では，SNP情報から全きょうだいの間のメンデリアンサンプリングが説明でき，特定の家系から集中的に個体が選ばれる可能性が低くなり，近交係数の上昇を軽減することができる．

C. ゲノム評価の原理

全染色体上に高密度にSNPを配置することにより，QTLは少なくとも1つ以上のSNPと連鎖していると仮定できる．このように配置した多数のSNPを同時に解析することで，遺伝的変異の大部分を捉えた遺伝的能力評価が可能となる．ゲノミック育種価の予測には線形モデルが利用されるが，数万から数十万のSNPを説明変数（p）とし表現型の記録を被説明変数（n）とするため，nに比較してpが莫大になる．このような場合は，通常の重回帰分析では解を得ることができず，主にベイズ推定法が利用されている．これまでに形質の遺伝的なバックグラウンドを考慮したさまざまなベイズ推定法が考案されている．主な方法として，ベイズA法とベイズB法がある．ベイズA法では，すべてのSNP効果に異なる正規分布が仮定されるが，ベイズB法では，形質の遺伝的変異に関与する一部のSNPにのみ正規分布が仮定され，ほとんどのSNPはQTLと連鎖していない，つまりSNP効果が0と仮定される．そのほかにも，ベイズC法やベイズD法などが開発され，実際に利用されている．これらの方法は，名前にアルファベット一文字が付けられているため，総称としてベイジアンアルファベットとよばれている．

ゲノミック選抜の手順は，第一にSNPと形質の表現型値を備えた訓練集団（トレーニング集団，推定集団やリファレンス集団などともいう）を利用してSNP効果を推定し，ゲノミック育種価を予測するための予測式を構築する．次にSNPのみが得られている検定集団（テスト集団，予測集団やヴァリデーション集団などともいう）において，SNP情報と予測式とを利用してゲノミック育種価を予測し，選抜を行う．

ゲノム評価では，QTLの効果をSNPとの

連鎖により捉えているため，世代が経るとQTLとSNPとの連鎖がなくなり，ゲノミック育種価の正確度が減少する．世代が経ると訓練集団を更新し，SNP効果の再推定が必要となる．

そのほかのゲノミック育種価の予測法としては，SNP情報から個体間のゲノムの類似性を表したゲノム関係行列を用いたGBLUP法がある．GBLUP法では，通常のBLUP法の相加的血縁関係行列にあたる部分の要素をゲノム関係行列に置き換えて育種価を予測する．この方法では，相加的血縁行列とゲノム関係行列を組み合わせて解析を行うSingle-Step BLUP法も開発され，SNP情報をもたないが表現型値をもつ個体をゲノム評価に利用することができる．

D．ゲノミック育種価の正確度に影響する要因

ゲノミック育種価の予測にはQTLとSNPの連鎖を必要としているため，ゲノム上に密にSNPを配置しなければならない．必要なSNP数は，解析対象の集団におけるSNPの連鎖不平衡の状況により異なる．連鎖不平衡の評価にはr^2（先のΔGの式のrとは異なるパラメータである）とよばれるパラメータが用いられる．シミュレーション研究より，正確なゲノミック育種価を得るためには，隣り合うSNP間のr^2の平均が0.2以上であることが必要とされている．例えば，ホルスタイン種では平均r^2が0.2となるのは，おおよそ100 Kbpと推定され，ウシの全ゲノムは3 Gbpであるため，正確なゲノミック育種価を得るには少なくとも30,000のSNPが必要とされている．SNPが全染色体上に十分に配置できた場合においては，ゲノミック育種価の正確度には訓練集団の個体数，遺伝率ならびにQTL効果の分布がかかわってくる．

E．ゲノム評価の可能性

異なる品種の間ではSNP間の連鎖不平衡の状況は異なっているが，QTLのごく近傍のSNPは同一祖先から伝達している可能性が高い．そのため，ある品種で構築した予測式が，別の品種のゲノミック育種価の予測に利用できる可能性がある．ウシの品種間では連鎖不平衡の広がりを検証すると，少なくとも30万のSNPを配置する必要があると考えられている．また，QTL効果の大きさは品種間で異なるため，多品種に柔軟に対応した予測式を構築するには，ゲノミック育種価を予測したい品種をすべて訓練集団に加えることが必要である．

ブタやニワトリの生産では，雑種強勢を目的とした二元や三元交雑などが行われている．訓練集団に交雑種を含めることで，雑種強勢の効果についても評価が可能となる．また，雑種強勢には優性効果やエピスタシス効果のような非相加的な効果がかかわっているが，ゲノム評価の予測式では，優性効果やエピスタシス効果のような非相加的効果についてもとり込むことができる．

2.5.4　新育種素材の開発

家畜では，生産性の改良に加え，新たな分野への利用や新たな形質の付与をめざした育種素材の開発も行われている．主なとりくみとして，在来家畜の活用や遺伝子改変技術の利用がある．

在来家畜の活用例としては，ウシでゼブー牛が耐暑性や抗病性の改良に使われ，アメリカでサンタガートルーディスやブランガスという品種が作出されている．最近ではブタにおいて，既存品種の繁殖性の改良にフランスなどで中国の梅山豚の利用が試みられている．このように改良種と在来種との交雑による素材の開発は，在来種の地域適応性や抗病性の特性を戻し交雑で改良種に導入する場合が多い．

日本でも明治期には，ウシ，ウマ，ニワトリなどで在来種の能力改良のため欧米種との交雑が行われ，ニワトリでは名古屋コーチン

や熊本種などの品種が作出された．最近は地域ブランド作出のため，在来種を交雑元に使った「地鶏」生産が盛んに行われており，比内地鶏や阿波尾鶏，みやざき地頭鶏などが知られている．この地鶏生産に利用される在来種自体も産肉性などの育種改良が加えられていることが多い．また，戻し交雑や交雑をもとにした新たな育種素材の作出例は多くないが，ブタでは複数の品種の交雑をもとにした合成系統の作出が試みられており，中国の北京黒豚などを使ったトウキョウXの例がある．ニワトリでも一度絶えた天草大王という品種が同様の手法で再現されている．さらに新たなとりくみとして，近年の遺伝子解析技術の進歩に伴い，ブタやニワトリではトレーサビリティの観点から遺伝子検査による識別が可能な系統の作出も試みられている．

新たな分野への利用としては，実験動物への利用をめざしたミニブタの開発が，ベトナムや中国，メキシコの在来豚をもとに，アメリカやドイツ，日本で行われている．

遺伝子改変による育種素材の開発は，医学，生物学分野を中心にマウスやラットなどの実験動物で盛んに行われている．特にトランスジェニック技術やクローン作出技術の発達によって，特定遺伝子のノックイン，ノックアウトマウスの作出や，疾患モデルやヒトの遺伝子をもつヒト型モデル動物の開発が行われている．最近はブタでも同様の試みが行われている．またウシやヒツジ，ニワトリでも，遺伝子導入による有用物質の大量生産をめざした研究開発が行われている．

2.6 性の役割と性分化

2.6.1 性の役割

生殖とは生物が同一種の新しい個体を生み出すことをいい，無性生殖と有性生殖がある．無性生殖では，体細胞を分裂させ，もとの個体と同一の遺伝子をもつ個体すなわちクローンとして新たな個体が生み出されるため，遺伝的な多様性がない．一方，有性生殖では，原生動物などの接合を除き，雄と雌の異なる性の配偶子が接合することでもとの個体とは異なる遺伝子をもつ個体が生み出されるため，遺伝的な多様性がある．遺伝的な多様性は，生物が絶滅せず進化するうえで必要となる．

哺乳類および鳥類に属する家畜において，性の決定および分化は，雄の配偶子（精子）と雌の配偶子（卵子）が接合（受精）することで遺伝子の型による性決定が起こる．次に，遺伝子の型によって未分化であった性腺が，雄では精巣，雌では卵巣にそれぞれ分化する．分化した性腺より分泌されるホルモンなどによって，内部および外部生殖器，また脳の性分化が起こる．

2.6.2 性決定

性決定とは，性が雌雄別の個体である生物において，新たに生まれる個体の性が決まることをいう．性決定には，哺乳類や鳥類などでみられる遺伝性の性決定のほかに，魚類，爬虫類，両生類などでみられる環境温度や個体密度などによる，いわゆる遺伝によらない環境性の性決定がある．

細胞遺伝学において，染色体は（n－1）対の常染色体と2つの性染色体で構成されている．主な家畜の染色体の数（2n）は，ウシとヤギは60，ヒツジは54，ブタは38，ウマは64，ニワトリは78である．体細胞では体細胞分裂によって染色体の数が2倍体(2n)の娘細胞ができるが，生殖細胞では減数分裂によって染色体の数が1倍体（n）の配偶子ができる．よって，雌雄それぞれから成熟した配偶子が接合することで，染色体数が2倍体の新しい個体が生まれる．哺乳類では，性染色体がホモ（X染色体が2つ）のときに雌，ヘテロ(X染色体とY染色体がそれぞれ1つ)のときに雄となる（図2.43）．一方，鳥類で

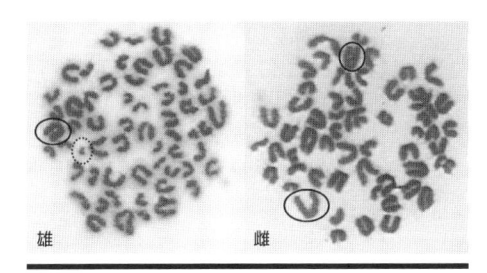

図 2.43 ● ヤギの雌雄の染色体像
左:雄　右:雌
実線:X染色体　破線:Y染色体

は性染色体がホモ（Z染色体が2つ）のときに雄，ヘテロ（Z染色体とW染色体がそれぞれ1つ）のときに雌となる．よって，哺乳類では雄の配偶子，鳥類では雌の配偶子が新たに生み出される個体の性の決定因子となり，接合によって決定される．

2.6.3　性分化
A. 性腺の分化

哺乳類および鳥類ともに，胎生期の泌尿生殖器は体節中胚葉と側板中胚葉の間の中間中胚葉を起源とし，中間中胚葉は頭側より前腎，中間より中腎，尾側より後腎が両側に分化する．卵黄嚢の内胚葉から生じた始原生殖細胞は遊走し，中腎領域にある生殖腺堤とよばれる隆起に到達する．生殖腺堤の表面上皮は始原生殖細胞をとり込むように増殖肥厚し，未分化性腺が形成される（図2.44）．

哺乳類では，性決定遺伝子であるY染色体上にある *SRY*(sex determining region of Y) 遺伝子の発現やその下流における *SOX9* (*SRY*-rerated HMG box-containing gene 9) 遺伝子の発現などによって未分化性腺が精巣に分化する．*SRY* 遺伝子や *SOX9* 遺伝子は HMG（high mobility group）ボックスとよばれる DNA結合領域をもつ転写因子をコードし，他の遺伝子の発現を調節して未分化性腺を精巣に分化させる．一方で，*SRY* 遺伝子がないとき，未分化性腺はX染色体上にある *DAX-1*（DSS-AHC critical region on the X chromosome gene 1) 遺伝子などの発現を受け卵巣に分化する．

鳥類では，哺乳類と同様に受精時に性が決

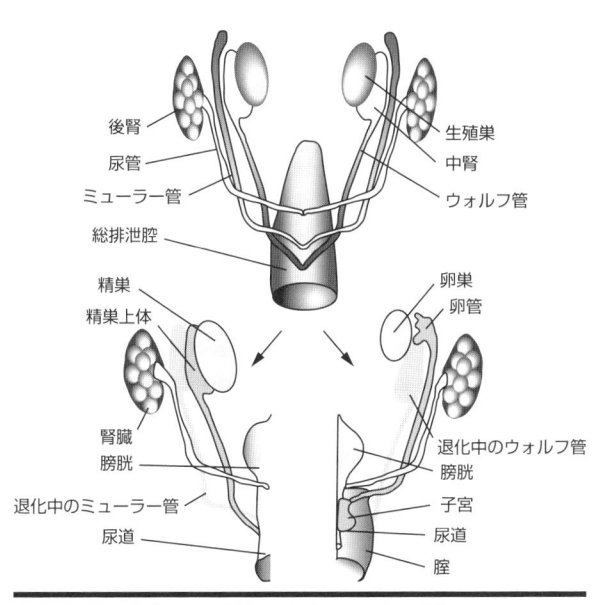

図 2.44 ● 雌（右）と雄（左）の生殖器の発生と分化

定されるが，性染色体の様式は哺乳類と逆で，哺乳類の性決定遺伝子である SRY 遺伝子が鳥類にはない．Z 染色体上の Dmrt1 (drosophila doublesex and C. elegans mab-3 related transcription factor 1) 遺伝子が多く発現すると雄性化するなど，性決定遺伝子について候補因子が多く考えられているが，性決定や性腺の分化の機構はいまだ不明である．さらに鳥類は，哺乳類と異なり雄性では両側性に精巣が発達するが，雌性では左側卵巣のみ発達し，右側卵巣は退化する．

B. 生殖器の分化

哺乳類の胎生期に，内部生殖器の原基となる中腎（ウォルフ）管と中腎傍（ミューラー）管は両方とも存在し，それぞれの管が左右1本ずつ対をなしている．未分化性腺が雄性化され精巣に分化すると，セルトリ細胞から抗ミューラー管ホルモン（AMH），間質（ライディッヒ）細胞からテストステロン（T）が合成，分泌される．雄性では AMH がミューラー管を退化させ，T がウォルフ管を発達させる．一方，未分化性腺が卵巣に分化した雌性では AMH や T が合成，分泌されないため，ミューラー管が発達し，ウォルフ管が退化する．雄性ではウォルフ管が発達し精巣上体，精管，精嚢腺に，雌性ではミューラー管が発達し卵管，子宮，腟に，それぞれ分化する．

鳥類において，雄性ではウォルフ管が発達し精巣上体，精管に分化し，雌性ではミューラー管が発達し卵管，子宮部（石灰分泌部）に分化するが，性腺と同様に左側のミューラー管のみが発達し，右側のミューラー管は退化する．

外部生殖器は，雌雄性ともに共通の原基より分化する．特に雄性は，精巣より分泌される T がジヒドロテストステロンに変換され，原基に作用することで雄性化される．哺乳類では，胎生期の尿生殖洞が雌性において腟前庭，尿道，膀胱，雄性において前立腺，尿道球腺，尿道，膀胱に，生殖結節が雌性において陰核，雄性において陰茎に分化し，前庭襞が雌性において陰唇，雄性において陰嚢に，それぞれ分化する．

鳥類では，生殖結節が発生し，その周囲に生殖襞が隆起する．雄性では生殖結節が発達し陰茎となり，生殖襞に隣接してリンパ襞が形成されるが，雌性では生殖結節，生殖襞ともに退化する．

C. 脳の性分化

脳における性分化の主な過程として，雄性では精巣から合成，分泌される T を介した雄性化，雌性では基底状態のままとなり雌性化が起こる．脳の雄性化は，精巣より合成，分泌されたアンドロジェンが脳内の芳香化酵素（アロマターゼ）によってエストロジェンに転換され，エストロジェン受容体に作用して行われる．一方，哺乳類のなかでもヒトなどの霊長類は，アンドロジェンが芳香化されず，直接的にアンドロジェン受容体に作用して雄性化が起こる．

妊娠の維持に必要なエストロジェンは胎盤と胎子の協調関係（胎子-胎盤単位）によって合成されているが，胎子の肝臓から分泌される α-フェトタンパク質がエストロジェンと結合し脳に移行するのを防ぐため，雄性化が起こらない．なお，ヒトの α-フェトタンパク質はエストロジェンと結合しない．

脳の性分化は，限られた期間（臨界期）にのみ起こる．臨界期は動物種によって異なり，ウシでは受精後 60 日以降，ヒツジでは受精後約 60〜70 日に起こるといわれている．性ホルモン受容体が活性化した後の脳の性分化は明らかになっていないが，視床下部にある内側視索前野の性的二型核（SDN-POA）とよばれる神経細胞群は雌より雄が，逆に前腹側脳室周囲核（AVPV）とよばれる神経細胞群は雄より雌が，それぞれ大きい．

2.6.4 性の分化異常
A. 間性

間性とは，解剖学的に完全な雌性または雄性を示さず，両性の特徴を併せもつ異常である．ヤギとブタで多く発生し，ウマは少なく，ヒツジやウシはまれである．細胞遺伝学あるいは分子生物学による性決定の性，性腺の性，表現型（外部生殖器や行動など）の性において正常な個体ではすべての性が一致するが，間性ではこれらが一致しない．間性にはフリーマーチンや半陰陽などが含まれる．

a. フリーマーチン

フリーマーチンとは，ウシの異性多胎において，雌胎子の約9割が性の分化に異常を生じ，絶対的不妊症となることである．原因は未分化性腺が卵巣に分化する胎齢約40日より前に，雄胎子と雌胎子が共通の尿膜絨毛膜を形成することで血管が吻合し，両胎子間の血液が交流することにある．血管吻合を介して，雌胎子の性染色体がキメラ（XX/XY）を示す．この雌胎子では，Y染色体上のSRY遺伝子の関与により本来卵巣に分化すべき未分化性腺がさまざまな程度に雄性化される．雄性化した性腺から合成，分泌されたり，また雄胎子で合成，分泌され吻合血管を介して移行するアンドロジェンやAMHの作用により，子宮，子宮頸管，腟に分化すべきミューラー管の発達が抑制される．正常な雌牛では，腟長が13〜30 cmあるのに対し，フリーマーチンでは10 cm未満しかない．診断は，腟長の計測など外部および内部生殖器の観察をはじめ，染色体検査により末梢血中のリンパ球を培養し性染色体（Y染色体）の存在を確認，またはPCR（ポリメラーゼ連鎖反応）法やLAMP（loop-mediated isothermal amplification）法によりY染色体上の雄特異的塩基配列を増幅させ，検出することにより行う．

b. 半陰陽

半陰陽には真性半陰陽と仮性半陰陽がある．真性半陰陽は，1個体の性腺において，卵巣と精巣の両方の性腺をもつか両性の組織が混在した卵精巣をもつ．ブタで多く報告され，ウマ，ヤギ，ウシでも報告がある．細胞遺伝学的には，性染色体がホモ（X染色体が2つ）の動物が多いが，なかには1個体内に同一の受精卵や細胞に由来する染色体構成の異なる細胞が混在しているモザイクや，1個体内に異なる受精卵や細胞に由来する細胞が混在するキメラのものがある．

仮性半陰陽は，卵巣か精巣の一方の性腺をもつが，表現型である外部生殖器が性腺と反対の性を示すものである．性腺が精巣であるが外部生殖器が雌性であるものを雄性仮性半陰陽，性腺が卵巣であるが外部生殖器が雄性であるものを雌性仮性半陰陽という．雄性仮性半陰陽は，ウマ，ブタ，ヤギでしばしばみられ，特にヤギでは，性染色体がホモ（X染色体が2つ）の個体において，第一番染色体上の無角の優性遺伝子に関連した単一劣性遺伝子によって生じることが知られている（polled intersex syndrome：PIS）．

B. 潜在精巣

精巣下降とは，未分化性腺より分化した精巣が，腹腔内と鼠径部から陰嚢内の二相性の移動（鼠径管直前の移動を別にし，三相性とする報告もある）を経て，腹腔外の陰嚢内に下降することである．胎生期精巣のライディッヒ細胞から分泌されるTやインシュリン様ペプチド3(Insl3)，またTに刺激され，精巣を支配する神経から分泌されるカルシトニン遺伝子関連ペプチド（CGRP）などが，精巣下降にかかわっている．正常な精巣下降の完了時期は動物種により異なっており，主な家畜としてウシは胎齢約120日，ヒツジやブタは胎齢約90日，ウマでは胎齢約300日から出生後7日である．なお，ニワトリの場合，精巣が下降せず腹腔内にとどまり，腎臓の前縁に位置する．

潜在精巣は，一側性あるいは両側性の精巣

が正常に陰嚢内に下降しない先天異常である．潜在精巣は，ブタ，ウマ，ある種のイヌで多くみられるが他の多くの動物種ではまれで，例えばウシの潜在精巣の発生率は0.2％である．腹腔内に停留した潜在精巣は，体腔内の温度が陰嚢内に比べ高いため，精子形成が阻害される．潜在精巣は片側性と両側性があるが，その発生率は片側性が多く，鼠径管に位置していることが多い．潜在精巣は，正常に陰嚢内に下降した精巣より精巣腫瘍の発生する割合が高くなる．

潜在精巣の原因として，環境中に存在するInsl3の産生を阻害するようなエストロジェン物質，抗アンドロジェン物質などの影響が考えられているが，はっきりとわかっていない．潜在精巣に罹患した家畜は主に去勢時に発見され，腹腔内に停留した潜在精巣は開腹手術を行い探索するが，発見および摘出は難しい．潜在精巣を摘出せず肥育した場合，潜在精巣からTが合成，分泌されることで筋肉や骨格の成長が促進され，体型や行動が雄性化されることで肉質が低下する．

2.6.5　性の人為的区別

家畜において，科学的根拠に基づいた性の区別が求められる背景には，経済的要因が大きく（例えば，乳や卵は雌性から生産されるなど），性が生産性に大きくかかわっていることがうかがえる．性を人為的に区別する技術は大きく2つに分けられ，
A．配偶子（精子）段階で性を選別する方法
B．接合子（胚や胎子）の性を判別する方法
がある．

A．精子による性の選別

哺乳類に属する家畜は，雄の配偶子（精子）の性染色体によって，新たに生まれる個体の性が決定される．精子のDNA量は，X染色体をもつ精子がY染色体をもつ精子より多い．この違いを利用し，1980年代後半に，ウサギにおいてフローサイトメトリーを利用し，X染色体およびY染色体をもつ精子をそれぞれ識別，分取する技術が開発され，その後，ウシやブタにおいても成功した．原理として，

① Hoechst33342（生細胞にとり込まれ，DNAのアデニンとチミンの副溝に可逆的に結合する蛍光染色剤）で精子を染色．
②精子1つずつにレーザー光を照射し，2方向の蛍光検出器でその強度を測定．
③蛍光強度からXおよびY染色体をもつ精子を識別し，精子を含む流体を荷電させ偏向板により分取する．

ウシにおいて，性選別した精子を用いた体外受精卵，性選別した精子を集めた人工授精用の精液，また，性選別精液を用いた体内受精卵などの生産が行われている．性選別精液は，通常の人工授精で用いられる非選別精液と比較し，妊娠日数や生産される産子の生存や体重に違いはみられず，また産子の性は高い割合で一致する．一方で，雄牛によっては性選別ができない精液がある，人工授精に用いた際の受胎率が非選別精液に比べ低いといった課題がある．

B．胚や胎子の性判別

家畜の育種や優良畜を増殖させるために，体内あるいは体外で受精し生産された胚を移植する技術がある．非選別精液を用い生産した胚では，その性を判別することができれば，生産戦略において必要とされる性別の産子を得ることができる．胚の性を判別する方法として，胚から顕微鏡下で細胞を一部採取する手術を行う．形態学的には，採取した細胞を培養，染色して，性染色体の構成から性を判別する．分子生物学的には，PCR法やLAMP法により雄特異的遺伝子配列を増幅し，検出することで性を判別する．しかし，胚から細胞を一部採取する手術が必要で，手術された胚は移植後の受胎率が低下する．

受胎後，性を判別する方法には，超音波診断装置を用いて，ウシでは受精後60〜80

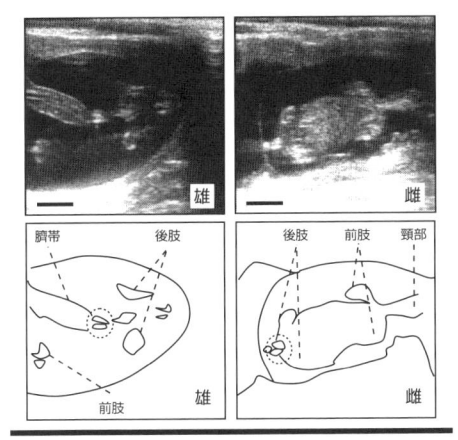

図 2.45 ● 人工授精後 60 日の胎子の超音波画像
腹側からみた水平断面
上段：超音波画像　下段：上段の模式図
破線円：生殖結節　上段図内の黒線：10 mm

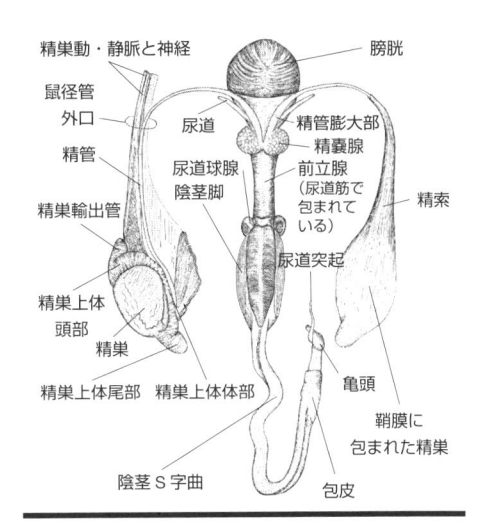

図 2.46 ● 雄山羊の生殖器全経路

日に経直腸的に探触子をあてる検査，ウマでは受精後 60〜75 日に経直腸的に探触子をあてる検査と受精後 100〜220 日に経腹的に探触子をあてる検査がある．生殖結節は，雌では陰核，雄では陰茎となる胎子器官で，雌雄で生殖結節の相対的位置が異なる．生殖結節は骨よりエコー輝度の高い二葉性の超音波画像を呈し，前述した期間において，雌は尾根部で，雄は臍帯の尾側で描出され，侵襲が少なく性を判別できる（図 2.45）．しかし，本法には超音波診断装置が必要で，またその操作技術に熟練が必要である．

2.7　生殖器の構造と機能

2.7.1　雌雄生殖器の構造

生殖器は，生殖細胞を生産する生殖腺と，生殖細胞を生殖腺から運ぶ生殖道，粘液などを分泌する副生殖器，交尾を行う外生殖器からなる．

A．雄の生殖器

雄の生殖器は，生殖腺としての精巣，生殖道としての精巣上体・精管・尿道，副生殖器としての精嚢腺・前立腺・尿道球腺，外生殖器としての陰茎からなる．図 2.46 に雄山羊の生殖器全経路を示す．

a．精巣

精巣は，卵円形の 1 対の器官であり，精巣下降により腹腔外に移動し，陰嚢に収容される．精巣下降が起こらない（潜在精巣）と，腹腔内の体温により精子形成が障害され，両側性の潜在精巣では生殖能力が失われる．精巣は，陰嚢内では陰嚢中隔により左右別々に収まる．また精巣の重量は左右同じではない．反芻家畜では精巣は陰嚢内で縦に位置する．精巣は生殖細胞である精子を産生するとともにホルモンを分泌する．精巣の構造は，外側から被膜（弾性線維を欠く強靱な白膜．実質中に入り込んで精巣縦隔をつくる）・間質（精巣縦隔から精巣中隔が放射状に伸び，精巣小葉に分けられる）・実質（複雑に屈曲した精細管が詰め込まれている）からなる．精細管は 0.1〜0.3 mm の径で，精子形成を行う曲精細管が大部分を占める．曲精細管は小葉の頂点に集まり，直精細管に移行し，さらに多数が集まって精巣網を構成し，最終的に精巣輸出管となり精巣上体につながる．精細管の基底膜の下には，発生段階の異なる精細胞と，

2.7　生殖器の構造と機能

支持細胞（セルトリ細胞）からなる精細管上皮が認められる．精細管と精細管の間は結合組織で埋められ，そこには血管・リンパ管・神経のほかにホルモンを分泌する間質細胞（ライディッヒ細胞）が存在する．

b. 精巣上体・精管・尿道

精巣上体は，精巣の長軸に沿って密着した器官であり，頭部・体部・尾部からなる．精巣から出た精巣輸出管は精巣上体頭部につながり，尾部に向かって太くなり，1本の精巣上体管にまとまり，精管に移行する．精巣上体管を引き伸ばすと，ウシで30 m，ブタやヒツジで60 m，ウマでは80 mにも達する．精管は筋層のよく発達した管で，鼠径管を通過するまでの精索部と腹腔内に入る腹腔部に分かれる．精索は精管・脈管・神経を束ねる鞘膜でまとめられたフラスコ型の器官であり，前縁の近くで近位精巣間膜（血管襞）をつくり，精巣に向かう精巣動脈が著しく曲がりくねるとともに，精巣静脈が同じように複雑に曲がりくねる蔓状静脈叢をつくる．このために精巣に流入する動脈血がより低温の静脈血により冷却され，精巣の温度が低く保たれる．精管は膀胱に達する部分で管径が拡大し，精管膨大部とよばれるが，ブタにはない．尿道の基部で精丘に開口し，開口部は弁構造を有し尿の侵入を防ぐ．

c. 精嚢腺・前立腺・尿道球腺

精嚢腺は，精管膨大部の背外側に位置し，動物種によって形態や大きさが異なる．ウマでは胞状で内腔を有するので精嚢とよばれるが，ブタや反芻類では小葉状の腺体からなる．ブタでは著しく大型で，ウマ，ウシ，ヤギの順に小さくなる．導管は尿道頭部付近に開口し，尿道に分泌液が導かれる．精嚢腺液は白色または黄色を帯びた粘稠の液で，精液中に占める割合はウシで40～50%，ブタで25～30%である．精液中にはクエン酸とフルクトースが多く含まれ，前立腺液に多く含まれるクエン酸はpHと浸透圧の維持に役立ち，精嚢液に多く含まれるフルクトースは精子の解糖系基質として重要である．

前立腺は，直腸腹側で膀胱頸の背位にあり，尿道頭部に位置した体部と尿道骨盤部に広く分布する伝播部に区分される．ウマでは体部が左葉および右葉と，これらを結ぶ峡部からなり，他の家畜でみられる伝播部を欠く．ウシとブタでは体部は小塊であり，ヤギとヒツジでは体部を欠く．しかし，これらの家畜では伝播部が大きく発達している．前立腺からは多数の前立腺管が独立して尿道腔に開口している．

尿道球腺は尿道骨盤部の尾部に位置し，尿道に沿って存在する左右一対の器官で，ブタでは非常によく発達し，長いキュウリ形をしている．他の家畜では卵円形を呈し，尿道海綿体筋に覆われている．1本の尿道球腺管によって尿道に開口している．ブタでは膠様物の主成分であり，精液の15～20%を占める粘稠物質を分泌する．他の家畜では分泌量は少ない．ヤギの尿道球腺液には卵黄凝固因子が含まれている．

d. 陰茎

陰茎は雄の外生殖器であり交尾を行うとともに排尿器も兼ねる．その主体は陰茎体であり，白膜と海綿体（陰茎海綿体・尿道海綿体・亀頭海綿体）からなる．交尾の際，血液が海綿体に充満し，白膜が伸びきり緊張して海綿体が膨張し内圧が高まることで陰茎がかたくなる（勃起）．陰茎はその構成様式から，反芻類およびブタにみられる弾性線維型とウマにみられる筋海綿体型に分かれる．ブタでは陰茎の先端が螺旋状になっている．

B. 雌の生殖器

雌の生殖器は，生殖腺として卵巣，生殖道として卵管・子宮・腟があり，そのうち腟は外陰部とともに外生殖道として交尾器となる．図2.47に雌牛の生殖器全経路を示す．

a. 卵巣

卵巣は左右一対からなり，腎臓の後縁で子

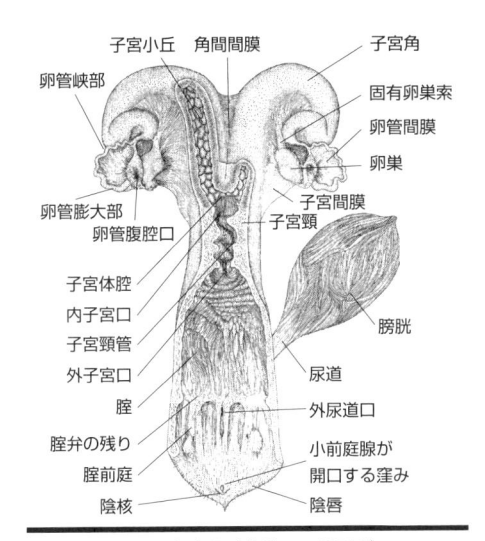

図 2.47 ● 雌牛の生殖器（背壁の一部切開）

宮間膜から続く卵巣間膜で腹腔中に吊られ，腹腔背側に位置する．形状は楕円形または紡錘形であるが，卵胞や黄体が発達すると大きく外側にせり出すため，不定形を呈する．ウマ以外の家畜では皮質と髄質に明瞭に分けられ，その表面の大部分は漿膜と白膜に覆われる．皮質にはさまざまな段階の多数の卵胞が含まれるので，実質帯ともよばれる．特に浅層には未成熟な小さな卵胞，深層には成熟した大きな卵胞が認められるが，排卵前の卵胞は表層に向かって膨隆する．ウマ以外の家畜では，卵巣表層のどこからでも排卵が起こるが，ウマでは排卵窩とよばれる卵巣采の付着部分に存在する陥没部からのみ排卵が行われるという特徴がある．実質は血管に富むので血管帯ともよばれ，多数の血管・神経・弾性線維を含む結合組織からなっており，卵胞は含まれない．

b. 卵管

卵管は，卵巣と子宮をつなぐ迂曲した細管で，卵巣間膜の続きの卵管間膜に包まれている．卵巣から排卵された卵子は，卵巣全体を覆う薄い膜である卵管采により受け止められ，卵管膨大部で精子との受精が行われる．これに複雑に屈曲している卵管峡部が続き，子宮へと受精卵が送り届けられる．

c. 子宮

子宮は胚の着床，胎盤の形成を通して分娩までの期間，胎子の個体発生を行う器官である．子宮は直腸の腹側に位置し，子宮広間膜により吊り下げられており，卵管から続く1対の子宮角，1個の子宮体および子宮頸からなり腟へつながる．特に子宮頸の内腔は著しく狭く，厚い筋膜性の壁をもち，子宮頸管とよばれる．子宮の位置や大きさは妊娠時と非妊娠時では大きく異なる．子宮はその後部から前部に向かう結合の度合いから3つに分類される．子宮全体が完全に左右に独立している重複子宮は，ウサギや多くの齧歯類でみられ，外子宮口も分かれている．子宮の後部は1つの子宮体になっているが，前部は合体せずに1対の子宮角となっている双角子宮はウマ・ブタ・ヤギにみられる．ウシでは子宮の内腔に中隔がみられるため，両分子宮とよばれている．子宮の前部までが完全に結合して単一の腔所をつくっている子宮は単一子宮とよばれ，ヒトを含む霊長類にみられるものであり，家畜にはない．子宮の内面は子宮内膜で覆われ，多数の子宮腺がみられる．反芻類の子宮角粘膜には，子宮小丘とよばれる多数のキノコ状の粘膜の小突起がみられ，その部位には子宮腺が存在しない．子宮小丘はウシで1列10〜14個のものがほぼ4列縦列に並んでいる．そして妊娠の際に，この子宮小丘のひとつひとつに胎盤が形成される．

d. 腟および腟前庭

腟と腟前庭は発生学的には起源が異なるが，家畜では腟前庭が長く発達し，腟とともに円筒状の管を構成している．交尾器とともに産道となり，骨盤腔に存在し，直腸の腹側，膀胱および尿道の背側に位置する．ウシでは長さ25〜30 cmの器官である．ヒトの処女膜に相当する腟弁が腟と腟前庭の境に存在し，ブタではリング状の明瞭な襞として認識

2.7 生殖器の構造と機能

できるが，ウシでは発達が悪く，ヤギには存在しない．

2.7.2　生殖腺の機能
A．精巣
a．精子生産

精巣のもっとも重要な機能である精子生産は，精細管内において，精祖細胞から精子に至るまでの過程を通して行われており，その生産は次項に記すようにホルモン分泌の支配を受けている．成熟した雄が1日に生産する精子の数は，ウシやブタでは100億にも達する．精巣で生産された精子はそのままでは運動性や受精能をもっていないが，精巣上体を通過することで運動性や受精能が付与される．

b．ホルモンの分泌

視床下部からのGnRH（性腺刺激ホルモン放出ホルモン）を受けて，下垂体からLH（黄体形成ホルモン）とFSH（卵胞刺激ホルモン）が放出される．LHはライディッヒ細胞へ働きかけアンドロジェンを分泌させる．FSHはセルトリ細胞へ働きかけABP（アンドロジェン結合タンパク質）およびインヒビンを分泌させる．アンドロジェンは，雄の副生殖器の発達・機能を促進し，また二次成長の発現を促す．アンドロジェンはFSHと共同して，減数分裂後期以降にセルトリ細胞からの精子の離脱を促進し，精子形成を正常に保つとともに，精巣上体内の精子の成熟を促進する．アンドロジェンは視床下部・下垂体への負のフィードバック作用を介して，GnRHおよびLH分泌を抑制する．詳しくは2.8節を参考にされたい．

B．卵巣
a．卵胞形成と排卵

卵胞形成は，下垂体から分泌されるLHとFSHおよび卵巣内で生産されるステロイド，増殖因子などの生理活性物質により制御されている．発達した卵胞内には，卵母細胞のまわりを囲む顆粒層細胞間に腔所ができ，卵胞液が貯留するようになる（胞状卵胞）．この発育ステージはFSHに依存し，さらにLHの働きを必要とするグラーフ卵胞へと発育することで排卵を迎える．出生直後の新生子の卵巣には数万から数十万もの卵母細胞が存在しているが，実際に排卵まで至る卵母細胞は0.1％以下とごく少数であり，ほとんどの卵母細胞は卵胞発育の途上で死滅する．排卵は卵胞から分泌されるエストロジェンの正のフィードバック作用によるLHサージが引き金となって起こる．LHサージ後，ウシでは25〜30時間，ブタでは40時間，ヒツジでは26時間で排卵が起こる．

b．黄体形成

黄体は，排卵後の顆粒層細胞から形成される大型黄体細胞と内卵胞膜細胞から形成される小型黄体細胞が増殖することで形成される．ウシでは，排卵後約7日で黄体形成が完了し，その後8〜9日間機能性黄体として持続し，プロジェステロン分泌量も増える．受胎しない場合は，その後，急激に退行し，赤体となる．

c．ホルモン分泌

卵胞ではステロイドホルモンの生合成が行われており，FSHは顆粒層細胞の増殖および卵胞液分泌を刺激するとともに，顆粒層細胞のアロマターゼ（芳香化酵素）活性を高めることで，LHにより内卵胞膜細胞で合成されたアンドロジェンからのエストロジェン生合成を促進する．黄体から分泌されるプロジェステロンは，卵胞発育を抑制し，子宮内膜の分泌機能を促進することで受精卵の着床に適した環境を準備する．

2.7.3　生殖細胞の形態

精子および卵子の形態を図2.48および図2.49に示す．

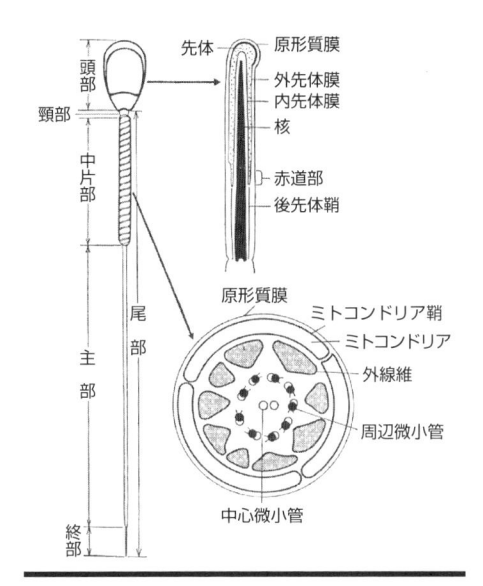

図 2.48 ● 精子の構造

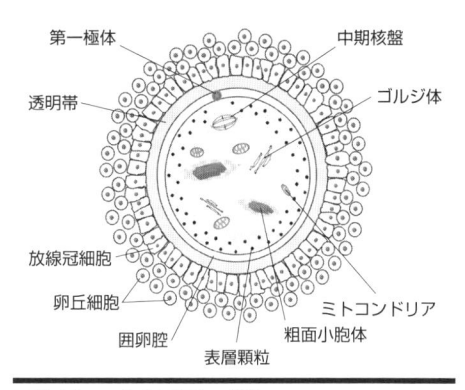

図 2.49 ● 二次卵母細胞の構造

2.7.4 生殖細胞の分化
A. 始原生殖細胞の分化
　卵巣や精巣のもととなる生殖原基は，発生初期の尿膜基部に出現した始原生殖細胞（PGC）が増殖しながら移動し，中腎の内側に隆起した1対の生殖隆起に到達することで形成される．この時期にはまだ雌雄の区別はないが，PGCが生殖原基内で配偶子へと分化する際に，さまざまな遺伝子発現の違いによって卵巣になるか精巣になるかが決定される．もっとも上流に位置する遺伝子はY染色体上に存在する*SRY*遺伝子であり，この遺伝子が存在することで雄になり，Y染色体がない場合は雌になる．雄PGCは胎生期に有糸分裂を停止し，出生後に精祖細胞とよばれる幹細胞となり，複製しつつ精子への分化が開始される．雌PGCは胎生期から卵巣内で減数分裂を開始している．

B. 精子形成
　精子形成は，精細管内で行われ，精子発生と精子完成の2つの過程に区分される．精祖細胞から減数分裂を経て精子細胞へと分化する過程が精子発生，精子細胞がセルトリ細胞に接しながら，クロマチンの濃縮や尾部の形成などを経て精子に変態するまでが精子完成である．精子形成に要するおよその期間は，ウシで54日，ウマで57日，ブタで34日，ヒツジで49日とされている．

a. 精子発生
　1個の精祖細胞（A1型）が分裂して2個の精祖細胞（A2型）となり，そのうち1個が有糸分裂をくり返し，B型精祖細胞を経て，一次精母細胞となる．1個の一次精母細胞は，減数分裂の第一分裂により2個の二次精母細胞となり，さらに減数分裂の第二分裂により染色体数が体細胞の半分（n）となった4個の精子細胞が形成される．1対の精祖細胞から精子細胞が形成されるまでは，お互いの細胞が架橋によって連絡されており，同期化されて分裂が進行する．そのため，精細管の断面にはさまざまな段階に分化した精細胞が基底膜から管腔に向かって並んでいる．この周期は精細管上皮サイクルあるいは精子形成サイクルとよばれ，6〜14ステージに区分される．

b. 精子完成
　完成した精子細胞はセルトリ細胞に付着し，一連の形態的変化を経て，動物種に特徴的な形態を備えた精子となる．この過程にお

いて、クロマチンの凝縮（DNAが巻きついているタンパク質であるヒストンがプロタミンに置き換わる）が起こり、尾部、ミトコンドリア鞘および先体が形成される。精細管腔に遊離した精子は、精巣上体を移動する間に成熟し、運動能や受精能が付加され、精巣上体尾部で射精まで貯蔵される。

C. 卵子形成

多くの動物では卵祖細胞は胎生期に体細胞分裂をくり返し、一次卵母細胞に発達した状態で出生を迎える。その後、性成熟の後に初めて卵子形成が完了するため、卵子形成は数年から数十年に及ぶ非常に長期間の一連の分化過程である。

a. 卵胞の発育

原始卵胞は一次卵母細胞がはじめ一層の扁平な卵胞上皮細胞に囲まれることで形成され、性成熟に達した個体で卵胞の発育がはじまる。発育を開始した一次卵胞では、卵子が肥大するとともにその周囲に透明帯が形成される。一次卵胞は反芻類やブタでは皮質全体に散在して観察されるが、ほとんどの卵胞は発育過程で死滅する。ごく一部の卵胞のみが二次卵胞となり、卵胞上皮細胞が重層化して顆粒層細胞となり、卵胞腔が形成され、卵胞液が貯留する。卵胞がさらに発育すると、卵細胞に近接する顆粒層細胞が円柱状となり一列にとり囲む放線冠を形成する三次卵胞となる。さらに卵胞液が貯留し、肉眼的にも著明な嚢状の卵胞として認識される成熟卵胞では、放線冠の表面をさらに数層の顆粒層細胞がとり囲み卵丘を形成する。

b. 卵子の成熟

卵祖細胞は体細胞と同じ倍数体であり、核小体が明瞭な楕円形の核をもち、有糸分裂をくり返して増殖する。その後、成長期に入り減数分裂の第一分裂を開始した卵細胞は、一次卵母細胞とよばれる。ほとんどの動物では、卵母細胞が十分大きくなるまで発育し、排卵が起こるまでは第一分裂前期の双糸期（ディプロテン期）にとどまり、長い休止期に入る。十分な大きさに発育した卵母細胞では、核が卵核胞とよばれる大きな球形の構造物として認識される。その後、LHサージの刺激により、一次卵母細胞は分裂を再開し、卵核胞の核膜が消失し、核とごく少量の細胞質のみが第一極体として卵細胞と透明帯の間隙である囲卵腔に放出され、減数分裂の第一分裂を終了する。この不等分裂によって生じた二次卵母細胞は、ただちに減数分裂の第二分裂を開始するが、第二分裂中期で再び分裂を停止し、この状態で排卵され、精子が侵入することで二次極体が放出されて、減数分裂の第二分裂が終了する。このような卵子の核の成熟のみならず、卵子の細胞質の成熟も正常な受精および発生を支持するために必要である。成熟卵母細胞は直径が $100 \sim 150\ \mu m$ となり、通常の細胞に比べると著しく大型である。成長期の卵母細胞は活発にRNAやタンパク質を合成し、グリコーゲン・脂肪・タンパク質などのとり込みや合成が非常に活発に行われる。また、家畜の卵母細胞はヒトや齧歯類に比べて多量の脂肪滴が含まれるため、細胞質は黒色〜暗褐色を呈する。

2.7.5　生殖細胞の機能

生殖細胞のもっとも大きな、そして根源的な機能は「遺伝情報を子孫に伝える」ことである。そのために、精子と卵子というまったく異なる形態をもった生殖細胞をつくり出し、それらが合わさることで、「親と似ているけれども明らかに違う」子ができる。そして、種としての生命の永続性が保証される。そのために、精子・卵子の形成過程においてジェネティックな変化とエピジェネティックな変化が起こる。

A. 生殖細胞形成のジェネティックな変化

生殖細胞におけるもっとも重要なジェネティックな変化は、減数分裂および相同組み換えである。遺伝的多様性を増すために、相

同染色体の対合時に組み換えが起こり，染色体の一部が入れ替わることで，より多くの種類の配偶子をつくり出すことが可能となる．また哺乳類では，雌が XX，雄が XY の性染色体をもつ．雌からできる卵子はすべて1本の X 染色体をもつのに対し，雄からできる精子は，X 染色体をもつ精子と Y 染色体をもつ精子に分かれ，どちらの精子が受精するかによって個体の性が決定される．

B．生殖細胞のエピジェネティックな変化

エピジェネティクスとは，ゲノムつまり遺伝子自体の変化ではなく，DNA のメチル化や DNA が巻きついているタンパク質であるヒストンの修飾状態が遺伝子発現に影響を与える現象であり，遺伝子発現のスイッチの役割をしている．生殖細胞形成過程においては，前述したジェネティックな，つまりゲノム自身の変化とともに DNA の修飾状態も大きく変化する．例えば，ゲノムインプリンティングとして知られる哺乳類特有の現象があり，通常，父由来の遺伝子と母由来の遺伝子はともに発現するが，数％程度の遺伝子は，父由来あるいは母由来の遺伝子のみが発現するように刷り込み（インプリント）されている．このインプリントは生殖細胞形成過程でいったんリセットされて，その後，個体の性に応じて，精子形成過程では父由来となる遺伝子に，卵子形成過程では母由来となる遺伝子にインプリントが入ることで，次世代の個体の遺伝子発現を制御している．また，哺乳類では X 染色体が雌には2本であるのに対し，雄には1本しか存在しないため，雌の2本ある X 染色体のどちらか一方をランダムに不活化し，X 染色体上の遺伝子の量的均衡をとるための X 染色体不活化という機構が存在する．この不活化は卵子形成過程でいったん解除され，受精後ごく初期にどちらの X 染色体が不活化されるか決定される．さらに，生殖細胞特異的な遺伝子の発現にもエピジェネティクスが関与することが知られており，

生殖細胞はジェネティックな情報のみならず，エピジェネティックな情報をも子孫に伝える役割をしていることが最新の研究から明らかになっている．

2.8　生殖内分泌

汗や皮脂，唾液や消化液などのように，分泌腺から導管を経て体組織外に分泌することを外分泌というのに対し，内分泌（調節）とは，狭義には分泌腺から放出された化学物質が血流を介して標的器官に刺激を伝えること，広義には情報伝達物質が産生細胞から血液や組織液などの体液中を拡散あるいは運搬されて標的細胞に到達し，細胞の機能を調節するしくみをさし，内分泌調節にかかわる情報伝達物質をホルモンとよぶ．動物の生殖中枢は視床下部にあり，生殖にかかわるさまざまな生理機能が，視床下部－下垂体－性腺軸（hypothalamic–pituitary–gonadal axis）による内分泌調節機構により制御されている．

2.8.1　生殖にかかわるホルモン

生殖にかかわるホルモンには，アミノ酸や脂肪酸の誘導体，ペプチド，タンパク質，ステロイドなど，多様な種類が存在する．そのうち主要なものを図 2.50 に示す．

A．視床下部のホルモン

視床下部は間脳に位置し，本能や情動，生理的恒常性など，個体維持と種族保存にかかわる行動や機能の中枢である．それぞれの調節を担う神経細胞は1か所あるいは数か所で集団をつくっており，その部位を神経核または神経野とよぶ．視床下部は神経細胞と神経膠細胞（グリア細胞）で構成される神経組織だが，神経細胞のなかには神経と内分泌両方の機能をもつものがあり，下垂体前葉に働くホルモンや後葉から分泌されるホルモンを産生する．このように神経細胞が血液中に化学伝達物質を分泌する現象を神経内分泌，その

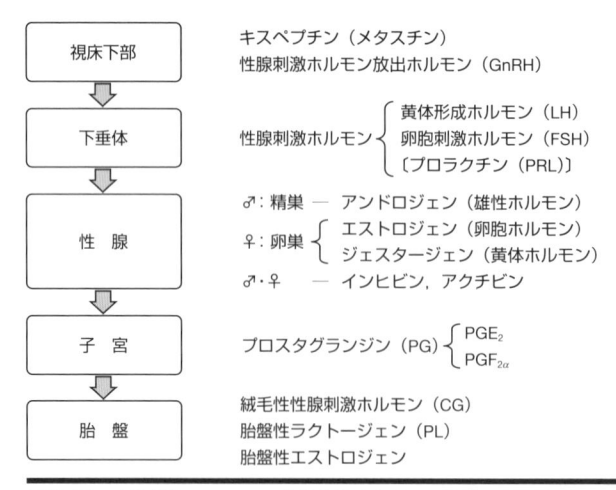

```
┌─────────┐
│ 視床下部 │   キスペプチン（メタスチン）
└────┬────┘   性腺刺激ホルモン放出ホルモン（GnRH）
     ↓
┌─────────┐                    ┌ 黄体形成ホルモン（LH）
│ 下垂体  │   性腺刺激ホルモン  ┤ 卵胞刺激ホルモン（FSH）
└────┬────┘                    └〔プロラクチン（PRL）〕
     ↓
┌─────────┐   ♂：精巣 ── アンドロジェン（雄性ホルモン）
│ 性 腺   │              ┌ エストロジェン（卵胞ホルモン）
└────┬────┘   ♀：卵巣 ┤ ジェスタージェン（黄体ホルモン）
     │        ♂・♀ ── インヒビン，アクチビン
     ↓
┌─────────┐                         ┌ PGE₂
│ 子 宮   │   プロスタグランジン（PG）┤
└────┬────┘                         └ PGF₂ₐ
     ↓
┌─────────┐   絨毛性性腺刺激ホルモン（CG）
│ 胎 盤   │   胎盤性ラクトージェン（PL）
└─────────┘   胎盤性エストロジェン
```

図 2.50 ● 生殖制御にかかわる内分泌器官とそこで生産される主なホルモン

細胞を神経内分泌細胞とよぶ．

　視床下部のホルモンは下垂体の正中隆起部に投射した軸索先端から血流中に放出される．下垂体前葉を支配する血管系は特徴的で，まず上下垂体動脈が下垂体結節部に入り正中隆起部で一次毛細血管叢を形成する．毛細血管は再び集まって1本の血管となり下垂体柄を通って前葉に達し，二次毛細血管叢を形成する．このように，下垂体柄中の血管は上流，下流ともに毛細血管となることから，下垂体門脈とよばれる．

a．キスペプチン

　キスペプチンは今世紀初頭に発見された神経伝達物質で，GnRH の分泌を促進する．齧歯類は52個，反芻動物は53個，ヒトとブタは54個のアミノ酸からなる単純タンパク質で，発見当初はメタスチン（がん転移抑制因子）と命名された．のちにその生理的役割が明らかとなり，生殖学の分野ではキスペプチンという呼称に統一されている．キスペプチンは2か所の神経核（弓状核と齧歯類では前腹側（脳）室周囲核，反芻動物では内側視索前野）の神経細胞が生合成し，GnRH 産生細胞に投射した軸索先端から分泌される．

b．性腺刺激ホルモン放出ホルモン（GnRH）

　GnRH は10個のアミノ酸（pyroGlu–His–Trp–Ser–Tyr–Gly–Leu–Arg–Pro–Gly–NH₂）からなる分子量1,182のペプチドホルモンで，視索前野の神経内分泌細胞が生合成し，正中隆起部に投射した軸索先端から下垂体門脈血中に分泌される．下垂体門脈を介して下垂体前葉の性腺刺激ホルモンの合成と分泌を促進する．

B．下垂体前葉のホルモン

a．性腺刺激ホルモン（GTH）

　下垂体前葉のβ細胞から卵胞刺激ホルモン（FSH）と黄体形成ホルモン（LH）の2種類の GTH が分泌される（表2.12）．FSH と LH は α と β とよばれる2つのサブユニットが非共有結合により会合した異性二量体の糖タンパク質ホルモンで，単独のサブユニットにはホルモンとしての活性がない．α サブユニットは同一で，β サブユニットが異なっており，特異的なホルモン活性は β サブユニットによって決定される．N 型糖鎖はグルコサミン2個とマンノース3個からなる基本骨格にフコース，ガラクトース，ガラクトサミンなどが結合したもので，LH の糖鎖末端は

表 2.12 ● 性腺刺激ホルモンの構造的特徴と主な作用

	卵胞刺激ホルモン (FSH)	黄体形成ホルモン (LH)	ヒト絨毛性性腺刺激ホルモン (hCG)	ウマ絨毛性性腺刺激ホルモン (eCG)
構造	糖タンパク質，α鎖とβ鎖の非共有結合による異性二量体			
α鎖の特徴	FSH, LH, TSH, CG 共通，家畜は96個，ヒトは92個のアミノ酸 5か所のS-S結合，2本のN型糖鎖をもつ			
β鎖の特徴	ウシ，ブタ109個，ヒツジ，齧歯類110個，ヒト，ウマ111個のアミノ酸 6か所のS-S結合 2本のN型糖鎖をもつ	121個のアミノ酸 (ウマは149個) 6か所のS-S結合 1本のN型糖鎖 ウマは12本のO型糖鎖ももつ	145個のアミノ酸 6か所のS-S結合 2本のN型糖鎖 4本のO型糖鎖 N末端側はLHと類似，C末端側が長い	ウマ LH と同じ149個のアミノ酸 S-S結合と糖鎖の結合数もLHと同じだが，糖鎖の構造が異なる
分子量 (kDa)	約33	約28，ウマ約34	約37	約55
血中半減期	2～3時間	20～30分	約24時間	数日～1週間
主な作用と特徴 (雌雄共通)	性腺の発達	性腺のステロイドホルモン産生促進	妊娠維持 LH様作用（LHより半減期が長いため，効果が持続） 尿中に排泄される	妊娠維持 ウマ：LH様作用 異種：FSH様作用 尿中に排泄されない
雄への作用	支持細胞のABP合成と分泌を促進 精子形成の前半を促進	間質細胞の分化と増殖を刺激 精子形成の後半を促進		
雌への作用	卵胞発育刺激 エストロジェン産生促進	卵胞の成熟，排卵 黄体刺激		

硫酸基の，FSHの末端はシアル酸の修飾を受けたものが多い．FSHはLHより糖鎖の割合が高いため，アミノ酸の数は少ないが分子量は大きい．

FSH，LH ともに視床下部からのGnRHの刺激により，合成と分泌が促進される．FSHは雌では未成熟の卵胞の発育を促し，雄では精巣のセルトリ細胞のABPの産生を刺激する．LHは雌において一過性の大量放出（サージ）により排卵と卵胞の黄体化を誘起し，雌雄両方でパルス状分泌により性腺の性ステロイドホルモン産生を促進する．

b. プロラクチン

プロラクチンは下垂体前葉のα細胞から分泌されるアミノ酸199個からなる分子量約22 kDaの単純タンパク質ホルモンである．プロラクチンは雌において乳腺の分化や発達，乳汁の合成と分泌を促進する．そのため乳腺刺激ホルモン（mammotrophin）ともよばれる．また，雄ではアンドロジェンとともに前立腺，精嚢腺などの副生殖腺の発育を促

す．齧歯類では黄体刺激作用をもち，黄体細胞のジェスタージェン分泌を促進することから，黄体刺激ホルモン（luteotrophic hormone）ともよばれる．プロラクチンの分泌は視床下部由来の制御因子によって調節され，通常はドーパミンなどのプロラクチン抑制因子によって低く抑えられており，甲状腺刺激ホルモン放出ホルモン（TRH）や血管作動性腸管ポリペプチド（VIP）などのプロラクチン放出因子の刺激によって放出が増加する．

C. 下垂体後葉のホルモン

下垂体後葉からはオキシトシン（OT）とバソプレッシン（VP）が分泌される．これらのホルモンは，視床下部の室傍核と視索上核にある神経細胞で合成され，一部は神経伝達物質として中枢に投射された軸索から放出される．また，一部は軸索を通して下垂体後葉まで運ばれ，そこで蓄えられて視床下部への神経刺激により血中に分泌される．そのため下垂体後葉は神経葉ともよばれる．

OTは9個のアミノ酸（Cys-Tyr-Ile-Gln-

表 2.13 ● 主要な性ステロイドホルモンとその特徴

名称（略称）	主な分泌母地	特徴
エストロジェン（卵胞ホルモン）		芳香環をもつ C_{18} ステロイド，雌性発現を誘導
エストロン（E1）	胎盤/卵胞	水酸基が1つ，E2の数分の1の活性
エストラジオール-17β（E2）	卵胞/胎盤	水酸基が2つ，天然型でもっとも活性が高い
エストリオール（E3）	ヒト胎盤	水酸基が3つ，胎児の肝臓と胎盤の協力で合成
エクイリン	ウマ胎盤	E1のB環7-8が二重結合
エクイレニン	ウマ胎盤	E1のB環が芳香化
アンドロジェン（雄性ホルモン）		C_{19} ステロイド，雄性発現を誘導
アンドロステンジオン	精巣間質細胞	Tの基質，活性はTの半分以下
テストステロン（T）	精巣間質細胞	血中に分泌される主要な雄性ホルモン
ジヒドロテストステロン（DHT）	Tの標的細胞	T標的細胞の5αリダクターゼでTから変換，活性はTの2倍以上
ジェスタージェン（黄体ホルモン）		C_{21} ステロイド，妊娠の維持
プロジェステロン（P4）	黄体	すべてのステロイドホルモンの基質

Asn-Cys-Pro-Leu-Gly）からなる分子量1,007のペプチドホルモンで，最初と6番目のシステインがジスルフィド（S-S）結合した環状の構造をとる．抗利尿ホルモンであるVPとは3番目と8番目のアミノ酸が異なる．OTの主な作用は標的器官の平滑筋を収縮させることで，乳頭への刺激により分泌が亢進し，乳腺平滑筋の収縮による射乳反射を起こす．また，子宮平滑筋を収縮させて発情時に精子の侵入を助け，分娩時に陣痛を起こし，胎子の娩出を促す．子宮のOTに対する感受性はジェスタージェンによって低下し，エストロジェンによって高まる．OTは黄体や胎盤などにも存在し，反芻動物では，黄体で産生されたOTは子宮内膜に作用してプロスタグランジン（PG）の産生を促進し，PGは黄体のOT産生を促進する正のフィードバック機構が存在することから，黄体退行に関与していると考えられている．

D. 性腺のホルモン

性腺からは性ステロイドホルモンとタンパク質ホルモンが分泌される．天然型の主要な性ステロイドホルモンは表2.13に示すとおりで，エストロジェン，アンドロジェン，ジェスタージェンの3つに大別され，いずれもすべてコレステロールから合成される（図2.51）．また，副腎はコレステロールからジェスタージェンを経て副腎皮質ホルモン（糖質および鉱質コルチコイド）を合成しており，微量の性ステロイドホルモンを分泌する．ステロイドホルモンは，主に肝臓でグルクロン酸や硫酸の抱合を受けて親水性となり，尿中に排泄される．また一部は胆汁中に移行し，消化管を経て糞中に排泄される．

a. エストロジェン

主に顆粒層細胞（卵胞上皮細胞）と胎盤から分泌される炭素数18個のエストラトリエン骨格（図2.52）をもつステロイドホルモンである．雌（女）性ホルモン，卵胞ホルモンともよばれる．卵巣からはエストロンとエストラジオール-17βが分泌され，卵胞の発育に伴って分泌量が増加する．また，黄体や副腎，脂肪組織などでも合成される．

エストロジェンは雌性の発現に重要なホルモンであり，主な生理作用は雌の二次性徴の発達，発情兆候の発現，それらに合わせた副

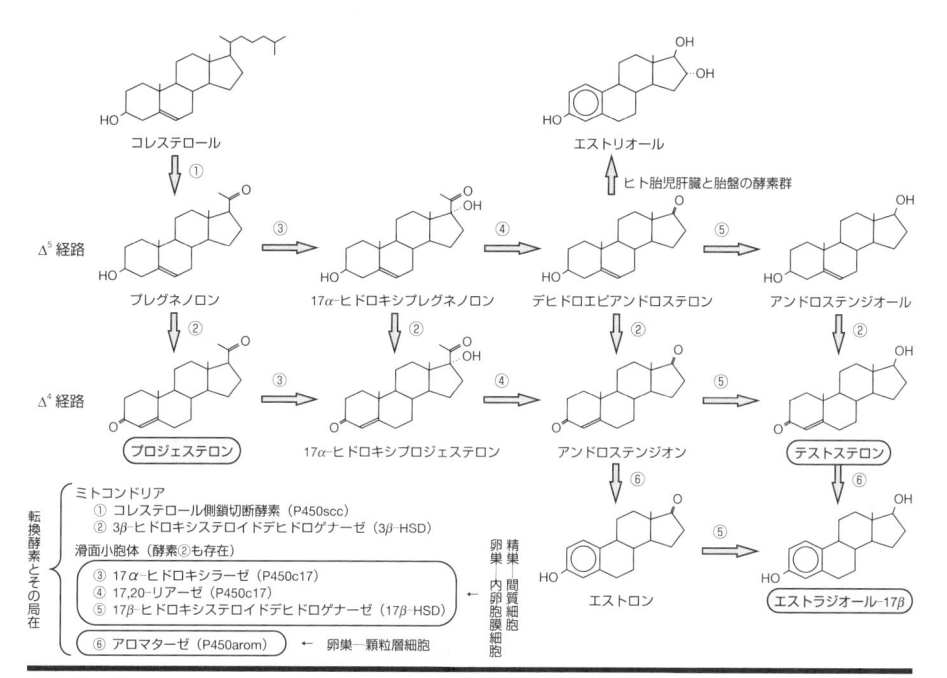

図 2.51 ● 性ステロイドホルモンの合成経路と関与する酵素

図 2.52 ● 性ステロイドホルモンの構造骨格

左図：エストラン（C_{18} ステロイド）
　　　A環芳香化物：エストラトリエン
中図：アンドロスタン（C_{19} ステロイド）
右図：プレグナン（C_{21} ステロイド）

生殖器の発育と機能の亢進である．また，妊娠後期には胎盤性のエストロジェンにより乳腺の発達が促される．

b．アンドロジェン

雄では主に間質細胞（ライディッヒ細胞），雌では主に内卵胞膜細胞（莢膜細胞）から分泌される炭素数19個のアンドロスタン骨格（図2.52）をもつステロイドホルモンである．雄（男）性ホルモンともよばれる．成熟した雄ではその大部分がテストステロンで，一部をアンドロステンジオンが占めるが，未成熟期には両者が逆転している動物が多い．雌では主にエストロジェン合成の基質として利用される（図2.51）．性腺のほか，副腎，胎盤などでも合成される．

　アンドロジェンは雄性の発現に重要なホル

モンであり，主な生理作用は胎子から新生子期における生殖器と中枢の雄性化，雄の二次性徴の発達と性機能の維持である．精嚢腺，前立腺など，雄の副生殖器を発達させ，精漿の合成を促進し，FSHと協力して精細管での精子形成を進展させる．また，タンパク質同化作用により筋肉量を増加させて雄型の体型をつくり，雄性行動と攻撃性を亢進する．

c. ジェスタージェン

主に黄体から分泌される炭素数21個のプレグナン骨格（図2.52）をもつステロイドホルモンで，黄体ホルモンともよばれる．動物種によっては胎盤からも分泌される．代表的なジェスタージェンはプロジェステロンで，他のステロイドホルモンの基質となるため（図2.51），精巣や副腎，卵胞でも合成される．

ジェスタージェンは妊娠の成立と維持に重要なホルモンであり，胚の着床に向けて子宮内膜を肥厚（着床性増殖）させ，子宮腺を発達させて子宮乳の分泌を促し，子宮の蠕動運動を抑制する．子宮頸管の収縮と濃厚粘液の分泌により管腔を閉鎖し，子宮への異物の侵入を防ぐ．また，全身の代謝を亢進し，基礎体温を上昇させる．乳腺では，乳管の分岐を促し，乳腺胞を発達させるが，泌乳の開始は抑制する．エストロジェンはジェスタージェン受容体の発現を促進するため，ジェスタージェンの作用はエストロジェンの事前感作により増強される．

d. リラキシン

リラキシンはインスリン様の構造をもつ分子量約6 kDaのタンパク質ホルモンである．リラキシンの分泌母地は主に妊娠黄体（ウサギは胎盤）で，妊娠期の子宮や胎盤，発情周期中の成熟卵胞と黄体，乳腺や前立腺からも分泌される．血液中のリラキシン濃度は，非妊娠期と妊娠初期には低く，妊娠中期に急激に上昇して分娩まで高値を維持し，分娩後急速に低下する．

リラキシンは妊娠の維持と円滑な分娩に必要なホルモンであり，妊娠中期には子宮筋を弛緩させて胎子の成長に合わせて子宮を拡張し，分娩期には頸管の拡張と骨盤靭帯の弛緩により分娩を助ける．また，卵子の排卵や精子の受精能獲得，乳腺における乳管の伸長などにも関与している．リラキシンの作用は，あらかじめエストロジェンが標的細胞に作用し，リラキシン受容体の発現を促すことによって発現する．

e. インヒビンとアクチビン

インヒビンとアクチビンは腫瘍増殖因子（transforming growth factor）βファミリーに属し，狭義のホルモン作用と成長因子様の作用を併せもつ生理活性物質である．

インヒビンは精巣のセルトリ細胞と卵巣の顆粒層細胞を主な分泌源とする糖タンパク質ホルモンで，下垂体におけるFSHの合成と分泌を抑制する．α，βの2つのサブユニットがS-S結合によって架橋した異性二量体で，αサブユニットにN型糖鎖1本がつき分子量は約32 kDaである．

一方，アクチビンはインヒビンのβサブユニットどうしが結合したタンパク質ホルモンで，糖鎖を含まず，分子量は約24 kDaである．インヒビンと同様にセルトリ細胞や顆粒層細胞を分泌源とするが，生殖系以外の細胞でも合成・分泌される．アクチビンはインヒビンとは逆に下垂体におけるFSHの合成と分泌を促進する．また，局所において雄では精子形成を，雌では卵胞のステロイドホルモン産生を促進する．さらに線維芽細胞や初期胚など，さまざまな細胞の増殖と分化に関与している．

E. 子宮のホルモン

子宮内膜からはプロスタグランジン（PG）が分泌される．PGはエイコサノイドとよばれる脂肪酸の誘導体でアラキドン酸から生合成され，五員環に結合する官能基と二重結合の違いによりA～Jの群があり，さらに側

鎖の二重結合の数により1〜3の型に区別される．幾何異性によりαとβに区別されるものもある．内分泌腺から分泌される狭義のホルモンにはあたらず，オータコイドともよばれる．繁殖ではPGE_2と$PGF_{2\alpha}$が重要な役割を果たす（図2.53）．

多くの動物で発情周期に子宮内膜から分泌される$PGF_{2\alpha}$は，黄体の退行を誘起し，ジェスタージェンの分泌を低下させる．血液中のPGは肺でほとんどが不活化されるため，子宮で生産された$PGF_{2\alpha}$は全身の循環系を介さず，対向流機構（counter current mechanism）によって子宮卵巣静脈からその表面に密着蛇行する卵巣動脈に移行し，直接卵巣に到達して黄体を退行させる．PGE_2や$PGF_{2\alpha}$は黄体細胞や精巣間質細胞のステロイド産生を促進することから，黄体退行の機序は$PGF_{2\alpha}$の黄体細胞への直接作用ではなく，血管収縮作用による卵巣血流量の減少，血管内皮細胞における一酸化窒素合成酵素（iNOS）の発現と活性酸素除去酵素（SOD）の発現抑制などの作用により，黄体の活性酸素濃度を増加させて黄体細胞のアポトーシスを誘導するものと考えられる．

一方，分娩期には子宮や胎盤で産生されるPGE_2や$PGF_{2\alpha}$が子宮平滑筋を収縮させ，陣痛の発現に大きな役割を果たす．また，精漿中に多量に含まれるPG（主にPGEと19OH-PGE）は，免疫抑制作用により精子の生存性を高め，雌の子宮・卵管の自発運動を増強して精子の受精部位への移送を促進する．このほか，PGには射精や排卵，受精などへの関与も示唆されている．

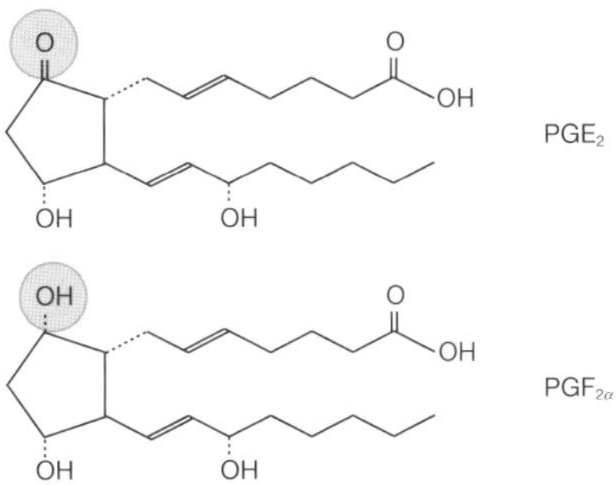

F．胎盤のホルモン

a．絨毛性性腺刺激ホルモン（chorionic gonadotropin：CG）

霊長目と奇蹄目ウマ科の動物は，妊娠初〜中期に胎盤からGTHを分泌する．

ヒト絨毛性性腺刺激ホルモン（hCG）は，胎盤の合胞体栄養膜細胞で合成され，下垂体性GTHと同じ異性二量体の糖タンパク質である（表2.13）．αサブユニットは下垂体性GTHと同じで分子量は約15 kDa，βサブユニットは約22 kDaで，N末端側111個のアミノ酸配列はLHβと約85％の相同性があり，それ以降のC末端側にO型糖鎖が結合する．hCGはLHと同じく成熟した卵胞に働いて排卵を誘起し，黄体刺激作用をもつ．糖鎖修飾の効果でhCGの血中半減期はLHより大幅に長く，その生理作用は妊娠初期における黄体機能の強化と考えられる．

ウマ絨毛性性腺刺激ホルモン（eCG）は，妊娠初期の牝馬の血清中に出現するGTHで，その特性から妊馬血清性性腺刺激ホルモン（pregnant mare serum gonadotropin：PMSG）ともよばれる．絨毛膜細胞が子宮に侵入して形成される内膜杯（endometrial cup）から分泌され，妊娠40日頃に出現し，60日頃最高値に達し，140日頃には消失する．eCGはウマ（e）LHと同じアミノ酸配列をもつαおよびβサブユニットからなる異性二量体で，糖鎖の結合部位もeLHと同じだが，糖鎖の構造が異なる（表2.13）．eCGの糖含量は40〜50％でeLHの20〜30％より多いため，LHより分子量が大きい．hCGと異なり尿中には排泄されず，血清中にとどまるため，eCGの血中半減期は数日〜1週間程度とhCGよりさらに長い．妊娠40日頃のウマの

図2.53 ● PGE_2と$PGF_{2\alpha}$（◯囲み部分のみが異なる）

卵巣には複数の副黄体が出現することから，eCG の生理的役割は，妊娠黄体への刺激に加え，副黄体を形成してその機能を強化し，妊娠を維持することと考えられる．一方，ウマでの作用とは対照的に eCG を異種動物に投与すると強力な FSH 様作用を発揮する．eLH は異種動物に対してほとんど FSH 様作用を示さないので，eCG のこの性質は糖鎖の構造に由来するものと考えられる．

b. 胎盤性ラクトージェン（PL）

霊長類，齧歯類，反芻類などの胎盤はプロラクチンに似たホルモンを分泌する．PL は191個（霊長類，齧歯類）または200個（反芻類）のアミノ酸からなる単鎖のタンパク質で，2つの S-S 結合をもつ．ヒト，ヒツジ，ヤギの PL は糖鎖がなく，分子量は 22～23 kDa，ウシの PL は N 型糖鎖1本と O 型糖鎖2本をもち，分子量は約 32 kDa である．また，齧歯類は N 型糖鎖2本をもつ PL1 と糖鎖のない PL2 の 2 種類をもつ．PL はウマ，ブタ，ウサギでは認められていない．

PL は妊娠中期に血液中に出現し，その後徐々に濃度が上昇して分娩数日前に最高値となり，分娩後は速やかに消失する．PL は成長ホルモンとプロラクチン両方の作用をもち，その役割は胎子の成長と乳腺の発育を促すことと考えられる．また，齧歯類とウシでは黄体刺激作用を示すことから，妊娠中後期の黄体維持にも関与していると考えられる．

c. 胎盤性エストロジェン

妊娠中後期には胎盤から多量のエストロジェンが分泌される（表2.14）．ウシやブタでは，その大部分はエストロンとその代謝物の硫酸エストロン（estrone sulfate）である．ヒトではエストリオールが，ウマではエクイリン（equilin）とエクイレニン（equilenin）が妊娠後半の胎盤から多量に分泌される．胎盤性エストロジェンの役割は，妊娠の維持，乳腺の発達，分娩の準備，ヒトでは胎児アンドロジェンの不活化などと考えられる．

2.8.2 ホルモンの作用機序

ホルモンの分泌には大別して2つの様式があり，タンパク質のように水溶性で分子量の大きなものは，生合成された後，一度分泌顆粒に蓄えられ，刺激を受けて開口放出により分泌される．一方，ステロイドなど脂溶性のホルモンは，濃度勾配による拡散によって細胞外に放出される．

A. 水溶性ホルモンの情報伝達

ペプチドやタンパク質，PG など，水溶性のホルモンは細胞膜を通過できないため，細胞膜上に存在する受容体と結合し，刺激を伝達する．GnRH，GTH，PG などの受容体はいずれも細胞膜を7回貫通した共通の構造をもつことから，7回膜貫通型受容体とよばれる．また，細胞質内の GTP 結合調節タンパク質（G タンパク質）を活性化することから，G タンパク質共役受容体ともよばれる．

GnRH の受容体は G タンパク質を介してホスホリパーゼ C（PLC）を活性化し，細胞膜のリン脂質を分解してジアシルグリセロール（DAG）とイノシトール三リン酸（IP3）を生成する．DAG はタンパク質リン酸化酵素 C（PKC）を活性化し，PKC がリン酸化依存性酵素をリン酸化して GTH の転写活性と合成を促進する．また，IP3 は小胞体のカルシウムチャンネルに作用して Ca^{2+} の濃度を上昇させ，分泌顆粒の開口放出を促す．キスペプチンの受容体もこのタイプに属する．

GTH の受容体は G タンパク質を介してアデニル酸シクラーゼを活性化し，細胞質内の環状 AMP（cAMP）濃度を上昇させる．cAMP はさまざまな酵素を活性化し，細胞機能の発現と遺伝子の転写を促す．cAMP により活性化されたタンパク質リン酸化酵素 A（PKA）はステロイドホルモン合成酵素の活性を高める．

PG の受容体は標的細胞と PG の種類によって G タンパク質が媒介する細胞内の情報伝達機構が異なる．PGE は Ca^{2+} 濃度上昇

系，cAMP 濃度上昇系，cAMP 濃度上昇抑制系など，複数の伝達系をもち，PGF は Ca^{2+} 濃度の上昇を介する伝達系をもつ．

プロラクチンや成長ホルモンは，チロシンキナーゼ（PTK）と結合した 1 回膜貫通型の受容体をもつ．受容体は普段単量体で存在し，ホルモンが結合すると受容体どうしが結合して二量体を形成する．接近した PTK が相互にリン酸化して活性化し，シグナル伝達兼転写活性化因子（STAT）をリン酸化することにより情報が伝達される．

インヒビンとアクチビンの受容体は TGFβ スーパーファミリー受容体に属し，1 回膜貫通型だが，プロラクチン受容体と異なり，受容体自身がセリンとトレオニンをリン酸化するキナーゼ活性をもつ．Ⅰ型とⅡ型のヘテロ二量体がさらに会合した四量体で存在し，Ⅱ型にホルモンが結合するとⅠ型をリン酸化してキナーゼ活性を発現させ，細胞内シグナル物質である受容体制御型 Smad タンパク質をリン酸化して情報を伝達する．

B. 脂溶性ホルモンの情報伝達

ステロイドホルモンや甲状腺ホルモンなどの脂溶性ホルモンは，血中ではその大部分が担体タンパク質と結合して輸送される．テストステロンとエストラジオールは性ホルモン結合グロブリン（SHBG）と，プロジェステロンはコルチコステロイド結合グロブリン（CBP またはトランスコルチン）と結合するが，これによって輸送されるものは全体の一部であり，性ホルモンの大半はアルブミンとの非特異的な疎水結合により運ばれる．

標的細胞に到達したステロイドホルモンは，担体タンパク質から離れて細胞膜を通過し，細胞内に存在する受容体と結合する．細胞内受容体は転写調節領域，DNA 結合領域，ホルモン結合領域からなり，ホルモンが結合すると受容体の立体構造が変化して DNA と結合できるようになる．DNA 結合領域の亜鉛フィンガーとよばれる特徴的な部分が DNA 上の特異的なホルモン応答エレメント（HRE）に結合し，転写調節因子として特定の遺伝子の転写を活性化する．なお，ステロイドホルモンには細胞膜上の受容体を介した遺伝子発現を伴わない迅速な作用発現経路も存在する．

2.8.3　ホルモンの相互作用

ホルモンは単独で作用するだけではなく，相互に拮抗して分泌を調節したり，複数が協力して作用を及ぼすことも多い．

A. GTH の分泌調節

下垂体における GTH の分泌は，性腺から分泌されるホルモンの視床下部〜下垂体へのフィードバック機構により調節されている．

a. 性ホルモンによるフィードバック機構

性ステロイドホルモンは視床下部弓状核のキスペプチンニューロンを介して GnRH のパルス状分泌を抑制し，下垂体からの FSH と LH の分泌を抑制する（負のフィードバック）．一方，排卵前の急激なエストロジェン濃度の上昇は，視床下部前腹側腔室周囲核（齧歯類）や内側視索前野（反芻類）のキスペプチンニューロンを介して GnRH の分泌を亢進させ，下垂体からの LH サージを誘発する（エストロジェンの正のフィードバック（図 2.54））．また，エストロジェンとアンドロジェンは GTH 産生細胞の GnRH 受容体の感受性を向上させ，少量のジェスタージェンは LH サージの誘発に必要なエストロジェンの閾値を下げ，LH の分泌量を増大させる．

b. FSH の分泌調節

FSH の分泌は，視床下部からの GnRH 刺激に加え，精巣あるいは卵巣からのインヒビンとアクチビンのフィードバック機構により調節されている．アクチビンは FSH 受容体がまだ発現していない小卵胞の上皮細胞から分泌され，卵胞局所で近傍の細胞に作用して FSH 受容体の発現を促す．また，下垂体に働いて FSH 産生細胞の増殖を促し，FSH の

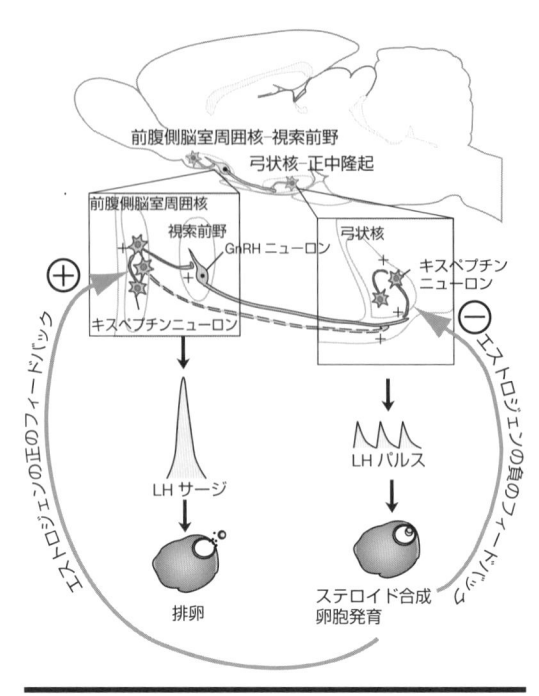

図 2.54 ● エストロジェンのフィードバック機構

mRNA の安定性を高めることにより，FSH の合成と分泌を促進する．アクチビンの産生細胞が FSH 受容体を発現すると，FSH が作用してアクチビンの合成を抑制する．一方，FSH は成熟精巣のセルトリ細胞と胞状卵胞の顆粒層細胞におけるインヒビンの合成と分泌を促進し，インヒビンは下垂体前葉の FSH 産生細胞に作用して FSH の合成と分泌を抑制する．

B. 性ホルモンの分泌調節

卵巣では，下垂体から分泌される2種類の GTH による刺激と卵胞を構成する2種類の細胞の協力によりエストロジェンの合成が行われる（two-cell, two-gonadotropin theory（図 2.55））．すなわち，内卵胞膜細胞は P450arom をもたず，顆粒層細胞は P450c17 をもたないため，両者とも単独ではエストロジェンを合成できない（図 2.51）．また，LH 受容体は両者に発現するが，顆粒層細胞のみが FSH 受容体をもつ．そこで，内卵胞膜細胞は LH パルスの刺激を受けてアンドロジェンを合成し，基底膜を通して顆粒層細胞に供給する．顆粒層細胞では FSH の刺激により P450arom の発現が誘導され，A 環を芳香化してエストロジェンが合成される．また，顆粒層細胞は LH の刺激によりプロジェステロンを合成し，アンドロジェンの基質の一部として内卵胞膜細胞に供給する．

一方，精巣では LH が間質細胞のアンドロジェン産生を刺激し，FSH がセルトリ細胞の ABP 合成と分泌を促進する．ABP はアンドロジェンの精細管や精巣上体管内部への移行を円滑にし，管内の濃度を高めることにより，アンドロジェンの作用発現を増幅する．

C. 性ホルモンの協力と拮抗

雌の生殖器には周期性があり，性ホルモンの微妙な協力と拮抗により，その働きが制御されている．エストロジェンにはジェスター

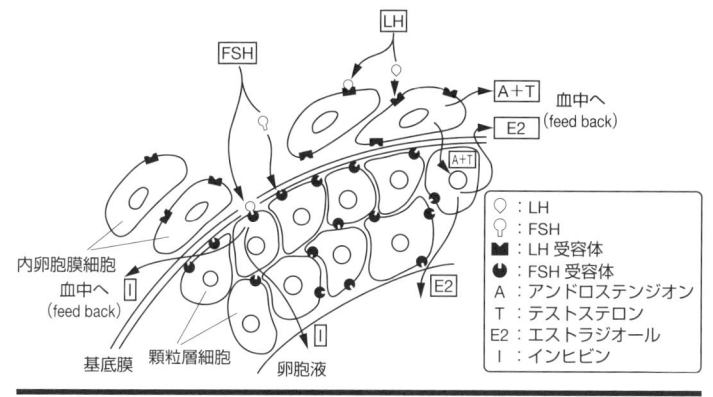

図 2.55 ● 卵胞における性ステロイドホルモンの分泌調節

ジェン受容体の発現を促進する働きがあるため，ジェスタージェンの作用はエストロジェンの先行感作により増強される．また，着床性増殖や乳腺の発達，発情兆候の発現などでは，エストロジェンとジェスタージェンが同時にある割合で存在するとき，反応が促進される．一方，エストロジェンが誘起する発情に伴う副生殖器の変化はジェスタージェンによって拮抗される．

2.8.4 ホルモン剤としての利用

生殖にかかわるホルモンのいくつかは，生物学的製剤として家畜の繁殖障害の治療や繁殖機能の調節に利用されている．また，GnRH や $PGF_{2\alpha}$ のように単純な構造のホルモンでは，天然物より効果の高い構造の似た合成類縁化合物（アナログ）が動物用医薬品として利用されている．

A. GnRH

GnRH（一般名：ゴナドレリン）およびそのより強力なアナログであるフェルチレリン（10番目のグリシンが $N-Et-NH_2$）とブセレリン（フェルチレリンの6番目のグリシンがセリン）が，卵胞嚢腫や排卵障害の治療，排卵誘起などに使われている．またヒトでは，持続性の高いさまざまなアナログが GnRH のダウンレギュレーションを利用した子宮内膜症や子宮筋腫の治療に用いられている．

B. FSH

ブタの下垂体から抽出した FSH が，ウシやウマの卵巣発育不全，卵胞発育障害などの治療，ウシの過剰卵胞発育誘起などに用いられている．卵胞の発育には持続的な FSH 刺激が必要なことから，一般には朝・夕2回数日間にわたって投与する方法がとられるが，徐放剤と組み合わせた1回投与法も開発されている．

C. hCG

hCG は大量に投与すると LH サージと同様の排卵誘起作用を有しており，妊婦の尿から抽出した hCG が，卵胞嚢腫や排卵障害の治療に用いられている．また，LH よりも血中半減期が長いことから，持続的な LH パルス様作用による卵巣発育不全，卵巣静止や卵胞発育障害の治療，雄のテストステロン分泌低下による交尾欲減退の治療などに利用されている．hCG は黄体期に投与すると黄体賦活効果が認められ，黄体形成不全の治療にも利用することができる．

D. eCG（PMSG）

eCG は異種動物に投与すると強力な FSH 様作用を発揮することから，妊馬の血清から抽出した PMSG が，雌畜の卵巣発育不全，卵巣静止や卵胞発育障害，雄畜の精巣機能低

下による精子減少症などの治療に利用されている．また，PMSGはFSHよりも血中半減期が長く反復投与の必要がないため，過剰卵胞発育誘起にも利用される．ブタや実験動物の過剰卵胞発育誘起では主にPMSGが用いられるが，ウシでは効果が長すぎて卵胞発育の調整が難しいことから，FSHの反復投与によることが多い．

E．プロジェステロン

プロジェステロンを徐放化した注射薬が着床障害や卵胞嚢腫の治療，習慣性流産の防止，胎盤停滞の予防などに利用されている．また，より持続性の高い腟内挿入型の徐放性プロジェステロン製剤が鈍性発情や卵巣静止の治療，発情周期の同調などに利用されている．

F．エストロジェン

エストロジェンの注射薬が鈍性発情時の発情兆候の増強，分娩時の子宮頸管拡張，分娩後の子宮内異物の排除，子宮発育不全や泌乳不全などの治療に利用されている．また，腟内挿入型の徐放性プロジェステロン製剤と組み合わせたエストラジオール製剤が，過剰卵胞発育誘起の前に主席卵胞の退行を促し，卵胞波を同調させるために使われている．

G．PGF$_{2α}$

PGF$_{2α}$（一般名：ジノプロスト）およびそのアナログでより持続性の高いクロプロステノールとエチプロストンが，黄体退行作用による黄体遺残や黄体嚢腫の治療，発情や分娩の誘起，また子宮平滑筋の収縮作用による産後疾患の治療などに利用されている．

2.9 性現象と繁殖行動

動物の性行動は，雄の精巣内でつくられた精子と雌の卵巣から排卵された卵子が適期に遭遇して受精するために出現し，次世代へ遺伝情報を継承し子孫を残すうえで重要な行動である．性行動は動物種により特色的な形態をとるが，いずれも異性の探索，誘因，求愛および交配の過程よりなる．性行動は生殖内分泌によって支配されており，性ステロイドホルモンレベルが発現に大きな影響を与える．また動物の性行動は特定の時期に限り発現し，温度・光などの環境要因，品種，群，栄養状態などさまざまな因子に影響を受ける．表2.14に家畜の繁殖形態を一覧として示す．

2.9.1 性成熟

性成熟とは動物が繁殖活動期を迎えることをいう．雌雄ともに配偶子を生産し性行動の

表2.14 ● 家畜の繁殖形態の比較

			ウシ	ウマ	ブタ	ヒツジ	ヤギ
繁殖供用開始（月）		雄	15〜20	36〜48	10	18〜24	18〜24
		雌	14〜22	36〜48	8〜10	8〜18	12〜18
繁殖季節			周年	春〜夏	周年	秋〜冬	秋〜冬
発情周期（日）			20〜21	22〜23	21	17	21
発情持続時間（時間）			5〜20	4〜10（日）	40〜70	15〜45	24〜72
排卵		数	1	1	10〜18	1〜4	2〜3
交配（授精）適期		時期	発情開始後	排卵前	発情開始後	発情開始後	発情開始後
		時間	8〜12	48	20〜35	12〜24	25〜30
妊娠期間（日）			280〜285	336	114	149	152
産子数			1	1	6〜15	1〜4	2〜3

すべてを表し，交配することで雌が妊娠し，雄は妊娠させられる状態に達したことをいう．性成熟は環境条件や栄養状態による影響を受け，開始・完了は同一種でも個体差が大きい．厳密には性成熟過程の開始の時期を春機発動期（puberty），性成熟に到達（完了）する時期を性成熟期（sexual maturation）といい，両者を区別して用いることが望ましい．

A. 雌雄畜における性成熟期

春機発動期には視床下部・下垂体が機能しはじめ，性腺刺激作用の増大とともに生殖腺の急激な発育が観察される．また，生殖腺でのステロイド生合成と配偶子産生能力が整ってくる．性成熟期前の幼弱時には性ステロイドホルモンの負のフィードバック作用がGTHの放出を抑制するが，成長すると負のフィードバック作用が弱まり，逆に正のフィードバック作用が強まってGTHの周期的放出の振幅と頻度が上昇して性成熟が完了する．

雄では春機発動とともにGTHの分泌増加がテストステロンレベルを上昇させ，性成熟到達時には高値となる．つまり精巣の容積が増大し，精細管内に精子が発現する．ウシでは生後2〜3か月齢で精母細胞が精細管内に出現し，6か月齢には完成した精子が認められるが，精細管内に遊離精子が認められるのは8〜10か月齢で，その後性成熟に達し採精が可能となる．ウマの場合，精巣は11か月齢前後から発育し，13〜14か月齢で精子生産がはじまるが，性成熟はウシより遅く27か月齢前後である．ヤギは6〜7か月齢で性成熟に達し，ヒツジよりも約1か月早い．ブタでの精子形成は4か月齢頃からはじまり，性成熟は7〜8か月齢で完了する．

雌の春機発動は一般に初回排卵がはじまる時期である．ウシ，ウマ，ヤギ，ヒツジでは初回排卵に発情行動を伴わないことが多く，排卵可能な大卵胞が発育しはじめ，受精，妊娠，分娩，哺乳などの生殖機能を獲得し，発情行動を伴った排卵によって性成熟に達する．ウシの初回発情は体重や体高条件で決まるため，哺育から育成期の栄養状態が性成熟と大きく関係している．

B. 繁殖適齢（breeding age）

性成熟を迎えた個体は正常な生殖活動が保証されるが，家畜の場合，妊娠中の事故防止，子の成長，分娩後の繁殖性などを考慮して繁殖供用を性成熟よりも遅らせることが多い．繁殖供用が開始される時期を性成熟とは区別して繁殖適齢という．

a. 雄畜の繁殖供用期間

雄畜の繁殖供用期間は繁殖形態によって異なる．ウシの場合精液量，精子の耐凍能が安定する時期が性成熟よりも遅いため，15〜20か月齢より繁殖供用が開始される．繁殖能力は5〜6歳以降は低下する傾向がある．後代検定に合格した優良種雄牛は6歳以降も採精されるが，10歳を超えて供用されることは少ない．ウマは性成熟がウシより遅く27か月齢のため，供用開始は3〜4歳が普通である．競走馬の場合はさらに供用開始が遅くなる．ブタでは精液性状が安定するのは7〜8か月齢以降のため，繁殖供用開始は10か月齢以降となる．ヤギ，ヒツジの場合，交配に供用開始されるのは性成熟に達した翌年の秋季の繁殖季節からで18〜24か月齢である．

b. 雌の繁殖供用期間

雌畜の供用開始も個体のサイズに依存する．ウシの場合，乳牛は15か月齢，体重380 kg，和牛は14か月齢，330 kg前後が理想である．乳牛は加齢とともに乳量が減少するため5歳以上供用することは少ないが，和牛は8〜14歳くらいまで繁殖供用される．

2.9.2 繁殖周期
A. 生殖周期

哺乳類の繁殖行動は周期的であり，これを生殖周期とよぶ．生殖周期は遺伝的，環境的

要因，生理的，社会的条件によっても左右される．

a. ライフサイクル（life cycle）

個体の出生から死亡までには，繁殖非活動期の後，春機発動，性成熟を経て生殖能力をもつ繁殖活動期（reproductive active phase）に至る．その後老化によって性腺機能が停止する．生物の一生にわたる一連の繁殖活動の変化をライフサイクルという．

b. 完全生殖周期，不完全生殖周期

繁殖活動期には生殖周期をくり返すが，この周期中に妊娠，分娩，哺育を含む場合を完全生殖周期，妊娠が入らない周期をくり返す場合を不完全生殖周期という．

c 季節周期

繁殖形態は決まった季節に繁殖活動（生殖周期）が出現する季節繁殖動物（seasonal breeder）と年間を通じて繁殖活動が出現する周年繁殖動物（nonseasonal breeder）に分けられる．季節繁殖動物は多くの野生動物のほか，ウマ，ヤギ，ヒツジがこれにあたる．季節繁殖動物は，春〜初夏に交配するウマなどの長日繁殖動物と秋〜冬に交配するヤギ，ヒツジなどの短日繁殖動物がある．どちらも哺育時期の条件がよい春に分娩する繁殖戦略である．日長条件が松果体でのメラトニン分泌を決定し，生殖機能が活性化されると考えられている．一方，品種さらには緯度や海抜も季節性の程度に関係しており，熱帯地方のヤギ・ヒツジは季節性が弱く周年繁殖に近い繁殖活動が認められる．ヒトやマウス，ラットなどの実験動物やウシ・ブタなどは周年繁殖動物である．

d. 自然排卵と交尾排卵

家畜の多くは排卵に交尾刺激が必要ない自然排卵動物（spontaneous ovulation）であるが，ネコやウサギなどのように交尾刺激によって視床下部のGnRH分泌が活発化し下垂体でのLHサージが誘起され排卵する交尾排卵動物（post-coital ovulation）もいる．

B. 発情周期

雌が交配のため雄を許容する状態を発情（estrus）という．不完全生殖周期では発情が周期的にくり返され発情周期（estrous cycle）とよぶ．一発情周期は発情，排卵，黄体形成，黄体退行，卵胞発育，そして発情に戻る反応であり，卵胞期と排卵後の黄体期からなる完全発情周期と黄体期がない不完全発情周期がある．

一繁殖期の発情周期が1回である単発情動物では無発情期が長く持続する．多発情動物は受胎しない限り発情をくり返す．多発情動物にはウシやブタのように年中発情周期をくり返すものとウマ，ヤギ，ヒツジのように繁殖季節の期間のみ発情周期をくり返す季節繁殖動物がある．

実験小動物の発情周期は発情前期，発情期，発情後期，発情休止期の4期に区分されるが，家畜は各期の境界がはっきりせず区分は難しい．ウシの発情周期は18〜24日であり，経産牛（平均21日）は未経産牛（平均20日）よりも長い．家畜種の発情周期は平均でウマ22日，ブタ21日，ヤギ21日，ヒツジ17日である．発情周期は卵胞波，品種，環境，飼養条件の影響を受けて変動する．

a. 卵胞発育と排卵

発情中は卵胞や黄体から分泌される性ステロイドホルモンが生殖器，副生殖器の形態機能に大きな影響を与える．ウシでは一発情周期中に2〜3回の卵胞発育の波（卵胞波：follicular wave）があり，最後に発育した卵胞から排卵される．第一卵胞波は排卵後に起きたFSHサージがFSH依存性の小卵胞の発育を誘発しはじまる．発育した卵胞が分泌するエストロジェン（主にE2）とインヒビンは負のフィードバック作用によってFSH分泌を抑制し，小卵胞が退行する．FSH感受性の高い卵胞のみがLH依存的に発育して大型化し，主席卵胞（dominant follicle）となる．主席卵胞は1日に直径が1.5〜2mm成長す

るが，最初の卵胞波では前回の排卵後に形成される黄体からのP4がLHのパルス状分泌を抑制し，排卵せず閉鎖退行する．主席卵胞の退行と同時にFSHサージが再び生じ，次の卵胞波が起こる．2もしくは3番目の卵胞波で発育した卵胞は，黄体が退行してP4濃度が低下するため，LH分泌の振幅・頻度が上昇し成熟卵胞（約12～24 mm）となる．卵子は卵丘細胞に包まれ卵胞液中へ遊離する．成熟卵胞は大量のE2を分泌し，発情行動が発現する．またE2は視床下部への正のフィードバック作用によりGnRHを介したLH，FSHサージを誘起して排卵へと至らせる．ウシの通常排卵数は1個であるが，乳牛の1割以上が2個排卵する．ウシでは卵巣のほぼすべての場所から排卵されるが，ウマでは排卵窩からのみ排卵される．

b. 黄体形成と退行

排卵後の卵胞は内腔に出血による血液凝塊と卵胞液から漏出したリンパ球を貯留し，出血体を形成する．また卵胞内の顆粒層細胞由来の大型黄体細胞と内卵胞膜細胞由来の小型黄体細胞が急激に増殖し黄体（corpus luteum）を形成する．ウシの黄体形成は排卵後約7日で完了し，8～9日間は機能を維持する．機能的黄体は長径20 mm以上の大きさがあり，ウシ，ウマ，ヒトではルテイン色素を含み黄色～橙色を呈すが，ブタ，ヤギ，ヒツジの黄体細胞にはルテイン色素はなくピンク色となる．発情周期中，卵巣に黄体が存在する時期を黄体期とよび，黄体前期，開花期，後期（退行期）の3期に分けられる．黄体が分泌するP4は排卵後2～4日目に急激に上昇し，黄体開花期に最高値を示す．受胎すると，黄体は妊娠黄体となり妊娠維持に働くが，受胎しない場合は子宮内膜が分泌する$PGF_{2\alpha}$により急速に退行する（ウシでは排卵後約17日）．黄体退行期には黄体細胞が結合組織に置き換わり，黄体機能が失われ，色調も赤褐色へ変化し赤体となる．また妊娠黄体が退行後も卵巣表面に2 mm前後の白い構造物として残るものを白体という（図2.56）．

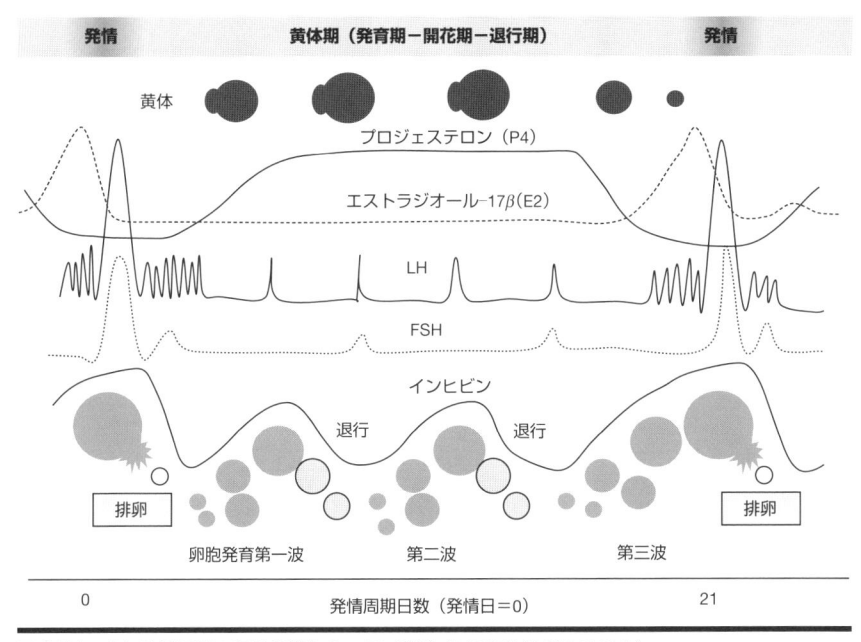

図2.56 ● ウシ発情周期の卵巣状態とホルモン動態（3回卵胞波がある場合）

C. 発情徴候

発情時に雌雄は発情徴候とよばれる特有の行動や変化を示す．これらをウシなどでは人工授精を実施する診断材料とする．発情徴候は内分泌的要因で誘発されるが，内分泌系の制御にはフェロモン等の嗅覚，視覚，鳴き声などの聴覚，また発情牛との接触刺激などがかかわっている．ここでは主にウシにおける発情徴候について述べる．

a. 発情期の挙動

雌牛は排卵前になると成熟卵胞由来のE2が増加し，発情行動を呈する．発情期には落ち着きがなくなり，独特の高い鳴き声での咆哮や行動量（歩数）の増加，起立時間の延長がみられる．また，ほかのウシの外陰部を嗅ぐ，顎を他個体の背中に乗せる，乗駕する行動（マウンティング，mounting）も観察されるが，これらの行動は発情牛以外でも観察されるため，もっとも明白な発情期に特徴的な行動は他個体の乗駕を許容するスタンディング（standing）である．そのほか，食欲の減退，反芻回数の減少，乳量の低下なども示す．スタンディングは発情初期には観察されず，発情最盛期に観察される．通常発情判定はスタンディングの確認による．

雄牛の性行動は発情期の雌と接近したときに観察される．雄は雌に対する同伴行動をとり，外陰部の臭いを嗅ぐ，舐める，フレーメンなどの求愛行動を示す．さらに陰茎の勃起，雌への乗駕，陰茎の挿入，射精を行い交配が成立する（図2.57）．

b. 発情期における生殖器の変化

雌は発情行動とともに生殖器や副生殖器に変化が生じる．雌牛では，発情期にエストロジェンの影響で子宮内膜の充血や浮腫が認められ，子宮腺は内腔が大きくなる．また子宮平滑筋の自律的収縮が亢進し，直腸検査で子宮の収縮が触知できる．子宮頸管および腟は腫脹・充血し，外子宮口は弛緩し，頸管粘膜から透明な牽糸状の粘液が大量に分泌され，

図2.57● 発情行動
求愛（上）および乗駕（射精）（下）行動

外陰部からの漏出も認められる．黄体期の外陰部は緊縮し，陰唇にしわがみられ，陰門は白く乾いているが，発情期の外陰部は腫脹・充血し，陰唇のしわは消失する．

黄体期の子宮頸管は緊縮し灰白色半透明のゼリー状粘液にふさがれている．発情時に子宮頸管粘膜が分泌する粘液は水分や塩類濃度が上昇し，精子の受容性を高め，その塗抹標本はシダ状結晶を形成する．粘液中の塩類濃度の変化はpHや電気伝導度を変化させ，発情期の頸管粘液のpHは低下し，電気伝導度は低値を示す．

c. 発情判定と発情持続時間

雌畜が交配され，効率的に受胎するためには発情を確実に発見することが必須であり，雌畜の発情期の諸徴候を慎重に観察する必要がある．雌牛は主にスタンディングを指標として発情を判定する．併せて外陰部の腫脹や

粘液漏出，他個体への乗駕などの行動も指標とする．放牧牛やフリーストール繋養牛の発情行動の観察は早朝，夜を含めた1日3〜4回，1回の観察は約30分が望ましい．発情は夜間に発現することも多く，持続時間も個体によって異なるためである．

発情持続時間は品種，栄養状態，季節，年齢，飼養管理などに影響を受け，個体差も大きい．雌牛の発情持続時間は約12時間といわれ，乳牛は肉牛より，未経産牛は経産牛より発情持続時間が短い．また発情開始は夜から早朝にかけて起こることが多い．

発情発見補助法として，ヒートマウントディテクターやテールペイントを発情予定牛につけて，インクの漏出やペイントの消失によりスタンディングの有無を確認する方法や，発情期の行動量増加を利用した行動量計測による方法がある．直腸検査や超音波診断装置による内部生殖器の触診・観察や性ホルモン濃度の測定も発情・排卵の時期を予測できる．直腸検査，超音波診断では卵巣の触診と観察により排卵，排卵後の日数を推定でき，血中・乳中のP4濃度の測定は，発情期，黄体期を区別することが可能なため，外部発情徴候（挙動）を示さない鈍性発情の場合に有効である．

d. 交配適期

もっとも受胎しやすい交配時期のことで，人工授精を実施する家畜は卵子，精子が高い受精能をもつ時期に受精部位である卵管膨大部に到達し，遭遇（受精）するよう授精時期を選定する必要がある．ウシの人工授精は，①精子の移動速度（約2時間で卵管膨大部に到達），②精子の受精能獲得時間（4〜8時間），受精能保持時間（約24時間），③卵子の排卵（発情終了後 約18時間，発情開始から排卵まで約28時間），④排卵後卵子の受精能保有時間（約10時間）が授精適期の決定要因となる．理論的には発情終了前後の数時間が授精適期となる．授精適期の実用的な決定法としてAM-PM法がある．これは発情発見が①午前9時以前の早朝の場合は同日の午後，②午前9時から正午の場合は，同日の夕方〜翌早朝，③午後の場合は翌日の午前中を授精適期とする方法である．

ウマは発情開始3日目から交配を開始し，2〜3日間隔で発情終了まで交配をくり返す．排卵48時間前から排卵直前までが交配適期である．ブタは発情開始25〜30時間が適期であり，現場で朝夕の発情観察を行い発情行動が認められた場合に，後ろから雌豚の腰部を圧迫して乗駕許容（不動反応）を確認し，その半日後の交配が一般的である．ヒツジは発情開始20〜25時間，ヤギは発情開始25〜30時間が交配適期である．

2.9.3　繁殖と環境

家畜の繁殖性はさまざまな要因によって影響を受ける．加齢，栄養条件や飼養・畜舎環境，疾病や社会的要因も生殖機能に影響を与え，発情発現や受胎性に影響を及ぼすことが知られている．ここではウシ，特に乳牛の繁殖性に影響を与える要因について述べる．

A. 栄養と繁殖性

栄養状態は生殖機能に大きな影響を及ぼす要因のひとつである．低栄養状態や過肥の個体では発情徴候が微弱化する．乳牛の受胎率低下は泌乳量の増加によるエネルギーバランスの不均衡（泌乳によるエネルギー要求量と摂取エネルギー量の不均衡）が原因といわれている．日本の乳牛平均乳量は8,000 kgで，過去20年間で約1,800 kg増えたが，受胎率は約15％低下している．エネルギーバランスが乱れると卵巣機能が影響を受け，卵胞サイズや黄体機能の低下が生じ，エストロジェンの分泌量減少やLH分泌抑制による発情徴候の微弱化や排卵障害を引き起こすと考えられる．また，搾乳刺激は脳下垂体からオキシトシン分泌を亢進させ，乳量増加を促し，LH分泌抑制機能のあるβ-エンドルフィン

の脳内分泌を促進するため，分娩後の発情回帰が遅延し，分娩間隔が延長する．乳量増加に伴うエネルギー不均衡を是正する栄養条件の改善とストレスの軽減が必要である．

B. 環境と繁殖性

近年の地球温暖化は，乳牛，ブタなどの夏季の繁殖性低下（受胎率低下）を引き起こしている．夏季の高温ストレスは，家畜の体温を上昇させることで採食性の低下に伴うエネルギー不均衡を引き起こすとともに直接的に生殖器に影響を与え，ホルモン分泌能の低下に伴う発情徴候の微弱化や卵子，精子等の品質低下による受胎率の低下が生じる．発情徴候の微弱化は発情発見や授精適期の見逃しによる受胎率低下を引き起こす．特に暑さに弱い乳牛での問題は深刻であり，送風機などを利用した畜舎環境の改善や栄養条件の改善により体温上昇を防いでストレスを低減させることが重要である．

2.10 胚の初期発生

2.10.1 受精

受精（fertilization）とは，雌の卵巣で成長し排卵された卵子（oocyte）と，雄の精巣で分化・成長し，交尾時射出によって雌生殖器に注入され受精能を獲得した精子（sperm）が卵管膨大部でひとつに融合し，個体発生のはじまりとなる一連の現象をさす．

A. 卵子の成熟と排卵

性成熟した雌個体の卵巣中に多数存在する卵母細胞のうち，ホルモンの刺激によって成長した卵母細胞を含む卵胞（follicle）が成長し，減数分裂第二分裂中期に至り排卵された成熟卵子が受精に至る．成熟卵子は卵胞を破って卵巣から排卵（ovulation）され，卵管漏斗（infundibulum）でとらえられて卵管采（fimbria）から卵管（oviduct）に輸送され，蠕動運動によって受精の場である卵管膨大部（ampula）に移動する．

B. 精子の移動

交尾時には数百万から数十億の精子が雌の腟あるいは子宮頸管-子宮内に射出され，精子尾部の鞭毛の運動と子宮・卵管の蠕動運動，上皮細胞上の繊毛運動によって受精の場である卵管膨大部に向かう．射出された膨大な数の精子は，すべてが卵管膨大部に到達するわけではなく，子宮粘液の流れや白血球による貪食により数を減らし，最終的に卵管にまでたどり着いて受精に関与する精子の数は1,000以下になる．一部の精子は射出後，十数分で卵管に到達するが受精には関与しておらず，受精に関与する精子が卵管膨大部にまで到達するのには数時間を要する．

C. 精子の受精能獲得

射出された精子は，そのままでは受精する能力をもたないが，射出部位から卵管膨大部に移動する間に受精能獲得（capacitation）といわれる形態的，機能的な変化を経ることで卵子との接着，融合が可能となる（図2.58）．

射出された精子の細胞膜表面は，精漿（seminal plasma）に含まれる糖タンパク質や受精能獲得抑制因子に覆われている．その後，精子が卵管に向かって移動する間にそれらの物質や精子膜内のコレステロールが除去されることで，細胞膜に大きな変化が起き，雌の腟・子宮内で分泌される液に含まれる重

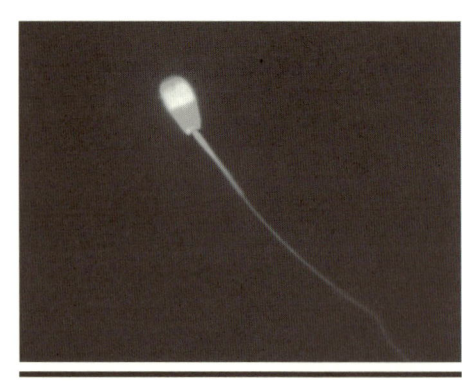

図 2.58 ● ウシの精子

炭酸イオンが精子内へ流入する．その結果，精子細胞膜表面に存在するアデニル酸シクラーゼが活性化されて代謝活性が高まり，超活性化（hyperactivation）による活発な前進運動が起こる．このことで，卵子のまわりを覆っている卵丘細胞（cumulus cell）の層や透明帯（zona pellucida）を通過するための十分な推進力が得られ，卵子への進入が可能となる．

D．先体反応

卵子に接近した精子では，受精能獲得に引き続いて先体反応（acrosome reaction）とよばれる精子頭部での形態的，生化学的な変化が起こる（図2.59）．

先体とは，精子頭部の核のまわりを帽子状にとり囲む袋状の構造体であり，内膜と外膜の二重構造をしている．先体の内部には，卵丘細胞や透明帯を通過するために必要なタンパク質分解酵素（アクロシン），ヒアルロニダーゼなどが含まれており，先体反応によって先体外膜が精子細胞膜と融合することで胞状化し，内部の酵素群が放出される．

卵子のまわりを覆っている卵丘細胞は，排卵時には膨化して卵胞より排出される．卵丘細胞の膨化時には，ヒアルロン酸を主としたグリコサミノグリカンが急激かつ大量に分泌され，卵丘細胞間に蓄積され，粘性をもった細胞−ヒアルロン酸ネットワークが形成される．また，卵丘細胞からのタンパク質分解酵素の急激な活性増加によっても卵丘細胞間の結合が緩む．

先体反応を引き起こした精子は，超活性化による推進力の増加とともに，先体から放出したヒアルロニダーゼなどの酵素でヒアルロン酸などを消化しながら膨潤した卵丘細胞のなかを卵子に向かって進んでいく（図2.59）．

E．透明帯との接着

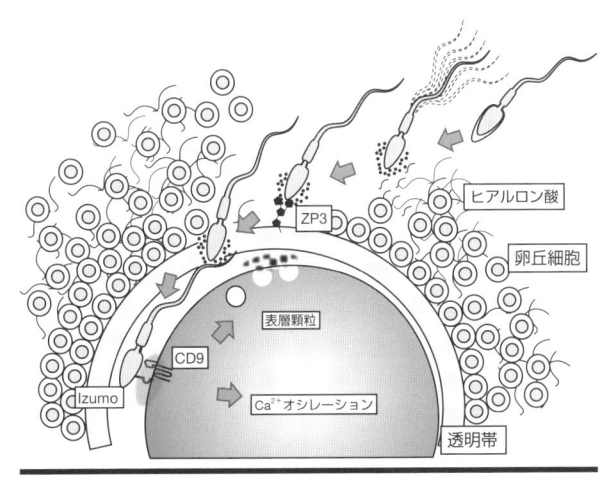

膨化した卵丘細胞層を通過した精子は，次に，卵子を収めている複数の糖タンパク質で構成された透明帯を通過する過程に入る．透明帯は卵巣中で卵子が成長する過程で卵子から合成分泌され，カプセル状に卵子をとり囲む．透明帯を構成する糖タンパク質は動物種によって異なり，マウスではZP1（分子量10万），2（7.5万），3（6〜7万）が，ヒトではZP1, 2, 3, 4，ブタではZP1, 2, 3α, 3β, 4などが知られている．それぞれの透明帯タンパク質が網目状に結合して透明帯を構成するが，ZP2とZP3が結合して長いフィラメント構造をなし，これをZP1が架橋する構

図2.59 ● 受精時の精子と卵子との結合の進行

造をとっている．

　マウスやヒトの研究から，精子の細胞膜表面にある結合物質（リガンド）がZP3の糖鎖と結合し，透明帯への進入のとりかかりとなる（図2.59）．マウスやヒトとは異なり，ウシやブタでは，ZP3α，ZP3βの2成分が精子結合に関与しているといわれる．

　透明帯に到達した精子は，最初に先体反応を起こした精子頭部細胞膜にある糖転移酵素（β1,4-ガラクトシルトランスフェラーゼ）によってZP3の糖鎖が認識され，結合する．その後，超活性化によって引き起こされた尾部の鞭毛運動の増加や先体反応によって放出された酵素によって透明帯内部を卵子に向かって進んでいく．精子が透明帯を通過する時間は平均7～30分であり，動物種により差がみられる．

F. 卵子との接着・融合と卵子の活性化

　透明帯を通過した精子は，囲卵腔に進入後，卵子に到達し，卵子膜との融合（fusion）を開始する．両者の接着には卵子細胞膜表面にあるCD9と精子膜表面にあり細胞外にイムノグロブリン様の構造をもつタンパク質であるIzumoが関与することが明らかにされている（図2.59）．

　精子が卵子と接着・融合した後，卵子の活性化として知られる①表層反応（cortical reaction），②第二極体の放出を伴う減数分裂の再開，などの一連の反応が起こる．

　精子と卵子細胞膜との結合後，卵子中のカルシウムイオン（Ca^{2+}）の急激な増加が引き起こされる．最初に卵子細胞膜上のレセプターを介して卵子内のGタンパク質が活性化され，それに引き続きホスホリパーゼC（PLC）が活性化されることで細胞膜内のイノシトールリン脂質がジアシルグリセロール（DAG）とイノシトール三リン酸（IP3）に分解される．IP3は，卵子内のCa^{2+}の貯蔵部位である小胞体からCa^{2+}を放出させる．この反応は，卵細胞質内で数十秒ごとの一過性のCa^{2+}上昇として捉えられ，この周期的なCa^{2+}上昇はカルシウムオシレーションとよばれ，10～20分間くり返される．カルシウムオシレーションは第二極体の放出を伴う減数分裂の再開を起こし，進入した精子核との融合に向かう．

　成熟卵子の細胞膜表面の真下には表層顆粒（cortical granule）が多数あり，これにはプロテアーゼなどの酵素群が含まれている．精子との融合直後に表層顆粒が卵子膜の外側に向かって開裂し，内容物を放出する．表層顆粒の開裂は，精子と卵子細胞膜との結合に反応して起こるCa^{2+}の増加に際してPLCの活性化反応でイノシトールリン脂質が分解されて生じたDAGがプロテインキナーゼCを活性化することで引き起こされる．これにより表層顆粒に含まれていた内容物は，卵子と透明帯の隙間である囲卵腔に放出され，透明帯に拡散し透明帯の構造を変化させたり，卵子細胞膜にも作用し，他の精子の進入を防ぐことで多精受精（polyspermy）を回避する．

G. 多精受精拒否

　受精時には多数の精子が卵子に到達するため，その防御機構として透明帯タンパク質との接着機構の変化および，最初の精子進入後に起こる卵子表層顆粒の変化によって以降の精子が進入できなくなる多精受精拒否機構が働くことで異常受精を防ぐ．

　多精受精拒否反応には透明帯反応（zona reaction）と卵黄遮断（vitelline block）とよばれる反応がある．精子との融合直後に表層顆粒が卵子膜の外側に向かって開裂し，放出された内容物は透明帯タンパク質の構造を変化させる．これによって，他の精子の透明帯への結合，通過が阻止される．また，卵細胞膜表面の結合タンパク質の分解・改変によって，精子と卵子との接着・融合も阻止される．

H. 前核形成と卵割

　精巣で精子形成時にDNA鎖が折りたたまれる際には，プロタミンとよばれるDNA鎖

が巻きつくクロマチンタンパク質と結合するが、さまざまな核タンパク質とS-S結合することで、体細胞核におけるDNA鎖とヒストンタンパク質との結合による染色体凝縮よりも強固なかたちで精子核が形成されている。精子が卵子との融合を終え、卵子細胞質内に進入すると、精子の尾部が離れて精子頭部のみになる。その後、細胞膜が消失し、内部に含まれる凝縮していた染色体が脱凝縮（decondensation）とよばれる膨化を起こす。脱凝縮を起こす際には、卵子細胞質内に高濃度に存在するグルタチオンなどの還元因子によって凝縮染色体結合タンパク質の間のS-S結合が弱められ、DNA鎖が解離する。その後脱凝縮し、膨化した精子核は再び新たな核膜に包まれて雄性前核（male pronucleus）を形成する。一方、減数分裂第二分裂を再開、完了した卵子でも染色体が脱凝縮した後、新たな核膜の形成によって雌性前核（female pronucleus）が形成される（図2.60）。精子の進入後約20分あたりから精子核の脱凝縮がはじまり、1.5〜3時間前後に雄性前核が形成されるが、これは雌性前核の形成よりも速い。雄性前核は雌性前核と比べてやや大きい。その後、雌雄前核は卵子の中心に向かって移動し、両前核の核膜が消失し、両者が融合することで受精が完了し、引き続いて胚発生が進行する。卵子内への精子進入から受精完了までに要する時間は、マウスで17〜18時間、ブタで12〜14時間、ウシで20〜24時間、ヒトで36時間前後といわれる。

I. 受精の適期

射出され、受精能を獲得した精子と成熟し排卵された卵子が受精するためには、それぞれの最適なタイミングが必要であり、どちらか一方でも受精能を失うと受精は成立しない。そのためには、①排卵の時期と卵子の受精能保有時間、②精子の受精部位への到達時間、③精子の受精能獲得時間および④精子の受精能保有時間が適合することが重要である。排卵された卵子の受精能保有時間は、ウシでは18〜20時間、ブタでは8〜12時間、ウマでは4〜20時間である。一方、精子の受精能保有時間は、ウシ、ブタで24〜48時間、ウマでは72〜120時間とされている。

2.10.2 初期胚発生

精子と卵子が受精した時点から、2倍体となった接合子（zygote）が細胞分裂をくり返しながら細胞機能の分化を起こし、個体形成に至る過程を胚発生（embryo development）という。胚発生は初期発生（preimplantation development）と後期発生（post implantation development）に分けられる。初期発生は、受精後、卵割をくり返して内外胚葉への分化が完了し、透明帯から脱出して着床に至るまでをさし、それ以降、器官、組織が形成されるまでを後期胚発生とみなすことが多い。

A. 胚の分割

哺乳類では、受精後新しく形成された胚は、卵管から子宮へと移動する際に有糸分裂を伴った細胞分裂（卵割, cleavage）が起こり、

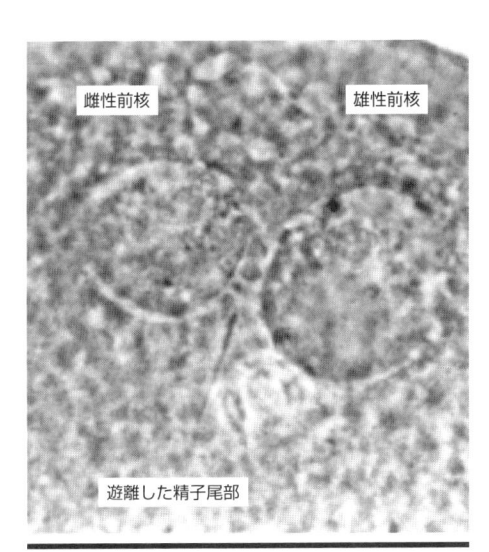

図2.60 精子と卵子の融合後に形成された雄性および雌性前核

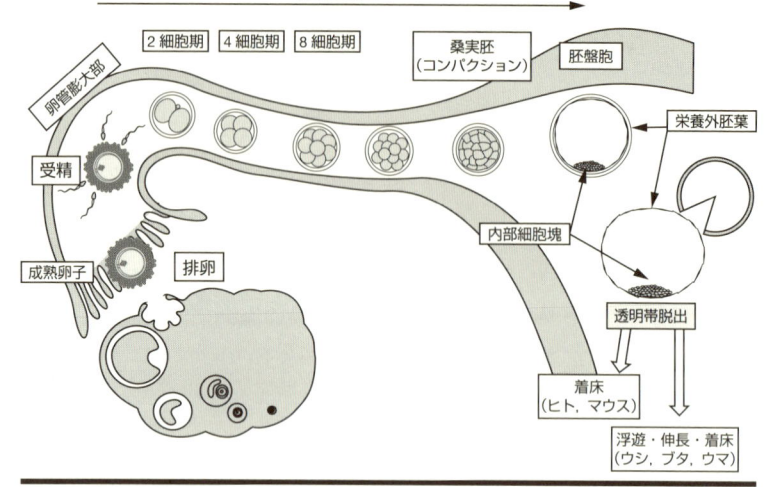

図 2.61 ● 受精から初期発生の流れ

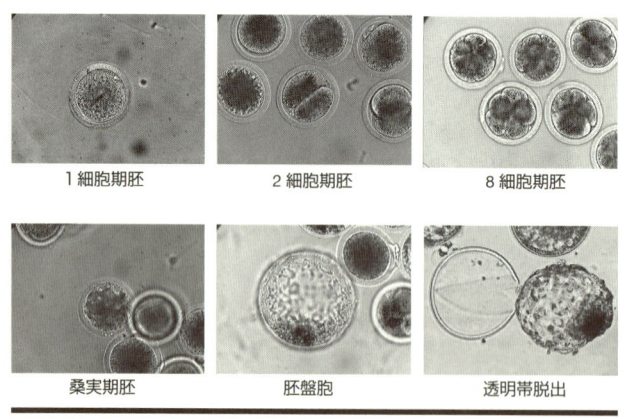

図 2.62 ● ウシの各発育ステージの受精卵

卵割の結果，割球（blastomere）が生じる．分裂後の細胞の大きさが等しい体細胞分裂とは異なり，初期胚の分割では細胞分裂ごとに割球は小さくなり，胚全体ではほぼ同じ大きさが維持される（図2.61, 図2.62）．

B. 細胞分化と胚盤胞形成

発生の過程で卵割をくり返した胚は2, 4, 8〜16細胞と割球数を増やしながら卵管から子宮に向かって下降する．8〜16細胞期以降になると，それまで緩やかだった割球間の結合が強まり，境界が不明瞭となるコンパクションを経て，桑の実様の形態をとることから，桑実胚（morula）とよばれる．コンパクションから胚盤胞形成に至る時期に必要な細胞分裂回数は動物種によって異なり，マウスでは8細胞期，ウシやヒトでは16〜32細胞期からはじまる．コンパクションには割球表面に存在するCa^{2+}依存性の細胞接着因

子である E-カドヘリンが関与する．

　その後，外側に位置する割球では密着結合（tight junction）とよばれる強固な結合が起こり，胚の内部と外部とが完全に遮断されるとともに，細胞の極性が生じる．同時に，胚の内部に腔胞（胞胚腔 blastocoel）が形成され液体が貯留し，胚盤胞（blastocyst）へと発育する．

　胚盤胞形成の過程では栄養外胚葉（trophectoderm）とよばれ，胎盤に分化する一層の細胞層と腔胞内に塊として位置し，胎子に分化する内部細胞塊（inner cell mass）とよばれる 2 種類の細胞群に分かれる．形成された胞胚腔では，外側に位置する栄養外胚葉で生じた極性の一端として，胚の内側の細胞膜に Na^+/K^+ の細胞膜内外への排出を行うポンプ機能をもった $Na^+/K^+ATPase$ とよばれる酵素の働きによって Na^+ が内部に蓄積する．その結果，浸透圧の勾配が生じ，アクアポリンとよばれる水チャンネル輸送体によって外部の水分が流入することで胞胚腔の容量は増加する．この時期には胚は子宮に到達し，着床に向けて成長が継続される．受精から胚盤胞形成に要する時間は動物種によって異なり，マウスでは 3〜4 日，ブタでは 5〜6 日，ウシでは 7〜8 日，ヒトでは 4〜5 日である．

　子宮に到達した胚盤胞が子宮内膜と接着し着床する際には，それまで胚を保護していた透明帯からの脱出が必要である．胚の拡張によって透明帯が物理的に薄くなることとともに，胚盤胞から分泌されるタンパク質分解酵素の働きによって，最終的には透明帯から胚が飛び出す．これを透明帯脱出あるいは孵化（hatching）とよぶ．透明帯脱出胚は，子宮内環境に直接さらされながら子宮内膜との接着開始による着床に向けた細胞増殖・分化を継続する（図 2.62）．

　動物種によって着床形態に差があるが，家畜では，子宮内に 2 週間程度浮遊しながら栄養膜細胞の急激な増殖とともに子宮内膜との接着および胎盤形成に至る．また，同時に，内部細胞塊ではさらに分化が進み，内胚葉，外胚葉を形成する．その後，さらに脊索，神経管形成を経て体節，椎板や筋肉へと分化し，胎子へと成長する．

2.11　受胎機構

2.11.1　妊娠認識
A．妊娠認識の概念

　黄体退行は家畜が正確な発情周期を保つうえで重要な過程であり，黄体の存続あるいは退行は，子宮との情報交換により決定される．ウシの発情周期はおよそ 21 日で，子宮内に胚が存在せず妊娠が成立しない場合には，子宮内膜で産生される黄体退行因子（$PGF_{2\alpha}$）がパルス状に放出され，子宮静脈と卵巣動脈との対向流機構により卵巣へ到達し，排卵後形成された黄体が発情周期の 15〜16 日より退行を開始するとともに，並行して次回の発情と排卵に向かって卵胞が急激に発育をはじめる．受精に成功し，正常な発生が継続すると，胚と母体との間には妊娠を維持するための関係，すなわち黄体機能の維持とプロジェステロン（P4）の産生，子宮内膜の着床性変化に引き続く胎盤形成が連鎖的にはじまる．母体が子宮内に胚が存在することを知り，黄体の機能維持が図られることを妊娠認識という．

B．妊娠認識物質

　インターフェロン τ（IFNτ）は，胚のうち胎盤を形成する栄養膜細胞が産生するタンパク質で，反芻家畜の妊娠成立・維持に不可欠の妊娠認識物質として見出された．ウシでは受精後 5 日目の桑実期胚より IFNτ 遺伝子が発現し，着床までの限られた時期一過性に産生される．妊娠認識が行われる排卵後 13〜15 日の間に，子宮に到達した胚から IFNτ が分泌されることにより黄体の退行が

阻止される．IFNτは子宮内膜のI型インターフェロンレセプターに結合し，エストロジェンとオキシトシンレセプター遺伝子の発現を抑制することで子宮内膜で産生されるPGF$_{2α}$のパルス状放出を妨げ，結果として黄体が退行せず妊娠黄体となる．この時期に胚のIFNτ産生量が不十分な場合には，黄体機能の退行を阻止できず，母体の発情周期は延長することなく発情が回帰する．これを早期胚死滅とよぶ．黄体退行の抑制は同時に黄体の機能維持であり，胚から十分量のIFNτが産生されることが妊娠認識に必須と考えられている．

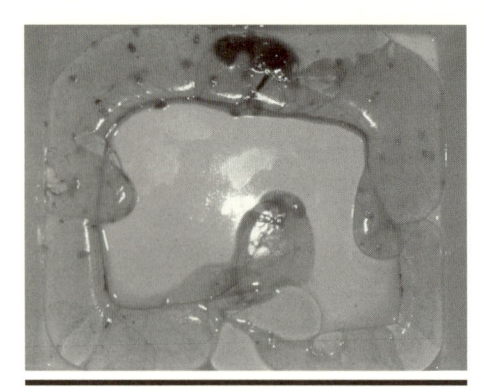

図 2.63 ● 推定妊娠日齢60日のウシ胎子と栄養膜および発育中の胎盤

子宮全体に伸長した絨毛膜と子宮内膜の小丘部分に対応して発育を開始した絨毛叢（胎盤節）が確認できる．

2.11.2 妊娠の維持
A. 着床

家畜の着床過程は，脱落膜を形成する動物に比べて緩やかで，子宮腔全面を栄養膜が覆い，栄養膜から形成される絨毛膜の子宮内膜への侵入を伴わない結合が特徴である．ウシの胚は，将来，胎子に発育する内部細胞塊と胎盤になる栄養膜細胞層とに分化した胚盤胞となり，排卵から8～10日で透明帯から脱出する．その後急速に栄養膜細胞層が成長し，子宮腔に沿って管状に伸長する．およそ30～33日に子宮小丘で絨毛膜と子宮内膜上皮細胞の最初の融合がみられ，着床を開始する．

着床がはじまるまでの間，子宮腔に浮遊した状態の14～18日胚では，栄養膜細胞層の伸長と呼応するようにIFNτ産生が急増し，胎盤形成に向けて子宮の再構築を促す．その後IFNτの産生は減少し，着床が開始する頃には激減する．

B. 胎盤形成

絨毛膜が母体の子宮内膜と密着または結合する部分を胎盤という．ウシの胎盤では，絨毛膜は子宮小丘に対応する部分だけが発育して胎盤節を形成し，絨毛叢が発達する．この叢状の絨毛が子宮小丘と融合し，両者の間に間隙を形成する．子宮小丘に対応する絨毛膜

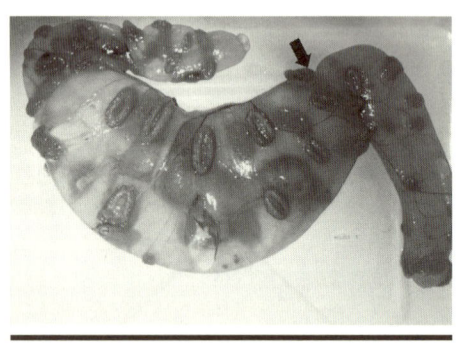

図 2.64 ● 推定妊娠日齢90～100日のウシ胎子と栄養膜および形成された胎盤節

子宮全体に伸長した絨毛膜と子宮内膜の小丘部分に対応して発達した絨毛叢（胎盤節）が確認できる．羊水は620mL，尿膜水290mL，胎子重量は206gだった．

は，核内倍加により二核細胞となり，その一部は子宮内膜上皮と融合して巨核細胞へ分化し，胎盤性ラクトージェンや妊娠関連糖タンパク質を分泌するとともに，母体・胎子間の生理的物質交換の場となり胎子と胎盤の発育を促す．

受精から主要な器官の原基が形成されるまでを胚，それ以降は各動物種の特徴が現れ，ウシでは45日以降を胎子とよんでこれらを区別する．45日までの着床期に生じる胚死

表 2.15 ● 黒毛和種胎子の発育

妊娠日数 (日)	C-R長 (cm)		胎子体重 (kg)	
	雄胎子	雌胎子	雄胎子	雌胎子
39	1.7*		0.0008*	
57	4.6		0.0075	
70	8.5		0.0290	
87		11.5		0.103
91		14.9		0.158
124	25.2		0.910	
128		24.5		0.878
131	25.5	24.5	1.00	0.975
132	26.5		1.12	
162	35.0	33.5	2.73	2.320
167	44.0		3.30	
186	45.0		5.00	
192	47.0		6.73	
201	51.0	48.0	8.01	7.860
202	52.5		8.31	
218	61.0		13.00	
220	65.0		13.1	
233		61.0		14.6
237	68.0		19.1	
268	78.0	74.0	27.0	23.7

＊：胎子の性不明

減を後期胚死滅とよび，早期胚死滅とは異なり，発情周期の大幅な延長を伴う．45日以降における胎子死は流産という．図2.63に推定妊娠日齢60日のウシ胎子と栄養膜を示す．子宮腔全域に伸長した栄養膜では，子宮小丘領域に対応して胎盤節が形成されはじめている様子がうかがえるが強固な結合までには至っていない．さらに図2.64における推定妊娠日齢90～100日のウシ胎子と栄養膜では，絨毛叢形成と胎盤節の発達が確認できる．

C. 妊娠維持と胎盤機能，胎子発育

妊娠が成立した後，その維持にもっとも重要な役割を果たすのは，卵巣の黄体から分泌されるP4である．ウシでは，妊娠維持のために妊娠の全期間を通して黄体の存続が必要であり，P4の産生は黄体に依存する．妊娠初期にP4濃度の高い母体から回収された胚は大きく，高いIFNτ産生能を有するのに対して，P4濃度の低い母体から回収された胚は小さく，IFNτ産生能が低いことから，妊娠初期に確認される血中P4濃度の上昇と高い濃度水準の維持は，胚と母体との相互作用によるものと推察される．

表2.15に示す黒毛和種胎子の発育のように，家畜の胎子は，妊娠初期には比較的緩やかな速度で発育するが，胎盤が形成され，その発達が進む中期から後期にかけては急速に発育する．ウシの胎盤性ラクトージェンは，妊娠24日頃から母体血中に検出され，妊娠

の進行に伴いその濃度が増加し、分娩時に最高となることが知られている。また、胎盤で合成されるエストロジェンは硫酸基を付加されてエストロンサルフェート（E1-S）に転換され、母体血中、尿中あるいは乳中に検出される。ウシでは妊娠50日頃からE1-Sが増加し、急激妊娠後期にかけて高濃度を維持する。胎子死が発生した場合には、黄体退行に先立ちE1-S濃度が速やかに低下すること、単胎と双胎では濃度水準が異なることなどが知られており、胎盤機能の指標とされている。

2.11.3　分娩
A. 分娩発来の機序

ヒツジを用いた分娩モデルの研究より、胎子の下垂体から副腎皮質刺激ホルモンの分泌量が増加し、胎子の副腎からコルチゾールの分泌を促すことが分娩発来の端緒とされている。胎子の下垂体-副腎系の機能亢進、妊娠末期における母体P4の減少とオキシトシンに対する子宮筋の感受性の増加、エストロジェン、リラキシンによる骨盤靱帯の弛緩、グルココルチコイドとPGの増加、胎子発育に伴う子宮への刺激などが陣痛の開始を誘起するものと考えられているが、未解明な部分も多く残されている。

B. 分娩前の徴候と分娩経過

分娩開始の徴候には、仙座靱帯の弛緩に起因する尾根部の陥凹、外陰部の腫脹、乳房の肥大や黄色の分泌液の漏出等のほか、分娩数日前からの直腸温低下などがある。ウシの分娩過程を要約すると、第一期（開口期）、第二期（娩出期）、第三期（後産期）の3つの時期に区分される。分娩は頸管の拡張からはじまり、陣痛を伴う。分娩は一連の継続した現象であり、それぞれの進行は一様ではなく、また個体によるばらつきが大きい。新生子の娩出後、通常は5時間前後で胎盤が排出されるが、分娩後12時間を過ぎても胎盤が残っ

ている場合には胎盤停滞とされる。胎盤停滞を発症した個体では、子宮の感染が起こりやすく、子宮の回復に時間がかかる傾向にあるため、適切な処置が重要となる。

C. 分娩管理

ウシの分娩は、昼夜偏ることなく生じる。分娩看護の省力化のため、分娩開始時間を制御する方法として、ホルモンを用いた分娩誘起や夜間制限給餌という手段がある。分娩誘起には副腎皮質ホルモンと$PGF_{2\alpha}$製剤が多く利用され、投与後30～35時間後に胎子が娩出される。しかし、ホルモンを用いた分娩誘起では、50～70%と高率に胎盤停滞が発生することから、胎盤停滞に対する適切な処置が必要になる。夜間の分娩を回避し、日中に分娩させるため、分娩予定日の2～3週間前から夜間だけに制限して飼料を給餌すると、日中分娩率は70～80%になると報告されている。また、腟内に温度センサーを挿入する分娩開始通報システムも普及しはじめている。家畜の胎盤は母体血管直近に浸潤することがないため、新生子は経胎盤性の移行抗体を獲得できず、感染症への抵抗も未熟である。そのため、新生子には速やかに免疫グロブリンに富む初乳を与え、受動免疫を獲得させることが必要である。

D. 分娩後の子宮修復

分娩後の子宮は、子宮収縮による悪露の排出や子宮内膜組織の修復を伴いながら、著しい変化を遂げ、形態的な子宮修復は、分娩後40～60日頃までにほぼ完了する。胎子を娩出した子宮は陰圧となり、外陰部も弛緩していることから、産道や外陰部周辺の細菌・環境常在菌が子宮内に侵入しやすい。そのため、分娩直後の子宮内からは、細菌が高率に検出され、子宮炎や子宮内膜炎を発症するものも多い。その後、子宮の修復や発情の発現に伴って、細菌が子宮内より徐々に排除され、50日頃までに顕性の子宮内膜炎は減少する。しかし、細菌や異常分泌物漏出を伴わない潜在

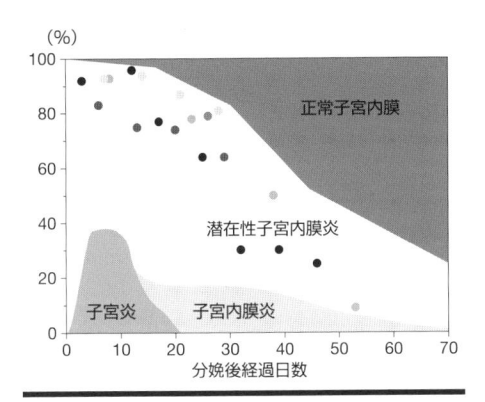

図 2.65 分娩後の子宮回復と子宮内膜炎

グラフ上の丸印はさまざまな研究者が子宮より細菌を分離できた割合を示している。

性子宮内膜炎が相当数存在することから，潜在性子宮内膜炎の診断ならびに治療法確立が急務である（図2.65）。

2.12 人工授精

2.12.1 人工授精の意義

人工授精（artificial insemination：AI）とは，雄性動物から精液を採取し，その精液を特殊な器具を用いて，受胎可能な時期に雌性動物の生殖器内に注入することにより妊娠を成立させ，子孫を得る技術である．家畜のなかで人工授精がもっとも普及しているのはウシであり，国内での普及率はほぼ100％で，凍結精液が利用されている．また，ブタでは15℃前後に保存した液状保存精液による人工授精が普及しつつあり，養豚農場の40％以上で実施されている．ウマでは人工授精による競走馬の生産は，血統登録上禁止されている．人工授精技術者の資格は，世界のほとんどの国で法律や規則によって規制されおり，日本における人工授精業務は『家畜改良増殖法』（昭和25年）によって，家畜人工授精師と獣医師に限定されている．

A. 人工授精の利用効果

a. 家畜改良の促進

自然交配では，1回の射精で1頭の雌にしか「種付け」することができない．しかし，人工授精では，1回の射出精液を希釈保存して分配することにより，数頭から数百頭の雌に授精することができる．人工授精によれば，優秀な種雄畜だけを繁殖に供用し，多数の雌畜に交配して子孫を得ることができるため，家畜の改良は著しく促進される．ウシの場合，凍結精液の利用が普及し，広範囲（国際流通も含む）な流通が実現している．また，ブタでも国内における液状保存精液の流通が実現している．流通精液の利用は，小規模農家でも優良遺伝資源の導入が容易になることから，乳量の増加や産肉性の向上といった家畜の改良を飛躍的に進めることができる．

b. 遺伝的能力の早期判定

種雄畜候補の遺伝的能力を評価するためには，その動物より生産した子畜（後代）の生産能力（泌乳能力，産肉能力など）に関する成績を収集する必要がある．人工授精では，短期に多数の雌畜に種付けし，効率よく後代を得ることができるので，種雄畜候補の遺伝能力を自然交配の場合と比較して早期に判定できる．例えば日本の乳牛において，1970年以降の凍結精液による人工授精の普及率の高まりと，後代検定や牛群検定が開始されたことにより，改良速度が加速され，1頭あたりの乳量が急速に向上した（図2.66）．

c. 生殖器感染症の防止

微生物汚染のない精液を用いた人工授精を衛生的に行うことで，罹患雄畜との交尾や罹患雄畜由来精液の人工授精により感染する生殖器感染症（ブルセラ病，牛トリコモナス病，牛カンピロバクター症，馬パラチフス，馬伝染性子宮炎など）の蔓延を防止することができる．現在，日本ではブルセラ病，牛トリコモナス病の発生はなく，他の疾患の発生もきわめて少ない．

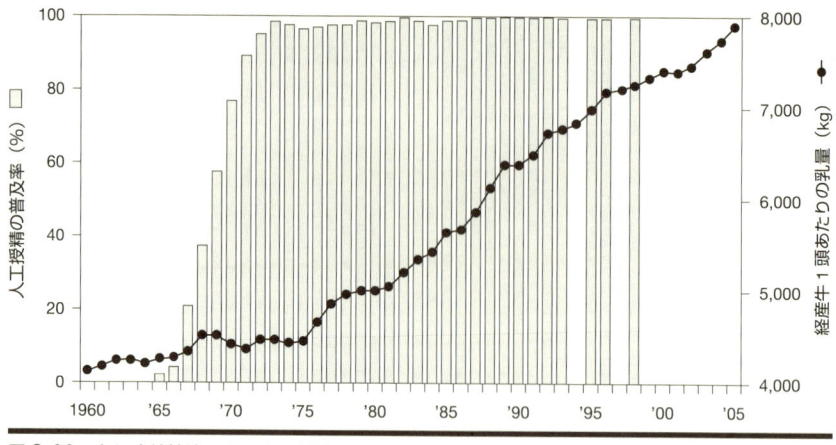

図 2.66 ● ウシ凍結精液による人工授精の普及率および経産牛1頭あたりの年間乳量の推移

d. 種付け業務の省力化と経費の節減

1回分の射出精液を多数の雌畜に授精できるので，種雄畜の頭数を限定することが可能となり，農場では種雄畜の保有と，これに要する労力，時間，経費などを節減できる．また，一般的に雄畜の気質は激しく，飼養管理上の危険も伴うが，専門的に管理された施設と熟練した技術者が飼養することにより，その危険性も低減できる．

e. 繁殖成績の向上

事前に検査し，衛生・品質管理が施された精液を人工授精に用いることにより，良好な受胎成績が期待される．また，一発情期中に複数回の授精も容易であることからウマなどの発情期間が長い動物では受胎の可能性を高めることができる．さらに，次のような人工授精の関連技術を用いて，授精作業の効率化や生産性の向上を図ることができる．

i) 発情同期化

発情同期化は，ウシの多頭飼育における発情発見の労力削減に有効な技術である．ウシでは，$PGF_{2\alpha}$ あるいはその類縁体製剤を投与して，黄体退行を誘起したり，プロジェステロン放出型腟内留置製剤を用いて卵胞成熟・排卵を抑制したりする発情同期化法が活用されている．ホルモン処置後，発情発現が予想される一定時間の間に集中的な発情観察を行い，人工授精を実施する．

ii) 定時授精

定時授精とは，あらかじめ設定した時期に排卵が起こるよう雌へホルモン処置を施し，それを踏まえて定時に人工授精を行う方法である．発情観察は必ずしも必要でない．GnRH，$PGF_{2\alpha}$ および再度の GnRH 投与を基本とするオブシンク（Ovsynch）法が有名である．排卵同期化の精度を高めるため，オブシンク法の基本プログラムに加え，プロジェステロン放出型腟内留置製剤やエストロジェン製剤などの別のホルモン投与を組み合わせた方法も考案されている．

iii) 性選別精液

フローサイトメーターを利用して射出精液から X または Y いずれかの性染色体を有する精子のみを 90％以上の正確度で選別することが可能である．この技術を利用して作製した雌雄産み分け用選別精液がウシで市販されている．性選別精液を用いて人工授精を行えば，例えば雄に比べ雌の利用価値が高い乳牛で，きわめて高い確率で雌子牛を生産することができる．

f．その他

その他の利用効果として，①種雄畜における肢蹄故障，交尾欲の欠如，雌雄間の体格差など，自然交配が不可能な個体間からの産子生産，②遺伝資源（貴重個体や希少品種など）としての精液の凍結保存と保存精子からの個体の生産，③精子・精液や人工授精技術の学術研究への利用などがある．

B．人工授精における留意点

人工授精には次のような留意点も存在する．しかし，細心の注意をもって実施すれば克服されるものである．①種雄畜が不良遺伝子を保有している場合，不良形質の遺伝子を短時間に拡散する可能性がある．②精液中に病原体が含まれている場合，自然交配に比べ拡散速度も早く，被害の範囲が拡大する．③消毒が不十分な器具類や未熟な技術により，生殖器の感染症の誘発や生殖器の損傷により繁殖障害を引き起こすことがある．④自然交配よりも授精操作に時間がかかることがある．⑤技術者の養成と特別な施設（精液処理施設など）が必要である．⑥故意あるいは不注意による人為的な注入精液のとりちがえ事故が発生することがある．⑦特定の種雄畜による産子生産に偏りすぎると，遺伝的多様性が急速に消失して，将来の育種改良が困難になる場合がある．

C．人工授精をとりまく近年の問題点

ウシでは，近年，人工授精による受胎率が乳牛，和牛の双方で低下し，それに伴い分娩間隔が延長している．乳牛における同様な傾向はアメリカ，イギリス，スペインなど諸外国でも顕在化している．

日本における受胎率低下の原因のひとつは，発情見逃しの増加といわれる．これは，①農家1戸あたりの飼養頭数増加による個体管理の困難化，②泌乳量増加に関連した乳牛の発情徴候の微弱化，卵巣機能や免疫機能の低下などにより起こると指摘されている．人工授精の普及は，農家1戸あたりの飼養頭数の増加や育種改良の加速による高泌乳牛増産に大きく貢献した一方で，このような弊害をもたらした可能性を否定できない．

2.12.2　人工授精の歴史
A．人工授精技術の開発と普及の歴史

哺乳動物が子孫をつくるために必ずしも交配を必要とせず，人工的に精液を雌の生殖器内に注入するだけで妊娠が成立することを初めて証明したのは，1780年イタリアの生物学者Spallanzaniである．彼は30頭の雌犬の腟内に雄犬の精液を注入して18頭を妊娠させた．その後は，生殖の人為的コントロールに対する忌避的な宗教的観念や精子・卵子および受精に関する知識の不足などから研究の大きな進展はみられなかったが，19世紀末になると，人工授精の基礎となる精子の生理学的研究が急速に進歩した．20世紀に入り，ロシアのIvanov（1907年）は，精液の採取，保存，注入などに関する多くの論文を発表し，ウマをはじめとする種々の家畜における人工授精の応用的価値を実証した．Ivanovの業績は世界の注目を浴び，ロシアでは人工授精専門の研究機関が設立された．これ以降の約30年間は，主としてロシアにおいて数々の先進的研究が盛んに行われ，また，普及のための技術の伝習も行われた．

1930年代に入るとウシおよびヒツジの人工授精に関する研究開発が盛んに行われた．さらに，人工授精協会がデンマーク（1936年）やアメリカ（1938年）で設立され，ウマ（ロシア），ウシ（ロシア，アメリカ，デンマーク），ヒツジ（ロシア）において，液状保存精液による人工授精の普及が進んだ．アメリカのPhillipsとLardy（1939年）は，卵黄が精液の保存に有効であることを発見し，卵黄リン酸緩衝液を発明した．これによりウシ精液の液状保存期間が延長し，4℃程度の低温であれば7〜10日の保存が可能となり，精液の輸送配布が実施されるようになった．Salisbury

（アメリカ）は，1941年にリン酸塩よりも精子の生存性の優れるクエン酸ナトリウムを用いた卵黄クエン酸緩衝液を開発した．Polgeら（イギリス）は，1949年に凍結精液作製時の実用的な耐凍剤，グリセリンを発見した．さらに1952年には，PolgeとRowson（イギリス）がグリセリンを耐凍剤としてウシ精液を－79℃に凍結保存する方法を開発し，これによってウシの人工授精は急速に普及した．その後，精液凍結技術の改良や適用家畜の拡大が行われ，家畜精液の半永久的な凍結保存が液体窒素中で可能となった．現在では，凍結精液を用いたウシの人工授精は先進国を中心に広く普及している．ブタの人工授精は液状保存精液の使用が主流で，凍結精液の利用は国際間流通などを除き，あまり行われていない．

B．日本における人工授精の歴史

日本における本格的な家畜人工授精は，Ivanovの研究所で技術を学んだ石川がウマにおいて実施した事例とされる（1912年）．その後，乳牛（1928年），ウサギ（1930年），ニワトリ（1936年），ブタ・ヤギ（1938年），ヒツジ（1939年），和牛（1940年）においても，人工授精の試験が実施された．1900年代前期には，日本における人工授精は，軍馬，農耕馬の増産を目的としてウマで応用されてきたが，1930年以降には人工授精の意義がウマ以外の家畜においても認められるようになり，第二次世界大戦後には，人工授精の主要な対象はウマからウシに移った．1950年に制定された家畜改良増殖法によって，人工授精の組織や人工授精師の制度が確立した．1955年には乳牛の91.9％，肉牛の74.2％で液状保存精液による人工授精が実施されるまでになり，1956年には日本家畜人工授精師協会が設立された．

一方，1954年からウシ凍結精液に関する技術開発が開始され，また，ウシ凍結精液の生産・配布体制も整備され，1965年には家畜改良事業団が設立された．その後，1965年には数％程度であった凍結精液普及率が1985年までにほぼ100％となった．現在では，ウシの凍結精液は家畜改良事業団などの広域人工授精センター（乳牛，和牛）や公立の機関（和牛）などにより供給されており，ウシの人工授精延頭数は年間200万頭，そのうち黒毛和種が58万頭となっている．

2.12.3　人工授精技術

人工授精技術は，精液の採取，検査，処理（希釈，凍結など），保存，輸送および雌畜への注入から構成される．

A．精液採取

家畜の精液採取法には，人工腟法（図2.67），用手（手圧）法（図2.68），電気刺激法，精管マッサージ法などがある．現在，ウシ，ヒツジ，ヤギでは人工腟法および電気刺激法，ブタでは用手法および人工腟法，ウマでは人工腟法が用いられている．

人工腟法や用手法で精液採取を行う場合の手順は次のとおりである．①擬牝台または台畜（雄が擬牝台に乗駕しない場合に使用する雌畜）を準備する．②包皮腔内を洗浄した雄畜を擬牝台などに乗駕させる．③勃起した陰茎を人工腟法では人工腟（図2.69）に誘導するか，用手法ではやわらかいゴム手袋をは

図 **2.67** ● ウシの人工腟法による精液採取

めた掌で陰茎の螺旋部分を強く握ることで射精させる．ブタでは精液に膠様物とよばれる不溶物が含まれるので，二重にしたガーゼなどで除去する．

B．精液の検査と処理
a．精液および精子の検査

精液採取後，精液の性状検査を実施し，人工授精や凍結処理に耐える品質であるかどうかを検査する．家畜精液の一般的性状は表2.16および表2.17に示した．まず肉眼的に，①精液量，②色，③臭気，④pHを検査する．次いで顕微鏡下で，⑤精子の活力，⑥精子濃度，⑦奇形率などを検査する．

精子の活力の検査は，37～38℃に加温した精子活力検査板を用いて行う．精子活力の評価法としては，日本では精子の運動性（＋＋＋：きわめて活発な前進運動を行う，＋＋：活発な前進運動を行う，＋：緩慢な前進運動を行う，±：旋回または振り子運動を行う，－：静止している）と，運動性の各段階に区分された精子の割合を併記する方法が用いられる．例えば（60＋＋＋，20＋＋）の表示は，＋＋＋の運動性を示す精子の割合が60％，＋＋の運動性を示す精子の割合が20％で，活発な前進運動を行う精子の割合が，合わせて80％であることを示す．

精液性状は，精液の採取頻度や季節のほか，精液採取時の雄畜の興奮具合や採取技術によって大きく左右される．

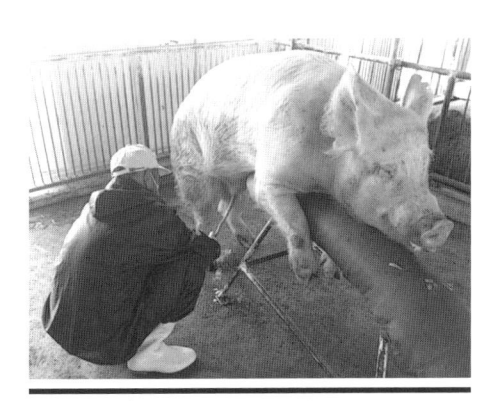

図2.68● ブタの用手法による精液採取

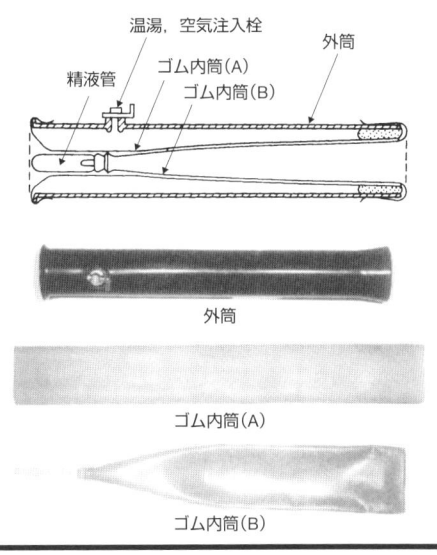

図2.69● ウシ用の人工腟とその構造

表2.16● 1回の射精により得られる精液の性状と一般的な人工授精法による授精可能頭数

	ウシ	ブタ	ウマ	ヒツジ	ヤギ
射出精液量（mL）	5（2～10）	225（150～500）	60（30～300）	1（0.5～2.0）	0.8（0.5～2.0）
精子濃度（億/mL）	12（3～20）	2（0.3～3）	1.5（0.8～8）	30（20～50）	25（20～35）
総精子数（億）	60（20～120）	450（150～500）	90（36～130）	30（20～100）	20（10～70）
人工授精の注入精子数（億）	0.3～0.5	30～50	5～10	1～2	1～2
授精可能雌頭数	100～200	5～10	10～20	20～30	10～20

表2.17● 家畜精液の一般性状

	ウシ	ブタ	ウマ	ヒツジ	ニワトリ
精子の全長（μm）	60〜65	49〜62	57〜63	70〜75	90〜100
運動精子（%）	40〜75	50〜80	40〜75	60〜80	60〜80
形態正常精子（%）	65〜95	70〜90	60〜90	80〜95	85〜90
pH	6.4〜7.8	7.3〜7.8	7.2〜7.8	5.9〜7.3	7.2〜4.6
タンパク質（g/100 mL）	6.8	3.7	1.0	5.0	1.8〜2.8

b．精液の希釈

　精液性状が良好な精液に対し，動物種や精液の使用目的に適合した希釈液による希釈を行う．希釈の主な目的は，①多数の雌畜への授精を可能にするための精液の増量と濃度調整，②精子の生存性および受精能力維持のための環境づくり（精子への栄養補給，保存中のpH変動や低温傷害からの防護など）である．希釈液の主要成分は，①糖（グルコース，乳糖など），②タンパク質（卵黄，スキムミルクなど），③緩衝剤（トリス，クエン酸ナトリウムなど）および④抗生物質（ペニシリンなど）である．精液に対する希釈液の急速添加や急冷（凍結時を除く）は精子の生存性や受精能の低下を招く．

C．精液の保存

a．液状保存

　保存に先立ち，希釈した精液の温度を徐々に保存温度まで下げる．保存温度が4〜5℃である家畜が多い．ただし，ブタ精子は低温に対する感受性が高く，低温傷害を受けやすいため，15〜18℃で保存されることが多い．液状保存精液の有効期間は，ウシ，ブタ，ヒツジ，ヤギで5〜6日とされる．液状保存精液による人工授精においては，70＋＋＋以上の精液を授精に用いることが望ましい．ブタでは，さまざまな液状保存用精液希釈液が市販されている．

b．凍結保存

　凍結保存を行う場合は，液状保存に準じて希釈（一次希釈）した精液を5℃まで冷却した後，グリセリンなどの耐凍剤を含む希釈液で二度目の希釈（二次希釈）を行う．耐凍剤には，①溶液の凝固点を効果的に下げ，精子にとって有害な細胞外液の氷晶形成量を低減する．②細胞内外の塩類濃度・浸透圧の上昇を抑制し，精子への悪影響を防止するなどの作用がある．

　精液の主な凍結方法として，①専用のプラスチックストロー（0.5または0.25 mL）に封入した精液を液体窒素蒸気で急速に凍結する液体窒素蒸気法，②浅い穴を開けたドライアイス上で精液を錠剤状に凍結する錠剤法がある．凍結完了後，液体窒素容器内（−196℃）で保存する．ウシの凍結精液は，融解後の精子活力が40＋＋＋以上のものを人工授精に供用する．

D．精液の注入

　精液の注入（授精）は，人工授精技術の最終段階である．良好な受胎率を得るためには精液のとり扱い，精液注入器具の整備，授精適期の判定，衛生的な注入操作などに留意しなければならない．とりわけ授精適期の把握は重要であり，そのためには，雌畜をしっかり観察し，発情の発現を見定める必要がある．発情は雄を許容する状態をいい，外部および内部生殖器の変化などの発情徴候とは必ずしも一致しないことに留意する．発情中の雌牛ではスタンディング行動が観察される．ブタやヒツジなどでは試情雄（teaser）を用いることがある．授精適期を誤ると良好な受胎成績は望めない．授精適期はウシで発情開始後

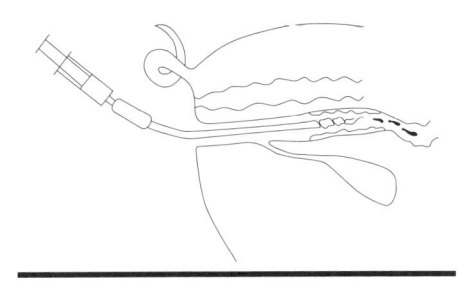

図 2.71 ● ブタ精液の注入法（子宮頸管注入法）

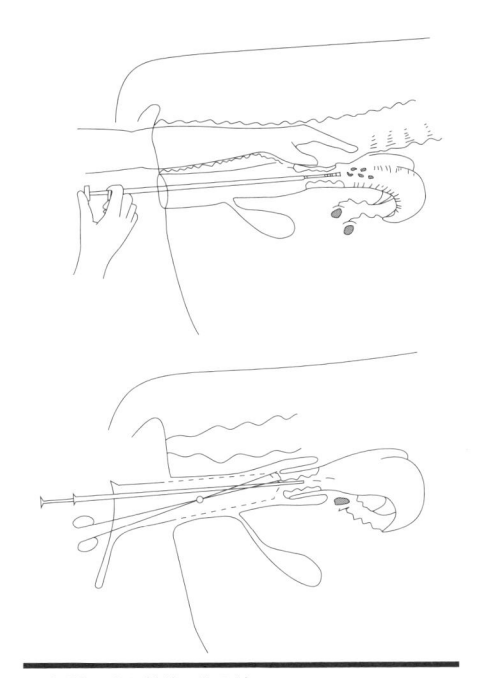

図 2.70 ● ウシ精液の注入法
上図：直腸腟法　下図：頸管鉗子法

4〜16時間，ブタでは発情開始後12〜36時間である．

　家畜の種類によって，雌生殖器の構造・大きさや発情持続時間が異なるため，精液注入器具，注入量，注入部位および一発情期あたりの授精回数は畜種により異なる．また，同じ畜種でも複数の注入法が存在する．例えば，ウシでは，直腸腟法（注入器を腟内に挿入し，直腸内に挿入した他方の手で子宮頸管を保持して注入器を外子宮口に導き，子宮頸管内を通過させ，子宮体部分に精液を注入する方法）が主に用いられるが，頸管鉗子法（腟鏡と頸管鉗子を用いて外子宮口を固定し，子宮頸管深部に精液を注入する方法）もある（図2.70）．精液の注入量は 0.25〜0.5 mL，注入精子数は 3,000万〜5,000万である．頸管鉗子法は，ヤギ，ヒツジでよく用いられる．ブタでは，先端を雄豚の陰茎の形に似せたスパイラル型のものや先端の膨らんだスポンジ型の注入器

を子宮頸管にねじ込んだ後，注入器の先端に精液の入った容器を接続し，子宮頸管内に精液をゆっくり注入する（図2.71）．この際，精液の注入量は約 50〜80 mL，注入精子数は約30億〜50億である．近年では，精液を子宮体に注入する子宮深部カテーテルも考案され，普及しつつある．

2.13　胚移植

2.13.1　胚移植の意義

　胚移植（受精卵移植，embryo transfer：ET）とは，「ある雌畜の体内からとり出された発育初期の胚，あるいは卵子を体外受精させ発育させた胚から良質なものを選別し，ほかの雌畜の卵管または子宮内に移して妊娠させ子畜を得ること」である．胚を提供する雌畜を供胚畜（donor）といい，胚が移植される借り腹の雌畜を受胚畜（recipient）という．

A. 育種改良の迅速化

　人工授精では，雄側からのみの改良にとどまるが，胚移植では経済形質が高い雄と雌の双方から改良が可能である．単胎動物で世代間隔が長いウシでは，胚移植により経済形質が高い子畜を短期間に多数得ることができるため，育種改良の迅速化に高い効果がある．育種改良の現場では，複数の卵子を排卵させる過剰排卵と胚移植（multiple ovulation and embryo transfer：MOET）を用いた種雄牛と供胚牛の造成が行われている．

B. 特定品種の増殖

受胚畜は胚に遺伝的な影響を及ぼさないことから，移植胚を正常に発育させ，着床後に妊娠を維持し，健康な子畜を安全に分娩する能力があれば，品種や経済形質の高低を問わない．このことから特定の血統や品種の胚を多数の受胚畜に移植して短期間で増殖することが可能である．日本においては，黒毛和種胚をホルスタイン種に移植して付加価値の高い肥育素牛と牛乳の生産を融合させる胚移植の長所を利用した特徴的な乳肉複合経営が行われている．

C. 多子生産技術への利用

ウシの双子妊娠技術として，ホルモン剤により複数の卵子を排卵させ，交配を行う方法がある．しかし，個体によってはホルモンに対する過剰反応から多胎妊娠による流早産や分娩事故による損耗があり実用化には至っていない．これに対して，2胚を移植する方法では，胎数が多くとも双子にとどまり安定した生産が図られる．また，人工授精後7日前後に行う胚の追い移植は，受胎率と双子率ともに向上するため，本方法は多子生産だけではなく畜産の現場におけるリピードブリーダーの受胎促進の手法としても利用されている．

D. 繁殖における伝染性疾患の防止

胚は精液と異なり個々に洗浄することが可能なため，胚移植では人工授精に比べ伝染性疾患の伝播リスクを低減させることができる．伝染性疾患に侵されやすいブタでは，胚をトリプシン処理することで透明帯から病原体を除去することが可能であり，胚移植は生体に代わる種豚導入方法として有効である．

E. 輸送，流通における利点

家畜の導入は，生体の価格，輸送費および検疫などに多大な費用と時間を要する．これに対して，個体と同じ遺伝的価値がある胚では，経費や時間を節約することができる．さらに，衛生的な処理を行った胚は，生体や精液の導入よりも防疫上の利点がある．現在，胚の流通は国際間では凍結胚が主体であるが，輸送時間が短い国内では新鮮胚でも行われている．

F. ジーンバンク，学術研究への利用

野生動物では，種の維持が困難な絶滅危惧種や希少動物の保存法として胚の凍結技術が利用されている．家畜においても希少な品種や系統を遺伝資源として保存しておくことで，育種改良への多様性を将来的にも維持していくことが可能となる．現在，ヒトの生殖医療，特に不妊治療では胚移植技術が不可欠である．また，胚移植技術は，生理学，発生学，遺伝学，エピジェネティクス研究などにおける実験方法としての活用や供試動物の作出に用いられている．

2.13.2 胚移植の歴史と現状
A. 胚移植の歴史

胚移植は，1890年にイギリスでHeapeが哺乳動物で初めてウサギの産子生産に成功して以来，家畜では1930年代前半にアメリカでWarwickらがヤギとヒツジで実験を行い，1949年に産子生産に成功した．ウシの胚移植はアメリカで1949年にUmbaughらが最初の実験を行い，1951年にWillettが屠殺牛から回収した胚により子牛を生産した．また，同年にウクライナのKvasnitskiがブタで初めて産子を得た．ウマの胚移植は日本の小栗らが1974年に世界に先駆けて産子生産に成功した．

胚移植技術の黎明期においては，開腹手術による卵管または子宮からの胚採取および移植が行われていた．しかし，ウシでは1940年代末から子宮頸管を器具で経由させて子宮内に胚を注入する非外科的移植法が試みられ，1964年にMutterらが子宮頸管経由法による産子生産に成功した．これに先駆けて日本では農林水産省畜産試験場（現㊹農研機構畜産草地研究所）の杉江らが長針により腟

表 2.18 ● 家畜の胚移植技術にかかわる最初の産子生産および関連技術

	胚移植技術	体外受精, クローン技術
1890	哺乳類（ウサギ）における最初の胚移植（Heape）	
1949	ヤギ・ヒツジ胚の移植（Warwick ら）	
1951	ウシ胚―外科的移植（Willet ら）	
	ブタ胚の移植（Kvasnitski ら）	
1964	ウシ胚―非外科的移植（頸管迂回法，杉江ら）	
	ウシ胚―非外科的移植（頸管経由法，Mutter ら）	
1972	哺乳類（マウス）胚の凍結（Whittingham）	
1973	ウシ胚の凍結（Wilmut と Rowson）	
1974	ウマ胚の移植（小栗ら）	
1976	ヒツジ胚の凍結（Willadsen ら）	
	ヤギ胚の凍結（Bilton と Moore）	
	染色体検査法による胚の性判別（Hare, Mitchell）	
1981	ウシ胚の切断二分離による一卵性双子生産（Willadsen ら）	
1982	ウマ胚の凍結（山本ら）	ウシ体外受精（体内成熟卵子，Brakett ら）
1984		ヒツジ受精卵クローン（Willadsen）
1985		ウシ体外受精（体外成熟卵子，花田）
1986		ウシ受精卵クローン（Prather ら）
1987	ウシ胚のガラス化保存（Massip ら）	
	ウシ胚の直接移植（グリセリンとショ糖，Massip ら）	
1989	ブタ胚の凍結（藤野ら）	
1990	ウシ卵子の細胞質内精子注入（後藤ら）	
1991	ウシ凍結胚の直接移植（エチレングリコール，堂地ら）	ウシ生体吸引卵子由来胚（Pieterse ら）
1997		ヒツジ体細胞クローン（Wilmut ら）
1998		ウシ体細胞クローン（加藤ら）

壁を貫通後に子宮頸管を迂回して子宮腔内に胚を注入する子宮頸管迂回法により産子を得た．一方，胚の非外科的な回収は，1949年にRowsonらにより子宮内還流法が報告された．1971年に杉江らはRowsonらの3way式胚回収器具を改良し，また尾椎硬膜外麻酔下で高率な胚回収を可能にした．その翌年，小栗らはウシ同様にウマ胚の非外科的回収を報告した．

卵胞を多数発育させて排卵させる過剰排卵誘起処置は，胚移植の定義上必須ではないが，単胎動物で経済性の高いウシにおいては大変有意義な技術である．ウシの過剰排卵処置は

Casidaらがウシ卵巣にも有効性を認めたPMSG（eCG）が1940年代初頭から用いられてきた．1970年代にはSeidel, Elsdenらの報告によるFSHの減量投与法が用いられるようになった．一方，雌畜の発情の人為的調節は繁殖管理のうえで大変有効である．1972年にRowsonらが強力な黄体退行作用のある$PGF_{2\alpha}$の投与がウシの発情誘起に有効であることを示して以来，他の家畜種でも利用されるようになった．

哺乳動物における胚の凍結保存は，耐凍剤にdimethyl sulfoxide（DMSO）を用いて1972年にWhittinghamがマウスで，1973年

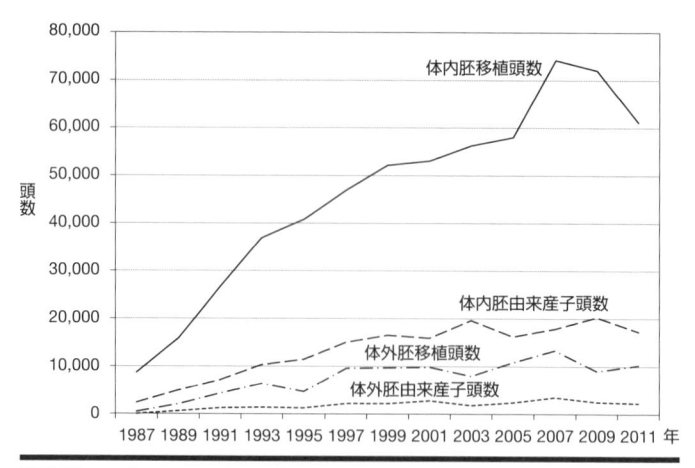

図 2.72 ● 日本におけるウシ胚移植頭数および産子数の推移

に Wilmut と Rowson がウシで産子を得た．ヒツジは Willadsen らにより，ヤギは Bilton と Moore によって 1976 年に産子生産が報告された．日本では，1982 年に山本らがウマで，1989 年に藤野らがブタ（1993 年発表）で初めて成功した．そのほか，胚の性判別，分割，体外受精，核移植，ガラス化保存，顕微授精，生体内卵子吸引などの周辺技術が開発され（表 2.18），現在も技術の高位安定化，効率化に向けた研究が行われている．日本の胚移植技術の開発は，1960 年代からウシを中心に農林水産省畜産試験場で進められ，1972 年までに全国で 17 頭が生産された．1973 年から，技術の普及，実用化が農林水産省種畜牧場（現（独）家畜改良センター）で本格的に開始された．種雄牛造成の基幹技術として利用するとともに都道府県職員を対象とした集合研修により数多くの技術者が養成され，現在，全国的な普及を遂げたウシ胚移植の基盤を築いた．

B. 胚移植の現状

胚移植にかかわる研究発表，情報交換，マニュアル刊行，統計調査などを網羅的に行っている団体に国際胚移植学会（International Embryo Transfer Society：IETS）がある．現在，世界でもっとも胚移植が普及している家畜はウシであり，2012 年のデータでは 699,586 個の体内由来胚と 443,533 個の体外受精胚，合計 1,143,119 個の胚が全世界で生産されている．移植は，体内由来胚では，凍結胚が 296,805 頭，新鮮胚が 209,071 頭の合計 505,876 頭に行われている．一方，体外受精胚は，凍結胚が 36,761 頭，新鮮胚が 348,238 頭の合計 384,999 頭に移植され，その約 80％がブラジルによるものである．世界では 890,875 頭に胚移植が行われている．

国内のウシ胚移植頭数は順調に増加してきた（図 2.72）．2011 年には 12,056 頭から採胚が行われ，61,168 頭に移植され，17,153 頭の産子が生産されている．体外受精胚では 10,198 頭に移植され，2,251 頭の生産である．移植産子総数は 19,404 頭にのぼる．近年の移植受胎率は，体内由来新鮮胚が 51 〜 52％であり，凍結胚は 45 〜 46％である．体外受精胚では，新鮮胚が 42 〜 44％，凍結胚で 36 〜 39％である．現在，移植頭数が 50 頭以上で受胎率が 50％以上の機関が 56 あり，最高の受胎率は 68.2％で，一機関の最多移植は 2,427 頭である．一方，体外受精胚では 40 頭以上の移植と 40％以上の受胎率を達成

した機関が27あり，トップの受胎率は59.5％で最多移植は923頭である．

2.13.3 胚移植技術

胚移植は，供胚畜の選定，過剰排卵誘起処置，供胚畜と受胚畜の発情同期化，採胚と胚検査，胚の移植，胚の保存の各段階からなる複合的な技術である（図2.73）．一方，近年，屠殺後の卵巣または超音波誘導により生体の卵巣に穿刺，吸引して得られる卵子を体外受精して胚生産する方法も盛んに行われるようになった．

A．供胚畜の選定

胚移植の利点を最大限活かすには，供胚畜に改良や増殖において優れた経済形質を備えた個体を選定する必要がある．また，採胚の成功には供胚畜の繁殖機能の正常性が重要である．なお，『家畜改良増殖法』の施行規則では，学術研究を除き供胚畜は採胚の30日以内に特定の伝染性疾患および遺伝性疾患を有しない診断を獣医師から受けたものと規定されている．

B．過剰排卵誘起処置

現在，ウシの過剰排卵誘起は正常胚率が高く，過剰排卵反応が比較的安定しているFSHを用いた減量投与法が主流である．FSHは発情周期の8～13日目に投与を開始し，また血中半減期が短いため1日に2回投与する．黒毛和種牛の例では総量20 mgのFSHを3日間にわたり午前/午後に5/5，3/3，2/2 mgおよび3日目の午前にPGF$_{2\alpha}$を投与する．2～2.5日後に発現する発情の0.5日および1日後にそれぞれ授精を行う．採胚は1回目の授精から7日後に行う．排卵を促進する目的で発情時にGnRHを投与する場合がある．FSHの投与量および投与日数はウシの体重により増減させる．このようなFSHの頻回投与に対して，作業の省力化とウシのストレス軽減を目的とした1回投与法が研究されている．ポリビニルピロリドンや水酸化アルミニウムゲルを溶媒に加えることでFSHが徐放され減量投与と同等の効果が得られる．また，黒毛和種では20～50 mLの生理食塩水を溶媒として皮下投与する方法もある．持続性プロジェステロン製剤を用いると発情周期の任意の日から処置が開始でき，また短期間に連続した採胚が実施できるため利便性が高い．本方法では製剤を腟内留置中に血中プロジェステロン濃度が高位維持され，腟からの抜去とPGF$_{2\alpha}$の投与により発情が誘起される．

C．供胚畜と受胚畜の発情同期化

供胚畜と受胚畜の発情を同時期に発現させることを発情の同期化という．ウシでは一般に発情後6～8日目の受胚牛に胚が移植される．これは供胚牛の採胚が7日目に行われ，発情日の違いが前後1日で双方の子宮内が同様の環境で受胎率が高いことによる．自然発情牛に移植を恒常的に行うには多頭数を飼養する必要があり，日本のような小規模飼養形態では困難である．これに対してPGF$_{2\alpha}$を黄体期に投与すると，発情を80～90％誘起できる．また，PGF$_{2\alpha}$の11～13日間隔の2回投与，持続性プロジェステロン製剤とPGF$_{2\alpha}$の併用，オブシンク法など定時人工授精法の

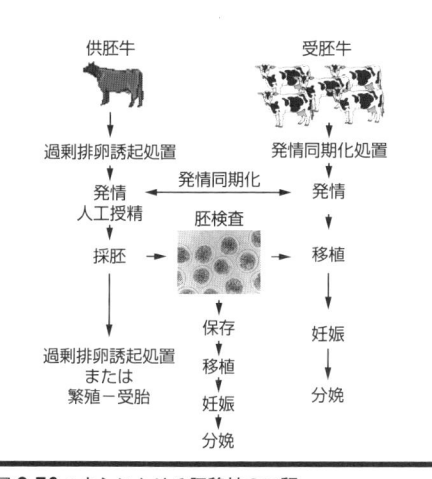

図2.73 ● ウシにおける胚移植の工程

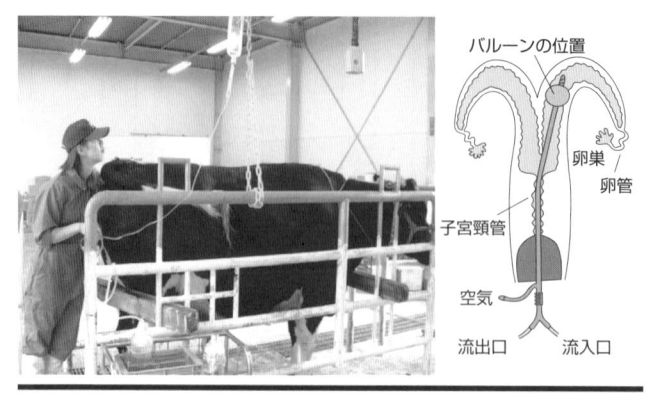

図 2.74 ● ウシの非外科的採胚方法

応用により発情周期に関係なく発情誘起が行える．一方，凍結胚では受胚牛の発情周期に合わせて融解，移植が行え，省力的かつ効率的である．日本ではウシ胚の6～7割が凍結胚移植である．

D．胚の採取と検査

ウシとウマではバルーンカテーテルを用いて非外科的な採胚が可能である．ウシでは以下の手順で採胚を行う．尾椎硬膜外麻酔を施して直腸の運動を抑制する．子宮頸管を通過させたカテーテルの風船を子宮内で膨らませる．次に血清を添加したリン酸緩衝生理食塩液（PBS）などの灌流液を子宮内に入れる．風船から先の子宮内に貯留した液とともに胚を体外に洗い出す．この操作を反復して胚を回収する（図2.74）．採胚は胚が卵管から子宮腔内に侵入した後の発情後6日目から透明帯で胚が良好な衛生状態にある脱出胚盤胞期以前の8日目の間で可能であるが，一般には7日目に行う．一方，ヒツジ，ヤギおよびブタでは，開腹して卵管または子宮内を洗浄して胚を回収する．回収液はフィルターでろ過し，残渣から実体顕微鏡で胚を検出する．これらを形態学的観察により発育ステージ，色調，輪郭および変性細胞の割合から品質判定する．高品質胚は移植または凍結保存するが，低品質胚は耐凍性が低いため一般には凍結せ

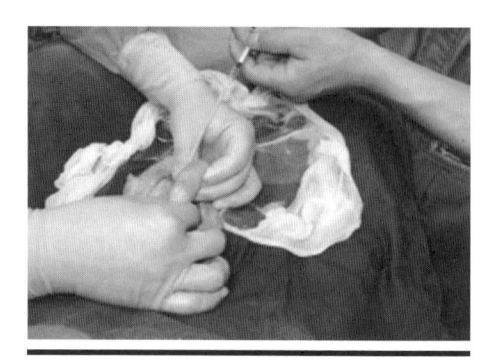

図 2.75 ● ブタ胚の外科的移植

ずに新鮮状態で移植に供される．IETSは，胚移植による疾病伝播を防ぐ目的で清浄な溶液での10回以上の洗浄および透明帯に付着した病原体の除去と不活化のためのトリプシン処理を推奨している．胚の採取は「家畜改良増殖法」により学術研究，自己が飼養する雌，その他省令で定めた場合を除き，獣医師に限定されている．

E．胚の移植と保存

一般にヒツジ，ヤギおよびブタでは開腹して子宮あるいは卵管内にガラスピペットにより胚を外科的に移植する（図2.75）．一方，直腸検査が可能なウシでは，胚を0.25 mL容量のプラスチックストロー内に入れ，これを移植器に装填して子宮頸管を経由させ，子宮角

内に注入する方法がとられる．移植器はシース管を被せて使う人工授精用精液注入器に類似のもの，移植器先端が着脱式のものおよび先端部から細長いカテーテルが突出し子宮深部で胚の注入が可能なものがある．最近，ブタにおいてもカテーテル型移植器による非外科的移植が可能になった．移植は黄体の存在する側の子宮で受胎率が高い．また，受胎性を確保するためには，細菌による子宮内の汚染を極力避けなければならない．このためには胚の衛生的なとり扱いが重要であり，また移植器に外筒を被せることで移植による腟内細菌の子宮内への持ち込みを防止する措置がとられている．胚の移植は一部の例外を除き，獣医師または家畜受精卵移植業務が許可された家畜人工授精師に限定されている．

採取した胚は，短期および長期保存が可能である．短期保存は血清添加の PBS により室温で 24 時間程度，また 4℃で発育を停止させた状態で 72 時間程度である．一方，炭酸ガス培養器と重炭酸系培養液を用いた加温，加湿下ではより好環境で保存および培養ができる．胚の長期保存は超低温下で可能である．一般にウシ胚の凍結は凍害防止剤のグリセリンまたはエチレングリコールにショ糖を添加した凍結媒液とともに胚をストローに入れ，− 35 〜− 25℃まで緩慢冷却して行い，液体窒素中で保存する．胚の融解はストローを介して温湯で行い，凍害防止剤を段階的あるいは一段階で希釈する．現在，生産現場では，融解後に胚をストローからとり出すことなく器具に装塡して人工授精同様に簡便な手技で行う直接移植（ダイレクト）法が普及している．さらに近年では，高濃度の凍害防止剤を用いて，胚の物理的損傷となる氷晶形成を抑制するガラス化保存法も開発され，高い生存性が得られている．

2.13.4　胚の 2 分離

胚を 2 分離して，それぞれを移植し，遺伝的に相同な一卵性双子を生産する方法は，クローン生産技術としても位置づけられる．胚を切断する方法では，後期桑実胚〜拡張胚盤胞期胚を薄いガラス刃，細いガラス針あるいは鋭利な金属刃を装着したマイクロマニピュレーターにより等分離し，短時間の修復培養後に移植する．技術の要点は，切断による細胞の損傷を極力抑えることと早期胚盤胞以降では将来個体になる内部細胞塊と胎盤等を形成する栄養外胚葉の領域が各胚でそれぞれ均等に含まれるように切断することである．一方，胚の割球分離による方法では 16 細胞期以前の初期胚の透明帯を機械的にあるいは酵素処理により除去した後，ピペッティングなどで分離した割球を 2 群に分けてそれぞれ培養して集合させ，発育した胚を移植する．受精後初期の胚を用いるため，体外受精技術を基盤に利用性が高まる．現在，これらの技術は黒毛和種牛の一卵性双子検定による種雄牛造成で利用されている．また，一卵性双子は各種の比較試験において大変有用である．

2.13.5　胚の性判別

子畜の雌雄産み分けは，雌の経済価値が高い乳用牛で特に需要が高い技術である．胚の性判別には，胚の一部の細胞を採取し，性染色体像を観察する染色体検査法および雄特異的 DNA の検出による方法がある．染色体検査法は，染色体像が明瞭であれば確実に雌雄を判定できるが，作成した標本の良否により判定率が変動する．少量の細胞から特定の遺伝子を大量に増幅する PCR 法を用いて，電気泳動により雄特異的遺伝子を検出する方法では，約 4 時間で 95 〜 100％の確度で安定的に判定できる．また，近年開発された LAMP 法では約 40 分で DNA の増幅が行え，キットを用いた反応液の白濁により簡便な雌雄判定が可能である．一方，X，Y 精子をフ

ローサイトメーターにより約90％の確度で分別する技術が開発され，日本においても2007年から性選別精液が流通しはじめた．過剰排卵誘起処置あるいは体外受精に用いることにより90％以上の確率で希望する性の胚を効率的に生産することが可能なため，今後の活用がおおいに期待される．また，性判別胚は2胚移植でもフリーマーチンの発生を低減できるため，乳牛からの効率的な黒毛和種生産などに有効である．なお，性選別精液の体外受精への利用は，特許の関係で規制されている場合がある．

2.14 生殖工学

2.14.1 体外受精

体外受精（*in vitro* fertilization）とは，母体内で起こる受精過程（fertilization）を体外（*in vitro*）で再現することである．1951年にChangおよびAustinがそれぞれ独立に精子の受精能獲得現象を発見し，射出直後の精子がただちに卵子に進入できないことについての生理学的な理解が得られた．そして1959年にChangがウサギ卵子を用いて哺乳動物で初の体外受精由来の産子作出に成功し，受精メカニズムの解明という基礎的研究としてだけではなく実用技術としての体外受精研究の扉が開かれた．ヒトでは1978年にSteptoeとEdwardsによって世界最初の体外受精由来の女児が誕生した．ウシにおいては1982年にBrackettらが体内成熟卵子を用いて体外受精を行い産子の作出に成功した．しかし，この試験ではウシ卵子をとり出すために開腹手術を施行しなければならず，実用技術としては程遠いものであった．そこで花田らは，これまで食肉処理場で廃棄されていた卵巣から未成熟な卵子を回収し，体外で成熟させ，体外受精に供試した．さらに，作出した受精卵をウサギ卵管で一時的に発育させてから受胚牛に移植したところ，子牛の生産に成功し

た（1985年）．その後，ウシ体外受精研究は急速に進展し，凍結体外受精胚（1986年），体外成熟・体外受精・体外発生培養した胚（1987年）からの産子生産が相次いで報告された．農林水産省の報告によると，2011年に日本では10,198頭の雌牛に体外受精卵の胚移植が行われ，2,251頭の産子が得られている．

ウシでは，繁殖雌牛が高齢や事故・疾病などで受胎困難な状態になると廃用牛として扱われる．また食肉になる肥育牛は通常分娩を担うことがない．これらの雌牛の卵巣から卵子を採取し体外受精に利用することで，低コストかつ効率的に優良な個体を生産することができるため，ウシにおいて体外受精は生産現場と直結した技術になっている．体外受精によるウシ受精卵の作出は次の①〜③の手順で行う．①体外成熟培養：食肉処理場由来の卵巣から未成熟卵子を採取し，それらを20〜24時間38.5℃前後の培養器内で受精可能な減数分裂第二分裂中期まで培養する．②体外受精：体外成熟卵子とカルシウムイオノフォアやヘパリン等で受精能獲得を誘起した精子を体外受精用培養液で5〜20時間培養する．③体外発生培養：体外受精後，受精卵を7〜9日間体外発生培養液内で培養し，胚盤胞期まで発育させる．これら体外成熟・体外受精・体外発生培養の一連の操作を無菌的に行うことによって1個の卵巣から2〜8個の胚盤胞をつくり出すことが可能である．作出した胚盤胞はそのままあるいは凍結保存後に胚移植に供することで，優良牛の経済的な生産に貢献することができる．最近では屠体からの卵子の回収だけではなく，生体内から卵子を採取する経腟採卵（OPU）と体外受精を組み合わせることで，受精卵生産が可能となっている．

ウシ以外の家畜では，ヤギおよびヒツジはウシに準じた手法によって体外で胚盤胞を作出する．一方，ブタでは，卵子を40〜44

時間体外成熟培養することで75〜85％の成熟率が得られるが，体外受精では多精子受精が問題になる．その後の体外発生培養によって胚盤胞を作出することができるが，体内発生胚と比較して発生能および質が低い．ウマの卵巣は他の家畜と比較して大きく，髄質が外側で皮質が内側，排卵窩から排卵するなど解剖学的に他の動物種とは異なる構造をもつ．そこから採取された卵子の体外成熟培養は可能であるが，再現性のある体外受精法が確立していないために，精子1個をマイクロマニピュレーション操作によって卵細胞質内に注入する顕微授精（ICSI）による胚の作出が行われている．

世界で初めてヒトの体外受精児の誕生に成功したEdwardsは2010年にノーベル生理学・医学賞を受賞した．現在，体外受精技術は医学分野では生殖補助医療技術のひとつとして不妊治療に適用され，2010年までに世界中で約400万人の体外受精児が誕生している．一方，畜産分野では，経済価値の高い家畜の効率的な生産だけではなく，核移植，遺伝子組換え動物などの作出のための基本的な手技になっている．また，受精卵は液体窒素内で半永久的に凍結保存できることから希少品種の遺伝資源保存にも利用される．さらに着床前遺伝子診断，胚性幹細胞（ES細胞）などの先端的研究に貢献する重要な技術のひとつといえよう．しかしながら，ウマのようにいまだに体外受精技術が確立していない動物種が存在することや，体内受精卵と比較して体外で作出した受精卵の質が劣る，受胎率が低い，流産が多い，出生した産子が過大子（通常と比較して生時体重が重い産子）になることがあるなどの問題点が指摘されており，今後もさらなる研究が必要だと考えられる．

2.14.2　核移植とクローン家畜

植物は球根，種イモや挿し木によって，遺伝的に同一な個体や集団，すなわちクローンを容易につくり出すことができる．一方，哺乳動物では，植物のように体の一部そのものから個体を再生することは不可能であるが，現在，細胞に人為的な操作を加えることでクローン動物を作出することが可能になっている．クローン動物を作出する手法には，受精卵の分離・分割（2.13.4項参照）によって行うものと核移植がある．核移植とは，核を除いた卵子（レシピエント卵子）へ細胞（ドナー細胞）を移植する技術のことで，顕微鏡下で微細な操作を行うことで達成される．クローンヒツジ・ドリーの誕生以降，クローンという言葉は身近なものとなったが，家畜におけるクローンには受精卵クローンと体細胞クローンがあり，両者を区別する必要がある．

核移植するためのドナー細胞に初期胚の割球を用いた場合，作出された動物は受精卵クローンとよばれる．受精卵クローン胚は受精後卵割を開始した初期発生胚を個々の割球に分け，それぞれをレシピエント卵子に核移植することで作出する．この胚を仮親に受胎させて生まれてきた家畜が受精卵クローン家畜であり，作出できるクローン動物の数は受精卵の割球の数に制限される．また，作出したクローンの遺伝的背景は精子と卵子が受精することによってできた受精卵由来となるため，その能力は未知数である．一方，ドナー細胞に体細胞を用いた場合，作出された動物は体細胞クローンとよばれる．1996年にイギリスのロスリン研究所で誕生したドリーは，成羊の乳腺細胞を用いた核移植によって作出された世界初の体細胞クローン家畜であり，その後，マウス，ウシ，ヤギ，ブタ，ウサギ，ネコ，ラバ，ウマ，ラットなど約20種類の動物で体細胞クローンが誕生している．体細胞クローン家畜は，乳腺細胞以外にも卵丘細胞，卵管上皮細胞，線維芽細胞，筋肉由来細胞などさまざまな細胞種から作出されている．受精卵クローンが有限であるのに対して，培養によって増殖させることができ

る体細胞を核移植に用いる場合，同じ遺伝的背景をもつクローン個体を理論的には無限に作出することが可能である．

クローン家畜の作出は，核移植によるクローン胚の作出，胚移植，受胎，出生という流れで行われる．ウシを例にクローン胚の作出法を述べる．ウシの卵子の直径は約 120 μm，一般的な細胞の直径は約 10 μm と微小なためにクローン胚の作製は微細な操作を可能にするマイクロマニピュレーターをとりつけた倒立顕微鏡下で行う．体外で成熟させた未受精卵子からガラスピペットを用いて核を除去し，このレシピエント卵子にドナー細胞を電気融合あるいは卵細胞質に直接注入することによって導入する．ドナー細胞の導入後，人為的な活性化処理を施すことによって発生を開始させる．活性化処理には電気パルス，カルシウムイオノフォア，エタノールなどを用いて卵細胞質内のカルシウムイオン濃度を一過性に上昇させ，その後，シクロヘキシミドなどのタンパク質合成阻害剤あるいは 6-ジメチルアミノプリンなどのリン酸化阻害剤で数時間処理する．その後，体外で約 7 日間培養し，胚盤胞期胚を受胚牛の子宮に移植し受胎させる．ウシでは 280 日前後の妊娠期間をへてクローンが出生する．

農林水産省の調査によると，日本では 2012 年までに 50 の研究機関で 594 頭のクローン牛が生産されている．出生したクローンは順調に発育する個体が存在する一方で，移植後の胚死滅率が高い，流産・死産・生後直死や幼若期の病死が頻発する，産子の形態形成異常や過大子が認められるなど，その作出効率はきわめて低い．そのため，現在国内ではクローン動物の商業的利用は行われていない．これらの異常の原因は，核移植された体細胞の卵細胞質内での初期化が不完全であるためと考えられており，クローン家畜の産業利用のためには，さまざまな異常の原因を明らかにし解消する必要がある．

分化した細胞が全能性（完全な個体を形成する能力）を有するかどうかを調査するために，1950 年代からカエルを用いて核移植が行われており，1962 年 Gurdon はオタマジャクシの小腸上皮細胞の核移植によってクローンカエルを作出することに成功した．しかし，これまでのカエルの実験では，成体由来の分化した細胞核を用いた核移植によって正常なカエルは得られていない．哺乳動物では，一度分化した細胞の遺伝情報は，不可逆的な変化を受けていると考えられていたが，Wilmut らによるドリーの誕生によって，成体由来の分化した体細胞が個体形成のための完全な遺伝情報を維持していることが証明された．この研究はこれまでの科学の常識を覆す画期的な成果であり，その後の人工多能性幹細胞（iPS 細胞）開発の一里塚となったことは明らかである．

クローン動物は，畜産分野では経済的価値の高い優良家畜の増産，肉用牛改良のための種雄牛選抜への利用などが期待されている．また，畜産以外では，絶滅危惧動物の再生，遺伝子組換え技術との融合によるトランスジェニック個体の作出や異種間臓器移植への利用に向けての研究が行われている．しかし，核移植が体外受精のように家畜生産技術として実用化されるためには，iPS 細胞にも共通する，分化した細胞が未分化の状態に戻る初期化のメカニズムの解明が必要だと考えられ，今後の研究の進展が期待される．

2.14.3 遺伝子組換え
A. 反芻動物

1985 年に Hammer らは受精卵の前核に外来遺伝子を注入する顕微注入法によって遺伝子組換えヒツジを作成した．これが反芻動物における最初の遺伝子組換えの成功例である．その後，同方法によって 1989 年にウシ，1991 年にはヤギの遺伝子組換え個体が作成されている．当初は成長ホルモンのような代

謝にかかわる生理活性物質を過剰発現させ，畜産物の生産性を向上させることが目的であった．しかし期待した効果が得られなかったこともあり，1990年代になると泌乳能力の高い反芻家畜をバイオリアクターとして利用する研究が主流になる．すなわち，ラクトグロブリンやカゼインなどの乳タンパク質の発現制御領域に有用物質の遺伝子を連結して動物に導入し，有用物質を乳中に大量に産生させる試みである．しかし研究段階ではある程度の成果が得られるものの，なかなか実用化には至らなかった．これは顕微注入法による組換え個体の作成効率が1％以下と非常に低率であるため，発現が安定した組換え個体を再現よく得ることが困難であったためである．しかし1996年にWilmutらが哺乳動物でも体細胞クローンが可能であることを証明すると，組換え個体の作成効率は飛躍的に向上した．1997年にはSchniekeらによって早くも体細胞クローン法による遺伝子組換えヒツジが作成され，その翌年にはウシで，さらにその翌年にはヤギにおいても組換え個体が作成されている．また外来遺伝子の導入にもウイルスベクターやトランスポゾンなどさまざまな方法が使えるようになり，2002年には黒岩らによって人工染色体によりヒト型抗体を産生する組換えウシが作成されている．2005年になると組換えヤギの乳から精製したヒトアンチトロンビンがアメリカの食品医薬品局の承認を受け，初の遺伝子組換え医薬品（製品名ATryn）として実用化された．

組換え個体の作成効率は改善されたが，実用化には依然として高い技術的ハードルが残されている．多くの場合，ゲノムへの外来遺伝子の導入を偶発的な挿入に依存しているため，挿入部位やコピー数の制御ができない点である．マウスにおいては相同組換えの頻度が高く，かつ生殖系列細胞に分化しうる胚性幹細胞（ES細胞）がノックアウトやノックインのような高度なゲノム編集を可能にしており，反芻動物においてもES細胞や人工多能性幹細胞（iPS細胞）のような多能性幹細胞の樹立が待たれるところである．一方で近年，体細胞でも高度なゲノム編集を可能にする技術の開発が進んでいる．これは任意のDNA配列を認識するように設計されたDNA結合ドメインやガイドRNAとDNA切断酵素を組み合わせた人工制限酵素を利用して，標的部位に生じた二本鎖切断が修復される際に起きる塩基の欠失や挿入によってDNA配列を改変する方法である．すでにZFN，TALENおよびCRISPR/Cas9などのシステムが実用化されており，2011年には実際にZFNを用いたラクトグロブリンのノックアウトウシが作成されている．さらに，この人工制限酵素を相同組換えベクターとともに細胞に導入すると，ノックインや塩基置換も可能になることから，劣性・病因遺伝子の修復や発現制御領域の改変など，新たな育種改良技術としての応用も期待されている．

B．ブタの利用法

遺伝子組換えブタの開発は，当初は家畜の成長促進をめざして開始され，1985年には，受精卵の前核内へのDNAの注入により，成長ホルモン遺伝子導入ブタが作出された．しかし，このブタでは，期待されたような成長促進効果が認められなかったばかりか，跛行，胃潰瘍，無性欲などの異常が多発した．成功率についても，前核注入による産子の誕生率は約8％，遺伝子導入率がそのうちの約9％，すなわち胚あたりで約0.7％と非常に低率であり，1頭あたりのコストを考慮すると，実用性の高い技術とは言い難いものであった．その後，マウスではES細胞が樹立され，特定の遺伝子をノックアウトしたマウスが次々と作成されるようになったが，ブタでは実用性のあるES細胞の樹立には至らず，遺伝子ノックアウトは事実上不可能なままであった．こうした状況を大きく変える契機となったのが，2000年の体細胞クローンブタ作出

成功である．これにより，遺伝子ノックアウトを含む，体細胞で施すことのできる遺伝子操作を，すべて個体へ反映させることが可能となった．加えて，あらかじめ遺伝子の導入や発現を培養細胞段階で確認することが可能となり，体細胞クローンの成功率自体は低いものの，誕生した個体中で目的とする組換えブタを得ることのできる確率は大きく上昇し，汎用性の高い技術となった．しかしながら，遺伝子組換え家畜の食料生産への応用は，安全性への懸念などの社会的要因により困難となっており，次のような医療応用をめざした研究開発が主流となっている．

a. 臓器移植用遺伝子組換えブタ

ブタの臓器は大きさや解剖学的・生理学的特徴がヒトに類似しており，人為的管理下での大量生産も可能であることから，恒常的に不足している移植医療のドナー臓器としての利用が期待されてきた．しかし，ブタからヒトへの移植では，数分から数時間で移植片が拒絶される超急性拒絶反応が発生する．ヒト血液中には高等霊長類以外のほぼすべての生物がもつ，ガラクトース-α1,3-ガラクトースという糖鎖構造（αGal抗原）に対する自然抗体が多く存在しており，この抗体がブタ臓器に存在するαGal抗原と反応し補体系を活性化することが，超急性拒絶反応の主たる原因である．その克服のため，ヒト型の補体制御因子（DAF，MCP，MIRLなど）の遺伝子導入ブタやαGal抗原を生成させる酵素であるα1,3-ガラクトース転移酵素をノックアウトしたブタが作出された．これらのブタ由来の臓器を霊長類に移植することにより，超急性拒絶反応を回避し，数か月程度の生着が可能であることが示された．さらなる生着期間の延長に向けては，細胞性免疫の制御や凝固系の種差の克服などが課題とされており，新たな遺伝子組換えブタの開発も進められている．

b. 疾患モデルブタ

ヒトの疾患モデル動物として多くの遺伝子組換えマウスが作出されているが，マウスではヒトの病態を再現できない場合や個体サイズあるいは寿命などの制約も存在する．体細胞クローン技術の開発により，遺伝学的，生理学的によりヒトに近い動物であるブタにおいても，任意の遺伝子組換えが可能になったことから，疾患モデルブタの開発が進展している．2008年に報告された，囊胞性線維症膜コンダクタンス制御因子（CFTR）のノックアウトによる囊胞性線維症モデルブタは，マウスでは再現できない病態がブタで再現可能であることを示した好例である．そのほかにも，ヒト変異型肝細胞核因子（HNF-1α）の導入によるI型糖尿病モデルブタや血液凝固第VIII因子を欠損した血友病Aモデルブタなどが報告されている．また，再生医療への応用をめざし，ヒト細胞や組織の生着が可能な免疫不全ブタの開発も進められており，その一環として，リンパ球の発生分化に重要な機能を果たすインターロイキン2受容体γ鎖（IL2RG）をノックアウトしたブタの作出が，2012年に報告された．今後，多種多様な疾患モデルブタが開発され，医学の発展に貢献することが期待されている．

2.14.4　家禽の発生工学

家禽にはニワトリ・ウズラ・アヒル・シチメンチョウなどがあるが，ここではニワトリを中心に述べる．ニワトリでは放卵後30分頃に次の排卵が起こり，排卵後15分以内に卵管漏斗部において受精が行われる．受精卵は細胞分裂を続け，放卵までに2万～6万の細胞数となり，胚盤葉を形成する．放卵後，受精卵は母鶏による抱卵または孵卵器によって発生を続け，孵卵21日目に孵化する．家禽の発生工学は，排卵から孵化までの間の胚発生過程に人為的な操作を行う技術であり，外来遺伝子の導入により新たな機能を付加し

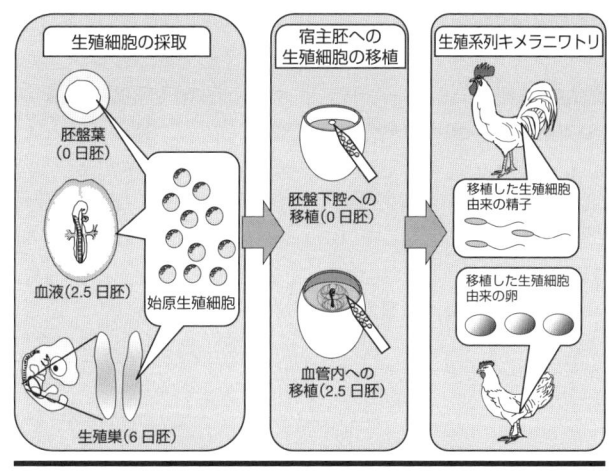

図2.76● ニワトリにおける生殖細胞移植による生殖系列キメラ作出技術

た家禽の創出や鳥類遺伝資源の再生などに利用される.

A. ニワトリ胚操作のための胚培養法

ニワトリ胚へ人為的な操作を行うための培養法には体外培養法と窓開け法がある. 体外培養法は, 卵管膨大部にある未分割の受精卵を母体から採取し, 発生段階に従い3つのシステムを順に移行させることにより孵化させる. それぞれのシステムが直径3～5 cm程度の開口部を有しているため, 受精期以降の胚操作を可能にする. また, 窓開け法は, 放卵された受精卵卵殻の鋭端部または側部を直径0.5～2 cm程度開口することによって胚盤葉期以降の胚操作を可能にする.

B. ニワトリ始原生殖細胞の発生分化

始原生殖細胞とは, 精子や卵子の起源となる細胞である. 始原生殖細胞は放卵直後には30～150個が胚盤葉の明域中央部に散在する. 孵卵後, 始原生殖細胞は原始線条の形成に伴い胚体外前方周縁部領域へと移動し生殖三日月環を形成した後, 一時的に血管内を循環し, 孵卵3日目までに将来の生殖巣予定領域へと移動する. 生殖巣において始原生殖細胞は生殖系列細胞へと分化し, 性成熟後, 配偶子となる.

C. 家禽の生殖系列キメラの作出法

生殖系列キメラとは生殖巣中に自分以外の個体に由来する生殖細胞をもつ動物のことである. ニワトリの生殖系列キメラは, 胚盤葉細胞や始原生殖細胞を宿主胚へ移植することにより作出できる (図2.76). ただし, ニワトリの始原生殖細胞は異性の生殖巣では配偶子への分化が困難なため, 移植する始原生殖細胞由来の産子を得るためには, 移植細胞と宿主胚の性が一致していることが重要である. 移植細胞由来の後代の割合を高めるため, キメラニワトリを作出する際, 薬剤投与や放射線照射などにより宿主胚のもつ内在性の始原生殖細胞をあらかじめ除去する技術の開発も進められている. また, サイトカイン類を加えた培養液を用いて, フィーダー細胞と共培養することによりニワトリ始原生殖細胞を人為的に増殖させる技術が試みられている.

D. 鳥類遺伝資源の保存法の開発

高病原性鳥インフルエンザに代表される重篤な伝染病の発生などにより家禽や野生鳥類の品種や系統が根絶してしまうことが考えられる. そのため始原生殖細胞等の凍結保存による鳥類遺伝資源の半永久的保存法の開発が行われている. 個体再生は, 凍結始原生殖細

胞を融解した後, 宿主胚へ移植した生殖系列キメラを介して行う.

E. 遺伝子導入家禽の作出

　遺伝子導入技術により家禽の卵のなかへサイトカインや治療用抗体などの医薬品タンパク質などを生産させることができれば, 現在は高価な医薬品タンパク質の生産コストを大幅に下げることができると考えられている. そのため, 医薬品タンパク質生産用の遺伝子導入家禽の開発研究が盛んに行われている. また最近では, インフルエンザに抵抗性が高い遺伝子導入家禽を作出するとりくみもはじまっている. 遺伝子導入家禽の作出法としては, 増殖能欠損型のレトロウイルスベクターあるいはレンチウイルスベクターを胚へ注入する方法や, 遺伝子を導入した始原生殖細胞を移植して作出した生殖系列キメラを介する方法などが試みられている.

第3章
家畜の生体機構

3.1 家畜の体構造

3.1.1 外貌

　家畜は乳，肉，卵などを高度に生産するように改良され，飼育されているため，たとえ同じ動物種であっても品種によって大きく異なる外貌を示す．例えばブタはイノシシ科に属し，イノシシを家畜化した分類学上イノシシと同等の動物である．ブタの祖先にあたるイノシシの胸椎と腰椎の総数は19個で一定であるのに対し，ブタの多くの品種が20～23個となる（表3.1）．胸椎と腰椎の数が増加すれば，それだけ胴長の外貌として現れ，結果として産肉量も増す．ウシの場合，その役割によって乳牛，肉牛，役牛に分けられるが，体の形にもそれぞれ特徴が現れる．乳牛では乳器が著しく発達するため前躯よりも後躯が大きいが，役牛はむしろ前躯のほうが発達する．肉牛は側面からみると長方形の体型を呈する．このように家畜のもつ能力が外貌（体型）に現れることから，外貌によって能力を推定することは，種畜選抜においてきわめて重要である．このため品種ごとに理想とする外貌の審査基準が設けられている．なお，家畜の体の各部位の名称は付録A3に示す．

3.1.2 皮膚および皮膚付属器官

　外皮は，家畜の体表を覆う皮膚と，その由来を同じくする毛，蹄，角などの角質器および乳腺からなる．角質器は，表皮の角質層が特殊化したかたい器官で，乳腺は表皮の基底層が真皮中にも入り込んだ皮膚腺の一種で，哺乳類特有の乳汁分泌を行う．

A. 皮膚

　家畜の体は外皮で覆われ，外界からの熱，圧力，乾燥などの刺激から体内を保護する．温・冷・触・痛を感受する感覚器も存在し，汗腺による体温の調節器官として働いている．一般に皮膚は3層で構成され，表層から順に表皮，真皮，皮下組織となる．

B. 毛

　毛は皮膚に埋もれている毛根と，露出している毛幹の2つの部位からなる．毛根は毛包によって包まれ，毛と毛包の新生は，基底部にある毛母基で行われる．毛は，被毛と触毛に大別され，このうち被毛は体表を覆う毛をさし，物理的な保護や保温にかかわる．その毛包には平滑筋からなる立毛筋が備わり，毛を逆立てて威嚇をするときは立毛筋が収縮する．これに対して触毛は触覚受容に関与し，主として顔面にみられる大型で感覚鋭敏な剛毛で，毛包には特別な神経が分布する．通常，触毛では立毛筋を欠く．

C. 蹄

　蹄は指（前肢）もしくは趾（後肢）の末節骨を覆う角質器の一種で，角質壁が特にかたく，厚く発達する．有蹄類のみに認められ，ヒトの爪に相当する．指端に全体重がかかり，ここを保護する必要から爪が特殊な発達を遂げ，指端を箱形に囲む．蹄は，蹄縁，蹄冠，蹄壁，蹄底，蹄球からなる．蹄縁は皮膚との境界部位をさし，つづく蹄冠は，外側に隆起した帯状の領域をさす．蹄壁は起立した動物でみられる蹄の部分であり，その角質は蹄冠の真皮を覆う上皮から成長する．蹄底は，床

側面の大部分を占め，蹄底の尾側に蹄球がある．蹄球は，歩行時，クッションの役割を果たすほか，脈管系が発達することから血液循環を促進させる．以下，主蹄と副蹄を前肢で説明する．ブタは，第一指列を欠き，一脚に4蹄すなわち2つの主蹄（第三指・四指）とその後背位に2つの副蹄（第二指・五指）で構成されている．ウシ・ヒツジ・ヤギなどの反芻家畜は，第一，二，五指を欠き，主蹄（第三指・四指）だけで体重を支える．ブタと同じく2つの副蹄をもつが，独立した小骨片があるにすぎない．なお，ウマでは第三中手骨のみが著しく発達し，他の指はことごとく退化していることから，第三指列のみで体重を支える．

D．角

家畜のなかでは反芻動物が角を有する．反芻動物の角は，前頭骨から角突起が突出し，その瘤状に隆起した骨を基礎とし，角骨を角表皮（角鞘）が覆ったものである．角表皮は，基部から先端にかけて，底部，体部，尖部に区別でき，角表皮の角質壁は基底部でつくられ，上方に移動する．皮下組織は存在せず，角真皮は直接角突起の骨膜に付着する．ウシの角の形状は，性別，品種，育種条件，個体によっても異なるが，基本的に円錐形の先を軽く曲げた形を示す．雌牛では，角の成長は分娩，強度の泌乳などによって阻害されるため角底部の表面に輪状の窪み（角輪）が生じる．そのため，角輪の数と間隔により，そのウシの分娩回数，年齢がある程度推定できる．

E．乳腺

乳腺は哺乳類特有の皮膚腺のひとつで，その分泌物である乳汁により新生子を保育する．乳腺は，動物の腹側面で複数の乳腺複合体を形成し，左右対称に存在する．ブタでは胸部，腹部，鼠径部にかけて存在するが，反芻家畜やウマでは鼠径部にまとまる．乳房の数は，家畜や品種によってさまざまであり，ブタでは主に7対であるのに対し，ウシでは2対，ウマ，ヤギ，ヒツジでは1対となる．家畜の乳腺は，乳野（乳腺の分布する区域）の周囲が盛り上がり，まとまって乳房をつくり，乳房間溝により左右に分けられ，各乳房には乳頭が付属する．乳房は，乳腺葉あるいは乳腺小葉に分けられ，各葉につき乳管を出し，乳管洞を経て乳頭先端の乳頭口に開口する．

3.1.3　骨格と骨格筋
A．家畜の骨格

骨格は，軸性骨格，胸部骨格，付属骨格の3つに区分される．軸性骨格は体の中軸の骨格を形成し，頭蓋と脊柱がこれに含まれる．胸部骨格は，胸郭の側壁と腹側部分を形成し，肋骨と胸骨からなる．付属骨格は，体幹の骨格に関節や筋で連結する四肢の骨格で，前肢骨と後肢骨によって構成される（図3.1）．

a．軸性骨格（頭蓋，脊柱）

家畜の頭蓋は，下顎骨を含めた20種類の骨によって構成され，これらは脳と感覚器をとり囲む頭蓋骨，消化器や気道のはじまりの部分を囲む顔面骨の2種類に大別される．脊柱は，頸椎，胸椎，腰椎，仙椎，尾椎の5つの部位からなり，頸椎の数が7個で共通する以外は，その数は動物種によって異なる（表3.1）．脊柱は体重を平衡に保つために，頭部，頸胸部，腰部と仙骨部で彎曲部をつくる．

b．胸部骨格（肋骨，胸骨）

肋骨，胸骨は，胸郭の側壁，底部を構成し，胸椎とともに胸腔をとり囲む．肋骨は体節ごとに各筋板間にできた有対の軟骨性骨で，全長の平均3/4を占める肋硬骨（脊椎部）と残りの肋軟骨（胸骨部）の2部に分かれ，脊椎部で胸椎骨の横突起に関節する．厳密には頸椎でも横突起の一部としてわずかに認められ，腰椎では横突起と合体して肋骨突起として存在する．真肋は直接胸骨まで伸びる前方の肋骨をさし，仮肋はその残りの後方に位置

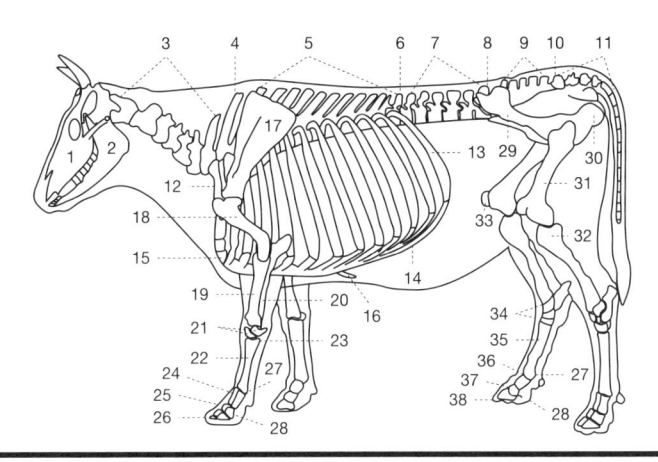

図3.1 ● ウシの骨格

1：頭蓋，2：頭蓋の下顎骨，3：頸椎，4：第一胸椎，5：胸椎，6：最後位胸椎，7：腰椎，8：最後位腰椎，9：仙椎，10：第一尾椎，11：尾椎，12：第一肋骨，13：最後位肋骨，14：肋軟骨，15：胸骨，16：剣状軟骨，17：肩甲骨，18：上腕骨，19：橈骨，20：尺骨，21：手根骨，22：中手骨，23：第五中手骨，24：指の基節骨，25：同中節骨，26：同末節骨，27：基節骨種子骨，28：末節骨種子骨，29：腸骨，30：坐骨（29と30は寛骨の中），31：大腿骨，32：脛骨，33：膝蓋骨，34：足根骨，35：中足骨，36，37，38：趾の基節，中節，末節骨

表3.1 ● 軸性骨格の区分と数

		ウマ	反芻動物	ブタ	イヌ・ネコ	ウサギ	ニワトリ
脊柱	頸椎	7	7	7	7	7	14
	胸椎	18 (†17, 19)	13	13〜16	13	12	7（第二から五胸椎は癒合）
	腰椎	5〜6 (†7)	6 (ヤギ，ヒツジ†7)	5〜7	7 (†6)	7	第七胸椎 腰椎 12 〕複合仙骨
	仙椎	5 (†4, 6, 7)	5 (ヒツジ4)	4	3	4	仙椎 2 〕
	尾椎	15〜19	18〜20 ウシ 3〜24 ヒツジ 12〜16 ヤギ	20〜23	16〜23 イヌ 21〜24 ネコ	15〜18	尾椎 前位 〕

† : まれにある数

する肋骨で，肋骨弓（肋軟骨の遠位端が合わさって胸骨に向かつて弓状に曲がる）により胸骨と連絡する．胸骨は6〜8個の胸骨片が軟骨板で結合し，胸骨柄，体，剣状突起の3部に区分される．

c. 付属骨格（前肢骨，後肢骨）

前肢骨は，肩甲骨，上腕骨，前腕骨絡（橈骨と尺骨），手根骨，指骨（基節骨，中節骨，末節骨）に，後肢骨は，寛骨（腸骨，恥骨，坐骨が融合），大腿骨，下腿骨格（頸骨と腓骨），足根骨，中足骨，趾骨（基節骨，中節骨，末節骨）で構成される．ウマ，ウシのような大型有蹄類の肢骨の特徴として，前腕骨格の尺骨，下腿骨格の腓骨の発達が悪く，特にウシの腓骨はもっとも退行しており，近位端では頸骨外側顆の下端の小突起とわずかに残るにすぎず，遠位端では果骨として独立してみられる．指列は，前後肢ともに，ウマでは第三指（趾）だけ，ウシ，ブタでは第三，四指（趾）だけがよく発達し，ブタでは第二，五指（趾）は存在するが，退化し小さく着地しない．哺乳類の歩行様式は3タイプに分類され，ウシ，

ウマ，ブタ，ヒツジ，ヤギのような有蹄類にみられる蹄行型は，末節骨の端だけを着地させることから，爪が著しく発達して箱形の蹄をなす．イヌやネコにみられる趾行型は，哺乳類でもっとも多いタイプであり，踵と蹠を地面から浮かせて歩行する．二脚で歩行するヒトは蹠行型に分類され，蹠を地面に着地させて安定を保つ．クマ，カンガルー，ウサギなどの後肢でもみられるが，歩く場合は趾行型に変えることが多い．

B. 家禽の骨格

家禽の骨格は，リン酸カルシウム含量が多く，哺乳動物よりも軽くて強靱である．また，気嚢による含気骨化，気嚢憩室が近くの骨の気孔から骨髄腔内へ広がるのも鳥類の特徴であり，軽量化に貢献している．気嚢とは，その内面は気管支粘膜の延長にあり，哺乳動物ではみられない呼吸器の一部である．産卵期の雌では骨髄骨組織に蓄えられたカルシウムが卵殻の形成に供される．家畜の頸椎は7個で一定であるのに対し，ニワトリの多くは14個の頸椎がS字状に配置し，嘴の届く範囲は全身に及ぶ．体幹を安定化させるため胴骨はことごとく癒合し，7個ある胸椎のうち第二～五胸椎が癒合してまとまる．また最後胸椎（第七胸椎），全腰椎（12個），仙椎（2個）および前位の尾骨が癒合して複合仙骨をなし，さらに腸骨，坐骨，恥骨が結合した寛骨が左右から複合仙骨を挟み，強固な箱形の腰仙骨を形成する．胸骨が著しく発達するのもニワトリの特徴で，家畜とは異なり分節構造をとらず，完全に骨化したまとまった骨となる．また胸骨は，腹側から胸骨稜（竜骨突起）が突出し，飛翔にかかわる強大な胸筋の付着面を提供する．ニワトリの骨格を図3.2に示す．

C. 骨格筋

骨格筋は骨格に付着する随意筋で，運動に関与する．皮筋や関節筋は，それぞれ皮膚に付着する筋，関節包に付着する筋であることから区別される．骨格筋は随意筋の大部分を占め，有対である場合が多い（200対以上）．また骨格筋は紡錘形を基本とし，紡錘形の中央部のもっとも厚い部分を筋腹とよび，両端は細くなって腱で骨格に付着する．その近位端を筋頭（骨付着部を起始），遠位端を筋尾（骨付着部を終止）とよぶ．筋の名称は，作用，形状，あるいは腱の結合状態によって命名されている．ウシの体幹筋を図3.3に示す．

a. 筋の形状による名称

形態により命名された筋には，短筋，長筋，最長筋，広筋肉，最広筋，円筋，輪筋，三角筋，菱形筋，僧帽筋，梨状筋などが挙げられる．

b. 腱の結合状態による名称

筋の基本形である紡錘形をなしたものを紡錘状筋，腱の一側に筋が付着するものを半羽状筋，腱の両端に筋が付着するものを羽状筋とよぶ．腱あるいは腱画により，筋腹が2ないし多数に分けられている筋を二腹筋もしくは多腹筋とよび，筋頭が2～4個に分かれた筋をそれぞれ二頭筋，三頭筋，四頭筋とする．さらに筋端が鋸歯状に多数に分かれたものを鋸筋，筋端が鋸筋よりも細かく分かれたものを多裂筋とよぶ．

c. 筋の作用による名称

関節を屈伸する屈筋と伸筋，動点を体軸に近づける内転筋と遠ざける外転筋，関節軸の回旋を行う回旋筋（内側への回旋が回内筋，外側への回旋が回外筋），管の口の開閉を行う括約筋と散大筋，上下に引く挙筋と下制筋，前後に引く前引筋と後引筋，筋膜を緊張させる張筋が挙げられる．

3.1.4 組織と細胞

動物の体は，細胞の集団である組織が機能的に集まって器官（臓器）をなし，さらに集合して系となる．系は約10系統に分類され，外皮系，運動器系，循環器系，消化器系，呼吸系，泌尿器系，生殖器系，内分泌系，神

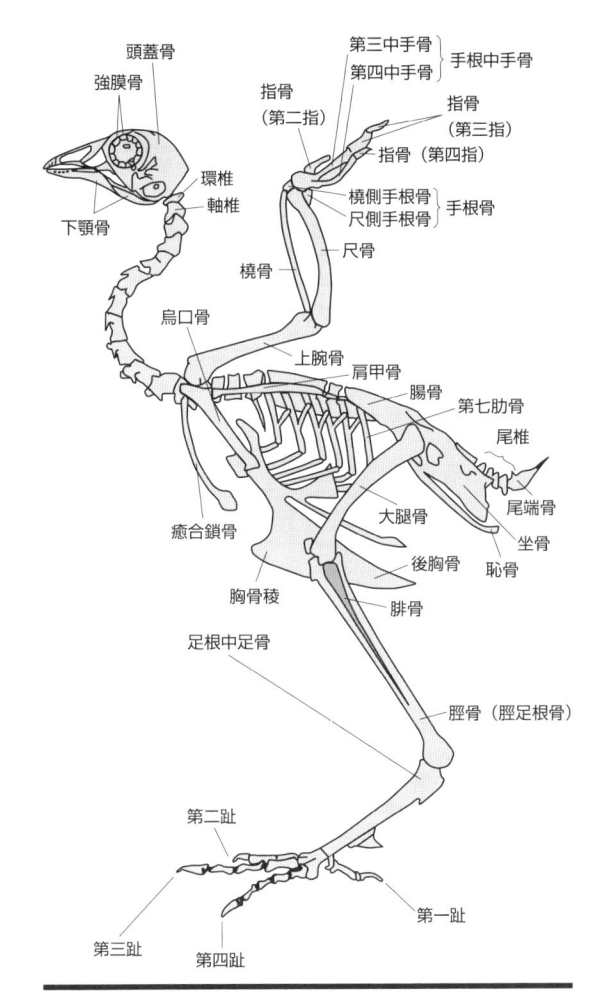

図 3.2 ● ニワトリの骨格

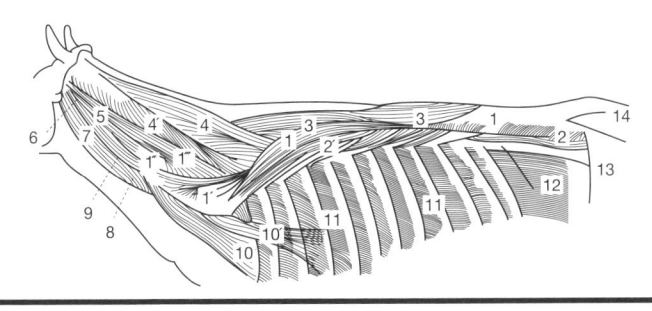

図 3.3 ● ウシの体幹筋

1：胸最長筋，1'：頸最長筋，1''：環椎最長筋，1'''：頭最長筋，2：腰腸肋筋，2'：胸腸肋筋，3：胸および頸棘および半棘筋，4：頸二腹筋，4'：錯綜筋，5：後頭斜筋，6：前頭斜筋，7：頭長筋，8：長横端間筋，9：腹側横突間筋，10：腹斜角筋，10'：背斜角筋，11：外肋間筋，12：外腹斜筋，13：大腿筋膜張筋，14：中殿筋

3.1 家畜の体構造

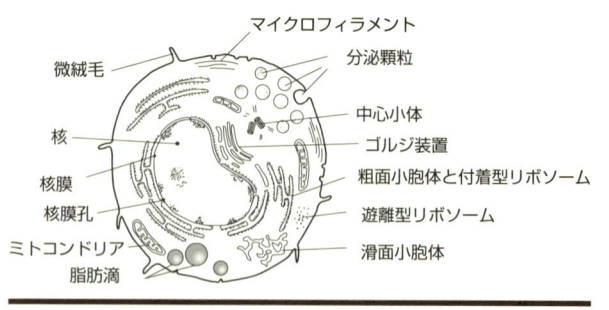

図 3.4 ● 細胞の模式図

経系などがそれにあたる．家畜の場合，肉，乳，卵などを高度に生産するように改良されているため，たとえ同じ動物種であってもその能力により細胞や組織の状態は異なる．

A. 細胞

細胞は生物体の最小構成単位であり，核，細胞膜，細胞質から構成され，細胞質内には一定の機能をもった細胞小器官が含まれる（図3.4）．哺乳動物の細胞の大きさは，多くは直径が $10～30\,\mu m$ であり，血小板のような $3\,\mu m$ 以下のものもあれば，卵母細胞のように $200\,\mu m$ に達するものもある．

a. 核

核は一般に球形で，多くの細胞では中央に位置する．また，核は1個の細胞に通常1個存在するが，破骨細胞などのように複数もつ場合や，哺乳類の成熟した赤血球のように核を欠くものもある（鳥類の赤血球は有核）．核は遺伝情報であるゲノムDNAを保有し，3種類のRNA（tRNA，mRNA，rRNA）の合成の場となる．核の構成は，核膜，核小体，染色質（クロマチン），核質からなる．このうち核膜は，内外2枚の膜で核質と細胞質を隔て，核膜孔とよばれる小さな孔がところどころに貫通し，核質と細胞質との間で物質の交流を行う通路をなす．核小体（仁）は，1個の核内に1個ないし数個存在し，リボソームRNA（rRNA）の合成を行う．染色質はクロマチンともよばれ，ヒストンとよばれる塩基性タンパク質にDNAが巻きついたヌクレオソームを基本単位とする．核質は，核内の無構造物をさし，主にタンパク質，代謝産物，イオンなど，核小体や染色質を満たす構成物である．

b. 細胞膜

細胞膜は，細胞の内外を仕切る厚さ $5～10\,nm$ の薄い膜で，脂質2分子層からなり，細胞内部を外部から区画して保護する．物質によってはこの膜の働きで，細胞の内や外へ積極的に輸送（能動輸送）されるものもある．また細胞結合，細胞間情報伝達のための装置を備え，さらに細胞認識のもととなる抗原分子，ホルモン受容体などの膜タンパク質が埋め込まれている．

c. ミトコンドリア

ミトコンドリアは，糸状ないし球状の細胞小器官で，典型的な大きさは直径 $0.2～0.5\,\mu m$，長さ $2～5\,\mu m$ である．内外2枚の膜に包まれ，内側の膜から内腔に向かって突出した襞状の隆起（クリスタ）を形成する．1個の細胞に存在するミトコンドリアの数は，細胞の種類によっても大きく異なり，例えば精子では数十個であるが肝細胞では数百から数千に及ぶ．主な機能は，細胞活動のエネルギー源となるATP（アデノシン三リン酸）を産生するが，最近では，カルシウム貯蔵，アポトーシスにも深く関与することが指摘されている．ミトコンドリアは，元来，細

菌がすべての動物体に入り込んだ共生体（寄生体）の一種と考えられ（ミトコンドリア共生説），核ゲノムとは別に独自のDNA（環状），RNA，リボソームをもち，独立して自己増殖する．

d. 小胞体

小胞体は，細胞質中において膜で囲まれた扁平もしくは管状の形をした袋状の構造物である．外表面にリボソームが付着しているものと付着していないものがあり，前者を粗面小胞体，後者を滑面小胞体とよぶ．粗面小胞体は，袋が層状に並んでいることが多く，リボソームにより，分泌型あるいは膜結合型のタンパク質の翻訳が行われ，合成されたタンパク質は，小胞体膜を貫通して小胞体腔に入り，必要に応じてゴルジ装置に輸送される．一方，滑面小胞体は，複雑に分岐吻合した管状構造を呈することが多く，一般にはリン脂質の合成のほか，それぞれの細胞の機能と深く関連しており，ステロイド産生細胞ではステロイドホルモンの合成，肝細胞では解毒や代謝，骨格筋細胞では特殊化した筋小胞体として筋線維の収縮を制御するCa^{2+}のとり込みや放出に機能する．

e. ゴルジ体

発見者の名に由来するゴルジ体は，扁平な袋状の構造が積み重なり，そこに小胞が寄り集まり，シス面とトランス面を備えた極性をもつ細胞小器官である．ゴルジ体は，粗面小胞体から送られてきたタンパク質をシス面で受けとり，タンパク質を修飾，分別して，つづいてトランス面で，分泌顆粒，分泌小胞（一次リソソームを含む）の形成を行う．いわゆるタンパク質の加工工場にあたる役割がある．

f. リソソーム（水解小体）

リソソーム（ライソソーム）は，1枚の膜で囲まれた直径約0.5 μmの球状を呈した袋で，そのなかには加水分解酵素を含む．こうした酵素は，細胞の外からとり込んだ異物の分解処理や，細胞自身の老廃物を消化する作用をもつ．消化活動の待機状態にあるリソソームを一次リソソーム，活動を行っている状態を二次リソソームとして区分される．リソソームはいろいろな細胞に認められるが，異物を処理するマクロファージ（大食細胞）や好中球で特に発達する．

g. リボソーム

細胞質を透過型電子顕微鏡で観察すると，砂を撒いたような直径15 nmの小顆粒が認められ，その小顆粒をリボソームという．細胞質内に散在するものを遊離型リボソーム，前述の粗面小胞体の表面に付着するものを付着型リボソームとよぶ．細胞内のタンパク合成工場と形容されるリボソームは，核内のDNAから指令を受けたmRNAの情報を翻訳して，その細胞に特有なタンパク質を合成する．一般に遊離型のリボソームは，その細胞自身が使用するタンパク質を合成し，付着リボソームは細胞外に放出するタンパク質の合成をする．

h. 中心小体

中心小体は3本1組の微細管が9組集まってできた円筒形の構造体である．1個の細胞には，通常2個の中心小体がL字状に連なって中心体を構成し，有糸分裂に際して重要な役割を担う．有糸分裂がはじまると，中心体は倍加して細胞の両極に移動し，微小管形成の中心をなしたうえ，染色体の解離や移動に機能する紡錘糸の形成に関与する．

i. 細胞骨格

細胞質には，網目状の構造をした線維性のタンパク質があり，細胞骨格よぶ．細胞の形の保持に役立つほか，細胞小器官の配置，細胞内の物質輸送，分泌，吸収，細胞増殖，細胞間相互作用などに関与する．細胞骨格は，その管径によりマイクロフィラメント，中間径フィラメント，微細管（微小管）に分類される．マイクロフィラメントは，アクチンを主成分とする径約6 nmの線維構造で，ミオ

シンとの結合により細胞の運動，機械的支持に関与する．中間径フィラメントは，太さ10 nmのフィラメントの総称で，ケラチン，デスミン，ビメンチン，ニューロフィラメント，グリアフィラメントなどを成分とする線維構造で，細胞の形態保持や細胞間接着の内部補強などに関与する．微細管（微小管）は，直径約25 nmの管状構造をとったチューブリンの複合体で，細胞内物質輸送や細胞分裂に関与する．

B. 組織

組織は，構成する細胞や細胞間質の種類により，便宜的に上皮組織，支持組織，筋組織および神経組織の4種類に大別され，これら4種類の組織が一定の法則により配列し，一定の形態と機能をもつものが器官とよばれる．

a. 上皮組織

身体の表面を覆う膜状の細胞集団を上皮組織とよぶ．ここでの表面とは，体表面（皮膚）のほかに，管腔の内面（消化管，呼吸器，泌尿生殖器の管）や体腔の内面（心膜腔，胸膜腔，腹膜腔）の層状の細胞群をさし，一般に上皮とよぶ．これに対して外界との連絡をもたない心臓や血管，リンパ管などの内面を覆う組織は内皮とよばれ，体腔の内面を覆う組織は中皮とよばれる．上皮を構成する上皮細胞は，基底膜によって層状に支持され，通常その下層には結合組織が存在する．上皮を構成している細胞の層の数により単層上皮と重層上皮に大別され，また表層細胞の形態により扁平上皮，立方上皮，円柱上皮に分類される．すなわち，層の数と表層細胞の形態の組み合わせによって次のように分類される．単層上皮は基底膜上に細胞が1層並んだ状態をさし，扁平な単層扁平上皮（血管の内皮，体腔の内面），立方状の単層立方上皮（腎臓の近位尿細管上皮），円柱状の丈の高い細胞からなる単層円柱上皮（胃，腸の粘膜上皮）とよばれる．このうち上皮に線毛がみられるも

のを単層線毛立方上皮（終末細気管支などの粘膜上皮），単層線毛円柱上皮（卵管の粘膜上皮）とよぶ．偽重層上皮は多列上皮ともよばれ，管腔表面に達する丈の高い細胞と低い細胞があることから重層のようにみえるが，実際にはすべての細胞が基底膜に接する単層構造となる．上皮を構成する細胞に線毛をもつものは偽重層線毛上皮（鼻腔，気管，気管支などの粘膜上皮）とよばれる．偽重層上皮の一種に分類される移行上皮は，同じくすべての細胞が基底膜に接している．この上皮をもつ器官（腎盤，尿管，膀胱，尿道）は，拡張と収縮によって上皮の形態が著しく変化する．収縮時は細胞の層の数が多く肥厚しているが，拡張するとそれぞれの細胞が扁平となって，2ないし3層の上皮の形態をとる．重層上皮は，上皮の細胞が基底膜の上に数層ないしそれ以上並んだ上皮で，最下層だけが基底膜に接する．なかでも重層扁平上皮は表在層，中間層，基底層の3層から構成され，表層が角化した上皮をもつ角化重層扁平上皮（皮膚の表皮，反芻類の食道粘膜上皮）や，非角化重層扁平上皮（食肉類の食道粘膜上皮）が存在する．

上皮は構成細胞の機能により，被蓋上皮（乾燥や物理的損傷からか保護する），腺上皮（分泌機能をもつ細胞群からなり，その様式により外分泌腺と内分泌腺に分けられる），吸収上皮（ガス交換），感覚上皮（刺激を神経系に伝える），呼吸上皮（栄養分や水分を吸収）に分類される．

上皮は細胞層を構成するため，上皮細胞間を結合させるための特殊構造が存在する．このため協調して機能し，情報交換を行うことができる．細胞の結合には，機能によって閉鎖結合（密着結合），接着結合，情報結合が存在する．また，管腔に面した上皮細胞表面には，線毛，鞭毛，微絨毛，不動毛が存在し，表面積の拡大ないし細胞表面の物質運搬に機能する．線毛，鞭毛は，細胞表面にある可動

性の毛状の突起で，2本の中心微小管とそれをとり囲む9組の周辺微小管が，いわゆる「9＋2様式」をとって配列した運動性をもった細胞器官である（線毛は気管と生殖器に認められ，鞭毛は家畜では精子のみ）．微絨毛は径約 0.1 μm で，内部に微細糸を含み，腸の吸収上皮細胞，腎臓の近位尿細管上皮で特に発達する．不動毛は微絨毛の一種で，精巣上体管，精管，内耳の有毛細胞に存在する．

b. 支持組織

支持細胞は，結合組織，軟骨組織，骨組織など，組織や器官の間を埋め，それらを結びつけ支えているものをさす．

結合組織は，体内に広く分布し，他の組織や器官に入り込み，血管，リンパ管，神経を導く場となる．結合組織の細胞間質は，線維と無形基質からなり，一般的に線維の構成成分は膠原線維（主成分としてコラーゲン），細網線維（膠原線維の1亜型），弾性線維（主としてエラスチン）の3種に区別される．

軟骨組織は，白く半透明で，骨に比べてやわらかくナイフで切断することができる．ガラス軟骨，線維軟骨，弾性軟骨に分類される．家畜でもっとも広く分布する軟骨がガラス軟骨で，関節，鼻，咽頭，気管などの軟骨の多くがこれに分類される．線維軟骨は，ガラス軟骨に比べて線維成分が多く，椎間円板，関節円板，関節半月などである．弾性軟骨とは，弾性線維を多く含み，耳介，喉頭蓋がこれにあたる．

骨は石灰沈着を伴い，もっともかたい組織のひとつで，骨細胞と骨基質からなる．骨組織は肉眼的に，主に骨幹をなす緻密骨（厚く充実）と，内側や骨端にみられる海綿骨（スポンジ状）に区分される．骨は絶え間なく部分的な更新が進められ，一部で破壊吸収され，一部で新しくつくられている．それらを担うのが，それぞれ破骨細胞と骨芽細胞である．

c. 筋組織

筋肉をつくっている組織を筋組織とよび，筋組織は筋線維とよばれる細胞が結合組織で束ねられている．筋組織は，収縮を起こす特殊な筋細胞（筋線維）からなり，筋細胞は，アクチン，ミオシンなどのタンパク質が配列した筋原線維を大量に含み，その伸縮により細胞全体の長さを変化させることにより機能する．筋組織は，筋線維の形態によって，骨格筋，心筋，平滑筋に区別することができる．骨格筋と心筋は，ともに筋原線維に横紋があるため，横紋筋とまとめることができる．横紋は，筋線維の部位による屈折率の違いに伴う明暗の縦模様をさし，明るい部分はZ線とZ線から両方向に延びたアクチン細線に相当するⅠ帯で構成されている．暗い部分は，太いミオシン細糸に対応しておりA帯とよばれ，Z線と次のZ線までの筋線維の1区間を筋節とよぶ．

骨格筋は，骨格を動かす随意筋（意志によって動かされる筋）で，強力で迅速な収縮と緊張を起こす．骨格筋細胞は，楕円形の多核を示す．これに対して心筋は，心臓を構成する不随意筋で，枝分かれした筋線維からなる．骨格筋，心筋ともに，その細胞質には，筋小胞体（滑面小胞体），ミトコンドリア，グリコーゲン顆粒を豊富に含むのが特徴である．一方，平滑筋は，アクチン細糸とミオシン細糸が整然と並んでいないため，平滑筋線維には横紋がみられない．消化器，呼吸器，泌尿器，生殖器などの壁，脈管壁などに分布する不随意筋で，その緊張の保持と収縮にあずかる．

d. 神経組織

脳と脊髄（中枢神経系）およびそこから末梢に延びた神経（末梢神経系）からつくられている組織を神経組織という．神経組織は，主に神経細胞とそれを支える細胞（神経膠細胞や外套細胞，シュワン細胞など）から成り立っている．知覚，運動，思考などの生活機能を統制する役割を担う．中枢神経は，神経細胞と神経膠（グリア）細胞よりなり，末梢神経は，神経細胞とシュワン細胞，外套細胞

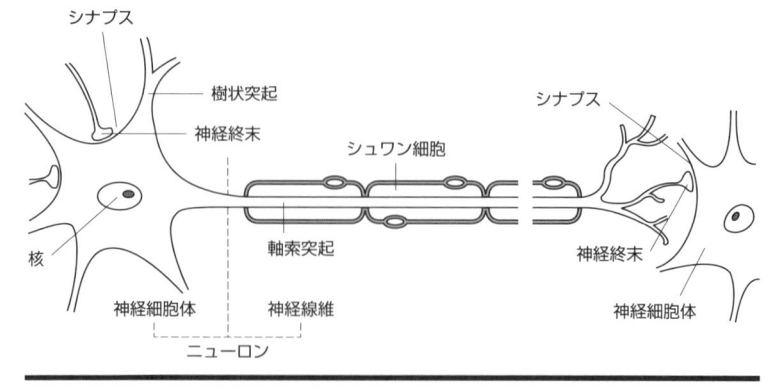

図 3.5 ● ニューロンの構造とシナプス

から構成される．

　神経細胞は2種類の突起を出し，一方は興奮を細胞体に伝える樹状突起といい，他方は細胞体に起きた興奮を遠くへ送る神経線維（軸索突起）という．これは構造上，機能上の単位をなすことから，ニューロン（神経単位）とよばれる（図3.5）．神経膠細胞とシュワン細胞は，支持細胞ともよばれ，神経細胞の栄養，代謝，軸索を包む髄鞘（ミエリン鞘）の形成や，血液との境界を形成（血液脳関門）するために機能している．中枢神経の神経膠細胞には，神経細胞への栄養供給を行う星状膠細胞，軸索の髄鞘を形成する希突起膠細胞，老廃物の貪食に機能する小膠細胞などが存在する．髄鞘は，軸索をとりまく鞘状構造の絶縁体で，髄鞘に包まれた神経線維を有髄神経線維とよぶ．中枢神経の髄鞘は希突起膠細胞が，末神経での髄鞘はシュワン細胞が，その細胞膜の巻き込みにより形成する．髄鞘が途切れた部分をランビエの絞輪とよぶ．

3.2　生体の調節機構

　複雑に進化した多細胞生物である家畜は，生体の諸機能が相互に関係し，調節しあってはじめて個体としての生命が維持される．生体が自己の内部環境および外部環境の変化に対応し，動的平衡を保ちながら安定した状態に調節保持する性質を生体の恒常性（ホメオスタシス）という．血液や体液の性状，体温の調節をはじめ，生体システムのすべてにこの概念が適用される．

3.2.1　神経系による調節

　神経活動の基本単位は反射弓である．周囲の変化を刺激としてとらえ，これを中枢に送り，処理後，再び反応として末梢へ送り返す．中枢神経系は脳と脊髄からなり，反射を処理する．末梢神経系はその刺激を全身に遠心性に伝達するとともに，感覚受容器の興奮を求心性に伝達する役割を担っている．

A．神経細胞（ニューロン）の機能

　神経にはその軸索が髄鞘に覆われている有髄神経と，髄鞘に覆われていない無髄神経とがある．髄鞘はシュワン細胞が軸索に巻きついてできたもので，ミエリンという電気的抵抗性の高い脂質に富み，軸索を周囲から絶縁している．

　神経線維は筋や腺，または感覚器官に達し，運動神経や感覚神経を形成している．神経線維の一部に加わった刺激が閾値を超えると，その部位は脱分極して活動電位を生じる．この活動電位は細胞体から軸索の先端に向かって伝播される．これを興奮の伝導という．こ

のとき，有髄線維では髄鞘がとぎれている部分，すなわちランビエの絞輪にのみ活動電位が生じ，無髄線維より興奮が速く伝導する（跳躍伝導）．また，太い神経線維ほど伝導速度は速くなる．

　神経線維を伝導して神経終末まで到達した活動電位は，伝達物質の放出を介して液性的に情報が伝達される．隣接細胞には特殊に分化した接合部であるシナプスを通じて興奮が伝えられる．シナプスには，興奮を脱分極性の変化として伝達する興奮性シナプスと，逆に過分極性の変化として伝達する抑制性シナプスとがある．シナプスではシナプス前線維の末端の細胞膜と隣接細胞体の細胞膜とが約200～300Åの間隙（シナプス間隙）をもって接している．シナプス前線維に興奮が達すると，末端のシナプス小胞に蓄えられていた伝達物質が放出され，シナプス間隙に拡散してシナプス後部膜に達する．これによってシナプス後部膜の透過性が変化し，活動電位が発生する．伝達物質としては，興奮性のアセチルコリン，モノアミン（ノルアドレナリン，ドーパミン，セロトニン），グルタミン酸などや，抑制性のγ-アミノ酪酸（GABA）などが知られている．

B. 末梢神経系による調節

　末梢神経系は体性神経系と自律神経系に分けられる．体性神経は運動神経と感覚神経からなり，骨格筋の随意運動および感覚の受容を行い，中枢神経系と連絡している．自律神経は交感神経と副交感神経からなり，内臓諸器官を二重に拮抗的に支配している．一般的に交感神経はエネルギーを消費して生体を活動させるように機能し，副交感神経は反対にエネルギー消費を抑えるように機能する（表3.2）．自律神経は神経節を介して標的器官へ投射している．神経節前神経はコリン作動性ニューロンである．副交感神経では節後神経からもアセチルコリンが放出される．交感神経の節後神経は主にノルアドレナリン作動性だが，コリン作動性の神経も一部存在する．

表 3.2 ● 自律神経の機能

臓器	交感神経	副交感神経
瞳孔	散大	縮小
立毛筋	収縮	―
唾液腺	粘調性分泌	漿液性分泌
心臓	心拍数増加	心拍数減少
気管支平滑筋	弛緩	収縮
胃腸	腺分泌抑制	腺分泌亢進
膀胱括約筋	収縮	弛緩
雄性生殖器	射精	勃起
子宮	収縮	弛緩
汗腺†	発汗	発汗
四肢の血管	収縮	

†：交感神経による発汗は手のひらなどの局所的な発汗を，副交感神経による発汗は全身的な発汗をそれぞれ表す．
―：副交感神経の賦活によっても目立った変化がみられない．

C. 中枢神経系による調節

a. 脊髄における調節機構

　脊髄は脊柱に長く伸びる中枢神経系である．感覚神経が左右の背根より入り，運動神経が左右の腹根から出る．脊髄は比較的単純な運動性反射と一部の自律神経の中枢である．運動性には屈筋反射と伸張反射がある．屈筋反射は刺激された肢などを屈曲させて逃れようとする反射で，伸張反射とは伸張した骨格筋が収縮する反射である．さらに，肢の円滑な運動のために，一方の筋の収縮中は拮抗筋を支配する運動神経の興奮性は抑制される．この機構を相反性神経支配という．

b. 脳幹における調節機構

　脳は，延髄，橋，中脳，間脳，小脳，終脳からなり，延髄，橋，中脳，間脳を合わせて脳幹という．脳幹は動物が生命を維持するための自律的な中枢機構であり，また終脳からの遠心性神経や感覚神経の通路あるいは中継点となっている．脳幹には広範囲にわたり脳幹網様体といわれる多数の神経線維と神経細胞が絡み合った構造がある．網様体は多シナ

プス性の伝導路で他の中枢神経系と連絡して自律神経の調節，姿勢や運動の調整を行うとともに，学習や意識の形成に関して活動水準の維持や賦活化を行っている．

ⅰ）延髄，橋

各部位間の伝導路であるとともに，呼吸運動，血液循環，消化器官，眼の運動など，生命の維持に重要な自律中枢が存在する．反芻家畜では，唾液分泌中枢が間断のない唾液分泌を促す点や，乳汁吸引時に第二胃にある食道溝が閉じて乳汁が第三胃・第四胃へ直達する食道溝反射が存在する点で特徴的である．

ⅱ）中脳

高等動物には体位を正常に保つための姿勢反射における中枢が存在する．姿勢反射には，四肢の関節を伸張し体躯を固定させる支持反応と，頭部の位置づけに対して適切な体位を維持する体位反応とがある．

ⅲ）間脳

間脳は視床と視床下部からなる．視床は嗅覚を除く感覚神経の中継点で，得られた情報が分析・統合され，大脳皮質に送られて知覚となる．視床下部は自律神経系の統合中枢であるとともに，下垂体ホルモン分泌の調節中枢も存在することから，神経性調節と体液性調節の両方の機能を併せもっている．

体温調節：前視床下部には体温上昇時に発汗，血管拡張，浅速呼吸などの熱放散を促す温熱中枢がある．また，後視床下部には体温低下時に立毛，血管収縮，震えなどの熱生産を促す寒冷中枢がある．ともに自律神経性の調節を受け，前者はコリン作動性，後者はアドレナリン作動性に働く．

摂食調節：視床下部外側野に摂食を惹起する摂食中枢が，腹内側野に摂食を抑制する満腹中枢が存在する．これらは血糖値，遊離脂肪酸濃度などを感知して摂食調節を行っている．

飲水調節：ヤギでは室傍核付近，ネズミでは外側核付近に飲水中枢があり，血液の浸透圧が高まると飲水欲求が生じる．また，視床下部で生成され下垂体後葉から分泌される抗利尿ホルモンは，尿量を低下させて体内に水分が蓄えられるのを助ける．

下垂体機能の調節：下垂体前葉の各ホルモンは，視床下部由来の神経ペプチドによる制御を受けている．視床下部のさまざまな神経核より発した神経線維は正中隆起に投射し，下垂体前葉の各ホルモンの分泌を促進あるいは抑制するホルモンを下垂体門脈に分泌して，下垂体前葉からのホルモン分泌を調節している．この神経ペプチドの分泌は，下垂体前葉のホルモンならびにその下垂体ホルモンによって分泌が誘起される末梢のホルモンによって抑制的に制御されている．これを負のフィードバック機構といい，生体の恒常性維持に大きく貢献している．これに対し，下垂体後葉から分泌される抗利尿ホルモンとオキシトシンは，視床下部の神経線維で生成され，これが軸索を下垂体まで伸ばして分泌している．

c．小脳における調節機構

小脳は脳幹や大脳皮質と多くの神経線維の連絡があるが，運動神経へ直接達する線維はない．その機構は平衡機能の調節や姿勢反射の調節，随意運動による推尺調節などである．

d．大脳皮質における調節機構

大脳皮質は新皮質と辺縁系に分けられる．辺縁系は視床下部と協調して自律性反応，摂食行動，性行動，情動行動および生体リズムの発現に関与している．新皮質は各細胞群の部位に特有の機能を営んでいる．前部の領域は運動野とよばれ，骨格筋の随意運動，不随意運動を調節している．体性感覚野は温度感覚，冷覚，痛覚，触覚，圧覚や深部感覚を，聴覚野，味覚野，視覚野，嗅覚野などはそれぞれの特殊感覚を司る．連合野は高等動物ほど広い部位を占め，学習，記憶，言語など高度な神経活動を営む部位で，家畜ではヒトほどの発達はみられない．

3.2.2 体液系による調節
A. 体液の構成

　生体を構成する基本単位が細胞である．体液とは体内の液体成分の総称であり，細胞内液と細胞外液に大別される．細胞内液は体重の約40％を占める．一方，細胞外液は血漿と間質液から構成され，血漿は体重の約5％を，間質液は体重の約15％を占めている．生体にとっての内部環境は，いいかえれば，生体内における細胞周囲の環境，すなわち間質液であり，その性質が正常であってはじめて細胞の生命現象が維持される．

B. 体液系による生理機能の調節

　生体の恒常性における中心的な役割を担うのが中枢神経系と内分泌系であり，内分泌系による調節機構は体液性調節機構とよばれる．体液系調節機構のなかで主要な役割を果たす化学物質がホルモンである．ホルモンは内分泌器官から分泌され，血流によって全身に運ばれること（内分泌）でその標的器官に到達し，調節作用を発揮する物質と定義される．そのようなホルモンとしてはペプチド型ホルモン，ステロイド型ホルモン，アミン型ホルモンがある．現在では，必ずしも血流を介さずに近接した細胞間で局所的に作用するもの（傍分泌）や，分泌した細胞自身に作用するもの（自己分泌）もホルモンとして位置づけられており，ホルモンは，細胞間の情報伝達を担う化学物質の総称と再定義されている．この新たな定義に従えば，神経伝達物質や細胞成長因子もホルモンの一種と理解することができる．

C. ホルモン作用の発現機序

　ホルモンが作用するためには標的となる細胞が，そのホルモンに対する反応性をもつ必要がある．それを担うのが受容体である．受容体は2種に大別される．ひとつは細胞膜上に存在する受容体であり，ペプチド型ホルモンや細胞成長因子，アミン型ホルモンの一部がこの種の膜受容体を介して作用する．膜受容体は，細胞膜を貫通したタンパク質であり，ホルモンが結合することにより細胞内に情報を伝える．細胞内への情報伝達形式により膜受容体はGタンパク質共役型（ACTH，FSH，LHなどにみられ，タンパク質キナーゼAやCを介する），受容体チロシンキナーゼ型（インスリン，IGF-1やEGFなどの細胞成長因子にみられ，細胞内ドメインがチロシンキナーゼ活性をもつ），サイトカイン型（GH，PRLなどJAK/STAT系を介する）などに分類されている．もうひとつは，細胞内に存在する受容体であり，ステロイド型ホルモンや甲状腺ホルモンなどは細胞膜を通過して細胞内に入り，この種の受容体に結合して作用を現す．ホルモンと結合した受容体は核内に移行し，DNAと相互作用するため核内受容体ともよばれる．

D. 下垂体と下垂体ホルモン

　下垂体は数種の腺細胞から構成される前葉（腺性下垂体）と神経線維から構成される後葉（神経性下垂体）からなり，その中間に中葉がある．前葉から分泌されるホルモンとしては，成長ホルモン（GH），プロラクチン（PRL），副腎皮質刺激ホルモン（ACTH），甲状腺刺激ホルモン（TSH），卵胞刺激ホルモン（FSH），黄体形成ホルモン（LH）の6つがある．PRL，FSH，LHについては生殖に関するホルモン（2.8節）を参照されたい．後葉から分泌されるホルモンには，抗利尿ホルモン（バゾプレッシン）とオキシトシンがある．

a. 成長ホルモン（GH）

　GHはペプチドホルモンであり，その作用は種特異性が強く，ウシ，ヒツジ，ブタ，ウマ，ヒトではいずれも191個のアミノ酸からなり，分子量は約21,500である．GHは骨格筋や内臓諸器官の成長を司るとともに，骨端閉鎖していない長骨骨端板の軟骨細胞の増殖と骨化を促す．GHにはタンパク質同化作用があり，血中アミノ酸の細胞内へのとり

込みを増すことにより，タンパク質の合成を促す．また，糖代謝に関しては，肝臓からのブドウ糖放出を促進する抗インスリン作用をもつ．GH には脂肪分解促進作用があり，血中遊離脂肪酸濃度を上昇させる．従来，下垂体からの GH 分泌は視床下部由来の GH 放出ホルモン（GHRH）と抑制性のソマトスタチン（SRIF）の 2 つにより調節されると考えられてきたが，近年，その他の因子も関与することが示されている．

b. 副腎皮質刺激ホルモン（ACTH）

ACTH は 39 個のアミノ酸からなる分子量が約 4,500 のペプチドホルモンで，前駆体であるプロオピオメラノコルチン（POMC）からのタンパク質切断により産生される．1～24 番と 34～39 番のアミノ酸配列はすべての動物種で同一であるが，25～33 番のアミノ酸配列が種により異なる．ACTH は他種の動物に対しても作用をもつ．ACTH は副腎に作用して糖質コルチコイドを分泌させる．ACTH 分泌は副腎皮質刺激ホルモン放出ホルモン（CRH）によって促進される．

c. 甲状腺刺激ホルモン（TSH）

FSH や LH と同じく糖タンパク質ホルモンで，α，β の 2 つのサブユニットが非共有結合したヘテロ二量体である．α サブユニットの一次構造は，FSH や LH と同一である．ウシでは α サブユニットが 96 個のアミノ酸からなり，分子量は約 13,600，β サブユニットが 113 個のアミノ酸からなり，分子量は約 14,700 である．TSH は甲状腺に作用してサイロキシン（T_4）とトリヨードサイロニン（T_3）の分泌を促す．TSH 分泌は視床下部由来の甲状腺刺激ホルモン放出ホルモン（TRH）により促進されるとともに，T_4 による負のフィードバック機構により抑制される．

d. 抗利尿ホルモン（バゾプレッシン）

バゾプレッシンは 9 個のアミノ酸からなるペプチドホルモンで，分子量は約 1,000 である．ほとんどすべての哺乳類では 8 番目のアミノ酸残基がアルギニンであることからアルギニン・バゾプレッシンとよばれるが，ブタではリジンに置換されており，リジン・バゾプレッシンとよばれる．バゾプレッシンは，腎臓の尿細管における水の透過性を高めることにより，糸球体ろ過液（原尿）からの水分の再吸収を促し，体内水分を保持する作用をもつ．バゾプレッシンの放出は，脱水や出血による体液量の減少，視床下部浸透圧受容器による血漿浸透圧の上昇の感知，腎血流量の低下によるアンジオテンシンⅡの産生増加などにより促進される．

e. オキシトシン

オキシトシンは 9 個のアミノ酸からなるペプチドホルモンで，分子量は約 1,000 である．3 番目のアミノ酸残基がイソロイシン，8 番目がロイシンである以外はバゾプレッシンと同じアミノ酸配列をもつ．オキシトシンの主な作用は子宮平滑筋収縮や乳腺筋上皮細胞収縮による乳汁排出である．また，オキシトシンはバゾプレッシンと構造的に相同性が高いことから，弱いながら抗利尿作用ももつ．

E. 甲状腺

甲状腺は各組織の代謝水準を維持してそれぞれの機能を最適にする役割を担う．甲状腺は生命維持機能に不可欠な器官ではないが，細胞の酸素消費量の調節や熱産生の調節に重要である．

a. サイロキシン（T_4）とトリヨードサイロニン（T_3）

T_4 と T_3 は甲状腺沪胞内でサイログロブリンに結合しているチロシン分子にヨウ素が結合したものが 2 分子縮合することにより合成される．T_4 は 4 つのヨウ素を，T_3 は 3 つのヨウ素を分子内にもつ．T_4 と T_3 のもっとも主要な作用は，細胞の酸素消費を増加させ基礎代謝を亢進することにより，熱産生を増加させることである．また GH とともに正常な成長と骨格の成熟に必須であり，甲状腺機能

の低下は発育不良につながる．

b. カルシトニン

カルシトニンは32個のアミノ酸からなるペプチドホルモンで，骨吸収に対する抑制作用や血中カルシウム濃度を低下させる作用をもつ．カルシトニンは下垂体，胸腺，肺，腸，肝臓など甲状腺以外からも産生され，甲状腺から産生されるものはサイロカルシトニンとよばれることがある．

F. 上皮小体

上皮小体は左右1対または2対みられ，甲状腺にほぼ付随して存在するため副甲状腺ともよばれる．

a. 上皮小体ホルモン（PTH）

PTHはアミノ酸84個からなるペプチドホルモンで，分子量は約9,500である．PTHは生命の維持に不可欠なホルモンで，血中カルシウム濃度を一定に維持する作用をもつ．すなわち，骨からのカルシウムの遊離や腸管からのカルシウムの吸収を促進し，腎臓からのカルシウム排泄を抑制する．PTHの産生は血中のカルシウムによる負のフィードバック機構により調節される．

G. 膵臓

膵臓は膵液を分泌するという外分泌機能をもつとともに，重要な内分泌機能をもつ．内分泌機能は明確に区分された4種類の細胞から構成される膵島（ランゲルハンス島）が担う．4種類の細胞は異なるホルモンを産生し，もっとも数の多いβ細胞はインスリンを，α細胞はグルカゴンを，D細胞はソマトスタチンを，F細胞（あるいはPP細胞）は膵ポリペプチドをそれぞれ分泌する．

a. インスリン

インスリンは21個のアミノ酸からなるA鎖と，30個のアミノ酸からなるB鎖がジスルフィド結合したヘテロ二量体である．インスリンは糖，脂肪，タンパク質代謝経路の多くの段階に作用し，主な作用部位は肝臓，脂肪，骨格筋である．インスリンは骨格筋と脂肪における糖（グルコース）のとり込みや，肝臓におけるグリコーゲン合成を促進することにより血糖値を低下させる．インスリンの血中濃度は血糖値に依存しており，血糖値の上昇はインスリン分泌を促す．脂質代謝においては，インスリンは肝臓や脂肪における脂肪合成を促進し，脂肪分解を抑制する．タンパク質代謝に関しては，骨格筋でのアミノ酸のとり込みを促進する同化作用をもつ．インスリン分泌は血糖値以外，例えば，自律神経や消化管に由来するホルモンによっても調節を受ける．反芻家畜では摂食による血糖値の上昇はみられないが，インスリン分泌は増加する．これはルーメン（第一胃）内の揮発性脂肪酸（酢酸，プロピオン酸，酪酸など）がインスリン分泌亢進作用をもつためである．

b. グルカゴン

グルカゴンは29個のアミノ酸からなるペプチドホルモンである．グルカゴンの生理作用はインスリンのそれと反対であり，ほとんどの作用は肝臓に集中している．もっとも重要な機能はグリコーゲン合成を減少させ，グリコーゲン分解を増加させることと，アミノ酸からの糖新生を促進することである．グルカゴンの分泌もインスリンと同様，血糖値により調節されており，低血糖はグルカゴンの分泌を亢進させる．

c. 膵ソマトスタチンと膵ペプチド

膵ソマトスタチンは，視床下部由来のソマトスタチンと同一の分子である．もっとも重要な機能はインスリン，グルカゴンの分泌をともに抑制性に調節することである．膵ポリペプチドは36個のアミノ酸からなり，腸管の運動性や胃内容の排出を増加させる作用をもつ．

H. 副腎皮質

副腎は皮質と髄質からなる．皮質は外側から球状帯，束状帯および網状帯の3層からなる．球状帯は電解質コルチコイドを，束状帯と網状帯は主に糖質コルチコイドを，髄質は

アドレナリンとノルアドレナリンを分泌する．

a. 糖質コルチコイド

主要な糖質コルチコイドはコルチゾルである（齧歯類など一部の種ではコルチコステロンが主）．糖質コルチコイドのもっとも重要な機能は代謝調節であり，タンパク質分解，肝臓でのグリコーゲン生成と糖新生を促進する．下垂体のACTHにより分泌が促進された糖質コルチコイドは，負のフィードバック機構により視床下部のCRHや下垂体のACTH分泌を抑制する．ストレス環境下では，視床下部－下垂体－副腎軸が活性化され，糖質コルチコイド分泌は増加する．

b. 電解質コルチコイド

主要な電解質コルチコイドはアルドステロンである．電解質コルチコイドの生理作用は，電解質バランスと血圧の恒常性維持であり，腎臓遠位尿細管におけるナトリウムの保持とカリウム分泌促進を担う．電解質コルチコイド分泌は，レニン－アンジオテンシン系と血中カリウム濃度により調節される．

c. アドレナリンとノルアドレナリン

ノルアドレナリンはチロシンから水酸化と脱炭酸によりドーパミンを経て生成される．アドレナリンは，糖質コルチコイドの作用によりノルアドレナリンから変換される．アドレナリンとノルアドレナリンの作用はα，β受容体を介して発現する．アドレナリンとノルアドレナリンは，ともに肝臓に作用してグリコーゲン分解と糖新生を促進するが，その作用はアドレナリンのほうがはるかに強い．そのほか，両者に共通する作用として，脂肪分解作用，心臓機能刺激作用，熱産生増大作用などがある．アドレナリンとノルアドレナリンの分泌は，低血糖やストレス環境下，寒冷暴露などにより促進される．

3.2.3　呼吸循環器系

呼吸器系は，酸素を体内にとり入れ，二酸化炭素を体外に排出することが主要な働きである．循環器系は，心臓および血管（動脈，静脈，毛細血管）からなる心血管系と，リンパ節およびリンパ管からなるリンパ系とから構成される．

A. 呼吸器系

a. 呼吸運動

呼吸は，呼吸運動による生体と外界とのガス交換（外呼吸）と，細胞による酸素の利用と二酸化炭素の生成（内呼吸）の2つの過程がある．吸息時は，吸息筋（外肋間筋，横隔膜）の収縮により胸郭を拡張し，その内部を陰圧にすることによって外気を肺胞内に吸引する．一方，呼息時は吸息筋の弛緩，肺胞の弾性による縮小などによって肺内の空気を排出する．呼吸の亢進した状態では，呼息筋（内肋間筋）の収縮などによって呼息運動が補助される．

イヌや肉食動物では外肋間筋に呼吸運動を依存する胸式呼吸を呈することが多く，ウマや反芻動物では横隔膜に依存する腹式呼吸を呈することが多い．また，安静時の単位時間あたりの呼吸数は，体の大きい動物ほど少ない傾向がある．哺乳類の呼吸器系と異なり，鳥類では，気管支に連絡する薄い粘膜からなる気嚢が胸腹腔や骨のなかまで分布しており，肺内の呼吸気の交換を行っている．

b. ガスの運搬と交換

肺胞内の空気と血液との間でガス交換が行われる．肺胞内の外気は，血液に比べ酸素分圧（P_{O_2}）が高く二酸化炭素分圧（P_{CO_2}）が低いので，血中の二酸化炭素は外気中に拡散し，外気中の酸素は血中に拡散する．血中にとり込まれた酸素は，ほとんどがヘモグロビンと結合して組織に輸送される．ヘモグロビンの酸素結合能は酸素解離曲線によって示される（図3.6）．このS字状曲線はP_{O_2}が肺胞中レベル（80〜100 mmHg以上）になるとヘモ

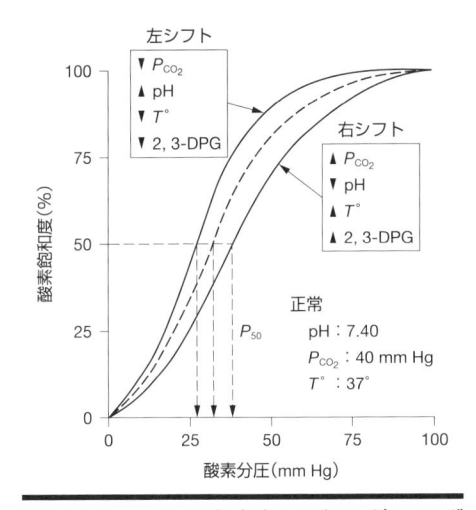

図 3.6 ● P_{CO_2}，pH，温度（$T°$）および 2,3-ジホスホグリセリン酸（2,3-DPG）濃度の変化によって引き起こされるヘモグロビンの酸素解離曲線に対する影響

グロビンのほとんどが酸素と結合し，組織中レベル（40 mmHg 以下）になると効率よく酸素を遊離することを意味している．この曲線は，血液の P_{CO_2}，pH，温度，2,3-ジホスホグリセリン酸（2,3-DPG）などの影響を受けて左右に移動する．

組織中の二酸化炭素は血中に拡散する．排出される二酸化炭素の約 20％はヘモグロビンの NH 基と結合してカルバミル化合物となり運搬される．残りのほとんどの二酸化炭素は血中の炭酸脱水酵素の作用によって H^+ と HCO_3^- となって運搬される．肺胞では P_{CO_2} が血中より低いため，二酸化炭素の炭酸化の逆反応が生じ，二酸化炭素として肺胞中に排出される．

c. 呼吸の調節

呼吸中枢は延髄に位置し，2 つの相対的に区別される神経群からなる．持続性吸息中枢は吸気を促進するが，呼吸調節中枢は吸気を抑制する．呼吸中枢によって生じた信号は呼吸筋に適切な出力を行うために統合される．これらの情報を非呼吸性活動（体温調節，発声，嘔吐など）とも統合し，適切な呼吸パターンが形成される．

化学受容器は換気量の調節機構である．頸動脈小体や大動脈体には，主に P_{O_2} の低下を感受する末梢化学受容器が存在し，それぞれ舌咽神経および迷走神経の神経活動を亢進する．延髄には，P_{CO_2} の上昇を感受する中枢化学受容器が存在し，日常の代謝量の変化に伴う換気量の調節を行っている．

B. 血液

血液は細胞成分と血漿からなる．血液は物体を体内で運ぶための媒体である．酸素，二酸化炭素，栄養素，代謝物質などが運搬されている．血液はまた，体温調節，体液の pH や電解質濃度の恒常性維持，生体を異物から防御する機能ももっている．血液量は体重の 7〜10％を占めている．細胞成分は，胎子期には肝と骨髄，その後は骨髄にある造血幹細胞からつくられる．

a. 赤血球

哺乳類の赤血球は中央部が窪んだ円盤状で核もミトコンドリアもないが，鳥類の赤血球はラグビーボール状で核がある．赤血球の数は動物種によって著しく異なるが，種内，個体内でも状態や環境の変化によって変動する．赤血球の寿命は動物種によって著しく異なるが，寿命になると細網内皮系の食細胞によって貪食される．

赤血球の主成分はヘモグロビンである．ヘモグロビンは鉄原子を含むヘムとグロビンというタンパク質が共役結合したものである．4 個のヘム分子が 4 個のグロビンと結合してヘモグロビン 1 分子となる．ヘモグロビンは酸素と結合してオキシヘモグロビンとなり，末梢毛細血管を通過する間に組織に酸素を与えヘモグロビンに復帰する．

b. 白血球

白血球は顆粒球（好中球，好酸球，好塩基球）と無顆粒球（リンパ球，単球）に分類される．白血球は 1 μL あたり約 1 万個で，好

中球とリンパ球で全白血球の約90%を占める．好中球は中性色素で染まる顆粒をもつ．核は分葉ないし分節状である．食作用をもち，アメーバ運動を行い，顆粒のリソソームから供給される消化酵素により飲み込んだ細菌や異物などを分解して感染や異物から身体を守る．好酸球は大型の細胞で，酸性色素に染まる多数の顆粒をもつ．著しく運動性に富み，わずかに食作用がある．好塩基球は塩基性色素に染まる顆粒をもつ．細胞中にはヘパリンとヒスタミンが含まれている．リンパ球はリンパ組織でつくられ，核は大きく球形で細胞質が少ない．抗体を産生し，免疫に重要な役割を演じる．単球は比較的大型で1つの核をもち，運動性があり，食作用も有する．

c．血小板

血小板は巨核細胞由来で，無核で円板状の構造をしている．寿命は数日である．血小板は止血作用をもつ．血管壁に損傷を受けると，血小板の粘着・凝集が起こり，血小板血栓が生じると同時に，血小板からセロトニンが遊離し，血管が収縮する．

d．血漿

血漿は淡黄色を帯びた透明な液体である．血漿タンパク質はアルブミン，グロブリン，フィブリノーゲンに大別される．血漿からフィブリノーゲンを除いたものを血清という．アルブミンは血漿に大量に存在し，膠質浸透圧や担送機能の主役となる．グロブリンは α，β，γ の3分画に分かれ，γ 分画には免疫抗体が含まれるので免疫グロブリンともいう．アルブミンとグロブリンの量比をA/G比といい，家畜の栄養判断などに用いられる．

血糖値は家畜によって標準値が異なる．反芻動物では可消化炭水化物の大部分がルーメン発酵によって揮発性脂肪酸に変えられてしまうため，普段の血糖値は単胃動物より低い．これに対し鳥類では哺乳類より高い血糖値が維持されている．

C．心血管系

a．体循環と肺循環

図3.7に示すように，左心室から大動脈に駆出された血液は肺を除く各臓器に送られ，血液は各臓器の毛細血管を通過後，静脈に入り，大静脈を通って右心房に運ばれる．これを体循環という．右心房に入った血液は右心室に流入し，肺動脈に駆出され肺に送られ，肺の毛細血管から肺静脈を経て左心室に戻る．これが肺循環である．また，体循環の一部に属する心臓自身を環流する冠循環がある．

b．心臓の機能

心臓は血液を駆出するポンプである．円滑な心臓の活動は，洞房結節，房室結節，ヒス束，左右の脚，プルキンエ線維へと続く刺激伝導によって調律されている．1回の正常な心収縮は洞房結節の歩調取り細胞が自発的に脱分極することによって開始される．この脱分極により生じた活動電位によってまず両心房が収縮する．房室結節は心房と心室間の唯一の伝導路である．活動電位はプルキンエ線維から心室筋へ伝達され，心室の収縮が起こる．

心筋は骨格筋と同様に横紋をもつが，心筋細胞は境界膜によって連結している．これによって1個の心筋細胞内の活動電位が隣接する別の心筋細胞内に広がることができる．

心拍動の周期（心周期）は心室の収縮期と拡張期からなる．心臓の一心周期における各事象は，弁の開閉，心音，心電図と密接に関連している．心室の収縮は，心電図のQRS群によって示される心室の脱分極によってはじまり，収縮する間に血液は心室から駆出され，拡張期には心室は弛緩し，次の収縮期に先立って血液が再び充満する．

c．循環の調節機序

循環の調節は神経性調節と体液性調節に大別される．神経性調節では，頸動脈洞や大動脈弓にある高圧受容器と，心房壁や肺内にあ

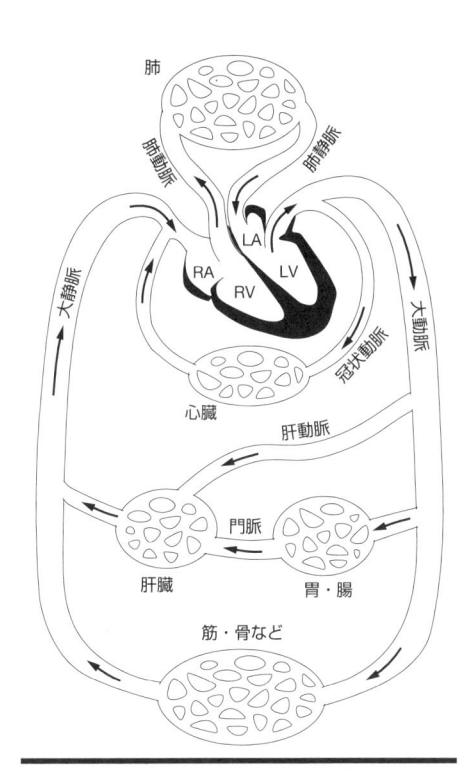

図 3.7 ● 心臓血管系の全体的な配置

体循環と肺循環は直列に配置されており，体循環内にある臓器は並列に配置されている．
RA：右心房，RV：右心室，LA：左心房，LV：左心室

る低圧受容器によって血圧の変化を感知し，延髄循環中枢によって自律神経を介した血圧・心拍出量の調節が行われる．体液性調節では，血管拡張物質としてキニンや心房性ナトリウム利尿ペプチドなどがあり，血管収縮物質としてカテコールアミン，アンジオテンシンⅡ，バゾプレッシン，エンドセリンなどがある．

D．リンパ系

リンパ管は静脈に似た構造をもち，多数の弁がある．末梢の毛細リンパ管は合流してリンパ節を経由したのちリンパ本幹となり，左右の静脈角に吻合し静脈系に環流する．リンパ系の主要な機能は，血管系から漏出した間質液をもう一度血管系に戻すことと，コレステロールなどの脂肪分を運搬すること，免疫系の細胞を産生することなどである．

3.2.4 排泄系

哺乳類の腎臓は，生体の恒常性を維持するうえで重要な器官である．2つの腎臓は心拍出量の約25％を受けとり，その血液を代謝老廃物排泄のためにろ過するとともに，タンパク質，水，電解質を再吸収する．こうして最終的に生成された尿は，膀胱を経て体外に排出される．また腎臓は一種の内分泌器官であり，血圧の調節に重要なレニンを分泌する．

A．ネフロン

腎臓の機能的な単位で，腎小体（糸球体＋ボーマン嚢）とそれに続く尿細管（近位尿細管，ヘンレ係蹄，遠位尿細管，集合管）からなる．糸球体はボーマン嚢中に陥入した毛細血管網のことで，輸入細動脈から糸球体へ流入した血液はろ過され，輸出細動脈から出ていく．

B．糸球体ろ過

糸球体でろ過されて生成する液を糸球体ろ過液（原尿）という．単位時間あたりに生成される糸球体ろ過液の量を糸球体ろ過量（GFR）とよび，$GFR \times P_x = V \times U_x$ の等式が成り立つ（ここで P_x は糸球体では完全にろ過されるが，尿細管では再吸収されない物質xの血中濃度を，V は単位時間あたりに排泄される尿量を，U_x は物質xの尿中濃度を表す）．一般に GFR 測定のための物質xとしてはイヌリンやクレアチニンが用いられる．

C．尿細管機能

a．近位尿細管

近位尿細管は多数のミトコンドリアと基底外側面細胞膜上に多くの襞をもつ上皮細胞から構成され，糸球体でろ過された物質の約60％を再吸収する．小分子のタンパク質はエンドサイトーシスにより，ブドウ糖，アミノ酸，リン酸塩，炭酸水素イオン，塩素イオンなどは Na^+-K^+ATPase の能動輸送により

吸収される．逆に，糸球体でろ過されなかった有機化合物や抗生物質は近位尿細管で排泄される．

b. ヘンレ係蹄

下行脚と上行脚からなる．下行脚はミトコンドリアや襞のない上皮細胞で構成されるため，溶質の能動輸送はほとんどみられず，水だけを再吸収する．一方，上行脚は多数のミトコンドリアや襞をもつ上皮細胞で構成され，水を吸収できない反面，能動輸送による溶質の再吸収を行う．下行脚と上行脚はネフロンループを形成しており，尿細管液は下行するにつれて髄質間質への水の拡散により浸透圧の高い液となるが，上行するに従い能動輸送による溶質の再吸収が生じるため，浸透圧は低下する．このときさらにナトリウムが能動的に再吸収されるため，尿細管液はさらに希釈される．

c. 遠位尿細管と集合管

遠位尿細管はヘンレ係蹄の上行脚に比べてさらに多くのミトコンドリアや襞をもつ上皮細胞から構成され，すべてのネフロン分節のなかでもっとも高いNa^+-K^+ATPase活性を示す．遠位尿細管は水を吸収できないため尿はさらに希釈され，ヘンレ係蹄の上行脚と合わせて希釈分節ともよばれる．接合尿細管は次に続く集合管への移行部位で複数の細胞から構成される．集合管はナトリウムの再吸収とカリウムの分泌を担う主細胞と，カリウムの再吸収を担う介在細胞からなる．

近位尿細管では，動物の生理的状態とは無関係に糸球体ろ過液からの溶質や水の再吸収が生じる．これとは対照的に，遠位尿細管と集合管では恒常性を維持するようにこれらを調節している．その調節は数種類のホルモンによる．

D. ホルモンによる腎臓機能の調節

a. 抗利尿ホルモン（バゾプレッシン）

生体の水分保有量に応じて腎臓髄質の高張性をつくり出すことと，遠位のネフロン分節でのナトリウム再吸収の増大により尿細管液の希釈を行うこととが，最終的に濃縮尿もしくは希釈尿のいずれを排泄するかを決定する．バゾプレッシンは水分保有量の低下に反応して放出され，集合管に作用して水の透過性を増大させることにより水の再吸収を促す作用がある．

b. レニン-アンジオテンシン-アルドステロン系

GFRと腎血流量を調節する重要な機構である．腎血流量の低下により輸入細動脈壁にある特殊化した細胞（メサンギウム細胞）からレニンが放出される．レニンは肝臓でつくられたアンジオテンシノーゲンのアンジオテンシンIへの変換を触媒する．アンジオテンシンIは生体内に広く分布するアンジオテンシン変換酵素により，さらに活性の強いアンジオテンシンIIへと変換される．アンジオテンシンIIは強力な血管収縮作用をもち，これが全身血圧を上昇させるとともに副腎髄質からのアルドステロン放出を促す．アルドステロンは接合尿細管と集合管によるナトリウムの再吸収とカリウムの分泌を増加させる．

c. 上皮小体ホルモン（PTH）

PTHはヘンレ係蹄の上行脚，遠位尿細管に作用してカルシウムの再吸収を高めることにより，血中カルシウム濃度を一定に維持する．

E. 排尿

尿管の収縮により尿は腎盂から膀胱へと運ばれる．排尿筋とよばれる膀胱平滑筋が主として排尿時に働く．排尿は基本的には脊髄反射のひとつで，脳の高次中枢によって促進もしくは抑制される．膀胱は尿量の増加に伴って張力が増加するが，同時に容量も増加するため，膀胱内にかなりの量の尿がたまるまで内圧はほとんど変化しない．排尿反射が起こる容積に達すると急激に内圧が上昇し，仙髄中にある反射中枢が刺激され，遠心性の副交感神経を介した反射性収縮により排尿が起こる．

3.3 産肉の生体機構

3.3.1 筋肉の発生と発達
A. 筋肉の構造

筋肉は組織中に横紋がみられる横紋筋とみられない平滑筋に分類される．さらに横紋筋は骨格筋と心筋に分類され，骨格筋は腱によって骨と結合し，意思によって収縮・弛緩が可能な随意筋である．一方，心筋は心臓を構成し，その拍動を意思によって動かすことができない不随意筋である．また，平滑筋も不随意筋で，これは消化管，血管，子宮および膀胱などの器官を構成する筋肉である．これら3つの筋肉は，可食筋肉として包含されるが，一般に食肉とよばれる筋肉は骨格筋である．

骨格筋は多数の筋線維が束になり，その間に結合組織，血管，神経および脂肪組織が存在する．筋線維は結合組織である筋内膜で被われ，これらが多数束ねられて1つの筋束（筋線維束）を構成し，この周囲は筋周膜で覆われている．さらに筋束が筋上膜によって多数束ねられ，骨格筋を構成している．また，筋上膜は筋肉間の隔壁として，丈夫な筋膜を構成している．骨格筋組織の両端は結合組織が集合し腱を構成し，骨膜を介して骨格に接続している．

骨格筋を長軸方向に対して垂直に切断したときの個々の筋束断面の大小は，食肉の"きめ"と関係がある．家畜の骨格筋では，一般に放牧等で運動量が多く，負荷がかかる筋肉で筋束の断面が大きく"きめ"が粗く，一方，舎飼等で運動量が制限された筋肉では断面が小さく"きめ"が細かくなる傾向にある．

骨格筋を構成する物質の1つに脂肪組織があるが，骨格筋間の脂肪を筋間脂肪，筋束間の脂肪を筋束間脂肪として分類する．また動物種によっては筋束内に脂肪が蓄積されることがあり，これを筋束内脂肪といい，筋束間脂肪と合わせて筋肉内脂肪という．家畜の肥育による筋肉内脂肪の蓄積は"さし"（脂肪交雑，霜降り）とよばれる．

B. 筋線維の構造

筋線維は筋細胞ともよばれ，発生の過程で数百の細胞が細長く融合し，多核細胞として形成され，長い円柱状を呈している．この長さは数cmから10 cm程度で，直径は10〜100 μm である．筋線維の細胞膜は筋鞘とよばれ，このなかには筋肉の収縮単位である直径1 μm の筋原線維を多数含み，これらは長軸方向に規則正しく平行に配置されている．筋原線維は主に太いフィラメントと細いフィラメントで構成されており，前者を代表するミオシンおよび後者を代表するアクチンは，筋原線維の構成成分のそれぞれ約50%および約20%を占めている．これ以外の細いフィラメントとしてトロポミオシンおよびトロポニンが存在し，これらは筋原線維の構成成分のそれぞれ5〜8%を占め，両者の生理機能は筋肉の収縮・弛緩の調節である．

C. 筋肉の発生

発生初期に神経管の両側に中胚葉が分布し，これからいくつかの細胞群が形成され体節となり，この外側部の筋板が分化し骨格筋が形成される．筋板の間葉細胞から筋前駆細胞，すなわち筋芽細胞の運命は決定される．この時期の筋芽細胞は外見上，他の線維芽細胞等の細胞と区別することができないが，増殖初期の筋芽細胞（図3.8）は紡錘形の形態をとり，分化の時期を迎えると筋芽細胞に特異的な筋転写調節因子などの発現が起こり，筋細胞へと分化する．

筋芽細胞は増殖をくり返し，一定の細胞数に達すると，その増殖を停止し，細胞は分化，融合をはじめる．融合した細胞の集合体は筋管細胞（図3.9）とよばれ，多核化した細胞質内には筋原線維タンパク質が現れる．筋管細胞まで分化が進むと，細胞は分裂せず，核のDNA複製は停止する．筋管細胞はさらに

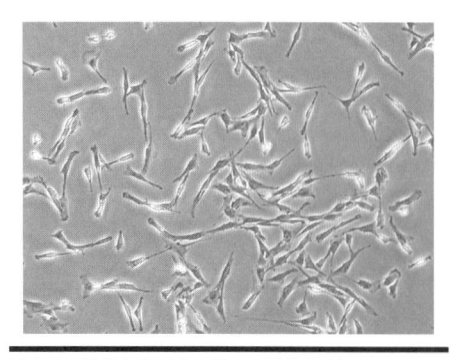

図 3.8 ● 筋芽細胞（ウシ胎子骨格筋由来）

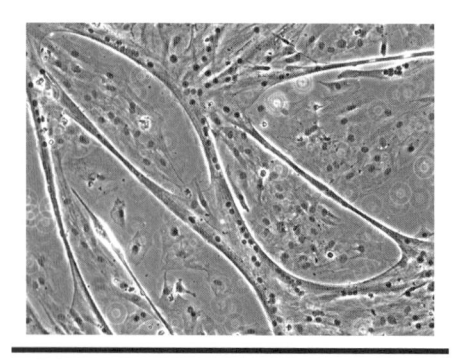

図 3.9 ● 筋管細胞（ウシ胎子骨格筋由来）

融合をくり返すとともに周辺部の筋芽細胞をも融合して核数を増やしながら巨大化し，やがて筋線維に成熟するが，筋線維の増殖は出生前後で停止する．筋管細胞への融合に至らなかった筋芽細胞の一部は，筋線維の細胞膜（筋鞘）とこれを覆う基底膜との間に単核状態を維持し，未分化の状態を保った筋衛星細胞として存在する．通常状態では筋衛星細胞は細胞分裂周期から外れた休止期にあるが，運動負荷や損傷を受けた骨格筋，すなわち筋線維の再生過程において活性化され，増殖，分化をくり返し，筋管細胞を形成し，既存の筋線維にとり込まれることにより骨格筋の修復あるいは肥大が起こる．骨格筋の成長は胎子期では筋線維の増殖により，出生後は既存の筋線維の肥大により起こる．

D. 筋線維の種類

筋肉は運動機能の実働組織であると同時に，グリコーゲン貯蔵というエネルギー貯蔵庫の役割も果たしている．ウシの枝肉は約100種類の筋肉で構成されており，そのうち20種類ほどが食肉としての意味のある大きさをもっている．筋肉を構成する筋線維はすべて一様な性質をもっているわけではなく，その色，ミオグロビン含量，収縮運動様式などいくつかの種類に分類される．

筋線維は筋収縮に要するエネルギー代謝系の違いから，I型筋線維，II型筋線維（IIA型，IIB型）およびI型とII型の中間の性質を有する中間型筋線維に分けられる（表3.3）．また，ミオグロビン含量が多い赤色筋線維と少ない白色筋線維に分けられる．

I型およびII型筋線維の収縮はミオシンATPase活性の組織化学染色によって収縮特性が分類される．酸前処理でミオシンATPase活性を示すのがI型筋線維で，収縮が遅く遅筋線維とよばれる．一方，アルカリ前処理でミオシンATPase活性を示すのがII型筋線維で，収縮が早く速筋線維とよばれる．また，NADH脱水素酵素活性の組織化学染色では，I型とIIA型で活性が高く，IIB型でその活性が低い．I型筋線維はミトコンドリアにおける強い好気的エネルギー代謝を示し，IIB型筋線維は解糖系による嫌気的エネルギー代謝に依存している．IIA型筋線維は好気的，嫌気的両方のエネルギー代謝を有している．

筋線維型の構成は骨格筋の動きや姿勢保持のための生理学的機能を反映している．I型筋線維は収縮が遅く，好気的代謝であるため疲労に抵抗性を示し，姿勢を保持する筋肉に分布している．IIB型筋線維は瞬発的な動きに収縮特性をもち，嫌気的代謝であるため疲労しやすく，運動機能にかかわる筋肉に分布している．I型筋線維は中間広筋にみられるように大腿部や臀部の深部に，II型筋線維は

表 3.3 ● 筋線維型の種類とその特性

筋線維型	I型	ⅡA型	ⅡB型
収縮速度	遅い	速い	速い
エネルギー代謝	好気的	好気的/嫌気的	嫌気的
疲労耐性	疲れない	疲れにくい	疲れやすい
色調	赤色	赤色	白色
ミオグロビン含量	多い	多い	少ない
ミトコンドリア数	多い	中間	少ない
筋線維の直径	細い	中間	太い
NADH脱水素酵素活性	+	+	−
ミオシンATPase活性（酸性）	+	−	−
ミオシンATPase活性（アルカリ性）	−	+	+

半腱様筋や半膜様筋でみられる動きの速い部位に多く分布している．1つの筋肉でも大腿二頭筋は近位でⅠ型筋線維の分布割合が高く，中位から遠位ではⅡ型筋線維の分布割合が高くなっている．

筋線維の型は一定ではなく，Ⅰ型およびⅡ型筋線維で相互に移行する能力を有し，運動，加齢などの外部環境要因の影響を受け変化する．舎飼では運動を制限されるのに対して，放牧による持続的な運動状態のウシでは，半腱様筋等のⅡB型筋線維で構成されている筋肉がⅠ型筋線維に移行することが明らかになっている．また，動物の加齢とともにⅡB型筋線維がⅠ型筋線維に移行することが知られている．陸上選手では持久的筋運動を要する長距離走選手は遅筋型筋線維が発達し，瞬発的筋運動を要する短距離走選手では速筋型筋線維が発達している．

3.3.2　筋肉の発達に及ぼす要因

筋線維の数は出生前後で生体としてのピークを迎え，出生後は減少するのみで，前項の筋肉の発生で紹介した筋線維の増加（増殖）は見込めない．しかし，成長あるいは運動負荷とともに筋肉が大きくなるが，これは筋線維の増殖ではなく肥大によるものである．肥大を続ける筋線維内のDNA量は増加するが，これは増殖能を失った筋線維がこれ以外の細胞からDNAの供給を受けているためである．この中心的な役割を担っているのが，前項でも紹介した筋衛星細胞である．筋衛星細胞による筋線維の肥大がどのようにして起こるのか，不明な点が多かったが，いくつかの増殖・成長因子の存在と機能解析から筋肉肥大のメカニズムが分子レベルで明らかにされてきた．

A. 肝細胞増殖因子（hepatocyte growth factor：HGF）

HGFは肝障害に応答して肝臓で著しく誘導され，その再生を促進する因子として注目されたが，その標的細胞が肝細胞に限らないことが明らかにされた．HGFは各種臓器の上皮細胞，内皮細胞あるいは造血系細胞にも増殖因子として働き，さまざまな器官障害に応答して損傷部位で誘導されることが明らかにされてきた．低濃度のHGFは休止期の筋衛星細胞を活性化し，また筋衛星細胞に物理的刺激を与えると細胞外マトリクスからHGFが遊離されることが報告されている．さらに骨格筋再生過程の初期段階では損傷した筋線維から放出，分泌されたHGFに対する走化性により筋衛星細胞が損傷部位に遊走

する．一方，HGFは筋芽細胞の分化，融合に対して抑制的に働く．活性化された筋衛星細胞は筋芽細胞へと分化し，つづいてこれらの増殖，分化，融合を経て筋管細胞が形成され，これらが既存の筋線維にとり込まれ，その肥大が起こる．

B. インスリン様増殖因子-1（insulin like growth factor-1：IGF-1）

さまざまな組織や器官の成長を促す成長ホルモンはその標的組織，器官あるいは細胞に作用してIGF-1の生産を促し，分泌されたIGF-1を介して成長ホルモンの成長促進作用が発揮される．IGF-1遺伝子をノックアウトしたマウスは出生後に死亡し，そのときの体重は野生型の半分以下となる．また，骨格筋特異的にこれをノックアウトしたマウスでは筋線維形成の遅延と，成長に伴う体重増加の遅れがみられる．一方，IGF-1を過剰発現させたマウスでは，筋肉量の増加に伴う成長の加速化がみられる．IGF-1の役割は発生過程の骨格筋の形成のみならずその肥大や再生に対しても作用し，これらはタンパク質合成を誘導するだけではなく，タンパク質の分解を阻害し，正と負の両方で骨格筋量の制御を行っている．

C. ミオスタチン（myostatin：MSTN）

MSTNはTGF（transforming growth factor）-βスーパーファミリーに属しGDF（growth/differentiation factor）-8ともいう．MSTNは骨格筋に特異的に発現し，その成長を抑制的に調節する因子である．MSTN遺伝子をノックアウトしたマウスでは野生型に対して筋肉量が2〜3倍になり，体重が30％程度増加する．このときの筋肉量の増加は筋細胞数の増加とともに肥大により起こる．自然界の動物においてもMSTN遺伝子に突然変異が起こり，その機能欠損を起こした個体が存在し，特にウシではdouble-muscleとよばれ，野生型と比べ筋肉量の増加がみられる．これについては次項で紹介する．MSTNの役割は筋肉の肥大を制御することであり，このために筋芽細胞の増殖，分化を抑制し，さらに筋衛星細胞の活性化に対しても負の調節を行っている．最近の研究では，高濃度のHGFがMSTNの発現を誘発し，これらが協調して筋衛星細胞の休止化を維持するとの報告がある．

D. その他の増殖因子

線維芽細胞増殖因子（fibroblast growth factor：FGF）は，筋芽細胞の増殖を促進するが，分化は抑制すると考えられ，特に受傷後の骨格筋の再生過程においては血管再生を促し，増殖因子としての作用が強いとされている．血管内皮細胞増殖因子（vascular endothelial growth factor：VEGF）は，再生骨格筋線維内の筋衛星細胞に局在しており，また収縮刺激や低酸素状態のような生理刺激に対して筋衛星細胞での発現が確認されている．VEGFは筋衛星細胞の遊走性，増殖および分化に対して作用すると考えられている．

E. 内分泌物質

骨格筋でのタンパク質のターンオーバー，すなわち合成と分解はインスリン，成長ホルモン-IGF-1軸，グルココルチコイド，甲状腺ホルモンおよび性ホルモンなどによる内分泌制御により均衡が保たれている．

インスリンは筋タンパク質に対して同化作用をもち，アミノ酸とともに筋タンパク質合成に作用し，アミノ酸は筋タンパク質合成に必要なインスリンの閾値濃度を変化させる．インスリンは正味のアミノ酸のとり込みを促進し，タンパク質合成を増加して骨格筋タンパク質の分解を抑制する．

グルココルチコイドはタンパク質蓄積に対して異化ホルモンとして働き，タンパク質合成の抑制とタンパク質分解を促進し，筋肉量を減少させるが，タンパク質分解作用は絶食時の血中グルコース濃度の維持調節に重要な役割を果たしている．

性ホルモンはステロイドホルモンの一種で

アンドロジェン（男性ホルモン），エストロジェン（女性ホルモン）およびプロジェステロン（黄体ホルモン）に分類され，タンパク質の同化作用を示す．アンドロジェンは筋肉細胞の表面や細胞質内にその受容体があり，タンパク質合成の刺激とタンパク質分解の抑制から筋肉量を増加させる．またこれらの効果は動物の成熟度により異なり，若齢ではその効果は期待できない．エストロジェンはIGF-1の分泌を促すことから，成長ホルモン-IGF-1軸を介した間接的な作用と考えられている．

F. β作動薬（βアゴニスト）

β作動薬はアドレナリン作動性神経のβ受容体を刺激するが，この刺激によりブタ，ウシでは筋肉量を増加させ，脂肪の蓄積を減少させる作用がある．これらの作用を示す薬剤はβ2あるいはβ3受容体に作用し，筋肉の分解抑制ならびに体脂肪分解を促進するため，摂取栄養素に対するエネルギー再配分効果があると考えられている．この作用を示す薬剤としてラクトパミンやクレンブテロールがあり，ラクトパミンは日本，EU，中国を除く主要養豚国で飼料に添加する動物薬として承認されているが，クレンブテロールはこの目的ではいずれの国においても承認されていない．

3.3.3 筋肉の特殊な発達と異常
A. 脂肪交雑

筋肉内の脂肪交雑は一般に"霜降り"あるいは"さし"とよばれ，これは筋肉の筋束を形成する結合組織間ならびに筋束内に形成される脂肪組織を意味する．この脂肪組織は家畜が体の維持や増体に必要なエネルギーを過剰摂取したときに形成され，筋肉内脂肪ともよばれる．筋肉内脂肪の蓄積は，他の脂肪組織である皮下脂肪，内臓脂肪，筋間脂肪などが最大成長に達した後に成長期を迎えるため，体脂肪のなかでのその形成は最後となる．

脂肪交雑は肉用牛の枝肉格付における肉質の評価においてもっとも重要視される．これは筋肉中の水分含量を減少させ，肉の締まりや風味を改善するためとされている．黒毛和種では14〜15か月齢から脂肪交雑の形成がはじまり，28か月齢程度の肥育終了時まで脂肪交雑の増加が認められるが，この増加は肉用牛の脂肪量とも関係しているため，過度の肥育期間の延長は皮下脂肪や筋間脂肪の過剰蓄積を招く．またロース芯の粗脂肪含量を5％増やすためには，枝肉の脂肪量を20 kg増加させる必要があるとの報告がある．

黒毛和種は脂肪交雑で選抜育種されてきたため，他の品種と比較して脂肪交雑が入りやすくなっている．さらに黒毛和種のなかでも系統間差があり遺伝的要因を強く反映している．また肉用牛の肥育では脂肪交雑の蓄積を増加させるために，肥育期間中に血中ビタミンA濃度を制御する方法がとられ，近年の肉用牛飼養の主流となっている．

B. Double-muscle

ヨーロッパ在来種のウシを中心に遺伝的突然変異と考えられるMSTNの機能が欠損した表現型が存在し，これをdouble-muscle（ダブルマッスル）とよんでいる（図3.10）．この表現型の特徴は骨格筋の異常発達で，特に肩から前肢にかけて，臀部から後肢にかけての骨格筋の発達が顕著である．また異常発達した骨格筋では筋

図 3.10 ● Double-muscle 牛（ベルジアンブルー種）

線維数の増加と肥大がみられ，筋肉内脂肪は少なくなっている．肉質は結合組織が少なく，筋線維が細いことからやわらかく，また肉量も増産が見込めることから，ヨーロッパではこの変異を選抜している品種も多く存在する．日本では"豚尻"とよばれる類似した表現型が過去に黒毛和種で存在したが，遺伝的不良形質として淘汰の対象とされ，現在，同品種ではその表現型は存在しない．一方，日本短角種では一部の系統でその表現型が存在し，現在も保存されている．

ウシMSTN遺伝子は2番染色体に存在し，その機能欠損は遺伝子の変異によるものである．ベルギーの在来種，ベルジアンブルー種のdouble-muscleはエクソン3内に11塩基の欠失変異が生じ，このためその下流でストップコドンが入り，正常なMSTNタンパク質を翻訳できないため，機能欠損が生じている．この変異は日本短角種の"豚尻"でも確認され，この表現型とdouble-muscleの一致が認められた．またイタリアのピエモンテーゼ種のdouble-muscleはエクソン3内の1塩基置換から，313番目のアミノ酸がシステインからチロシンに変化している．このアミノ酸置換によりMSTNは本来の立体構造を形成することができず，成熟タンパク質として存在できないため，機能欠損が生じている．これら以外にヨーロッパ在来種を中心にエクソン2内に欠失変異1種，置換変異2種が確認され，いずれもストップコドンが入り，正常タンパク質が翻訳されない状態にある．

C. PSE（pale soft exudative）

PSE肉は肉色が淡く（pale），やわらかく（soft），液汁が出やすい（exudative）肉のことで，"むれ肉"や"ふけ肉"とよばれ，ストレスに対する感受性が高いブタで発生が多い異常肉である．発生の原因は屠畜後の高温下で筋肉内グリコーゲンからの解糖が急激に促進され，これから生じた乳酸によりpHの低下が起こるため，ミオシンなどの筋原線維タンパク質の変性，細胞膜の崩壊が起こる．肉質は保水性の低下からドリップが多くなり，淡い白色を呈し，締まりがなくなる．PSEの予防として，屠畜後の速やかな屠体の冷却，出荷前に過度な絶食や絶水を行わない，長時間の過密輸送を行わないなどのストレス対策が重要とされており，ビタミンCやEの抗酸化剤の給与も効果があるとされている．またハロセンをブタに吸引させると麻酔状態を誘発するが，PSEになりやすいブタでは筋肉が痙攣硬直するため，ハロセン感受性の違いから選抜，淘汰が行われてきた．

D. DFD（dark firm dry）

DFD肉は肉色が暗く（dark），かたく（firm），乾いた（dry）肉のことで，ウシで発生しやすく"Dark cutting beef"ともよばれ，異常肉のひとつである．PSEとは逆でDFDは屠畜前の筋肉内グリコーゲンの消耗により，屠畜後の乳酸生成が抑制され，高pH（6.0以上）を維持するために起こり，枝肉の色は暗紫赤色を呈する．このときのミオグロビンの変化は筋肉内へ酸素が浸透しないため，オキシミオグロビン（鮮赤色）が形成されず，還元型ミオグロビン（紫赤色）の状態が維持されている．肉質はかたく締まった状態で，筋肉表面の水分が失われた状態で乾燥感がある．この発生は出荷前の長距離輸送などのストレスが原因のひとつとされている．DFDの予防は出荷前にストレスを負荷させない，飼養管理で筋肉内グリコーゲン含量を低下させないなどがある．

E. 白筋症

白筋症はウシ，ヒツジ，ブタ，ウマ，家禽の横紋筋においてビタミンEあるいは微量要求量元素であるセレンの欠乏が原因で，筋細胞膜の破壊により筋変性が生じる疾患である．白筋症の骨格筋型では起立不能，歩行障害等の運動障害が起こり，心筋型では心不全により死に至ることがある．骨格筋あるいは心筋の筋線維と並行して白色の斑点が出現

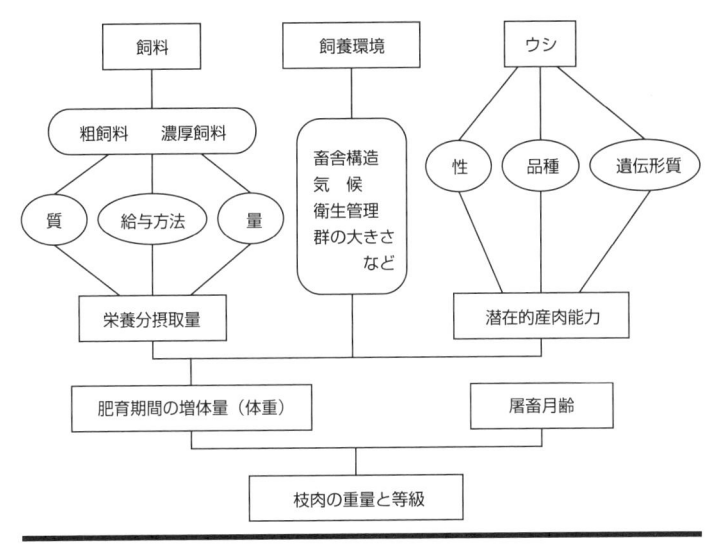

図3.11 ● 枝肉の重量と等級に及ぼす要因

し，筋肉の表面が白色を呈する．白筋症の予防はセレンならびにビタミンEの適切な摂取であるが，セレンについては過剰摂取で運動失調，肺水腫，虚脱などの中毒症状を起こし，死亡例の報告があるため，これらに留意する必要がある．

3.3.4 産肉技術

産肉性は発育性と屠肉性に分けられ，前者は主に肥育期間における増体速度，飼料効率が該当し，後者は枝肉を構成する部分肉の割合ならびに肉質が該当する．本項での産肉は発育性，すなわち肉用家畜を肥らせ，最終生産物である枝肉を生産する肥育について記載する．肥育は枝肉の量（歩留）や質（等級）によって評価され，これらに影響を及ぼす要因として潜在的産肉能力，栄養分摂取量，飼養環境ならびに屠畜月齢が挙げられる（図3.11）．潜在的産肉能力には品種，性，遺伝形質などが含まれ，栄養分摂取量には給与飼料の質と量ならびに給与方法が含まれ，飼養環境には畜舎構造，群飼あるいは単飼，気候条件，ストレスの状況ならびに衛生管理などが含まれる．

和牛の発育，飼養適性，肉質における品種の違いとして，黒毛和種は体格が小型からやや大きい程度で，後躯の発達がやや乏しいが，脂肪交雑や肉のきめ，締まりなど，肉質に優れている．褐毛和種は粗飼料の利用性が高く耐暑性に優れ，体格は黒毛和種よりやや大型である．肉質は黒毛和種よりも劣るが，増体能力は優れ，枝肉歩留は遜色ない．日本短角種は放牧適性ならびに粗飼料の利用性に優れ，体格は和牛のなかでは大型であり，早熟，早肥で泌乳能力も高い．肉質は肉のきめが粗く，皮下脂肪の肥厚に対して脂肪交雑が少ない．

近年になり牛肉に対する嗜好の多様化から，さまざまな飼養条件での肉用牛の生産が行われている．しかし，黒毛和種は脂肪交雑の蓄積に重点をおいた改良が行われてきた経緯もあり，その肥育方法も脂肪交雑が蓄積しやすい肥育技術が主流となっている．この肥育技術は濃厚飼料と稲わらを主体としたビタミンA制御によるものであり，肥育中期の14～21か月齢の間，血中ビタミンA濃度

を低値に制限し，肥育前期と後期は維持要求量を給与する飼養方法である．レチノイン酸（レチノールの活性型）は細胞内受容体と結合して直接遺伝子の発現を調節する物質であり，ウシ脂肪前駆細胞へレチノール，レチノイン酸を添加すると脂肪細胞への分化が阻害される．このためビタミンA制御による脂肪交雑の蓄積はビタミンAが脂肪細胞の分化抑制物質として働くため，この減少により脱抑制が起こり，分化が促進するためと考えられている．一方，日本短角種や褐毛和種は放牧適性あるいは粗飼料の利用性が高いことから，これらを活用した濃厚飼料に依存しない赤身肉を中心とした牛肉生産が近年，積極的に行われる傾向にある．肥育技術は畜種あるいは品種によって異なるが，重要なことは枝肉の最終目標を設定し，肥育に及ぼす要因を考慮しながら，目標に対する飼養計画を立てることである．

3.4　産乳の生体機構

3.4.1　乳汁の生産機構
A. 乳房・乳腺の構造と分泌機構
a. 乳房の構造

泌乳は哺乳類に特徴的な生理機能であり，ウシ，ヒツジ，ヤギ，ブタをはじめ，多くの家畜でみられる．そのなかでも酪農の主力である乳牛は，子牛が必要とするよりもはるかに多くの乳を生産し，食料生産に寄与する．産乳のメカニズムは，泌乳器官の形態や，泌乳能力，内分泌，栄養素代謝などの特性を反映して動物種により異なるが，本項では主に乳牛について示す．

乳牛の乳房は，4個の分房（乳腺）からなる（図3.12）．左右の分房は中央の支持靱帯で区別できるが，前後の境界は不明瞭である．乳房には乳合成の場である乳腺葉が発達し，枝分かれした乳管が張りめぐらされている．それらは下部に向かって集合し，15〜50本の乳管が開口して貯留部位である乳腺槽を形成している．ただし，乳腺槽は150〜500 mLの容積であり，乳を貯蔵する役割は小さい．合成された乳はスポンジに染み込んだように乳腺葉に貯留し，刺激により排出される．乳房の下部に接続する乳頭には乳頭槽があり，乳頭管から外部に開口する．乳頭管の壁からは脂肪様の分泌物が出ており，微生物の進入を防いでいる．

b. 乳腺の構造

汗腺や皮脂腺と同じ外分泌腺である乳腺は，乳腺葉が集合して構成され，乳腺葉は多数の乳腺小葉，乳腺小葉は150〜220個の乳腺胞の集合体である（図3.12）．乳腺胞は，乳合成の基質となる栄養素を運搬する太い血管から分岐した毛細血管で覆われている．また，筋上皮細胞も乳腺胞の表面をとり囲み，乳汁を押し出す役割を果たす．断面図が示すように，乳腺胞は乳合成の最小単位である乳腺上皮細胞が腺胞腔をとり囲むように配置された球状をしている．乳腺上皮細胞のまわりには支持組織である間質細胞が存在し，形態を維持している（図3.13）．さらに乳腺葉は豊富な脂肪組織によりとり囲まれている．

c. 乳腺上皮細胞の分泌機構

泌乳している乳腺上皮細胞の模式図を図3.14に示す．乳合成の基質となる前駆物質は，毛細血管を通して運ばれ，基底膜側から細胞内にとり込まれる．乳タンパク質は粗面小胞体のリボソームで合成され，ゴルジ体に運ばれて，糖タンパク質は糖鎖付加，カゼインはリン酸化などの翻訳後修飾を受ける．乳糖もまたゴルジ体で合成される．合成された乳タンパク質と乳糖および無機質は，ゴルジ体で分泌小胞に梱包され，細胞表面まで運ばれる．その後，小胞は細胞膜と融合し，腺胞腔内にエキソサイトーシス（開口分泌）により放出される．一方，脂肪球はこれとは異なるしくみにより分泌される．すなわち，脂肪球は細胞基質に遊離する脂肪滴として現れ，徐々に

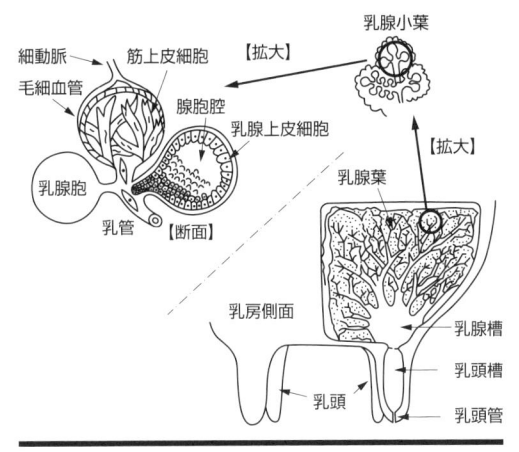

図 3.12 ● 乳牛の乳腺模式図

大きくなりながら腺胞腔側に移動し，そこで細胞膜の薄い層を巻き込んで突き出し，やがて細胞膜の一部が失われるかたちで分離・放出される．泌乳期の乳腺上皮細胞では，乳成分の合成と分泌が活発に行われており，核，小胞体，ゴルジ体やミトコンドリアの機能が高まっている．

d. 乳腺の発達と退行

雌牛では，自然排卵を伴う初発情の期間（春機発動期）までは，乳管系が先行して発達する．その後，妊娠期には乳腺実質が急激に増加する．まず，妊娠初期に乳管の伸長と分岐が起こり，次いで妊娠4か月頃から乳腺胞の形成がはじまり，乳腺周囲の脂肪組織は萎縮して実質に置き換えられていく．乳腺の発育は泌乳初期まで継続するが，動物種によりその程度は異なる．乳腺の間質には，妊娠の前半からリンパ球や形質細胞，好酸球が浸潤するようになり，妊娠後期には乳タンパク質が多く，脂肪の少ない初乳が生成される．初乳は抗体を豊富に含み，子牛の受動免疫に重要な役割を果たす．分娩後数日すると，リンパ性細胞の浸潤は減少し，初乳から乳脂肪を豊富に含む成乳の合成に移行する．

泌乳量は分娩後30〜40日まで急激に増加し，その後，徐々に減少する．この減少は，乳腺上皮細胞の乳合成能の低下ではなく，数が減ることによるとされ，泌乳中期以降に進行する乳腺の退行が関係している．乾乳は搾乳の中止や栄養素供給量の減少により，乳腺

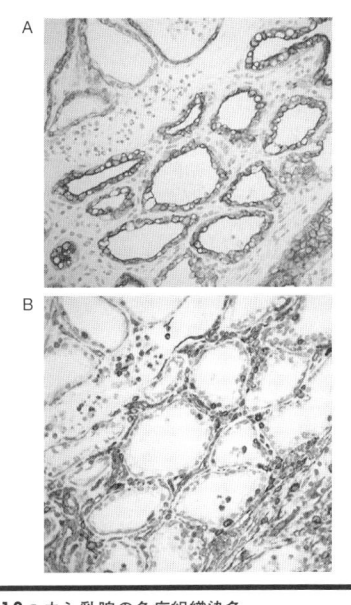

図 3.13 ● ウシ乳腺の免疫組織染色
A：ウシ乳腺組織の上皮細胞が濃く染まっている．
B：ウシ乳腺組織の間質細胞が濃く染まっている．

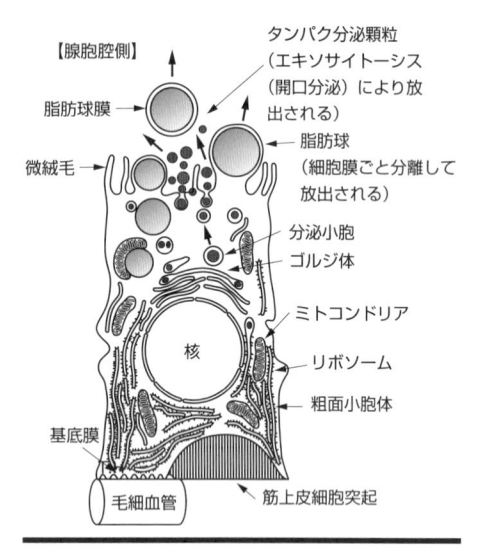

図 3.14 ● 泌乳している乳腺上皮細胞の模式図

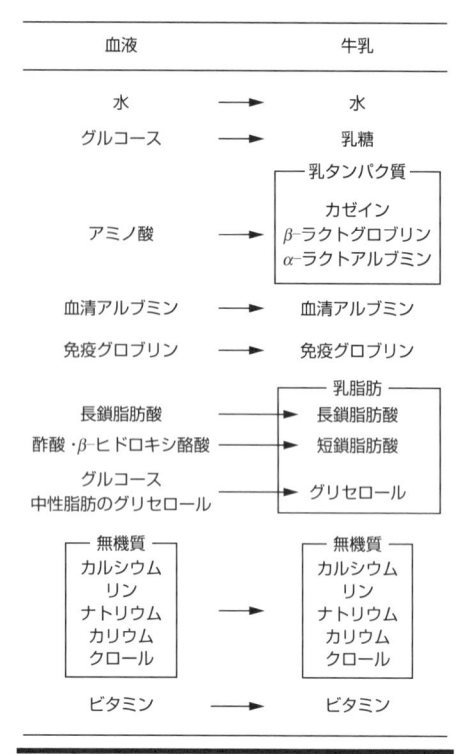

図 3.15 ● 乳成分と血中前駆物質

の急激な退行を誘導するものである．搾乳や子牛の吸乳による乳汁の除去が行われないと，乳の分泌が 48 時間後には停止する．乳腺胞は滞留した乳で腫脹し，乳腺上皮は圧迫され扁平化する．その後，上皮に替わって結合組織と脂肪組織が増加し，乳房の組成が置き換わる．乳腺の退行変性には大食細胞による貪食が大きな役割を果たすが，乳腺細胞のアポトーシス（プログラムされた細胞死）の役割など不明な点も多く，解明が期待される．

B. 乳の生合成

a. 乳成分の合成材料の流れ

乳合成の材料（前駆物質）であるグルコース，アミノ酸，中性脂肪，酢酸，β-ヒドロキシ酪酸（ケトン体），無機質などは血中から乳腺にとり込まれる（図 3.15）．その量は乳合成を決定する重要な要因であり，乳房の血流量と乳腺細胞の栄養素とり込み機能によって決まる．乳成分濃度によっても異なるが，通常，牛乳 1 L の合成には 500 L の血液（血流），グルコース 72 g，脂肪酸 49 g，酢酸 29 g，β-ヒドロキシ酪酸 14 g などが必要であるため，泌乳期には乳房の血流量は顕著に増加する．図 3.16 に，乳成分の合成とその材料となる前駆物質の生体内における流れを示す．消化管から吸収された栄養素は，直接血流を循環するか，代謝されながら肝臓や脂肪組織と血液を行き来し，乳腺かその他の組織（脳・神経，筋肉など）で利用される．

b. 乳タンパク質の合成

乳タンパク質を合成する前駆物質の多くは血中からとり込まれる遊離アミノ酸であり，ほかに乳腺細胞内でグルコースや低級脂肪酸から転移したアミノ酸も使われる．乳タンパク質の 90 〜 95 % はカゼイン，β-ラクトグロブリン，α-ラクトアルブミンである．カゼインは，ゴルジ体に蓄積されたカルシウムによりカゼインミセルを形成する．

乳タンパク質の合成は，その他の体タンパク質や酵素・生理活性物質と同様である．ま

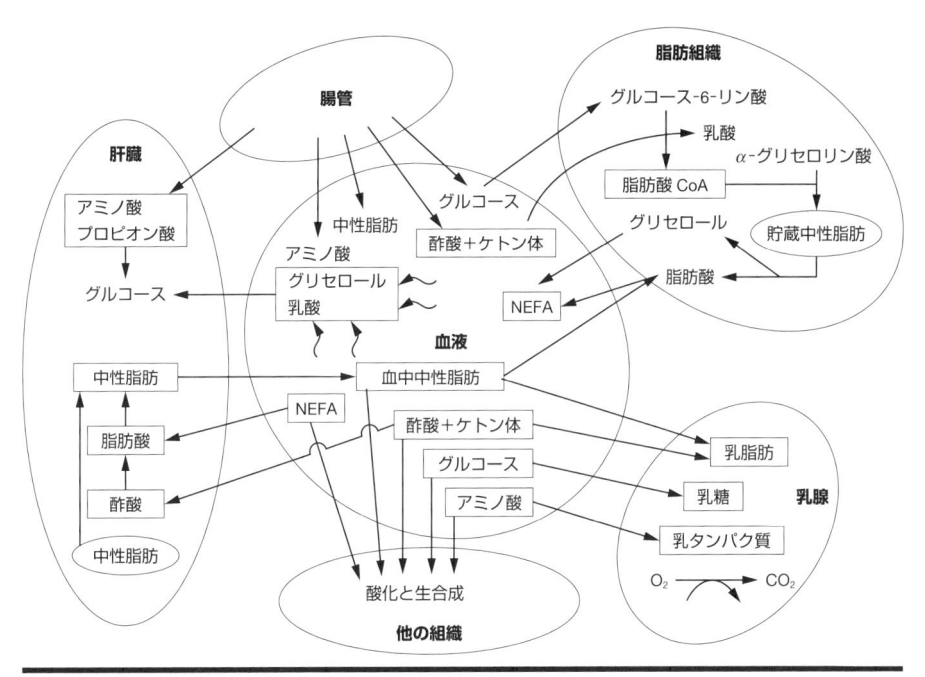

図 3.16 ● 乳成分の合成とその前駆物質の流れ

ず，DNA の情報から mRNA を介して合成するアミノ酸配列が決定され，ポリペプチド鎖が形成される．ポリペプチドはゴルジ体で修飾を受け，乳糖と同じく分泌小胞に梱包されてエキソサイトーシスにより乳腺上皮細胞から放出される．

c. 乳糖の合成

乳糖はグルコースとガラクトースが 1 分子ずつ結合した二糖類で，乳腺でのみ合成される．乳糖は，分泌小胞となって分泌される過程で，小胞の吸水・膨潤に関与する物質である．そのため，栄養状態により乳中の量が変動しやすい乳脂肪や乳タンパク質に比べて乳中濃度は安定している．乳糖の合成は血中から供給されるグルコースに依存しており，細胞質でグルコースの一部がガラクトースに変換されるところからはじまる．乳糖生成の最終段階である UDP-ガラクトース-グルコースの合成は，ゴルジ体の乳糖合成酵素で触媒される．この酵素は，ガラクトシルトランスフェラーゼと α-ラクトアルブミンの 2 つのサブユニットからなる．ガラクトシルトランスフェラーゼは乳腺上皮細胞内のゴルジ体内膜に固定されているもので，粗面小胞体から送られてくる α-ラクトアルブミンと結合することにより乳糖合成酵素として機能するようになる．前述のように α-ラクトアルブミンは，乳タンパク質の主要成分でもあるから，乳糖の合成は乳タンパク質合成と密接な関係にあり，その後の分泌様式も同じである．

d. 乳脂肪の合成

乳脂肪は，ホルスタイン種乳牛では乳中に 3～4％含まれ，脂肪球膜に包まれて分散・浮遊している．牛乳中の脂肪の 97～98％は中性脂肪であり，残りはリン脂質とコレステロールである．ヒトなどの単胃動物では，脂肪酸はグルコースを原料に合成されるが，反芻動物では，乳腺における ATP-クエン酸リ

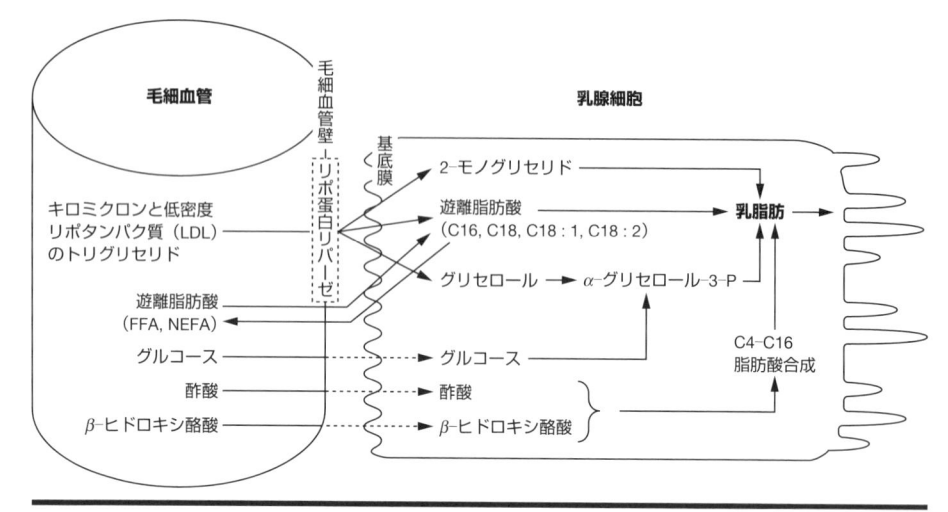

図 3.17 ● 乳腺における脂肪の合成と血中前駆物質

アーゼ（クエン酸開裂酵素）の活性が低いため，グルコースの代謝によって生じたクエン酸がアセチルCoAとオキサロ酢酸に分解されず，その後の脂肪酸と中性脂肪の合成系が進行しない．そのため，乳脂肪の脂肪酸の50％以上を占める炭素数4（C4）〜C16の短鎖・中鎖の脂肪酸は，ルーメン発酵で産生される酢酸やβ-ヒドロキシ酪酸を血中からとり込んで合成するという特徴がある（図3.17）．例えば，酢酸は直接アセチルCoAに変換されてマロニルCoA以降の脂肪合成系に利用される．C16やC18など炭素鎖の長い脂肪酸は，飼料成分の影響を受け，消化管から吸収されて血中に入るキロミクロンと低密度リポタンパク質（LDL）に由来する．これらの血中性脂肪は，毛細血管の血管内皮細胞表面に存在するリポタンパクリパーゼによって遊離脂肪酸とグリセロールに分解され，乳腺上皮細胞にとり込まれる．なお，反芻動物におけるグリセロールの供給にはグルコースが50〜60％関与し，残りが血中の脂質由来である．

3.4.2　泌乳の内分泌と制御
A. 内分泌による泌乳調節

泌乳においては，飼料の摂取（採食），消化と吸収，栄養素の中間代謝と体組織への配分，乳腺での乳合成と乳汁の排出が一連の生体反応として機能している．これらは種々の生理活性物質により協調して調節されているが，特に乳腺の発達から泌乳の開始と維持に至る過程を調節する内分泌系（ホルモン）について概略を図3.18に示す．なお，種々のホルモンは，妊娠から泌乳に至る時間経過のなかで，それぞれのタイミングにおいて役割の重要性や相互の関係を変化させながら泌乳調節に複雑に関与しているので，必ずしも図に示す順番でホルモンが作用するのではないことを注意してほしい．

a. 妊娠期の乳腺発育と内分泌制御

妊娠とともに，卵巣からプロジェステロンとエストロジェン，胎盤からは胎盤性ラクトジェン，下垂体前葉からプロラクチンと成長ホルモン（GH）が分泌され，乳腺の発育が促される．プロジェステロンは妊娠期を通じて血中濃度が上昇し，乳管の枝分かれや乳腺胞の発達を促進させる．エストロジェンも同

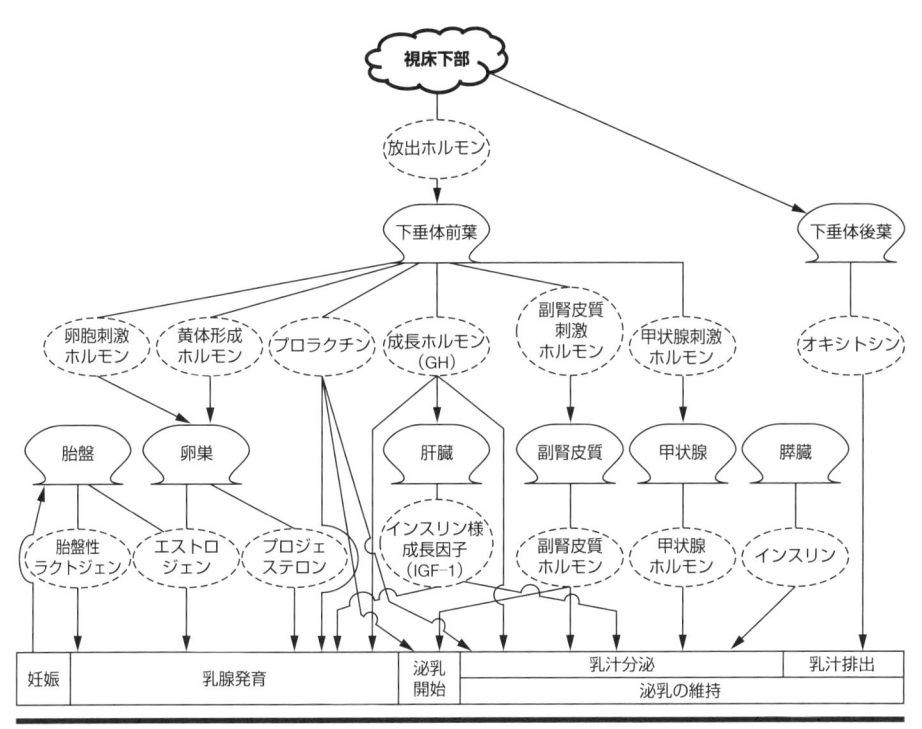

図 3.18 ● ウシの泌乳を制御するホルモンの作用

じく乳腺胞の発達を促進させるとともに乳管の伸長も促す．胎盤性ラクトジェンは，乳牛と同じ反芻家畜であるヒツジやヤギでは，妊娠中期以降の乳腺発育に重要と考えられている．ウシでも胎盤において胎盤性ラクトジェンは産生されるので，同じように機能していると考えられる一方で，妊娠牛の血中濃度がきわめて低濃度であるため，どの程度寄与しているかは不明である．プロラクチンとGHは，乳腺発育に直接関与するとともに，プロジェステロンとエストロジェンの機能を調節する役割も果たすことがわかっている．さらに，インスリン様成長因子（IGF-1）と副腎皮質ホルモンであるグルココルチコイドも乳腺機能を発達させる．

b. 泌乳開始と内分泌制御

ヤギでは妊娠中期から，ヒツジでは分娩1か月前から，そして乳牛では10日前から乳腺における乳糖の合成ははじまっている．乳牛においては，本格的な泌乳の開始は分娩直前から分娩後に起こるが，それに不可欠な内分泌因子が複数知られている．まず，妊娠中に高値であった血中プロジェステロン濃度が，分娩の2～3日前に急激に低下する．一方，血中プロラクチンは分娩前後に著しく上昇する．さらに分娩時には，グルココルチコイド，GH，オキシトシンの血中濃度も増大する．妊娠末期にプロジェステロンを投与すると泌乳開始が遅れることや，プロラクチン特異的な抑制物質を分娩前に投与することでプロラクチンのサージを抑えると，泌乳開始と泌乳初期の乳量，一部の乳成分濃度，乳腺細胞の分化が抑制される．またグルココルチコイドは，乳腺細胞の粗面小胞体やゴルジ体の分化に特に重要で，*in vitro* と *in vivo* の両方で乳の分泌に必要な最小限のホルモンであ

ることがわかっている．これらの知見から，泌乳開始の引き金は，分娩直前のプロジェステロンの低下とプロラクチン，グルココルチコイドの上昇であると考えられている．

c. 泌乳維持と内分泌制御

泌乳開始後の泌乳の維持は，乳牛では主として，GH，プロラクチン，グルココルチコイド，甲状腺ホルモン，IGF-1とインスリンによって調節される．これらのうち，IGF-1とインスリンを除くホルモンは視床下部–下垂体前葉の直接的な支配を受ける．泌乳ヤギでは，下垂体を実験的に摘出すると泌乳はただちに停止するが，GH，プロラクチン，グルココルチコイド，甲状腺ホルモンの投与により再生する．個々にみると，プロラクチンはヒトや齧歯類，ブタなどでは欠損すると泌乳が維持できないが，乳牛では血中プロラクチン濃度の増減は泌乳量の変動に影響しない．一方，乳牛の血中GHは，泌乳初期に上昇して最高値を示し，乳期の進行に伴って徐々に低下する．この変化は乳量の経時的な変動と相関が高い．またGHを投与することで，乳牛では乳量が増加するが，実験動物では顕著な増加はみられない．グルココルチコイドは，泌乳の開始シグナルであると同時に，その維持にも不可欠であるが，血中濃度は泌乳期で大きな変化を示さない．ただし，ストレスなどの原因によりグルココルチコイドが過剰になると，乳量の低下につながることがある．甲状腺ホルモンは，乳期が進むと徐々に血中濃度が上昇する．甲状腺ホルモンの作用は体組織における酸素消費量を増加させるとともに，泌乳に必要な栄養素である糖質，脂質，タンパク質の代謝を活性化することである．

乳汁合成ではないが，乳の排出を調節するオキシトシンも泌乳の維持に重要なホルモンである．オキシトシンは，吸乳や搾乳による神経刺激を受けて視床下部の神経核で産生され，下垂体後葉に貯えられて血中に分泌される．血流で乳腺に運ばれたオキシトシンは，乳腺胞や細乳管に分布する筋上皮細胞を収縮させることで乳汁を排出させる．乳牛の乳腺内の乳汁は20〜30%が乳腺槽などの管の太い部分にたまっていて，周囲の筋の弛緩や搾乳によって搾り出せるが，残りの大部分の乳汁はオキシトシンの作用がないと乳腺から出すことが困難である．

B. ソマトトロピン軸による泌乳調節

a. 泌乳における栄養素分配のホメオレシス

栄養素は，成長期には骨・筋肉などの体成長に，妊娠中は胎子の成長に，泌乳期では乳腺における乳合成に優先的に使われる．このように特定の生理反応を強化する現象は，生体の内部環境を一定に維持するホメオスタシス（恒常性）の概念からは外れており，ホメオレシス（homeorhesis）と定義される．

GHは，ソマトトロピン（somatotropin）ともよばれ，視床下部→（GH放出ホルモン・ソマトスタチン）→下垂体前葉→（GH）→肝臓→（IGF-1）→乳腺→（乳汁）とつながるソマトトロピン軸を形成する（図3.19）．ソマトトロピン軸は，ホメオレティックな栄養素分配に中心的な役割を果たしている．すなわちGHは，インスリン感受性にグルコースを利用する筋肉や脂肪組織におけるインスリン抵抗性（インスリンが効きにくい状態）を増強させ，グルコースの体成長やエネルギー貯蔵への利用を抑制する．すると，インスリン非依存的に大量のグルコースを細胞内にとり込むことができる乳腺に乳糖合成の基質であるグルコースを優先的に配分することができる．GHによる肝臓でのプロピオン酸を材料とする糖新生の増加，心拍出量と乳房への血流量の増大もこの反応を後押しする．さらに，生命維持に必須の脳・神経系や消化管などでのグルコースの消費もインスリン非依存的であるが，これらも可能な範囲で抑制されていると考えられる．

b. 乳腺における糖のとり込みとインスリン抵抗性

グルコースを細胞内にとり込む場合には，細胞内あるいは細胞膜上にある十数種類のグルコーストランスポーター（GLUT）が機能する．インスリンシグナルに依存せずにグルコースをとり込む GLUT1 型（$GLUT_1$）は，泌乳期には乳腺で発現が増大するが，脂肪組織では減少する．一方，インスリン依存的な糖輸送を中心的に担う $GLUT_4$ は，乳腺には発現していない．脂肪細胞に発現している $GLUT_4$ は GH の作用により，細胞膜へは正常に移行するが，糖を輸送する活性が抑制される．また GH は肝臓から血中への IGF-1 放出を増加させる．IGF-1 はインスリン様の構造をもつことから，インスリン受容体に対してインスリンと競合して結合するので，本来のインスリンシグナルの細胞内伝達が低下して糖のとり込みが減少する．さらに泌乳牛では，インスリンの作用だけではなく血中インスリン濃度も低下している．これらの生理反応は，乳糖合成の材料であるグルコースが乳腺以外の組織で利用されるのを抑えるため，インスリンに依存するグルコースの利用を抑制する泌乳牛の特性といえる．

c. 乳腺機能の調節

ソマトトロピン軸による泌乳調節では，乳腺機能の亢進も重要なターゲットになっている．GH により増加した IGF-1 は，乳腺細胞の増殖を促進させることが明らかになっているし（図 3.19），乳腺の退行に関係する生理活性物質の産生を抑制する可能性も示唆されている．また GH は脂肪細胞から遊離脂肪酸を動員し，泌乳期には血中濃度を上昇させる．この脂肪酸は，乳腺細胞に作用して脂質の蓄積や生理活性物質の遺伝子発現を増大さ

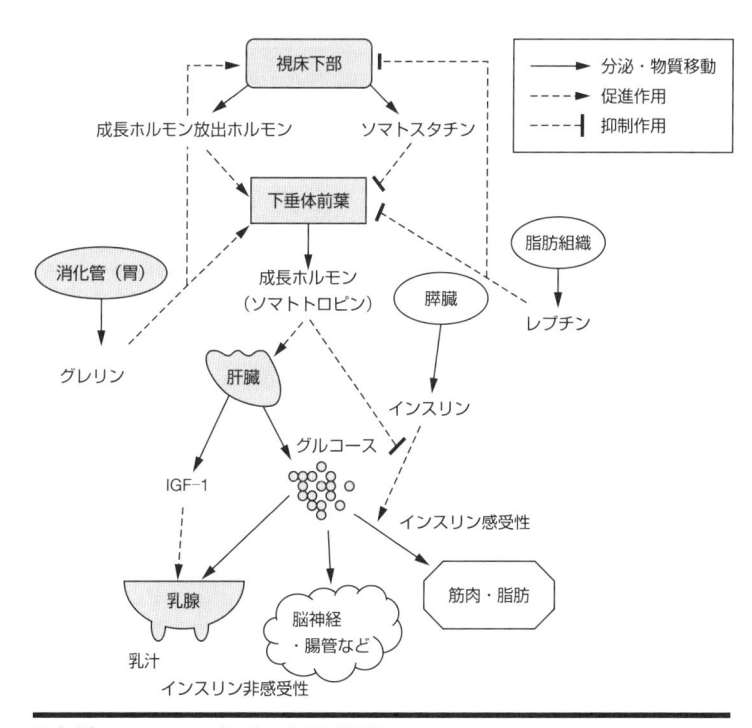

図 3.19 ● ソマトトロピン軸による泌乳調節

せるとするデータが得られている．さらにGHの増乳効果は，主にインスリン抵抗性やIGF-1を介した間接的な作用により引き起こされると考えられてきたが，GHの直接的な作用を強く示唆する証拠が徐々に明らかになってきた．例えば，ウシ乳腺細胞の細胞膜上にはGH受容体が存在し，細胞をGHで刺激すると代謝の増大を示すシグナル（H^+）やカゼインの生成・分泌が増大する．ソマトトロピン軸による乳腺機能調節の詳細についてはいまだに不明な点が多く，精力的な解明が期待されている．

d．ソマトトロピン軸を構成する新たな生理活性因子

下垂体前葉で産生されるGHは，視床下部のホルモンによる分泌調節を受けていることがわかっていたが，これとは別の末梢組織から分泌されるホルモンによっても調節されることが明らかになった．消化管，特に胃から分泌されるグレリンはGH分泌を促進させ，脂肪細胞から放出されるレプチンはグレリンを抑制する．ヒトや実験動物などの知見では，グレリンとレプチンはGH分泌以外でも互いに拮抗する作用をもち，グレリンは採食を促進してエネルギーバランスをプラスに調節するのに対し，レプチンは抑制して肥満の解消などに作用する．すなわち，これら末梢からのGH分泌調節は，生体の栄養状態を反映するシグナルであると考えられる．

乳牛のグレリンでは，他の動物種と同様にGH分泌を促進すること，採食前に血中濃度が上昇し，採食後速やかに低下すること，日内変動には摂取した飼料成分の組成が影響することなどがわかってきた．また，泌乳ヤギや乳牛にグレリンを投与すると，わずかに泌乳量が増大したり，エネルギーバランスが変化したりする研究報告も得られている．データには一致しない部分もあるので，グレリンがソマトトロピン軸や泌乳調節に果たす役割についてはさらなる検討が必要である．

3.4.3　誘起泌乳

A．分娩を伴わない泌乳の誘起

妊娠も泌乳もしていない雌牛や雌山羊に対し，ホルモン投与などを行い，乳腺発育や泌乳の開始，維持を人為的に誘起させることを誘起泌乳（induced lactation）という．泌乳は内分泌系により綿密に調節される生理反応であることから，一連の生理変化を人工的に模倣することで分娩を伴わなくとも泌乳させることが可能である．その目的は，研究面では泌乳に関連する乳腺機能の調節や内分泌系のメカニズムを解明することである．一方，応用では，繁殖障害や流産により泌乳することができない高能力牛に乳汁を生産させることや，乳用家畜の泌乳能力評価の迅速化に有用である．通常の泌乳では，性成熟，種付け，妊娠を経るために長い期間が必要であるが，誘起泌乳により若齢で研究や育種改良に使うことができ，時間的，労力的に効率がよい．

研究の初期には，合成発情物質を3日ごとに10回皮下投与するなどの方法により，正常泌乳の30％程度の泌乳量を得ていた．その後，エストラジオール17βとプロジェステロンを組み合わせて皮下に投与することで，成功率は80％以上に上がり，乳量も自然分娩した場合の60～70％に達するようになった．さらに，血中プロラクチン濃度を上昇させる投薬処理をしたり，グルココルチコイドを併用したりすることで，誘起泌乳の成功率や乳量はさらに高まった．誘起泌乳では，乳牛の卵巣や発情，発育に異常がみられる場合があるなど，技術的に解決するべき問題が残されている．

B．自然分娩後の増乳

分娩を伴わない誘起泌乳とは異なるが，自然分娩させた後，ホルモンを投与することにより乳量を増加させる技術が実用化されている．GHは既述のように，栄養素の代謝・分配と乳腺機能を調節することで乳量を増加させる作用をもつ．下垂体から精製したGHを

用いていた時期には，研究的にも実用レベルでもコストが高かったが，遺伝子操作により微生物に哺乳動物のタンパク質をつくらせる技術が応用され，遺伝子組換えウシGH（recombinant bovine Somatotropinb：ST あるいは rbST）がつくられてからは，アメリカなどで商業販売されるようになった．bST投与で乳量は 20 〜 40％増加し，特に泌乳中後期に効果が大きい．一方，泌乳初期にはほとんど効かない．日本では，現在までbSTは乳生産に使用されていない．甲状腺ホルモンは，代謝を亢進させる作用があり，乳牛に実験的に投与すると乳量は増加する．投与をやめると反動で乳量は著しく低下する問題がある．

3.4.4　産乳技術
A. 泌乳曲線平準化

家畜の健全性を保ちながら，効率のよい乳生産を行うことが酪農の目標であり，産乳技術の進歩もそこをめざしている．栄養生理の面からみた理想的な泌乳調節の流れを図3.20に示す．採食量が多く，飼料の消化と中間代謝による乳合成材料の供給が十分で，栄養素が乳合成に効率的に分配されること，乳腺機能も高いこと，さらには，泌乳以外の器官も十分な機能を維持していることが望ましい．しかしながら，泌乳を調節するメカニズムのすべてを改善する技術は皆無で，個々の技術はどこか一部を効率化したり，部分的な問題を解決したりするものである．それでも種々の産乳技術について，全体的な流れのどこにフォーカスが当たっているか意識するよう心掛けたい．

a. 泌乳期のエネルギー収支と泌乳曲線平準化

泌乳牛では，泌乳量のピークはおおよそ分娩後 30 〜 40 日であるが，採食量の増加はそれから遅れ，70 日以降にならないと養分要求量を満たさない（図3.21）．このため，泌乳前期の乳牛のエネルギーバランスはマイナスとなり，繁殖障害や周産期疾病の発生につながる．乳牛が高泌乳化するほど周産期のトラブルは深刻になるとの指摘もある．逆に，泌乳後期には泌乳量が低下する一方で，飼料の食い込みは亢進しているため，過肥になりやすく，飼料から乳への生産性が低下するのと同時に，次の分娩時，脂質に関する代謝障害を引き起こすリスクも高まる．これらの問

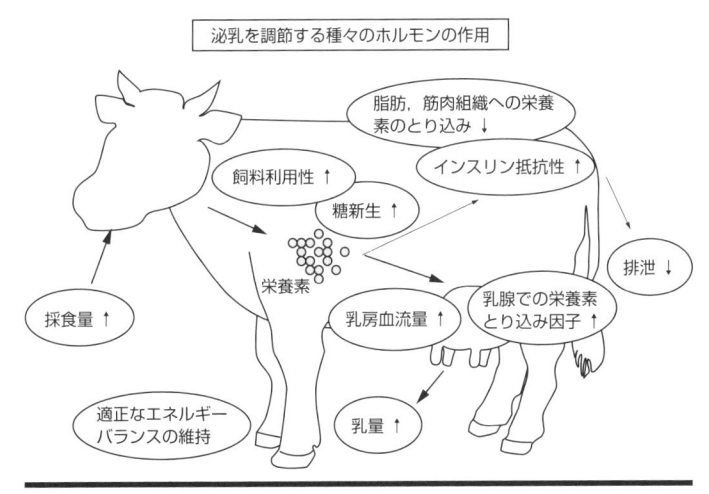

図 3.20 ● 安定的に高泌乳を実現するための理想的な泌乳調節系の機能

題に対処するため，泌乳ピークの過度の上昇を抑え，泌乳中・後期の乳量を高レベルに維持する，泌乳曲線の平準化に向けたとりくみが期待されている（図3.22）．日本国内の遺伝評価では，2008年から泌乳曲線平準化のひとつである「泌乳持続性」が新たな評価形質に追加された．分娩後60日（泌乳前期）と240日（後期）の乳量の差（減少）が小さいほど泌乳持続性は高いと解釈されるもので，乳量に基づく給与飼料の設計が簡単になり，コストを抑えた経営をめざすうえで利点があると見込まれている．また，泌乳後期の乳量が高いため，搾乳期間が現在より延びると想定されるので，繁殖サイクルを新たに計画することが必要になる場合がある．泌乳曲線の平準化や泌乳持続性導入による，繁殖性，抗病性，内分泌系，栄養素代謝，乳腺機能（乾乳期の乳腺退行と泌乳開始による乳腺の再構築）に対する効果は徐々に明らかになってきており，分娩後の乳量の増加が緩やかなほど，乳牛の卵巣機能（繁殖機能）の回復が順調であることなどがわかってきた．

b. 乾乳期短縮

乾乳期間は，多くの酪農現場で60日とされてきたが，搾乳期間を延長して乾乳期間を短縮する技術の開発が進行している．乾乳期が短いので飼料設計が簡素化できることと，泌乳前期の乳量増加が緩やかになり，泌乳曲線が平準化されて周産期のトラブルが減ると期待される．乾乳期間40日では，経産牛の乳量，乳質は変化せず，健康状態や繁殖成績にも問題ないとの報告がある．また，乾乳期を30日までさらに短縮することで，泌乳前期の乳量増加が抑制され，体脂肪の動員が減少し，栄養状態が改善することがわかってい

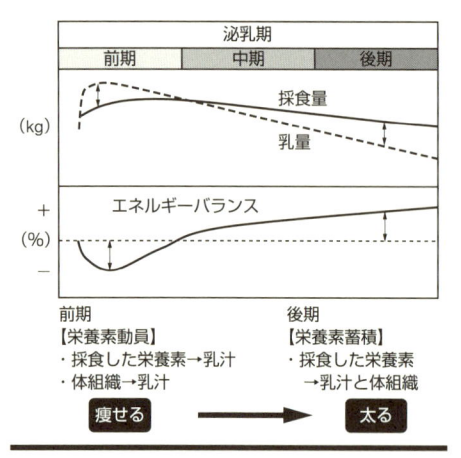

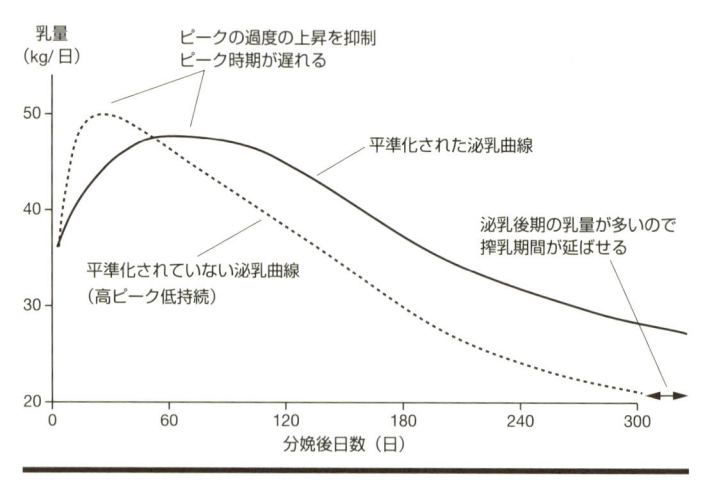

図3.21 ● 泌乳牛の採食量と泌乳量，エネルギーバランスの変化

図3.22 ● 泌乳曲線平準化のモデル

る．一方で，抗病性が改善されない，一乳期の乳量が減少する，初産と経産牛では反応が異なるなどの課題も指摘されており，その原因となるメカニズムの解明と技術的な改良が進められている．

c．ロボット搾乳

搾乳ロボットを利用して，搾乳作業の負担を軽減する技術が徐々に普及している．搾乳牛には，個体情報を記録するタグが付けられており，搾乳ロボットに設定した搾乳条件(搾乳間隔や1日の回数など)をクリアすると搾乳がはじまる．乳頭の認識や洗浄，乳を吸引するティートカップの着脱などはすべて自動で行われる．搾乳牛が自ら搾乳ロボットに入るように，運動場から給餌エリアに向かう動線上に搾乳機を設置することが多い．搾乳ロボットは，搾乳回数を自由に設定できることから，泌乳期後半の搾乳回数を増やして乳量を増加させる技術開発が試みられている．泌乳中期と後期それぞれで1日の搾乳回数を通常の2回から3回以上に増やすと4%脂肪補正した乳量の増加が認められ，同時に乾物摂取量も増加する．ボディコンディションスコア（BCS）にも問題はないようである．しかしながら，機械が高額で導入例が多くないため，ロボット搾乳による泌乳曲線改善効果の検証をさらに積み重ねる必要がある．

d．周産期管理

周産期疾病や泌乳前期の繁殖障害を防ぐ新たな飼養管理の試みが進行する一方で，現在でも生産性を低下させるもっとも多くの問題は周産期に発生する．そこで，現状に対する対処として，診療の現場で示されている周産期疾病において注意すべき3つの要素とその予防策を参照する（図3.23）．低カルシウム（Ca）血症は，泌乳による乳中への急激なCaの移行と骨からのCaの動員・補給の遅れによって起こり，乳熱やダウナー症候群，第四胃変位などの原因となる．予防には，分娩前の高泌乳牛や経産牛に対し，ビタミンD_3の筋肉注射や分娩直前・直後のCa剤経口投与などが有効である．また，乳熱の発症には飼料中のCa含量よりもカチオン－アニオンバランス（DCAD）が重要であることがわかり，各種塩類が給与されるが，嗜好性が悪いので注意も必要である．免疫機能の低下は胎盤停滞の一因となり，分娩後の産褥熱や乳房炎の発症と関連する．移行期の栄養管理と衛生管理を適正に行うことが予防となる．負のエネルギーバランスと栄養摂取量の不足

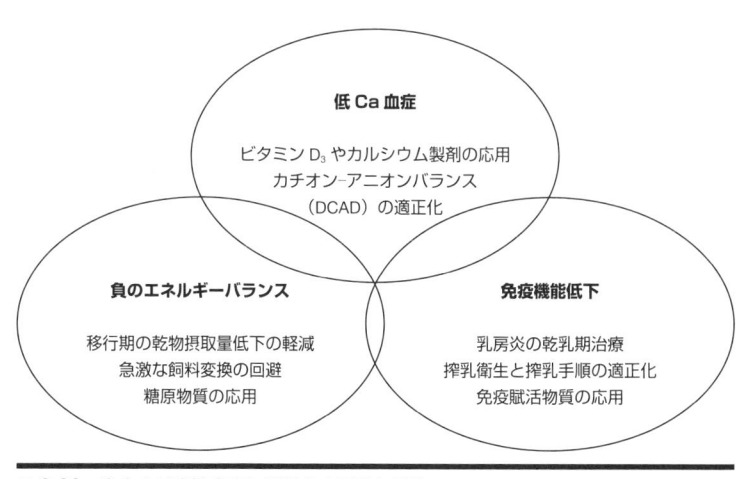

図 3.23 ● 乳牛の周産期疾病に関係する要因と予防

低 Ca 血症
ビタミン D_3 やカルシウム製剤の応用
カチオン－アニオンバランス
（DCAD）の適正化

負のエネルギーバランス
移行期の乾物摂取量低下の軽減
急激な飼料変換の回避
糖原物質の応用

免疫機能低下
乳房炎の乾乳期治療
搾乳衛生と搾乳手順の適正化
免疫賦活物質の応用

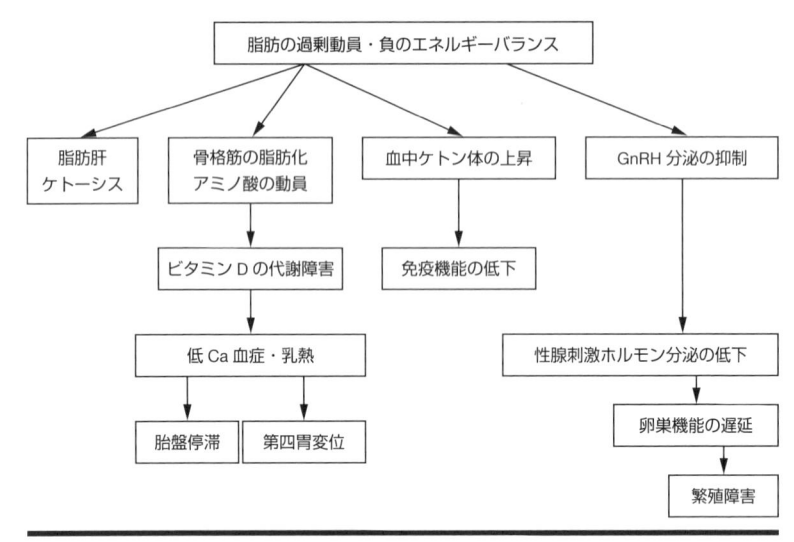

```
                脂肪の過剰動員・負のエネルギーバランス
                            │
        ┌───────┬───────┴───────┬───────────┐
    脂肪肝    骨格筋の脂肪化    血中ケトン体の上昇   GnRH 分泌の抑制
    ケトーシス  アミノ酸の動員         │              │
                  │              免疫機能の低下          │
            ビタミン D の代謝障害                      │
                  │                              性腺刺激ホルモン分泌の低下
            低 Ca 血症・乳熱                             │
              ┌───┴───┐                          卵巣機能の遅延
           胎盤停滞  第四胃変位                           │
                                                   繁殖障害
```

図 3.24 ● 負のエネルギーバランスで起こる周産期疾病

が，結局のところ，周産期疾病や繁殖障害の根本的な原因である（図 3.24）．ケトーシスなどのエネルギー不足が起因する疾病では，グリセロールなどの糖原物質を分娩前後や泌乳前期に経口投与する方法，プロピオン酸ナトリウムやルーメンバイパス・メチオニンを飼料に添加する方法などが効果を上げている．

B．早期育成

子牛の育成期間が短いほど経費（支出）の削減になる．ホルスタイン種乳牛の初産種付けは 14 〜 15 か月齢以降で体重 350 kg，体高 125 cm 程度を目標に行われる．また 22 〜 24 か月齢程度を初産分娩にすると生産性が良好だとされている．しかしながら，育成期に高エネルギー飼料を給与するなど，種付け可能な体格までの発育を早めて，早期分娩（21 か月齢）させても乳生産に問題はないとの報告があり，酪農現場でも実施する例がみられる．一方で，これまで育成期の高栄養では，過肥，乳腺への過剰な脂肪蓄積を引き起こし，乳管の発達が阻害されて乳量が減ると考えられてきた．早期分娩で乳量が減少した例もあり，安全な技術導入のため，早期育成の栄養管理と子牛の成長，乳腺機能の発達との関連について詳細な解明が望まれる．

C．暑熱ストレス

乳合成のために代謝量が多い泌乳牛では，環境温度と湿度の上昇により乳生産性が影響を受けやすい．育成前期の乳牛では，28℃かつ湿度 80％程度から体温，呼吸数の増加，窒素とエネルギー蓄積の減少など暑熱の影響がみられる．一方，泌乳牛はこれよりもはるかに温熱環境に弱く，18 〜 22℃が適温であり，それ以上では乳生産性の低下がはじまる．乳牛は，顕熱放散（空冷）と潜熱放散（水分蒸発）により体温を調節している．高温環境下では顕熱放散の効率は低下し，それによる潜熱放散の増加は，乳牛自身が水分の発生源になって牛舎の湿度を上昇させ，潜熱放散をも低下させる原因になるので注意が必要である．

高温環境下の乳牛では，熱発生量を抑えるための栄養・代謝の変化に対応して，内分泌による泌乳調節系も変化する．暑熱ストレスを受けた泌乳牛の GH 分泌は増加するが，常

温では低下していたインスリン濃度も増大し，乳生産から体温調節（熱発生の抑制）への内分泌適応が認められる．また，熱産生を促進する甲状腺ホルモンのひとつトリヨードサイロニン（T_3）は暑熱下で敏感に低下するので，内分泌的な暑熱ストレスの評価指標に利用することができる．さらに，暑熱ストレスは，乳牛に対する酸化ストレスへとつながり，体内の細胞機能を低下させる．そのため，抗酸化物質の給与や，さまざまな細胞機能を調節する熱ショックタンパク質（HSP）の発現と機能を強化する研究が進められている．

3.5 産卵の生体機構

3.5.1 産卵機構

鶏卵は卵黄，卵白，卵殻膜および卵殻で構成されている（図3.25）．卵を形成する器官は雌性生殖器の卵巣と卵管である（図3.27）．卵黄（卵子）は卵巣で形成される．卵子が排卵されて卵管に入り下降する間に，卵黄の周囲に卵白，その外側に卵殻膜，次いで卵殻が沈着するというように，卵は内側から順次形成される．胚の発生過程で，卵巣と卵管の原基は腹腔内の左右に1対出現するが，孵卵10日目頃からミュラー管抑制因子の作用で右側は発達を停止し，左側だけが機能的な生殖器として発達する．白色レグホンでは，産卵は約140～150日齢で開始される．これに先立って生殖器は性腺刺激ホルモンや性ホルモンの作用で発達する．

A．卵の構造

卵黄は黄色卵黄と淡色の卵黄とが交互に同心円状に重なってできており，外側表面を卵黄膜に包まれている．卵黄の中心部に白色卵黄からなるラテブラがある．白色卵黄はタンパク質成分に富み，黄色卵黄はリポタンパク質を主成分とする．卵黄膜は卵黄周囲層，連続層および卵黄膜外層の3層で構成される．卵黄表面には直径約2mmで白色の胚盤が認められる．胚盤は卵子の核や細胞内小器官が多く含まれている部位で，受精卵であれば胚発生の場となる．卵黄の両端ではオボムチン様物質を成分とするよじれたヒモ状構造のカラザが形成されて，卵黄を卵の中心に保定している．卵白は線維成分に富み弾力性がある濃厚卵白と，水分を多く含む水様卵白に区別される．濃厚卵白の強度は卵を長期間にわたって保存すると低下する．卵の鮮度を示すひとつの指標として，卵重と濃厚卵白の高さから求めたハウユニット値が用いられることがある．卵の保存期間が長くなると，卵白の高さは低くなってハウユニット値も下がる．卵殻膜は内外2層の線維成分から構成される網状構造の膜で卵白の表面を覆う．卵の鈍端部では2層の卵殻膜が分かれて気室が形成さ

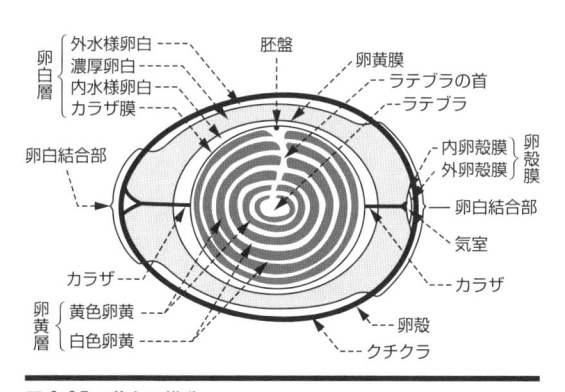

図3.25● 鶏卵の構造

れている．卵殻膜の外側に形成される卵殻は炭酸カルシウムを主成分とする強固な構造で，卵を保護し，胚が発生するための呼吸や水分の調整に重要な気孔が形成されている．卵殻の表面はクチクラ層で覆われるが，有色卵ではこれに加えてポルフィリンを成分とする色素が沈着する．

B. 卵巣

卵巣は皮質と髄質で構成される．卵胞やステロイドホルモンを産生する細胞は皮質に分布する．産卵鶏の卵巣では，皮質組織内に微小な皮質卵胞が分布するほか，直径約5 mm以下の多数の白色卵胞，約5〜35 mmの数個から十数個の黄色卵胞，排卵後卵胞が，卵巣表面からブドウの房のように突出して卵胞茎でつながっている．黄色卵胞は大きさが異なって発育の序列性を示す．卵子の数は孵卵17日をピークに68万個，孵化時で48万個，未成熟鶏では裸眼で2,000個が観察できるといわれている．

a. 卵胞の構造

卵胞は卵子と，それを包む卵胞壁からなる（図3.26）．卵子は白色卵胞では白色卵黄を，黄色卵胞では黄色卵黄を蓄えている．卵黄蓄積が増加するとともに表面近くに胚盤が形成されて，ここに卵核胞（核）や細胞内小器官の多くが位置する．黄色卵胞では，卵細胞膜の外側は網状構造の卵黄周囲層によって包まれている．卵胞壁は内側から外側に向かって，顆粒層，基底膜，内卵胞膜，外卵胞膜，表在層および表在上皮から構成される．皮質卵胞が白色卵胞へと発達する間に顆粒層は単層から重層へ，そして単層へと形態変化する．卵胞膜層は次第に肥厚して内層と外層に区別されるようになる．黄色卵胞の顆粒層では顆粒層細胞が単層に配列する．内卵胞膜はステロイドホルモンを産生する間質細胞や線維芽細胞などの細胞成分が豊富に分布し，毛細血管網も発達している．外卵胞膜は緻密な線維性の結合組織で，収縮能を示す線維芽細胞やエ

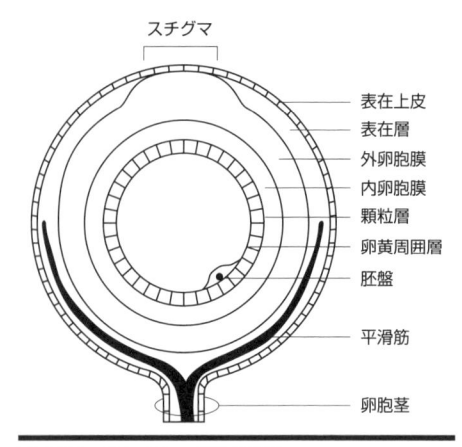

図 3.26 ● 黄色卵胞の卵胞壁構造

ストロジェンを産生するアロマターゼ細胞が分布する．卵胞壁表面には太い血管が豊富に分布するが，卵胞頂部には肉眼的に血管の分布を帯状に欠いているようにみえる部位がある．この部位はスチグマとよばれ，排卵時にはここが破裂して卵子が排出される．スチグマでは内卵胞膜の毛細血管網は分布するが，その他の血管は分布しない．

b. 卵胞の発育と卵黄

白色卵胞から黄色卵胞となることを卵胞の転移とよぶ．この転移は，血液中を循環している黄色の卵黄前駆物質のとり込みが開始されることにより1日に1個の卵胞だけで起こる．黄色卵胞は急速に成長するが，卵黄前駆物質のとり込みを開始した日が異なるので，大きさが異なって明らかな発育の序列性を示す．卵胞が発育する間に卵胞膜細胞と顆粒層細胞は増殖するが，顆粒層細胞は胚盤部で特に活発な増殖を示す．

c. 卵黄

黄色卵黄には高密度リポタンパク質（リポビテリン），ホスビチン，超低密度リポタンパク質，アポタンパク質，糖タンパク質，免疫グロブリンY，母性の性ステロイド，ビタミンなど種々の成分が含まれる．リポビテリンとホスビチンは，血液中のビテロジェニン

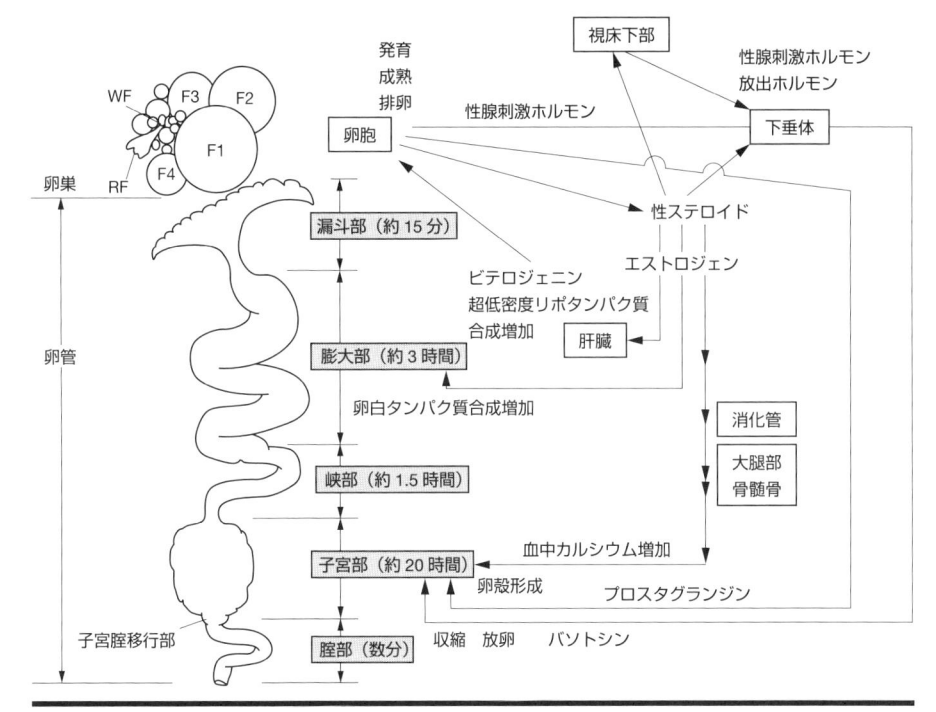

図 3.27 ● ニワトリの生殖器の構造と生殖機能を調節する内分泌機構

卵管の部位名に付記した時間は卵の通過時間を示す．
F1〜F4 は第一位卵胞から第四位卵胞．WF は白色卵胞，RF は排卵後卵胞．

（ホスホグリセロリポタンパク質）が卵子に吸収される過程で分離したものである．主要な卵黄前駆物質であるビテロジェニンと超低密度リポタンパク質は，産卵期に卵巣で産生されるエストロジェンの刺激によって肝臓で合成され，血液中を循環して卵胞へ運ばれる（図 3.27）．卵黄成分は内卵胞膜の毛細血管から浸出し，卵胞内側の基底膜と顆粒層を通過して卵細胞膜の表面に達してとり込まれる．この際に卵細胞膜に卵黄前駆物質の受容体が存在すると考えられている．

卵黄の約 65％はリポタンパク質複合体である．リン脂質の大部分はレシチン（77％）とケファリン（18％）で占められる．一方，卵黄脂質を構成する脂肪酸組成は飼料成分によって変化する．黄色卵黄の色素は生体内で合成されたものではなく，飼料に含まれるキサントフィルやカロチノイドによるものである．白色卵黄はこの色素を含まない．

d．卵子の成熟

発育中の卵胞内にある卵子は，第一次減数分裂を休止した状態のものである．多くの細胞内小器官が局在する胚盤には大型の卵核胞が認められる．排卵の約 6 時間前に起こる黄体形成ホルモン（LH）サージが引き金となり，卵核胞の崩壊がはじまる（図 3.28）．これを減数分裂の再開という．この過程では，LH が卵胞を刺激して約 4 時間後（排卵 2 時間前）までに，胚盤部の顆粒層細胞と卵細胞膜とで形成されているギャップ結合が解離し，最大卵胞の卵核胞の崩壊が起こる．排卵時までに第一極体が放出されて第一次減数分裂が終わり，卵子は第二次減数分裂中期となる．この状態で排卵が起こる．第二次減数分裂は，卵

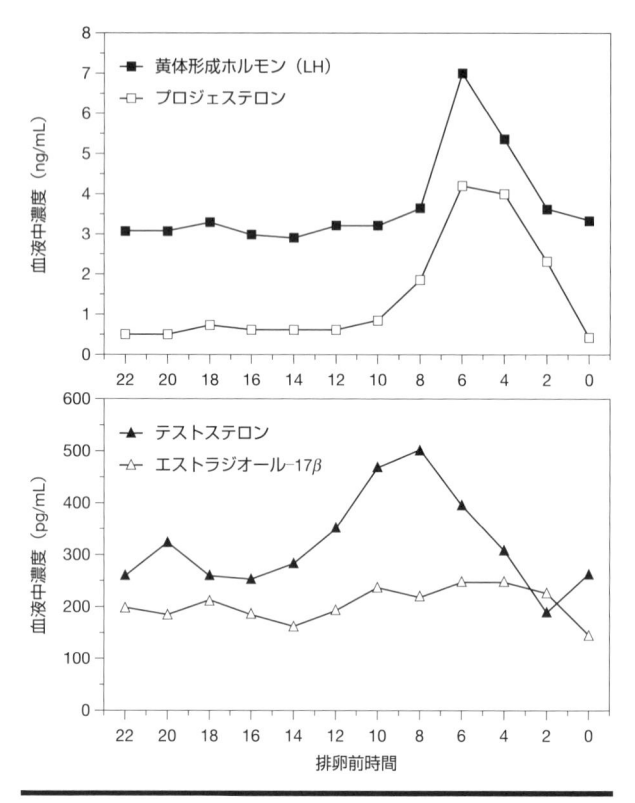

図 3.28 ● ニワトリの排卵周期中における血中のホルモン濃度変化

管漏斗部で卵子の胚盤に精子が侵入し，これに連動して第二極体が放出されて完了する．

e. 排卵

卵胞が成熟すると，最大卵胞のスチグマが破れ，卵子が排卵される．排卵の過程では，LHサージの刺激を受けると（図3.28），タンパク分解酵素が卵胞壁組織を消化し，卵胞壁が収縮して張力を高め，物理的に弱くなったスチグマが張力に耐えられなくなって破れる．ニワトリやウズラでは排卵は放卵の約30分後に起こる．排卵後の卵胞は哺乳類と異なり黄体を形成せずに退行する．

f. 卵胞閉鎖

卵胞が正常な発育を停止して退行する現象を卵胞閉鎖という．急速成長期の黄色卵胞の閉鎖は，ストレスや換羽などで産卵を停止するときに生じる．この際に，下垂体前葉から分泌される性腺刺激ホルモンが減少することが主な要因である．一方，下垂体前葉を除去してエストロジェンを投与すると卵胞閉鎖が遅延するので，エストロジェンは閉鎖を抑制するひとつの要因と考えられる．このほかに，卵胞内卵子が死滅することによっても卵胞は閉鎖することが知られている．小型の黄色卵胞や白色卵胞，皮質卵胞の閉鎖は産卵期間中でも発生する．卵胞が閉鎖して退行するときには卵胞膜層細胞や顆粒層細胞の増殖機能が低下し，アポトーシスによる細胞死が起こる．

C. 卵管

卵管は，卵巣側から尾側に向かって，漏斗部，膨大部，峡部，子宮部（卵殻腺部），子宮腟移行部および腟部から構成される（図

3.27)．漏斗部は采部と管状部（カラザ分泌部）からなり，采部は排卵された卵子を受容するために卵巣に向かって広く開口している．膨大部は径が太く長い部位で，峡部はこれより細く短い．峡部と連続する子宮部は袋状を呈し，腟部は湾曲した細い管状の部位で総排泄腔に開口する．卵管各部位の組織は内側から外側に向かって，多列線毛上皮からなる粘膜上皮，粘膜固有層，平滑筋層，漿膜から構成されている．膨大部，峡部および子宮部の粘膜固有層には，それぞれ卵白，卵殻膜および卵殻の成分を分泌する管状腺が発達している．漏斗部と子宮腟移行部には管状の精子貯蔵管が分布している．卵管は卵巣から分泌されるエストロジェンの刺激で発達する．

a. 卵管における卵形成

卵は約25時間をかけて卵管内で完成卵となり放卵される．漏斗部は排卵時に活発に運動して排卵卵子を卵管内にとり込む．漏斗部の管状部では卵黄周囲層の表面に連続層と卵黄膜外層が形成され，さらにカラザも形成される．膨大部では卵白が分泌されるが，この卵白は線維成分に富み，水分が少なく弾力性がある濃厚卵白である．峡部では，卵白の周囲にコラーゲンを主成分として網目状構造を示す内外2層の卵殻膜が形成される．卵が子宮部に入ると，水分と無機質が添加されて卵白の一部が水様卵白となり，次いで卵殻膜上に卵殻が形成される．有色卵を産卵する鳥では，卵殻が形成されたのちに子宮部粘膜上皮の線毛細胞からポルフィリンが分泌され，これが卵殻表面の色素となる．

b. 卵白の分泌機構

膨大部で合成分泌される卵白の主な成分は，管状腺細胞で合成されるオボアルブミン（54％），オボトランスフェリン（13％），リゾチーム（4％）や，粘膜上皮から分泌されるオボムコイド（11％）などである．卵白の合成と分泌はプロジェステロンによる刺激や，卵が通過する刺激によって促進される．

c. 卵殻成分の分泌機構

子宮部で形成される卵殻の主要成分は炭酸カルシウムである．血液中のカルシウムイオンは子宮部の組織から管腔内に放出される．このカルシウムイオンの輸送にはカルシウム結合タンパク質 D28K（CaBP-D28K）がかかわる．CaBP-D28K は腸管のカルシウム吸収にもかかわる．CaBP-D28K の腸管での発現はビタミンDによって刺激されるが，子宮部ではエストロジェンとビタミンDによって増加する．また，子宮部組織内の炭酸脱水酵素の作用で体内の CO_2 と H_2O から HCO_3^- を生じる（$CO_2 + H_2O \rightleftarrows H^+ + HCO_3^-$）．$HCO_3^-$ は子宮液中に分泌されると，さらに炭酸脱水酵素の作用で CO_3^{2-} を生じ（$HCO_3^- \rightleftarrows H^+ + CO_3^{2-}$），カルシウムイオンと結合した炭酸カルシウムとして卵殻膜表面に沈着する（$Ca^{2+} + CO_3^{2-} \rightleftarrows CaCO_3$）．卵殻形成のためのカルシウム源は飼料から吸収したカルシウムであるが，吸収されたカルシウムの多くは一時的に骨髄組織中の骨髄骨に貯蔵される．卵殻形成時には破骨細胞が骨髄骨を吸収してカルシウムを血液中に放出する．エストロジェンはこの骨吸収を促進する．

d. 放卵

子宮部で卵殻の形成が完了すると，卵は腟部を通って総排泄口から放卵される．放卵は子宮筋の収縮と子宮-腟括約筋の弛緩によっておこる．放卵を誘起するもっとも重要な要因は下垂体後葉から分泌されるアルギニン・バソトシンと卵胞からのプロスタグランジン $F_{2\alpha}$（$PGF_{2\alpha}$）である（図3.27）．これらは子宮筋を激しく収縮させる．アルギニン・バソトシンは放卵前に下垂体後葉から分泌され，血液中の濃度は一過性に増加する．$PGF_{2\alpha}$ は排卵前の最大卵胞や前日に排卵した排卵後卵胞に由来する．$PGF_{2\alpha}$ を産卵鶏に投与すると早期放卵が起こり，プロスタグランジンの合成阻害剤であるインドメタシンを産卵鶏に投与すると放卵が遅延する．一方，PGE_2 は子

宮-腟括約筋を弛緩させる．これらの放卵誘起因子が早期に放出されたり，何らかの異常な刺激が子宮部に加わったりすると，卵殻が完成する前に放卵され，卵は軟卵や薄殻卵となる．

D．生殖器の免疫と卵の移行抗体

卵巣と卵管が病原微生物により感染すると卵形成の異常や産卵された卵の微生物汚染を生じる．例えば，サルモネラ菌は消化管においてマクロファージにとり込まれ，死滅せずに卵胞や卵管に運ばれると，卵へ移行して卵を汚染する．両器官には宿主防衛のための免疫機能が備わっている．

卵巣と卵管にはマクロファージ，主要組織適合遺伝子複合体（MHC）クラスIIを発現する抗原提示細胞，$CD4^+$ ヘルパーT細胞，$CD8^+$ キラーT細胞およびB細胞が存在する．卵胞壁と卵管粘膜におけるこれらの免疫担当細胞はエストロジェンの刺激により増加するという特徴がある．また，卵胞と卵管粘膜の組織には病原微生物関連分子を認識するToll様受容体が発現している．このToll様受容体が微生物成分を認識するとサイトカインの発現を促して白血球を増加させたり，抗菌ペプチドであるトリβ-ディフェンシンの産生を高めたりする．微生物の刺激にかかわらず，卵管膨大部で産生される卵白リゾチームや抗菌ペプチドのガリン，子宮部で産生されるトリβ-ディフェンシンは卵白や卵殻中に分泌されて卵の微生物感染を防ぐ．

母鳥の体内の抗体が卵へ移行して，雛(ひな)の初期感染防御に働く．これを移行抗体という．主要な抗体は免疫グロブリンY（IgY）で，卵胞内で母鳥の血中から卵黄へ移行し，孵化後の雛の血液中に吸収される．IgMとIgAは卵管内で卵白に移行して，雛の腸管から吸収される．卵黄中のIgY濃度は約 10 mg/mLで，卵白中のIgMとIgAの濃度はそれぞれ約 0.2 および 0.7 mg/mL である．

E．受精

鳥類の受精過程には哺乳類とは異なる特徴がある．まず，卵管の子宮腟移行部と漏斗部に精子細管が形成されている．このうち，精子の貯蔵への寄与は子宮腟移行部のほうが大きい．精子細管は単層の上皮からなる管状構造である．交尾や人工授精を行うと精子は腟を上行する．子宮腟移行部の精子細管に約1％の精子が入り，ほかは淘汰される．この過程で不良な精子が除かれ，優良な精子が選択されると考えられる．精子は子宮腟移行部の精子細管に入ると，ニワトリで 2～3 週間，ウズラやアヒルで約 10 日間生存する．この精子が長期間生存する機構は明らかにされていないが，精子細管では精子に対する免疫応答が抑制されるものと考えられている．

受精は卵子が排卵されて漏斗部に入り，卵黄周囲層の外側に外卵黄膜が形成される前に起こる．この際に子宮腟移行部の精子細管に貯蔵されていた精子は，プロジェステロンの作用で管外に出て，卵管漏斗部まで上行する．受精の過程は，精子が卵黄周囲層に結合することからはじまる．卵黄周囲層は線維状の構造を呈するが，精子受容体としての機能をもつZPCタンパクとよばれる成分を含んでいる．

鳥類では1個の卵子に数個以上の精子が侵入する多精子侵入現象が起こる．精子の侵入は卵子全体にわたって起こるが，特に胚盤部で多く，数個から約 20 個の精子の侵入がみられる．雌性前核は1個形成されるが，多精子侵入のために雄性前核は多数出現する．胚盤の中央部では1個の雄性前核と雌性前核が融合し，融合核を形成して受精を完了する．胚の発生は卵管に卵が滞在している間にはじまり，放卵後の胚発生は適切な温度と湿度の環境下で進行する．

3.5.2 産卵周期と制御
A. 産卵とホルモン

産卵は，視床下部-下垂体-卵巣軸の内分泌的調節を受ける（図3.27）．視床下部神経核で産生された性腺刺激ホルモン放出ホルモン（GnRH）は，正中隆起部の毛細血管に神経分泌され，下垂体前葉に運ばれる．GnRHは下垂体前葉の性腺刺激ホルモン分泌細胞に作用して，卵胞刺激ホルモン（FSH）や黄体形成ホルモン（LH）の分泌を促進する．これらの性腺刺激ホルモンは卵巣に作用して卵子形成，排卵，ステロイドホルモン産生などの卵巣機能を調節する．視床下部では，下垂体前葉の性腺刺激ホルモンの分泌を抑制する性腺刺激ホルモン放出抑制ホルモン（GnIH）も産生されることが知られている．

a. 性腺刺激ホルモン

FSHは白色卵胞から黄色卵胞への転移や卵胞発育，ステロイドホルモン産生を促進する．LHは卵子の成熟や排卵を誘起し，ステロイドホルモン産生も刺激するなど重要な役割を果たす．産卵鶏においてLHの血液中濃度は図3.29に示すとおり顕著な日内変動を示す．すなわち，LH濃度は，排卵4～6時間前に顕著に上昇する．これをLHサージという．また1日のうちで消灯などにより環境が暗くなることに反応して低い上昇を示す．LHの血中濃度と連動して卵巣から分泌されるプロジェステロンの血中濃度も上昇する．LHサージの発現は，LHとプロジェステロンが相互に分泌を促す正のフィードバックにより，血液中のLHが一過性に増加することによるものと考えられている．すなわち，一定量のLHが卵胞のプロジェステロン産生を促すと，増加したプロジェステロンが視床下部や下垂体に対してさらに多量のLHの分泌を促す．

b. 卵胞の性腺刺激ホルモン受容体

卵胞壁の顆粒層と卵胞膜層にはLHとFSH受容体が発現する．性腺刺激ホルモン

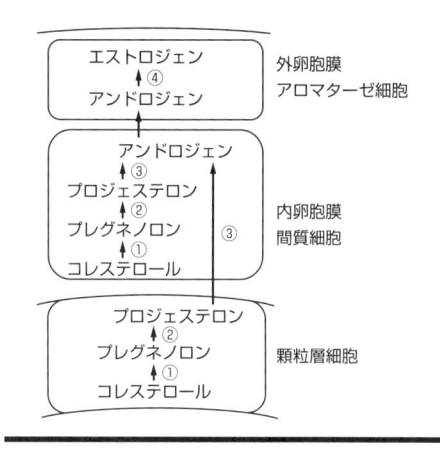

図3.29 ニワトリ卵胞壁のステロイドホルモン産生細胞と主なホルモン代謝

コレステロールからプロジェステロン，アンドロジェン，エストロジェンへの変換は以下の代謝酵素の作用による．
① コレステロール側鎖切断酵素（シトクロムP450scc）
② 3β 水酸化ステロイド脱水素酵素（3β-HSD）
③ 17α ヒドロキシラーゼ：C17-C20 リアーゼ（シトクロム P45017α）
④ アロマターゼ（シトクロムP450arom）

が標的細胞の受容体に結合すると，アデニルサイクラーゼ活性が高まり，サイクリックAMPが産生される．このアデニルサイクラーゼ活性や，ステロイド産生刺激の反応性からみると，卵胞の成長に伴ってLH受容体は増加し，逆にFSH受容体は減少する．LH受容体が最大卵胞で多くなることは，卵子の成熟や排卵の誘起が最大卵胞だけで起こることと関連があると考えられる．

c. 卵巣のステロイドホルモン産生

卵胞では，LHやFSHによる刺激を受けると，コレステロールから，プロジェステロン，アンドロジェン，エストロジェンが産生される（図3.29）．家禽の卵胞におけるステロイドホルモン産生には3細胞説が示されている．顆粒層細胞は，主にプロジェステロンを分泌し，哺乳類とは異なりエストロジェンは産生しない．内卵胞膜の間質細胞はプロジェステロンを産生するとともに顆粒層で産生されたものも含めてプロジェステロンをア

ンドロジェンに変換する．次いで，外卵胞膜に分布するアロマターゼ細胞がアンドロジェンからエストロジェンを産生する．エストロジェンの産生は小型の卵胞で多く，卵胞が成長すると減少する．プロジェステロンは最大卵胞で多く分泌される．

d. 性ステロイドホルモンの役割

産卵機能は卵巣で産生された性ステロイドホルモンによる作用を受ける．エストロジェンは卵管を発達させ，プロジェステロンは卵管細胞の分泌機能を分化させる．また，プロジェステロンは卵管膨大部に作用して卵白の合成を促進させ，エストロジェンは子宮部に作用して卵殻形成能を高める．さらに，エストロジェンは肝臓に作用して卵黄前駆物質の産生を刺激する．

卵胞にはプロジェステロン，アンドロジェン，エストロジェンの受容体が発現する．このため，卵胞で産生された性ステロイドホルモンは卵胞内でも局所的に働いて卵胞閉鎖や排卵などに影響すると考えられている．下垂体を除去すると卵胞が閉鎖するが，これにエストロジェンを投与すると卵胞閉鎖が遅延するので，エストロジェンは卵胞組織に作用して閉鎖を抑制する作用があると考えられる．

e. クラッチ

産卵鶏はほぼ毎日1個の卵を産むが，一定期間産卵すると（連産），1日産卵を休み，再び連産と休みをくり返す．1回の連産をクラッチという．また，排卵から次の排卵までのくり返しを排卵周期とよび，同様に放卵から次の放卵のくり返しを放卵周期という．1クラッチ内の卵の個数は数個から200個以上の範囲で個体によって異なる．クラッチは若い産卵鶏で長く，加齢に伴って短くなる．1クラッチ内で第一卵は早朝に産卵され，以後の産卵時刻は毎日少しずつ遅れ，最後の卵は午後遅くに産卵される．このような産卵時刻の変動は，下垂体前葉から分泌されるLHの分泌時刻が遅れ，それに連動して排卵時刻も遅れるために起こる．産卵時刻が午後の遅い時間になるとLHが分泌されないので排卵が起こらず，クラッチ間の休産日が生じる．

3.5.3　産卵技術

産卵は飼料中の栄養のほかにも，日長時間や温度などの環境要因，就巣性がある種では就巣行動，加齢などの影響を受ける．これらの要因に配慮して高い産卵成績を引き出すための技術が工夫されている．

A. 日長時間と産卵

産卵機能は春から夏にかけての日長時間が次第に長くなる長日条件下では活発になり，秋にかけての短日条件下では低下する．雄鶏では照明時間を漸増させると一定時間の照明条件より早期に性成熟する．これらのことは日長時間の漸増は性腺刺激ホルモンの分泌を促進することを示している．育成鶏では性成熟が早くなりすぎないように日長時間を抑える．産卵鶏では日長時間が短くなると産卵機能が低下する．このため，産卵期のニワトリには照明を施し，開放鶏舎では自然日長と照明の合計で，ウインドレス（無窓）鶏舎では照明だけで，明るい時間が約16時間のほぼ一定になるように保つ．光の明るさは育成期間で5 lx程度，産卵期で10 lx以上のように，産卵期に明るくする．鶏舎の照明設備として，近年，節電の観点からLED照明の有効性が示されている．

B. 光刺激と生殖ホルモン

生殖機能の季節的変化に視床下部での甲状腺ホルモンの活性化がかかわることが明らかにされている．この過程では，長日刺激を受けると，下垂体隆起葉において甲状腺刺激ホルモンの産生が増加する．このホルモンが視床下部に発現する甲状腺刺激ホルモン受容体を刺激する．その結果，視床下部の局所で甲状腺ホルモン活性化酵素の発現が誘導され，活性型甲状腺ホルモンが上昇することにより生殖関連のホルモンの増加と機能の活性化が

起こる．

排卵周期のなかで，性腺刺激ホルモン分泌の時刻も光刺激の影響を受ける．LHの分泌に対して，ニワトリでは消灯刺激が関与し，ウズラでは点灯刺激が関与するものと考えられている．このためニワトリは朝方に産卵し，ウズラは夕方に産卵する．

C. 温度と産卵

ニワトリの卵形成機能は高温環境の影響を受けやすい．体表を羽毛に覆われ，汗腺を欠くので，高温環境では熱性多呼吸（パンティング）を行って熱放散する．血液中では，$H_2O + CO_2 \leftrightarrows H_2CO_3 \leftrightarrows HCO_3^- + H^+$ という各要素の平衡関係が維持されて血液緩衝系が構築されている．パンティングにより肺からCO_2が過剰に呼出されるとH^+濃度は低下してアルカローシスになる．また，暑熱はストレスの原因となるとともに飲水量を増加させ，飼料摂取量を減少させる．一連の総合的な要因から高温環境下では卵殻の形成機能が低下しやすい．

D. 就巣

鳥類は産卵の後に受精卵を温める抱卵と雛を育てる育雛を行う．これを合わせて就巣行動という．ニワトリは受精卵を21日間ほど抱卵し，雛が孵化すると育雛する．就巣期には卵巣や卵管は退縮して産卵機能は停止する．就巣行動の誘導には下垂体前葉から分泌されるプロラクチンがかかわる．実用の採卵鶏では産卵を継続させるために就巣行動を発現しないように育種改良されている．

E. 強制換羽

ニワトリは短日になったりストレスを受けたりすると産卵を停止して羽毛が脱落する．これを換羽という．換羽の後に再び産卵を開始すると，産卵率や卵殻などの卵質は向上する．これは卵巣と卵管の組織が休産時に一度退行し，産卵を再開するときにこれらの器官の組織が新しい細胞の増殖で更新されるためである．

産卵後期に産卵率や卵質が低下する．ニワトリを入れ替えるために雛の導入と廃鶏の搬出を鶏舎の全部のニワトリに対して一度に行うことをオールイン-オールアウト方式という．この方式では採卵期間はオールアウト時に終了する．一方，ニワトリを入れ替えずに産卵率や卵質を改善するために，人為的に一時的な産卵の停止（換羽）を誘導することがある．これを強制（誘導）換羽といい，従来は絶食させることにより強制換羽を行ってきた．しかし，絶食は免疫能低下によるサルモネラ菌などの感染リスク，アニマルウエルフェアの問題をもたらす．このため近年では，低タンパク質，低エネルギーとなるように成分を調整した誘導換羽飼料も開発されている．

第4章 飼料・栄養と飼養

4.1 飼料の種類と特性

　飼料を家畜に給与する目的は，畜産物というアミノ酸組成に優れた良質なタンパク質を生産することである．そのため大部分の飼料資源の栄養価は，畜産物自体の栄養価よりも低く，ヒトが直接の栄養素としては利用しがたいような資源を活用している．近年の畜産の高度化，大規模化に伴い，よりさまざまな資源を飼料として利用するようになった．国内で使用されている飼料については「日本標準飼料成分表」に網羅されており，それぞれの成分含量と，ウシ，ブタ，ニワトリに給与する場合の栄養価が記載されている．また，家畜の飼料の安全性は『飼料の安全性の確保及び品質の改善に関する法律（飼料安全法）』に基づいて管理されている．この法律は，飼料の安全性の確保と品質の改善を目的とし，①飼料が家畜にとって安全であることと，②その飼料によって生産された畜産物が人にとっても安全であることの2点から管理することとしている．

4.1.1 飼料の分類
A. 慣行的な分類
　一般的な飼料の分類法は，飼料を①粗飼料および②濃厚飼料と，③その他の特殊飼料に分類する慣行的な方法である．牧草や飼料作物のように植物繊維が多く含まれる飼料を粗飼料（roughage）という．それと反対に植物繊維が少なく，デンプンなどの非繊維性の炭水化物や，タンパク質の多い飼料を濃厚飼料（concentrate）という．言い換えると，可消化栄養成分が比較的少ないものを粗飼料，比較的多いものを濃厚飼料と表現している．

B. 家畜種による分類
　ウシ用，ブタ用，ニワトリ用などの畜種による分類である．さらに畜種ごとに成長や生産のステージによって分類される．2001年の国内における牛海綿状脳症（BSE）の発生後，反芻家畜に対しては，乳，卵などを除いて動物由来タンパク質の給与は禁止された．そしてA飼料とよばれる反芻家畜用飼料と，それ以外の飼料（B飼料）の製造，輸送，保管，給与の動線は，交差汚染を防止するため完全に分離されている．

C. 流通上の分類
　単味飼料は単体飼料ともいい，配合飼料，混合飼料の原料として使用され，そのままの単味でも給与される．
　配合飼料は，家畜種とその成長ステージに応じた栄養素の要求量を満たすように単味飼料を混合して製造する飼料である．家畜種，成長ステージごとに公定規格が設定されており，例えばブタであれば，哺乳期子豚育成用配合飼料，肉豚肥育用配合飼料などのように5種類の規格に分けられ，各種成分の最小量もしくは最大量，可消化養分総量（TDN）の最小量が保証値としてそれぞれ定められている．ウシ用は6種類，ニワトリ用は7種類あり，その他養殖水産動物用の規格もある．国内の配合飼料製造量は年間2500万tほどで推移している．うちニワトリ用が約4割，ウシ用約3割，ブタ用約3割である．生産者が自身で配合し使用するものを自家配合飼

料という．これは混合を配合飼料メーカーに委託する場合（指定配合飼料）もある．

混合飼料は，2～3種類の単味飼料を混合して製造する飼料であり，免税措置を受けるためにトウモロコシと魚粉を混合した2種混合飼料が代表的である．加熱圧ぺんした穀類に米ぬかなどを混合した圧ぺん飼料もこれにあたる．国内では年間数十万 t が生産，流通している．

D．その他の分類

その主成分によって，タンパク質飼料やデンプン質飼料，繊維質飼料，多汁質飼料のように分類する場合や，自家生産の自給飼料と市場からの購入飼料に分類する場合がある．

E．新規な飼料原料

家畜への給与実績のない新規な飼料原料が発生した場合には，農林水産省の飼養試験ガイドラインに基づいた給与試験を行う必要がある．さらに配合飼料原料として使用する場合には，栄養価を実測し，農業資材審議会において認可される必要がある．

4.1.2 粗飼料

粗飼料は生草，乾草，サイレージ，わら類，農場副産物などである．国内ではイネ科とマメ科の牧草，飼料作物が栽培されている．代表的な作物は，イネ科は，牧草ではイタリアンライグラス，チモシー，青刈飼料作物としては，トウモロコシ，ソルガム（ソルゴー），飼料用イネが挙げられる．マメ科牧草は，シロクローバ，アカクローバ，アルファルファが代表的である．この場合のトウモロコシやソルガムは青刈作物として，子実だけではなく，稈と葉鞘もすべて利用するため，粗飼料に分類される．

粗飼料は濃厚飼料に比べて嵩が大きい．その価値の評価には，その物性も重要な要素である．長い植物片は反芻家畜に反芻刺激をもたらして唾液の分泌を促し，第一胃（ルーメン）内の微生物の生息環境を整える役割がある．

A．生草

牧草や飼料作物を刈取り直後の生の状態で給与したり，放牧時に牧草，野草として採食される状態のものである．おおむね家畜の嗜好性はよい．作物の育成が進むとともに，その収（穫）量は増加するが，その栄養価や嗜好性は生育とともに繊維成分の増加とリグニン化（木質化）が進むため低下する．このように生草の飼料特性は常に変化するので，厳密に家畜の栄養要求に基づいて生産性を計算することは困難である．そのため十分な安全率を見込んだ生産計画を立てる必要がある．放牧草地の場合には，継続的な使用のために，牧草の生産量，放牧個体数と放牧期間による草地への放牧圧の見極めが重要である．

B．乾草

生草を乾燥し水分含量を15％以下にして，長期保存可能にしたものを乾草という．大部分は刈取り後，数日間の天日乾燥によって調製する．しかし日本の場合には雨が多く，飼料作物の収穫適期と，それを乾燥するための天候条件の折り合いがつきがたい．乾燥途中で降雨にみまわれると，カビの発生や栄養成分の損失が起こり，品質の劣る乾草となってしまう．そのため，気象条件が乾草調製に適していない国である日本，イギリスや北欧の国々では，乾燥に頼らずに飼料作物を貯蔵するサイレージ調製技術が発達した．

日本は現在，海外から年間約200万 t の牧乾草を輸入している．ウシの大規模経営や特に都市近郊型の経営は，自給飼料の生産が困難であり，供給量が安定している輸入飼料に頼らざるをえない面がある．海外からの輸入乾草は，大きくレギュラーとプレミアムという二水準のグレードで取引されているが，その品質の幅は広く，バラつきが大きい．また，近年でも輸入乾草からの高濃度の除草剤の検出，ウシの硝酸態窒素中毒，エンドファイト中毒などの事故が生じている．

C. サイレージ

サイレージとは，飼料作物や食品副産物などを，サイロのような貯蔵設備に詰め込み，密封して発酵調製した飼料である．酸素を追い出して密閉することによって，主に乳酸菌による嫌気発酵を促し，菌が生成する乳酸や酢酸などの有機酸によって環境中のpHを低下させて，変敗をもたらすような雑菌の増殖を抑制し死滅させる．pH低下の目安としてpH 4.2以下が良質といわれている．素材を水分が多く含まれた状態で保存することが可能であり，乾燥よりも安価な保存調製法である．しかし，水分重量が大半を占めるため遠距離の輸送には向かない．

水分含量によって，高水分，中水分，低水分サイレージに分類される．低水分のものをヘイレージとよぶ場合もあり，乾草（hay）との境界領域の飼料といえる．さらに，ギ酸やプロピオン酸などの有機酸を添加してpHを低下させるサイレージもあり，必ずしも細菌による嫌気発酵に頼らないものも登場している．

近年では，飼料用イネの栽培面積が拡大し，稲発酵粗飼料（イネホールクロップサイレージ，イネWCS）が普及し利用されている．これは飼料用イネの子実だけではなく，葉（鞘）も稈（茎）もいっしょにサイレージ調製するものである．そのほかにイネの籾の部分をサイレージ化したソフトグレインサイレージの利用もはじまっている．

D. わら類・その他の農場副産物

稲わらをさすことが多いが，オーツ（エンバク）や大麦の麦わらも流通している．国内では，肉用牛，特に和牛の肥育用飼料として利用されている．わらは普通の牧草に比べて，ビタミンA（レチノール）の前駆体であるβ-カロテンの含有量が少ない．日本のウシの枝肉格付では，筋肉内への脂肪交雑の量（BMS），いわゆる霜降りが重要視されるため，肥育牛へのビタミンAの給与量を低めにコントロールする飼養管理が行われており，その基本の粗飼料として需要が多い．稲わらの栄養的な性質は，リグニン，ケイ酸を多く含み，栄養価，嗜好性ともに牧草よりも低い．

中国や台湾からも大量に輸入されていたが，防疫上のリスクが高く，現在は相手国の悪性の家畜伝染病（口蹄疫など）の発生状況や，加熱消毒の状況を踏まえて，農林水産省に許可された条件の範囲内で小規模に輸入されている．

国内では稲わらの発生地（米の産地）と肥育牛の生産地は必ずしも一致しておらず輸入わらの供給に頼っていたが，その後の流通網の整備によって，東北，北陸から各地にも供給されるようになった．

稲わら以外の農場副産物として，サツマイモの蔓（甘藷蔓）や大豆稈，籾殻などがある．

4.1.3　濃厚飼料

濃厚飼料は粗飼料と比較して嵩が小さく栄養価が高い．穀類，油かす類が代表的である．一般的に穀類はデンプン質が主成分であるためエネルギー供給源として，油かす類はタンパク質含有量が多いためタンパク質源としての役割を担っている．そのほか，ぬか類，製造かす類，動物質飼料などがある．

A. 穀類

日本ではトウモロコシの利用量が圧倒的に多く，ほとんどアメリカからの輸入である．次に多い穀類はマイロ（グレインソルガム）だが，量はトウモロコシの1割ほどである．その後，さらに少ない使用量で，大麦，小麦，小麦粉，米などが続く．米については国内の飼料用米生産量が伸びており，その動向が注目される．穀類はおよそ5〜8割がデンプンで，粗タンパク質は約10％である．給与にあたっては，粉砕や圧ぺんなど消化を促進するための加工処理が必須である．

a. トウモロコシ

現在，国内で利用されている濃厚飼料は，アメリカ産のトウモロコシが大部分を占め，年間約1000万tを輸入している．人が食するスイートコーンとは異なり，硬質のデンプンからなり，デントコーンやフリントコーンもしくはこれらのハイブリッド種である．そしてその多くが遺伝子組換え体（genetically modified organism：GMO）トウモロコシであり，特定の除草剤に耐性をもつ除草剤耐性と，食害昆虫にとって有害なタンパク質（Bt）を合成する害虫耐性の形質をもつ．飼料用は農林水産省の諮問機関である農業資材審議会で安全性確認済みのGMOのみ輸入可能である．

栄養成分は半分以上をデンプンが占める．粗タンパク質含量は約8％でそのアミノ酸組成も必ずしも理想的ではない．粗脂肪含量は幅があり4〜7％である．

b. マイロ（グレインソルガム）

近年，マイロの輸入量は減少を続けているが，トウモロコシと同程度の量が輸入され使用されていた時期もある．トウモロコシに比べて粗タンパク質含量が2％ほど多いほかは同様の性質をもつ．トウモロコシに比べると水分要求量が少ないために，地下水源の減少の問題を抱える栽培地のアメリカでは，マイロの栽培を見直す動きが出てきている．名称についてはもともとグレインソルガムの一品種がマイロであったが，現在では同義に使用されている．

c. 飼料用米

飼料としての米の利用は，輸入のミニマムアクセス（MA）米の飼料用放出がほとんどを占めていた．しかし近年，飼料用米の生産が飛躍的に増加しており，2011年は18.3万tであった．農林水産省は2020年度に70万tを生産目標として掲げている．MA米と合わせると100万t以上の規模で飼料利用するようになる可能性があるため，栽培技術および畜種ごとに給与技術の研究開発が進行中である．飼料用米は多収量品種であるが，まだ食用品種を飼料用米として栽培することも多い．籾米と玄米の2つの給与形態がある．

B. 油かす類

植物油を搾油した後のかすである．大豆かすとナタネかすの利用が多い．ほかに綿実かす，ゴマかす，ヤシかす，ヒマワリかすなどがある．植物油抽出後であるため，粗脂肪含量は少なく，粗タンパク質含量が多いことが特徴である．

a. 大豆かす

大豆かすは，大豆から大豆油を抽出した後の残さであり，「大豆油かす」や「脱脂大豆」とも表現する．およそ50％が粗タンパク質であるため，タンパク源として有用である．年間約300万t利用されている．日本の濃厚飼料は，トウモロコシを主たるエネルギー源とし，この大豆かすを主たるタンパク質源として栄養計算をして配合設計を組み立てていることが多い．

b. ナタネかす

油かす類としては大豆かすに次いで利用されている．粗タンパク質は約40％である．現在はキャノラ種の栽培が主であるためキャノラミールという慣行名が多くなっている．搾油用の大豆，ナタネの品種はともに，トウモロコシと同様にGMO品種が大部分を占めている．

C. ぬか類

穀類を精白する過程で発生する副産物であり，米ぬかは米の精白過程，ふすまは小麦の精白（麦）過程から分別される．粗タンパク質が十数％，総繊維（NDF）成分は約3割である．ウシ用飼料としてだけではなく，ブタ，ニワトリ向けの配合飼料原料としての需要も高い．ぬか類および次項のなかで，穀類の加工工程から発生する副産物を糟糠類とも表現する．

生米ぬかは粗脂肪含量が20％と多く，酸

化, 変敗しやすい. そのため脱脂した脱脂米ぬかというかたちでも流通している. また近年, 無洗米の消費が増加するに伴い, 無洗米の米ぬかも発生している.

ふすまは, 米ぬかよりもデンプン含量が多く, 稲わらと組み合わせて肉用牛の肥育用飼料として需要が高い. 2002年までは, 飼料用としてデンプン含量が高い専増産（専管）ふすまが政府の管理下で製造, 流通されてきたが, 現在は廃止されている.

D. 製造かす類

油かす類とぬか類以外で食品製造の工程や農業副産物として発生するものである.

種類が多いのはトウモロコシ由来の製造かすであり, 食品の甘味料に使用する糖化用のコーンスターチ（トウモロコシデンプン）の製造工程から発生するものが多い. コーンスチープリカー, コーングルテンミール, コーングルテンフィード, コーンジャームミールなどが発生する. 同様なデンプン製造業から発生するものとして, カンショデンプンかすやバレイショデンプンかすがある.

製糖産業からの副産物として, サトウキビ, テンサイ（シュガービート, 砂糖大根）から糖蜜を分離した後のバガスとビートパルプがある. ビートパルプは消化性のよい良質の繊維でありウシの飼料として重要である. 国産もあるが, チリ, アメリカ, 中国産が多い.

酒類製造などのアルコール発酵の製造副産物としては, ビールかす, 酒かす, 焼酎かす, ジスチラースグレインソリュブルなどがある. 特に九州で発生量の多い焼酎かすは, ロンドン条約で海洋投棄が禁止になったため, 急速に飼料利用が進んでいる. また酒ではないがアメリカのバイオエタノール政策に伴い, その副産物であるトウモロコシ蒸留かす（distiller's dried grains with solubles：DDGS）の輸入量が2008年以降, 年間数十万t規模に上っており, 配合飼料原料として使用されるようになった. 成分は, 粗タンパク質, 粗脂肪, 繊維がそれぞれ約1/3ずつの組成である.

豆腐の製造工程からは豆腐かす（おから）が発生し, 醤油の製造工程からは醤油かすが発生する. 両者ともタンパク質は良質であるが, 豆腐かすは粗脂肪が多く, 醤油かすの場合には塩分が多く多給が困難な素材である. 主に乳用牛に利用されている.

清涼飲料や缶詰などの果実の加工工程から発生するものには, リンゴジュースかす, パイナップルかす, 緑茶かすや麦茶かすなどがある. これらは発生量の季節変動が大きい製造かすでもあり, 季節変動を考慮して利用する必要がある.

E. 動物質飼料

屠場工程の副産物, 乳製品製造工程の副産物, 海産物・水産加工副産物に分けられる.

2001年の国内のBSE発生確認により, 肉骨粉のような動物由来タンパク質と動物性油脂については, 飼料・肥料としての国内における製造・出荷, 海外からの輸入についても一時全面停止した. その後, リスク評価に基づき, 由来動物別および給与対象家畜別に, 動物由来タンパク質と動物由来油脂について使用が許可されてきた. その結果, 現在ではウシ由来の血粉, 血漿タンパク, 肉骨粉などは全畜種に給与禁止されているが, ブタ, ニワトリ, 魚由来で農林水産大臣の確認を受けた工場で生産されているものであれば, ブタ, ニワトリ, 養殖魚用に使用可能となっている. 油脂についてはウシの脊柱と死亡牛以外のものであれば, トリ, ブタ, 養殖魚に使用でき, ウシへの給与についても代用乳とそれ以外の飼料とを区分し, 条件付きで許可されている.

バター製造副産物である脱脂乳や脱脂粉乳は, 子豚の離乳前後の飼料（人工乳）として乾燥した状態で給与し, 子牛では母乳の代わりに給与する代用乳として, 水か湯で溶かして飲ませる. チーズ製造工程で発生するホエイは, 近年, 国内大手乳業会社の大規模チー

ズ工場が続々と稼動したことにより発生量が増大した．今までは乾燥処理した乾燥ホエイが主流であったが，90％以上の高水分であるため，液状のままリキッド飼料として給与することがはじまっている．

　水産加工副産物のうちもっとも一般的なものは魚粉である．水揚げされた魚のうち雑魚を脱脂，乾燥，粉砕したものである．50％以上が粗タンパク質であり，タンパク質含量の違い（50～65％）によって分類される．アミノ酸組成も良質であるため，タンパク質源としてウシ以外の畜種の配合飼料原料に使われている．近年は南米からの輸入が多い．養殖魚用の飼料としても多く使われる．

F．食品残渣

　2001年に『食品循環資源の再生利用等の促進に関する法律（食品リサイクル法）』が施行され食品残渣の飼料利用が見直されるきっかけとなった．食品残渣は産業廃棄物と一般廃棄物に分けられ，産業廃棄物に分類される食品残渣は，食品製造工場などで発生する製造かす類のなかで有価物として売買されないものである．一般廃棄物に分類されるのは，食品流通業や外食産業から発生するもので，厨芥類が多い．産業廃棄物系の残渣の飼料利用には以前から多くの関係者がとりくんでおり，ビールかすのようにほぼ100％がウシ用の飼料として有効利用されているものもある．その他の副産物もウシ用としてTMR (total mixed ration, （完全）混合飼料）や発酵TMRの原料として多量に使用されるようになった．一方，一般廃棄物系の残渣は，動物性タンパク質の混入があるため，ウシ用としては活用できず，主にブタを対象として利用が進んでいる．過去に残飯養豚という名前で行われていた手法から比べると，飼料の安全性，肉質も格段によい生産物ができるようになっている．特にパンくずや麺くず，生地類をはじめとする小麦粉製品の製造残渣の利用が進んだことは大きい．小麦粉系に限らず，ご飯の廃棄物なども含めて，安価にこれらの良質なデンプン源の確保ができた生産者は輸入の飼料用トウモロコシに依存せず，ブタの肉質も優れた養豚経営を展開している．

4.1.4　特殊飼料

A．鉱物質飼料

　無機物（ミネラル）の供給を目的としている．カルシウムとリンは成長期の骨格を形成するために重要であり，さらにウシの乳生産，ニワトリの鶏卵の生産のためにも多量にかつバランスよく供給する必要がある．これは炭酸カルシウム，リン酸カルシウム，カキ殻などで供給する．ナトリウムと塩素も不足しがちな無機物であり，食塩を添加する．ほかに食塩や他の無機物を配合して固め，家畜が自由に舐められるように成型したミネラルブロック（鉱塩），微量の必須ミネラルを配合したプレミックスなどがある．

B．非タンパク態窒素化合物

　尿素や硫酸アンモニウムなどの窒素化合物であり，ウシなどの反芻家畜のタンパク質源の補給もしくは，そのアルカリ処理効果によるわら類などの消化性向上を目的に使用される．

C．飼料添加物

　飼料添加物は，飼料の品質低下防止（防カビ剤，抗酸化剤など），栄養成分その他の有効成分の補給（ビタミン，ミネラル，アミノ酸など），栄養成分の有効利用促進（抗生物質，抗菌剤など）のために飼料に添加，混和などをして用いるものであり，農林水産大臣の指定を受ける．

　そのなかの防カビ剤，抗生物質，合成抗菌剤は，抗菌性物質製剤（抗菌剤）であり，殺菌性もしくは静菌性をもち，結果的に成長促進効果などの家畜生産に対する恩恵がある．耐性菌の問題が深刻化したEUでは2006年に成長促進用抗生物質の利用は禁止になっている．畜産物への移行，残留を避けるために

給与禁止の期間は畜種ごとに定められている．

そのほか，消化管内での飼料の消化吸収を促進する酵素類や，微生物相を良好に変化させるような生菌剤も飼料添加物である．

4.2 飼料の加工・貯蔵・配合，運搬，給与

飼料を適切に加工処理することは，その安全性の確保，保存性の向上，消化性および栄養価の向上につながる．飼料原料に対する加工の手法と加工の度合いは，対象の家畜種や目的によっても異なる．加工に要する費用と生産性の間の費用対効果を検討したうえで実施する必要がある．

4.2.1 加工処理
A. 細切と粉砕・破砕

通常，飼料の細切や粉砕をすることで消化吸収率は向上する．

粗飼料の場合，牧草や青刈作物を細切することで消化率は上昇し，栄養価値は向上する．一方で細かくしすぎた場合には，反芻家畜にとって重要な反芻行動をもたらす刺激（粗飼料因子）を低下させる場合がある．そのためTMRとして給餌する場合でも粗飼料のカッティングの度合いには注意する必要がある．

穀類の消化性を向上させるためには，粉砕処理が一般的に行われている．ブタ用の飼料としては，一般に 2 mm メッシュを通過するサイズに粉砕することが推奨されており，それ以上の粒度のものよりも消化率がよいとされる．反対に細かくしすぎると粉塵によるロスや嗜好性の低下がおき，呼吸器系の疾病のリスク，ブタの場合には胃潰瘍のリスクも生じる．

近年，その利用が拡大している飼料用米は，ウシ用，ブタ用として供する場合，籾米および玄米の両者ともに粉砕もしくは破砕処理が必須である．ニワトリ用の場合には成長初期（幼雛期）より以降であれば籾米でも消化可能なため利用できる．

粉砕した細かい状態の飼料原料はマッシュといい，成型したペレットなどと区別する．

B. 加熱

加熱処理による効果には，殺菌，嗜好性向上，デンプンの消化性向上，抗栄養因子の除去，反芻家畜の場合にはルーメンバイパス率の向上がある．

豆類はトリプシンインヒビターなどの消化阻害因子（抗栄養因子）をもっているため，加熱処理によってそれらを失活させる必要がある．

また，適度に加熱することで炭水化物についてはデンプンが α 化して，デンプンを糖化する酵素であるアミラーゼが作用しやすくなる．しかし，タンパク質については加熱の度合いが高すぎると不可逆的な加熱変性が生じ，かえって消化率が低下する場合があり，品温として100℃以上の加熱条件ではその点を考慮する必要がある．

ウシ用としては，第一胃（ルーメン）内を微生物の消化を受けずに非分解性のタンパク質としてバイパスし，下部消化管で消化吸収されるバイパスタンパク質としての効果を上げるためにも使われる．

C. 加圧

加圧処理の大部分は，その工程に加熱処理が含まれる．穀類に高温水蒸気を加えてローラーで押しつぶす圧ぺんフレーク処理や，やはり水分を加え高温高圧をかけて押し出すエクストルーダー処理などがある．エクストルーダー処理のような爆裂処理によって，飼料は膨化し，スポンジのように細かい穴のあいた状態になり，消化性が向上する．ただ穀類の種類によっては爆裂させると嵩の増大が激しく，ハンドリングの問題が生じるため，この処理には向いていない素材もある．

D. 成型

　成型処理も加熱，加圧処理を伴うことが多い．飼料を円筒状に固めて成型するペレット加工が一般的である．マッシュの状態の飼料は密度が低く，飼育者にとってのハンドリングの問題，家畜にとっては餌こぼしを起こしやすい．配合飼料の場合は給与までに原料の分離が起きて，選択採食を起こす可能性がある．これを成型し密度を高めることで，前述の問題がなくなり，単位重量あたりの採食時間は短くなる．配合飼料だけではなく，単味飼料としてペレット状で供給されるビートパルプ，アルファルファペレットのような飼料もある．圧力をかけてのペレット化は，ブタのリキッドフィーディング用として水と混合して給与する場合にも，均一に混ざり，分離，沈降をしにくくする効果がある．

　ペレットを砕いたものをクランブルといい，まだペレットのサイズの飼料を採食することが困難な幼畜や幼雛用として使われる．

　角型に成型するキューブ加工は粗飼料で行われており，ヘイ（乾草）キューブとよばれる．

E. 浸漬

　飼料を浸漬することで有害物質の溶出除去ができる．また酵素のフィターゼを添加した飼料や，またはフィターゼ活性の高いムギ類などの飼料の場合には，浸漬することでフィチン態リンの分解が促され，リンの消化性が向上する効果がある．

F. 化学処理

　わらのような，難消化性のリグニンを多く含む粗飼料に対して，水酸化ナトリウム処理，アンモニア処理，尿素処理などのアルカリ処理を加えて，リグニン構造を破壊することで消化性を高める技術がある．アンモニアと尿素処理は，アルカリ処理に加えて窒素を加えることによる飼料価値の向上も目的とする．

　サイレージ調製時やリキッド飼料調製時には，有機酸を添加して保存性を高める方法がある．ギ酸がもっとも使われており，他の有機酸に比べてpHを低下させる効果が大きい．プロピオン酸も防カビ効果が高いため使用されることが多い．これらは飼料安全法で使用の上限量が定められている．

G. 発酵

　飼料の保存性の向上，嗜好性の改善，栄養価の改善などを目的として，飼料に発酵処理を行う．乳酸菌による発酵によって水分の多い粗飼料や副産物の保存性を高めたサイレージが代表的である．水分の多い飼料の保存性を高めるにはもっとも安価な方法である．最近はTMRを発酵させて保存性を高めた発酵TMRもつくられている．ただ完全には通気を遮断できないトランスバッグで調製，流通することが多いため，サイレージほどの長期保存には向かない．ブタ用のリキッド飼料でも乳酸発酵によってpHを低下させた発酵リキッド飼料がある．サイレージ，発酵TMR，リキッド飼料とも主に乳酸菌による発酵が主体であり，酸素を避けて密封することが基本になる．化学薬品によるpHの低下と異なり，温度などの環境条件の影響を受けるため，不良発酵が起こる場合もある．そのため，有機酸添加との併用で調製する場合もある．

　そのほかに好気条件で，油かす類を麹菌で発酵させ，その過程で生成する酵素群によって栄養価を向上させた飼料がある．こちらは減量の度合いも大きいため製造ロスと飼料価値の向上とのバランスをとる必要がある．

4.2.2　貯蔵

　飼料は年間を通じて安定的に供給されることが，現代の畜産の大前提になっている．貯蔵技術には飼料の栄養価値を維持し，腐敗や変敗を防ぐとともに，虫害や鳥獣害，病原菌の侵入を防ぐ意味もある．

A. 粗飼料

　牧草や青刈飼料作物は水分が多く含まれているため，乾草もしくはサイレージにして貯

蔵する．乾草は天日乾燥もしくは人工乾燥によって水分を15％以下に低下させたものであり，長期の保存，遠方への運搬も比較的容易である．しかし雨の多い日本の気候は乾草の調製には向いておらず，良質な乾草調製は難しい．サイレージは飼料作物や副産物をサイロに詰め込んで発酵させた飼料である．主に乳酸菌による乳酸発酵を促し，生成する乳酸とその他の有機酸によって環境のpHを4.2以下まで低下させて，腐敗，変敗をもたらすような微生物の増殖を抑制する．発酵は環境中に常在する乳酸菌に頼る場合と，サイレージ用に乳酸菌製剤として販売されているものを購入して添加する場合がある．サイレージは水分の多い状態でも保存が可能になるために国内で広く普及している．サイレージ調製を行うサイロには，水平型（バンカーサイロ，トレンチサイロ，スタックサイロ）と，球状にラッピングするバッグ型サイロが多く使用されている．タワー型サイロは現在ではほとんど使われていない．

B．濃厚飼料

穀類や油かす類は15％以下の水分含量まで乾燥して流通していることが普通であり，その水準であれば微生物による変敗は進行しない．穀類の貯蔵には，穀類害虫に対する防除が必要である．いずれも貯蔵場所の温度，湿度の上昇を避け，冷暗所で貯蔵することが望ましい．また環境湿度が上昇してしまう場合には，防カビ剤の使用を検討する．

飼料用米については供給季節が限られているため，安定した使用をめざすには，年間を通じて貯蔵可能な倉庫を確保するか，収穫から一定期間だけ給与するような，季節変動を考慮した柔軟な飼料設計を行う必要がある．

ぬか類や製造かす類のなかには，水分や粗脂肪含量の多いものが多い．粗脂肪含量の多い飼料では，脂質酸化を抑制するために抗酸化剤を使う．水分含量が高いものは，腐敗が進みやすいため，素材の発生直後に乾燥や発酵，有機酸添加などの保存処理を行う必要がある．食品などの製造工場でも，現場に乾燥機を設置して副産物の発生後すぐに乾燥する．もしくは有機酸添加しトランスバッグにつめるなど，オンサイトで一次保存処理を行う事業所が増えてきている．

4.2.3 飼料の配合

対象家畜の成長・生産ステージに応じた栄養素要求量を充足するように，飼料を適切に組み合わせて給与する必要がある．

A．配合計算

飼料の配合設計は，家畜種ごとに栄養素の要求量を示した「飼養標準」を基本に計算する．日本飼養標準には乳牛，肉牛，豚，家禽，めん羊がある．日本飼養標準のほかにもアメリカのNRC飼養標準などがよく使用されている．

対象となる家畜の体重，成長ステージや生産の内容（増体量，泌乳量，産卵量）から必要とされる養分要求量を求める．使用する飼料の栄養成分は，分析した実測値があればもっとも正確だが，分析値がない場合には「日本標準飼料成分表」を参考とする．

飼料の配合設計は，まずエネルギーとタンパク質の2つを調整する．エネルギーの表し方は，可消化養分総量（TDN），可消化エネルギー（DE），代謝エネルギー（ME）などがある．タンパク質については，ウシは粗タンパク質，ブタ，ニワトリはタンパク質を構成する個々のアミノ酸量で計算する．詳しく計算する場合にはウシは第一胃（ルーメン）内分解性および非分解性タンパク質，ブタ，ニワトリはアミノ酸の消化率を加味した有効アミノ酸を考慮する．一般的な飼料原料を使用する場合，ブタとニワトリは，必須アミノ酸のなかでリジンがもっとも律速因子になりやすい．その後，無機物とビタミン類を充足させる．主要無機物（ミネラル）のなかではカルシウムとリンの要求量は多く，リン酸カ

ルシウムなどの添加が必要である．各種の微量ミネラルとビタミンは，それらの混合製品であるプレミックスを使用することが多い．実際の配合計算は，線形計画（LP）法によって，養分量だけではなく原料の購入価格も要因として加えて，経済性も考慮した最適な配合水準を求めることが多い．

B. 配合飼料

配合飼料の製造量は年間約2500万tであり，日本で使用されている濃厚飼料の大部分を占める．各種の飼料原料のうちで，トウモロコシやグレインソルガムのように穀類で配合割合の多いものを一般に主原料といい，製造かす類や飼料添加物のように配合割合の少ないものを副原料という．

配合飼料には畜種ごと，成長，生産のステージごとに規格がある．配合飼料のなかでも，その飼料のみ給与すればよいように，栄養素要求量を完全に充足させた配合飼料を完全配合飼料という．ブタ用とニワトリ用の配合飼料やウシ用のTMRはこれにあたる．ウシ用の配合飼料もあるが，ウシの場合はそれとは別に粗飼料を給与する必要がある．

配合飼料を販売する場合には，粗タンパク質，粗脂肪，カルシウム，リン含量の最小量，粗繊維，粗灰分の最大量，可消化養分総量（TDN）の最小量の表示が義務づけられている．

4.2.4　飼料の運搬

海外から輸入される粗飼料，濃厚飼料は，乾牧草はコンテナ船で，トウモロコシなどの穀類はバラ積みのバルク船で輸送する．乾草の一梱包は40kg程度だが，最近では200kg以上のビッグベールというサイズも多くなっている．穀類はバルク船から港湾のサイロに直接搬入され，近隣の飼料工場で配合飼料，混合飼料として調製され，または単味の飼料として出荷される．飼料専用車にバラで積むか，500kg程度のトランスバッグ（フレコンバッグ）や20kg程度の紙袋で搬送する．2001年の国内のBSE発生以降，動物由来タンパク質などが混入しないようにとり扱われるA飼料と，それ以外のB飼料が混入することがないように，それぞれ専用の容器を使う必要がある．国内で発生する製造かす類や副産物類は，保管，輸送にトランスバッグを用いることが多いが，水分含量が多く液状に近いものやリキッド飼料の場合にはタンクローリー車や1 m^3 のタンクを使用する．

4.2.5　飼料の給与

A. 不断給餌と制限給餌

飼料の給与方式には制限給餌と不断給餌があり，目的に応じて適切に選択する必要がある．

a. 不断給餌

家畜がいつでも採食可能な状態を不断給餌というが，飽食，無制限給餌ともいう．群飼育の場合には，強弱に関係なく全個体が十分採食できるように不断給餌にすることが多い．増体を目的にしている場合にはもっとも効率的である．しかし，過剰摂取による体脂肪の増加,飼料効率の低下などの欠点もある．

b. 制限給餌

給餌量を制限する方法であり，家畜の過食を抑制したい場合に行う．繁殖用の個体は制限給餌で飼養されることが多い．太りすぎないようにボディコンディションを調整するためである．採卵鶏では卵のサイズを調整する目的で制限給餌を行う場合がある．群飼育の場合に制限給餌を行うと，強勢個体が飼料を摂取してしまい，弱勢個体が十分に飼料摂取できない状況となる．量的に制限給餌することが多いが，繊維成分や難消化成分の割合を高めることで栄養価を低下させた質的な制限方法もある．

B. 混合給与と分離給与

ウシには粗飼料と濃厚飼料という，形状の異なる飼料を給与する．これにはTMRを調

製して給餌する場合と個別に給餌する分離給与の場合がある．分離給与では，濃厚飼料は原則として制限給餌し，粗飼料を不断給餌する．

C．飼料給与の状態

給与時の飼料の水分含量によって，次の3種に分類できる．

a．ドライフィーディング

乾草や配合飼料など，水分が13％前後の風乾物状態の飼料を給餌する方法であり，もっとも一般的な方法である．給餌後に腐敗や変敗の心配がないため，不断給餌に適している．ウシ用のTMRなどの場合も，飼料の形状，粒度によっては分離して選択採食を招く可能性がある．サイレージはその水分含量としてはウェットフィーディングになるが，給餌法としてはドライフィーディングと同様の考え方で給餌される．

b．ウェットフィーディング

水を加えて練り餌として給与する方法である．ドライフィーディングに比べて飼料の嗜好性を改善する効果がある．また幼畜，幼雛の餌付け用としても使われる．しかし飼料の変質が速いため，飼槽に残飼が残らないように給餌する必要があり，調製の手間もかかる．ウェットフィーダーはその手間を省き，給餌と同時にそこに給水できる給餌器である．

c．リキッドフィーディング

液状の飼料を給与する方法である．パイプラインで飼槽に給餌するブタ用のシステムである．その水分含量は75〜85％の範囲が多い．水分の多い原料の場合，乾燥するよりもコストが低く抑えられるため，特に食品残渣などを多給する場合に利用されている．水分が多いため，必要量を一度に入れることはできず，飼槽で変敗を避けるためにも多回給餌を行う必要がある．

ほかに子牛の哺乳に用いられる代用乳は，脱脂粉乳とその他の飼料原料を配合したものであり，給与時に水か湯に溶いて液状で給与する．子牛の群飼育の場合に個体識別をしながら代用乳を給餌する哺乳ロボットも使用されている．

4.3　飼料作物の開発と生産・利用

飼料作物とは，畑，牧草地，水田などを利用し，子実を含む植物体すべてを家畜に給与する飼料として栽培する作物の全般をいう．ただし，近年は，トウモロコシの雌穂や飼料用米を栽培・収穫し，自給濃厚飼料として利用する動きも拡大している．

飼料作物は青刈作物と牧草に大別される．青刈作物は，もともとは人間が食用にするための穀物や根菜であったものを飼料に転用したもので，子実が未成熟の状態で収穫するものである．なお,飼料用米は成熟期（完熟期）での収穫が原則となっており，食用作物の青刈転用ではないことから，青刈作物には含まれないといえる．それに対して牧草は飼料に供する部分のほとんどが茎葉である．牧草は再生の利用が前提であり，放牧にも用いられる．

国内における飼料作物生産では，青刈給与向けは減少しており，保存性に優れたサイレージ調製を行うことが多い．その際，地下サイロやバンカーサイロのほか，ロールベールによる貯蔵も行われる．梅雨などの気象条件のため，国内における乾草調製はサイレージ調製より難しい場合が多い．

4.3.1　飼料作物の育種

日本での主な育種目標は，高栄養価，多収性（再生性），不良環境に対する耐性，病虫害に対する抵抗性や耐倒伏性，播種・収穫等の作業時期を分散できる早晩性の異なる品種のとり揃え，収穫後の貯蔵性，放牧や採草に対する永続性，窒素固定能力の向上などである．また増殖過程における種子の採種性は価格などに大きく影響するため，品種を普及さ

せるうえで重要な形質である．硝酸態窒素の低減や耐虫性といった有用形質の付与についても着目されており，温暖化など気候変動に対する育種も必要となってきている．特に飼料作物は本来，低コストかつ省力的な生産が求められるため，比較的粗放な管理で，かつ日本の多様な気象条件（高温多湿な気候，積雪，台風，寒冷など）に適応する品種が必要とされる．また，近年は草地の更新率が低下しており，それに併せて利用年限を延長できる永続性についても改めて重視されている．

飼料作物の多くは他殖性なので近親交配では弱勢化する．そのため，集団のヘテロ性を保たせつつ優良遺伝子の集積を図ることが育種の基本となっている．代表的な育種方法（（ ）内は対象草種）としては，生態型の利用，集団選抜法，母系選抜法（一年生ライグラス），組み合わせ能力の利用（トウモロコシ，ソルガム），循環選抜法，倍数性育種法（ライグラス類，アカクローバ），種属間雑種の利用（フェストロリウム），単為生殖草種の育種（ギニアグラス）などがある．ただし，飼料用イネは自殖性であり，集団選抜法に加え，系統育種法や，もどし交配育種法などを中心に育種されている．

4.3.2 飼料作物の種類
A. 青刈作物
a. トウモロコシ

（学名 *Zea mays*，英名 maize）

中南米原産の作物で食用にも利用されている．一般に飼料用として栽培される品種は草丈3m前後，雌雄異花で雄穂先熟である．日本ではF1品種が用いられている．根釧などの寒冷地や高標高地，および九州などの暖地まで幅広く作付けされている．

播種の目安となる気温は10℃以上で，生育適温は24～30℃である．各種土壌での栽培に適するが，湿害には弱い．黄熟期収穫でのホールクロップサイレージとしての利用がほとんどであるが，近年，北海道では子実部分のみを収穫してサイレージ利用する技術が開発され，一部地域で実用化されている．

単位面積あたり収量が高く，サイレージ調製が容易で家畜の嗜好性もよい．そのため，飼料自給率の向上のためにはもっとも有効な草種であり，近年の細断型ロールベーラの開発や不耕起播種などの省力生産技術の普及と相まって，代表的な夏作草種として生産の拡大に力が入れられている．おおむね北海道・東北では単作，関東以西の温暖地では二毛作の夏作として作付けされている．九州南部では二期作が行われることもある．育種においては，これまで栽培されていなかった地域や環境条件での栽培の拡大を視野に，高度の耐湿性やさまざまな作型に適合する早晩性品種の開発に力が入れられている．

収穫には乾物率30％程度となる黄熟期が適している．排汁発生による栄養損失を回避するためのサイレージ調製時の乾物率も28％以上と報告されている．

主な病害としては，すす紋病，黒穂病，ごま葉枯れ病，紋枯病，暖地では南方さび病などがあるが，近年は，寒冷地における根腐病や，多湿条件における苗立ち枯れ病の発生も報告されている．主な害虫にはアワノメイガ，アワヨトウのほか，近年，九州で被害が確認されているワラビー萎縮症を引き起こすフタテンチビヨコバイなどがある．

b. ソルガム

（学名 *Sorghum bicolor* M., 英名 sorghum）

エチオピア，スーダン付近の北東アフリカの原産で多様な環境に適応できる．アフリカ諸国やインドなどでは食用作物としても利用されている．

日本に導入されているソルガム類には，ソルガム，スーダングラスおよびそれらの一代雑種であるスーダン型ソルガムがある．ソルガムはさらに利用面から，主に子実を利用する子実型ソルガム，茎葉を主体に利用するソ

ルゴー型ソルガム，両者の中間の兼用型ソルガムに分けられる．スーダングラスは細茎で再生力に優れ，ロールベールとしての利用が多い．スーダン型ソルガムは青刈り，サイレージ，ロールベールサイレージのいずれにも利用される．夏期の高温下では再生力が高く，暖地，温暖地では多回刈りによる多収が望める．このように，ソルガム類は草型，利用形態や栄養収量が品種により大きく異なるが，トウモロコシと比べると総じて栄養価や嗜好性はやや劣る．

ソルガムの生育適温はトウモロコシより高く，また播種最低温度は15℃であるため，トウモロコシより遅い時期に播種するなどにより飼料作物栽培の作業分散に用いられることもある．播種時の温度が低いと雑草と競合し，初期生育が抑制されてしまうため注意が必要である．トウモロコシと比べて獣害に遭いにくいため，獣害の著しい地域でトウモロコシの代替として栽培される場合もある．土壌に対する適応性は広く，一般にトウモロコシよりも耐湿性に優れるものの，圃場の排水性には注意が必要である．また，耐干性，耐暑性も非常に強くトウモロコシより優れる．日長と温度に対する感応性に品種間差があるために，早晩性の序列が栽培地によって入れ替わるなどの現象が生じる．

雑草との競合に強く，栽植密度を高めることで雑草を抑圧できるため，省力的な栽培を行いやすい．再生力を活かして2回刈りや暖地でのトウモロコシとの混播に利用されることもある．ソルガムは主に点播，スーダングラスは散播で用いられる．トウモロコシと比較して国内における登録除草剤数が少なく，また薬害を受けやすいので，点播利用時における薬剤選択には注意を要する．

注意点として，青酸含量が高いので，草丈60 cm以下で収穫してはいけないこと，過剰施肥は硝酸態窒素の含量を高めることが挙げられる．

病害としては紫斑点病，スーダングラスのすす紋病が重要であり，育種改良の主要目標となっている．主な害虫としてアワノメイガやアワヨトウがある．自給飼料以外として線虫対抗作物，温室などの過剰塩類を吸収するクリーニングクロップおよび草丈を活かした農薬のドリフト防止植物（障壁作物）として用いられ，耕畜連携に活用されることもある．

高糖分型や鳥獣害を回避できる極晩生ソルゴー，および高消化性のbmr遺伝子を導入した品種などの育成が行われている．

c．エンバク
（学名 *Avena sativa* L.，英名 oats）

地中海地域が原産地とされ，元来はオオムギ畑の雑草であったものが二次作物化したものと考えられる．現在は世界の温帯地域で広く栽培されており，主要生産国はロシア，カナダである．

飼料用麦類のなかでは耐湿性が強く，冷涼な気象条件を好むが越冬性は高くない．土壌pHが4～8で生育でき，土壌の耐酸性はオオムギやコムギより強く，土地を選ばない．

一般に寒地では春播きで夏に収穫，温暖地・暖地では秋播きで翌春に収穫する体系で利用されるが，関東以南の温暖地では晩夏から秋に播種して年内（降雪前）に収穫される体系もある．この体系では夏冬作の端境期の収穫が可能だが，気温などの条件から予乾に時間を要する．また線虫対策の緑肥として作付けられ，その後，自給飼料として収穫利用される事例が南九州のサツマイモ栽培地帯などでみられる．利用方法は，乾草やホールクロップサイレージに調製される．主な病害に冠さび病がある．

国内で市販されている飼料用の品種数は麦類のなかでは多い．なお，市販品種のなかには「野生種エンバク」に分類されるものがあり，これは学名 *Avena storigosa* にあたる．

d. オオムギ

（学名 *Hordeum vulgare* L., 英名 barley）

乳熟〜糊熟期刈りのホールクロップサイレージの TDN 含量は，他のムギ類と比べて高く，嗜好性がよい．ムギ類のなかでは酸性土壌に対する耐性は強くなく，多収を上げるためには pH 6.0 以上に矯正する必要がある．耐湿性も低いため，水田圃場では排水対策が必須である．耐寒性や耐雪性はライムギとエンバクの中間である．比較的短期間に収穫が得られ，播種期の可動範囲が広いため，土地を高度利用するためには適している．低温要求性のない品種を利用することで，暖地では晩夏播き栽培も可能である．近年は，他のムギ類も含め，飼料用イネとの二毛作栽培が一部地域で行われるようになってきた．

e. ライムギ（学名 *Secale cereal* L., 英名 rye），ライコムギ（学名 *Triticosecale* Wittmack, 英名 triticale）

ライムギは中央アジア原産であり，もともとはコムギ畑の雑草から意図しない人為選択を受け二次作物化したもので，主に救荒作物として栽培されていた．土壌の乾燥や酸度の面で一般的に不良な環境でも栽培が可能である．耐寒性が強く，1〜2℃の低温で発芽できる．春の生育が非常に速い利点がある．出穂期刈りサイレージの TDN 含量は 58％である．刈り遅れると茎葉がかたくなり（粗剛化），また長大な芒のため嗜好性が低下する．深根性で吸肥力が強く，多収を得るにはある程度の施肥量が必要である．アレロパシー（他感作用）をもつとの報告もある．

ライコムギはライムギの耐寒性とコムギの耐倒伏性を併せもたせるために作出された属間雑種である．多収で耐倒伏性が強いため，イタリアンライグラスに少量混ぜて播種すると，イタリアンライグラスの単播と同等の栄養価を保ちつつ，草地全体の倒伏が軽減される効果がある．

f. 栽培ヒエ

（学名 *Echinochloa utilis*, 英名 Japanese millet）

栽培ヒエは野生種のヒエを改良したものであり，野生種より脱粒性や休眠性が小さくなっているため雑草化しにくい．耐冷性，耐湿性など不良環境耐性に優れ，広域適応性がある．そのため，畑地以外に水田放牧草地などでも利用される．乾草，サイレージへの調製に向いている．サイレージ調製の場合は栄養価の面から糊熟期刈りがよい．

g. 飼料用イネ

（学名 *Oryza sativa* L., 英名 rice）

ⅰ）飼料用イネの特徴と利用形態

イネは日本の主要な農作物であり，永年の連作に耐えて栽培されてきた歴史がある．しかし，食生活の欧米化に伴い米の消費が減退し，近年およそ 100 万 ha の水田でイネが栽培されなくなった．一方で食料自給率は約 40％まで低下していること，また BSE や口蹄疫といった飼料に由来する家畜の疾病問題が相次ぎ，飼料生産基盤の拡大が緊急の課題となってきた．このような背景から，イネをそのまま水田で飼料として栽培・利用することが急速に広がっている．

地上部全体（ホールクロップ）をサイレージとした場合にイネホールクロップサイレージ（イネ WCS）またはイネ発酵粗飼料とよばれ，その材料はホールクロップサイレージ用イネ（WCS 用イネ）とよばれる．穀実が目的の収穫部分である場合には飼料用米とよばれる．

イネ WCS の一般的な利用形態は糊熟期から黄熟期に収穫し，ホールクロップサイレージに調製後，乳牛や肉用牛に給与するもので，適切に調製されたイネ WCS の嗜好性は高い．収穫適期である黄熟期の乾物収量は生産現場において 1,000〜1,500 kg/10 a である．TDN 含量は 50〜55％，粗タンパク質は 5〜7％，ケイ酸を多く吸収するので灰分含量が多い特徴がある．

飼料用米は食用米と同様に穀実部分を利用するもので，成熟期を目安に収穫し，ウシ，ブタ，ニワトリの濃厚飼料として利用される．籾米は乾物中に粗タンパク質を6〜7％，デンプンを62〜67％，アミロースを22〜28％含む．一般的な収量は粗玄米収量で700〜800 kgである．飼料用米品種は食用品種とは異なり，食味や玄米品質ではなく収量性が重視され，専用品種では食用米と比べ，粒形などに識別性のある品種が多い．

飼料用米の利用形態としては，玄米利用と籾米利用があり，玄米利用は収穫した籾米を籾すりして玄米として利用し，籾米利用はそのまま籾殻も含め利用する．給与方法は畜種により異なり，ニワトリでは砂嚢をもつため，特に加工しなくても給与できるが，ブタは単胃であるため玄米でかつ破砕処理などの加工が必要である．また反芻家畜では籾米，玄米とも利用できるが，消化率を向上させるために圧ぺんや破砕処理などの加工が必要である．

ⅱ）飼料用イネ品種

飼料用イネ品種には，第一に多収性が求められ，次いで収穫調製時の作業性や品質低下を防ぐ点から高度な耐倒伏性が必要となる．さらに，低コストや畜産物の安全性の面から農薬は極力使用しないのが望ましいため，高度な耐病性，耐虫性も求められる．飼料用イネ品種の作付けにあたっては栽培地域の気候や病害虫の発生状況，農業用水の利用期間などの環境条件を考慮し，食用米を含む他の作物と作業体系が競合しないよう，適切な作期，作型の品種を利用する．

イネWCS用品種としては北海道向けでは「きたあおば」「たちじょうぶ」，東北・北陸地域向けでは「みなゆたか」「うしゆたか」「べこごのみ」「べこあおば」など，関東以西の本州向けでは「なつあおば」「夢あおば」「ゆめさかり」「たちはやて」など，九州地域向けでは「まきみずほ」「モグモグあおば」「ミナミユタカ」「タチアオバ」などが挙げられる．また消化されやすい茎葉の割合が高く，耐倒伏性の高い「たちすずか」や，暖地向けに2回刈り栽培専用品種として「ルリアオバ」などの特徴的な品種が育成されている．

飼料用米品種には多収品種として，北海道地域向けとして「きたあおば」「たちじょうぶ」，東北地域向けとして「みなゆたか」「べこごのみ」「ふくひびき」「べこあおば」，北陸・関東〜九州の広い地域に向くものとして「夢あおば」「ゆめさかり」「タカナリ」「もちだわら」「モミロマン」「クサホナミ」「クサノホシ」，九州地域向けとして「ミズホチカラ」「モグモグあおば」などが育成されている．

ⅲ）栽培・収穫作業

生産をより低コスト化するには，多収な肥培管理法，直播の導入などが求められる．また，畜産で生じた堆肥の利用先として，資源循環の機能も期待されており，堆肥を活用した施肥管理技術の高度化が望まれる．

収穫作業は，過去に飼料用イネの普及が拡大しなかった大きな要因のひとつだが，近年は自走式の専用収穫機やアタッチメントの付け替えにより牧草やトウモロコシも収穫できる汎用型の収穫機を利用する体系が普及しており，地耐力の低い水田でも機械による収穫が可能である．またトウモロコシなどの長大型飼料作物も収穫可能なロータリードラム式のハーベスタで収穫し，細断型ロールベーラでロールベールを作成する作業体系も普及している．なお，中干しや落水によって十分な地耐力が得られる圃場では，モアやロールベーラ等のトラクター牽引式の作業機体系でも収穫できる．

ⅳ）主な病害

主な病害としては，いもち病，ごま葉枯れ病，紋枯れ病，稲こうじ病などがある．暖地ではトビイロウンカによる吸汁害に注意する．また，近年はイネの幼植物を食害するスクミリンゴガイ（ジャンボタニシ）が生息地

域を拡大しており，湛水直播栽培ではスクミリンゴガイが生息していない圃場を選ばなければならない．

B. 牧草

a. オーチャードグラス（学名 *Dactylis glomerata* L., 英名 orchardgrass）

　地中海，西アジア原産で比較的草丈の高い多年生牧草であり，現在は日本の永年草地の基幹草種である．採草・放牧両用に利用される．刈取後の再生も旺盛であり，耐暑性・耐干性は比較的強いが，耐寒性はチモシーより弱い．土壌適応性は広く，施肥反応が大きく再生もよいが，耐湿性は強くない．寒地型牧草のなかでは耐陰性に優れるため，林内草地にも適している．出穂後の品質低下が急激で刈取適期の幅が狭いので，適期刈りするには早晩性の異なる品種を組み合わせる必要がある．近年の育種では，サイレージの発酵品質向上のため，糖分含量の高い品種の育成に力点が置かれている．病害としては黒さび病，すじ葉枯れ病などがあり，ほかに寒地での雪腐れ病，温暖地でのうどんこ病がある．

b. チモシー
　（学名 *Phleum pratense* L., 英名 timothy）

　北部ヨーロッパから温帯アジアにかけての地域が原産であり，越冬性に優れるため世界の冷涼地域における主要な多年生牧草である．日本では北海道において主要な草種となっている．耐寒性は極強だが耐暑性・耐干性は弱い．短日下での生長が寒地型牧草中でもっとも劣り，刈取後の再生も遅い．機械踏圧に弱い．オーチャードグラスより品質はよく，家畜の嗜好性が高い．出穂後の品質低下も比較的小さいが，稈がやわらかく耐倒伏性が弱いので刈り遅れに注意する．サイレージ調製に適しているが，放牧利用すると夏に草量不足が著しくなる．近年の育種では，広範な採草地での刈り遅れを防ぐために熟期別品種の育成に主眼が置かれており，マメ科牧草との混播適性にも着目されている．出穂期刈りサイレージの TDN 含量は 57〜65％程度である．出穂期の品種間差が大きく，品種の組み合わせにより適期収穫が可能となる．主な病害は斑点病とがまの穂病で，ほかにすじ葉枯れ病や黒さび病がある．

c. イタリアンライグラス（学名 *Lolium multiflorum* Lam., 英名 Italian ryegrass）

　地中海地方原産の1〜2年生牧草で，世界の温帯から亜熱帯まで広く分布している．現在では，日本のもっとも重要な牧草のひとつになっている．

　耐寒性，耐雪性が弱いが初期生育が早く，適温地帯では冬季の生長が優れている．そのため，短期間での多収が可能であり，多様な作型と品種が存在する．国内では二毛作での冬作利用を前提とし，秋播き・翌春一〜二番草収穫の体系が主であるが，三番草までの長期利用や春播き初夏収穫などの体系もある．水田裏作でも利用されるが，その場合は湛水時に多量の残根からガスが発生するため，早めの耕起により分解させる必要がある．

　品種は極早生から晩生まで多く存在し，一般に早生品種ほど形態的に小型で収穫後の刈り株や残根量が少なく，高温下での再生力が劣り耐病性が弱い．極早生品種は，後作にトウモロコシをつくるために早目に収穫を終えたい場合などに多く用いられる．秋播き後年内に利用を終える品種もある．晩生品種は出穂期が遅く利用期間が長いが，なかには越夏するものもある（極長期利用型）．

　これまで，育種目標として後作となるトウモロコシとの組み合わせを考慮した早生化や，機械収穫に適する耐倒伏性が挙げられてきた．近年は硝酸態窒素含量が低くなる品種や耐虫性が付与された品種などが開発されている．

　主な病害は冠さび病，葉枯れ病である．暖地では早播きした場合にいもち病がでやすい．一般には採草利用が主体であるが，暖地では冬季の放牧に利用し周年放牧とする．

d. ペレニアルライグラス（学名 *Lolium perenne* L.，英名 perennial ryegrass）

ヨーロッパ原産とされ，今日では世界中の温帯地域に分布するもっとも重要な多年生イネ科牧草のひとつである．初期生育は速やかで，出穂期の草丈は1m前後とイタリアンライグラスよりも低く，分げつが多い．蹄傷抵抗性はあるが永続性は優れているとはいえない．

品質はイタリアンライグラスに類似して良好であり，家畜の嗜好性も最良である．乾草，サイレージ，放牧のいずれにも利用できるが，放牧地での利用が主体であり，特に集約放牧に向いている．

栽培適地はオーチャードグラスと重なるが，耐寒性，耐干性，耐暑性が劣るため，年平均気温が8～12℃程度の地域である．肥沃で水分の豊富な，排水良好な土壌でよく生育する．

e. トールフェスク（学名 *Festuca arundinacea* Schreb.，英名 tall fescue）

自生分布地域の中心地は西ヨーロッパである．オーチャードグラス，チモシーと並ぶ主要草種だが，これらと比べ気象や土壌の適応性が広いことが大きな特徴である．

深根性で地下茎を有するため寒地型牧草のなかではもっとも耐干性・耐暑性に優れた草種である．耐寒性はオーチャードグラス並みである．低温，短日下における伸長も優れており，秋の再生は良好で，暖地では冬期も緑色を呈する．オーチャードグラスの長期維持が困難な年平均13℃以上の地帯で栽培され，特に暖地の中標高地帯に好適である．茎は粗剛で，家畜の嗜好性が必ずしも良好ではないので，放牧あるいは放牧・採草兼用に適している．主な病害は網斑病，葉ぐされ病，冠さび病がある．

f. フェストロリウム

（学名 *Festulolium* Braunii）

近年開発された新しい草種である．高栄養価で収量性に優れるロリウム属（イタリアンライグラスなど）と環境ストレス耐性と永続性に優れたフェスク属（トールフェスクなど）が掛け合わされ，両草種の長所を兼ね備えている．特性によってライグラス型，フェスク型に類別される．一番草（穂揃い期刈り）のTDN含量は約60％程度である．ヨーロッパからの導入品種の利用が主であったが，近年，国内の利用条件に合わせた品種が育成されており，環境ストレス耐性を活かし排水不良で湿度が高い耕作放棄水田など，これまで牧草栽培が困難であった場面での利用が期待される．

g. ブラキアリアグラス

（学名 *Bracharia* spp.）

Brachiaria 属はアメリカ大陸を除く熱帯地域を中心に約100の種が認められている属で，半砂漠地帯から低湿地帯にまで分布し，さらに西アフリカで雑穀として栽培されている種も含む．牧草としての利用のある草種をブラキアリアグラスとよぶことが提唱されているが，このなかには植物学的には複数の種が含まれる．牧草としての本格的な利用は1960年代からはじまり，1970年代にはオーストラリアの沿岸の多湿地域での利用の広がりを経て，ブラジルなどの南米諸国での利用が本格化しており，南米を中心に種子が流通している．近年，日本でも育種に着手された．

h. パンゴラグラス

（学名 *Digitaria eriantha*，英名 Pangolagrass）

南米原産で主に熱帯圏で利用されている．草丈は100～150cmで匍匐型の多年生イネ科牧草である．初期生長はやや遅いが，夏期の高温時には生長が盛んになり，採草，放牧ともに利用され，飼料品質はバヒアグラス，バミューダグラスよりも優れ，家畜の嗜好性は高い．耐霜性が弱いため日本では沖縄を中心に利用されているが，暖地の無霜地帯では越冬する．耐干性はあまり強くなく，湿害にも弱い．粘土質土壌以外であれば土壌の適応

性は高く, pH 4.2 ～ 8.5 まで栽培可能である. 病害虫の被害としてウイルスによる萎縮病とアブラムシ, ヨトウムシ類の食害があり, 冬期の火入れが防除に有効である.

i. バヒアグラス

（学名 *Pasphalum notatum* Flugge）

南米原産の匍匐型の多年生牧草である. 匍匐茎により密な草地を形成し, 根群は深い. 再生力は強く, 蹄傷抵抗性があるため, 放牧利用に適する. 出穂時の草高は 60 ～ 80 cm である. 耐陰性, 耐干性, 耐寒性が優れ, 土壌の適応性も広い.

西日本の低暖地では越冬するので放牧用の永年草として利用される. 乾物率が高いため, 乾草にも適する. 永続性に優れ, 西南暖地の低標高地ではかなりの長期にわたって草地の維持が可能である. 病虫害はほとんどない.

j. ローズグラス

（学名 *Chloris gayana* Kunth）

東アフリカ原産で熱帯, 亜熱帯地域と温帯圏で栽培されている. 暖地型永年性牧草であるが, 耐霜性が劣るため, 日本では沖縄を除き一年生牧草として栽培されている.

初期生育がよく, 匍匐茎による地表の被覆が早く, 再生力も強い. 耐干性が強いが, 通気組織が発達しており, 本来的には耐湿性も強いため, 転換畑での栽培に比較的向いている. 土壌をあまり選ばない. 窒素増施に対する反応がよく, 追肥は増収やタンパク質含量の向上に効果が高い.

放牧, 青刈り, 乾草, サイレージに利用されるが, 特に良質乾草を調製しやすい. 主な病害としては, *Helminthosporium* による葉や稈基部の枯死, *Fusarium gramineum* による小穂の被害がある.

k. ギニアグラス（学名 *Panicum maximum* Jacq., 英名 Guineagrass）

世界各地の熱帯, 亜熱帯における重要な牧草である. 多年生だが寒さに弱く越冬が難しいため日本では沖縄以外の府県で一年生として栽培される. 耐干性, 耐陰性はあるが耐霜性に弱く, 湛水や冠水に対する抵抗性も弱い. 排水良好な砂壌土あるいは壌土で生育がよい. 窒素増施による増収効果は大きい.

嗜好性はよいが, 大型品種では茎の残食率が高くなる. 放牧, 青刈り, 乾草, サイレージに利用される. アポミクシス（無融合生殖）の性質をもつことでも知られる.

l. アルファルファ（学名 *Medicago sativa* L., 英名 alfalfa, lucerne）

原産地は近東のトランスコーカシアと中央アジアといわれ, 多年生で深根性であり, やや乾燥した気候に適する. 耐寒性, 耐干性はきわめて強い.

永年生マメ科草のなかではもっとも高位生産に向いており, タンパク質含量や繊維の割合が高く, 飼料価値は非常に高い. 利用は乾草, サイレージが主体である. 乾草中の粗タンパク質含量は高いもので 22% 程度である.

紫花種と黄花種との交雑程度によって特性が異なり, 紫花種の遺伝子が濃い場合は, 草型は直立型で初期生育がよく, 刈取後の再生, 秋の生育が盛んな半面, 耐寒性が劣る. 一方, 黄花種の遺伝子が濃い場合は, 草型は匍匐型で初期生育, 刈取後の再生, 秋の生育が不良な半面, 耐寒性は非常に優れる.

北海道と東北北部は春播き, それ以南では秋播きされる. 播種時には根粒菌接種を行うのが望ましい. 初期生育が緩慢であるため雑草との競合について注意を払う必要がある. 窒素固定を行うため, 窒素施肥量はイネ科牧草と比べ少なくてすむ. また窒素の移譲効果を期待し輪作体系に組み入れられることもある. 刈取適期は一般に全体の 1/10 が開花した頃とされる. ただし, 冬枯れしないよう最終刈取の時期選定には注意を要する. また, 収穫調製時に水分 40% 以下に予乾すると落葉による損失が大きくなる.

葉は比較的速やかに乾燥するが, 茎は葉より乾燥に時間がかかる. 収穫作業ではテッタ

による強い反転を行うと落葉損失が大きいため回転数を落として作業するか、ウィンドローインバータやフォーレージマットメーカなどの利用を考えるとよい。機械踏圧には弱い。

肥培管理の特徴として、定期的なホウ素の追肥が必要である。またアルカリ性土壌を好むため、石灰散布によるpH改良を行うことが望ましい。

主な病害としては葉枯れ病、そばかす病、いぼ斑点病、茎枯れ病、炭疽病、白絹病がある。近年は本草を食害するアルファルファタコゾウムシの分布が拡大している。

m. アカクローバ
(学名 *Trifolium pratense* L., 英名 red clover)

小アジア・ヨーロッパ南東部原産といわれる。現在では温帯・亜寒帯で広く栽培されている。冷涼な気候を好み耐暑性は概して弱く夏期の高温乾燥によって被害を受けることが多いため、関東以南での栽培面積は少ない。日本では北海道での栽培が多い。根は直根で深く土壌への適応範囲も広いが、連作は困難であり、草地から消失しやすい。青刈り、乾草、サイレージとして利用される。近年の育種目標は、永続性の向上とチモシーと組み合わせやすい緩やかな再生性を付与することである。

主な病害には、ウイルスによる病害、土壌病害に加え、茎割れ病、黒葉枯れ病がある。

n. シロクローバ
(学名 *Trifolium repens* L., 英名 white clover)

地中海沿岸が起源とされている。現在、世界でもっとも分布の広いマメ科牧草である。冷涼湿潤な気候を好むが環境適応性はきわめて大きい。主茎が短く、分枝が地表を匍匐して各節から根や葉を出して旺盛に生長する。耐干性、耐暑性はきわめて低く、夏期の高温乾燥の被害を受けやすい。葉の大きさにより小葉型、中葉型、大葉型の3つに区分され、それぞれ放牧、放牧採草兼用、採草としての利用に適する。

混播用のマメ科牧草として重要である。育種目標としては越冬性、病害抵抗性、種子生産性および混播適性の向上などが挙げられる。

主な病害には黄斑モザイク病、暖地では葉腐れ病がある。

4.3.3 飼料作物の生理生態

A. 種子・発芽

発芽に必要なのは温度、酸素、水分で、光発芽種子ではさらに光が加わる。発芽のための最適温度は、寒地型牧草では25～30℃、暖地型牧草では32～35℃程度である。発芽の良否は発芽率や発芽の斉一性から判断される。一般にマメ科牧草の種子の寿命は3～4年と長く、イネ科の牧草・青刈り作物は1～3年と比較的短い。種子の発芽率を高く保つには高温、多湿を避けて貯蔵する。種子は土中に播種された後、吸水し、胚乳あるいは子葉中の養分を消費しながら発芽をはじめ、地表まで伸長し、出芽に至る。また一部の作物では種子を適切な条件においても発芽しない休眠という特性をもつ。作物化の歴史が浅い牧草では休眠するものが多い。この場合、種皮に傷をつけたり（マメ科の硬実種子）、高温処理などにより休眠を打破してから播種する必要がある。

B. 栄養生長と生殖生長

植物体の根や葉のように養分の吸収や光合成を行う器官、茎などの養分の輸送、植物体の支持する器官は栄養器官とよばれ、花序などの種子生産を行う器官は生殖器官とよばれる。一般に植物は発芽後、主に栄養器官である根、茎、葉を分化・発達させる栄養生長期があり、その後、花序などの種子生産を行う器官を形成する生殖生長期に切り替わる。栄養生長期から生殖生長期への切り替わりは植物により条件が異なり、一定量の栄養生長を終えた後、日長や温度の変化などの外界の環境条件によって花芽が分化し、生殖生長への転換が引き起こされるものと、生殖生長への

切り替わりに環境条件が影響しないものとに分けられる．

ムギ類などでは低温や短日によって花芽を分化できる状態が誘起され（春化），頂端分裂組織で花芽が分化する．花芽分化後は長日や高温により花芽形成が促進され，花芽の発育とともに節間が伸長し，出穂，開花，結実に至る．暖地型牧草はすべて春化を必要とせず，多くの寒地型牧草は長日植物であるため限界日長に達するまでは花序を形成しない．

イネ科牧草の大部分は他家受精であるが，飼料イネは自家受精であり，暖地型牧草ではアポミクシスとよばれる単為生殖をするものがある．花粉の媒介はイネ科牧草では風，マメ科牧草ではハチなどの昆虫による．

生殖生長期における乾物増加は著しく，飼料として多収を得るためには生殖生長期を考慮に入れた刈取適期の判断が重要である．一般にイネ科牧草では出穂後に品質が低下するので，栄養収量（乾物収量×栄養価）が最大となる時期を選ぶ必要があり，多くの牧草では出穂始めから出穂期頃が刈取適期とされている．

C．根の生長

根は植物体を支持するとともに土壌養分や水を吸収する役割を担っている．イネ科草はいわゆるひげ根型で根張りは浅いが，マメ科草は主根型で深く，養分の貯蔵機能をもつ場合もある．イネ科でも長大型の作物であるソルガムやトウモロコシの根は非常に深く，地上節から出る冠根（支持根，気根）は地中の部分では養分吸収能をもつ．また冬作で利用される飼料用ムギ類は深根性で根量も多い．イネ科牧草類の場合は根が浅く，表層10 cmに集中している．イネ科の永年草地，特にかたく土壌が締まった草地では密な根張りに加えて枯死した根も堆積し，ルートマットを形成する．またイタリアンライグラスも一年生でありながら，多湿条件下ではルートマットを形成する．

D．光合成

植物は葉の気孔から吸収する二酸化炭素と根から吸収する水を基質とし，葉緑体内のクロロフィルを中心とした色素で捕捉した光エネルギーを利用して炭水化物と酸素を生成しており，この一連の代謝を光合成という．光合成は明反応とよばれる光化学的な過程と，暗反応とよばれる酵素反応が主体の過程に分けられる．

一般に飼料作物として利用される植物は光合成の際の代謝経路から C_3 植物と C_4 植物の2つに分けられる．寒地型牧草類およびムギ類は C_3 植物であり，トウモロコシ，ソルガム，暖地型牧草は C_4 植物である．

C_3 植物では Rubisco とよばれる酵素がリブロース二リン酸を基質に二酸化炭素をとり込んで最初に生成する有機酸が炭素3つのホスホグリセリン酸（PGA）である．ただし Rubisco は二酸化炭素を固定するだけではなく，脱炭酸反応も同時に行うため（光呼吸とよばれる），C_4 植物よりも光合成効率は低い．C_4 植物では二酸化炭素の濃縮機構をもつため，光呼吸が起きにくく，光合成の効率は高い．ただし，C_4 植物では二酸化炭素の濃縮の過程でエネルギーを消費するため，弱光下では不利となる．

E．再生

ソルガムは多回刈り利用，牧草類は多回刈りや放牧利用を前提としているので再生力は重要な特性である．再生に影響する要因としては，貯蔵養分，生育型，刈取りの高さ，気温，日長，光量，土壌水分などがある．貯蔵養分の主なものは，デンプン，糖，フラクトサンのような非構造性炭水化物で，植物体が刈り取られた後，刈株がもつ貯蔵養分が再生に用いられる．養分の貯蔵場所は草種によって異なり，根部，匍匐茎，茎の基部，葉鞘，地下茎，球茎などである．

牧草の刈取あるいは放牧後に株に残った葉は光合成を続けるため，その後の再生芽の生

長に貢献する．刈取後に残る葉数は牧草の生育型に影響され，匍匐型の場合は多く，直立型のものでは少ない．刈取高さも同様に残葉の量に影響する．また，刈取高さは株に残る分げつ芽の数を通して再生の良否に影響するため，草種に適した高さで刈取を行う必要がある．

F. 養分吸収・マメ科の窒素固定

高等植物の必須元素としては9つの多量元素と8つの微量元素が認められており，これらのうち，炭素，水素，酸素を除いた残りの14元素を植物は土から吸収する．多量元素はタンパク質や核や細胞壁など植物の体を構成する成分であり，収量性を高めたい場合には肥料として土壌に施用する必要がある．特に重要な窒素，リン酸，カリウムは肥料の三要素とよばれ，肥料の中心成分となっている．微量元素は同化作用における重要な反応を仲介する酵素の成分として必要なものが多く，欠乏や過剰になると特徴的な症状を示すものが多い．

マメ科植物は，窒素を根から吸収するだけではなく，根粒菌と共生して，遊離の窒素ガスをアンモニアとして固定し，利用することができる．根粒菌は根毛に侵入して瘤状の根粒の形成を誘導し，そのなかで窒素を固定する．植物と根粒菌との間には特異的な親和性があり，根粒を形成できる組み合わせが決まっているため，新たにマメ科牧草を導入する際には根粒菌の接種を行う場合がある．有効に働いている根粒の中身は赤色であり，レグヘモグロビンという動物の血液中のヘモグロビンに似た色素がある．ただし，硝酸態窒素，アンモニア態窒素ともに窒素固定を阻害・抑制するので，マメ科牧草に窒素固定能を発揮させるには，窒素を多用してはいけない．

G. 各種耐性

a. 越冬性，耐寒性，耐凍性，耐雪性

寒さに対する抵抗性は耐低温，耐乾燥，耐凍上のそれぞれの要因または複合要因によるものである．冬期に発生する牧草やムギ類の被害は多くの場合，低温による凍上や，乾燥による水分不足の影響である．越冬には非構造性炭水化物が重要な役割を果たしており，植物体の浸透圧を高めて凍結を防いだり，積雪下での生命維持や再生時の基質として利用されるなど，越冬性に密接に関与しており，越冬前の生育量の確保が重要である．

暖地型牧草は降霜により地上部が枯死し，最低気温が0℃以下の地域では越冬が困難とされる．寒地型牧草でも浅根性の草種では，気温低下が著しい地域では凍上害を受ける．多雪地域では呼吸による消耗，雪腐れ病などの病害，湿害が生じやすくなり，これらへの耐性が耐雪性である．

寒さへの対策としては，適期播種による越冬前の生育量の確保，播種時の鎮圧，草種品種の選定，湿害の発生が予想される場合には排水対策などが有効である．

b. 越夏性，耐暑性

暖地型牧草や，C_4光合成を行う飼料作物は夏期の高温下で旺盛な生育を示すのに対し，寒地型の飼料作物は気温22℃以上で生育が減退し，西南暖地では夏枯れを起こす．夏枯れの原因は，高温条件下における呼吸の亢進による貯蔵養分の消耗，干害，病害などとされている．越夏性や耐暑性はこれらに対する耐性を示すものであり，暖地では特に重要である．

c. 耐湿性

湿害は土壌の過湿が植物の生育に悪影響を与えるもので，土壌中の酸素不足による呼吸障害および嫌気的条件で生成する硫化水素などの有害物質により根に障害が発生し，根の伸長生長や機能が低下することで，養分吸収の低下を引き起こすものである．また，直接的な原因ではないが，土壌中の肥料成分が溶脱することも作物の生育に悪影響を与える．耐湿性は地上部から根へ酸素を供給する通気組織の発達程度，還元物質に対する耐性およ

びその酸化能力の大小によって決まる．リードカナリーグラス，イタリアンライグラス，栽培ヒエなどは耐湿性が強い．

d. 耐干性
土壌が乾燥すると，植物は気孔を閉じ，植物体からの水分の損失を減少させる．そのため光合成速度が低下し作物の収量が減少する．また，過度に乾燥した場合には根での水分が吸収できず枯死に至る．また，ソルガムなどでは青酸含量が増加したり，青刈作物の子実の充実が阻害されたりするなど飼料としての成分も変化させる．ソルガムやアルファルファなどの根の深い草種，要水量の少ない草種では耐干性が強い．一般に C_4 植物は光合成能力が高く，気孔開度を C_3 植物よりも少なく抑え，蒸散を減少させることができるため，要水量が寒地型牧草の約半分と少なく，耐干性も強い．

4.3.4 飼料作物の栽培
A. 播種の準備
一部の暖地型イネ科草種ではジベレリン処理などの休眠覚醒処理により，マメ科草の種子は硬実処理によって発芽率を向上させることができる．飼料イネなどでは病害虫防除のために選種と消毒が必要な場合もある．マメ科牧草では草種によって有効な根粒菌が異なるので，草種に合った根粒菌の接種をしてから播種する．

雑草害，病害，虫害，湿害，旱害などへの根本的で最良の対処法は適切な作付け計画を立てることにある．すなわち，栽培地の置かれた環境条件をよく把握し，作付けする圃場の選定，草種品種の選定，適切な播種時期・収穫時期の設定，病害虫防除計画の作成などが重要となる．その際，当該作だけではなく，前作・後作との作期の重なり具合から，繁閑の程度なども考慮して計画を立案するのが望ましい．

B. 播種作業
飼料作物の栽培では低コスト生産が基本であるため，大豆や米麦，園芸作物のような中耕・培土や立毛中への追肥などの中間管理はほとんど行われない．したがって，作柄の良否は播種関連作業の成否によるところが大きい．

標準的な播種作業は，堆肥等の散布，土壌改良材の散布，化学肥料の散布，耕起，砕土・整地，播種，覆土，鎮圧，除草剤（土壌処理剤および茎葉処理剤）散布といった工程からなる（表 4.1）．ただし，放牧草地や永年性の採草地を傾斜地などに造成する場合は，これらの工程の前にも作業が必要である．その場合，特に土地の傾斜・起伏，表土の厚さに留意して，現況の地形をそのまま利用するか，あるいは耕起作業を行うかを判断する．特に傾斜地で耕起作業を行う場合には土壌流亡を引き起こしやすいため，適切な造成法を選択しなければならない．アルファルファでは雑草害の軽減のため，いったん播種床を整備した後，一定期間放置して雑草種子を発芽させ，非選択制の除草剤を散布した直後に播種する方法もとられる．

堆肥散布はマニュアスプレッダ，土壌改良材や化学肥料はブロードキャスタやライムソワー，耕起はプラウ，砕土はディスクハローやロータリなど，覆土にはツースハローなど，除草剤散布にはブームスプレヤが用いられる．播種は方法により点播，条播，散播があり，トウモロコシではコーンプランタやバキュームシーダを用いた点播，ソルガムや牧草類では条播と散播の両方が行われるが，牧草ではブロードキャスタを用いた散播が多い．

播種量は各草種ごとに標準的なものが設定されているが，圃場条件や気象条件などを考慮して適宜増減する．トウモロコシやソルガムなど長大型作物では，過剰な播種量は倒伏を招来することがあるので注意が必要であ

表 4.1 ● 牧草と飼料用トウモロコシの播種作業の工程

	工程	主な使用機械		工程	主な使用機械
牧草播種	堆肥散布	マニュアスプレッダ	トウモロコシ播種	堆肥散布	マニュアスプレッダ
	↓			↓	
注：牧草播種の場合は撹拌耕を実施しない「簡易耕播種」もある	反転耕	プラウ		反転耕	プラウ
	↓			↓	
	砕土耕	ディスク		砕土耕	ディスク
	↓			↓	
	土壌改良材施用/施肥	ブロードキャスタ		土壌改良材施用/施肥	ブロードキャスタ
	↓			↓	
	撹拌耕	ロータリ		撹拌耕	ロータリ
	↓			↓	
	播種	ブロードキャスタ		播種	コーンプランター
	↓			↓	
	鎮圧	ローラー		鎮圧	ローラー
				↓	
				除草剤散布	ブームスプレヤ

る．放牧草地ではイネ科とマメ科を組み合わせるなど数種の牧草を混ぜて播くのが普通である．播種後の鎮圧は出芽の良否を左右する重要な作業で，土壌の毛管現象により種子に水を供給する作用がある．また鎮圧により土壌表面を均一にすることで土壌処理する除草剤の防除効果を高める．しかし，重粘土壌や降雨後などの条件で行うと，土壌の硬化を進め出芽障害を起こすことがあるので注意が必要である．

播種の深さは一般には種子の直径の3倍が適当とされているが，子葉が地上に出る地上子葉草種（アルファルファ），発芽時に光を要求する好光性種子（ケンタッキーブルーグラス）は深播きしないように留意が必要である．

省力化や侵食防止などの目的で不耕起，部分耕，プラウを省略するなどの減耕起によって播種が行われることもある．普及している例としては，九州地域での二期作トウモロコシの不耕起播種，イタリアンライグラスの水稲立毛中への播種などがある．牧草の播種ではコストの面から完全更新ではなく簡易更新や蹄耕法が用いられることがある．

なお，飼料用イネの場合は上記の手順とまったく異なる．種子の予措（塩水選などにより良質な種子を選種し，種子消毒後，催芽）の後，はと胸状態となった種子を移植栽培の場合は苗箱へ播種し，三～五葉期に代掻きした水田に移植する．移植栽培の他に直播栽培も行われている．直播栽培には湛水直播と乾田直播があり，湛水直播の場合は食用米の専用播種機やラジコンヘリを用いて播種する．乾田直播では稲麦用の播種機が使われている．

C．施肥管理

施肥の目的は，飼料畑土壌で不足する養分量を補い，作物の栄養および家畜の栄養からみてバランスのとれた良質な飼料作物を収量目標に応じて持続的に生産することにある．また，牧草の刈取後などに行う追肥作業は，飼料作物における唯一といってもよい中間管

理作業である．

施肥にあたっては事前に土壌診断を行い，適切な施肥量，施肥時期を決定する．一般に土質ごとあるいは地域ごとに土壌診断基準が示されており，それらの情報を参考に養分の過不足を補うように施肥設計を行う．また，陽イオン交換容量（CEC）が小さい圃場では基肥を多く施しても肥料成分が流亡してしまうため，肥料の分施が推奨される．近年の畜産では糞尿の余剰が大きな問題となっており，堆肥やスラリーを組み入れた施肥設計が必須となっている．家畜糞尿は，作物が要求する養分の構成と比べてバランスが悪いので，化学肥料を併用して養分のアンバランスを補正しなければならない．また，堆肥中の有機成分が分解し肥効が現れるまでに時間を要することも考慮すべきである．

特に，過剰施肥は作物の生育のみならず家畜の健康にまで悪影響を及ぼすので控えなければならない．窒素の過剰施肥は，植物体中に硝酸態窒素を過剰集積させ，それが乾物で0.2％以上になると，採食した家畜が硝酸態窒素中毒（急性の場合は酸素欠乏状態）になるおそれが高くなる．また，カリウムを過剰施用して作物中のK/(Ca＋Mg)比が2.2以上になると，グラステタニー（低マグネシウム血症：痙攣・強直などの神経障害）を引き起こす．これら以外にも過剰施肥は病害虫の発生を助長したり，作物の乾物率低下，サイレージ品質の低下などを招く可能性がある．

D. 作物保護

a. 雑草防除

雑草は作物と土壌養分や水分の競合，また，光競合を起こし，作物の減収，品質低下，病虫害の発生，収穫作業の効率低下などを招来する．これまでトウモロコシ栽培において体系処理を行うことで実用的な収量を確保できるレベルに雑草防除することは可能であった．しかし近年の飼料畑では一般の畑地雑草に加えて外来の強害雑草が多発するようになり，除草剤による防除が困難な場合が増加している．そのため雑草生態を見極め，その弱点を突く防除法の開発がさらに重要になるであろう．

例えば，外来雑草は濃厚飼料として輸入される穀物に混ざって国内に侵入するため，糞尿を堆肥化する過程で発酵温度を55℃以上に上げて雑草種子を死滅させることが有効な対策である．またワルナスビ，ギシギシのような根で増殖する雑草はロータリ耕によって根が細断され拡散するので注意が必要である．強害型雑草に対しスーダングラスやイタリアンライグラスを散播し，初期生育の速さや高い被陰力（競合）を利用する防除法も試みられている．

b. 病虫害防除

害虫の発生は栽培時期，前作，栽培方法，生糞の施用，天候などに左右される．畜産物の安全性等の面から，草刈りの励行などの栽培方法，抵抗性品種の選定，播種期移動といった害虫の習性を利用した生態的防除を基本におく．永年草地をトウモロコシ栽培などの飼料畑に転換するとハリガネムシが多発するので注意が必要である．

病害防除は，気象などの地域条件に応じた耐病性品種を選定し，翌年の発生源となる罹病植物の除去および焼却，発生後の早め収穫，連作や密植の回避などが有効である．

E. 主要な作付体系

飼料作物の作付体系や草種・品種の選定にあたっては，気象条件，家畜，目的，圃場条件，機械装備などを総合的に検討する必要がある．年間の高位安定生産の確保とともに，省力化，作業の平準化，コスト低減のための機械の稼働率向上や堆肥などの利用によって作付体系を決定する必要がある．労働力や機械装備が比較的充実している場合にはトウモロコシやソルガムを基幹とした多毛作体系が飼料自給率の向上や堆肥活用の面で有用であるが，そうではない場合には，ロールベーラー

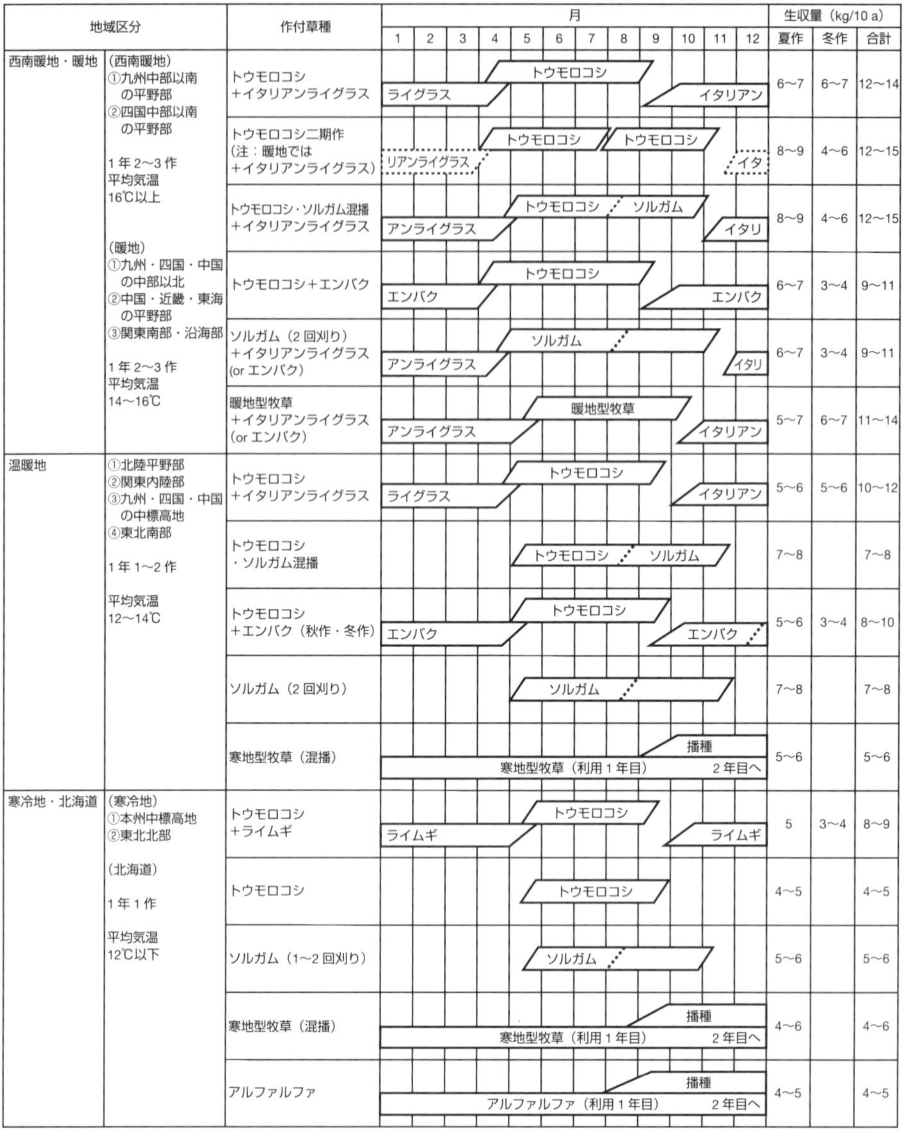

図 4.1 ● 各地域における代表的な作付体系

地域区分		作付草種	月 1-12	生収量 (kg/10 a) 夏作	冬作	合計
西南暖地・暖地	(西南暖地) ①九州中部以南の平野部 ②四国中部以南の平野部 1年2～3作 平均気温16℃以上	トウモロコシ+イタリアンライグラス	トウモロコシ / ライグラス / イタリアン	6～7	6～7	12～14
		トウモロコシ二期作 (注：暖地では+イタリアンライグラス)	トウモロコシ / トウモロコシ / リアンライグラス / イタ	8～9	4～6	12～15
		トウモロコシ・ソルガム混播+イタリアンライグラス	トウモロコシ / ソルガム / アンライグラス / イタリ	8～9	4～6	12～15
	(暖地) ①九州・四国・中国の中部以北 ②中国・近畿・東海の平野部 ③関東南部・沿海部 1年2～3作 平均気温14～16℃	トウモロコシ+エンバク	トウモロコシ / エンバク / エンバク	6～7	3～4	9～11
		ソルガム (2回刈り) +イタリアンライグラス (orエンバク)	ソルガム / アンライグラス / イタリ	6～7	3～4	9～11
		暖地型牧草+イタリアンライグラス (orエンバク)	暖地型牧草 / アンライグラス / イタリアン	5～7	6～7	11～14
温暖地	①北陸平野部 ②関東内陸部 ③九州・四国・中国の中標高地 ④東北南部 1年1～2作 平均気温12～14℃	トウモロコシ+イタリアンライグラス	トウモロコシ / ライグラス / イタリアン	5～6	5～6	10～12
		トウモロコシ・ソルガム混播	トウモロコシ / ソルガム	7～8		7～8
		トウモロコシ+エンバク (秋作・冬作)	トウモロコシ / エンバク / エンバク	5～6	3～4	8～10
		ソルガム (2回刈り)	ソルガム	7～8		7～8
		寒地型牧草 (混播)	寒地型牧草 (利用1年目) 播種 2年目へ	5～6		5～6
寒冷地・北海道	(寒冷地) ①本州中標高地 ②東北北部	トウモロコシ+ライムギ	トウモロコシ / ライムギ / ライムギ	5	3～4	8～9
	(北海道) 1年1作 平均気温12℃以下	トウモロコシ	トウモロコシ	4～5		4～5
		ソルガム (1～2回刈り)	ソルガム	5～6		5～6
		寒地型牧草 (混播)	寒地型牧草 (利用1年目) 播種 2年目へ	4～6		4～6
		アルファルファ	アルファルファ (利用1年目) 播種 2年目へ	4～5		4～5

で収穫できる牧草，ムギ類，スーダングラスなどを組み合わせた作付体系を適用するか，後述するコントラクターを活用することが望ましいと考えられる．ここでは各地域における代表的な作付体系を例示する（図 4.1）．

F. コントラクターによる飼料作物生産

日本国内において，畜産農家1戸あたりの家畜飼養頭数は一貫して増加しつづけているが，いまだ家族労働が主流のため深刻な労働力不足に陥っている．また，農家の高齢化や割高となる機械の個別装備，および農地集積

の困難さを勘案すると，単独農家による自給飼料の生産拡大は難しい．このような流れから畜産経営は輸入穀物に依存していたが，近年の穀物を含む資源価格の高騰により，多くの農家で経営が不安定化している．

この問題を解決するために，近年，耕作を請け負い，飼養と耕作の分離を可能とするコントラクター（作業請負組織）の設立・導入が増えている．コントラクターとは「農業経営または全面農作業，または部分農作業を受託し，一定の受託料を収受する組織」と定義され，畜産農家にとって経営的には，作業代など資金が出て行くことになるが，その分，家畜飼養に専念できる利点がある．

コントラクターの種類としては，その設立の経緯や組成形態から，①農協直営型，②機械の共同利用組織から，作業の受託組織へと発展した営農集団型，③土木建築会社や機械リース会社などが参入もしくは農家や営農集団から発展した法人型，④自治体などが出資する農業公社などに分類されており，もっとも多い形態は「営農集団型」である．コントラクターの組織数は2016年には600を超えており，コントラクターがもっとも多く所在しているのは北海道で，次いで九州，東北となっている．近年ではコントラクター業務だけではなく，TMRの調製・配送や獣医師による診断，および経営コンサルタントなど多機能に業務を請け負い，「ワンストップサービス」として高度化した組織もみられる．

今後，コントラクターに必要となる技術として次のものがある．
①広域への対応：作業を受託する圃場は必ずしもコントラクターの近傍に所在しているわけではなく，むしろ分散錯圃であることが多い．そのような状態では圃場間移動や作業工程が複雑になるなど作業の計画策定や進行管理に支障をきたすおそれがある．そこで生産管理を支援するシステムが開発され利用されつつある．

②農地集積への対応：機械の稼働効率向上はコスト削減につながるが，近年は耕作放棄地などが相続により不在地主化が進むなど，農地集積を図ることが困難になる場合がある．自治体などとの協力も含めた何らかの手順づくりが必要となる．
③請け負い作業の周年化：粗飼料生産には繁閑があり，常勤雇用を抱える経営体では労務管理や採算性改善のために周年での請け負いが可能となる技術体系や機械装備を考える必要がある．現在，コントラクターの主な受託作業は受託総面積の半分を占める飼料収穫作業であるが，播種など作付けにかかわる技術の開発も必要と考えられる．

4.3.5　青刈飼料

青刈作物，牧草，野草など生育中の草類を刈取り，調製貯蔵しないでそのまま家畜に給与する飼料を青刈飼料(green fodder)とよぶ．青刈飼料による家畜飼養は日本の畜産の発展に重要な役割を果たしてきたが，経営規模の拡大や家畜の生産性向上に伴ってその欠点が顕在化したため減少傾向にある．しかし，青刈飼料は嗜好性がよいので，和牛繁殖経営などで現在でもサイレージなどの貯蔵飼料と組み合わせて利用されている．

日本の青刈飼料の利用可能期間は5～10月までの約180日間の地域（寒地），3～12月までの約300日間の地域（暖地），およびその中間の地域（寒冷地，温暖地）に分けられる．青刈飼料はいずれの地域でも利用期間中は必要量に合わせ，ほぼ毎日一定量を収穫・運搬し，家畜の要求量を満たすように給与しなければならない．このため，生育時期の異なる草種・品種を組み合わせ，播種期や施肥量を変え，さらに刈取量を調節して生産量の平準化を図る必要がある．

A. 青刈飼料の特徴

長所として，①簡単に導入でき，特に小規模経営での適応性が高い，②刈取りから給与

までの養分損失が少ない，③調製・貯蔵のための機械・設備が不要であるなどが挙げられる．一方，短所として，①ほぼ毎日の刈取り・給与に伴う精神的・肉体的負担が大きい，②収穫が適期を挟む長期にわたり，その間，草の生産量や養分濃度が変化するため合理的な給与計画が立てにくい，③圃場の効率的利用計画が立てにくく，面積あたりの乾物および養分収量が少ない，④機械の共同利用や大規模経営に不向きであるなどがある．

B. 青刈飼料の種類

青刈飼料としては，子実用作物の茎葉を主体として用いる青刈作物のほかに，牧草，根菜類，野草などが用いられる．主な青刈作物は，トウモロコシ，ソルガム，エンバク，ライムギ，ナタネ，ダイズなどである．牧草は，寒地ではオーチャードグラス，チモシー，トールフェスク，シロクローバ，アカクローバ，イタリアンライグラスなどが，また，暖地ではトールフェスク，ローズグラス，ギニアグラス，バヒアグラス，イタリアンライグラスなどが用いられる．これらのうちイタリアンライグラスの利用がもっとも多い．根菜類では飼料用カブ，ビート，カンショ，ダイコンなどが利用される．野草は山野，畦畔，道路ののり面，河川敷などから調達される．また，最近では飼料用のサトウキビが開発され，生育に伴う成分変動が少ないことなどから，鹿児島県や沖縄県の島嶼部で青刈利用されている．

4.3.6　サイレージ

サイレージ（silage）とは，水分を比較的多く含む牧草や青刈作物などを，発酵を制御して調製した貯蔵飼料である．サイレージの調製と貯蔵のために用いる容器をサイロ（silo）という．近年では，ロールベールサイレージのようにサイロの代わりにラップフィルムで被覆し，調製・貯蔵する技術も開発されている．サイレージは日本の畜産をとりまく自然環境・社会環境によく適合し，技術の進歩と相まって急速に普及した．

A. サイレージの特徴

長所として，①計画的な土地利用ができ土地生産性が高い，②天候に比較的左右されず，安定的に大量調製・貯蔵が可能である，③一定の機械力によって省力化・低コスト化が可能である，④同一な飼料価値のものを年間安定して給与でき，高能力牛の飼養，省力的多頭飼養によく適合するなどがある．一方，短所として，①サイロや給餌機など一定の機械・設備が必要，②不良発酵が起きた場合，家畜や人体への影響が懸念される，③排汁や臭気など，環境・衛生面での配慮が必要な場合があるなどが挙げられる．

B. サイレージの種類

サイレージは材料の水分含量により高水分サイレージ（水分75％以上），中水分サイレージ（65％以上75％未満），低水分サイレージ（65％未満）に分類される．さらに材料，調製法などの違いによりさまざまな名称でよばれる．例えば，材料の種類では牧草サイレージ，トウモロコシ（コーン）サイレージ，稲発酵粗飼料（イネホールクロップサイレージ），稲わらサイレージあるいは規格外畑作物や食品加工残渣を材料としたサイレージ（例：ニンジンサイレージ，ジュースかすサイレージ，豆腐かすサイレージなど）がなどがある．また，調製法の違いでは子実と茎葉をいっしょに混合して調製するホールクロップサイレージ，2種類以上の材料を混合して主要な養分すべてを含むようにしたオールインワンサイレージやTMRサイレージ（発酵TMRともいう），低〜中水分の材料をロールベーラなどで梱包しラップフィルムで被覆したロールベールサイレージ（ラップサイレージともいう）などがある．

C. サイロの種類と特徴

サイロは形状，構築材，設置位置，機能などの種類により多くのタイプに分類される．

表 4.2 ● 主要サイロの種類および特徴

型式	垂直型		水平型			可搬式
サイロ名	円型サイロ（タワーサイロ）	角型サイロ	バンカーサイロ	スタックサイロ	トレンチサイロ	ラップサイロ
設置位置	地上・半地下	地上・半地下・地下	地上・半地下	地上	地下・半地下	任意
主な構築材	スチール, FRP, コンクリート, コンクリートパネル	鉄筋コンクリート, コンクリートブロック, ビニールフィルム	鉄筋コンクリート, 木枠, 土盛り, ビニールフィルム	ビニールシート, ビニールフィルム	ビニールシート, ビニールフィルム	ポリエチレンフィルム
大きさ（目安）	直径 3～8 m 高さ 5～26 m	一辺 3～4 m 深さ 3～6 m	幅 3～10 m 高さ 2～4 m 長さ 10～50 m	幅 2～6 m 高さ 1～2 m 長さ 4～30 m	適宜	直径 0.4～1.8 m 幅 0.6～1.5 m
詰め込み	ブロア	ブロア, 落とし込み	ダンプトラック, ブルドーザー	ダンプトラック, ブルドーザー	落とし込み	ロールベーラーによる梱包, ラッピングマシンによる被覆
踏圧	自重, 人力	自重, 人力, 重石	フロントローダー, トラクター, ブルドーザー	フロントローダー, トラクター, ブルドーザー	人力, トラクター, ブルドーザー	梱包時に調整
とり出し	アンローダー	アンローダー, ホイスト	サイレージカッター, フロントローダー	サイレージカッター, フロントローダー	フロントローダー, 人力	ロールベールカッター, シュレッダー

サイロに必要な条件は「サイレージに調製する多汁性の材料を，空気と遮断して長期間密封できること」であり，この機能を備えた容器状のものであれば，構造物でなくともサイロといえる．現在，日本で利用されている主要サイロを表4.2に示す．

a. 垂直型サイロ

垂直辺の高さが水平辺の長さより大きいサイロで，円型（円柱型）と角型（角柱型）があり，地上式，地下式，半地下式がある．地上に設置された円型サイロは一般にタワーサイロとよばれ，古くから利用されているもっとも代表的なサイロである．詰め込みは地上式の場合，ブロアにより材料を吹き込む方法が多く，地下式はコンベアーで落とし込む方法が多い．とり出しはアンローダやホイストなどで行う．

b. 水平型サイロ

水平辺の長さが垂直辺の高さより大きいサイロで横型サイロともいわれる．一般にバンカーサイロ，スタックサイロ，トレンチサイロなどがあり，近年は幅2.4 m×長さ40 m程度のビニール製チューブに細切した材料を詰め込むチューブサイロ（チューブバッグサイロともいう）も利用されている．バンカーサイロはコンクリートや木材で側壁を設け，そのなかに材料を積み上げ踏圧してビニールシートなどで密封するサイロである．表面積が大きいため気密保持に留意する必要があるものの，規模拡大に対応しやすい．スタックサイロは地面にビニールシートを敷き，その上に材料を積み上げた後，踏圧し，これをビニールシートで被覆後，土砂を盛って密封する簡単な構造のサイロである．トレンチサイロはバンカーサイロを地下式にした構造で，地下に幅2～3 mで深さ1 m以上の長い溝をつくり，シートを敷いた上に材料を落とし込んで踏圧し，表面をシートで覆うサイロである．

c. 可搬式サイロ

　基礎を必要とせず，簡単に移動できるサイロで，設置場所を選ばない．この範疇には，ロールベールをラップフィルムで被覆したラップサイロや，ビニール製バッグに材料を詰め込むバッグサイロ，運搬用コンテナを利用したコンテナサイロ，FRP（繊維強化プラスチック）成形部品で組み立てたFRP製サイロ，鋼材製やプラスチック製のドラム缶の上蓋を開閉できるようにして材料を詰め込むドラム缶サイロなどが含まれる．これらの多くは流通用，中小規模農家用として広く利用されている．

D. サイレージの調製工程

　サイレージの調製工程は材料やサイロにより若干異なる（図4.2）．①日本で利用の多いタワーサイロやバンカーサイロなどで調製する細切型のサイレージは，刈取り→予乾→集草→細切・荷積→運搬→詰め込み→踏圧→密封→加重の工程を経る．②近年，広く普及したロールベールサイレージの調製は，細切やサイロへの詰め込み作業がなくなり，刈取り→予乾→集草→梱包→被覆→運搬→収納の行程となる．③ホールクロップサイレージ調製など立毛状態の材料をダイレクトに細切して詰め込む場合には，①の作業から予乾と集草が省かれ，刈取り，細切・荷積もコーンハーベスタなどで一括して行われる．さらに最近では，細切したホールクロップ材料を直接投入し，ロールベールに梱包できる細断型ロールベーラが開発され普及したことから，調製作業の省力化が図られている．

E. サイレージの発酵過程

　標準的なサイレージの発酵過程は好気発酵期，乳酸発酵期および安定期に分けられる．

a. 好気発酵期

　詰め込まれた直後の材料植物片はまだ生きているので，サイロ内の酸素を使って呼吸を続ける．呼吸によって材料中の糖類（可溶性炭水化物）が消費され，二酸化炭素と熱を発生するが，サイロ内の酸素が消費し尽くされ嫌気的状態になれば，この反応は終了する．この時期には好気性微生物（好気性細菌，酵母，カビなど）も一時的に増殖するが，酸素が消費された後，次第に消滅する．一般にこの時期は1〜3日で終了するが，条件が悪く長びく場合には，その後の乳酸発酵に悪影響を及ぼす．また，この時期から材料中のタンパク質は，植物体自体のタンパク質分解酵素の作用により，一部はアミノ酸にまで分解されるが，この反応は嫌気的状態になっても停止せず，pHが4.0以下になるまで続く．

b. 乳酸発酵期

　サイロ内は嫌気的になると，好気性微生物は急激に減少し，材料に付着していた嫌気性の乳酸菌が増殖をはじめる．乳酸菌は材料の糖から乳酸を生成しpHの低下をもたらす．サイレージが長期間貯蔵できる理由は，不良菌の増殖をこのpH低下により阻害するためである．乳酸菌はその発酵生成物により2つに大別される．ひとつは糖を消費して乳酸に変えるホモ型乳酸菌であり，もうひとつは乳酸以外に酢酸，エチルアルコール，二酸化炭素などを生成するヘテロ型乳酸菌である．サイレージのpHを効率的に下げる点ではホモ型が有利である．

c. 安定期

　嫌気的条件が保持され，活発な乳酸発酵により新鮮物中に1.0〜1.5％の乳酸が生成されると，pHは4.2以下になり，サイロ内の変化も落ち着く．このように条件がよければ，詰め込みからこの段階までおおよそ2〜3週間でサイレージができあがり，以後安定的に利用できる．この時期には，ホモ型乳酸菌に代わり，ヘテロ型乳酸菌が次第に優勢となることが多い．

F. サイレージの不良発酵と変敗

a. 酪酸発酵

　サイロに材料草を詰め込んだ後，安定期までの過程において乳酸の生成量が不十分で

牧草サイレージ（細切）

工程	使用機械
① 刈取り	モーア、モーアコンディショナー
② 予乾	テッダ、テッダレーキ
③ 集草	レーキ、テッダレーキ
④ 細切、荷積込み	フォレージハーベスター、トレーラー、ワゴン、トラック
⑤ 運搬	トレーラー、ワゴン、トラック
⑥ 詰め込み	ブロア、トレーラー、ワゴン、トラック
⑦ 踏圧	人力、フロントローダーなど
⑧ 密封	人力（シートなど）
⑨ 加重	人力（古タイヤ、土砂など）

牧草サイレージ（ロールベール）

工程	使用機械
① 刈取り	モーア、モーアコンディショナー
② 予乾	テッダ、テッダレーキ
③ 集草	レーキ、テッダレーキ
④ 梱包	ロールベーラー、細断型ロールベーラー
⑤ 被覆	ラッピングマシン
⑥ 運搬	フロントローダー、トレーラー、トラック
⑦ 収納	フロントローダー、トレーラー、トラック

ホールクロップサイレージ（細切）

工程	使用機械
① 刈取り、細切、荷積み	コーンハーベスター、トレーラー、ワゴン、トラック
② 運搬	トレーラー、ワゴン、トラック
③ 詰め込み	ブロア、トレーラー、ワゴン、トラック
④ 踏圧	人力、フロントローダーなど
⑤ 密封	人力（シートなど）
⑥ 加重	人力（古タイヤ、土砂など）

ホールクロップサイレージ（ロールベール）

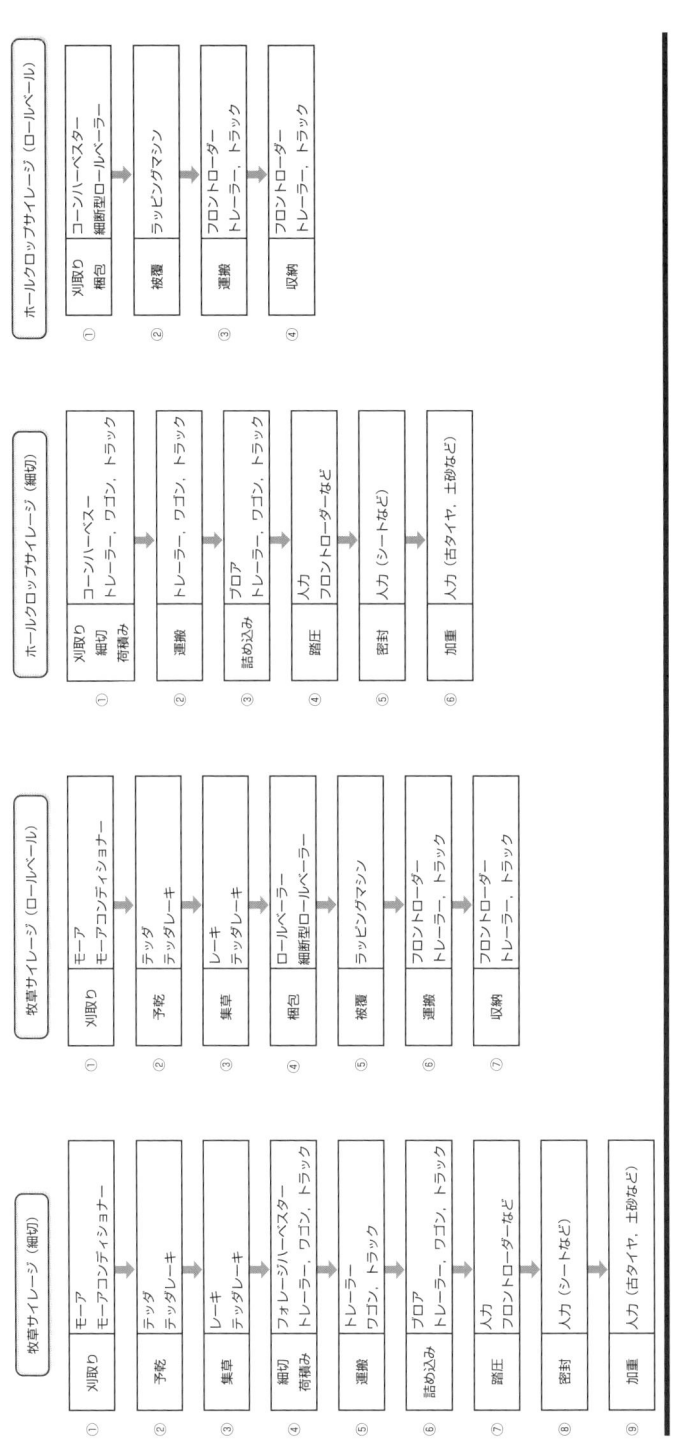

工程	使用機械
① 刈取り、梱包	コーンハーベスター、細断型ロールベーラー
② 被覆	ラッピングマシン
③ 運搬	フロントローダー、トレーラー、トラック
④ 収納	フロントローダー、トレーラー、トラック

図 4.2 ● サイレージの調製作業行程と使用機械名

4.3 飼料作物の開発と生産・利用

pHが低下しなかったり，その他の不良条件が重なると，嫌気性の酪酸菌が増殖する．酪酸菌は残っている糖や乳酸菌が生成した乳酸を分解して酪酸を生成する．酪酸が多量に生成されると，サイレージは悪臭をもち，不快であるだけではなく，養分の損失も大きい．乳酸発酵によって糖から乳酸が生成される過程ではエネルギー損失はほとんどないが，いったんできた乳酸から酪酸が生成される場合は，糖がもっていたエネルギーに対して約20％の損失があり，糖から直接酪酸が生成される際にも同等のエネルギー損失がみられる．また酪酸菌は，材料やサイレージ中のタンパク質やアミノ酸を分解してアンモニアやアミンを生成しpHを上昇させる．これらは酪酸とともに悪臭の原因となるばかりではなく，家畜の栄養にも好ましくない．これらの変化は一般に詰め込み30日以後に起こる．したがって，安定期までに十分な乳酸菌の活動を促し，乳酸によってpHを十分低下させ，酪酸発酵を防止することが重要である．

b. 好気的変敗（二次発酵）

サイロを開封したままの場合，あるいはサイレージをとり出して堆積した場合，サイレージが発熱し急速に変敗することがある．この現象を好気的変敗といい，一般には二次発酵とよばれている．これは，嫌気状態で安定していたサイレージが空気に触れ，好気性微生物（特にカビや酵母）が増殖するために起こる．好気的変敗をしたサイレージは家畜用飼料に適さない．発生するカビの一部は毒素生産力の強いものがあり，中毒，下痢，流産の原因となるだけではなく，これをとり扱う人間にも悪影響を及ぼすことがある．好気的変敗を抑制するためには，①サイレージの乾物密度を高め空気を排除する（そのため材料草の水分含量を低くする必要があるが，過度に低くしすぎない），細切・加圧をしっかり行う，サイレージを毎日15〜20cm以上とり出す，とり出し後の再密封を行うといった物理的方法や，②乳酸菌添加などにより乳酸発酵を促進させ，酵母の増殖を抑制する微生物的方法，③酵母やカビの増殖を抑制するプロピオン酸などの薬剤を添加する化学的方法がある．

G. 良質サイレージの調製技術

良質サイレージとは，発酵が良好で，かつ栄養価が高いサイレージである．発酵を好ましい方向に導く基本は，調製・貯蔵中に有害な微生物の活動を抑えることである．主要な有害微生物は，①カビやその他の好気性微生物と，②嫌気性の酪酸菌である．①を抑えるには，サイレージ材料への加圧やサイロの密封を完全にして，サイロ内が嫌気的になるのを促すことが肝要である．②を抑えるには，酪酸菌が比較的に高浸透圧，低pH，低温に弱く，また貯蔵後に活動をはじめるといった性質を利用する（表4.3）．これを踏まえ，実際の生産場面で良質サイレージをつくるには，良質材料草の利用，水分調節，細切と加圧，密封が重要となる．

a. 良質材料草の利用

良質材料草とは適期に収穫され，土砂や他の異物を含まないものである．サイレージ材料草の収穫適期は，単位面積あたりの栄養収量が最高の時期で，糖を十分量含んでいる時期であり，イネ科牧草は穂ばらみ〜出穂期，マメ科牧草は開花初期，トウモロコシや飼料用イネは黄熟期，ソルガムは乳熟〜糊熟期，ムギ類では出穂〜乳熟期である．牧草は生育が進むにつれて栄養価が低下するので，刈り遅れないことがポイントとなる．なお，良好な乳酸発酵のためには材料新鮮物中に2％以上の糖が必要とされている．

b. 水分調節

一般に水分含量が低くなると微生物の活動は弱くなるが，特に酪酸菌は低水分に弱い．サイレージでは，材料草の水分含量を予乾により70％程度にすると酪酸発酵は抑えられる．特に糖含量の少ない材料の場合，高水分

表 4.3 ● 有害微生物の性質に対応したサイレージ調製技術

有害微生物	性質	対応	技術
カビ，微生物 （好気性）	→ 酸素が必要	→ 嫌気化 → 酸素排除	→ 密封 → 材料草の細切，詰め込み時の加圧
酪酸菌 （嫌気性）	→ 高浸透圧に弱い	→ 低水分化	→ 水分調節 　予乾 　収穫時期の調節 　吸水性飼料の混合 　排汁除去
	→ 低 pH に弱い	→ 酸性化	→ 乳酸発酵の促進 　良質材料草の使用 　糖類や乳酸菌の添加 　材料草の細切，詰め込み時の加圧 　酸の添加
	→ 低温にやや弱い	→ 昇温防止	→ 冷所貯蔵
	→ 貯蔵後期に活動	→ 早期利用	

では劣質サイレージとなるが，予乾すると酪酸発酵が抑制されるため品質が改善される．牧草では刈取り直後の水分含量が 75～85% あるため，これを圃場などで予乾し 70% 程度まで水分含量を低下させる．また，トウモロコシや飼料用イネなどホールクロップサイレージの材料は刈取り後に圃場での予乾が困難であることから，収穫期に適水分となる品種の選定，イネでは早期の落水，収穫時期の調整などにより水分を調節する．

c. 細切と加圧

サイレージ材料草は細かく切断（細切）して詰め込む必要がある．細切することにより草汁が浸み出し，乳酸菌の栄養源である糖の利用が促進される．踏圧や重しによる加圧はこれを助長するとともに，埋蔵密度を高め，余分な空気の排除に役立つ．また，細切・加圧がしっかり行われたサイレージは開封後の空気侵入が少ないため，好気的変敗が起こりにくい．さらに，ホールクロップサイレージは細切することにより未消化子実の排泄を減らすことができる．近年では，自走式ハーベスタに装着し，トウモロコシの穀実を収穫し

ながら破砕できるコーンクラッシャーが一部で導入されている．推奨されているサイレージ材料草の切断長は，牧草で 10～30 mm，ホールクロップでは 10～15 mm である．また近年，増加傾向にある稲発酵粗飼料では，子実サイズが小さいため，細かく切断すると咀嚼による子実破砕効果が得られにくいことから 30 mm が推奨されている．

d. 密封

サイロ内の嫌気的状態は，良好なサイレージ発酵と安定的な貯蔵に不可欠である．そのため，材料の詰め込みをできるだけ早く完了し，加圧後，ただちに完全に密封する．さらに貯蔵中は気密の維持に注意する．サイロの一部にでも気密漏れがあると，その部分のサイレージは必ず腐敗し，ときにはそれが大きな部分の劣質化の原因になり，あるいは開封後の好気的変敗の原因にもなる．

e. 添加物の利用

以上の措置を適切に実施しにくい条件下では，安全に良質サイレージをつくるために添加物の使用が勧められる．サイレージ添加物は多数あるが（表 4.4），用途によって 4 種

表 4.4 ● サイレージ添加物の種類

タイプ	種類
Ⅰ. 乳酸発酵を促進するもの	乳酸菌（主にホモ型）
	酵素剤（セルラーゼ，アミラーゼなど）
	糖類（糖蜜，グルコース，スクロースなど）
	穀類，ぬか類（大麦，トウモロコシ，ふすまなど）
	ビートパルプ
Ⅱ. 不良発酵を抑制するもの	硫酸＋塩酸
	ギ酸およびギ酸系添加剤
	乳酸
Ⅲ. 好気的変敗を抑制するもの	プロピオン酸およびプロピオン酸系添加剤
	乳酸菌（主にヘテロ型）
	アンモニア
Ⅳ. サイレージの栄養価を改善するもの	窒素化合物（尿素，アンモニアなど）
	ミネラル
Ⅴ. 水分を調節するもの（高水分材料草の場合）	わら類（イネ，ムギ類），乾草など
	穀類，ぬか類（大麦，トウモロコシ，ふすまなど）
	ビートパルプ

類に分類できる．①乳酸発酵を促進して品質を改善するもの，②不良発酵を抑制するもの，③好気的変敗を抑制するもの，④サイレージの栄養価を改善するものである．これらのほか，⑤排汁による栄養分の損失や不良発酵を防ぎ，周辺環境の汚染を減少させるために高水分材料に混合するわら類や穀類，ぬか類なども広義の添加物といえる．なお日本では，飼料安全法により飼料および飼料添加物として指定されていないものは使用することができない．

H. 低水分サイレージ（ヘイレージ）

一般に高水分材料は酪酸発酵を起こし，品質の悪いサイレージができやすい．そのため予乾を行い，水分含量を70％程度にしてサイロに詰め込み，乳酸発酵を活発にして良質サイレージを調製する．ここでさらに強い予乾を行い，水分含量を50〜60％程度にして詰め込むと乳酸発酵に依存しなくても酪酸発酵を阻止できる．しかしながら，低水分材料をサイロに詰め込んだ場合，サイロ内が嫌気的状態になりにくく，好気性微生物の増殖が長く続き，サイロ内温度が上昇したり，サイロ開封後の好気的変敗が起きやすい．そのため，過去には完全密閉ができる特殊な気密サイロが導入された．これで調製・貯蔵した低水分サイレージをヘイレージというが，現在では「ヘイレージ」という呼称を低水分サイレージの同義語として使用することが多い．近年，普及が進んだロールベールサイレージは，ヘイレージの応用技術といえるが，現在はむしろ気密サイロよりもロールベールを利用した調製が主流となっている．低水分サイレージでは材料草に付着していた乳酸菌が強い予乾によりほとんど死滅してしまうため，乳酸菌の増殖は一般のサイレージに比較して緩慢である．そのため，生成される乳酸は少なく，pHは4.4〜4.6程度までにしか低下しない．しかしながら，低水分化により酪酸菌の増殖も抑制されるため，サイロ内の嫌気条件が維持できれば安全に長期間貯蔵ができる．低水分サイレージの長所は，高・中水分

サイレージに比べて，①調製時の養分損失が少ない，②水分が少なく軽いため運搬の労力が少ない，③品質は安定しているなどがある．一方，短所として，①高・中水分サイレージに比べて予乾時間が長い，②開封後の好気的変敗がおきやすいなどが挙げられる．

I. サイレージ調製に伴う養分の損失

材料をサイロに詰め込んでから，最終的にサイレージになるまでの過程で起こる養分の損失は，腐敗損失（spoilage），排汁損失（effluent loss），発酵損失（fermentation loss）に分類される．これらを合計した乾物の損失は調製条件により異なるが，一般に10%程度とされている．

a. 腐敗損失

サイレージの表面が空気に触れることによって好気性微生物が増殖し，変敗が起こる．この部分は，高水分材料では堆肥のようになり，また低水分材料ではカビ状となり利用できない．この変敗はバンカーサイロのような水平型サイロで多い傾向にあるが，密封を完全に行い気密性を高めれば予防できる．

b. 排汁損失

水分の多い材料を用いる場合，良質サイレージをつくるために排汁を促進する必要がある．しかしながら，排汁中には可消化養分が多く含まれるため，養分損失は見かけ以上に大きい．排汁の損失量は水分含量や密度，細切の程度により左右され，ギ酸添加により増加するが，材料の水分含量を70%以下にすればほぼ抑制できる．

c. 発酵損失

サイレージの発酵過程で栄養素がある程度損失することは避けられない．しかし，その程度は発酵の形態で異なり，乳酸発酵が支配的になれば損失は少ないが，酪酸発酵が盛んになれば大きな損失になる．そのため，良質サイレージをつくることが発酵損失を防ぐために重要である．また，発酵の程度が軽ければ微生物によるエネルギーの消費も少なくなるため，低水分化により発酵損失は軽減できる．良質に調製されたサイレージの場合，発酵による乾物損失はおおよそ2〜4%である．

J. サイレージの品質評価

一般に飼料の価値はその栄養価（飼料成分，消化性，エネルギー含量など）で評価され表示されるが，サイレージは他の飼料と異なり発酵過程が加わるため，品質評価には栄養価とともに発酵品質（発酵の良否）が用いられる．サイレージの飼料価値は，添加物による栄養価向上の場合を除いて材料の飼料価値以上になることはない．したがって，サイレージの発酵品質の査定は，いかに材料草の栄養価を損なわないか，また変質してないかを判定し，家畜に給与可能な飼料かどうかを判断する重要なポイントとなる．サイレージの発酵品質は次のようにして査定される．

a. 化学的評価法

サイレージのpH，有機酸含量，揮発性塩基態窒素（VBN，主にアンモニア態窒素）含量などを分析し，発酵品質を評価する方法である．中〜高水分サイレージでは乳酸発酵で生成される乳酸の酸性によりpHを低下させて不良菌の繁殖を阻止するため，乳酸含量やpHが発酵品質の評価に利用される．良質サイレージの目安は，乳酸含量1.5〜2.5%（新鮮物中），pH 4.2以下とされる．しかし，水分含量の低いサイレージは発酵が微弱でpHが低下しにくいため，乳酸含量やpHで評価することは難しい．また，ギ酸など酸系添加剤を利用したサイレージは添加した酸によりpHを低下させるため，乳酸含量は評価指標にならない．一方，酪酸菌による不良発酵が起これば酪酸やアンモニア態窒素が生産されることから，これらの量によって発酵品質を評価する方法もある．すなわち，酪酸含量が少なく，全窒素（TN）中に占める揮発性塩基態窒素の割合（VBN/TN比）の少ないものが良質とされ，その目安は，酪酸含量0.1%以下（新鮮物中），VBN/TN比で10%以下で

ある．なお，通常はこれら化学分析で得られたパラメータを数種類合わせて点数化する方法が採用されており，フリーク法（乳酸，酢酸，酪酸のモル比から評点を算出）や，V-スコア（VBN/TN 比，酢酸＋プロピオン酸含量，酪酸＋吉草酸＋カプロン酸含量をそれぞれ点数化し合計する．100 点満点で 80 点以上が良，60 〜 80 点が可，60 点以下が不良）などにより良・可・不良などと判定する方法が比較的よく使われている．

b．官能的評価法

化学的評価法は複雑で時間と経費がかかることから，現場でサイレージ品質の良否を大まかに知るには，五感による官能法が用いられる．①色：サイレージの色は一般に明黄緑色がよく，黄褐色，褐色，黒褐色と色が暗くなるにつれ劣質となる．②香り：良質サイレージはすっきりとした甘酸臭がする．品質劣化に伴い酪酸臭やアンモニア臭が増えるが，堆肥臭・腐敗臭・アンモニア臭の強いもの，発熱によるタバコ臭・焦げつき臭などのあるものは家畜飼料として利用できない．③触感：良質なサイレージの触感は適度な湿りとさらさらした感じであるが，品質劣化に伴い粘り気が出てくる．また，握ってポタポタと水分が滴るようなものは水分含量が高すぎるので劣質の場合が多い．

4.3.7 乾草

乾草（hay）とは，刈り取った牧草を乾燥して腐敗しないように調製した貯蔵飼料であり，通常の大気と平衡になる水分含量（12 〜 15％）にすれば安定的に保存できる．

A．乾草の特徴

長所は，①軽量なため省力的に運搬・給与ができ，流通にも適する，②調製・貯蔵・給与にあたり，サイレージほどの機械・設備・注意を要しない，③青刈飼料やサイレージに比べ粗飼料としての物理性が高く，特に育成牛に対しては第一胃の発育と機能を向上させる，④臭気や排汁など環境面での配慮が不要であるなどが挙げられる．短所は，①品質や養分の変化が天候に大きく左右される，②トウモロコシのような長大作物に適さない，③火災に対する注意が必要などがある．

B．乾草の種類

a．一般的な乾草

乾草は梱包の違いにより角形（スクウエア）ベール乾草とロールベール乾草に大きく分けられる．角形ベール乾草は人が抱えられる程度の直方体に梱包した乾草で，1 個あたりの重量は 10 〜 50 kg 程度に調節できる．角形ベーラから放出されたベールを人力でとり扱うことが多いため 15 〜 20 kg 程度の重量が多い．ロールベール乾草は直径と幅を 120 〜 180 cm 程度のロールに巻いた乾草で，重量が 300 kg 以上になるため角形ベールのように人力で移動することできない．しかし，ベールの運搬を機械で行うことにより 1 〜 2 人の労力で乾草を生産することが可能になった．このほか，角形ベール約 8 個分の乾草を直方体に梱包した角形ビッグベールがあるが，日本ではあまり使用されていない．なお，ロールベールと角形ビッグベールを総称してビッグベールとよぶ場合もある．

b．乾草の成型飼料

成型飼料とは，乾草を運搬，貯蔵および給与のため種々の大きさやかたさに成型したものである．成型飼料は用いる材料により大きく 2 つに分類できる．ひとつは粉砕した乾草を成型したもの（ペレット）で，もうひとつは長いままあるいは細切した乾草を成型したもの（キューブ）である．現在，日本では乾草の成型飼料がほとんど生産されておらず，海外からの輸入が多い．乾草と同様に使用できるが，粗飼料因子源としては劣ることが多い．

ⅰ）ペレット

乾草を粉砕し，直径と長さともに 10 mm 程度の円柱状に固めたものである．特にアル

ファルファを材料としたペレットは，ウシのみならずブタやニワトリ用の配合飼料原料として利用される．

ⅱ）キューブ

乾草を長いまま，あるいは細切して圧縮成型したものである．成型機の型式により製品の形状や大きさは異なり，名称もキューブ，ウェハー，コッブ，ブリケットなどとよばれている．日本では，1970年代に圧縮成型プラントが北海道などに導入されたが，近年は燃料費の高騰でほとんど生産されていない．

c．稲わら

稲わらは古くから牛馬用の飼料として利用されてきた．稲わらは乾物中の粗タンパク質含量が5％，TDN含量が43％程度で一般的な牧乾草に比べて低く，繊維含量はADF（酸性デタージェント繊維）が39％，NDF（中性デタージェント繊維）が63％と高いものの，濃厚飼料などを多給する場合には反芻家畜の消化生理の面から必要とされ，特に肉用牛肥育などで利用されている．これまでは排水不良水田での収集の困難さや，収集労力の不足から多くを輸入に依存していたが，水田基盤整備が進んだことや，ロールベールでの梱包技術が流用できることなどがあり，生産利用は継続している．主な輸入元は中国であるが，現地での口蹄疫発生などにより輸入停止措置がとられる場合があることから，国産稲わらの飼料利用を拡大し，輸入に依存しない体制を確立する必要がある．

C．乾草の調製法

乾草の調製は，太陽熱と風を利用する自然乾燥法と，熱源や風力源に石油や電力を用いる人工乾燥法に大別される．前者は低コストで調製ができる反面，刈取りから収納まで最短で2～3日程度必要で天候の影響を受けやすい欠点がある．後者は安全かつ安定的に良質乾草を調製できるが，施設や燃料が高価であり，現在，日本では利用頻度がきわめて低い．

a．自然乾燥法

調製は，刈取り・圧砕→反転→集草→梱包→運搬→収納の工程となる．自然乾燥法には，ある程度まで圃場で予乾した後，三角架や針金架に掛けて仕上げ乾燥する架乾燥法もあるが，家畜の多頭化，農家の高齢化・人手不足，農作業の機械化が進んだ近年は，架乾燥法のような人力による乾草調製場面は減少している．

b．人工乾燥法

若刈りの高飼料価値乾草生産を目標とし，人工乾燥機を用いて高温で短期間に乾燥する方法である．しかし，日本では1970年代のオイルショック以降，燃料の高騰によって実用は困難な状況にある．アメリカなどでは企業化された大型プラントなどで成型飼料生産などに用いられている．

c．通風乾燥法

常温通風乾燥と加温通風乾燥がある．常温通風乾燥は床面にすのこを敷いた乾燥舎に未梱包あるいは軽く梱包した予乾牧草を堆積し，常温の大気を通風して乾燥する方法である．施設費や運転経費が比較的安く，とり扱いが簡単であるが，乾燥能率は低く通風時間がかかる．一方，加温通風乾燥は常温より20～30℃高く加温した低湿の空気を通風するもので，常温通風乾燥より乾燥能率は高いが燃料費が高価である．このほか，ビニールハウスやソーラーハウス内で太陽熱を利用して暖めた空気を吸引通風して仕上げるハウス内乾燥法などがある．

d．アンモニア処理法

アンモニア処理は，稲わらや麦わら，長時間雨にあたった乾草などの低質粗飼料を有効に活用する手法のひとつで，発熱やカビを防止するばかりではなく，嗜好性や消化率などの栄養価を高める．手順は，まず水分30％前後の材料を屋外の平らな場所でビニールシートに置いたすのこやパレットの上に堆積する．次に，材料全体を0.15～0.20 mm厚

の透明なビニールシートで覆い，裾に土砂や砂袋をのせて密封する．そのなかにアンモニア（ガスあるいは液体）を注入する．ガスを注入する際は堆積中心部から，液体を注入する際は堆積最上部から行う．添加量は材料重量の2％が適当であり，これを超えると給与家畜がアンモニア中毒を引き起こすおそれがある．逆に少なすぎる場合は貯蔵中に変敗する．アンモニアと材料の反応は4週間程度で完了するが，反応中は密封を保つ．反応終了後，開封してガス化したアンモニアを十分揮散させれば給与可能となる．なお，適期収穫した栄養価の高い牧草などにアンモニアを添加すると，毒性物質（4-メチルイミダゾール）が生成され，給与牛に障害をもたらす場合があることから，アンモニア処理はわらなどの低質粗飼料にのみ使用が制限されている．また，アンモニアガスは可燃性・腐食性があり危険なこと，液化アンモニアのとり扱いは各種法規で規制されていることなどから，指導機関の十分な指導のもとに行う必要がある．

D. 良質乾草の調製技術

乾草調製法は種々あるが，ここでは日本の調製現場でもっとも多く利用されている牧草の自然乾燥法を中心に述べる．

a. 草種

牧草は器官によって乾燥速度が異なり，葉の乾燥速度は速く，茎の乾燥速度は遅い．草種間でみると茎の形状で乾燥速度は異なり，オーチャードグラスやイタリアンライグラスのように肉薄で中空の管状のものは乾燥速度が速く，ソルガムやアルファルファのように茎が肉厚であったり内部が満たされているものは遅い．このような牧草は，茎の乾燥速度を速めるために，コンディショナによる圧砕，フレール型の刃による切断や傷つけなどの物理的処理が必要となる．また，マメ科牧草の多くは調製中の葉部脱落に留意する必要がある．

b. 刈取時期

収穫適期はサイレージの場合とほぼ同じであるが，なによりも天候次第となる．次に材料草の性状とそれを給与する家畜を見極めて判断する．イネ科牧草の場合，刈取適期は穂ばらみ期～出穂期であるが，搾乳牛用であれば栄養価が高く消化性繊維の多い穂ばらみ期が，また，乾乳牛用であれば繊維成分の比較的多い出穂期が適期となる．

c. 刈取りと圧搾

牧草の刈取りはモーアで行うが，牧草茎部は葉部と比べて乾きにくいため，茎が乾くまで待つと時間がかかるばかりではなく，葉が乾きすぎて脱葉し養分損失になる．そこで乾草調製には，牧草を刈取りながら2本のロールに挟んで茎を押しつぶすモーアコンディショナがよく利用されている．圧砕処理の結果，乾燥に要する日数は半日～1日短縮される．

d. 反転と集草

刈取り後，放置した草の上層は太陽熱や風の効果で乾燥が進むが，中間や下層は湿気が停滞したり，土面や刈株に接する部分は吸湿するので乾燥は進まない．そこで草の上層と下層を反転撹拌し，全体の乾燥むらを解消するとともに，通気のよいふんわりとした草の層にして乾きを速める．反転はテッダで行い1日の反転回数は2～5回で，天候によって回数を調節する．夜露や突発的な小雨に対してはウィンドロー（集草列）をつくると，表面は吸湿するが内部の湿りは比較的少ない．天候が回復した後にこれをテッダで拡散すれば，表面の水分は蒸散する．乾燥終了後はレーキなどで圃場に拡散した牧草を集草する．なお，乾燥途中で降雨が懸念される場合には，ロールベーラとラッパを用いてただちにサイレージ調製に切り替える．

e. 梱包

圃場で牧草を乾燥して水分12～15％になったら集草後に梱包作業を行い収納する．

梱包は角形ベーラあるいはロールベーラで行う．角形ベーラはタイトベーラともよばれ，牧草を拾い上げながら圧縮成形し，紐（麻，ポリプロピレンなど）で結束して角形の梱包をつくる機械である．梱包の標準的な大きさは断面 36×46 cm で，長さは 0.3～1.5 m 程度に調節できる．角形ベール乾草は，荷積みの際に隙間が少ないため流通に適している．このほか，圧縮の程度の低いルースベーラもあり，半乾燥状態の牧草を梱包して通風乾燥するのに適しているが，結束した紐が外れやすい欠点があり現在ではあまり使用されていない．ロールベーラは牧草を拾い上げて円柱状に梱包し，紐，ネット，ビニールなどをそれぞれを巻きつけて結束する梱包機械である．ロールベーラは，ベールの直径を任意に変えられる可変径式と一定の直径のベールをつくる定径式に分けられる．小型のものは定径式がほとんどである．

f．収納

乾草は乾草庫や牛舎の階上など湿気の少ない風通しのよい場所に収納する．貯蔵の際は地面や床，シートの上などに直接置かず，すのこやパレット，古タイヤ，砂利などの上に堆積し，地面からの吸水を避ける．長期間安全に貯蔵するためには，乾草の水分含量・密度，貯蔵場所の温湿度が重要である．特に乾燥が不完全で水分含量が高い場合（水分含量20％以上），貯蔵中にカビが発生したり，発酵や発熱が起こり，乾物損失やタンパク質消化率の低下などをきたす．著しい高温になった場合，黒褐色になり（燻炭化）ときには発火して（ヘイファイヤー）火災の原因となるので，水分の高い乾草や乾燥むらのあるものはできるだけ小さい単位で堆積する．水分の多いロールベール乾草では発火例がいくつか報告されており，特に注意を要する．

E．乾草調製に伴う養分の損失

乾草調製時には，刈取り後の呼吸による損失，調製作業中の溶脱損失，機械損失，貯蔵損失などがある．損失の程度は天候と調製法，貯蔵法などによって 15～30％と大きなひらきがあり，60％に達したという報告もある．

a．呼吸損失

刈取り後の牧草はしばらく呼吸が継続するので，グルコースなどの単糖類が消費される．水分が 40％前後になれば呼吸は停止するので，呼吸損失を少なくするためには，水分含量をできるだけ急速に下げることが大切である．人工乾燥法で瞬間的に乾燥させると養分損失が少ないが，自然乾燥法で低温と曇天が続き調製期間が長引くと養分損失が大きくなる．

b．溶脱損失

乾燥中に降雨に遭うと可溶性成分が雨に溶解して流失する．これが溶脱損失で，炭水化物ではグルコースやフラクトース，スクロースなどが主に流失し，ヘミセルロースやセルロースなどの構造性炭水化物はあまり流失しない．溶脱損失は，刈取り直後の被雨よりも予乾が進んだ時点での被雨の影響が大きい．ビタミン関連物質ではカロテン（牧草では特に β-カロテン）の損失が大きい．カロテンは光や空気に直接当たると破壊され，予乾期間が長引いたり，雨に当たったりすると大半が消失する．ミネラルの損失も意外に多く，強い雨に遭うと，リンの 30％前後，カリウムの 65％前後が消失するという報告がある．

c．機械損失

調製作業（反転，集草，梱包，拾上げ）中の損失であり，アルファルファなどマメ科草では特に乾燥に伴う葉部脱落に注意する必要がある．

d．貯蔵損失

貯蔵中の発カビや変質による損失であり，よく乾燥されたものは水分の再吸収などに留意する．

F．乾草の品質評価

乾草の品質は刈取り時の状態や調製の良否によって大きく変化する．また，流通飼料と

して売買されることも多いため品質評価が重要となる．品質は乾草の外観や飼料成分の分析値などにより判定される．

a. 外観評価法

品質判定の指標として，刈取りステージ，茎葉割合，緑度，香り，水分含量，異物混入割合などが用いられる．①刈取りステージ：早いものほど良質と判定される．②茎葉割合：葉の割合が高く，茎は細くやわらかいものが良質とされる．③緑度：刈取りステージの早い良質なものほど新鮮な緑色を呈し，降雨や乾燥ムラなどを受けると退色や褐変化が生じる．④香り：乾草特有の快い甘い芳香のものほど良質とされ，香りの弱いもの，カビや発酵臭のするものは低質とされる．⑤水分含量：低いほうがよい．⑥異物混入割合：カビ，雑草，針金，土砂などの異物のないものが良質であり，その混入割合が高まるほど格付等級は低くなる．また，毒草などは少量の混入であっても飼料としては利用できない．

b. 飼料成分に基づく評価法

牧草は刈取りステージが遅くなるに従い，粗タンパク質（CP），粗脂肪（EE），可溶無窒素物（NFE），粗灰分（CA），TDN含量などが低下し，粗繊維（CF），酸性デタージェント繊維（ADF），中性デタージェント繊維（NDF）含量などが増加する．また，調製中に葉部が脱落すると同様の成分変化が起こる．このように，飼料成分含量は生育ステージや調製状況により変化するため，その含量や組成から品質を判定することができる．乾草の品質判定には，水分，一般成分，ADF，NDF，ミネラル，TDN含量や摂取量（乾物摂取量，相対飼料価（RFV））などが用いられる．これらの値は，公正な流通・売買と適正な飼料設計を行うために正確さが求められる．また，硝酸態窒素，毒素，残留農薬などの有害物質の含量は品質判定以前に飼料としての適正が問われるので，留意すべき事項である．

4.3.8 TMR

TMR（total mixed ration，通常は（完全）混合飼料と訳され，コンプリートフィードともいう）とは，粗飼料，濃厚飼料，ビタミン，ミネラルなどの各種飼料を給与家畜の要求量に合わせてバランスよく混合した飼料である．日本でも乳牛の群管理飼養増加に伴い給与飼料の中心的な位置を占めるようになった．

A. TMRの特徴

TMRの長所として，①粗飼料と濃厚飼料を混合した均一な飼料を給与することにより，ウシの第一胃内の発酵が安定し，これにより乳量や乳成分を高位安定させ，消化器病の発生を少なくできる，②自由採食により乾物摂取量を高めることができる，③群管理飼養に対応した飼料給与ができる，④飼料給与の機械化が可能になり，給与作業の省力化が可能になる，⑤泌乳ステージに対応した給与飼料の養分濃度設定が容易にできるなどが挙げられる．一方，短所として，①飼料混合用機械（ミキサーなど）などが必要，②粗飼料などの細切が必要，③必要な各種飼料の調達や保管が必要，④泌乳期に応じた牛群のグループ編成が必要といった問題が挙げられる．これら短所のうち①，②，③については，農作業受託組織（コントラクター）やTMR製造供給組織（TMRセンター）などの増加による飼料調製作業の外部委託が進んだことから次第に克服されつつある．

B. TMRの種類

現在利用されているTMRは，ドライタイプ，フレッシュタイプ，発酵TMRの3つに大きく分類される．

a. ドライタイプTMR

濃厚飼料数種にヘイキューブやビートパルプなどを混合したもので，乾燥した飼料を混合しているため比較的長期間の貯蔵が可能である．ドライタイプTMRの多くは飼料会社で製造したものを農家に配送し利用される．

農家では，他の粗飼料と混合して給与するほか，給与前に水を加えたり，サイレージと混合したりして利用する．

b. フレッシュタイプTMR

サイレージや濃厚飼料のほか，生のかす類などを混合したTMRであり，地域で発生する食品副産物などを有効活用できるものの，好気的変敗が起きやすいため混合後はできるだけ早く給与する必要がある．フレッシュタイプTMRは農家が自分で混合調製し利用するほか，近年ではTMRセンターで混合調製したものを自走式フィーダー車（給与装置の付いたトラック車）や，ポリエチレン製の内袋を入れたフレコン (flexible containers) バッグ（トランスバッグともいう）に入れて農家に配送し利用する形態が増えている．

c. 発酵TMR（TMRサイレージ）

フレッシュタイプの保存性を高めるために開発されたのが発酵TMRである．発酵TMRはフレッシュタイプTMRをサイロなどで数週間嫌気発酵させたもので，1980年代から日本で研究開発が行われてきた．近年では，フレコンバッグでの脱気・梱包や，細断型ロールベーラでの梱包とラップ被覆など，搬送可能な形態で密封貯蔵する技術が格段に進歩したため流通が容易になり，TMRセンターの増加と相まって利用が増えている．

利点の1つめは品質の安定性が挙げられる．発酵TMRは嫌気貯蔵され発酵しているため保存性の高いことが特徴であり，特に細断型ロールベーラで梱包したものはフレコンバッグに比較して乾物梱包密度が約20％高く，発酵品質も良好で，夏場に調製した場合でも1年間は良質なまま保存が可能である．また，発酵しているためフレッシュタイプTMRに比較して開封後の好気的変敗も起きにくく，飼槽内に残っている餌の変敗や嗜好性の低下が危惧される夏季の飼料として有効と考えられる．

利点の2つめは低未利用資源利用の容易さがある．品質の安定したTMRをいかに低価格で調製するかは大切な視点であり，TMRには各地域で発生する食品副産物（ジュースかす，ビールかす，豆腐かす，デンプンかす，醤油かす，きのこ廃菌床，茶飲料かす，コーヒーかす，パンくず，菓子くずなど）や農産副産物（根菜類の茎葉や規格外野菜）といった低未利用資源が利用されている．フレッシュタイプTMRの場合，これら多汁質の飼料をTMR調製時まで保管する必要があるが，これらは水分を多く含むため保管中の変敗やカビの発生が危惧される．一方，発酵TMRは各種飼料を一度に大量に混合調製して乳酸発酵させ貯蔵するため，変敗の危険性が低く，地域で発生する低未利用資源を有効に活用できる．

利点の3つめとして，嗜好性の劣る飼料の採食性向上が期待できる．サイレージ調製が困難な高水分牧草は，発酵TMR調製時に濃厚飼料や乾燥した粗飼料と混合することにより適正な水分調整が可能となる．また，刈り遅れた乾草やわらなども多汁質飼料や濃厚飼料と混合し発酵させることで一定の採食性が期待できる．さらに，機能性成分を含むものの嗜好性の劣る飼料資源（カテキンを含む緑茶飲料製造残査など）は，トウモロコシサイレージなど嗜好性のよい飼料と混合し発酵させることで有効活用が期待できる．

4.4　家畜栄養素と飼料成分

4.4.1　栄養素

動物は体外から物質を摂取し，体の構成物質をつくり，体内でのエネルギーの発生により乳・肉・卵・毛・皮などの畜産物を生産し，不要物質を体外に排泄する．このような体外から摂取する物質のことを栄養素という．栄養素はタンパク質，脂質，炭水化物，ビタミンおよびミネラルの5種類に大別され，これ

らを五大栄養素という．また，五大栄養素に水を加えたものを六大栄養素とよぶ場合がある．家畜の体内に吸収されたタンパク質，脂質，炭水化物は家畜の体成分や生産物の合成のためのエネルギーとして利用される．タンパク質，脂質，ミネラルは体構成成分となるほか，ミネラル，ビタミンは他の栄養素の代謝調節に関与している．

A．水

動物にとって水は不可欠な物質であり，動物体のもっとも多い構成成分で40～74％を占める．動物体内での水の機能は消化や物質代謝に伴う加水分解や酵素反応に関係するほか，体温調節，ホルモン，酸素，栄養素および老廃物などの輸送にもかかわっており，生命活動を維持するうえで重要な役割を果たしている．動物が水を得る経路としては，飲料水，飼料中に含まれる水，体内で栄養素が代謝（酸化）される際に産生する代謝水の3種類がある．動物体の水分含量は，年齢，雌雄，栄養状態などによって変化し，一般に体脂質含量は幼若動物よりも成熟した動物で高く，成熟後は雄よりも雌が高いことから，水分含量は成熟動物よりも幼若動物が，雄よりも雌が高くなる傾向がある．

B．タンパク質

タンパク質は炭素，水素，酸素，窒素から構成され，硫黄を含むものもある．タンパク質はアミノ基とカルボキシル基からなるアミノ酸が互いにペプチド結合を形成し，長いポリペプチド鎖をなしている．アミノ酸が2個結合したものをジペプチド，3個をトリペプチド，およそ50以上のものをポリペプチドとよぶ．タンパク質はアミノ酸の種類やその配列の組み合わせが無数に多くあり，鎖の巻き方も，螺旋状，球状，平板状，不規則なコイル状などがあり，タンパク質が生体のなかで行う仕事の多様性を生み出すもとになっている．タンパク質でポリペプチド鎖のみからなるものを単純タンパク質，他の物質と結合して（非共有結合も含める）存在するものを複合タンパク質とよび，付加される物質によって，核タンパク質，リポタンパク質，リンタンパク質，糖タンパク質，金属タンパク質，色素タンパク質に分類できる．また，タンパク質の構造は一次から四次までであり，一次構造はタンパク質を構成するアミノ酸の直線的配列（数と順番を示した化学構造），二次構造は多くのタンパク質に見出される部分的かつ特徴的な立体構造，三次構造はポリペプチド鎖1本の全立体構造，四次構造はオリゴマータンパク質（複数のポリペプチド鎖からなるタンパク質）でのポリペプチド鎖の会合の仕方である．繊維状タンパク質としてケラチン，コラーゲンなどは球状タンパク質に分類される．

a．アミノ酸

アミノ酸はカルボキシル基（-COOH）とアミノ基（-NH$_2$）の両方の官能基をもつ化合物と定義される．アミノ酸は結合する側鎖の種類が異なるが，α-アミノ酸は同じ炭素原子にカルボキシル基とアミノ基が結合しているアミノ酸である．側鎖が水素であるグリシン以外のアミノ酸は，側鎖の種類によって脂肪族アミノ酸，芳香族アミノ酸，含硫アミノ酸，酸性アミノ酸，塩基性アミノ酸などに分類され，側鎖の等電点の違いにより酸性，塩基性，中性アミノ酸に区別できる．炭素原子へのアミノ基やカルボキシル基などの結合様式により，D型，L型の光学異性体がある．生体を構成するタンパク質はα-アミノ酸のポリマーであり，原則としてL型のものだけが構成成分となっている．動物は体内ですべてのアミノ酸を合成できないため，飼料より摂取する必要がある．これらのアミノ酸をその動物種にとっての必須アミノ酸あるいは不可欠アミノ酸という．多くの動物でアルギニン，ヒスチジン，イソロイシン，ロイシン，リジン，メチオニン，フェニルアラニン，トレオニン，トリプトファン，バリンが必須ア

ミノ酸である．反芻動物ではルーメン微生物が飼料の窒素化合物を微生物態タンパク質に変換したものを利用する．微生物態タンパク質には動物が要求するすべてのアミノ酸が含まれているため，飼料中に必須アミノ酸が必ずしも含まれる必要がない．飼料中でもっとも不足するアミノ酸を第一制限アミノ酸とよび，植物タンパク質ではリジンやメチオニンが第一制限アミノ酸になりやすい．

C. 脂質

脂質は生体成分のなかで水に不溶で，クロロホルム，エーテル，ベンゼンなどの有機溶媒に溶解するものの総称である．脂質は脂肪酸とグリセロールがエステル結合した単純脂質（油脂，蠟など），単純脂質にほかの成分が結合した複合脂質（リン脂質，糖脂質，アミノ脂質），単純脂質および複合脂質の分解産物とその他のエーテル可溶性成分である誘導脂質（脂肪酸，グリセロール，ステロール類）に大別できる．一般に単純脂質の中性脂肪は動物体では脂肪組織でのエネルギー貯蔵体として存在し，複合脂質では生体膜構成成分となっている．

a．中性脂肪

単純脂質は CHO から構成されていて，その代表的なものが中性脂肪である．中性脂肪は脂肪酸のカルボキシル基（–COOH）とグリセリンの水酸基（–OH）がエステル結合したもので，中性脂肪はグリセロール1個に3個の脂肪酸がエステル結合したもので，トリグリセロール（トリグリセライド）という．結合する脂肪酸の合計が2個のものをジアシルグリセロール，1個のものをモノアシルグリセロールという．

b．脂肪酸

脂肪酸はアミノ酸と同様にカルボキシル基を1個もち，メチル基（–CH_3）を末端に，エチレン基（–CH_2–）をなかにもっている．炭素数はほとんどが偶数で4〜30個である．細胞を構成する脂肪酸は炭素数が12〜20個で，炭素数が2〜4個の脂肪酸を短鎖脂肪酸，5〜10個を中鎖脂肪酸，11個以上を長鎖脂肪酸としている．分子内に二重結合あるいは三重結合を有する脂肪酸を不飽和脂肪酸とよび，二重結合を1個有する脂肪酸を一価不飽和脂肪酸，2個以上のものを多価不飽和脂肪酸という．一価不飽和脂肪酸として，パルミトレイン酸，オレイン酸，二重結合を2個もつものとしてリノール酸，α-リノレン酸，3個もつものにアラキドン酸，エイコサペンタエン酸などがある．二重結合を2個以上もつ脂肪酸を多価不飽和脂肪酸とよび，メチル基末端（ω末端）より数えた二重結合の位置により，n−6（ω-6）系脂肪酸と n−3（ω-3）系脂肪酸に分けられる．一般に脂肪酸の炭素鎖が長くなるほど沸点や融点が高くなり，二重結合が増えるほど融点は低下する．飽和脂肪酸は常温ではすべて固体であるのに対し，不飽和脂肪酸の多い植物性脂肪は常温で液体であり，それが少ない動物性油脂は固体となる．脂肪酸分子の大きさは，脂肪1gをけん化するために必要な水酸化カリウム量（mg）で測定する．

ⅰ）必須脂肪酸

動物体内で合成できない脂肪酸を必須脂肪酸とよび，リノール酸やリノレン酸があり，リノール酸から合成される脂肪酸としてアラキドン酸がある．これらはいろいろな生理活性物質の前駆体であり，飼料から摂取しなければならず，欠乏すると成長不良，皮膚の角化，繁殖および泌乳能力の低下が起こり，死に至る場合がある．

ⅱ）揮発性脂肪酸

炭素数が6以下の揮発性のある脂肪酸を揮発性脂肪酸（VFA）とよび，酢酸（C_2），プロピオン酸（C_3），酪酸（C_4）などがある．VFA は反芻動物のルーメン内で炭水化物の発酵により生じ，反芻家畜のエネルギー源として利用される．

D. 炭水化物（糖質）

単糖を構成成分とする有機化合物であり，その多くの分子式は $C_mH_{2n}O_n$ で表されるが，現在では $C_mH_{2n}O_n$ として表せないポリアルコールのアルデヒド，ケトン，酸，さらにポリアルコールそのものやそれらの誘導体，縮合体などを含めて炭水化物あるいは糖質と定義されている．動物体内の炭水化物含量は0.5％と少なく，主としてエネルギーの貯蔵として肝臓や筋肉内のグリコーゲン，またグルコース（血糖）のかたちで存在する．一方，植物にはデンプンやセルロースのかたちで豊富に含まれ，比較的容易に家畜が摂取できるエネルギー源である．炭水化物の種類や役割は多種多様であるが，もっとも簡単な構造のものが単糖類で，これらが数個（2～10個）の縮合体であるオリゴ糖，さらに多数の単糖の縮合体である多糖類に分類できる．

a. 単糖類

単糖類は加水分解によってそれ以上簡単な分子にならない基本的物質で，オリゴ糖類，多糖類の構成単位である．炭水化物を分類すると，単糖（グルコース（ブドウ糖），ガラクトース（果糖），マンノース，フルクトースなど），単糖2分子がグリコシド結合により1分子になったものを二糖（ショ糖，乳糖，麦芽糖など），単糖3分子が結合したものを三糖，5分子を五糖，6分子を六糖，含まれる炭素数で三炭糖（トリオース），五炭糖（ペントース），六炭糖（ヘキソース）などに分けられる．さらにアルデヒド基（-CHO）をもつ糖をアルドース，ケトン基（C=O）をもつ糖をケトースと分類し，これらのアルデヒド基やケトン基は水酸基と環状構造を形成し，環形の違いによりフラノース（五員環）とピラノース（六員環）に分けられる．グルコースは生体にとって主要なエネルギー源であり，天然に遊離した状態でも存在するが，デンプン，グリコーゲン，セルロースなどの多糖類の構成成分となっている．

b. オリゴ糖類

単糖類がグリコシド結合した化合物であり，2つ結合した二糖類が一般的である．二糖類として，砂糖の主成分であるスクロース（ショ糖），哺乳動物の乳汁中に存在するラクトース（乳糖），発芽中の種子に多く含まれるマルトースのほか，トレハロースなどがある．また，三糖類のラフィノースは糖蜜中に，四糖類のスタキオースは大豆などの豆の種子に存在する．

c. 多糖類

ⅰ）デンプン

多糖類は，生体組織の構成成分として重要な役割を果たしている．単一の単糖による構成された多糖類をホモ多糖類，異なる単糖より構成された多糖類をヘテロ多糖類と定義している．グルコースのホモ多糖類であるデンプンには，α-1,4結合の直鎖構造のアミロース，さらにα-1,6結合で枝分かれしたアミロペクチンより構成される．

ⅱ）グリコーゲン

グリコーゲンは主に肝臓と骨格筋で合成され，多数のα-グルコース分子がグルコシド結合により重合し，枝分かれの多い構造を有する高分子化合物である．動物で余剰のグルコースを一時的に貯蔵しておく貯蔵多糖の役割があり，顆粒状態で広く分布している．特に肝臓（5～6％）や筋肉（0.5～1％）で多く，脂肪酸というかたちでしかエネルギーをとり出せない脂肪や，合成分解に窒素代謝の必要なアミノ酸と違い，グリコーゲンは直接ブドウ糖に分解できるという利点がある．ただし，脂肪ほど多くのエネルギーを貯蔵する目的には向かず，食後などの一時的な血糖過剰に対応している．グリコーゲンの合成・分解は膵臓が血糖に応じてインスリンを分泌することで調整される．

ⅲ）セルロース

セルロースはグルコースがβ結合したグルカンであり，植物細胞の細胞壁および繊維

の主成分で，天然の植物体の約 1/3 を占めている．消化液により分解されないが，大腸や反芻家畜のルーメン内の微生物は β 結合を加水分解するセルラーゼを産生しているので，セルロースが分解され分解生成物が利用できる．

iv）ヘミセルロース

植物の細胞壁多糖のうち，セルロースとペクチン質を除いた水溶性多糖をヘミセルロースと定義している．ヘミセルロースを構成する糖としてはキシランなどのホモ多糖，アラビノースやキシランなどのヘテロ多糖が多く，分子量や分子式も大きく異なる．

d．リグニン

リグニンはヒドロキシフェニルプロパンを基本単位として重合した高分子化合物である．厳密には炭水化物ではないが，炭水化物と関係しているので，通例としていっしょにとり扱われる．植物細胞の成熟に伴って細胞壁にリグニンが沈着することをリグニン化（木化）とよび，化学的分解に対し強い抵抗性をもつ．そのため，植物の生長により細胞壁がリグニン化されるにつれて消化されにくくなる．リグニンを多く含むわら類や木材加工副産物を飼料として利用する場合には，リグニンを除去することで家畜での利用性が高まる．

E．ミネラル

ミネラルは家畜生体に灰分として 3〜4％ 含まれ，家畜構成成分として骨や歯などの骨格の形成，体液 pH，浸透圧調節，神経や筋肉の刺激伝達，酵素反応の賦活化など生体機能を正常に保つための重要な役割を果たしている．動物生体内に含まれる量により，主要無機物と微量無機物に分けられ，主要無機物としてカルシウム（Ca），リン（P），カリウム（K），ナトリウム（Na），塩素（Cl），硫黄（S），マグネシウム（Mg）がある．また，微量無機物としては，コバルト（Co），マンガン（Mn），ヨウ素（I），セレン（Se），モリブデン（Mo），銅（Cu），亜鉛（Zn），鉄（Fe）などとともに，スズ（Sn），ニッケル（Ni），ヒ素（As），バナジウム（V），ケイ素（Si），フッ素（F），クロム（Cr）などがある．機能別に分類すると，骨格の形成に関してはカルシウム，リン，マグネシウムなど，体液 pH，浸透圧調節ではカルシウム，リン，カリウム，ナトリウム，塩素，マグネシウムなど，生体機能の調節では，鉄，銅，マンガン，亜鉛，ヨウ素，コバルト，セレンなどに分けられる．

F．ビタミン

ビタミンは脂溶性ビタミンと水溶性ビタミンに大別され，体構成成分やエネルギー源としては重要ではないが，成長や繁殖などの健康な家畜の活動のための必須物質して知られている．しかし，体内合成が不可能，あるいは合成が不十分であることから，体外から摂取する必要がある．反芻動物ではルーメン内微生物によりビタミン B 群やビタミン K が合成されることから，不足することはほとんどない．また，ビタミン C は肝臓や腎臓で合成されることから，一般的に不足することはない．しかし，ビタミン A，D および E は給与しなければならない．

a．脂溶性ビタミン

脂溶性ビタミンとしてはビタミン A, D, E, K があり，これらは体内に蓄積される．ビタミン A（レチノール）は正常な視覚や免疫機構の維持，動物の成長などに関与する．植物性飼料には生体内でビタミン A に変化するプロビタミン A（カロテン類）が存在し，なかでも β-カロテンはもっとも強い生理活性を有する．β-カロテンは腸管でビタミン A に転換されるが，ウシではそのまま吸収され，肝臓や黄体でビタミン A に転換される．ビタミン D には動物の皮膚で紫外線によって生成される D_3（コレカルシフェロール）と植物体内で生成される D_2（エルゴカルシフェロール）がある．ビタミン E は抗不妊因子

として発見された．α, β, γ, δ の 4 つの異性体があり，α-トコフェロールの生理活性がもっとも強い．ビタミン E は生物的抗酸化剤としての機能を有する．ビタミン K は血液凝固に関与しており，抗出血性ビタミンともよばれる．

b. 水溶性ビタミン

水溶性ビタミンにはビタミン B 群とビタミン C があり，いずれも体内に蓄積されにくい．ビタミン B 群にはチアミン（B_1），リボフラビン（B_2），ナイアシン，ピリドキシン（B_6），パントテン酸，葉酸，ビオチン，コバラミン（B_{12}），コリンの 9 種類で，チアミンは穀実の胚芽やぬか類に多く含まれる．ビタミン B 群は栄養素の代謝に関係する補酵素として機能している．ビタミン C は体内で合成されるが，生産性ストレス，環境ストレスなどでビタミン C の消費が増えた場合に補給が必要となる可能性がある．

4.4.2 飼料成分

飼料の栄養価を正確に把握することは，家畜への適正な栄養素を供給するうえで重要である．そのためには，飼料成分の分析を行い，飼料の化学的および栄養学的な価値を把握する必要がある（図 4.3）．

A．一般成分

飼料の一般成分とは，水分，有機物，粗タンパク質，粗脂肪，粗繊維，可溶無窒素物で，それぞれの成分含有率％で示し，決められた方法（公定法）に基づき分析を行う．

a. 水分

飼料に含まれる水分の定量は，常圧下で加熱乾燥により求める加熱減量法のほか，蒸留法，カールフィッシャー法などがある．加熱減量法は分析飼料を主に 135℃で 2 時間乾燥し，乾燥による減量分が水分量で，乾燥前と乾燥後の重量の差が乾物量である．なお，トウモロコシジスティラーズグレインソリュブルなどの一部の飼料での乾燥温度は 105℃で乾燥時間は 3 時間となっている．また，飼料に酢酸，酪酸，揮発性塩基態窒素などの揮発性成分が含まれる場合，加熱乾燥によりこれらの揮発性成分が揮散するために水分として定量される．そのため，揮発性成分が多く含まれるサイレージや発酵飼料では，加熱減量法で水分含量を測定した場合には過大に定量されている可能性がある．乾燥後，室内に飼料を放置して空気中の水分を再吸収させ，飼料の水分含量が 10 ～ 15％の状態のものを風乾物といい，高水分の飼料を分析のために保存する場合は風乾状態にして保管する．

b. 粗灰分

分析試料を一定の条件で加熱灰化して得られた灰を粗灰分という．これには有機物由来の少量の炭素が常に混在する．一般に分析試

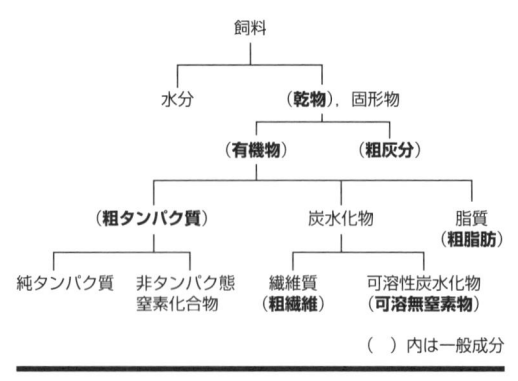

図 4.3 ● 飼料の成分

料をるつぼに入れて550〜600℃で2時間加熱することが多い.

c. 粗タンパク質

タンパク質の分析法としてはケルダール (Kjeldahl) 法，燃焼法がある．ケルダール法は試料に濃硫酸を加え，加熱して窒素化合物をアンモニアとし，さらに水酸化ナトリウム溶液を加えたアルカリ条件下で水蒸気蒸留を行い，アンモニアをホウ酸に吸収させ窒素を定量する方法である．分析試料の窒素含量に平均窒素量の逆数 6.25（100/16）をかけた数値を粗タンパク質量としている．粗タンパク質には純タンパク質のほか，非タンパク態窒素化合物（NPN）が含まれる．燃焼法は試料を高温炉で熱分解し，燃焼ガスの窒素酸化物を窒素に還元し，熱伝導度検出器（TCD）で定量する方法で，分析の際に廃液がでない利点がある．

d. 粗脂肪

分析試料をソックスレー装置によりエーテルで抽出し，得られた抽出物を粗脂肪としている．これには脂質のほか，脂溶性ビタミンや脂溶性色素などが含まれる．エーテル抽出物（ether exract：EE）ともいう.

e. 粗繊維および可溶無窒素物

分析試料を希酸，希アルカリで煮沸処理したのち，エタノール，エーテルで順次洗浄した残渣から灰分を除いたものを粗繊維としている．粗繊維の主成分としてはセルロース，リグニン，ペントサンなどであるが，セルロースやヘミセルロースの一部が溶出する欠点がある．一方，希酸，希アルカリ溶液で煮沸して溶解した部分が可溶無窒素物（NFE）で，デンプンや糖類よりなる．可溶無窒素物は100から灰分，粗タンパク質，粗脂肪，粗繊維を差し引くことで求める．粗繊維と可溶無窒素物の合計が炭水化物である．

B. デタージェント分析による繊維成分の画分

前述した粗繊維分析が有する欠点を改善する方法としてデタージェント分析（図4.4）および酵素法（図4.5）が考案されている．デタージェント法は界面活性剤で細胞壁構成物質と細胞内容物に分画する方法で，Van Soestらにより考案された．デタージェント法には中性デタージェント繊維（NDF：ヘミセルロース，セルロース，リグニン）を定量する中性デタージェント法，酸性デタージェント繊維（ADF：セルロース，リグニン）を定量する酸性デタージェント法がある．

```
                        飼料
                         |
                  中性デタージェント溶液
                         |
              ┌──────────┴──────────┐
            可溶部              不溶部（中性デタージェント繊維：NDF）
                                ヘミセルロース，セルロース，リグニン
                                     |
                              酸性デタージェント溶液
                                     |
                        ┌────────────┴────────────┐
                      可溶部                  不溶部（酸性デタージェント繊維：ADF）
                    ヘミセルロース              セルロース，リグニン
                                                   |
                                                72%硫酸
                                                   |
                                        ┌──────────┴──────────┐
                                      可溶部                不溶部
                                     セルロース             リグニン
```

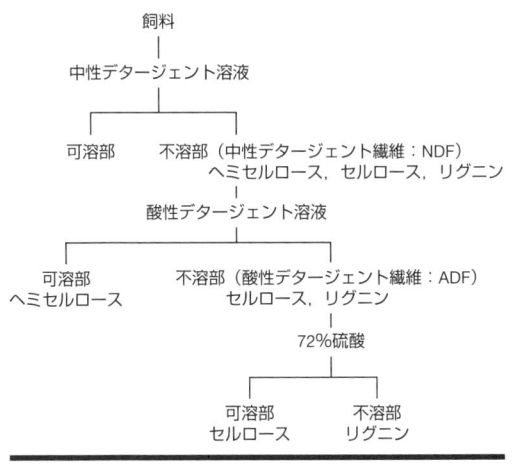

図4.4 デタージェント法による飼料繊維の分画

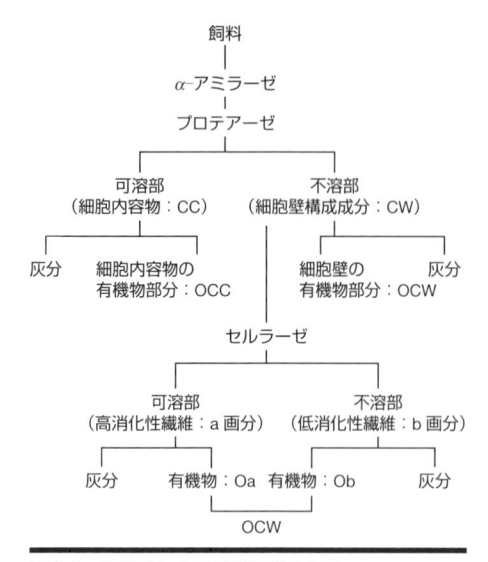

```
飼料
 │
α-アミラーゼ
 │
プロテアーゼ
 │
┌────┴────┐
可溶部      不溶部
(細胞内容物:CC)  (細胞壁構成成分:CW)
┌──┴──┐    ┌──┴──┐
灰分  細胞内容物の  細胞壁の  灰分
    有機物部分:OCC  有機物部分:OCW
                │
              セルラーゼ
                │
          ┌─────┴─────┐
          可溶部         不溶部
      (高消化性繊維:a画分) (低消化性繊維:b画分)
      ┌──┴──┐       ┌──┴──┐
      灰分  有機物:Oa  有機物:Ob  灰分
              └────OCW────┘
```

図4.5 ● 酵素法による飼料繊維の分画

NDFの分析は試料に中性デタージェント溶液を加え煮沸・ろ過し，残渣中の灰分を除いたものでNDFomと表記する．一方，ADFは試料に酸性デタージェント溶液を加え，煮沸・ろ過し，残渣中の灰分を除いたものでADFomと表記する．デンプンを多く含む試料では，中性デタージェント溶液でのデンプン除去が不十分であることから，前処理として熱してアルファ化させた飼料のデンプンをα-アミラーゼを用いて加水分解する（図4.4）．

C. 酵素分析法による繊維成分の分画

分析試料のデンプンをα-アミラーゼを用いて除去し，さらにタンパク質分解酵素によりタンパク質を除去し，アセトンで脂質や色素を除去した残渣が細胞壁構成物質（cell wall：CW）である．これらから灰分を差し引いた有機物部分がOCW（organic cell wall）で，その構成成分はほぼNDFに相当する．さらに細胞壁構成物質をセルラーゼ溶液で処理した残渣が低消化性繊維（Ob），OCWとOb含量の差が高消化性繊維（Oa）である（図4.5）．

D. タンパク質の画分

摂取した飼料タンパク質はルーメンで速やかに溶解あるいはルーメン微生物により分解される．ルーメンで溶解するタンパク質が溶解性タンパク質で，溶解性タンパク質にルーメン微生物で分解されるタンパク質を併せて分解性タンパク質とよんでいる．一方，結合性タンパク質は飼料のタンパク質が加熱などで変性あるいは炭水化物と結合した家畜での利用性が低下した画分である．ルーメンでのタンパク質の溶解性や分解性に基づいた反芻家畜へのタンパク質給与を行うためには，あらかじめタンパク質画分を把握することが重要である（図4.6）．

E. その他の飼料成分

飼料中に微量に存在する成分としてビタミンや色素などがある．色素はビタミンAの前駆体であるカロテン類を除いて栄養上価値があるものは少ない．難消化性成分として，リグニン，植物クチクラ，タンパク質と結合して不溶性になるタンニンなどがある．有毒物質としては，シアン配糖体，硝酸塩，サポニン，ソラニン，ゴシポールなどがある．

4.4.3 栄養価値・飼料価値評価

飼料の栄養価は，飼料に含まれる栄養素の量や家畜での利用性により決定する．そのため，飼料価値の把握にはその目的に応じた評価法を用いる必要がある．例えば，牧草の育種選抜や低・未利用飼料資源の探索を行う場合，多くの点数について飼料価値の分析を行う必要があることから，人工消化試験が適している．また，粉砕した試料をナイロンバック（ポリエステルバック）に入れ，フィステルからルーメン内に投入・培養して消化率を測定する方法がある．さらに，飼料の採食量，産乳性，産肉性，物理性，通過速度など動物側の要因を含む場合には実際に家畜を供試して測定する必要がある．

粗タンパク質			
分解性タンパク質		非分解性タンパク質	
溶解性タンパク質			結合性タンパク質

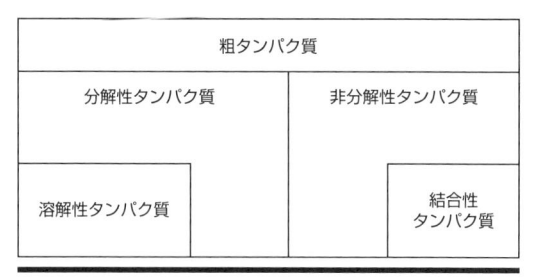

図 4.6 ● 飼料のタンパク質画分

A. 人工消化試験法

人工消化試験法により飼料の消化性を把握することができる．ペプシンやセルラーゼなどの酵素を用いる方法，ルーメン内容液あるいは小腸液などを採取し，培養装置を用いて飼料の消化性を測定する方法がある．そのひとつである Tilly and Terry の人工ルーメン法はルーメン内容液と人工唾液を用いた方法で，ルーメンでの飼料の消化率の測定に利用されている．

B. ナイロンバック法

分析試料をナイロンバック（ポリエステルバック）に入れ，フィステルを装着したウシのフィステルからナイロンバックをルーメンに投入・培養し，培養前および培養後の試料中の乾物，有機物，粗タンパク質，繊維などの成分含量の変化から，各成分の消化率を求める方法である．

C. 家畜を用いた栄養価値・飼料価値評価
a. 採食量

採食量は家畜が摂取可能な栄養素の量を把握するうえで重要である．個別に飼育（個体管理）された家畜では採食量を把握するのは比較的容易である．放牧された家畜の採食量を測定する方法としては，放牧前後の草量の差，体重の差，指示物質を用いた測定法がある．数種類の飼料を配置し，飼料間の採食順序や採食量を把握する方法としてキャフェテリア法がある．

b. 消化率・栄養価

人工消化試験法やナイロンバック法は限定された条件で試料の消化率を測定していることから，家畜の体に出入りする栄養素の出納を把握し，家畜での栄養素の利用性を実測する必要がある．消化試験は代表的な出納試験であり，供試家畜は健康で消化管機能が完全となったもので，ウシは 12 か月以上，ブタでは生後 2〜4 か月の肉豚を用いることが望ましい．消化試験は全糞を採取する全糞採取法と指示物質（index）を用いた標識法がある．消化試験は馴致期，予備期，本試験期からなり，馴致期では供試家畜の飼育環境への順応や飼料摂取量を把握する．予備期と本試験期は同一量の飼料を給与し，本試験期で全糞を採取し，糞に排泄される成分量を求める．消化率は摂取した成分量に対して，摂取成分量から糞に排泄された成分量を引いたものの割合であり，糞中には飼料に由来しない消化管内粘膜，消化液，消化管内微生物などの代謝性糞が含まれていることから，見かけの消化率とよぶ．これらの代謝性糞を除いて求めた消化率を真の消化率という．なお，嗜好性や成分組成に偏りがあるなど単独で給与できない飼料の場合は，基礎飼料に試験飼料を一定量混合して求めた消化率と基礎飼料の消化率の差から消化率を求める間接法がある．

各成分消化率（％）＝（摂取成分量－
　　　　　　糞中成分量）/ 摂取成分量 ×100

c．通過速度

　飼料の消化管内での通過速度により，飼料の消化・分解の程度が異なることから飼料の栄養価や採食量に影響を及ぼす．通過速度の測定法としては，給与飼料の一部にあらかじめイッテルビウムなどの希土類元素を標識し，継時的に糞を採取して糞中に排泄される標識物質の回収パターンから求める．

d．飼料の物理性

　粗飼料の有する機能のひとつとして，養分供給のほか反芻家畜の第一胃内の恒常性を維持する役割がある．このような第一胃内の機能に関与する粗飼料のもつ長さ，かたさなどの物理性を粗飼料因子とよんでいる．粗飼料因子は給与飼料のNDFなどの繊維含量で示されるほか，動物の応答を指標として乾物飼料摂取量あたりの総咀嚼時間（採食時間と反芻時間の合計時間）によって示す粗飼価値指数（RVI：分 / 乾物飼料摂取量1 kg）がある．乳脂率3.5％の牛乳生産に必要なRVIは31分であることが示されている．また，飼料をふるい分けし，1.18 mmのふるいに残る飼料の割合を繊維の有効率とし，その割合に飼料のNDF含量を掛けて求めた有効繊維（eNDF）が考案されている．

4.5　消化と吸収

　家畜が栄養素を生体内で利用するためには，摂取した飼料中の炭水化物，タンパク質および脂肪を分解して，吸収可能な低分子化合物にする必要があり，この過程を消化とよぶ．得られた消化産物とビタミン，ミネラルは，消化管の粘膜を通過し，血液やリンパにとり込まれる．これを吸収とよぶ．

　消化には機械的，化学的，微生物学的な3つの過程が考えられる．機械的な消化とは，口腔での咀嚼にはじまり，消化管の蠕動運動が相当する．化学的な消化とは，動物自身が消化管内で分泌する消化液に含まれる酵素によるものである．微生物学的な消化とは，消化管に生息する微生物がもつ酵素による栄養成分の分解をさす．

　単胃動物は，機械的消化，化学的消化が主たる過程であり，微生物学的消化は盲腸以降，動物自身が利用できなかった残渣を用いて生じるが，反芻動物の場合は反芻胃（ルーメン）での微生物学的消化が中心的な役割を担う．消化過程によって低分子化された飼料中の栄養素の吸収は拡散ならびにエネルギーを消費する能動輸送により小腸で行われる．

　家畜は消化管の構造から，単胃動物，反芻動物，家禽類に分類できる．

4.5.1　単胃動物

　畜産業で重要な位置を占める単胃動物はブタである．雑食性のブタは，ヒトと同様の消化吸収機構をもつ．ブタの消化管は，口腔，食道，胃，小腸，大腸に分けられ，小腸はさらに十二指腸，空腸，回腸に，大腸は盲腸，結腸，直腸に分けられる．

　口腔では咀嚼が行われる．これにより食塊は小さく砕かれ，α－アミラーゼなどの消化液を含む唾液と混合される．分泌される唾液は1日15 L程度，消化酵素のほかにIgAも含まれており，初期の免疫学的防御の役割も果たしている．ブタに給与される飼料は，通常2～5 mm程度に粉砕されており，口腔での滞留時間は短く，咀嚼による機械的消化の貢献度は大きくない．加水したリキッド飼料の場合には，この傾向は顕著になる．

　嚥下された食塊は食道を通り胃に到達する．食道では消化，吸収は行われないが，粘膜表面に乳酸菌などの細菌が常在し，免疫学的な防御機能を担っていることが確認された．

　胃は食道部，噴門部，胃底部，幽門部に分

けることができる．胃は入ってきた飼料を一定時間滞留させ，胃液と混合して消化する役割をもつ．胃液は塩酸を含み，ペプシノーゲン，リパーゼ，胃粘膜を保護する粘液や電解質を含む．塩酸を含むことから胃液は強酸性でpHは2.0程度に維持されており，これにより飼料といっしょに侵入する細菌を殺菌し，ペプシノーゲンと反応してペプシンを生成しタンパク質を分解する．

一般的に胃液の分泌は脳相，胃相，腸相により制御されている．視覚や味覚の刺激により胃液分泌が促進するのが脳相，次いで実際に胃に食塊が入り，物理的に胃壁が拡張することによる反射で分泌される場合を胃相という．逆に胃から十二指腸に粥状になった内容物が送られると胃液の分泌が抑制される．これを腸相という．胃液の分泌を促進するホルモンには，幽門腺から分泌されるガストリン，十二指腸から分泌されるコレシストキニンがあり，抑制するものには十二指腸から分泌されるセクレチンが挙げられる．そのほかに，胃からは成長ホルモンや摂食に関係があると考えられているグレリンも分泌される．

胃での消化を終えた内容物は十二指腸に送られ，十二指腸，膵臓，肝臓から分泌される消化液と混合される．肝臓から分泌される胆汁は，一度胆嚢に貯蔵され，胆管を通って十二指腸に分泌される．膵液にはタンパク質，炭水化物，脂肪を消化するさまざまな消化酵素やその前駆体が含まれている．そのひとつであるトリプシノーゲンは十二指腸粘膜にある酵素により活性化されトリプシンになる．トリプシンにはキモトリプシノーゲンを活性化してキモトリプシンにするなど，他の前駆体を活性化させる働きもある．膵液中のリパーゼは胆汁により活性化する．膵液はアルカリ性のため，胃から送られた内容物と混ざることで約pH 6.5と中和される．腸粘膜中にもアミノペプチダーゼ，グルコアミラーゼなどの消化酵素が存在する．膵液と胆汁の分泌はホルモンにより調節され，セクレチン，コレシストキニンにより促進する．

十二指腸，空腸から回腸の粘膜は，絨毛とよばれる微細な突起で覆われており，粘膜表層は二糖類分解酵素やペプチダーゼなどの酵素を含み，胃液や膵液による消化作用をさらに進めるようになっている．ほとんどの栄養素の吸収は小腸で行われる．絨毛による微細構造により表面積が増大しているため，吸収が効率的に行われる．絨毛長は空腸上部で長く，回腸に進むに従って短くなる．栄養素の吸収に絨毛は重要な役割を果たすが，成長とともにその長さは変化する．出生後，母乳を中心とした栄養摂取では絨毛長は長く，離乳時にストレスがかかることで絨毛は萎縮する．この間に飼料が切り替わるなどの環境要因が加味して離乳直後の子豚は消化不良や下痢などを生じやすい．この萎縮した絨毛を早く回復させることが，子豚の成長に重要だと考えられている．また，回腸にはパイエル板とよばれる免疫器官が多くみられ，腸管免疫の中心となっている．

小腸で消化，吸収されなかったセルロースやその他の栄養素は盲腸に送られる．小腸では乳酸菌のような通性嫌気性菌が多いのに対し，盲腸内は嫌気性菌が多数を生息していることから，嫌気発酵により短鎖脂肪酸が生成し，エネルギー源として吸収される．大腸には消化酵素を分泌する機能はなく，また小腸のような粘膜絨毛をもっていない．しかし，小腸よりも太く，袋状の膨大部をもつことから表面積が大きくなる構造になっている．主な機能は水分や塩類の吸収と考えられている．大腸内にも嫌気性菌が生息しており，嫌気発酵により短鎖脂肪酸が生成する．大腸の蠕動運動はこうした短鎖脂肪酸によっても促進する．抗菌薬を投与した場合，腸内細菌叢のバランスが崩れ，乳酸などの短鎖脂肪酸濃度が高まり下痢を生じる場合があることが知られている．

A. 栄養素の消化と吸収

摂取した飼料の消化は口腔からはじまり，主に胃と十二指腸において行われる．口腔では唾液に含まれる酵素により炭水化物が，胃では塩酸，ペプシン，リパーゼの働きによりタンパク質と脂肪が，十二指腸では膵液に含まれる消化酵素により，タンパク質，炭水化物，脂肪，核酸などの消化が行われる．

炭水化物は各器官から分泌されるα-アミラーゼによりα-1,4結合が加水分解され，分解産物としてマルトースのような二糖類とオリゴ糖が生じる．これら消化産物は小腸粘膜表面に存在するオリゴ糖分解酵素，二糖類分解酵素による膜消化を受けて単糖類になり，ほとんどが膜表面に存在する輸送体を介して細胞内に能動的にとり込まれる．その後，小腸の毛細血管内の血液に入り，門脈を経て肝臓に運ばれる．セルロースなど動物の消化酵素によって分解できない炭水化物は，盲腸，大腸で嫌気発酵によって細菌に利用され，その残渣は糞として排出される．

タンパク質は，胃酸によって活性化されたペプシンにより加水分解を受ける．この消化により生じたポリペプチドは膵液中に含まれるトリプシン，キモトリプシン，カルボキシルペプチダーゼ，小腸粘膜上のアミノペプチダーゼといった強力な酵素によりジペプチド，トリペプチドやアミノ酸に分解される．これらのペプチド，アミノ酸は，単糖類の場合と同様に膜表面に存在する輸送体により能動的に吸収される．膜表面にはアミノ酸の化学的性質や構造的な特徴に対応した複数の輸送体や，ジペプチドの輸送体があると考えられている．これらアミノ酸の吸収は十二指腸，空腸で速く回腸末端で遅くなる．上皮細胞内にとり込まれたジペプチド，トリペプチドはアミノ酸に分解される．これらのアミノ酸は小腸毛細血管から門脈を経て肝臓に入る．

脂肪の消化の大部分は十二指腸で行われる．飼料中の脂肪はほとんどがトリアシルグリセロールであり，炭素数14〜18の脂肪酸で構成された長鎖脂肪である．膵液中に含まれる膵リパーゼの作用により，長鎖脂肪は遊離脂肪酸とモノアシルグリセロールに加水分解される．脂肪は胆汁酸塩，モノアシルグリセロール，レシチンと混和されることで乳化しミセルを形成する．これにより脂質は水に溶けやすくなり，小腸粘膜表面上でミセルに含まれていた脂質が遊離し，受動拡散により細胞内に入る．とり込まれた脂肪酸，モノアシルグリセロールやコレステロールは，再びトリアシルグリセロールになり，タンパク質やコレステロール，リン脂質とともにカイロミクロン（乳状脂粒）となり，エクソサイトーシスで細胞外に放出され乳び管（リンパ管）に入り，胸管を経て循環血中に入る．鎖長が短い中鎖脂肪酸は粘膜細胞を経て直接門脈血に移行する．また，ミセル形成に必要な胆汁酸塩は小腸下部で吸収され，肝臓に戻り再利用される．

水溶性ビタミン，脂溶性ビタミンとも小腸上部で速やかに吸収されるが，脂溶性ビタミンは脂肪の吸収に左右される．水溶性ビタミンのうち，B_{12}は胃から分泌される内因子と結合して回腸から吸収される．ミネラル類もほとんどが小腸で吸収される．吸収機構はミネラルによって異なるが可溶化が必要となる．小腸粘膜の微細構造にはpHが低い非撹拌水層があり，そこでミネラル類もイオン化すると考えられている．カルシウム（Ca^{2+}）は小腸上部で能動輸送され，ビタミンDの代謝産物により吸収が促進される．飼料中に含まれる鉄はFe^{3+}であるが，胃液による溶解とビタミンCの還元によりFe^{2+}として小腸上部で能動輸送される．リンはリン酸として吸収されるが，拡散と能動輸送の両方のメカニズムが存在する．ナトリウム（Na^+）は小腸，大腸全体で能動的に吸収され，水は浸透圧濃度勾配により吸収される．

B. 吸収のメカニズム

吸収にはいくつかのメカニズムがあるが,濃度勾配を利用した拡散と,濃度勾配に依存せずエネルギーを消費して行われる能動輸送の2つに分けられる.細胞膜に親和性がなく,自由に膜を通過できない栄養素は,膜表面にあるそれぞれに対応した輸送体を介して細胞にとり込まれる.拡散には単純拡散と促進拡散があり,促進拡散は輸送体を介して行われ,単純拡散よりも栄養素の吸収速度は速い.単純拡散,促進拡散はエネルギーを必要としないため受動輸送に位置づけられる.糖やアミノ酸などは濃度勾配に逆らって細胞にとり込むことができる.これを能動輸送という.例えば,グルコースは小腸において受動輸送である促進拡散と能動輸送の2通りで吸収され,それぞれ別の担体があることがわかっている.能動輸送の場合にはナトリウム・グルコース共輸送体によって行われる.アミノ酸も促進拡散とナトリウム依存性の共輸送体により能動的にとり込まれる.

4.5.2 反芻動物

単胃動物の飼料が穀類中心であるのに対し,反芻動物では牧草である.これに含まれる炭水化物は主としてβ-グルコースが直鎖状に結合したセルロースを中心とする繊維成分で,単胃動物,反芻動物ともに自身のもつ消化酵素では分解することができない.しかし,反芻動物では植物由来のセルロースを利用する独自の消化システムが発達し,容積の大きい複数の胃をもっている.ウシ,ヒツジ,ヤギの場合には,第一胃,第二胃,第三胃までを前胃とよび,第四胃が単胃動物の胃に相当する.第一胃,第二胃には多様な微生物が生息しており,摂取された植物性飼料はこれらの微生物により利用され短鎖脂肪酸が生成する(ルーメン発酵).前胃から流出した微生物や未消化の飼料片は第四胃以降で動物がもつ消化酵素により消化され,吸収される.

また,微生物による消化が不十分な物は,食道を通じて吐き戻され,咀嚼ならびに唾液と混和されて再び第一胃,第二胃に戻る.唾液中には炭酸水素やリン酸塩が含まれているため緩衝作用が高く,発酵によるpHの低下を防ぎ,恒常性を維持するのに寄与している.

A. 反芻胃(**第一胃,第二胃/ルーメン**)

第一胃と第二胃を合わせて反芻胃とよぶ.成牛の容積は150〜200 Lと大きく,消化管全体の50%を占める.第一胃には細菌,プロトゾア(原生動物),真菌といった多様な嫌気性微生物が生息し,生態系を形成している.細菌は1 mLあたり$10^{9\sim12}$,プロトゾアは10^6,真菌類は10^3の密度で存在している.飼料は微生物によって利用され,その結果,酢酸,酪酸,プロピオン酸のような短鎖脂肪酸が生成される.これらの脂肪酸は速やかにルーメン上皮から吸収され,家畜のエネルギー源として利用される.また,増殖した微生物は下部消化管に流れて家畜のタンパク質源として利用される.第二胃は蜂巣胃とよばれるように無数の蜂巣状の小室を有している.胃全体の5%程度の容積があり,第一胃と類似の機能を有している.また,収縮と弛緩をくり返して第一胃内容物を攪拌し,咀嚼と反芻の作用で微細になった飼料片を第三胃に送る機械的な機能もある.

出生直後の反芻胃は発達しておらず,摂取したミルクは食道溝とよばれるチューブのような形状の粘膜の襞を通って第三胃,第四胃に直接到達する.ミルクを摂取する場合にはこの食道溝反射(第二胃溝反射)が生じて第三胃にミルクが流れるため,ルーメン発酵による栄養価の低下を免れている.離乳に伴い飼料を摂取しはじめると,飼料の物理的刺激や生成した短鎖脂肪酸の化学的刺激により反芻胃は急激に発達し,2〜3か月齢には成牛と同等の細菌の定着,機能をもつと考えられている.

B. 第三胃以降

　第三胃は葉胃とよばれ，胃全体の約8%を占め，内面は90〜130枚の葉状の襞で満たされている．こうして表面積を広げることで水分や短鎖脂肪酸を吸収するとともに，襞はふるいの役割を果たし，未消化で粗い物は第二胃に戻し，細かい物は第四胃に送る役目がある．第四胃は第三胃とほぼ同じ容積で皺胃ともよばれ，単胃動物の胃に相当する．内面は螺旋状の襞をもつ粘膜が広がっており，無機イオンや短鎖脂肪酸を吸収することができる．粘膜表面からは粘液が分泌され，胃底にある胃腺から塩酸やペプシンのほか，ガストリン，セクレチン，コレシストキニンなどの消化管ホルモンが分泌される．上部の胃から連続的に内容物が流入するため，第四胃での消化液などの分泌も連続的に行われている．幼畜では凝乳作用のあるレンニンが分泌されることがわかっている．単胃動物の場合と同様に，塩酸により内部のpHは2〜3程度と低く，流入してくる微生物の大半は死滅し，下部消化管に流れてさらに消化される．第四胃以降の構造と消化，吸収については単胃動物と同等と考えられている．ただ，小腸，盲腸，大腸にどのような微生物が生息し，作用しているかという報告はルーメンに比べて少なく不明な点も多い．

C. ルーメンでの消化

　反芻動物においては，主な炭水化物源は粗飼料中のリグニン，セルロース，ヘミセルロース，デンプンなどの多糖類である．木質成分であるリグニンについては，農林水産省のプロジェクト研究「バイオマス変換計画」中で，木材を蒸煮処理することにより飼料化を図ることができると示されているが，こうした処理を施さない場合には微生物による消化はほとんどされない．それ以外の多糖類はルーメン微生物により利用される．特徴的なのはセルロース，ヘミセルロースの分解で，セルラーゼをもつ微生物，主として細菌（繊維分解菌）が植物片に付着，咀嚼などによる物理的にできた植物表面の間隙から植物体に入り込み，数種のβ-1,3-グルコシダーゼによってセロビオースに加水分解する．セロビオースはさらにグルコースに分解され微生物体の解糖系に入る．ヘミセルロースは五単糖分解酵素によりキシロースなどに分解される．デンプンはアミラーゼの作用で分解されてグルコースになり解糖系に入る．ペクチンはペクチナーゼの作用によりウロン酸を経てキシロースに分解される．解糖系に入ったこれらの糖類は最終的にピルビン酸になり，微生物により利用される．ルーメンは嫌気環境にあるため，エネルギー獲得によって生じた水素を酢酸，酪酸，プロピオン酸，およびメタンに変換することで処理している．メタンを生成することをメタン発酵とよぶ．

　ルーメンで生成される主要な短鎖脂肪酸は前述のとおり，酢酸，酪酸，プロピオン酸で，その総濃度は70〜150 mMである．もっとも多いのは酢酸で60〜70%を占め，次いでプロピオン酸の15〜20%，酪酸は10〜15%となっている．酢酸とプロピオン酸の濃度比（A/P比）はルーメン発酵状態を知るためのひとつのインデックスとして用いられている．一般的に，粗飼料を主体とした飼料を給与すると総短鎖脂肪酸濃度に占める酢酸の割合が高くなり，濃厚飼料を主体とした飼料を給与するとプロピオン酸の割合が高くなる．また，特定の薬剤を使ってメタン合成経路を止めると，メタン合成に流れる水素が短鎖脂肪酸合成，特にプロピオン酸合成に傾くことが報告されている．粗飼料給与によってルーメン液中に乳酸が蓄積することはないが，濃厚飼料を多給した場合に急性，亜急性的に乳酸が蓄積してpHが低下することが知られており，これをアシドーシスとよぶ．乳酸を除く短鎖脂肪酸は第一胃から第三胃までに速やかに吸収され，反芻動物のエネルギー源として用いられ，吸収されなかったものは

第四胃を経て下部消化管に達する．

　ルーメン発酵により第一胃内では二酸化炭素，水素，メタンなどのガスが発生する．摂取する飼料によっても異なるが，多いときには1時間あたり30 L以上のガスの発生が認められる．総ガス中の組成は二酸化炭素が40％，メタンが40％，水素が5％と考えられている．メタンは地球温暖化ガスのひとつであるとともに可燃性であることから，家畜に利用されずに曖気として排出されることはエネルギーの損失と考えられる．100 gの炭水化物を消化するごとに4.5 gのメタンが生成される．これは飼料中の7％のエネルギーロスに相当する．

　植物性飼料の場合，脂肪に含まれる脂肪酸は，リノール酸，リノレン酸などの多価不飽和脂肪酸の割合が高い．炭水化物と同様に，脂肪はルーメン微生物がもつリパーゼの作用で加水分解される．このリパーゼは膵リパーゼとは異なり，2-モノグリセリドを蓄積せず，ほとんどの脂肪酸を遊離させる．遊離した多価不飽和脂肪酸の二重結合に水素が添加されることがルーメンでの脂肪代謝の大きな特徴である．その結果，飼料中に多く含まれる炭素数18の不飽和脂肪酸（オレイン酸，リノール酸，リノレン酸）は飽和脂肪酸であるステアリン酸（炭素数18）に変換される．多価不飽和脂肪酸の二重結合はシス型であるが，ルーメン微生物の作用により一部がトランス型の二重結合に変換される．このトランス型のオレイン酸が脂肪組織で不飽和化されると共役リノール酸になる．共役リノール酸は抗がん作用をもつことが知られており，ヒトの健康においても注目されている．ルーメンでの脂肪消化能力は高くなく，通常，飼料中含量は5％以下で，10％以上になるとルーメン微生物の活性が低下し発酵が抑制されるため，飼料摂取量も低下する．第一胃内で生じる短鎖脂肪酸（乳酸を除く）はルーメンから直接吸収されるが，脂肪が分解されて生じる長鎖脂肪酸はルーメンで吸収されることなく，下部消化管に流れて単胃動物と同様に小腸で吸収される．

　飼料中のタンパク質は，ルーメンで分解されるルーメン分解性タンパク質と，分解されない非分解性タンパク質の2つに大別される．ルーメン非分解性タンパク質は微生物による消化を受けずに第四胃以下の下部消化管に流れ，動物がもつ酵素により消化，吸収される．これらのタンパク質画分は直接動物に利用されるため，高泌乳牛などタンパク質やアミノ酸の要求量が高く，微生物体タンパク質のみでは不足する場合に重要となる．一方，分解性タンパク質はルーメン微生物により消化され，ペプチド，アミノ酸に分解される．アミノ酸はさらに最終産物であるアンモニアになる．これらはルーメン微生物体のタンパク質合成に利用される．微生物は下部消化管に流れ，第四胃以降で単胃動物と同じメカニズムで消化され吸収される．飼料中に含まれる主として植物由来のタンパク質を，ルーメンで微生物体タンパク質に変換することになるが，細菌による必須アミノ酸の合成，プロトゾアのような原生動物のタンパク質によりアミノ酸バランスが整えられ，宿主に利用されることになる．したがって，ルーメンでの微生物合成は反芻家畜のタンパク質栄養において重要な役割を果たす．微生物はアンモニアをタンパク質合成に利用できる．飼料中のタンパク質含量が微生物体合成を上回った場合，余剰のアンモニアはルーメン壁から吸収され，肝臓で尿素となる．合成された尿素の一部は唾液中に分泌されるほか，ルーメン壁から拡散して再度ルーメンに戻され，微生物体タンパク質に合成される．これは反芻動物に特有の効率的な窒素循環である．

4.5.3　ルーメン微生物

　前述のとおり，反芻動物における飼料の消化は，ルーメン微生物による嫌気発酵が特徴

的であり，単胃動物と大きく異なる点である．反芻家畜がヒトと食物連鎖的に競合しない粗飼料のみで成育可能なのは，ルーメンが発達し，そこに多様な微生物が生息しているからにほかならない．反芻家畜の能力が向上した現在では，ルーメンで分解せずに直接家畜が消化吸収できるルーメン非分解性タンパク質や，アミノ酸などを脂肪酸カルシウムでコーティングし，ルーメンでの消化を受けないような製剤が注目されているが，これも微生物体タンパク質の合成を最大にすることが前提になっている．ホルスタイン成牛の場合，ルーメンの環境は温度 39～41℃，pH 5.5～7.0，酸化還元電位は－350～－150 mV と高度な嫌気状態にあり，恒常性を保っている．摂取する飼料や飼育環境によりルーメンの恒常性が崩れると，一部の微生物が異常増殖し，アシドーシスや鼓張症などの疾病状況に陥る場合がある．

出生直後はまだルーメンは発達しておらず，検出される微生物は乳酸菌や大腸菌群などの通性嫌気性菌である．母畜との接触によりルーメンに特有の微生物が幼畜に伝播し，生後1週目には細菌が観察されるようになり，その後種類が増加し，10日目には真菌が，2～3週目には原生動物（プロトゾア）が観察されるようになる．成長に伴って形態も発達し，6週齢で離乳する際には，ほぼルーメンとしての機能が整っている．

ルーメン微生物は進化系統学的に，真正細菌，古細菌，真核生物の3つに分けられる．これらの生物は基本的にすべて偏正嫌気性微生物である．真核生物はプロトゾアと真菌が生息しており，偏性嫌気性真菌はルーメンでしか確認されていない．真正細菌とプロトゾアがルーメンでの飼料分解の中心であり，古細菌はメタンを産生することで水素を処理し恒常性維持に寄与している．これらの微生物はそれぞれ相互関係を築き，影響しあって生態系を形成している．

A．ルーメン細菌

ルーメン細菌は $10^{10\sim12}$/mL の密度で存在している．16S リボソーム RNA 遺伝子などの情報から，現在までに培養できている菌種は20%程度と推定され，多数の未培養菌が存在することが明らかになっている．細菌はルーメン発酵の中心的な役割を担っており，飼料中に含まれる成分をさまざまな細菌が分解，利用している．1種類の細菌がすべてを行うのではなく，多種類の細菌がそれぞれ連係しあい，効率よく栄養素を分解利用していることがわかっている．菌種は異なっても，基質利用性から繊維分解菌，乳酸利用菌，脂質分解菌などとよばれることもある．ルーメンに生息する古細菌はほとんどがメタン生成細菌である．容積の大きなルーメンは，その環境によって生息している菌が異なることが知られている．ルーメン上皮細胞に接着している菌は，25～50%が通性嫌気性菌で，上皮から拡散してくる酸素を吸収し，ルーメン内の嫌気環境を維持している．また，尿素分解菌も生息し，尿素をアンモニアに変換して他の細菌に供給している．飼料片（固形部）に付着する菌は2つに分けられ，植物片の内部に侵入，表面に強固に付着する繊維分解菌およびそれらの菌が出す代謝産物を利用する菌群と飼料片近傍に生息している菌群であり，これら2つの菌密度は高い．また，液状部に浮遊している遊離型の菌群もいる．それぞれの空間によって菌種も異なることが明らかになっている．

B．プロトゾア

単細胞で体表面に繊毛がある繊毛虫と鞭毛をもつ鞭毛虫の2種類が知られている．純粋培養はできていない．一般的にプロトゾアの大半は繊毛虫で，鞭毛虫は少ない．繊毛虫は $10^{6\sim7}$/mL の密度で生息している．細胞容積が大きいため，微生物バイオマスの50%を占める．ルーメン液を回収してチューブなどに静置しておくと，下部に白いプロトゾアの

沈殿を確認することができる．繊毛虫は全身が繊毛に覆われている全毛類と口器の周辺にしか繊毛をもたない貧毛類に分類される．種の特定は顕微鏡による形態観察が一般的だが，近年の18SリボソームRNA遺伝子などを用いた遺伝的解析によると，形態と遺伝的に示唆される種が必ずしも一致しないことが明らかになっている．貧毛類はルーメンのなかでもっとも多く，植物片，デンプン粒子，細菌などの不溶性粒子状基質を利用する．全毛類はグルコース，フルクトース，ショ糖，デンプンなど可溶性基質を利用する．繊毛虫の最終発酵産物は主に酢酸と酪酸であり，このほかに二酸化炭素，水素が放出される．プロトゾアの体表または体内に共生する細菌の存在が知られているが，プロトゾアが産生する水素を利用してメタンを産生するメタン生成菌であることが明らかになっている．繊毛虫は飼料中のタンパク質も利用するが主に細菌を捕食する．プロトゾアを除去することで，細菌数の増加，構成菌種の変更，メタン生成量の減少が観察される．

C．ルーメン真菌

ルーメン真菌は現在までに知られている唯一の偏性嫌気性真菌である．ツボカビ菌綱に属し，5属17菌種の存在が確認され，$10^{3\sim5}$/mLの密度で存在する．生活環は鞭毛をもち，運動性を示す遊走子ステージと，非運動性の栄養・繁殖ステージに大別される．植物片に付着した遊走子は鞭毛が脱落，被嚢胞子となり発芽し，仮根を植物組織内へ侵入させて成長する．仮根の成長に伴う物理的な植物片の破壊と，真菌がもつ強い繊維分解酵素，タンパク質分解酵素により，物理的，化学的に飼料を分解していると考えられている．ルーメン真菌は代謝産物としてギ酸，水素を生成する．メタン生成菌が存在すると，これらの代謝産物が効率的に除去されるためルーメン真菌の繊維分解活性は高くなる．

4.5.4　家禽類

家禽類の消化過程は，おおむねブタなどの単胃動物と似ているが，消化管の構造など下記のような特徴的な部分がある．まず，哺乳類で唇と頬にあたる部分は家禽類では角質化した嘴になっており，飼料をついばむ．歯がないため咀嚼はせず，そのまま鵜呑みにする．舌はあるが前後に動くのみで，ウシのように草を巻きとったりするような複雑な動きはできない．また，味を感じる味蕾の数は他の家畜に比べて大幅に少ない．嚥下された飼料は食道を経て，胸腔の直前にある袋状の嗉嚢に入る（アヒルやガチョウなどの水禽類では明確な嗉嚢はなく，食道管がわずかに太くなっているにすぎない）．嗉嚢では，飼料は唾液などの水分と混合されて膨潤する．嗉嚢には消化液を分泌する腺はなく，その働きは餌を一時的に貯えておくこと，飼料の膨潤化により消化されやすくさせることとされている．胃は腺胃と筋胃に分かれており，腺胃は他の動物の胃底部（固有胃腺に相当する腺を含むことから），筋胃は幽門部に相当する．腺胃は胃液（塩酸とペプシノーゲン）を分泌するが，滞留時間が短いため，消化作用は筋胃以降で進行する．筋胃はその名のとおり厚い筋壁で囲まれており，強力な収縮力によって飼料と胃液を混合し，物理的に磨砕する．野外で飼育された家禽の場合，筋胃内にグリッドとよばれる砂礫を含むことが多い．グリッドは必要不可欠ではないが，繊維含量の多い飼料や粒度が大きく，比較的かたい飼料を給与したときには筋胃での飼料の微細化を促進し，消化率が改善される．粥状になった消化物は十二指腸に入り，胆汁酸と膵液が加えられる．膵液には炭水化物を分解するアミラーゼ，タンパク質分解酵素，脂質消化酵素および核酸消化酵素など，大部分の有機物を分解する酵素が含まれている．その後，消化物は空回腸に入る（ニワトリの場合，空腸と回腸の境界が不明瞭なため空回腸としている）．

空回腸でも炭水化物やタンパク質を分解する酵素が分泌され，大半の栄養素はここで吸収される．小腸と大腸の境界には1対の盲腸が存在する．盲腸内では酵素消化は行われず，盲腸内に生息する微生物によって不消化の繊維などの炭水化物などが分解され，生成した有機酸などは盲腸壁より吸収される．その後，消化物は直結腸（直腸と結腸の境界が明確でないため）で水分が吸収され，総排泄腔を経て排出される．

4.6　家畜栄養代謝・配分調節

動物は，外界から物質（飼料）を摂取して消化吸収し，成長・維持・仕事・生産などに必要な化学的代謝反応を順調に行わせ，生じる不要物を体外に排出するという一連の栄養代謝過程を経ることにより生存することができる．産業物である家畜は，生命を維持するとともに，乳・肉・卵などを生産しなければならず，家畜を合理的にしかも効率的に飼養するためには，動物の栄養代謝を理解し，その管理を適切に行う必要がある．

体内にとり込まれた栄養素は，異化と同化を受ける．異化とは，分子を小さな構成成分に分解する過程であり，炭水化物・タンパク質・脂肪酸の分解などがこれにあたり，主にエネルギーをとり出す代謝過程である．同化は，逆に小さな分子から大きな分子をつくり出す過程であり，この過程にはエネルギーが必要となる．動物は，この同化と異化を同時に行い，そのバランスを保つことによって生命維持・生産を行っている．次にその代謝過程を，エネルギー代謝，炭水化物代謝，脂質代謝，タンパク質代謝に分けて概説する．

4.6.1.　エネルギー代謝

家畜の生命維持および生産にとって，エネルギーは欠くことのできないものである．分子の合成・分解，輸送，運動，熱生産など，家畜が生命を維持するために，そして生産するためのあらゆる場面で，エネルギーが必要となる．動物は，このエネルギーを外界からの飼料として摂取し，体内におけるエネルギー通貨であるアデノシン三リン酸（ATP）を代表とする高エネルギーリン酸結合へと変換し，それをエネルギーとしてさまざまな生体応答を行っている．この過程を動物におけるエネルギー代謝とよぶ．すなわち，エネルギー代謝とは，ATPを獲得するための一連の生化学反応，およびその消費をさす．代表的な例として，グルコースからのATP合成過程がある．

A. ATP生合成経路

1モルのグルコースから，解糖系，TCA回路，ミトコンドリアにおける電子伝達鎖を経て酸化分解されると38モルのATPが合成される．まず，グルコースは細胞質における解糖系で，嫌気的に2分子のピルビン酸へと変換される．この過程で2分子のATPを消費し，4分子のATPと2分子のNADHを生産する．次いで，ピルビン酸はミトコンドリアへと輸送され，TCA回路において8分子のNADH，2分子の$FADH_2$および2分子のGTPが生産される．電子伝達鎖では，生産されたNADHおよび$FADH_2$から得られたH^+を用いてミトコンドリア内膜へ電位差をつくり，ATP合成酵素でATPを合成する．1分子のNADHから3分子のATPが，1分子の$FADH_2$から2分子のATPが合成されると計算すると，

$$2ATP + 2GTP + (2NADH + 8NADH =)10 \times 3ATP + (2FADH_2 =)2 \times 2ATP = 38ATP$$

が合成されることになる．ただし，現在では1分子のNADHから2.5分子のATPが，1分子の$FADH_2$から1.5分子のATPが合成されるとされており，また，解糖系で生産されたNADHはミトコンドリアに輸送されるときにグリセロールリン酸シャトルなどを介する

ことから $FADH_2$ 換算となり，

$$2ATP+2GTP+(8NADH=)8\times2.5ATP$$
$$+(2FADH_2+2FADH_2)4\times1.5ATP=30ATP$$

とするのが適切であると考えられている．

また，脂肪酸からの ATP 合成は 4.6.3 項で詳述する β 酸化により生成するアセチル CoA から TCA 回路を経て，アミノ酸も主にアセチル CoA へ変換され，ATP の合成に使用される．

B．エネルギー代謝の調節機構

体内のエネルギー代謝は，さまざまなホルモンによって制御されている．インスリンやグルカゴンなどのペプチドホルモンだけではなく，エストロジェン等のステロイドホルモン，レプチン等のアディポカインなど，さまざまな調節を受けている．近年では，細胞内のエネルギー代謝はエネルギーセンサーとよばれている AMP キナーゼ（AMPK）やペルオキシソーム増殖因子活性化受容体（PPAR）とよばれる核内転写因子による制御を強く受けていることが明らかとなり，従来までのマクロなエネルギー代謝からミクロなエネルギー代謝調節へと研究視点が移っている．

C．飼料エネルギーの区分

飼料のエネルギーの単位は，通常，カロリー（cal）が使用されている．1 cal は，純水 1 g を 14.5℃から 15.5℃へ 1℃上昇させるのに必要な熱量と定義されており，日本飼養標準をはじめとする飼料のエネルギー表記に使用されている．しかし海外では，仕事量の単位であるジュール（J）をエネルギーの単位として使用することを推奨しており，両方の単位を理解しておく必要がある．日本で一般的な 1 cal は 4.184 J に相当する．

飼料のエネルギーは，図 4.7 に示すエネルギー区分に分けて使用される．飼料の化学エネルギーの総量はボンブカロリーメーターで測定され，その燃焼熱として測定したものを総エネルギー（GE）とよぶ．GE から排泄される糞のエネルギーを引いたものを可消化エネルギー（DE），反芻動物のルーメンにおける微生物消化により発生するメタンなどの発酵ガスのエネルギーおよび代謝されて排出された尿のエネルギーを DE から引いたものを代謝エネルギー（ME）とよぶ．ME は維持のための代謝エネルギー MEm と生産のための代謝エネルギー MEp に分けられ，維持のための熱生産と生産のための熱生産を合わせて熱量増加（HI），それを ME から差し引いた値を正味エネルギー（NE）とよぶ．実際に生産に使用された NE を NEp，維持のための正味エネルギーを NEm とよび，NEm は基礎代謝量に等しい．

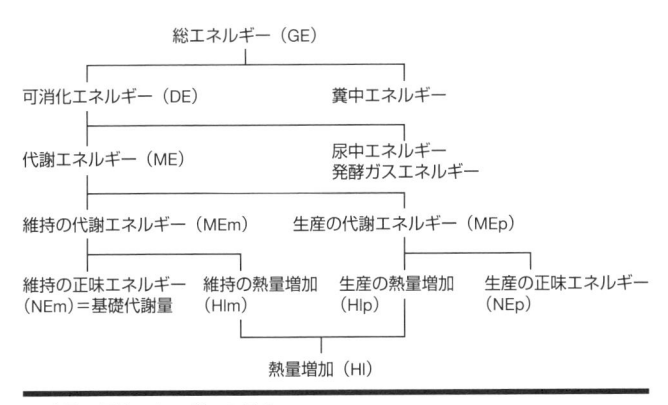

図 4.7 ● 飼料エネルギーの区分

家畜では，それぞれの消化特性から，ブタ用飼料は DE，ニワトリ用飼料は ME で飼料のエネルギーを示す場合が多い．また，反芻動物であるウシやヒツジは，反芻胃内における微生物の働きによる消化が主であるため，飼料エネルギーは，可消化養分総量（TDN）で表記される．TDN は，

TDN ＝ 可消化粗タンパク質 ＋ 可消化粗脂肪 × 2.25 ＋ 可消化粗繊維 ＋ 可消化可溶無窒素物

で計算され，カロリー表示ではなく，重量（kg）あるいは含有率（％）で表示される．

D．物質代謝とエネルギー

先の飼料のエネルギー区分において糞のエネルギーと記したが，糞のエネルギーのなかには，未消化の飼料由来のエネルギーと，脱落した消化管壁や消化酵素および消化管内微生物由来のエネルギーが存在する．後者を，代謝性糞エネルギー（MFE）とよび，未消化の飼料由来の糞エネルギーと区別する．さらに，尿由来のエネルギーにも，生命維持のために必要な代謝由来のエネルギーが存在し，これを内因性尿エネルギー（EUE）という．HI は，寒冷環境においては体温維持に利用されるが，暑熱環境下ではその放散にエネルギーを必要とする．反芻動物では，ルーメンの微生物発酵による発酵熱も大きく，熱放散に必要なエネルギーも大きい．

飢餓動物が摂食すると発熱量が増加する．このような摂食に伴う発熱効果を特異動的効果とよぶ．特異動的効果は養分代謝熱と等しく，通常の基礎代謝とは分けて考えることがある．

また，基礎代謝量などを論じる場合，体重（kg）の 0.75 乗の値，すなわち代謝体重で示す場合がある．これは，多くの栄養要求量と維持のエネルギーは，代謝体重に比例するためである．

4.6.2 炭水化物代謝

植物は，個体内に多くの炭水化物を蓄積する．一方，動物は炭水化物を摂取するものの，体内へのその蓄積は少ない．動物における炭水化物代謝は，消化・吸収過程が中心となり，これに関しては 4.5 節を参照されたい．ここでは，消化吸収後の代謝，特にグルコースの代謝に関して概説する．

A．細胞へのグルコースのとり込み

グルコースは生体内のもっとも基本的なエネルギー基質であり，外界からは炭水化物を消化吸収することで生体内にとり込まれる．細胞におけるグルコース代謝の最初の段階を担うのが細胞へのグルコースのとり込みである．これを担うのが膜貫通型のタンパク質であるグルコース輸送体（GLUT）である．GLUT は溶質キャリアタンパク質ファミリー 2（SLC2）に属する遺伝子であり，現在では 13 種類が発見されている．なかでも，1 型から 4 型までの 4 種（GLUT1〜4，遺伝子名としては SLC2A1〜4）がグルコースのとり込みに大きく関与しているとされている．GLUT1 はほぼすべての組織に発現し，細胞への基底状態のグルコースとり込みに機能している．GLUT2 は主に肝臓や腎臓に発現し，グルコースとり込みだけではなく，糖新生で合成されたグルコースを血中に放出する役割を果たしている．GLUT3 は主に脳・神経系に分布し，グルコースとの親和性が高い．GLUT4 は骨格筋や脂肪組織に発現し，インスリンによる血糖値低下作用に重要な役割を果たしている．すなわち，GLUT4 は，通常時は細胞内に存在し，細胞内へのグルコースとり込みを起こさないが，インスリンによる刺激があると，細胞内から細胞膜へと移動し（トランスロケーション），グルコースをとり込むようになる．これらの GLUT は促進拡散によりグルコースを細胞内にとり込むため，そのとり込みにエネルギーを必要としない．

また，細胞へのグルコースとり込みには，解糖系の最初のステップを担う酵素であるヘキソキナーゼによるグルコースのリン酸化（グルコース-6-リン酸）も関与していることが知られている．

B．糖新生

糖以外の分子から，グルコースへと変換する機構を糖新生とよび，主に肝臓と腎臓で行われる．糖新生は，主にアミノ酸（特に糖原性アミノ酸），脂肪酸，乳酸から行われ，TCA回路の分子からホスホエノールピルビン酸へ変換され，解糖系を逆流することによりグルコースが合成される．このとき，もっとも律速であるといわれている酵素はホスホエノールピルビン酸カルボキシキナーゼである．糖新生されたグルコースは，前述したGLUT2の働きにより血中へ放出され，生体内の恒常性維持に重要な機能を果たしている．

C．グリコーゲンの代謝

動物体内における炭水化物の貯蔵は，主にグリコーゲンが担う．グリコーゲンは，主に肝臓と骨格筋で合成され，チロキシン，インスリン，グルカゴン，アドレナリンなどのホルモンの作用によって合成・分解が制御されている．グリコーゲンは，グルコースがグルコース-6-リン酸からグルコース-1-リン酸を経てUDP-グルコースとなり，グリコーゲンシンテターゼの働きにより鎖状のグリコーゲンとなる経路で合成される．その分子量は$1\times10^6 \sim 10^7$程度であり，グルコース分子が6,000～60,000程度が重合したかたちとなる．一方，絶食などにより細胞がエネルギー不足になると，グリコーゲンホスホリラーゼの作用でグリコーゲンは分解され，解糖系などの代謝経路に入り，ATP合成に使用される．

D．反芻動物の炭水化物代謝

反芻動物は単胃動物とは異なり，ルーメンによる微生物消化が重要であるため，摂取された炭水化物は微生物による分解を受ける．すなわち，単胃動物では消化できない粗繊維の一部を，反芻動物は微生物の力を借りてエネルギーとすることができる．これは，ウマなどの後腸発酵動物も同様である．微生物により分解された炭水化物は，揮発性脂肪酸（VFA）である酢酸，酪酸，プロピオン酸などに変換され，主にルーメン上皮細胞から吸収される．反芻胃内の主なVFAである酢酸は，アセチルCoAシンテターゼの働きによりアセチルCoAとなり，TCA回路に入り，ATPの生産に使用される．

また，反芻動物における飼料中炭水化物の酵素消化を経た下部消化管におけるグルコースとしての吸収は，単胃動物に比べて非常に少ない．そのため反芻動物では，糖新生が非常に重要な代謝のひとつとなっている．この主体を担うのがルーメン内で微生物消化によって生じるプロピオン酸である．プロピオン酸は，アシルCoAシンテターゼの働きによってプロピオニルCoAとなり，サクシニルCoAへと変換され，TCA回路に入り，そこから糖新生経路を経て，グルコースへと変換される．泌乳牛における乳汁中の乳糖（ラクトース）は，プロピオン酸由来のグルコースから変換されたものが多く，乳量にも影響することが知られている．

4.6.3 脂質代謝

脂質は，飢餓時のためのエネルギー蓄積形態であるとともに，生体膜の構成成分としても重要な分子である．脂質の定義は「長鎖脂肪酸あるいは炭化水素鎖をもつ生物体内に存在あるいは生物由来の分子」であり，構造的にも性状的に多岐にわたる．家畜の体内や飼料に含まれる脂質の大部分はトリアシルグリセロール（TG）であり，家畜内に存在する消費者の商品とならない脂肪，例えば腹腔内脂肪は飼料由来のエネルギーロスとなるため，できるだけ少なくしたほうが効率のよい生産ができる．さらに，近年の生産性の高い

育種選抜された家畜は，その能力を発揮するために高エネルギー・高栄養の飼料を必要としており，飼料中のエネルギーを上げるために油脂を添加することが多くなっており，そのとり扱いに注意を払う必要がある．ここでは，脂質のなかでその含量の高いTGを構成する脂肪酸の代謝，脂質の体内輸送，リン脂質とコレステロール，そして飼料への油脂の使用に関して概説する．

A. 脂肪酸の合成と分解

生体内の脂質の大部分は脂肪酸3分子からなるTGであり，これは動物にとってエネルギーの蓄積形態である．哺乳動物では，脂肪酸の合成は脂肪組織および肝臓で主に行われ，乳腺における合成も認められる．一方，家禽類では肝臓が脂肪酸の主な合成部位であり，脂肪組織における合成能は小さい．

脂肪酸の合成の出発点は，アセチルCoAである．アセチルCoAは，グルコースなどの糖質，脂肪酸，アミノ酸など，あらゆるエネルギー基質から合成することができる．動物生体内で合成される脂肪酸の基本となるパルミチン酸（16：0）は，次の反応で合成される．

$$8 \text{アセチル CoA} + 7\text{ATP} + 14\text{NADPH} + 14\text{H}^+$$
$$\rightarrow \text{パルミチン酸} + 7\text{ADP} + 7\text{Pi} + 14\text{NADP}^+$$
$$+ 8\text{CoA} + 6\text{H}_2\text{O}$$

この反応に使用されるNADPHはペントースリン酸経路，イソクエン酸脱水素酵素，およびリンゴ酸酵素から供給される．動物生体内における脂肪酸の生合成は，転写因子であるSREBP1（sterol regulatory element binding protein 1）によって制御されていることが明らかとなっており，組織における脂肪酸合成の制御機構の全容がほぼ明らかにされている．

細胞質でつくられた脂肪酸は，さらにミトコンドリアや小胞体で炭素数を増すことができる．さらに，滑面小胞体において，$NADH_2$ および O_2 の存在下でパルミトイル−CoAとステアロイル−CoAは不飽和化され，不飽和脂肪酸が合成される．

一方，トリグリセリドのかたちで体内に蓄積された脂肪酸は，飢餓時などのエネルギー欠乏時にはエネルギー源として動員される．このとき，生体が脂肪酸をエネルギー源として使用するためには，脂肪酸をアセチルCoAに変換する．この反応はミトコンドリアで起こり，これをβ酸化とよぶ．

脂肪酸のβ酸化は，まずアシルCoAにより脂肪酸を脂肪酸アシルCoAに変換し，カルニチンと結合してカルニチンアシルトランスフェラーゼ（CPT）Iによってミトコンドリアのマトリックス内にとり込まれた後，アセチルCoAにまで分解される．この反応により，例えば1モルのパルミチン酸（16：0）であれば，アセチルCoAが8モルつくられる（β酸化のサイクルは7回）．アセチルCoAはTCA回路に入り，通常のATP合成経路でATPを合成する．

B. 脂質の体内輸送

餌から摂取された脂肪や生体内で生産された脂肪は，貯蔵器官（主に脂肪組織）や消費器官（主に筋肉）に血液を介して輸送されなければいけない．脂質は，そのままでは水に溶けにくいため，非極性脂質（トリグリセリドやコレステロールエステル）を内部に，表面に両親媒性脂質（主にリン脂質とコレステロール）とタンパク質（アポタンパク）をもつリポタンパク質のかたちで輸送される．リポタンパク質はその比重でカイロミクロン，超低密度リポタンパク質（very low density lipoprotein：VLDL），中間密度リポタンパク質（intermediate density lipoprotein：IDL），低密度リポタンパク質（low density lipoprotein：LDL）および高密度リポタンパク質（high density lipoprotein：HDL）に分画され，それぞれその生体内における代謝的役割が異なる．

カイロミクロンは小腸から吸収された脂質を，VLDLは肝臓で合成された脂質を各組織へ輸送する役割を担っている．カイロミクロンとVLDLの主成分はトリグリセリドであり，トリグリセリドrichリポタンパク質ともよばれる．IDLおよびLDLは，VLDLからの代謝産物であり，コレステロールを末梢組織に輸送する．HDLは肝臓と小腸で合成され，末梢組織からコレステロールの唯一の排出器官である肝臓へコレステロールを逆輸送する働きを担っている．

カイロミクロンやVLDLのトリグリセリドrichリポタンパク質は，リポタンパクリパーゼ（LPL）やVLDLレセプター（VLDLr）によって組織にとり込まれる．とり込まれたカイロミクロンやVLDLは，組織のエネルギーとして使用されるか，貯蔵脂肪として組織に蓄積される．LPLの反応を受けたVLDLは，肝臓における肝性リパーゼ（HTGL）やコレステロールエステル転送タンパク質（CETP）の反応を受け，末梢組織へのコレステロール輸送形態であるLDLへと変換される．LDLはLDLレセプター（LDLr）の働きにより，末梢組織や肝臓にとり込まれ代謝される．食餌性の脂質輸送体カイロミクロンは，LPLの反応を受けた後，カイロミクロンレムナントとして代謝され，LDLrやLDLレセプター様タンパク質（LRP）によって，主に肝臓にとり込まれる．HDLは，その表面上にレシチン-コレステロールアシルトランスフェラーゼ（LCAT）をもち，末梢組織からABCトランスポーターA1（ABCA1）を介してHDLに組み込まれたコレステロールをLCATの働きによりコレステロールエステルに変換する．HDLはスカベンジャーレセプターB1型（SR-B1）により，肝臓にとり込まれ，再度VLDLとして血液に放出されるか，胆汁酸に合成され排出される．

C．リン脂質とコレステロール

コレステロールは両親媒性の脂質であり，生体膜や血漿リポタンパク質の外層の必須構成成分である．さらにコレステロールは，コルチコステロイド，性ホルモン，胆汁酸，ビタミンDなどの体内のすべてのステロイドの前駆体として重要である．よって，ほとんどの組織でアセチルCoAからコレステロールを合成している．コレステロールは通常，組織中では，遊離コレステロール，あるいは長鎖脂肪酸と結合したコレステロールエステルとして存在している．しかし，コレステロールの過剰摂取などのように，体内コレステロールバランスが崩れると動脈硬化や冠心疾患などの危険因子となる．

一方，リン脂質はTGの次に生体内含量が多い脂質で，分子内に脂肪酸残基やスフィンゴイド塩基などの疎水性部分と，リン酸基，塩基などの親水性部分を有する両親媒性の化合物である．動植物の基本骨格をなす生体膜の構成成分であるとともに，細胞内シグナルも担うきわめて重要な因子である．リン脂質は，グリセロール骨格をもつグリセロリン脂質とスフィンゴイド塩基を骨格とするスフィンゴリン脂質に大別される．リン脂質の構造内に存在する脂肪酸は，比較的アラキドン酸などの不飽和脂肪酸が結合している場合が多く，アラキドン酸カスケードとよばれるプロスタグランジンやロイコトリエンを介するシグナル伝達に重要な役割を果たしている．また，ホスファチジルイノシトールやスフィンゴシンなど，リン脂質自体も細胞内情報伝達物質として機能している．

D．飼料への油脂の使用

飼料中の油脂は，飼料中のエネルギー源となるばかりではなく，風味やにおいのもととなる点でも重要である．また，加工過程における機械の錆や詰まりを防止する効果やペレットなどの形状を維持するためにも必要な物質である．一方，飼料中の多量の油脂は，

冬季の飼料タンクの目詰まりを引き起こす要因となる．また，油脂，特に不飽和脂肪酸が多い油脂は酸化しやすく，酸化が進んだ油脂の飼料への添加により，栄養低下，さらには毒性を示すものもある．油脂の酸化を防止するために酸化防止剤（ビタミンEなど）を添加する場合が多い．

4.6.4. タンパク質代謝

家畜の生産を考えた場合，生産物の主成分であるタンパク質の代謝の調整が重要となる．家畜体内におけるタンパク質代謝は，主にタンパク質の合成と分解からなり，この2つは必ず体内で同時に起こっている．これは，タンパク質分子自体が絶えず更新し，生体内のさまざまな代謝や生命維持に動的に関与しているためである．例えば，酵素や転写因子，あるいは上皮細胞等のタンパク質が，そのままの状態で更新されなければ，動物は外界からの刺激や個体の成長・生殖に対して応答することができず，生命を維持することができない．よって，生体内のタンパク質はマクロ（体全体や組織）でもミクロ（細胞）でも，盛んにタンパク質の合成と分解を行い，代謝回転を行っている．

A．アミノ酸

タンパク質の主成分はアミノ酸であり，動物は体内で合成できないアミノ酸を外界から栄養として摂取しなければならない．アミノ酸は，必須アミノ酸と非必須アミノ酸（可欠アミノ酸）に分けられる．詳細は4.4節を参照されたい．哺乳動物は，必須アミノ酸を体内では合成できないので，飼料として摂取する必要がある．しかし，反芻動物や後腸発酵動物では，微生物によるアミノ酸合成が盛んに行われているため，単胃動物ほど厳密な飼料中のアミノ酸設計は必要ない．微生物におけるアミノ酸合成の基質は，ピルビン酸やホスホエノールピルビン酸などの解糖系やTCA回路の中間代謝産物で，一部はペントースリン酸経路や尿素回路から合成される．飼料から吸収されたアミノ酸は，血中から細胞にトランスポーターによってとり込まれるが，このとり込みにはエネルギーを必要とする．

アミノ酸は体内のエネルギー源としても使用される．このとき重要になるのはアミノ酸のアミノ基の転移であり，さまざまなアミノトランスフェラーゼによって，その転移が起こる．アミノ酸の骨格部分は代謝され，解糖系やTCA回路に入り，ATP合成に使用される．余剰のあるいは脱アミノ化されて生じたアミノ基はアンモニアを経て，尿素（あるいは尿酸）として体外に排出される．また，アミノ酸，その他の生体内の重要な化合物へと変換される．例えば，メチオニンはコリン，トリプトファンはナイアシン，ヒスチジンはヒスタミン，フェニルアラニンはチロキシンなど，生体内のさまざまな物質に代謝される．

B．タンパク質の合成

タンパク質の合成は，ゲノムDNAの塩基配列として保存されている遺伝情報に従ってアミノ酸を用いて行われる．ゲノムDNAの遺伝情報が，そのプロモーター部位に存在する制御領域の調節を受けながらmRNAに転写される．3塩基の配列はそれぞれ1つのアミノ酸に対応しており，タンパク質合成は必ずメチオニン（塩基配列だとAUG）から開始される．転写されたmRNAは，tRNAとrRNAと共同してタンパク質を合成する．rRNAは，それぞれの塩基配列に対応したアミノ酸を結合し，mRNA上のコドンに従ってリボソームに運ばれ，タンパク質のN末端からC末端へとペプチド鎖が伸長されていく．この反応をタンパク質の翻訳といい，リボソームで行われる．動物の翻訳は，リボソームの40Sサブユニットと60Sサブユニットが結合して生成された80Sサブユニットで行われる．翻訳の制御因子は数多く存在するが，eIF2，eIF4（翻訳開始因子）とeEF1（翻訳伸長因子）がその代表的な例である．

タンパク質は，ストップコドン（塩基配列だと UAA，UGA，UAG）まで伸長し，同時に他の因子と協調しながら独自のコンフォメーションをかたちづくり，機能性をもつタンパク質として機能しはじめる．合成されたタンパク質は，翻訳後にも修飾を受け，またときには同時に分解を受けながら，体内での代謝や蓄積，生産のためのタンパク質として機能するようになる．

骨格筋タンパク質合成速度の測定は，同位体ラベルしたアミノ酸を大量に投与するか，あるいは定速的に注入する手法がとられている．

C．タンパク質の分解

消化管内のタンパク質は消化酵素により分解される．この過程については4.5節を参照されたい．細胞内におけるタンパク質の分解は，主に2つの経路で行われ，それはユビキチン-プロテアソーム系とオートファジーである．ユビキチンは76個のアミノ酸からなるタンパク質で，E1，E2，E3の酵素反応のカスケードにより不要なタンパク質（フォールディングに失敗した異常タンパク質を含む）に結合する．これが目印となり，プロテアソームとよばれる巨大な酵素複合体に認識され，タンパク質の分解が起こる．標的タンパク質の認識は，E3とよばれるユビキチンリガーゼによって行われ，標的タンパク質のリジン残基とユビキチンをイソペプチド結合させる．結合するユビキチンの数は1つではなく，ユビキチン分子が鎖状に結合し，ポリユビキチン鎖をつくる．また，プロテアソームにおける分解はATPを必要とする．もうひとつの経路であるオートファジーは自食ともよばれ，過剰や異常タンパク質とともにリン脂質が集まり，オートファゴソームを形成し，タンパク質分解酵素を含んだリソソームと結合してタンパク質を分解する．タンパク質の蓄積の場である骨格筋では，そのほかにカルパインやカスパーゼなども機能している．

骨格筋タンパク質の分解に関しては，タンパク質合成に再利用されないN^τ-メチルヒスチジンを利用した分解速度の測定が可能である．

D．飼料のタンパク質

単胃動物にとって，飼料中タンパク質は唯一のアミノ酸の供給源であり，アミノ酸含量などを考慮した飼料配合をしなければいけない．特にリジンは，現在の主要穀物飼料原料となっているトウモロコシと大豆かすを用いた飼料配合で不足しやすいアミノ酸で，次にメチオニン，スレオニンが不足しやすい．ただし，飼料中のタンパク質含量（粗タンパク含量，CP含量）を上げすぎても，生産にとってマイナスになるばかりではなく，その排泄物の処理に関しても問題となる．一方，反芻動物は，タンパク質の代謝により生じた血中尿素を唾液とルーメン壁よりリサイクルし，微生物態タンパク質として再利用するシステムが存在する．しかし，現在の泌乳牛や肥育期の肉牛は，高エネルギー・高栄養が生産のために必要であるため，飼料からタンパク質を供給しないと生産性が落ち品質も低下するため，飼料中のCP含量にも注意を払う必要がある．

4.6.5. 栄養素の配分調節

家畜の体内にとり込まれた栄養素は，乳・肉・卵などの生産に利用されるだけではなく，免疫や維持などの生命維持活動にも使用される．さらにその配分は，飼料や環境・飼育管理によって大きく変動し，神経やホルモンなどで複雑に調節されている．特に生産性重視で育種が進んできた近年の家畜では，この配分を適切に行わなければ，生産性が低下するばかりではなく，代謝疾病や感染症を引き起こし，死に至る場合もある．逆にいえば，この配分をうまく調節することにより，家畜を健康に，そして家畜の生産能力を最大限に発

揮することができる．ここでは，乳・肉・卵の生産における栄養配分と代謝の流れを概説し，摂食・絶食の栄養条件，感染・環境ストレス条件の栄養配分についても少し解説する．

A. 乳・肉・卵の生産における栄養配分

a. 乳

乳成分のうち，乳タンパク質は血中アミノ酸，乳糖（ラクトース）は血中グルコース，乳脂肪は血中脂質，酢酸および主に酪酸由来のケトン体から乳腺細胞で合成される．特に分娩直後から泌乳最盛期にかけては，エネルギーやカルシウムなどが摂取する飼料由来の栄養だけでは十分に乳生産を行うことができず，体内に蓄積した栄養素やエネルギーを動員して乳生産を行っている．すなわち，この時期の泌乳牛は負のエネルギーバランスとなっており，十分な栄養管理，すなわち良質の粗飼料とTDN含量の高い飼料を給餌しなければ，さまざまな繁殖障害，代謝疾患，感染症を引き起こす要因となる．これを周産期疾病と総称する．また，乾乳期（分娩前の50〜60日前後，乳を搾らない期間）の栄養配分も分娩後の生産性に重要で，過肥や削痩をこの段階に解消しないと，分娩後に代謝病を引き起こす要因となる．

b. 肉

肉は筋芽細胞が筋管を形成し，筋繊維をつくり，筋タンパク質を蓄積することにより生産される．筋タンパク質の蓄積には，タンパク質代謝だけではなく，エネルギー代謝も重要な働きをしており，アミノ酸組成にも注目する必要がある．また，筋細胞は出生後（鳥類では孵化後）短い期間（ニワトリでは3日間）で，細胞の分化が盛んに起こり，その増殖を基本的には停止するとされている．すなわち，肉生産における栄養配分は，細胞の増殖・分化のステージと筋タンパク質の蓄積のステージで分けて考える必要がある．さらにブタやウシでは，筋間や筋肉内脂肪がその価値を決定する要因のひとつであるため，その飼料による誘導技術が確立されている．ブタでは低リジン飼料を肥育後期に，ウシでは低ビタミンA飼料を肥育中後期に給与することにより，いわゆる霜降り肉を誘導している．

c. 卵

卵は鳥類に特徴的な脂質代謝がその生産の中心を担っている．すなわち，卵黄成分のほとんどは肝臓で合成されたものであり，肝臓で合成された卵黄前駆物質（主成分は卵黄VLDLとビテロジェニン）が血中を輸送され，卵胞に存在する輸送体によってとり込まれ蓄積される．卵黄の主成分は脂質であり，多くのトリグリセリドを肝臓で合成し輸送する．卵胞は7〜10日間かけて発達し，排卵される．すなわち，飼料エネルギーはこの段階に多く使用される．また，卵黄内には脂溶性ビタミンも多く存在するため，特にビタミンAの飼料からの供給が必要となる．さらに卵生産で重要な事項はカルシウム代謝である．ニワトリはほぼ毎日，殻付きの卵を生産する．卵殻の主成分は炭酸カルシウムであり，毎日体外にカルシウムを放出しているのと同様である．そのため，採卵鶏の飼料中には，カルシウム，リンが必要となり，カルシウム代謝に関連するビタミンDも重要となる．

B. 摂食・絶食の栄養条件

摂食・絶食は動物の代謝において大きな変動をもたらす．家畜・家禽は，暗期で摂取量が減少し，明期で摂取量が増加する（マウス・ラットなどの齧歯類は逆）．すなわち，家畜・家禽は，明暗に伴い，軽い摂食と絶食をくり返している．家畜が飼料を摂取すると，消化吸収により，血中のグルコース，アミノ酸，脂質濃度が高まる．この反応に伴い，インスリンなどのホルモンが応答し，グルコースなどが組織にとり込まれる．とり込まれた血中基質は，前述したエネルギー代謝を介して，酸化的リン酸化によってATPが合成され，エネルギーとして使用される．余剰の基質は，蓄積形態であるグリコーゲンや脂質に代謝さ

れる．アミノ酸は，タンパク質合成あるいはエネルギーとして使用され，余剰のアミノ基は尿素サイクルを経て，尿として排泄される．グルコースなどの血中基質の余剰エネルギーは，主にエネルギーの貯蔵機関である脂肪組織に脂肪として貯蔵される．脂肪組織では，肝臓で合成され，リポタンパク質として輸送されたTGあるいは脂肪組織でグルコースから直接合成された脂肪酸で合成されたTGとしてエネルギーを貯蔵する．反芻動物では，主に酢酸より脂肪酸が合成される．

一方，絶食時にはグルカゴンなどの働きにより，貯蔵したグリコーゲンや脂肪がエネルギーとして使用される．脂肪組織に貯蔵されたTGは，ホルモン感受性リパーゼの働きにより脂肪酸に分解され，血中に動員され，β酸化によってATPとなる．肝臓などに存在する転写因子であるPPARαは，血中や組織の脂肪酸濃度が上昇すると，その転写活性を活性化し，β酸化を亢進することにより脂肪酸からのATP合成を増加させる．このほかにもグルココルチコイドやアドレナリンなどのホルモンが働き，飢餓時における貯蔵エネルギーの利用を促進する．グルカゴンの応答は，細胞内のcAMP濃度がセカンドメッセンジャーとして働いており，これにより脂肪からのエネルギー生産と糖新生が向上する．これらの反応は主に肝臓で行われている．脂肪酸の分解が高速度で行われている場合，余剰のアセチルCoAからケトン体（β-ヒドロキシ酪酸，アセト酢酸，アセトン）が合成され，血中を介して骨格筋などに輸送され，エネルギーとして利用される．反芻動物では，エネルギー不足により生じた血中脂肪酸が肝臓に蓄積し，脂肪肝となって，さまざまな代謝障害を引き起こすひとつの要因となっていると考えられている．

C．感染ストレス条件

細菌に感染すると，免疫応答が体内で起こる．このとき生体は異化が増える方向に進み，家畜でいえば生産性が低下する．このときに十分なエネルギーとアミノ酸，ビタミンなどの栄養が供給されれば，あるいはすでに体内に存在すれば，免疫が賦活化し，細菌を免疫系の働きにより速やかに防除して生体内のバランスを異化が亢進した状態から回復することができる．これは環境ストレスでも同様で，非ストレス条件とストレス条件では必要な栄養素の割合が異なると考えられている．

4.7 家畜・家禽の養分要求

4.7.1 飼養標準

家畜・家禽を健康に，正常な発育や繁殖をさせ，乳，肉，卵を効率よく生産させるためには，エネルギー，タンパク質，ビタミンおよびミネラルを過不足なく適正に摂取させることが重要である．家畜・家禽が必要とする養分量は増体量，泌乳量，産卵率などによって異なることから，生産条件に見合った養分要求量を家畜・家禽ごと示したものが飼養標準である．

飼養標準は日常の合理的な飼料給与量を決定するために用いられるが，飼料の生産計画や需給計画を立案する際の基礎資料にもなり，飼料給与を計画するうえで役立つ．また，合理的な飼料給与は飼料コストの低減につながるほか，糞尿などに由来する環境負荷物質の低減にも大きく寄与するものであり，そのための指針として飼養標準の重要性はますます高まっている．

飼養標準は19世紀からヨーロッパ諸国の多くの研究者や政府機関により作成され，栄養学，育種学の進歩による家畜・家禽の生産性の向上や生産様式の変化などを反映して適宜改定が行われてきた．現在，飼養標準は世界各国で独自のものが作成されており，特にアメリカのNRC飼養標準，イギリスのAFRC（ARC）飼養標準が有名である．日本では当初，Kellnerの飼養標準，Morrisonの

飼養標準，NRC 飼養標準など海外で作成された飼養標準を利用してきたが，1965 年に日本独自の飼養標準（乳牛）が設定され，つづいて肉用牛，豚，家禽，めん羊の飼養標準が設定された．現在，これらの飼養標準は㈱農業・食品産業技術総合研究機構において定期的に改定作業が行われている．また，1996 年には中央競馬会より軽種馬飼養標準が出版され，2004 年に改定が行われている．

各飼養標準はそれぞれの国の実情に応じた条件のもとで作成されているため，表現する単位や養分の量的関係も異なることがある．そのため，作成の基礎となった数値や標準の利用・活用の方法を十分に理解したうえで利用しなければならない．また，飼養標準の利用に際しては，飼料の成分値，消化率および栄養価が記載されている日本標準飼料成分表を用いるとよい．

養分要求量の示し方として，乳牛，肉用牛の飼養標準では必要な養分量を 1 日あたりの要求量あるいはカルシウムとリンを除くミネラルは飼料中の濃度として記載されている．ブタや家禽では 1 日あたりの要求量を基本にしているが，自由摂取を前提に飼養されることが多いことから，実用上の便宜を考えて飼料中の養分含量が記載されている．

4.7.2　エネルギー
A．飼料エネルギーの評価法
飼養標準において採用されている栄養素の単位，評価法はそれぞれの飼養標準を特徴づけるものであり，飼料エネルギーに関する主なものとして次のものがある．

a．エネルギーの直接評価
飼料のもつエネルギーは化学エネルギーであり，家畜・家禽での利用性を加味して可消化エネルギー（DE），代謝エネルギー（ME），正味エネルギー（NE）として評価される．家畜のエネルギー要求量は本来正味エネルギーで評価されるものであり，飼料のエネルギー価の評価も正味エネルギーで表すべきである．しかし，飼料のエネルギーが正味エネルギーに変換される効率は維持，成長・肥育，泌乳などで異なることから，それぞれの場合に分けて表す必要がある．また，正味エネルギーの測定法は複雑で，測定誤差も大きいといった問題があるため必ずしも実用性が高くない．そのため，ウシやブタでは飼料のエネルギー価を可消化エネルギーや代謝エネルギーとして評価することが多い．

家禽では発酵に伴うガスによるエネルギー損失量は無視できるほど少なく，また，糞尿をいっしょに排泄するので，可消化エネルギーよりも代謝エネルギーの測定が容易なため代謝エネルギーが使われている．なお，吸収され体内に一度蓄積されたタンパク質はのちに分解され，尿酸などとして尿中に排泄される際に窒素 1 g の出納につき 8.22 kcal のエネルギーを補正する必要があり，補正後の代謝エネルギーを窒素補正代謝エネルギーとよぶ．

b．可消化養分総量
粗タンパク質，粗脂肪，粗繊維および可溶無窒素物の生理的燃焼値の比率は，1：2.25：1：1 であり，そのエネルギーの比率に粗タンパク質，粗脂肪，粗繊維，可溶無窒素物（NFE）の可消化養分量を掛けた合計量を可消化養分総量（TDN）とよぶ．TDN は，

TDN ＝可消化粗タンパク質＋可消化粗脂肪×2.25＋可消化粗繊維＋可消化可溶無窒素物

によって算出され，重量（kg）あるいは含有率（％）で表示される．

可消化養分総量は各栄養素の吸収量だけで求められるが，尿，ガスおよび熱増加で失われるエネルギーを考慮していない．そのため，粗飼料では一般に熱増加として失われるエネルギーが多いことから栄養価を過大に評価することになる．

c. デンプン価

デンプン価（SV）は飼料のエネルギーを体脂肪の生産量を指標として比較するものであるが，脂肪の生産量の測定は困難が伴うことから，体脂肪を生合成できる可消化デンプン相当量に換算して評価するところに特徴がある．飼料の可消化成分が体脂肪の合成に用いられる効率はそれぞれ異なっているため，各可消化成分にその効率を乗じて補正する．その際の補正係数をデンプン価係数とよぶ．熱量増加によるエネルギーの損失は飼料により異なることから，飼料ごとに脂肪生産効率（有効率）が定められている．デンプン価は有効率を考慮することにより，熱量増加も加味した値となっているため，飼料の正味エネルギー的な性質を有しているといえる．

肥育牛における飼料中デンプン価算定式を次に示す．

デンプン価＝（可消化粗タンパク質×0.94＋可消化粗脂肪×a＋可消化 NFE＋可消化粗繊維）×有効率

可消化タンパク質のデンプン価係数は 0.94 であり，可消化粗脂肪の a は粗飼料で 1.91，穀類とその副産物は 2.12，油種子および油かすは 2.41 である．可消化 NFE と可消化粗繊維のデンプン価係数は 1 である．

d. スカンジナビア飼料単位

肥育に対して考案されたデンプン価の概念を牛乳生産に応用したもので，飼料の栄養価を脂肪生産量の代わりに牛乳生産量を指標として求めるものである．スカンジナビア地方の代表的な飼料穀物である大麦 1 kg の牛乳生産量 0.75 kg を 1 単位とし，各種飼料を給与した飼養試験での飼料 1 kg あたりの牛乳生産量を大麦の量に換算して表すものである．ただし，可消化タンパク質のデンプン価係数 0.94 をスカンジナビア飼料単位では 1.43 として計算する．

B. エネルギー要求量

a. 維持に要するエネルギー

家畜・家禽が体温を一定に保ち，生命を維持するために必要とされるエネルギー量を維持に要するエネルギーと定義している．つまり，最適環境下で安静時に消費されるエネルギー量を基礎代謝量とよび，その基礎代謝量に家畜の最低限の行動に用いられるエネルギー量および環境に適応するためのエネルギー量を加えたものが維持に要するエネルギー量である．

維持に要するエネルギー量を求める方法として，絶食試験，飼養試験およびエネルギー出納試験がある．なお，絶食試験は基礎代謝量の推定方法と位置づけられている．基礎代謝量は代謝体重（体重 kg$^{0.75}$）あたり 60 ～ 80 kcal/ 日であり，同一種における基礎代謝量は代謝体重にほぼ比例するが，雄は雌よりも高く，加齢により低下する傾向にある．また，動物種による基礎代謝量の相違は大きくない．

日本飼養標準では維持に要する代謝エネルギー量は，乳用種成雌牛で代謝体重あたり 116.3 kcal を採用しており，乾乳時に低質飼料を給与する場合には 10％程度高くなるとしている．また，肥育牛などで群飼する場合は活動量の増加分として 10％程度を見込んでいる．放牧時も行動に要するエネルギー量が増加するため，維持要求量を 15 ～ 50％増給する必要がある．さらに，環境温度条件も維持に要するエネルギー量を大きく変化させる要因になる（図 4.8）．

b. 増体（成長・肥育）に要するエネルギー

動物は成長に伴い，筋肉，臓器，骨などの組織にタンパク質，ミネラル，水分の蓄積が進み，体重や体長などが増大する．肥育とは良質の肉を生産する目的で意図的にエネルギー含量の高い飼料を多給し，増体を制御するものであり，成長とは区別される．増体中に必要なエネルギー量は増体に要するエネ

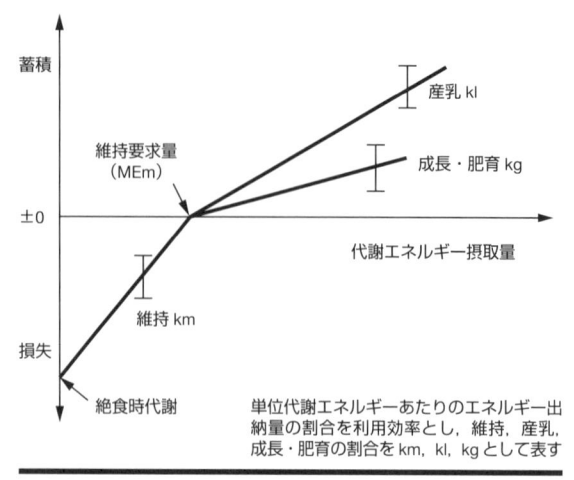

図中のラベル:
- 縦軸: 蓄積 / 損失
- 横軸: 代謝エネルギー摂取量
- 維持要求量 (MEm)
- 産乳 kl
- 成長・肥育 kg
- 維持 km
- 絶食時代謝
- 単位代謝エネルギーあたりのエネルギー出納量の割合を利用効率とし，維持，産乳，成長・肥育の割合を km, kl, kg として表す

図 4.8 ● 維持，産乳，成長・肥育に対する代謝エネルギーの利用

ギー量と維持に要するエネルギー量の合計として求められる．増体に要するエネルギー量は組織の重量増加に伴い蓄積するエネルギー量のことであり，そのほとんどがタンパク質および脂肪として蓄積されるエネルギーからなる．成長段階によって蓄積する体構成成分が大きく変動する．

肥育豚における脂肪 1 g のエネルギー量は 9.46 kcal，タンパク質 1 g あたりのエネルギーは 5.66 kcal であり，タンパク質蓄積および脂肪蓄積に必要な代謝エネルギーの利用効率はそれぞれ 48％，68％ とされているので，増体時に給与すべき代謝エネルギー量は次式によって求められる．

代謝エネルギー要求量(kcal/ 日)＝
130 kcal/日×体重(kg)$^{0.75}$＋タンパク質蓄積量×5.66/0.48＋脂肪蓄積量×9.46/0.68

式中の 130 kcal/ 日は 1 日あたりの維持に要する代謝エネルギー量である．また，体構成成分は成長段階だけではなく，品種，性，給与飼料によっても変化する．

c. 産乳に要するエネルギー

乳の主成分は脂肪，タンパク質および乳糖であるが，乳成分の変動は脂肪がもっとも大きく，かつエネルギー含量が高いことから，乳中の正味エネルギーを計算するにあたっては，一般に乳脂率を指標として計算する．乳脂率 4％ の牛乳 1 kg は約 750 kcal のエネルギー価であることから，産乳量を乳脂率 4％ の牛乳（4％乳脂補正乳：FCM）に換算し，これに 750 kcal を乗じることで牛乳の正味エネルギー量を容易に求めることができる．FCM の計算式は次式のとおりである．

乳脂補正乳量 (kg)＝0.4×乳量 (kg)
　　　　　＋15×乳量 (kg)×乳脂率 (％)/100

なお，近赤外線分析計により乳成分を容易に測定できることから，乳中の 3 成分にそれぞれのエネルギー価を乗じて求めることも行われる．

飼料の代謝エネルギーが乳中の正味エネルギーに変換される効率は，搾乳牛，授乳豚ともに 60％ 程度であり，飼料による影響を受けるものの，肥育時のような大きな違いは認められていない（図 4.8）．

d. 産卵に要するエネルギー

卵 1 g を生産するために要する代謝エネルギーは 2.2 kcal であり，正味エネルギーへの変換効率は約 70％ とされている．産卵鶏に

給与すべきエネルギー要求量は日本飼養標準（家禽）によると次式で表される．

代謝エネルギー要求量(kcal/日/羽) $= 110 \times (-0.081 \times (22-T)^2 + 2 \times (22-T) + 94)/94 \times$ 体重$(kg)^{0.75} + 2.2 \times$ 産卵日量$(g) + 2 \times \Delta W$
〔T：舎内温度（℃），ΔW：1日あたりの体重変化量（g）〕

したがって，体重 1.8 kg，産卵日量 56 g，22℃という産卵ピークを想定した条件下では 298 kcal と求められる．この式の第一項は産卵鶏の維持要求量が 110 kcal/体重$^{0.75}$ であり，その値は環境温度によって影響を受けることが，第二項は産卵に要する代謝エネルギー要求量を，第三項は産卵鶏の体重変化に対応する代謝エネルギー要求量を示したものである．

なお，産卵期飼料の代謝エネルギー含量は 2.80 Mcal/kg が適当と考えられるが，これを実用的な範囲内で変化させても，ニワトリに飼料を自由に摂取させることによって要求量を充足させることができる．

e．繁殖に要するエネルギー

妊娠後期には胎子の発育が増大し，エネルギー要求量も急激に増大する．そのため，ウシの場合は分娩前 2〜3 か月の間は妊娠増給が必要となる．妊娠に要する代謝エネルギーの正味エネルギーへの変換効率は，ウシの場合は 10〜15% であり，他の生理的条件に比べて著しく低い．妊娠豚の場合も，妊娠前，中期に比べて後期における胎子の発育が著しいが，妊娠後期のみ増給するのではなく，全期間を通して給与養分量が設定されている．

雄畜では精子形成のための養分が必要となるが，雌畜と比較すると繁殖に要するエネルギー量はきわめて少ない．

4.7.3　タンパク質
A．飼料タンパク質の評価
a．飼料中粗タンパク質と可消化粗タンパク質

タンパク質は他の栄養素では置き換えることのできない飼料中の重要な養分のひとつである．飼料中のタンパク質を評価するうえでタンパク質を粗タンパク質（CP）含量として示すことはもっとも簡便であり，さらに消化率を乗じた可消化粗タンパク質（DCP）として示すこともある．通常，用いられているタンパク質の消化率は見かけの消化率であり，糞中には代謝性窒素とよばれる消化液や消化管粘膜由来の窒素が含まれているため，真のタンパク質消化率を求めるためには代謝性窒素を補正する必要がある．

飼料の粗タンパク質にはタンパク質以外の核酸，硝酸塩，アンモニウム塩，尿素などの非タンパク態窒素化合物が含まれている．タンパク質を粗タンパク質含量で示した場合，非タンパク態窒素を利用できない単胃動物・家禽では飼料タンパク質含量を過大に評価することになる．一方，飼料タンパク質を純タンパク質含量で示した場合，非タンパク態窒素を利用できる反芻動物では，飼料タンパク質含量を過小評価する問題がある．代謝性窒素は飼料のタンパク質含量にかかわらず一定量が排泄されることから，見かけの消化率は低タンパク飼料ほど過小に評価される．

b．タンパク質の利用性やアミノ酸組成を加味した評価

ブタやニワトリでのタンパク質給与はアミノ酸要求量に基づいて行われることが一般的になりつつある．家畜・家禽の成長，繁殖や生産にアミノ酸が有効に用いられるためには吸収される適正なアミノ酸組成が必要であり，必須アミノ酸の組成がタンパク質の利用効率に大きな影響を与える．飼料中のタンパク質の利用性やアミノ酸組成を加味した評価を行う方法には生物学的評価と飼料中のアミノ酸組成に基づいて評価する化学的評価があ

る．生物学的評価としてよく知られているものに生物価があり，次式により求められる．

生物価＝窒素蓄積量/真の窒素吸収量×100

ここでの真の窒素吸収量は，

飼料中窒素－(糞中窒素－代謝性糞中窒素)

である．また，ここで用いる窒素蓄積量は，尿中窒素には内因性尿中窒素とよばれる体タンパク質の分解から派生した窒素が含まれることから，

窒素蓄積量＝真の窒素蓄積量－
　　　　　　　　　(尿中窒素－内因性尿中窒素)

として求められる．

　生物価は動物の種類，年齢，飼料の組成およびタンパク質摂取量によって変動するだけではなく，それぞれの生産目的(維持，成長，産卵，泌乳)に対して同じ飼料でも異なる値を示す．

　そのほかの飼料中タンパク質の生物学的評価法には，タンパク質以外の栄養素を十分に含む飼料に供試タンパク質を添加した場合の増体量を基準とするタンパク質効率やニワトリ雛に標準タンパク質飼料としてカゼインを与えた場合と供試タンパク質を与えた場合の体重増加の差からタンパク質の価値を評価する総タンパク質価がある．

　アミノ酸はすべてが消化・利用されるとは限らず，それらの利用性は飼料ごとに異なるので，飼料のアミノ酸有効率を示すことが家禽やブタで行われている．有効率の測定方法には各種のものがあるが，家禽では，

アミノ酸有効率＝(摂取アミノ酸－(排泄アミノ酸－代謝性糞および内因性尿アミノ酸量))
　　　　　　　/摂取アミノ酸量×100

としており，ブタでは回腸末端での消化率を用いることが多い．

　タンパク質の利用性を加味した化学的評価は，全卵タンパク質を基準として供試飼料タンパク質の各必須アミノ酸含量を比較することにより行われる．この際，供試飼料タンパク質中でもっとも不足している必須アミノ酸である第一制限アミノ酸に注目し，その含量比でタンパク質の質を評価するケミカルスコアがある．また，飼料中のすべての必須アミノ酸含量を全卵タンパク質中のアミノ酸含量と比較し，それを幾何平均した必須アミノ酸指数がある．

ケミカルスコア＝(供試飼料タンパク質でもっとも不足する必須アミノ酸/全卵タンパク質の同種のアミノ酸)×100

c. 反芻家畜における代謝タンパク質システム

　反芻家畜では，第一胃内における飼料中タンパク質の分解によって，そのタンパク質の価値が評価される．飼料中のタンパク質の多くはルーメン微生物によってアンモニアにまで分解されるが，これを分解性タンパク質とよぶ．分解性タンパク質は微生物タンパク質に再合成され，第四胃以降で消化・吸収される．微生物タンパク質の合成にあたってはエネルギー源として第一胃内で発酵可能な炭水化物が利用される．一方，第一胃内で分解されずに第四胃以降で分解され，小腸で吸収されるタンパク質もあり，これを非分解性タンパク質とよび，微生物タンパク質と非分解性タンパク質の両者をもって反芻家畜に対する供給タンパク質となる．このように反芻家畜が真に利用可能なタンパク質の供給量および要求量を評価するシステムとして代謝タンパク質システムが提案されている(図4.9)．

B. タンパク質要求量

　タンパク質要求量の基礎をなすものはアミノ酸要求量であり，実用的にもブタや家禽でそれが考慮されるようになっている．ウシの場合は第一胃において多くのタンパク質が微生物タンパク質に変換されることから，飼料中のアミノ酸組成は大きな意味をもたない．

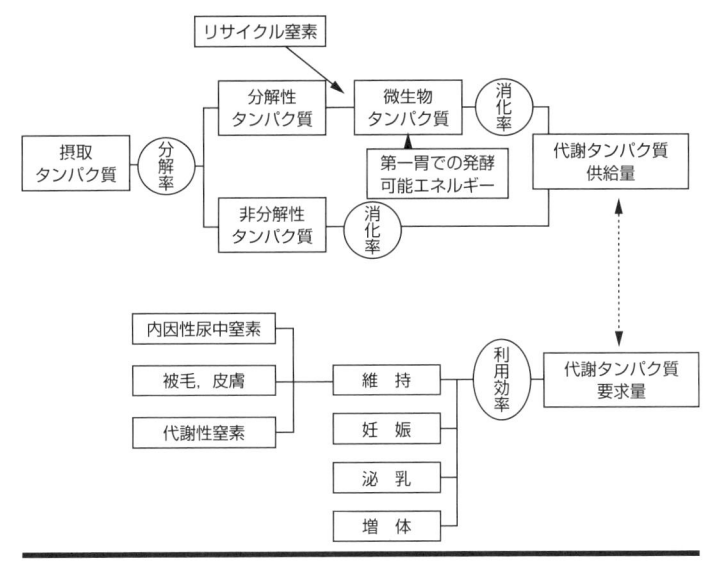

図 4.9 ● 乳牛の代謝タンパク質システムの概要

そのため，現状では粗タンパク質あるいはタンパク質の第一胃内分解性を加味して評価されているが，将来的にはアミノ酸ベースになるものと思われる．

アミノ酸代謝の特徴のひとつは相互作用の存在である．例えば，体内でシステインはメチオニンから，チロシンはフェニルアラニンから合成されるため，飼料中にシステインやチロシンが十分に含まれる場合は，これらを体内で合成する必要がない．そのため，ブタや家禽の飼養標準ではアミノ酸の要求量としてはメチオニン＋システインおよびフェニルアラニン＋チロシンを合わせて示されている．一方，ロイシン-イソロイシン-バリン，リジン-アルギニンなどの構造的に類似したアミノ酸では，一方の含量が他方の要求量に影響する現象があり，これをアミノ酸の拮抗作用とよぶ．そのため，飼料中の必須アミノ酸要求量を充足させる際には量的なものに加えてアミノ酸組成のバランスに配慮することも重要である．植物性飼料を主体に給与されているブタ・家禽では，必須アミノ酸である

メチオニンやリジンが第一制限アミノ酸になる場合が多く，リジンの要求量とリジンと他のアミノ酸比率に基づいたアイデアルプロテイン（理想タンパク質）の考え方が示されている．なお，アミノ酸自体を飼料に添加し飼料のアミノ酸組成を適正化することで給与飼料の低タンパク化が可能となり，窒素排泄量の低減を図ることができる．

a. 維持に要するタンパク質

体タンパク質量が変化しない場合でも，体タンパク質の代謝回転によってタンパク質の分解が起こり，同量のタンパク質が合成されている．この状態を動的平衡状態とよぶ．

タンパク質の維持要求量の測定方法としては，無タンパク質飼料を給与して求める方法，タンパク質水準の異なる飼料を給与した場合の窒素出納成績から，摂取した窒素と排泄される窒素量が等しくなる場合の摂取窒素量として求める方法，長期間にわたりタンパク質水準を変えた飼養試験を行い，健康で体重の増減がない状態を維持するために必要な窒素摂取量から求める方法がある．

ウシでは維持に要するタンパク質は，代謝性糞中窒素×6.25，内因性尿中窒素×6.25および脱落表皮タンパク質からなり，

代謝性糞中窒素：30×乾物飼料摂取量(kg)
　　　　　　　/6.25（体重約66 kgまでの子牛を除く）
内因性尿中窒素：2.75×体重(kg)$^{0.5}$/6.25
脱落表皮タンパク質：0.2×体重(kg)$^{0.6}$

として求める．

b. 増体に要するタンパク質

成長に要するタンパク質量は，①屠体分析：蓄積されたタンパク質量を屠体分析により測定する方法，②窒素出納試験：窒素出納試験により窒素蓄積が最大で，最小限の摂取窒素量から求める方法，③飼養試験：飼養試験により最大の増体を得ることができる摂取タンパク質量から求める方法がある．

ブタ・家禽においては，タンパク質と同様に飼料中アミノ酸含量を変化させた飼養試験を行い，増体量と窒素出納を測定することで成長に要する各アミノ酸量を決定することができる．この場合，飼料中に他の必須アミノ酸や各種栄養素が十分量含まれていなければならない．日本の実用養豚飼料ではリジンが第一制限アミノ酸になりやすいことから，リジンの要求量を実験的に求め，それ以外の必須アミノ酸の要求量については必須アミノ酸の理想パターンから求めている．

c. 産乳に要するタンパク質

維持に必要なタンパク質と牛乳中のタンパク質の合計が産乳時に必要なタンパク質量である．産乳時のタンパク質要求量は，成長のためのタンパク質要求量と同様に飼養試験によって求められることが多い．すなわち，タンパク質以外の栄養素を十分与えられた泌乳牛が最大の乳生産を行うための最小タンパク質摂取量として求められる．日本飼養標準・乳牛での産乳に要するタンパク質量は乳量と乳脂率から求める．一方，NRC，ARC飼養標準では，ルーメン微生物によって利用される分解性タンパク質と利用されないで小腸に移行する非分解性タンパク質に分け，真に泌乳牛に利用される代謝タンパク質として乳生産に必要なタンパク質量を求めている．それらでのタンパク質要求量の算出では，前述の経験的な手法に加えて，消化吸収をモデル化して理論的に算出するメカニスティックモデルがある．

d. 産卵に要するタンパク質

鶏卵（殻付）のタンパク質含量は約12％であり，産卵に要する粗タンパク質要求量は，産卵日量（g）×0.12/(0.83×0.68)として求める．ここで0.83は飼料中粗タンパク質の平均消化率（83％），0.68は平均生物価（68％）である．

e. 繁殖に要するタンパク質量

妊娠中，特に妊娠後半では胎子の発育に伴いタンパク質の蓄積が増加する．例えば，ホルスタイン種乳牛では乾乳前期（分娩前9週～4週）では維持要求量の5割程度，後期（分娩前3週～分娩）では7割程度の粗タンパク質量が妊娠末期の増給分として必要である．

4.7.4　ミネラルおよびビタミン

ビタミンおよびミネラルの給与量は他の成分に比べて少ないため，プレミックスとして飼料中に添加される場合が多い．これらの微量要素の要求量は他の栄養素に比べて非常に少ないものの，欠乏すると生産性に大きな影響を及ぼし，さらに長期的あるいは著しい欠乏は生産性に影響を及ぼすだけではなく欠乏症の発生を招くことになる．一方，微量栄養素を過剰に摂取した場合には中毒症を起こす場合がある．

A. ミネラル

成長中の家畜・家禽あるいは泌乳牛では，骨の形成，牛乳の生産のために多量のカルシウムとリンが必要で，産卵鶏では卵殻形成のためのカルシウムが必要である．ナトリウム

やカリウムは体液の酸塩基平衡の維持，浸透圧の調節などの重要な役割を有しているだけではなく，グルコースやアミノ酸などの細胞への輸送，とり込みにも大きな役割を果たしている．ブタ・家禽ではナトリウムは食塩として飼料中に添加され，反芻動物ではミネラルブロックとして自由摂取させることが行われている．また，土壌のコバルト，銅，セレンなどの含量が少ない場合，そこで生産された牧草中の含量も少なくなることから，欠乏症が発生することがある．

家畜のミネラル要求量は，維持，成長，妊娠，泌乳などの動物の生理状態，飼料中の無機物の化学的形態，飼料中の各ミネラルの含有比率などさまざまな要因によって変動する．植物飼料に多量に含まれるフィチンはリン酸化合物（フィチン態リン）であるが，単胃家畜・家禽でのフィチン態リンの利用性はきわめて低い．そのため，日本飼養標準（豚・家禽）では利用可能な形態である非フィチンリンとして要求量が記載されている．さらにフィチンはカルシウム，マグネシウム，鉄および亜鉛の吸収を抑制することが知られている．カルシウムとリンについても相互作用があることが知られており，適正な利用のためには飼料中のカルシウムとリン含量比率を2：1程度に調節することが勧められている．また反芻動物では，カリウムはマグネシウムの吸収を抑制するため，マグネシウム要求量を満たしていてもマグネシウム欠乏症が発生することがある．

B．ビタミン

家畜・家禽の生産性の向上に伴い，飼料中に含ませるべきビタミン類の要求量も高まってきている．ビタミン類には水溶性のものと脂溶性のものがあり，体内に吸収された余剰の水溶性ビタミンは蓄積されることなく速やかに排泄されるので，単胃家畜・家禽では常に水溶性ビタミンを摂取する必要があるが過剰症は発症しにくい．一方，余剰の脂溶性ビタミンは肝臓や脂肪組織に蓄積されるため，過剰摂取は中毒を生じやすく注意が必要である．

多くの単胃家畜・家禽では消化管下部の微生物により多量のビタミンB群が産生されるが，これらは吸収しにくいため摂取する必要がある．ウマは下部消化管で産生されるビタミンB群を吸収でき，またウサギは糞食の習性があるので，これらのビタミンを利用できる．第一胃機能の発達した反芻動物では，一般にはビタミンB群およびビタミンKはルーメン微生物により合成されるため摂取する必要はないが，生産性が高い泌乳牛ではビタミンB群，特にコリン，チアミン，ナイアシンを給与すべきであると考えられている．ルーメン微生物がビタミンB_{12}を合成する際には，その構成成分であるコバルトが必要であり，コバルトが不足する場合には反芻動物においてもビタミンB_{12}欠乏症が発生する場合がある．また，第一胃機能が未発達である幼反芻動物ではこれらのビタミンを補給する必要がある．

ビタミンA，Dはそれぞれ従来から知られているような正常な視覚を維持する作用，カルシウムの代謝調節機能のほか，細胞の分化誘導を調節する機能が注目されており，肥育牛では飼料中のビタミンAを制御することによる肉質改善技術が知られている．

ビタミンEは生物的抗酸化剤のひとつであり，その作用は生体膜の損傷を抑制している．セレンはグルタチオンペルオキシダーゼの構成成分として知られており，ビタミンE欠乏症の一部はセレンを飼料中に添加することで予防できる．

4.7.5　その他の養分要求
A．水

水は一般に栄養としては扱われないが，家畜・家禽の生存には必須のものであり，体水分の約10％を失えば障害が現れ，約20％の

水分を失えば死に至るとされている．そのため，家畜・家禽に対しては十分量の水を与えることが不可欠であるが，一方で環境汚染防止の観点から排泄量の抑制が望まれており，適正な水分供給量の確立が重要な課題となっている．

B．必須脂肪酸

家畜・家禽が正常な発育をするためには必須脂肪酸が必要である．必須脂肪酸はリノール酸系（リノール酸およびアラキドン酸）とリノレン酸系（α-リノレン酸）があり，いずれも必須性を有する．リノール酸およびアラキドン酸は細胞の構成成分で膜細胞の維持に重要な役割を果たしている．また，α-リノレン酸は生体膜や神経系の発達に関与する脂肪酸である．必須脂肪酸が不足すると成長抑制，皮膚炎などが生じることが知られている．リノール酸の主な供給源としてはトウモロコシ，植物油などであるためトウモロコシ主体の飼料を給与していれば通常不足することはない．日本飼養標準・家禽ではリノール酸の要求量が記載されている．

C．繊維

反芻動物では，幼畜時には第一胃機能の発達を促すため，成畜では第一胃の健全性と機能を維持するために繊維を必要とする．植物繊維が反芻動物に対してもつ機能は第一胃内での発酵産物としての揮発性脂肪酸としてのエネルギー供給，飽満感の付与，緩衝作用を有する唾液の分泌の促進や陽イオン交換能の保持による第一胃緩衝能の保持への貢献がある．飼料の繊維成分含量が不足すると乳生産への影響として乳脂率の低下，疾病として第一胃炎，第一胃不全角化症（ルーメンパラケラトーシス），肝膿瘍症候群などの発症が危惧される．なお，繊維の必要量の表示法としては，化学分析法に基づくものとしては中性デタージェント繊維や酵素分析による細胞壁構成物質がある．日本飼養標準ではウシの飼料中の中性デタージェント繊維含量は35％以上とすることが推奨されている．

4.8 家畜の飼養

4.8.1 乳牛

日本の酪農家戸数は，1963年のピーク時に約42万戸あったが，1975年には約16万戸，10年後の1985年には約8.2万戸にまで急激に落ち込んだ．それ以後も減少傾向が続き，2016年では1万7千戸とピーク時の1/25になっている．その反面，1戸あたりの乳牛飼養頭数は増加しつづけ，2011年では，1戸あたりの平均乳牛頭数が79頭（うち搾乳牛62頭），年間生乳生産量が約738万tとなっている．また，乳牛の飼養頭数は，1985年の211万頭をピークに漸減傾向にあり，2016年で135万頭となっている．一方，乳牛の改良が順調に進み，1頭あたり乳量は1980年に約5,000 kgであったものが，この約30年間で年間に約100 kgずつ増加し，2015年では8,511 kgにもなっている．

図4.10にホルスタイン種乳牛の現状のライフサイクルを示す．出生後約6週間の哺乳期間の後に離乳し，14～15か月齢以降で体

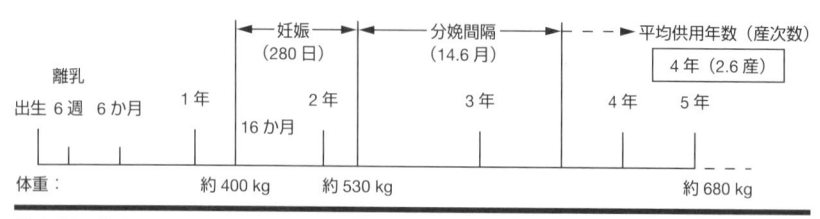

図4.10 乳牛のライフサイクル

重 350 kg，体高 125 cm 程度を目標に初産種付けが行われる．妊娠期間は 280 日であり，目標どおりに種付けが行われれば，24 か月齢で初産分娩を迎えるが，実際の平均値は 26 か月齢程度となっている．分娩後に泌乳量が急増し，泌乳最盛期には日乳量で 50〜60 kg になる．この泌乳初期から泌乳最盛期にかけては，乳量の増加に対して採食量の増加が追いつかず，体重が減少し，種々のトラブルが起きやすい．泌乳最盛期から泌乳後期にかけて乳量は漸減し，約 2 か月の乾乳期間を経て，次の分娩を迎える．分娩間隔は 12 か月が理想的だが，現状は 14.3 か月程度で，平均産次数が 2.6 産となっている．

日本の畜産の飼料構造は，TDN ベースで粗飼料が約 21%，濃厚飼料が 79% で，濃厚飼料のほとんどが輸入に依存しており，飼料自給率は 27% と低い．酪農では粗飼料の利用割合が他の畜種に比べて高いものの，乳牛 1 頭あたりの濃厚飼料の給与割合は，北海道で 45%，都府県で 64% となっている．1975 年の濃厚飼料給与量を 100 とすると，近年の給与量は都府県で 140%，北海道で 250% に増加している．酪農家の経営安定化に向けては飼料自給率の向上が大きな課題といえる．

1 戸あたりの飼養頭数の増加に伴い，従来の繋ぎ飼い牛舎からフリーストール，フリーバーン牛舎で TMR（混合飼料）を給与する飼養方式が増加し，省力化が進められているが，依然として搾乳牛 1 頭あたりの労働時間は 105 時間と多く，50 頭の搾乳牛だと年間 5,000 時間を超えてしまう．そのため，搾乳ロボット，哺乳ロボット，自動給餌装置などの導入やコントラクター，TMR センターといった支援組織の設立も増えている．

A．子牛と育成牛

a．子牛の哺育

分娩直後の新生子牛では，初乳を生後 4 時間以内に 1〜2 L 程度，さらに 4〜6 時間の間に 2 L を与え，3 日間まで十分に与えることが必要とされている．初乳は常乳に比べてカロテンやビタミン A，D，E 含量が高く，免疫グロブリン（抗体）を多量に含んでいる．ウシでは，胎子期に母体から抗体の移行がなく，血液中に抗体がほとんどない状態で生まれてくるので，子牛自身が免疫グロブリンを産生できるまでの健康維持に，初乳が不可欠である．また，初乳中の免疫は母牛が感染経験のある病原性微生物に対して有効であるので，母牛と子牛が同じ環境にある場合は有効である．子牛の小腸における免疫グロブリンの吸収能は，生後 24 時間を過ぎると急激に低下することや，第四胃の pH が酸性に傾きタンパク質分解酵素の活性が高まることから，生後なるべく早く初乳を与えることが重要である．母牛が事故などにより産後に初乳を与えられない場合を想定して，凍結した初乳を保存しておく場合もある．

初乳給与から離乳まで，液状の飼料を哺乳している期間が哺乳期である．この期間は，第一胃（ルーメン）が未発達で，単胃動物と同様の代謝の状態にあることから，反芻胃の形態と機能を発達させ，スムーズに離乳させることが重要である．第一胃の発達において，粘膜は第一胃内の代謝産物である低級揮発性脂肪酸によって，筋層は粗飼料などの物理的刺激によって発達する．哺乳期間は，2 週間程度の超早期離乳から 6 か月程度までさまざまであるが，液状飼料の長期給与は物理的刺激が不足し第一胃の発達が遅れることから，6 週齢程度の早期離乳が一般的である．液状飼料としては，代用乳（公定規格 CP22% 以上，TDN75% 以上）のみを給与する場合は，1 日 600 g を 6〜7 倍量の 40°C の温湯に溶かして給与する．牛乳を給与する場合は 1 日 4.5 kg とする．生後 1 週齢頃から離乳用固形飼料としてカーフスターター（人工乳，公定規格 CP17% 以上，TDN70% 以上）を給与する．1 日の給与量は，生後 1〜2 週齢で 0.1 kg，

2〜3週齢で0.2 kg, 3〜4週齢で0.5 kg, 4〜5週齢で0.8 kg, 5〜6週齢で1.2 kgとする. また, この時期から良質な乾草も給与するが, 離乳時で0.2 kgを上限とする. 離乳時には, 第一胃内に主要な微生物が定着し, 2〜3か月齢時には成牛と同様な微生物叢になるといわれている.

哺育期では, 下痢などの消化器疾患や肺炎などの呼吸器疾患が主要な疾病となる. これらの感染症を予防するには, 新鮮な空気と日光の下で清潔に飼育できるカーフハッチが利用される. また, 多頭数を飼育する場合には, 哺乳ロボットの導入もみられる. 哺乳ロボットでは, 1台の授乳ストールで約30頭の子牛に自動で哺乳ができる. また1回の授乳ごとにティートが洗浄され, 毎回新鮮な代用乳を与えることが可能であり, 省力化と疾病予防に効果が期待されている.

b. 育成

乳用種雌牛の発育速度は, 極端な低栄養や高栄養でなければ, その後の泌乳性や繁殖性に及ぼす影響は少ないことから, 各農家で経済性や管理方式などによって決定される. ホルスタイン種では, 月齢にかかわらず, 体重260 kg前後, 体高115 cm前後で初発情がみられる. 初産種付けの開始時期の基準については, 14〜15か月齢以降, 体重350 kg, 体高125 cm程度が目標とされている. 初産牛は, 母牛の体格に比べて胎子の割合が大きいことから, 経産牛に比べると難産になりやすい. そのため, 上記の基準より前に種付けをした場合には, 分娩事故や分娩後の乳生産性の低下を招く危険性がある. 一方, これまで乳用牛の初産が22〜24か月齢で乳生産量がもっとも高まるといわれていたが, 実際には26か月齢程度が平均的であり, 24か月齢を目標として早期化の必要性が示されている. 分娩月齢の早期化により, 育成牛の保有頭数の削減など経営的な利点も大きいことから, 近年では, 育成期の発育速度を高め, 早期に体重, 体高の基準を満たし, 初産種付けを早め, 21か月齢程度で分娩させる方法も行われている. この場合, 育成期の日増体量を700〜800 gにすると14か月齢程度で種付け基準の体重350 kgに達する. しかし, 発育速度を高めすぎると乳生産性が低下する可能性があり, 日増体量950 gを上限とするのが安全といえる. このような早期種付けでは, エネルギー過多な高栄養により脂肪の蓄積による乳腺細胞の発達抑制が懸念されるため, タンパク質含量を高め, エネルギーとタンパク質のバランスに配慮した飼料設計が必要となる. さらに, TMR給与の場合には, 種付け後に過肥にならないように分娩に至るまでボディコンディションスコア (BCS) などのチェックが必要である.

B. 成牛の飼養
a. 分娩前後の飼養管理

分娩前後は, 乾乳, 分娩, 泌乳開始と乳牛の状態が激しく変化し, 代謝障害などの事故が起きやすいことから, 乳牛の管理でもっとも重要な時期とされる.

乾乳は分娩前60日前後が最適とされている. 乾乳前期 (乾乳直後から分娩前4週間まで) は, 酷使された乳腺細胞を休息・回復させる時期で, この期間の養分要求量は多くないので, 泌乳から乾乳へのスムーズな移行と過肥を防ぐために粗飼料主体で飼養する. 乾乳後期 (分娩前3週間から分娩まで) は, 胎子や子宮の成長に必要な養分を給与しなければならない. しかし, 胎子や子宮の成長により消化管が圧迫されたり, 分娩, 泌乳に備えてホルモンバランスが崩れることから食欲の減退もみられる. 分娩前に乾物摂取量が減少すると, 不足するエネルギーを補うために体脂肪が動員され, ケトーシスや脂肪肝の要因となる. そのため, 乾物摂取量の減少による養分不足を補うために養分濃度の高い濃厚飼料の増給が必要となる. こうした濃厚飼料を漸増する飼養法のひとつがリード飼養法で,

この方法では，乾乳前期にTDN含量63%程度の飼料を給与し，分娩前35日から濃厚飼料を1日0.5 kgずつ増給し，ウシの摂取量が乾乳後期のTDN要求量に達したら，そのままの量で分娩まで給与する．この方法はTDNをベースとした方法であるが，タンパク質についてはCP含量を初任牛で14%，経産牛で12%程度とするのが望ましい．

乳熱，ケトーシス，胎盤停滞，第四胃変位等の疾病（周産期病ともいう）のほとんどが分娩後2週間で起きる．なかでも分娩時や泌乳開始で損失することにより起きる低カルシウム血症は，乳熱や起立不能を引き起こすだけではなく，筋肉運動が弱まり，胎盤停滞，第四胃変位の要因ともなる．本症の予防には，分娩前のカリウム過剰摂取を防ぐことが有効とされている．カリウムの過剰摂取は，血液をアルカリ化し，消化管や乳牛体内でのカルシウムやマグネシウムの吸収，利用を阻害する．そのため，分娩前の飼料では，カリウム含量が2%以下の粗飼料が望ましいとされている．牧草中のカリウムが増加するのは，糞尿の多量還元が原因のひとつといわれており，圃場への糞尿還元の適正化やカリウム吸収量の少ない牧草の利用などが進められている．

b. 高泌乳時の飼養管理

乳牛は，分娩後4～5週間で泌乳ピークを迎えるが，乾物摂取量のピークは分娩後8～10週間後であり，泌乳初期はエネルギーバランスがマイナスとなり，必要な養分の一部を体組織から動員して補うことになる．そのため，体重は分娩直後から減少し，分娩直後の体重に回復するのに10週間程度かかる．動物は主に体脂肪としてエネルギーを蓄積しているが，体脂肪をエネルギーに変えるのは肝臓で行われるため，体脂肪からの動員が多い場合にはケトーシスや脂肪肝の要因となる．そのため，この時期のエネルギーバランスのマイナスが過大であったり，長期間継続すると，代謝障害や繁殖障害の発生リスクが高まる．したがって，この時期に重要なのは乾物摂取量を高めることであり，飼料中の養分含量とそのバランスが重要となる．中性デタージェント繊維（NDF）含量は，乾物摂取量と関係が深く，この時期の最適NDF含量として35%前後が推奨されている．ただし，粗飼料などの茎葉由来と食品製造残渣等の穀実由来のNDFではその性質が異なり，粗飼料価指数（RVI）や有効NDF（eNDF）といった指標も加味して飼料設計を行う必要がある．実際に，NDF含量は自給粗飼料多給条件では30%前後が最適で，食品製造残渣の多給条件では40～45%まで高めることができる．

飼料のエネルギー含量を高めるために，綿実・大豆などの脂肪含量の高い穀実や脂肪酸カルシウムなどの給与が行われ，これにより体重減少を抑え，乳量および乳脂率の改善が期待できる．しかし，脂肪の給与量が多すぎると第一胃発酵の阻害や乳タンパク質率の低下を招くおそれがあり，飼料中の脂肪含量は5%以下が望ましい．また，飼料中の養分濃度を高めるために濃厚飼料の給与量を増やす場合は，第一胃の恒常性を保つため，多回給餌やTMRによる給与が望ましい．タンパク質については，飼料中に16%ほどあればほぼ充足でき，要求量を満たすことはエネルギーほど厳しくはない．しかし，エネルギーとのバランスが崩れ，タンパク質の摂取量が過剰になると繁殖性が低下する要因となる．近年では，乳中尿素窒素（MUN）が乳成分の一項目として測定されるようになり，この指標となる．MUNの適正範囲は11～17 mg/dLといわれている．

c. モニタリング

養分要求量と養分給与量を精密に合致させることは，無駄な養分排泄を抑え，環境保全や経営面で大きな利点がある．例えば，飼料中のCP含量を要求量ギリギリに抑え，分解

性タンパク質（CPd）で第一胃内での微生物合成量を最大にし，かつ非分解性タンパク質（CPu）を効率よく家畜に供給することで窒素排泄量の低減が可能となる．しかし，飼料中の養分含量は飼料の保存状態やロットの違いなどでばらつきが生じ，飼料設計からズレが生じる場合もある．こうした場合，家畜の反応からそのズレを判別し，補正することが重要となる．簡便な方法としては，養分の蓄積状況を外貌から五段階で判別するBCSが用いられる．BCSは，分娩直前に3.5，分娩後40～50日の体重減少がもっとも大きい時期で2.5，その後徐々に回復して3.0～3.5を保ち，泌乳期全体で1.0以上変化させないことが望ましいとされている．また，各乳成分や乳タンパク質率/乳脂率（P/F）比などからも飼料の適否が判定可能で，乳用牛群能力検定に参加している農家では，乳牛の個体ごとに留意点や改善方向が示され，有用である．近年，導入が進んでいる搾乳ロボットやミルキングパーラーでは，個体ごとの乳量のモニタリングが可能で，異常の検知に役立っている．さらに，最近では繋ぎ牛舎用のミルカー自動搬送装置（キャリロボ）が開発され，自動給餌器と連動して乳量のデータから給与量を自動調整するシステムも用いられるようになった．

より詳細に家畜の状態をモニタリングする方法としては，代謝プロファイルテスト（MPT）が用いられる．ウシが健康な状態とは，養分摂取と生産が均衡を保っている状態であり，この均衡が破れると血液成分に異常がみられ，やがて生産病に至る．MPTは，生産病に陥る前にわずかな代謝の乱れを検出することで健康な状態に回復させることができる．主な診断項目は，エネルギー代謝，タンパク質代謝，肝機能，ミネラル代謝などに関連する血液成分で，BCSや乳成分も合わせて総合的に診断される．

d. 自給粗飼料の有用性

第一胃内で繊維を分解する微生物は，pHが中性付近で活性が高く，酸性になると活性が下がる．そのため，唾液を多量に第一胃に流入させ，胃内のpHを中性に保つことが重要で，唾液分泌を伴う咀嚼を確保するため，反芻家畜では粗飼料が必須となる．さらに近年では，乳牛の能力が向上し，不足しがちな養分を濃厚飼料によって充足してきたが，それも限界に近づき，飼料の半分弱を占める粗飼料の高栄養化が求められる．輸入の牧乾草は，品質が安定しているものの，栄養価はTDNで55％程度のものが多い．その点，自給粗飼料は，トウモロコシサイレージでTDN65％程度，イネ科牧草の出穂期収穫で65％程度となり，輸入乾草より高栄養価で生産が可能である．自給粗飼料は，栄養価以外でも，栽培履歴の明確さによる安全・安心，家畜糞尿の循環利用，自ら栽培することで可能となる多様な品質の粗飼料生産などの利点がある．さらに輸入飼料は為替レートなどの影響で大きく価格が変動することから，安定した経営および飼料自給率の向上に向けて自給粗飼料の増産が求められている．このように，幾多の面で利点のある自給粗飼料ではあるが，労力面の負担，天候の影響などによる不確実性，品質の不斉一，調製・貯蔵における品質劣化などの問題があり，これらが自給飼料の拡大を阻害している要因となっている．

大面積を適期に収穫するには，労働力の少ない個人経営では限界がある．また，個別経営を基本とした分散・小面積圃場主体の収穫作業では効率が悪い．そこで，コントラクターなどの支援組織が増加している．求められる姿は，単に作業の受託だけではなく，土地を集団化し，効率的な作業により高栄養の粗飼料生産を達成する組織である．自給粗飼料の問題点として，飼料成分のばらつきがある．ロールベールサイレージでは，個々のロール

で発酵品質や飼料成分が異なり，採食量の日間変動を大きくする原因にもなっている．そこで，TMRセンターにおける一括大量調製が期待されている．数戸分の大量の飼料を調製することで，個々の農家で混合するよりも成分変動の少ないTMRに調製することが可能となる．さらに食品製造副産物などの利用も図れ，コスト低減や地域の環境保全にも貢献できる．自給粗飼料の利用においてTMR給与方式は，利便性の向上，栄養バランスの改善および副産物利用による低コスト化が図られるなど大きな利点がある．しかし，従来の生のTMRでは，保存期間が限られてしまうことから，ほぼ毎日の配送が必要となる．そこで，できたTMRを密閉し，発酵させて貯蔵する発酵TMRが開発され，新設のTMRセンターなどで利用されている．発酵TMRは乳酸含量が高くpHが低いことから，長期保存が可能である．開封後の変敗もほとんどみられないことから，夏季用の飼料として好適で，第一胃内のプロピオン酸生成量が増加し，乳タンパク質生産量が増加するなど，飼料価値を高める効果も期待できる．さらに飼料自給率向上の点では，遊休水田などを活用した飼料イネ，飼料米の活用も重要なとりくみとなる．

e. 暑熱時の飼養管理

ホルスタイン種は冷涼な地域で育種されたことから，暑熱環境では乾物摂取量の低下，乳量の減少，乳成分率の低下，体重やBCSの減少，繁殖性の低下などがみられる．実際に日本の西南暖地では，夏季の乳量，乳質の低下が毎年問題となっている．さらに，地球温暖化の影響により，これまで暑熱の影響の小さかった北海道や東北地方でも夏季の繁殖性低下などの問題が発生しており，暑熱が影響する地域や期間が増加する傾向にある．暑熱対策は，環境面と飼料面からとりくまれている．環境面では，従来から畜舎屋根の断熱，換気設備の設置，夜間放牧などが行われてきた．近年では牛体からの熱放散の促進を目的に，細霧装置と送風機の併用が進んでおり，畜舎内の気温と湿度を測定し，自動的にこれらを制御するシステムも利用されている．

飼料面では，湿度60％，平均気温26℃以上の環境条件で維持に要する代謝エネルギー要求量が約10％増加することから，飼料中の養分濃度を高めたり，サプリメントの補給が行われる．また，高温時は発汗や流涎などでミネラルが損失することから，ミネラルの要求量が適温時に比べて約10％増加し，特にカリウムとナトリウムの補給に留意する．

f. 放牧時の飼養

日本で乳牛が放牧されるケースは，公共牧場を主体とした育成牛が主であるが，六次産業化のなかで特徴ある乳製品販売に放牧の牧歌的イメージが合うことから，事例としては少ないものの，搾乳牛の放牧も各地域で行われている．放牧牛の栄養管理においては，採食草量の推定と季節的な牧草中養分含量の変動の把握が重要である．採食量に影響を及ぼす要因としては，ウシ側では，体重，生理状態など，草側では草種，草量，草質など，管理方式では放牧強度，滞牧日数，補助飼料の有無など，その他の要因では気温，湿度などが挙げられる．また，要求量を増加させる要因としては放牧地の傾斜度や草量，草質などがある．

放牧搾乳に関して1頭あたりの放牧地面積が確保され，短草利用により高栄養価の牧草を採食させることで，放牧のみでも十分な乳量を期待することは可能である．しかし，牧草の養分含量は季節的に変化し，乳成分のコントロールが難しいことがあり，特に高泌乳時は栄養や繁殖にきめ細やかな管理を要することから，時間制限放牧などの活用が実際的であろう．

4.8.2 肉牛

 日本で食肉の習慣が一般に広まった明治以降，肉用牛は野草やわら，農産副産物などを給与しながら水田の耕耘・代掻き，運搬や堆肥の生産などの役用に用いられたのち，5〜6歳の雌牛を半年程度肥育して食肉を生産する役肉用牛として飼養された．そして第二次世界大戦の混乱や食糧難の時代を経て，鉱工業の復活とともに折からのアメリカから輸入される安価な穀物が家畜飼料として給与されるようになったことを受け，拡大していく牛肉需要を満たすために肉用に供されるウシの飼養頭数が増加した．1960年代以降は，選択的拡大や専業化等を柱にした1961年の『農業基本法』の制定などを背景として，使役や肥料生産を耕耘機や化学肥料に明け渡す過程で役肉用牛から現在の肉専用種への転換が進行し，その後の牛肉輸入自由化やBSE，口蹄疫の発生など，時事の情勢を受けながら現在に至っている．2016年2月の畜産統計によると現在の肉用牛の飼養戸数は5万2千戸，飼養頭数は274万9千頭であり，口蹄疫発生の前年2009年の293万3千頭から2010年以降減少傾向にある．一方，経営規模は拡大し，1戸あたり飼養頭数は47.8頭となり，特に200頭以上層の飼養頭数が全体の約5割を占めている．現在，日本で飼養されている肉用牛には，牛肉を生産する目的で改良・育成された品種を用いる「肉専用種（和牛）」，酪農経営の副産物である雄子牛を肉生産向けに肥育した「乳用種（国産若牛）」，および乳用種の雌牛に肉専用種の雄を交配した「交雑種（F1）」の3つの区分がある．総飼養頭数のうち，肉専用種が約7割を占め，残りの3割は乳用種もしくは乳用種と肉専用種間の交雑種である．肉専用種のうちでは黒毛和種が159万4千頭と全体の約97％を占め，次いで褐毛和種が2万1千頭，残りを日本短角種，無角和種，その他肉専用種が占めている．また，経営形態としては，肉専用種の繁殖雌牛を飼い，生まれた子牛を9か月齢前後の肥育素牛として販売する「繁殖経営」と肥育素牛を購入し肥育出荷する「肥育経営」および繁殖から肥育までを行う「肉専用種一貫経営」，乳用種もしくは乳用種と肉専用種の交雑種の新生子（ぬれ子）を酪農家から買い，7〜8か月齢まで育成販売する「乳用種（もしくは交雑種）育成経営」とそれを買って肥育する「乳用種（もしくは交雑種）肥育経営」およびぬれ子から肥育までを行う「乳用種（もしくは交雑種）一貫経営」に分類される．

A. 繁殖雌牛の飼養

a. 繁殖雌牛の飼養

 肉専用種の肥育素牛となる子牛の生産を目的に雌牛を飼養する繁殖経営では，繁殖能力と哺育能力を最大限に発揮できるような飼養管理が求められる．ここでいう繁殖能力とは，初産月齢，分娩間隔，連産性およびこれらの総体としての生涯子牛生産性であり，哺育能力とは泌乳能力と子牛を上手に育てる能力である．2015年に公表された家畜改良増殖目標では，現在の初産月齢24.4か月齢，分娩間隔13.3か月（405日）を2025年までにそれぞれ23.5か月，12.5か月（380日）にするとする目標数値が定められている．

 繁殖雌牛は分娩2か月前から分娩までの分娩末期とそれに引き続く授乳期の養分要求量が多く，母牛自身の維持に要する養分量にそれぞれ胎子や胎盤などの成長・増大に要する養分量もしくは泌乳に要する養分量を加味して給与飼料の設計を行う必要がある．妊娠末期の養分要求量に摂取量が満たない場合でも，胎子の成長にそれほど影響せず，生まれてくる子牛のサイズにも影響しない．しかし一方で胎子の成長に必要な養分は母体から優先的に胎子に供給されることになるために，母牛自身も成長過程である初産や2〜3産の低産次牛ではその後の繁殖機能の回復や分娩間隔，生涯生産性，分娩後の泌乳量に影響

する．その他の妊娠維持期（受胎から分娩前2～3か月までの妊娠初期・中期）には母牛自身の維持に要する養分量の給与でよいが，母牛が初産もしくは低産次牛である場合は，母牛自身の成長に要する養分量を加味する必要がある．従来から繁殖雌牛では，妊娠前・中期に放牧をとり入れた飼養が行われてきたが，分娩前2か月とその後の哺乳期のエネルギー補給が必要な時期も放牧地へ連動スタンチョンを設置することで個体ごとの栄養管理は可能である．加えて親子放牧時の子牛への分離給与技術も紹介されていることから，繁殖雌牛とその子牛を全期間放牧地で飼養することも可能である．

一方，繁殖雌牛の妊娠末期に高栄養で飼養しても子牛の生時体重や分娩後の母牛の泌乳性に対する効果はみられない．むしろ母体の過肥は難産を引き起こす可能性が増大し，繁殖機能の回復の遅延や受胎率の低下など繁殖障害の原因となる．これらの問題の回避には母牛の体重管理が重要であるが，実際の現場では頻繁な体重測定は困難な場合が多い．観察と触診によって繁殖雌牛の脂肪蓄積程度を評価するボディコンディションスコア（付録A2）を活用し，繁殖雌牛の栄養管理に努めることが推奨される．

b．子牛の飼養

黒毛和種，褐毛和種，日本短角種および交雑種で標準成長曲線が報告されており，子牛の発育が正常であるか判断するうえで重要な基準となる．子牛は出生後3週齢ぐらいまでは母牛の母乳だけで正常な成長が可能であるが，その後は母乳からの養分摂取の不足を良質粗飼料の給与と子牛用の濃厚飼料（人工乳：カーフスターター）による別飼い（クリープフィーディング）で補う必要がある．特に黒毛和種は母牛の泌乳能力が低いことが知られており，母乳からの栄養摂取が不足する3～6週齢にかけて日増体量の低下が認められる．また，哺乳子牛の反芻胃（ルーメン）の発達には物理的刺激とともに揮発性脂肪酸（VFA）の刺激が重要であることからも，2～3週齢頃から次第に固形飼料を摂取できるように給与する．必要なTDNおよびCPを満たすために，一般に別飼い飼料としてTDN72％，CP16％程度の濃厚飼料が用いられる．しかし，濃厚飼料の過剰摂取による粗飼料摂取量の低下は，かえってルーメンの発達に悪い影響や過度の脂肪蓄積による経済的損失をもたらすので注意が必要である．一般的な離乳時期は4か月齢頃である．近年，乳牛への受精卵移植による黒毛和種子牛の生産が増加しており，また従来の肉専用種繁殖農家でも哺乳子牛の増体の確保や母牛の繁殖機能の早期回復，分娩間隔の短縮を目的に代用乳（液状飼料）と人工乳を用いた早期離乳・人工哺育技術が一部で導入されている．

雄子牛を肥育素牛として用いる場合，将来の管理作業の危険を防ぎ，また肉色の向上など肉質の面からも去勢が行われる．去勢は作業が容易であり，子牛へのストレスが少ない哺乳中の2～3か月齢で行うことが望ましい．除角も同様に将来の管理作業を容易にする目的で行われる．また，群飼時の闘争で瑕疵（アタリ）が発生し枝肉としての評価を低下させたり，弱位のウシが食い負けることによる生産性の低下などを防ぐことが期待される．除角は2～3か月齢までに焼きごてを用いて角根部を焼く方法がウシへの負担が少なくまた容易である．しかし肉専用種では，依然として肥育素牛を子牛市場へ出荷するまで除角していない場合が多い．この場合は，市場から購入後除角器（強力なニッパー）や専用の鋸などを用いて角根部から切除し，切断面に止血の目的で焼きごてを当てる方法がとられる．

c．繁殖雌牛の育成

離乳後初回分娩に至る期間を繁殖雌牛の育成期という．この時期の成長は可塑性に富み，多様な成長パターンを設定することが可能で

ある．育成期の生長速度は春機発動（初回発情）と密接な関係にあり，日本の肉専用種では体重220〜240 kg，平均的な成長を示す雌牛ならば10か月齢程度で性成熟に達する．繁殖供用開始（初回受精）時の体格条件は体重300 kg，体高116 cm以上を目安にすることが望ましい．配合飼料価格の高騰等の経済的理由から初回分娩の早期化（今後10年間で24.5か月齢から23.5か月齢へ）が家畜改良増殖目標でもうたわれており，13か月齢前後からの繁殖供用開始が目標となる．一方で，育成期の成長速度を速めると骨盤の発達が不十分となり，難産の増加が懸念される．また，性成熟到達前後の濃厚飼料多給などによる高成長は乳腺組織の発達を妨げ，分娩後の泌乳能力を低下させる．この乳腺組織の発達不全の影響は，その後2，3産まで残るおそれがある．これらの条件を勘案した一応の日増体量の目安として，生後6か月齢までは日増体量0.9 kg/日以下，6か月齢から12か月齢の間は0.6〜0.8 kg/日，12か月齢から24か月齢は0.4〜0.6 kg/日として，12か月齢で体重300 kg，分娩時に400 kgに達することを目標として飼養する．

B. 肥育牛の飼養
a. 肉専用種の肥育

2011年の肉専用種の肥育開始月齢，開始体重，仕上げ月齢，仕上げ体重は9.5か月，298.1 kg，29.4か月，756.5 kgである．2011年に公表された家畜改良増殖目標での黒毛和種の平成32年目標値である，開始体重260 kg，終了体重710 kg（肥育終了24〜26か月齢）に比べて肥育期間が長期化し，出荷体重も大きい傾向があり，低コストで効率的な肥育を進める観点から適正な出荷体重およびいっそうの肥育期間の短縮が求められている．

通常の肥育においては，前期・中期・後期の三段階もしくは前期・後期の二段階にステージ分けされ，前期ではそれ以降の肥育期間に適応できる体づくりを重点に，後期では食い止まりに注意を払いつつ目標体重に向けた増体の確保と肉のしめ・締まりや脂肪交雑といった肉質の向上をめざした給与内容となる．そのため，肥育の前期では乾草や稲わら等の粗飼料を20％以上給与し，濃厚飼料は肥育後期に比べてTDN含量が低く，CP含量は高いものを与える場合が多く，後期では高TDN含量の濃厚飼料に粗飼料は稲わら主体で15％以下という場合が多い．黒毛和種去勢牛の肥育では，肉質，特に脂肪交雑の向上を目的にビタミンAの給与をコントロールする飼養法が近年一般化している．しかし，ビタミンAはウシの視力や発育，繁殖など，さまざまな機能を発揮するために不可欠な栄養成分であり，血中ビタミンA濃度を完全に制限すると食欲の減退に伴う増体の低下だけにとどまらず，水腫や視力の喪失といった病的状態を引き起こすリスクが増大する．このようなリスクを回避するため，肥育前期ではβ-カロテン含量の高い乾草を給与するかビタミンA剤を投与するなどして血漿中のビタミンA濃度を100 IU/dL以上に保ち，脂肪交雑の向上との関係が高い肥育中期（14〜22か月齢）において血漿中のビタミンAを30〜40 IU/dLを下限とし，40〜60 IU/dLを目安に制限する．なお，22か月齢を超えてのビタミンAの制限には肉質向上の効果がみられず，むしろこの期間の増体を確保するためにビタミンAは特に制限しない．ビタミンAに限らず，血液成分の情報は，肥育牛の栄養状態や健康管理に有用であり，乳牛同様に肥育期別のガイドラインに基づいた血液検査（代謝プロファイルテスト）を利用することにより肥育牛の群管理や飼料給与に有効な情報を得ることができる．

肉専用種の未経産雌牛は去勢牛同様に肥育することが可能であるが，去勢牛に比べ早期から体内に脂肪がつきやすく，後期の増体が抑制されるため皮下脂肪が厚く肉量が少ない仕上がりとなりやすい．また，繁殖に共用さ

れた後の雌牛を 8 ～ 10 か月ほど飼いなおして出荷する経産牛肥育も行われている．経産牛の場合，最初の 1, 2 産で肥育する場合は肉質の低下はそれほどではないが，産次が進むほど肉色，脂肪の色・質などの点で市場での枝肉評価が低くなる場合が多い．

b．交雑種の肥育

交雑種の利用は，本来，雑種強勢や両親となる品種のそれぞれの優良形質の補完を期待して行われるが，日本では乳牛の初産時の難産防止などの目的でホルスタイン種雌牛に黒毛和種を交配した交雑種がほとんどを占める．交雑牛の出荷時月齢・体重は 2011 年で 26.8 か月，795.7 kg であり，出荷時体重の大型化が進んでいる．

交雑種の肥育が肉専用種と異なる点は子牛の飼養管理である．体重 50 ～ 60 kg で健康な子牛を選定し，子牛が単胃動物的な状態から反芻動物に移行する離乳までの期間は，乾草よりも人工乳を十分に摂取させることが重要である．また，この時期の下痢や摂取栄養量の不足はその後の成長に大きく影響し，ひね牛とよばれるような発育不良を引き起こす原因となるので十分注意が必要である．育成期には筋肉，骨格および消化器官の順調な発育を促すために良質な乾草を粗飼料比 40 % 程度で十分に与える．

c．乳用種の肥育

交雑種の利用と同様に乳用種去勢牛の肥育も酪農からの副産物の利用であり，品種はほぼホルスタイン種に限られる．2011 年の乳用種去勢牛の販売時の生体重は 782.8 kg，月齢は 21.7 か月と肉専用種や交雑牛に比べ増体が早く，比較的短期間の肥育で出荷される．牛肉の輸入自由化以前は，さらにこれより早く 18 か月，700 kg 程度で出荷されていたが，輸入牛肉への対抗上肉質と肉量の増加をめざして肥育期間の延長が図られてきた．しかし，多くの場合，輸入飼料に依存した経営が多く，最近の飼料原料穀物の国際価格の高騰による配合飼料価格の上昇の影響を受け，その収益性は悪化している．

ホルスタイン種を用いるために育成期も含め増体速度は速いが，育成期の過度の濃厚飼料給与は，その後の肥育成績，ロース芯面積や脂肪交雑等枝肉形質の低下をもたらす．育成期（4 ～ 6 か月齢）は日増体量を 1.2 kg/ 日を下回らないようにしながら良質牧草乾草を十分に摂取させ，濃厚飼料の給与量を月齢程度に制限する．肥育前期にも引き続き給与飼料中乾物あたりで 20 ～ 25 % 程度の良質乾草を摂取させることにより骨格と消化器官の充実を図る．全肥育期間の給与飼料中のエネルギー含量は，TDN 含量で前期 71 ～ 73 %，中期 78 ～ 80 %，後期 84 % と段階的に高めることにより増体や肉量が良好となる．

C．種雄牛の飼養

種雄牛候補牛の直接検定は 7 ～ 8 か月齢で開始され 16 週間粗飼料を飽食給与，配合飼料はおおむね体重の 1.0 ～ 1.3 % を目安に朝夕 2 回給与で増体量，飼料摂取量，飼料効率などが調査される．そして直接検定で一次選抜された後，候補牛の精液が初回採取されてから子牛の産肉成績などの後代検定結果が得られるまで約 3 年にわたり待機種雄牛として飼養される．種雄牛は約 48 か月齢で成熟体重に達するとされ，この間は良質の粗飼料の給与と発育・栄養状態をみながら濃厚飼料の増減を行う．また，種雄牛となって以降の供用年限の延長のためには十分な運動を行い強健な足腰をつくることも肝要である．48 か月齢以降は維持に必要な栄養要求量の給与を基本に濃厚飼料や各種ビタミン，ミネラル類の適正給与に努める．このほかに一部ではあるが「まき牛」として供用される種雄牛も存在する．まき牛は，放牧地での自然交配が前提であるので放牧をとり入れた育成を行い，強健な肢蹄をつくるのに努める．通常，まき牛として使用した前後では若齢牛で体重の 5 ～ 15 %，壮齢牛では 15 ～ 25 % 程度の

体重減少が起こるため，次の使用までに十分な良質乾草と適正な濃厚飼料の給与により体重の回復を図る．特に成長過程にある若齢牛をまき牛利用する際には，体力の消耗を補い，適正な発育を維持するために1日あたり3kg程度の濃厚飼料の補給が必要である．近年，肉専用種においても発情兆候の微弱化や人工授精による受胎率の低下がみられることから，不受胎牛対策として公共牧場などでのまき牛の利用も一考に値する．

D. 新たな技術展開

肥育経営が大規模化する一方で，零細な繁殖経営からの子牛の供給が日本の肉専用種肥育を支えている．しかし，繁殖経営の経営者は高齢化が進み，畜産統計上も少数頭飼養農家の減少が著しい．これらの零細経営の補助（経営の外部化）のために繁殖農家から3〜4か月齢の離乳した子牛を預かり，子牛市場に出荷するまで飼養管理・育成する「キャトルステーション」の設立が，近年，とりくまれている．このような施設では，より早期から子牛を飼養するために，哺乳作業の省力化を目的に哺乳ロボットの導入も行われている．

地域資源と結びついた肉用牛飼養の新たなとりくみとしては，農産残渣やかす類などの「エコフィード」を活用したTMR調製・給与技術とその有効利用のためのシステムづくりも今後いっそう重要となる．特に肉用牛飼養が盛んな九州地域では，現在，焼酎かすを有効利用したTMRを肥育牛へ給与するとりくみが開始されている．また現在，日本において有効に食料生産に利用されるべき農耕地でありながら現在実際に耕作されておらず，再び農地として利用すべき面積が約3万haあるとされており，飼料イネ（イネWCS）や飼料米などの生産や電気牧柵を用いた小規模移動放牧などの耕作放棄地の畜産的利用が日本の農業に果たす役割が大きいといえる．加えて，放牧や自給粗飼料を多給した肉用牛の育成・肥育についても，代償性成長を活用した飼養方法が提案されており，さらに温暖な九州沖縄地域や本州無霜地帯で利用できる技術として，冬季でも葉色を緑に保持でき，葉部の伸長が可能で高栄養であるイタリアンライグラスを用いた周年放牧体系による放牧肥育技術や，子牛の初期栄養状態による遺伝子発現の可塑性（代謝生理的刷り込み）に準拠した粗飼料利用性の向上方式など新たな技術展開が模索されている．また，高齢化，健康志向，海外での食肉経験などを背景とした消費者嗜好の多様化に伴い従来の市場評価では，BMSナンバーの低さや脂肪色などにより低く評価されがちであった放牧や粗飼料多給により生産された赤身牛肉に対して，家畜の健全性やアニマルウェルフェア，香り成分や旨味成分などといった観点から新たな評価基準の提案が試みられている．

4.8.3 ウマ

A. 育成馬の飼養管理

出生から24か月齢頃までを育成期といい，さらに育成初期（出生から離乳（約6か月齢頃）まで），育成中期（離乳後から育成調教を開始する時期（約15〜18か月齢頃）まで）および育成後期（育成調教の開始から競走馬として取引されるまで（約24か月齢以降））に分けるのが一般的である．育成期におけるウマの発育は急速であり，特に軽種馬の場合，競走馬になるための基礎体力をこの時期につくる必要がある．一方で，この時期の骨は未成熟であり，過度の増体や運動は発育性の骨疾患（発育整形疾患（DOD））の要因となることから，個体に合わせた繊細な栄養管理が必要となる．

a. 育成初期における飼養管理

新生子馬は健康であれば出生後30分から2時間以内に起立する．出生時の体重は，重種馬で70〜80kg，軽種馬で50〜60kg程度である．軽種馬の出生時体重は成馬の約10%であるが，胎子の段階で骨が急速に伸

びるため出生時の体高は約 90 〜 100 cm であり，この値は成馬の約 60％である．胎子はウマの胎盤の構造的な特徴から，感染防御機能に必要な免疫グロブリンは獲得できないため，子馬には必ず初乳を摂取させる必要がある．初乳中の免疫グロブリン濃度は分娩後から時間経過とともに急激に低下する．また，子馬の腸管が免疫グロブリンを吸収する能力も減少し，分娩後約 24 時間でその能力は消失する．したがって，分娩後のなるべく早い時間（少なくとも 24 時間以内）に，子馬に 1 L 程度の初乳を摂取させる必要がある．

　乳中のミネラルやビタミンなどの栄養成分および子馬の哺乳量は分娩後 1 〜 2 週目以降，時間の経過とともに減少するので，離乳までの期間，哺育期子馬用濃厚飼料（クリープフィーディング）によって，ミネラルおよびビタミンを中心に栄養補給をする必要がある．ただし，この時期の急激な増体重や骨発育は運動器骨疾患の要因となることから，クリープフィーディングの目的は不足の懸念のあるミネラルおよびビタミンの補給と離乳後の給餌に対する準備と考え，濃厚飼料の多給は避ける必要がある．

　子馬が健康であれば生後 1 〜 2 週目くらいから小さな放牧地（パドック）に親子だけで放牧し，最初は短い時間からはじめて徐々に時間を長くしていく．放牧開始から 3 〜 4 週目くらいから他の親子のいる放牧地に移す．子馬を放牧することは，放牧地草に由来する栄養摂取以外にも，運動に伴う基礎体力向上，健全な骨や腱の発育を促す刺激を与える，社会性を養うなどの目的がある．放牧地の面積や草の植生は運動量に影響するため，適正面積を確保（4 ha 以上）し，適正な播種・施肥管理を実施するのがよい．

b. 離乳

　ひとつの放牧地の親子グループはおおむね同時期（日をずらせた離乳方法については後述）に離乳を実施する必要があるため，そのことを意識し放牧する親子グループ（例えば，早生まれと遅生まれなど）を構成しておく必要がある．離乳の時期はおおむね 6 か月齢前後が好ましく，その時期の前には子馬が濃厚飼料や牧草摂取に順応している必要がある．離乳以前のクリープフィーディングの段階から，親子はお互いの飼料を食べないような環境にすることが重要である．親馬が子馬の飼料を横どりすると子馬の栄養の補給が不十分になり，また親馬の飼料を子馬が食べすぎた場合，急成長による運動器の骨疾患の原因となる．

　離乳は子馬にとって恐怖・不安・寂しいなどの感情により大きなストレスとなり，しばらくは発育の停滞をもたらすので，極力ストレスの少ない離乳方法が好ましい．親子が群で放牧されている場合，一部の親のみを放牧地から引き抜くと，すべての親を群から離した場合に比較しストレスが少ないようである．

　この時期の馬体は，成熟時を 100 とした場合，軽種馬で体重は 46％程度，体高で 83 〜 84％程度である（表 4.5）．

c. 育成中期における飼養管理

　育成中期（離乳後から翌年夏・秋の騎乗馴致開始まで）の増体は，国内の馬産の中心である北海道・日高地区の厳寒期には若干の停滞がみられる．厳寒期の発育停滞は，春にその遅れを挽回する発育（代償性発育）をする．育成中期の日増体重は，成熟時体重が 500 kg の軽種馬で 0.4 〜 0.5 kg/ 日程度である．

　1 歳春から夏にかけて放牧地での運動量は活発になり，先の騎乗調教に向けた基礎体力づくりには重要な時期である．放牧地面積は運動量に影響することから 1 頭あたり 1 ha が理想であり，最低でも 0.4 〜 0.5 ha/ 頭あることが望ましい．春先から放牧地草の生長は急速になる（スプリングフラッシュ）が，ウマの放牧地としては好ましくない．ウマは短草を好んで食べるが，草丈の長いままの放牧地草の多量摂取はウマの消化器官に悪影響

表 4.5 ● 軽種馬の標準発育

月齢	体重 (kg) 雄	体重 (kg) 雌	体高 (cm) 雄	体高 (cm) 雌	胸囲 (cm) 雄	胸囲 (cm) 雌	管囲 (cm) 雄	管囲 (cm) 雌
生時	57	57						
1	97	97	110	110	101	101	13.1	13.1
3	166	166	123	123	122	122	14.9	14.6
5	225	225	132	131	136	136	16.0	15.6
7	275	267	137	136	146	146	16.9	16.6
9	310	301	141	140	153	153	17.6	17.2
11	335	328	144	143	158	158	18.2	17.8
13	364	364	148	146	163	163	18.5	18.1
15	408	408	151	149	168	168	18.8	18.3
17	437	430	154	153	172	171	19.5	18.9
19	449	442	154	154	173	173	19.6	19.0
27	461	444	159	158	175	174	19.8	19.2

を及ぼす．春先に急成長した牧草には易消化性炭水化物（フラクタンなど）が多く含まれ，これらはデンプンに近い栄養成分であり，摂取量が多すぎると易消化性炭水化物が大腸にオーバーフローしてきて代謝性アシドーシス（疝痛や蹄葉炎の原因となる）を引き起こす．このため，放牧地の草丈が長くなりすぎた場合，掃除刈を積極的に行うのがよい．

国内のウマの放牧地に使用される草種は，北海道ではチモシー，北関東以南ではイタリアンライグラスが多い．

育成馬の放牧形態の代表的なものは，昼間放牧（早朝から日没までの時間帯）と昼夜放牧（日中から翌日の早朝まで）がある．基本的には昼夜放牧は放牧地草がある時期（春から秋）にかけて実施するが，気温が非常に高温なときやアブが大量に発生しているときは，昼間は放牧せず日没前に気温が下がってから翌日早朝まで放牧する夜間放牧のほうが好ましい．放牧時間が長いほど運動量は多くなり，昼夜放牧の場合は 20 時間で 17〜18 km 程度の移動量がある．昼間放牧ではおおむね 1 時間に 1 km 程度移動している．放牧地においては，必ずウマが水を飲める場所を用意するべきであり，暑い夏の日差しや雨風をしのげる大樹やシェルターがあることが好ましい．放牧地草のみでは栄養摂取に不足がある場合は，収牧時に飼葉の給与を行う．

1 日の飼料給与量は体重の 2〜3 ％（乾物量）であり，濃厚飼料の給与量は多くても給与量全体の半分以下に抑える必要がある．飼料中の粗タンパク質含量は 10〜15 ％であるが，タンパク質を構成するアミノ酸のうちリジンは成長に重要であり，1 日に約 50〜60 g は必ず摂取する必要がある．また，正常な骨発育のためカルシウムとリンのバランスはカルシウム：リン = 1.7〜2.0 になるよう調整し，銅（日約 100 mg）と亜鉛（日約 400 mg）についても銅：亜鉛 = 1：3.0〜4.0 になるよう注意することが必要である．

この時期の蹄の管理も重要であり，1 歳馬の蹄壁は厚さを増し，蹄負面は拡張してくる．運動量や放牧地の不整により，蹄がアンバランスに損耗し肢への均等な負重が損なわれ，結果的に骨などの障害が発症する場合がある．したがって，定期的な削蹄（装蹄師に依頼）が不可欠であり，蹄の不整を早期に見つけるためにも，蹄負面の掃除（裏ほり）など

の日々の手入れは重要である．

d. 育成後期における飼養管理

後期育成期（約18か月齢以降）から，ヒトの騎乗のために，ハミ受け，胴締め，鞍置きなどができるように馴致が行われる．この頃の馴致には熟練した技術が必要であり，不適切な扱いはウマが人に対して不信感を抱き，コミュニケーションが難しくなり，その後に競走馬として十分なパフォーマンスを発揮する（騎手の指示をウマが受け取り競馬をする）ことができない懸念もある．したがって，この時期の馴致は非常に重要であり，ウマと人との師従関係は明確に教えながらも，ウマが従わない場合において根気よく納得させて従わせる必要がある．

育成後期は発育中（栄養管理上は24か月齢までが発育を考慮し，実際には完全に成熟に達するのは5歳頃であるとされている）であり，骨，筋肉および関節や腱は成熟しきっていないため運動の負荷は段階的に強めていく必要がある．給与飼料は基本的に濃厚飼料と乾牧草が主体となるが，濃厚飼料を過剰に摂取させて過肥にならないようにすること，消化器官の健康を考慮し最低でも体重の1％以上の牧草を給与することは重要である．また運動負荷に伴い必要量が増加する，カルシウムや電解質および各種ビタミンの不足がないように調整することも必要である．

B. 競走馬の飼養管理

競走馬の運動量は多大であり養分要求量も大きい．また，特殊な環境下で管理されているためストレスも多く，健康を維持し日々の運動をこなすためには，きめ細かな飼養管理が要求される．

競走馬に負荷される運動の強度は競馬サークル内ではハロンタイム（200 mを走破する秒数）で示され，競馬においてゴールに向かうときのもっとも高強度の運動は"ハロン11"（200 mを11秒で走破≒18 m/s＝65 km/hr）程度であり，競馬全体でもこれより大きく速度が遅くなることはない（約55 km/hr）．このような最大時運動の単位時間あたりのエネルギー消費量は常歩時の数十倍であり，このときのエネルギー供給源はおおむね筋肉内に貯蔵されているグリコーゲンである．ウマの体内に貯蔵されているグリコーゲンのうち90％は筋肉内にあり（残りは肝臓など），競馬時などは筋肉中グリコーゲンの4割程度が消費される．

ヒトではマラソンなどの長距離運動での疲労困憊は体内に蓄積したグリコーゲンの枯渇によるが，競走馬が疲労困憊に至る要因として筋肉内でグリコーゲンが利用され乳酸が生成するのと同時に水素イオンがつくられることに起因すると考えられている．競走馬のトレーニングの目的は心肺機能の向上，筋力増強以外に，筋肉内でつくられた水素イオンの速やかな緩衝力の獲得にもある．

競走馬の1日の可消化エネルギー要求量は28〜35 Mcalであり，この量は日常運動をしていないウマの要求量の2倍以上にあたる．競走馬の1日の乾物あたりの飼料摂取量は，体重の2.5〜3％とされているが，3％は摂取量の限界に近くこの量まで摂取できないウマも少なくない．したがって，単位あたりの可消化エネルギー含有量が高い濃厚飼料給与は必然であり，多いウマでは1日8〜9 kgの濃厚飼料が給与される．用いられる濃厚飼料はえん麦と配合飼料が中心となる．

濃厚飼料中の可消化エネルギー含量の大半はデンプンであるが，デンプンは小腸内でアミラーゼにより分解され短鎖の炭水化物として吸収される．しかしながら，給与した穀類のデンプンの小腸における消化吸収率が低い，1回あたりの飼葉量が多すぎるため消化管通過速度が速すぎるなどの理由により，デンプンが大量に盲腸・結腸にオーバーフローする場合がある．摂取した植物繊維は盲腸・結腸内にいる微生物や原虫により揮発性脂肪酸（酢酸，酪酸，プロピオン酸）に分解され

るが，デンプンの場合は乳酸につくり変わり栄養として吸収される．しかしデンプンの盲結腸への流入が多い場合，多量の乳酸が生成され，それに伴い消化管内の著しいpH低下を招く．これは代謝性アシドーシスとよばれ，疝痛や蹄葉炎などの原因になる．またタイイングアップ症候群（筋肉の痙攣のような症状，競馬サークル内の俗語で"スクミ"）といわれる疾患も，デンプンの大量摂取が原因で発症する場合がある．

飼料中の粗タンパク質は10〜12%とするが，馬用に市販されている飼料で給与計画を立てたとき，多くの場合にタンパク質給与量は要求量を上回ることが多い．これはウマの必須アミノ酸の要求量が不明であり，摂取される必須アミノ酸の一部が要求量に満たないリスクをなくすためであると考えられる．しかし，過剰なタンパク質給与は尿の排泄量を増やし，馬房内における空気中のアンモニア濃度を高め，ウマの気管などに悪影響を及ぼす．また，血中のアンモニア濃度が高くなり，エネルギー代謝を阻害する．このように，タンパク質の摂取不足よりも過剰給与による健康への悪影響のほうが懸念されるため，粗タンパク質の給与量は少なくとも飼料中18%を上回らないようする必要がある．飼料中のカルシウムは0.4%，リンは0.25%程度とする．競走馬は筋肉活動が盛んで疲労も激しいため，ビタミンEやB群の給与も重要である．また，ウマの汗中の電解質濃度は非常に高く，激しい運動で大量に発汗することで水分とともに電解質の損失も大きいので，飼葉にナトリウム，塩素を添加することは必須である．加えて牧草の給与量が少ない場合には，カリウムを添加する必要が生じる場合もある．

C．繁殖雌馬の飼養管理

繁殖障害を避け，受胎率を高率で維持させ，健康な子馬を生産するために，繁殖期にあるウマには体調を良好なものとする適切な飼養管理を行う必要がある．

a．繁殖雌馬の飼養管理

過去には太りすぎの繁殖雌馬の受胎率が低いことが強調されていたが，痩せているよりやや太り気味のウマのほうで受胎成績が好ましいことが報告されている．飼料給与量が養分要求量を適正に満たすようにすることや馬体重の測定で増体を確認することも大切だが，受胎に好ましい繁殖雌馬の飼料給与量は，ボディコンディションスコアで判断するのが適切である（表4.6）．ウマの必須アミノ酸の要求量は不明であるが，馬体のなかで脂肪のつきやすい頸まわり，肋部，背中および尾根部を触診や視覚でスコア化し，ウマの肉づきを点数化する方法である．ボディコンディションスコアの採点方法は数種類報告されているが，国内では1〜9点の九段階評価による採点法が普及している．また，前述した脂肪がつきやすい部位の選択も海外ではさまざま紹介されているが，肋部，背中および尾根部のスコアを平均化して評価するのがもっとも理解しやすく簡便である．肉用に肥育している場合や野生もしくはそれに近い状況で活動しているウマを除き，国内の飼養管理現場において，それらのボディコンディションスコアは小さくても4.0以上，高くても7.0程度である．軽種馬の繁殖雌馬では受胎に好ましいと考えられているスコアは6程度であり，5を切るようであれば栄養管理を改善することが急務となる．

ウマの妊娠期間は11か月であるが，妊娠5か月目以降から毎月，繁殖雌馬の養分要求量は右肩上がりに大きくなっていき，妊娠5，6，7，8，9，10，11か月の可消化エネルギー要求量は維持要求量の1.03，1.05，1.08，1.11，1.15，1.21倍となる．妊娠4か月以前は維持要求量と同程度の可消化エネルギーでよいことになるが，妊娠期のいずれの時期においても，栄養不足による早期流産もあるため十分な栄養管理を行う必要がある．

軽種馬の出産の多くは夜間であり，安全な

表 4.6 ● ウマのボディコンディションスコア

スコア	
1（削痩）	極度に痩せており，脊椎の突起や肋骨は顕著に突出している．き甲，肩，頸の骨構造が容易に認められ，脂肪組織はどの部分にも触知できない．
2（非常に痩せている）	痩せており，脊椎の突起や肋骨などが突出している．き甲，肩，頸の骨構造がわずかに認められる．
3（痩せている）	肋骨をわずかな脂肪が覆う．脊椎の突起や肋骨は容易に識別できる．尾根は突出しているが，個々の椎骨は識別できない．き甲，肩，頸の区分は明確である．
4（少し痩せている）	背に沿って脊椎の突起が触知できる．肋骨はかすかに識別できる．尾根の周囲には脂肪が触知できる．
5（普通）	背中央は平らで，肋骨は見分けられないが触れると簡単にわかる．尾根周囲の脂肪はスポンジ状．き甲周囲は丸みを帯びるように見える．肩はなめらかに馬体へ移行する．
6（少し肉付きよい）	背中央にわずかなくぼみがある．肋骨の上の脂肪はスポンジ状．尾根周囲の脂肪は柔軟．き甲の両側，肩周辺や頸筋に脂肪が沈着しはじめる．
7（肉付きよい）	背中央はくぼむ．個々の肋骨は触知できるが肋間は脂肪で占められている．尾根周囲の脂肪は柔軟．き甲周辺，肩後方部や頸筋に脂肪が沈着する．
8（肥満）	背中央はくぼむ．肋間の触知は困難．尾根周囲の脂肪は柔軟．き甲周囲は脂肪が充満．肩後方は脂肪が蓄積し平坦．
9（極度肥満）	背中央は明確にくぼむ．肋周辺を脂肪が覆う．尾根周辺，き甲，肩後方および頸筋は脂肪で膨らむ．ひばらは隆起し平坦．

出産を確認するためには出産の予兆がある場合は監視することが好ましい．

分娩後1～3か月の泌乳期は軽種馬のライフステージのなかでは，いちばんエネルギー要求量が大きくなる時期であり，その量は競走期に匹敵する．この要求量の増加は泌乳によるが，栄養の不足は子馬に与える乳の量や成分にも影響を及ぼし，受胎にも悪影響を及ぼす危険があるため，泌乳期の栄養管理にはさらなる留意が必要である．エネルギー以外にもタンパク質やミネラル，ビタミンについて要求量が増加するが，放牧地草が豊富な時期であれば，栄養価の高い牧草の摂取により必要な養分要求量がかなりまかなえる．

泌乳期は水分の必要量も大きくなり，泌乳の最盛期である出産後の1週間は1日に50～70 Lの飲水を行う．

泌乳量は分娩後1週前後がピークであり，その後，減少する．1日あたりの泌乳量は分娩後3～7週目までの1か月間は繁殖雌馬の体重の3％程度で推移し，その後，体重の2％程度まで減少して乳成分濃度も低下していく．

b. 種雄馬の飼養管理

繁殖期にある種雄馬の健康や性欲ならびに活発な精液の運動性を保つためには，適切な栄養と運動が必要である．どの程度の運動が適切かは議論があるが，種付け（繁殖）シーズンが終わっても気力が衰えない保健的な運動が望ましいと考えられる．したがって，現役競走馬であったときのような短時間の高強度運動よりも長時間の軽～中等度の運動が好ましいと考えられる．種雄馬の肥育は，性欲減退，造精機能の低下，精子の活性低下などの原因となるばかりではなく，代謝性アシドーシスによる食餌性の蹄葉炎や負重性の蹄葉炎の原因にもなる．

種雄馬が種付けシーズンに必要となるエネルギー量は，それ以外の時期にまったく運動を行っていないと仮定したときに比べて20％増になる．ミネラルやビタミンなど，他の栄養素についても種付けシーズンの養分要求量

は多くなり，特に繁殖能力に影響するビタミンEや精子形成に必須とされる亜鉛やタンパク質などの給与不足がないよう注意する．

種雄馬に与える養分要求量についてはあくまで参考とし，ボディコンディションスコアで飼料給与量を調整することが理想であり，スコアが6.0～6.5程度が適正だとされている．

D. 農用馬の飼養管理

農用馬には，肥育用，農耕用，輓用，駄載用，乗用などの用途がある．

a. 肥育馬の飼養

肥育馬に用いられる品種は，ブルトン，ペルシュロン，ベルジャン，それらを交配した中間種が主体となっている．近年の馬肉生産のための肥育は，消費者のニーズに合わせ1～2歳から開始し，半年から1年後には仕上げ目標に達する．肥育終了時の体重は900～1,200 kg程度である．肥育過程で濃厚飼料多給を行うが，この際，デンプンの過剰摂取を原因とする蹄葉炎や疝痛などの疾病を発症することが多い．また，肥育前の削蹄も蹄疾患予防のために重要である．

b. 農耕馬の飼養

濃厚飼料としては，大麦，トウモロコシ，ふすま，ビールかすなど，粗飼料としては稲わら，ライグラス類の乾草，ヘイキューブなどが一般に利用されている．飼料給与量は体重の2.0～2.5%程度で，濃厚飼料と粗飼料の比率を肥育段階に応じて調節する．

c. 乗用馬の飼養

乗用馬はスポーツ競技用から趣味に至るさまざまな場面で利用されるが，乗馬クラブの経営の立場，スポンサーがいるプロなど一部を除けばプレジャーホースといわれるように娯楽のための存在といえる．

ポニーや在来種のような小格馬から軽種，中間種に至るまで多くの品種のウマが乗用馬として利用されている．ウィークエンドライディングや騎乗技術の異なる騎乗者が頻繁に乗りかわること，競技のための輸送など，乗用馬が受けるストレスは高くなる可能性がある．

ミネラルやビタミンのバランスがとれたペレット飼料や栄養価の高いアルファルファヘイキューブなどを利用し，粗飼料と合わせた給与日量は，運動量に合わせ，体重の1.5～2.0%程度とする．一般に小格馬は太りやすく，濃厚飼料の過剰摂取を原因とする蹄葉炎を発症しやすいので飼養管理には注意を要する．また，パドックなどに放牧することは乗用馬をリラックスさせ性質を穏やかにするのに有効である．

4.8.4 ブタ

ブタは「一腹の産子数が多く，母豚あたりの年間出荷頭数が20頭前後，6か月で出荷体重115～120 kgに達する．ウシと比較すると飼料効率がよい，枝肉歩留まりが65%以上と高い」など，肉用家畜として優れた形質を備えている．2015年に日本の2人以上の世帯が消費した豚肉の量は約19.8 kgに達し，6.2 kgの牛肉，15.7 kgの鶏肉（ブロイラー）よりも多かった．また，牛肉と鶏肉が業務用や外食産業で消費される割合が高いのに対し，豚肉は家計で消費される割合が高い．良質の動物性タンパク質を安定的かつ安全に生産することが養豚産業の最大の目的であり意義なので，この目的に適った方法でブタを飼育しなければならない．さらに，繁殖用か肥育用か，発育ステージ，品種に応じて，適正な栄養条件や飼養環境は異なるので注意しなければならない．

A. 品種と経営・飼養形態

a. 主な品種

1960年頃までは，中ヨークシャー種やバークシャー種とその雑種が日本のブタの主要品種だった．現在，中ヨークシャー種の飼養頭数は激減し，希少品種となっている（2004年，肉豚として飼養された中ヨークシャー種の頭

数の割合は0.01%）．その後，デンマークを中心に発達してきた大型品種ランドレースが導入され，1965年にはランドレース種の種雄豚の頭数（48%）が中ヨークシャー種（40%）より多くなり，1970年には種雌豚もランドレース種（41%）が中ヨークシャー種（25%）より多くなった．また，大ヨークシャー種の導入も進み，1970年には種雄豚の12%が大ヨークシャー種になった．現在，日本では，アメリカ原産のデュロック種も多数導入され，2004年の種雄豚の60%はデュロック種で，2番目に多かったバークシャー種の9%を大きく引き離していた．現在，ランドレース種（雌）×大ヨークシャー種（雄）あるいは大ヨークシャー種（雌）×ランドレース種（雄）の交雑種の雌にデュロック種の雄を止め雄として交配する三元交雑種（LWD種あるいはWLD種という）の肉豚が広く普及している．

純粋種と比較し，三元交雑種には，雑種強勢による強健な体質という利点がある．さらに，大ヨークシャー種には「赤肉の割合が高い」，ランドレース種には「背脂肪が薄い」，デュロック種には「筋肉内に適度の脂肪交雑が入る」などの特徴があるので，三元交雑種を利用すれば，これらの特徴を兼ね備えた肉豚が生産できる．2014年，加工仕向けとして消費された豚肉の割合は24%で，業務用あるいは外食用として消費された28%，家計消費された48%よりも低い．日本ではテーブルミート（精肉）として消費される豚肉が多いので，このような傾向になっており，加工品の消費が多いヨーロッパやアメリカとは異なる．このような消費動向の違いが三元交雑種が肉質の面で主流になっている一因といえよう．

イギリス原産のバークシャー種は「黒豚」として知られているが，筋線維が細いので肉のきめが細かいなど，肉質に特徴がある．

b. 経営形態と飼養形態

日本の養豚の経営形態には，子取り経営，肥育経営，一貫経営の3タイプがある．子取り経営では，繁殖雌豚を妊娠出産させ，肥育素豚となる子豚を市場に出している．肥育経営は肥育素豚を導入して肥育し，出荷まで飼育する経営である．一貫経営では，これらの2つの経営を一貫して行っている．近年，子取り経営の割合は激減している．1976年には子取り経営戸数は全体の54%を占めていたが，2009年には14%にすぎなかった．一方，1976年に20%だった一貫経営の割合は，2009年には72%にまで増えた．

飼養環境の清浄度によって，日本の養豚産業の飼養形態は，コンベンショナル養豚場とSPF養豚場に分類できる．SPF養豚場は，SPF（specific pathogen free）豚を飼育している養豚場のことで，特定の疾病が存在しないブタをSPF豚という．日本SPF豚協会は，トキソプラズマ感染症，豚赤痢，オーエスキー病，マイコプラズマ肺炎，萎縮性鼻炎の5つを規制対象にしている．SPF豚は，疾病のストレスが少ないので発育が早く，薬剤への依存度を低くできる．2012年9月現在，約190のSPF認定養豚場があり，日本で出荷される肉豚の約10%をSPF豚が占めている．

B. 子豚期の飼養

a. 新生期から哺乳期

ブタの生時体重は1.5 kg程度で，被毛が少なく皮下脂肪も薄く，寒冷環境にきわめて弱い．生まれた直後の子豚の適温域は34～35℃なので，保温用のヒーターやランプ，保温箱などを使う．一方，子豚の適温域は発育とともに低下し，1週間あたり2～3℃温度を下げてもよい．子豚がちらばって眠っていれば適温と判断できるが，重なり合って眠っているようだと温度が低すぎると判断する．出生直後の子豚は貧血になりやすく，2～3日齢のときに鉄剤を筋肉内注射する．3週齢頃までの子豚の消化管では，乳に含まれるカ

ゼインなどのタンパク質，ラクトース，脂質を消化する酵素の活性が高いので，乳を主な栄養供給源にできる．一方で，授乳中の母豚の負担軽減，子豚の頭数が多いときの栄養補給，さらに粉状の飼料に慣れさせて子豚をスムーズに離乳へ導くために1～2週齢から人工乳を給与する．この時期は子豚の免疫能が十分発達していないので，初乳に含まれるIgGなどの免疫グロブリンを摂取させる．初乳を介して子豚が受けた免疫は2～3週齢時に急速に低下するため，この時期の子豚は疾病にかかりやすい．産子数が多い場合や母豚の体調不良などの事故の場合，分娩日が近い他の母豚へ里子として出すこともできる．また，肉豚用の雄は哺乳期間中に去勢する．

b. 離乳期

子豚の消化管機能の発達を考慮して，5週齢～2か月齢で離乳させる時期が続いたが，現在，子豚は3～4週齢で離乳させる．これは，離乳前後の子豚に給与する人工乳，離乳豚舎の環境，疾病対策などが改善された成果である．また，母豚からの移行抗体が持続している2週齢までに離乳して隔離飼育し，疾病を防ぐ早期離乳隔離飼育（SEW）がとられることもある．「母豚からの分離」「他の腹の子豚との群編成」「移動と環境の変化」などを経験する離乳は，子豚にとって最大のストレスなので，離乳後の管理や人工乳の給与方法には十分注意する．離乳したのち，体重が10～12 kg程度になるまでは，脱脂粉乳やホエイ，加熱処理した穀類，有機酸やプロバイオティクス（生菌剤）を原料とした人工乳を給与する．この時期の子豚の適温域は25℃前後なので，保温が必要なこともある．その後，穀類からの炭水化物や植物性のタンパク質を消化吸収できるように，消化管機能が発達してくるので，体重が30 kg程度に達するまでは，加熱処理した穀類や加熱処理した大豆かすを主な原料とした人工乳を給与する．

C. 肥育豚の飼養

子豚の体重が30 kgを超えると肥育期に入り，肥育豚とよばれるようになる．肥育期はさらに，肥育前期（体重30～70 kg）と，肥育後期（体重70 kg～出荷）に区分される．1990年代前半まで，出荷体重は105～110 kgが適当とされていたが，消費者の嗜好の変化や枝肉格付基準の変更があり，近年では115～120 kg程度で出荷されることが多い．肥育前期と後期では，肥育豚の生理的状態が変化する．肥育前期は筋肉の発達が盛んで，肥育後期は脂肪の蓄積が増えるので，給与する飼料など，飼養管理方法も変わってくる．

a. 肥育前期

肥育前期は筋肉の発達速度が最大になる．NRCの飼養標準2012年版によると，1日あたりのタンパク質蓄積速度は，体重60～70 kgあたりで最大値を示し，その後は漸減する．したがって，肥育前期にはタンパク質蓄積能力（筋肉蓄積能力）を最大限発揮させるような飼養管理が必須になる．骨の発達も最大になる時期なので，アミノ酸はもちろんのこと，ビタミン，ミネラルなどの栄養素を不足させてはならない．

b. 肥育後期

肥育後期は増体速度が最大の時期だが，肥育前期と比較してタンパク質の蓄積量は低い．一方で脂肪の蓄積が盛んになる．去勢雄の1日増体量は1,000 gを超えることもあるが，エネルギー価が高い脂肪の蓄積量が多く，体重増加に伴って維持に必要なエネルギーも増えるので飼料効率は悪くなる．また，枝肉形質をよくするため，過度の脂肪蓄積を防ぐ飼養管理が求められる．飼料給与方法としては，給与する間隔や給与する量により，不断給餌，制限給餌，間欠給餌が挙げられる．不断給餌は，常に給餌器に飼料が入っている方法で，もっとも省力的で増体も速く，同一群内の増体も揃いやすい．一方で，脂肪蓄積が

多くなる懸念があり，給餌器からの飼料のこぼしや残飼が多いと無駄が多くなってしまう．過度の脂肪蓄積を防ぎ飼料効率を改善するためには制限給餌も有効だが，群内の個体の飼料摂取量と増体が不斉一になりやすい．また，制限給餌ではブタが必要とする飼料の量を計算しなければならず，飼料給与の労力も大きい．間欠給餌は，不断給餌と絶食を交互にくり返す方法で，例えば，3日間不断給餌を続けた後に1日間絶食させるという方法がある．

c. 肥育豚の群飼

養豚産業では群飼（群を編成して同じ豚房内で飼育する）が一般的な方法である．肥育豚の場合，群のサイズは10頭程度が望ましく，最大でも20頭を超えないようにする．1頭あたりに必要な豚房の床の面積は体重によって異なるが，体重60 kg程度の肥育前期豚で0.7 m^2，体重100 kg程度の肥育後期豚で1.0 m^2が基準になる．飼育密度が高すぎると個体間の距離が短くなり，ストレスによる闘争行動が多くなるほか，疾病，増体の遅延と不斉一な増体の原因になる．去勢雄は飼料摂取量が多く，雌に比較すると増体も速いので，同じ群内に去勢雄と雌が混在している場合，同時に出荷すると枝肉の大きさが不斉一になる．解消するためには，去勢雄と雌は別の群にして飼育する必要がある．また，去勢雄と雌では栄養素の要求量が異なるため，去勢雄用と雌用の飼料を別々に準備するのが理想的であり，給与飼料の精密化という観点からも，雄と雌は別の群にして飼育するほうがよい．

d. 枝肉の格付

豚枝肉は，日本食肉格付会が定める枝肉取引規格に基づいて格付けする．最初のステップは「枝肉半丸重量と背脂肪の厚さによる等級の判定表」による判定で，次いで枝肉の長さや広さなどの外観，肉のしまりや肉色などの肉質の各項目の条件によって等級が決められ，極上，上，中，並，等外の五等級に格付けされる．上と判定される枝肉は，枝肉の半丸重量が32.5 kg以上，40 kg以下，背脂肪厚は，1.3 cm以上，2.4 cm以下になっている．

D. 繁殖豚

a. 繁殖雌豚の育成

繁殖に使用する雌豚は，体重60～70 kgから繁殖豚として育成する．過度に脂肪が蓄積すると，肢蹄がダメージを受け繁殖成績にも悪影響を及ぼすので，肥育豚用の飼料と比較するとエネルギーの含量が低い繁殖雌豚用の専用飼料を給与する．群飼で制限給餌する場合は，群内のブタの飼料摂取量にばらつきが出ないように飼料給餌器などを考慮する．最初の発情は7か月齢あたりで観察できるが，排卵数が少ないので，通常は見送ることになる．さらに，繁殖用雄と比較して体格が小さすぎるので，この段階の自然交配は難しい．2回目あるいは3回目の発情から繁殖に供するのが一般的で，8か月齢，体重120～130 kg前後が目安になる．繁殖用に育成中の雌豚を群飼するときは，一群あたりの頭数は6頭前後が適当で，放牧などにより十分運動させるのがよい．

b. 妊娠豚

2産次体重150 kgの妊娠豚の可消化エネルギー要求量を，日本飼養標準・豚2013年版に則って計算すると，1日あたり6.37 Mcalとなる．可消化エネルギー含量が，1 kgあたり3.1 Mcalの妊娠雌豚用飼料を想定すると，1日あたりの給与量は約2.2 kgになる．このように，妊娠雌豚に給与する飼料の量は，産次，体重，給与する飼料のエネルギー含量によって調整する．妊娠中のブタは，摂取した栄養素を胎子の発育に分配するよう調節機構が働いているが，育種改良で産子数が増えたので，不斉一な産子の生時体重が問題になることもある．この問題を克服するために，妊娠期間中に飼料を増給する効果について，研究が盛んになっている．飼料を増給する時

期と量は，目的と妊娠豚の状態に応じて調整が必要で，最近の研究によると，妊娠中期（妊娠25～50日程度）の増給やアルギニン強化飼料の給与は産子数を増やす効果がある．冬季は気温が低く，妊娠豚のエネルギー要求量が高くなるので，20%程度増給するなど工夫する．

c．授乳豚

授乳中の1日あたりの乳量は，泌乳ステージによって変化し，分娩後3～4週で7～10 kgと最大になる．初産時は少なく，産次が高くなると乳量も増え，3～5産目で最大となる．授乳中は，母豚の体の維持と泌乳のために栄養素の要求量が高くなる．したがって，育成期や妊娠期に給与する飼料よりも栄養価の高い飼料を給与する必要がある．また，体に蓄えた栄養素を動員するので，飼料を十分摂取しても，授乳期間中に母豚の体重は減少してしまう．夏季の暑熱環境など，何らかの理由で飼料を十分摂取できないときは，体重減少の程度は大きくなり，離乳後の発情回帰が遅延するなどの問題が生じる．発情回帰の遅延などの問題を防止するためには，授乳期間中の体重減少を10～15 kg（あるいは5～10%程度の体重減少）にとどめることが望ましい．分娩後の母豚の体重と想定される泌乳量から，可消化エネルギーの要求量が計算できるので，それぞれの母豚に適したきめ細かな管理が求められる．

d．繁殖雄豚

種雄豚は，8か月齢，体重120 kgを目安に使用開始する．これより早く使用することも可能だが，精子数が少なくなるなど問題が生じる．使用頻度は，1か月あたり6～7回が一般的である．飼料の過剰給与による過度の脂肪蓄積は，交尾欲の減退，雌豚の負担増大などの原因となる．一方で，エネルギーやアミノ酸の摂取量が低すぎると，精液量や精子数が低くなるので注意しなければならない．使用頻度の高い種雄豚には飼料を増給することも必要になる．夏季の暑熱環境は雄豚の造精能力を低下させるが，風通しをよくする，水滴で雄豚を冷却する（ドリップクーリング）などが対策となる．

E．ワクチン接種と免疫学的去勢

現在，日本国内で実用化されている豚用のワクチンには，豚丹毒ワクチン，日本脳炎ワクチン，マイコプラズマ感染症ワクチン，萎縮性鼻炎ワクチン，豚オーエスキー病生ワクチン，サーコウイルスワクチン，豚繁殖・呼吸障害症候群（PRRS）ワクチンなどがある．それぞれのワクチンには，製品によって適正なワクチネーションプログラムが設定されており，それらに従って接種しなければならない．免疫学的な去勢技術が近年開発され，生産現場でも利用されている．従来の外科的去勢による子豚のストレス，痛み，事故などを防止することができる．

F．養豚における飼料自給率向上のとりくみ

2015年3月に策定された食料・農業・農村基本計画では，2025年までに飼料自給率を40%にまで高めることが目標とされており，飼料用米が配合飼料の原料として注目されている．肥育豚用の飼料を対象に，トウモロコシをはじめとする輸入穀物を飼料用米で全量代替するための技術開発が進んでいる．肥育豚用の飼料に飼料用米を50%程度配合しても，ブタの飼養成績は良好という結果が得られている．また，離乳子豚用の人工乳に飼料用米を活用するための技術開発もはじまっており，飼料用米を給与すると子豚の飼料摂取量が増えるという結果が得られている．

食品残渣を肥育豚用の飼料に活用するとりくみがはじまったのは，飼料用米を活用するとりくみよりも早かった．食品残渣の利用を推進するために，一定の基準を満たした飼料を「エコフィード」として認証するエコフィード認証制度が2009年からはじまった．2011年からは，認証エコフィードを給与した家畜

から生産した畜産物について，一定の要件を満たしたものを「エコフィード利用畜産物」として認証する制度もはじまった．

4.8.5. ヒツジ・ヤギ

ヒツジとヤギについては共通する部分も多いが，異なる部分も少なくない．このため，本項では共通する部分をベースに解説し，それに両者の異なる部分の解説を加えることとしたい．また，それぞれは品種が非常に多く（ヒツジ 1,313，ヤギ 570），品種特性もさまざまであるため，ここでは日本の主要品種であるサフォーク種ヒツジおよびザーネン種ヤギを念頭において記述する．

A. 行動習性と管理

a. 群集性

いずれも群集性を有するが，ヒツジは 1,000 頭規模の大きな集団を構成することがあるのに対して，ヤギは家族レベルの 10 頭程度の小さな群を構成する傾向がある．また，一般的にヤギは体高が高く，ヒツジよりも気性が強いほか，嗅覚が発達していて良質な飼料を見分ける能力に長けていることから，ヒツジの群に混ぜ，リーダーとしてヤギを誘導することでヒツジの群をコントロールしたり，嗅覚に優れるヤギが良質草地にヒツジを誘導することで群全体の栄養状態をよくさせるという利用もされている．

こうした群集性がある一方で，特にヤギでは群内で順位性に基づく個体間の闘争があるので，新たな個体を群に導入する場合には闘争による消耗やケガを抑制するため，いきなり大きな群に入れないように注意すべきである．

b. 脱走，脱柵

食性による行動パターンの違いに由来するものと考えられるが，ヤギはヒツジに比べて，後足で立ち上がる，乗り越える，飛び越える，くぐり抜けるということが得意であることから，畜舎や牧柵から脱走する可能性が高い．このため，牧柵の高さ（120 cm 以上），ワイヤーなどの強度（足をかけて変形しないこと），柵の間隔に注意を払う必要がある．

c. 管理

去勢のほかヒツジでは断尾，ヤギでは除角が必要となるが，これらの場合，アニマルウェルフェアの観点から麻酔をしたうえで行う必要がある．子畜の局所麻酔の場合には 0.5% のリグノカインを 1～2 mL 注射するか，鎮静剤を多めに投与して行う．

去勢については，外科処置またはゴムリング装着により行うが，陰茎の構造が S 状に曲がっていることや先端に細い尿道突起が付着しているなど尿道結石を起こしやすくなっているため，あまり早期に行うとペニスすなわち尿道の太さが十分に発達せず，尿道結石を誘発しやすくなるので，3 か月齢以降に行うのが望ましい．

断尾については，ヒツジにおいてゴムリングを尾の付け根または陰部が隠れる位置の関節部に生後早い時期に装着することによって行う．

除角については，ヤギにおいて 2 週齢までに除角器や苛性ソーダで角芽をとり除くことが一般的に行われている．この場合，角の生える前の段階で角の有無を判定するには，角の生える部位に毛が旋毛となっているかどうかで判断し，旋毛のあるものが有角である．

また，これら去勢，断尾，除角のほか耳票装着，耳刻，入墨といった外科的処置を行った場合には，破傷風になる可能性があるため，処置と平行して血清（抗毒素）を 4 mL/頭を投与すべきである．

削蹄については，蹄がそうかたくないので 2 か月に 1 回程度，植木用の剪定ばさみやナイフで伸びすぎた部分を切りとればよい．

B. 飼料嗜好性

飼料嗜好性における大きな違いは，ヒツジがウシと同様に牧草（草本）に対する嗜好性の高いグレイザー（草本採食動物）であるの

に対して，ヤギはシカと同様で樹木（木本）に対する嗜好性の高いブラウザー（木本採食動物）であるという点である．このため，林地に近い耕作放棄地の林地化を防ぐという観点から，ヤギは芽の出た若木を好んで食べるため有用性が高い．さらに，ヤギは樹木だけではなく，タンニン含量の多い草本も苦にせず食すため，ヒツジとヤギを混牧することによって放牧地の利用性を高くすることができる．また，ヤギは単純な飼料に飽きやすいため，放牧では野草地のほうがよく，濃厚飼料もペレットのほうが選り好みを防ぐことができる．

C. 栄養

NRC が「小型反芻家畜（ヒツジ，ヤギ，シカ，ラクダ類）の養分要求」（2007）を公表しているほか，ヒツジについては日本飼養標準（1996）も作成されている．日本でのヒツジおよびヤギの用途としては，ヒツジは肉用として，ヤギは乳肉兼用として利用される場合がほとんどとなっているので，増体量や乳量に合わせた給与量の計算が必要である．また，飼料効率は個体差が大きいため，ボディコンディションをみながら給与量を調整することも必要である．

ミネラルで特に気を付けなければならないのは銅で，ヒツジは銅が肝臓に蓄積しやすい特徴がある．ヒツジの銅必要量は 5 ppm であり，中毒量は 25 ppm である．

給水については軽視されがちであるが，汚れた水は各種疾病の原因となり，特に飲水量の減少により尿石症の原因ともなる．

反芻家畜全般にいえることであるが，ルーメンの微生物叢は飼料の急変など環境変化によって，乳酸その他の有機酸やガスを大量に生産し，アシドーシスや鼓脹症などを引き起こす可能性が高い．このため，飼料を変える場合には，2～3 週間程度かけて徐々に行うべきであり，春先の放牧開始時期も同様で，放牧時間を徐々に長くするなどの調整が必要

である．

D. 繁殖

a. 交配計画

改良すべき形質の遺伝率を念頭に置いて交配計画を立てるべきで，一般的には体格的な形質は遺伝率が高く，短期的に改良が可能であるのに対して，繁殖性や泌乳性に関する形質は遺伝率が低く，改良に時間がかかることを知っておくべきである．ヤギにおいては無角遺伝子（優性）がホモになった場合に雌のみが生殖機能のない間性になってしまうので，無角どうしの交配は避けるべきであり，ヒツジについては後述するスクレーピー抵抗遺伝子の遺伝型がわかるのであれば感受型の個体が生産されない組み合わせにすべきである．

b. 発情

品種によっては周年繁殖のものも存在するが，サフォーク種ヒツジおよびザーネン種ヤギはいずれも秋（日長の減少期）に発情するという季節繁殖である．発情周期はヒツジが 17 日に対してヤギは 21 日であり，妊娠期間はヒツジが 147 日前後に対してヤギは 151 日前後という違いがある．近年では黄体ホルモンを用いた季節外繁殖技術も実験的ではあるが確立されている．また，雄畜効果として，雌畜の側に雄畜を置くことによって発情周期の開始時期，すなわち繁殖季節の開始が早まることも知られている．

c. 流産

妊娠の維持に関して，ヒツジは黄体ホルモンの放出が妊娠中期以降に卵巣（黄体）から胎盤に移行することによって安定するのに対して，ヤギは妊娠期間を通じて卵巣（黄体）のままであることから，不安定で流産しやすいといえる．一般的にヒツジおよびヤギが流産しやすい時期としては，受精卵の子宮への着床時期である妊娠 35～45 日頃と胎子が急激に発育する妊娠 90～115 日頃である．

d. 妊娠期間中の管理

胎内の胎子が大きく発育するのは妊娠 90 日以降であるため，妊娠初期から中期にはそれほどエネルギーが必要とならない．このため，妊娠中期まではエサを与えすぎて過肥にしないよう注意が必要である．過肥にすることによって腹腔内に脂肪が蓄積し，腹腔内容積を狭めると，胎子が大きくなるにつれ胃袋を圧迫し，十分な餌がとれなくなるため，ケトーシスや妊娠中毒を引き起こすリスクが高まる．また遺伝的資質もあるが，過肥で狭まった腹腔内で胎子が大きくなることで腹圧が高まった結果として腟脱が起こることがある．

E. 人工授精

a. 発情兆候の発見

体格が類似しているため，ヒツジとヤギでは腟鏡など共通の器具を使用することができるが，発情兆候には大きな違いがある．具体的には，発情兆候についてはヒツジでは不明瞭であるため雄羊にマーキングハーネスを着用させて発情を確認する必要があるが，ヤギでは外陰部の腫脹・発赤，腟粘液の増加，尾を振る，鳴くなど多くの兆候がみられる．

b. 発情持続時間および授精適期

発情持続時間については個体により幅はあるが，ヒツジでは平均 30 時間であるのに対してヤギでは平均 35 時間であり，排卵はいずれも発情後期に起こるので，授精は発情開始 1 日後以降がよい．

c. 精液注入および希釈液

子宮頸管はヒツジでは襞が深く，頸管が長いのに対してヤギでは襞が浅く，頸管が短いという違いがあるため，ヤギでは頸管への深部注入が容易である．凍結精液の希釈液に卵黄を使用する場合に，ヤギでは精液中にフォスフォリパーゼが含まれているため，卵黄中の脂質と反応して凝固してしまうことから，脂肪分をとり除いた卵黄パウダーを使用するなどの注意が必要である．

F. 分娩・助産

基本的に安産であり，助産を要するものは多くないが，いずれも双子，三つ子が多いことから，母畜の体が十分に発達していない初産時には難産となり母子ともに死なせてしまう可能性がある．このため，初産分娩時には十分に観察し，いつでも助産できるようにしておくべきである．

分娩時間帯はヤギでは昼間（6 時〜18 時）に産む割合が高く，㈳家畜改良センター長野牧場（現 茨城牧場長野支場）のデータでは 82.1 ％に達するが，北海道立滝川畜産試験場（現 ㈱道総研 畜産試験場）のデータによるとヒツジでは 54.6 ％と特に昼間に生むという傾向はみられない．後産については通常分娩 3 時間以内に排出されるが，14 時間経っても排出されない場合は獣医に連絡するべきである．生まれた子畜については臍帯をヨードなどで消毒するとともに奇形等の異常がないか確認しておく．

G. 哺育・育成

a. 子畜の蘇生

分娩直後は低体温症や低血糖症に陥りがちであるので，それに合わせた処置を行う必要がある．低体温症に陥ると自発的にミルクを飲むことができないので，体を濡らさないようにビニール袋に入れたまま温湯に浸けて体温を上げた後，初乳を与えるとよい．また，生後 6 時間を経過した場合には，低体温症だけではなく低血糖症にも陥っている可能性があり，衰弱がひどい場合には急激に体を温めてしまうと症状が悪化してしまう場合があるので，まず 40 ℃に温めた 20 ％ブドウ糖液を腹腔に 10 mL/kg 程度注入後，温めるべきである．

初乳については，子畜が免疫グロブリンを吸収できるのは生後 12 時間までがピークであり，その後，生後 24 時間までに吸収能力は急激に低下することに留意して早い段階に確実に与えるべきである．

b. 育成時

育成段階でヤギ，特にザーネン種において気を付けなければならないのは早熟であるため，離乳後，速やかに雄と雌を分けないと，春機発動期に妊娠してしまうことが起こりうる．また，ヤギは狭い房に閉じ込めておくとストレスがたまり，ジャンプして飛節をフェンスに引っかけるなどの事故を起こしやすい．離乳については，早期離乳を行う場合，固形飼料や乾草を生後1週間程度から自由摂取させておき，人工乳などの採食量を観察しつつ体重10 kg程度，2か月齢頃に行うことができるが，多頭飼育の場合が多いヒツジでは手間がかかるので，無理をせず3～4か月齢で行ったほうがよい．自然哺乳する場合にも同様に固形飼料や乾草は生後1週間程度からクリープフィーディングにより自由摂取できるようにしておくと，反芻胃の発達がよく，早く離乳できるようになる．

また，肉用として屠殺する場合，12か月齢以上の場合にはTSE（伝達性海綿状脳症）のスクリーニング検査を受けなければならないので，誕生時期を証明できるよう血統登録を行うか，出生確認書を得ておくことが望ましい．

H. 疾病

a. 疾病，体調不良の発見

ヒツジ，ヤギとも小型草食家畜共通の「体調の悪さを外にみせない」という特徴を有していることから，行動（歩様，歯ぎしりなど）や表情・姿勢の変化（耳，目等，背を丸める）に敏感に気付くようにしないと手遅れになる可能性が高い．また，飼養者は主要疾病について，ある程度知識を蓄えておくべきであり，少なくともアシドーシス，硝酸態窒素中毒，鼓脹症などの症状，応急処置および予防について心得ておくことは事故率や斃死率を下げるという観点から重要である．

b. 寄生虫等

線虫，条虫，肝蛭については，これらが薬物抵抗性を獲得しないように，駆虫薬は3グループの薬品でローテーションするよう心がける．また，ヤギはヒツジより薬物代謝が速いためイベルメクチンは同量でよいが，レバミゾールやベンジミダゾールはやや多め（1.5倍）に与えたほうがよい．ヤギはブラウザー（木本嗜好動物）であることから，木本を飼料として与えた場合に，木本に多く含まれるタンニンによって寄生虫がかなり抑制されることが知られている．

コクシジウムについては，子畜に徐々に抵抗性を獲得させれば問題は起こらないが，抵抗性がつくまでに濃厚感染させると下痢などを起こすので，子畜を別の房に順次入れ替える場合には，それぞれの房が清潔な状態になるよう汚染されている敷料の交換を忘れず行うべきである．

腰麻痺については，ウシを中間宿主としてカにより糸状虫が運ばれるため，カの飛翔範囲（通常数km）にウシが飼われている場合には，カの発生時期に予防として，イベルメクチンを月1回程度注射（0.02 mL/kg皮下）すべきである．乳用ヤギの場合には，こうした予防注射を行うとミルクが出荷できなくなるため，予防注射は行わず，夜間は畜舎（カの駆除のされたもの）に収容し，蚊取り線香をたいたり，カの侵入を防ぐよう網戸にしておくなどの対策をとればよい．しかし，この場合においては，歩様などを毎日観察し，症状の出た場合はただちに治療を行うとともに，症状が出ない場合においても乾乳段階で一度は駆虫しておくべきである．

c. 代謝性異常

アシドーシスや鼓脹症に関しては，左腹を押した感触（触診）でかなりの部分が把握できるが，ヒツジはヤギよりも皮下脂肪が厚いことおよび毛が長く縮れていることからややわかりにくい．具体的な感触としては，正常ではスポンジ状の感触であるのに対して，アシドーシスの場合には水枕のようなジャブ

ジャブした感触になり，鼓脹症の場合には風船のような空気の張った感触になる．応急処置としてはアシドーシスでは重曹50〜100gを1L程度のぬるま湯に溶かして与え，鼓脹症の場合は左腹をさすりながらカテーテル等でガスを排出させるとともに消泡効果のある食用油などを100〜200mL飲ませる．

乳房炎については，搾乳ヤギにおいてはウシ同様に発生するので，搾乳前の乳房の清拭やディッピングをしっかり行うべきであり，発症した場合の治療薬や機具などについてはウシ用のものをそのまま使うことができる．

硝酸態窒素中毒は白菜やキャベツなどの野菜を多く与えた場合に発生しやすい．貧血の症状や採血した場合に血液がチョコレート色に変色していることにより判断できる．治療は2〜4%メチレンブルー液を10mg/kgまたはビタミンC 5〜20mg/kgを静脈注射することにより行う．

d．感染性疾病

共通の感染性疾病としては，細菌性のヨーネ病および乾酪性リンパ節炎（CL）が重要である．ヨーネ病に関しての詳細や対応に関してはウシを参考されたいが，ヒツジやヤギでは下痢はウシのように起こらないことや，ヤギはヒツジよりも抗体形成時期が早いという違いがある．乾酪性リンパ節炎については，海外ではワクチンが生産されているものの，治療法はなく，また菌の環境抵抗性が高いことから，予防に努めるとともに発生した場合には淘汰すべきであり，膿汁などで環境を汚染しないよう最大限の注意を払うべきである．また，本菌はヨーネ病，結核と類属反応が出ることを知っておかないと，この疾病が届け出伝染病であるのに対して，ヨーネ病および結核は法定伝染病（家畜伝染病）であるため，さまざまな強制力をもった措置が要求されるので注意が必要である．

ヤギで生じる山羊関節炎脳脊髄炎（CAE）はウイルス性の届け出伝染病であるが，国際的に感染の広がっている重要な疾病である．この疾病についても治療法はなく淘汰しか対応策はない．このウイルスはリンパ球を通じて乳汁や唾液から感染するため，母畜からの隔離や乳汁の殺菌または人工初乳などの給与が必要である．この疾病の特徴として，感染した子ヤギは生後2〜3か月齢までは抗体反応を示すが，6か月齢頃に反応が消えて擬陰性となるため，陰性と誤りがちであることを知っておく必要がある．

TSE（スクレーピーなど）は法定伝染病であり，治療法はなく淘汰しかない．ヒツジではこの疾病に対して抵抗性をもつ個体の遺伝型（$PrP^{ARR/ARR}$が判明しており，この遺伝型をホモでもっている雄の精液を人工授精することで抵抗性をもつ個体に置き換えるとりくみが北海道を中心に積極的に行われている．残念ながらヤギではこうした抵抗性のある遺伝型はまだ発見されていない．

4.8.6 ニワトリ・特用家禽

A．ニワトリ

a．採卵鶏

ⅰ）育成期

雛を導入する際は，原則としてオールイン・オールアウト方式とする．清掃および消毒により鶏舎をできる限り清潔な状態にしておき，微生物による汚染の機会を極力少なくする．もっとも効果的な消毒方法は，熱水や蒸気などによる熱消毒であるが，鶏舎ではその適用は限られるので，入念な清掃と消毒液との併用が有効である．密閉可能な鶏舎ではホルムアルデヒド燻蒸を行うとその効果がより高まる（なお，ホルムアルデヒドを用いた消毒の実施には『労働安全衛生法』に係る規制に留意する必要がある）．

育成施設はさまざまな様式のものがあるが，最近はウインドレス鶏舎で餌付けから大雛または成鶏ケージに移動するまで同じ場所で飼育するタイプのものが多い．従来から採

用されているバタリーケージから，成長とともに中雛ケージ，大雛ケージへと移動するタイプや，平飼い方式で雛の成長とともに囲いを広げていき，大雛または成鶏ケージに移動するタイプのものもある．

　初生雛は環境温度に対する適応能力が低いので，導入時には加温して体温を維持させる必要がある．孵化から3日齢の雛の適正育雛温度は，32～35℃とされているが，育雛器の種類など，施設によって若干の調整が必要である．例えば，傘型ブルーダーを使って平飼いで育雛する場合は，雛は適温の場所に自分で移動できるので，育雛温度は32～37℃とやや高めの設定でよいが，ウインドレス鶏舎でケージ飼いする場合は，これよりも若干低めとするほうが望ましい．設定温度が雛にとって適当かどうかは，飼育密度，育雛舎の状況および気候などによっても変化するので，雛の状態をよく観察して判断すべきである．例えば，雛が熱源から離れていたり，口を開けながら浅く早い呼吸（パンティング）をしていれば育雛温度は高すぎるし，熱源の近くに集まっているようであれば低すぎる．初生からの1週間は2～3日ごとに1℃ずつ，ゆっくりと温度を下げていく．その後は1週間毎に2～3℃の割合で21℃前後になるまで下げていく．

　雛の導入時には，一部の雛を捕まえて，嘴（くちばし）を飲み水につけたり，ニップルやカップに触れさせて飲水を覚えさせる．その後，ほとんどの雛が水を飲むことを覚えた頃（収容後3～4時間後）に飼料を給与する．ケージ飼育の場合は，床に新聞紙を敷いておき，その上に幼雛（餌付）用飼料を撒いておいてもよい（新聞紙は7日齢までにはとり除く）．育成期は初期ほど成長速度が速いため養分要求量も高く，その飼料も成長時期に合わせて幼雛，中雛および大雛用に分けられている（幼雛用飼料を給与する前に餌付用飼料を，大雛用飼料の後から卵を生みはじめるまでプレイ用飼料を給与する場合もある）．日本飼養標準（2011年版）の代謝エネルギー（ME）および粗タンパク質（CP）などの要求量は付録B2に示されている．産卵期用飼料への切り替えは，週齢のみならず，体重を考慮し，それぞれの系統において適正な体重になった時点で行う．

　日本のように季節により日長時間や気温が大きく異なる場合，その孵化した時期により発育および性成熟に差がみられる．例えば，秋から冬に孵化した雛は，育成期に日長時間が長くなるため性成熟が早くなる．一方，夏に発生した雛は育成期の日長時間が次第に短くなるため性成熟が遅くなる．このため，育成期に一定照明または漸減照明を行い，その後照明時間を増やしていき，成鶏期に14～17時間の一定照明となるような方法が定着している．

　2～3週齢頃から，伸びはじめた尾羽やその付け根の部分の羽毛をつつきあったり，羽毛食いなどの悪癖が発生する．そのまま飼育すると悪癖の程度はさらにひどくなり，集団でつつかれることにより標的となった雛は死に至る場合もある．産卵を開始する頃には，産卵時に反転した総排泄腔をつつき，消化管まで引き出されることもある．この悪癖の発生頻度は鶏種および系統によって異なるが，一般的に飼育密度が高かったり，高温および高湿度など，鶏にストレスがかかる際に発生しやすいとされている．デビーク（断嘴）はこの悪癖の発生を予防するためのもっとも効果的な方法である．デビークは，雛のとり扱いやすさなどから7日齢前後に実施される．専用の断嘴機（デビーカー）を使用し，上嘴の2/3から1/2程度，下嘴の1/2程度を焼き切り，止血のため熱した刃で焼き丸める．デビークを実施する前後数日間はビタミンKを多く含んだビタミン剤を給与する．

ⅱ）産卵期

　鶏舎の形態は，開放鶏舎，ウインドレス鶏

表 4.7 ● 産卵鶏の養分要求量（日本飼養標準・家禽（2011 年版））

	日産卵量 56 g の場合[1]	日産卵量 49 g の場合[2]
代謝エネルギー（kcal/g）	2.80	2.80
粗タンパク質（%）	15.5	14.3
カルシウム（%）	3.33	3.04
非フィチンリン（%）	0.30	0.30
メチオニン＋シスチン（%）	0.54	0.50
リジン（%）	0.65	0.60

1：体重 1.8 kg，産卵率 93％，卵重 60 g，日増体量 2 g を想定
2：体重 1.9 kg，産卵率 75％，卵重 65 g，日増体量 0 g を想定

舎，高床式あるいは低床式，自然換気あるいは機械換気など，さまざまな形態があり，それぞれの特徴を十分に理解する必要がある．飼育方式は平飼飼育とケージ飼育に大別されるが，一般的にはケージ飼育が多く，1つのケージに複数の産卵鶏を収容している場合が多い．1羽あたりの専有面積は，飼養される鶏の品種・系統などによっても異なるが，一般的に最低でも 350 cm^2，可能であれば 450 cm^2 以上が望ましいとされる．ニワトリを 12〜25℃の環境下におくと，エネルギー消費量は最少量となる．いわゆる熱的中性圏とよばれるこの温度域よりも低温になると，体温を維持するために余分のエネルギーが消費されるので，飼料摂取量が増加する．この点を除けば，ニワトリは一般的な低温に対する適応能力は高く，生産性に及ぼす影響も少ない．一方，高温環境下では，体温を正常の範囲内に維持するためのパンティングによりエネルギー消費量は増加するが，飼料摂取量が減少する．その結果，わずかな温度差でも生産に大きな影響を及ぼす．夏季における飼料摂取量減少への対策として，飼料に油脂を添加し，エネルギー含量を高めたりする．施設の面からは，送風により体表面の温度を下げたり，クーリングパッドやミストなどの水の気化熱を利用した対策がとられている．

産卵率は産卵開始後，30 週齢頃まで急速に上昇後，徐々に低下し，養分要求量も同様の推移を示す．したがって，養分要求量も週齢の経過とともに細分化するのが望ましいが，日本飼養標準（2011 年版）では実用面も考えて，前期（日産卵量 56 g）と後期（日産卵量 49 g）の2期に分け，それぞれの養分要求量を示している（表 4.7）．

加齢とともに卵重は増大するが，卵殻質はこれに対応した増加をしない．このため，卵に占める卵殻質の重量比率は加齢とともに低下し，産卵開始後1年ほどすると，破卵率が高くなり，卵殻の表面性状も粗雑になる．このような産卵鶏に絶食や栄養制限を行い，休産・換羽を誘導することにより，加齢に伴い低下した産卵率や卵殻質を一時的に回復させ，採卵期間を延長することができる．この誘導換羽は，休産誘導ともよばれる飼養管理法で，かつては強制換羽ともよばれていたが，アニマルウェルフェアに対する意識の高まりから，この呼び方は用いられなくなりつつある．実際の栄養制限による誘導換羽の例は，米ぬかやふすまなどの糟糠類，粉砕籾殻などを配合した低 ME・低 CP 飼料を約3週間（厳寒期は約2週間）給与し，体重を 10〜20％減少させることにより休産させ，その後，通常の飼料を給与すると，10〜20 日程度で産卵率が約 50％に回復する．処理後には前述のような効果が認められ，その効果は 3〜5

か月程度持続する．

　近年のトウモロコシ価格の高騰や飼料自給率改善への気運の高まりを背景に，飼料用米の作付けが広がりをみせている．ニワトリでは玄米および籾米の双方を利用できる．丸粒の玄米を60％配合した飼料を給与しても飼養および産卵成績に影響がなく，丸粒籾米では栄養素の不足を補えば約30％まで配合できることが示されている．飼料中のトウモロコシを玄米または籾米で代替していくと，その割合の上昇に伴い，卵黄色が薄くなり，卵黄中の脂肪酸のうち，パルミチン酸およびオレイン酸の割合が上昇し，リノール酸の割合が低下する．

b．**肉用鶏**
ⅰ）ブロイラー

　飼育施設は，開放鶏舎とウインドレス鶏舎に大別される．飼育方式は床にチップなどを敷き，その上で飼育する平飼いがほとんどである．初生雛導入時の留意点で，採卵鶏雛と異なる点がいくつかある．導入時の温度は，採卵鶏よりも低い30℃前後が望ましく，その後，3日に1℃程度の割合で温度を下げていくとされている．実際の導入時には，雛の様子を観察しながら温度を調整する．採卵鶏は導入時に飲水を覚えさせた後に飼料を給与するが，ブロイラーの場合は同時に飼料を給与する．

　ブロイラー用飼料は，採卵鶏のものと比較すると，ME，CP水準ともに高く，日本飼養標準・家禽（2011年版）では，前期（0〜3週齢）と後期（3週齢以降）の2期に分けられている．実際には，スターター，グロワーおよびフィニッシャー（＋休薬飼料）と，導入から出荷まで3〜4種類の飼料を給与する場合が多い．飼料の形態はマッシュのほか，ペレットやクランブルが多い．育種改良により，出荷体重の3.0 kg弱に到達するのに要する日数は年々短くなっており，近年では50日前後で出荷できる事例もみられるようになってきた．産卵鶏同様，玄米および籾米を飼料として利用できる．既往の成果によれば，丸粒玄米で飼料中のトウモロコシを全量代替できることが示されている．一方，丸粒籾米の場合は，不足する栄養素を補えば飼料中のトウモロコシの半量代替が可能なことが示されている．

　雛の導入時には加温が必要であるが，特に夏季においては，成長とともに暑熱対策が必要になる．具体的には，産卵鶏同様，送風，クーリングパットおよびミストなどが有効である．光線管理は，7日齢までは30〜40 lxで23時間点灯1時間消灯，8日齢以降は5〜10 lxで18〜20時間点灯4〜6時間消灯とする方法が推奨されている．飼養密度は一般的には3.3 m²あたり55〜60羽程度が推奨されているが，暑熱時にはこれよりも下げることが望ましい．

ⅱ）地鶏

　高品質鶏肉の生産を目的として，在来種を利用した地鶏が作出・生産されている．在来種として代表的なものとしては，名古屋種，シャモ，薩摩鶏，比内鶏などがある．名古屋種のように純粋種で利用する例もあるが，多くの場合，在来種を二元および三元交雑のための雄鶏として利用する．出荷体重は，ブロイラーとほぼ同じであるが，飼育期間は80〜150日前後と長いことが特徴である．飼育様式は平飼いが多く，その飼育密度も3.3 m²あたり30羽前後と，ブロイラーよりもかなり低い．

c．**種鶏**

　種鶏が病気に感染した場合，感染源となり被害が大きい．そのため，人の出入りの制限，施設および器具・器材の洗浄・消毒などの衛生管理を徹底する必要がある．日本飼養標準・家禽（2011年版）の種鶏の養分要求量はME2.75 kcal/g，CP15.5％と産卵鶏とほぼ同水準であるが，一部のミネラルとビタミン要求量は孵化率向上のため高く設定してある．

肉用種鶏は雌雄とも体重が重くなりやすいので制限給餌を行い過肥を防止する．

B. 特用家禽
a. ウズラ

ウズラの育雛器は，立体式のアルミまたはステンレス製のバタリー育雛器または木製育雛器が多い．初生雛導入時の温度は採卵鶏よりも高く，餌付けから4日齢までは38℃前後，その後1週齢までは36℃，2週齢までは32℃，3週齢までは28℃，4週齢以降は25℃前後が望ましいとされる．実際の収容時には雛の様子をみながら調整する．育成期の光線管理は餌付けから30日齢までは24時間照明，それ以降は照明時間を18時間前後とするのが一般的である．産卵期は16～24時間照明が多く行われている．照度は，育成期および産卵期いずれも，5 lx程度が適当である．ウズラの成長は早く，孵化後6週間前後には50％産卵となり，体重の約7％（鶏では約3％）の重さの卵をほぼ毎日産卵する．そのため，CP要求量は産卵鶏よりも高く，日本飼養標準・家禽（2011年版）では初生から産卵までは24％，産卵期は22％としている．

b. シチメンチョウ

シチメンチョウの育雛は，飼養および衛生管理が行いやすい舎飼いが一般的であるが，8～12週齢以降，放飼することもある．育雛期の温度条件は，初生時は35℃程度まで加温が必要であるがその後徐々に温度を下げる．光線管理は，初生時は80～100 lxで24時間照明とし，その後7日齢までに50 lxで14時間程度まで減光および短縮する．以降，出荷まで30 lxで14時間程度とする．シチメンチョウの育成初期は成長が早いため，比較的養分要求量も高い．NRC飼養標準（1994年版）では0～4週齢のMEおよびCP要求量を，2.80 kcal/g, 28％とし，その後週齢の経過とともにMEは高くCPは低くなり，16～20週齢ではME3.20 kcal/g, CP16.5％としている．ブロイラーと比較して，脂溶性ビタミンの要求量が高いのも特徴である．出荷適齢は品種により異なるが，大型種の雄で18～22週齢，雌で14～19週齢前後で出荷する．

c. アヒル

日本のアヒルの飼育は，畜舎内で平飼い（水には入れないため陸飼いともいう）されることが多い．育雛期のうち，初生からの2週間は加温が必要である．日本飼養標準・家禽（2011年版）の育成前期（0～4週齢）のMEおよびCP要求量は，2.90 kcal/g, 22％，育成後期（4週齢～初産）はそれぞれ2.90 kcal/g, 16％としている．卵用アヒルの雌が産卵を開始するのは5～6か月齢とされる．一方の肉用アヒルの肥育期間は，海外では7週間前後であるが，日本では10～11週間と長い．

d. ホロホロチョウ

ホロホロチョウの飼育は，平飼い，ケージ飼いの双方が可能である．神経質で運動量が多いものの，他の家禽に比べて病気に対する抵抗性が高いとされている．ホロホロチョウのCP要求量はブロイラーよりも高いとされ，4週齢までは24～26％，5～8週齢は19～20％，9～12週齢では15％以上を推奨する報告がある．給与飼料はブロイラーまたはシチメンチョウ用の飼料で代用できる．海外では10～12週齢（1.5～2.0 kg）で出荷されることが多いが，日本では120日齢前後まで飼育し，肉質向上を図っている．

e. ダチョウ

ダチョウは3か月齢までは，気温の高低などのストレスを受けやすく，病気にも罹患しやすい．飼育施設に運動場を設けるなど，他の家禽より比較的広いスペースを必要とする．飼料は，繊維含量の多い粗飼料を好んで食べ，大きな盲腸および長い直結腸で微生物による構造性炭水化物の消化を行う．若齢時には濃厚飼料の給与割合は粗飼料よりも高い

が，月齢の経過とともに濃厚飼料の割合を低くし，粗飼料の割合を高くしていく．粗飼料としては，牧草，野草，野菜屑，農場副産物，乾草およびサイレージなどを 0.5～3 cm 程度に細切して給与する．なかでも，アルファルファは嗜好性がよく，タンパク質およびビタミン類を多く含む．このほか，オーチャードグラス，イタリアンライグラス，ペレニアルライグラスおよびクローバなども嗜好性がよい．ダチョウは季節繁殖動物であり，春先から秋にかけて卵を産む．初年度の産卵数は 15～20 個と少ないが，次年度からは 100 個以上の卵を産む個体もいる．肉用としての肥育期間は 9～14 か月とされている．

4.8.7 ミツバチ
A．基礎知識

ミツバチは人間の管理下で，生産物を生産するため，家畜に分類される．蜂蜜利用の歴史は古く，紀元前 6000 年までさかのぼるといわれているが，現在のように継続的に蜜の生産が人間の管理下に置かれるようになったのはそんなに古いことではない．また，繁殖行動など多くの点で完全に人為的にコントロールすることはできず，完全に家畜化されているとはいいきれない点もある．

ミツバチは群単位（蜂群）でとり扱われる．蜂群は 1 匹の女王蜂と数百匹の雄蜂，数万匹の働き蜂によって構成される．よく知られているように，カーストによる分業が進んでおり，女王蜂は産卵のみを行う．働き蜂（雌）は加齢によって役割が変わり，巣の恒常性の維持，防御，採餌行動を行う．雄は交尾以外に役割がない．

ミツバチの飼養は自然に左右されやすく，また，社会性昆虫であるという特殊性から，ミツバチ特有の飼養技術が発達してきた．近代養蜂では，蜂群は，ラングストロス型巣箱とよばれる幅 37 cm×奥行 46 cm×高さ 24 cm（内法）で飼養されるのが一般的である．この巣箱のなかに巣脾（別名：巣板，巣枠）が 10 枚入る．巣脾は木の枠に人工的に六角形の型をつけた蝋の板を貼り付けた巣礎を巣に入れておき，働き蜂が両面に六角形の穴（巣房）をつくったものである．この巣房を使って，ミツバチは蜜・花粉の貯蔵および幼虫の飼育を行う．ミツバチの巣のなかは働き蜂によって一年を通じ 35℃前後にコントロールされている．巣箱は一般の人が刺される危険がない日当たりのよい風通しのよい場所に設置する．真夏は直射日光が当たらないところがよく，逆に冬は日差しの当たるところがよい．近くに蜜源になる多数の植物があることが望ましい．

昨今，世界的にミツバチ群数の減少が起こり，大きな社会問題になっている．減少は，主に働き蜂の数が増加する時期に群勢が伸びないこと，秋季に十分な働き蜂が育たず冬越しができないことによる．群勢が伸びない理由としては，ノゼマ病などの病気，農薬の影響，寄生ダニ，移動等によるストレスなどが関与していると考えられているが，どの要因が一義的に影響しているかは明らかになっておらず，複数の要因の関与していると考えられる．減少の様相として，アメリカの蜂群崩壊症候群（colony collapse disorder：CCD）のように，多くの群で働き蜂が急激に減少するようなケースもある．CCD に関しても要因は明かになっていない．

B．花蜜・花粉・プロポリス

働き蜂が集めるのは，主に花蜜・花粉およびプロポリスである．蜜はエネルギー源として利用される．花蜜は働き蜂（外勤蜂）によって蜜胃に貯められて巣に運ばれる．外勤蜂によって集蜜された花蜜は内勤蜂に口移しされる．この過程のなかで蜜胃内の酵素によってショ糖がブドウ糖と果糖に分解され，濃縮され，糖度が上昇する．内勤蜂は蜜を巣房に蓄える．蜜は巣のなかでさらに水分が蒸発し濃縮され，人間が利用する蜂蜜になる．また，

働き蜂によって吸収された蜜は代謝で蝋に変わり，巣の材料に使用される．花粉はミツバチのタンパク質・ビタミン・ミネラル源となる．花粉は働き蜂によって団子状に固められ（花粉荷）後肢につけられて巣に運ばれる．花粉荷は，内勤蜂によって，直接巣房に蓄えられる．その後，花粉は働き蜂によってローヤルゼリーに生分解され，若齢幼虫に与えられる．女王蜂に分化する幼虫には蛹化まで与えられる．さらに女王蜂には，成虫になった後も働き蜂から与えられる．プロポリスは植物の樹脂で，巣箱の隙間を塞ぐために使用される．プロポリスには高い抗菌活性があり，巣のなかのバクテリアの蔓延を防止する効果があると考えられる．プロポリスは栄養源としては利用されない．花蜜，花粉，プロポリスとともにミツバチは水も運ぶ．巣内で水は気化され，温度調整などに使用される．

C. 飼養管理の要点

a. 給餌

ミツバチは，栄養要求量を満たすために花から蜜・花粉を自ら採集してくる．したがって，花が豊富に存在する季節には給餌は不要である．しかし，日本では，多くの地域では，花が枯渇する時期があり，花を求めて蜂群ごと移動することが行われる（転地養蜂または移動養蜂）．定置で養蜂を行う場合，また転地養蜂でも花がない場合にはショ糖溶液（50～60％程度）や代用花粉を給餌する必要がある．日本では，ショ糖溶液は一般に給餌枠とよばれる薄く平らな容器を巣のなかに直接入れて行われる．また代用花粉は市販されていて主要な成分は大豆粉末である．日本の多くの地域では，梅雨時から初夏，晩夏には集蜜できる花は少ないので給餌が必要である．また，初春の急速に幼虫が増加する時期，晩秋の冬越し前にも給餌が必要である．生産性の増加によって，花が豊富な時期には巣から溢れるほどの蜜を集めてくる．このような時季には蜜を搾るのみならず，巣内の巣板を増やしたり，群を分割する．

b. 衛生管理

前述のように巣内は35℃前後に保たれる．このように高温であるので，バクテリアの繁殖には好条件である．ミツバチは自らの清掃行動，蜂自身がもつ抗菌物質によりバクテリアの蔓延を防止しているが，巣の状態によっては病気にかかる．また，ミツバチ固有の害虫も存在し，病気や害虫の管理は人間による飼養管理のなかでもっとも重要な作業である．昨今の世界的なミツバチ減少を受け，衛生管理がますます重要になっている．

ⅰ）一般的な衛生管理

蜂場：消石灰などで土壌消毒を行う．また，過去に腐蛆病が発生した蜂場の使用は可能な限り避けるべきである．さらに蜂場に入る際には，病原体の侵入を回避するために靴の底の消毒を行うことが強く勧められている．

蜂具：ハイブツールなどのミツバチ専用の道具類の菌による汚染は，感染病の拡大の要因と考えられ，常に消毒することが肝要である．

巣箱：消毒液は，働き蜂が直接接触し，また蜂蜜に移行する可能性があるので使用することはできない．しかし，巣箱は，病原菌の温床になる可能性が高いので，火炎などの方法で常に清潔に保つ必要はある．

巣脾：巣脾は使用期間が長くなると病原体を保持する可能性が高まる．現在有効な滅菌方法がないので，定期的（3年が目安）に新しい物と交換することで菌などの蔓延を防止する．

ⅱ）蜂病

腐蛆病：腐蛆病には，アメリカ腐蛆病とヨーロッパ腐蛆病があり法定伝染病に指定されている．世界的にアメリカ腐蛆病はもっとも被害が大きい蜂病である．グラム陽性菌 *Paenibacillus larvae* によって発症する．この細菌は強固な芽胞を形成し，一度(ひとたび)感染すると治癒させることは困難で，罹病群は焼却処分が義務づけられている．現在，アメリカ腐蛆

病予防として抗生物質が使用され，一定の効果があがっている．しかし，抵抗性菌が発生した貯蜜中への抗生物質残留の問題が危惧されている．この病気の発生を未然に防止するには，巣箱など蜂具とよばれる各種用具の滅菌・消毒が，重要である．

ヨーロッパ腐蛆病は，グラム陽性菌 Melissococcus plutonius によって起きる病気で，アメリカ腐蛆病ほど大きな被害は出てこなかった．しかし，最近ミツバチに対する影響が大きい系統も発見され，アメリカ腐蛆病同様な注意が必要である．アメリカ腐蛆病同様，各種用具の滅菌・消毒が予防には重要である．

チョーク病：真菌（Ascosphaera apis）によって発生する．孵化後3～4日の幼虫に感染し，罹病した幼虫には菌糸によりチョーク様の形態を示すようになる．胞子の生存が長期にわたり可能なため，罹病した蜂群から菌を駆逐することは容易ではない．アメリカ腐蛆病のような致命的なダメージを与えないが，群を弱体化させ，生産性を低下させる．予防・治癒剤が市販されていないので，衛生管理で予防することが必要である．

ノゼマ病：原生動物の微胞子虫（原虫）の一種であるノゼマ原虫（Nosema apis および Nosema ceranae）によって発症する．Nosema apis によるノゼマ病では胞子に寄生された働き蜂は短命になり，下痢のような症状を示す．一方 Nosema ceranae は Nosema apis のような顕著な症状を示さない場合が多く，寄生の発見が遅れる．Nosema ceranae によるノゼマ病が，ミツバチ減少の主要因と考える研究者もいる．

ミツバチヘキイタダニ：ミツバチヘキイタダニ（Varroa destructor）は，終齢幼虫，蛹，成虫に寄生し体液を吸う外部寄生性のダニである．このダニの寄生により発育に異常をきたし，幼虫は多くは成虫にならずに死亡する．さらに多くのウイルスを媒介し，翅の奇形，発育不良を引き起こす．市販の殺ダニ剤に感受性があるが，抵抗性ダニの発生も危惧され，このダニの蔓延は世界の養蜂に大きなダメージを与えている．

ウイルス病：ミツバチでも多くのウイルス病が知られている．ウイルスに対する効果的な薬剤はないので，衛生管理の徹底が重要になっている．また，多くのウイルスはミツバチヘギイタダニによって媒介されていると考えられるので，ウイルス病の予防には，ダニ対策が特に重要である．

オオスズメバチ：ミツバチの捕食者は多く存在するが，日本ではこのスズメバチによる攻撃による被害が顕著である．晩夏から晩秋にかけてミツバチ群を襲撃し，集団攻撃により，数時間のうちに蜂群が全滅する．オオスズメバチ防除のため，巣の入り口にネット状のスズメバチの捕殺器を装着するなどの措置が必要である．

ハチノスツヅリガ：ハチノスツヅリガの幼虫（スムシとよばれる）は群が弱くなると巣に侵入し，巣脾を食害する．また，貯蔵中の巣板が被害に遭うこともある．スムシの食害を防止するため，貯蔵中の巣枠は成虫蛾に卵を産ませないよう隙間のない容器で保存することが肝心である．

D．分蜂の制御

5月～6月にかけて群が大きくなってくるにつれ，働き蜂が巣箱内で過密になってくると，働き蜂は新女王蜂の育成をはじめる．新しい女王蜂が発生すると，旧女王蜂は群の約半分の働きバチを引き連れて他の巣に移動する．この行動は分蜂（巣別れ）という．分割による群の数の増加は，養蜂にとって有効だが，分蜂した群を回収できないと大きな損失となる．特に集蜜量は，強群（働き蜂が多い群）ほど多いので，分蜂は養蜂管理上，望ましくない．そのため事前に王台（女王蜂に分化する幼虫の巣房）を管理しておく必要がある．働き蜂の過密が王台形成の要因のひとつ

であるので，巣脾を足すなどで働き蜂の密度を低下させることが必要になる．また，このような密度管理をしても働き蜂は王台を作成するので，定期的に巣のなかを観察して，形成された王台を切りとる作業も必要になる．

E. 冬越し

温帯のミツバチ飼養管理のなかでもっとも困難なことのひとつは，いかに越冬させるかである．ミツバチは自ら飛翔筋をふるわせることで熱を発生し，団子状に固まって温度を保つ．このために冬期の消費に必要なだけの十分なエネルギー源として蜜が蓄えられていなければならない．冬越し前の時期に十分な蜜が蓄えられるように，場合によっては給餌を行う．また，働き蜂の数が十分でないと，たとえ蜜が十分にあっても温度を保つことができない．そのような群はほかの群と合わせる（合同）必要がある．さらに巣のまわりを断熱材などで囲むなどの措置も必要になる．北海道など多雪地帯でも，完全に巣箱を雪の下に置き，働き蜂を外界から遮断することで，活動を抑制し越冬は可能である．また多くの北海道・東北の養蜂農家は，蜂群を関東以南に移動させて越冬を行うことも多い．

F. 女王蜂の生産

女王蜂は生産の基本であり，常に産卵性がよい女王蜂が必要である．女王蜂の寿命は4年以上あると考えられるが，生産性を保つために毎年更新する．巣から女王蜂を人工的に除外すると，働き蜂によって若齢幼虫数匹に大量にローヤルゼリーが与えられ，それらの幼虫は女王蜂へ分化する．このような方法で作成される王台は変成王台といわれるが，女王蜂の発育に良し悪しがあり，養蜂現場では，人工的に作成した椀状の王台に一齢幼虫を移すこと（移虫）で女王蜂を生産する．

G. 花粉媒介用群の生産

現在，日本のミツバチの約半数は，イチゴ施設栽培などの授粉昆虫として使用されている．このため，夏から秋期にかけて大きな蜂群を分割して花粉媒介用群を準備する．施設に導入する蜂群は，十分な花がないことを考慮して適切な量の蜜をもった状態にする必要がある．また，働き蜂の不足が起こらないように，成虫だけではなく，十分な蜂児（幼虫）がいる群が必要である．元来，野外で蜜をとるために改良されてきたミツバチは，閉鎖系である園芸施設では，温度の較差，高湿度，低栄養，農薬などによる大きなストレスを受けている．このようなストレス回避技術を含め，施設園芸でのミツバチ利用のノウハウは未成熟で今後，高度化していかなくてはならない．

第5章
草地利用と保全

5.1　地球環境と畜産

5.1.1　地球環境生態系

　生態系は「自然界にある地域に棲むすべての生物群集とそれらの生活に関与する環境要因とを一体としてみたもの」であり，地球全体を一体としてとらえたものが地球生態系である．地球生態系の要素を表5.1に示す．地球は物質的にほとんど孤立した系であり，数十億年にわたって生命現象を維持している．この大きな要因は，地球は物質交代の材料である CO_2, O_2, N_2 を含む大気を伴い，地上には水や無機塩類が存在することに加え，太陽光エネルギーを得つづけていることである．このため，生産者である植物が光合成により無機物から有機物を生成することができる．これを消費者である動物が利用し，植物の枯死体と動物の排泄物や死骸は分解者である微生物類が無機化して再び植物にとり込まれる．いわゆる食物連鎖とよばれるものであり，このような物質循環によって生態系は支えられている．

　地球上には，光，温度，水および土壌など無機的環境が異なる地域が数多く存在しており，沼沢，砂漠，ツンドラ，草原，森林といった特徴的な植物相とそれらの環境に適応した消費者や分解者が独自の生態系を構築している．しかし，近年の人口の爆発的増加，地球温暖化，オゾン層の破壊，熱帯雨林の過度の伐採，砂漠化による土地の荒廃など，人間の生活や産業・経済活動に起因した地球環境生態系の急速な破壊が深刻化している．

5.1.2　生物生産と生態系

　農業は「太陽光をエネルギー源として行われている自然生態系での生物生産を人間が管理し，人間に有用なものを獲得する生産システム」である．すなわち，農業生産では土地を耕し，もともとその地に現存していない作物を植え，系外から肥料を投入するなど，自然生態系に人為的変更を加えている．これを農業生態系という．しかし農業生態系も，構成要素やそれらの相互関係など，基本的な特徴は自然生態系と変わりはない．生態系のなかでの生産という観点から，生態系のあり方や環境との調和を考慮した農業生産システムが世界各地で発達してきた．例えば，焼畑農業，遊牧，水田農業などであり，これらは生産力維持（地力維持）の観点が貫かれた伝統的な生産システムである．

　人類が現在直面している地球環境問題は，人間の生活や産業・経済活動による負荷が自

表5.1 ● 生態系の構成要素

生物群集	生産者（無機物から有機物を生成）緑色植物，植物性プランクトン
	消費者（生産者の有機物を消費）動物性プランクトン　草食動物，肉食動物，雑食動物
	分解者（有機物を分解し，無機物に戻す）微生物など（細菌，菌類）
無機的環境	媒質（生物体をとりまくもの）水，空気など
	基層（生物体を支えるもの）岩石，砂，土
	物質交代の材料　光，CO_2, H_2O, O_2, N_2, 無機塩類

然の容量を超えたために発生したものである．しかし，これら人間による活動が環境に及ぼす影響は，その活動の種類によって異なることを認識しておく必要がある．すなわち，農業は植物や動物など，生物を介してエネルギーを「生産」する活動である．一方，工業・商業はエネルギーを「消費」する生産活動である．また，農業は物質循環のうえに成り立っているのに対し，工業・商業は物質の一方向の流れのうえで発展してきた．工業・商業に起因する環境問題は起こるべくして起こったといえる．しかし，農業に起因する環境問題は「生産力（地力）を維持しつつの生産」という本来の農業システムのあり方から逸脱した結果である．すなわち，人口増加や食生活の質的向上など人間生活の急速な近代化により，「食料増産」および「生産性向上」が最優先の技術開発が行われてきたためである．

畜産に関していえば，草地への化学肥料の大量投入や家畜に対する濃厚飼料の多給により生産性のみが追及されてきた結果，余剰の糞尿の発生を生み，生態系における物質循環が破綻し，現在の環境問題を引き起こしている．化学肥料，配合飼料とも，ほとんどが輸入原料から製造されるものであり，当然の結果である．これらを解決するには，畜産の原点に立ち戻ることである．すなわち，生態系のもつポテンシャルを再認識し，その物質循環機能を最大限に活かした土地利用型家畜生産システムへ回帰する必要がある．特に作物栽培が困難な気象条件および土壌条件の地域では，草地を基盤とした家畜生産が唯一の食料生産の手段であり，重要な産業でもある．一方，作物栽培が可能な地域では，草地は家畜生産の場のみならず，地力維持のための輪作体系の一環として重要な位置を占める．

しかし，草地を基盤とした家畜生産とはいえ，配慮しなければならないことも多い．特に自然草地において，生産される草の量に対して放牧家畜頭数が多すぎる場合，すなわち過放牧が生態系を乱し，草地を砂漠化させている例が世界各国でみられており，歯止めをかけるべくさまざまなとりくみがなされている．草地は生物生産のみならず，砂漠化や土壌浸食（エロージョン）を抑制するなど，地球環境を保全する役割ももっており，これについては5.3.4項で述べる．

5.2　草地の生態

5.2.1　草地生態系
A．草地生態系の特徴

草地の生態系が耕地や森林ともっとも大きく違うのは，構成要素として家畜が存在することである．草地生態系では，生産された有機物の一部は乳・肉・皮などの畜産物として系外に持ち出されるが，耕地生態系と異なり，植物の枯死体や動物の排泄物は草地に直接，あるいは堆肥などによって再び草地に戻される．耕地生態系では，生産された有機物の大部分が農産物として系外にも持ち出されて人間に消費されるが，食品残渣や屎尿が耕地に還元されることは，現代の先進国ではあまり行われていない．したがって，系内の土壌有機物，無機成分含量が減少し生産力は低下するため，毎年肥料などによって大量の補助エネルギーの投入が必要となる．

一方，草地生態系は森林生態系と類似した側面ももつ．草地の多くは林地と同様，耕地のように毎年耕起されることはなく，長期間維持・利用される．したがって，草地土壌は，そこに生息する土壌生物と植物の関係が比較的安定しており，耕地に比べて気象の変化などの影響を受けにくい特徴がある．

B．草地生態系の構成要素

草地生態系を構成する要素としての生物群集のうち，生産者は人工草地であれば播種された牧草類であり，野草地であれば在来の野草類である．消費者は家畜群であり，放牧地では生産者を直接消費する．分解者は土壌動

物や土壌微生物である．

人工草地では，造成後侵入した雑草も草地全体の光合成の一部を担っているので，草地生態系のなかでは牧草と同じ生産者である．また，採食可能な灌木類も生産者に含まれる．

消費者は，ウシ，ウマ，ヒツジ，ヤギなどの草食家畜が主体であるが，近年の「放牧養豚」にみられるように，ブタも消費者の一員として注目されている．ブタは雑食であるので，耕作放棄地や遊休地の雑草を採食して増体する．

実際の草地には家畜のほか，野ウサギ，野ネズミ，イノシシあるいはシカなどの野生動物が多数存在するところが多い．特にイノシシとシカの個体数増加による農作物被害が深刻化し，両者による農作物被害額合計（2011年度）は150億円に達しようとしている．現在，科学的な知見に基づく個体数管理など，行政と学識経験者が一体となり，対策が進められている．

土壌動物は厳密には分解者に含まれないが，ミミズや糞虫のような重要な生物が土のなかに生息している．ミミズは土を食べ，粒状の糞を排泄することにより，草の生育に適した土の団粒構造の形成に大きな役割を果たしている．糞虫は家畜の糞を栄養源にしており，糞を土壌中に引き込み，微生物による分解に対する橋渡し的な役割を担っている．

草地生態系における生産者，消費者，分解者はそれぞれ，もう一段階下位の構成要素を含めて成り立っている．すなわち，植物群落中のマメ科牧草の根に付着している根粒菌であり，また反芻家畜の第一胃に多数存在する微生物群も構成要素として含まれる．このように草地生態系では，構成要素群が何層にも重なりあった階層構造をもち，系外からのストレスに対しての緩衝作用や調整機能を発揮している．

C．草地農業

草地農業の最大の特徴は，人間が直接利用できない牧草類を，家畜を介して利用可能な畜産物に転換することである．気象条件や土地条件が不良なため作物栽培が困難な地域においても食料生産が可能であり，人類への食料供給上，非常に重要である．

耕地農業では，生産性を向上させるために，化学肥料や堆肥の投入，病害虫や雑草の防除など多くの人為的管理を加えなければならない．それに比べ草地農業では，生産者，消費者，分解者の相互関係による自然作用で管理される部分が多く，人為的管理が比較的少なくてすむ．また，上記の相互関係をうまく活用することで同じ生産量を上げるにしても，化石エネルギーなどの投入量を削減することも可能である．

5.2.2　草地のエネルギー効率

光合成によって牧草が固定した有機物（総エネルギー）を，家畜が摂取，消化し（可消化エネルギー），尿とメタンへの損失を経て（代謝エネルギー），体維持や仕事による消費（熱発生）ののち，畜産物として蓄積される（正味エネルギー）．一方，採食されなかった牧草の枯死物や家畜の糞尿が土壌動物や微生物のエネルギー源として利用される過程もあり，有機物の無機化が起こり，さまざまな物質が牧草に利用可能な形態に変えられる．

このように，草地生態系を活用した家畜生産システムをエネルギーの流れとしてとらえることは，乳肉など畜産物の生産における日射エネルギーの利用効率とそれに影響する要因を検討するうえで有用である．

日射エネルギーが牧草生産を経て畜産物に至るまでの変換効率について，アルファルファ採草地を対象に実測した結果，牛乳生産における日射エネルギーの利用効率は0.06％であったとの報告がある．これを，日射エネルギーを得て牧草が生産されるまで（植物生産：一次生産）および牧草が牛乳に転換されるまで（家畜生産：二次生産）の効率に分け

て考えると，それぞれ0.8％および7.8％であった．

一方，肉用育成牛の増体におけるエネルギー利用効率に関する報告では，オーチャードグラス主体草地で0.05％（太陽光〜牧草：0.53％，牧草〜牛乳：9.44％）およびバヒアグラス主体草地で0.02％（太陽光〜牧草：0.99％，牧草〜牛乳：2.02％）と，草種によって日射エネルギーの利用効率は異なっていた．これは暖地型牧草（バヒアグラス）は寒地型牧草（オーチャードグラス）に比べ一次生産量は高いが，消化率が低いために二次生産の効率は低くなり，全体を通しての日射エネルギーの利用効率も暖地型牧草が低くなったと考えられる．

草種のみならず，放牧草地では単位面積あたり放牧頭数（放牧強度）も一次生産量や二次生産量に影響を与える．放牧強度が高いと牧草は葉部面積を十分に確保できないことから一次生産量が減少する．しかし，放牧頭数が多いので単位面積あたりの牧草採食量が増加し，単位面積あたりの家畜生産量である二次生産量は増加する．しかし，これにも限度があり，放牧強度が高すぎると二次生産量も低下する．

5.2.3　草地の資源循環

畜産は本来，稲作や畑作などほかの農業分野と同様，土地を基盤とした土−草−家畜を巡る物質循環のなかで行われる農業である．特に窒素とリンは，草と家畜の間を循環する主要な物質であり，これらが系外に流出すると河川や湖沼の富栄養化をもたらす．したがって環境保全の観点からも，これら物質の収支や循環を明らかにしておく必要がある．

図5.1は，酪農を例にとり，放牧草地生態系における窒素循環の様相を示したものである．放牧地で排泄された糞と採食されずに残った牧草枯死物の窒素は，ほとんど有機態である．このままでは牧草は利用できないの

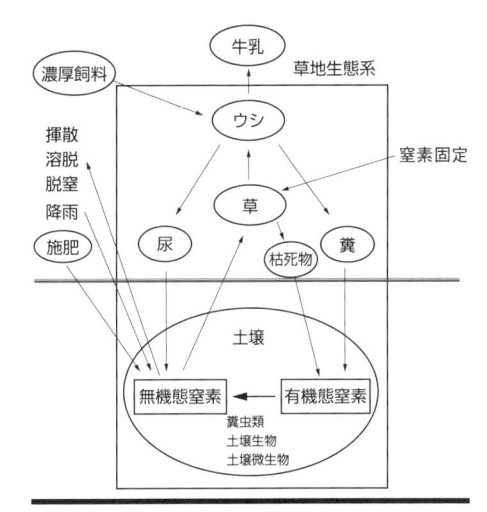

図 5.1 ● 草地における窒素の循環（酪農）

で，土壌動物や微生物がそれらを無機化する．無機化されたものは，施肥と降雨によって供給された無機態窒素とともに牧草に吸収される．その牧草を乳牛が採食し，一部は牛乳として系外に持ち出される．一方，残された多くの窒素は，土壌−植物−動物の間を循環する．

草地に投入された有機態窒素の無機化の速度と程度は，その有機物のC/N比（炭素率）によって影響を受ける．一般にC/N比の高い有機物の有機態窒素の無機化は緩やかであるのに対し，C/N比の低い有機物のそれは比較的速やかである．放牧地の場合，草地に投入される有機物のC/N比は放牧管理条件によって変化する．放牧強度が低いと採食されずに残った牧草の枯死物が多く，また放牧頭数が少ないため糞尿の草地への投入量が少ない．枯死物のC/N比は糞尿に比べて高いので，すなわち，草地へ投入される有機物全体としてのC/N比は高くなる．一方，放牧強度が高いときには，前述の枯死物と糞尿の量的関係が逆転し，草地へ投入される有機物全体としてのC/N比は低くなる．したがって，放牧強度が高いほうが無機態窒素の生成

が促進され，それらを吸収し，牧草生産量が増加する．しかし，過度の放牧強度の増加は，土壌の緊密化などにより土壌動物・微生物数が減少するため，C/N比は低いにもかかわらず牧草生産量は減少に転じることになる．

系内を循環する窒素以外に，一部は系外へ放出（揮散，脱窒）および硝酸塩として溶脱する．しかし，草地は耕地に比べ耕起される頻度が少ないので，これらの損失も耕地より少ないと考えられる．一方，系内に投入される窒素としてマメ科牧草による窒素固定がある．マメ科牧草混播草地の年間窒素固定量は，イギリスの報告では1haあたり100～200 kg，日本においてもマメ科率によって大きく異なるものの100 kg/ha程度であったとの報告もある．これらの量は草地へ通常施肥する窒素にほぼ匹敵するか，あるいはそれより多い量であり，草地への窒素投入量全体に対する窒素固定の寄与割合はかなり大きいことが理解できる．

5.2.4　草地の植生生態と遷移

植物構成として草本類が優占している土地を草原といい，畜産的利用をされている草原を草地という．また，日本在来の草本類が優占した草原を野草地，家畜の飼料用に選抜，育種など人為的改良がなされた牧草を播種して造成した草地を人工草地という．

A．野草地

日本の主要な草原のうち利用されている植生型は，ススキ型，シバ型，ササ型などである．これらの草原は，火入れや刈取り，放牧などによってその植生を維持していることから，正確には半自然草地である．いずれの植生型も人為的な介入をやめると極相である森林へと遷移する．

ススキ型は北海道南部から沖縄まで幅広く分布する．年1回の刈取りで植生は維持されるが，放牧利用されることも多い．野草地で長年強い放牧を行っているところではシバ型草地に変わる．優占種はシバであり，草地として存在するのは北海道南部から九州南部までで，再生力がとても旺盛である．ススキやシバの栄養価は牧草に比べると低いが，栄養要求量が比較的低い肉用雌繁殖牛（授乳期は除く）の放牧に適する．

ササ型は北海道を中心に分布しており，通常，エゾマツ，トドマツ林の下草として存在するが，伐採後も残る．クマイザサ，ミヤコザサ，チシマザサなどがある．ミヤコザサの当年葉は栄養価が高く嗜好性もよい．北海道南部・太平洋岸の少雪地帯では，ミヤコザサを利用した北海道和種馬の周年林間放牧が行われている．

B．人工草地

草地を造成する場合，各地域の気象条件にあったイネ科牧草とマメ科牧草を組み合わせて2種以上の草種を混播することが多い．施肥，刈取回数，放牧強度など草地管理の違いにより，造成時の草種構成は経年的に変化する．例えば，窒素施肥が多いとマメ科牧草が衰退し，イネ科牧草優占草地となる．また，イネ科・マメ科（シロクローバ）混播放牧地では，イネ科牧草が長草型草種（チモシー，オーチャードグラスなど）の場合，放牧強度を高くするとイネ科牧草が衰退し，シロクローバが優占する．これは，イネ科牧草の茎葉は上へ伸長するので，光競争に勝るが被食されやすく，一方，シロクローバは匍匐茎（ほふくけい）をもつので，被食に対する抵抗性が高いためである．しかし，短草型草種（ペレニアルライグラス，メドウフェスクなど）とシロクローバの場合は，光に対する競争力の差がないため，適正なマメ科率が維持される．

5.2.5　草地資源の評価

人間は牧草類を体内で消化利用することができず，家畜を介して畜産物というかたちで初めて利用することができる．したがって，草地を評価する場合，光合成による植物生産

量（一次生産量）のみならず，草資源に由来する家畜生産量（二次生産量）という観点からの評価が重要である．

A．一次生産量

草地の一次生産量は，採草地では収穫時の現存草量の合計，また放牧地では家畜による採食量の合計であり，通常，単位面積あたりの量として表す．

現存草量の推定法として，草地内に何か所か設置した方形枠内の草を刈取り直接秤量する方法（コドラート法）のほか，静電容量プローブやライジングプレートメータなどを用いた非破壊的な方法がある．

放牧地での家畜による採食量は，放牧前後の草量差から群としての採食量を推定する方法（前後差法）と，放牧前後の家畜の体重差から個体ごとの採食量を推定する方法（体重差法）がある．ただし，体重差法の場合，放牧中の排糞排尿量と潜熱蒸散量による補正が必要である．そのほか，放牧家畜の採食量測定法として，外部（酸化クロムなど）および内部（酸不溶性灰分など）の2つの指示物質を用いる方法（ダブルインディケータ法）や植物体に含まれるアルカン（炭化水素）を指示物質とする方法（アルカン法）などがある．

B．二次生産量

草地の二次生産量は，草を採食して生産された乳，肉などの生産物の量である．ただし，家畜が濃厚飼料など草地以外からの飼料を採食していた場合には，その分を補正しなければならない．これには，草とそれ以外の飼料のエネルギー［TDN（可消化養分総量）あるいはME（代謝エネルギー）］摂取割合で案分する方法がある．

通常，家畜生産量は，例えば1日1頭あたり乳量や日増体量など，個体あたりで表すことが多い．一方，畜産は本来，土地を基盤とした土-草-家畜を巡る物質循環のなかで行われる農業であることから，稲作や畑作など，他の農業分野と同様，例えば1 haあたり乳量あるいは増体量など，単位土地面積あたりの生産量として示すことも重要である．このような表示は，イギリス，アイルランドおよびニュージーランドなど土地利用型の畜産国では従前より用いられてきており，近年，日本においてもかなり浸透してきた．

イギリスのHolmesによって提唱されたUME（utilized metabolizable energy）は，家畜が草地から摂取したエネルギー量を単位面積あたりで表示するものである．家畜の成績（乳量，体重，増体，妊娠など）からその家畜が必要とした総ME量を計算し，その値から草地以外の飼料由来のME量を差し引いて求める．UMEを用いることによって，育成畜，成畜の違いや家畜種の違いを横断した比較ができる．また，直接生産物として現れない家畜の維持，妊娠なども生産として組み込まれるため，家畜生産量全体を評価することができるなどの利点がある．

5.2.6 草地の機能

草地は家畜の飼料を生産し，私たちの食卓に肉や牛乳を，さらには被服などの原料として毛や皮を提供するという生産機能を有しており，この役割は将来的にも不変であろう．一方，草地は生産機能のみならず，生物・生態系保全，地球温暖化防止，水土保全，さらには景観保全や保健休養機能などの環境保全機能を併せもっており，私たちの生活にとって有益な多くの働きをもっている．それらの内容を整理したのが表5.2であり，これを草地の多面的機能という．

景観は，その土地の生産や生活を通して表現される土地の姿であり，人間を主体として認識される地域環境そのものである．したがって，その評価は，これをとらえる人間の心理的要因にも大きく左右される．これまでの調査では，草地は広々とした明るいイメージがあり，森林に比べ景観としての評価は高い．また色彩として，草地の「みどり」が視

表 5.2 ● 草地の多面的機能の分類

生産機能	食料生産機能 　乳・肉
	毛・皮等生産機能 　羊毛・皮革など
環境保全機能	生物・生態系保全機能 　草地生態系の多様構成種の保全 　希少生物の保全
	水保全機能 　水貯留，水浄化・保全
	景観保全機能 　草地・家畜・施設・地域景観保全 　および創出
	保健休養機能 　草地・家畜・自然とのふれあい 　レクリエーション 　自然・畜産・情緒教育
	微気象緩和機能 　温度・湿度緩和
	居住環境保全機能 　騒音防止・砂塵防止等住環境向上
	大気保全機能 　汚染物質除去，酸素供給
	土保全機能 　土壌水食防止，土壌崩壊防止 　土壌浸食防止

覚的にも高く評価されている．特に短草型草地の景観評価は高く，これは生産機能における評価と一致するところでもある．

保健休養機能はアメニティ機能ともよばれ，都市生活者にはもっともストレートに理解されやすい機能である．草地空間のもつ自然との一体感やゆったりした時間の流れなど，今や都市部ではみられなくなった景観や環境が心の潤いや安らぎを与える．これまで生産機能重視であった公共牧場なども，牧場の草地の一部を市民に開放し，レクリエーションの場として提供したり，子どもたちの環境・自然教育に活用するなど，多くの試みがなされている．これらのなかには草地の生産機能を低下させる要因となるものもあるが，国民の草地農業に対する理解を深めるためには重視されねばならない分野である．

5.2.7　草地の生物多様性保全

生物多様性とは，人間活動の影響による種の絶滅速度の増加の背景を受け，科学的かつ政策的な側面で広く使われるようになった用語で，それには3つのレベル（生態系の多様性，種の多様性，遺伝的多様性）が存在する．生態系の多様性は草地，林地などのさまざまな種類の生態系が存在することを，種の多様性はさまざまな種類の生物が生息していることを，遺伝的多様性は同じ種のなかでの個体ごとに遺伝子がさまざまであることを示している．

草地には家畜生産としての飼料供給機能以外にも多面的な機能，例えば栄養塩の循環，生物や土壌の保全機能および憩い・娯楽・教育などの生態的，文化的サービスが備わっていることが知られている．これらの機能を支えているのが生物の多様性であるため，生物多様性保全の重要性は世界の共通認識となっている．例えば，草原の植物の種数とバイオマスには正の相関があることがわかっている．糞虫は家畜の糞の分解・土壌中への分散を通して土壌栄養塩類の循環を促進している．

近年の集約生産方式の台頭によって放牧地や採草地は縮小の一途をたどり，現在では草原は国土面積の約3％程度しか残っていない．日本では草地は利用放棄されると植生遷移が進行し林地化するため，草地に依存する多様な動植物の多くはその姿を消す．実際に植物のオキナグサ，昆虫のオオルリシジミ，哺乳類のカヤネズミや猛禽類のチュウヒなど多くの生物で生息数が減少している．

したがって，草地の生物多様性を保全するにはまず草原を維持することが必要である．草原を維持していくためには，放牧を推進し，輸入飼料を控え，飼料を自給することが求められている．次に，過度の草地利用を控え，持続的な草地管理を行うことである．放牧地では家畜の放牧圧が適度であるときに植物の

種多様性がもっとも高くなる．過剰な施肥や草地更新は生物多様性にマイナスの影響を引き起こす．放牧地に牧草だけではなく，野草を利用することは生物多様性保全に有効である．

一般に，草地の生物多様性と生産性にはトレードオフの関係が存在することが知られている．そのため，民間経営の牧場が生物多様性を重視することは経営上のリスクを伴う可能性がある．そこで公共牧場（草地）などに生物多様性保全の役割を担っていくことが期待される．あるいはヨーロッパなどの農地ですでに導入されている直接支払制度（環境保全型農業を行っている農家に政府などから補助金を支給する制度）を日本の草地でも検討する余地があるだろう．

5.3 草地の造成管理

5.3.1 自然条件と草地造成

草地造成とは，林地あるいは耕作放棄地など草地以外の土地に牧草を播種し，家畜生産のための草地をつくることである．厳密には，野草地を牧草地化する草地改良と区別される．草地の造成・改良にあたっては，さまざまな自然条件を考慮する必要がある．

A. 気象

牧草には寒地型草種と暖地型草種があり，さらに草種内の品種により，耐寒性あるいは耐暑性が大きく異なる．日本は南北に細長く，標高差も大きいことから，気候区分は亜熱帯から亜寒帯まで幅広く分布している．したがって，各地域の気象条件に合わせた草種・品種の選択が重要である．

B. 地形

草地造成時に考慮すべき重要な地形は，傾斜度，斜面の長さおよび斜面の方角などである．特に傾斜度は，その程度によって適用できる造成方式が異なり，また草地の利用方式も異なってくる．

傾斜度が15°以下の場合には機械力を使った全面耕起ができ，採草地および放牧地のいずれにも利用できる．それ以上の傾斜度（15°～25°）では部分耕起か不耕起による造成となり，主に放牧地として利用される．傾斜度25°以上のところでも蹄耕法などの不耕起造成法により放牧地を造成することができる．しかし，このような傾斜度ではウシの歩行は制限され，草地全体を均等に採食移動することはできず，等高線状に何本もの牛道ができる．やがてこの部分は裸地となり，草地面積が減少するとともにエロージョンなどが起こりやすくなる．

傾斜が緩くても斜面が長い場合には，豪雨時にエロージョンなどが起こりやすい．また，斜面の方角に関しては，日射量が多く，乾燥しがちな南斜面に草地を造成することが望ましい．特に省力的な不耕起造成法により，低コストでの永年利用を図る場合には重要な選択である．

C. 土壌

日本の草地は，前述した気象や地形などの条件に加え，土壌条件も劣悪な，普通作物の栽培不適地に立地していることが多い．例えば，草地酪農地帯である北海道東部の根釧地域は火山灰土が，北部の天北地域は重粘土および泥炭土が広く分布する特殊土壌地帯である．また通常，草地土壌では，リン酸，カリウムとともに三大養分のひとつである窒素は，牧草が利用できる無機態ではほとんど存在しない．したがって，これらを家畜糞尿の還元に加え，外部からの化学肥料などで補わなければ，特にイネ科牧草は十分に成長できない（ただしマメ科牧草は根粒菌の働きにより成長できる）．

また，日本（特に北海道）は酸性土壌が多い．イネ科牧草は酸性土壌に比較的強いが，マメ科牧草（特にアルファルファとシロクローバ）は一般的に弱い．したがって，草地造成時には，炭酸カルシウム（炭カル）など

で字のごとく家畜の蹄（ひづめ）で造成する方法である．前植生の抑圧処理のため，多数の家畜を放牧し野草類を採食させ，それにより生じた裸地に牧草を播種し，家畜の蹄に踏ませて牧草種子を土壌に定着させる．牧草が野草とともに伸長してきたときに再び家畜を放牧し両者を採食させるが，牧草は野草に比べて再生力が旺盛であるため，放牧をくり返すにつれて牧草が優占するようになる．日本には1950年代後半にニュージーランドからこの技術が伝えられたが，その後の大型機械による大規模草地開発の波に飲み込まれ一時期衰退していた．しかし，野草地への牧草導入法としてマクロシードペレット（成形複合肥料の表面に牧草種子を糊づけしたもの）と蹄耕法を組み合わせた技術が開発されるなど，放牧見直しの機運も手伝って，蹄耕法が再び注目を集めている．

5.3.3 草地造成と草地生産量

年間の草地生産量は，基本的には牧草のもつ潜在的な成長量（再生量）に依存している．しかし，実際の草地生産量はその地域の気象，土壌あるいは地形条件によって制約され，さらには，採草あるいは放牧などの利用方式の違い，および草地管理法の良し悪しによっても大きく変動する．

牧草は一般に初期生育が遅く，雑草に負けやすい．したがって，播種当年は牧草の収量よりも牧草の定着を図ることに重点を置くべきである．草地造成は，雑草との競合を避けるため，春播きあるいは秋播きが一般的である．いずれの場合も適切な掃除刈りを行い，牧草の強い再生力を利用して，早期に牧草の優占化を図ることが重要である．

A. 草地生産量の経年変化

寒地型牧草の草地生産量は，立地条件や利用条件の違いにもよるが，一般に造成2年目に最大になり，その後，年次の経過に伴い低下する．また気象条件によっては，地域により夏枯れや冬枯れ，あるいは病害虫による被害などにより，その低下度合いが加速される場合がある．しかし，逆に草地管理が適切であれば，生産量の維持あるいは低下程度を小さくすることができる．

草地生産量が低下する要因としては，牧草自体の生理的活性の低下のほか，牧草の草種構成の偏りと密度低下による植生の悪化が大きい．そのほか，家畜や機械の踏圧やルートマット形成による土壌物理性の悪化，化学肥料連用による土壌酸性化および土壌肥沃度の低下なども要因として挙げられる．

通常の草地管理で生産性の改善が望めない場合には草地更新を行う必要がある．

B. 利用方式と草地生産量

牧草は季節による生産性の偏りが大きく，春に最大となり（スプリングフラッシュという），夏，秋に向けて低下する．したがって，そのパターンに合わせた利用方法を考えなければならないが，特に放牧利用の場合，きわめて困難で，きめ細かい管理が要求される．すなわち，放牧による草地生産量を高めるためには，単位面積あたりの放牧頭数である放牧強度や放牧開始時期を考慮し，季節に応じて放牧面積や放牧間隔を変えるなど，人為的な，いわゆる「放牧管理」の適切な変更が重要である．

一方，採草地の生産量に影響する人為的な要因は，施肥および刈取時期程度であり，放牧のように複雑に絡み合う要因は少ない．年間の刈取回数は2～3回であり，また，牧草の成長を目で確認しながら刈取時期を決定できることから，適切な施肥を行っていれば，草地生産量は比較的安定しているといえる．

一般に，採草地に比べ放牧地の草地生産量は低いと考えられているが，適切な放牧管理を行えば必ずしもそうではない．北海道大学農場では，泌乳牛の輪換放牧について，放牧強度，放牧開始時期（開始時草高）および放牧間隔の組み合わせと土地生産性の関連につ

いて一連の研究を行った．その結果，早期に放牧を開始し，（特に春季の）放牧間隔をある程度長く保つ放牧管理を行うことにより，放牧地 1 ha あたりの乾物利用草量は約 8.0 t を達成し，採草利用での全道平均 9.3 t に匹敵するレベルとなった．さらに，この放牧条件下において，草地の二次生産量としての牛乳生産量について検討した結果，放牧地 1 ha あたり 7.2～12.6 t の乳生産が可能であった．これらの値は年次による変動は大きいが，イギリス，アイルランドおよびニュージーランドにおける試験成績と比較しても劣るものではない．このことは，放牧が集約的にかつ効率的に行われるならば，草地の一次生産量のみならず二次生産量も高める手段として，放牧は有効であることを示しているといえよう．

C. 草地更新

草地更新は，草地生産性を回復させるための最終手段である．更新を行う目安は，寒地型牧草地では，ケンタッキーブルーグラス，レッドトップ，広葉雑草のような不良植生の割合が増加し生産力の低下がみられたとき，暖地型牧草地では夏枯れによる裸地の増加と雑草の侵入度合いが顕著になったときとされている．

更新の方法は，播種床造成法の違いにより，完全更新と簡易更新に分けられる．

a. 完全更新法

作業体系は耕起造成法に準ずるが，特に留意すべき点は，ルートマットの破砕や土壌の改善もさることながら，播種後の雑草対策である．そのため，耕起前あるいは播種前に除草剤処理を行うこともある．また，播種後は適切な掃除刈りによって雑草を抑える必要がある．完全更新は草地の生産性を飛躍的に回復させるが，約 1 年間牧草の生産・利用ができず，経済的負担が大きい．

b. 簡易更新法

完全更新の短所を補完すべく，簡単な土壌処理を行って播種する方法が簡易更新法である．土壌処理としては表層撹拌，作溝，穿孔および部分耕転法などが用いられる．当初，簡易更新は衰退したマメ科牧草の追播などに重点が置かれてきたが，土壌処理と播種を一台で行うことができる専用作業機の開発により，その技術水準は飛躍的に向上した．しかし，更新時に土壌の理化学性の改善が難しく，更新後の維持管理が重要である．

5.3.4 草地造成と環境保全

草地のもつ環境保全機能のうち，景観保全機能および保健休養機能については前述 (5.2.6 項) のとおりである．ここでは草地の水土保全機能について述べる．

A. 造成方式と環境保全

草地の保水機能は，通常の農地に比べると高いが，林地に比べて低いといわれている．しかし，適切に管理された永年草地は，林地に匹敵する水保全機能をもつとともに，エロージョンを受けにくいなど，土保全機能も高い．牧草の密度が低く裸地が多い草地では，雨水の土中への浸透能が低く，そのため草地表面を流れる水（表面流去水）が多くなり，エロージョンを受けやすい．表面流去水は，土壌のみならず，分解されずに残っている家畜糞や肥料をも巻き込み，近隣河川へ流れこんで水質汚染の原因をつくる．このような現象は，草地の傾斜度が急なほど起こりやすい．

上記のような観点から考えると，表層の撹乱を最小限にとどめた不耕起造成は環境に優しい草地造成法であるといえる．一方，全面耕起法で草地を造成する場合，一時的に水土保全能が低下することはやむをえないが，地表面が裸地である期間を極力少なくする努力が必要である．

B. 利用方式と環境保全

一般に「放牧は環境にやさしい」といわれることが多い．しかし，不適切な放牧管理方法によっては，環境に悪影響を与えることを

十分理解する必要がある．

　草地を集約的に利用し草地の二次生産量を高めるためには，ある程度放牧強度を高める必要がある．しかし，放牧強度を高めすぎると（いわゆる過放牧），家畜の採食に牧草の再生が追いつかず，牧草密度が低下し草地の裸地化へとつながる．このことは前述したように，表面流去水による糞尿や肥料養分の流出を容易にする．さらに放牧地は，採草地に比べて条件の悪い傾斜地などに立地する場合が多いため，悪影響が加速されることになる．また，採草地への糞尿還元は機械が行うため，比較的草地全体に均一に散布されるが，家畜による糞尿排泄は，それに比べてはるかに不均一である．糞尿が落ちたところと落ちなかったところで土壌養分の不均一性が生じ，牧草による養分の利用効率を低下させる原因となり，余剰養分の流出による環境汚染を誘発する可能性がある．

　放牧地における環境保全対策としては，河川を飲水場として用いないことはもちろんのこと，放牧地と河川の間に河畔林や利用しない牧草地などの緩衝帯を設けることなどが推奨されている．すなわち，採草利用でも放牧利用でも糞尿が発生する場所が変わるだけで，発生量は基本的に変わらないということであり，それぞれの草地利用方式に合わせた環境保全対策が必要である．

5.4　放牧管理

　放牧管理を行う際には，家畜にできることは家畜にやらせることを基本とする．これにより粗飼料の収穫調製，畜舎での飼料給与と糞尿処理作業および関連する機械費・肥料費・燃料費などが舎飼飼養よりも軽減され，省力・低コスト化が図られる．特に土地基盤に余裕がある家族経営において，従事者の労力的・経営的ゆとりが増加する効果が大きい．一方，制御すべき要因が家畜と草地の両面にわたり，相互に影響を及ぼしあうことが多い．双方の条件を同時に満たすことが難しい場合もあり，目的とする家畜生産性に応じて両者の妥協点を探りながら管理にあたる必要がある．また，放牧にはマニュアル化しにくい経験則的な側面が残されているため，目的と手段を峻別し，導入する技術に優先順位を付けることも重要である．

5.4.1　放牧と草地管理

　放牧に利用される草種は野草と牧草に大別される．野草とは在来種であり，日本ではササ，ススキ，シバなどであるが，シバ以外は放牧により衰退しやすい．牧草は人為的な改良を経ており，現在，日本で牧草とされる草種の多くは明治期以降の畜産振興に伴い国外から導入されたものである．放牧にはイネ科とマメ科に属する草種が利用されることが多い．牧草はさらに寒地型牧草（生育適温15～21℃程度）と暖地型牧草（生育適温25℃以上）に分けられる．暖地型牧草は，C_3植物がもつカルビン回路のほかにC_4ジカルボン酸回路をもつC_4植物であり，C_3植物である寒地型牧草よりも高い光合成能力をもつ．しかし，イネ科のC_4植物は維管束鞘が消化されにくく，細胞壁も多いため消化率が低い．

　表5.4に日本で放牧に用いられる主なイネ科草種を一括する．これらのなかから，立地する土地の気象条件，地形（採草兼用利用の有無），必要な栄養水準，投入可能な資材と経費の量，期待する生産力などを勘案して用いる草種を決定する．日本の放牧地は北海道から沖縄まで広範囲に立地し，気象条件が多様であるため，草種選択のポイントが北海道では越冬性や土壌凍結耐性であるのに対し，東北以南では越夏性も考慮する必要があり，西南暖地では嗜好性や栄養価への配慮が求められる．寒地型牧草のなかではチモシーが耐寒性に，トールフェスクが耐暑性に優れる．平坦地では余剰草の採草兼用利用が可能なた

表 5.4 ● 永年放牧草地の利用法

地帯・土地条件	北海道, 東北北部, 本州・四国・九州の高中標高地			野草地林地	西南暖地(南西諸島)
	急傾斜地	緩傾斜地(斜度15°以下)	平坦地		
イネ科基幹草種	寒冷地向き ケンタッキーブルーグラス* → / ← センチピードグラス* シバ* 温暖地向き	→ チモシー / メドウフェスク / ペレニアルライグラス / オーチャードグラス / ← トールフェスク →		ススキ* / ササ類	バヒアグラス* / (ジャイアントスターグラス*) / (パンゴラグラス*)
放牧方法	連続放牧	採草兼用放牧 / 輪換放牧		連続放牧(時期に配慮)	連続放牧
施肥水準	低	低～中	低～高	無	低～中
牧草栄養価	低～中	中～高	高	低	低～中
適当種・ステージ	繁殖牛	育成牛	母子放牧牛 / 搾乳牛	繁殖牛	繁殖牛
適正牧養力 (CD/ha)	100～300	300～400	500～700	50～200	600～(1,300)
個体乳量 (kg)	3,500～5,500	6,000～7,000	7,000～9,000	—	—

――→：推奨　　-----→：適する　　＊：C_4植物

め，寒地型牧草の適地であるならばチモシーやオーチャードグラスの利用が可能である．傾斜地などで採草が困難な場合は，季節生産性が比較的穏やかで嗜好性に優れるペレニアルライグラスの利用が最適である．しかし，耐寒性・耐暑性がともに他草種よりも低い草種であるため，土壌凍結地帯ではメドウフェスク，越夏性が問題となる地域ではトールフェスクや寒地型牧草よりも栄養価が劣るものの耐暑性や放牧耐性に優れるシバやセンチピードグラスの利用も視野に入れる．

放牧方法は，放牧地の地形，放牧する家畜の種類，放牧頭数に対する放牧地の面積（放牧依存度：牛群が必要とする養分のうち当該放牧地から供給できる割合），などを考慮して決定する．搾乳牛では求める乳量水準，育成牛や繁殖牛などはできるだけ低コストに放牧することに配慮する．平坦地であれば，毎日放牧する牧区を変える一日輪換放牧などの集約的な放牧方式が導入可能であるが，傾斜地などでは牧区数を減らして一牧区に複数日滞牧する輪換放牧や長期にわたり一牧区に放牧する連続放牧が適している．搾乳牛以外は一日中放牧する（昼夜放牧）ことが多いが，特定の時間帯にのみ放牧する場合を時間制限放牧という．搾乳牛放牧において，放牧地面積が不足する場合や，飼養管理上の都合により放牧時間を制限する場合，暑熱期に夜間のみ放牧する場合などが該当する．

以上のほか，子牛の発育遅延防止や人工授精の都合により放牧されないことが多い授乳中の肉用繁殖牛を放牧するため，放牧地に隣接して授乳用の施設を設け，そこで子牛を飼養して母牛だけ放牧する母子分離放牧，さらに一歩進め，母子ともに放牧したうえで子牛のみが通過可能な柵で栄養価の高い草地を囲って子牛に採食させるクリープ放牧，搾乳牛の放牧後に相対的に栄養要求量が低い育成牛や乾乳牛を放牧する先行後追放牧，ウシとヒツジなど異なる畜種を放牧する混牧などがある．

放牧可能な期間は野草よりも牧草のほうが長く，北海道で150～200日前後，九州低標高地帯で約240日であり，宮古・八重山諸島では周年放牧が可能である．放牧の利点をいかすためには放牧期間が長いほどよいため，放牧期間を延長する方法を工夫することが望まれる．いずれにせよ放牧方法の選択は，家畜に期待する放牧草採食量を安定的に確保するという目的に対するあくまでも手段であることに留意する．

ススキやササ類には施肥を行わないが，牧草は施肥に対する反応性に優れるため，必要に応じて施肥することが効果的である．その際，土壌診断を数年に1回実施し，不足する成分を補給するとともに，成分間の過不足・バランスにも配慮する．牧区間や牧区内でも地形や家畜の滞在頻度などにより土壌成分が異なることがあるため，草種構成や草量が異なる地点は別々に診断することが望ましい．放牧地への窒素施肥は家畜の採食や採草により系外へ持ち出される窒素量，マメ科草種の割合，期待する生産力に応じて施すが，糞尿による還元があることに留意し，過剰施肥による余剰草の発生や嗜好性の低下，放牧地外への成分流出による環境汚染が生じないように注意する．

短い草丈（おおむね30 cm以下）で利用した寒地型牧草の栄養価は高く，栄養要求量の高い搾乳牛の放牧も可能である．一方，分娩間隔が長期化した繁殖牛などを放牧する場合には過肥に陥らないよう注意する必要がある．暖地型牧草や野草の栄養価は寒地型牧草よりも低いため，繁殖牛の放牧に適している．マメ科牧草が適度に混生した放牧地は家畜の嗜好性に優れ，放牧家畜へのミネラル類の供給や窒素施肥量の削減などの利点が期待できる．

放牧地の生産力と家畜生産性を高めるには，草地の生産力に合わせた放牧強度の設定

が欠かせない．放牧強度が低すぎると，徒長や不食草の発生による草質の低下や，過繁茂による光競合で弱小個体の枯死→裸地の発生→雑草の侵入を招くことが多い．放牧強度が強すぎると放牧草の再生が追いつかず（過放牧），嗜好性の低い種が優占するなどして草地の荒廃と家畜生産量の低下を招来する．日本の牧草地では，特に前者により荒廃に至る例が少なくない．放牧の強さを表す指標として，単位面積あたりの放牧頭数（放牧密度：頭/ha)，牧区内の草量を放牧家畜の頭数や合計体重で除して表現する方法（割当草量 herbage allowance：乾物草量 kg/頭数または合計体重 kg/日），利用率（現存草量に対する放牧により利用された草の乾物重量比％）などがある．草地の生産力を表す方法として，単位面積あたりの乾物または TDN 収量のほかに，牧養力（カウデー，cow-day：CD）が用いられる．1CD は体重 500 kg の牛 1 頭を 1 日養える尺度で，ha あたり CD は，放牧頭数 × 放牧日数 / 一牧区面積（ha）により算出されるが，肉用繁殖牛を基準とした指標のため，大まかに草地の牧養力を評価する指標としてとらえたほうがよい．

表 5.4 の最下段には草地の傾斜度と放牧乳牛の個体乳量との関係について，実態を踏まえて大まかな目安を示した．なお，個体乳量は経営方針として設定する乳量水準や放牧依存度，寒地型牧草の利用可否などの条件により変化し，傾斜度で一義的に決まるものではない．

5.4.2　放牧飼養

単に家畜を草地に放し飼いにするだけでは放牧飼養の利点を引き出すことはできない．草地面積と放牧頭数のバランスや草地生産量の季節変動への配慮が必要である．放牧家畜の適切な飼料構成は，畜種や発育ステージおよび乳量水準などにより異なり，放牧草のみでは養分量が不足する場合には補助飼料を給与しなければならない．すなわち，割当草量が不足する場合は，併給粗飼料により乾物摂取量の不足を補い，放牧草の量は満たされていても栄養価が低下している場合には濃厚飼料を給与する．なお，サイレージや乾草を調製する際には，収穫貯蔵ロスにより量的・質的損失が生じるが，生草を直接採食させる放牧ではこれらのロスは発生しない．反面，不適切な放牧管理により牧草が採食されずに枯死する無駄や栄養価の低下を招くこともある．また，放牧時には個体管理が困難になることが多く，厳しい自然環境に直接暴露されることによる生産性の低下や，疾病・事故による損失などが発生しうる．放牧による損失を最小限とし，利点を最大限享受するための要点を以下に記載する．

A．放牧馴致

畜舎で大切に個体管理されていた放牧未経験畜にとって，未知の個体といっしょにされ，野外で自ら餌を探す生活を送ることには相当なストレスを伴い，発育停滞，疾病および事故発生の遠因となる．したがって，入牧の 1 か月前から馴致を開始し，野外の気象環境，放し飼いと群飼養，青草の採食（ルーメン細菌叢の変化を伴う），電気牧柵などへ徐々に慣らすことが必要である．放牧経験畜も馴致を行うと放牧馴致への移行が円滑となる．

放牧家畜の群編成について，育成牛の場合は体格差による個体間のトラブルを軽減し，斉一な発育を促すようにすること，繁殖管理が必要なステージのウシでは作業の能率化と確実性の向上を重視して行う．乳牛では，育成牛，乾乳牛，泌乳牛の別，肉牛では育成牛，授精対象牛，妊娠確認の有無，特に監視を要する個体などの視点で分ける．

B．栄養管理

放牧家畜のタンパク質やミネラル類の要求量は舎飼い時と同等であるが，維持エネルギーが食草行動や歩行により増加するため，放牧条件に応じて舎飼い時よりも増やす必要

がある．その程度は平坦地で寒地型牧草を用いた良好な放牧条件下では 15 % 程度であるが，標高差が 100 m もあるような山地傾斜地で野草も利用するような放牧では 30 % 以上に達することもあると推定されている．一方，放牧草の生産量と栄養価には季節変動がある．寒地型牧草を例にとれば，春に高く，夏に低下し，秋に回復する変動を示すため，放牧家畜の要求量に対する草地の栄養現存量を把握し，放牧草の摂取のみで不足する場合には補助飼料を給与する必要がある．寒地型牧草を短い草丈で利用すると粗タンパク質含量が 22 % 以上になることも珍しくなく，昼夜放牧ではエネルギーに対して窒素の割合が高すぎるので，補助飼料は高エネルギー・低タンパクのものとするとよい．一般に，繁殖牛は野草地で十分飼養でき，妊娠末期と授乳中のみ補助飼料を給与すればよい．育成牛は，条件のよい寒地型牧草地を集約的に利用すれば，夏季以外は補助飼料無給与で十分な発育が可能である．なお，補助飼料を多給すると，放牧草採食量が減少するため注意する．搾乳牛放牧で 8,500 kg 程度の乳量を維持するためには濃厚飼料の給与が前提となるが，乳量水準を 7,000 kg 以下として放牧依存度を高め，濃厚飼料の給与量を最小限にとどめた放牧酪農経営もある．

C．繁殖管理

放牧地では発情牛が他の個体と自由に乗駕行動を示せるため発情発見が容易になる場合も多いが，看視が行き届かずに発情行動の見逃しにつながる場合もある．確実な発情発見には朝夕 2 回の看視が必要である．搾乳牛の場合，放牧地でも明確な発情行動を示さない個体もあり，放牧中でも外陰部や粘液の観察は発情発見に有効である．発情牛の発見率を高めるため，乗駕されると発色したり，塗料がはがれる資材が市販されている．ホルモン剤を利用した発情同期化は発情牛の発見・捕獲・授精にかかわる一連の作業を省力的に行うために効果的であり，獣医師の指示のもとに実施する．まき牛による自然交配は受胎率が高く省力的であるが，子牛価格に血統が反映されるため，広範な普及には至っていない．なお，発情牛は興奮して脱柵や転倒することがあるので，集畜の際には安全面に配慮が必要である．

D．衛生管理

要領よく確実な牛群観察は放牧衛生管理の基本である．特に大規模放牧場では，トラブルの発見時に家畜の状態が悪化していることが少なくないため，予防と早期発見が重要視される．

観察の要点は次のとおりである．①家畜が十分放牧草を採食しているか（腹部の膨らみを見る，歩様や被毛の艶もチェック），②下痢・軟便のチェック（青草採食により軟便化することは問題ない），③群と個体の行動は正常か（歩様，群から離れた個体がないか，カラスやキツネがまとわりついていないか），④個体の外貌（イボ，ダニ，外傷，未経産乳房炎など）．以上の観察と同時に，飲水施設や牧柵・通路関係，草地の状態（草量や有毒植物）についても目配りし，共同作業者と情報を共有する．

公共牧場では入牧前の衛生検査やワクチン接種，駆虫は疾病発生予防に必須である．ダニが媒介する小型ピロプラズマ病に対しては，殺ダニ剤を背中線に沿って塗布する方法が普及し，発症は減少している．崖や頸を挟みそうな樹木のある場所など危険箇所の封鎖，通路の泥濘防止，避難場所の整備なども事故防止に重要である．

なお，放牧病と放牧衛生の詳細については 7.7 節を参照されたい．

E．放牧施設

放牧を行うために不可欠な施設として牧柵，通路，飲水・給塩設備がある．必要に応じて集畜用の施設や暑熱による影響を緩和するための庇陰林も必要となる．これら各種放

牧施設の配置と各牧区に放牧する家畜の種類は管理（授精，搾乳，看視）の必要程度，畜舎からの距離，草地の条件（地形や採草の有無）などによって決定する．また，牧区内においても家畜と管理者の動線を考慮し，家畜管理時間の短縮と牧区内の均一な採食利用につながるようゲートや飲水施設の配置に留意する必要がある．

牧柵には放牧地全体の外周を囲む外柵と放牧地内を牧区などに区切る内柵がある．外柵には家畜の脱柵を防ぐ機能が強く求められる一方，内柵には外柵ほどの強度を要しない．牧柵には木材，鋼材，有刺鉄線などが使われるが，電気牧柵の利用が増えつつある．電気牧柵は高電圧・弱電流を断続的に流し，電気ショックを学習させることにより脱柵を防ぐしくみなので，事前に馴致が必要である．また，外柵用の高張力線には張力に耐える丈夫な支柱を要する．このように電気牧柵の導入には一定の初期投資がかかるが，有刺鉄線などを使用する場合よりもメンテナンスの労力が少なくてすむ．内柵用には金属線を編み込んだポリワイヤーやネットなどがある．また，通電可能なゲート用部品も市販されており，牧区や通路の閉鎖に便利である．

放牧家畜には，常時新鮮な水を供給することが望ましい．糞尿や病原菌による水質汚染防止のため，河川や泉に家畜が入らないようにする．

5.4.3 放牧行動

放牧家畜の行動は，群による影響も受ける点が舎飼いの個体管理と異なる．放牧行動を理解することにより，家畜の生産性向上や管理作業の軽減に結びつけることが必要である．

A．食草行動

昼夜連続放牧されているウシでは，日の出前後と午後に1〜3時間の持続する食草行動がみられ，輪換放牧では，新しい牧区に転牧された直後に集中した食草行動が起きる．搾乳牛の食草行動は搾乳時刻による影響を受ける．また，朝搾乳後から夕搾乳前までのほうが夕搾乳後から朝搾乳前までよりも食草時間が長いことが多い．暑熱期には日中の食草時間が減少し，夜間の食草時間が長くなる．放牧家畜の食草時間は一般的に6〜13時間で草地や家畜の状態，気象条件や放牧方法，補助飼料摂取量によって影響を受ける．

家畜の放牧草採食量は，バイトサイズ（一口あたりの草量）×バイト速度×食草時間により表される．草地の現存量低下によりバイトサイズは減少し，逆にバイト速度は速く，食草時間は長くなる．草地の現存量が少なすぎる場合は，バイト速度や食草時間の増加では補えきれずに放牧草採食量が低下する．

放牧地では選択採食による植生，草量，草質の不均一化が起きやすい．選択採食は栄養価だけではなく，嗜好性や食べやすさ，糞尿の排泄，アルカロイド含量など，さまざまな要因によって発生する．嗜好性が低い草は繁茂して不食過繁地を形成する．逆に嗜好性のよい草は何度もくり返し採食されるので，短い草丈の状態で維持され，再生力の弱い草種では衰退することが多い．

B．反芻行動

放牧牛の一般的な反芻時間は6〜9時間/日で，横臥状態で行われることが多く，草質が低下すると長くなる．草地の状態が悪いと1日の反芻時間と食草時間の比（R/G比）が高くなるため，草質判定の指標とされる．また，ストレスによっても家畜の反芻時間が低下するため，横臥反芻時間は家畜の快適度を判定する指標となる．

C．休息行動

休息行動には立位と横臥がある．暑熱時には木陰で休息する時間が長くなるが，吸血昆虫を追い払うため立位となって足上げや尾振りなどの行動がみられる場合もある．牧区内では平坦な部分や風通しのよい尾根付近が休

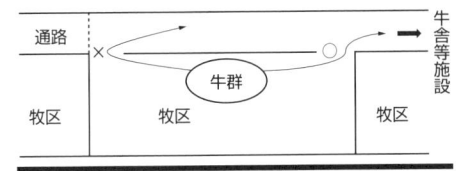

図 5.2 ● 牛群の移動動線とゲート位置との関係

➡方向に移動するとき，×位置のゲートでは牛群の先頭と最後尾の進行方向が逆となるため，進行方向を誤認して逆走する個体が発生し，誘導に失敗しやすい．○位置へのゲート設置が望ましい．

息場所に選ばれることが多い．飲水施設周辺も休息場所になりやすく，家畜の踏圧と糞尿の汚染により裸地化や泥濘化が起きやすいので配慮を要する．

D. 移動行動

放牧家畜は食草および飲水，牧区の移動，搾乳場所との往復などにより，1 日 1～10 km 程度歩行する．移動距離は放牧地の面積，草量，施設配置などに影響される．傾斜地では等高線に沿った歩行により牛道が形成され，土壌崩壊が起きることがある．

ウシは先行個体に追従する習性があるため，進行方向が鋭角的に変化する誘導は群行動を乱し，スムーズな移動の妨げとなる（図 5.2）．ゲートや飲水施設などを牧区に配置する際は家畜の動線への配慮も必要である．

E. 社会行動

群内には個体の優劣関係があり，預託牛が同時に公共牧場に入牧するときや，群構成に変化があった際には闘争行動による脱柵が起きやすい．順位の低い個体は補助飼料の摂取や飲水が上位個体から妨げられる場合もあるので注意する．なお，移動時に群から離れる個体がいるなど，通常の群行動に変化が認められた際には，傷病や分娩個体の発生を念頭に置くことが必要である．

5.5 主な放牧飼養形態

放牧飼養の実態は一様ではなく，土地条件，自然条件，草地面積，畜種，放牧頭数，目標とする家畜生産性などにより異なる．日本国内では目的に応じたさまざまな放牧飼養形態が展開されており，ここでは，その代表的な飼養形態と技術上のポイントを述べる．

5.5.1 公共牧場

公共牧場とは，地域の畜産振興を目的として，乳用牛ならびに肉用牛の集団的育成もしくは繁殖または飼料としての乾草生産などを行う牧場であり，地方公共団体，農協，農業（畜産）公社，牧野組合などが運営している．平成 27 年度には全国で約 724 牧場あり，合計で牧草地面積 8 万 5 千 ha，野草地面積 3 万 6 千 ha を有し，乳用牛 9 万頭，肉用牛 4 万 4 千頭に利用されている．なお，北海道では乳用牛，都府県では肉用牛の利用が過半を占める．利用農家の割合は乳用牛経営で 1/3，肉用牛経営で 1 割弱である．公共牧場の牧草地面積は全国の牧草地面積の約 15% であり，特に都府県ではその 4 割弱を占めるため，自給飼料基盤としての役割が高い．一牧場あたりの草地面積・利用頭数・1 ha あたり頭数は，全国平均で 117 ha・185 頭・1.6 頭/ha である．

牧場の利用率（預託牛の集まり具合）は牧場間の差が大きく，赤字に悩む牧場も少なくない．育成技術の向上や低廉な利用料金の設定などにとどまらず，規模拡大が進む畜産経営の外部支援組織として，家畜の周年預託や哺育などのニーズに適合したサービスの提供，管理者の資質の向上，統廃合による再編・合理化などが課題である．預託事業以外の観光やグリーンツーリズムに即した事業により収益を得ている牧場もある．公共牧場には広大な草地が広がるなかで家畜が放牧されており，その景観は地域・都市住民にやすらぎや自然とのふれあいを提供しうるため，ふれあい牧場として，主目的である畜産振興にとどまらない多面的機能も有している．

5.5.2 集約放牧

単位面積または家畜1頭あたりの生産量を増加させるため，比較的多量の経営資源を投入することにより，集約的な土地利用や家畜管理法を総合化した放牧方式を集約放牧という．集約放牧では高栄養の放牧草を家畜に安定的に採食させられるため，栄養要求量の水準が高い搾乳牛や育成牛の放牧に適する．集約放牧により1頭あたり乳量8,500 kg水準の搾乳牛放牧，日増体量0.7 kg以上の育成牛放牧が可能である．北海道には集約放牧導入により，乳量は7,000 kg台であるものの放牧期の飼料自給率が80％に達する高収益な経営，トウモロコシサイレージの併用により高泌乳牛を飼養する経営，育成牛の高増体と経営改善を実現した公共牧場などの例がある．一方，集約放牧導入にあたっては，牧草再生量の季節変化を常に意識して必要となる放牧地面積を把握し，放牧期間を通じて家畜の乾物要求量が満たされるように過不足のない量の放牧草を準備し，十分採食させられる技術と土地基盤が求められる．技術上のポイントは次のとおりである．

①高栄養草種の利用：ペレニアルライグラス，チモシー，メドウフェスクなどとシロクローバを混播する．

②短草利用：放牧草を短い草丈で利用することにより，放牧期間を通じて放牧草のTDN含量を65〜80％に維持するとともに，個体間の光競合を緩和して牧草密度の向上を図る．

③頻回転牧と草量の過不足への対応：牧区にウシが滞在する期間（滞牧日数）を半日〜数日とすることにより，放牧草の採食性向上と牧区内での草量ムラの発生を防止する．余剰草は採草する．草量が不足する際には放牧時間の短縮（時間制限放牧）や粗飼料の併給を実施し，乾物摂取量の不足は絶対に避ける．

④電気牧柵の利用：柔軟な牧区面積の設定が可能となり，有刺鉄線による乳房をはじめとする牛体への傷害防止にも有効である．春の開牧時の牧柵立ち上げ，秋の終牧時の撤収も簡単である．

⑤放牧施設（通路や飲水場等）の整備：地元にある火山礫などの排水性に優れた安価な資材の利用により通路を整備して泥濘の発生を防止し，牛体の衛生環境維持と管理者の作業性の改善を図る．また，放牧草採食量を維持するためには飲水施設の整備が必須であり，併せて周辺の泥濘化防止対策も実施する．

⑥その他：土壌診断に基づく過不足のない草地への施肥，放牧草の成分に応じた補助飼料の設計，積極的に放牧草を食べる牛の育成なども集約放牧技術を深化させ，使いこなすために必要な事項である．

5.5.3 耕作放棄地放牧・小規模移動放牧

日本国内では農業従事者の高齢化による人手不足や採算割れなどの理由により，山間地や傾斜地などの条件不利地域を中心に耕作放棄地が増加している．放棄された田畑，果樹園，桑園などには経年的に雑草が侵入・繁茂して農村景観を損なうだけではなく，害虫発生や野生動物を誘引することによる獣害発生の温床ともなりかねないため，対策として耕作放棄地に肉用繁殖牛を放牧する事例が増えている．小規模移動放牧は地域に点在する耕作放棄地や不作付地に従来の区画のまま放牧利用する方式である．もともとの放牧地ではないため一区画は小面積であり，数頭のウシを放牧し，草がなくなったら次の放牧地へ移動する．放牧頭数は必ず2頭以上とし，不安感による脱柵防止に配慮する．長期間の耕作放棄により野草や灌木が繁茂している場合は，そのまま放牧して前植生を抑えてから牧草を播種する．寒地型牧草地帯では種子が大きく発芽後の定着がよいオーチャードグラス，ペレニアルライグラス，トールフェスクなどの牧草が，傾斜地や西南暖地では土壌保

全効果が高いシバやセンチピードグラスなどが利用される．水田跡地は土壌水分が高いため，耐湿性のある草種（レッドトップ，リードカナリーグラスなど）が適しているが，泥濘化防止のため明渠などの排水が必要な場合もある．既存の耕作地に隣接している場合は脱柵防止，傾斜地では法面保全が重要であり，ウシが法面を崩さないように牧柵を法面から離して設置する．水源が確保できない場合には，貯水用ポリタンクと止水弁付水槽を設置する．小規模移動放牧は，肉用牛飼養の省力・軽労化と低未利用地の有効活用・荒廃防止の一石二鳥が期待されて拡大している．

5.5.4　水田放牧

転作田や遊休水田を草地化して放牧利用することを水田放牧とよぶ．乾田している場合は，牧草を播種して草地造成できるが，土壌水分が高い場合は，耐湿性のある草種を利用する．周囲が水田で梅雨時期に湛水するような条件下では，耐湿性のある単年生草種である栽培ヒエとイタリアンライグラスの組み合わせ利用により，周年で水田放牧が可能である．また，放牧期間は限られるが，飼料イネを立毛状態で放牧利用したり，米の収穫後に再生したひこばえを利用した放牧も水田放牧に含まれる．若い状態のイネのタンパク質含量は繁殖牛の要求量を満たすが，成熟に伴いタンパク質含量が低下するために，補助飼料としてふすまや大豆かすの給与が必要である．

5.5.5　周年放牧

九州などの冬期に温暖な地帯では，水田裏作としてイタリアンライグラス利用による冬期放牧を体系にとり込んだ肉用繁殖牛の周年放牧が行われている．イタリアンライグラスは一年生または短年生の寒地型イネ科牧草で施肥反応性に優れ，耐寒性や耐暑性がないため毎年の播種が必要となるが輪作体系に組み入れやすく，栄養価や嗜好性も高い．春～秋期間の放牧には高標高地の寒地型永年牧草地や低標高地の暖地型牧草地を利用し，周年放牧を実現する．

積雪が比較的少ない九州の高標高地などでは，前述のイタリアンライグラスの冬期放牧と寒地型牧草の秋期備蓄草地（autumn saved pasture：ASP）とを組み合わせ，乾草やラップサイレージも併給しながら周年放牧を行う事例もみられる．ASPは晩秋の放牧期間延長のため，平均気温が20℃に低下した頃から放牧地の一部を休牧し，追肥などにより生育を促して立毛状態のまま牧草を備蓄する技術で，秋の生育がよいオーチャードグラスやトールフェスクが適草種である．ASPは温暖地では緑色を維持し，寒冷地では霜に当たって立ち枯れ（フォッゲージ），嗜好性や栄養価が高いまま維持される．

5.5.6　山地酪農

耕作困難な山間傾斜地に，土壌保全効果が高いシバ型草地を火入れや蹄耕法により数年かけて不耕起造成し，連続放牧により省力的に搾乳牛を放牧する飼養体系を山地酪農という．草種はシバが移植されて用いられることが多いが，シバの生育期間が短い北海道ではケンタッキーブルーグラスやペレニアルライグラスを主体とする多草種が共存する高密度短草放牧地も利用されている．シバはTDN含量が50％前後と低く，食草のために広大な傾斜地を乳牛が移動するため維持エネルギーを多く要することもあり，1頭あたりの乳量は3,500～5,000 kgと低い．高い乳量を追求せず，濃厚飼料の給与や施肥も最小限に抑えて，地域の自然環境に適合した持続的酪農を行うことを理念としている．

5.5.7　野草地放牧

野草地には栄養要求量が低い繁殖和牛が専ら放牧され，用いられる草種は，シバ（北海

道南部～九州)，コウライシバ(鹿児島県島嶼部～南西諸島)，ススキ(全国)，ササ(九州以北，多雪地帯ではチシマザサ，クマイザサ，少雪地帯ではミヤコザサ，スズタケ)，ネザサ類(九州以北，東日本ではアズマネザサ，西日本ではネザサ)などである．これら草種は夏山冬里と称される日本の伝統的な和牛飼養体系における貴重な飼料資源として活用されてきた．入会地(村落共同体の総有地)として利用されていた野草地も多い．

シバとコウライシバは強放牧に耐え，嗜好性もあり牧養力が高いが，それ以外の草種は強放牧により衰退し，再生力も牧草より劣る．このため，放牧強度は 1 頭/ha 以下となる場合もあり，同じ頭数を放牧するためには牧草地よりも広い面積を要する．ススキも嗜好性がよいが，長期間にわたり植生を維持するためには休牧期間の設定や火入れ・刈取りによる灌木の除去が必要である．ササやネザサの嗜好性は前述の草種よりも低く，ササは衰退しやすい．

野草地には以上の草種のほかに多様な草本類や木本類が自生し，家畜の嗜好性が高いものも多いが，なかにはワラビなどの毒草もあるため，特に可食草が少ない場合には注意が必要である．また，家畜の嗜好性が低い種や有棘植物(アザミ類，バラ科灌木)が食い残されて繁茂する場合があるので，野草地を持続的に利用するためには放任するのではなく，一定の管理が必要である．野草の生育期間は牧草よりも短く，草種によっては放牧を避けるべき時期があるため，そのような時期には牧草地と組み合わせて放牧利用することも有効である．逆に，暑熱や寒冷により牧草の生育が停滞する時期に野草地に放牧することもある．

林地に生えるササなどの下草を利用する林内放牧や混牧林も野草地放牧の範疇である．落葉樹ではブナ(北日本)，シイタケ原木用のクヌギ(西日本)などの林に放牧される．

また，スギやヒノキなどの常緑針葉樹の植林地にウシを放牧し，目的とする樹種の苗木が雑草に覆われないように採食させる植林地放牧も行われているが，牛体のこすりつけや踏みつけによる苗木の被害防止などについて，林業側とよく協議して合意を形成し，共生関係を構築することが課題となる．

5.6　熱帯・サバンナの畜産

古典的な熱帯の区分は，南北回帰線のある 23.5°の緯線より低緯度側(赤道側)であるが，気候は緯線だけではなく，海陸分布，地形，標高等の影響も強く受ける．Köppen は気候の地域的な違いを示す指標として植物の生育をとり上げ，低温がその障害になることから「もっとも寒い月の平均気温が 18°C 以上」である地域を熱帯と定義した．さらに降水量の観点から，降水が年間を通じて多く，密林が成立する熱帯雨林気候，短い乾季がみられる熱帯モンスーン気候，乾季が長く木がまばらな疎林しか成立しないサバンナ気候に熱帯を区分した．これによると，例えば，東南アジアとその周辺ではフィリピン諸島，マレー諸島，マレー半島，ベンガル湾およびアラビア海に面した海岸地域に熱帯雨林気候と熱帯モンスーン気候が分布し，ベトナム南部，タイ平原部，インド東南部にサバンナ気候が広がる．

熱帯に属する国々はアジア，オセアニア，アフリカおよび中南米にあるが，そのほとんどが開発途上国(Developing Country)で，現在 49 か国ある後発開発途上国(Least Developed Country)はすべて熱帯に位置している．しかし，その経済発展の度合いは国によって大きく異なる．また，地域によって民族，宗教，文化はさまざまである．農業生産は自然環境や経済的条件のみならず，社会や文化の影響と制約を強く受ける．畜産もその例外ではなく，国や地域によりきわめて多

様なものとなっているため，過度に一般化して理解することは危険である．

5.6.1 熱帯農業と畜産

2011年現在，開発途上国には世界人口の82％が住み，世界の耕作地の64％，永年牧草地を含めた農地の72％が存在する．開発途上国人口の45％，後発開発途上国人口の63％が農業に就いている．2030年には世界人口は83億人に達し，その84％が開発途上国に住むことが予測されるが，農地として今後さらに開発可能な土地は先進国にはほとんどなく，開発途上国においても中南米とサハラ以南のアフリカを除いて限られている．したがって，世界的にみた場合，今後の農業生産の増大に，途上国における農業技術改善の果たす役割は大きい．

世界全体の農業総生産額に占める畜産物の割合は36％で，開発途上国全体でも30％を占めており，農業のなかでも重要な産業である．また，今後，開発途上国の食料摂取は所得の向上に応じて変化し，2030年の肉類および乳・乳製品の摂取量は，2011年の生産量の1.3倍になると予想されることから，畜産の重要性はさらに高まっていくと考えられる．一方で開発途上国における畜産は単に乳肉生産だけではなく，役畜による田畑の耕耘や物品の運搬および家畜排泄物による肥料や燃料の供給としての価値がある．特に熱帯の農業は，上記をウシやスイギュウをはじめとする大型の反芻家畜に依存することが大きく，また，それらの飼料資源は人間の食料資源と競合することが少ないので，畜産は物質循環の要として農業を持続的に行っていくための重要な要素となっている．

なお，熱帯において，特にアジア地域の家畜の品種はきわめて多いが，その家畜生産に関する特性は必ずしも明らかになっているわけではない．一方で希少な品種が消滅したり，無計画な交雑により本来保持していた特性が失われたケースもある．熱帯における農業生物多様性の保持と品種特性の解明は，今後，地域における在来種の特性を活かした育種戦略を行っていくうえで必要であり，畜産においてもその重要性は変わらない．

5.6.2 熱帯の畜産
A．熱帯の家畜

2011年現在における世界の家畜・家禽の頭羽数を家畜単位（ウシ・スイギュウ1頭＝ブタ5頭＝ヒツジ・ヤギ10頭＝家禽100羽）に換算し，各家畜種が全家畜に占める割合を算出すると，大家畜であるウシとスイギュウがそれぞれ60％と9％で，これらで全体の7割を占める．中家畜であるブタ，ヒツジおよびヤギはそれぞれ8％，4％および4％，家禽類は9％，以上で世界の家畜・家禽の94％を占める．表5.5に開発途上国で飼育されている家畜の頭数と産肉性を先進国のそれと比較した．ウシとスイギュウは世界の飼養頭数のそれぞれ81％とほぼ100％，ヤギ，ヒツジおよびブタがそれぞれ97％，77％および71％，ニワトリとアヒルがそれぞれ77％と93％と，特に大家畜をはじめ乳肉生産に重要な家畜の多くが開発途上国で飼育されている．大型反芻家畜や草食家畜が開発途上国に多い理由のひとつに，熱帯の植物バイオマスの高生産性が挙げられる．また，小農による複合農業経営が主体のアジア地域ではウシやスイギュウが農業以外でも通貨や財産としての役割を果たし，社会的に重要な存在である．これは大家畜が熱帯地域の環境や栄養条件に対する適応性や，感染症・寄生虫病に対する抵抗性を保持していることの現れでもある．しかし一方，開発途上国のウシ，ヤギ，ヒツジ，ブタおよび家禽の肉の生産性を，屠畜1頭羽あたりの生産量で評価すると，先進国の63％，107％，90％，85％および75％，後発開発途上国は先進国の41％，86％，71％，56％および50％と低い．さらに飼育1頭羽

表 5.5 ● 世界の家畜数，肉生産量，1頭あたりの肉生産量（2011年推計）

家畜種	飼育頭羽数 (100万頭)	屠畜頭羽数 (100万頭羽)	肉生産量 (100万t)	屠畜1頭羽あ たり肉生産量 (kg/頭羽)	飼育1頭羽あ たり肉生産量 (kg/頭羽)
開発途上国					
ウシ	1,131.1	198.2	35.5	179.0	31.4
スイギュウ	194.9	24.3	3.5	143.9	18.0
ヤギ	850.8	397.1	5.0	12.5	5.8
ヒツジ	805.8	357.9	5.7	15.8	7.0
ブタ	684.1	914.6	68.6	75.0	100.3
家禽	17,139.5	41,129.9	61.2	1.5	3.6
合計	―	―	179.4	―	―
上記のうち後発開発途上国					
ウシ	224.8	26.0	3.1	117.5	13.6
スイギュウ	11.4	1.3	0.2	181.4	21.0
ヤギ	244.7	94.8	0.9	10.1	3.9
ヒツジ	134.8	43.9	0.5	12.4	4.1
ブタ	35.8	28.1	1.4	49.8	39.0
家禽	1,164.8	2.273.8	2.2	1.0	1.9
合計	―	―	8.4	―	―
先進国					
ウシ	268.8	94.9	27.1	285.1	100.7
スイギュウ	0.4	―a	―b	188.0	27.8
ヤギ	24.7	13.5	0.2	11.7	6.4
ヒツジ	237.9	126.7	2.2	17.6	9.4
ブタ	278.9	468.0	41.4	88.4	148.4
家禽	5,028.6	20,631.7	40.7	2.0	8.1
合計	―	―	111.5	―	―

a：58,000頭　　b：11,000 t

あたりの肉生産量で評価した場合は，開発途上国は先進国の31％，91％，75％，68％および44％，後発開発途上国に至っては先進国の14％，61％，43％，26％および24％にすぎない．アジア・アフリカをはじめ，開発途上国の人口は今後も上昇し，それに伴って動物タンパク質の需要が増加することに加えて環境保全に関する配慮からも，ストックとしての家畜保有数を減らし，1頭あたりの家畜の生産性を改善することにも目を向ける必要がある．

熱帯における家畜の生産性の改善には，家畜の育種改良，繁殖率の改善，疾病の治療と予防，飼料資源の開発，暑熱環境の改善などがある．それらはお互いに影響を及ぼしあっているため，ひとつの生産阻害要因の軽減だけによって家畜の生産性を飛躍的に高めることは不可能である．例えば上記の要因のなかで家畜の育種改良は大きな関心事であり，そのために遺伝的能力の高い品種の導入がまず進められているが，疾病や寄生虫病の蔓延，飼料資源の限定，暑熱環境が普遍的な熱帯の

環境下では，十分な増体や乳量を上げたり，雌の繁殖能力を維持することは困難である．外来種は在来種に比べて地域の疾病や寄生虫病に対する耐性がなく，栄養要求量が高く，暑熱ストレスに弱いことが多いからである．

家畜の育種改良は，外来種の高い生産性と，在来種の地域環境への適応性を併せもった家畜をつくり出すために，外来種を在来種と交配することにより遺伝的改良を進めることが多い．繁殖率の改善の分野では，育種改良を効率的に進めるため，国や地域単位で人工授精センターを拡充して，良質の凍結精液の作成と人工授精技術の向上を図るほか，農家庭先での人工授精が行われるような精液の流通・配布システムを整備する．また，不妊の予防や治療のためには定期的な診断を行い，後述の飼料資源開発との関係では家畜の栄養状態の改善を図る必要がある．

熱帯のみに蔓延し，温帯や寒帯では問題とならない疾病はほとんど存在しない．しかし多くの熱帯地域では，肝蛭，回虫，ダニなどがかかわる寄生虫病から，致死性の高い口蹄疫，牛疫，牛出血性敗血症，炭疽，豚コレラ，豚ペスト，ニューカッスル病，高病原性鳥インフルエンザまで多くの疾病の蔓延がある．また，一方，特定の地域にみられる疾病として，トリパノソーマ症，リフトバレー熱などがある．疾病のために地域の家畜の生産性が著しく阻害されるだけではない．伝染性疾病の感染が確認された場合には，当該地域由来の家畜や熱処理を施さない畜産物の輸入は多くの国々が禁止している．この場合，生産国では余剰の畜産物があっても輸出ができないために畜産の発展が伸び悩む一因となっている．ワクチンの開発と普及によって伝染性の疾病を徹底的に撲滅する以外には方法がないが，感染国どうしが国境を接している場合は家畜の移動を完全に制限することは困難で，一国内の措置のみによる疾病の駆逐は不可能である．また口蹄疫や鳥インフルエンザなどのように，感染力がきわめて高く，感染経路の解明が十分になされていない場合には疾病の清浄化は困難である．

熱帯はその気象条件から，家畜への暑熱ストレスが問題となる場合が多い．家畜は暑熱ストレスが加わると，熱を体外に逃がす働きが備わっている．その作用は，皮膚への血流量増加による熱伝導，発汗による気化熱増加を利用する熱放散，呼吸数増加による呼気中への水分蒸散などあるが，家畜種によって異なる．いずれもエネルギーの消費を伴ううえ，暑熱環境下では採食量が減少するため生産性は低下する．また，直射日光，高湿度，無風などの要因も暑熱ストレスの影響を増大させる．日射の遮断，断熱および通風を考慮した畜舎設計や放牧地への庇陰樹の導入は，暑熱ストレスの軽減に効果があることが知られる．

a. ウシ

アジア・アフリカ地域で飼育されているウシは世界の61％を占める．本来，東南アジアでは，ケラタン牛，タイ牛などに代表される，肩峰のあるゼブ系牛と無肩峰牛との交雑種牛が多い．また *Bos* 属または *Bibos* 属の野生牛バンテン（*Bos javanicus* または *Bibos sondaicus*）を家畜化し，バリ牛として飼養している地域もある．

南アジアにはゼブ系牛が多く飼養されており，アフリカでは地域によってゼブ系牛，ゼブ系牛と無肩峰との交雑種牛および無肩峰牛の存在比率は異なる．西アフリカにいる無肩峰牛の一種であるヨーロッパ系のンダマ牛は，原虫病であるトリパノソーマ症とピロプラズマ症に抗病性があり，多くの地域で本種による品種改良が試みられている．熱帯の牛の乳肉生産性は先進国に比べてきわめて低い．特に在来種のウシは一般に小型で成長が遅く，多くの地域で在来種のウシを財産，役畜，糞尿を由来とした堆肥や燃料として利用することを主たる目的として飼養している．

肉は副産物的に利用されているにすぎない．しかし在来種のウシは，暑熱環境や低品質飼料に対する適応性や感染症・寄生虫病に対する抵抗性などを備えている場合が多い．一方，耕耘機やトラクターが導入されるに従ってウシは役畜としての使命を終え，次第に肉用として飼育されるようになっている．アンガス，シャロレー，アメリカンブラーマンなどの先進国の肉用専用種が導入され，在来種との交雑種や，外来種が利用されるようになってきた．交雑により肉生産に関する遺伝的能力が改善されても，それを支える飼料基盤の改善，暑熱対策，疾病対策などが講じられなければ生産性の高いウシは能力を発揮できないこともある．また，熱帯のウシの増体と肉質の向上のために必要な飼養標準や飼養管理方法は完全には整備されていない．開発途上国における牛肉生産量は，2011年の推計で3,550万tで，豚肉，家禽肉より少ないが，2030年の摂取量は現在の1.4倍に達すると見込まれ，飼料基盤の整備をはじめとした飼養管理技術の改善は不可欠である．

　乳専用種のウシ品種には，ホルスタイン，ジャージーなどのヨーロッパ原産種や，パキスタン原産であるサヒワール，レッドシンディなどのゼブ系牛が利用されている．多くの国ではホルスタインを在来種に交配した交雑種やさらに累進交配して得られた種を生産に用いている．東南アジアの多くの国では乳を利用する食文化がなかったが，政府主導による牛乳飲用の振興により，近年乳や乳製品の消費量が増えている．しかし，多くの熱帯諸国では乳の需要に牛乳生産が追いつかず，輸入した粉乳で代替している．酪農の振興は国民の栄養状態の改善と農村での雇用創生をもたらすほか，小規模農家にとっては日銭を稼ぐ有効な手段となる．そのため飼養頭数の増加と生産効率の改善が図られている．肉牛と同様，遺伝的能力が改善されても，飼料基盤の改善，暑熱対策，疾病対策などが講じられなければ，生産性の高いウシは能力を発揮できない．また，牛乳の消費地が生産地から遠い場合は，殺菌，加工，冷蔵の施設と，集乳，販売などの流通ルートを整備する必要がある．

b．スイギュウ

　アジア地域での飼育頭数が全世界の97%を占めている．スイギュウの品種は河川型（river-type）の河川水牛と沼沢型（swamp-type）の沼沢水牛に分けられる．河川水牛は世界の水牛の70%を占め，乳生産のほか，耕耘や運搬などの役用，肉用としても重要な役割を果たしている．インド北西部を原産地とするムラー，インド・パキスタン国境地帯を原産地とするニリ・ラビをはじめ，インド亜大陸に多くの品種があるほか，イタリア，エジプト，中東諸国，東欧諸国で飼養される地中海種がある．また，ブラジルを中心とした南米にも河川水牛が飼養されている．乳量は飼養管理条件がよければ一乳期あたり2,000 kg以上を生産する．イタリアにおいて泌乳能力の高いムラーを利用して改良を進めた結果，4,000 kgを超える能力を示す個体も出現している．

　一方，沼沢水牛は中国南部と東南アジア諸国で多く飼われている．従来，水田耕作用，肉用に利用されてきたが，近年，耕耘機の導入に伴って，国によっては飼養頭数が減少している．染色体数は河川水牛が$2n = 50$，沼沢水牛が$2n = 48$で両者の交雑が可能である．一般に河川水牛は沼沢水牛より成熟体重が大きいので，成長能力の改善をめざして多くの国で両者の交雑を試みている．フィリピンでは水牛乳利用の習慣があり，交雑によって乳量を増加させる試みも盛んである．ウシと比較してスイギュウは雌の発情兆候が微弱であるため人工授精が困難である．初産年齢が遅く，分娩間隔が長いなど，スイギュウには繁殖生産上の問題点が多いが，わらなどの低質飼料を多く摂取して肉や乳に転換する能

力に優れ，乾季に良質の飼料が提供できないような地域ではスイギュウの長所が発揮できる．インドやネパールなどヒンズー教徒の多い国ではウシは食肉に供されないが，スイギュウの肉は食用として活用できる利点があるため，今後は雄子畜や乳廃用畜の肉利用のみならず，地域の飼料資源を用いたスイギュウの若齢肥育方法を検討する必要がある．

c. ヤギおよびヒツジ

ヤギはアジア，アフリカ地域で多く飼われ，この地域の飼養頭数は世界の93%を占める．熱帯地域の代表的なヤギは，東南アジアで広く飼養されている小型のカンビンカチャン，インド亜大陸に多いやや大型のジャムナパリ，アフリカで飼養されるヌビアンがある．毛，皮，地域によっては乳も利用されるが，主要な産物は肉である．これまで系統だった育種改良はほとんど行われてこなかったが，東南アジアでは在来のカンビンカチャンにヌビアン，ザーネン，ボアなどを交配して肉量の増大を試みている国もある．低質飼料，短い草，樹木の樹皮や枝葉など，摂取しうる飼料の範囲が広く，急斜面での飼養にも耐え，性成熟も早い．放牧飼養されることが多いが，降水量が少なく植生が貧弱な土地では，放牧強度が極度に高い場合は再生不可能なほど植生を傷めつけてしまう場合もあり，注意を要する．開発途上国における山羊肉の生産量は2011年の推計で500万tで，2030年の摂取量は現在の生産量の1.4倍に増加すると予想される．後発開発途上国における山羊肉の生産量は他の畜肉に比較して多く，当該地域の肉資源の確保に有望である．

アジア，アフリカ地域のヒツジの飼養頭数は世界の69%程度で，ヤギに比べると少ない．肉生産を主な目的とするが，肉，羊毛，毛皮生産兼用で飼養する場合が多い．また，地域によっては乳も利用する場合がある．飼育環境や用途に応じてさまざまな品種のヒツジが利用されている．被毛と尾のタイプとが品種を分類するうえでの外見上の特徴とされ，被毛のタイプはヘアー型かウール型か，尾のタイプは脂肪を大量に蓄積する（脂尾）か否かで判断する．

ヤギとヒツジは飼養可能な地域が広く，宗教による食の禁忌も少ないため，熱帯・サバンナにおいては，今後も飼育頭数が増大すると考えられる．国や地域によってはウシやスイギュウの肉よりも高値で取引されるため，大家畜を飼養する飼料基盤をもたない零細農民の所得の向上に効果的であり，熱帯では重要な家畜である．しかし寄生虫病をはじめとする疾病に罹患したり，幼畜が哺乳期間中に死亡するケースが多く，これらの課題の解決が求められている．

d. ブタ

最大の養豚国は中国で，世界のブタの49%を飼養している．アジア・アフリカ地域には世界の63%のブタが飼養されている．熱帯アジアの多くの国では，東南アジア系のイノシシを起源として成立した在来系のブタを庭先養豚していたが，1960年代に企業養豚が導入され，ラージホワイト，ランドレース，デュロックなどの外来種を用いた累進交配による交雑種生産がはじまった．このような外来種との交配は，庭先養豚でも進んでいる．庭先養豚では，主な飼料は人間の食物残渣であるが，ブタは草などの繊維質飼料もエネルギー源の一部として利用可能である．特に在来種は外来種に比べて下部消化管がよく発達し，粗飼料の利用効率が高いため，この性質を利用して小規模ながらも効率的な生産を行っている．

一方，企業養豚は，近年，その規模が拡大しているが，そのためには配合飼料を安価で安定的に供給する必要がある．開発途上国における豚肉の生産量は2011年の推計で6860万tであった．今後の増加率は他の畜肉に比較して低く，2030年の摂取量は2011年の生産量の1.2倍程度と見込まれるが，依然とし

て家禽肉，牛肉・水牛肉と並ぶ主要な畜肉である．熱帯の多くの国では配合飼料の原料が自給できないため，製造副産物などの利用も含めた飼料の自給によるコスト減が大きな課題である．

e. ニワトリおよびアヒル

世界の 64% のニワトリがアジア・アフリカ地域で飼養されている．ブタと同様，熱帯アジアの多くの国では，在来種のニワトリを庭先養鶏していたが，1960 年前後に企業養鶏が導入され，ブロイラー鶏用と採卵鶏用に外来種を用いた生産がはじまった．

庭先養鶏では，主な飼料は籾，地中の虫，人間の食物残渣，雑草である．種鶏も自家孵化から得，繁殖も自然交配による粗放で低コストな生産形態である．得られた鶏肉や卵は自家消費されるか現金収入源となる．企業養鶏では，ブロイラー鶏経営に多くみられるように，企業が全生産ラインに統一して投資するインテグレーションの形態をとる場合と，企業が雛(ひな)，飼料，薬剤，ワクチンなどを養鶏農家に供給する飼育契約の形態をとる場合とがある．企業養鶏では配合飼料にコストがかかるため，収益性の向上のため 1 万羽以上を飼育する大規模経営が増えている．

アヒルはスイギュウとともにアジアを代表するものであり，この地域の飼養羽数が世界の 90% を占める．特に中国から東南アジアにかけて飼養羽数が多い．在来のアヒルは在来鶏に比べて抗病性に優れ，雑食性で水草，貝，昆虫をも摂取するため，水田や水辺のある環境ではニワトリよりも容易に飼育できる．カーキキャンベル，チェリーバリー，ペキンなどの外来種との交配により，ブロイラー用，卵用，肉卵兼用に改良も進められている．

家禽肉に関しては，宗教による食の禁忌も少ないため，熱帯・サバンナにおいては，今後も飼育頭数が増大すると考えられる．開発途上国における家禽肉の生産量は 2011 年の推計で，6,120 万 t で豚肉に次ぐが，2030 年の摂取量はさらに 1.5 倍増加し，豚肉を追い越して全畜肉種のなかでもっとも摂取量が多くなることが見込まれる．しかし，従来からニューカッスル病や家きんコレラなどの疾病の発生が多くの国で問題となっているほか，近年は高病性鳥インフルエンザが東南アジア諸国で頻発しており，養鶏場および市場における衛生対策が大きな課題である．

B. 熱帯の飼料資源

熱帯の飼料資源は，温帯と同様，牧草，飼料作物および農業・農産加工副産物であるが，植物バイオマスの生産性がほかの気候帯に比べて高いため，潜在的に豊富な飼料資源を確保できる．人口密度が高く，耕作可能地が穀物生産のために用いられていることが多いアジア地域では，改良牧草や飼料作物栽培用の土地が確保されていることは少なく，農業副産物を飼料として利用することが多い．そのために水田の畔草，道路脇や共有地の野草，山林の下草や樹木枝葉の利用も行われる．一方，アフリカや中南米では人口圧が少なく，草地における放牧を主体とした家畜生産が盛んである．

a. 熱帯の草地

熱帯は温度と日射量に恵まれており，牧草生産のポテンシャルは高いが，実際にはさまざまな問題が存在する．温帯では冬の低温が植物生育の制限要因になっているところが多いが，熱帯，特にサバンナでは乾季における降水量の不足が主な制限要因になっている．そのような地域では，深根をもち，土中深くから水分を利用できる草種，あるいは乾季の前に種子を結実・落下させて雨季に発芽・更新できる草種など，耐乾性をもつ草種の選定が必要である．一方で熱帯では低湿地などで雨季に水が停滞することも多く，そのような地域では冠水・滞水しても枯死しない耐湿性のある草種の選定が必要である．

熱帯・サバンナに分布する土壌の多くは強

酸性で有機質や窒素が少ない．しかし開発途上国では，草地の土壌改良のために大量の石灰や化学肥料を投入することは経済的理由で困難である．したがって，酸性土壌に対しては耐酸性をもつ草種の選定が重要である．また肥料要求量が少なく，わずかの施肥に対して収量が反応する草種が望まれる．

放牧利用する際は放牧強度の適正な維持がなされなければ，草地の維持が困難である．放牧強度が強すぎて過放牧になれば草地が傷み，むき出しになった表土から降雨により土壌が流出する．また，糞尿による河川や地下水の汚染も起きやすくなる．一方，放牧強度が弱すぎる場合，選択採食により草種構成が変化し，不食過繁草の割合が増加して木質化したり，灌木が進入したりする．イネ科の熱帯牧草は，寒地型牧草に比べて粗タンパク質含量が低く，繊維成分が高いため栄養価値が低い．

以上のように，熱帯の草地生産には問題点が多いが，今後は肉類や乳・乳製品の摂取は急増するため，各地域の特性を活かしながら効率的な草地の造成と利用を行う必要がある．

サバンナなど極相が草原を形成する地域の多くは，酸性で無機養分含量が低い土壌に成立している．このような地域では，従来からあるイネ科の自然草地に，マメ科牧草で酸性土壌での生育が比較的優れるスタイロ（*Stylosanthes guianennsis*）などを追播し，草地土壌の肥沃化と牧草の栄養価を高める試みが各地で行われている．熱帯のマメ科牧草の窒素固定能力は一般に温帯のものに比べて低く，イネ科牧草との日光や土壌栄養分の競合でマメ科牧草が定着しない場合もあり，混播草地の永続的管理は必ずしも容易ではないが，多量の窒素肥料の投入が経済的に困難な際に有効な方法である．

マメ科の樹木をはじめとした飼料用の木（飼料木）も多くの種類が利用されている．飼料木は家畜の飼料のみならず，薪としても利用できるほか，樹陰を提供し，防風や土壌流亡抑止に効果がある．マメ科樹木は窒素固定を行うため粗タンパク含量が高い．特にギンネム（*Leucaena leucocephala*）やグリリシディア（*Gliricidia sepium*）は干ばつに強く，収量が高い．ただし，ギンネムは毒性のあるミモシンを含むため多量給与は生産性を低下させる．改良草地上にマメ科の飼料木を数メートル間隔で植え，放牧利用する例もある．

熱帯雨林や熱帯モンスーン地域における樹木生産と畜産との複合土地利用形態（シルボパストラル）のひとつとして，ココナッツ，ゴム，アブラヤシなどの林床の放牧利用がある．プランテーション内の林床に改良草地を造成し，家畜を放牧することにより付加的な農業収入を得るとともに下草刈りの作業を軽減できる．合わせて家畜糞尿による土壌の肥沃化も図ることができる．イネ科牧草としてパニカム属（*Panicum* spp.）やブラキアリア属（*Brachiaria* spp.）など，マメ科としてセントロ（*Centrosema pubescents*）やマクロプチリウム属（*Macroptilium* spp.）など，耐陰性のある牧草を選び，樹木の成長に応じて利用方法を変えて用いる工夫が必要である．シルボパストラルは人口密度の高い東南アジアでは土地資源の有効利用につながるが，家畜の踏圧などによる土壌環境の悪化により，作物の生育が阻害されることもある．

土壌条件が良好で十分な降水量が確保されたり，灌漑が整備されれば，安定した牧草生産を行うことができる．そのような地域では多量の肥料を投入し，牧草の採草利用（cut and carry 方式）により単位面積あたりの収量を上げる集約的な土地利用が可能である．このような土地は限られてはいるが，ネピアグラス（*Pennisetum purpureum*），パラグラス（*Brachiaria mutica*）などが用いられるほか，トウモロコシ（*Zea mays*）が利用可能な場所もある．バンカーサイロやスタックサ

イロの利用により牧草をサイレージ調整して利用する場合もあるが，一般に可溶性糖類が少ない熱帯の牧草のサイレージ発酵調整には添加材を加えるなど，改善の余地がある．機械の導入が容易な場合は，イネ科牧草を乾草調製し，梱包して流通させる例が増えている．

b. 農業・農産加工副産物の飼料化

　農業や農産加工においては，目的とする生産物や製品に付随して，多種多様の副産物が産生する．それらを河川・海洋投棄，野外放置，野焼きなどにより処理することなく，家畜飼料として利用することは，環境保全と資源の循環的有効利用の観点から重要な課題である．特に熱帯において草地資源開発が可能な土地が限られている地域では，穀物生産から産出される副産物の利用によって低コストで飼料基盤を確保できるので意義が大きい．もっとも重要なものは，稲わらや麦わらなどのわら類や，収穫後のトウモロコシ茎葉部などの繊維質飼料である．これらの生産量は膨大であるうえ，雨季の終わりから乾季のはじめに収穫されるため，特に乾季の保存飼料として利用が可能である．問題はリグニン含量が高く，粗タンパク質が低いため，消化率が低いことである．栄養価を改善するために物理的処理や化学的処理がなされ，熱帯では尿素処理が行われることが多い．尿素を水に溶かして3％程度の濃度に調整したものをわら類に散布し，プラスチックシートで密閉する．わら類の表面にあるウレアーゼの作用により，尿素からアンモニアが生成し，リグニンの結合を切る．この処理によって反芻胃内における繊維の分解が促進されるほか，尿素・アンモニアの添加により飼料の粗タンパク質含量も増加して消化率を上げる．稲作が行われている地域では米の副産物として，稲わらのほか，米ぬか，破砕米なども飼料として利用される．

　サトウキビは熱帯・サバンナに広く栽培されている．製糖に利用されないため収穫時に畑で切り落とされる梢頭部が家畜飼料として用いられる．消化率は55％程度で，サトウキビの収穫季節である乾季に得られる重要な繊維質飼料である．製糖の過程で産出する糖蜜は糖を多く含むほか，リン以外のミネラルも豊富である．糖蜜をそのまま家畜に給与することもあるが，運搬を容易にして保存性を高める目的で若干の栄養素を添加したうえで糖蜜を加工して固形した「糖蜜・尿素ブロック」も用いられる．利用できる材料と使用目的により組成は若干異なるが，糖蜜50％，尿素10％，塩5％，米ぬか25％およびセメント10％に水を加え，ブロック状に固めて乾燥させて，乾季の飼料不足を補う目的で使用されることが多い．そのほか，糖液を絞った後の繊維分であるバガスや，ろ過の際に産出するフィルターケーキも飼料として用いられることもある．

　アブラヤシは熱帯雨林や熱帯モンスーン地域のプランテーションで栽培される．近年，油糧作物の消費量が伸び，今後もその傾向が続くことが予想され，栽培面積は増加している．パーム核かす（パームカーネルケーキ）は，アブラヤシの実の種子から油（パームカーネル油）を絞った際に産出するもので，粗タンパク質含量が15％程度含まれる有用なタンパク質飼料である．また，アブラヤシ子実から搾油する際には，絞りかすの繊維と廃液が産出する．繊維分はパームプレスファイバーとよばれ，消化率が20％程度で飼料価値は低いが，廃液を乾燥させたパームオイルミルエフリューエントには比較的多くの粗タンパク質と粗脂肪分が含まれ，飼料として用いられている．プランテーションでは，アブラヤシを収穫する際，子実の直下にある葉を同時に切り落とす．この葉を細断したものは乾物消化率45％程度で，嗜好性もよいため飼料としての利用が可能である．

　キャッサバは比較的干ばつに強く，熱帯・サバンナに広く栽培される作物である．根茎

からとれるデンプンが食料として利用され，多くが域外に輸出されるが，加工の際，産出するキャッサバの皮，パルプ，廃液にはデンプンが多く含まれる．一方，畑の収穫残渣であるキャッサバの葉には粗タンパク質が20％以上含まれるため，それぞれエネルギー飼料，タンパク質飼料として利用される．そのほか，パインアップル加工副産物，ゴムの木（パララバー）の子実など，さまざまな副産物が家畜飼料として利用されている．比較的新しい副産物資源は，安全性や栄養価を検討した後，嗜好性，利用効率，経済性を考慮したうえで，対象とする家畜の種や用途を選び，飼料への配合割合や他の副産物資源との組み合わせを考える必要がある．

第6章 家畜行動とアニマルウェルフェア

6.1 家畜行動と生産

　家畜の行動を理解することは，家畜の管理に役立つだけではなく，家畜の生産性の向上につながる重要な事項である．特に家畜を飼育する環境からのストレスを軽減させ，その家畜が本来もっている行動をある程度自由に発現させることは，家畜の生産性と品質の向上につながる．さらに家畜の行動をよりよく観察し，目的に適した動物を選択交配させることで生産性のさらなる向上につながる．ここでは家畜における管理の際に重要となる項目について解説する．

6.1.1 生得的行動

　動物の行動は，おおまかに生得的行動と習得的行動に分けることができる．生得的行動は動物が生まれながらにして備えている行動パターンのことを意味する．鳥類における親鳥の刷り込み行動は典型的な生得的行動である．また捕食行動，食餌，排泄，睡眠，移動，繁殖行動の基礎的な部分は生得的行動である．これらの行動レパートリーは遺伝的に制御されているので，生後の環境から受ける影響はさほど強くはない．そのため，遺伝育種学的アプローチを用いることで，好ましい行動を多く発現させ，好ましくない行動を低下させることが可能となる．例えばウシやブタの母性行動などは選択交配で抑制されているといわれている．また，捕食性の行動は生得的要素が強いが，狩猟犬では特定の捕食行動が強化されているものの，愛玩犬などでは完全に喪失しているものもある．

6.1.2 習得的行動

　生得的行動に対して，動物が出生後の環境で学習を介して身につける行動が習得的行動である．例えば動物が餌の場所を覚えて，そこに頻繁に出現するようになることは習得的行動である．しかし，哺乳類においてほぼすべての行動が，生得的なバックグラウンドの上に習得的な学習を介して最終的な行動表現型が形成されるため，生得的行動と習得的行動を明瞭に区分することはできない．生得的行動としてとらえられることの多い母性行動に関しても，幼少期の社会経験，特に自身が受けた母性行動の質的ならびに量的なものが影響を受けることが知られている．母性行動のほかにも，ストレスに対する脆弱性や不安行動といった情動行動，さらには餌に対する嗜好性や交配相手を選ぶ交配嗜好性などは幼少期の環境，特に母動物との関係性によって影響を受けるため，生得的行動と習得的行動の混在するものである．遺伝学的解析が先行してきた畜産動物においても，これら環境の影響を知ることは，その生産性や福祉の観点からも重要である．ここでは家畜の管理上，重要と思われる母性行動とストレス応答性について紹介する．

A. 母性行動の生得的発現機構

　前述のように，母性行動は，生得的な要素と習得的な要素によって発現様式が調整されている．人工的に哺育が可能な家畜において母性行動は軽視されがちであるが，これら行動が動物の次世代に対する繁殖能力およびそ

の個体のストレス反応性（後述）を決定づける重要な因子であることから，家畜管理上注意を払うべきものである．母性行動の習得的部分を決定づける因子としては，大きく分けて3つの要因が知られている．まずは雌個体が自身の幼若期にどれほど母親から母性行動を受けたか，次に若齢期に幼若動物と触れ合う機会があったか（アロ養育行動の経験），最後に自身の出産経験があるかどうかで，それぞれが母性行動の発現の強さに影響を与え，経験が豊富な個体ほど，母性行動の発現が安定する．特に幼少期に雌動物自身が受けた母からの庇護の良し悪しが，成長後の母性行動の発現を決定することは，マウス・ラットからサル，ヒトに至るまで普遍的に認められることから，家畜動物に関しても同じことがいえると考えられている．さらにこの母性行動は，遺伝子の変化を介さずに経験依存的に次世代へと受け継がれていくことが確認されており"non-genomic transmission（非遺伝的な伝承）"とよばれる．家畜において詳細な報告は少ないものの，ヒツジでは母性行動の低い個体から生まれた雌動物では，同じように母性行動の低下とともに，乳幼子の死亡率の上昇が認められるとの報告もある．そのため雌の家畜を繁殖し，母動物に子の哺育をさせる必要がある場合，幼少期に母と子の関係を阻害するような管理は将来的に問題を引き起こす可能性が高い．繁殖効率や出生個体の生存確率が重要な家畜において母性行動は必要不可欠なものであるため，これらの点を理解して母子管理を行うべきである．

B．生得的なストレス応答性の形成

幼少期の環境が動物の行動に対して長期的影響を与えることが知られている．例えば妊娠中の雌動物が不安定な社会環境下に置かれ，あるいは物理的なストレスが負荷されると，生まれた子が成長後に不安傾向が高く，周囲環境に対して過敏になる．また前述のように母動物から庇護をよく受けることができなかった子においても成長後にストレス反応性が高くなることがさまざまな動物種で認められている．これらのことから，胎生期と発達期にある動物はできるだけ安定した飼育環境下で飼育し，安定した母子関係を維持する必要がある．幼少期の経験による不安傾向やストレス反応性の増強に対する刷り込みは，成長後に永続的に観察されることから，動物の管理，繁殖効率，生産性に長期的な影響を与える．特にストレス反応性が亢進することは生産性の低下だけにとどまらず，飼育管理を困難にし，さらに感染に対する抵抗性も低下させるため，その産業的意義は大きい．発達時期にある動物は，周囲環境に対して社会化（刺激に対する慣れの形成）を行うため，この時期の環境や人との接触，獣医学的作業に対して慣れを生じさせることで，将来同じ作業を受けた場合にもストレス反応性が高くならず，管理も容易となる．留意すべき点は，環境への馴化を行う際には動物に強いストレスとならないようにとり扱うことである．発達過程にある動物に対して馴化作業自体が強いストレスになってしまうと，その後その動物に同じ処置をする際には必ず困難を伴うことになる．もっともよい馴化法は報酬を用いた陽性強化を行うことである．これらのことから家畜繁殖の際には，繁殖効率だけではなく，その子たちの成長過程にも正しいプログラムを組み込み，動物の管理をより効率的にすることが重要となる．

6.1.3　行動と神経・内分泌

多くの動物の行動が内分泌と相互的に作用し，最終的な表現形をとる．家畜行動として重要な繁殖行動（性行動，母性行動，攻撃行動など），摂食行動，ストレスに関連した行動もこのような内分泌との相互作用で発現調節されている．内分泌器官から放出されるホルモンは行動発現を調節する神経機構に対して作用し，またこれらの行動発現によって，

内分泌器官からのホルモンの分泌が促進あるいは抑制される．そのため，行動と内分泌は互いに修飾しあう重要な関係性にある．次に代表例として，性行動，母性行動，摂食行動，さらにはストレス応答性の神経・内分泌調節機構について紹介する．

A. 雄の性行動

性成熟前に雄動物を去勢すると，成長後の性行動の発現がほとんど観察されなくなる．あるいは性成熟後の雄動物を去勢すると，ある程度の性行動は認められるもののその量的あるいは質的行動量は低下する．このことから，精巣でつくられる雄性ホルモンであるテストステロンは雄の性行動には必須の内因性ホルモンといえる．テストステロンは雄の性行動の動機づけだけではなく，行動の機能自体も制御している．つまり，発情期にある雌動物に対して誘引される場面でも，誘引された後にマウントから射精に至る過程にもテストステロンは必須である．特に射精行動の際には，延髄にある後根神経節のアンドロジェン受容体への作用が必要である．テストステロンの作用に関しては 2.8 節を，発達に伴う生殖機能に関しては 2.9 節を参照されたい．雄型の行動の発現に関して，性成熟過程あるいは成熟後におけるテストステロンの作用は"動的作用（activational effects）"とよばれている．中枢の雄性化の作用（organizational effects）に関しては 2.6 節を参照されたい．性成熟後に去勢をすると，24 時間内にテストステロン値は検出限界以下にまで低下する．しかし性行動の発現は去勢後も数週間維持されることが示されている．また前述のとおり，性行動の発現はテストステロンに依存しているが，性行動の経験自体が非常に報酬化され，性行動がテストステロンに依存しない経路に記銘されているような性経験のある動物では行動の消失にかかる時間が長くなる．去勢による雄型の性行動の消失にも種差が存在し，例えばイヌでは去勢の影響は弱いが，ネコでは強く，ほとんどの雄型の行動が観察されなくなる．雄の性行動は発情した雌から放出されるにおいにより誘起される．現在までこのようなにおい成分はほとんど見つかっておらず，雄がどのようなにおいを手がかりに雌の発情状態を知り，性行動を起こすかは明らかになっていない．

B. 雌の性行動

雌の性行動は大きく魅力度（attractivity），能動的性行動（proceptivity），受容行動（receptivity）の三要素に分けられる．これらの性行動は卵巣由来のエストロジェンとプロジェステロンによって調節される．卵巣の発達に伴い，発情期になった雌動物では血中のエストロジェン濃度が上昇してくる．このエストロジェン上昇は脳視床下部−下垂体に作用し，LH（黄体形成ホルモン）のサージを引き起こす．LH サージにより卵胞に排卵が誘起され，顆粒層細胞が黄体細胞へと分化し，プロジェステロンの分泌が上昇する．雌の性行動の発現を誘導させるにはこのエストロジェンの上昇と，それに続くプロジェステロンの上昇が必要である．エストロジェンだけでも雄に対する誘引効果や雄からのマウント受容などを示すこともあるが，プロジェステロンの投与により，ロードーシスに代表されるような雌の受容行動の発現が誘起される．これはエストロジェンが脳内の視床下部腹内側核に作用し，その神経核におけるプロジェステロン受容体の発現量を増加させるためである．雌においても幼少期のステロイド作用によって雌型の脳に分化することが知られており（2.6 節を参照），このステロイドの作用によって雌特有の行動パターンが形成される．また，動物の雌の性行動も雄と同様ににおいによる制御が中心となる．雄から発せられるフェロモンとしてブタではアンドロステンジオンが，マウスでは exocrine gland-secreting peptide 1（ESP1）が同定され，その行動誘起効果が明らかとなった．

C. 母性行動

　性行動に比較し母性行動は種差が大きい．ラットやマウスなどといった実験動物，ネコなどの肉食獣の新生子は未熟な状態で生まれてくるため，親に対する依存度が非常に高い．一方，反芻獣などではある程度成熟した状態で生まれるため親に対する依存度は比較的低い．しかし，いずれの場合にも子の生存のためには親からの庇護が必要不可欠である．一夫一妻性の繁殖形態をとる動物種では父母両方からの庇護を受けることが多く，さらに親以外，兄弟や授乳中でない成熟雌動物からの庇護が観察される．親以外からの庇護を受けるか否かも動物種に依存しており，反芻獣などでは授乳中の雌動物であっても自分の子以外のものを受け入れず，自分の子に向けた選択的な子育てを行う．

　多くの哺乳類では出産が近くなってくると，巣づくり行動が観察される．特に未熟な状態の子を出産する種では深く防御の高い巣をつくる．早熟性の出産を行う有蹄類でも出産前には前肢で地面をかき，においをかぎ，安心した出産場所を作製する．これらの巣づくり行動は出産後期に上昇するエストロジェンとプロジェステロンによって発現することが知られている．雌の性行動もエストロジェンとプロジェステロンに依存するが，実験的に巣づくり行動を発現させるためには長期にわたる投与が必要となる．

　出産後は，子を舐め授乳を行うというもっとも重要な母性行動が観察されるようになる．他の母性行動と異なり，この行動は哺乳類全般で共通にみられるものである．血中プロジェステロン値は妊娠後期に向かい上昇し，出産直前に低下する．エストロジェンも妊娠中に高い値を維持し，さらに出産直前に上昇する．これらのホルモン動態は出産に関する身体の準備のためのシグナルとなるだけではなく，中枢に作用して母性行動の発現を誘発する．実際に授乳中にない雌動物にこれらのホルモン処置をすることで，母性行動を誘発させることも可能である．また出産に伴う脳内オキシトシンおよびプロラクチンの上昇も母性行動の発現維持に重要な因子である．特に初産の動物で母性行動がうまく発現できないケースがあるが，この場合は脳内のオキシトシンレベルが低いために母性行動の発現が誘導されないことが示されている．プロラクチンおよびオキシトシンは新生子による乳房への吸入刺激によって分泌が維持され，結果として授乳中に母性行動が維持される．最終的に乳房刺激の低下が母性行動の低下を招くことを考え合わせても，母性行動の維持にはこれら2つのホルモンの重要性が伺える．

　他の子を受け入れず，自分の子のみに母性行動を示す動物，例えば群行動をとる動物では出産時に群から離れる習性をもつ．通常，ヤギやヒツジ，ウマ，ブタなどは群から離れることが大きな隔離ストレスとなるが，出産時には自ら群から離れて出産する．群内において自分の子にだけ選択的な授乳を行う際には，他の子と見分ける個体認知がとても重要な鍵になる．母子間における個体認知とその絆の形成に関しても出産に伴うオキシトシンの上昇が必須で，嗅球にある神経細胞にオキシトシンが作用し，個体情報の記憶を形成する．

　母性行動というと雌動物特異的ととらえられがちであるが，雄動物でも新生子の庇護を行うものがある．特に一夫一妻性の繁殖形態をとるものでは雄動物のほうが子を守り育てるものもある．ジャンガリアンハムスターでは雄でも羊水を摂取し，また胎盤を引き出して出産を手伝うことが観察されている．これら父性行動を示す雄動物では，エストロジェンとプロジェステロンの投与，あるいは去勢によって父性行動の増加が観察され，テストステロンの投与により低下することが知られている．

D. 摂食行動

　摂食行動を制御する因子に関しては中枢性の制御に加え，環境によるもの，内分泌ホルモンによるもの，迷走神経刺激などさまざまな側面から研究されてきた．まず中枢性制御に関しては二方向性の制御がなされているとの仮説が主流である．すなわち，摂食を抑制する中枢と摂食を増加させる中枢が脳内視床下部にそれぞれ存在し，その相互作用の結果として摂食行動が決定されるというものである．体内および体外からの感覚情報も摂食行動を制御する大切な因子である．体外からのものとしてにおい，味，食物の形状，社会的環境などが挙げられ，体内からの感覚情報としては，消化器系からの機械的受容（内容物の大小），代謝系分泌物の受容からの刺激が重要な因子となる．代謝系のホルモンは末梢器官から分泌され，中枢に個体内のエネルギー状態を伝えることで摂食量を制御するものが多い．表6.1に摂食量を変化させる体内因子に関してまとめる．これらの因子がさまざまな中枢機構によって受容され，視床下部の摂食量調節中枢に情報が集約された結果として最終的に摂食量が決定される．

E. ストレス応答性

　日常生活における身体的・社会的ストレスは生体にあらゆる変化をもたらす．ストレスが長期に及ぶと，ヒトでは胃潰瘍や心身症，統合失調症，糖尿病などの疾患の発症率が上昇する．家畜ではストレス関連行動として常同行動（柵なめ，穴掘り，尾追い，空つつき，耳しゃぶり）の上昇，身体傷害行動，食欲不振，運動活性の恒常的な上昇や抑制などが認められる．ストレス刺激は中枢に情報が伝達され，それに対する神経内分泌学的な応答は，視床下部−下垂体−副腎（hypothalamus-pituitary-adrenal：HPA）軸の活性によって調節される．HPA軸の応答はまず視床下部室傍核（paraventricular nucleus：PVN）において副腎皮質刺激ホルモン放出ホルモン（corticotropin releasing hormone：CRH）の放出を促し，下垂体へと伝達される．それを受容した下垂体からは，副腎皮質刺激ホルモン（adrenocorticotropic hormone：ACTH）が血中に放出される．このACTHが副腎に伝わり，最終的に副腎から副腎皮質ホルモン

表6.1 ● 摂食量を調節する体内因子

	感覚刺激	中枢性因子	末梢性因子
摂食量増加	摂食制限	アグーチ関連タンパク	糖質コルチコイド
	2-デオキシブドウ糖	β-エンドルフィン	インシュリン（高用量）
	メチルパラモキシレート	ガラニン	甲状腺ホルモン
	2,5-アンヒドロ-D-マンニトール	メラニン凝集ホルモン	
		ニューロペプタイドY	
		オレキシン	
摂食量低下	感染動物由来のにおい	α-メラノサイト刺激ホルモン	コレシストキニン
	同種のストレス臭	ボンベジン様ペプタイド	グルカゴン
		コレシストキニン	レプチン
		コルチコトロピン放出因子	
		グルカゴン様ペプタイド	
		サイロトロピン放出ホルモン	
		ウロコルチン	

が血中にのって標的器官へと伝達される．また，これらの活性によって副腎皮質ホルモンの分泌が過剰になると，負のフィードバック制御が起こり，ホルモン産生量の調節が行われる．副腎皮質ホルモンのひとつであるグルココルチコイドは，免疫反応や糖新生による血糖量の上昇，新陳代謝の制御などに関与する．ヒトやイヌなどの比較的大きな哺乳類ではコルチゾル，齧歯類などではコルチコステロンの産生が多くみられる．これらホルモンは，主に副腎皮質で合成・分泌され，血中を通って循環し，標的器官へと働きかける．グルココルチコイドは，作用点のひとつであるグルココルチコイドレセプターに結合することで中枢や末梢の組織に作用する．グルココルチコイド類縁体は，アレルギーなどに対するステロイド剤としてよく知られており，末梢組織において抗炎症や免疫抑制の効果をもつ．また，実験動物を用いた研究から，グルココルチコイドを抑制することによって前頭前野の機能低下と認知障害が誘発されることが示された．さらに，グルココルチコイドの長期的投与でも同じように認知障害や不安行動の亢進，血圧の上昇などが明らかとなっている．このことは，脳機能の正常な働きには適切な量のグルココルチコイドが重要であることを示している．特筆すべきは，発達期におけるグルココルチコイドの作用である．発達期におけるグルココルチコイドの曝露量によって，グルココルチコイド受容体の発現量はエピジェネティクスに変化する．例えば，母親からの質の低い養育行動や幼少期のストレスは，海馬におけるグルココルチコイドレセプター mRNA 発現量を低下させることが知られている．この海馬におけるグルココルチコイドレセプターの発現低下は負のフィードバックを減弱化し，結果として HPA 軸の亢進が起こるため，不安，認知，ストレス応答に障害を与える．また，前頭前野におけるグルココルチコイドレセプター mRNA 発現低下も，統合失調症や双極性障害，大鬱病性障害を引き起こすことが知られていることから，発達期におけるグルココルチコイド投与には十分な配慮が必要である．

6.1.4　家畜集団と社会

家畜を集団で飼育する場合には，その家畜が本来持ち備えている社会性をよりよく理解する必要がある．例えば雄動物を共飼育できるか否か，離乳させる時期の決定，雄雌比，動物の群社会における順位とそれに伴う行動および身体的変化などである．ウシやヒツジ，ヤギなどの偶蹄類は基本的に雌を中心とした群を形成するため，繁殖用の雄は個飼いあるいは安定した社会階級下にて飼育し，繁殖を行う際にのみ雌の群と合わせる．群を形成させた場合の飼育面積も重要な因子となる．十分な個体間距離がとれないような場合には，社会的対峙の発生回数も増加し，結果として生産性の低下につながる．また群になじまない個体を見出して除外し，あるいは群の構成を変更する際にも時間をかけて馴化するなどの方法をとり入れるべきである．ブタやウマではこのような集団の変化の際にフェロモン剤を散布して，ストレス応答性を軽減させる手法が確立されつつあり，生産性や動物福祉（アニマルウェルフェア）の観点からも重要性が指摘されている．

6.1.5　家畜行動の管理

前述のようにさまざまな行動の神経的，内分泌学的あるいは社会的背景を知ることは大変重要である．特に家畜を飼育環境や獣医学的処方などに若齢時から馴化すること，および幼少期環境をできるだけ適切に維持することは，その後のストレス反応を大きく低下させる．これらのストレス反応の低下は，摂食量の増加，繁殖能力の増加，肉質の向上などにつながる．また動物の行動からストレス状態を把握することも可能であり，常同行動な

どの発現頻度，運動活性，リズムなど総合的な行動観察から動物のストレス状態をある程度評価可能である．このことから，飼育管理者は日常の動物の行動変化をモニターすることで家畜の管理を向上するように対処すべきである．

6.2 家畜管理と環境

環境とは「生物の生存に関係する多種類の外的条件のすべて」と定義され，きわめて多くの構成要素と状態から成り立っており，しかもそれらが互いに関連しあっている．家畜をとりまく環境の構成要素としては，気温・気湿（湿度）・気流（風）・気圧などの気象的要素，および光・音・各種ガス・臭気成分・塵埃などの物理的・化学的要素，さらに同種の他個体・野生動物や微生物を含む他種の生物・管理者である人などの生物的要素がある．家畜にとって「快適」な環境では家畜は恒常性維持のために多くのエネルギーを費やす必要がなく，余剰のエネルギーを生産物として利用することができる．しかし，厳しい環境下においては，家畜は生体恒常性維持のため多くのエネルギーを費やすことになり，これらは飼料の利用効率の低下，繁殖率の低下として生産性に悪影響を及ぼす．安定した畜産経営のためには，家畜をとりまく環境を整備し，家畜にとって可能な限り「快適」な状態に保つことが重要である．また，家畜を劣悪な環境で飼育することは，動物福祉（アニマルウェルフェア）の観点からも回避すべきことである．

6.2.1 温度と家畜

温度環境を決定する要素は，気温，湿度，風，放射熱の4つであるが，気温は温度環境を決定するもっとも基本的な要素である．生体を維持するためのさまざまな化学反応は温度の影響を強く受けるため，恒温動物である家畜・家禽においても，温度環境は家畜の生理状態に大きな影響を与えることがあり，家畜の生産性にも多大な影響を及ぼす．

家畜・家禽による体温の調節は，産熱と放熱のバランスにより成り立っている．産熱は筋肉の運動による発熱や消化・吸収・泌乳などの生理的活動により発現する．さらに，反芻家畜では第一胃内発酵に伴う発酵熱も産熱の要素となる．放熱には，家畜の体表面と環境との温度差により熱の移動が起こる顕熱放散と，家畜体からの水の蒸発による潜熱放散がある．顕熱放散には，伝導，対流，放射の3つの放熱経路がある．伝導は物体において分子間を熱が伝わる現象であり，対流は温度差によって生じる空気の密度差が空気の流れを起こし，これにより熱が上方に伝わる現象である．放射は高温の物体表面から赤外線など電磁波のかたちによって熱が伝わる現象である．潜熱放散は，比較的大きい水の気化熱（約 0.6 kcal/g）を利用した，家畜体からの水の蒸発による放熱である．潜熱放散の経路は，不感性蒸泄，発汗，熱性多呼吸（パンティング）の3つに分けられる．不感性蒸泄とは，発汗によらずに皮膚下層より体表面へ移動した水分の蒸発であり，汗腺が発達していない家畜の潜熱放散を補っている．発汗は皮膚表面に分布する汗腺より起こるが，ウマ以外の家畜では汗腺があまり発達していない．熱性多呼吸は，舌を前に突き出して露出させ，鼻呼吸から口呼吸に切り替え，呼吸数を増加させることによって水分の蒸発を増加させるもので，汗腺が発達していない家畜ではよくみられる．

体温調節が最小限の恒常性維持機能で維持できる環境温度域を適温域という．一般に家畜の成体は適温域が比較的広いが，家畜・家禽は体温調節機能が未発達のまま産まれてくるので，幼齢家畜の適温域は範囲がきわめて狭い．幼畜や雛のための温度管理は，成畜のそれよりも徹底して行う必要がある．

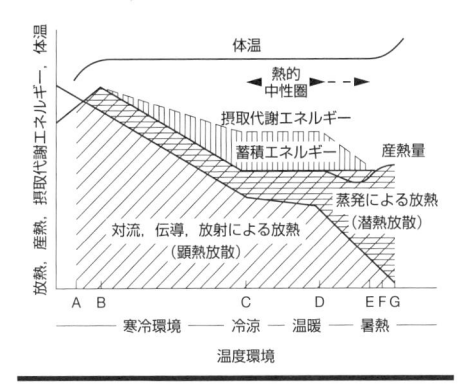

図 6.1 ● 温度環境と家畜の体温調節の関係

A：低体温域，B：最大蓄熱，C：臨界温度（産熱増加開始），D：蒸発増加開始温度，E：体温上昇または産熱増加開始温度（上臨界温度），F：高体温域，G：熱死，C-D：体温調節が最小限のエネルギーで行える温度域，C-E：産熱が安定した温度域（熱的中性圏），B-E：体温恒常性維持温域

　寒冷から暑熱までの温度域と家畜の体温調節との関係を図6.1に示す．C-E間は熱的中性圏とよばれ，熱産生量に変化がなく，最小限の恒常性維持機能の対応で体温維持が可能な温度域である．前述の適温域はこの熱的中性圏に含まれる．寒冷下，すなわち温度環境がCを下回ると，増加する顕熱放散を補うために産熱量の増加がはじまる．一方，暑熱下，すなわち温度環境がEを上回ると，潜熱放散を促すためにエネルギーを要し，やはり産熱量が増加する．さらに暑熱環境下では家畜の摂食量が減少するため摂取代謝エネルギーは減少する．温度環境がBを下回るあるいはFを上回ると体温の維持が困難になり，凍死あるいは熱死の危険が生じる．家畜の生産性は蓄積エネルギー量によって決まるので，図6.1から温度環境を熱的中性圏に保つことが生産性を維持するために重要であることがわかる．

　温度環境は家畜の体表面に分布する寒冷受容器と温熱受容器によって感知され，その情報は生体の恒常性維持機能に重要な役割を果たす間脳視床下部へ送られる．そして，体温を一定に保つための種々の調節機能を活動させる．体温を一定に保つための適応の仕方として，個体レベルでは行動的適応，形態的適応，生理的適応がある．また，生得的な適応の仕方としては遺伝的適応がある．

A．行動的適応

　家畜が自ら行動することにより，環境の変化を最小限にとどめる反応である．摂食は暑熱により減少し寒冷により増加するが，これは飼料の消化吸収に伴う産熱を加減して全体の産熱量を調節するためである．逆に飲水は暑熱により増加し寒冷により減少する．潜熱放散のためには水が必要であり，暑熱時の飲水量の増加は増大する潜熱放散の必要性に対応する機能である．防衛行動としては，暑熱の影響を緩和するための日陰への移動，水浴び，泥浴び，寒冷の影響を緩和するための日向への移動などがこれに含まれる．また，休息時には，暑熱環境下では四肢と体幹を伸ばし横臥位姿勢（横倒し）となるが，寒冷環境下では四肢を体幹の下に入れて伏臥位姿勢をとるなど，姿勢によって体の表面積を変化させて放熱量を調節する．さらに同一畜舎内において複数頭で飼育されている場合には，寒冷時に互いに体を接触させるように集まり，群全体としての表面積を小さくする「群がり」がある．これらの防衛行動は，自由な行動が制限されている畜舎では不可能な場合もある．また，最後に記した群がり行動では，子ブタやニワトリの雛では，過度の密集により圧死する個体が出現するなどの問題点がある．

B．形態的適応

　家畜の体の形態が環境の変化に応じて変化することによる適応である．ある種のヒツジやヤギでは，季節により体毛の長さや密度を変化させることにより体表面からの放熱の量を調節する．また，同種の家畜であっても，飼育されている環境の温度に応じて耳の大きさ，四肢の長さ，皮下の血管の分布様式，皮下脂肪の厚さなどに差が生じ，環境に適応する．

C. 生理的適応

生理的適応とは，主に自律神経系と内分泌系の作用により恒常性を維持することである．例えば，寒冷環境下では自律神経系の交感神経系が活動し，副腎髄質からエピネフリン（アドレナリン）やノルエピネフリン（ノルアドレナリン）が分泌される．これらのホルモンは，体表面の血管を収縮させ，これにより体の深部から体表面への熱の移動を抑え，放熱量を減少させる．また，交感神経の活動により「震え」が起こり，筋肉を運動させることによって産熱量を増やし，体温を上昇させる．さらに交感神経系の働きにより，皮膚に分布する立毛筋を収縮させて体毛を逆立て，体表面と外部環境との間に空気の層を形成することで放熱を抑制する．寒冷な環境が続くと，エピネフリン，ノルエピネフリンの作用により筋肉や肝臓に蓄積されているグリコーゲン，全身に蓄積されている脂肪が分解され，産熱のためのエネルギー源として働く．さらに甲状腺からチロキシン（サイロキシン）の分泌が増加し，これが飼料から摂取した栄養素を熱エネルギーに変える作用を高める．また，下垂体前葉からの成長ホルモン，副腎皮質からの糖質コルチコイドの分泌も増加し，これらのホルモンも生体の代謝を高め，産熱を増加させる．逆に暑熱環境では交感神経の活動は抑制され，血管が拡張し，体からの放熱を促す．また，チロキシンの分泌は減少し，産熱を抑える方向に働く．これに加え，汗腺からの発汗が促される．

D. 遺伝的適応

生物に先天的に備わっている適応現象を遺伝的適応という．一般に寒冷地の家畜は体毛が長く，その量が多いのに対し，熱帯における近縁の家畜の体毛は短い．また，野生動物においては寒冷地の動物は熱帯における近縁種と比較し，体が大きく（ベルクマンの規則），耳や頸や尾などの末端部が小さい（アレンの規則）傾向があることが知られているが，この傾向は概して家畜にも認められる．遺伝的適応により決まった形質を変化させることはできないが，新たに家畜を導入する際の品種の選定や，特定の形質をもった遺伝子の導入の際には考慮する必要がある．

6.2.2　湿度と家畜

湿度は，単独では家畜に大きな影響を及ぼすものではないが，他の環境要素，特に気温と関連して家畜の体温調節に大きな影響を与えることがある．高温時には潜熱放散が主要な放熱経路となるのは前述のとおりであるが，潜熱放散の効率は，家畜の体表面と環境との水蒸気圧の差に左右されるため，高湿度下では潜熱放散は著しく阻害され，体温調節を困難にする．例えばブタにおいて，気温が28℃のときは相対湿度が80％時と30％時でその育成に差はほとんどないが，33℃では湿度80％の環境下では30％時と比べて育成の効率が約30％も低下することが報告されている．湿度が高い日本の夏季においては，潜熱放散の効率は著しく低い．一方，寒冷環境下では大気中の水蒸気は水に戻り，家畜体や畜舎の壁に結露する．これは家畜の体表や畜舎の断熱性を低下させる原因となり，温度管理上での問題となる．また，高湿度の環境下では，細菌が繁殖しやすく，壁や床が非衛生的になる．さらに高湿度条件下では病原性微生物が生存できる期間が延びて感染症が蔓延しやすくなるなど，間接的な影響がある．

6.2.3　風・光・音と家畜

風もまた，家畜の体温調節に大きな影響を与える要素である．前述のとおり放熱には顕熱放散と潜熱放散があるが，その効率は家畜体表面と環境との温度差および湿度差により決定される．空気には粘性があり，家畜の体表面には境界層という停滞した空気の層が形成され，家畜の体表面と家畜に接する空気の温度差・湿度差を少なくし，放熱を阻害する．

風にはこの境界層を薄くし，放熱を促進する作用がある．これは暑熱時には家畜にとって有利であり，寒冷時には逆に不利となる．また強い風は，ハエ，アブ，カなど昆虫の飛来を妨害するので，家畜に群がるこれらの昆虫の数を減少させる効果もある．温度や湿度の管理に比べ，風はファンあるいは畜舎の窓の開閉などによって容易に，しかも安価に制御できるため，畜舎環境の調節に大きな役割を担っている．

光は，赤外線などの熱線による温熱効果，紫外線による殺菌効果，ビタミンDの生成など多くの物理的・化学的効果をもつ．さらに，光刺激は家畜・家禽に多種多様な生理的作用をもたらす．野生動物では，季節により形態的特徴（毛の長さなど）や行動様式を変化させる種が多い．このような動物種において季節変化を感知する刺激は1日のうちの日照時間であることが多いが，家畜の多くはこの性質を今も残している．ウマ，ヒツジ，ヤギは家畜化された後も季節繁殖動物であるが，繁殖期の決定は日照時間によるところが大きい．これら日長変化によるさまざまな生理的変化には，脳の松果体より分泌されるメラトニンが深くかかわっている．メラトニンは暗期に分泌量が高くなり，日長の変化を生体に伝える役割を果たしている．ヒツジやヤギは短日期に繁殖期を迎えるが，メラトニンを与えると長日期においても繁殖機能が活動することが報告されている．ヒツジの産毛は季節により変化するが，これも日照時間の変化によるところが大きい．また，ウシは周年繁殖動物であるが，長日照明はウシの成長の促進や乳量の増加を引き起こすことが報告されている．これは成長ホルモンやプロラクチンの分泌量が高まるためであると考えられている．

鳥類は光刺激にきわめて敏感であり，ニワトリでは1日の日照時間が発育・飼料効率・産卵率・卵重・卵殻質に大きく影響する．特に産卵鶏では，日照時間が産卵率に大きく影響する．日本では冬季の産卵率の低下を阻止するために点灯により明期を延長する管理方式が大正時代から行われている．現在のニワトリの光線管理法では，ニワトリの成長・繁殖・生産のすべてを制御するため，無窓鶏舎内で生涯を通じて徹底した光環境制御のプログラムの下で管理を行う．単純に1日の明期の長さを決める光線管理法のほかに，2時間明期～4時間暗期～8時間明期～10時間暗期をくり返すコーネル方式，15分明期～45分暗期をくり返すインターミッテント法など，24時間中に複数回の点灯と消灯を行う明暗調節も試みられている．また，明暗の周期を24時間としない（例えば，ニワトリの産卵周期である28時間に合わせた14時間明期～14時間暗期など）アヘメラル法も試みられている．アヘメラル法は，管理するヒトがこの周期に合わせるのが困難なため，現場ではほとんど運用されていない．

家畜は概して音に敏感であり，航空機，自動車，鉄道，工事などから生じる騒音に心理的なストレスを感じると考えられている．これは生産性にも影響し，騒音による摂食量の減少，流・早産の誘発，乳量や増体重の減少，ニワトリにおける卵下墜の発生が報告されている．一方で，ある種の騒音はブタの単調な生活を刺激し，尾かじりなどの問題行動の発生を減少させるなど，家畜管理に有利な例も報告されている．特定の音に対し，家畜に条件づけて行動を制御するなど，音を利用する家畜の行動の制御も試みられている．

6.2.4　有毒ガスと家畜

家畜管理の過程で発生する有毒ガスは，アンモニア，硫化水素，メタン，二酸化炭素などである．アンモニアは家畜の糞尿より発生し，刺激的で強烈なにおいをもつ．一般に家畜はヒトが強い不快感をもつ大気中アンモニア濃度でも普段と変わらず摂食をするなど，

概してアンモニアに対して耐性がある．しかしながら，高アンモニア濃度の環境下では呼吸器や眼における疾患の発生率が増加するという報告もあり，畜舎内のアンモニア濃度は20 ppm以下が望ましいとされている．硫化水素は糞尿貯留槽内に高濃度に発生することがある．また，メタンは糞尿貯留槽から発生するほか，反芻動物の反芻胃内で発生し，曖気として大気中に放出される．メタン自体の毒性は低いが，温室効果をもたらすガスであるため，環境保全の面から制御が必要である．二酸化炭素はそれ自体に毒性はないが，二酸化炭素が高濃度に検出される畜舎では，他の有毒ガスや塵埃が高濃度に存在することが多く，畜舎内の空気の清浄さを測る指標として用いられる．

6.2.5 塵埃と家畜

畜舎内の塵埃は，外来性のもののほかに，敷料，乾いた糞，羽毛，飼料からも発生する．塵埃は呼吸器に障害を与え，家畜の生産性を低下させる．また塵埃は，アレルギーを引き起こす原因ともなる．さらに，病原性微生物が付着することにより塵埃は感染源となることがある．家畜の鼻腔に存在する鼻毛は塵埃が体内に入るのを防ぐ一種のフィルターとして働き，鼻粘膜から分泌される粘液は侵入した塵埃を吸着して排出する作用があるなど，家畜の鼻腔はもともと塵埃を除去する能力を有している．しかし暑熱環境下では前述のとおり熱性多呼吸が起こり，鼻呼吸ではなく口呼吸が主となるため，塵埃による家畜の呼吸器への被害は拡大する．

6.3 家畜管理工学

家畜をとりまく環境は自然現象の影響を受けるとともに，飼育密度，群の構成，管理者，畜舎の構造，畜舎の運用の仕方により変化する．また，トラックなどの乗り物で家畜を別の場所へ生きたまま輸送することがあるが，輸送時の環境も家畜の健康や生産性に大きな影響を及ぼす．これらの要因は管理者である人が決定するものである．生産性を重視する経済的観点からも動物福祉（アニマルウェルフェア）の観点からも家畜に与えるストレスが最小限になるようにこれらの条件を設定することが求められる．

6.3.1 家畜管理の社会的影響

ウシ，ウマ，ヒツジなど，家畜の先祖種の多くは野生状態では群を形成し，独自の社会性を有する動物である．社会の形成は，野生状態において生存する確率を高めるために進化してきた結果と考えられている．家畜は人の管理下にあるため，家畜にとっての社会性の重要性は減少しているが，多くの家畜は先祖種がもつ社会性をいまだ残している．これら社会性に伴う家畜の行動は，家畜管理において不利に働くことがある反面，有利な方向に利用することも可能である．

前述のように，家畜は家畜化された後も群を形成する欲求が強く残っており，管理上の理由から特定の個体をその群から隔離して飼育することがあるが，家畜は隔離されることに強い心理ストレスを感じる．隔離が長期間にわたると家畜の恐怖性が増し，その結果，攻撃性が増すことが報告されている．家畜が群をつくろうとする結果，群のなかの一部の個体が移動すると，他の個体すべてがそれに追従する行動（先導追従行動）がみられる．この性質は，広域な放牧地において家畜の群を効率よく移動させたい際に利用でき，場合によっては管理者である人が群の先導役を果たすことも可能である．

一方，家畜を群で飼育するとそのなかに競争が起こり，順位が形成される．競争が激化すると，劣位個体は十分な摂食ができず，さらには快適な場所での休息も十分にとれないので，劣位個体の生産性は著しく低下する．

劣位個体を排除しようとする激しさは家畜種により異なる．ヒツジ・ヤギ・ブタは相対的順位型に属し，優位個体は劣位個体を攻撃するものの，完全には排除しようとしない．一方，ウシやニワトリは絶対的順位型に属し，優位個体は劣位個体をきわめて激しく排除しようとする．劣位個体にも十分に摂食させるためには別の畜舎で飼育する，同時に複数個体が摂食できるように飼槽の大きさや位置関係などを工夫する，ウシにおける連動スタンチョンの利用などのように個体ごとに飼槽の位置を固定するなどの方法がある．

野生動物は，同種の雄どうしで縄張りや雌の獲得をめぐって頻繁に闘争する．この性質は家畜にも強く残っており，雄は闘争に対する欲求が強い．闘争行動が人に向けられることもあり，雌と比較して雄のとり扱いを困難なものにしている．雄の闘争行動は精巣より分泌される雄性ホルモン（アンドロジェン）により誘起されるので，去勢により効果的に抑制することができる．一方で，闘牛，闘鶏など，雄どうしの闘争を競技とした産業も存在する．

家畜の繁殖効率は，家畜の社会環境により影響を受けることがある．例えば，ヒツジやヤギの雌では，雄のにおいにより黄体形成ホルモンのパルス状分泌の頻度が増加し，春機発動期の到来や発情の到来が早まることが知られている．この現象は雄のにおい中に含まれるフェロモンの作用であると考えられている．また，さまざまな家畜の雄が雌の尿のにおいを嗅いだ後に行うフレーメン（頭部，特に口唇部を上げ，上唇をめくり上げる行動）は，雌の尿中に含まれる情報物質を鋤鼻器とよばれる感覚器官に送る機能があると考えられている．

乳牛や産卵鶏などの一部の例外を除けば，幼齢家畜の世話は母畜の母性行動に依存する．分娩直後の母畜の行動には，新生畜の体を舐めるリッキング（舐子行動）や後産（放出された胎盤）を摂食するプラセントファジイがあるが，これには母親が新生畜のにおいを記憶し，その子畜への母性行動を促す機能があると考えられている．母畜の母性行動が円滑に行われるためには，管理者は母畜がこれらの行動を正常に行えるように配慮する必要がある．

家畜は他の動物種との間にも関係を築くことがあるが，もっとも重要視しなければならないのは管理者である人との関係である．管理者による乳牛への長期的な愛撫や話しかけにより，増体量，受胎率，乳量が改善されることが報告されている．また，管理者とウマとの関係が良好であれば，管理者が近くに存在することで競走馬や競技馬の遠征による新奇環境ストレスは軽減できることが報告されている．管理者には家畜に対する正しい知識や優れた観察力が求められるが，これに加え，愛情をもって家畜に接することも重要である．

6.3.2　畜舎環境と制御

畜舎内の環境に影響する要因として，畜舎外の環境要因としては気候や地形，周辺に生息する野生動物，畜舎に起因する環境要因としては，畜舎の構造，向き，畜舎に装備された設備とその運用法，家畜自身から発生する熱やガスなどがある．これらの関係を模式的に図6.2に示す．畜舎環境管理に際して制御すべき環境要素は複数あるが，これらは互いに競合することがある．例えば，温度管理の観点からは畜舎内と畜舎外を遮断することが望ましいが，空気の清浄さを保つ観点からは，絶えず畜舎外の空気を畜舎内に導入することが望ましい．この問題に対応するためには，例えば1日のうちで外気温が家畜の適温域に近くなる時間帯に集中的に換気量を多くするなどの工夫が必要となる．畜舎環境は，家畜にとってできるだけ快適な環境に制御することが理想的であるが，畜産経営の最終的な目

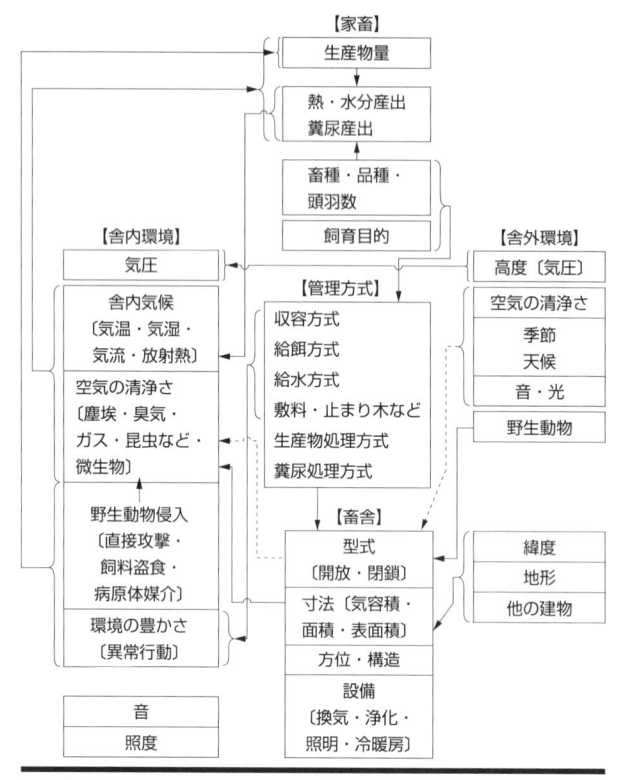

図 6.2 ● 自然環境・管理方式と家畜環境との関係

注1：〔 はその部分のみが関係することを示す．
　2：点線は間接的関係を示す．

的は利益を上げることであるので，制御に要する費用と労力を考慮に入れ，バランスをとって環境制御を行うことが重要である．

畜舎の温度環境の制御法には断熱と冷暖房がある．断熱とは，畜舎外と畜舎内との間の熱の移動を遮断することによる畜舎内温度環境の制御である．熱の移動には前述のように伝導，対流，放射の3つの経路があるが，伝導の効率すなわち熱伝導率は物体の材質により決まる．畜舎の壁が多層構造の場合には壁の内部の空気層により熱の移動は著しく阻害され，優れた断熱材となる．しかしながら，ガラスの熱伝導率は高いので，壁にガラス窓が設けられている場合には窓の大きさに応じて壁全体の断熱性は悪くなる．熱は対流により上層に移動するので，畜舎内の熱は壁からよりも屋根から畜舎外へ移動しやすい．したがって，畜舎には天井を設けることが望ましい．太陽の放射の遮断，すなわち日射受熱量の遮断も断熱に含まれる．畜舎の屋根や壁は日射の遮断に有効であるが，それ自体が熱せられた場合には畜舎内へ熱を放射する．外表面をアルミニウム板とすれば日光を反射できるが，金属であるアルミニウム自体の熱伝導率は高いので，使用に際しては畜舎の屋根・壁の断熱に留意する必要がある．なお，樹木の葉など，生きている植物は，赤外線をほとんど完全に反射し，それ自体が日射により熱せられないので日射の遮蔽物としてきわめて優れている．

冷房の一般的な手法には，水の散布など，水の気化熱を利用して畜舎内の気温を下げる方法がある．この効率は湿度により決定され，日本の夏季のように湿度が高い場合にはその効果が減じられる．ファンなどで風を起こすことは，家畜の放熱を促す，簡易で効果的な冷房の方法である．畜舎内の暖房の方式には温風暖房と床暖房，さらには幼齢家畜に用いられる赤外線照射が主である．温風暖房や床暖房は畜舎環境制御の点から多くの利点があるが，燃料費・電力費がかかり，その節約のためには畜舎の断熱を併せて実施せねばならない．

畜舎環境を良好な状態に保つためには換気も重要である．畜舎内には，敷料・飼料・糞尿から発生する有毒ガスや塵埃が発生するので，舎外の新鮮な空気を頻繁に供給する必要がある．換気の手法には，自然のエネルギーに頼る自然換気とファンなどの機械に頼る機械換気がある．自然換気には風力換気と温度差換気がある．自然の風を利用した風力換気は簡便で安価であるうえに夏季においては温度管理としても有効であるが，無風時には換気ができない．温度差換気は，畜舎外と畜舎内の温度差から生じる対流を利用し，換気を行う方法であるが，換気が特に必要となる夏季には畜舎内外の温度差が小さく，換気の効率が落ちる．したがって，十分な換気を行うためには機械換気が必要である．機械換気は通常ファンを用いて行う．畜舎内への給気と畜舎外への排気を併用する方式を第一種換気，給気のみの方式を第二種換気，排気のみの方式を第三種換気という．一般的に畜舎には第二種あるいは第三種換気が採用されている．第二種換気は供給空気の浄化や加温を行うことが可能という利点があるが，畜舎の規模が大きいと換気の効率が落ちる．第三種換気は，壁に直接ファンを設置するだけでよく，簡便であることから多くの畜舎で採用されているが，畜舎の気密性が悪いと換気口と隙間の間で空気の短絡を起こし，畜舎全体の換気が悪くなるなどの欠点がある．畜舎の長軸方向に沿う出入り口の一方に排気用ファンを設け，その反対側以外の出入り口や窓をすべて閉じ，ファンを稼動させるトンネル換気方式は，第三種換気方式のひとつであるが，空気の吸入口はファンの反対側の出入り口に限定されるので効率のよい換気方式である．また，この方式は畜舎内に常に風が発生するので，夏季には冷房としての機能も有することが報告されている．換気の際に発生する流入空気の舎内での移動の経路を換気輪道という．管理者は，畜舎の換気輪道を把握しておく必要がある．

畜舎内の塵埃を除去する方法には換気以外に集塵・洗浄・落下の3つがあるが，洗浄と落下は家畜の呼吸器疾患の原因となる小さな塵埃の除去には適さない．畜舎内で一般的に採用されている除塵の方式はエアフィルターを用いた集塵である．空気中の微生物は塵埃にのって移動することが多いので，除塵は微生物の除去にも有効である．導入する敷料の種類により馬房内の空気中アンモニア濃度や塵埃の量が変化することが報告されている．稲わらは，おがくずなどの他の敷料と比較して，水分の発散がよく，空気の清浄さを保つのに優れている．しかし，稲刈りにコンバインを使用すると稲は細かく裁断されてしまうため，近年では稲わらの入手は困難になっている．

畜舎の内外に生息する外部寄生虫を含めた野生動物も，家畜に大きな影響を及ぼすことがある．畜舎内にはハエ，アブ，カ，ダニなどの吸血節足動物も存在し，家畜の飼料や糞尿，あるいは家畜自体を利用して生きている．これらの節足動物は，存在そのものが不快なだけではなく，さまざまな病原体を媒介することもあるので，畜舎内の清掃や定期的な駆虫が必要となる．家畜，特に幼齢個体や弱っている個体は，畜舎の外に生息する野犬やそ

の他の肉食動物，カラスなどの野鳥に攻撃されることがある．特にカラスは，家畜の飼料を狙って畜舎付近に多く飛来するが，前述のような幼齢家畜に対する直接的な被害のほかに，ロールベールサイレージの梱包を突いて穴を開けて嫌気性発酵を妨げるなどの間接的被害ももたらす．さらにカラスをはじめとする野生鳥類が鳥インフルエンザなどの家畜の病原体を持ち込む可能性が懸念されており，カラスを含めた野生動物の畜舎への侵入を制御する必要がある．

　畜舎内の温度や空気の状態等を良好に保っても，例えばウマにおける熊癖やさく癖，ウシにおける舌遊びなどの常同行動，ブタにおける尾かじりやニワトリにおける羽食い，尻つつきなどの転嫁行動など，先祖の野生種にはみられない異常行動が発現することがある（図6.3）．例えば，ブタの尾かじりやニワトリの尻つつきは被害個体を死に至らしめることがある．また，ウマのさく癖は，柵を噛んで後方に引っ張る際に空気を飲み込むことによって疝痛（腹痛）を発生するなど，これらの行動は重大な問題行動ともなりうる．これらの行動は，家畜が生物として本来備わっている機能が発揮できない代償として発生すると考えられている．餌の形状や給餌方法が，短時間に必要量を摂食できてしまう形式のものだとこれらの行動が発生しやすい傾向がある．畜舎内の環境エンリッチメント，例えばウシが体を擦りつけるためのブラシ，ブタがかじるためのロープ，ニワトリ用の止まり木や砂浴び場を与えることにより，これらの異常行動が軽減したという報告がある．

6.3.3　輸送環境

　家畜は，生産物としての肉畜の出荷，繁殖農家から育成農家への移動，種畜の導入，競走馬や競技馬の競技場への移動などの理由で，生きたまま車輛・船舶・航空機などの乗り物により輸送される．輸送時の環境は通常

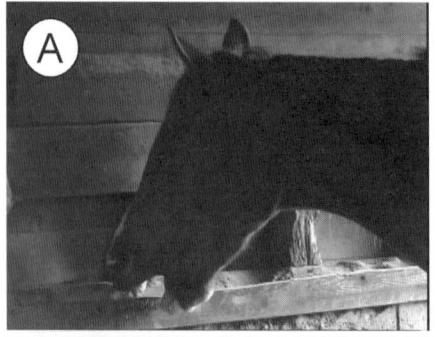

図 6.3 ● 家畜が示す異常行動
A：ウマのさく癖，B：ブタの尾かじり，C：ニワトリの尻つつき

の飼育時とは著しく異なり，家畜は輸送によりきわめて強いストレスを受ける．ウシやヒツジにおいて，トラック輸送によりストレス関連ホルモンであるアドレナリン，コルチゾル，プロラクチンの血中濃度はいずれも増加する．世界動物保健機関（OIE）が2005年に定めたアニマルウェルフェアの4つのガイドラインのうち2つは「陸上輸送」と「海上

輸送」であることからも，輸送ストレスの軽減がアニマルウェルフェアの観点から重要視されていることがわかる．

輸送ストレスは何種類かのストレッサーの複合であり，それらは新奇環境，高い収容密度，温度環境，空気の汚れ，振動，騒音，予測困難な加速度であると考えられている．ヒツジに模擬的に揺れだけを負荷した実験において血中コルチゾル濃度が増加したこと，また，輸送経験のあるヤギを停車しているトラックの荷台に積載するだけでは血中コルチゾル濃度の増加がみられなかった実験結果があることなどから，走行に伴う振動は輸送ストレスの特に大きな要因であると考えられる．ブタは輸送中に嘔吐をする個体がいることが知られており，動揺病（乗り物酔い）が輸送ストレスの構成要素のひとつであると考えられている．ウマや反芻家畜には嘔吐反射がみられないが，ヤギにヒト用酔い止め薬を投与して輸送すると，輸送に伴う行動的症状が改善されたという報告があり，嘔吐をしない動物においても動揺病が発生する可能性が指摘されている．高等動物におけるストレスの受容には間脳の視床下部が大きな役割を果たしているが，神経細胞活動のマーカーであるc-Fosタンパク質の発現を指標として，輸送に伴う間脳の活動部位をヤギで検討した結果を表6.2に示す．この結果より，輸送ストレスは心理的要因は少ないが，強い物理的ストレスであると推測されている．

輸送ストレスが引き起こす問題には，体重の減少，輸送熱，呼吸器疾患，家畜の死亡などがある．また，積み込み・積み降ろし時の事故，あるいは急激な加速度や他個体による踏みつけに起因する外傷・打撲なども輸送に伴う問題となる．さらに，肉牛におけるダークカッティングビーフ（DCB）や豚のPSE肉（ふけ肉）などにみられる生産物に対する品質の低下がある．DCBやPSE肉は，輸送に伴う交感神経系の活動が筋肉内グリコーゲンの過度な分解を起こし，これが屠殺後の筋肉内pHの不適切な変化を起こすことによって発生する．

輸送には，陸路輸送，海路輸送，空路輸送がある．陸路輸送のほとんどはトラック輸送である．馬運車や家畜運搬用トレーラーなど家畜輸送専用の車輌も存在するが，日本ではウシやブタの輸送には，通常の大型・中型トラックに柵や仕切りをとりつけ，日射や風雨よけのシートをかけた程度のものが多い．空路輸送には貨物用航空機が用いられる．長距離を短時間で輸送できることは航空機の利点ではあるが，航空機が飛行する高度の気温や気圧は地上とはかなり異なるので，家畜の適温域に近い環境を整える設備が必要となる．海路輸送は，航空機に比べて一度に多くの家

表6.2 ● トラック輸送がヤギの間脳とその周辺の神経核・領域におけるc-Fosタンパク質発現細胞数に及ぼす影響

脳内における神経核・領域	c-Fosタンパク質発現細胞数	脳内における神経核・領域	c-Fosタンパク質発現細胞数
梁下野（AS）	変化なし	視交叉上核（SCN）	増加
外側中隔野（LSA）	変化なし	視索上核（SON）	変化なし
視索前野（POA）	増加	視床の室旁核（PVT）	変化なし
分界条床核（BNST）	増加	視床下部腹内側核（VMH）	変化なし
室旁核（PVN）	増加	弓状核（ARC）	増加

注1：c-Fosタンパク質発現細胞数の増加は，その神経核・領域が輸送に反応したことを示す．
　2：各神経核・領域について一般に用いられている略号を（　）内に記載した．

畜の輸送が可能であるという利点があるが，輸送期間が長いことや天候の影響を受けやすいことなどから，輸送に対する影響が大きいという問題がある．

　トラック輸送が家畜に及ぼす影響を最小限にとどめるためには，輸送距離・輸送時間の短縮が基本となる．そのためには，目的地までの最適なルートを選定し，道路が混雑する時間帯を避けて輸送を行う必要がある．また，トラックの内部に家畜の外傷の原因となる出っ張りや角がないことを確認し，荷台の床は滑りにくい材質のものにするなど，荷台の環境への配慮も重要である．輸送の効率を重視するならば1回の輸送で多くの家畜を輸送することが望ましいが，収容密度が高い状態の輸送は低い状態の輸送よりも家畜のストレスを増大させることが報告されており，適正な収容密度を保つことが重要である．輸送車輌内の温度管理も重要である．特に暑熱の影響が大きく，輸送による家畜の死亡率は夏季に増加する．輸送中は糞尿などにより車内の空気が悪い状態になりやすく，輸送車輌内の換気も重要である．輸送が長時間にわたる場合には定期的に休憩をとり，車内の換気を行い，家畜に水や飼料を与えることが重要である．しかし，輸送は一時的に家畜の飲水行動を抑制するという報告もあるので，水分の補給の際にはこのことを考慮する必要がある．

　トラックの進行方向に対する体の向きも輸送ストレスに影響するようである．馬運車内でウマが自分の体の向きを変えられるようにしておくと，ウマは次第に進行方向に対し後ろ向きを選択するようになる．これは馬運車のカーブによる横方向の加速度を緩和するために後ろ向きのほうが対応しやすいためであると考えられている．一方，ウシは，収容密度にもよるが，トラックの進行方向に対して体を垂直に向けるように立つ個体が多いと報告されている．いずれにしても，家畜輸送車のドライバーは急発進・急停車・急カーブを避け，家畜に負荷する加速度を軽減するよう努めなければならない．

　輸送そのものではないが，輸送先の環境が出発地のそれと異なるために家畜が強いストレスを感じることがある．海を越えた国際的な輸送では，出発地と目的地では気候条件が著しく異なることがあるため，通常よりも家畜の健康管理に配慮する必要がある．また，屠場に輸送されたウシやブタは，短時間ではあるが屠場で過ごすことにより心理ストレスを感じる．さらに屠場では別の農場から輸送されてきた新奇な他の個体群とともに過ごすので，社会的なストレスが負荷されるという問題も指摘されている．

6.4　畜舎と付属施設

6.4.1　畜舎の構造と建築材料

　畜舎には飼養されている家畜，畜舎で作業する人，そして畜舎内設備などを風雪雨や気温変動から守るだけではなく，家畜が生活をする場所，作業者が家畜に対する給餌・給水，健康管理や糞尿管理などを行う場所，さらには乳肉などの生産が行われる場所であり，数多くの機能が要求される．

A. 畜舎構造

　畜舎は人間の家屋と同様，基礎，床，柱，壁，屋根によって構成される．

　基礎は地盤に設置され，畜舎内の多くの収容物を含めた畜舎全体の荷重を支えるため十分な強度を確保していることが必要である．基礎には，布基礎，独立基礎，柱脚埋込がある．布基礎は逆T字型の断面を有する鉄筋コンクリートが壁状に連続して施されたもので，強度が高い．独立基礎はそれぞれの柱の下に基礎があるもので，布基礎よりも使用するコンクリート量が少なくできる．柱脚埋込は地面に柱を立て，その周囲にコンクリートを流し込むもっとも簡単な方法であり，低コストである．

床は家畜や作業用設備・機械などの荷重を支える強度が求められる一方，壁や屋根と同様に床面からの熱損失をできるだけ抑え，畜舎を保温する機能も求められる．床は基礎に接続するため，これに支えられているが，畜舎の場合は床面に糞尿溝などのコンクリート製設備を施すことが多く，床を高床にせず地面に接地して施工する例が多い．

壁は畜舎内外の区切りや畜舎内部の区切りに利用される．外壁は屋根と同様，風雪雨などから家畜を守るほかに，外敵などの動物の侵入や微生物などの大気拡散・輸送による伝染防止，そして畜舎内温度の過度な上昇や低下抑制のための断熱材としての役割がある．壁面には家畜や作業者などの出入り，採光，換気などのために戸，窓，そして換気口などの開口部が設けられる．

屋根は家畜を風雪雨から守り，日射を防ぐために用いられる．屋根の形状は多様であり，主に採光，通風，換気，落雪のしやすさ，屋根裏空間利用などが考慮されて考案されている．一般的な切妻屋根，かまぼこの形をしたかまぼこ屋根，正八角形の上半分の形状である腰折れ屋根などがある．

B．建築材料

畜舎の基礎，床，柱，梁などの荷重のかかる材料には，木材，軽量形鋼，鉄骨，鉄筋コンクリートなどが用いられる．基礎にはコンクリートを用いることが多く，床には糞尿溝などを施工するため，同様にコンクリートが多く使われる．基礎や柱ほど強い荷重のかからない壁体や屋根には平板，合板などの木材，樹脂，石膏ボード，金属板，ガラスが用いられる．

6.4.2 畜舎の種類

畜舎は家畜の種類，飼育方式，飼育対象，成長段階，畜舎の壁体構造，屋根形状，床構造など実に多くの分類方法があり，それに対応した呼び方がある．特に畜舎は飼育方式や床構造などの収容構造に特徴があり，次に畜舎とそれらの特徴について述べる．表6.3には家畜の種類，飼育方式，飼育対象による分類を示す．

表6.3 ● 畜舎の種類

乳牛舎	飼育対象別分類		搾乳牛舎，乾乳牛舎，育成牛舎
	飼育方式別分類	Ⅰ	繋ぎ飼い式牛舎（タイストール，スタンチョンストール）
		Ⅲ	放し飼い式牛舎（フリーストール牛舎）
肉牛舎	飼育対象別分類		繁殖牛舎，肥育牛舎，育成牛舎
	飼育方式別分類	Ⅱ	牛房飼い式牛舎（単房式，群飼房式）
		Ⅲ	放し飼い式牛舎（フリーストール牛舎）
豚舎	飼育対象別分類		繁殖豚舎，肥育豚舎，育成豚舎，分娩・哺育豚舎
	飼育方式別分類	Ⅱ	豚房式豚舎，ストール式豚舎
		Ⅲ	放し飼い式豚舎，ハウス豚舎，バイオベット豚舎
鶏舎	飼育対象別分類		採卵鶏舎，ブロイラー鶏舎，種鶏舎，育雛舎
	飼育方式別分類	Ⅱ	立体飼育式鶏舎（ケージ式鶏舎）
		Ⅲ	平面飼育式鶏舎

Ⅰ：繋留による飼育
Ⅱ：比較的狭い仕切られた空間における飼育
Ⅲ：仕切りのない空間における飼育

A．牛舎
a．牛舎の種類

牛舎の種類としては，乳用牛舎と肉用牛舎の2種類がある．乳用牛舎は飼育対象別に搾乳牛舎，乾乳牛舎，育成牛舎などがある．また飼育方式にはウシを1頭ずつストール（ウシの収容空間）に繋留して飼育する繋ぎ飼い式牛舎と，放し飼いで飼育する放し飼い式牛舎がある．

繋ぎ飼い式牛舎は，個々のウシについて作業者の目が行き届きやすいことから，特に搾乳牛の多くがこの方式の牛舎によって飼育されている．繋ぎ飼い式牛舎のなかでも繋留方式によって呼び方が異なり，ロープやチェーンなどでストールに繋留するタイストール，牛体頸部を鉄パイプ（スタンチョン）により緩やかに挟むことによってストールに繋留するスタンチョンストールなどがある．近年は，家畜の快適性に配慮した飼養管理（アニマルウェルフェア）に則り，繋ぎ飼い式のなかでもウシの行動の自由度がより高いタイストールが多く，スタンチョンは著しく減少している．繋ぎ飼い式におけるウシの配置方式は2つあり，通路両側に配置されたウシが向かい合う対頭式およびその逆の対尻(たいきゅう)式がある．一般に乳用牛舎は100頭以下では繋ぎ飼い式が多く，それ以上の頭数ではフリーストール牛舎が多い．

放し飼い式牛舎はウシが繋留されることなく自由に休息場と採食場を往来することができる牛舎である．繋留を行わないままストールにウシを収容するフリーストール牛舎と広い区画の休息場を有するルースバーン牛舎とがあるが，近年はルースバーン牛舎が減少し，放し飼い牛舎のほとんどがフリーストール牛舎である．放し飼い式牛舎は，かつては主に肉用牛の飼育に用いられたが，次第に乳用，肉用いずれの場合にも用いられている．この牛舎は繋ぎ飼い式牛舎のように緻密な個体管理が困難という短所はあるものの，逆に管理がやや粗放的で多頭飼育が可能であることや給餌作業が省力化できること，そしてウシにストレスを与えないように自由に行動させることが可能などの長所がある．肉用牛については繋留を行わず隔柵で区切られた牛房内で飼育する牛房飼い式牛舎もあり，1頭ずつ牛房で飼育する単房式，一房に数頭を入れる群飼房式がある．

b．牛舎の特徴

牛舎は内部構造，特にウシの居住空間や床構造に特徴がある．

繋ぎ飼い式牛舎およびフリーストール牛舎でのストールの大きさはウシの居住性や管理者の作業性に影響を与える．牛床（ストールの床）の幅はウシの横臥や起立という行動に対して十分な空間的余裕が確保されていることが不可欠であり，これが満たされていない場合には，ストレスや牛体を損傷する原因になることがある．牛床の長さについても同様に空間的余裕を与え，糞や尿が糞尿溝や通路などの適切な場所に落下するのに必要な長さが求められるが，短すぎると牛体が汚れ，衛生的な管理が困難になる．

フリーストール牛舎の床構造は牛床と通路から構成され，通路上の糞尿の搬出方法によって床構造が異なる．機械的にかき出し搬出する平床式，ウシのセルフクリーニングや自然落下によるすのこ式があるが，近年は平床式がほとんどである．平床における糞尿の搬出にはローダーやブレードつきトラクターなどの車両によって搬出する方法がもっとも多く用いられる．また近年は減少しているが，バーンスクレーパーとよばれるワイヤー牽引式(しき)のかき出し板によって通路床面にある糞尿を搬出除去する方法もある．

乳用牛の繋ぎ飼い式牛舎の床構造は牛床，通路，糞尿溝から構成され，糞尿溝の糞尿はバーンクリーナによる機械搬送式が多く利用されており，搬送途中で糞と尿が分離され，それぞれ管理されるようになっている．

牛房飼い式牛舎は一般的には肉用牛に用いられ，隔柵で区切られた牛房でウシを飼育する．例えば，高級な和牛などでは単房を含め小頭数の牛房飼いが多く，それ以外では群飼房が多い．単房，群飼房いずれの場合でも1頭あたり牛房面積が考慮されて設置されている．牛房飼い式牛舎には牛房，通路を兼ねた糞尿溝，通路などから構成される．牛房の床面形状には平床が多い．平床は肥育牛舎の床としてもっとも一般的な床構造で，平らなコンクリート床の上におがくずやバーク（樹皮）などの敷料を使用する．糞尿は敷料に吸着させて牛床の不衛生な泥濘化を防ぎ，これを適宜舎外に搬出して堆肥化などによる管理を行う．糞尿はフリーストール牛舎と同様にフロントローダ，ブレードつきトラクターなどで搬出される．

B. 豚舎
a. 豚舎の種類

豚舎には飼育対象により，繁殖豚舎，肥育豚舎，育成豚舎などがあり，飼育方式から放し飼い式豚舎，豚房式豚舎，ストール式豚舎などがあるが，豚房式がもっとも多い．また排糞作業の省力化や低コスト化のため園芸用ビニールハウスなどを用いて肥育する例もあり，ハウス豚舎やバイオベット豚舎とよばれている．

b. 豚舎の特徴

ブタは寝床と排泄場所を区別する習性があり，多くの豚舎はこの習性を利用したものが多い．

豚房式は，床面がコンクリート床になっており，ブタの習性を利用し，その一部が排泄場所として区別されている．すのこ飼い豚舎は，豚房式と同様の形式であるが，豚房内の排泄場所がすのこ床になっており，糞尿がすのこから落下するようになっている．落下した糞尿はスクレーパーで自動搬出される．この方式には，尿分離搬出方式と尿非分離搬出方式の2つがある．尿分離搬出方式では，スクレーパー滑走面を傾斜させることにより尿のみを滑走面から除外し，糞を搬出する．通常は，滑走面中央に排尿溝があり，滑走面が排尿溝方向に傾斜している構造である．

ハウス豚舎は，主に排糞作業の省力化と排泄物管理コストの低減化を目的に考案された豚舎である．床に籾殻，おが粉，バークなどの敷料を置き，排泄された糞尿とともに踏み込ませ，これに敷料を逐次追加していく方法で，糞尿の排出作業が長期に渡って不要となる特長がある．この豚舎は，より低コストで建設するために農業用ビニールハウスなどを代替利用する場合が多く見受けられたことからハウス豚舎とよばれることもある．糞尿とともに踏み込まれた敷料の厚さは50 cm程度のものから1 m以上のものまであり，敷料中の微生物により糞尿の分解が進み，堆肥化発酵熱によって敷料が暖かくなっているケースが見受けられる．最近では，このように敷料を堆肥化発酵させつつ使用する豚舎をバイオベッド豚舎とよんでいる．この豚舎の床面は敷料が厚く置かれていることから，従来のかたい床面と異なり，やわらかく，かつ暖かいことから家畜にとってより快適な居住性が得られることも大きな特長である．ただし，この方式では床面積あたりの飼育頭数を調整しないと床面が泥濘化することもある．また床面の発酵を進めるために簡単な掘り起こし作業も必要な場合があり，大型豚舎には適さない．

豚舎の床面積はブタの種類，豚舎の構造，飼料の給与方法，一群の飼養頭数，成長ステージ，季節，畜舎内の温度環境などが考慮されて決まる．過度の密飼い飼育はブタにストレスを増大させ，発育不良，品質低下が生じる．畜舎内環境の悪化は呼吸器系疾病や尾かじりの多発を招くことがある．

C. 鶏舎
a. 鶏舎の種類

飼育対象により，採卵鶏舎，ブロイラー鶏

舎，種鶏舎，育雛舎などがあり，飼育方式により立体飼育式（ケージ式）鶏舎，平面飼育式（平飼い）鶏舎がある．

b．鶏舎の特徴

　採卵鶏はケージ飼いが多く行われている．面積あたり飼育羽数は換気方式（開放，ウインドレス）や換気能力により異なり，多くの事例がある．ウインドレス鶏舎では，換気量が制御しやすいことから高密度で多羽数飼育が可能となり四段から八段重ねのケージ飼いが行われている．開放鶏舎は自然換気が行われることになるため，ウインドレス鶏舎のように高密度飼育はできず，二段重ねのケージが多い．1ケージあたりの収容羽数が少なく，1羽あたりのケージ床面積が大きいほど産卵率や生存率が高く，破卵数が減少する．ケージの下ではケージより落下する排泄物の管理が必要となる．鶏糞をスクレーパーでかき出す方法や飼育床を高床にして落下する鶏糞を堆積し発酵管理を容易にする方法などがある．

　ブロイラーの養鶏は平飼いが多く，採卵鶏と異なり，餌付けから出荷まで同一の鶏舎内で飼育される．面積あたりの飼育羽数は，換気方式，換気能力，出荷方法により異なる．面積あたり飼育羽数が大きいほど単位面積あたりの生産性が増大するが，舎内環境が劣化し，生存率，成長速度，体重，飼料要求率などに悪影響を及ぼす．平飼い鶏舎の床構造は，平らなコンクリート床面におがくずなどの敷料を使用する．糞は敷料に踏み込ませ，ニワトリの入れ替え時に搬出される．

6.4.3　畜舎に具備すべき要件

　前述したように，畜舎は家畜を野外環境から守るだけではなく，家畜が快適に生活しやすい，畜舎内での作業が行いやすい，さらには環境配慮型の施設であるなどの機能を保持していることが要求される．これらは次のようにまとめられる．

A．快適な畜舎環境

　作業者にとって家畜管理作業が行いやすいことが必要である．特に飼養頭羽数の増加，作業人数の減少により労働力が制限されていることなどから作業効率のよい構造が不可欠である．

　また家畜にとっても健全な飼育がなされるような環境が必要である．例えば，風雪雨などを防ぎ著しい気温などの変動がない環境，炭酸ガスやアンモニアなどの蓄積がなく，伝染性微生物に感染することのない良好なガス環境，および適切な糞尿管理がなされている衛生的な環境などを維持できることが求められる．

B．物理的安全性

　強風や地震などに耐えられることはもちろんのこと，大動物の構造物への接触による衝撃に対しても十分な物理的強度を有した畜舎構造が必要である．

C．地域との共生

　畜舎は地域や環境との共存が図れる施設でなければならない．特に苦情の多い悪臭や水質汚染の防止には十分配慮されている必要がある．

D．経済性

　畜産経営によって利益を得るためには，畜舎などの施設建設および維持管理は低コストである必要がある．ただし，低コストであると同時にアニマルウェルフェアに可能な限り配慮した経営が求められる．

6.4.4　畜舎の基本計画

　畜舎建設にあたっては，畜舎の基本設計を行う必要があり，基本設計は基本計画を具体化したものである．したがって基本計画は，畜舎建設のために必要不可欠な基礎的指針であり，基本設計を行うための多様な前提条件を整理し，加えて畜舎に具備すべき要件などを考慮した計画になる．

A. 前提条件の検討

立地条件と経営条件の2つに大別して考える．

a. 立地条件

生産を効率よく実施するうえで良好な畜舎環境を得るために，畜舎建設にあたっては気温，湿度，風速，日射，降水量などや地形などを調査しておくことが必要である．

b. 経営条件

経営区分，経営土地面積，飼育頭羽数規模，労働力，資金計画，所得目標などを整理する．さらに経営の技術条件として，飼育予定頭羽数の内訳，飼料生産・管理技術，生産物採取・管理技術，糞尿管理技術などに関して検討し，整理しておく．

B. 計画立案の手順

基本計画の立案は次の手順で行われる．畜舎に備えるべき機能や施設を 6.4.3 項で示した畜舎に具備すべき要件を考慮して整理する．これら機能や施設を具備した畜舎形式を選定した後，寸法などの詳細を含めた畜舎レイアウトを作成する．

a. 備えるべき機能や施設の整理

経営の技術条件において検討，整理した管理技術に基づき，畜舎に備えるべき機能や施設の詳細について検討を行う．家畜収容，給餌・給水，生産物採取，糞尿排出，休息・運動など，これらの必要空間や必要な機能を整理する．

b. 畜舎形式の選定

多様な畜舎形式から前提条件に合致する畜舎形式を選定する．畜舎内環境，作業環境，飼養頭羽数や労働力など，さまざまな要因に対応できるよう畜舎を選定することが必要である．

c. 畜舎レイアウトの検討

機能，施設，畜舎形式を考慮して，畜舎のレイアウトおよびその寸法などについて検討する．

d. 基本計画の完成

検討したレイアウトや寸法などをもとに図面化した後，経費や経営面からの検討や専門家などの意見をもとにさらなる検討を重ねて最終案を作成し，基本計画を完成させる．

6.5 搾乳・鶏卵処理施設

6.5.1 搾乳施設

A. ミルカー

ミルカー（搾乳機）は，搾乳牛の乳頭にティートカップとよばれる吸引口を装着し，その圧力を周期的に変動させることによって搾乳を行う機械である．

ミルカーには，パイプラインミルカーとバケットミルカーがある．パイプラインミルカーは搾った牛乳をパイプラインによって牛乳処理室へ送乳する方式のもので，これには繋ぎ飼い式牛舎内で用いるカウシェイド式と，放し飼い式牛舎に併設された搾乳室で用いるミルキングパーラー式とがある．バケットミルカーは可搬式の搾乳機であり，搾った牛乳をバケット（容器）に一時貯留するもので，数十頭以下の小規模の繋ぎ飼い式牛舎で用いられることが多い．大規模経営が多い北海道ではバケットミルカーは乳房炎などによる汚染乳を区別して搾乳する場合だけにしか使われていない．

B. ミルキングパーラーの種類

ミルキングパーラーとは放し飼いされた乳牛を搾乳するための設備である．畜舎に併設され，搾乳牛を収容するストールの並び方によりアブレスト（Abreast）型，タンデム（Tandem）型，ヘリンボーン（Herringbone）型，パラレル（Parallel）型，ロータリ（Rotary）型があるが，アブレスト型やタンデム型は導入例が少ないので，ヘリンボーン型，パラレル型，ロータリ型そして搾乳ロボットについて紹介する．

a. ヘリンボーン型パーラー

ウシを斜めに並べて搾乳する設備である．構造が簡単で所要面積も少ないことから比較的多く導入されている．また1頭あたりの長さが短く，搾乳者の移動距離も他のパーラーと比較して短いため搾乳能率がよい．

b. パラレル型パーラー

ウシを平行に横並びにさせるもので，搾乳は後ろ足の間から行われる．ウシ間の間隔が狭く，搾乳者の移動距離が非常に短いのが特徴である．搾乳後はストール前方のゲートを開くことによって一斉退出が可能であり搾乳能率がきわめてよい．近年の大規模経営ではこの方式が多い．

c. ロータリ型パーラー

回転プラットホームに乗せたウシから搾乳する設備である．他のパーラーと比較して設備投資がかさむため，搾乳牛200頭以上の大規模経営で，搾乳能率が1時間あたり100頭以上である必要があるといわれる．

d. 搾乳ロボット

一般的には1日に2回行う搾乳作業を昼夜問わず多数回自動で行える設備であり，搾乳作業の省力化に加えて，乳量，乳質，搾乳回数などウシの個体管理も同時に行うことができる．搾乳ロボットは定置式の設備であり，ウシが自発的にロボットのある搾乳場所へ進入することによって搾乳が行われる．ウシの自発的な進入動作は，濃厚飼料の自動給餌によって引き起こされている．搾乳ロボットは，ウシを感知して入口ゲートを開き，搾乳位置へ誘導，乳頭位置検出，乳頭洗浄，ティートカップ装着・搾乳，出口ゲートからの退去の一連の動作を行う．

6.5.2　鶏卵処理施設

鶏卵処理の流れは，一般に集卵，洗卵，選卵，包装出荷であり，卵の損傷や破壊を防止しながら一連の処理をすることが重要となる．鶏卵の処理個数が多いことから工程の自動化が進んでいる．

集卵機は，採卵ケージの卵受け部に集卵用の網状ベルト（集卵ベルト）が備えられ，この集卵ベルトが低速度で移動することによって損傷を防ぎながら一定方向に卵を集めることができる．多段ケージによって養鶏されている場合は，この移動してきた卵をエレベータで下段に集め，さらにコンベアーによって洗卵，選卵，包装設備へ搬送する．

洗卵工程は卵を温水で洗浄，乾燥を行い，破卵や損傷卵がある場合は洗浄の前に手作業などでとり除く作業が行われる．洗浄された卵は透光検卵とよばれる検査が行われる．これは光を透過させることにより小さな損傷や血卵などの卵内部に異常のある卵をとり除くためのもので，目視による作業である．その後，卵の重さによってMやLなどの規格に自動選別され，パック容器に詰めて出荷する．

6.6　動物の福祉と飼育管理

6.6.1　動物福祉の歴史

A. 集約的飼育方法と動物の福祉への関心

近年，家畜の福祉に関するさまざまな動きが世界的に展開している．家畜の福祉への関心が大きくなったきっかけといわれている著書として，1964年刊行のRuth Harrison著『アニマル・マシーン』がある．これは家畜生産の工業化に伴う集約的な飼育方法や薬の使用などへの疑問を提起した著書であり，環境問題のきっかけとなったRachel Carson著『沈黙の春』と同時代のものである．イギリスでは，この本の出版により，集約産畜下にある家畜の福祉に対して市民の関心が向けられるようになり，イギリス政府が調査専門委員会を設置するまでに至っている．

その委員会（正式名称：集約的飼育システム下の家畜の福祉に関する調査専門委員会）は，多くの集約的飼育システムの農場を訪問し，述べ30日以上の会議を重ねた後，1965

年12月に報告書を答申している．その報告書（委員長のRogers Brambell教授の名から『ブランベル・レポート』といわれている）では，動物の福祉について20項目以上の側面から包括的な説明がなされた．そしてこの説明は動物福祉の一般原則である『5つの自由』の完成にのちに結びついた．また，報告書の総括として「集約的な飼育システム自体は反対すべきものとみなさず，逆に飼育されている動物に恩恵を与える部分もある．一方，一部の行程に関しては，動物の福祉を阻害するものが含まれ，その制御には法制化が必要である」と提言した．これらの提言は，その後，ヨーロッパにおける家畜の福祉に関する法制化や研究の発展へとつながった．

B. 家畜の福祉に関する法律や指針の整備

動物の保護に関しては，1822年にイギリスで成立した家畜の虐待や不当なとり扱いを防止する法律，いわゆる『マーチン法』がよく知られている．しかし，家畜の福祉について，そのとり扱いや飼養方法など多面的に検討され，対応が進んだのは，ブランベル・レポート以降といえる．法の支配等の面で多国間の基準の策定を行う機関である欧州評議会（Council of Europe：CoE）が，1968年に国際輸送中における動物の保護協定を，1976年に農業目的で飼育されている動物の保護協定を，1979年に屠殺に関する動物の保護協定を採択している．これらはヨーロッパ各国やEU（欧州連合）の動物福祉に関する法律の制定に直接的に影響を与えた．

また，ブランベル・レポート後に設置された家畜の福祉に関するイギリス政府の諮問委員会は，1979年には家畜福祉審議会（Farm Animal Welfare Council：FAWC）と名前を変え，同時に家畜の福祉への配慮には5つの側面があるとして，『5つの自由（Five Freedoms）』を提唱した．この『5つの自由』は，その後も検討が重ねられ，1992年には現在のかたちが完成し，動物福祉の定義や動物の福祉を配慮する際の基本原則として世界中で採用されている（表6.4）．

EUでは，その基本条約であるアムステルダム条約のなかで，感覚ある存在として動物の福祉を保護，尊重しなければならないとして，動物の保護および福祉に関する議定書を1997年に採用している．また，欧州評議会の3つの協定に対応するEU基準も定めている．EUにおける集約的な飼育方法に対する規制として，2007年から8週齢以降の子牛の単飼枠房飼育の禁止，2012年から採卵鶏の従来式バタリーケージの禁止，2013年から繁殖雌豚の繋留飼育禁止と受胎後4週以降から分娩予定1週前までの期間のストール飼育禁止などを決めている．そしてアメリカにおいても，州レベルでの対応や生産団体など

表6.4 ● 家畜福祉審議会（FAWC）が設定した『5つの自由（Five Freedoms）』

5つの自由の内容	補足されている説明
空腹・渇きからの自由	健康で生き生きとした状態を維持するために必要な新鮮な水や食物にすぐにアクセスできることにより達成される．
不快感からの自由	環境内のストレッサーから避難できる場所や快適な休息場所など，適切な飼育環境を提供することにより達成される．
痛み・けが・病気からの自由	これらの予防と迅速な診断および治療により達成される．
正常行動を発現する自由	その動物種に合った飼育面積，適切な設備，仲間を提供することにより達成される．
恐怖・苦悩からの自由	精神的な苦しみを生じさせない状況やとり扱いを確保することにより達成される．

で同様の対応が広がっている．

　日本では，動物の福祉に関係する法律として『動物の愛護及び管理に関する法律』がある．その基本原則は「動物が命あるものであることにかんがみ，何人も，動物をみだりに殺し，傷つけ，又は苦しめることのないようにするのみでなく，人と動物の共生に配慮しつつ，その習性を考慮して適正に取り扱うようにしなければならない」としている．同法律は 1973 年に前身の『動物の保護及び管理に関する法律』として成立した．その後，1999 年には保護という表現を愛護に変え，現行の名前となり，2005 年と 2012 年に改正が重ねられている．その 2012 年の改正では，その基本原則に「何人も，動物を取り扱う場合には，その飼養又は保管の目的の達成に支障を及ぼさない範囲で，適切な給餌及び給水，必要な健康の管理並びにその動物の種類，習性等を考慮した飼養又は保管を行うための環境の確保を行わなければならない」という項目が付け加えられた．また，動物の福祉（アニマルウェルフェア，Animal Welfare：AW）に関するヨーロッパの動きに対応するかたちで「アニマルウェルフェアの考え方に対応した家畜の飼養管理指針」が，各畜種（採卵鶏，肉用鶏，豚，乳用牛，肉用牛，馬）ごとに 2008 年から 2011 年にかけて作成された．さらに『酪農及び肉用牛生産の振興に関する法律』のなかの「酪農及び肉用牛生産の近代化を図るための基本方針」で，2010 年の見直しのなかで，動物の福祉への対応が付け加えられた．

C．動物福祉の新たな展開

　近年，動物の福祉に関する倫理や法整備の動き以外の展開もみられている．これまで動物の福祉に対して先進的に対応してきたヨーロッパ，特に EU では動物の福祉に配慮した畜産システムで生産された畜産物を市場に流通させるとりくみもはじめている．2004 年から 2009 年の 5 か年計画で行われた Welfare Quality（福祉品質）プロジェクトでは，農場単位で家畜の福祉レベルを評価できる評価プロトコルの開発を行うなどしている．そのほかに非政府組織の動きとして主要なものは，イギリスの王立動物虐待防止協会（The Royal Society for the Prevention of Cruelty to Animals：RSPCA）によるフリーダムフード（Freedom Food）認証がある．1994 年に開始され，独自の動物福祉の基準により農家を認証し，その生産物にフリーダムフードラベルを貼付している．

　動物の福祉への対応を行っているヨーロッパ以外の機関では，国際獣疫事務局（World Organization for Animal Health：OIE）が挙げられる．OIE は 1924 年に世界の動物衛生の向上を目的として設立された政府間組織である．動物福祉へのとりくみとして，動物の福祉と健康には密接な関連があることを挙げ，2004 年に OIE が国際基準として定めている陸生動物健康規約のなかに動物福祉に関する章を初めて設けている．これまで，陸上輸送，海上輸送，空路輸送，食用の動物の屠畜，病気制御のための動物の屠畜，野良犬の個体数の制御，研究教育における動物の利用，肉用牛の生産システムに関して，動物の福祉に関する基準が定められている．さらに，水生動物健康規約のなかに養殖魚の福祉基準を設けている．

　また，国際連合食糧農業機関（Food and Agriculture Organization of the United Nations：FAO）では，動物の福祉をよい状態にする飼育手法についての能力開発は，人間社会にもよい影響を与えるとして，動物福祉へのとりくみをはじめている．具体的には，動物の健康と生産性を改善することで食糧の供給を維持し，小規模生産者の生計を助け，田園地方の社会を安定的にする．さらには，動物の福祉をよい状態にする飼育手法は食品の安全性や人間の福祉の向上にも貢献する．特に貧困や飢餓で苦しむ人が多い地域では，

これらの効果が発揮されるであろうと述べている．

これら機関の動きは，動物福祉の意味を正確に理解したうえで，それぞれの組織の目的を達成する手段として，動物の福祉を向上させる試みを行っているものといえる．

6.6.2 動物福祉の定義
A．動物福祉の意味

動物福祉はアニマルウェルフェアの日本語訳である．ウェルフェア（welfare）という言葉の語源は well + faran（= fare）とされ，日本語に訳すと「うまく＋いっている」となる．また，語源が同じとされる farewell という言葉は，「さよなら」や「達者でね」という意味がある．さらに派生した意味として「公的に生活を扶助する」がある．日本では社会福祉という言葉に代表されるように，この意味で使われることが多い．また，福祉（＝ウェルフェア）には「幸福」という意味もある．近年の動物福祉へのとりくみでは，動物福祉（＝アニマルウェルフェア）が語源に近い意味で使われている．つまり，動物福祉は「動物がよく暮らしていること」の意味をもつ言葉としてとらえられている．

B．動物福祉の判断材料

動物の福祉に対応するには，この「動物がよく暮らしていること」を客観的に判断する必要がある．その判断材料には，大きく分けて，動物の主観，動物の生物学的機能性，自然性の3つが挙げられている．これらを動物の福祉の判断材料として使う場合の利点と欠点は次のとおりである．

動物福祉の意味から考えると動物の主観は重要な判断材料になる．つまり，快や不快，痛みなどに対する動物の感覚について判断する．しかし，そもそもの疑問として，動物にそのような主観があるのかが挙げられている．現在のところ，科学の世界では，その存在の有無も含め，動物の主観に関する理論が科学的に成熟していない．もちろん実験的にも確実に確認できていない．また，あったとしても直接的に観察できないため，動物の主観を動物の福祉の客観的な判断材料として用いるには限界があると考えられている．

動物の主観による判断の限界もあり，動物の生物学的機能性により動物の福祉を判断することも検討されている．具体的には動物の成長や病気の度合い，繁殖率や寿命などで判断する．事実，これらは動物がよく暮らしていれば向上することが多い．また，数値化もしやすく，指標として扱いやすいものである．しかし，指標として用いた場合，動物の福祉にある5つの側面すべてを反映したものになるのか考慮しなければならない．例えば，病気は『5つの自由』のひとつの側面にすぎない．また，集約的な飼育方法で高生産性を示している家畜などでは疾病が多発しやすいこともあることから，これらの指標を単独で用いることは避けるべきであるといわれている．

自然性については，一般的な関心が高い判断材料である．つまり，動物の暮らしの自然性で判断する方法である．特に行動や社会性については自然性で判断されることが多い．しかし，動物の行動すべてが自由に実行可能になることが動物の福祉に直結するわけではない．例えば，過度な攻撃行動はけがなどを引き起こすことにつながる．また，動物にとって自然環境で生活することが「よく暮らしていること」であるとは限らない．例えば『5つの自由』にある飢えと渇きについては，野生では実際に起こりうる状況である．また，不快感については，野生では動物は暑熱・寒冷など自然の天候の厳しさと直面する場合がある．けがや病気についてはその危険性は高いといわざるをえない．これらの懸念は「動物福祉への対応＝放牧」という誤解にも当てはまる．さらに，家畜や実験動物，伴侶動物では，育種改良が進んでいて，これらの動物

にとって何が自然にあたるのか判断がつかない場合が多い。このように判断材料として自然性を用いるには難しい側面がある。

C. どのように定義するか

このように一筋縄ではいかない動物福祉を簡潔に表したものが前述の『5つの自由』である（①空腹と渇きからの自由，②不快感からの自由，③痛み，けが，病気からの自由，④正常行動を発現する自由，⑤恐怖，苦悩からの自由（表6.4））。また，動物福祉の定義の例としてOIEのものがある。そこでは，動物福祉は，動物が生活する環境にいかに適応しているかを意味するとしている。これまでの科学的な証拠から，動物福祉がよい状態にあるということは，動物が健康で快適な状態にあり，よい栄養状態にあって，生得的な行動を実行でき，苦痛や恐怖，苦悩などのような不快な状態にないこととしている。

1965年にイギリスで答申された『ブランベル・レポート』では，動物福祉とは動物の肉体的，精神的の両側面で健康であることを含め幅広い意味をもつ用語と説明している。また，動物の感覚の存在は否定できないとし，動物行動学などの科学的研究による動物の精神的な側面の解明が必要であると述べている。これまでの家畜の行動学の研究から，動物のなかには行動欲求が存在することが知られている（例えば，ニワトリにおける砂浴び行動，ブタにおけるルーティング（鼻先で土などを掘り返す行動），子牛の吸乳行動など）。近年では，心理学や行動学における感情や情動に関する理論の提案や，神経科学や脳科学などが発展している。これらの成果により上記の問題が解決されることが期待されている。

このように動物福祉は多面的であり，また動物の精神的な側面の解明は現在も発展中である。現時点では『5つの自由』を動物福祉の基本原則として用いるのが妥当であり，「動物がよく暮らしていること」，特に動物の精神的な側面について科学的に解明が進めば，その定義はより明確になると考えられる。

6.6.3 動物福祉の評価

前項の定義から動物福祉は「動物がよく暮らしていること」に関する言葉である。そして飼育下にある動物は，人間が管理し，人間が提供する飼育施設のなかで生活している。つまり「動物がよく暮らしていること」は，人間の管理が適切に実行され，適切な飼育施設のなかで動物が生活することで達成される。この点から動物の福祉を客観的に評価する項目を考えた場合，人間の管理方法，飼育施設が含まれてくる。さらに，動物福祉とは動物の状態を表す言葉であるため，動物自体の評価も必要である。以上を合わせると動物の福祉の評価項目として，管理方法，飼育施設および動物自体の3つを挙げることができる。また『5つの自由』にあるように，動物の福祉には5つの側面がある。つまり，動物の福祉は，5つの側面について3つの項目それぞれについて評価することができるといえる（表6.5）。

A. 動物福祉の評価項目とその方法

a. 空腹と渇きからの自由

動物における空腹と渇きからの自由は，健康で生き生きとした状態を維持するために必要な新鮮な水や食物にすぐにアクセスできることにより達成される。

管理方法の面では，給餌量と給水量の方法や飼料の栄養成分が適切かなどで評価できる。飼育施設面では，給餌・給水施設や給餌・給水装置が機能しているかで評価できる。動物自体を評価する場合は，動物の体の太り具合や痩せ具合を調べるボディコンディションスコアや脱水症状を調べることが挙げられる。

b. 不快感からの自由

動物における不快感からの自由は，環境内のストレッサーから避難できる場所や快適な休息場所などの適切な飼育環境を提供するこ

表 6.5 ● 動物の福祉を評価する際に必要な評価項目の例

5つの自由	要因	管理作業面	施設面	動物面
空腹・渇き	餌，水	給餌，給水	飼槽，水槽，給餌器，給水器	ボディコンディションスコア，脱水症状
不快感	温熱，空気，光，音，床，施設	環境管理（換気，空調，掃除）	温度，湿度，空気の質，床の汚れ，環境管理装置	暑熱・寒冷に対する反応，ストレス反応，体の汚れや清潔度合い
痛み・けが・病気	痛み・けが・病気	健康・衛生管理，痛みを伴う処置	保定枠，作業通路，衛生管理施設	傷や病気の有無，死亡率・疾病率
正常行動	行動欲求の充足	飼育環境エンリッチメント作業，群管理	飼育環境エンリッチメント施設，繫留の有無，飼育面積，運動場の有無	葛藤行動や異常行動
恐怖・苦痛	仲間，人間	群編成，取扱い	群密度	敵対行動や対人反応性

とにより達成される．飼育環境には，寒冷と暑熱，空気の質，光，音，床や飼育方式などの要因がある．

管理方法の面では，これらの環境要因の管理（換気や空調，掃除など）の方法で評価できる．飼育施設面では，温度・湿度や空気中の粉塵や有毒ガスの濃度，照度や騒音の程度，床の汚れ具合，環境管理を制御・調節する機器や施設が機能しているかなどで評価できる．動物自体を評価する場合は，あえぎなどの暑熱に対する動物の反応や震えなどの寒冷に対する動物の反応，各種飼育環境内のストレッサーに対する動物のストレス反応（行動反応や生理反応など）や動物の体の汚れや清潔度合いなどで評価できる．

c. 痛み，けが，病気からの自由

動物における痛み，けが，病気からの自由は，これらの予防と迅速な診断および治療により達成される．

管理方法の面では，体重測定や健康状態の点検などの健康管理，掃除や消毒などの衛生管理，また除角（動物の角をとり除く処置）や断尾（動物の尾を切る処置），断嘴（鳥類の嘴を切る処置）などの痛みを伴う処置の方法により評価できる．飼育施設面では，健康管理施設や防疫施設などの有無や機能性により評価できる．動物自体を評価する場合は，動物の体の傷や病気の有無，手肢などの体の各部位の状態，死亡率や疾病の発生率などで評価できる．

d. 正常行動を発現する自由

動物における正常行動を発現する自由は，その動物種に合った飼育面積，適切な設備，仲間を提供することにより達成される．主に動物が動機づけられた行動を実行できるような管理方法や施設を提供する（飼育環境エンリッチメント）に関する項目である．

管理方法の面では，飼育環境エンリッチメント作業（例えば，動物の行動欲求を満たす給餌方法など），群飼や繫留の方法などにより評価できる．飼育施設面では，飼育環境エンリッチメント資材（例えば，動物の見繕行動を刺激するようなブラシの設置など），飼育面積や屋外運動場の有無などにより評価できる．動物自体を評価する場合は，葛藤行動や異常行動などの行動欲求が満たされない場合に発現する行動を観察する方法などにより評価できる．

e. 恐怖，苦悩からの自由

動物における恐怖，苦悩からの自由は，精神的な苦しみを生じさせない状況やとり扱いを確保することにより達成される．つまり，仲間や人間との関係により生じる社会的軋轢や恐怖に関する項目である．

管理方法の面では，群の構成方法や動物のとり扱い方法により評価できる．飼育施設面では，群密度や仲間から攻撃された場合に逃げることができない場所の確認などが挙げられる．動物自体を評価する場合は，動物どうしの敵対行動や対人反応性（人間が近づいた際にどの程度動物が逃げるか調べる方法）をみる方法などがある．

B. 動物福祉の評価法

　ブランベル・レポート以降，動物福祉に関する研究も進み，農場の動物福祉レベルやそのなかで飼育されている家畜の福祉レベルを評価する方法も開発されている．家畜福祉評価法の機能としては，フリーダムフード(Freedom Food)やWelfare Quality（福祉品質）プロジェクト（以下，「WQプロジェクト」）にあるような農家や生産物の動物福祉レベルを認証することと，農家の動物福祉レベルの向上を目的とした検査や助言することが挙げられる．

　前述のように動物福祉の評価項目は『5つの自由』について管理方法，飼育施設および動物に関する項目が存在し，すべてで15のカテゴリーに分けられる．しかし，これらすべてについて評価を行った場合，評価が煩雑になり，また時間もかかってしまうことから，実際に現場で適用される評価法では項目が絞られている．例えばフリーダムフードは，管理方法や飼育施設を評価する項目が中心となっている．

　管理方法や飼育施設に関する項目で動物福祉を評価する際の利点としては，評価基準が客観的で評価しやすいことや評価にかかる時間が短くなることが挙げられている．一方，欠点として，動物自体ではなく，間接的な指標である管理方法や飼育施設に関する項目による評価では，実際の動物の福祉レベルを反映しない危険性が挙げられている．

　WQプロジェクトで開発された評価プロトコルはその欠点を解消する意味で，動物を評価する項目が中心に構成されている（表6.6）．しかし，この利点が逆に欠点ともなりうる．つまり，動物自体を評価するには動物に関する知識や経験を必要とし，場合によっては評

表6.6● WQプロジェクトで開発された乳牛用の評価法にある評価項目

5つの自由の側面	判断基準	評価項目
空腹・渇き	空腹	ボディコンディションスコア
	渇き	給水施設・給水場の数とサイズ・給水場の清潔度・流量・稼働性
不快感	休息時の居心地	伏臥に要する時間・伏臥時に牛体が設備とぶつかるか，ストールからはみだすか・乳房，胴体，脚の清潔度
	温熱環境	未定
	動きやすさ	繋留の有無・屋外運動場や草地へのアクセスの有無
痛み・けが・病気	傷の有無	蹄行・皮膚変性があるか否か
	疾病の有無	咳・鼻漏・目やに・呼吸障害・下痢・外陰部異常分泌の有無・死亡率・難産数・ダウナーの頭数・乳中体細胞数
	痛みを伴う処置の有無	除角，断尾の有無とその方法
正常行動・恐怖・苦悩*	社会行動の発現	敵対行動の発現回数
	その他の行動	放牧地へのアクセスの有無
	管理者との関係	逃避距離
	快情動	定性的行動評価（Qualitative behaviour assessment）

＊：WQプロトコルでは正常行動と恐怖・苦悩の部分は統合され1つの分類となっている．

価のための訓練をしなければならないことである．例えば，行動の自由を評価する行動観察がそれにあたる．また，管理方法や飼育施設に関する項目に比べ，時間がかかることもわかっている．さらに，動物の評価により動物福祉に関する問題が判明した場合，実際に改善する部分は管理方法や施設であるため，新たに改善方法を見つけなければならないことにもなる．

これら評価項目の利点と欠点を考慮し，また，評価する目的が農場や生産物の認証なのか飼育環境の改善なのかによって使用する項目は決まってくる．

6.6.4 産業動物の福祉基準
A. EU指令
これまで家畜の福祉に先進的にとりくんできたEUでは，家畜の福祉についてさまざまな指針を出している．例えば「農業目的で飼育されている動物の保護に関する理事会指令」（Council Directive 98/58/EC），「輸送中の動物の保護に関する理事会規則」（Council Regulation (EC) No 1/2005），「と殺とそれに関連する行程の動物の保護に関する理事会規則」（Council Regulation (EC) No 1099/2009），である．また，畜種別のものとして「子牛の保護のための最低基準に関する理事会指令」（Council Directive 2008/119/EC）や「ブタの保護のための最低基準に関する理事会指令」（Council Directive 2008/120/EC），「採卵鶏の保護のための最低基準に関する理事会指令」（Council Directive 1999/74/EC），「肉用鶏の保護のための最低基準に関する理事会指令」（Council Directive 2007/43）などがある．

a. 飼育時の動物の福祉に関する基準の特徴
農場で飼育されている動物の福祉に関する理事会指令では，それぞれ，2007年から8週齢以降の子牛の単飼枠場飼育の禁止，2012年から採卵鶏の従来式バタリーケージの禁止，2013年から繁殖雌豚の繋留飼育禁止と受胎後4週以降から分娩予定1週前までの期間のストール飼育禁止を決め，集約的な飼育方式の一部変更を求めている．それ以外にも，飼育方式について最低基準が求められていて，各畜種の指針に共通した特徴を次に挙げる．動物の飼養スペースを増加させる（例：採卵鶏のエンリッチケージでは少なくとも750 cm^2 の広さを確保），動物どうしの接触を許容・群飼を行う（例：8週齢以前の子牛を個室で飼育する場合，一枚壁ではなく視覚的に触覚的接触が可能な壁を用いる），繋留を制限するなど移動の自由を増やす（例：雌豚の繋ぎ飼いは2006年より禁止），飼育環境エンリッチメントの提供（例：採卵鶏のケージでは巣箱，敷料，止まり木を提供する），動物の生理的・行動的欲求に合った給餌方法を行う，痛みを伴う処置を制限する（例：ブタの断尾や歯切りは日常的に行うのではなく，他のブタの体を傷つける証拠があった場合に許される）．

b. 輸送時の基準の特徴
「輸送中の動物の保護に関する理事会規則」では，輸送に適した動物を輸送すること，適切な輸送方法や積み下ろしの方法，収容部分の設備，給餌・給水方法，換気・温度管理について詳細に項目を定め，輸送中の収容面積については動物の畜種ごとに体重別の数値を挙げている．また，輸送行程の明確化とその承認，輸送従事者の訓練，輸送車や輸送車両に対する許可証，輸送状況の追跡・監視などが求められている．

c. 屠殺時の基準の特徴
「と殺時の動物の保護に関する理事会規則」では，一般的な要求事項として，屠殺とそれに関連する行程時における動物の痛み，苦痛や苦悩はすべて避けるようにするとしている．屠殺については，動物が死に至るまで意識や感覚がない状態を維持するようにしている．そして，その前の行程については『5

つの自由』に配慮しつつ，飼育環境や施設を整えるように要求している．

B. 日本における家畜福祉に関する指針

『動物の保護及び管理に関する法律（動物愛護管理法）』により1987年に定められた「産業動物の飼養及び保管に関する基準」では，産業動物の適正な飼養，衛生管理，虐待防止，輸送時における衛生管理や動物の安全の保持に関する項目がある．また，動物愛護管理法の2012年改正に伴い，同基準も2013年改正され，主に動物の福祉に関する記述が付け加えられた．すなわち，同基準の一般原則では，「産業等の利用に供する目的の達成に支障を及ぼさない範囲で適切な給餌及び給水，必要な健康の管理及びその動物の種類，習性等を考慮した環境を確保する」という表現が，また，産業動物の衛生管理および安全の保持に関する部分では，「管理者及び飼養者は，その扱う動物種に応じて，飼養又は保管する産業動物の快適性に配慮した飼養及び保管に努めること」という項目が付け加えられた．前述の「アニマルウェルフェアの考え方に対応した家畜の飼養管理指針」の一般原則には，アニマルウェルフェアへの対応とは，家畜の健康を保つために，家畜の快適性に配慮した飼養管理をそれぞれの生産者が考慮し，実行することである，と書かれている．また，もっとも重視されるべきは，施設の構造や設備の状況ではなく，日々の家畜の観察や記録，家畜の丁寧なとり扱い，良質な飼料や水の給与などの適正な管理により，家畜が健康であることであり，と述べ，動物福祉の定義や原則に沿ったかたちで動物の状態に重きを置いた表現となっている．さらに，飼養管理の指針として，管理方法，栄養，飼養方式，飼育環境要因について20項目程度挙げ，動物福祉への対応を記載している．一方，行動の自由に関する項目については，今後の議論や研究の推進が必要とし，指針への記載は行われていない．

6.6.5 実験動物の福祉基準

家畜の福祉だけではなく，動物実験についても古くからその虐待性や実験の是非などについて関心がもたれてきた．イギリスでは1876年に動物実験の規制や実験動物の保護について『動物保護法』のなかに規定されている．また，国際的に受け入れられている動物実験の基本的な方針として3Rの原則がある．Rは3つの方針である，Replacement（動物実験の代替法として，細胞や組織などを用いる方法（相対的置換）や動物の使用を必要としない方法（完全置換）にする），Refinement（洗練した処置による動物の苦痛の軽減），Reduction（使用する動物の数の軽減）の3つの頭文字を表している．

実験動物の福祉基準については，動物実験そのものの是非というよりも，動物実験での処置や飼養における実験動物の福祉について言及する性質のものである．動物を飼育する用途にかかわらず動物福祉の意味は同じであるので，実験動物の福祉についても『5つの自由』の基本原則を適応できる．その5つの側面について何をどのレベルまで基準として設定するかがポイントとなる．実験動物の福祉基準については，国際的にも法制化，指針の作成は進んでおり，各国の政府や学会などが法律や指針を出している．日本では『動物愛護管理法』に2005年の改正で3Rの原則が盛り込まれた．また動物愛護管理法に基づき，「実験動物の飼養及び保管並びに苦痛の軽減に関する基準」が定められている（2013年最終改正）．その共通基準のなかで，実験等の目的の達成に支障を及ぼさない範囲で実験動物の適切な管理や施設の整備に努めることと記されている．日本学術会議が出した「動物実験の適正な実施に向けたガイドライン」（2006年）にも，苦痛の軽減や麻酔，安楽死に関する記述のほか，実験動物の飼養に関する項目を設け，飼育スペース，環境温度および湿度，換気，照明，飼料，飲水，について

動物の福祉に配慮する記載がなされている．

6.6.6 展示動物の福祉基準

展示動物の福祉についても，飼養する用途にかかわらず動物福祉の本質は同じであることから，『5つの自由』の基本原則を適応できる．世界動物園水族館協会（World Association of Zoos and Aquariums：WAZA）では，倫理と動物福祉に関する行動規範を設けている．日本動物園水族館協会の要綱にも動物福祉の言葉が表れている．アメリカ動物園水族館協会（Association of Zoos and Aquariums：AZA）では，公認基準（2013年編集）のなかで，動物の保護，福祉，管理に関する項目を最初に挙げ，動物の福祉の5つの側面のうち，行動についても飼育環境エンリッチメントの項目を設け，記載している．ヨーロッパ動物園水族館協会（the European Association of Zoos and Aquaria：EAZA）でも，動物の管理について，動物福祉の5つの側面に対応する最低基準を設けている．『動物愛護管理法』に基づき定められた「展示動物の飼養及び保管に関する基準」（2013年最終改正）では，その共通基準として，飼養および保管の方法や施設の構造の項目のなかで，行動を含め動物の福祉の5つの側面に配慮する記述がなされている．

6.6.7 伴侶動物の福祉基準

伴侶動物の福祉についても，飼養する用途にかかわらず動物の福祉の本質は同じであることから『5つの自由』の基本原則を適応できる．日本では『動物愛護管理法』に基づき，「家庭動物等の飼養及び保管に関する基準」が定められている（2013年最終改正）．その共通基準では，行動を含め動物の福祉の5つの側面に配慮する記述がなされている．また『動物愛護管理法』では，伴侶動物などを販売，保管，訓練，展示するなどの動物取扱業者に対し規制を行う改正が重ねられている．動物の福祉に関する項目として，例えば「動物取扱業者が順守すべき動物の管理の方法等の細目」には，給餌・給水，温度管理，飼養スペース，衛生管理，行動の刺激に関する設備，社会化などについて細かく記載されている．

第7章 動物の衛生

7.1 生体防御と免疫機能

7.1.1 生体防御機構

　動物の生存には，生体内環境を一定に保つための恒常性の維持機構が不可欠であり，生体は外部環境から侵入する有害因子を排除するために生体防御機構を発達させてきた．単細胞の生物でも防御機構を有しているが，家畜などの高等動物では，防御反応が複雑多様であり，高度にシステム化されたネットワークを構築している．

　生体防御機構は非特異的な防御機構である自然免疫（先天免疫）と特定の傷害に対する特異的な防御機構である獲得免疫（適応免疫）に分けられる．一般的には自然免疫が一次的な防御，獲得免疫が二次的な防御として働く．病原微生物に対する初期の防御機構では，炎症反応による自然免疫と食細胞による貪食殺菌が作用するが，重篤な感染では抗原特異的な獲得免疫による防御機構が必要となる．免疫機構には特定の異物に対して反応・作用する特異性，一度免疫の成立した個体が再度同じ刺激を受けた場合，初回に比べて速やかで強い免疫応答を示す免疫記憶，および反応の多様性などの特徴がある．

　抗原決定基に特異的なT細胞やB細胞により担われる獲得免疫は狭義の免疫であり，対応するリンパ球の増殖を伴い，抗原特異性の高い応答と免疫記憶を示す．一方，生体に微生物が侵入すると，これを異物として認識し，炎症性サイトカイン産生を誘発する機構が明らかになってきた．この応答にかかわる異物認識のレセプターとしてToll-like receptor（TLR）が発見された．TLRが関与し，微生物特有の分子をパターン認識して迅速な応答を示す免疫機構も含めて自然免疫とよぶ．

7.1.2 自然免疫抵抗性
A. 抗病性素因

　動物の疾病に対する抵抗性は抗病性というが，次の諸要因が関与している．

　宿主要因としては，①先天的要因（動物種，品種，系統など），②性的要因（雄，雌），③年齢的要因（幼若，成熟，老齢），④生理的要因（ストレス，妊娠，ホルモンなど），⑤栄養的要因（飢餓，過肥，ビタミン欠乏など），環境因子としては，①地理的環境（気候，日照，病原体伝播動物の生息など），②飼養環境（畜舎の温度，湿度，換気，飼養密度など），③社会的環境（国または地域の技術水準や衛生行政など）がある．

B. 体表性防御機構

　体表は病原体の体内への侵入を防止する最初の防御線である．体表は皮膚と粘膜で覆われており，外敵に対する物理的バリアとして働く．皮膚や粘膜では上皮細胞の線毛による異物の除去，分泌液中の酸素作用やpH低下による異物の分解，常在微生物による病原微生物の排除のほか，免疫細胞による異物の認識や排除も行われる．

a. 皮膚

　皮膚は物理的バリアとして重要な役割をもっている．皮膚細胞は活発に増殖し，病原体の侵入門戸となる創傷や咬傷に対する修復能力が高い．細胞内メラニン色素による紫外

線に対する抵抗性，伸展性などの物理的な圧力に対する抵抗性も皮膚の重要な機能である．また，表皮には微生物が常在微生物叢（フローラ）を形成しており，乳酸や酢酸などの有機酸を産生して外来の病原菌に対して殺菌的に作用している．

b. 粘膜

消化管，上部気道，生殖器などの粘膜表面には粘液が分泌され，異物は粘液に捕捉されて消化管では内容物とともに排出，上部気道では粘膜表面の線毛運動によって体外に排除される．消化管内に侵入した微生物の多くは，消化液として分泌される強酸性の胃液および強アルカリ性の十二指腸液によって殺滅される．また，肺胞内に侵入した異物は肺胞マクロファージによって処理される．

C. 体液性防御因子

体表に付着または体内に侵入した微生物は，多種の体液成分によって殺滅される．動物の体液には微生物の殺滅作用をもつさまざまな因子が含まれており，単独あるいは免疫反応と共同して生体防御に関与する．

a. 補体

補体は血清中に存在し，微生物などの異物を排除するうえで多様な作用を示す．補体の役割としては，①膜傷害性複合体の形成による細胞や細菌の破壊・溶解，②侵入した異物に対するオプソニン化（微生物に付着して貪食細胞の食作用を受けやすいかたちにする）とその後の貪食細胞による異物の貪食と破壊，③補体活性化の過程で生成される低分子補体成分による白血球の局所への動員と活性化である．

補体はC1からC9の9成分のタンパク質からなり，それら成分の一連の反応によって上記の機能が発現する．反応経路は古典経路とレクチン経路，第二経路の3種類ある．古典経路とレクチン経路は抗原と免疫グロブリン（IgGまたはIgM抗体）の複合体などによって活性化され，第二経路は微生物の細胞膜の糖鎖やコブラ毒因子などによって直接活性化される．第二経路は非特異的な反応系で，外来の異物排除に直接働く自然抵抗性の重要な因子である．古典経路はグロブリンを介して特定の抗原に作用する免疫抵抗性の因子でもある．

b. インターフェロン（IFN）

IFNはサイトカインの一種で，抗ウイルス作用を示すタンパク質の総称である．

IFNはα, β, γの3種類に分類されるが，それぞれにサブタイプが存在し，ウイルス感染，二本鎖RNA，細菌内毒素，細胞分裂促進物質や抗原刺激などによってさまざまな細胞から放出される．IFNの抗ウイルス作用は，①感染細胞表面の主要組織適合遺伝子複合体（MHC）抗原分子を増加させて，免疫系によるウイルス抗原認識を促進させる，②ナチュラルキラー（NK）細胞やマクロファージを活性化させて感染細胞の破壊を促進させる，③ウイルス複製を直接阻害するなどの複数の機序が考えられている．IFNにはウイルス種特異性はなく，1種類のIFNが多数のウイルス感染に有効であるが，動物種特異性があり，ウイルス感染細胞がIFN産生細胞と同じ動物種の場合のみ有効に働く．なお，他のサイトカインとしては，インターロイキン（IL）や細胞障害因子など多数知られている．

c. リゾチーム

リゾチームは流涙，鼻汁，唾液，尿などに含まれ，細胞壁に含まれるペプチドグリカンを加水分解して溶菌を起こす．リゾチームはキチン分解性など性質の違いによって4つのグループに分けられ，動物の軟骨，組織，卵白，植物のパパイアなどに広く分布する．

D. 細胞性防御機構

皮膚や粘膜などのバリアを突破して生体内に侵入した異物は，体液性の防御因子のほか細胞性の防御機構によって殺滅される．細胞性防御機構には多くの細胞が関与し，これらはリンホカインなどの細胞間伝達物質を介し

たネットワークで結ばれており，共同作用によって病原微生物などを排除する．

微生物由来の異物分子をパターン認識するTLRに関して，マクロファージや樹状細胞には10種類のTLRの存在が確認されている．これらは種々の微生物由来分子を認識し，炎症性サイトカインやケモカイン遺伝子の発現を誘導して炎症反応を起こす．構造的に類似した10種のTLRは，それぞれ異なった微生物由来分子を認識し，CD14やMD2など関連分子の有無が関連するが，その詳細は不明である．自然免疫は炎症反応を起こすことにより，獲得免疫が成立するまでの間，生体防御の中心的な役割を担っている．

a. 炎症反応

炎症は刺激に対する生体組織の防御反応であるが，生体への刺激としては微生物感染による刺激のほか，機械的刺激，化学的刺激，放射線による刺激などがある．炎症の局所症状は発赤，熱感，腫脹，疼痛および機能障害であり，これら症状は炎症の部位や程度，病勢によって異なる．感染に対する炎症反応では，①感染部位への血液供給量の増大，②血管透過性の亢進，③感染部位への血中因子（補体，抗体，キニン，フィブリノーゲンなど）の到達，④組織への白血球（主に好中球とマクロファージ）の移行，⑤感染部位への走化因子による白血球の移動（ケモタキシス），⑥食作用による異物の除去，線維芽細胞の増殖による病原体の閉じ込めと組織修復が段階的に起こる．

b. ケモタキシス（化学走性）

走化性因子が組織に存在すると，付近の毛細血管内皮に多数の白血球が集積・付着し，白血球は毛細血管の内皮および基底膜を通過して，組織中を走化因子の濃度勾配に応じて炎症部位に移動する．走化性をもつ細胞としては，急性炎症部位では好中球が主であり，マクロファージや好酸球，好塩基球，肥満細胞がある．走化性因子としてはマクロファージなどが産生するIL-8，肥満細胞が放出するヒスタミン，補体成分のC5aフラグメントや細胞のcAMPなどがある．

c. 食作用

異物は単球やマクロファージ，好中球に貪食されて除去される．食作用は走化性による遊走，付着，摂取，細胞内殺菌および消化の過程で進行し，異物が除去される．抗原と結合して食作用を促進する物質をオプソニンとよぶが，主として体内で働くものは免疫グロブリンのIgG，補体成分のC3bである．αおよびβグロブリン，C反応性タンパク質もオプソニン作用を示す．

7.1.3 常在微生物叢

A. 常在微生物叢の成立

動物の体表，消化管，上部気道および生殖器には，部位に適応して定住した多くの微生物群が存在しており，これを常在微生物叢とよぶ．皮膚表面や皮脂腺，汗腺などには10^4～10^7個/cm^2の微生物が常在しており，体表フローラを形成している．鼻腔から咽頭に至る上部気道ではブドウ球菌やレンサ球菌からなる呼吸器フローラが常在する．消化管には多くの微生物が存在してフローラを形成している．単胃動物では下部消化管に至るにつれて菌数が増加し，多数の嫌気性菌が生息している．複胃動物では第一胃（ルーメン）に下部消化管と同程度（10^{10}個/mL）の菌数がフローラを形成している．また，腟では乳酸菌を中心とした腟フローラが形成されている．

B. 常在微生物叢の機能

常在微生物叢は宿主動物の自然抵抗性と免疫抵抗性の両方に関与する．

a. 宿主・寄生体関係

宿主である動物と寄生体である微生物の関係は，宿主・寄生体関係とよばれ，常在微生物叢は宿主に対し，相利共生または片利共生や一方的な寄生の状態を示す．常在微生物叢

による病原菌排除は，病原微生物に対する有毒な代謝産物の産生，栄養素の競合，生息部位の競合などによると考えられている．

消化管フローラは宿主動物の消化にも大きく関与している．哺乳類の腸内細菌は有機酸やガスの産生によって腸の蠕動運動を促進する．反芻動物のルーメン微生物やウマやウサギの盲腸内微生物は草類などのセルロースをはじめとする高分子物質の分解に関与し，宿主の生育に不可欠である．

b. 正常抗体

抗原刺激がないにもかかわらず血清中に抗体が認められることがあり，これを正常抗体（自然抗体）とよぶ．正常抗体には常在微生物に反応する抗体が含まれ，子牛ではルーメン細菌に対する抗体が産生されることが知られている．正常抗体は交差反応性をもつ抗原の排除に有効な体液性防御因子のひとつである．また，新生子牛ではルーメン内に種々の細菌や微生物が増殖・定着して常在微生物叢を形成するが，この細菌叢による抗原刺激が子牛の腸管免疫の成熟に関与するとも考えられている．

c. 日和見感染

常在微生物は動物が健康な場合には宿主に有利に働くが，栄養状態の低下，高度のストレス，ホルモン剤投与などによって宿主の生体防御能が低下すると，常在菌の潜在的な病原性が顕在化することがある．これを日和見感染という．日和見感染は高泌乳など高生産をめざした飼養管理状態のウシで発生が多い．

7.1.4 獲得免疫抵抗性

動物は進化の過程で自然抵抗性に加えて，より特異性が高く，より強力な防御機能として免疫抵抗性を獲得してきた．免疫は単なる感染症に対する防御機構ばかりではなく，動物体内の多種多様な異物の認識や除去など広範囲の現象を包括する用語となっている．

A. 免疫担当器官

免疫担当器官は一次リンパ器官（中枢性リンパ器官）と二次リンパ器官（末梢リンパ器官）に分けられる．一次リンパ器官（骨髄，胸腺，胎子肝，鳥類のファブリキウス嚢）はリンパ球産生の場であり，リンパ球は分化・増殖などの機能をもつ効果細胞へと成熟する．二次リンパ器官（リンパ節，脾，扁桃，パイエル板などのリンパ組織）はリンパ球相互および抗原の情報伝達の場であり，TおよびB細胞へ抗原提示が行われる．

B. 免疫担当細胞

免疫に関与する細胞はリンパ球系細胞と骨髄系細胞があり，いずれも多方向性の分化能をもつ造血幹細胞から産生される．造血幹細胞は中胚葉より分化し，胎子肝，その後，脾，胸腺に定着し，最後に骨髄に定着する．幹細胞は分化・増殖し，機能をもつ効果細胞まで成熟する（図7.1）．

a. リンパ球

免疫系の中心的役割を担うリンパ球は，胸腺で分化成熟してα，β鎖からなるT細胞レセプター（TCR）を発現するT細胞と，鳥類のファブリキウス嚢に相当する器官で分化成熟し，表面に免疫グロブリンを発現するB細胞に大別される．T細胞は細胞性免疫を担うとともに，免疫の発現や調節に重要な役割を果たしている．B細胞は形質細胞に分化し，抗体産生細胞として体液性免疫を担う．

T細胞は胸腺で分化した後，脾やリンパ節の胸腺依存域に移行し，抗体産生の調節作用と細胞性免疫の作用を示す．T細胞は細胞表面にTCRを発現しており，抗原刺激により増殖を開始する．ヒトでは2種類のTCRが知られているが，T細胞の大部分はTCR2を有している（$\alpha\beta$T細胞）．$\alpha\beta$T細胞は細胞表面マーカーであるCD4陽性のヘルパーT（Th）細胞とCD8陽性の細胞障害性T（Tc）細胞に分けられる．Th細胞は，さらにTh1細胞とTh2細胞に分けられ，Th1細胞は

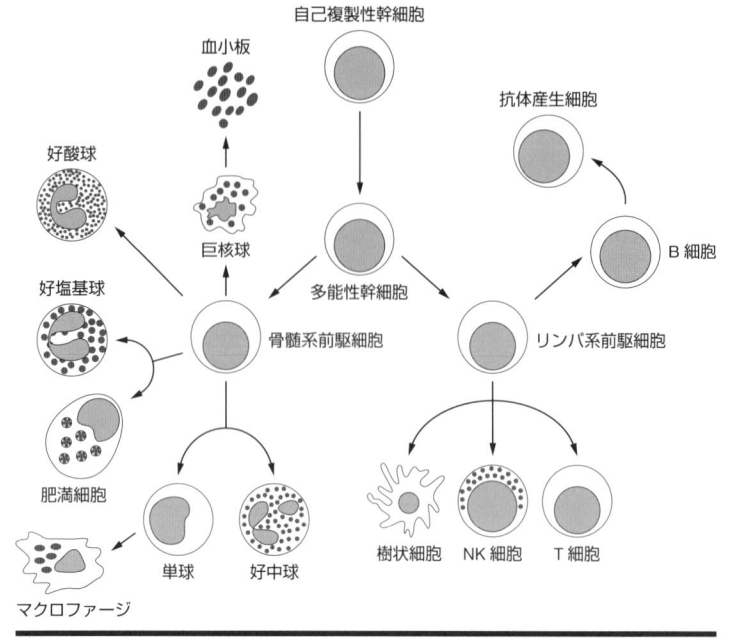

図7.1 ● 免疫担当細胞の分化

IFNγやIL-2を産生して細胞免疫に,Th2細胞はIL-4などを産生して体液性免疫にかかわる.Tcは抗原とクラスI主要組織適合遺伝子複合体(MHC)分子を認識して標的細胞に結合し,移植片や腫瘍細胞に対して細胞障害性を示す.T細胞の活性化など免疫抑制作用を示す細胞は調節性T細胞(Treg)とよばれる.

特異的抗原刺激を受けたT細胞とB細胞は分裂・増殖し,複数のエフェクター細胞と記憶細胞に分化する.エフェクター細胞はヘルパー活性や抗体分泌(B細胞)などの機能を発揮して抗原の除去に働く.記憶細胞は体内に残存し,再度抗原と接触した場合,速やかに増殖・分化して即時的な抗原の除去を行う.

NK細胞はT細胞やB細胞マーカーをもたず,あらかじめ抗原感作がなくても細胞を障害する作用がある.NK細胞はFcレセプターが発現してキラー(K)細胞として働くことがある.K細胞は標的細胞に対するIgを介して標的細胞を特異的に破壊することができ,抗体依存性細胞傷害(抗体依存性細胞媒介性細胞傷害,ADCC)とよばれる.

b. 単核貪食細胞系細胞

単核貪食細胞系は抗原排除を行う単球およびマクロファージと,リンパ球に抗原提示を行う抗原提示細胞(APC:樹状細胞など)に分けられる.骨髄の前駆細胞から血中単球が形成され,組織に移行したものがマクロファージとなる.単球/マクロファージの表面には糖鎖に対する受容体やIgGのFcに対するレセプターがあり,糖鎖をもつ微生物や抗体の結合した抗原を効果的に貪食する.また,単球/マクロファージの一部の細胞およびAPCは,表面にMHC抗原をもち,T細胞へ抗原提示を行う.

c. 顆粒球

骨髄球系幹細胞から分化した顆粒球は,分葉核と多くの顆粒をもち,顆粒の染色性に

よって好中球，好酸球，好塩基球に分類される．顆粒球は抗原特異性がないが，急性炎症時に貪食を主体とした防御反応に重要な役割を果たす．

好中球は末梢血液顆粒球のうちでもっとも多く，貪食作用が中心で顆粒の放出（脱顆粒）や細胞障害因子の放出も行う．好酸球は貪食も行うが脱顆粒が主な機能と考えられており，寄生虫など貪食不可能な大きい細胞に対応する場合，脱顆粒により毒性タンパク質を放出して標的を排除する．好塩基球は肥満細胞と類似した顆粒をもち，機能も類似している．

d．肥満細胞

肥満細胞には粘膜に存在するタイプ（MMC）と結合組織内に存在するタイプ（CTMC）があるが，環境要因によってその表現型は互いに移行する．いずれもIgEに対するレセプターを表面にもち，細胞内にはヒスタミンなどを含む顆粒が存在する．細胞表面に結合したIgEが抗原と結合して架橋されると脱顆粒を起こす．脱顆粒によって放出される化学伝達物質は，走化性因子，炎症反応活性化因子，気管支平滑筋収縮因子などを含み，アレルギーの症状を引き起こす．

e．血小板

骨髄の巨核球に由来し，細胞内顆粒を有する．血液凝固のほか炎症反応にも関与しており，血管透過性亢進因子や補体成分の活性化因子などを放出する．

C．抗原と抗原認識

免疫機構を刺激して免疫反応を誘発する物質を抗原という．抗原は生体に侵入すると抗体やT細胞レセプター（TCR）と反応するが，反応に関与する部分を抗原決定基（エピトープ）とよぶ．抗原が生体内で免疫反応を引き起こす能力を免疫原性，試験管内で抗体やTCRと特異的に反応する能力を免疫反応性というが，この2つの性質をもっている抗原を完全抗原，免疫反応性はもつが免疫原性を

もたないものを不完全抗原（ハプテン）とよぶ．

多くの抗原はAPCを介してT細胞とB細胞に提示される．抗原は貪食細胞（単球/マクロファージなど），非貪食性抗原提示細胞（ランゲルハンス細胞やろ胞樹状細胞など）およびB細胞による貪食作用によって処理され，クラスⅡMHC分子とともに細胞表面に発現し，Th細胞に受け渡される．すなわち，抗原が組み込まれたMHC分子（主要組織適合遺伝子複合体分子/抗原複合体）がTCRと反応することによってTh細胞は活性化される．活性化Th細胞はILを分泌してB細胞を補助する．特に抗原刺激を受けたB細胞が表面のMHC分子に抗原を提示する場合は，特異的なTh細胞がTCRを介してこの複合体に結合し，ILを介してB細胞を活性化する．さらに，活性化Th細胞は細胞表面に表出するCD154分子とB細胞表面のCD40分子とが結合することにより，B細胞の活性を高める．

抗原提示細胞（APC）は主としてリンパ系組織や皮膚に存在するが，表皮のAPCであるランゲルハンス細胞は，抗原を捉えるとリンパ管を通って所属リンパ節に入り，リンパ節皮質のT細胞領域に移動してT細胞に接触し，抗原を提示する．一方，T細胞の存在に依存しない抗原（胸腺非依存性抗原）は，すべて反復した抗原決定基をもつ巨大な重合分子であり，B細胞表面の抗体を架橋することによって直接にB細胞を活性化する．

MHCの遺伝子領域でコードされるタンパク質は，多くの免疫細胞間の認識にかかわる重要な細胞マーカーである．MHCはクラスⅠMHCとクラスⅡMHCに分けられる．クラスⅠMHC分子はすべての有核細胞に存在し，Tc細胞は移植不適合な動物由来細胞のクラスⅠMHC分子やウイルスや腫瘍抗原を表現するクラスⅠMHC分子を認識して細胞傷害性を発揮する．クラスⅡMHC分子は単

球/マクロファージ，皮膚のランゲルハンス細胞，リンパ組織の指状突起細胞，B細胞などの細胞表面に存在し，この分子を介してAPCからTh細胞への抗原提示，Th細胞のB細胞活性化，Th細胞によるマクロファージの細胞内微生物除去能を活性化する．

D．抗体産生と免疫記憶

B細胞は表面の抗体分子に多糖体などの抗原が結合することにより，抗体産生を開始することもあるが，多くはTh細胞の補助により活性化されて増殖を開始する．B細胞の分化には種々のサイトカインが関与している．Th細胞が分泌するILの作用やTh細胞表面のCD154分子がB細胞に結合することにより，B細胞は増殖し，形質細胞へと分化して抗体を産生する（図7.2）．分化前のB細胞にIL-4やTGF-β（トランスフォーミング増殖因子β）が作用すると，その後に分泌される抗体のクラスが変化する（クラススイッチ）．単一の形質細胞によって産生される抗体は，単一の特異性をもつ単一クラスの免疫グロブリンである．したがって，単一の形質細胞を増殖させれば，単一の抗体（モノクローナル抗体）を得ることができる．また，活性化B細胞の一部は形質細胞に分化せずに記憶細胞となり，次回の抗原刺激に備える．抗体は抗原と特異的に結合するタンパク質（免疫グロブリン，immunoglobulin：Ig）で，反応様式によって凝集素，沈降素，中和抗体，抗毒素，溶血素などとよばれる．

初めて抗原刺激を受けた動物では，血清に抗体が出現するまでに一定の時間を要し，IgM抗体が先行して次にIgG抗体が産生されるが，その量はあまり多くなく，抗体産生

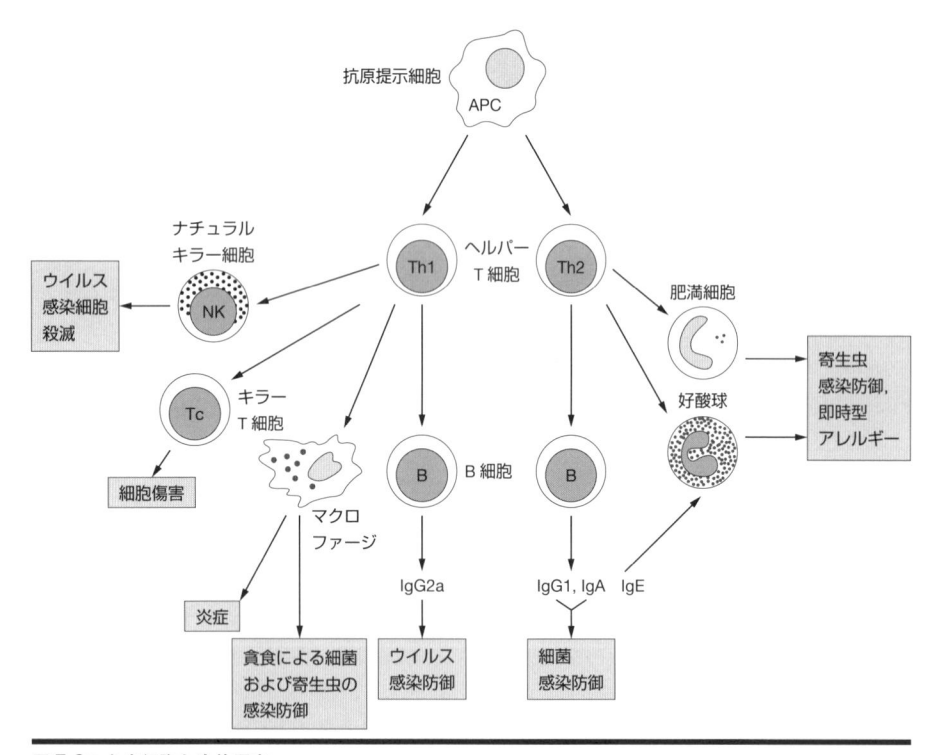

図7.2 ● 免疫細胞と生体反応

は次第に低下する（一次応答）．一次応答を経験した動物が再び同一抗原の刺激を受けると，初回の反応とは異なり，より高いレベルのIgGを主とした抗体産生が早期にみられ，その持続も長くなる（二次応答）．これは，抗原に接触することによってB細胞とT細胞の記憶細胞が多くなることによって起こる（免疫記憶）．

a. 抗体の構造

抗体の基本構造は4本のポリペプチドであり，2本の相同なH鎖（分子量5万〜7万）およびL鎖（分子量25,000）がY字型構造をとり，Y字の2本のアームの先端がペプチドのN末端で他端がC末端である．N末端が抗原との結合部位で可変部（V領域）を形成し，抗体ごとに異なる構造をもって抗原の多様性に対応している．抗原結合に関与しない部分を定常部（C領域）といい，この部分の差異によって抗体のクラスが分類される．Y字の軸部分をFcフラグメントといい，Fcを介して抗体は免疫細胞と結合する．

b. 抗体のクラス

抗体はクラスおよびサブクラスに分類されている．哺乳類のクラスは，IgG, M, A, D, Eの5種，鳥類ではIgM, A, Yがある．サブクラスは，ヒトの場合IgG1〜G4, IgA1とIgA2がある．

IgGは正常血清中にもっとも多く含まれ，二次免疫応答の主要な抗体である．IgMは五量体構造を示し，一次免疫応答の初期に産生される．常在細菌や血液型に関与する抗体はIgMである．IgAは大部分の哺乳類の血清中に主に二量体として存在し，粘膜表面に分泌されて分泌型のIgAとなり，異物の侵入を防ぐ局所免疫に関与する．IgDは血中には非常に少ないが，B細胞表面には多量に存在する．IgEは血中濃度は微量であるが，肥満細胞や好塩基球と結合し，寄生虫の排除や即時型アレルギーに重要な役割をもつ．

E. 細胞性免疫

細胞性免疫ではTh細胞が中心的な役割を果たし，APCから抗原提示を受けると，Th細胞はB細胞の抗体産生の補助，Tc細胞，NK細胞，マクロファージ，顆粒球，K細胞などエフェクター細胞の作用を調整する．これら細胞の機能調節は，主にT細胞が分泌するリンホカインや単球/マクロファージが分泌するモノカインを介して行われる．リンホカインはマクロファージ，多形核白血球，リンパ球に作用し，これら細胞を活性化して細胞性免疫を発現させる．リンパ球を含めた種々の免疫細胞が産生する活性物質はサイトカインとよばれる（表7.1）．サイトカインは種々の免疫細胞に影響を及ぼし，体液性免疫と細胞性免疫の成立に関与している（サイトカインネットワーク（図7.3））．

F. 動物の母子免疫

母子免疫は幼若動物の感染防御に重要な役割を果たしている．新生動物は母獣から胎盤や初乳を介して抗体を獲得する（移行抗体）が，この移行抗体は消化管での感染防御ばかりではなく，全身の感染防御においても中心的役割を担っている．母子免疫の経路は動物種によって異なっている．

G. アレルギー

本来生体にとって有利な免疫反応が過度に，あるいは生体に不利に働いて組織傷害が起こるものをアレルギー（過敏症）とよぶ．表現様式により4型に分けられるが，I, IIおよびIII型は抗体により，IV型はT細胞によって発現する．

a. I型過敏症（アナフィラキシー反応）

抗原侵入後短時間で発現するため，即時型アレルギーとよばれる．肥満細胞や好塩基球のFcレセプターにIgEが結合し，IgEが抗原によって架橋されると細胞の脱顆粒反応が起こり，ヒスタミンやセロトニンが放出されて急激な症状が現れる．

表 7.1 ● サイトカインの種類と機能

サイトカインの種類

インターロイキン（IL）	IL-1〜IL-29
インターフェロン（IFN）	IFN-α, IFN-β, IFN-γ
造血因子	SCF (stem cell factor), GM-CSF (GM-colony stimulating factor), G-CSF
ケモカイン（白血球走化因子）	IL-8, MIP (macrophage inflammatory protein), MCP (macrophage chemoattractant protein), RANTES (regulated upon activation, normal T expressed, and presumably secreted)
増殖因子	TGF-β (transforming growth factor), PDGF (platelet derived growth factor)
細胞傷害因子	TNF-α (tumor necrosis factor), TNF-β (lymphotoxin)

サイトカインの機能

自然免疫に関与するサイトカイン	IL-1α, IL-1β, IL-18, IFN-α, IFN-β, IL-12, p35p40, TNF-α, IL-6, IL-15, ケモカイン
細胞性免疫を制御するサイトカイン	IL-2, IFN-γ, LT
体液性免疫を制御するサイトカイン	IL-4, IL-5, IL-10, IL-13, TGF-β
造血を制御するサイトカイン	SCF, IL-7, IL-3, G-CSF, M-CSF, GM-CSF

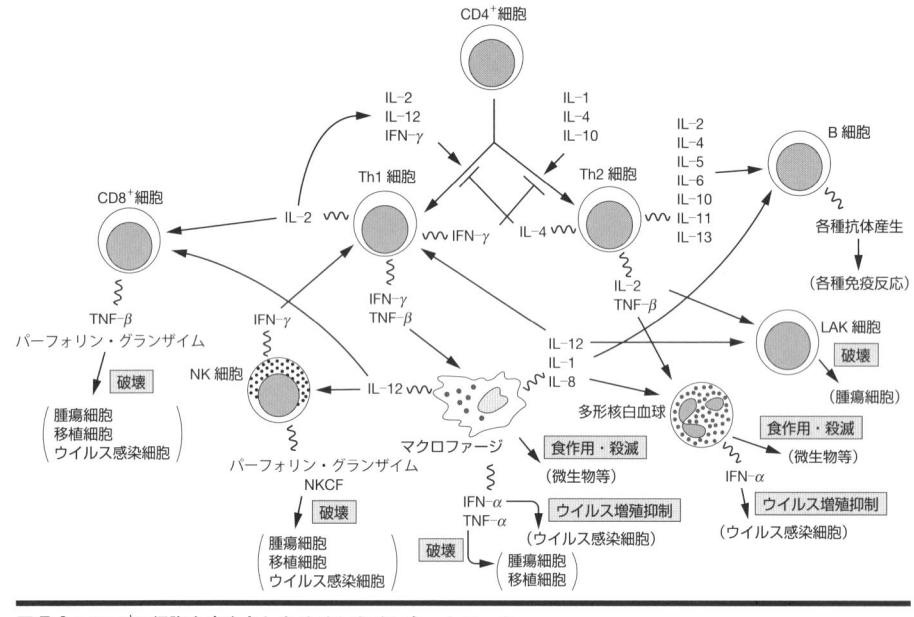

図 7.3 ● CD4$^+$T細胞を中心としたサイトカインネットワーク

b. II 型過敏症（細胞溶解性反応）

生体自身の細胞に対する IgG あるいは IgM 抗体が産生され，抗体に結合した K 細胞や抗原抗体反応への補体の関与，マクロファージによる食作用によって細胞溶解が起こる．

c. Ⅲ型過敏症（免疫複合体反応）
可溶性抗原とIgGあるいはIgM抗体の免疫複合体が組織に沈着し，補体が活性化され，多形核白血球が集積して局所障害を起こす．

d. Ⅳ型過敏症（遅延型過敏症）
あらかじめ抗原に感作されたT細胞が同一抗原に接触してサイトカインを放出し，マクロファージを活性化して炎症反応と組織障害を起こす．抗原侵入後1〜2日で反応が最大となるため遅延型アレルギーともよばれる．代表例としてツベルクリン反応がある．

7.2 家畜疾病と防疫

7.2.1 生体恒常性と病態

家畜はさまざまな環境の影響を受けながら，生体の機能を安定させ，個体の生命を維持する恒常性（ホメオスタシス）を保持している．恒常性が内的，外的因子の作用によってその性状の許容範囲からはみ出した状態が病態であり病(やまい)の状態である．しかし，家畜のみならず動物には病的状態に対して常に正常に引き戻そうとするしくみがあり，これによって多くの病態は正常な状態に戻る．

7.2.2 家畜疾病の疫学

家畜を常によい健康状態に維持し，家畜のもつ能力を最大に発揮させることが必須である．そのためには家畜を衛生的に管理することが不可欠である．特に，疾病のもっとも大きな原因である微生物の制御が重要な問題となる．

A. 感染と感染症

感染とは病原体が宿主の体表または体内に侵入し増殖することをさし，単に病原体が宿主に侵入しただけでは感染が成立したとはいわない．感染の結果として，宿主の生理機能に異常をきたした場合を発病という．このような過程を経て成立する疾病を感染症という．病原体，宿主，環境のさまざまな因子の相互関係が，感染の成立，程度を決定する．感染後，一定の潜伏期を経て感染症特異の症状が現れる．

感染症の型には，多数の細菌が持続的に血流中に流入している状態で全身症状を呈する敗血症，宿主体内に長期間病原体が存続する持続感染，同時に2種以上の病原体が関与して起こる混合感染，最初の感染である初感染に引き続いて起き，症状をさらに悪化させる二次感染などが挙げられる．持続感染は症状が現れない期間は病原体が体内のどこかに潜んでいて証明されない潜伏感染，病原体が持続的間欠的に排泄され，通常は症状の出ない慢性感染，潜伏期が非常に長い遅発性感染に大別される．また感染が成立しても発病に至らないこともあり，これを不顕性感染という．病原体を体内に保有して病原体をときどきあるいは常時排出して感染源となる個体をキャリアとよぶ．

病原体が感染源から他の動物に伝播される伝播様式を伝播経路という．この経路は垂直伝播と水平伝播に大別できる．垂直伝播は親から子へと伝播する様式で，感染した親から精子，卵子，胎盤を経由して起こす子宮内感染，家禽の場合の卵による介卵感染，出生時の産道感染，母乳や母子の接触による母子感染があるが，水平伝播は親子以外の伝播様式で，個体間の接触，汚染した飼料・土壌・媒介生物（ベクター）などによって病原体が伝播されるものをさす．空気伝播，風伝播や水道水・河川による水系伝播では病原体の伝播が広範囲に及ぶことが多い．ウシ口蹄疫ウイルスの場合は風によって数十km以上も運ばれた例もある（図7.4）．

また言葉の定義として，後述する伝染病とはあくまで，動物から動物へ感染が伝播した結果の疾病と定義される．すなわち土壌中の芽胞形成細菌であるクロストリジウムの感染による破傷風や食品を介した食中毒などは伝染病にはあたらないので注意を要する．

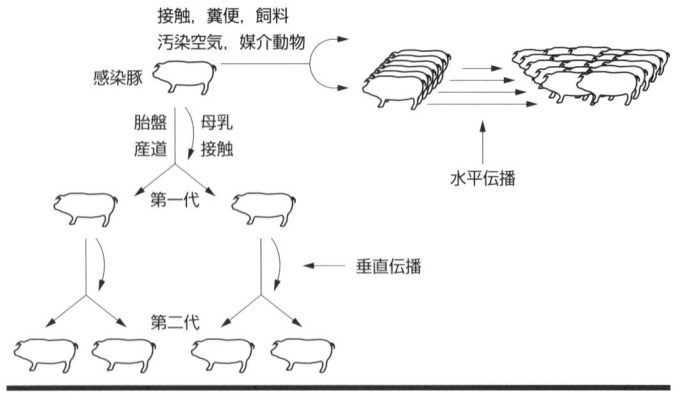

図 7.4 ● 病原体の垂直伝播と水平伝播

B. 疾病の原因

a. 宿主因子

　宿主側の因子によって疾病成立の可否，その程度が決定される．主な因子としては，種と品種，年齢，性，遺伝性の因子，ホルモン，栄養状態などが挙げられる．妊娠，分娩などによって体力を消耗しやすい雌は一般に雄と比べて疾病に対する抵抗性が弱い．輸送などのストレスを受けて死に至るブタのストレス症候群では，ハロセン感受性遺伝子をホモにもつブタにのみ発生する．また，ニワトリやウシでは免疫に大きな役割を果たす組織適合抗原の違いによって疾病感受性に差が出ることが報告されているが，不明確な部分も多い．

　またすべての宿主が病原体侵入に対し感染・発症することは少なく，それぞれの個体の病原体に対する感受性（susceptibility）に依存する．また，ストレスなどの結果感染防御能が低下した場合は感染を受けやすくなり，易感染宿主（compromised host）とよぶ．

b. 環境因子

　地理的，社会的環境，気候，飼育舎の物理的環境，飼養管理などの環境因子も疾病発生に影響する．熱帯や寒帯，高地や低地などの地理的因子は，家畜の生理や病原体の増殖と伝播に影響する．気候や極端な温度変化は家畜にとって大きなストレスとなり，疾病の原因になる．また，気候条件は病原体の増殖・伝播に影響し，ブタ伝染性胃腸炎はウイルスの存在様式から冬に多発し，カの発生時期と密接に関係する流行性脳炎による豚の異常産は 8 月〜11 月にみられる（表 7.2）．

c. 病原因子

　病原因子は，生物的，化学的，物理的な因子に大別される．病原生物にはウイルス，細菌，真菌，原虫，蠕虫，昆虫などがあり，これらを病原体とよび，これらの生物のもつ疾病を引き起こす性質を病原性という．細菌では宿主内に侵入する際の侵襲性，宿主の組織や細胞の生理作用を侵害する菌体外毒素および菌体内毒素などによって病原性が変化する．ウイルスでは感染細胞の拡散，タンパク質合成の阻害による細胞障害，細胞破壊が主な病原性となるが，感染細胞を腫瘍化する働きをもつウイルスもある．鶏白血病やマレック病のように悪性腫瘍が形成されるものもある．

　化学物質による中毒による疾病も少なくない．原因物質は農薬や有毒植物などであるが，窒素多施肥地帯の亜硝酸中毒，カビ飼料によるカビ中毒などもみられる．また，高地で飼育されるウシの高山病や落雷による感電死，東日本大震災によって引き起こされた原発事故による放射性物質の被曝などの物理的因子

表 7.2 ● 疾病の季節発生

畜種	発生季節	疑われる疾病
ウシ	冬	牛RSウイルス感染症,牛コロナウイルス感染症,牛ロタウイルス感染症
		牛バエ幼虫症
	冬～初夏	牛リステリア症,低マグネシウム血症（低温多湿）,牛タイレリア感染症（初放牧の放牧初期）
	春	
	春～秋	アナプラズマ感染症
	夏	牛伝染性角結膜炎
	夏～翌春	アカバネ病
	秋	イバラキ病,牛流行熱,レプトスピラ症
	年間	パスツレラ症,大腸菌性下痢,牛マイコプラズマ肺炎,アクチノバチルス症
		牛放線菌症,流産型クラミジア症,牛パラインフルエンザ,牛伝染性鼻気管炎,レオウイルス病,牛ウイルス性下痢,粘膜症,牛アデノウイルス病
ブタ	冬期	豚伝染性胃腸炎,豚ロタウイルス症,豚流行性下痢
	早春,晩秋	豚インフルエンザ
	8～11月,夏期	流行性脳炎,豚丹毒
	年間	パスツレラ肺炎,大腸菌性下痢,豚マイコプラズマ性肺炎,豚コレラ,豚パルボウイルス症
家畜	寒冷期	大腸菌症
	5～9月	ロイコチトゾーン症
	ニワトリヌカカ発生期	ロイコチトゾーン症
	高温多湿期（6～7月）	ボツリヌス症
	夏～秋	あひるのボツリヌス症
	梅雨および寒冷期	ブドウ球菌症
	秋～春	伝染性コリーザ,鶏伝染性喉頭気管支炎

もある.

7.2.3 家畜疾病の診断
A. 家畜疾病の診断

疾病の診断はその疾病を引き起こす因子（感染症の場合は病原体）の特定,そしてその疾病の予防,治療の方針を決定する重要な作業である.特に感染症の診断の場合,その疾病がどのような病原体によって引き起こされているかを迅速に把握し,そのための適正な治療を施すためにも重要な役割を担っている.多くの疾病は特有の症状や疫学所見を呈しているので,家畜飼育者からの稟告や疾病家畜の観察によってほぼ正確な診断が可能である.しかし,疾病によっては疫学所見や臨床診断のみでは確定的な診断を下すことは困難である.このような場合には,疾患家畜から検査材料を採取して原因検索を行う実験室診断を行う必要がある.実験室診断においては今やタンパク質レベルや遺伝子レベルでの微生物の存在確認が可能になり,現在でもその検査技法は日々進歩・改良がなされている.

B. 臨床検査

臨床検査の目的は患畜に表れている症状を客観的に把握して診断に有効な情報を収集することである.

a. 視診断

家畜を総体的に観察して異常所見を把握す

表 7.3 ● 尿の色調の変化とその原因

尿色	原因
ほとんど無色	希薄尿,糖尿病の尿
暗黄色〜褐色	熱性疾患時の濃厚尿
鮮紅色〜紅赤色	膀胱・尿道からの出血
暗赤色〜黒褐色	ピロプラズマ病,ウシの産褥性血色素尿症,中毒,ウマの麻痺性筋色素尿症,子牛の発作性血色素尿症,レプトスピラ病など
緑褐色〜暗褐色	胆汁の尿中への排泄,黄疸（ウロビリン体を多く含むものは赤褐色）
レンガ色〜暗褐黒色	尿酸塩の豊富なことを示す
乳白色〜混濁	尿路の化膿性疾患（濃尿），重症性血液病（乳ま尿）
その他	投与された薬品によって尿は種々に変化する フェノチアジン→赤色,フェノール・クレオソート→暗黒色,メチレンブルー→青色

る．元気消失，食欲減退または廃絶，発育不良栄養不良，異常姿勢（横臥，開帳姿勢，歩行異常など），神経症状（沈鬱，興奮，旋回運動など），跛行，強直，痙攣，異常呼吸，発咳，鼻汁排泄，下痢，流涎，貧血，黄疸など多くの異常性を把握するように努める．

b. 触診と聴診

触診は家畜に手で触れて異常所見を確認する．皮温，圧痛，弾力性，粘膜変化，浮腫，膿瘍，リンパ節腫大，寄生虫の皮下寄生などを確認できる．聴診は聴覚による検査である．鳴き声，呼吸音（発咳，狭窄音，心吟など）の異常を確認する．また，心臓の聴診では，心拍数とリズム，心音の強さや雑音，また肺臓の聴診では気管支呼吸音のラッセル音などの異常に注意する．

c. 検温

朝夕の検温で発熱の経過を記録する．体調によって体温曲線は種々の曲線を描くが，特に感染症では特徴的な熱型を示す．炭疽，牛疫などでは稽留熱，馬パラチフス，牛ピロプラズマ症などでは弛張熱，ヒトのマラリア熱などでは間欠熱，馬伝染性貧血熱などでは回帰熱，結核などの一日熱，多くの熱性疾患などでは不整熱などがある．

d. 排泄物観察

多くの疾病は排泄物の異常を伴うので，排泄物の量，色調，粘度，血液の膿汁などの異物混入を観察する．この排泄物は糞便，尿，鼻汁，喀痰，吐物，腟分泌物，乳汁などが対象となる（表7.3）．

e. 直腸検査

家畜の直腸から触知可能な骨盤腔，腹腔内の諸臓器を直接触診する．ウシの直腸検査は妊娠診断や不妊症診断で広く実施されている．

C. 疫学調査

家畜集団内で疾病分布頻度，時間推移などの変動要因を調査する．例えば，発病率，発病年齢，発病季節，発生地域，発生時期などを調査する．このような疫学調査は過去の調査成績からの推定も可能になる．例えば，牛低マグネシウム血症は低温多湿な早春に多発し，ピロプラズマ症（タイレリア感染症）は初放牧の放牧初期によく発生する．ブタでは伝染性胃腸炎が冬季に多発し，流行性脳炎が8〜11月に多発する．

D. 実験室診断

実験室診断は血液所見，病理検査，生化学的検査，微生物，免疫学（血清学）的検査，また微生物の構成成分をなすタンパク質，糖鎖，核酸の解析などによる診断である（表7.4）．

表 7.4 ● 臨床検査に用いられる血清学的方法

テスト	原理	感度*	特異性**
中和（NT）	抗体が結合すると，ウイルス感染症は中和される	高	高
赤血球凝集抑制（HI）	抗体がウイルス血球凝集素と結合してそれによる血球凝集を抑制する	高	高
免疫拡散（ID）	寒天ゲルの孔に抗原と抗体を別々に入れると，両者がそれぞれ寒天内を拡散して沈降反応を起こし，沈降線を形成する	低	高
補体結合（CF）	抗原-抗体結合物が補体を吸収するので，補体の減少を羊赤血球と羊血素の溶血反応の欠如で証明する	低	低
免疫蛍光（IF）	抗体を蛍光色素でラベルし，抗原-抗体反応の起こった場を蛍光として認識する	高	低
酵素免疫測定（ELISA）	抗原または抗体に酵素を結合させて反応させ，抗原-抗体結合物として捕捉された酵素の活性を指標として測定する	高	高
凝集（AG）	細菌粒子は大きいので，抗体による凝集反応により肉眼で認められる凝集塊を形成する	低	高

*：微量の抗体を検出する感度　　**：抗原の血清型の違いを鑑別する特異性

E. 検査材料の採取

治療開始前の発病初期に十分量の採材を得ておくことが望ましい．また，免疫学的診断の目的には，疾病発生から3日以内，発病後1～2週頃の回復期に採血する．また，微生物病原体を検索するときには発熱初期に採血するのがよい．検査材料は一般的には臨床症状から，もっとも反応が激しい部位，例えば，鼻汁の排泄が激しい家畜からは鼻汁の採取が不可欠で，乳房炎の疑いがあるときは乳汁を採取する．検査材料は血液，糞便，尿，分泌物，膿汁などである．

7.2.4　家畜防疫の原則

防疫とは，伝染病の発生を予防し，その蔓延を防止することであるが，これは，人獣共通感染症の蔓延を防ぎ，食品の安全性の確保のためにも重要である．家畜集団のなかで発生する疾病の特性，それを支配する要因を多角的に究明して決定する学問分野に疫学があるが，これを背景に家畜の防疫対策が講じられる．対象とする伝染病の疫学的特性に応じて効果的な防疫方法を選ぶ必要があり，また重要な伝染病に対する防疫処置は国によって定められている．国・地方自治体・関係機関などが連携して措置を講ずる必要があるため指針が定められている．また，飼養段階での飼養衛生管理基準が設定され，家畜の所有者にその遵守が義務づけられている．また最近では，大規模疾病が発生した地域やその周辺地域で関係のない畜産物までもが消費者などのいわれのない偏見にさらされる風評被害も社会問題となっているので，畜産における防疫は重要である．

A. 防疫の原則

a. 感染源の除去

防疫の主眼は感染源の除去である．一般的には病原体に汚染された家畜や器物を消毒して病原体の殺滅を図るが，場合によっては患畜や接触家畜の殺処分や焼却を行う．

b. 伝播経路の遮断

多くの場合，病原体の伝播経路の遮断も同時に講じられる．国外の伝染病の侵入を防止するには，輸入家畜・畜産物の輸入の禁止が有効である．国内では発生時の家畜の移動制限，発生場所への立ち入り禁止，市場の閉鎖などにより伝播経路の遮断を行う．

c. 抵抗性増強

家畜の感染抵抗性を増強することによっても病原体の伝播を食い止めることができる．そのために化学予防剤またはワクチンの投与が一般的に行われている．抗菌剤，抗原虫剤などの化学予防剤は直接的に病原体に働きかけ，ワクチンは家畜に免疫を与えることにより，病原体の感染を抑制または阻止する．ワクチンの投与は，ワクチネーションプログラムを作成して効果的かつ経済的に行う必要がある．一般的に，ワクチン・薬剤の種類，薬効スペクトル，家畜の発育段階，環境条件などを考慮して薬剤の使用量や投与方法が決定される．また，ワクチン・薬剤の効果と経済性を勘案して，両者を組み合わせた投与プログラムが組まれることも多い．

7.2.5 家畜防疫の対策
A. 国家防疫

家畜伝染病には，①伝播力が強く，畜産に大きな被害を与える豚コレラ，ニューカッスル病など，②現在日本での発生はないが，海外から侵入する恐れのある口蹄疫，牛疫，牛肺疫，アフリカ豚コレラ，③結核，炭疽など公衆衛生上で問題となるズーノーシス（人獣共通感染症）がある．このような伝染病のなかで，特に悪性の疫病や畜産経営上問題となる疾病は国家防疫措置がとられている．

すなわち，疾病の蔓延防止や発生予防のために病畜殺処分や移動禁止などの大規模な防疫対策が迅速かつ的確に講じられるように『家畜伝染病予防法』をはじめとする法体系，行政体系が整えられるとともに，重要な疾病については国・地方公共団体・関係機関が連携して措置を講ずる必要があるため特に「家畜伝染病防疫指針」が定められている．

家畜伝染病予防法では，28疾病がいわゆる法定伝染病として指定され，届出から抑圧，撲滅に至るまでの一連の措置が規定されている．また法定伝染病には指定されていないが，畜産経営上問題となる71疾病については届出伝染病として指定されている．法定伝染病と届出伝染病は監視伝染病として，発生の早期発見に努めるとともに初期防疫の徹底を図る必要がある．そのため診断した獣医師には，発生地を管轄する都道府県知事への届出義務があり，また法定伝染病を疑う場合には飼育者にも届出義務が課せられている．

家畜伝染病予防法による一連の措置のなかでは，牛疫，牛肺疫，口蹄疫，豚コレラ，アフリカ豚コレラ，高病原性鳥インフルエンザまたは低病原性鳥インフルエンザの患畜あるいは牛肺疫以外のこれらの疾病の疑似患畜についてはただちに殺処分により淘汰される．また，上記以外の20疾病の患畜，牛肺疫および10疾病の疑似患畜についても殺処分が命じられることがあり，25疾病の患畜または疑似患畜の死体については焼却または埋却が義務づけられている．さらに，飼養段階での衛生管理を徹底することにより発生を抑制するための飼養衛生管理基準が設定され，家畜の所有者にその遵守が義務づけられるとともに，行政命令に従った農家に対する助成措置も制度化されている．上記の指定疾病は2016年のものを示したが，新たな疾病が追加指定される可能性もある．

B. 自主防疫と自家防疫

常在型の疾病防除には，家畜生産者自身が対応する自家防疫と生産者組織による自主防疫が重要となる．例えば，養豚経営ではSPF豚を飼育し，指定疾病に汚染を受けた農場を自ら除外しながら，清浄農場のみを残して自主的にSPF豚集団をつくり出している．

7.2.6 消毒

家畜疾病の診断にあたっては未知の病原微生物との接触の危険性が伴うため，その予防のためにも正しい消毒法を理解し，実行しなければならない．ここで述べる消毒（disinfection）は病原微生物による感染症を

なくすか，感染症の症状を惹起させない程度に病原微生物の数を減少させることを意味し，滅菌（sterilization）のようにすべての微生物を完全に除去することと区別する

消毒の方法は一般的には物理的消毒と化学的消毒に大別される．

物理的消毒は，煮沸，高圧蒸気，焼却による熱処理や紫外線，日光，放射線の照射などによって行われる．化学的消毒は消毒剤を利用するものである．これら以外に畜産では発酵消毒法もよく用いられる．これは家畜の排泄物を敷わらなどで発酵させ，その発酵熱によって混在する微生物や寄生虫卵を殺滅するものである．

畜舎の消毒は定期的に実施する必要があり，オールイン・オールアウト方式で畜舎を利用する場合に特に高い効果が得られる．家畜出荷後にただちに除糞を行い，床，壁，天井，器具類の水洗を行う．これらの乾燥後に消毒剤の噴霧および散布をして消毒する．なお，家畜の導入は，畜舎内の消毒剤が完全に乾燥したのちに行う．

汚染された畜舎や器具にとって消毒は防疫の観点からきわめて重要な役割を果たすが，土壌，水系などの周辺環境への効果や影響などを考慮し，適切な方法を用いることが重要である．また家畜所有者の手，搾乳時の乳頭のような局所的な消毒も感染を阻止するうえで重要である．

7.2.7　家畜の主な伝染性疾病

主な家畜伝染病を動物種別に概説するが，『家畜伝染病予防法』に定められた伝染病と省令で定められた届出を要する伝染病とその対象動物種については付録C1を参照されたい．

なお，ここで使用する家畜名は付録と変えてある．例えば「めん羊」→「ヒツジ」，「鶏」→「ニワトリ」などである．付録Cでは法規の記載どおりとしている．

A. ウシの伝染病

a. ウイルス病

ⅰ）口蹄疫

口蹄疫ウイルス感染によって起こる疾病である．直接間接の接触によって伝播する．濃厚汚染地帯では空気伝播が起こり，数十kmも風によって運ばれたとの報告がある．潜伏期間はウシ6.2日，ブタ10.6日，ヒツジ9.0日で，口の周囲，舌，蹄部に水疱を形成する．幼畜の致死率は50％を超えるが，成畜では低い．感染反芻獣がキャリアとなることがあるが，ブタはキャリア化しないものの，感染

各疾病項目の最後の〈　〉内に示した用語の説明

用語	説明
全	同一微生物種による種々の動物の感染症を一括して記述
法定	「家畜伝染病予防法」で指定した伝染病（法定伝染病）
届出	省令で指定した伝染病（届出伝染病）
人獣	人獣（畜）共通感染症 （感染症の予防および感染症の患者に対する医療に関する法律で定められていたもの）
ワクチン	国内でワクチンが市販されている疾病
診断液	国内で診断液が製造または市販されている疾病
海外	明確な法的定義はないが，法定伝染病のうち日本では発生のない重篤な疾病
トキソイド	タンパク質毒素が免疫原性を保持した状態で無毒化されたワクチン
抗毒素血清	細菌や植物などの毒性タンパク質に対する抗血清
種畜検査対象疾病	家畜改良法で検査を定められた疾病

後のウイルス排泄量が数百倍も多く，豚群に侵入すると撲滅はきわめて困難となる．日本では1908年以来発生はなかったが，2000年に宮崎県と北海道で発生をみたものの，同年9月には国際獣疫事務局により口蹄疫清浄国への復帰が承認されている．しかし，2010年には宮崎県で大発生があり，約28万頭の家畜を殺処分，畜産関連の損失は1400億円にのぼっている．日本でこの疾病が発生した場合には，口蹄疫に関する「特定家畜伝染病防疫指針」に基づき防疫体制が敷かれる．2010年の大発生の際にも宮崎県に隣接する県境では消毒検問が敷かれた．〈法定，海外〉

ⅱ）牛疫

牛疫ウイルス感染によって起こる疾病である．偶蹄類に接触感染により伝播する．和牛は特に感受性が高いといわれている．40～42℃の高熱，鼻汁，流涎，元気消失，食欲不振，激しい下痢が起こり100％死亡する．口腔から消化管粘膜に出血性潰瘍が認められる．1924年以来日本での発生はない．100万頭分の生ワクチンの国家備蓄がある．
〈法定，海外，ワクチン〉

ⅲ）水胞性口炎

水胞性口炎ウイルス感染によって起こる疾病である．南北アメリカのみで発生がみられ，経鼻，経口感染以外に節足動物による媒介もある．家畜や野生動物に感染し，発熱，流涎，のほか口腔粘膜や舌に水疱がみられる．乳牛では泌乳量の低下による経済被害が大きい．ウマはウシよりも感受性が高く，ブタへの感染は発症すると重篤になる．ヒトへの感染もまれにみられ，インフルエンザ様の症状を示す．〈全，法定，人獣〉

ⅳ）ブルータング

ブルータングウイルス感染によって起こる疾病である．著しいチアノーゼによって舌が青く見えることから名付けられた．吸血昆虫により媒介され，一般にヒツジのほうがウシよりも重篤な症状を示す．妊娠羊の流産の原因となり，子羊の死亡率は30％に達する．ウシの場合，不顕性感染であるとされているが，嚥下障害がみられることがある．
〈全，届出，種畜検査対象疾病〉

ⅴ）アカバネ病

アカバネウイルス感染によって起こる疾病である．ヌカカなどの吸血昆虫により媒介され，発生に季節性（8～4月）がみられる．妊娠牛が感染すると母牛には異常はないが，胎子または産子は流産，死産，体型異常，大脳欠損症（内水頭症）などを示し，ヒツジ・ヤギはウシよりもウイルスに対する感受性が高い．ヒツジ・ヤギでの発生は繁殖時期とウイルス流行期がずれていたため，これまで発生がみられなかったが，青森県でウシの流行時にヒツジの異常産が確認された．ウシ用のワクチンはヒツジ・ヤギには使用できない．
〈全，届出，診断液，ワクチン〉

ⅵ）悪性カタル熱

ウシカモシカヘルペスウイルス1またはヒツジヘルペスウイルス2の感染によって起こる疾病である．日本での発生は，ヒツジを感染源とする接触伝染により伝播すると考えられている．致死率は高く，眼，鼻，咽頭の糜爛，角膜の混濁，短角細胞の滲出を伴う血管炎が特徴である．〈届出〉

ⅶ）チュウザン病

カスバ（チュウザン）ウイルス感染によって起こる疾病である．吸血昆虫により媒介され，成牛は不顕性感染を示すが，妊娠牛に感染すると，子牛に虚弱，起立不能，盲目，後弓反張などの神経症状や大脳欠損，小脳形成不全などの異常を起こす．〈届出，ワクチン〉

ⅷ）ランピースキン病

ランピースキン病ウイルス感染によって起こる疾病である．感染牛との接触により感染し，食欲不振，発熱のほか，皮膚や内臓粘膜に小結節（腫瘤）が形成されるのが特徴である．日本での発生はない．
〈届出，種畜検査対象疾病〉

ix) 牛ウイルス性下痢・粘膜病

牛ウイルス性下痢ウイルス感染によって起こる疾病である．口腔粘膜に糜爛ないし潰瘍病変を生じ，遅れて下痢を発症する．季節や年齢に関係なく発生するが，飼育環境の急変などのストレス感作があったときに好発する．〈届出，ワクチン〉

x) 牛伝染性鼻気管炎

牛ヘルペスウイルス1感染によって起こる疾病である．呼吸器病で放牧の直後に好発する．高熱，流涙，流涎，膿様鼻汁排出がみられる．鼻粘膜の充血，ときに偽膜，潰瘍の形成などもみられ，角膜，腟，子宮，亀頭などにも炎症が現れることがあり流産の原因ともなる．
〈届出，ワクチン，種畜検査対象疾病，診断液〉

xi) 牛白血病

牛白血病ウイルス感染によって起こる疾病である．東北地方に発生が多い．リンパ系細胞の異常増殖によって起こる悪性腫瘍の一種で，さまざまな病型があるが，一般的には体表リンパ節の腫大，頸部の腫脹，腫瘤の形成，眼球突出などの症状が単一または混合して認められる．アブの吸血などによって媒介される．〈届出，診断液〉

xii) アイノウイルス感染症

アイノウイルス感染によって起こる疾病である．ヌカカなどによって媒介され，アカバネ病と同様の流行パターンを示す．感染牛は無症状がほとんどだが，妊娠牛には異常産を引き起こす．症状からはアカバネ病と区別できない．〈届出，ワクチン〉

xiii) イバラキ病

イバラキウイルス感染によって起こる疾病である．主に8〜11月に発生するが，流行地域は関東以南に限定される．不顕性感染が多く，同居または接触感染はない．軽い発熱（39〜40℃），流涙，流涎を伴い，結膜炎，鼻・口腔内の鬱血，糜爛が認められる．後期には咽喉頭麻痺による嚥下障害，誤嚥性肺炎を起こす．致死率は約10%である．ウシ流行熱とともに流行性感冒の名で法定家畜伝染病としてとり扱われていたこともある．
〈届出，診断液，ワクチン〉

xiv) 牛丘疹性口炎

牛丘疹性口炎ウイルス感染によって起こる疾病である．接触感染により伝播され，口とその周囲に丘疹，水疱を形成する．
〈届出，人獣〉

xv) 牛流行熱

牛流行熱ウイルス感染によって起こる疾病である．主に8〜11月に発生するが福島県や新潟県以北での発生はない．激しい流行であるが同居（接触）感染はない．カ，ヌカカが媒介する．突然の発熱が特徴で，呼吸数が異常に増加する．次いで四肢の関節炎による起立不能，泌乳停止などを示し，肺気腫により死亡することもあるが，1〜2日で解熱し回復する．イバラキ病とともに流行性感冒の名で法定家畜伝染病としてとり扱われていたこともある．〈届出，ワクチン〉

xvi) 牛RSウイルス感染症

牛RSウイルス感染によって起こる疾病である．冬季に好発し，年齢に関係なく発病して伝播速度が速い．発熱（5〜6日の稽留熱），呼吸速迫，発咳，鼻汁排出，流涙，流涎，喘鳴などを主徴とする呼吸器病で，一般に経過は良好である．〈ワクチン〉

xvii) パラインフルエンザ（輸送熱）

牛パラインフルエンザウイルス3感染によって起こる疾病である．輸送や放牧，集団肥育に際して多発することから輸送熱といわれる．他の病原体との混合感染が多い．一過性の発熱，鼻汁排出，発咳を主徴とする呼吸器病である．死亡率は低い．
〈ワクチン，診断液〉

b. 細菌病

i) 炭疽

炭疽菌の感染によって起こる急性敗血症の疾病である．潜伏期は1〜5日と考えられ，症状として肺気腫による呼吸困難，ときに血

色素尿がみられ，経過の早いもので発症から24時間以内に死亡する．
〈法定，人獣，ワクチン，診断液〉

ii）出血性敗血症

出血性敗血症菌（Pasteurella）のうち血清型6：Bと6：Eにより引き起こされる疾病である．全身の皮下，筋肉，臓器に出血がみられる．発症から死亡までは，数時間〜2日間と急性の経過をとる．日本に発生はない．
〈法定，海外〉

iii）ブルセラ病

ブルセラ菌感染によって起こる疾病である．流産，早産，死産を主徴とする疾病で雌牛では不妊，乳腺炎，関節炎，雄牛では精巣炎，精巣上体炎がみられる．日本では1970年代以降ほぼ清浄化されている．
〈法定，人獣，診断液〉

iv）結核病

ウシ型結核菌感染によって起こる疾病である．呼吸器感染による慢性感染症であり，肺，胸腔内リンパ節に病巣が形成される．この病原菌はヒトと動物の共通感染性をもつ病原体なので，病原性検査は安全キャビネット内で実施し，ヒトへの感染防止に十分注意する．世界各国で発生が認められるが，日本ではほぼ清浄化が達成されている．
〈法定，人獣，診断液〉

v）ヨーネ病

ヨーネ菌の感染によって起こる疾病である．慢性で頑固な下痢が長期間にわたり持続し，次第に削痩する．剖検により，小腸粘膜の肥厚，腸リンパ節の腫脹が認められる．ヨーニンによる皮内反応と補体結合反応を組み合わせて診断する．〈法定，診断液〉

vi）気腫疽

気腫疽菌感染によって起こる疾病である．土壌および動物の体内に広く分布するクロストリジウムの一種によって起こる，反芻動物急性敗血症疾患である．発熱と振戦がみられ，肩部と臀部に浮腫が出現する．剖検により皮下織の血様膠様浸潤，筋肉の気腫，スポンジ状，粗性化，リンパ節の赤色腫大などがみられる．ヒトには感染しないとされているが，2007年にヒトの死亡例が報告されている．
〈届出，ワクチン〉

vii）レプトスピラ症

病原性レプトスピラ感染によって起こる疾病である．血色素尿と可視粘膜の貧血，流死産などの繁殖障害を主徴とする人獣共通感染症である．ネズミなどの齧歯類はレゼルボアとして感染に重要な役割を果たしている．本菌は感染した動物から尿中に排菌される．本菌によって汚染された敷わらや飼料に家畜が接触することにより，皮膚や粘膜から感染する．日本をはじめ世界各地で発生している．
〈届出，種畜検査対象疾病，人獣〉

viii）サルモネラ症

数種類の血清型のサルモネラに起因する感染症で，下痢，敗血症を主徴とした急性または慢性の伝染性疾病．ウシでは3種類の血清型によるものが届出伝染病に指定されている．感染は主に保菌牛の糞便中に排出された菌の経口感染によるが，子宮，粘膜，呼吸器などからも侵入する．保菌牛の摘発・隔離，また治療効果が上がらないものについては淘汰も考慮する．〈届出，人獣，ワクチン〉

ix）牛カンピロバクター症

カンピロバクター菌によって起こる疾病である．ウシの伝染性低受胎および散発性流産を主徴とする．本菌は主に雄の生殖器に感染し，汚染された雄牛による交配，汚染牛由来の精液の使用から低受胎，流産を招く．雄牛での病変はみられないが，雌牛では子宮内膜炎がみられる．日本では散発的に発生が認められる．〈届出，人獣，種畜検査対象疾病，診断液〉

x）乳房炎

原因は細菌感染であるが，原因菌の種類は多く，ブドウ球菌，レンサ球菌，大腸菌，緑膿菌，真菌などの常在菌が主体となる．また発病誘因として，搾乳不全やミルカーの不適

合などの不適切な管理をはじめ，畜舎の構造や環境，ホルモン状態，免疫不全など広範囲に及ぶ．原因菌の種類，年齢，泌乳期，季節などにより症状，経過，予後はまちまちであるが，乳量の減少や乳質の低下，治療による牛乳の廃棄ばかりではなく，盲乳や供用年数の短縮の原因となる．〈法的指定なし〉

xi）牛ヘモフィルス・ソムナス感染症

グラム陰性桿菌 *Histophilus somnus* 感染によって起こる疾病である．集団肥育牛に好発するが，散発的である．元気消失，運動失調，後躯麻痺，横臥，痙攣などの神経症状を示し，急死するものが多い．血清を伴った化膿性髄膜脳炎が特徴である．〈ワクチン〉

xii）リステリア症

リステリア感染によって起こる疾病である．平衡感覚の失調を主徴とする．延髄を中心にして脳組織に感染する．反芻動物では脳炎が主症状で，その他敗血症や流産を起こすこともある．斜頸，平衡感覚の失調，旋回運動が特徴的である．全世界的に発生している．〈人獣〉

xiii）伝染性角結膜炎

グラム陰性球菌 *Moraxella bovis* 感染によって起こる疾病である．伝染性眼疾患で放牧牛に多発する．羞明，流涙，結膜炎，角膜の混濁などがみられる．角膜周囲の血管の拡張充血により白目が淡紅色となることからピンクアイといわれる．サルファ剤，抗生物質の点眼により治療する．〈法的指定なし〉

xiv）アナプラズマ病

赤血球寄生性のグラム陰性細胞内寄生細菌であるリケッチア目のアナプラズマ感染によって起こる疾病である．熱帯，亜熱帯に分布するオウシマダニなどに吸血されることにより伝播される貧血，黄疸を主徴とする．日本では沖縄県に本菌の存在が確認されている．〈法定，診断液〉

xv）牛肺疫

マイコプラズマ感染によって起こる疾病である．ウシとスイギュウの急性，慢性の肋胸膜肺炎を主徴とする疾患である．現在，日本では発生がみられない．〈法定，海外，診断液〉

xvi）皮膚糸状菌症

皮膚糸状菌によって発症する疾病である．動物の真菌症としてもっとも多い．頭部，頸部，躯幹部，肢部に多く感染する．〈人獣〉

c. 寄生虫病

i）バベシア病（ピロプラズマ病）

バベシア原虫感染によって起こる疾病である．40℃前後の稽留熱，貧血，黄疸，血色素尿排出を主徴とする赤血球寄生性原虫疾患である．成牛のほうが致死率が高い．日本では沖縄県で発生があったが，現在，発生はない．〈法定〉

ii）タイレリア病（ピロプラズマ病）

タイレリア原虫感染によって起こる疾病である．法定伝染病に指定されている *Theileria parva* および *T. annulata* の感染では貧血，黄疸，血色素尿排出を主徴とする強い病原性を示す．国内で広く発生しているフタトゲチマダニが原虫を媒介する *T. sergenti* による感染症は小型ピロプラズマ病とよばれ，病原性が比較的低く，法定伝染病には指定されていない．〈法定〉

iii）トリパノソーマ病

トリパノソーマ原虫の感染によって起こる疾病である．発熱と貧血,削痩を主徴とする．ツエツエバエにより媒介されるものはアフリカ諸国では人獣共通感染症となっている．アブにより媒介されるものはウマやラクダに感染する．〈届出，種畜検査対象疾病〉

iv）トリコモナス病

トリコモナス原虫感染によって起こる疾病である．地域的に流行し，雌に腟炎，子宮炎，卵管炎を起こし，不受胎，流産の原因となる．雄は多くが無症状で感染源となる．
〈届出，種畜検査対象疾病〉

v）ネオスポラ症

ネオスポラ原虫感染によって起こる疾病で

ある．イヌを終宿主とする原虫疾患で，イヌの糞便中のオーシストにより伝播される．ウシの流産，異常産の原因となる．日本でも発生がみられている．〈届出，診断液〉

ⅵ）クリプトスポリジウム症

クリプトスポリジウム原虫の感染によって起こる疾病である．腸管に感染するタイプと第四胃に感染するタイプがあり，腸管に感染するタイプは人獣共通の病原体であり，激しい下痢症を引き起こす．下痢便中に寄生虫のオーシストが含まれており，感染は何らかのかたちで下痢便に経口的に接触して起こる．このオーシストは水道水に用いられる塩素消毒に耐性なので，水道水に混入し下痢の集団発生を引き起こす．日本を含む世界各地で人獣での感染が認められる．第四胃に感染するタイプは日本でもしばしば分離されるが，病原性は低い．〈人獣〉

ⅶ）肝蛭症

肝蛭という吸虫の感染によって起こる疾病である．胆管に感染し，消化器系の異常，可視粘膜の蒼白，慢性胆管炎や肝硬変を引き起こす．日本をはじめ世界各地でみられる．
〈人獣，診断液〉

ⅷ）牛肺虫症

線虫感染によって起こる疾病である．本虫の感染源は第三期子虫で経口感染する．特に未汚染牧野に本虫が侵入すると被害が大きくなる．肺の気腫・水腫，無気肺，気管支炎などがみられ，多数寄生では急死することがある．防除には駆虫剤を投与する．
〈法的指定なし〉

ⅸ）牛バエ幼虫症

牛バエまたはスジウシバエの幼虫感染によって起こる疾病である．牛バエ幼虫の皮膚寄生による．皮膚内に侵入し，体内移行の末，背部皮下に腫瘤を形成し，開口部から膿汁を排出する．日本では汚染地域から輸入した牛にみられる．ウマやヒトの寄生例も報告されている．〈届出，人獣〉

d．プリオン病

ⅰ）伝染性海綿状脳症（牛海綿状脳症）

プリオンとよばれる宿主が本来もっているタンパク質が異常を起こした異常型プリオンによって引き起こされる疾病である．異常型プリオンは疾病の英語表記名のイニシャルをとってBSEプリオンといわれる．本疾病は経口感染であり，BSEプリオンに汚染された肉骨粉の給餌によって感染する．BSEプリオンは神経を経由し延髄に侵入する．症状として音に対する過敏な反応，異常歩行，ふらつきがある．日本をはじめ世界各地で発生している．ワクチンや治療法はなく，感染牛の徹底した淘汰，汚染地域からのウシや動物用飼料の輸出入の制限で発生拡大を阻止する．〈法定，人獣，診断液〉

B．ヒツジ・ヤギの伝染病

a．ウイルス病

ⅰ）リフトバレー熱

リフトバレー熱ウイルス感染によって起こる疾病である．アフリカ各地においてカによって反芻動物に媒介される．妊娠動物にはほぼ100％流産が発生する．幼獣は致死率が高く，肝臓に強い壊死性病変がみられる．ヒトにもインフルエンザ様の症状を引き起こし，回復することが多いがときに死亡することもある．〈法定，海外，人獣〉

ⅱ）小反芻獣疫

小反芻獣疫ウイルス感染によって起こる疾病である．西アフリカ，南インドを中心に発生がみられ，ヒツジとヤギにペスト様の症状を引き起こし，ほとんどが死亡する．ウシ，ブタは感染しても発症せず，疾病を伝播しない．〈法定〉

ⅲ）伝染性膿疱性皮膚炎

パラポックスウイルス感染による疾病である．皮膚の創傷から直接的に感染するか，ウイルスに汚染された飼料を介して感染が成立する．ヒトに対しても感染動物の接触の機会が多い獣医師や羊飼育人が感染する．口唇部

や乳頭，蹄間部などに発赤丘疹，結節を形成する．致死性は低い．〈届出，人獣〉

iv）ナイロビ羊病

ナイロビ羊病ウイルス感染によって起こる疾病である．マダニによってヒツジ・ヤギに媒介される西アフリカの地方病である．高熱，出血性腸炎，衰弱を示し，妊娠動物には流産を起こす．まれにヒトも実験室内感染する．〈届出，人獣〉

v）羊痘

羊痘ウイルス感染によって起こる疾病である．アフリカ，中近東，インド，ネパール，中国の一部で発生している．接触感染により40℃以上の高熱，無毛部に発疹を示す．感染率，死亡率ともにきわめて高い．〈届出〉

vi）マエディ・ビスナ

スローウイルス感染によって起こる疾病である．アイスランドで最初に報告された．マエディは主として3，4歳以上のヒツジに進行性肺炎を起こし，ビスナは2歳以上のヒツジに進行性脳脊髄炎を起こす．主要なヒツジの産地に浸潤しているが，オーストラリア，ニュージーランドには発生がない．〈届出〉

vii）山羊痘

山羊痘ウイルス感染によって起こる疾病である．中近東，アフリカ，インドなどで発生しており，接触感染により，全身の皮膚，呼吸器粘膜，消化器粘膜に丘疹を形成する．〈届出〉

viii）山羊関節炎・脳脊髄炎

山羊関節炎・脳脊髄炎ウイルス感染によって起こる疾病である．世界各地で発生し，山羊は年齢，品種に関係なく感染する．成獣では慢性的な関節炎を起こす．幼獣では脳脊髄炎や肺炎を起こすことがある．日本でも発生がみられた．〈届出〉

ix）ブルータング

ウシのブルータング参照〈届出〉

x）アカバネ病

ウシのアカバネ病参照〈届出〉

b．細菌病

i）ブルセラ病

ウシのブルセラ病参照〈法定，人獣〉

ii）野兎病

野兎病菌であるグラム陰性通性細胞内寄生細菌 Francisella tularensis の感染によって起こる疾病である．ダニ，サシバエ，カなどによる機械的な伝播，汚染飛沫の吸入，汚染された飼料や水の摂取，感染動物の摂食，感染動物との直接接触などにより感染する．高い致死率を示すことがある．北米，ヨーロッパ，アジアなどで発生する．〈届出，人獣〉

iii）伝染性無乳症

マイコプラズマ感染によって起こる疾病である．ヒツジ・ヤギに乳房炎を起こし，慢性化すると乳量減少，無乳となる．しばしば関節炎を併発し，まれに角膜炎を起こす．日本で発生はない．〈届出〉

iv）流行性羊流産

クラミジア感染によって起こる疾病である．ヨーロッパ，北米，ニュージーランドで発生がみられる．初産のヒツジ・ヤギの妊娠末期に流産，異常産を起こす．日本での発生はない．〈届出〉

v）山羊伝染性胸膜肺炎

マイコプラズマ感染によって起こる疾病である．赤道以北のアフリカ，中近東，東アジアに発生している．ヤギに急性の胸膜肺炎を起こし，死亡率も高い．〈届出〉

c．寄生虫症

i）疥癬（ヒゼンダニ症）

ダニの寄生により起こる疾病である．強いかゆみを生じ，それによる自己損傷による脱毛が全身に及ぶ．イベルメクチン系薬剤の投与が治療，予防に有効である．〈届出〉

d．プリオン病

i）伝染性海綿状脳症（スクレイピー）

病原因子プリオンの感染によって起こる疾病である．BSEなどの動物プリオン病の病原体と区別する場合には病原因子をスクレイ

ピープリオンとよぶ．以下，ウシのプリオン病参照．〈法定，診断液〉

C．ウマの伝染病
a．ウイルス病
ⅰ）馬伝染性貧血
　馬伝染性貧血ウイルス感染によって起こる疾病である．慢性伝染病で吸血昆虫を媒介する．注射針による人為的伝播もある．貧血が主徴で回帰熱を示す．ウマの伝染病として重要で，寒天ゲル内沈降反応で抗体陽性馬を淘汰する．現在，日本には発生はない．
〈法定，診断液〉

ⅱ）アフリカ馬疫
　アフリカ馬疫ウイルス感染によって起こる疾病である．ヌカカによって媒介され，南アフリカを中心にサハラ砂漠以南に発生がみられる．発熱，鼻汁，元気消失，呼吸困難，体温下降などの症状がみられ，死亡率は90％以上を示す．剖検では肺水腫が特徴である．
〈法定，海外〉

ⅲ）流行性脳炎
　日本脳炎ウイルスを代表とするさまざまなウイルスによって起こる疾病である．日本脳炎の場合，ウイルスはカによって運ばれ，主にブタで増殖し，感染ブタを吸血したカによってヒトやウマに感染する．症状として，発熱，麻痺，興奮状態となり，起立不能のままもがき苦しむ遊泳運動が観察される．ワクチンの普及により日本での感染は激減した．
〈法定，人獣，診断液〉

ⅳ）水胞性口炎
　ウシの水胞性口炎の項参照．〈法定〉

ⅴ）馬インフルエンザ
　馬インフルエンザウイルス感染によって起こる疾病である．40〜41℃の高熱，激しい乾性の咳とともに多量の水様性鼻汁を呈する急性呼吸器疾病である．不顕性感染馬がキャリアとなり，常在地のヨーロッパアメリカでは季節に関係なく発生する．日本では，現在，発生がない．〈届出，ワクチン〉

ⅵ）馬ウイルス性動脈炎
　馬動脈炎ウイルス感染によって起こる疾病である．発症馬の全身の小動脈中膜に変性，壊死がみられることから名付けられた．感染種馬の約半数が精液中にウイルスを排泄するキャリアとなり，雌馬に感染する．感染馬は発熱を伴った感冒様症状，発疹，結膜炎，浮腫などを示し，妊娠馬には高率に流産を起こす．不顕性感染も多い．日本には発生はない．
〈届出，ワクチン〉

ⅶ）馬鼻肺炎
　馬ヘルペスウイルスウイルス1型あるいは4型感染によって起こる疾病である．呼吸器感染症で，子馬には一過性の発熱，鼻汁を主徴とする鼻肺炎を起こし，妊娠馬には流死産を起こす．日本でも発生が報告されている．
〈届出，ワクチン〉

ⅷ）馬モルビリウイルス肺炎
　ヘンドラウイルス感染によって起こる疾病である．植物食性のオオコウモリが感染源と考えられており，オーストラリアのみで発生している．41℃以上の発熱，呼吸困難を主徴とする急性呼吸器病で，高い致死性を示す．ヒトに感染するとインフルエンザ様症状を示し，死亡することもある．〈届出，人獣〉

ⅸ）馬痘
　馬ポックスウイルス感染によって起こる疾病である．病変が繋部に出る1型と口腔粘膜に出る2型があり，2型のほうが重篤でときに若齢馬は死亡することもある．病変部の丘疹，水疱はやがて痂皮化，瘢痕化する．古典的な馬痘はヨーロッパで発生していたが，現在は発生がない．ポックスウイルスによるウアシンギシュー病がアフリカで，伝染性軟疣がアメリカとアフリカで報告されている．
〈届出〉

b．細菌病
ⅰ）鼻疽
　鼻疽菌感染によって起こる疾病である．主にウマ属に感染するが，まれにネコ科の動物

やヒトにも感染する．肺炎，鼻腔粘膜の結節・潰瘍と膿性鼻汁，皮下リンパ管の結節・膿瘍を示し，症状の違いにより，肺鼻疽，鼻腔鼻疽，皮疽とよぶ．日本での発生はない．
〈法定，海外，人獣〉

ⅱ）類鼻疽

類鼻疽菌感染によって起こる疾病である．熱帯，亜熱帯に分布する鼻真菌と近縁の土壌菌による疾病で，東南アジア，オーストラリア北部で発生する．鼻疽に類似した結節性病変がみられる．多くの動物種で発生がみられ，まれにヒトも感染する．〈届出，人獣〉

ⅲ）破傷風

嫌気性芽胞細菌のクロストリジウム感染によって起こる疾病である．本菌は土壌および動物の体内に広く分布する．創傷部から侵入した本菌の芽胞が増殖し，産生する神経毒素による運動中枢が侵され，全身の筋肉の硬直や痙攣を起こす．ついには呼吸困難により死に至る人獣共通感染症である．多くの動物種に感染するが，家畜ではウマがもっとも感受性が高く，牙関緊急（開口障害），開帳姿勢，全身発汗などの典型的な症状を示す．
〈全，届出，抗毒素血清，トキソイド，人獣〉

ⅳ）馬伝染性子宮炎

グラム陰性桿菌である *Taylorella equigenitalis* 感染によって起こる疾病である．子宮炎を起こして陰門部から多量の灰白色粘液，後期には膿様粘液を排出する生殖器感染症である．雄は発症せず，雌も不顕性感染が多い．交尾により伝播し，不妊，流産の原因となる．日本でも発生がみられる．
〈届出，種畜検査対象疾病〉

ⅴ）馬パラチフス

サルモネラ感染によって起こる疾病である．雌には伝染性流産，雄では精巣炎，子馬には多発性関節炎や敗血症を起こす．感染子馬は生まれても死亡することが多い．日本でもウマの産地で散発的に発生がみられる．
〈届出，種畜検査対象疾病，診断液〉

ⅵ）仮性皮疽

真菌感染によって起こる疾病である．主に接触感染によるが，昆虫が媒介することも考えられている．皮膚の創傷部から皮下リンパ管に感染し，膿瘍や化膿性潰瘍を形成する．日本では，現在，発生はない．
〈届出，種畜検査対象疾病，人獣〉

c. 寄生虫病

ⅰ）ピロプラズマ病

バベシア原虫感染によって起こる疾病である．ウシのバベシア病同様，ウマ属にのみ感染するバベシア属の2種の原虫による，発熱，貧血，黄疸，疝痛を主徴とする急性または慢性の赤血球寄生性原虫疾患である．日本には発生はない．〈法定〉

ⅱ）トリパノソーマ病

トリパノソーマ原虫感染によって起こる疾病の総称で，感染原虫種によって交疫（媾疫），ナガナ，ズルラなどがある．熱帯アフリカ諸国でツェツェバエにより媒介される原虫症で反芻獣，ブタ，ウマ，ときにヒトにも感染し，貧血や痩削を引き起こす．アブ科昆虫により媒介される原虫症は熱帯，亜熱帯の諸国でウマやラクダに感染する．感染動物の交尾によりウマにも感染し，皮膚の斑状の浮腫が特徴の原虫症も熱帯，亜熱帯の諸国に散在している．〈届出，種畜検査対象疾病〉

ⅲ）サルコチスティス病

肉胞子虫（*Sarcocystis*）原虫感染によって起こる疾病である．この原虫の終宿主はイヌ，ネコ，ヒトであり，家畜動物はその中間宿主となる．終宿主の糞便内にはオーシスト（寄生虫卵様のもの）が含まれ，中間宿主はその糞便に主に経口的に接触することで感染が成立する．中間宿主では筋肉内に生息する．感染肉を食したヒトの食中毒がしばしば報告されている．肉の冷凍処理によって虫体の死滅が行われる．〈人獣〉

D. ブタの伝染病
a. ウイルス病
ⅰ) 豚コレラ

豚コレラウイルス感染による疾病である．季節や年齢に関係なく発生する急性熱性伝染病で，高い発症率と死亡率を示す．潜伏期一般に5～7日で，高熱，食欲廃絶，結膜炎などの症状ではじまり，次いで歩行蹣跚，起立困難・不能などの後躯麻痺，四肢の痙攣などの神経症状が認められる．末期には体表に赤紫色または暗赤色の鬱血や出血斑（紫斑）がみられる．日本では生ワクチンの使用により発生が激減したが，現在はワクチンを使用しない豚コレラ撲滅体制確立事業が推進され，確立しつつある．発生の際には，豚コレラに関する特定家畜伝染病防疫指針に基づき防疫体制が敷かれる．
〈法定，ワクチン，診断液〉

ⅱ) アフリカ豚コレラ

アフリカ豚コレラウイルス感染による疾病である．アフリカの風土病で感染ダニによって伝播される．感染豚は豚コレラや豚単独に類似した急性症状と病理所見を示し，甚急性から慢性の多様な経過をとる．発生の際には海外悪性伝染病防疫対策要領に基づき処置する．〈法定，海外〉

ⅲ) 豚水胞病

豚水胞病ウイルス感染による疾病である．口蹄疫にきわめて類似した症状を示すが，反芻獣には感染しない．また口蹄疫の空気伝播と異なり直接接触により伝播するが，汚染された豚肉およびその加工品などの残飯を介しても伝播する．現在日本での発生はない．
〈法定，海外〉

ⅳ) 流行性脳炎

日本脳炎ウイルスを代表とするさまざまなウイルスによって起こる疾病である．日本脳炎の場合，ヒトとウマでは脳炎を起こすが，ブタの感染は妊娠ブタに流死産を引き起こすのが本疾病の特徴である．日本では本州以南でしばしば流行する．〈法定，人獣〉

ⅴ) 水胞性口炎

水胞性口炎ウイルスによって起こる疾病である．ブタの蹄部や口内に水疱や糜爛の形成を主徴とする．感染は発症動物の接触や汚染物の経口，経鼻侵入である．症状が口蹄疫と酷似するので注意を要する疾病である．
〈法定，人獣〉

ⅵ) オーエスキー病

豚ヘルペスウイルス1型感染によって起こる疾病である．急性伝染病でブタのほか家畜，ペットや野生動物にも感染する．ブタ以外の動物は発症すると掻痒を伴う神経症状を呈し，ほとんどが死亡する．ブタでは不顕性感染が多いが，哺乳ブタは発症しやすく，半数が死亡する．妊娠ブタでは死流産を起こす．ワクチンの使用により発生は激減したが，撲滅には至らず，オーエスキー病防疫対策要領による対策が進められている．
〈届出，種畜検査対象疾病，ワクチン，診断液〉

ⅶ) 伝染性胃腸炎

伝染性胃腸炎ウイルス感染による疾病である．消化器病で冬季に好発し，年齢に関係なく発症する．典型例では嘔吐，水様性下痢，脱水症状を示し，母豚では著しく泌乳量が低下する．哺乳豚は高い死亡率を示す．常在地では非定型的で幼ブタの死亡率も低い．
〈届出，ワクチン，診断液〉

ⅷ) 豚エンテロウイルス性脳脊髄炎

豚エンテロウイルス感染による疾病である．全身性の痙攣，後弓反射，昏睡などを主徴とする伝染性神経疾患で，さまざまな血清型が存在することから，病状も多様である．近年，重篤な例は少なく，軽度の病勢を示すものが多い．汚染された排泄物を主体とした経口，経鼻感染により伝播する．
〈届出，種畜検査対象疾病〉

ⅸ) 豚繁殖・呼吸障害症候群

豚生殖器・呼吸器症候群ウイルス感染による疾病である．妊娠ブタには死流産や虚弱子

分娩などの繁殖障害をもたらし，離乳豚には慢性肺炎などの呼吸器障害を引き起こす症候群である．PRRSともよばれる．日本ではへこへこ病といわれ，激しい腹式呼吸を示す例が報告されたが，現在は常在化し不顕性感染も多い．〈届出，種畜検査対象疾病，ワクチン，診断液〉

x）豚水疱疹

豚水疱疹ウイルス感染による疾病である．口周囲の皮膚，粘膜に水疱を形成する．跛行や起立不能の原因となることがある．症状は口蹄疫ときわめて類似するが，反芻獣には感染しない．感染豚肉や終宿海獣（アシカ等）の肉を飼料として給与することにより流行した．〈届出，海外〉

xi）豚流行性下痢

豚流行性下痢ウイルス感染による疾病である．日本や韓国では豚伝染性胃腸炎に類似した哺乳ブタに致死率の高い急性の下痢症を引き起こす．冬季に好発し，水様性下痢，脱水症状が主徴で，小腸絨毛の萎縮が特徴的病変である．〈届出，ワクチン〉

xii）ニパウイルス感染症

ニパウイルスの感染によって起こる疾病である．ブタでは日本脳炎と症状が酷似しているが，日本脳炎と違い，カによって感染が伝播されるのではなく，直接接触によって感染が起こる．感染ブタに接触したヒトにも感染するので，養豚農家で多く発生し，致死率も高い．〈届出，人獣，海外〉

b．細菌病

ⅰ）炭疽

　ウシの炭疽病参照〈法定，人獣〉

ⅱ）ブルセラ病

　ウシのブルセラ病参照〈法定〉

ⅲ）萎縮性鼻炎

　グラム陰性球桿菌ボルデテラ感染によって起こる疾病である．慢性呼吸器病で致死率は低いが，増体率や飼料効率の低下，発育遅延などの経済的損失をもたらす．感染初期には気管炎，肺炎を示し，鼻炎と流涙によるアイパッチが特徴である．鼻甲介骨や上顎骨の萎縮により鼻の萎縮，湾曲，顔面の変形が起こる．パスツレラとの混合感染により病状の悪化がみられることがある．〈届出，ワクチン〉

ⅳ）豚丹毒

　豚丹毒菌の感染によって起こる疾病である．敗血症型，蕁麻疹型，関節炎型，心内膜炎型の4つの型に分類される．世界中の養豚地帯で発生しており，日本でも発生は全国的であり，本菌が検出された畜肉はすべて廃棄の対象になる．本菌はブタのほかにもイノシシや種々の哺乳類，鳥類にも感染し関節炎や敗血症を引き起こす．
〈届出，人獣，ワクチン，診断液〉

ⅴ）豚赤痢

　グラム陰性の真正細菌スピロヘータの一種であるトレポネーマ感染によって起こる疾病である．粘血下痢症を主徴とする急性または慢性の大腸炎である．品種，性別に関係なく発症し，離乳後の体重15〜70 kgの肥育豚に好発する．〈届出〉

ⅵ）豚胸膜肺炎

　豚胸膜肺炎菌感染による疾病である．萎縮性鼻炎，マイコプラズマ肺炎とともにブタの三大呼吸器病といわれる．4〜5か月齢の肥育豚に好発する．急性例では突然の食欲不振，発熱，呼吸困難を呈し，2〜4日に経過で死亡することが多い．剖検では，肺や胸膜に線維素付着，胸膜の癒着，肺の暗赤色肝変化などを認める．〈ワクチン，診断液〉

ⅶ）豚マイコプラズマ肺炎

　肺炎マイコプラズマ感染によって起こる疾病である．慢性呼吸器病であり，罹患率はきわめて高く，出荷豚の約半数が肺に病巣をもつ．空咳を伴うことがあるが，大部分は無症状であるものの発育の遅れから生産効率の低下が問題となる．本病や萎縮性鼻炎などの慢性疾病対策として，オールイン・オールアウトなどの衛生管理対策とともに，これらの疾病を保有しないSPF豚群集団変換計画が推

進されている．〈ワクチン，診断液〉

c. 寄生虫病
ⅰ）トキソプラズマ症

トキソプラズマ原虫感染によって起こる疾病である．ブタコレラに類似の症状を示すが，不顕性のものも多い．ネコ科動物での感染もよく知られている疾病であり，家畜動物では感染猫が排出したオーシスト（寄生虫卵様の虫体）の飼料への混入，胎盤感染，感染臓器の生食による．生後3～4か月齢の子豚が高感受性で死亡率も高い．妊娠中に初感染すると胎盤を介して胎児に移行し流死産を起こすことがある．〈届出，人獣，診断液〉

ⅱ）サルコチスティス病

ウマのサルコチスティス病参照〈人獣〉

E. 家禽の伝染病
a. ウイルス病
ⅰ）高病原性鳥インフルエンザ

国際獣疫事務局（OIE）が作成した診断基準により高病原性鳥インフルエンザウイルスと判定されたA型インフルエンザウイルスの感染による鳥類の疾病．分離ウイルスを定法でニワトリに接種し，高い致死性または高い病原性を示すものを高病原性と，OIE基準に則って判定する．高病原性鳥インフルエンザは強い伝播力をもち，高致死性を示すことから，養鶏産業に及ぼす影響は甚大である．また，海外では家禽との密な接触によるヒトの感染や死亡が報告されており，公衆衛生上も重要な疾病である．日本でも2004年以降，野鳥やニワトリにおいて毎年のように発生している．〈法定，人獣〉

ⅱ）低病原性鳥インフルエンザ

H5またはH7亜型のA型インフルエンザウイルス（高病原性鳥インフルエンザウイルスと判定されたものを除く）の感染による鳥類の疾病．咳，くしゃみなどの呼吸器症状が主であり，死亡率は5％以下である．伝播力が強く，高病原性鳥インフルエンザウイルスに変異した事例も確認されていることから，高病原性鳥インフルエンザ同様の早期の防疫措置が行われる．中国でのヒト感染例が報告されている．〈法定，人獣〉

ⅲ）鳥インフルエンザ

高病原性鳥インフルエンザウイルスおよび低病原性鳥インフルエンザウイルス以外のA型インフルエンザウイルスの感染による鳥類の疾病．低病原性鳥インフルエンザ同様の呼吸器症状が主であり，致死率は低い．〈届出〉

ⅳ）ニューカッスル病

ニューカッスルウイルスの感染によって起こる疾病である．ニワトリのほかシチメンチョウやウズラにも感染する．日齢に関係なく発生し，伝播も速く，発病率および死亡率のきわめて高い．緑色下痢便の排泄，奇声，開口呼吸などの呼吸器症状，足や翼の麻痺などが認められる．強毒株の感染では，腺胃や盲腸扁桃に出血性潰瘍がみられる．ワクチンの使用により発生は激減した．まれにヒトに感染し，結膜炎を起こす．
〈法定，ワクチン，診断液，人獣〉

ⅴ）鶏痘

鶏痘ウイルス感染による疾病である．発生は単発的で伝播は遅い．皮膚，特に無毛部に発痘する粘膜型がある．日本をはじめ世界中に常在しているが，ワクチンの使用により激減している．〈届出，ワクチン〉

ⅵ）マレック病

マレック病ウイルス感染による疾病である．ウイルスは皮膚の上皮細胞で増殖し，フケとともに脱落して，気道から他へ感染する．6週齢以降に散発的かつ継続的に発生する．足や翼の麻痺，発育不良などがみられ，剖検により各臓器に白色髄様の腫瘍性病巣が認められる．〈届出，ワクチン〉

ⅶ）伝染性気管支炎

鶏伝染性気管支炎ウイルス感染による疾病である．急性呼吸器病で，群単位で発生することが多い．伝播は速いが，死亡率は一般に低い．多様な血清型があるため流行株の違い

によりワクチン接種群にも発生することがある．異常音を伴った呼吸器症状，下痢，奇形卵および軟卵の産卵がみられる．
〈届出，ワクチン，診断液〉

viii）伝染性喉頭気管炎

　伝染性喉頭気管ウイルス感染による疾病である．秋から春にかけて発生が多く，群内での伝播も比較的遅い．開口呼吸，異常呼吸音などの呼吸器症状のほか，血痰の喀出をみることがある．日本でも散発的に発生がみられる．〈届出，ワクチン，診断液〉

ix）伝染性ファブリキウス嚢病

　伝染性ファブリキウス嚢病ウイルス感染による疾病である．2〜10週齢に多発するが，一過性に終わる．死亡率は数％〜数十％と多様である．ファブリキウス嚢の壊死，水腫，次いで萎縮がみられる．幼雛期の感染は免疫不全の原因となり，抗病性が低下する．一般に移行抗体により感染が防止される．近年，高病原性の流行がみられるようになった．
〈届出，ワクチン，診断液〉

x）鶏白血病

　鶏白血病ウイルス感染による疾病である．リンパ球由来の大型の整一な腫瘍細胞が各臓器に白色腫瘍を形成するリンパ性白血病が経済的に重要である．そのほかに，赤芽球症，骨髄芽球症，骨髄球腫症，骨化石症，血管腫，繊維内腫などがある．類似するマレック病との鑑別が必要である．治療法，ワクチンはなく，垂直感染することから種鶏の清浄化が予防に効果的である．〈届出〉

xi）あひる肝炎

　あひる肝炎ウイルス感染による疾病である．6週齢未満のあひるに肝炎を起こす致死性の疾病である．潜伏期が1日と短く，甚急性の経過をとるためほとんど症状はない．成鳥は発症しないが，雛では同時に発症死亡するなどの疫学的特徴がみられる．3種の原因ウイルスがある，そのうち1型は日本でも発生がみられた．〈届出〉

b．細菌病

ⅰ）家禽コレラ

　Pasteurella multocida の感染によってほとんどすべての鳥類に起こる感染症である．急性敗血症を呈し，発症率や死亡率は高いが，緩やかなものもみられる．感染源は不明な部分が多いが，群のなかでは病鳥由来の排菌で汚染された餌，飲水，木枠などの環境を介して起こる．〈法定，海外〉

ⅱ）家禽サルモネラ感染症

　ひな白痢菌および鶏チフス菌によって起こる疾病である．ひな白痢は白色下痢便を特徴とし，感染は介卵および孵化後の同居によって起きる．介卵感染を受けた雛は7日齢頃までに死亡し，同居感染の雛は孵化後早いもので2日齢，遅いもので3週齢にわたって死亡する．予防策として，ひな白痢検査で保菌ニワトリを摘発・淘汰し，種鶏群を清浄化する．かつては世界的に発生していたが，現在は激減しており，日本での発生は非常にまれである．〈法定，診断液〉

ⅲ）サルモネラ症

　Salmonella enteritidis および *S. typhimurium* 感染によって起こる疾病である．世界中の至るところで発生している．前者は鶏卵汚染によって引き起こされる食中毒が世界的に発生している．この疾病の感染伝播は *S. enteritidis* では介卵や環境由来から，*S. typhimurium* では環境由来および飼料由来が主である．予防策としては洗浄雛の導入，鶏舎の洗浄・消毒，また汚染源として明らかになっているネズミの駆除がある．〈届出，人獣，ワクチン〉

ⅳ）鶏結核病

　鳥型結核菌感染によって起こる疾病である．血清型1，2，3型は鳥類に対し強い病原性をもつものとして知られている．日本では2004年にニワトリで発生した．感染伝播は汚染糞便の経口接触，または飛沫などの気道感染によるものと考えられている．有効な治療法はなく，病鳥発生群は全淘汰し，鶏舎

を消毒する．〈届出，人獣〉

ⅴ）鶏大腸菌症

　大腸菌によって起こる疾病である．敗血症，心膜炎，肝包膜炎，気囊炎，関節炎，眼球炎，蜂窩織炎などの病型がある．発生は世界的であり，本症は特に5〜10週齢のブロイラーに多発する．感染経路は主に呼吸器侵入であり，雛では介卵感染である．予防として衛生，飼育管理また孵卵時の衛生管理を徹底化することである．不活化ワクチンが市販されている．〈ワクチン〉

ⅵ）鶏ブドウ球菌症

　黄色ブドウ球菌感染による疾病である．本菌は動物の常在菌だが，本症はニワトリ特有の生態型の菌に起因すると考えられている．皮膚感染型，敗血症型，内臓感染型，骨髄・関節炎型などの病型があり，もっとも多い皮膚感染型の浮腫性皮膚炎はバタリー病ともいわれ，暗赤色の皮下には滲出液を貯留し，悪臭を放つ．ワクチンはなく，抗生物質による予防・治療のほか，衛生的な環境に留意する．〈法的指定なし〉

ⅶ）伝染性コリーザ

　ヘモフィルス感染によって起こる疾病である．呼吸器病であり，秋から春にかけて多発し，常在化の傾向がある．鼻汁の排泄，顔面の腫脹が現れるが約1週間で回復する．飲水による伝播が主体で，群内での伝播は速いが，致死率は低い．他の病原菌との混合感染により重篤化する．〈ワクチン，診断液〉

ⅷ）鶏マイコプラズマ病

　2種類以上のマイコプラズマ感染によって起こる疾病である．眼窩洞炎，気管炎，気囊炎，肺炎，関節炎などの総称．単独感染では無症状であるが，産卵鶏では成熟の遅れ，育成率や産卵率の低下などがみられ，ブロイラーでは体重減少，気囊炎による廃棄の増加などが認められる．劣悪な飼育環境や混合感染などが重なるとコリーザなどの呼吸器症状を示すようになる．水平感染のほか介卵感染もあるので，清浄雛の導入や衛生管理の徹底などで予防する．ニューキノロン系薬剤で治療する．〈届出，ワクチン，診断液〉

c．寄生虫病

ⅰ）ロイコチトゾーン病

　ロイコチトゾーン原虫の感染によって起こる疾病である．喀血，貧血，緑便の排泄，産卵低下，発育遅延などの障害を起こし死亡する．ニワトリヌカカが媒介するので，発生期（5〜9月）に多発する．日齢に関係なく罹患するが，若齢雛ほど症状は重い．日本では北海道南部以南で発生し，産卵系で被害が大きい．〈届出，診断液〉

ⅱ）鶏コクシジウム病

　コクシジウム原虫の感染によって起こる疾病である．9種の原虫があり，すべて消化管に寄生するが，種により寄生部位および病原性が異なる．盲腸型コクシジウム症は幼雛に好発し，死亡率が高い．血便を排泄し，1〜2日で死亡するものも多い．盲腸と直腸に出血性壊死性病変がみられ，盲腸内に血液が充満する．抗コクシジウム剤を飼料に添加して予防する．〈ワクチン〉

ⅲ）ニワトリのクリプトスポリジウム症

　Cryptosporidium meleagridis および *C. baileyi* によって起こる疾病である．感染伝播は汚染糞便の接触による糞便中のオーシスト（寄生虫卵様のもの）の経口侵入によって起こる．ファブリキウス囊，盲腸・結腸，総排泄腔に寄生する．糞便中のオーシストの検出により診断する．〈法的指定なし〉

F．ミツバチの伝染病

ⅰ）腐蛆病

　アメリカ腐蛆病菌とヨーロッパ腐蛆病菌感染によって起こる疾病である．ミツバチの幼蛆の感染症である．アメリカ腐蛆病では主に有蓋蜂児が経口感染により敗血症を起こして死亡する．茶褐色の腐蛆，巣房には陥凹や小孔がみられ，特徴的なニカワ臭を発する．ヨーロッパ腐蛆病では無蓋蜂児が汚染王乳を摂取

することにより発病し，死亡する．透明なコイル状の蜂児や乳白色水様腐蛆がみられ，酸臭がある．発生蜂群は焼却して蔓延を防止する．〈法定〉

ⅱ）バロア病

ミツバチヘギイタダニ感染によって起こる疾病である．大型で特異な形態のダニが蜂児に寄生し，発育を阻害する．本来の宿主はトウヨウミツバチだが，養蜂に用いられているセイヨウミツバチにも寄生して被害を及ぼす．日本でも発生している重要疾病である．フルバリネート製剤の巣箱への設置，燻燃剤による巣箱の消毒などにより防除する．〈届出〉

ⅲ）チョーク病

ハチノスカビ感染によって起こる疾病である．幼蛆が白色ミイラ化（白墨化）して死亡する真菌性伝染病である．発生すると病原菌の胞子が環境中で長期間生存することから，根絶は容易ではなく，全国に分布していると考えられている．〈届出〉

ⅳ）アカリンダニ症

アカリンダニ感染によって起こる疾病である．アカリンダニが成蜂の前胸気管へ寄生して物理的閉塞を起こす．ハチどうしの接触感染により伝播するが，蔓延速度は遅い．多くは無症状であるが，越冬期の蜂数激減が問題となる．日本に発生はない．〈届出〉

ⅴ）ノゼマ病

ミツバチノゼマ原虫感染によって起こる疾病である．成蜂の中腸上皮に原虫が感染増殖し胞子を形成して排泄する．感染蜂は腹部が膨満して飛翔不能となって巣門付近を徘徊する．成蜂の個体数減少の主要な原因とされる．日本での発生は明確ではない．〈届出〉

G．ウサギの伝染病

ⅰ）兎ウイルス性出血病

ウサギ出血病ウイルス感染によって起こる疾病である．成兎の全身諸臓器に点状ないし斑状の出血や鬱血を起こす急性で，死亡率が高いウイルス感染症である．発熱，元気消失，食欲廃絶，呼吸困難，鼻出血，神経症状などを呈して数日のうちに死亡する．2か月齢以下の若齢兎には発症がみられない．日本でも発生が報告されている．〈届出〉

ⅱ）兎粘液腫

ミクソーマウイルス感染によって起こる疾病である．吸血昆虫による媒介のほか，接触感染により伝播するウイルス病である．イエウサギでは初期に発熱，結膜炎による眼瞼の膨張と閉鎖，膿性の目ヤニの分泌などがみられ，その後，鼻，耳，眼瞼，肛門，外部生殖器粘膜と皮膚の境界部皮下にゼラチン様腫瘤（粘膜種）を形成する．雄には精巣炎がみられる．死亡率は100％ときわめて高い．日本では発生はない．〈届出〉

7.2.8　海外悪性伝染病

海外悪性伝染病とは，現在日本に存在しない伝染病のうち，国内に侵入した場合，畜産および社会生活上に重大な影響を及ぼす恐れの強い悪性の伝染病をいう．国内で当該伝染病が発生した場合は，家畜伝染病予防法に基づき殺処分方式により病原体の撲滅を図って常在化を防ぐこととなっている．

海外悪性伝染病の種類は多いが，そのうち，牛疫，口蹄疫，アフリカ豚コレラについては指定された地域からの生態の輸入はもちろん，肉やその加工品，精液や卵子，敷料などの輸入も禁止され，これらの患畜および疑似患畜，牛肺疫の患畜は殺処分される．その他の伝染病として，ウシではリフトバレー熱，出血性敗血症などが挙げられ，ブタでは水胞性口炎，豚水胞病など，ウマでは鼻疽，アフリカ馬疫など，ニワトリでは家禽コレラ，高病原性鳥インフルエンザなどが挙げられる．また，家畜と指定野生動物の狂犬病も海外悪性伝染病で検疫の対象となっている．また，各県ではそれぞれの状況に応じて，その他の監視伝染病も加えた独自の防疫対策を策定し

ている.

7.3 移送衛生

7.3.1 家畜移送の影響
A. 移送時のストレス

　家畜の出荷や流通,種畜の輸出入などのために,生体で家畜を移送する必要が生じる.家畜の移送は,海路,陸路および空路があり,国内においてはトラックなどによる移送が多く,また海外への輸出入の際は航空機や船舶により輸送される.いずれの手段も家畜を一定空間内に長時間閉じ込めることによりさまざまな身体的・心理的ストレスを与えることとなる.また,近年では集約畜産の大規模化により,市場取引が広域化し家畜の輸送も長距離化しているためストレス負荷は大きくなってきている.これらのストレスは畜産物としての質の劣化や損失につながるだけではなく動物福祉の観点からも問題である.輸送時のストレスにはさまざまな要因が考えられるが,例えば餌や水の制限,狭い空間での他個体との接触,排気ガスや糞尿などの不衛生な環境,温熱環境,輸送後の環境の変化などが挙げられる.輸送時のストレスを軽減するためには,輸送距離や時間を短くすること,そして輸送の際の取扱者に家畜の取扱方法と誘導方法に十分習熟させることで家畜の捕獲や誘導,積み込み積み下ろし作業を適切に行うこと,適切な家畜輸送面積や集団規模などが求められる.輸送床面積や集団規模についてはさまざまな提案があるが,ここでは表7.5にウシ,ブタ,ニワトリに関してEUの基準をもとにした一例を示す.さらに輸送車内では,振動,エンジン音,衝突音などの莫大な騒音が頻繁に生じる.家畜は人よりも聴こえる周波数範囲が広いため騒音を減らすことも重要な課題である.また季節ごとに輸送車内

表7.5 ● 家畜移送の床面積

ⅰ) ウシ

	体重(kg)	必要床面積(頭数/m^2)	群構成頭数
子牛	約30〜80	0.33〜0.40	30〜25
	80〜150	0.40〜0.70	25〜15
成牛	150〜300	0.70〜1.10	15〜10
	300〜600	1.10〜1.60	8〜5

ⅱ) ブタ

	体重(kg)	必要床面積(頭数/m^2)	群構成頭数
新生豚	〜3	0.045	1
哺乳子豚	3〜6	0.066	1
	6〜15	0.120	1
子豚	15〜25	0.12〜0.17	10〜15
	25〜50	0.12〜0.17	20
飼育豚	51〜80	0.30〜0.48	15
	81〜100	0.40〜0.50	15
母豚	80〜200	0.40〜1.00	5
種豚	〜200	1.00	1
	200〜	1.50	1

の暑熱対策や防寒対策などを適切に行うことでストレスを軽減することができる．

B．移送による問題点

移送環境が劣悪な場合，外傷など，畜体に直接的な影響を与えるだけではなく，過大なストレスを与えることにより，他の疾病を誘発することも少なくなく，輸送後の健康状態にまで影響を与えることになる．飼育移送は，管理のために育成畜を放牧地と畜舎間などを移送するものであり，発育停滞や体重減少，疾病発生などが問題となる．出荷移送では，出荷に向けて十分に健康に増体させた家畜でも，環境が劣悪な場合，体重の減少や肉質劣化，死亡損失などが起きる．種畜や素畜の移送では，出荷時の移送や飼育移送と異なり，国内の遠隔地移送や外国との輸出入が多く移送時間が長くなる．子牛を肥育のために本州から北海道に移送するなどの長距離移送も頻繁に行われている．長距離輸送により，遠隔地で発生している伝染病を伝播する可能性があるため，移送中の疾病の発生や死亡損失が大きな問題となっている．

7.3.2　移送の法規制

家畜を地域間で移送する際には家畜防疫を目的とした法的な規制が存在する．家畜伝染病の蔓延を防止するために『家畜伝染病予防法』により家畜伝染病が発生していないときでも家畜移動のための証明書取得の義務があり，家畜伝染病の蔓延防止に必要であれば家畜の通行が制限または遮断されることがある．さらに家畜伝染病発生時には家畜移動が厳しく制限される．この家畜伝染病予防法は平成22年度に口蹄疫と鳥インフルエンザの発生を経験したことから平成23年に改正しており，畜舎等の出入り口での消毒設備の設置の義務などその規制を強化している．

7.3.3　動物検疫

畜産物へのニーズの変化や，輸送体系の整備や物流の迅速化により，海外諸国からの動物や畜産物の輸入量は増加している．そのため，海外から動物由来の伝染性疾病が運び込まれる危険性が増しており，国内における家畜衛生対策に合わせて，海外からの家畜の伝染性疾病の侵入を阻止する家畜伝染病予防法による水際防疫が重視されている．また，外国に伝染性疾病を広げる恐れのない動物・畜産物などを輸出することによって日本の畜産の振興に寄与することとなる．そこで国は全国に動物検疫所を配置し，家畜伝染病予防法などに基づき輸出または輸入される動物と畜産物の検疫検査を行っている．

A．家畜の輸入検疫

農林水産省が指定検疫物とする家畜（偶蹄類の動物，ウマ，ニワトリ，ウズラ，ダチョウ，シチメンチョウ，カモ目の鳥類，イヌ，ウサギなど）を輸入するには，輸出国での検査の結果，家畜の伝染病の病原体を広げる恐れのない旨を記載した政府機関が発行する検査証明書が必要となる．日本に到着した動物は，動物検疫所などで一定期間係留し，種々の検査が実施される．しかし，輸出国の悪性の伝染病（例えば牛疫，口蹄疫およびアフリカ豚コレラの三疾病など）の発生状況，発生地域での防疫措置の実施状況など家畜衛生事情によって当該国からの輸入制限または禁止措置がとられることもある．

B．家畜の輸出検疫

家畜を輸出するには，日本が輸入時に指定検疫物を対象に行う輸入検疫検査と同様の検査を行い，輸出検疫証明書の交付を受ける必要がある．この検査は指定検疫物以外であっても輸出相手国が要求する動物においては検査を実施する必要がある．

C．畜産物の輸出入

指定検疫物（ウシ，ブタなどの偶蹄類やニワトリの食肉類，臓器類，ハムやソーセージなどの加工食品類）はいくつかの現物検査をし，輸入または輸出検疫証明書の交付を受け

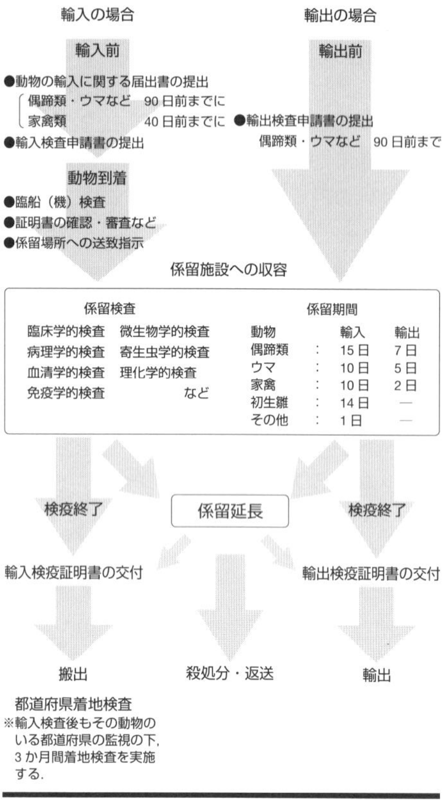

図 7.5 ● 動物検疫の流れ

る必要がある．これは，量の多少，個人用，商用など用途にかかわらず受ける必要がある．しかし，たとえ輸出国の検査証明書があっても伝染病の発症状況などにより輸入禁止とされている国も多い．

家畜の輸出入の際の検疫の流れの概略を図7.5に示す．

7.3.4　国際防疫

家畜伝染病予防法に基づいた家畜移送の法的規制や動物検疫も，国際的な協力があってはじめてその効力は高められる．このことは諸外国でも同様であり，そのため，世界各国の連絡強調のもとに，家畜衛生情報の交換や技術協力などを進めることを目的とした，動物伝染病の予防および研究の国際機関としてパリに OIE（国際獣疫事務局）が設立されている．現在は178の国と地域が加盟しており，日本は1930年に加盟を果たした．OIE は衛生保証の集約による国際防疫手続きの簡素化と各地で発生している獣疫の流行を防ぐことを目的に国際動物衛生規約を制定している．この規約には動物・畜産物の輸出入時の衛生基準や重要疾病ごとの規約，動物輸出入時の検疫検査，病原体ならびに媒介昆虫の撲滅などが制定されている．

7.4　繁殖障害と衛生

7.4.1　家畜の主な繁殖障害

家畜の生産性においてもっとも怖い状況のひとつに繁殖障害が挙げられる．雌の繁殖障害を分類すると，①無発情，②発情を示すが受胎しない，③受胎するが分娩に至らないに大別できる．①の無発情は，性成熟後あるいは分娩後の一定期間（生理的空胎期間）を経過しても卵巣が正常に機能せず，卵胞発育障害，卵巣嚢腫，鈍性発情および黄体遺残による無発情のために授精できない．②の発情を示すが受胎しないものは，排卵障害，卵管炎および子宮内膜炎などにより，授精しても卵巣や子宮の異常のために受胎しない．また，卵巣や子宮に異常は認められないものの，3回以上授精しても受胎しないリピートブリーダーもこれに含まれる．③の受胎するが分娩に至らないのは，受胎するが流産などのために妊娠が維持されないものである．

繁殖障害の原因は，①生殖器の解剖学的異常，②ホルモンの分泌異常，③微生物感染および不適切な飼養管理などである．①の解剖学的異常としては，ウシのフリーマーチン，ヤギやブタの間性などの先天的異常がある．フリーマーチンとはウシの異性双子で雌が不妊になる症状で，雌胎子と雄胎子の間に胎盤血管の吻合が生じることで血液の交流が起こ

り雌胎子の90％以上が生殖器の分化に異常をきたし不妊となる．また，分娩，難産あるいは人工授精の際に誘発された，卵巣，卵管，子宮，子宮頸管，腟の損傷や癒着などの後天的異常もある．②のホルモン分泌異常としては，性腺刺激ホルモン放出ホルモン（GnRH）および性腺刺激ホルモンの分泌不足による卵巣嚢腫や黄体形成不全，プロジェステロン分泌不足による不受胎，卵胞の発育障害および無発情などがある．③の微生物感染としては，ブルセラ病（Brucella abortus），牛カンピロバクター病（Campylobacter fetus）およびトリコモナス病（Trichomonas foetus）などのほか，飼育環境や栄養管理の不良による種々のストレス要因も受胎および繁殖障害の発生と関連がある．

ウシにおける雌の繁殖障害は，①卵巣疾患，②卵管疾患，③子宮疾患および④腟疾患に大別される．①の卵巣疾患としては，卵胞発育障害，卵巣嚢腫，排卵障害，鈍性発情，黄体形成不全および黄体遺残などがある．ウシの主な卵巣疾患には，ⓐ卵胞発育障害：卵胞の発育がまったくないか，ある程度まで発育するが排卵することなく無発情が持続するもの（卵巣発育不全，卵巣静止および卵巣萎縮），ⓑ卵巣嚢腫：卵胞が排卵することなく異常に大きくなるもの（卵胞嚢腫および黄体嚢腫），ⓒ排卵障害：卵巣に卵胞が発育・成熟して発情が発現するが，排卵までに長時間を要するもの（排卵遅延）および排卵に至らず閉鎖退行または嚢腫化するもの（無排卵），ⓓ鈍性発情：卵胞の発育・成熟，排卵，黄体の形成および退行は正常で発情周期も正常であるが，黄体の退行と卵胞の発育・成熟に伴って発情が現れないもの，ⓔ黄体形成不全：排卵後の黄体形成が不良なもの，ⓕ黄体遺残：排卵後に形成された機能的な黄体が，妊娠していないにもかかわらず長期間存続するものがある．②の卵管疾患としては，卵管炎，卵管水腫および卵管蓄膿症などである．③の子宮疾患としては，子宮内膜炎，子宮蓄膿症，子宮炎，子宮外膜炎および子宮頸管炎などである．④の腟疾患としては，腟炎，尿腟および腟脱などがある．

7.4.2　繁殖障害の臨床診断

まず，家畜の管理者から対象の個体や群について飼料給与状況，飼養管理状態および病歴のほか，分娩年月日，分娩難易，発情の有無，授精の有無および授精月日などの繁殖歴を聞き取り調査する．その後，直腸検査や腟検査などの臨床検査を行う．必要な場合は超音波画像診断，血中および乳汁中の性ホルモン濃度の測定，子宮洗浄液の細菌・ウイルス検査などの精密検査を行う．

直腸検査は直腸壁を介して卵巣や子宮などの内部生殖器を触診するもので，ウシ，ウマおよび大型の経産豚では繁殖障害の診断のほか，早期妊娠診断や胚移植においても重要で基本的な検査法である．直腸検査では，はじめに子宮頸の幅，長さ，形，かたさ，次に子宮角の幅，壁の厚さ，収縮性，弾力性，形状，液貯留，最後に卵巣の形状を触診する．繁殖障害は外部徴候，子宮および卵巣所見から卵巣機能が正常か否かを診断するが，1回の検査で診断が困難な場合には，7〜14日後に再度検査を実施し，卵巣所見の変化などを考慮して総合的に診断する．なお，繁殖障害の診断では家畜の管理者による発情の見逃しや不適期の授精など，人為的な繁殖障害の存在に注意する．

7.4.3　繁殖障害の治療

繁殖障害の治療では各種ホルモン剤を投与するばかりではなく，飼養環境や栄養管理状態を改善することが前提となる．繁殖障害による経済的損失を最小限にするためには，可能な限り早期に異常を発見し，ただちに的確な治療を行う．

ウシの主な卵巣疾患には，前述の7.4.1項

のとおり，ⓐ卵胞発育障害，ⓑ卵巣嚢腫，ⓒ排卵障害，ⓓ鈍性発情，ⓔ黄体形成不全，ⓕ黄体遺残に分類できる．これらのウシにおける主な卵巣疾患の治療法は次のとおりである．ⓐの卵胞発育障害については，下垂体前葉の性腺刺激ホルモン（GTH）分泌機能の低下によるので，ヒト絨毛性性腺刺激ホルモン（hCG），GnRH類縁物質の酢酸フェルチレリンまたは酢酸フセレリン，ブタの下垂体前葉性卵胞刺激ホルモン（FSH）あるいは妊馬血清性性腺刺激ホルモン（PMSG, eCG）を投与する．最近では腟内留置型のプロジェステロン製剤およびオブシンク法が応用され，良好な受胎成績が得られている．オブシンク法はGnRH，7日後にプロスタグランジン（PG）$F_{2\alpha}$，さらに2日後に再度GnRHを投与することによって，2回目のGnRH投与後28〜32時間に排卵をコントロールし，2回目のGnRH投与後16〜24時間に定時授精を行うものである．ⓑの卵巣嚢腫については，排卵を起こすのに必要なLHサージが欠如または不足しているので，卵胞嚢腫に対してはGnRH類物質，hCG，FSHあるいはプロジェステロン剤，また黄体嚢腫に対しては，$PGF_{2\alpha}$あるいは$PGF_{2\alpha}$類縁物質を投与する．ⓒの排卵障害の直接の原因は，発情期における下垂体前葉からの黄体形成ホルモン（LH）の分泌異常なので，卵胞嚢腫と同様の治療を行う．ⓓの鈍性発情については，GTHの分泌異常，エストロジェンとプロジェステロンの分泌異常，あるいはその量的不均衡によるので，$PGF_{2\alpha}$や$PGF_{2\alpha}$類縁物質を投与する．ⓔの黄体形成不全については，FSHやLHの分泌不足によるので，hCGやGnRH類縁物質を投与する．ⓕの黄体遺残については，下垂体前葉のGTHの分泌異常が関与しているので，黄体嚢腫と同様に$PGF_{2\alpha}$や$PGF_{2\alpha}$類縁物質を投与する．

7.4.4　妊娠分娩の衛生

家畜の流産には，①細菌，②ウイルス，③原虫および④真菌などの微生物感染が挙げられる．それ以外にも，先天異常，内分泌障害，栄養障害，化学物質，薬物，有毒植物および物理的要因などが関与している．

①の細菌性感染病としては，*Brucella abortus*（ウシ），*B. melitensis*（ヒツジ，ヤギ），*B. suis*（ブタ）感染によるブルセラ病，*Campylobacter fetus*（ウシ）感染によるカンピロバクター症，*Leptospira interrogans*（ウシ）などの感染によるレプトスピラ症，*Listeria monocytogenes*感染によって起こるリステリア症，*Salmonella abortusequi*（ウマ）によるサルモネラ症，*Streptococcus equi*による馬レンサ球菌性流産がある．②のウイルス性感染病としては，牛伝染性鼻気管炎ウイルス感染症，牛ウイルス性下痢・粘膜病，アカバネ病，馬流産ヘルペスウイルス感染症，豚コレラ，ブタの流行性脳炎（日本脳炎），ブタのエンテロウイルス病，豚パルボウイルス病およびオーエスキー病がある．③の原虫性感染病としては，*Trichomonas foetus*感染による牛トリコモナス病がある．④の真菌性感染症としては，*Aspergillus*属および*Mucor*属の真菌によって起こるものがある．

分娩時の異常としては，胎子の失位や奇形などに起因した難産が多い．失位整復および難産介助を実施する場合は，外陰部周囲の洗浄と消毒を行うとともに，術者の手腕の消毒および器具の消毒を十分に行い，微生物汚染を最小限にする．なお，乳牛の分娩前後における疾病予防の基本は，衛生的で快適な環境を整えるなど飼養環境の改善を図り，良好な乾物摂取量を維持すること，また，牛群における疾病の発生傾向を調査し，その要因を分析して適切な予防対策を実施することである．

7.4.5 人工授精の衛生

人工授精用器具の洗浄および消毒が不十分な状況は，人為的な生殖器感染による不妊症を誘発し，トリコモナス病，ブルセラ病，カンピロバクター病，顆粒性腟炎，馬パラチフスおよび馬伝染性子宮炎などの生殖器伝染病を蔓延させる危険性がある．したがって，人工授精時には授精用器具の洗浄・消毒および外陰部の洗浄・消毒を十分に行い，可能な限り無菌的かつ衛生的に実施する．人工授精用器具は使用前に煮沸消毒し，手指およびストロー鋏はアルコール綿でよく清拭して消毒する．また，外陰部を十分に洗浄して糞便などを除去し，外陰部を乾いた紙タオルでふきとり，アルコール綿で消毒したのち，微生物やその他の汚染物を子宮内に持ち込まないように，精液注入器に滅菌済みの外筒（鞘）をつけて腟内に挿入する．

7.4.6 胚移植の衛生

胚移植におけるドナーの過剰排卵処理，ドナーからの胚回収およびレシピエントへの胚移植など，各過程の微生物汚染は胚の発育障害や不受胎の原因となる．胚移植では，微生物汚染のほかにも，過剰排卵処理によるドナーの受胎性低下，卵巣疾患の誘発およびホルモンに対する抗体産生，胚回収による生殖器疾患の誘発や発情周期の変化，胚移植に伴うドナー保有病原体のレシピエントへの伝播および過大子や難産の問題が指摘されている．

胚の回収および移植における微生物汚染の予防法は次のとおりである．①灌流液や灌流器具は確実に滅菌したものを使用する．②子宮灌流にあたっては，外陰部や腟を十分に洗浄・消毒したのち，カテーテルを子宮内に挿入するが，その際，移植時と同様にカテーテルに滅菌した外筒をつけて腟深部まで挿入する．③子宮灌流終了後，子宮内膜炎の予防・治療薬を子宮内に投与する．④子宮頸管経由法で胚を移植する場合は，確実に麻酔を行うとともに外陰部を十分に洗浄・消毒し，微生物やその他の汚染物を子宮内に持ち込まないように，移植器具に滅菌済みの外筒をつけて腟内に挿入する．

7.5 家畜遺伝病と育種衛生

家畜における遺伝病は，家畜のゲノム上に発生する突然変異が原因となる場合が多い．突然変異には2種類あり，個体の親の配偶子形成の過程で生じた新たな突然変異と親の世代から突然変異を引き継ぐ場合に分けられる．突然変異は放射線や特定の化学物質によって頻度が上昇することが知られている．しかし突然変異は自然発生でもある一定頻度で生じることが知られている．多くの突然変異は遺伝子がコードするアミノ酸の変異を生じる，mRNAのスプライシングの異常を引き起こす，もしくはアミノ酸の翻訳の枠がずれる（フレームシフト型変異）ことによってタンパク質や酵素の失活を誘発する場合がほとんどである．この理由から，母親由来と父親由来の両方のゲノムにおいて突然変異をもつホモ接合体が家畜の病気を発症することが多い．一方，父親もしくは母親の片側のゲノムに変異をもつヘテロ接合体は，タンパク質のすべてが失活しているわけではなく，約半分の分子は野生型である．このためにヘテロ接合体は病気を発症することはないが，集団に残り次世代をつくるとある一定頻度でホモ接合体が発生することになる．ホモ接合体の頻度から，ヘテロ接合体の頻度を予測することも可能である．家畜の多くの遺伝病は発症すると経済的価値が損なわれることが多いので，ホモ接合体はもちろんであるがヘテロ接合体に関しても速やかに淘汰もしくは次世代の生産に使用しないことが望ましい．

すべての生物における表現型は遺伝的要因，環境要因，誤差によって説明され，P（表

現型：Phenotype）＝G（遺伝的要因：Genotype）＋E（環境要因：Environmental factor）＋e（誤差：error）と記載されている．出生直後に認められることが多い遺伝病は，この遺伝的要因の割合がとても高く，環境要因の割合が比較的少ない表現型のひとつといえる．一方，感染症に対する抵抗性の場合，遺伝病のように子どもの表現型が親と似る割合が低い（遺伝率が低い）ことが多い．このような感染症抵抗性のような表現型の場合は，先に例を挙げた遺伝病と比較して，遺伝的要因が占める割合が小さく，逆に環境要因が占める割合は高いと考えられる．環境要因が大きいということは家畜の感染症管理においてはまず，家畜を飼養する場所の衛生環境の改善が重要であることを意味している．家畜のさまざまな表現型において遺伝率が大きく異なる．

7.5.1 幼畜の育種衛生

多くの幼畜では成畜と比較すると，疾病に罹患しやすい．これは幼畜では感染症に対する感受性が高い，免疫機能が十分に発達していないことに起因する．幼畜は次世代の種畜となるだけではなく，後代検定のように種畜の能力を判定するうえで重要な意義をもっている．幼畜の場合，哺乳期間の間は母親から乳中に含まれる抗体が体内に移行し，ある一定期間感染微生物に対する抵抗性を示す．幼畜において頻繁に認められるのは下痢症である．下痢症はブタおよびウシにおいては複合感染症と考えられている．原因として挙げられるのは，ウイルス，大腸菌または寄生虫である．代表的なウイルスとしてはロタウイルス，サッポロウイルス，豚伝染性胃腸炎ウイルス，豚流行性下痢性ウイルスである．寄生虫としてはコクシジウムやクリプトスポリジウムが挙げられる．これらのウイルスや寄生虫は経営が大規模化し，人手が不足しがちな昨今の畜産農家で大きな問題といえる．幼畜への感染の原因として，母親からの感染が挙げられている．そのことから幼畜の衛生管理には母親を含め，複合的な見地からの衛生管理が望まれる．

7.5.2 成畜の育種衛生

成畜は生育後に種畜として繁殖に使用されるので，繁殖障害を誘起するような病原微生物との接触は避けなければならない．加えてワクチンを接種し，病原微生物へ対策を施すことが必要である．

7.5.3 家畜の遺伝病

A. 黒毛和種に認められる遺伝病

a. 牛バンド3欠損症（Band 3：B3）

バンド3遺伝子のなかの1990番目のシトシン塩基がチミンに突然変異することによって生じる遺伝疾患．父親由来と母親由来の両方が変異型バンド3遺伝子をもつ，すなわちホモ接合体になり，正常なバンド3タンパク質がつくられなくなるために発症する．遺伝様式は常染色体劣性を示す．本遺伝病に罹患したウシは生後から溶血性貧血，黄疸，低体重，呼吸の乱れを示し，多くが子牛の時期に死亡する．少ない個体では子牛の時期を超えるものがあるが，慢性貧血を示し発育不良に至ることが多い．赤血球の膜の構成成分であるバンド3タンパク質に異常をもつため，赤血球の形状に異常をきたし，球状を示すことから球状赤血球症ともよばれる．

b. 牛13因子欠損症（Factor 13：F13）

血液凝固第13因子のAサブユニット遺伝子の248番目のチミン塩基が突然変異によってシトシンに変化することによって生じる遺伝疾患．血液凝固において機能を果たす第13因子が欠損するために生じる．血液凝固反応が正常に進行しないために発生する病態である．生後すぐに臍帯から出血を生じる．外見上，臍帯からの出血が止まったようにみえても，腹腔内において出血を生じる例が多く，生後数日で死亡に至る場合が多い．その

後生存したとしても，発育不良を示す．血液凝固の過程は多くのタンパク質の相互作用によって生じているが，そのうちのひとつである第13因子が欠損することによって生じる遺伝病である．

c. 牛クローディン16欠損症
（Claudin 16：CL16）

糸球体や尿細管の上皮細胞に存在する接着因子遺伝子由来のタンパク質，クローディン16が欠損することにより生じる常染色体劣性遺伝を示す遺伝疾患である．本遺伝疾患では主に腎臓機能に関する臨床症状を発生する．ヒトでは，クローディン16遺伝子の異常は常染色体伴性劣性遺伝病（Familial hypomagnesemia and hypercalciuria and nephrocalcinosis：FHHNC）を生じることが知られている．ヒトFHHNCでもウシの場合と同様に腎機能に関連する症状が出ることが知られている．牛クローディン16欠損症では尿毒症，下痢および軟便，多尿が認められる．血液生化学的には血中尿素窒素（BUN），クレアチニンの上昇が認められる．多くの場合は生後数か月で死亡に至る例が多い．加えて過長蹄がみられることが特徴的である．本疾患に至る遺伝子異常の様式は，エクソン1から4を含む37 kbの欠損を原因とするType 1と，エクソン1からエクソン4および5を含む56 kbの欠損を原因とするType 2が存在するが，この2つのタイプの間に臨床症状の差は認められない．

d. 牛モリブデン補酵素欠損症
（Molybdenum cofactor sulfurase：MCSU）

本遺伝病はモリブデン補酵素硫化酵素遺伝子（Mcsu）の突然変異によって，酵素タンパク質が失活し生じる病気である．変異遺伝子をホモにもつことによって発症する常染色体劣性の遺伝様式を示す．モリブデン補酵素硫化酵素遺伝子の761から771番目の3塩基が欠損，その結果，1アミノ酸の欠損が生じることが原因である．主な症状は尿路系に集中し，尿路結石と腎障害である．キサンチンが体内で代謝されずに蓄積するためにこれらの症状が発生する．発症した子牛は7～8か月までにほとんどが死亡する．

e. 牛チェディアック・東症候群
（Chediak-Higashi Syndrome：CHS）

本遺伝疾患はLYSTという細胞内における物質輸送にかかわる遺伝子の突然変異によって生じる．LYST遺伝子の6044番目の塩基がアデニンからグアニンに変化することでヒスチジンからアルギニンへのアミノ酸置換を引き起こし，LYSTタンパク質の機能に異常が生じる．本疾患も常染色体劣性遺伝の様式を示し，突然変異をホモにもつ個体に疾患が発生する．症状としては色素減少，眼球の形成異常が頻繁に認められる．加えて血小板機能の異常による止血不全（出血が止まりにくい）や血腫も認められる．また，白血球，特に好酸球に巨大顆粒が認められる．

f. 眼球形成異常症
（Multiple ocular defects：MOD）

本疾患は常染色体劣性遺伝の遺伝様式を示す．原因遺伝子はウシ19番染色体に存在するWFDC1遺伝子である．本遺伝子のエクソンに1塩基の挿入が生じている．その結果，タンパク質翻訳のフレームにずれが生じる，フレームシフト型変異が生じていることが原因である．変異をもつ遺伝子をホモにもつ個体において本疾患が発症する．発症した場合，生まれた直後から水晶体や虹彩の形成はなく，小眼球症のために盲目である．本遺伝疾患は盲目以外には致死性は低い．

B. ホルスタインに認められる遺伝病

a. 牛複合脊椎形成不全症
（Complex Vertebral Malformation：CVM）

本疾患は常染色体劣性の様式を示す遺伝疾患である．原因遺伝子は発生初期に体節や脊椎の形成にかかわるSLC35A3遺伝子である．本遺伝子の塩基配列の突然変異によりアミノ酸置換が発生し，SLC35Aタンパク質が失活

する．一時期は日本の15％の個体が保因牛であったほど多くみられた遺伝性疾患である．原因はアメリカで有名な種雄牛が保因牛であったために全世界に影響を及ぼした．本疾患の症状は流産および死産，生後直後の死亡である．流産もしくは出生直後の子には奇形が認められる．奇形の特徴は頸部や胸部脊椎の短縮，両前肢手根骨関節や飛節関節の左右対称的収縮と捻転で，心奇形を伴う場合もある．

b．牛白血球粘着性欠如症
   （Bovine Leukocyte Adhesion Deficiency：BLAD）

本疾患は，ウシCD18β遺伝子の変異によって発生する常染色体劣性の遺伝疾患である．近年まで日本でも認められた遺伝性疾患のひとつであり，指定遺伝性疾患に認定されている．白血球の粘着タンパク質の一種であるCD13/CD18インテグリンのうち，CD18が欠損するために白血球が疾患部位に付着できなくなることによって病態が発生すると考えられる．このために常在する感染症に対する抵抗性が低下する．本疾患の症状は発熱，下痢，傷の治癒不全，口腔粘膜の潰瘍，歯肉炎などである．結果として多くの場合，生後数か月で死亡に至ることが多い．

c．シトルリン血症（Citrullinuriia：CNC）

代謝障害による高アンモニア血症が原因で生後3〜5日に死亡することが多い．アンモニアを排出するために必要なオルニチン回路のひとつの酵素，アルギノコハク酸合成酵素の欠損による障害が発生する．尿素代謝の異常が原因である．重篤な場合は高い濃度のアンモニアの蓄積が発生し，神経症状を伴う．本遺伝疾患は海外では記録があるが，日本での発症症例の報告はない．

d．ウリジル酸合成酵素欠損症
   （dUMP synthetase deficiency：DUMPS）

妊娠後40日前後の段階で胎児の発生が停止する遺伝性疾患である．常染色体劣性遺伝を示す．原因遺伝子はウリジル酸合成酵素遺伝子である．原因遺伝子における突然変異のために本酵素が失活し症状が現れる．この遺伝疾患は今日ではみられず，発症個体の出現は皆無といってよい．また海外から国内に入っていないために検査業務も行われていない．

e．単蹄（Mulefoot，Monodactylism）

文字どおり，蹄がひとつになる異常で英語ではミュールフット（ラバの足の意味）を示す言葉でよばれている．原因遺伝子は低密度リポタンパクレセプター4（Lrp4）遺伝子であり，ホルスタイン種においては4863，4864番目のCG塩基がAT塩基に変異していることが原因であると報告されている．前肢のほうが後肢と比べて発症しやすいという特徴がある．国内では過去に保因牛が報告されたが，現在使用中の種雄牛には保因個体は存在しない．

f．牛短脊椎症（Brachyspina：BY）

牛短脊椎症（ブラキスパイナ）は2007年にオランダで発見された遺伝性疾患で，牛複合脊椎形成不全症（CVM）とよく似た症状を示す．2011年に原因遺伝子が同定され，ファンコニ貧血相補群Ⅰタンパク質（Fanconi anemia complementation-group I）と同定された．同定された変異は複数のエクソンを含む広範囲の欠失である．現在，日本においても本遺伝疾患の遺伝子診断の方法が整備されつつある．いまだ日本おける本遺伝疾患の保因牛の頻度は明らかではない．しかし深刻なことにアメリカでは約6％，オランダでも8％が保因牛である可能性も指摘されている．この遺伝疾患のはじまりは著名で高頻度に使用された種雄牛であり，保因牛は世界中の乳牛に広まっていると予想される．

C．ブタの遺伝病

a．豚ストレス症候群
   （Porcine Stress Syndrome：PSS）

いわゆる豚のむれ肉とよばれる遺伝病である．豚のむれ肉は，屠畜後の肉が強い酸性を

示し，肉色は淡く，やわらかく保水性に欠ける．このために食肉の価値を著しく損なう．家畜の輸送や高密度飼育などのストレスによって発症することもあることから，豚ストレス症候群ともいわれる．原因遺伝子が同定される以前より，経験的にハロセン感受性試験によって罹患家畜をスクリーニングすることがわかっていた．豚ストレス症候群の罹患家畜はハロセンを使用した麻酔試験を行った場合，筋肉に異常な硬直を生じることから，罹患家畜を選別することができる．しかし，この遺伝疾患は常染色体劣性遺伝の様式を示すために，変異を父親と母親の両方のゲノムにもつホモ変異個体しか選別することができない．ヘテロに変異をもつが，表現型が正常な保因個体を選別するためにはDNA診断が必要となる．原因遺伝子は骨格筋リアノジン受容体（RYR1）遺伝子であることが知られており，1843番目の塩基がシトシンからチミンに突然変異し，アミノ酸置換が生じ，受容体タンパク質に機能の異常が生じることが原因である．ブタの品種によって保因個体の頻度は大きく異なり，ピエトレン種において高く，ランドレースやヨークシャーなどの品種では相対的に低い．

7.5.4 家畜遺伝子の衛生管理

ここで挙げた家畜の遺伝疾患はすべてが単一遺伝子支配であり，劣性遺伝形式をとる．遺伝性疾患の場合は発症個体を後代を得るために使用しないことは，疾患遺伝子の変異の集団における頻度を下げるために必要である．しかし発症個体はホモ接合体であるので，たとえ表現型に出ていなくても集団内にはヘテロに疾患遺伝子の変異をもつ個体（保因個体）が存在することになる．保因個体を選別するにはDNA診断が有効な手段である．日本において家畜改良事業団では前述した家畜の遺伝性疾患のDNA診断を行っている．特に家畜の多くの遺伝性疾患は種雄牛や種豚が

保因個体であり，広範囲に広がった経緯を重視しなければならない．このことから種雄牛や種豚の遺伝的管理のひとつとして早期から遺伝子レベルでの診断を受けることが望ましい．

7.6 生産病と生産衛生

家畜は経済動物として高い生産性が求められるため，高能力家畜に濃厚飼料を多給し，集約管理する飼養形態をとることが多い．その結果，家畜の養分摂取と生産への持ち出しとの間に不均衡が生じ，代謝機能が限界を超え代謝異常が生じる．このような代謝異常が原因で発生する代謝障害を生産病という．狭義には濃厚飼料多給による代謝障害であるが，広義には代謝障害に加えて乳房炎などの泌乳障害，繁殖障害，運動器障害などを含む．

7.6.1 生産病の発生要因

乳や肉などの畜産物を高い効率で生産することが求められる家畜では，育種改良が重ねられた結果，生産能力が飛躍的に向上した．また，高い生産能力を限界まで発揮させるため，濃厚飼料多給による集約的な飼養形態へと移行した．このような濃厚飼料依存型の飼養方式では家畜本来の生理機能が軽視され，消化器疾病を中心とした家畜の代謝性疾病の発生が増加するようになった（図7.6）．生産病の種類および病態の程度は家畜の種類や齢などによって異なるが，最大の要因は不適切な飼養管理である．劣悪な環境は家畜のストレスを強め，代謝異常を誘発しやすい．

ウシでは，第一胃（ルーメン）に代表される反芻動物特有の消化機能を有しているため，他の畜種に比べ生産病の発生が多い．濃厚飼料多給はルーメン機能をはじめ肝臓など臓器機能に影響を与え，結果的に代謝障害を発現させると考えられている．近年では，ルーメン内グラム陰性菌の細胞壁に含まれるリポ

多糖が内毒素（エンドトキシン）として作用することが示唆されている．易消化性穀物飼料を多給すると，ルーメン細菌やプロトゾアが変動してプロピオン酸，酪酸および乳酸の濃度が上昇し，ルーメン内 pH が低下する．するとルーメン内の優勢菌がグラム陰性菌から乳酸産生グラム陽性菌に替わり，死滅したグラム陰性菌の細胞壁に含まれるエンドトキシンが大量に遊離・放出され，動物体内に吸収されて作用する．このように，生産病は単なる局所的な病態ではなく，生体全体を介してさまざまな病態を発生させる可能性がある．

7.6.2 生産病の発生概況
A. ウシの疾病発生状況（表 7.6）
a. 乳牛の疾病発生状況

農林水産省家畜共済統計（2010）によれば，乳牛の死廃事故総頭数はおよそ 17 万頭にのぼる．そのなかで生産病は 7.4％を占める．生産病を疾病別にみると，産後起立不能症がもっとも多く，次いで第四胃変位，乳熱，急性鼓脹症と続く．また，表 7.6 には含まれて

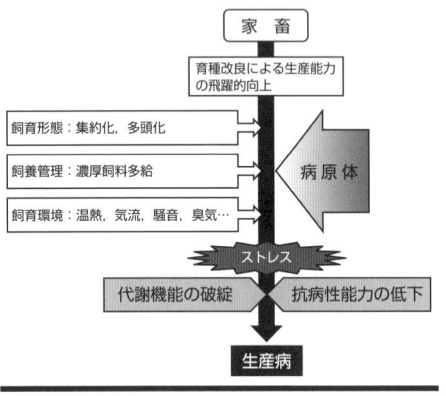

図 7.6 ● 生産病の発生要因

表 7.6 ● ウシの主な生産病の死廃事故頭数（2010 年）

病 名	乳 牛		肉 牛	
産後起立不能症	5,232	(3.07)	474	(0.46)
第四胃変位	5,058	(2.97)	471	(0.46)
乳 熱	3,400	(1.99)	26	(0.03)
急性鼓脹症	2,401	(1.41)	4,323	(4.21)
脂肪肝	680	(0.40)	14	(0.01)
ケトーシス	409	(0.24)	6	(0.01)
低カルシウム血症	372	(0.22)	96	(0.09)
低マグネシウム血症	101	(0.06)	104	(0.10)
ルーメンアシドーシス	85	(0.05)	145	(0.14)
蹄葉炎	81	(0.05)	133	(0.13)
慢性鼓脹症	48	(0.03)	70	(0.07)
肝膿瘍症	23	(0.01)	51	(0.05)
脂肪壊死症	16	(0.01)	931	(0.91)
尿石症	1	(0.00)	914	(0.89)
硝酸塩中毒	1	(0.00)	25	(0.02)
ルーメンパラケラトーシス	0	(0.00)	1	(0.00)
合 計	12,676	(7.43)	7,310	(7.11)
死廃用総頭数	170,583		102,771	

（　）内は死廃用総頭数に対する百分率　　〔農林水産省，家畜共済統計〕

いないが，死廃用総頭数のうち5.5%（9,305頭）が乳房炎である．

b. 肉牛の疾病発生状況

肉牛の死廃事故総頭数はおよそ10万3,000頭であり，生産病は7.1%を占める．なかでも急性鼓脹症が4.2%ともっとも多く，次いで脂肪壊死症，尿石症，産後起立不能症，第四胃変位が多く発生している．

B. ブタおよび家禽の生産病

濃厚飼料依存型の飼養管理による消化器障害に加え，不適切な温熱環境による栄養障害，畜舎環境由来の慢性呼吸器病および呼吸器感染症などが挙げられる．多頭飼育が行われるため，伝染性疾病が問題となる場合が多い．

ブタの主な生産病として胃潰瘍が挙げられる．最大の発生要因は飼料の形状とされている．ブタの発育を促進させるため，飼料に微粉砕処理を行い粗繊維を除き，流動食状態にして給与することが多い．流動食は胃内を速やかに通過するため，反射的に胃粘膜から分泌された胃酸が胃粘膜を侵し胃潰瘍が発症する．粘膜の角化や糜爛を認める軽度の場合もあれば，胃穿孔を起こし急死する場合もある．粗大な飼料の給与が予防につながる．

ニワトリの主な生産病として，マレック病が挙げられる．この病気はマレックウイルス（ヘルペスウイルスの一種）の気道感染によって起こり，悪性腫瘍を伴う白血病を惹起する．ウインドウレス等の密閉された飼育形態の普及に伴い全世界に広まったと考えられている．現在は，予防のためのワクチンが開発されている．

7.6.3　ウシの消化器障害と予防対策

A. ルーメンアシドーシス（rumen acidosis）・第一胃不全角化症（ルーメンパラケラトーシス，rumen parakeratosis）・第一胃炎・肝膿瘍症候群

これらの疾病は，濃厚飼料多給と粗飼料の給与不足に関連して発症する．高炭水化物飼料を過食するとルーメン内で揮発性脂肪酸（VFA）や乳酸が大量に産生され，胃内pHが5以下に低下する．産生された乳酸のうちD-乳酸は肝臓で代謝されないため，血液pHが低下しアシドーシスが発症する．急性の場合，ルーメン運動の低下や疼痛による食欲減退，横臥，呻吟などの症状を呈する．重症化すると起立不能や昏睡状態となる．

強酸性となった胃内容は，ルーメン粘膜上皮の角化細胞の増殖を刺激して不全角化となり，ルーメンパラケラトーシスを発症する．本症ではルーメン粘膜の抵抗力が低下するため，飼料などの異物の刺激によって胃粘膜の炎（第一胃炎）や剥離（第一胃潰瘍）へと進行する．さらにこの粘膜損傷部から細菌が侵入し，血管内に入り肝臓に達し，膿瘍（肝膿瘍）を形成すると考えられている．対策として，高炭水化物飼料の多給を避けて良質の粗飼料を十分給与するとともに，飼料の急変を避け，ストレスをなくすことが基本となる．胃内容のpHを6.5以上に保つために，炭酸水素ナトリウムの飼料添加も有効である．

B. 第四胃変位（abomasal displacement）

第四胃が正常な位置から左方，右方または前方に変異し，慢性の消化障害および栄養障害を起こす疾病である．成雌の分娩前後の発症が多い．第四胃運動の抑制とガスの蓄積，第四胃の変位と膨満，排糞量の減少が認められる．左方変位の場合は食欲減退，右方変位の場合は腹痛により下腹部を後肢で蹴る動作が認められる．まず第四胃の運動性低下を伴う弛緩（第四胃アトニー）が発症し，それによる第四胃の拡張とガスの蓄積が本症を発生させるといわれている．最近ではルーメン内グラム陰性菌由来エンドトキシンによる第四胃運動抑制の影響も指摘されている．速やかな外科的治療が原則であるが，妊娠末期での発症時には薬物投与が推奨される．予防として，濃厚飼料多給や飼料の急変を避け，過肥にならないよう，特に乾乳期から分娩前後に

かけて注意する．

C．鼓脹症（bloat）

ルーメンおよび第二胃に発酵ガスが蓄積し，異常に膨満する疾病である．内容物の急激な発酵による大量のガスが蓄積する急性型と，症状が反復的に現れ長期化する慢性型がある．また蓄積ガスの性状によって泡沫性と非泡沫性に分けられる．原因は主にルーメン発酵の異常に起因する．すなわち，①濃厚飼料多給と粗飼料不足，②ルーメン内ガスの異常産生，③ルーメン内容の泡沫化，④曖気反射障害と唾液分泌の減少などによる．

a．マメ科牧草性（放牧）鼓脹症（legume bloat）

幼若で高水分のマメ科牧草の多量採食によりルーメン内が異常発酵して発症する．大量の発酵ガスが飼料中の可溶性タンパク質，ペクチン，サポニンなどによって泡沫化され，曖気による排泄ができなくなる．腹部の膨満，ルーメン運動および曖気の抑制，流涎，心拍数と呼吸数の増加，疝痛症状がみられる．治療として胃カテーテルや套管針によるガスの排除を行うが，できない場合は油脂や界面活性剤などの消泡剤の投与や，ルーメン切開による内容物除去と健康な個体の胃内容の移植を行う．予防のため，放牧前に十分馴致を行いマメ科牧草の過食を防ぐ．

b．穀類性（フィードロット）鼓脹症（feedlot bloat）

濃厚飼料多給下では，ルーメン内に粘液産生菌の *Streptococcus bovis* の増殖が促進されるため，ルーメン内容が粘化し鼓脹症をもたらす．飼料中のデンプンや細菌を捕食するルーメン原虫の減少も誘因とされる．ウシの唾液は微生物による泡沫化の減少効果をもつが，濃厚飼料多給下では採食時の唾液分泌や曖気反射が鈍化するため，鼓脹症発生が助長される．フィードロット牛では慢性化する場合が多く，その損害は大きい．現在よい治療法はなく，粗飼料給与と消泡剤投与による予防が基本である．モネンシンなどの抗生物質（イオノフォア）投与は胃内容の粘度を低下させるため，鼓脹症の抑制効果がある．

7.6.4　家畜の代謝障害と予防対策

濃厚飼料依存型の飼養形態は，消化器以外にも多くの代謝障害を招く．乳牛では泌乳前後にエネルギー要求量と乳生産とのバランスが不均衡になりやすく，代謝疾病の多くが分娩前後に集中するため，周産期病ともよばれる．肉牛では肥育時に濃厚飼料多給になりやすく，さらに密飼いや運動不足などの状況が重なるため，代謝疾病が多く発症する．

A．脂肪肝症（fatty liver）

肝細胞内に中性脂肪が過剰に沈着した状態をいう．乳牛では分娩後に泌乳量が急激に増加するため，エネルギー源として乾乳期に蓄積した体脂肪を分解し，遊離脂肪酸として動員する．しかし肝臓での処理能力を超える遊離脂肪酸が流入すると脂肪変性を起こし脂肪肝となる．肥満牛では動員される体脂肪量が多いため発症しやすい．また，肝臓脂肪の血中輸送に関連するリポタンパク質産生障害も一因とされている．血漿中の遊離脂肪酸およびケトン体が大きく増加し，元気消失，食欲不振などの症状を呈する．細胞学的所見では肝臓実質細胞の細胞変性が起こり，肝臓の黄変が認められる．治療にはコリン，パントテン酸カルシウム，メチオニンの投与やエネルギー補給が行われる．

B．乳熱（milk fever）

分娩前後の乳牛，特に高泌乳牛や肥満の経産牛で多く発生する．産褥麻痺または分娩性低カルシウム血症ともよばれる．分娩後，泌乳開始に伴い血中カルシウムが乳汁中に大量に排出され，著しい低カルシウム血症を呈する．その際，生体は副甲状腺ホルモン（PTH）産生量を高め，骨から血液へのカルシウムの移行を促す．また肝臓や腎臓における活性型ビタミンD産生量を高めて小腸からのカル

シウム吸収量を増やし，血中カルシウム濃度を正常に保とうとする．しかし，乳生産および胎子の骨格形成のためのカルシウム需要の増加，分娩ストレスによる食欲減退などの要因が関与すると発症するとみられている．筋肉の痙攣，興奮，起立困難，昏睡などの症状を呈する．治療の遅れや他の疾患が存在すると，産後起立不能症へと移行する．血中カルシウム濃度はPTHやビタミンDによって調節されているため，分娩前にカルシウム摂取量を減少させPTH分泌細胞を刺激することで予防効果が得られる．分娩前のビタミンD_3の投与も予防効果がある．

C. 産後起立不能症 （postparturient paraplegia）

乳牛の分娩後数日間に多発し，明確な理由がなく起立できない状態をさし，ダウナー牛症候群ともよばれる．分娩後数日間の発生が多く，乳熱に継発することが多い．低カルシウム血症などの代謝異常が一因であるが，ほかに乳房炎や産褥性敗血症などの中毒性感染症，股関節脱臼や骨盤骨折などの損傷，過大子娩出などによる末梢神経麻痺，後肢筋肉の虚血性壊死などが要因となる．カルシウム剤投与による治療効果はない．できるだけ日光浴や運動をさせ，肥満を防ぎ，分娩前のカルシウム摂取量を抑えることが予防につながる．

D. ケトーシス （ketosis）

炭水化物や脂質の代謝障害によって生体内にケトン体が過剰に増加し，消化器障害や神経症状などを呈する代謝疾病である．脂質の中間代謝産物であるケトン体が血中に増加した状態をケトン血症，尿中に増加した状態をケトン尿症という．食欲の減退，泌乳量の低下，神経症状などを呈する．高泌乳牛や分娩時に肥満した経産牛に多く，特に分娩後1か月前後の泌乳最盛期で多発する．糖の摂取不足，糖の急激な消費または脂質の不完全酸化などでケトン体が上昇することから，泌乳初期におけるエネルギーおよびタンパク質の不足が本症と密接に関係するといわれている．予防には，分娩前の肥満を避け，分娩後の養分要求量を充足させること，および過度の搾乳を避け，適度な運動をさせることである．

E. 尿石症 （urolithiasis）

腎臓や膀胱内で結石が形成され，尿路系に障害をきたす疾病である．雌に比べ尿道が細く長い雄（去勢）で発生が多い．日本ではリンやマグネシウム含量の高い濃厚飼料を多給して肥育するため，尿石の大部分はリン酸マグネシウム塩である．濃厚飼料への依存度が高まった1960年代から肉牛での発症が増加した．高タンパク飼料の給与や飲水量の不足による尿pHの変化，および尿の濃縮が発症を助長する．血中ビタミンA欠乏や尿中ムコタンパク質が尿石形成の促進因子として知られる．軽症例では陰毛部に微細な灰白色結石を認める程度であるが，重篤例では発汗，悶絶し，排尿困難となり膀胱破裂を起こすこともある．尿道閉塞の場合は外科的処置をするが，それ以外は薬物投与で治療する．予防として，飼料のカルシウム/リン比を1.2～2.0に高めるとともに，十分な飲み水を与える．尿のpH低下と利尿効果促進のため塩化アンモニウムの投与も有効である．

F. 脂肪壊死症 （fat necrosis）

主に腎臓，円盤結腸，直腸周辺の脂肪組織が，白色または黄色のかたい腫瘤状物に変性壊死する疾病である．黒毛和種の雌牛，特に過肥で濃厚飼料多給の個体で多い．脂肪組織の壊死で生じた脂肪酸がナトリウムやカルシウムなどと結合して石鹸様成分を形成し，これが腫瘤状物となり消化管を圧迫狭窄して食欲減退や便の異常を引き起こす．脂肪組織壊死の原因として，①膵臓からの脂肪分解性酵素の漏出による脂肪組織の壊死，②脂肪動員亢進に関連した脂肪分解の障害，③肥満による脂肪組織の圧迫と虚血壊死，④高脂肪，低ビタミンEの食餌による摂取脂肪の過酸化

が考えられている．治療として肝機能の回復のための薬剤が投与されるが，ハトムギや植物ステロールなどによる飼料改善やビタミンEなどの抗酸化剤の投与も有効とされる．

G. 蹄葉炎（laminitis）

蹄葉部（蹄壁と蹄骨の間にある真皮外側部分）に生じる炎症をいう．本症はルーメンアシドーシスで惹起され，ルーメン内で産生された乳酸，ヒスタミン，エンドトキシンなどが蹄真皮に分布する毛細血管の血行を阻害し，出血や炎症をもたらす．慢性化すると，蹄真皮の細胞に必要な酸素や養分が不足し，軟弱な角質が多量に形成され蹄が変形し，さらなる蹄疾患に発展する．急性の場合は歩行困難，歩行忌避，背中を丸めた姿勢となり，食欲が減退し，蹄が熱を帯びる．慢性の場合は蹄輪が波状化し，蹄が横に平たく広がる．ロボット病，つっぱり病は，慢性蹄葉炎の俗称である．劣悪な床での飼養や狭い場所での繋留も急性蹄葉炎の原因となる．予防には良質の粗飼料を適正量給与して栄養バランスを改善し，定期的に削蹄を実施する．また牛床を清潔に保ち，5％硫酸銅溶液による蹄浴を行う．

H. 乳房炎（mastitis）

乳房炎とは乳腺組織が受けた損傷に対する生体反応の総称である．微生物が乳頭管へ侵入し，乳汁中で増殖，乳腺組織へ侵入感染すると，乳管や乳腺が炎症を起こす．乳汁中に水様異常分泌物や固形物が混ざり，多くの白血球が出現し，乳腺細胞が減少して乳量が低下する．乳腺は腫脹し，痛みを伴う場合がある．病巣は乳房のみの場合から全身的症状を伴い重度の毒血症に至る場合まである．泌乳量が増加する分娩後1か月頃の発生が多い．高タンパク質，低エネルギー飼料給与下で多発傾向にあるため，分解性タンパク質の過剰供給とエネルギー不足が肝臓への負担を高め，抗病力が低下して微生物感染を助長すると考えられている．本症のうち，乳汁変性，乳房の炎症および全身的な症状を伴うものを臨床型乳房炎，乳汁や乳房に異常は認められないものの乳汁中体細胞数が増加し理化学的または微生物学的検査で異常が認められるものを潜在型乳房炎とよぶ．対策として，搾乳衛生管理，養分要求量の充足，飼育環境の清浄化，乾乳期治療が重要である．

7.6.5 畜舎の保健衛生

畜舎は，家畜を収容して畜産物の生産を行う場である．安全・安心で高品質な畜産物を供給するためには，家畜に適した居住性，清浄性および安全性が求められる．すなわち，①温湿度，光，気流の適正化，②臭気，ガス，じん埃，騒音の防止または排除，③適度な飼育密度，④病原微生物の排除と蔓延防止，⑤適正なストールおよびケージの構造と状態，⑥災害時の破損崩壊防止および舎内での滑走等の事故防止である．また畜舎環境を保持するため，外部との境界を明確にし，人，車両，動物などの移動を規制して十分に隔離する必要がある．これらの遵守は家畜のストレスを軽減するため，病気抵抗性を高め，動物福祉の向上につながる．

集約的畜産では飼養管理面で省力化および合理化が図られ，衛生環境が悪化しやすく，疾病の発生や生産性の低下をもたらすことがある．特に大規模養豚および養鶏でみられる施設畜産では，生産効率は優れる一方で高密度飼育を行うため，病原微生物が蔓延する危険性が高い．加えて多量の糞尿を処理する必要があるため，十分な対策が必要である．

7.6.6 SPF家畜生産

SPFとはspecific pathogen freeの略で「特定の病原性微生物や寄生虫をもたない」ことを意味する．SPF動物は実験動物としてだけではなく畜産においてもブタやニワトリで利用されている．畜産におけるSPFの意味は「生産に重大な障害をもたらす特定の疾病

に汚染されていない状態」をさす．SPF 動物は，健康な母親から帝王切開または子宮切断によって胎子を無菌的に摘出し，汚染防止のため厳重に隔離して育てることで作出する．SPF 動物の飼育には無菌的設備が必要であり，外部との隔離など厳密な衛生管理が必要となる．

日本では SPF 豚が事業化されている．SPF 豚とは「マイコプラズマ性肺炎，豚委縮性鼻炎，豚伝染性胃腸炎，豚赤痢，オーエスキー病などの生産性に甚大な被害を及ぼす汚染ならびにトキソプラズマなどの人畜共通感染性寄生虫への感染が認められない豚」である．指定外の微生物や寄生虫感染の有無は不明であり，無菌動物ではない．家畜の SPF 化は疾病清浄化対策として有効である．また抗菌性物質を飼料に添加する必要がないため正常な腸内細菌叢が維持され肉の風味がよく，発育が良好で飼料効率がよいといわれる．

7.7 放牧病と放牧衛生

7.7.1 放牧病の発生要因

　放牧病とは，一般的に放牧牛がかかりやすく，放牧することが直接あるいは間接的に影響することで起こる病気の総称である．放牧病は，放牧に伴う特有のストレス，すなわち，気象環境の影響，飼料の変化，群構成時の序列形成などが肉体的・精神的に大きなストレスとなり，ウシの抗病性が著しく低下することで起こることが多い．これは成牛よりも環境への適応能力が低い子牛に多く観察される．その病状の特徴としては，急性に発症するものが多く，さらに病状の進展が急である場合が多いことである．またその病状に対する対症療法のみでは容易に快復しないものが多く，診断・予防・治療ともに難しい．

7.7.2 放牧病の発生概要

　放牧病の発症率は，育成成牛に比べ哺育牛で高いことが特徴である．病類別では，寄生虫病，伝染病，ピロプラズマ病，消化器病，呼吸器病が多く発生している．もっとも高い発病率を示す疾病として小型ピロプラズマ病，眼病（主に伝染性角結膜炎），呼吸器病，趾間腐爛，消化器病，寄生虫病（主に牛肺虫症），皮膚病などが挙げられる．また，死廃率の高い疾病としては小型ピロプラズマ病，呼吸器病，消化器病，ワラビ中毒，外傷・事故などのほか，グラステタニーが挙げられる．放牧草地の平均気温でみると，もっとも気温の高い時期で死廃率が高いことが挙げられる．また，放牧経験牛と初放牧牛での発病率は，初放牧牛できわめて高く，放牧馴致や予備放牧の実施率が高いところでは死廃率が低くなる傾向にある．

7.7.3 放牧病の予防対策

　放牧は舎飼いとは異なり，環境の影響を直接受け，牧草や野草を自発的に選択して採食しなければならない環境である．また，放牧は群飼であるがゆえに個体管理がしにくく病牛発見が遅れがちとなり，さらに，一度病牛が混在すると病気が広がりやすいという環境である．放牧環境では，序列の低いウシや抵抗力の弱いウシなどがストレスをより大きく受ける傾向にあり，これらが放牧病の発生をはじめとして，発育停滞や種々の事故などの誘因となる場合が多い．したがって，できる限りウシが快適でストレスを受けにくい放牧環境を整えることが放牧病発生防止対策の一環として必要である．また，初めて放牧するウシでは，特に放牧馴致や予備放牧などの実施が肝要である．

A. 気象環境の影響と対策

　舎飼いの環境になれた放牧初期のウシにとって，寒暖の差が大きい春先などは，精神的にも肉体的にも大きな負担となる．放牧早

期の放射冷却現象や雨風の複合による冷却作用は、特に幼若牛や抵抗力の弱いウシなどにとって大きなストレスとなる．また，梅雨末期から梅雨明け後の高温多湿と厳しい日射は，熱射病や日射病によって死亡を引き起こす場合がある．このような場合，早春の冷たい雨や風をしのぐことのできる避難施設や簡単な遮蔽施設を設ける必要があると同時に，放牧予定のウシに対して入牧前から屋外の気象環境に十分馴致させることが望ましい．また夏季の暑熱環境は，発育停滞をはじめとした発病や種々の事故などを誘引する場合が多く，夏季の暑熱作用に対しては，庇蔭林や庇蔭施設を通風良好な場所に設置し，熱射病や日射病の発生防止に努めることが重要となる．特に子牛も同時に放牧されている場合には，子牛のみが利用可能な保護施設を設置することが必要である．このように自然に近い放牧環境のなかで，ウシがゆっくり休める場所を提供し利用させることが，ストレスを軽減させるうえでもっとも重要である．

B. 飼料環境の変化と対策

舎飼いのウシは乾草やサイレージ，配合飼料などといった栄養バランスを考慮した飼料が給与されると同時に個体の状態に応じその配分も変化する．しかし，放牧牛は舎飼いとは異なり，自ら選択して採食しなければならない．また，入放によってこれまで採食してきた牧草種が野草などに変わる場合もある．一般に第一胃内の発酵パターンが舎飼い時の飼料から放牧環境下の牧草や野草の消化に適した発酵パターンに変わるまでにおおよそ1～5週間を要する．さらに表7.7に示すように，野草と牧草では栄養価が異なることから，入牧後は摂取エネルギー量も変化することとなる．このように急な飼料変化は消化生理の平衡を崩し，消化不良や急性胃腸炎，場合によっては鼓脹症などの障害を招く．したがって放牧予定牛，特に初めて放牧するウシに対しては舎飼いのときから配合飼料の給与量を徐々に減らし，乾草や野草，青草に馴致し，第一胃性状の平衡を整えておく必要がある．

C. 群構成の影響

放牧環境では，品種，性別，月齢，放牧経験の異なったウシが群となって一度に放される場合が多い．このような場合，新たな序列争いが起こり，種々の障害や事故をもたらすことがある．序列が下位のウシは放牧期間中，厳しい生活条件下におかれ，ストレスを受けやすくなり疾病も発生しやすくなる．したがって，入牧時にはウシの行動に注意を払い，特に序列の低いウシや抵抗力の弱いウシに対して看視を頻繁に行い，対処する必要がある．

D. 微生物感染の機会増加

公共の放牧地や大型の放牧地では，周辺地域の農家や施設からウシが集まってくる場合が多く，この点で病原微生物に対する感染の機会が増加する．抵抗力の弱いウシや幼若牛の場合，特に下痢と肺炎にかかる機会が多く，急な病状悪化を示すこともある．このように下痢や肺炎などが多発する可能性がある放牧地では前もって予防接種を行うことが重要である．

表 7.7 ● 野草と牧草の栄養価

項　目		TDN (%)	DE (Mcal/kg)	ME (Mcal/kg)
野　草		48.2	2.13	1.71
牧草（オーチャードグラス，一番草・出穂前）	サイレージ	68.5	3.02	2.56
	乾草	67.4	2.97	2.52

*：乾物中の値

E. 衛生害虫の影響

放牧地におけるアブやハエをはじめとする害虫による影響は大きい．それには吸血昆虫やダニ類による刺咬と吸血などの直接的影響と，害虫による牛白血病など病原体の媒介などの間接的な影響がある．特に害虫の活動期にあたる夏季の放牧地では，害虫からの忌避行動などの増加に伴い食草行動が撹乱され，安定的な食草行動や横臥休息行動が保障されず，採食量の低下や休息時間の減少が起こり，その結果として増体停滞や乳質の低下が起こる（表7.8）．このように双翅類昆虫の放牧牛への飛来は衛生的にも，生産性低下にも大きな影響を及ぼしている．したがって，衛生害虫に対する駆除剤の塗布や含忌避剤が混入されたイアタグ（耳標）の使用など，種々の方法を併用しつつ害虫の影響を極力軽減することが必要である．

F. 消費エネルギーの増加

舎飼い時に比べて放牧地では，入牧時から放牧地間の移動はもとより，序列争い，選択採食，飲水，害虫忌避行動，さらには雨・風・低温などの影響で多くのエネルギーを消費することとなる（表7.9）．初放牧牛や抵抗力の弱いウシ，幼若牛などは，特に採食も十分に行えないまま運動量だけが増加し，著しく体力を消耗する場合が多い．したがって，良質な牧草を用意することは当然であるが，必要に応じて若干の補助飼料を給与し，エネルギー補給に努める必要がある．特に幼若牛の場合，第一胃の機能が十分に発達していないため，牧草のみから栄養を摂取することが難しく，クリープフィーディング（子牛だけが出入りできる囲いを設けて栄養補助飼料などを食べさせる方法）などを利用して栄養補給を行うなど考慮する必要がある．

7.7.4 放牧牛群の健康管理

A. 入牧時の健康管理

入牧前に放牧予定牛について，栄養不良，虚弱，感染症の疑いのあるもの，運動機能障害あるいは四肢の障害の有無など健康状態を調査し，健康状態に問題があるウシについては放牧を避けることが肝要である．また入牧までに完治可能な疾病の場合には十分に治療を行い，健康が確認された時点で放牧するこ

表7.8● 食草・休息行動と飛来昆虫

項　目		忌避剤散布	
		しない	する
採食時	頭振り	22.8	5.5
	脚上げ	16.5	2.2
	尻尾振り	729.4	122.0
休息時	頭振り	35.0	8.4
	脚上げ	13.1	3.8
	尻尾振り	676.5	108.6

＊：数値は1時間あたりの回数

表7.9● 放牧条件と消費エネルギーの増加割合

放牧条件	良好	やや厳しい	厳しい
現存量 （乾物 g/m^2）	十分 （150以上）	やや不足 （80〜150）	かなり不足 （80以下）
草地の平均傾斜度 （度）	平坦 （5以下）	やや起伏 （5〜15）	かなり起伏 （15以上）
採食時間（時間）	6	6〜8	8以上
走行距離（km）	2〜4	4〜6	6以上
舎飼い時に対する維持エネルギー要求量の増加割合（%）	15	30	50

とが必要である．特に清浄牧野では，小型ピロプラズマ感染牛など感染症の疑いのあるウシを放牧させた場合，放牧牛全体の汚染につながる可能性があるので注意が必要である．さらに，放牧地の状況に応じて各種ワクチンを接種しておくことが望ましい．なお，初放牧牛は特に放牧馴致に注意を払い，放牧経験牛においても放牧前には3～4週間程度の放牧馴致を行い，ウシの健康状態を観察しながら入牧することが必要である．

B．入牧時と放牧初期の健康管理

入牧する際には体重測定と臨床検査主体の健康検査を実施する必要がある．わずかな異常でも放牧で十分に対応可能かどうか，牧場の施設，管理体制，診療体制などを考慮したうえで判断することが必要である．放牧初期には環境，飼料，群構成などに対する不慣れから種々の病気やけがなどがもっとも多く起こりやすい．したがって，本格的な入牧前に予備放牧を行い，放牧馴致することが望ましい．この予備放牧期間にウシの健康状態について注意深く観察を行い，放牧適性を見極める．なお，放牧初期は看視しやすい牧区で放牧し，徐々に放牧時間を延長しながら全放牧に移行することが理想的である．一方，例年，病牛が発生するような放牧地では，特に注意深く入牧後の約1か月間は病牛の早期発見に努めるようにする必要がある．

C．放牧中の健康管理

放牧は一般に自然環境にさらされるなど厳しい条件下で行われるため，種々の病気や異常が起こりやすく，しかも急速に重症化しやすい場合が多い．したがって，病牛や異常牛を早期に発見し，かつ迅速な処置を行うことが必要となる．そのためには毎日の看視・観察と定期的に全頭を集めて健康検査を行うことが重要である．早朝もしくは夕刻の採食時に観察すると，食欲の有無からウシの異常状態を早期に発見しやすくなる．なお，定期的な健康検査では，前もって衛生管理プログラムなどを作成して行うことが望ましい．特に例年病牛の多発する放牧地などでは，衛生管理プログラムの徹底と定期的な体重測定，臨床検査，血液検査などを行い，異常牛の早期発見に努めることが肝要である．

D．退牧時と退牧後の健康管理

放牧期間が終了し退牧する際には，放牧地で発症した病気，病原体あるいは衛生害虫を畜舎に持ち帰らないように，退牧時に十分な健康・衛生検査を実施し，必要に応じた処置を行ってから退牧させることが必要である．また入牧と同じようにウシにとっては退牧も急激な環境の変化を伴うため，その後の成長に支障をきたさないよう退牧に向けた馴致が必要である．なお，退牧後すぐに畜舎の牛群に混ぜることなく，一定の観察期間（検疫期間）を経て本来の畜舎に戻すことが望ましい．

7.7.5 放牧地における多発疾病

A．小型ピロプラズマ症

本症は，日本の放牧病のなかでもっとも被害の大きい疾病のひとつである．主にフタトゲチマダニにより媒介される小型ピロプラズマ病は多くの放牧地で問題となっている．フタトゲチマダニは全国的に分布し，ウシの放牧期に活動性が高く，両性生殖系統のほかに単為生殖系統もみられるなど，多くの放牧地で優占種となる条件を有しており，過去に撲滅運動が各地で展開されたが根絶には至っていない．本病に感染した場合，ウシは急激に貧血に陥り，幼若牛や虚弱牛では致命率も高い．このことから，病牛はできるだけ早期に発見し，早期治療を行うことが必要である．一般にホルスタイン種より黒毛和種は本病に対する抗病性は低いとされる．予防対策としては，ポアオン法などによる衛生害虫駆除剤の塗布，含有忌避剤のイアタグなどの併用が挙げられる．病牛に対しては殺原虫剤の投与を含めた対症療法などを行うことが必要である．しかし，8-アミノキノリン製剤などの

殺原虫剤に対する薬剤耐性原虫が認められるなど，根本的な治療を望めない現状にある．治療にあたっては，清潔な病畜舎などに収容し，できる限りストレスを軽減させ，十分に栄養補給することが必要である．

B．消化器病と呼吸器病

消化器病と呼吸器病は，放牧初期，特に幼若牛や虚弱牛を中心に発生する場合が多い．本病は，ウイルス，細菌などによるものと，寄生虫による肺虫症などがある．疾病の多くは気象環境や飼料の急変，牛群での序列争い，あるいは輸送などの種々のストレスが誘因となっている場合が多い．したがって，対症療法のみでは容易に快復しないものが多く，飼養環境の改善，ストレス軽減を含めた対応が必要となる．なお，予防策として入牧前にワクチン接種の可能なものは接種を行って抗病性を十分に高めておくことが肝要である．

C．趾間腐爛

本症に罹患したウシは，疼痛のために歩行困難，歩行不能に陥り，放牧地では栄養不足はもとより生命の危険を伴う場合もある．趾間腐爛は，一般に蹄の過長，ぬかるみ，砕石や切株などによる外傷が誘因となって感染・発症する場合が多く，複数の要因が関連して発症することが多い．予防策として入牧前に削蹄を励行することが肝要である．また，放牧地では障害物の除去，パドックなどの泥濘化防止，脚浴施設での四肢の消毒などの対策が必要である．

D．急性鼓脹症

特に入牧初期などにマメ科牧草の多い放牧地で，急性鼓脹症の発生がみられる．一般に，左臁部が著しく膨満するので診断は難しくないが，急性に発症する場合が多く，放牧地では致命的な経過をたどることもまれではない．したがって，マメ科牧草の割合の高い放牧地では，特に放牧初期の看視・観察には十分に留意し，早期発見に努めなければならない．発症牛はただちに消泡剤や抗発泡剤の投与，套管針あるいは胃カテーテルにより胃内に充満したガスの排出を行う必要がある．

E．グラステタニー症

本症は，放牧地牧草中の $K/(Ca + Mg)$ 比が2.2以上の地域で多発する傾向がある．また高標高地帯に分布する人工草地に放牧された子付の母牛に多くみられる．症状は痙攣などの神経症状を主徴とし，血清マグネシウム値の著しい低下と高い致命率が特徴である．また死亡例の剖検所見では全身的びまん性ないし巣状出血，肝の変性壊死，心筋および骨格筋の変性などが認められている．病牛はできるだけ早期に発見し，早期治療を行うことが必要である．本症の予防，治療方法としてはマグネシウム剤の注射や経口投与が効果的である．また，牧草の草質改善としては，マグネシウムの施用，カリウム施肥量の抑制，早春に生育するマメ科牧草の育成などを行う必要がある．

7.8　飼料安全性と飼料衛生

7.8.1　飼料の安全性

飼料は，畜産業において生産手段としての家畜の栄養となるばかりではなく，人が摂取する各種畜産物の成分や品質に直接的に影響を及ぼすため，その成分だけではなく安全性が第一に確保されなければならない．このために飼料および飼料添加物の製造等に関する規制，飼料の公定規格の設定およびこれによる検定等を通して，飼料の安全性の確保および品質の改善を図り，公共の安全の確保と畜産物等の生産の安定に寄与することを目的とした『飼料の安全性の確保及び品質の改善に関する法律（飼料安全法）（昭和28年法律第35号）』が制定されている．この法律に基づき『飼料の安全性の確保及び品質の改善に関する法律施行令（昭和51年，政令第750号）』および『飼料の安全性の確保及び品質の改善に関する法律施行規則（昭和51

年，農水省令第36号)』が定められ，さらに飼料に含むことのできる成分や製造方法，試験方法などの詳細については『飼料の安全性の確保及び品質の改善に関する省令(昭和51年，農水省令第35号)』が定められている．また別に「各種家畜における飼料の公定規格(昭和51年，農水省告示第756号)」が定められている．そして，飼料関係の各種通知が随時公表される体制となっている．これらに加えて，新たに発生してきた課題に対応するため，「農業資材審議会飼料分科会」および「薬事・食品衛生審議会衛生分科会農薬・動物医薬品部会」，そして内閣府食品安全委員会には「農薬専門調査会」「プリオン専門調査会」「遺伝子組み換え食品等専門調査会」「肥料・飼料等専門調査会」などが設置されている．そして「残留農薬に関する基準値一覧」「有害物質(農薬，重金属，かび毒)に関する基準値一覧」「飼料添加物一覧」「組換えDNA技術応用飼料及び飼料添加物の安全性に関する確認を行った飼料及び飼料添加物一覧」「BSEに関する規制」「飼料等への有害物質混入防止のための対応」などが別途定められている．これらを通して，生産現場に対しては，給与飼料の残留農薬や異物の混入に注意して，抗菌性物質を含む飼料添加物の適正な使用とその記録の保管を通して，安全な畜産物を安定供給していくことを求めている．

7.8.2　飼料の製造・使用等の規制

家畜用の飼料の製造・使用については『飼料安全法』のなかで規定されている．飼料には，飼料の名称，製造(輸入)年月日，製造(輸入)業者の名称および所在地(輸入先)，給与対象家畜，飼料添加物の名称および量などを表示しなければならない．飼料製造に関しては，その事業所ごとに飼料または飼料添加物の製造に関して農林水産省令で定める資格を有する(獣医師，薬剤師，大学もしくは高等専門学校において薬学，獣医学，畜産学，水産学または農芸化学の課程を修めて卒業したもの)飼料製造管理者を置かなければならない．有害な物質を含む疑いがある飼料または飼料添加物や病原性微生物の汚染が疑われる飼料または飼料添加物および有害でないとの確証がない飼料が原因となって有害畜産物が生産された場合などに製造業者，輸入業者もしくは販売業者に対して，農林水産省は製造，輸入，販売を禁止し，また，使用者に対して使用を禁止することができる．飼料や飼料添加物を製造，輸入，販売した場合には，所定事項を記載した帳簿を作成し，8年間保存しなければならない．そして，飼料の使用者に対しても飼料を使用した年月日，使用場所，家畜の種類，飼料の名称，使用量，入手元の名称を記帳し，ウシでは8年，ブロイラーでは2年，採卵鶏では5年間保存することが求められている．さらに，農林水産省は飼料の製造業者および販売業者，使用者(畜産農家等)への立ち入り検査を行うことができる．

A．稲発酵粗飼料と飼料用米

施策目標である飼料自給率の向上と休耕田の拡大から飼料用イネ(稲発酵粗飼料，飼料用米)の栽培面積が拡大している．飼料の安全性の観点から，使用できる農薬や除草剤は，それぞれで厳格に規定されている．また収穫・調製後のカビの発生を防止するために，稲発酵粗飼料では機密性を保持するとともに水分を40〜60％に，飼料用米は15％程度に調製することが推奨されている(稲発酵粗飼料生産・給与技術マニュアル(日本草地畜産種子協会)，飼料用米の生産・給与技術マニュアル(農業・宿品産業総合技術研究機構))．

B．エコフィード

国内の飼料自給率の向上が施策目標となり，また『食品リサイクル法』の施行(2007年改正)もあり，食品循環資源を有効活用した飼料としてエコフィードの利用が進んでいる．エコフィードの安全性の確保および家畜

衛生の観点から，原料の収集，製造，保管，給与等の各過程における必要な管理の基本については「食品残さ等利用飼料における安全性確保のためのガイドライン（2006年，農林水産省消費・安全局長通知，18消安第6074号）」があり，さらに「エコフィード認証制度」が平成21年からスタートし，認証およびその後の運用までを管理している．

C. 遺伝子組換え飼料

栽培管理の簡素化や収量の増加を目的として特定の農薬，病害・虫害に対する耐性遺伝子を人為的に組み込んだ飼料作物は，本来含まれていなかった成分を含み，その作用に不明な点が多い．組換え遺伝子もしくはその翻訳産物が畜産物に移行する可能性，または家畜体内において有害物質に変換される可能性，および家畜の代謝系に作用し新たな有害物質を産生する可能性を考慮し，その畜産物摂取による人への健康影響については個別に食品安全委員会において安全性を評価するとしている．なお，遺伝子組換えによる飼料および飼料添加物ですでに安全性が確認されたものについては，農水省消費・安全局畜水産安全管理課から逐次公表されており，その内訳は，なたね15件，とうもろこし21件，大豆8件，わた16件，テンサイ3件，アルファルファ2件（2012年9月現在）である．

7.8.3 家畜の栄養障害

家畜の栄養障害は，エネルギーおよび特定成分の過不足，成分間のアンバランスによる代謝異常である．

A. 窒素給与過多

ウシの血中における窒素過剰は，給与飼料の影響を強く受けている．ルーメン内において窒素源が炭水化物よりも相対的に多い場合，その窒素は，微生物態タンパク質に合成されきれずにアンモニア態として吸収され体内を循環する．そして，繁殖障害の原因となる．これは乳中尿素態窒素濃度の変動から推定可能であり，その濃度は 20 mg/dL 以下であることが望ましい．

B. カリウム給与過多

マグネシウム欠乏症として知られるグラステタニー症は，興奮や痙攣などの神経症状を呈するもので，カリウムの過剰摂取がカルシウムやマグネシウムの吸収を阻害した結果，体内のマグネシウムが不足して発症する．一般には，飼料中のマグネシウム含量が 0.2% 以下で，$K/(Ca + Mg)$ 当量比が2.2以上になると危険とされている．また，産後の起立不能などのダウナー症候群は，低カルシウム血症が主な誘因となるが，その背景にはカリウムの過剰摂取がある．堆肥やスラリーの過剰投入は，飼料作中のカリウム濃度を過度に上昇させ，そのカリウムの過剰摂取が体内におけるカルシウム代謝を阻害して低カルシウム血漿を引き起こす．飼料のイオンバランス（DCAD（mEq/100 g）＝$(Na^+ + K^+) - (Cl^- + S^{2-})$）を泌乳牛用飼料では＋20〜40 mEq/100 gDM 程度に，乾乳牛では－5〜－15 mEq/100 gDM 程度にすることが推奨されている．

7.8.4　飼料による中毒症状と対策

植物体内や微生物に含まれる毒素や重金属，化学物質などによって生体の正常な生理機能が損なわれる状態を中毒という．原因植物として，ワラビ，チョウセンアサガオ，キョウチクトウ，イチイ，オナモミ，ハリビュ，アオビュ，ドクゼリ，キリエノキ，トリカブト，セイヨウカラシナなどがある．また，銅や鉛などの重金属による中毒の発症例も後を絶たない．さらに，殺鼠剤，殺虫剤などの農薬やエンドファイト（共生微生物）毒素の中毒例も報告されているが，飼養管理のなかで予防可能なものも多い．

A. 硝酸塩中毒

硝酸態窒素の過剰摂取は，血中に吸収されるとヘモグロビンと結合してメトヘモグロビ

ンとなり酸素の運搬能力を阻害するため，その家畜は低酸素状態となり，食欲不振，代謝障害，下痢，乳房炎，乳量低下などを引き起こし，重篤な場合は死亡に至る．原因は，自給飼料畑への窒素散布量の過多，有害雑草の多食など硝酸態窒素の過剰摂取であるが，家畜の生理状態によって発症の程度は異なる場合が多い．

B．ワラビ中毒

ワラビに含まれるプタキロシドによる造血機能低下やビタミン B_1 分解酵素によるチアミン欠乏が原因となって，血液凝固不全や血便，血尿，貧血を発症し，重篤な場合は死亡する．給与飼料にワラビが多量に混入することはまれであるが，春先の放牧牛での発症が多い．

C．鉛中毒

症状は，下痢，食欲不振，消化不良の後衰弱する．類似の症状は他の中毒でも顕著であり，確定診断には血中，臓器中の鉛濃度の上昇が必要である．鉛化合物を含んだ塗料，ロープ，鉛を含む殺虫剤の牧草地散布などが原因となる．

D．エンドファイト毒素中毒

エンドファイトとは植物と共生している真菌，細菌のことで，これらのなかには，麦角アルカロイド類，ピロロピラジンアルカロイド類，ロリンアルカロイド類，インドールイソプレノイド類などの有害物質を産生して，家畜に中毒症状を引き起こすことが知られているものがある．中毒症状は，軽いものでは激しい運動の後にみられる頸部の痙攣から，歩行異常さらに筋の激しい痙攣やテタニー様発作まで五段階に分類されている．血液生化学的所見としては，CK および AST 活性の上昇が報告されている．芝草類のペレニアルライグラスやトールフェスクにおけるエンドファイトの感染率が高いとされており，これらの輸入乾草に対しては注意が必要である．

7.8.5 飼料添加物

飼料の有効成分の補給や品質低下防止および栄養成分の利用促進を目的として飼料に混合されるものをいい，その概要は表 7.10 のとおりである．そのなかでも家畜生産の現場で使用される抗菌性物質は，家畜の飼料効率の改善および成長促進等を目的として使用され，『飼料の安全性の確保及び品質の改善に関する法律（昭和 28 年法律第 35 号）』に基づく「飼料添加物」と疾病の治療目的で使用される『薬事法（昭和 35 年法律第 145 号）』に基づく「動物用医薬品」に大別される．これらの使用により薬剤耐性菌の出現頻度が高まり，食品を介して人の健康に影響を及ぼす可能性があるため，国際獣疫事務局（OIE）の国際基準およびコーデックス委員会のリスク評価手法をもとにして評価指針が定められている．ただし，ここでは，畜産物を介する場合に限定されており，家畜などとの直接的な接触および空気や水，その他の用具などを介した人への伝播については対象とされていない．使用可能な抗菌性物質については，畜種別，育成ステージ別にその濃度が定められており，また，全体が 4 つに区分されていて，同一区分内の抗菌性物質の併用が禁止されている（表 7.11）．

7.8.6 飼料の汚染と対策

家畜の飼料は，低 pH，低水分保存により貯蔵の安定化を図っているが，常にさまざまな微生物汚染にさらされている．さらに，家畜伝染病の病原体や放射能汚染のリスクと隣り合わせでもある．

A．カビ毒

サイレージ調製時や開封後の二次発酵時，あるいは乾草調製時の高水分はカビの発育に好条件となる．アスペルギルス属やフザリウム属には，アフラトキシン，デオキシニバレノール，ニバレノール，T-2 トキシン，ゼアラレノン，フモニシンなどのカビ毒を産生

表 7.10 ● 飼料添加物の概要（平成 25 年 3 月 1 日現在）

用途	類別	飼料添加物の種類
飼料の品質の低下の防止 (17 種)	抗酸化剤	エトキシキン，ジブチルヒドロキシトルエン，ブチルヒドロキシアニソール（3 種）
	防カビ剤	プロピオン酸，プロピオン酸カルシウム，プロピオン酸ナトリウム（3 種）
	粘結剤	アルギン酸ナトリウム，カゼインナトリウム，プロピレングリコールなど（5 種）
	乳化剤	グリセリン脂肪酸エステル，ショ糖脂肪酸エステル，ソルビタン脂肪酸エステルなど（5 種）
	調整剤	ギ酸（1 種）
飼料の栄養成分その他の有効成分の補給 (87 種)	アミノ酸	アミノ酢酸，DL-アラニン，L-アルギニン，塩酸 L-リジンなど（13 種）
	ビタミン	ビタミン A，ビタミン E，イノシトール，塩化コリンなど（33 種）
	ミネラル	塩化カリウム，クエン酸鉄，コハク酸クエン酸鉄ナトリウム，酸化マグネシウムなど（38 種）
	色素	アスタキサンチン，β-アポ-8'-カロチン酸エチルエステル，カンタキサンチン（3 種）
飼料が含有している栄養成分の有効な利用の促進 (53 種)	合成抗菌剤	アンプロリウム・エトパベート・スルファキノキサリン，クエン酸モランテルなど（6 種）
	抗生物質	亜鉛バシトラシン，アビラマイシン，エフロトマイシン，エンラマイシンなど（18 種）
	着香料	着香料（エステル類，エーテル類，ケトン類，脂肪酸類，脂肪族高級アルコール類，脂肪族高級アルデヒド類，脂肪族高級炭化水素類，テルペン系炭化水素類，フェノールエーテル類，フェノール，芳香族アルコール類，芳香族アルデヒド類およびラクトン類のうち，1 種または 2 種以上を有効成分として含有し，着香の目的で使用されるものをいう．）（1 種）
	呈味料	サッカリンナトリウム（1 種）
	酵素	アミラーゼ，アルカリ性プロテアーゼ，キシラナーゼなど（12 種）
	生菌剤	エンテロコッカスフェカーリス，エンテロコッカスフェシウムなど（11 種）
	有機酸	フマル酸，グルコン酸ナトリウムなど（4 種）

（合計 157 種）

■■■■の飼料添加物は，与えてよい飼料の種類（対象家畜等）や添加してよい量が定められている．

するものがあり，これらカビ毒に汚染された飼料を一定量以上摂取した家畜は，中毒症状（嘔吐，下痢，造血機能障害，免疫不全，不妊，流産，肺水腫）を起こす．また，各種の代謝異常や感染症の発症の背景に微量のカビ毒の継続的な摂取が関与している可能性もあり粗飼料，濃厚飼料の管理には注意が必要である．

B. 口蹄疫ウイルス

口蹄疫は，口蹄疫ウイルスの感染によって伝播する家畜伝染病で，伝播力が強く法定伝染病に指定されている．感染するのは偶蹄類で，症状は，発熱，食欲不振，水疱と潰瘍形成が特徴であるが，必ずしも特徴的な症状を示すとは限らない．これらの症状に伴い産乳量や産肉量が大きく低下するため，産業的にはきわめて大きな被害となる．国内では 2000 年に 96 年ぶりに，さらに 2010 年にも発生し，多大な被害をもたらした．その感染経路は，依然不明のままであるが，汚染国からのウイルスの付着した輸入飼料や感染した家畜の畜産物，さらには人の移動によるウイルスの運搬が原因のひとつとして疑われている．このように，輸入飼料に依存せざるをえない日本の実情では，常に海外からの輸入飼

表 7.11 ● 抗菌性飼料添加物を添加してよい飼料および添加可能量

(平成 25 年 3 月 1 日現在)

区分欄	飼料添加物名	単位	鶏（ブロイラーを除く）用 幼雛用 中雛用	ブロイラー用 前期用	ブロイラー用 後期用	豚用 哺乳期用	豚用 子豚期用	牛用 哺乳期用	牛用 幼齢期用	牛用 肥育期用
第1欄	アンプロリウム・エトパベート	g	アンプロリウム 40～250 エトパベート 2.56～16	40～250 2.56～16	40～250 2.56～16					
	アンプロリウム・エトパベート・スルファキノキサリン	g	アンプロリウム 100 エトパベート 5 スルファキノキサリン 60	100 5 60	100 5 60					
	サリノマイシンナトリウム	g力価	50	50	50				15	15
	センデュラマイシンナトリウム	g力価	25	25	25					
	デコキネート	g	20～40	20～40	20～40					
	ナイカルバジン	g		100						
	ナラシン	g力価	80	80	80					
	ハロフジノンポリスチレンスルホン酸カルシウム	g	40	40	40					
	モネンシンナトリウム	g力価	80	80	80				30	30
	ラサロシドナトリウム	g力価	75	75	75					33
第2欄	クエン酸モランテル	g				30	30			
第3欄	亜鉛バシトラシン	万単位	16.8～168	16.8～168	16.8～168	42～420	16.8～168	42～420	16.8～168	
	アビラマイシン	g力価	2.5～10	2.5～10	2.5～10	10～40	5～40			
	エフロトマイシン	g力価				2～16	2～16			
	エンラマイシン	g力価	1～10	1～10	1～10	2.5～20	2.5～20			
	セデカマイシン	g力価				5～20	5～20			
	ノシヘプタイド	g力価	2.5～10	2.5～10	2.5～10	2.5～20	2.5～20			
	バージニアマイシン	g力価	5～15	5～15	5～15	10～20	10～20			
	フラボフォスフォリポール	g力価	1～5	1～5	1～5	2～10	2.5～5			
	リン酸タイロシン	g力価				11～44				
第4欄	アルキルトリメチルアンモニウムカルシウムオキシテトラサイクリン	g力価	5～55	5～55		5～70		20～50	20～50	
	クロルテトラサイクリン	g力価	10～55	10～55				10～50	10～50	
	ビコザマイシン	g力価	5～20	5～20	5～20	5～20	5～20			
	硫酸コリスチン	g力価	2～20	2～20	2～20	2～40	2～20	20		

注1：対象飼料とは，次のものをいう．
　鶏（ブロイラーを除く）用
　　　幼雛用　　孵化後おおむね 4 週間以内の鶏用飼料
　　　中雛用　　孵化後おおむね 4 週間を超え 10 週間以内の鶏用飼料
　ブロイラー用
　　　前期用　　孵化後おおむね 3 週間以内のブロイラー用飼料
　　　後期用　　孵化後おおむね 3 週間を超え食用として屠殺する前 7 日までのブロイラー用飼料
　豚用
　　　哺乳期用　体重がおおむね 30 kg 以内の豚用飼料
　　　子豚期用　体重がおおむね 30 kg を超え 70 kg 以内の豚（種豚育成中のものを除く）用飼料
　牛用
　　　哺乳期用　生後おおむね 3 月以内の牛用飼料
　　　幼齢期用　生後おおむね 3 月を超え 6 月以内の牛用飼料
　　　肥育期用　生後おおむね 6 月を超えた肥育牛（搾乳中のものを除く）用飼料

2：表中の値は，飼料 1 t あたりに含むことができる有効成分量である．

3：抗菌性飼料添加物を添加した飼料は，食用に出荷する前 7 日間は家畜に与えてはいけない（ただし，おおむね 6 か月齢以上の肥育牛に肥育期用の配合飼料を与える場合を除く）．

表 7.12 ● BSE 蔓延防止対策

○飼料原料の利用規制状況（動物性油脂を除く）

主な対象品目	由来	給与対象			
		牛など	豚	鶏	養魚
ゼラチン、コラーゲン（確認済のもの）	哺乳動物	○	○	○	○
乳、乳製品		○	○	○	○
卵・卵製品	家禽	○	○	○	○
血粉、血漿タンパク	牛など	×	×	×	×
	豚・馬・家禽（確認済のもの）	○	○	○	○
魚粉などの魚介類由来タンパク質（確認済のもの）	魚介類	×	○	○	○
チキンミール、フェザーミール	家禽	×	○	○	○
動物性タンパク質 加水分解タンパク質（確認済のもの）	家禽	×	○	○	○
	豚（確認済のもの）	×	○	○	○
	豚・家禽混合（確認済のもの）	×	○	○	○
肉骨粉、加水分解タンパク、蒸製骨粉	牛など	×	×	×	×
動物性タンパク質を含む食品残渣（残飯など）	哺乳動物、家禽、魚介類	×	○	○	○
その他 骨炭、骨灰（一定の条件で加工処理されたもの）		○	○	○	○
第二リン酸カルシウム（鉱物由来、脂肪・タンパク質を含まないもの）	哺乳動物、家禽、魚介類を	○	○	○	○

注1：「牛など」には牛、羊、山羊および鹿が含まれる。
2：「確認済のもの」とは、基準適合することについて農林水産大臣の確認を受けた工場の製品のこと。
3：「その他」に記載されたものは、動物性タンパク質の飼料への使用はできない（蹄粉、角粉、皮粉、獣脂かすなど）。
4：裏に記載されていない動物性タンパク質は飼料の規制の対象外。

○動物性油脂の利用規制状況

	油脂の種類	不溶性不純物含有量の基準（%以下）	牛用		豚用	鶏用	養魚用
			代用乳	その他			
動物性油脂	特定動物性油脂（注1）	0.02	○	○	○	○	○
	イエローグリース（注2）	0.15	×	×	○	○	○
	豚、鶏由来	0.15	×	○	○	×	○
	牛の脊柱・死亡牛由来（注3）		×	×	×	×	×
	回収食用油（注4）	0.02	○	×（注5）	○	○	○
その他	魚油（注6）	—	×	○	○	○	○
	植物性油脂	—	○	○	○	○	○

注1：食用の肉から採取した脂肪由来であり、不溶性不純物 0.02%以下のもの。
2：屠畜残渣等をレンダリングして得られた脂肪およびその他死亡牛が混合しないもの。牛の脊柱から製造されたもの（確認済動物性油脂）のみ飼料利用可。
3：農家で斃死した牛などと畜検査を経ていないもの。
4：飲食店等から回収された食用規制対象外。使用原料の種類、動物性油脂が混入していないこと、収集先等が確認できる回収食用油のみ飼料利用可（確認等が確認できるものは飼料利用可）。
5：牛由来油脂が混入していないことが確認できるものは飼料利用可。
6：魚介類のみを原料として、哺乳動物由来タンパク質および家禽由来タンパク質の製造工程と完全に分離された工程で製造されたもの。

料を介した病原体の侵入の危機にさらされていることを忘れてはならない．

C．BSE

牛海綿状脳症（BSE）は，2001年に国内で初めて確認された．その対策として，反芻動物由来肉骨粉を用いた反芻動物用飼料の製造・販売・使用が禁止された．豚由来肉骨粉については大臣の認可を受けたうえでブタ，ニワトリおよび魚用飼料への利用が再開されている．シカ，ヒツジ，ヤギを含めた反芻家畜の飼料については，その製造工程を反芻家畜以外の製造工程と分離することとされ，取扱場所，製造・保管施設，輸送車両の専用化，製造保管施設の洗浄，飼料業務管理規則の備え付けなどのガイドラインが制定されている．また，輸入飼料についても原材料の届け出，小売業者の届け出が義務化されている．これらの管理下にある反芻家畜用飼料は「A飼料」としてその他の家畜飼料「B飼料」と明確に区分されている．現在，反芻家畜を対象とした動物性タンパク質は安全性が確認された哺乳動物由来のゼラチンおよびコラーゲン，乳・乳製品，そして家禽由来の卵・卵製品に限られている（表7.12）．

D．放射性物質

国内における原子力発電所の事故のために拡散した放射性物質による飼料の汚染が懸念されている．畜産物における食品衛生法上の暫定基準は，乳児用食品では50 Bq/kg，牛乳では50 Bq/kg，飲料水では10 Bq/kg，その他一般食品では100 Bq/kg以下となっている（2012年4月現在）．これら畜産物の食品衛生法における暫定基準を超えないように飼料中の暫定許容値が定められている．ウシ，ウマ用飼料では100 Bq/kgDM，ブタ用飼料では80 Bq/kgDM，家禽用飼料では160 Bq/kgDM以下とされている（2012年3月現在）．

第8章
家畜感染症・ズーノーシス

　本章では主な家畜の感染症（伝染病）およびズーノーシス（zoonosis：動物由来感染症）について述べる．

8.1　家畜の監視伝染病

　家畜の伝染性疾病の発生や蔓延防止のために定められている『家畜伝染病予防法（家伝法と省略される）』がある．その法令のなかで，特に法的に具体的措置を定められている家畜の感染症を「家畜伝染病」，また省令で定められた届出義務のある家畜の感染症を「届出伝染病」とよぶ．なお，これら家畜感染症は「監視伝染病」と総称される．なお，家伝法に定められる「家畜伝染病」は一般名称と誤認されないように「法定伝染病」と呼ばれることが多い．
　家畜伝染病予防法に基づく家畜の監視伝染病一覧については付録C1に掲げる．

8.2　ズーノーシス

　動物からヒトへ，またヒトから動物へと，ヒトと動物の間で伝播する感染症を「ヒトと動物の共通感染症」「人獣共通感染症」などとよぶ．WHO/FAOは「脊椎動物とヒトとの間で自然に移行するすべての病気または感染」をズーノーシス（zoonosis，動物由来感染症）と定義している．

　本章の各疾病名には次のような用語を用いる．
「法定」→法定伝染病（家伝法の家畜伝染病）

「届出」→届出伝染病
「Z」→ズーノーシス（動物由来感染症）

8.3　細菌性疾患

8.3.1　炭疽　　　法定，Z
A．臨床症状
a．動物
　法定家畜伝染病の対象はウシ，スイギュウ，シカ，ウマ，ヒツジ，ヤギ，ブタ，イノシシである．これらの動物は急性敗血症により急死する．潜伏期は1〜5日である．症状は発熱，眼結膜の充血，粘膜の浮腫，呼吸困難，腎障害などである．さらに口腔・鼻腔・肛門などからタール様の出血，皮下の浮腫，脾臓の腫大などが観察される．ブタなどの抵抗性の強い動物では慢性感染となる場合が多い．
b．ヒト
　伝播様式によって皮膚炭疽，腸炭疽，肺炭疽に分けられる．
皮膚炭疽：炭疽症例の95％以上を占める．潜伏期は1〜10日である．感染すると掻痒性，無痛性の丘疹が現れ，周囲に発疹と浮腫が出現する．化膿，疼痛，発熱，倦怠感，リンパ節腫脹などを合併することもある．重症例では敗血症や髄膜炎により死に至る．
腸炭疽：吐き気，嘔吐，腹痛，吐血，血便，腹水，発熱，喉頭炎，嚥下障害，頸部のリンパ節炎が起きる．激しい症状のあと，毒血症，ショックなどにより死に至る．病変は盲腸にみられることが多い．
肺炭疽：発生はきわめてまれである．1〜6日の潜伏期間を経て，インフルエンザ様症状

から呼吸困難，チアノーゼ，髄膜炎などへ進行する．未治療での致死率は90％以上である．

B．予防・診断・治療
a．動物
　生前診断は困難であり，家畜が急死した場合に炭疽を疑う．血液を検体として，塗抹染色，アスコリー試験などの細菌学的検査を行う．抗体検査は可能ではあるが，通常は実施しない．予防策として，ウシおよびウマに対して生菌ワクチンが用いられている．また，炭疽が発生した場合には，同居家畜に抗生物質の予防投与を行う．

b．ヒト
　診断は悪性膿胞，X線像の縦隔拡大，抗体価の上昇，敗血症，髄膜炎などの所見による．確定診断には病原体検出が必要である．アスコリー試験，PCR法による診断も可能である．治療は抗生物質の大量投与に加えて，補液，酸素吸入などの対症療法を行う．予防法としては，動物のワクチン計画，そして患畜の摘発淘汰が重要である．曝露が疑われた場合，予防的に抗生物質を投与する場合もある．また，ヒト用のワクチンも存在するが，日本では用いられていない．

C．疫学
a．動物での発生状況・保菌動物
　草食獣，特にウシやウマなどに多い．肉食動物，雑食動物（イヌ，ネコ，ブタなど）の感染例は少なく，鳥類，爬虫類，魚類ではほとんど認められない．環境中で炭疽菌芽胞は長期間生残し，動物に感染する．感染動物の血液，体液，死体などが土壌を汚染して炭疽菌の常在地を形成する．日本では，ウシにおいて2000年に2頭の発生が認められたが，その後の発生はない．ブタにおいては1986年以降，報告がない．アメリカ，イギリス，東南アジア諸国では地方病的にかなりの頻度で発生している．

b．ヒトでの発生状況
　獣疫管理が不十分な地域，アジア，アフリカ，南米などの畜産関係者で発生している．2001年にはアメリカで生物テロによる発生があった．日本では1992年と1994年にそれぞれ2例の報告があるのみで，それ以降は現在まで発生はない．

c．ヒトへの感染経路
　皮膚炭疽の場合，畜産物に含まれる菌体や芽胞が皮膚の創傷から侵入して感染する．腸炭疽の場合，感染動物の肉に含まれている芽胞を摂取して感染する．肺炭疽の場合，8,000個以上の芽胞を含む塵埃を吸入して感染する．ヒトからヒトへの感染はない．

D．病原体
　炭疽菌（*Bacillus anthracis*）は，1986年にKochが発見してコッホの四原則を確立したことで知られる．好気性グラム陽性桿菌であり，生体内では莢膜を形成する．無鞭毛，非運動性であり，単独または短い連鎖状を示す．菌体の中央付近に芽胞を形成する．寒天培地上で辺縁がちぢれ毛状のコロニーを形成する．病原因子として浮腫毒と致死毒を産生する．炭疽における動物の死因は，致死毒によるショックと考えられている．

8.3.2　腐蛆病　　法定

A．臨床症状
a．動物
　アメリカ腐蛆病およびヨーロッパ腐蛆病が家畜伝染病に指定されており，対象はミツバチである．

アメリカ腐蛆病：蜂児が感染すると敗血症により死亡する．有蓋蜂児が死亡すると蜂児蓋が張りを失ってへこみ，その後，小孔が開く．粘稠性で茶褐色の腐蛆がみられ，また，蜂児が死にはじめると異臭が漂う．

ヨーロッパ腐蛆病：無蓋蜂児が死亡し，乳白色で水っぽい腐蛆がみられ，粘稠性はない．有蓋蜂児が死亡する場合もある．

B．予防・診断・治療
アメリカ腐蛆病：スケールとよばれる蜂児蓋

がとり除かれて硬化した死体が巣房に残っている状態を見つけた場合や巣箱から刺激臭を感じた場合には発症を疑う．確定診断は病原体の分離同定による．
ヨーロッパ腐蛆病：症状は一般的な生理死（換気不足や餓死）と同様であるので診断は病原体の分離同定による．

予防はミロサマイシン投与により行う．感染が確認された場合は，巣箱ごと蜂群を焼却し，養蜂道具は適切な消毒を行う．

C. 疫学
a. 動物での発生状況・保菌動物
アメリカ腐蛆病はアメリカ腐蛆病菌芽胞がミツバチの幼虫に経口感染して発症するため，幼虫が存在する期間に発生する．同様に，ヨーロッパ腐蛆病はヨーロッパ腐蛆病菌に汚染された蜜，花粉などを幼虫が給餌されて感染する．日本でも各地で発生し，年間に数十例の報告がある．

D. 病原体
アメリカ腐蛆病はグラム陽性芽胞桿菌であるアメリカ腐蛆病菌（*Paenibacillus larvae*）が起因菌であり，ヨーロッパ腐蛆病はグラム陽性槍先状レンサ球菌であるヨーロッパ腐蛆病菌（*Melissococcus plutonius*）が起因菌である．

8.3.3 破傷風　　届出，Z
A. 臨床症状
a. 動物
届出伝染病の対象はウシ，スイギュウ，シカ，ウマである．全身の強直性痙攣を起こし，呼吸困難により死に至る．特徴的な病変や病理所見は認められない．

b. ヒト
潜伏期は3～21日である．感染部位近辺や顎から頸部の筋肉のこわばり，顔面の痙攣による痙笑，舌のもつれ，開口障害，呼吸困難，後弓反張などの全身性痙攣症状がみられる．

B. 予防・診断・治療
a. 動物
創傷部あるいは病変部の直接塗抹標本により，太鼓ばち状の芽胞を確認する．感染部位を検体として病原体検出を行う場合もある．有効な抗体検査法はない．予防は破傷風トキソイドワクチンの接種により行う．

b. ヒト
診断は強直性麻痺などの症状により行われるが，早期診断が重要である．創傷の有無にかかわらず，舌のもつれや開口障害などが認められたら破傷風を疑う．治療は化学療法および抗破傷風ヒト免疫グロブリン（ヒトTIG）療法による．また，痙攣などに対する対症療法も行う．予防は破傷風トキソイドワクチン接種やヒトTIGの予防的接種によって行う．

C. 疫学
a. 動物での発生状況・保菌動物
家畜ではウマがもっとも感受性が高いが，ウシ，ヒツジ，ヤギ，ブタにも感染する．主に分娩，去勢，断尾などの後に発生する．

b. ヒトでの発生状況
日本ではジフテリア・百日咳・破傷風（DPT）混合ワクチンの定期接種が普及するにつれ患者数は減少した．現在は感染症法の5類感染症に指定されており，毎年約100件の報告がある．

c. ヒトへの感染経路
破傷風菌芽胞が創傷部位より侵入し感染する．転倒などの事故や土いじりによる創傷部位からの感染が多い．新生児破傷風は，破傷風菌芽胞で新生児の臍帯切断面が出産時に汚染されることにより発生する．

D. 病原体
土壌，水中など広汎な環境に生息する破傷風菌（*Clostridium tetani*）が起因菌である．偏性嫌気性グラム陽性芽胞桿菌であり，運動性を示す．また，特徴的な太鼓ばち状の芽胞を菌端部につくる．病原因子として神経毒（テ

タノスパスミン）を生産する．

8.3.4 気腫疽　　届出
A. 臨床症状
a. 動物
　届出伝染病の対象はウシ，スイギュウ，シカ，ヒツジ，ヤギ，ブタ，イノシシである．発熱，元気消失，反芻停止を示す．臀部などの多肉部および四肢が気腫性に腫脹する．重篤化すると呼吸困難，頻脈となり1～2日で死亡する．皮下織に暗赤色の膠様浸潤，筋肉の気腫，リンパ節腫大などがみられる．発症すると致死率はきわめて高い．

B. 予防・診断・治療
　確定診断には病変部を検体として病原体の分離同定を行う．本菌は悪性水腫菌（*Clostridium septicum*）と類似しており，生化学性状検査や蛍光抗体法による鑑別が必要である．予防策としては，汚染地帯では不活化ワクチン接種が推奨される．

C. 疫学
a. 動物での発生状況・保菌動物
　主に反芻動物に感染し，芽胞が創傷部や消化管に侵入することにより発症する．6か月齢から3歳の若いウシに発症が多く，春から秋にかけて発生する．

D. 病原体
　起因菌は気腫疽菌（*Clostridium chauvoei*）である．土壌および動物の腸管内に生息する．偏性嫌気性グラム陽性芽胞桿菌であり，鞭毛をもち，運動性を示す．卵型の亜端在もしくは端在性の芽胞を形成する．マウスに致死性の外毒素を産生する．

8.3.5 豚丹毒　　届出, Z
A. 臨床症状
a. 動物
　届出伝染病の対象はブタおよびイノシシである．急性の敗血症型，亜急性の蕁麻疹型，慢性の心内膜炎および関節炎に大別される．敗血症型の場合，突然に高熱を呈し急死する．蕁麻疹型は，発熱，食欲不振，菱型疹を起こす．心内膜炎は無症状の場合が多く，剖検で発見される．関節炎の好発部位は四肢であり，腫脹，疼痛，硬直，跛行がみられる．

b. ヒト
　限局性皮膚疾患型，全身性皮膚疾患型，敗血症型が主な病型である．有痛性の紫斑と腫脹が出現し，近傍の関節炎を合併する．敗血症型の場合，感染性心内膜炎を併発することが多い．

B. 予防・診断・治療
a. 動物
　確定診断には起因菌を分離する必要があり，同定にはPCR法が有効である．血清学的診断法として，生菌発育凝集反応，ラテックス凝集反応，ELISA法などがある．治療は化学療法を行う．予防には，生ワクチンもしくは不活化ワクチンが用いられている．

b. ヒト
　確定診断は病原体検出による．本菌は病巣深部に生息しているため増菌培養する必要がある．治療は化学療法で行うが，アミノ配糖体には抵抗性である．

C. 疫学
a. 動物での発生状況・保菌動物
　ブタ，ヒツジ，イノシシなどの哺乳類およびシチメンチョウやニワトリなどの鳥類に感染する．ブタの豚丹毒は世界中で発生している．日本ではワクチンの普及により激減したが，現在はワクチン接種率が低下しており，発生増加が懸念されている．その他の動物ではイノシシ，イルカ，ニワトリで散発例の報告があり，家畜の扁桃からしばしば分離される．特にブタではその割合が高く，急性敗血症型からは1型菌，慢性型からは2型菌が多く分離される．

b. ヒトでの発生状況
　患者は畜産業従業者，獣医師，肉屋，水産業者，鮮魚商などが多く，職業病的である．

日本での発生報告はない.

c. ヒトへの感染経路
ヒトへの感染は主に創傷部からであるが，経口感染も起こると考えられている．また，ネコの咬傷による感染の報告もある．

D. 病原体
起因菌は *Erysipelothrix rhusiopathiae* である．グラム陽性短桿菌であり，非運動性を示し芽胞や莢膜は形成しない．普通寒天培地ではあまり発育がよくないが，血清または血液を培地に加えると発育がよくなる．本菌の感染による疾患は，ブタでは豚丹毒，その他の動物では豚丹毒菌症，ヒトでは類丹毒という．

8.3.6 リステリア症   Z

A. 臨床症状
a. 動物
ウシ，ヒツジ，ヤギなどの家畜で脳炎，髄膜炎，流産，敗血症，乳房炎が認められるが，脳炎型がもっとも多い．脳炎や髄膜炎では食欲不振，起立不能，横臥，知覚麻痺，嚥下困難などの症状から昏睡状態に至る．髄膜ではリンパ球の浸潤と出血が認められ，皮質や髄質にも壊死巣，神経細胞変性，形質細胞浸潤が起こる．乳房炎においては母乳中に排菌が数週間にわたって認められる．

b. ヒト
潜伏期間は3週間程度である．食品媒介感染症であるが，細菌性食中毒様の症状を示さないことが特徴で，中枢神経系の病態が認められる．垂直感染による流産や死産，胎児敗血症などの周産期リステリア症と成人で発症する髄膜炎や敗血症の病型がある．健常人では不顕性感染することが多い．周産期リステリア症において，妊婦は発熱，悪寒，背部痛を主徴とする．胎児は出生後まもなく死亡することが多い．

B. 予防・診断・治療
a. 動物
家畜への主要な感染源はサイレージであるため，農場における感染対策はサイレージの品質管理が重要となる．脳炎を起こした場合は，患畜の姿勢保持に努め，抗生物質投与とステロイド剤投与を行う．リステリア症は発症から死亡までの転帰が早いため，生前診断は困難であり，血清学的診断は行われていない．また，有効なワクチンも開発されていない．

b. ヒト
臨床的には特異的な所見はない．よって，確定診断には病原体検出が必須である．治療は化学療法によるが，セフェム系薬剤は無効である．冷蔵保存食品が原因となることが多く，保菌者と食品の低温流通過程における汚染状況を把握することが感染防御と汚染防止に重要である．

C. 疫学
a. 動物での発生状況・保菌動物
ウシ，ヒツジ，ヤギ，ブタ，ウマ，ニワトリ，アヒル，ガチョウなどの家畜や家禽だけではなく，イヌ，ネコ，野生動物，野鳥，両生類，淡水魚，甲殻類，節足動物など幅広く保菌している．土壌，汚泥，汚水，海水，河川水，植物などあらゆる環境にも生息していることから，食品加工施設からも分離される．

b. ヒトでの発生状況
1980年代以降，欧米において食品媒介感染症として発生している．大規模発生例としては，2011年にアメリカ・コロラド州でメロンが原因と考えられる集団発生があり，140人以上が感染，30人以上の死亡が確認された．日本では細菌性髄膜炎（髄膜炎菌性髄膜炎は除く）として定点報告対象とされている．当該疾患はリステリア症のみではないことから患者数を特定することはできないが，年間約80例のリステリア症が発生していると推計されている．また，国内初の集団事例としてナチュラルチーズによる食中毒が北海道で発生した．

c. ヒトへの感染経路
患畜由来の乳製品やその排泄物・死体に汚

染された野菜を介して感染する．動物との接触感染はほとんどない．胎児敗血症は垂直感染と考えられているが，妊婦の保菌実態は不明である．また，易感染者への感染源および感染経路は明らかにされていない．

D．病原体

ヒトにおけるリステリア症の起因菌は *Listeria monocytogenes* に限られるが，まれに *L. seeligeri*, *L. ivanovii*, *L. welshimeri* がヒトに病原性を示す．*L. monocytogenes* はグラム陽性通性嫌気性短桿菌であり，莢膜や芽胞は有さない．25℃前後では4本の鞭毛により運動性を示すが，37℃において鞭毛はほとんどみられない．発育温度域が広く，4℃の低温でも増殖可能である．カタラーゼ陽性，食塩耐性を示す．

8.3.7 結核病　　法定，Z

A．臨床症状

a．動物

法定家畜伝染病の対象はウシ，スイギュウ，シカ，ヤギである．重度の結核肺病巣をもつ個体や全身感染を起こした症例では，発咳，被毛失沢，食欲不振，元気消失，乳量減少，痩削などの症状がみられるが，臨床的異常を認めず，剖検後に本病と診断される事例も多い．

b．ヒト

風邪様の症状からはじまり，咳，痰，血痰，喀血，胸痛，呼吸困難，発熱，発汗，体重減少，食欲不振，倦怠感などを呈する．長期間（3週間以上）続く咳は結核の重要な指標である．

B．予防・診断・治療

a．動物

診断はツベルクリン反応によって行う．現在，実用的なワクチンはなく，化学療法も困難である．感染対策としては，定期的にツベルクリン検査を実施し，患畜の摘発淘汰が重要である．

b．ヒト

診断は胸部X線検査，ツベルクリン反応，病原体の分離同定などで行う．PCR法など遺伝子検査法も行われている．治療は化学療法が基本であり，治療脱落と多剤耐性結核を防ぐため，国際保健機関（World Health Organization：WHO）はDOTS（directly observed treatment, short-course）による短期化学療法を推奨している．慢性膿胸，骨関節結核，多剤耐性結核などの難治性結核に対しては外科治療が必要な場合もある．予防はBCGワクチンによる．BCG接種は小児の結核性髄膜炎や粟粒結核の発病防止に有効であるが，成人に対する発病防止効果は50％程度とされる．日本では乳幼児期の単回接種が行われている．

C．疫学

a．動物での発生状況・保菌動物

日本ではウシ結核病が多発していたが，摘発淘汰が進められ，最近は散発的である．ウシ型結核菌の伝播はエアロゾルの吸入による経気道感染が主である．肺病巣をもつ患畜では気管分泌物，鼻汁，唾液，糞便，尿に排菌する．

b．ヒトでの発生状況

開発途上国では公衆衛生上の大問題であり，さらにHIVとの重感染が問題となっている．2011年の日本の結核罹患率は17.7（人口10万人対の新登録結核患者数）であり，結核中蔓延国である．罹患率は減少傾向にあるが，22,000人以上の患者が発生している．また，発症は高齢者に多く，新規登録患者の半数以上は70歳以上である．

c．ヒトへの感染経路

大部分が経気道感染であり，ヒトからヒトへの伝播もある．ウシからヒトへの伝播は乳製品を介した経口感染が多いが，汚染牛舎の粉塵やエアロゾルを介した経気道感染も起こる．

D．病原体

起因菌はウシ型結核菌（*Mycobacterium*

bovis）またはヒト型結核菌（*M. tuberculosis*）である．家畜や野生動物の症例から分離されるのは主にウシ型結核菌であり，ヒト型結核菌の分離症例は少ない．ヒトの症例から分離されるのはヒト型結核菌が多い．

好気性グラム陽性桿菌で莢膜・鞭毛はない．細胞壁は脂質に富み，通常の染色法では染まりにくい抗酸性を示すことから抗酸菌ともよばれ，チール・ネルゼン法などで染色する．

8.3.8 鶏結核病　　届出，Z
A．臨床症状
a．動物
届出伝染病の対象はニワトリ，アヒル，シチメンチョウ，ウズラである．発症すると冠や肉垂の貧血・萎縮，削痩，産卵低下，下痢などがみられるが，結核に特異的な症状はなく，病変を有しても無症状な場合もある．慢性疾患であり，症状は長期にわたって持続する．

b．ヒト
播種性結核を引き起こす．症状としてもっとも多いのは咳で，次いで痰，喀血，全身倦怠感，発熱，呼吸困難，食欲不振などである．症状の進行は緩やかであるが，確実に進行する．

B．予防・診断・治療
a．動物
生前診断としてツベルクリン皮内反応，菌体凝集反応，糞便培養検査などがある．死後確定診断は病理組織学的診断および病変部位からの病原体検出である．予防法や治療法は特になく，飼養環境の衛生管理，陽性鶏の予防的淘汰などを行う．

b．ヒト
診断の臨床的基準は結節性陰影，空洞性陰影などの特徴的画像所見があること，他の呼吸器疾患が否定されること，細菌検査で2回以上陽性となることである．治療は結核に準じて行うが，確実に有効な治療法はない．

C．疫学
a．動物での発生状況・保菌動物
先進国での発生は激減しているが，世界中に分布している．動物園のフラミンゴや渡り鳥での発生例が知られている．日本では2003年に東京都で発生があった．ヒトの非結核性抗酸菌症において分離される*M. avium*との異同が公衆衛生上重要な問題となる．

b．ヒトでの発生状況
ヒトの非結核性抗酸菌症は化学療法を行っても，有効例は約30％であるため，患者数は増え，漸次進行例が増えてきている．さらに，日本ではHIV感染の増加傾向に併せて，結核合併例が着実に増加しつつある．

c．ヒトへの感染経路
自然環境中の水系・土壌中や家畜などの動物体内に生息しており，経気道感染・経口感染すると推定されている．ヒトからヒトへの感染はない．

D．病原体
非結核性抗酸菌のひとつである鳥結核菌（*Mycobacterium avium*）が起因菌である．グラム陽性で，抗酸性を示す桿菌である．本菌は3つの血清型に分けられ，鳥に対する病原性は2型がもっとも強い．

非結核性抗酸菌のうち，ヒトに病原性を示すものは10種類以上あるが，日本でもっとも多いのは*M. avium* complex（MAC）菌であり，約70％を占める．次いで*M. kansasii*が約20％を占める．

8.3.9 ヨーネ病　　法定
A．臨床症状
a．動物
反芻動物に，慢性の間欠性下痢，乳量の低下，削痩などを引き起こす．腸管粘膜の肥厚，肉芽腫病巣，多核巨細胞，腸管膜リンパ節の腫大がみられる．法定家畜伝染病の対象はウシ，スイギュウ，シカ，ヒツジ，ヤギである．

b. ヒト

ヒトの炎症性腸疾患（IBD），クローン病患者の病変部がウシと類似しており，組織，血液，乳汁などからヨーネ菌が分離されるとの報告がある．さらにクローン病患者では，ヨーネ菌に対する抗体が有意に高く，本菌に対する細胞性免疫が検出されるとの報告もあり，関連性が指摘されているが，証明はされていない．

B. 予防・診断・治療
a. 動物

診断は病原体検出による．糞便を検体とし，直接鏡検，分離培養，PCR法が行われている．血清学的診断としてはELISA法，補体結合反応，ヨーニン皮内反応がある．新しい診断法としてインターフェロン・ガンマ検査が試みられている．ワクチンはなく，化学療法も困難である．予防には患畜の摘発淘汰および汚染物の消毒が有効である．

C. 疫学
a. 動物での発生状況・保菌動物

日本における発生は増加傾向にある．経口感染が主であり，感染母牛から子牛への感染が伝播経路として重要である．胎盤感染や同居牛への感染も起こる．妊娠や分娩などのストレスが発病の誘因とされている．また，ヨーネ病は反芻動物の感染症であるとされてきたが，サルにおける集団発生が認められた．

b. ヒトでの発生状況

近年，ヒトの感染例として血液や乳汁から分離が報告された．日本ではヒトからヨーネ菌の分離報告はない．

c. ヒトへの感染経路

感染源は患畜の枝肉，内臓，乳汁や糞便に汚染された河川水，土壌が考えられる．しかしながら，畜産従事者やヨーネ病汚染地域でクローン病が多発するという傾向はないことから証明されていない．

D. 病原体

起因菌はヨーネ菌（*Mycobacterium avium* subsp. *paratuberculosis*）であり，結核菌によく似た形態をしている．芽胞，鞭毛，莢膜を欠く．寒天培地で培養すると，コロニー形成に2か月以上を要する遅発育菌である．

8.3.10 大腸菌感染症　　Z
A. 臨床症状
a. 動物

子牛の大腸菌下痢：生後3，4日以内に毒素原性大腸菌（ETEC）に感染して，水溶性下痢を呈する．潜伏期間は12〜18時間である．重度の脱水とアシドーシスにより死亡することもある．腸管出血性大腸菌（EHEC）感染による下痢も2週齢以内の子牛で発症する場合がある．粘血便が特徴であり，脱水は軽度である．

大腸菌性乳房炎：環境中の大腸菌群が泌乳期や乾乳期の乳房に感染して，壊疽性乳房炎を起こす．急性例では全身症状を伴う死亡例もあるが，自然治癒することが多い．

豚大腸菌症：新生期および離乳期にETEC感染を原因として下痢の症状を呈する．生後間もない症例では高率で死亡する．また，幼豚に多発する浮腫病では食欲不振，中枢神経障害，浮腫による顔面腫脹がみられる．敗血症に至ると死亡率が高い．

鶏大腸菌症：全身感染症と局所感染症に大別され，さまざまな病型がある．急性敗血症は4〜10週齢のブロイラーに好発し，嗜眠，発熱などの症状を呈し，死亡する場合もある．敗血症の後に心外膜炎，関節炎，呼吸器疾患がよくみられる．まれではあるが，眼球炎，腹部気嚢炎，卵管炎を呈することもある．胚が卵黄感染すると多くは孵化後期に死亡し，一部が孵化直後に死亡する．

b. ヒト

ヒトが下痢原性大腸菌に感染すると胃腸炎の症状を呈する．そのなかでも腸管出血性大腸菌感染症は感染症法の3類感染症に指定されている．4〜8日の潜伏期の後，腹痛と水

様性血便が起こる．重症例では溶血性尿毒症症候群（HUS）や急性脳症を呈する場合もある．また，腸管以外の部位に感染すると，膀胱炎，腎盂炎，髄膜炎，創傷感染，肺炎などさまざまな炎症性疾患を引き起こす．

B．予防・診断・治療
a．動物
牛大腸菌症：予防は分娩牛房を衛生管理することである．診断は臨床検査，剖検，細菌検査，細菌毒素検査によって行う．下痢を主徴とする場合，牛大腸菌性下痢症ワクチンを用いる．下痢には初期の隔離治療を原則とし，輸液と抗生物質投与を行う．敗血症を主症状とする場合，急性経過をとるため，早期発見が重要となる．

豚大腸菌症：診断は肉眼的所見と病原体検出により行う．治療は抗生物質の投与を行うが，浮腫病を発症すると治療は困難となる．予防には分娩舎・離乳舎の消毒，オールイン・オールアウト方式の実施などが有効である．

鶏大腸菌症：診断は病原体検出により行う．治療は抗生物質の投与による．感染予防策としては飼育環境の衛生管理が挙げられる．また，病原性大腸菌が定着している農場では，大腸菌ワクチン接種も有効である．

b．ヒト
確定診断は，患者便から下痢原性大腸菌を検出することによって行う．また，血清学的診断も有効である．治療は対症療法と抗生物質投与を行う．特にETECやEHEC感染症の場合は脱水症状に対する輸液が必要となる．予防法としては，食品への汚染対策や二次感染も認められることから，手洗いの励行などを行う．

C．疫学
a．動物での発生状況・保菌動物
大腸菌は動物の常在菌であり，消化活動を助けるなどの健康維持に必要な存在であるが，一部は病原性大腸菌とよばれ，重篤な疾病を引き起こす．日本におけるニワトリ大腸菌症はニワトリの感染症としては発生羽数および死廃羽数ともに際立って多い．ヒトに腸管出血性大腸菌感染症を起こすEHECの保有動物として重要なのはウシである．

b．ヒトでの発生状況
日本では依然として多くの食材が病原性大腸菌に汚染されており，腸管出血性大腸菌感染症だけでも毎年2,000～3,000人が感染している．また，院内感染における尿路感染症の多くが尿路病原性大腸菌によるものである．

c．ヒトへの感染経路
腸管出血性大腸菌感染症は汚染されたウシ関連食品を摂取することによる．また，保菌動物との接触による感染事例も報告されている．

D．病原体
大腸菌（*Escherichia coli*）は腸内細菌科に属するグラム陰性通性嫌気性桿菌である．下痢原性大腸菌と髄膜炎や尿路感染など腸管以外の部位に感染する大腸菌を併せて病原大腸菌と総称されている．下痢原性大腸菌は病型と病原因子から，腸管病原性大腸菌（EPEC），毒素原性大腸菌（ETEC），腸管組織侵入性大腸菌（EIEC），腸管出血性大腸菌（EHEC），凝集付着性大腸菌（EAEC）に分類されている．

8.3.11　サルモネラ症　　届出，Z

A．臨床症状
a．動物
本症は起因血清型が同じでも，宿主種や年齢により病型が異なる．チフス様疾患では発熱，食欲不振，元気消失などの症状を示し，その後，敗血症により死に至る．急死例を除き，リンパ節や臓器の腫脹，空腸・回腸の充血，肝臓のチフス結節，壊死病変などがみられる．下痢症型では下痢を主徴とする．慢性に経過した場合は発育不良となる．

b．ヒト
起因血清型により，チフス様疾患と食中毒を起こす．

腸チフス・パラチフス：全身倦怠感，食欲不振などから，悪寒，発熱を呈する．重症の場合は昏睡状態に至る．

食中毒：発熱，水溶性下痢，嘔吐などの急性胃腸炎を起こす．症状は1〜2日で治まることが多い．

B. 予防・診断・治療
a. 動物
診断は病原体の検出と血清型別により行う．O抗原を利用したELISA法も可能である．治療は化学療法にて行うが，多剤耐性菌が多いことから，分離菌の薬剤感受性試験が必要である．予防は保菌動物の摘発隔離などに加えて，飼育環境・器具の消毒など，衛生管理が重要である．

b. ヒト
腸チフス・パラチフス：診断は臨床症状のほかに1か月以内の海外渡航歴も参考にする．確定診断は病原体の検出による．検体は血液，糞便，胆汁を用いる．治療は化学療法で行うが，多剤耐性菌が多くなってきている．ワクチンもあるが，日本では未認可である．

食中毒：細菌性胃腸炎に共通することであるが，症状と患者背景により臨床診断をする．確定診断は糞便，血液，穿刺液，リンパ液などより病原菌の検出を行う．サルモネラの特異的な迅速診断法はない．治療は脱水の補正と胃腸炎症状の緩和を中心に対症療法を行う．原則として抗生物質は使用しない．

C. 疫学
a. 動物での発生状況・保菌動物
哺乳類（イヌ，ネコ，ウサギ，サルなど），鳥類，両生類，爬虫類（ヘビ，カメなど）の腸管に常在菌として生息する．ウシにおける分離頻度の高い血清型はTyphimuriumおよびDublinである．ブタではTyphimuriumとCholeraesuisであり，ニワトリからは多様な血清型が分離される．農場内では，保菌動物の導入や飼料，ネズミ，野鳥などを介して侵入したサルモネラが保菌化されて伝播される．

b. ヒトでの発生状況
腸チフス・パラチフス：WHOによると，全世界では，毎年2000万人以上の患者が発生していると推計されており，特にアジアでの発生が多い．先進国における発生は，流行国からの輸入例が大部分である．日本では，腸チフス・パラチフスのいずれも感染症法の3類感染症に指定されている．

食中毒：1999年に厚生省（当時）が「食品衛生法施行規則」等を改正し，ニワトリの卵の表示基準，液卵の規格基準等を定めたことから，サルモネラ菌による食中毒は減少傾向にある．

c. ヒトへの感染経路
腸チフス・パラチフス：患者の便に汚染された食品や水が感染源である．経口感染する．

食中毒：食肉や鶏卵など飲食物を介しての経口感染が主である．動物の排泄物が感染源になることもある．イヌやカメは特に保菌率が高く，注意が必要である．

D. 病原体
腸内細菌科に属する通性嫌気性グラム陰性桿菌である．周毛性の鞭毛をもち，運動性を有する．O抗原に基づく約2,000の血清型がある．病原性は血清型によって異なり，ヒトに病原性を示すのは全身性のチフス様疾患を起こす *Salmonella enterica* serovar Typhi, Paratyphi Aおよび食中毒を起こす *S. enterica* serovar Enteritidis, Typhimuriumなどである．*S. enterica* serovar TyphiはVi抗原とよばれる莢膜を有する．

家畜伝染病予防法では *S. enterica* serovar Dublin, Enteritidis, Typhimurium, Choleraesuis感染によるウシ，スイギュウ，シカ，ブタ，イノシシ，ニワトリ，アヒル，シチメンチョウ，ウズラの疾病を「サルモネラ症」と定義している．

8.3.12　家禽サルモネラ感染症　　法定
A．臨床症状
a．動物
　法定家畜伝染病の対象はニワトリ，アヒル，シチメンチョウ，ウズラである．介卵感染による急性例では症状を示さずに死亡する場合がある．ひな白痢の症状は元気消失，食欲不振，羽毛逆立て，灰白色下痢などである．中大雛および成鶏では不顕性感染し，一部は保菌鶏となる．鶏チフスはひな白痢と同じ症状を示すが，中大雛や成鶏で発症する．孵化後数日以内に死亡した幼雛では卵黄嚢吸収不全が認められる．中大雛では遺残卵黄，肝臓・脾臓の腫大，肝臓のチフス結節などを示す．無症候性の保菌成鶏では病変は認められないが，産卵率の低下などを示す例では異常卵胞，卵墜性腹膜炎，卵管炎などが認められる．

B．予防・診断・治療
a．動物
　診断は起因菌を分離し，血清型別を実施することによる．感染予防策は保菌鶏の摘発淘汰を基本とし，治療は行わない．

C．疫学
a．動物での発生状況・保菌動物
　主な伝播経路は介卵感染および水平感染である．かつては全国各地で発生していたが，保菌鶏の摘発淘汰が進み，ひな白痢の発生は激減した．日本では鶏チフスの発生報告はない．

D．病原体
　家畜伝染病予防法では *Salmonella enterica* serovar Gallinarum biovar Pullorum および biovar Gallinarum 感染による家禽の疾病を「家きんサルモネラ感染症」と定義している．ひな白痢は前者による感染症で2週齢までの幼雛に発生する．鶏チフスは後者による感染症で中大雛や成鶏での発生が多い．

8.3.13　馬パラチフス　　届出
A．臨床症状
a．動物
　届出伝染病の対象はウマである．流産を主症状とし，その他に各部位における化膿，関節炎，精巣炎などがみられる．流産胎児では臓器の充血や出血，体表の混濁など敗血症の所見が認められる．

B．予防・診断・治療
　流産以外に顕著な症状がなく，病理所見だけで診断することは困難である．流産胎子の臓器，流産母馬の病変部を検体として病原体検出を行う．有効なワクチンはない．予防法には，患畜の摘発淘汰，飼育環境の衛生管理などがある．化学療法は確立されていないが，免疫血清と化学療法剤との併用が有効である．

C．疫学
a．動物での発生状況・保菌動物
　日本では北海道の重種馬で散発的に発生している．起因菌は伝染性が強く，汚染飼料や飲用水で経口感染し伝播する．

D．病原体
　サルモネラ属の馬パラチフス菌（*Salmonella enterica* subsp. *enterica* serotype Abortusequi）が起因菌である．他の血清型のサルモネラとはクエン酸塩を利用しない，硫化水素を産生しないなどの性状が異なる．

8.3.14　エルシニア症　　Z
A．臨床症状
a．動物
ブタのエルシニア症：腸炎エルシニア（*Yersinia enterocolitica*）または偽結核菌（*Y. pseudotuberculosis*）による感染症で，下痢や発熱を呈する．多くは不顕性感染である．
仮性結核：偽結核菌による感染症で主に齧歯類にみられる．急性例では2～4週間で敗血症によって死亡する．慢性例では下痢など経過は多様であるが，肝臓，脾臓，腸間膜リ

ンパ節に膿瘍や結節が認められる．

ペスト：ペスト菌（*Y. pestis*）による齧歯類の疾病で，化膿性壊死性病巣を伴ったリンパ節腫脹を示す．致死的経過をとる場合も多い．

b. ヒト

エルシニア食中毒：胃腸炎の症状を示す場合がもっとも多いが，敗血症や関節炎などの病態を呈することもある．

仮性結核：リンパ節炎，関節炎，場合によっては下痢や眼症状を伴い，チフス様の致死的経過をとる．

ペスト：腺ペスト，肺ペスト，敗血症型ペストに分けられる．腺ペストでは急激な発熱，頭痛，悪寒，倦怠感，食欲不振，嘔吐，筋肉痛などの全身症状を呈し，さらにリンパ節腫脹や膿瘍が認められる．肺ペストでは高熱，頭痛，嘔吐，呼吸困難などの症状を呈する．敗血症型ペストにおいては急激なショックと播種性血管内凝固症候群（disseminated intravascular coagulation：DIC）を呈する．

B. 予防・診断・治療

a. 動物

ペスト：臨床所見もしくは疫学的状況からペスト菌感染が疑われた場合は，病原体検出を行う．

b. ヒト

　腸炎エルシニアや偽結核菌に感染した場合，臨床症状から診断することは困難であり，確定診断には病原体検出が必要である．血清学的診断も行われている．治療には抗生物質の投与を行う．

ペスト：病型にかかわらず抗生物質の投与が基本である．

C. 疫学

a. 動物での発生状況・保菌動物

　ブタは腸炎エルシニアや偽結核菌に不顕性感染し，腸管，咽頭などに保菌している．また，偽結核菌は野生哺乳動物（タヌキ，サル，シカ，野ウサギなど）が自然宿主である．また，山水，井戸水などの環境からも分離される．ペスト菌の自然宿主は齧歯類であり，世界各地の特定地域で保菌している．

b. ヒトでの発生状況

　最初の世界的大流行が541年にエジプトではじまり，北アフリカ，ヨーロッパ，中央アジア，南アジアで人口の50〜60％が死亡したと推測されている．1346年には2回目の世界的大流行がはじまり，黒死病として恐れられ，ヨーロッパ人口の約30％が死亡した．1855年，3回目の世界的大流行においてはインドと中国だけで1200万人が死亡した．近年，日本においてペスト発生の報告はないが，WHOによると世界では毎年1,000〜3,000人が感染している．

c. ヒトへの感染経路

　腸炎エルシニアや偽結核菌の主要な感染経路は経口感染である．腸炎エルシニアは豚肉や豚肉から二次的に汚染された食品を摂取することによる感染例が多い．偽結核菌は水系感染が多いと考えられている．保菌動物（イヌやネコ）との接触感染も報告されている．ペスト菌はノミによる吸血を介してヒトへと感染する．肺ペストにおいては飛沫感染によりヒトからヒトへと伝播する．また，生物兵器としての使用も考えられる．

D. 病原体

　ペストの起因菌であるペスト菌は腸内細菌科に属する通性嫌気性グラム陰性桿菌である．両極染色性を有し，芽胞や鞭毛は有していない．偽結核菌は形態学的にペスト菌と類似する．30℃以下で培養すると鞭毛を形成し，運動性を有するようになる点が異なっている．偽結核菌と腸炎エルシニアは近縁で偽結核菌とは形態学的に区別できない．

8.3.15　野兎病　　　　届出，Z

A. 臨床症状

a. 動物

　届出伝染病の対象はウマ，ヒツジ，ブタ，イノシシ，ウサギである．野生の齧歯類やウ

サギは感受性が高く，敗血症により死亡する．リンパ節の腫大，出血，壊死，膿瘍，壊死巣などがみられる．

b．ヒト

潜伏期は1〜7日が多い．悪寒，波状熱，頭痛，筋肉痛，関節痛，嘔吐などの症状を示す．表在型では病原体の侵入部位に潰瘍が生じ，所属リンパ節が腫脹する．内臓型では発熱，意識障害，髄膜炎を示す．病理組織学的には結核と非常に似ている．

B．予防・診断・治療

a．動物

確定診断は病原体の検出による．心血，肝臓，脾臓などを検体とする．血清学的診断法も開発されているが，感受性が高い動物は抗体上昇前に死亡するため，有効ではない．治療は化学療法で行う．予防対策としては汚染地域や感染動物の生息地域では動物の飼育を行わないことなどが挙げられる．

b．ヒト

臨床診断は病原体の侵入経路により異なる症状を示すので注意が必要である．確定診断は血清学的検査や病原体の分離同定により行う．免疫染色により菌体を検出する方法も有効である．治療は化学療法が有効である．予防法としては弱毒生ワクチンがあり，免疫は数か月から数年間持続する．

C．疫学

a．動物での発生状況・保菌動物

野生の齧歯類やウサギの伝染病として北半球に分布し，日本では北海道，東北，関東地方でみられる．起因菌は100種以上の動物から分離の報告がある．感染・保菌獣の尿や死体により環境が汚染され，汚染環境への侵入，汚染水や餌の摂取による感染のほか，保菌動物，ダニ，アブなどを介した感染などにより伝播する．

b．ヒトでの発生状況

野生動物との接触によるため男性に多い疾患である．日本での発生はほとんどないが，起因菌が分布している北半球では毎年発生している．

c．ヒトへの感染経路

野生の齧歯類やウサギの血液や肉との接触感染であり，皮膚に創傷がなくても感染する．また野兎病菌をもったダニ，カ，アブなど節足動物が媒介しても感染する．ヒトからヒトへの感染は起こらない．

D．病原体

起因菌は野兎病菌（*Francisella tularensis*）であり，病原性の異なる4亜種（*F. tularensis* subsp. *tularensis*, *F. tularensis* subsp. *holarctia*, *F. tularensis* subsp. *mediasiatica*, *F. tularensis* subsp. *novicida*）が存在する．グラム陰性短桿菌であるが，感染組織内の菌体は球状，長桿菌状など多形態を示す．北米に分布する亜種は欧州・アジア型よりも病原性が強い．

8.3.16　ブルセラ病　　　法定，Z

A．臨床症状

a．動物

法定家畜伝染病の対象はウシ，スイギュウ，シカ，ヒツジ，ヤギ，ブタ，イノシシである．流産が主症状であるが，精巣炎による不妊もある．ブタでは肉芽腫の凝固性壊死が顕著で，関節炎や脊椎炎が多い．ヒツジにおける *Brucella ovis* 感染では精巣上体炎が主症状である．妊娠していない雌や性成熟前の雄は不顕性感染が多い．*B. ovis* 感染では精巣上体の腫脹が多い．

b．ヒト

潜伏期間は1〜3週間である．波状熱とよばれる有熱期と無熱期が数か月にわたって交互にくり返される特有の熱型を示し，疼痛感，倦怠感，衰弱を呈する．また，リンパ節腫脹，肝脾腫大がみられる．軽症で自然治癒する場合もある．心内膜炎がもっとも重要な合併症である．

B. 予防・診断・治療
a. 動物
　日本では搾乳牛，種雄牛，同居牛に対して5年に1回以上の抗体検査が義務づけられている．試験管凝集反応と補体結合反応によって診断され，陽性牛は法律に基づき殺処分する．治療は行わない．ウシは個体診断が可能であるが，ヒツジ，ヤギ，ブタの個体診断は困難である．汚染度の高い国ではワクチン接種と摘発淘汰が行われている．

b. ヒト
　確定診断には血液や骨髄などから病原体の分離同定が必要である．また，血清学的診断やPCR法による診断も行われている．治療は化学療法によるが，心内膜炎，骨髄炎などでは外科的処置も必要である．予防対策としては家畜のブルセラ病対策がもっとも重要である．ワクチンは実用化されていない．

C. 疫学
a. 動物での発生状況・保菌動物
　ウシ，ブタ，ヤギ，ヒツジ，イヌ，ウマなど多くの動物種に感染することが知られており，世界各地に分布している．特に地中海地域，西アジア，アフリカ，ラテンアメリカなどに多い．日本では，ウシのブルセラ病が多く発生していたが，摘発淘汰が進み，最近ではほとんど発生していない．

b. ヒトでの発生状況
　本症は世界各地に分布しているが，動物に対するブルセラ病対策が行われていない地域での報告が多い．日本では年間数例の報告がある．職業病的であり，獣医師や畜産関係者に感染例が多い．

c. ヒトへの感染経路
　感染動物およびその死体や流産組織などとの接触，非加工乳製品の摂取，汚染エアロゾルの吸入などにより感染する．ヒトからヒトへの感染はまれである．

D. 病原体
　ブルセラ菌(*B. melitensis*)が起因菌である．グラム陰性小桿菌で，細胞内寄生性を示す．分類学上は *B. melitensis* 1菌種とされたが，宿主動物特異性の異なる *B. melitensis*（ヤギ），*B. abortus*（ウシ），*B. suis*（ブタ），*B. neotomae*（ネズミ），*B. ovis*（ヒツジ），*B. canis*（イヌ）といった従来の菌種名も使用できる．

8.3.17　出血性敗血症　　法定，Z
A. 臨床症状
a. 動物
　法定家畜伝染病の対象はウシ，スイギュウ，シカ，ヒツジ，ヤギ，ブタ，イノシシである．甚急性または急性に経過し，甚急性例では突然死する．急性例では元気消失，発熱，反芻停止，粘液様鼻汁などがみられる．咽喉頭部，下顎，頸側，胸前などが腫脹し，その後，呼吸困難になり横臥する．回復はほとんどしない．

b. ヒト
　皮膚化膿症が主であるが，肺炎，関節炎，心内膜炎，敗血症などの報告もある．

B. 予防・診断・治療
a. 動物
　甚急性例では顕著な所見はないが，急性例では下顎や頸部，胸前の皮下に膠様浸潤がみられる．胃・腸管の漿膜面，心膜には広範な充出血点がみられる．確定診断は病原体検出による．急性経過するため，抗体検査は有効ではなく，適切な治療法もない．予防法としてワクチン接種は有効であるが，日本では用いられていない．検疫による病原体の国内侵入阻止が重要である．

b. ヒト
　特徴的な臨床症状がないため，診断では動物との接触の有無を確認することが重要である．確定診断は病原体の分離同定による．治療は化学療法で行う．予防策は動物との接触に注意することである．

C. 疫学
a. 動物での発生状況・保菌動物
　主としてウシおよびスイギュウが罹患する．日本での発生報告はない．東南アジア，中近東，アフリカ，中南米などで発生報告がある．ウシとの接触，あるいは牧草，敷わら，飲水などから経気道感染または経口感染する．また，日本ではネコは70％以上，イヌは50％以上が保菌している．

b. ヒトでの発生状況
　本感染症は日和見感染するため，易感染性宿主の増加に伴って増加傾向にある．

c. ヒトへの感染経路
　ヒトは動物との接触により感染する．*Pasteurella multocida* は哺乳類の上気道や消化管に生息し，咬傷や掻傷から感染する経皮感染，非外傷性に気道系に入る経気道感染が多い．

D. 病原体
　P. multocida は通性嫌気性グラム陰性短桿菌である．莢膜多糖体の抗原性により A，B，D，E の血清型に分類される．出血性敗血症の起因菌は血清型 B および E である．ヒトから分離されるのは血清型 A が多い．血清型 D は種々の動物に疾患を起こす．本菌は，乾燥，日光に対する抵抗性が弱い．

8.3.18 家きんコレラ　　法定
A. 臨床症状
a. 動物
　ニワトリ，アヒル，ウズラ，シチメンチョウが感染し，その70％以上が急性敗血症で死亡した場合に法定家畜伝染病の対象となる．急性例では，発熱，下痢，呼吸速迫，チアノーゼなどを示し，2〜3日で死亡する．甚急性例ではこれらの症状をほとんど示さずに死亡する．急性例では肝臓や脾臓が腫大し，肝臓に壊死巣が多発する．皮下，心臓，小腸の点状出血や肺水腫も認められる．

b. ヒト
　ヒトのパスツレラ症については出血性敗血症に記述．

B. 予防・診断・治療
　診断は心血や臓器からの病原体検出による．急性の経過をとるため，血清学的診断は行わない．海外ではワクチン接種が行われているが，日本では行われていない．予防対策は，発生群を淘汰し，消毒など法に基づいて措置をとることである．

C. 疫学
a. 動物での発生状況・保菌動物
　大部分の鳥類に感染する．本病はアジア，アフリカ，中近東，欧米諸国で発生しており，日本でも種々の鳥類で発生が認められる．しかしながら，法的措置の対象になった発生は1954年が最後である．経気道感染または経口感染する．シチメンチョウや水禽類はニワトリよりも感受性が高く，成鳥は雛よりも感受性が高い．

D. 病原体
　本病の病原体は *Pasteurella multocida* であり，莢膜抗原の血清型 A が主である．

8.3.19 鼻疽　　法定, Z
A. 臨床症状
a. 動物
　法定家畜伝染病の対象はウマである．急性型では，発熱，膿瘍鼻汁，鼻腔粘膜の結節，肺炎，皮下リンパ節の結節，潰瘍などがみられ，慢性型では，微熱をくり返しながら痩せていく．鼻腔，気管，肺，リンパ節，肝臓，脾臓などに乾酪化結節や膿瘍を形成する．慢性例では潰瘍が治癒して瘢痕が形成される．

b. ヒト
　潜伏期間は1〜14日であり，発熱や頭痛からはじまる．重篤な敗血症性ショックを呈することが多い．特徴的な局所症状はほとんどなく，皮膚に潰瘍を形成することもある．また，肺炎や肺膿瘍を発症する例もある．慢

性感染の場合は，皮下，筋肉，腹部臓器などに膿瘍を形成する．

B. 予防・診断・治療
a. 動物
ワクチンはなく，抗生物質は有効であるが，患畜は殺処分する．診断にはマレイン反応や血清診断として補体結合反応，ELISA反応が用いられている．鼻疽菌の分離同定には，鼻汁や膿瘍，結節部位などを検体とする．PCR法も有効である．

b. ヒト
診断は特徴的な症状がないことから，血清学的診断と病原体検出によって行う．治療は化学療法により行い，ワクチンはない．

C. 疫学
a. 動物での発生状況・保菌動物
日本での発生はなく，中近東，アジア，アフリカ，中南米の各地で発生がみられる．ウマどうしの接触による経口感染，経気道感染，経皮感染，創傷感染により伝播する．

b. ヒトでの発生状況
日本での発生報告はない．

c. ヒトへの感染経路
ウマ分泌物の吸入による経気道感染もしくは接触感染である．

D. 病原体
起因菌は鼻疽菌（*Burkholderia mallei*）である．グラム陰性好気性桿菌であり，鞭毛を欠き運動性はない．感染症法の特定病原体第三種に指定されている．また，雄モルモットに接種すると，特異的なストラウス（Straus）反応を示す．

8.3.20 類鼻疽　届出，Z

A. 臨床症状
a. 動物
届出伝染病の対象はウシ，スイギュウ，シカ，ウマ，ヒツジ，ヤギ，ブタ，イノシシである．多くの動物において，急性例では発熱，食欲不振や敗血症死がみられ，慢性例では食欲減退，元気消失，削痩を呈する．ウマでは，鼻疽と類似した症状がみられる．

b. ヒト
潜伏期間は3〜21日である．ほとんど症状がない場合から，皮膚病変としてリンパ節炎を伴う小結節を形成し，発熱を伴うこともある．気管支炎，肺炎，発熱，胸痛，咳嗽がみられる．慢性感染では関節，肺，腹部臓器，リンパ節，骨などに膿瘍を形成する．

B. 予防・診断・治療
a. 動物
確定診断は病原体検出による．また，病変材料の乳剤を雄モルモットに腹腔内接種すると鼻疽菌と同じく，精巣にStraus反応がみられる．PCR法による鼻疽菌との鑑別も可能である．血清学的診断として蛍光抗体法，補体結合反応，間接血球凝集反応がある．ワクチンはなく，患畜は殺処分する．

b. ヒト
確定診断には喀痰，咽頭拭い液，膿，皮膚病変組織，血液を検体とし，病原体の分離同定を行う．PCR法による遺伝子診断も有効である．治療は化学療法にて行い，ワクチンはない．

C. 疫学
a. 動物での発生状況・保菌動物
本病原体は熱帯，亜熱帯の土壌に分布し，特に東南アジア，オーストラリア北部に多く生息する．齧歯類，ヒツジ，ヤギ，ウマ，ブタ，サル，ウシ，イヌ，熱帯魚，野生動物に感染するが，日本での発生はない．土壌や水中の類鼻疽菌が，経口感染，経気道感染，経皮感染などにより，動物へと伝播する．

b. ヒトでの発生状況
日本における発生は少なく，2010年に4例の報告があった．

c. ヒトへの感染経路
土壌や水との接触による経皮感染であるが，粉塵の吸入や飲水などによる経気道感染，経口感染もある．

D. 病原体

起因菌は類鼻疽菌（*Burkholderia pseudomallei*）である．グラム陰性桿菌であり，鞭毛を有し運動性を示す．鼻疽菌とよく似ているが，鼻疽菌は運動性がない．類鼻疽菌がウマに感染すると鼻疽と同様の結節性病変を示すので，鼻疽との鑑別が重要である．鼻疽菌とともに類鼻疽菌も感染症法の三種病原体等に指定されている．

8.3.21　馬伝染性子宮炎　　届出
A. 臨床症状
a. 動物

届出伝染病の対象はウマである．雌では子宮内膜炎，頸管炎，早期発情，受胎率低下，子宮・子宮頸管・膣粘膜の充血，浮腫などの症状を示すが，不顕性感染も多い．全身症状は示さない．子宮粘膜に白血球浸潤などの急性化膿性病変がみられる．雄は不顕性感染である．

B. 予防・診断・治療

確定診断は子宮滲出液，子宮頸管，陰核窩，陰核洞，亀頭窩，包皮スワブなどからの病原体検出による．PCR法による検出や血清学的診断も行われており，補体結合反応，試験管内凝集反応などが利用されている．治療は抗生物質により可能である．陰核切除も有効である．ワクチンはない．予防策は，繁殖前に陽性馬を摘発し，交配に供しないことである．

C. 疫学
a. 動物での発生状況・保菌動物

ウマ科の動物が感染する．起因菌は生殖器に生息し，交尾により伝播する．日本では2005年を最後に発生がない．

D. 病原体

馬伝染性子宮炎菌（*Taylorella equigenitalis*）が起因菌である．多形性のグラム陰性小桿菌であり，血液成分を含む培地で微好気培養すると良好に発育する．

8.3.22　萎縮性鼻炎　　届出
A. 臨床症状
a. 動物

届出伝染病の対象はブタおよびイノシシである．日齢が低いほど症状が強く，3か月齢以降では不顕性感染が多い．鼻腔に慢性炎症を起こし，くしゃみ，鼻汁，鼻づまり，鼻出血などがみられる．発病から4週を過ぎると，鼻梁の側方湾曲，鼻梁背側の皮膚の皺襞形成など顔面変形をきたす．病変は呼吸器に限定され，鼻甲介の形成不全や萎縮を起こす．毒素産生性*Pasteurella multocida*が重感染すると重篤な症状を呈する．

B. 予防・診断・治療

診断は臨床症状より行い，確定診断は起因菌の検出，血清学的診断による．鼻腔分泌液を検体として好気培養する．*P. multocida*が分離された場合には毒素産生能について調べる．毒素産生性*P. multocida*感染に対する有効な血清学的診断法はない．治療は化学療法により行う．予防には，種々のワクチンが使用されている．本病は保菌ブタの導入による農場汚染が多く，導入阻止が重要である．

C. 疫学
a. 動物での発生状況・保菌動物

ブタの鼻腔に容易に定着する．ほかに，イヌ，ネコ，ウサギ，モルモットなどにも感染し，呼吸器疾患を引き起こす．

D. 病原体

気管支敗血症菌（*Bordetella bronchiseptica*）が起因菌である．偏性好気性グラム陰性小桿菌であり，ブドウ糖非発酵性で周毛性の鞭毛を有する．病原因子として皮膚壊死毒（DNT）を産生する．*P. multocida*は正常な鼻粘膜には感染できないが，気管支敗血症菌の感染により粘膜が損傷すると，定着が可能となる．毒素産生株の産生する毒素（PMT）は本病を著しく重篤化させる．

8.3.23 猫ひっかき病　　Z

A. 臨床症状
a. 動物
ネコにおいては，多くの場合，不顕性感染であるが，数年間にわたって菌血症を起こす．

b. ヒト
潜伏期は約10日間である．ネコにひっかかれた部分が赤く腫れ，典型例では，手の傷であれば腋窩リンパ節が，足の傷なら鼠径リンパ節が腫脹する．腫脹したリンパ節は有痛性の場合が多く，体表に近いリンパ節腫脹では皮膚の発赤や熱感を伴うこともある．長期間発熱が続く場合が多く，全身倦怠，関節痛，嘔気なども出現する．肝膿瘍を合併することがあり，易感染者では，重症化して麻痺や脊髄障害に至る．

B. 予防・診断・治療
a. 動物
ネコの多くは不顕性感染であるが，抗体検査は可能である．治療は抗生物質の投与によるが，血液中から菌体を完全に排除するのは困難である．

b. ヒト
成人では，通常は自然治癒するため，解熱薬や鎮痛薬の対症療法だけで経過観察する．症状が長引く場合には抗生物質投与を行い，重症例では入院や集中治療室での治療が必要となる場合もある．感染予防としてはネコからの外傷を避けることである．さらにネコの飼育環境を清潔にし，ノミの駆除やネコの爪切りなども有効である．

C. 疫学
a. 動物での発生状況・保菌動物
世界各国のネコが不顕性感染している．抗体陽性率や保菌率はネコノミの分布と感染猫の密度に関係し，温暖な地域および都市部で高い傾向にある．日本では7〜9％のネコが保菌していると推測されており，また子猫の保菌率が高い．

b. ヒトでの発生状況
日本における飼育ネコの頭数（9748千頭，2012年度推計）から考えると，相当数の患者が発生していると推察される．患者は，全年齢層にみられ，秋から冬にかけて多発する．

c. ヒトへの感染経路
主にネコの掻傷，咬傷により感染する．特にネコノミが寄生した子猫を飼育している人で多発している．ネコは，寄生したノミの糞便中に排泄された菌をグルーミングの際に歯牙や爪に付着・汚染させ，ヒトへ創傷感染する．一方，ネコからネコへの感染伝播にはネコノミが重要なベクターとなっている．

D. 病原体
バルトネラ属の *Bartonella henselae* が病原体である．偏性好気性グラム陰性桿菌で鞭毛はない．

8.3.24　牛カンピロバクター症　　届出, Z

A. 臨床症状
a. 動物
届出伝染病の対象はウシとスイギュウであり，感染すると，不妊や流産などの繁殖障害を起こす．感染初期に子宮内膜炎，頸管炎を呈する場合もあるが，特徴的な臨床所見はない．特に雄は不顕性感染であり，精液性状にも異常は認められない．

b. ヒト
菌血症，髄膜炎，流産，胃腸炎などを引き起こす．症状は下痢，腹痛，発熱，悪心，嘔吐，頭痛，悪寒，倦怠感などであり，他の細菌性胃腸炎と酷似するが，潜伏時間がやや長いことが特徴である．まれではあるが，感染性疾患としてギラン・バレー症候群（GBS）を合併する．

B. 予防・診断・治療
a. 動物
特徴的な臨床所見がないため，臨床診断は困難である．確定診断は病原体検出や血清学的診断による．雄は精液，雌は腟粘液，流産

胎子は消化管内容物を検体とする.

予防策は精液検査および定期的な細菌学的検査を実施する.また,汚染農場からはウシを導入しない.保菌雄が摘発された場合は淘汰することが望ましい.雌の治療には,抗生物質投与と子宮洗浄を行う.海外ではワクチンが使用されている.

b. ヒト

臨床症状から診断することは困難であり,確定診断は糞便などからの病原体検出である.PCR法などの遺伝子診断もある.多くは自然治癒するが,重篤な症状や敗血症などを呈した場合は,対症療法および化学療法が必要となる.予防は他の細菌性食中毒起因菌と同様である.本菌は乾燥条件での生残性が低いことから,調理器具の清潔,乾燥に努める.

C. 疫学
a. 動物での発生状況・保菌動物

カンピロバクター属菌は家畜,家禽,愛玩動物,野生動物の消化管や生殖器などに広く生息している.特にブタにおいて *Campylobacter coli* の保菌率がきわめて高い.届出伝染病としての牛カンピロバクター症は世界各地に分布しており,日本では北海道・東北を中心とした散発的な発生が認められる.

b. ヒトでの発生状況

カンピロバクター腸炎で分離される菌種は *C. jejuni* が90%以上を占め,*C. coli* や *C. fetus* は少ない.

c. ヒトへの感染経路

汚染された食品や飲料水を介して感染する.また,保菌動物との接触による感染もある.先進諸国における感染源として重要視されているのはニワトリで,鶏肉の汚染率は非常に高い.

D. 病原体

カンピロバクター属菌はグラム陰性螺旋状桿菌である.発育には微好気条件が必須で,発育温度域は34〜43℃である.

牛カンピロバクター症の起因菌は *C. fetus* である.本菌は *C. fetus* subsp. *venerealis* および *C. fetus* subsp. *fetus* の2亜種に分類され,亜種の同定は防疫上重要となる.

8.3.25 オウム病　Z

A. 臨床症状
a. 動物

食欲不振,衰弱,脱毛,下痢,鳴かなくなるなどの症状を呈する.成鳥では軽症や不顕性感染の場合が多いが,幼鳥では重篤な症状を示す.

b. ヒト

潜伏期間は7〜14日で,高熱と咳嗽で発症する.病態は上気道炎や気管支炎程度の軽症例から肺炎までさまざまである.頭痛,全身倦怠感,筋肉痛,関節痛,食欲不振などがみられる.比較的徐脈,肝障害を示すことが多い.小児より高齢者で症状は強い傾向があり,重症例では呼吸困難,意識障害をきたし,髄膜炎や多臓器不全,播種性血管内凝固症候群(DIC)による死亡例もある.

B. 予防・診断・治療
a. 動物

診断は糞便を検体とした病原体の分離同定による.治療は抗生物質投与を行う.予防法としてのワクチンはなく,飼育環境の衛生および無症候性保菌鳥の摘発および治療により拡大・伝播を防ぐことが重要である.

b. ヒト

市中肺炎における頻度は高くはないが,鑑別に入れる必要がある.診断には,鳥との接触歴についての問診が重要である.病原診断には,患者の気道や病鳥からの病原体検出や血清特異抗体の測定が行われる.治療は化学療法によるが,全身症状によっては補助療法も行う.予防としては,飼育環境の衛生管理および濃厚接触を避けることである.鳥が弱ったときや排菌が疑われる場合には,獣医の診察を受けて対処する.

C. 疫学
a. 動物での発生状況・保菌動物
セキセイインコなどに汚染がみられ，また，野生鳥も保菌している．ドバトの保菌率は20％程度と高い．日本において感染源となった鳥類は，60％がオウム・インコ類であり，そのなかでセキセイインコがもっとも多い．世界各地においても飼育鳥からの感染が散発しているが，野生鳥からの感染も認められる．

b. ヒトでの発生状況
成人に発症することが多く，小児の感染は少ない．感染症法で4類感染症全数把握疾患に指定されている．年間に数十例の報告があるが，実際にはマイコプラズマ肺炎やクラミジア肺炎と同様に，かなりの症例が確定診断をされずに異型肺炎として治療されていると推測される．

c. ヒトへの感染経路
感染鳥の排泄物に含まれる病原体を吸入することが主要な感染経路であるが，口移しの給餌や噛まれて感染することもある．ヒトからヒトへの感染はほとんどないが，未治療の肺炎においては飛沫感染に注意が必要である．

D. 病原体
クラミジア目のオウム病クラミドフィラ（*Chlamydophila psittacii*）による．クラミジアは，偏性細胞内寄生性を示し，人工培地では増殖できない．特異な細胞内増殖様式を有する．基本小体が細胞に感染すると封入体を形成する．基本小体は網様体へと変換されて2分裂をくり返した後，基本小体へと再変換され，細胞外へと排出される．基本小体は感染，増殖をくり返す．

8.3.26 流行性羊流産　　届出
A. 臨床症状
a. 動物
届出伝染病の対象はヒツジである．妊娠末期に発症し，流産，死産，虚弱子の出産がみられる．胎盤の絨毛膜に浮腫と壊死が認められる．流産胎子では浮腫と充出血がみられる．

B. 予防・診断・治療
確定診断は病原体の検出による．胎盤および流産胎子を検体とし，病原体の分離培養を行う．PCRなどの遺伝子診断や補体結合反応などの血清学的診断も可能である．予防法として欧米では不活化ワクチンが用いられている．

C. 疫学
a. 動物での発生状況・保菌動物
ウシ，ヒツジ，ヤギでみられ，ヨーロッパ，北米，ニュージーランドなどで多発している．日本における届出伝染病としての報告はない．

D. 病原体
起因菌は，クラミジア目の流行性羊流産菌（*Chlamydophila abortus*）である．クラミジアはグラム陰性菌で，偏性細胞内寄生性を示す．

8.3.27 Q熱　　Z
A. 臨床症状
a. 動物
動物においては不顕性感染が大部分である．妊娠中のウシ，ヒツジ，ネコが感染した場合には発熱や流産することもある．感染動物においては乳中，胎盤，羊水，排泄物などに大量の病原体が含まれる．

b. ヒト
病態は急性と慢性に分けられる．急性型の潜伏期は一般的には2～3週間である．症状は発熱，頭痛，筋肉痛，全身倦怠感，呼吸器症状などでインフルエンザ様である．急性型の2～10％は心内膜炎を主症状とする慢性型に移行する．

B. 予防・診断・治療
a. 動物
診断は大部分が不顕性感染であるため，血清学的診断やPCRによる遺伝子診断，また

は病原体の分離により行われる．治療は化学療法による．特別な感染予防法はないが，マダニが保菌している場合が多いことから，マダニ予防を行う．

b. ヒト

特徴的な症状や所見がないため，臨床診断は困難である．動物との接触歴や流行地への渡航歴があり，起因病原体が証明できない場合に本症を疑う．確定診断は血清学的診断，PCRによる遺伝子診断または病原体検出により行われる．治療開始前の血液を検体とする．急性型の多くは自然治癒するが，化学療法を行うと慢性化が予防できる．慢性型での化学療法はあまり効果がない．予防策としての不活化ワクチンは，副作用があり，欧米ではハイリスク群に対してのみ使用されている．日本では使用できない．出産時に感染リスクが高く，流死産を起こした動物のとり扱いには注意が必要である．

C. 疫学

a. 動物での発生状況・保菌動物

自然界ではウシ，ブタ，ヒツジ，ネコ，ウサギ，鳥類，ダニなど多くの野生動物，家畜，愛玩動物が不顕性感染している．世界各地に家畜のコクシエラ症は存在している．

b. ヒトでの発生状況

Q熱は1930年代にオーストラリアの畜産従事者で流行した「Query fever＝不明熱」として発見された．世界中に分布しており，先進各国では年間に数百例程度の報告がある．日本では1999年4月から感染症法による届出がはじまり，現在は年間数例が報告されている．

c. ヒトへの感染経路

主要な感染源は家畜や愛玩動物であるが，多くの野生動物やダニも感染源となる．感染動物の羊水，胎盤，尿，糞便などに汚染された塵挨やエアロゾルの吸入による経気道感染がもっとも多い．ウシやヒツジの乳製品，生肉などによる経口感染もある．ヒトからヒトへの感染はほとんどない．

D. 病原体

Q熱コクシエラ（*Coxiella burnetii*）はコクシエラ属の小桿菌で多形性を示す．偏性細胞内寄生細菌で，人工培地では増殖しない．培養は発育ニワトリ卵，培養細胞，マウス，モルモットなどを用いて行う．外界での抵抗性が強く，各種薬剤に対する抵抗力も強い．土壌中では6か月間以上も生存する．

8.3.28　アナプラズマ病　　法定

A. 臨床症状

a. 動物

法定家畜伝染病の対象はウシ，スイギュウ，シカである．潜伏期間は2～5週間であり，発熱，貧血，黄疸を起こす．胆汁貯留による胆嚢腫大，心嚢水貯留も認められる．2歳以上の成牛において重篤化し，急性経過の場合は死亡する．

B. 予防・診断・治療

診断は顕微鏡検査による病原体検出や補体結合反応による血清抗体の検出などによって行う．治療は化学療法が有効であるが，体内から完全には病原体を除去できない．予防対策としては輸入検疫および感染動物の摘発淘汰を行う．また，主要な媒介種であるマダニの予防を行う．

C. 疫学

a. 動物での発生状況・保菌動物

ウシ科，シカ科，ラクダ科動物に感染する．マダニの吸血により媒介される．日本では2008年に沖縄においてウシでの発生報告があった．

D. 病原体

リケッチア目アナプラズマ科の*Anaplasma marginale*が起因菌である．類円形細菌で赤血球内に寄生する．基本小体が外膜内で2分裂により増殖し，成熟粒子となる．

8.3.29 レプトスピラ症   届出, Z

A. 臨床症状
a. 動物
届出伝染病の対象はウシ, スイギュウ, シカ, ブタ, イノシシ, イヌである. 症状は感染血清型や宿主動物種により多様である. ウシでは発熱, 黄疸, 血色素尿, 乳量減少, 流死産, 不妊などが認められるが, 多くは不顕性感染である. 急性例では臓器や皮下組織に点状出血を示す. 慢性例における病変は腎臓に限局する. ブタでは流死産あるいは新生子障害が認められるが, 非妊娠豚では軽症である.

b. ヒト
急性熱性疾患であり, 風邪様症状の軽症型や重症型(ワイル病)まで多様な症状を示す. 5〜14日間の潜伏期を経て, 発熱, 悪寒, 頭痛, 筋痛, 腹痛, 結膜充血, 黄疸, 出血が起こる.

B. 予防・診断・治療
a. 動物
診断は病原体検出による. 感染初期であれば血液および肝臓, 慢性期であれば尿, 腎臓, 尿細管, 流産であれば流産胎子を検体とする. 補助診断としてはPCR法が有用である. 血清学的診断として顕微鏡凝集試験(MAT)法も行われる. 治療は化学療法が有効である. 予防としては飼養衛生管理を徹底し, ネズミの侵入防止と駆除が重要である.

b. ヒト
診断は臨床症状とともに, 保菌動物の尿に汚染された水との接触, 流行地域への旅行歴などの疫学的背景が重要となる. 確定診断は病原体検出による. 検体としては抗生物質投与前の血液を用いる. 血清学的診断方法としてMAT法, マイクロカプセル凝集法, dipstick法, ELISA法などがある. PCR法も行われる. ワクチンもあるが, レプトスピラは血清型が多いため, 予防効果は不明である. また, 流行地域では好発時期や洪水の後に水に入るときには注意が必要である.

C. 疫学
a. 動物での発生状況・保菌動物
病原性レプトスピラは保菌動物の腎臓に保菌され, 尿中に排出される. 保菌動物として, 齧歯類をはじめ多くの野生動物や家畜(ウシ, ウマ, ブタなど), 愛玩動物(イヌ, ネコなど)がある. 家畜は保菌動物の尿により汚染された土壌や水を介して経皮感染もしくは経口感染する.

b. ヒトでの発生状況
ワイル病, 秋やみなどに代表されるレプトスピラ症は世界各地で発生しており, 特に熱帯, 亜熱帯で流行している. 本菌の血清型分布には地域性が認められる. 日本では衛生環境の向上などにより患者数は著しく減少したが, 現在でも散発的な発生が認められている.

c. ヒトへの感染経路
ヒトは, 保菌動物の尿で汚染された水や土壌から経皮的もしくは経口的に感染する. また, 汚染された水や食物の飲食による経口感染の報告もある.

D. 病原体
レプトスピラ属菌(*Leptospira*)は, スピロヘータ目レプトスピラ科に属するグラム陰性菌である. 螺旋状細菌で, 両端あるいは一端がフック状に曲がっている. 微好気もしくは好気的な環境で生育する. 血清型は250以上に分類されているが, 家畜伝染病予防法による届出対象はポモナ(Pomona), カニコーラ(Canicola), イクテロヘモリジア(Icterohaemorrhagiae), グリポティフォーサ(Grippotyphosa), ハージョ(Hardjo), オータムナーリス(Autumnalis), オーストラーリス(Australis)の7血清型である.

8.3.30 豚赤痢   届出
A. 臨床症状
a. 動物
届出伝染病の対象はブタ, イノシシである.

元気消失や食欲減退からはじまり，粘血性下痢便を排泄するようになる．病変は盲腸，結腸および直腸に限局する．腸間膜リンパ節は腫脹し，腸壁は水腫性に肥厚して充血が認められる．

B．予防・診断・治療

確定診断は病原体検出による．検体として糞便，病変部大腸粘膜を用いる．PCRでの迅速診断も可能である．血清学的診断は確立されていない．治療には抗生物質の投与が有効である．予防法としては，導入豚の隔離飼育，抗生物質の予防投与，飼養環境の衛生管理が有効である．

C．疫学
a．動物での発生状況・保菌動物

品種，性別に無関係で発病する．患畜の糞便を摂取する経口感染で伝播する．保菌豚の導入による蔓延が多く，常在化すると根絶は困難となる．死亡率は5％程度であるが，発育遅延や飼料効率低下をもたらすため，経済的損失は大きい．日本では鹿児島を中心に毎年数十件の報告がある．

D．病原体

ブラキスピラ属の *Brachyspira hyodysenteriae* が起因菌である．グラム陰性，嫌気性のスピロヘータで，緩やかなコイル状を呈する．血液寒天培地上で薄いフィルム状のコロニーを形成し，β溶血性を示す．ブタの腸管からは，ブタ結腸スピロヘータ症の原因である *B. pilosicoli* が分離されることもある．

8.3.31　ライム病　　Z
A．臨床症状
a．動物

大部分の動物では不顕性である．イヌ，ウマ，ウシに感染すると発熱，筋痛，リンパ節腫脹，関節炎，髄膜炎，体重減少などさまざまな症状を呈する．イヌのライム病でもっとも一般的な症状は跛行である．

b．ヒト

病原体がマダニからヒトへ伝播するのは，吸血から48時間以降とされる．感染初期ではマダニ刺咬部を中心に限局性の特徴的遊走性紅斑が現れる．筋肉痛，関節痛，頭痛，発熱，悪寒，倦怠感などを伴う場合もある．播種期になると，病原体が全身性に拡散し，皮膚症状，神経症状，心疾患，眼症状，関節炎，筋肉炎など多彩な症状がみられる．慢性期に進行すると，播種期の症状に加えて，慢性萎縮性肢端皮膚炎，慢性関節炎，慢性脳脊髄炎などを呈する．

B．予防・診断・治療
a．動物

イヌにおけるライム病の予防法として，抗マダニ製品や首輪の使用が挙げられる．また，感染の危険性が高いイヌには6か月間防御効果があるワクチン接種も可能である．感染が疑われた場合，血清学的診断が行われる．治療には抗生物質が有効である．

b．ヒト

診断には，疫学的背景（流行地における媒介マダニとの接触など），特徴的な遊走性紅斑などの臨床症状に加えて，米国疾病管理予防センターが示した血清学的診断基準から総合的に判断することが推奨されている．病原体の分離培養は，紅斑部からの皮膚生検で可能である．治療は抗生物質投与による．予防には，マダニから刺咬を受けないことがもっとも重要である．アメリカではワクチンが用いられているが，日本で使用可能なワクチンはない．ヒトからヒトへの感染はない．

C．疫学
a．動物での発生状況・保菌動物

ライム病ボレリアは小型の齧歯類と野鳥が保菌している．マダニを介してウシ，ウマ，イヌ，ネコなどに感染する．中大型哺乳動物はマダニ類の供血動物となるが，保菌動物ではない．東欧ではシュルツェマダニ，北米ではスカプラリスマダニ，欧州においてはリシ

ナスマダニがライム病ボレリアを伝播する．日本においてはシュルツェマダニである．

b. ヒトでの発生状況

19世紀後半より欧州，北米で流行している．アジアでは中国，韓国，台湾で発生報告がある．日本ではベクターが生息する北海道，長野を中心として患者が発生している．欧米では現在でも年間数万人の患者が発生し，さらに年々増加している．

c. ヒトへの感染経路

マダニにより媒介，伝播される．日本の媒介種シュルツェマダニは中部以北の山間部に生息する．北海道では平地にも生息している．一般家庭内のダニで感染することはない．

D. 病原体

ライム病を起こす病原体であるボレリアは数種類が確認されている．北米では主に *Borrelia burgdorferi*，欧州では *B. burgdorferi*, *B. garinii*, *B. afzelii* が主な病原体となっている．日本では *B. garinii*, *B. afzelii* が主な病原体であると考えられている．

8.3.32 牛肺疫　　法定

A. 臨床症状

a. 動物

法定家畜伝染病の対象はウシ，スイギュウ，シカである．食欲不振，発熱，呼吸困難，発咳，鼻汁などの症状を呈する．亜急性感染や不顕性感染を起こす場合が多く，耐過後は慢性感染となる．

肺割面は小葉間浮腫により大理石様紋理を示す．肺病変に病原体が長期間生残する．

B. 予防・診断・治療

a. 動物

診断は鼻腔スワブ，気管支肺胞洗浄液，肺病変部，リンパ節，胸水を検体とし，病原体検出によって行う．また，血清学的診断やPCR法による遺伝子診断も行われている．予防策は検疫により病原体の国内侵入を阻止すること，そして，患畜の摘発淘汰が重要である．海外では生ワクチンが使用されている．

C. 疫学

a. 動物での発生状況・保菌動物

アフリカを中心に発生しているが，日本における発生は1941年が最後である．接触感染および飛沫感染により伝播する．清浄地域での発病率は高いが，汚染地域では不顕性感染が多い．

D. 病原体

人工培地に発育可能な最小の無細胞壁の原核生物であるマイコプラズマ属の *Mycoplasma mycoides* subsp. *mycoides* small-colony (SC) type が起因菌である．病原因子である莢膜ガラクタンは，子牛に接種すると呼吸停止，肺出血と水腫，血栓症を引き起こす．

8.3.33 伝染性無乳症　　届出

A. 臨床症状

a. 動物

届出伝染病の対象はヒツジ，ヤギである．感染すると倦怠，食欲不振，乳房炎となる．乳房炎は慢性に経過し，乳量の減少を起こして無乳症となる．また，手根関節や足根関節などに多発性の関節炎や角結膜炎が続発する．

B. 予防・診断・治療

診断は乳汁，乳房や病変部からの病原体検出である．分離培養のほかにPCRによる遺伝子検出法などもある．血清学的診断も行われる．予防法として不活化ワクチンが用いられている．治療には抗生物質投与が有効であるが，患畜は早期淘汰が望まれる．

C. 疫学

a. 動物での発生状況・保菌動物

本症は世界各地に分布している．汚染乳汁の飛沫感染，経口感染，接触感染によって広がる．伝染力はきわめて強く，垂直感染もみられる．近年では，アフリカ南西部，中東・西アジア，欧州，北米に多く発生しており，

日本では 2006 年，2010 年に発生している．

D. 病原体

起因菌は *Mycoplasma agalactiae* である．短菌糸状や長菌糸状の多形性を示す．*M. capricolum* subsp. *capricolum*, *M. mycoides* subsp. *mycoides* LC（large colony）type，*M. putrefaciens* なども類似の疾病を引き起こす．

8.3.34 山羊伝染性胸膜肺炎　　届出

A. 臨床症状

a. 動物

届出伝染病の対象はヤギである．急性の胸膜肺炎で，甚急性型ではわずかな呼吸器症状で急死する．急性型では発熱，粘調性鼻汁，咳などの症状を呈し，死亡する．常在地では慢性型がみられ，慢性的な発咳，鼻汁などがみられる．また，関節炎がみられることもある．死亡したヤギの肺では，胸腔内に多量の胸水の貯留がみられ，肺組織ではモザイク状の病変部がみられる．

B. 予防・診断・治療

血清学的診断法には，補体結合反応，ELISA などがあるが，死亡率が高く，有効な検査法はない．確定診断には病変部を含む肺組織，胸水，関節部から病原体の分離同定を行う．予防法や治療法は特にない．

C. 疫学

a. 動物での発生状況・保菌動物

赤道以北のアフリカ，地中海諸国，中近東，東アジアに多く，ヤギのみが発症する．ウシやヒツジでは発症しない．感染は主に患畜との直接接触や飛沫の吸入である．本症の感染率および死亡率は高い．

D. 病原体

起因菌は，細胞壁を欠くマイコプラズマに属する *Mycoplasma capricolum* subsp. *capripneumoniae* である．*M. mycoides* subsp. *mycoides* LC type，*M. mycoides* subsp. *capri*，*M. capricolus* subsp. *capricolum* なども類似の疾病を起こす．

8.3.35 鶏マイコプラズマ病　　届出

A. 臨床症状

a. 動物

届出伝染病の対象はニワトリ，シチメンチョウである．マイコプラズマ単独感染では不顕性が多いが，大腸菌，ニューカッスル病ウイルス，伝染性気管支炎ウイルスなどとの混合感染により，慢性呼吸器障害（鼻汁，流涙，くしゃみ，肺炎）を起こす．レイヤーでは産卵低下，ブロイラーでは発育不良，死亡率の増加，足関節炎を起こす．

B. 予防・診断・治療

確定診断は病変からの起因菌の分離同定による．PCR 法，間接酵素抗体法などが行われている．治療は化学療法による．予防策は外部からの汚染防止であり，種鶏の清浄化，コマーシャル農場では清浄雛の導入，混合感染する病原体に対するワクチン接種，抗マイコプラズマ薬の投与などを行う．

C. 疫学

a. 動物での発生状況・保菌動物

冬季，幼弱期に発病しやすく，世界各国で発生している．日本でも年間数戸の報告がある．ニワトリ，シチメンチョウ以外にもウズラ，キジなどの家禽やクジャクなどにも同様の疾病を起こす．

D. 病原体

細胞壁を欠く最小の細菌である *Mycoplasmatales* 科の *Mycoplasma gallisepticum* および *M. synoviae* を原因とする．菌体は球状で，多糖体性莢膜を形成する．

8.4 プリオン

8.4.1 伝達性海綿状脳症（transmissible spongiform encephalopathy：TSE）
法定，Z

A．臨床症状
a．動物
　法定家畜伝染病の対象はウシ，スイギュウ，シカ，ヒツジ，ヤギである．牛海綿状脳症（BSE）では，中枢神経障害に起因した異常行動，過敏症（知覚，触覚，視覚），不安，歩様異常，後躯麻痺，泌乳量の低下，一般健康状態の悪化などが認められる．ヒツジのスクレイピーでは掻痒症，脱毛を認める．肉眼的に特徴的な所見は認められないが，組織学的には中枢神経系に空胞変性（海綿状変化），アストロサイトの活性化が観察される．

b．ヒト
　変異型クロイツフェルト・ヤコブ病（vCJD）の発症年齢は平均 29 歳と若年である．行動異常，性格変化や認知症，視覚異常，歩行障害などで発症する．数か月以内に認知症が顕著となり，ミオクローヌスとよばれる痙攣発作が起こる．半年以内に自発運動はほとんどなくなり無動性無言の状態となる．予後は不良で，褥瘡，誤嚥性肺炎，尿路感染症などを併発しやすく，1～18 か月で死亡する．

B．予防・診断・治療
a．動物
　BSE に対しては，中枢神経系における異常プリオンタンパク質（PrPSc）の有無がELISA 法により検査される．確定検査にはウエスタンブロット法および IHC（Immunohistochemistry）が用いられている．スクレイピー，鹿慢性消耗病（CWD）ではリンパ組織に蓄積する PrPSc の検出による診断も可能である．抗体検査による TSE の診断はできない．予防法，治療法は皆無である．

b．ヒト
　CJD は 1997 年に厚生労働省特定疾患治療研究事業の神経難病疾患として加えられており，診断基準が設けられている．診断は臨床症状，PrPSc 検出，MRI などから行われるが，詳細は難病情報センターの Web を参照されたい．特異的な治療法は確立されていないが，薬剤の治験が進められている．

C．疫学
a．動物での発生状況・保菌動物
　BSE は，1986 年にイギリスで報告以来，25 か国で 18 万頭以上の感染牛が確認されている．BSE プリオンに汚染された動物性タンパク質飼料が原因であった．動物性タンパク質飼料の使用規制により BSE の発生は激減し，評価対象 5 か国（日本，アメリカ，カナダ，フランス，オランダ）では 2004 年 9 月以降に出生したウシに感染は確認されていない．しかし，老齢牛に非定型 BSE が発生しており，日本でも 1 例，確認された．ヒツジ・ヤギのスクレイピーは 250 年以上前から知られており，欧州，北米のほか，日本でも散発的な発生が確認されている．また，非定型スクレイピーの増加が報告されている．CWD は北米での発生が確認されている．そのほかにウシ科の動物で発症が認められた外来性有蹄類脳症，ミンクにおける伝達性ミンク脳症，ネコ科の動物における猫海綿状脳症，カニクイザルにおける猿海綿状脳症なども報告されている．

b．ヒトでの発生状況
　vCJD 患者は 1994 年よりイギリスを中心に発生しており，2011 年 5 月現在，累積患者数は 220 人を越えている．そのほかには，フランス，アイルランド，イタリア，香港，アメリカ，カナダ，オランダ，日本で報告がある．日本では 2005 年に初めて確認された．SBO（specific bovine offals；年齢が 6 か月以上のウシの脳，脊髄，扁桃，胸腺，腸管）をヒトを含むすべての哺乳類と鳥類に与える

ことを禁じてから，1990年以降の出生者にvCJD患者は確認されていない．

c．ヒトへの感染経路

vCJDはBSE罹患牛由来の食品を経口摂取してウシからヒトに伝播したと考えられている．そのほか，脳外科手術（頭蓋内投与）に伴った硬膜移植後のCJD，下垂体ホルモン製剤投与後（腹腔内投与と血管内投与）のCJDなど医原性感染もある．

D．病原体

宿主の正常プリオンタンパク質（PrPC）の構造異性体であるPrPScが感染性病原体の主要成分であり，核酸を含まない．紫外線に抵抗性を示し，通常のオートクレーブ処理（121℃，15分）では完全には失活しない．

監視伝染病としては，BSE，ヒツジ・ヤギのスクレイピー，CWDが含まれる．ヒトのプリオン病にはクールー，弧発性CJD，致死性家族性不眠症などもある．

8.5　ウイルス性疾患

8.5.1　牛痘　　Z

A．動物の発生・症状

ウシ，ネコ科動物，また野生の齧歯類など多種の動物が宿主となる．エゾヤチネズミやアカネズミなどの齧歯類が自然宿主である．ウイルスに対する動物感受性はヒトやウシよりも家ネコやライオンやヒョウなどのほうが強く，その症状も重篤で死の転帰をとる例も多い．牛痘ウイルスはネズミ，ネコ，ヒト，ウシに伝播するとされている．症状は5日前後の潜伏期間後に軽度の発熱と食欲不振，乳頭の腫脹と熱感である．その後，乳頭近縁から乳房に発痘病変がみられる．全経過は1か月間程度で一般的に軽度である．

B．ヒトの発生・症状

ネコとの接触感染であるとされる．イギリスからロシア南部に至るユーラシア大陸北部に分布している．アフリカやアメリカ，オセアニア，日本に発症報告はない．手指，腕また顔面などに発疹や水疱の発痘病変が発現する．伝播はネコが重要な役割を演じている．

C．病原体

ポックスウイルス科，コルドポックス亜科，オルトポックス属，牛痘ウイルスである．

D．予防・治療

ネコとの接触は避ける．ワクチンは使用されていない．

8.5.2　牛丘疹性口炎　　届出，Z

A．動物の発生・症状

対象動物はウシ，スイギュウである．広く世界各地での発生が報告されている．1990年代後半，日本各地でウシ1,800頭の約70％が抗体陽性であったという．多くは不顕性感染で反復感染をくり返すウシも多い．また牛群のなかに慢性化している例も多い．症状は口腔粘膜に丘疹を形成し，水疱や膿疱に進行する．同一牛での再発もある．パラワクチニアとよぶこともある．

B．ヒトの発生・症状

ヒトは搾乳によって感染，世界的に散発している．ウシからの接触感染によると考えられている．初感染は搾乳する手指またはミルカーの乳頭カップを介しての機械的な媒介によることもあるという．約1週間程度の潜伏期間の後に手指に病変を形成する．内皮性の増殖が進行して結節をつくり，痒覚はあるが疼痛感はない．数週間で完治するが瘢痕に色素沈着が残ることがある．牛痘感染に比べて感染は軽度である．搾乳者結節ともよばれ，ヒトに感染して赤色丘疹を形成する．

C．病原体

ポックスウイルス科，コルドポックス亜科，パラポックス属，牛丘疹性口炎ウイルスである．牛丘疹性口炎ウイルスは偽牛痘ウイルス，伝染性膿疱性皮膚炎と免疫学的な交差反応を示す．

D. 予防・診断
有効な予防対策はない．搾乳作業の衛生管理に注意する．また感染時には二次感染を防御する．診断は臨床所見および抗体調査によることが多い．

8.5.3 伝染性膿疱性皮膚炎　　届出，Z
同義病名で「オルフ（orf）」である．オルフ（orf）とは古代英語で痂皮を意味する．

A. 動物の発生・症状
ヒツジ，ヤギ，ニホンカモシカ，シャモア，ラクダが自然宿主である．本症は18世紀頃から知られており，欧州のヒツジやヤギに多くの被害を与えた．現在では日本など世界各地に蔓延している．幼動物に多く発症する．ヒツジは皮膚上皮に丘疹，水疱を形成する．ヒツジは6か月齢以下で致死的な症状を呈する．発病率は高い．またカモシカは致死率が高い．口腔，顔面，乳頭，蹄間部位などに病変が出現するが，病変経過は偽牛痘に類似する．

B. ヒトでの発生・症状
発症したヒツジやヤギと接触する機会の多い飼育者や獣医師が感染している．ヒトには直接接触で感染する．ヒトへの感染経路は皮膚の傷口などからの経皮感染である．感染源は感染動物以外にも汚染土壌や感染動物の飼育家屋，器具や器材なども考えられる．動物病変部やウイルス汚染器具などに接触した手指や露出部分に病変が出現する．症状は偽牛痘に類似する．

C. 病原体
ポックスウイルス科（*Poxviridae*），コルドポックス亜科（*Chordopoxvirinae*），パラポックス属（*Parapoxvirus*），オルフウイルス（*orf virus*）である．同属の偽牛痘ウイルスや牛丘疹性口炎ウイルスとは免疫学的に交差反応が成立する．

D. 予防・治療
早期隔離を行う．肉眼的な診断が基本となる．海外では生ワクチンが市販されている．

8.5.4 羊痘　　届出
A. 発生・症状
自然宿主はヒツジで品種による感受性が異なる．メリノ種は高く，アルガリ種は感受性が低いという．不顕性感染が多い．鼻炎や結膜炎を伴う熱発や麻痺を主徴とする．丘疹は鼻孔，唇，頬面窩洞上部などに熱発2日後程度から出現する．治癒経過は長く，約2か月程度で重症化し，致死率は50〜100％，成獣では5〜50％とされる．流産，乳房炎を併発する．

8.5.5 山羊痘　　届出
対象動物はヤギである．皮膚，呼吸器粘膜，消化器粘膜の丘疹を発症する．密集山羊群ではエアロゾル吸入による気道感染で伝播する．ワクチンが開発されている．

8.5.6 馬痘　　届出
対象動物はウマである．日本での発生はない．丘疹あるいは痂疲を伴う小結節，伝染性は高く直接接触や取扱者を介して伝播する．

8.5.7 鶏痘　　届出
対象動物はニワトリ，ウズラで，カ，ダニによって感染する．発痘を形成する皮膚型と粘膜型があり，粘膜型は皮膚型より致死率が高く生ワクチンが使用される．

8.5.8 サル痘　　Z
中央アフリカから西部に分布しており，ヒトとサルを最終宿主とする．1960年代に欧州の動物園内で流行が発生した．現在ではアフリカ大陸で流行している．ヒトの死亡率は約15％で，ヒトとヒトの間でも感染する．感染症法では4類感染症に指定されている．主に熱帯雨林で発生する．感染はサルまたはヒトの接触による．

8.5.9　ランピースキン病
（lumpy skin disease）　届出

A．動物の発生・症状
　ウシ，スイギュウが対象動物で，体表に腫瘤，削痩，泌乳量の減少を呈する．節足動物が媒介する．河川敷や低地の放牧で発生が多く，高温多湿な季節に多い．ヒトには感染しない．症状は発熱，元気消失，流涎，流涙，鼻汁漏出を示し，皮膚結節を形成する．

B．病原体
　ポックスウイルス科，コルドポックスウイルス亜科，カプリポックスウイルス属に属するが，羊痘ウイルスや山羊痘ウイルスとは交差反応を示す．

C．予防・治療
　ワクチンが開発されている．早期摘発淘汰する．有効な治療法はない．

8.5.10　兎粘液腫　届出

A．動物の発生・症状
　自然宿主は南米・北米のアナウサギである．ウサギノミ，カ，ブユなどの吸血昆虫で機械的に伝播される．これら本来の宿主では良性の線維腫が引き起こされる．日本では発生がない．潜伏期間2〜5日で発症し，眼瞼，鼻，耳，肛門，生殖器周辺が浮腫化し，皮膚にゼラチン様腫瘤を形成する．発熱して感染後2週間前後で死亡する．死亡率はほぼ100％である．

B．病原体
　ポックスウイルス科レポリポックスウイルス属ミクソーマウイルス（粘液腫ウイルス，*Myxoma virus*）である．イギリスやオーストラリアではヨーロッパウサギ（*Oryctolagus cuniculus*）駆除のために本病原ウイルスを生物農薬として散布してウサギ駆除に使用している．

C．予防・治療
　治療法，ワクチンはない．

8.5.11　アフリカ豚コレラ　法定

A．動物の発生・症状
　ブタ，イノシシが対象動物の熱性感染症である．1912年にアフリカ大陸ケニアで初めて発生した．サハラ砂漠以南，イタリア，サルジニア諸島に常在している．日本では発生報告はない．近年はポルトガル，アルメニア，グルジア，ロシアなどでの発生が知られている．アフリカでは野生イノシシとダニの間で流行をくり返し保持されていてブタに感染する．本ウイルスを保有している野生イボイノシシ（warthog）とヤブイノシシが知られている．流行を媒介しているダニはアフリカ原産 *Ornithodoros moubata* およびイベリア半島に生息する *O. erraticus* である．なお燻製肉でも4か月以上生存したというが，70℃での調理や缶詰のハムでは感染性はなかったという．症状は豚コレラによる症状と類似している．本病はブタ，イボイノシシ，カワイノシシに感染する．発熱，呼吸困難，血便などの症状を示す．全身性の出血病変を示す急性熱性感染症である．感染後1週間程度で死に至ることも多い．病型により四型に区分される．甚急性型や急性型は発熱，食欲不振，粘血便を示し，脾臓，リンパ節の腫大，出血性病変がみられる．甚急性型や急性型は致死率が100％に近く，発症後1週間程度で斃死する．慢性型では皮膚病変，関節炎などがみられる．

B．病原体
　アスファウイルス科，アスファウイルス属，アフリカ豚コレラウイルスである．アスファウイルス科に属する唯一のウイルスで大型二本鎖DNAをゲノムにもつ

C．予防・治療
　治療法はない．ワクチンは実用化されていない．摘発淘汰がもっとも一般的である．

8.5.12 牛伝染性鼻気管炎　　届出
A. 発生・症状
　ウシ、スイギュウの急性の熱性呼吸器疾患である。「牛ヘルペスウイルス1型感染症」ともいう。日本では散発的な発生がある。鼻汁、涙液、生殖器などの分泌物から気道感染を起こし、鼻汁、発熱、元気消失を示す。
B. 病原体
　ヘルペスウイルス科、ウシヘルペスウイルス1型（BHV-1）である。原因ウイルスは三叉神経節、腰椎神経節、仙椎神経節に潜伏感染し生涯にわたり感染しつづける。
C. 予防・治療
　ワクチンが実用化されている。治療は対症療法のみである。

8.5.13 悪性カタル熱　　届出
A. 発生・症状
　ウシ、スイギュウ、シカ、ヒツジなどが対象動物となる。ウシカモシカ（ヌー）が自然宿主であるアフリカ型（ウシカモシカ媒介型）とヒツジが自然宿主であるアメリカ型（ヒツジ随伴型）の2型がある。アメリカ型は日本、その他の国での発生がある。自然宿主は不顕性感染。終末宿主は症状がさまざまであるが、高熱、角結膜炎、鼻鏡、口腔や陰部粘膜の糜爛、潰瘍、リンパ節の腫脹や神経症状がみられる。発症後にはほとんどが死亡する。
B. 病原体
　ガンマヘルペス科、ララジノウイルス属、オオカモシカヘルペスウイルス-1および同ウイルス属のヒツジヘルペスウイルス-2である。ウイルス保菌動物はウシカモシカ（ヌー）とヒツジと考えられている。ウシやスイギュウは、これらのウイルス保菌動物と接触して感染する。発生は散発的であるが、保菌動物の周産期は感染の危険がある。
C. 予防・治療
　治療法はない。ウシとヒツジを接触しない状態で飼育することや、シカ・カモシカなど野生動物に接触させないことである。アメリカ型は周産期ヒツジと感受性動物との接触を避ける。アフリカ型にはワクチンが存在する。

8.5.14 オーエスキー病　　届出
A. 発生・症状
　対象動物はブタ、イノシシであるが、ウシやヒツジなどの反芻動物、イヌ、ネコなどにも感染して致死的経過をとることもある。ブタは不顕性感染が成立し感染回復したブタの三叉神経節にウイルスが潜伏してストレスなどで再活性化する。オーストラリアを除く養豚の盛んな国ではほとんど発生している。日本に常在する急性感染症である。臨床症状は痙攣、四肢硬直などの神経症状を呈する。新生豚では通常72時間以内に死亡する。ブタの加齢に伴い2週齢では50%、3週齢では25%と死亡率は減少する。妊娠が進んで感染すると死亡胎子が子宮に貯留して黒子となる。
B. 病原体
　ヘルペスウイルス科、アルファヘルペスウイルス亜科、バリセロウイルス属、豚ヘルペスウイスル1型ウイルス（慣用名：オーエスキー病ウイルス）である。抗原は単一で血清型はなく遺伝子型もないが、制限酵素による切断ゲノムに多型性があり、大まかな遺伝子型別に利用される。豚ヘルペスウイルス1型はウイルス分類上では狂犬病ウイルスと近縁ではないが、臨床症状が狂犬病に似ているため、オーエスキー病は「仮性狂犬病（pseudorabies）」、豚ヘルペスウイルス1型は「仮性狂犬病ウイルス」とよばれることもある。
C. 予防・治療
　予防にはワクチンが使用される。日本では、ワクチン使用を含め本病防疫に関しては「防疫対策要領」による必要があり、市町村単位で清浄地域、準清浄地域、清浄化推進地域の3地域に区分して防疫が進められている。

8.5.15　伝染性喉頭気管炎　　届出
A．発生・症状
　ニワトリなど鳥類の急性呼吸器感染症である．本病は全世界的に蔓延しており，日本も例外ではない．ニワトリの日齢また品種に関係なく鶏群のなかで発症し常在化することも多い．死亡率は5〜20％とされる．病原は糞口感染して伝播する．接触感染や飛沫感染で呼吸器症状，血痰の喀出，眼症状などを引き起こすことも多い．病変は喉頭，気管などの呼吸器系組織，眼結膜に限局している．
B．病原体
　ヘルペスウイルス科，アルファヘルペスウイルス亜科，イルトウイルス属（*Iltovirus*），鶏伝染性咽喉頭気管支炎ウイルス（*Gallid herpesvirus* 1）である．血清型は単一である．
C．予防・治療
　生ワクチンが使用される．本病生ワクチンとニューカッスル病の生ワクチンの間では干渉現象があるので混合使用されない．発病したニワトリは回復しても病原は持続感染している可能性が高いので移動は行わない．治療法はない．

8.5.16　マレック病　　届出
A．発生・症状
　ニワトリ，ウズラ，シチメンチョウ，キジなどを対象動物とする．伝播性が高い鳥類感染症で，各臓器に悪性リンパ腫症状を呈する．ウイルスは全身的な腫瘍性増殖を起こす．皮膚の羽包上皮細胞で増殖してフケや埃を介して空気伝播して経気道感染する．伝播力は強力でフケや羽毛また埃や糞中にウイルスが存在しており，常温でも数か月以上，低温では長期間感染性を有する．羽根麻痺や脚麻痺また斜頸などの末梢神経から病状が進行する．急性マレック病は臓器が腫瘍化する．肝臓は肥大化して散在白色結節が形成され，さらにファブリキウス嚢，腎臓，卵巣，腺胃，心臓，肺，筋肉などの臓器にも腫瘍がみられ，死亡率は10〜50％になる．また羽包に腫瘍ができる皮膚型，瞳孔収縮と虹彩変形の症状を呈する眼型がある．
B．病原体
　ヘルペスウイルス科（*Herpesviridae*），アルファヘルペスウイルス亜科（*Alphaherpesvirinae*），マルデイウイルス属（*Mardivirus*）に属している．
C．予防・治療
　ワクチンがある．卵内接種はワクチンによる免疫誘導に優れているという．七面鳥ヘルペスウイルス1は非病原性ワクチンでニワトリマレック病には異種ワクチンとして使用されることもある．なお，マレック病は自然発生がんに対してワクチンによる防御がなされた初めての事例として知られている．治療法はない．

8.5.17　あひるウイルス性腸炎　　届出
A．発生
　アヒル，ガチョウ，ハクチョウなどカモ科の鳥類の急性感染症である．あひるペスト（duck plague）ともよばれる．飛来した湖沼が感染鳥で汚染されて疾病が拡大する．吸血昆虫による病原伝播も示唆されている．症状は急性の吸器疾患や水様性下痢などを経過して死亡し，致死率は90％になることもあるという．感染を経過した鳥は持続感染鳥となり湖沼を汚染して感染源となる．これまで日本での発生報告はない．
B．病原体
　ヘルペスウイルス科，カモヘルペスウイルス1（あひるウイルス性腸炎ウイルス）である．
C．予防・治療
　予防は野生水禽類や由来不明な水禽との同居を避ける．海外では不活化ワクチンや弱毒生ワクチンが使用されている．

8.5.18 Bウイルス病　　Z

A. 動物の発生状況

アジアのマカカ属カニクイザル，アカゲザル，ニホンザル，タイワンザルなどが自然宿主である．サルの多くは抗体を保持している．感染したサルのウイルスは健康体三叉神経節などに病巣を形成して運動やストレスなどで活性化する．これらのウイルスは口腔粘膜などで増殖し，唾液飛沫や咬傷などによって伝播する．マカカ属猿以外のパスタモンキーやコモンマーモセットなどの猿類に伝染すると致死的な経過をとる．口腔粘膜，口唇，舌背などに形成された水疱が潰瘍になり痂皮ができて1～2週間程度で治癒する．

B. ヒトの発生・症状

1932年から1973年までにアメリカでヒトの症例報告が17症例ある．その後の感染例は数例に減少している．同義病名はサルヘルペスウイルス病（Herpesvirus simiae），ヘルペスBウイルス病，Bウイルス感染症，オナガザル・ヘルペスウイルス感染症（ceropithecine herpesvirus disease）などである．感染経路は咬傷，唾液などから接触感染による．発症後の死亡率は60～70％という．感染後の1～2日目に接触部位や傷口に水疱，潰瘍，局所リンパ節腫脹が出現する．10～20日の潜伏期間後には発熱，頭痛，筋肉痛などの脳炎症状となり，下半身から麻痺が進行して肺虚脱を呈する．死の転帰をとることが多い．

C. 病原体

ヘルペスウイルス科（Herpesviridae），αヘルペスウイルス属，オナガザル・ヘルペスウイルスである．

D. 予防・治療

感染を疑う動物は殺処分する．ヒトの感染者にはガンシクロビルまたはアシクロビルなどの抗ウイルス剤が有効であるという．対症治療を行う．

8.5.19 牛アデノウイルス症

A. 発生・症状

過性発熱，結膜炎，呼吸器異常，下痢などの症状を示す．長距離輸送，集団飼育，放牧などで多発することから「輸送熱」ともいう．子牛の虚弱症候群や多発性関節炎の病因にもなる．発熱や下痢などの合併症で40～42℃の発熱が持続することが多い．

B. 病原体

アデノウイルス科，マストアデノウイルス属，ウシアデノウイルスA，B，C，およびアトアデノウイルス属，ウシアデノウイルスD，E，Fに区分される．日本ではウシアデノウイルスF（血清型7），ウシアデノウイルスD（血清型5）に属するDNAウイルスが見出されている．

C. 予防・治療

牛RSウイルス病，牛伝染性鼻器官炎，牛ウイルス性下痢・粘膜病，牛パラインフルエンザとの5種混合生ワクチンが市販されている．治療法はない．

8.5.20 牛乳頭腫

A. 発生・症状

乳頭腫を形成して搾乳が困難になるが，通常は半年程度で自然治癒する．病状は1型から6型まである．1，2，5型は皮膚に，3，6型は皮膚や乳頭に，4型は消化器や膀胱に乳頭腫を形成する．

B. 病原体

パピローマウイルス科（Papillomaviridae），牛乳頭腫ウイルス（Bovine papillomavirus）である．牛乳頭腫ウイルスは1型から6型に分類されている．

C. 治療・予防

自然治癒する．予防法はない．

8.5.21 口蹄疫　　法定

A. 発生・症状

家畜感染症のなかではもっとも伝染力が強

い感染症である．対象家畜は偶蹄類のウシ，ヒツジ，ヤギ，ブタ，スイギュウ，シカ，イノシシ，カモシカである．ヒトやウマなどの奇蹄類には感染しない．オセアニアを除く各大陸，特にアジア，アメリカで発生している．接触感染により伝播する．ウシは感受性が高い．偶蹄類に水疱性疾患を起こす．突然40〜41℃の発熱，元気消失，同時に多量の涎，舌，口中，蹄(ひづめ)，乳頭などに水ぶくれを形成して足を引きずる症状がみられる．致死率は5％，幼獣では最大50％という．ウイルスは4℃でも病原性を18週間は保持している．潜伏期間はウシでは約6日，ヒツジは約9日，ブタは約10日とされるが，感染ウイルス量により異なる．野鳥，イヌ，ネコ，ネズミに感受性はないが，運搬動物として移動制限を受ける．付着塵埃から空気感染する．夏季は4週間，冬季は9週間，生存するとされる．畜舎敷料や飼料は病原が20週間生存するとされる．水疱が破裂した際に出たウイルスや糞便中のウイルスは陸上では60 km，海上では250 km以上が塵とともに風で移動することもある．感染耐過後またワクチン接種後に口蹄疫に感染した動物は，ウイルスがさらに数か月から2年程度持続感染し，キャリアとなることがある．

B．病原体

ピコルナウイルス科，アフトウイルス属，口蹄疫ウイルスによる．ウイルスの血清型にはO型，A型，C型，SAT-1型，SAT-2型，SAT-3型，Asia-1型の7種類が知られている．これらの血清型の各ワクチンは相互性がなく，同じ血清型でもワクチン効果のない亜型が存在する．現在流行して猛威をふるっている偶蹄類口蹄疫の多くはO型である．これはフランスのオワーズ（Oise）で最初に発生したことからO型とよばれている．

C．予防・治療

検疫，早期発見と殺処分，半径10 kmの移動制限区域，半径20 kmの搬出制限区域である．口蹄疫に有効な治療法は存在しない．予防法に基づいて口蹄疫が発生した家畜飼育群はただちに全殺処分して土壌を殺菌する．ワクチンは日本では認可されていない．

8.5.22　豚水胞病　　法定

A．発生状況

対象動物はブタ，イノシシで動物の蹄や口腔に水疱を形成する感染症である．1966年にイタリアで発生が確認され，日本では1970年代に発生が2回確認されたが，感染動物の摘発淘汰によって清浄化された．欧州の一部地域では継続的な発生があり，また東アジアでは常在化している．感染動物の導入や汚染ポークに混入し，加熱処理の不完全な飼料添加物によるとされている．症状は水疱形成および跛行を特徴とするが，病勢は弱く不顕性感染も多い．死亡率は低い．口蹄疫の類似疾患として知られている．

B．病原体

ピコルナウイルス科，エンテロウイルス属，豚水胞病ウイルスに属する一本鎖＋RNAウイルスである．ヒトのコクサッキーウイルス5に類似する．

C．予防・治療

輸入動物の検疫による．感染豚は治療することなく同居動物とともに殺処分とする．

8.5.23　豚エンテロウイルス性脳脊髄炎
　　　　　　届出

A．発生・症状

対象動物はブタ，イノシシである．糞便，汚染飼料などを介して経口的，経鼻的に感染する．運動失調や四肢の麻痺・硬直などの神経症状を示す．2002年に富山での発生は後躯麻痺が特徴であった．健康なブタの扁桃や糞便から高率に分離される．不顕性感染が多い．ブタやイノシシ以外には病原性が認められていない．病原性は弱く罹患率や致死率は低い．

B. 病原体

ピコルナウイルス科（Picornaviridae），テシオウイルス属（Teschovirus），ブタテシオウイルス（Porcine teschovirus）あるいは豚エンテロウイルス（Porcine enterovirus）である．種の血清型（PTV-1, 2-6, 8, 12, 13）が知られている．

C. 予防・治療

日本にワクチンはない．特別な治療法はなく自然治癒する対症療法が行われる．

8.5.24 あひる肝炎　　届出

対象動物はアヒルである．糞便を介した経口感染する．15週未満のアヒルでは致命的疾患となる．病原はあひるA型肝炎ウイルスとあひるアストロウイルスである．あひるA型肝炎ウイルスはあひる肝炎ウイルス1型，あひるアストロウイルスはあひる肝炎ウイルス2，3型とされる．甚急性に経過して反弓緊張を呈して1時間以内に死亡する．肝臓腫大や出血斑が認められる．生ワクチンが用いられることがある．

8.5.25 アフリカ馬疫　　法定
A. 発生・症状

対象動物はウマである．高熱と呼吸困難，頭部や頸部の浮腫を主徴とする．急性型では死亡率が95％以上であるという．日本での発生はない．古くからアフリカ大陸に常在して発生している．過去にはアフリカのみならず中近東からインドまで流行したことがある．スペインでは1987年から1990年にかけて発生した．夜行性のカまたはヌカカなどの吸血昆虫が媒介により伝播する．流行は吸血昆虫が活発な季節と一致する．ウマの感受性が高く，死亡率は50～95％，ラバの死亡率は50％，ロバは抵抗力があり死亡率は10％程度で，多くは不顕性感染で経過する．症状は肺臓型，心臓型，発熱型に大別される．肺臓型は3～5日の潜伏期間後に40～41℃の発熱，食欲不振，呼吸困難となる．発咳と泡沫性鼻汁流失後に死亡する．心臓型は7～14日の潜伏期間後に39～41℃の発熱，食欲不振が3～6日間持続する．その後は側頭部などに浮腫が出現して心不全となり，発熱後4～8日で死の転帰をとる．アフリカのシマウマやロバで認められる発熱型は5～14日の潜伏期間後，39～40℃の弛張熱型の発熱を呈する．結膜充血，食欲不振，元気喪失など軽度の症状で不顕性感染も多い．発熱型以外は致死率が高いのが特徴で，発症後2週間以内に死亡する．ウマとウマ間の接触感染はない．

B. 病原体

レオウイルス科，オルビウイルス属に属するアフリカ馬疫ウイルスである．

C. 予防・治療

生ワクチンが実用化している．ウイルスには9タイプの血清型が存在しており，常在地では単価ならびに多価の生ワクチンが使用されているが，最近は不活化ワクチンも使用されている．日本など清浄地では摘発淘汰方式が選択される．

8.5.26 チュウザン病　　届出
A. 発生・症状

ウシ，スイギュウ，ヤギを対象動物とする．日本では主に九州地方に限局して流行した動物の催奇形成性の感染症である．ウシヌカカによって吸血された妊娠牛が感染して秋季から翌年の春先に異常産が発生する．子牛の病変は中枢神経系に出現する．和牛で多発するが乳用牛での発生は少ないという．伝播は媒介昆虫の活動が盛んな夏から秋に起きる．

B. 病原体

レオウイルス科，オルビウイルス（Orbivirus）属，パリアムウイルス（Palyam virus）群に属するチュウザンウイルス（Chuzan virus）．血清型はインドで分離されたカスバウイルス（Kasba virus）と同一であ

る．ウイルスは吸血昆虫（*Culicoides* 属ヌカカ）によって吸血媒介されたウシ，スイギュウ，ヤギに伝播する．

C．予防・治療
予防には不活化ワクチンを1か月間隔で2回接種する．有効な治療法はない．

8.5.27　ブルータング　　届出
A．発生・症状
ウシ，ヒツジ，ヤギ，シカ，バッファロー，カモシカなど反芻動物が対象となる．感染動物は削痩，口部病変，跛行などが発症する．ヌカカなどの吸血昆虫の媒介によって感染する．接触感染はない．またヒトへの感染例は報告されていない．日本では晩夏から秋にかけて発生するが，気温低下とともに流行は収束する．本病は熱帯，亜熱帯，温帯地域に分布している．症状は舌や鼻粘膜に腫脹潰瘍が発症して舌がチアノーゼで青紫色になる．この症状から病名がついたという．潜伏期は5～20日間で感染から1か月以内に顕在化する．ヒツジは感受性が高いがウシやヤギなどは不顕性感染が多い．発症後期には骨格筋の変性により跛行することもある．

B．病原体
レオウイルス（*Reoviridae*）科，オルビウイルス（*Orbivirus*）属，ブルータングウイルス（Bluetongue virus）である．

C．予防・治療
予防は消毒と媒介昆虫の侵入を防ぐことである．有効な治療法はない．日本ではワクチンは使用されていないが，海外では不活化ワクチンが市販されている．

8.5.28　イバラキ病　　届出
A．発生・症状
ウシ，スイギュウが対象動物である．ヒツジ，ヤギには不顕性感染で症状は発現しない．流行性感冒病原体のひとつである．咽喉頭麻痺を主徴とする節足動物媒介性の感染症である．日本では夏から晩秋にかけて発生する．1959年に関東以南で約43,800頭が発症した．1977年には242頭が発症し，死流産も発生した．不顕性感染も多い．この病名は茨城県下で初めて分離されたことによる．症状はヒツジのブルータングに類似しているので「牛のブルータング様疾患」ともよばれる．39～40℃の発熱，食欲不振，流涙，結膜充血，口腔粘膜の充血，鬱血，また蹄の腫脹，潰瘍さらに跛行などを呈する．発症牛の約5％に嚥下障害が発生する．ウシからウシへの接触感染はない．

B．病原体
レオウイルス（*Reoviridae*）科，オルビウイルス（*Orbivirus*）属，シカ流行性出血病ウイルス（epizootic hemorrhagic disease virus：EHDV）群に属するイバラキウイルスである．

C．予防・治療
生ワクチンあるいは不活化ワクチンの接種で予防する．発生はヌカカによる媒介によるのでワクチン接種は7月末までに行う．補液および誤嚥性肺炎の防止のための対症療法を行う．

8.5.29　ロタウイルス病　　Z
A．動物の発生・症状
ウシをはじめとする哺乳動物，鳥類の腸管絨毛を標的とする急性消化器病である．症状は元気消失，食欲不振，水様性下痢などを示す．感染から12～36時間程度の潜伏期間後に発症する．本症は季節に関係なく発生する．ニワトリなど鳥類も下痢を主徴とする消化器性感染症である．シチメンチョウやキジがロタウイルスに感染する発病率は10～30％である．

B．ヒトの発生・症状
感染力が強力で急性期には糞便1gあたりロタウイルスが10^7以上出現する．アメリカでは年間50万人以上が本症で通院し，また

世界中で毎年約70万人が本症で死亡するという．ロタウイルス下痢症，冬季嘔吐症，嘔吐下痢症，乳児嘔吐下痢症，急性胃腸炎，小児性コレラなどと多くの同義名称がある．小児性コレラまた下痢便が米のとぎ汁様の白色であることから乳児白色便性下痢症ともよばれている．感染経路はすべて経口感染である．潜伏期24〜72時間，下痢症状は3〜9日継続する．中枢神経にも影響し，合併症として出血性ショック脳症症候群を起こすこともある．

C．病原体
レオウイルス科，ロタウイルス属，ウイルス群である．ロタウイルスは哺乳と鳥類を宿主として水平感染をくり返している．宿主特異性があり，A群はヒト，サル，ウマ，トリ，イヌ，ブタ，マウス，B群はヒト，ブタ，ウシ，ラット，C群はヒト，ブタ，D群はブタ，ウサギ，鳥類，E群はブタ，FおよびG群は鳥類を宿主とする．

D．予防・治療
食物の十分な加熱を行う．適切な消毒を要する．アルコールは無効で次亜塩素酸ナトリウム液などで消毒する．ノロウイルスと同様程度の予防策を講じる．糞口感染が多いので感染予防には手洗いが重要である．特異的な治療法はなく，対症療法である．

8.5.30　伝染性ファブリキウス嚢病　届出

対象動物はニワトリである．「ガンボロ病」ともよばれる．病原はビルナウイルス科アビビルナウイルス属伝染性ファブリキウス嚢病ウイルスである．ウイルスはファブリキウス嚢で増殖して汚染糞便が感染源となる．ニワトリの臨床症状は元気消失，緑色下痢便，免疫抑制などである．生ワクチンまたは不活化ワクチンがある．

8.5.31　豚水疱疹　届出
A．発生・症状
本病は1932年から1959年にカリフォルニア州，また1955年にアイスランドで発生して以来，世界中に発生はない．ブタへの感染はアシカなど海洋動物を飼料として給与したためとされている．対象動物はブタ，イノシシである．汚染飼料や感染動物との接触により感染する．症状は口蹄疫に類似して40℃を超える発熱，口唇部，蹄部に水疱を形成する．水疱は1日程度で破裂して二次感染を起こし，糜爛や潰瘍ができる．通常は4〜6日程度で回復するブタのみの感染症である．ウシ，ヒツジ，ヤギなどには感染しない．自然宿主はアシカなどの海獣である．

B．病原体
カリシウイルス科（Caliciviridae），ベシウイルス属（Vesivirus）に属する豚水疱疹ウイルス（Vesicular exanthema virus）である．ゲノムは一本鎖陽性の7.4〜7.7キロRNAで粒子の直径は約35〜39 nmである．ウイルス粒子表面に尖り帽子状の突起を有すること，ダビデの星と形容される特徴的な表面構造をしている．温度やpHに対しては抵抗性が強い．現在までにA〜Mの13血清型が知られている．

C．予防・治療
アシカなどの海洋動物は現在も豚水疱疹ウイルスを保有している可能性があるので，できるだけブタと接触させないこと．また海洋動物をブタ飼料に給与しないことである．ワクチンは存在せず，有効な治療法は存在しない．

8.5.32　兎ウイルス性出血病　届出
A．発生・症状
対象動物はウサギ（Oryctolagus cuniculus）である．主に接触感染による急性の致死性感染症である．1984年に中国ではドイツから輸入したアンゴラウサギで発生した．その後

は南米およびアフリカを除く世界各地で発生が報告されている．日本では 1994 年に北海道，1995 年に静岡で大量感染した．3 か月齢以上のウサギが感染，発症する．罹患率 100％，致死率 90％ とされる．諸臓器に出血が認められる．臨床症状は，感染したウサギは元気消失，食欲廃絶，発熱また神経症状や鼻出血を呈して数日の経過で死亡する．症状を示さずに突然死することもある．感染は主に糞口感染によるとされるが，飼育者，飼育器材，また野生動物や昆虫媒介も介在する．

B．病原体

カリシウイルス科（*Caliciviridae*），ラゴウイルス属（*Lagovirus*），兎出血病ウイルス（Rabbit hemorrhagic disease virus）である．

C．予防・治療

予防は感染ウサギおよび同居したウサギの淘汰および消毒を行う．治療法はない．海外では不活化ワクチンがあるが日本では実用化していない．

8.5.33　東部ウマ脳炎　　法定，Z

法定伝染病の流行性脳炎に含まれる．

A．動物の発生・症状

北米の大西洋岸，カリブ海湾岸，中南米などの地域で夏から秋にかけて散発的にヒト，ウマおよびキジなどの鳥類に流行する．ウマやヒトに重篤な脳炎を起こすが，ウマの致死率は高い．またこれらの地域の野鳥から本ウイルスがよく分離されるが，ヒトとウマ以外の動物や野鳥は不顕性感染で経過する．本病はカによって媒介されるが，非流行時期でも鳥類とカによる本ウイルス感染サイクルが形成されている．臨床症状は発熱から麻痺そして興奮状態となる．平衡失調，旋回運動などの運動障害，さらに混迷または痙攣発作などをくり返して死の転帰をとる．また病性によっては軽度麻痺で経過する場合もある．ウイルスの自然宿主はネズミなどの齧歯類，野鳥またニワトリなど鳥類である．カをベク

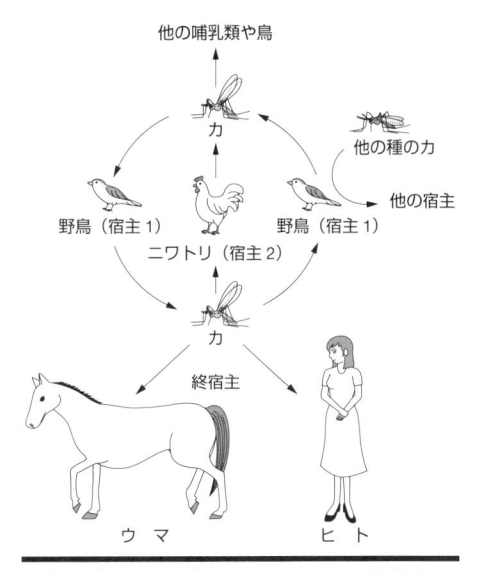

図 8.1 ● 節足動物が媒介するウイルスの伝播様式

ターとしてヒトや動物に感染するが，ヒトや動物は感染サイクルには関与しない終末宿主である（図 8.1）．

B．ヒトの発生・症状

本ウイルスはカ，野鳥または野生動物の間で越年や越冬をくり返し増幅している．アメリカでは年間数名の発症例が報告されているが，日本における発生はない．ヒトには致死率の高い脳炎症状を呈する例と関節炎症状を呈する例がある．臨床症状は 1 週間程度の潜伏期を経て発熱，筋肉痛，頭痛，倦怠感などの症状から，やがて意識混濁や麻痺昏睡と進行して死の転帰をとる場合もある．回復後も神経障害や運動障害が残存することも多く 30〜70％ の致死率を示す．ヒトへの感染はウイルス保有蚊の咬傷による．

C．病原体

トガウイルス科（*Togavirus*），アルファウイルス属（*Alphavirus*），東部脳炎ウイルスである．

D．予防・治療

媒介するカの駆除を行う．アメリカではウ

マ，キジに対する不活化ワクチンが市販されているが，ヒトのワクチンは実用化されていない．感染症法の4類感染症である．

8.5.34 西部ウマ脳炎　　法定，Z

法定伝染病の流行性脳炎に含まれる．

アメリカ西部，カナダ西部，中南米などの限定した地域で，ウマおよびキジなどの鳥類に晩夏から秋にかけて散発的流行をくり返している．ウマに対する致死率は20〜30％程度である．鳥類では高レベルのウイルス血症を示すことがあり，ニワトリ，ツバメやスズメからウイルス分離が報告されている．またヘビやカエルからもウイルス分離例がある．ウマ以外にもウシ，ブタ，シカ，また多くの齧歯類では不顕性感染が認められる．感染症法の4類感染症である．

8.5.35 ベネズエラウマ脳炎　　法定，Z

法定伝染病の流行性脳炎に含まれる．

ベネズエラ，コロンビアなど中南米，アメリカ・フロリダ，テキサスなど11か国で毎年流行する．ウマが病巣となる流行型と齧歯類が病巣となる2つの流行型が知られている．ウマおよびヒトは自然感染して脳症を発症する．ブタ，イヌ，ネコ，ヒツジ，ヤギ，ウシ，コウモリに高ウイルス血症を起こすが，不顕性感染で経過することから，これらの動物はウイルス増幅や伝播に関与していることが考えられる．また鳥類もウイルス血症を示して流行巣の拡大に関与している．ウマに対する致死率は高く，80％以上のことがある．感染症法の4類感染症である．

8.5.36 豚繁殖・呼吸障害症候群　　届出

対象動物はブタ，イノシシである．豚生殖器・呼吸器症候群ともよばれる．ブタの耳，鼻などがチアノーゼで青くなる症状もあることから「青耳病」ともよばれる．病原はアルテリウイルス科，アルテリウイルス属の豚繁殖・呼吸障害症候群ウイルスである．接触感染および空気感染により伝播するが伝播力は強い．特異的な治療法はなく対症療法を行う．生ワクチンが開発されているが確実に被害を防止することはできない．

8.5.37 豚コレラ　　法定

A. 発生・症状

対象動物はブタ，イノシシである．イボイノシシ，ヤブイノシシ，カワイノシシでは不顕性感染を示す．現在は摘発淘汰を基本とした防疫体制で，日本は豚コレラ清浄国である．本ウイルスは血清反応では牛ウイルス性下痢・粘膜病ウイルスやボーダー病ウイルスと交差する．初期症状は高熱と食欲減退，さらに急性結膜炎や便秘後の下痢，さらに後躯麻痺や痙攣などの神経症状に移行する．全身リンパ節や各臓器の充出血，点状出血などが認められる．病状は約1週間で死亡することが多いが，ウイルス感染から経過は数か月に及ぶこともある．感染経路は主に経口感染また経鼻感染である．感染した動物は唾液や涙また尿などの分泌物や糞にウイルスを排泄して他への感染源となる．汚染ポーク，汚染精子，汚染施設やヒト衣類との接触で感染が成立する．汚染凍結ポークにはウイルスが生存している．

B. 病原体

フラビウイルス科，ペスチウイルス属，豚コレラウイルスである．

C. 予防・治療

2006年にワクチン接種は中止され，摘発淘汰を基本にした防疫体制となった．2007年4月1日より国際獣疫事務局（OIE）の規約で日本は豚コレラ清浄国となった．治療法はない．

8.5.38 日本脳炎　　法定，Z
法定伝染病の流行性脳炎に含まれる．
A．動物の発生・症状
　日本をはじめとするアジア，オセアニアの広域に分布している疾病である．カがベクターとなり，動物との間で感染サイクルを形成している．日本では夏季に発生したコガタアカイエカが主なベクターとなる．コガタアカイエカは本ウイルスを伝播すると，本ウイルスの増幅動物である鳥類のサギ科とブタは高いウイルス血症を呈する．ブタは日本脳炎感染の「自然宿主」であると同時に「増幅動物」である．感受性動物はヒト，ウマ，ウシ，ヤギ，ヒツジなどで，なかでもヒトとウマは高い感受性を示して脳炎を発症するが，ウシ，ヤギ，ヒツジの発症例はまれで，多くは不顕性感染となる．ブタは脳炎の発症はないが，雌豚では死流産また雄豚では造精機能低下などの繁殖障害を引き起こす．コガタアカイエカの活動が休止する冬季には本症の発生がないが，カが活動する夏季になるとウイルスが増幅伝播して流行する．ウマの臨床症状は発熱，食欲減退などから麻痺や痙攣などの脳炎症状により死の転帰をとる．
B．ヒトの発生・症状
　日本脳炎のヒトウイルス発症率は感染者あたり約0.1％で，死亡率は0.5％という．1960年代まで年間1,000人以上の本症患者が報告されていたが，現在では年間10人以下である．1935年に日本人患者から本ウイルスが分離されて以来，本症はアジア農村地帯の流行性脳炎として知られていたが，1998年にオーストラリアで本症の発生が報告され，オセアニアにも拡大している．世界的には年間約4万人の患者発生があるという．ヒトの臨床症状は1週間程度の潜伏期ののち，倦怠，食欲減退，悪心，腹痛などの前駆症状が発症する．やがて頭痛や意識障害が出現する．本ウイルスを保持しているコガタアカイエカの刺咬によって感染する．

B．病原体
　フラビウイルス科（*Flaviviridae*），フラビウイルス属（*Flavivirus*），日本脳炎ウイルスである．
C．予防・治療
　対症療法以外の有効な治療法はない．不活化ワクチンおよび生ワクチンが市販されている．種付け予定のブタには予防接種を実施する．家畜伝染病予防法では流行性脳炎として法定家畜伝染病に指定され，また感染症法では4類感染症に指定されている．

8.5.39 ウエストナイル感染症　　法定，Z
法定伝染病の流行性脳炎に含まれる．
A．動物の発生・症状
　アフリカ，中近東，西アジアさらに欧州，またアメリカで発生している急性の熱性疾患である．自然界では鳥類に感染しており，主に鳥類とカの間で感染サイクルが維持され伝播されている．しかしダニやシラミバエなどの吸血昆虫の媒介も否定できない．最終宿主はウマおよびヒトである．
　自然界では本ウイルスは鳥類に維持されており，ウマ，ヒツジ，鳥類など多くの感染動物が知られている．近年の流行は1990年代のアルジェリア，モロッコ，コンゴ，イスラエル，ルーマニア，イタリアなど，また2000年代に入ってからフランスやアメリカに拡散している．特にアメリカでは1999年，ニューヨーク州でヒトやウマの流行があり，その後，各州に拡大し，2002年にはウマで約15,000頭，ヒトで約4,000人の発生が報告されている．本疾病の分布域は各州に拡散しており，南米・メキシコやプエルトリコなどにも拡大している．感染したウマは10日程度の潜伏期間ののちに発熱，運動失調や沈鬱状態などの神経症状を示し，死亡例も多い．イヌおよびネコでも感染すると脳炎症状から死亡することもあるが，ウシでは不顕性感染のみである．鳥類ではカラスやカケス，ハト

など都市鳥類やカモメやカモなども本ウイルス感染例や死亡例があり，またフラミンゴなどでも多くの感染例が確認されている．しかし自然感染したニワトリは体内ウイルス増殖性が低く，不顕性感染に移行する例が多い．

B. ヒトの発生

アメリカでは1999年以来，すでに1万人以上が発症しており，300人以上の死亡例が報告されている．カが媒介する．発症すると発熱，頭痛，発疹，リンパ節腫脹などの症状を呈する．1週間内外の病日で解熱回復するが，重篤の場合には死の転帰をとる．

C. 病原体

フラビウイルス科（Flaviviridae），フラビウイルス属（Flavivirus）に属するウエストナイルウイルスである．

D. 予防・治療

カの咬傷を防御する．アメリカやカナダでは不活化ワクチンが使用されている．特異的な治療方法はなく対症療法のみである．農林水産省では「ウエストナイル感染症防疫マニュアル（2003年1月）」によるカおよび野鳥のサーベイランスおよびウマ本症の発見時の防疫対策を制定している．感染症法では4類感染症に指定されている．

8.5.40 牛ウイルス性下痢・粘膜病

届出

A. 発生・症状

対象動物はウシ，スイギュウであるが，ヤギ，ヒツジ，シカ，ブタなども罹患する．下痢性粘膜疾患である．季節，地域に関係なく発生する．感受性動物のなかでウシがもっとも感受性が強い．本病発症による経済的損失はウシ1頭あたり10〜40ドル程度とされている．動物の下痢と粘膜病変が主徴とする疾病である．症状は通常，軽く，不顕性感染が多いが，子牛では重症となることもある．急性病状では発熱，呼吸数増加とともに潰瘍や下痢になり，死の転帰をとることもある．妊娠時に感染すると胎内感染により奇形や死流産などの異常産が発生する．不顕性感染動物からのウイルス排出があるので同居する動物への感染源となることも多い．また垂直感染による持続的な感染もまたある．本ウイルスは感染動物の糞，尿，乳汁などの分泌物に含まれて感染源となり経口感染する．

B. 病原体

フラビウイルス科，ペスチウイルス属，牛ウイルス性下痢ウイルス（BVDウイルス）である．豚コレラやボーダー病と近縁なウイルスである．細胞病原性（CP）と非細胞病原性（NCP）の2つの生物型があるほか，遺伝子型で1型，2型に分かれており，また多くの血清型が存在する．

C. 予防・治療

ワクチン接種が有効である．感染源となる持続感染動物の摘発と淘汰を行う．有効な治療法はない．

8.5.41 高病原性鳥インフルエンザ

法定，Z

対象動物はニワトリ，アヒル，シチメンチョウ，ウズラ，キジ，ダチョウ，ホロホロチョウである．高病原性鳥インフルエンザは鳥類に対する急性で致死的なA型インフルエンザウイルス感染症である．

A. 発生・症状

1800年代のイタリアでニワトリに発生した記録以来，多くの流行があり1900年代後半からは北米・南米などのアメリカ大陸，欧州各地，香港・韓国などで流行がくり返されている．

日本では1925年以降は発生がなかったが，近年，2004年，2007年，2009年，2010年，2011年と発生している．本病は，しばしば臨床症状を呈することもなく死の転帰を迎える．病鳥は震えて，起立不能などの神経症状がみられ，食欲消失，沈鬱，産卵の急激な低下や停止することもある．疫学的には自然宿

主はカモなどの野生の水禽類である．当該ウイルスは口，眼，鼻，クロアカから排泄される．感染鳥類との接触や汚染された排泄物，野鳥，塵埃，水などを介して感染が拡大して伝播する．

B．病原体

オルソミクソウイルス科（*Orthomyxoviviridae*），A型インフルエンザウイルス属（*Infuruennzavirus A*）である．ゲノムは一本鎖 RNA で，8本の分節からなる．ウイルス表層のヘマグルチニン（HA）およびノイラミニダーゼ（NA）の血清型の組み合わせで，H1 から H16，また N1 から N9 亜型に細分される．

C．予防・治療

殺処分および移動や搬出制限を行い本病の伝播蔓延を防止して早期撲滅をめざすことである．なお農水省では「高病原性鳥インフルエンザに関する特定家畜伝染病防疫指針（2004年11月）」による本症の防疫対策を制定している．

8.5.42　低病原性鳥インフルエンザ　法定

対象動物はニワトリ，アヒル，シチメンチョウ，ウズラ，キジ，ダチョウ，ホロホロチョウである．高病原性鳥インフルエンザウイルスと判定されたものを除くH5またはH7亜型のA型インフルエンザウイルス感染による家禽疾病である．

A．発生・症状

日本では2005年に茨城および埼玉の両県の養鶏農家でH5N2亜型，2009年に愛知県でH7N6亜型の低病原性鳥インフルエンザが発生したが感染経路は不明であった．疫学的には自然宿主はカモなどの水禽類である．感染鳥類の口，眼，鼻，クロアカからウイルスは排泄される．感染鳥類との接触，汚染された排泄物，野鳥，塵埃，水などを介して感染が拡大して伝播する．臨床症状は咳やくしゃみ，流涙など呼吸器疾病の症状である．鳥類の種類や日齢などにより異なる症状を示すことも多い．産卵低下や外貌変化などの一般的な症状もみられる．混合感染がない場合には死亡率は5％以下であるという．

B．予防・治療

本病の伝播性は強いが，多くは臨床症状を示さないことから発見が遅れるおそれがある．鳥群のなかで本病原性ウイルスが維持され高病原性インフルエンザウイルスに変異したという報告もある．そのため高病原性インフルエンザ感染鶏群と同様に，殺処分，移動や搬出制限により伝播防止さらに早期撲滅を図る．

8.5.43　鳥インフルエンザ　届出

対象動物はニワトリ，アヒル，シチメンチョウ，ウズラである．高病原性鳥インフルエンザウイルスおよび低病原性鳥インフルエンザウイルス以外のA型インフルエンザウイルスに感染する鳥類感染症である．

A．発生・症状

日本では2009年にアヒルからH3N8亜型ウイルスの分離があった．臨床症状は低病原性鳥インフルエンザと同様に咳やくしゃみ，流涙など呼吸器疾病の症状である．鳥類の種類や日齢などにより異なる症状を示すことも多い．産卵低下や外貌変化などの一般的な症状もみられる．混合感染がない場合には死亡率は5％以下であるという．

B．ヒトのインフルエンザ発生

古く1918年から1933年に流行したスペイン風邪，また1957年から1968年に流行したアジア風邪，1968年から流行している香港風邪など地球規模のヒトのインフルエンザは流行がくり返されている．これらの流行には動物インフルエンザウイルスが関与していることが多い．例えば1910年代から大流行したスペイン風邪はブタインフルエンザ抗原型（H1N1型）と同型である．また1968年に大流行した香港風邪（H3N2型），1957

年に流行したアジア風邪（H2N2型）はトリインフルエンザ（H3N2型）との遺伝子再集合（genetic reassortment）により遺伝子分節転移をして新型のヒトインフルエンザウイルス（H3N2型）に変換した例である．感染は動物からヒト，ヒトからヒトに飛沫感染する．本ウイルスはA型，B型，C型の3つの型抗原が知られている．A型は鳥類，ウマ，ブタさらにヒトに病原性を発現するが，B型はヒトのみ伝染して病原性を発現し，C型はヒトに感染するが病原性は示さない．ヒトのインフルエンザ症状は短期間の潜伏期を経過したのちに，高熱，関節痛，全身倦怠などの症状から細菌などの二次感染とともにウイルス血症に移行する．抵抗性の弱い幼児や老人また慢性疾患をもつ患者はさらに重篤な肺炎または脳症から死亡することもある．ヒト感染症法では鳥インフルエンザ（H5N1）を2類感染症に，またH5N1以外の鳥インフルエンザを4類感染症に，鳥インフルエンザ以外のインフルエンザを5類感染症に指定している．

8.5.44　馬インフルエンザ　　　届出

対象動物はウマである．病原はオルトミクソウイルス科，A型インフルエンザウイルスである．ウマは咳によって飛散されたウイルスが呼吸とともに感染する．伝播は速く，多数のウマに感染が拡大する．

8.5.45　豚インフルエンザ

インフルエンザウイルスAによるもので，古典的豚インフルエンザとされるH1N1抗原型をはじめ，異なる亜型ウイルスが出現している．ブタは容易にヒトや鳥のインフルエンザに感染することがよく知られている．ブタからヒト，ヒトからブタへの伝播経路を警戒する必要がある．なお豚インフルエンザには，抗菌剤などの対症療法が重症化の防御に期待できる．不活化ワクチンが市販されている．

8.5.46　牛疫（rinderpest）　　法定
A. 発生・症状

対象動物はウシ，スイギュウ，ヒツジ，ヤギ，ブタ，シカ，イノシシである．感染動物やその排泄物の飛沫などに直接接触して伝播する．日本では1922年以来発生がない．2〜9日の潜伏期の後，40℃程度の発熱，食欲減退，鼻汁，口腔内の点状出血や潰瘍がみられ，下痢を示す．その後，脱水症状を示し，起立不能となる．発熱から6〜12日後の死亡率が高く，第3週まで生存すれば回復する．感受性の高い動物はウシとスイギュウであるが，またウシの品種によって差があり，和牛は感受性が高いという．

B. 病原体

パラミクソウイルス科（*Paramyxoviridae*），モルビリウイルス属（*Morbillivirus*）に属する牛疫ウイルスウイルス（*Rinderpest virus*）である．齧歯類を自然宿主とする．同属のウイルスとして犬ジステンパーウイルス（Canine distemper virus：CDV）や麻疹ウイルスがある．

C. 予防・治療

予防には弱毒生ワクチンが用いられる．ただし根絶計画に基づき2002年末からはワクチンの接種は中止されている．効果的な治療法は存在しない．

8.5.47　ニューカッスル病　　法定
A. 発生・症状

対象動物はニワトリ，アヒル，ウズラ，シチメンチョウなど鳥類である．伝染性が高く経済的にも重大な影響を与える．ほとんどの鳥類に感染するがニワトリがもっとも感受性が高い．ウイルスは感染鶏から鼻水，涙，排泄物に多量排泄されて鶏群内で伝播する．発症した鳥類は，緑色下痢便，奇声や開口呼吸などの呼吸器症状，脚麻痺や頸部捻転などの神経症状を示す．強毒型は内臓の多くに出血性の病変をつくり，重篤な神経症状を示し，

感染力が強く，死亡率は90％にも達する．一方，弱毒型は軽度の病状は経過して無症状のことも多い．なお家畜伝染病予防法では毒力の弱いニューカッスル病ウイルスによる疾病を「低病原性ニューカッスル病」として届出伝染病に指定している．

B．病原体

パラミクソウイルス科，ニューカッスル病ウイルス（Newcastle disease virus）．マイナス一本鎖のRNAウイルスでエンベロープを保有している．

C．予防・治療

衛生管理と計画的なワクチン接種によって予防する．治療法はない．

8.5.48 馬モルビリウイルス肺炎　　届出，Z

本症は国際的には「ヘンドラウイルス感染症（Hendra virus infection）」とよばれている．

A．動物の発生・症状

対象動物はウマである．1994年にオーストラリアで初めて発生したズーノーシスである．ウマでの発生は2006年以降毎年報告され，2011年10月までに32農場52頭のウマで感染の確認がある．自然宿主はオオコウモリ（フルーツバット）である．オオコウモリはヘンドラウイルスが感染しても発病することはなく，主に尿中にウイルスを排泄する．ウイルスはオオコウモリからウマ，ウマからウマの感染がある．ウマでの症状は41℃以上の高熱，急性呼吸困難と突発性神経症状を示す．致死率は約75％，多くは急性経過の後に死亡するが，まれに回復することもある．

B．ヒトの発生・症状

現在までヒトの発症数は3例6人である．オーストラリア以外での発生は確認されていない．ヒトには感染したウマとの直接接触により感染する．ヒトにはインフルエンザ様症状，出血性肺炎，髄膜炎である．オオコウモリからヒトへの直接的な感染，またはヒトからウマ，ヒトからヒトへの感染はないという．なお本症の発生は，オーストラリアのクイーンズランド州沿岸部とニューサウスウェールズ州沿岸部北部の地域にのみである．これはウイルスを保持するオオコウモリの生息域とウマの飼育地域が重複している地域と考えられている．

C．病原体

パラミクソウイルス科，ヘニパウイルス属，ヘンドラウイルスである．ヘンドラの名称は初発が報告されたオーストラリア，ブリスベン郊外の地名に由来する．

D．予防・治療

日本にワクチンはなく，治療法はない．

8.5.49 ニパウイルス感染症　　届出，Z

A．動物の発生・症状

対象動物はウマ，ブタ，イノシシである．1998年から1999年にかけてマレー半島に発生した．発生現地のブタ群を110万頭淘汰して発生はようやく終息したという．その後の発生はない．感染地ブタ群の抗体保有率は95％内外であるが，ブタへの本ウイルスの病原性はそれほど高くはない．多くのブタは不顕性感染で致死率は2〜3％である．症状は発熱を伴う呼吸器症状が主で，若齢豚では発咳や鼻汁漏出など，また母豚では神経症状を示す．感染は急速で呼吸器を介して伝播する．ブタ以外にもイノシシ，ウマ，ネコ，イヌ，ヤギ，また齧歯類などにも本ウイルス抗体が認められている．ブタはニパウイルスの増幅動物で自然宿主はコウモリ（flying fox）と考えられている．

B．ヒトの発生・症状

ブタを媒介してヒトに感染する．ヒトでは脳炎が主な症状である．ヒトからヒトの感染はまれである．1997年から1999年にかけてマレーシアにおいて本症が発生した養豚場や周辺の人々260人以上が罹患して100人以上が死亡した．感染経路は罹患豚からヒトに

感染したとされている．主な症状は頭痛，発熱，嘔吐などの脳炎症状である．感染後が不良な場合には筋肉麻痺などから昏睡状態に陥り，死の転帰をとる．日本国内での発生または輸入症例は報告されていない．自然宿主はコウモリであると推測されている．コウモリからブタを介してヒトに飛沫感染する．

C. 病原体

パラミクソウイルス科（*Paramyxoviridae*），ヘニパウイルス属（*Henipavirus*），ニパウイルス（Nipah virus）である．一本鎖RNAウイルスである．同じヘニパウイルス属のヘンドラウイルスと非常に近似した性状をもつ．ニパウイルスの名前はウイルスが最初に分離された脳炎患者の出身地の地名（マレーシア，スンガイ，ニパ）に由来する．

D. 予防・治療

治療法はなく，対症療法が主となる．家畜伝染病予防法ではブタおよびイノシシのニパウイルス感染症として届出伝染病に指定されている．感染症法では4類感染症に指定されている．

8.5.50 小反芻獣疫　　法定

A. 発生・症状

対象動物はシカ，ヒツジ，ヤギである．ヒツジ，ヤギでの症状は発熱，食欲不振，下痢などである．牛疫ウイルス感染と類似の症状を示す．ウシ，ブタでは感染しても不顕性感染となる．発生地域は東・中央および西アフリカ，中近東，南アジアである．死亡率は非常に高いが，常在地域ではやや低い．動物の排泄物などに直接接触して伝播する．症状の潜伏期は通常2〜7日．40〜41℃の高熱，食欲減退，沈鬱になる．発症後2〜3日で下痢がみられ，軟便，水溶性，血液や粘膜組織を含んだ激しい下痢と変化し，脱水症状で死亡する．また，肺炎の症状も伴う．症状を示した後7〜8日で死亡する例が多い．

B. 病原体

パラミクソウイルス科（*Paramyxoviridae*），モルビリウイルス属（*Morbillivirus*），小反芻獣疫ウイルス（Peste-des-petits-ruminants virus）である．

C. 予防・治療

汚染国では弱毒生ワクチンを用いる．発生国からの家畜の輸入禁止，早期に摘発淘汰を行う．日本は清浄国であるので発生国からの家畜輸入禁止と検疫摘発を行う．侵入した場合は早期に摘発淘汰を行う．有効な治療法はない．

8.5.51 狂犬病（rabies）　　法定，Z

同義病名は「狂水症」である．

A. イヌの発生・症状

感受動物としてはイヌが有名であるが，すべての哺乳動物に感染して発症する．野生のキツネ，オオカミ，コヨーテ，吸血コウモリなどの食肉動物には常在している．世界的にも分布している．2000年代に発生報告のないのは，わずかに日本，スカンジナビア諸国，ニュージーランドおよびハワイなどの太平洋に点在する島国のみである．なお，イギリスおよびオーストラリアでは真性狂犬病の発生はない．イヌの症状は1週間以上の潜伏期間を経過して前駆期症状として挙動異常を示し，その後，狂騒または麻痺の症状がみられる．多くは興奮状態が数日持続したのち意識不明の状態に陥り，やがて死の転帰をとる．

B. ヒトの発生・症状

世界的には87か国に存在しており年間5万人が狂犬病で死亡していると推定されている．日本では1958年以来，狂犬病の発生はない．ただしネパール旅行中にイヌに咬まれて帰国した後に発症し死亡した1例がある．なお，韓国では1999年11月に狂犬病に感染して死亡した例がある．ヒトへの感染経路はイヌによる咬傷によって感染する．コウモリの生息する洞窟などではウイルスが存在し

ているエアロゾル吸入による気道感染や医原的な角膜移植による感染もある．ヒトは狂犬病ウイルスの終末宿主である．ヒトの症状は1～3か月程度の不安定な潜伏期間後に発病する．全身の倦怠感，食欲不振などの症状や咬傷部位の知覚異常などの前駆症状の後に反射性の痙攣収縮や嚥下が困難になる狂水発作，昏睡症状を経過して死の転帰をとる．

C．病原体

ラブドウイルス科（*Rhabdoviridae*），リッサウイルス属（*Lyssavirus*），狂犬病ウイルス（Rabies virus）である．なお狂犬病類似疾患を発症するウイルスにはラゴスコウモリウイルス（Lagos bat virus），EBL（European bat lyssavirus），ABL（Australian bat virus），モコラウイルス（Mokolavirus），ウーベンハーゲウイルス（Duvenhagevirus），が知られている．

D．予防・治療

予防には不活化ワクチンが使用されている．イヌなどからの咬傷被害後でもワクチン接種によって予防することができる．ヒトでは抗体を惹起させる免疫治療が行われる．家畜伝染病予防法では法定家畜伝染病である．感染症法では4類感染症に指定されている．

8.5.52 水胞性口炎　　法定

A．発生・症状

対象動物はウシ，スイギュウ，シカ，ウマ，ブタ，イノシシであるが，アライグマ，齧歯動物や節足動物にも感染する．感染は接触感染である．汚染物からの経口，経鼻感染による．発生はアメリカに限局され，2004年から2006年にかけてウシやウマの流行が続発し，カナダ国境沿いに拡大した．ウイルスは吸血昆虫（ダニ，サシバエ，カ，ブヨなど）によって伝播される．季節性がみられる．感染動物では水疱や糜爛を形成する．潜伏期は2～4日で，発熱の後，泡沫性流涎や蹄・鼻，口腔内の水疱形成がみられる．二次的に食欲不振や跛行を示す．ヒトが感染した場合にはインフルエンザ様の症状を示すことがある．口蹄疫と区別がつかないので類症鑑別が重要である．

B．病原体

ラブドウイルス科（*Rhabdoviridae*），ベシクロウイルス属（*Vesiculovirus*）の水胞性口炎ウイルス（Vesicular stomatitis virus）である．原因となる主要な血清型はNew Jersey virus型とIndiana virus型の2つである．

C．予防・治療

治療は行わない．摘発淘汰により感染拡大を防止する．

8.5.53 牛流行熱　　届出

A．発生・症状

対象動物はウシ，スイギュウである．かつては流行性感冒として扱われた．日本，東南アジア，中国大陸，オーストラリア，中近東，アフリカ大陸の熱帯～温帯にかけて発生する．カやヌカカで媒介され季節性がある．日本では1949年から1951年の大流行後，西日本で周期的流行し，2001年と2004年に沖縄で発生，九州以北では約20年間本病の発生はない．発症率は一定でなく数％から100％と幅がある．死亡率は1％以下である．症状は40℃近辺の突発的発熱がみられ，その後1～2日で回復することが多い．元気消失，食欲低下，流涙や流涎，四肢関節痛や浮腫，起立不能，反芻停止，泌乳停止などの症状を呈するが解熱に伴って回復する．

B．病原体

ラブドウイルス科（*Rhabdoviridae*），エフェメロウイルス属（*Ephemerovirus*），牛流行熱ウイルス（bovine ephemeral fever virus）である．カやヌカカで伝播される．

C．予防・治療

特異的な治療法はない．不活化ワクチンによる予防を行う．日本では不活化ワクチンのほかに牛流行熱・イバラキ病混合不活化ワク

チン，アカバネ病・牛流行熱・イバラキ病・チュウザン病四種混合不活化ワクチンがある．治療は対症療法のみである．

8.5.54 SARS　Z

SARS（サーズ）（severe acute respiratory syndrome：重症急性呼吸器症候群）は感染症法で2類感染症に指定されている．

A. 動物の発生・症状

不明である．ヒトにSARS病原体を媒介するおそれのある指定動物としてイタチアナグマ，タヌキ，ハクビシンは輸入が禁止されている（『感染症法』第8章第54条）．

B. ヒトの発生

2003年2月に中国広東省でヒトに流行し，その後，香港，シンガポール，ベトナム，カナダ・トロント，台湾など世界各地で流行した．動物からヒトに感染したとされるが詳細は不明である．症状の潜伏期間は2～7日で約10日程度である．主症状は38℃以上の発熱，呼吸困難，咳などとともに頭痛，悪寒，全身倦怠感，下痢などがある．発症後7日程度で軽快する．致死率は15％内外という．

C. 病原体

コロナウイルス科，ベータコロナウイルス属，SARS-CoV（SARS-coronavirus）である．従来知られている他のコロナウイルスとは遺伝的にもかなり異なるとされている．

D. 予防・治療

予防には手洗いを励行する．消毒薬は次亜塩素酸ナトリウム（漂白剤），アルコール，グルタラール，ポピドンヨードなどが有効とされる．ワクチンなど有効な治療法は確立していない．

8.5.55 豚流行性下痢　届出

A. 発生・症状

対象動物はブタ，イノシシである．感染は糞便や汚染器具を介した経口感染による．症状は食欲不振，元気消失，水様性下痢で病変は小腸に限局している．ウイルス感染は糞口感染で伝播する．食欲不振，元気消失に続く水様性下痢が特徴で伝染性胃腸炎に酷似する．10日齢以下では脱水で約100％が死亡する．成豚では致死率も低下する．

B. 病原体

コロナウイルス科，アルファコロナウイルス属，豚流行性下痢ウイルスである．

C. 予防・治療

衛生管理による発生および拡大の防止が有効，常在地では生ワクチン接種を行う．衛生管理による病原体の侵入防止に努める．単価生ワクチンと伝染性胃腸炎との混合生ワクチンがある．

8.5.56 馬伝染性貧血　法定

対象動物はウマである．病原はレトロウイルス科，レンチウイルス属である．ウイルスを含む血液がアブ，サシバエなどの吸血昆虫により伝播され，ウマやロバなどのウマ類にのみ感染する．そのほかに母子の胎盤感染，乳汁感染も成立する．症状は重度の貧血と高熱が特徴である．衰弱死亡する急性型，発熱のくり返しから衰弱，やがて死亡する亜急性型，発熱を反復し，徐々に軽度になる慢性型に大別される．ヒトには感染しない．治療法，ワクチンはない．

8.5.57 牛白血病　届出

対象動物はウシ，スイギュウである．病原はレトロウイルス科，デルタレトロウイルス属ウシ白血病ウイルスである．伝染（地方病）性牛白血病と病原不明な散発性牛白血病の総称である．伝染性では節足動物による機械的伝播，垂直伝播，血液を介する伝播を引き起こす．多くは無症状であるが，一部では数年の潜伏期の後に元気消失，食欲不振，下痢，便秘などの症状を示し，数週間で死に至る．散発性は子牛型，胸腺型，皮膚型に分類される．子牛型はリンパ節の腫大，胸腺型は胸腺

の著しい腫脹，皮膚型は発疹，丘疹を形成する．治療は行われない．日本では牛白血病は全頭廃棄処分となる．

8.5.58 マエディ・ビスナ（maedi-visna）　届出

ヒツジやヤギの感染症である．病原はレトロウイルス科，レンチウイルス，マエディ・ビスナウイルスによる．遅発性ウイルス感染症のひとつである．本ウイルスは感染動物の乳汁を介して経口感染が成立するが，呼吸器および胎内感染の可能性もある．約2年の潜伏期の後，元気消失，呼吸困難を示す．脳脊髄炎発症例では徐々に進行して，四肢麻痺，歩行困難を示して衰弱死する．呼吸器症状による疾病はマエディ，脳炎症状による疾病はビスナとよばれ，かつては別種ウイルスによる感染症と考えられていた．ワクチンは実用化されておらず，治療法も存在しない．

8.5.59 山羊関節炎・脳脊髄炎　届出
A. 発生・症状
対象動物はヤギである．乳を介して感染が成立する．2〜4か月齢に発生する白質脳脊髄炎と12か月齢以上で発生する関節炎の2型が存在する．関節炎は数か月から数年にわたり徐々に進行する．

B. 病原体
レトロウイルス科，レンチウイルス属に属するRNAウイルスである．

C. 予防・治療
治療法はない．

8.5.60 鶏白血病　届出
対象動物はニワトリである．病原はレトロウイルス科に属する鶏白血病・肉腫ウイルス群である．垂直感染した雛では免疫寛容となり，終生ウイルスを排出しつづける．症状は食欲減退，緑色下痢便排出などがみられる．治療法，ワクチンはない．

8.5.61 馬ウイルス性動脈炎　届出
対象動物はウマである．病原はニドウイルス目，アルテリウイルス科，アルテリウイルス属，馬動脈炎ウイルスである．感染動物の精液，尿，流産胎盤，胎児が感染源となる．症状は発熱して感冒様症状を呈する．日本は清浄地で過去の発生例もない．不活化ワクチンが実用化されている．感染馬の届出や隔離義務がある．

8.5.62 馬鼻肺炎　届出
子馬に鼻肺炎や流産を引き起こす．妊娠中期に感染すると死産や流産，子馬の生後直死を起こす．不活化ワクチンがある．

8.5.63 ラッサ熱　Z
A. 動物の発生・症状
齧歯類のマストミス（ネズミ科，ヤワゲネズミ属：*Mastomys natalensis*：多乳房ネズミ）を自然宿主とする．マストミスは西アフリカから中央アフリカに分布しており，ヒトの住居環境，周辺の密林やサバンナに生息している．本ウイルスはマストミスの親から子に垂直感染するが，不顕性感染が成立する．終生，尿や唾液中にウイルスを排出しつづける．捕獲したマストミスのウイルス保有率は0〜81％であるという．

B. ヒトの発生・症状
ラッサ熱の名称は1969年にナイジェリア・ラッサ村で修道尼3人が感染して2人が死亡した最初の症例に由来する．その後，1975年までに院内感染なども含め118人が発症して48人が死亡した．アフリカのラッサ熱ウイルス常在地ではヒト抗体保有率は8〜52％，死亡率は感染者の1〜2％である．アフリカ以外の欧米やアジアなどの非流行地における飛び火的な感染症例も21症例が報告されており，日本では1987年の18症例目が報告されている．ヒトへの感染はマストミスの排泄物の接触や咬傷で成立する．ヒトか

らヒトの感染は成立するが，空気感染はない．ヒトの臨床症状は潜伏期間が7～18日で，発症は突発的であるが，病状の進行は緩慢で，全身倦怠感や39～41℃の発熱，次いで関節痛や咽頭痛，さらに嘔吐や下痢，顔面浮腫，胸膜炎や消化管出血などがみられる．入院患者の15～20％は死亡する．

C．病原体

アレナウイルス科（*Arenaviridae*），アレナウイルス属（*Arenavirus*），ラッサウイルスである．特定の野ネズミを自然宿主としてヒトに感染する本属の他のウイルス感染症には，ボリビア出血熱（マチポウイルス），アルゼンチン出血熱（フニンウイルス），ベネズエラ出血熱（グアナリトウイルス），ブラジル出血熱（サビアウイルス）などがある．

D．予防・治療

ワクチンはない．発熱後6日以内にリバビリン（ribavirin）を投与すると死亡率が5％，7日以降からでは26％に減少する．日本では2004年から本症の自然宿主とされる齧歯類，ネズミ科，ヤワゲネズミ属（マストミス）は輸入禁止処置がとられている．感染症法では1類感染症に指定されている．新興感染症，輸入感染症でもある．

8.5.64　エボラ出血熱　　Z

A．発生・症状

病名のエボラ熱は最初の男性患者出身地であるザイールのエボラ川に由来する．1976年スーダン南部とザイール北部で初めてヒトの発症が確認された．スーダンでは3例の初発から284例の感染があり，151例が死亡した．致死率は53％であった．また同時期のザイールでは1例の初発から318例の感染があり，280例が死亡した．致死率は88％であった．また2001年までに11回の発生が報告されているが，これまで1,523例の発症があり，1,018例の死亡が報告され，致死率はきわめて高い．これまでチンパンジーなどのサルおよびヒトからのウイルス分離がある．自然宿主および自然宿主からヒトへの感染経路は不明である．ヒトからヒトへの感染が成立する．感染経路は発症者血液などの体液からの接触感染によるものである．ヒトの臨床症状は2～7日の潜伏期間後に重篤なインフルエンザ様症状が突発的に襲いかかる．頭痛，発熱はほぼ100％，咽頭痛，筋肉痛また胸腹痛は80％，病勢の進行とともに吐血や消化管出血などの出血が80～90％にみられる．発症から死亡までの期間があまりにも短いことから詳細な臨床検査はない．

B．病原体

フィロウイルス科（*Filoviridae*），エボラウイルス属（*Ebolavirus*）である．

C．予防・治療

特異的な予防法や治療法はない．感染症法では1類感染症に指定されている．

8.5.65　マールブルグ病　　Z

A．サルの発生・症状

1967年ドイツのマールブルグとユーゴスラビアにウガンダから輸入したアフリカミドリザルが感染源となり，突然，ヒトに発生した．ウイルスを保有する未知の動物から感染する．サル類は自然宿主ではなく，ヒトと同様な終末宿主と思われる．実験感染では，アフリカミドリザルは高い感受性を示し，皮下接種で7～9日，接触感染で20日前後の潜伏期を経過して100％死亡する．自然感染の潜伏期間は1～2週間と思われる．アカゲザルの実験感染もほぼ同様な経過をとり，100％死亡する．直接感染では感染するが空気感染はない．サルは短期間で発症してウイルスを大量に排出する．この期間中にヒトが接触すると高い感染率と死亡例が起こる可能性がある．

B．ヒトの発生・症状

1967年ドイツのマールブルグ感染時におけるヒト感染例は31例で7例が死亡した．

致死率は23％であった．その後，1975年にジンバブエ，1980年と1987年にケニア，1982年に南アフリカで発生してすべてのヒトが死亡した．さらに1999年にコンゴで流行した症例では76例の症例から52例が死亡した．感染経路は未知動物からヒトへ，ヒトからヒトへの感染が考えられているが，サルからヒトへの感染もある．ヒト患者の血液，体液，分泌液中のウイルスが皮膚粘膜から感染する．ヒトの臨床症状の潜伏期間は3～10日で発熱，頭痛などインフルエンザ様症状から病勢により重症に進行する．死亡率は25％である．

C．病原体
　フィロウイルス科（*Filoviridae*），マールブルグ病ウイルス（Marburg-like virus）である．

D．予防・治療
　予防用ワクチンはない．サル類の輸入検疫の強化のみである．有効な治療法はない．感染症法では1類感染症に指定されている．

8.5.66　アカバネ病　　届出
A．発生・症状
　対象動物はウシ，スイギュウ，ヒツジ，ヤギである．日本ではウシヌカカによって媒介され，親牛は不顕性感染を示すが，胎子牛に垂直感染を起こす．妊娠初期では流産，妊娠中期では関節湾曲症，妊娠後期で大脳欠損症や内水頭症を引き起こす．小脳病変はない．九州以北では夏から秋にかけてウイルスの伝播が起こり，冬期には終息する．発症牛の多くで後肢あるいは前肢の麻痺を伴う起立不能や運動失調などの神経症状が観察される．

B．病原体
　ブニアウイルス科（*Bunyaviridae*），オルソブニアウイルス（*Orthobunyavirus*）属，アカバネウイルス（Akabane virus）である．

C．予防・治療
　予防は弱毒生ワクチンが用いられる．媒介昆虫の活動が活発になる夏前に接種する．殺虫剤や忌避剤などを用いた媒介昆虫対策は予防効果が完全とはいえない．治療法はない．

8.5.67　アイノウイルス感染症　　届出
A．発生・症状
　対象動物はウシ，スイギュウである．ウイルスは吸血昆虫（主に体長1～3mmほどのヌカカ）によって媒介され，ウシ，スイギュウに伝播する．ウイルスの流行には季節性（夏から秋）がある．多くは不顕性感染で，流産や先天異常，奇形となる．妊娠牛が感染した場合，夏から翌年の春にかけて一連の流行性異常産が発生する．現在のところ近畿地方が流行の北限となっている．アカバネ病に類似する．成牛は不顕性感染であるが，胎子に感染すると流産や早産・死産あるいは先天異常子牛の出産が起こる．異常子牛には虚弱や体形異常，起立困難，神経症状，盲目などが認められる．

B．病原体
　ブニアウイルス科（*Bunyaviridae*），オルソブニアウイルス属（*Orthobunyavirus*），アイノウイルス（Aino virus）である．アカバネウイルスに近縁であるが中和試験で交差しない．

C．予防・治療
　不活化ワクチンの流行前接種で予防する．治療法はない．アカバネ病，チュウザン病，アイノウイルス感染症の三種混合不活化ワクチンがある．

8.5.68　ナイロビ羊病　　届出，Z
A．動物での発生状況・症状
　対象動物はヒツジおよびヤギである．マダニ（*Rhipicephalus appendiculatus*など）によって媒介される急性熱性感染症で出血性腸炎を主徴とする．感染すると致死率は40～90％になるという．激しい降雨などで湿度が上昇して媒介マダニ増殖分布が拡大して疾病の流

行が起こる．ダニの成熟は 20～30℃，湿度 45％以上が必要で，ナイロビ羊病ウイルスはダニの間で介卵感染により維持されている．ナイロビ羊病は東アフリカで発生が報告されているズーノーシスである．日本国内での発生はない．流行地に抗体をもたないヒツジやヤギを導入すると高い致死率を示すことがある．潜伏期間は 2～5 日で，高熱（41～42℃），元気消失，粘血便を伴う下痢を主徴とする．また，リンパ節の肥大や白血球の減少がみられる．妊娠した動物に感染すると流産を起こす．ウイルスに対する感受性は品種により異なる．

B．ヒトでの発生状況

自然感染はほとんどないという．ヒトに感染した場合，インフルエンザ様の症状を示すが野外での感染はまれである．

C．病原体

ブニヤウイルス科（*Bunyaviridae*），ナイロウイルス（*Nairovirus*）属，ナイロビ羊病ウイルス（Nairobi sheep disease virus）である．なお，インドやスリランカでは同属のナイロウイルス属で血清学的に近似のガンジバウイルス（Ganjam virus）がヒトとヒツジから分離されている．

D．予防・治療

予防として抗体をもたない動物の常在地への導入制限やウイルスを媒介するマダニの非流行地への持ち込みを防ぐ．現在，ワクチンは実用化されていない．常在地でのウイルスを媒介するマダニの防除は困難である．

8.5.69　クリミア・コンゴ出血性熱　Z

A．動物の発生・症状

自然宿主はウシ，ウマ，ロバ，ヒツジ，ヤギ，ブタ，多くの野生動物である．ウイルスはマダニ（*Hyalomama* 属）で維持されており，このマダニの吸血で動物は感染するが不顕性感染にとどまる．しかし感染した動物は高いウイルス血症を示しており，ヒトへの感染源やダニへのウイルス供給源となる．なお，ウシやヒツジには軽い発熱があるとされるが，明確な症状は不明である．本病の分布はアフリカ大陸一帯，中近東，東欧，中央アジア，インド大陸，中国西部など広範域に認められる．

B．ヒトの発生・感染経路・症状

1944 年から 1945 年，ロシアのクリミア地方で兵士間で重篤な出血熱に罹患したのが初発である．その後，1956 年にアフリカのコンゴで流行した出血熱と同様のウイルスが分離され，以来，クリミア・コンゴ出血熱ウイルスと命名された．感染経路は動物からダニ，ダニからヒト，ヒトからヒトの感染が成立する．ウイルスに汚染したウシ，ウマ，ロバ，ヒツジ，ヤギ，ブタ，野ウサギの血液や体液の汚染また感染ダニ類の咬傷によるヒトの感染は，さらにヒトに伝播して増幅する．ヒトの臨床症状は，2～9 日に潜伏期間後の突発的な発熱，悪寒から頭痛，筋肉痛などのインフルエンザ様症状から病勢が重症化すると広範囲な皮下出血性や腸管出血などから死の転帰をとる．感染者の 20％が発症しており，致死率は 15～20％に達している．

C．病原体

ブニヤウイルス科（*Bunyaviridae*），ナイロビウイルス属（*Nairovirus*），クリミア・コンゴ出血熱ウイルスである．一本鎖 RNA ウイルスである．

D．予防・治療

特定のワクチンはない．ダニ類の駆除を行う．感染症法では 1 類感染症に指定されている．

8.5.70　ハンタウイルス感染症　Z

ブニアウイルス科のハンタウイルスは，古くから知られているヒトとの共通感染症である腎症候性出血熱およびハンタウイルス肺症候群の病原体である．これらは野ネズミがウイルスを持続感染しており，ヒトに感染する．

8.5.71 腎症候性出血熱　　Z

A. 動物の発生・症状
　自然宿主はセスジネズミ，ドブネズミ，アカネズミ，ヤチネズミなどの齧歯類である．これらの齧歯類は不顕性感染であるが，高いウイルス抗体価を保持しており，持続感染しながらウイルスを排泄物や唾液，体液に排出している．

B. ヒトの発生・感染経路・症状
　中国では10世紀頃から知られており，近代では1930年代に朝鮮半島から中国またシベリアにかけて流行性の出血熱として知られていた．1950年代の朝鮮戦争では兵士が約2,000人感染し，1960年代から1970年にかけて大阪で市民119例の感染があり2例が死亡した．さらに1970年代から1980年代には実験動物取扱者間で126症例が発生して1例が死亡した．ヒトへの感染は感染ネズミの血液や尿またこれらを含んだエアロゾル，咬傷により成立する．ヒトからヒトへの感染はない．ヒトの臨床症状は10～30日の潜伏期後に発症する．4～10日の発熱，低血圧ショック期，8～13日の欠尿期，10～28日の利尿期から回復期の経過をとる．

C. 病原体
　ブニアウイルス科（*Bunyaviridae*），ハンタウイルス属（*Hantavirus*）で本病の原因ウイルスは，次のような若干の亜型がある．

　ⅰ）ハンターンウイルス（*Hantaan virus*）
　アジアに分布している．自然宿主は高麗セスジネズミである．発症は重症で腎性である．ヒトの死亡率は5～15％で，病名は流行性出血熱または韓国型出血熱である．

　ⅱ）ソウルウイルス（*Seoul virus*）
　世界中に分布している．自然宿主はドブネズミである．発症は中等度で腎性である．ヒトの死亡率1％で，病名は流行性出血熱または腎症候性出血熱である．

　ⅲ）ドブラバウイルス（*Dobrava virus*）
　中央欧州から東欧に分布している．自然宿主はアカネズミである．発症は中等度から重症で腎性である．ヒトの死亡率は5％で，病名は流行性出血熱である．

　ⅳ）プマラウイルス（*Puumala virus*）
　北欧に分布している．自然宿主はヤチネズミで発症は軽症で腎性である．ヒトの死亡率1％以下で，病名は流行性腎症である．

D. 予防・治療
　韓国と中国では不活化ワクチンが開発されている．特異的な治療法はない．感染症法では4類感染症に指定されている．

8.5.72 ハンタウイルス肺症候群　　Z

A. 動物の発生・症状
　自然宿主は北米のシカシロアシネズミ，また南米のオナガコメネズミなどである．本ウイルスに感染した齧歯類は無症状であるが，ウイルスは血管内皮細胞に持続感染の状態で存在している．

B. ヒトの発生・症状
　1993年にアメリカ・ニューメキシコ，アリゾナから発生が報告された．その後，北米大陸から2000年までに277例の症例が報告されたが，そのなかで106例が死亡した．また南米では300例以上の症例が報告されている．ヒトの臨床症状は数日間の発熱，悪寒，筋肉痛などの症状から急速な呼吸困難の進行や酸素不飽和状態となりショック死に陥ることも多い．死亡率は30～40％であるという．

C. 病原体
　ブニヤウイルス科（*Bunyaviridae*），ハンタウイルス属（*Hantavirus*），シンノンブレウイルス（Sin Nombre virus），ニューヨークウイルス（New York virus）などの亜型がある．

D. 予防・治療
　特異的な治療法はない．感染症法では4類感染症に指定されている．

8.5.73 リフトバレー熱　　法定, Z

A. 動物の発生・症状

対象動物はヒツジ，ヤギ，ウシ，ラクダである．主に東アフリカの大地溝帯（グレート・リフトバレー）に分布している古くからの感染症である．地域名が病名由来になったアフリカ大陸や中近東では周期的な流行がくり返されている．自然界では，主にヤブカ属のカとウシ，ヤギ，ヒツジなどの間で感染環が維持されている．動物間ではカによって感染が広がる．ウイルスはカの吸血や咬傷，または接触感染で伝染する．動物の症状はヒツジやヤギでは発熱や下痢や呼吸器障害を起こすがウシでは軽症である．致死率は高く，子羊では100％，成羊では20〜60％，子牛や成牛では10〜30％であるが，妊娠動物は90〜100％流産するという．

B. ヒトの発生・症状

潜伏期間は2〜6日，インフルエンザ様症状を示し，一般に予後は良好で通常は4〜7日で回復する．重症化して出血熱症状を呈した際の死亡率は50％程度である．ヒトへの主な感染経路はカや他の吸血性昆虫の刺咬によるか感染動物との接触感染である．大規模な流行は1977年から1978年のエジプトでの流行で18,000人が感染して598人が死亡した．ヒトからヒトへの感染は確認されていない．現在の主な流行地域はサハラ砂漠以南のアフリカである．

C. 病原体

ブニヤウイルス科（*Bunyaviridae*），フレボウイルス属（*Phlebovirus*），リフトバレー熱ウイルスである．

D. 予防・治療

不活化ワクチン，生ワクチンが使用されている．家畜伝染病予防法ではウシ，ヒツジ，ヤギの法定家畜伝染病に指定されている．

8.6　真菌性疾患

糸状菌や酵母など真菌による真菌症は，深在性（全身性）真菌症および皮膚（表在性）真菌症に大別される．真菌によるマイコトキシン中毒も重要である（表8.1）．

8.6.1　チョーク病（アスコスフェラ症）
届出

A. 疫学

a. 動物での発生状況

チョーク病（アスコスフェラ症）は，ミツバチの真菌感染症で「白ろう病」ともいう．1912年，イギリスで最初の報告があり，1960年後半から欧州，北米で，日本には1979年頃に初発感染がみられ，現在では全国的に発生している．

b. ヒトでの発生状況

ヒトへの感染はない．

B. 病原体

ハチノスカビ（子嚢菌類，アスコスフェラ菌：*Ascosphaera apis*）でミツバチを宿主とするが，ハキリバチからも検出される．

C. 臨床症状

ミツバチの幼虫に寄生し，灰白色でミイラ化する．日本では梅雨期から初夏，多湿で風通しが悪い環境，換気状態が悪いと発生することが多い．

D. 予防・診断・治療

予防対策は巣箱の換気をくり返し，養蜂群を元気にすることである．診断は病蜂黒色部の直接鏡検と分離培養による．真菌胞子や器具は煮沸して消毒する．胞子は土壌，花粉，蜂蜜などにも長期間生存するので，発生すると病原体を根絶させることは困難である．根絶治療には感染した巣脾に四級アンモニウム塩液の噴霧消毒を行う．

8.6.2　仮性皮疽（ヒストプラズマ症）
届出，Z

A. 疫学
a. 動物での発生状況
仮性皮疽：ウマ，ロバ，ラバなどのリンパ行性に拡大する伝染性リンパ管炎で「馬ヒストプラズマ症」ともよばれる．ウマの皮下組織から皮下リンパ管，特に頸部や四肢に特徴的な病変である念珠状膿腫を形成し，やがて肺などに転移することもある．家畜伝染病予防法での対象動物はウマで，感染には節足動物の媒介が示唆されている．日本では1945年以来発生していない．

呼吸器疾患，消化器疾患，眼炎：ウシ，ブタなどに発生する．

リンパ節炎：ウマ以外にもイヌ，ウシなどの中枢神経やリンパ節炎を発症する．

b. ヒトでの発生状況
「肺ヒストプラズマ症」とよばれる呼吸器疾病である．本真菌は肺以外の臓器を侵す．播種ヒストプラズマ症も惹起して免疫機能が低下するエイズ患者などの致命的病因となる．

B. 病原体
仮性皮疽は「ファルシミノーズム型ヒストプラズマ症」といわれ，病原体は *Histoplasma farciminosum* である．またヒトの肺ヒストプラズマ症は「カプスラーツム型ヒストプラズマ症」とよばれ，起因菌は同属の *Histoplasma capsulatum* である．いずれも二形成真菌である．

C. 臨床症状
a. ウマ
ウマ慢性疾患．四肢の皮膚，皮下リンパが肥厚または腫大する．連珠状から化膿性潰瘍病変が形成される．結膜炎または肺炎を伴うこともある．

b. ヒトでの発生状況
全身性感染症．北中南米大陸，特にミシシッピ川流域が流行地である．真菌は肥沃な土壌，鳥類，コウモリなどの糞で汚染された環境から分離される．感染は胞子吸入で起こる．ほとんどは不顕性感染で，肺に石灰化巣の病状かヒストプラスミン皮内反応で見出される．

c. ヒトへの感染経路
流行地の住居者や訪問者に感染する．

D. 予防・治療
鶏や鳥類の排泄物で汚染された土壌，またコウモリ糞便などが感染源となる．また節足動物の介在もあるという．感染を疑われる動物にはヒストプラスミン皮内反応を行う．的確な予防や治療方法はないが，アムホテリシンBなどの抗真菌剤を用いる．

8.6.3　アスペルギルス症　Z
アスペルギルス真菌は広く自然環境に生息する150菌種以上知られている腐生性真菌である．土壌，飼料，敷わらなどから分離される．また比較的高温に耐性であるため堆肥やサイレージからも分離されることも多い．

A. 疫学
a. 動物での発生状況
馬喉嚢真菌症：ウマ，ロバ，サイ，バクなど奇蹄目特有の器官である喉嚢（耳管）粘膜下の動脈がアスペルギルス感染により破綻して出血し，失血死することもある．馬房内の真菌類が呼吸器から侵入して喉嚢に感染する．鼻孔からの出血，鼻漏があり喉嚢内に膿汁が溜まる．

真菌性気嚢炎：鳥類，ニワトリ，アイガモ，小鳥，ペンギンなどに本菌が吸引され，鼻腔，気管支に定着して気嚢内で増殖して発症する．

消化器疾患：子牛の消化器に上皮壊死や潰瘍，ときには肉芽腫などの胃腸炎を引き起こす．

流産・乳房炎：妊娠6〜8か月のウシ胎盤に病変が形成され，流産胎児皮膚に真菌病変がみられる．またウシ，ウマに慢性乳房炎，流産を引き起こすことも知られている．

マイコトキシン中毒：ウシ，ブタなどのアス

ペルギルスの産生する発がん性カビ毒による．1960年代のイギリスでの数十万羽のシチメンチョウ中毒死は有名である．

b．ヒトでの発生状況
呼吸器系アスペルギルス症：温湿潤環境に多い本真菌吸入によって感染する．吸入され気管支まで到達した本菌は肺で増殖して肺アスペルギローマ（アスペルギルス腫：真菌塊：菌球）を形成する．

侵襲性アスペルギルス症：好中球不全や細胞性免疫機能不全などの免疫能低下の際に重症化して，呼吸器のみならず消化管障害や心内膜炎など全身臓器への播種が引き起こされる．

アレルギー性気管支肺アスペルギルス症（ABPA）：すでにアスペルギルス真菌に感作されていたヒトが，ある機会に本真菌を吸入して喘息様発作，中枢性気管支拡張，末梢好酸B球増加などアレルギー症状を伴う感染症になることがある．

B．病原体
アスペルギルス・フミガータス（*Aspergillus fumigatus*），アスペルギルス・フラバス（*A. flavus*），アスペルギルス・ニガー（*A. niger*），アスペルギルス・テレアス（*A. terreus*），アスペルギルス・ニダランス（*A. nidulans*）などがある．

C．予防，治療
自然環境に常在する真菌であるために環境衛生に留意するとともに動物の基礎疾患との関係を重要視する．動物外耳道や皮膚を清潔にし，作業者はマスクをして作業にあたる．

8.6.4　カンジダ症　Z
A．疫学
動物に頻発する表在性感染型および日和見感染性疾患に起因する深在性感染型がある動物常在真菌である．

a．動物での発生状況
流産，乳房炎：ウシ真菌性流産または乳房炎が引き起こされる．

消化器疾患：鳥類のニワトリ，シチメンチョウ，ガチョウなどの上部消化器に炎症，病巣がみられ，口腔部まで拡大する．多くは慢性的経過をたどり，治癒困難となり，やがて致死的経緯をたどる．またブタでは口腔，咽喉頭，食道などに病巣を形成する．

b．ヒトでの発生状況
カンジダ真菌は健常人の皮膚，口腔，腸管，腟などの常在性真菌類のひとつで健常人上気道や口腔から20〜40％の頻度で検出されることがある．主にヒトの免疫不全，免疫能の低下によってカンジダ症が発症する．日和見感染症や菌交代症の代表的な菌種である．

B．病原体
カンジダ・アルビカンス（*Candida albicans*）．その他，カンジダ・トロピカリス（*C. tropicalis*），カンジダ・パラプシロシス（*C. parapsilosis*）も起因菌体となることもある．いずれも不完全酵母（無胞子酵母）で，カンジダ・アルビカンスは特定菌種で最多起因真菌種とされている．二形性真菌である．なお高分子毒素カンジトキシンの存在が知られている．

C．臨床症状
a．動物
流産，乳房炎，消化器炎症の多くは慢性的で治癒困難となる．

b．ヒト
皮膚，爪，腟，腸管，循環器などを侵し，粘膜に白苔をつくり，内膜炎，肺炎，眼内炎さらにカンジダ血症などを発症する．

D．予防，治療
土壌，植物など広く自然界に常在し，動物の皮膚や粘膜からも分離される．動物の基礎疾患への配慮とともに日和見感染に注意する．治療はポリエン系抗真菌剤などが使用される．

8.6.5 クリプトコッカス症　　Z
A. 疫学
a. 動物での発生状況
呼吸器疾患：ウシ，ウマなどの呼吸器内部で病巣を形成する．またネコの日和見感染性の呼吸器疾患は多くネコ白血病疾患やネコ免疫不全症の患畜に見出すことが多い．

中枢神経系疾患：イヌやネコなどの気道感染から経発して髄膜炎を発症する．特にイヌでは中枢神経の異常や視神経炎，脈絡網膜炎，皮膚には潰瘍や肉芽腫などが認められる．

鳥類の感染：鳥類は体温が高いために本菌による発症はないとされる．しかし鳥類の糞便はアルカリ性で，かつ富栄養性であることから莢膜を保持し乾燥に強い本菌には好適な生存箇所である．また本菌に汚染された塵埃や土壌が大気中に浮遊した際に感染するとも考えられている．

b. ヒトでの発生状況
日和見感染症で結核症や免疫不全症など抵抗性が低下した患者の感染がある．ヒトでは呼吸器感染が多いが，皮膚や腸管粘膜から侵襲することもあるとされている．ヒトからヒト，また動物から直接的なヒトへの感染はないとされる．しかし，温暖多湿な土壌中や動物や鳥類の糞便の存在する塵埃には高頻度に分離され，この塵埃や土壌を吸引したヒトの感染例が多く報告されている．

B. 病原体
不完全酵母で莢膜をもつ *Cryptococcus* である．ヒトをはじめイヌやネコなどの動物では，多くは *C. neoformans* が分離されるが，病巣から *C. laurentii* も見出される．本真菌は感染組織でも培地培養でも莢膜をもつ酵母形真菌として発育する．髄液，膿汁，分泌物など臨床材料でも厚い莢膜をもつ酵母が観察され，しばしば分芽形成が観察されるが，菌糸形成はみられない．

C. 予防・治療
有効な予防法はない．深在性真菌症治療用ポリエン系のアムホテリシンB（AMPH-B）の注射や内服治療，経口薬にはイミダゾール系ミコナゾールやトリアゾール系のフルコナゾールを用いる．外用薬はクリーム，薬液はイミダゾール系のクロトリマゾールなどを用いる．

8.6.6　ムコール症（接合菌症）　　Z
A. 疫学
接合菌綱ムコール目に属する十数種の真菌，特に *Rhizopus*, *Mucor*, *Absidis* の菌種は病原性発現が強いとされる．

a. 動物での発生状況
高水分の青刈飼料，サイレージなど家畜飼料から感染することが多い．妊娠したウシが胎盤に真菌性炎症を起こし3～7か月で流産する場合もある．さらに流産胎児皮膚には病変が形成されることもある．ウシ，ブタ，鳥類の播種性ムコール症，または肺ムコール症が知られている．

b. ヒトでの発生状況
病態は糖尿病，高血圧，免疫不全症など重大な基礎疾患に併発することが多く，ステロイド，代謝拮抗剤の使用により悪化するという．感染経路は不明であるが免疫不全や悪性腫瘍リンパ腫などの病状では肺ムコール症や全身播種性ムコール症が好発し，また重症の糖尿病や代謝性アシドーシスなどでは，鼻，眼，脳を侵す鼻眼脳型ムコール症などが好発するという．

B. 病原体
ムコールは接合菌類に属している．本菌は菌糸に隔壁がなく2本の菌糸から側枝が伸びて接合胞子をつくる．病原性真菌はケカビ属，クモノスカビ属，ユミケカビ属，クスダマカビ属，リゾムコール属（*Rhizomucor*）などのなかの特定菌種である．いずれの菌種も培養では白色から灰白色の綿毛状またはクモの巣状のコロニーが大量に増殖する．病原菌種は，日本ではクモノスカビ菌種（*Rhizopus*

oryzae) やクスダマカビ菌種の臨床材料からの分離例が多く，欧米の文献ではクスダマカビ菌種以外にユミケカビ菌種，ケカビ菌種などの分離が報告されている．

C. 治療

治療にはステロイド剤投薬中止と抗真菌剤アムホテリシンの投薬が有効である．

8.6.7 皮膚真菌症（皮膚糸状菌症）　Z

動物やヒトの皮膚や毛髪または爪など体表に感染し発症する真菌症は「皮膚糸状菌症」というが，「白癬症」「輪癬症」「匐行疹」また家禽では「黄癬症」ともいう．

A. 疫学

a. 動物での発生状況

ウシ，ウマ，ブタ，ヒツジ，ニワトリ，シチメンチョウ，イヌ，ネコ，サルなどの皮膚に発症する．頭部，頸部，体躯，肢部などに病巣は拡大する．重度になると糜爛，膿様患部を呈する．

b. ヒトでの発生状況

ヒトの皮膚糸状菌症は，症状から白癬，黄癬および渦状癬に区分される．皮膚糸状菌症と白癬とは同意語である．白癬は角層や毛，爪などにのみ感染する浅在性白癬と真皮や皮下組織内に感染する深在性白癬に分けられる．病型は多発する足指の趾間や足底に蔓延する足白癬，頭部白癬，股部白癬，手白癬，爪白癬などがある．温暖多湿の地帯に多発しており日本人の10％以上が感染を受けていると推定されている．

c. ヒトへの感染経路

白癬はヒトからヒトへ伝播するほぼ唯一の真菌症であるとされているが，家畜，家禽類およびペットからの接触感染も多い．

B. 病原体

日本におけるヒトの白癬症起因菌は *Trichophyton rubrum* が多く，症例報告の60％以上を占めるという．そのほか，ウシ，ウマ，ヒツジも白癬症起因菌と同種の *T. mentagrophytes* や *T. verrucosum* などもヒト白癬症起因菌として知られている．なお，ブタの白癬症は *Microsporum nanum*，ニワトリやシチメンチョウなどの家禽類では *M. gallinae* や *T. mentagrophytes* が白癬症起因菌となるが，これらにヒトへの感染力は弱い．一方，イヌやネコの白癬症の多くは *M. canis* で，他の約20％は *M. gyseum* などで，いずれの菌種もヒトへの感染症が知られている．

C. 臨床症状

a. 動物

動物の好発部位としてウシでは頭頸部および臀部，ウマでは馬具装着箇所，ブタでは体躯，またイヌやネコなどの小動物では頭部，頸部および四肢である．

b. ヒト

表在性皮膚真菌症の80％以上が白癬，皮膚カンジダ症が多いとされる．表在性の皮膚真菌症の80％以上は浅在性白癬で，次の病型に分けられる．①円形脱毛症状の頭部白癬．②掻痒，発赤水疱，中心部脱屑または円形斑症状の体部白癬．③掻痒，紅斑脱屑症状の股部白癬．④掻痒，発赤，水疱，脱屑症状の手指白癬・足白癬．⑤爪肥厚，脱色，末端または光沢消失症状の爪白癬である．

D. 予防・診断・治療

ヒトの皮膚糸状菌症の多くは動物由来の真菌類によって起こるとされている．接触感染の機会をなくすこと，患畜と接触した際の消毒が必要である．診断は20％KOH処理した検材の直接鏡検が一般的である．

治療は，抗真菌剤の投与，注射にはポリエン系のアムホテリシンB（AMPH-B），経口薬はイミダゾール系ミコナゾール（MCZ）やトリアゾール系のフルコナゾールを用いる．外用薬はクリームや液薬はイミダゾール系のクロトリマゾールなどがある．

8.6.8 小胞子症（ミクロスポルム症） Z

A. 疫学

a. 動物での発生状況

主にイヌ，ネコが問題になることが多いが，ウシ，ウマ，ブタ，ヒツジ，ヤギ，コウモリ，ニワトリなどの多くの動物に知られている真菌種である．皮膚に発症して頭部，頸部，体躯，肢部などに病巣は拡大する．

b. ヒトへの感染経路

イヌ，ネコからのヒトへの感染性が強くズーノーシスとして重要な疾患である．

B. 病原体

ブタは Microsporum nanum，ニワトリやシチメンチョウなどの鳥類では M. gallinae が知られている．イヌの約70%は M. canis，20%は M. gyseum であるという．またネコの99%は M. canis で，散発的に M. gyseum が検出される．いずれの菌種もヒトへの感染性がある．

C. 予防・治療

ヒトへの感染は動物由来であることが多い．接触感染の機会をなくすこと，患畜と接触した際の消毒が必要である．治療は病巣部位の毛刈り，ヨード剤や消毒剤の塗布，抗真菌剤の投与が有効という．

8.6.9 マイコトキシン中毒（カビ毒）

マイコトキシン（mycotoxin）は真菌類の二次代謝産物で，動物やヒトに障害を与える毒性物質の総称である．このマイコトキシンはこれまで約300種類以上が報告されているが，多くはアスペルギルス（Aspergillus），ペニシリウム（Penicillium），フザリウム（Fusarium）の3真菌属からの代謝産物であることが多い．これらの真菌類は，菌体が死滅しても産生したマイコトキシン活性は残存しており，加熱分解されることも少なく，除去は困難である．ただし，真菌類の代謝産物は一般的に細菌毒素と異なり低分子物質である．

A. アフラトキシン

天然の物質としてはもっとも発がん性の高いものとされている．肝細胞がんを発症する原因物質として有名である．これまでに少な

表 8.1 ● 主な家畜真菌症とズーノーシス

深在性（全身性）真菌症		
アスコスフェラ症	ミツバチ・チョーク病（白ろう病）	ヒトに感染性なし
ヒストプラズマ症	ウマ仮性疽，イヌリンパ節炎，ウシ呼吸器病	ズーノーシス
アスペルギルス症	ウマ喉嚢症　鳥類気嚢炎：ウシ流産など	ズーノーシス
カンジダ症	ウシ，ブタ，鳥類などカンジダ血症，日和見感染症	ズーノーシス
クリプトコッカス症	ウシ，ウマ，鳥類など中枢神経症，呼吸器病	ズーノーシス
ムコール症	ウシ，ブタ，鳥類など播種性，肺ムコール症	ズーノーシス
皮膚（表在性）真菌症		
トリコフィトン症：白癬菌症		ズーノーシス
ミクロスポルム症：小胞子菌症		ズーノーシス
マイコトキシン症（カビ毒）		
アフラトキシン＝アスペルギルス		
オクラトキシン＝アスペルギルス		
シトリン＝ペニシリウム		
トリコテセン＝フザリウム（赤カビ）		
麦角アルカロイド＝麦角菌		

くとも13種類の食品に含有されているとされる．1960年，イギリスでシチメンチョウの大量死に発見された急性中毒から七面鳥X病とよばれたこともある．その後，インドやケニアなどでは本症による大量死亡例や急性中毒例が多発している．日本ではピーナッツ含量食品に0.01 ppm以下の含有基準，アメリカでは20 ppmなどの法的規制がある．起因真菌類は熱帯や亜熱帯地域に常在しているアスペルギルス・フラバス（*Aspergillus flavus*）やアスペルギルス・パラジチカス（*A. parasiticus*）などである．

B. オクラトキシン

トウモロコシなど穀類，コーヒー豆，煮干し，チョコレートなどに検出されることがある．腎臓や肝臓に毒性を発現する．また，オクラトキシンによる催奇性，生殖毒性，神経毒性，発がん性，遺伝毒性などが報告されている．起因真菌類は土壌や穀類付着真菌として分離されるアスペルギルス・オクラセウス（*Aspergillus ochraceus*）やペニシリウム・ビリディカータム（*Penicillium viridicatum*）などである．これらオクラトキシン生産菌は低温でも増殖可能で毒素を産生する．欧州やカナダのような寒冷地帯にも発症例が多い．

C. シトリニン

ペニシリウム・シトリナム（*Penicillium citrinum*）やペニシリウム・ビリディカータム（*P. viridicatum*）などの真菌類により生成され，オクラトキシンとともに飼料から検出されることが多い．オクラトキシンと同様に腎臓毒性を有しており，腎臓腫大，近位尿細管の壊死や腎細尿管上皮変性を引き起こす．黄変米原因物質のひとつとして知られている．なお，黄変米起因真菌類には本菌以外にもペニシリウム・シトレオビライデ（*P. citreoviride*）のシトレオビライデ神経毒，またペニシリウム・イスランディクム（*P. islandicum*）のイスランジトキシン肝機能障害毒を生成する．

D. トリコテセン（赤カビ病原）

主にムギ赤カビ病の原因菌として知られるアカカビであるフザリウム・グラミネアルム（*Fusarium graminearum*），フザリウム・ポエ（*F. poae*）などのフザリウム属で，植物に付着している真菌類から生産される．またキノコのカエンタケもトリコテセンを産生する．この物質は紫外線下で蛍光を発するのが特徴である．フザリウムに汚染している穀物などからトリコテセンが見出された地域は，ロシア，フランス，インド，ブラジルなどである．トリコテセンは経皮感染，呼吸器感染，摂取食品からの経口感染の3つの感染経路がある．汚染された穀物を摂取すると腹痛，下痢，嘔吐また脱力，発熱などを発症する．

E. 麦角アルカロイド

子嚢菌類クラビセプス・プルプレア（*Claviceps purpurae*）などによって産生される．イネ科植物が本菌種胞子に感染すると麦角が形成される．麦角は麦角アルカロイドを含有しており，ヒトや動物の循環器や神経に毒性を示す．手足の感覚，血管収縮，手足壊死，精神異常，子宮収縮などの症状を呈する．

8.7 原虫性疾患

8.7.1 トリコモナス病　　届出

A. 臨床症状

雌牛では，陰唇の腫脹，膿様物および粘液など腟分泌物の増加，腟炎を呈する．腟炎は子宮頸管炎，子宮炎へと波及した結果，不妊となる．妊娠牛は，妊娠早期（2〜4か月）で流産する．子宮蓄膿症の原因にもなる．まれに雄牛（種雄牛）で包皮炎の原因となるが，ほとんど無症状で経過する．

a. 動物　　ウシ
b. ヒト　　ヒトへの感染は認められない．

B. 予防・診断・治療

種付け時の衛生管理により予防する．診断は，腟や子宮からの分泌物，流産胎児の消化

管内容，種雄牛の包皮腔洗浄液，精液を直接鏡検して運動性の原虫を確認する．また，これらの材料をウシ血清加ブドウ糖ブイヨン培地あるいは牛乳培地で37℃，7日間培養して，原虫を分離する．有効な治療法はない．

C．疫学

a．動物での発生状況・保菌動物

日本では人工授精の普及により1960年前半に発生が終息している．

b．ヒトでの発生状況

ヒトへの感染は認められない．

D．病原体

トリトリコモナス・フィータス（*Tritrichomonas foetus*）細胞は紡錘形から洋ナシ状．3本の前鞭毛と1本の後鞭毛を有する．

8.7.2 ヒストモナス病

A．臨床症状

シチメンチョウの盲腸および肝臓に感染して「黒頭病」の原因となる．鳥類のヒストモナス感染症は，黒頭病も含め，現在は「ヒストモナス症」とよばれる．シチメンチョウでの感受性・病原性が高い．ニワトリでの感受性・病原性は低い．感染鶏は水様性下痢，食欲低下，貧血を呈し，衰弱して死亡する．

a．動物

シチメンチョウ，ニワトリ，ウズラなど鶉鶏目鳥類

b．ヒト ヒトへの感染は認められない．

B．予防・診断・治療

シチメンチョウとニワトリを同じ鶏舎で飼育しないことで予防する．ベクターとなる鶏盲腸虫対策も予防法となる．下痢便や腸内容からの原虫の検出が難しいため，診断は病鶏の病理組織観察による．日本での有効な治験例はない．

C．疫学

a．動物での発生状況・保菌動物

日本では関東以西に発生が多い．鶏盲腸虫をベクターとして，この寄生虫の寄生を介して感染することがある．

b．ヒトでの発生状況

ヒトへの感染は認められない．

D．病原体

ヒストモナス・メレアグリディス（*Histomonas meleagridis*）．細胞は球形からアメーバ状で，単鞭毛を有する．

8.7.3 トリパノソーマ病　　届出，Z

A．臨床症状

家畜のアフリカトリパノソーマ病（ナガナ病）：トリパノソーマ・ブルセイ，トリパノソーマ・コンゴレンセ，トリパノソーマ・バイバックスによる．回帰熱，貧血，悪液質を特徴とする．ときに急性例も認めるが，慢性の経過をとることが多い．慢性の場合，高度の原虫血症はまれで，経過も長く，通常100〜160日で死亡する．家畜のほか，レイヨウなどの野生動物にも感染が認められる．

ヒトのアフリカトリパノソーマ症：ガンビアトリパノソーマによる睡眠病は2〜3年の慢性経過をとる．多くは合併症により死亡する．ウインターボトム徴候とよばれる後頸三角におけるリンパ節の腫脹がみられる．ローデシア型は急性に経過し，嗜眠状態を経ず，発症1年以内に心筋炎などで死亡する．

a．動物

ウシ，スイギュウ，ヤギ，ヒツジ，ブタ

b．ヒト

アフリカトリパノソーマ症の原因となる．

スーラ病：トリパノソーマ・エバンシによる．発熱，貧血，悪液質を特徴とする．一般にウシでの症状は軽い．ウマ，ラクダ，イヌでは急性で致死的な感染を引き起こす．

a．動物

ウシ，ウマ，スイギュウ，ヤギ，ヒツジ，ラクダ，ブタ，イヌ

b．ヒト ヒトでの感染は認められない．

媾疫：トリパノソーマ・エクイパーダムによ

る．外部生殖器の炎症がある．腟分泌物の増加を呈する．
a. **動物** ウマ科動物
b. **ヒト** ヒトへの感染は認められない．
トリパノソーマ・タイレリによる家畜のトリパノソーマ病：日本のウシにも感染している．感染動物は一般に無症状である．
a. **動物** ウシ科動物
b. **ヒト** ヒトへの感染は認められない．

B. 予防・診断・治療

家畜およびヒトに対しては，媒介昆虫であるツェツェバエのコントロールが，現在，もっとも有効な予防法となっている．ウシについてはトリパノソーマ耐性種である N`Dama 牛をもとにした品種改良が行われている．ワクチンは開発されていない．診断はトリパノソーマ原虫を顕微鏡検査で直接検出する．ヘマトクリット管遠心により白血球層へ原虫を濃縮すると検出感度が高まる．間接蛍光抗体法，直接凝集法，遺伝子検出法（PCR や LAMP）も用いられている．ウシを対象とした治療では，キナピラミン，イソメタジウム，ジミナゼンアセチュレートが用いられている．ヒトの治療には，ペンタミジン，スラミン，メラルソプロールが用いられている．

C. 疫学

a. 動物での発生状況・保菌動物

アフリカトリパノソーマ病：アフリカ大陸に分布する．ツェツェバエの吸血により伝播する．
スーラ病：世界各地に分布する．特にアジア大陸で問題となる．アブの吸血により機械伝播する．
媾疫：世界各地に分布する．交尾により伝播する．

b. ヒトでの発生状況

ガンビアトリパノソーマ症はアフリカ中央部・西部で，ローデシアトリパノソーマ症はアフリカ南部・東部で発生する．

c. ヒトへの感染経路

ツェツェバエの吸血による．まれに母子感染する．

D. 病原体

トリパノソーマ・ブルセイ（*Trypanosoma brucei*），トリパノソーマ・コンゴレンセ（*T. congolense*），トリパノソーマ・バイバックス（*T. vivax*），トリパノソーマ・エバンシ（*T. evansi*），トリパノソーマ・タイレリ（*T. theileri*），トリパノソーマ・エクイパーダム（*T. equiperdum*）（馬科動物のみ）．ズーノーシス病原体として重要なのはトリパノソーマ・ブルセイの1亜種 *T. b. rhodesiense*（ローデシアトリパノソーマ）である．同亜種の *T. b. brucei*（ブルーストリパノソーマ）は家畜の Nagana（ナガナ病）の病原体となる．一方，*T. evansi* は家畜の Surra（スーラ病）の病原体となる．細胞は柳葉状から紡錘状である．波動膜および鞭毛を有する．

8.7.4 コクシジウム症

A. 臨床症状

ニワトリのコクシジウム症：ニワトリにはアイメリア9種が感染する．原虫種によって腸管・組織での寄生部位が異なり，それによって病原性も異なる．アイメリア・テネラは急性盲腸コクシジウム症の原因となる．アイメリア・ネカトリックスは急性小腸コクシジウム症の原因となる．これらでは出血性の下痢が特徴で，前者では死亡率が高い．アイメリア・ブルネッティは小腸に寄生し，粘血便の原因となるが，この種によるコクシジウム症は日本ではまれである．アイメリア・マキシマおよびアイメリア・アセルブリナは小腸に寄生する．これらは非出血性の下痢を特徴とし，斃死はみられない．一方，体重減少や産卵率の低下の原因となり，産業上の被害が大きい．

a. 動物　ニワトリ
b. ヒト　ヒトへの感染は認められない．

ウシのコクシジウム症：ウシにはアイメリア14種が感染する．原虫種によって腸管寄生部位および病原性が異なる．アイメリア・ツェルニィおよびアイメリア・ボビスによるコクシジウム症が重要．一般に1歳未満の子牛での被害が大きい．盲腸・結腸での原虫増殖に起因して，激しい水様性の下痢や出血性の下痢を呈する．重症例では死亡する．アイメリア・エリプソイダリスおよびアイメリア・アウブルネンシスは小腸での原虫増殖に起因して中等度の病原性を示す．慢性コクシジウム症は，軟便，食欲不振，発育不良の原因となり，産業上の被害が大きい．

a. 動物　ウシ，スイギュウ
b. ヒト　ヒトへの感染は認められない．

ブタのコクシジウム症：ブタにはアイメリア12種，イソスポラ3種が感染する．イソスポラ・スイスによるコクシジウム症が重要．1〜2週齢の子豚での被害が大きい．悪臭を放つ水様性下痢が持続する．血便はない．患畜は元気消失し，重症例では死亡する．

a. 動物　ブタ
b. ヒト　ヒトへの感染は認められない．

B．予防・診断・治療

糞便で汚染された鶏舎・畜舎，器具・器材等を熱湯消毒することで，オーシストを殺滅することが予防の基本となる．ニワトリのコクシジウム症では抗コクシジウム剤を飼料に添加する予防法と，弱毒早熟ワクチンの投与による予防法が用いられる．ニワトリのコクシジウム症は，メロゾイト，シゾントを糞便（血便）の染色標本，あるいは剖検時の組織標本で確認して診断する．ウシおよびブタのコクシジウム症はショ糖浮遊法による糞便検査でオーシストを検出して診断する．治療には，サルファ剤（スルファジメトキシン），サルファ剤とトリメトプリムの合剤が用いられる．

C．疫学

a. 動物での発生状況・保菌動物
　世界各地で発生する．日本では家畜衛生上重要な原虫病として，全国で発生が認められる．

b. ヒトでの発生状況
　ヒトへの感染は認められない．

D．病原体

ニワトリのコクシジウム症：アイメリア・テネラ（*Eimeria tenella*），アイメリア・ネカトリックス（*E. necatrix*），アイメリア・ブルネッティ（*E. brunetti*），アイメリア・マキシマ（*E. maxima*），アイメリア・アセルブリナ（*E. acervulina*）

ウシのコクシジウム症：アイメリア・ツェルニィ（*E. zuernii*），アイメリア・ボビス（*E. bovis*），アイメリア・エリプソイダリス（*E. ellipsoidalis*），アイメリア・アウブルネンシス（*E. auburnensis*）

ブタのコクシジウム症：イソスポラ・スイス（*Isospora suis*）

　アイメリアの成熟オーシストでは，内部に4つのスポロシストがあり，各スポロシスト内には2つのスポロゾイトが形成される．イソスポラの成熟オーシストでは，内部に2つのスポロシスト，各スポロシスト内には4つのスポロゾイトが形成される．

8.7.5　トキソプラズマ症　　届出，Z

A．臨床症状

家畜のトキソプラズマ症：ブタでは3〜4か月齢の子豚で多く発生する．発熱，咳などの呼吸器症状，食欲減退，皮膚の紫赤斑（耳翼，鼻端，下腹部など），起立不能などの症状を呈する（先天性トキソプラズマ症）．ヒツジでは流産・死産の発生頻度が高い（後天性トキソプラズマ症）．

ヒトのトキソプラズマ症：妊婦の感染では，流産・早産・死産，あるいは網脈絡膜炎，脳水腫（小脳症），脳内石灰化，精神運動機能

障害を有する先天性感染児の娩出をみる（先天性トキソプラズマ症）．妊婦以外の感染では，不顕性感染のまま無症状で経過することが多い．一方，AIDS や臓器移植時の免疫抑制患者は，髄膜脳炎，心筋炎，肺炎など重篤な炎症症状を呈する（後天性トキソプラズマ症）．

a. **動物**　ヒツジ，ヤギ，ブタ，イノシシ
b. **ヒト**　トキソプラズマ症の原因となる．

B. 予防・診断・治療

終宿主となるネコとの接触を避ける．養豚場では SPF 豚の飼育などトキソプラズマに感染している食肉を市場に出さないことが予防の要点となる．オーシストは薬剤や外部環境に対して抵抗力があるが，胞子形成以前には感染力がないので，ネコの排泄物はすぐに処分する．抗トキソプラズマ抗体陰性の女性は，妊娠期間中初感染しないよう特に注意を要する．病理（生検）標本から各種染色，蛍光抗体法で虫体を証明する．血清診断法として，色素試験，間接赤血球凝集反応，ラテックス凝集反応，補体結合反応，間接蛍光抗体法，酵素抗体法（ELISA）などが用いられる．ヒトでは患者組織からの原虫の証明が難しいため，臨床症状と血清学的検査の成績を合わせて診断する．動物の治療には，スルファモイルダプソン（SDDS），サルファ剤，ピリメタミンが用いられる．ヒトでは，サルファ剤とピリメタミン，サルファ剤とアセチルスピラマイシンの併用療法が用いられる．

C. 疫学

a. **動物での発生状況・保菌動物**

世界各地に分布する．ネコ科動物を終宿主，哺乳類および鳥類を中間宿主とする．家畜は中間宿主として，ネコの糞便中に排泄されたオーシストを摂取して感染する．子豚では母豚の胎盤を介した垂直感染が主な感染経路となる．

b. **ヒトでの発生状況**

ヒトでの感染率は，年齢とともに上昇し，地域により異なる．日本での感染率は，成人で 20% 前後と推定される．

c. **ヒトへの感染経路**

感染母親（シスト保有者）の胎盤を介したタキゾイトの胎児への垂直感染（先天性トキソプラズマ症）と，免疫不全患者でのオーシスト（ネコ糞便），シスト（豚肉など）を介した経口感染（後天性トキソプラズマ症）がある．

D. 病原体

トキソプラズマ・ゴンディ（*Toxoplasma gondii*）．患畜・患者（中間宿主）体内でみられる発育型は，急増虫体（タキゾイト），筋肉や脳内に形成される嚢子（シスト），シスト内に形成される緩増虫体（ブラディゾイト）．ネコ科動物（終宿主）糞便中に排泄されるオーシストがある．

8.7.6　ネオスポラ症　　届出

A. 臨床症状

流産が主要症状となる．母牛では流産以外の症状をみない．流産はどの胎齢でも発生するが 3〜9 か月に多い（平均 5.6 か月）．感染母牛からの新生子牛では，神経症状，成長不良，起立困難などの症状をみる．

a. **動物**　ウシ，スイギュウ
b. **ヒト**　ヒトへの感染は認められない．

B. 予防・診断・治療

終宿主となるイヌとの接触を避ける．抗体陽性牛の淘汰などにより予防する．海外では不活化ワクチンが市販されているが国内では用いられていない．血清診断（間接蛍光抗体法），遺伝子診断（PCR）が可能であるが，確定診断は剖検時の病理検査において病変部にタキゾイトを検出して行う．流産胎児や新生牛での病理検査では，非化膿性の脳髄膜炎，心筋炎，骨格筋炎などをみる．有効な治療法はない．

C. 疫学
a. 動物での発生状況・保菌動物
日本では年間を通して散発性に発生する．イヌ科動物を終宿主とする．ウシ，スイギュウは中間宿主として，イヌの糞便中に排泄されたオーシストを摂取して感染する．一方，日本での主要な感染経路は胎盤を介した垂直感染となっている．

b. ヒトでの発生状況
ヒトへの感染は認められない．

D. 病原体
ネオスポラ・カニナム（*Neospora caninum*）．患畜（中間宿主）体内でみられる発育型は，タキゾイトとブラディゾイトである．イヌ科動物（終宿主）糞便中にオーシストが排泄される．これらの形態は，トキソプラズマでの該当発育型に類似する．

8.7.7 ピロプラズマ病　　法定
A. 臨床症状
ウシ，スイギュウ，シカの大型ピロプラズマ病（ウシバベシア病）：バベシア・ビゲミナ，バベシア・ボビス（ダニ熱）による．発熱，血管内溶血による貧血，黄疸および血色素尿を呈する．若齢牛よりも成牛において高病原性．バベシア・ボビスによるバベシア病では原虫感染赤血球が全身臓器の毛細血管に塞栓して，脳バベシア症を起こす．

ウマの大型ピロプラズマ病（ウマバベシア病）：バベシア・エクイ，バベシア・カバリによる．発熱，貧血，黄疸を呈して，死亡することもある．バベシア・エクイによるバベシア病では血色素尿が顕著である．

ウシ，スイギュウの小型ピロプラズマ病（タイレリア病）：タイレリア・パルバ（東海岸熱病），タイレリア・アヌラタ（熱帯タイレリア）．患畜は，発熱，リンパ節の腫大，元気消失などの症状を呈し，原虫感染リンパ球の肺浸潤に起因する肺水腫で死亡する．ウシでの致死率は90％以上ときわめて高い．東海岸熱では，リンパ球での原虫増殖が病原性の主体となるため，貧血や黄疸をみない．一方，熱帯タイレリア病では，赤血球での原虫増殖に起因する貧血や黄疸もみられる．

a. 動物　ウシ，スイギュウ，ウマ，シカ
b. ヒト　ヒトでの感染は認められない．

B. 予防・診断・治療
媒介節足動物であるマダニのコントロールがもっとも有効な予防法となる．ディッピング（薬浴）や体表への殺ダニ剤の塗布でマダニの寄生を予防する．ウシバベシア病については，弱毒原虫感染血液を接種する計画感染（毒血ワクチン）による予防が，海外の流行地で行われている．ウシタイレリア病についても，海外の流行地域において，感染型原虫接種と治療を組み合わせた計画感染（スポロゾイトワクチン）や試験管内弱毒生ワクチン（シゾントワクチン）による予防が行われている．赤血球内あるいはリンパ球内に寄生する原虫をギムザ染色で検出するのが確実な診断法となる．血清診断としては，間接蛍光抗体法，補体結合（CF）反応，酵素抗体法（ELISA）が用いられる．特異配列を標的とする遺伝子診断法（PCRやLAMP）も試みられている．バベシア病の治療にはジアセチルジミナゼン，イミドカルブが用いられる．タイレリア病の治療にはオキシテトラサイクリン，抗シゾント薬（パルバコン，ブパルバコン，ハロフジノン）が用いられる．

C. 疫学
a. 動物での発生状況・保菌動物
ウシ，スイギュウ，シカのバベシア病：中南米，東南アジア，アフリカ，オーストラリア東部など広い範囲に分布，オウシマダニをはじめとするウシマダニ属のマダニによって媒介される．

ウマのバベシア病：中南米，アジア，アフリカなどに分布，カクマダニ属，イボマダニ属，コイタマダニ属のマダニによって媒介される．

ウシ，スイギュウのタイレリア病：東海岸熱はアフリカ東部に分布し，コイタマダニ属のマダニによって媒介される．熱帯タイレリア病は，アフリカ，アジア，ヨーロッパなど広い範囲に分布し，イボマダニ属のマダニによって媒介される．

b. ヒトでの発生状況

ヒトへの感染は認められない．

D. 病原体

ウシ，スイギュウ，シカのバベシア病：バベシア・ビゲミナ（Babesia bigemina），バベシア・ボビス（B. bovis）（ダニ熱病原体）．
ウマのバベシア病：バベシア・エクイ（B. equi），バベシア・カバリ（B. caballi）．
ウシ，スイギュウのタイレリア病：タイレリア・パルバ（Theileria parva）（東海岸熱病原体），タイレリア・アヌラタ（T. annulata）（熱帯タイレリア病病原体）．マダニ唾液腺に形成されるスポロゾイトが動物への感染型原虫となる．タイレリア病では，スポロゾイトがリンパ球に感染して発育したシゾントが病原性の主体となる．シゾント内に形成されるメロゾイトは，赤血球に感染して貧血や黄疸の原因となる．バベシア病では，スポロゾイトが直接赤血球に感染して，貧血，黄疸，血色素尿の原因となる．バベシア原虫の赤血球内メロゾイトは双梨子状（ペア・シェイプ）を特徴とする．

8.7.8 ロイコチトゾーン病　　届出

A. 臨床症状

雛に対する病原性が強い．一般に，日齢の高い個体，体重の重い個体，ニワトリヌカカによって注入された感染型原虫（スポロゾイト）数の少ない個体では軽症となる．重症の場合，喀血，沈鬱，うずくまり，運動失調，立毛などの症状を呈して死亡する．生き残った個体でも，貧血，緑色便の排泄，削痩，産卵低下，軟卵などの症状を呈する．

a. 動物　ニワトリ
b. ヒト　ヒトへの感染は認められない．

B. 予防・診断・治療

出荷1週間前までのブロイラーおよび10週齢までの採卵鶏雛には，アンプロリウム・エトパベイト・スルファキノキサリンの合剤やハロフジノン・ポリスチレン・スルホン酸カルシウムなどを飼料に添加して予防する．10週齢以降産卵開始前までの採卵鶏雛には，サルファ剤，ピリメタミン，その関連合剤である動物用医薬品を用いて予防する．ベクター（ニワトリヌカカ）対策として殺虫剤（カーバメイト系，ピレスロイド系，有機リン系など）を散布して感染の機会を減らすか，サブユニットワクチンにより予防する．原虫を検出して診断する．剖検例では，出血部位の生鮮圧片標本や組織切片でシゾントを検出する．生存鶏では，ギムザ染色した末梢血液塗抹標本からメロゾイトあるいはガメトサイトを検出する．血清診断法として，寒天ゲル内沈降反応が用いられる．

C. 疫学

a. 動物での発生状況・保菌動物

東南アジアを中心に発生する．日本では，青森県以南で毎年夏に多く発生する．媒介昆虫ニワトリヌカカの吸血で伝播する．

b. ヒトでの発生状況

ヒトへの感染は認められない．

D. 病原体

ロイコチトゾーン・カウレリー（Leucocytozoon caulleryi）．感染鶏の筋肉，腎臓，ファブリキウス嚢など全身臓器の血管内皮細胞内にシゾントを形成する．心外膜，肝包膜，膵臓に針尖大のシゾントがみられることもある．赤血球内にメロゾイトあるいはガメトサイトを形成する．

8.7.9 クリプトスポリジウム症　　Z

A. 臨床症状

家畜のクリプトスポリジウム症：子牛の下痢

症として重要である．生後1～2週齢の子牛に好発する．水様下痢，沈鬱，脱水症状を呈する．合併症などがなければ，生育に伴い回復する．

ヒトのクリプトスポリジウム症：発熱，腹痛，嘔吐を伴う激しい水様性の下痢をみるが，通常1週間前後で自然治癒する．AIDS 患者など各種免疫不全患者では，慢性・消耗性の下痢を呈し，ときに致命的となる．

a. 動物

ウシ，ブタ，ウマ，イヌ，ネコ，齧歯類

b. ヒト

クリプトスポリジウム症の原因となる．

B. 予防・診断・治療

糞便中に排泄されたオーシストを介して伝播するので，家畜の糞尿処理および下水処理が予防の要点となる．オーシストは湿潤環境で数か月生存，また水道水の殺菌に用いられる塩素処理で死滅しない．通常使用される消毒薬もオーシストには効果がない．子牛の下痢便は焼却する．またオーシストは堆肥の発酵熱で死滅するので，糞尿の堆肥化も推奨される．未処理の畜産排水を河川に放流しないなどの環境衛生対策も重要となる．ワクチンはない．診断は下痢便からオーシストを検出して行う．ショ糖遠心沈殿浮遊法，抗酸染色法，直接蛍光抗体法などを用いる．特効薬はない．下痢，脱水の管理等の対症療法が主な治療方針となる．患者一人が排泄するオーシストは数十億個にのぼる．

C. 疫学

a. 動物での発生状況・保菌動物

世界各地に分布する．日本では全国で発生がある．汚染農場では半数以上の子牛が感染していることもある．家畜での発生は，ヒトでの集団感染の原因として重要である．

b. ヒトでの発生状況

衛生環境の悪い途上国のみならず，先進国においても水道水を介した集団感染が報告されている．1993年，ミルウォーキーの事例では40万人が，1994年，神奈川県平塚市の雑居ビルでの事例では500人あまりが，1996年，埼玉県越生町の集団感染では9,000人が感染した．

c. ヒトへの感染経路

糞便中に排出されたオーシストを経口的に摂取して感染する．

D. 病原体

クリプトスポリジウム・パルバム (*Cryptosporidium parvum*)．宿主の腸管上皮細胞の微絨毛に侵入して寄生胞を形成して寄生する．オーシスト内には4個のスポロゾイトが形成される．感染症法において5類感染症全数把握疾患に定められている．

8.8 寄生虫症

主な家畜感染症およびズーノーシスにかかわる寄生虫症には，次のようなものがある．

8.8.1 肝蛭症　　Z

肝蛭 *Fasciola* spp. は，ウシを主体とする各種反芻動物の胆管に寄生する大形の吸虫で，まれにヒトにも寄生がみられる．淡水産のヒメモノアラガイが中間宿主となる．宿主が感染を受けると，幼若虫が胃壁を突破して体腔から肝臓に侵入し，肝実質を穿孔しながら胆管内に入り込むため，広範な出血性肝炎を起こす．ときに肺や子宮への迷入がある．成虫は主に総胆管壁に付着して寄生し，慢性胆管炎や胆管周囲炎の原因となる．治療にはトリクラベンダゾール，ブロムフェノホスなどが用いられている．ヒトへの感染予防はウシの肝臓の生食を避けることである．

8.8.2 バロア病　　届出

バロア病はミツバチヘギイタダニ *Varroa destructor* の寄生によって起こるミツバチの疾病である．虫体は赤褐色を呈し，体の大きさは 1.2×1.8 mm 内外で横に幅広い．ミツ

バチの巣内で幼虫，蛹，若蜂に寄生して体液を吸う．寄生を受けたハチは羽化できずに死亡する．成蜂が寄生を受けると，翅，脚，腹部などの発育が悪くなり，正常な活動ができなくなる．対策として，ピレスロイド剤であるフルバリネートを浸み込ませた短冊を巣箱に吊す方法が行われている．

8.8.3　ノゼマ病　　届出

ノゼマ病はミツバチとカイコにみられ，前者には *Nosema apis*，後者には *N. bombycis* が寄生する．*Nosema* spp. は微胞子虫門 Microspora に所属する原虫で，感染昆虫からは外界に胞子が排泄される．*N. bombycis* では，胞子の大きさは $4 \times 2\ \mu m$ で，非常に小さい．胞子がカイコの幼虫に摂取されると，全身の細胞内で増殖し，形成された胞子がカイコの糞便あるいは死亡虫体を介して次の宿主へ感染する．*N. apis* の胞子は $5 \times 3\ \mu m$ で，成虫がこれを摂取すると宿主の中腸上皮で増殖し，胞子形成を行う．胞子は糞便とともに排泄され他への感染源となる．感染したミツバチは腹部が脆弱となり，飛翔不能となる．ミツバチのノゼマ病は家畜伝染病予防法に定める届出伝染病に指定されている．

8.8.4　アカリンダニ症　　届出

病原体はアカリンダニ *Acarapis woodi* で，ミツバチの気管内に寄生する微小なダニである．ヨーロッパや中南米などに分布することが知られているが，現在のところ日本への侵入はないと考えられている．気管壁から体液を吸収するため多数が寄生すると宿主を弱らせるほか，ウイルスやその他の病原体の媒介に働く可能性が示唆されている．

8.8.5　牛バエ幼虫症　　届出，Z

ウシバエ *Hypoderma bovis* およびキスジウシバエ *H. lineatum* の幼虫によるウシの疾病である．日本ではこれまでに北海道などで散発的な発生例が報告されているが定着はしていない．ウシの被毛に産みつけられた卵から孵化した1齢幼虫は経皮的にウシ体内に侵入し，体内を移行して最終的には背部皮下に達し，ここで外界に通じる呼吸孔をつくって2齢および3齢幼虫となる．これに伴い膿汁の排泄や皮革の品質低下を招く．ときとして，死亡幼虫によるアナフィラキシーショックが起こり，ウシが死亡することがある．土中で蛹になり，3～10週後に羽化して産卵のためウシ周囲を飛び回る．まれにヒトも感染する．

8.8.6　無鉤条虫症　　Z

無鉤条虫 *Taeniarhynchus saginatus* は有鉤条虫とならんでヒトを終宿主とする条虫である．成虫の体長は4～6mに達し，体表面から栄養を吸収，老廃物を排出するため，ときとして腹部の不快感や腹痛を起こすことがある．中間宿主はウシで，ウシが虫卵を経口摂取すると，腸管内で脱出した幼虫が筋肉内に移行して無鉤嚢虫とよばれる嚢虫を形成する．ヒトがこれを生食することにより感染する．ウシでの嚢虫の病原性はほとんどない．治療にはプラジカンテルが用いられる．感染予防には，牛肉を加熱するか，$-10℃$，10日以上冷凍することが行われている．

8.8.7　有鉤条虫症　　Z

有鉤条虫 *Taenia solium* は無鉤条虫と類似した条虫であるが，成虫の頭節に鉤がある．中間宿主はブタで，筋肉中に有鉤嚢虫を形成するが，ヒト自身も中間宿主になりうる．すなわち，ヒトの体内に成虫がいると，消化管内で遊離した虫卵から脱出した幼虫が直接ヒト体内を移行し，有鉤嚢虫を形成することがある．このため，皮下に腫瘤が生じたり，脳や脊髄に寄生して重篤な症状を起こすことがある（人体有鉤嚢虫症）．成虫が寄生していることにより自家感染が継続的に起こり，有

鉤嚢虫の数が次第に増加する．治療は無鉤条虫症と同様．予防には豚肉の生食を避ける．

8.8.8　旋毛虫症（トリヒナ症）　Z

数種の旋毛虫（Trichinella spiralis, T. britovi, T. nativa, T. nelsoni, T. pseudospilaris など）の感染によって起こる，世界的に重要なズーノーシスのひとつで，ヒトを含むさまざまな動物が宿主となる．感染は筋肉中に旋毛虫の幼虫が寄生している動物を生食することで起こり，感染すると幼虫は宿主の腸管粘膜に侵入して成虫となる．ここで産出された多数の幼虫は外界に出ることなく宿主の筋肉中へ移行する．筋肉中の幼虫を他の動物が摂食すると再び同じ発育をくり返す．自然界では，小型動物を大型動物が，大型動物の死体を小型動物が捕食することにより本種の生活環が回っている．日本ではヒグマ，ツキノワグマの肉を生食したヒトで感染が報告されている．筋肉内の移行幼虫による症状は強く，ヒトでは発熱，筋肉痛，皮疹などがみられ，重症の場合は死亡することもある．治療にはチアベンダゾール，メベンダゾールが用いられるが，予防として獣肉の生食を避けることが重要である．冷凍肉（−30℃，6か月）で感染した例もあるという．

8.8.9　その他の蠕虫症

そのほか，身近な動物からヒトに感染してくる可能性のある蠕虫症には次のようなものが挙げられるが，ヒトへの感染はいずれも食物として感染動物を摂食することによる．

A．アニサキス症　Z

アニサキス類（Anisakis spp., Pseudoterranova spp.）はクジラやアザラシなどの海獣類の寄生線虫であるが，アジやサバ，スルメイカなどが待機宿主になっているので，これらの刺身を好物とする日本人では感染率は少なくない．くり返しの感染により即時型過敏反応が顕れ，激しい胃痛を起こす．正確に診断されれば，内視鏡による虫体除去が行われる．

B．顎口虫症　Z

顎口虫類（Gnathostoma spp.）はイヌ，イノシシ，ブタなどが終宿主で，ヒトへの感染は，中間宿主であるドジョウ，ライギョなどの生食による．ヒト体内では幼虫が体内を遊走し，遊走性限局性皮膚腫脹を生じる．治療は外科的摘出が行われる．

C．マンソン裂頭条虫症　Z

マンソン裂頭条虫（Spirometra erinaceieuropaei）はイヌ，ネコに普通にみられる条虫である（図8.2）．ヒトが中間宿主であるカエル，ヘビなどを生食して感染すると，多くは幼虫（プレロセルコイド）が発育せずに組織内を移行し，遊走性の腫瘤を形成する（マンソン弧虫症）．治療は外科的摘出による．

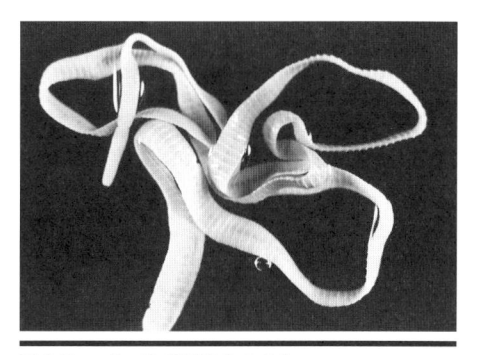

図 8.2 ● マンソン裂頭条虫の成虫

8.8.10　衛生動物による害

A．ノミ

ノミによる被害は主にイヌ，ネコで問題となるが，宿主特異性が低く，それらの動物からのヒト感染例も多い．多種があるが，現在問題となっているのはネコノミ Ctenocephalides felis である．吸血するのは成虫のみで，卵，幼虫，蛹は動物の周囲環境に生息している．駆虫にはさまざまな殺虫剤が用いられているが，動物の体表にいるノミ

の駆除だけではほとんど効果がなく，それとともに周囲環境対策（清掃，昆虫発育撹乱剤（IGR 剤）の投与など）が非常に重要である．近年，殺虫剤と IGR 剤を組み合わせた駆虫薬が市販されている．

B．双翅類

昆虫の大きな一群で，カ，ヌカカ，アブ，ブユなど多数の吸血性の種を含んでいる．これら吸血性の双翅類は多くの種が各種感染症や寄生虫症の媒介者となっている．これらはいずれも雌成虫のみが吸血し，それ以外の発育ステージは周囲環境で生活している．したがって，根本的な駆虫のためには，発生源に対する徹底的な駆除が必要となる．宿主特異性は低く，家畜，ヒトともに攻撃される．

C．マダニ類

マダニは大型のダニで，すべての種の，卵以外のすべてのステージ（幼ダニ，若ダニ，成ダニ）が吸血する（図 8.3A）．山地に多いが，平地にも生息している．これらの多くは各種寄生虫病や細菌病を媒介することが知られており，特にフタトゲチマダニ，クリイロコイタマダニはウシやイヌにバベシア病を，シュルツェマダニはヒトにライム病を媒介する．駆虫にはフィプロニルやアミトラズなどの薬剤が用いられるが，大型のものは毛抜きなどを用いて物理的に摘出する方法も用いられる．

D．疥癬ダニ

疥癬ダニ（ヒゼンダニ類）は 0.2 mm 内外の微小なダニで，生涯を宿主の体表で過ごす．センコウヒゼンダニ類とキュウセンヒゼンダニ類に大別され，前者はヒト，ブタ，イヌ，ネコ，ニワトリなど，後者はウシ，ヒツジ，ウサギなどにそれぞれ固有の種の寄生がみられる．いずれも吸血はしないが，寄生により連続的な強い痒み（疥癬）を宿主に与える．治療にはイベルメクチンが著効を示す．ヒツジのキュウセンヒゼンダニ（図 8.3B）による疥癬は届出伝染病である．

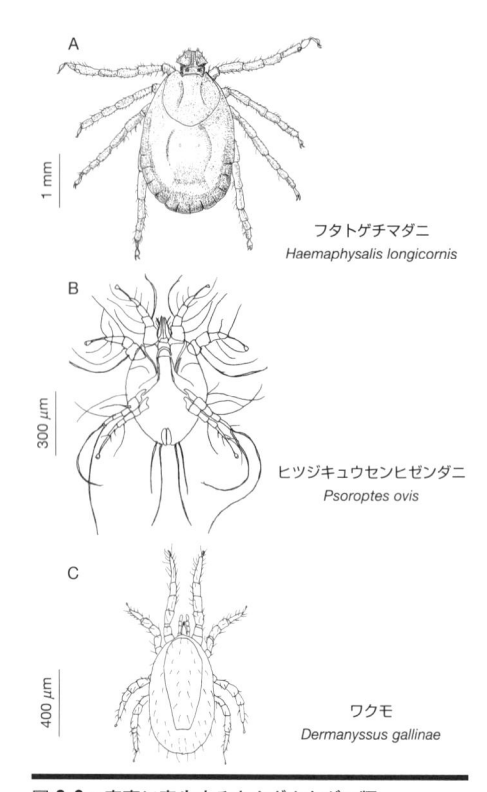

A フタトゲチマダニ *Haemaphysalis longicornis*

B ヒツジキュウセンヒゼンダニ *Psoroptes ovis*

C ワクモ *Dermanyssus gallinae*

図 8.3 家畜に寄生するさまざまなダニ類

E．その他のダニ類

a．イエダニ類

イエダニは 0.5 〜 0.7 mm ほどのきわめて小形のダニで，本来ネズミの寄生虫であるが，ヒトも吸血して強い痒みを与える．したがって，家屋にネズミが生息しているような場所で，晩春から夏にかけての発生が多い．ヒトでの治療は抗ヒスタミン軟膏を用いる．駆除にはネズミの駆除ならびに天井裏や押入れの清掃と殺虫剤散布を行う．近縁のものにワクモ（図 8.3C），トリサシダニがあり，いずれもニワトリで被害が大きく，ヒトも吸血する．

b．ツメダニ類

ツメダニ類には自由生活をしてコナダニなどを捕食するものと，イヌやウサギなどの体表に寄生するものとがある．どちらも偶発的にヒトに寄生し，噛まれることによって痒み

や発赤を起こすことがある．

c．ツツガムシ類

ツツガムシはツツガムシ病リケッチアの媒介者として古くからよく知られている．動物に寄生するのは幼ダニのみで，若ダニ，成ダニは自由生活する．本病は，かつてはアカツツガムシを媒介者として東北地方の日本海側に地方病的にみられたが，現在は全国に散在しているタテツツガムシならびにフトゲツツガムシが主要な媒介者となっている．ヒトがリケッチア保有ツツガムシに刺されると，患部に痂皮や潰瘍の形成がみられた後，7〜10日で突然発熱し，発疹やリンパ節の腫脹をきたす．重症例では脳炎，肺炎を引き起こす．治療にはテトラサイクリン系抗生物質が著効を示す．

第9章
畜産物の機能と安全性

9.1 乳および乳製品の品質と機能

9.1.1 乳成分とその特性
A. 乳の成分組成

日本食品標準成分表（食品成分表）2010によると，普通牛乳（牛乳）の成分は87.4%が水分，残りの12.6%が固形分である．図9.1に牛乳の主要成分をまとめる．固形分の内訳は，脂肪3.8%，タンパク質3.3%，炭水化物4.8%，無機質0.7%である．牛乳の成分組成は品種，個体，年齢，泌乳期，季節，飼料などによって変動する．日本の乳用牛品種は大部分がホルスタイン種で，一部の農場で乳脂肪率の高いジャージー種や乳肉兼用のブラウンスイス種などが飼育されている（付録D2）．

a. 乳のタンパク質

牛乳から乳脂肪を除去すると脱脂乳になる．脱脂乳をpH 4.6に調整すると，白色の沈殿物であるカゼインと乳清（ホエイ）に分離する．乳タンパク質は牛乳中に約3.3%含まれるが，そのうちカゼインが約80%を占め，残りの約20%は乳清に含まれる乳清タンパク質である．また量的には1%以下ではあるが，乳脂肪滴の表面を覆う乳脂肪球皮膜

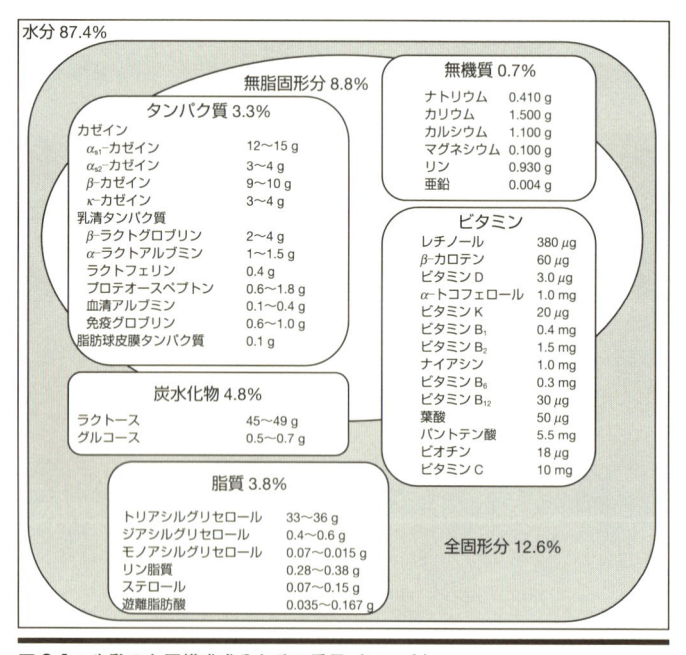

水分 87.4%		
無脂固形分 8.8%		**無機質 0.7%**
タンパク質 3.3%		ナトリウム 0.410 g
カゼイン		カリウム 1.500 g
α_{s1}-カゼイン	12～15 g	カルシウム 1.100 g
α_{s2}-カゼイン	3～4 g	マグネシウム 0.100 g
β-カゼイン	9～10 g	リン 0.930 g
κ-カゼイン	3～4 g	亜鉛 0.004 g
乳清タンパク質		**ビタミン**
β-ラクトグロブリン	2～4 g	レチノール 380 μg
α-ラクトアルブミン	1～1.5 g	β-カロテン 60 μg
ラクトフェリン	0.4 g	ビタミンD 3.0 μg
プロテオースペプトン	0.6～1.8 g	α-トコフェロール 1.0 mg
血清アルブミン	0.1～0.4 g	ビタミンK 20 μg
免疫グロブリン	0.6～1.0 g	ビタミンB_1 0.4 mg
脂肪球皮膜タンパク質	0.1 g	ビタミンB_2 1.5 mg
炭水化物 4.8%		ナイアシン 1.0 mg
ラクトース	45～49 g	ビタミンB_6 0.3 mg
グルコース	0.5～0.7 g	ビタミンB_{12} 30 μg
脂質 3.8%		葉酸 50 μg
トリアシルグリセロール	33～36 g	パントテン酸 5.5 mg
ジアシルグリセロール	0.4～0.6 g	ビオチン 18 μg
モノアシルグリセロール	0.07～0.015 g	ビタミンC 10 mg
リン脂質	0.28～0.38 g	**全固形分 12.6%**
ステロール	0.07～0.15 g	
遊離脂肪酸	0.035～0.167 g	

図9.1 ● 牛乳の主要構成成分とその重量（1 kg中）

にも膜タンパク質が存在する．

i）カゼイン

カゼインはα_{s1}-，α_{s2}-，β-，κ-カゼインに大別され，いずれも等電点がpH 5前後のタンパク質である．それぞれのカゼインに複数の遺伝変異体の存在が報告されており，各遺伝変異体の出現頻度はウシの品種によって異なっている．各カゼインの遺伝子多型は，乳タンパク質量（α_s-，κ-），カゼイン量（κ-），乳脂率（β-）などの乳成分組成や，チーズ収量（κ-），カードのかたさ（β-，κ-）などの加工特性に影響するという報告がある．カゼインの共通的な特徴として，分子量が2万前後，ホスホセリン残基をもつ，一次構造上に親水性アミノ酸あるいは疎水性アミノ酸残基が局在する両親媒性構造をもつ，明確な立体構造をとらないなどが挙げられる．特にα_s-，β-カゼインは，分子内にホスホセリン残基の集中する領域（ホスホセリンクラスター）があり，この領域は，骨や歯の主要成分となるリン酸カルシウムとの結合に重要な役割を果たす．

牛乳中でカゼインは，カゼインミセルとよばれる直径20～600 nmのコロイド粒子を形成している．カゼインミセルは，約93.3%のカゼインと無機塩類，リン酸カルシウム，クエン酸などからなる．カゼインミセルの電子顕微鏡観察では，ミセル内部に直径10～20 nmのさらに小さな単位構造が確認されておりサブミセルとよばれている（図9.2）．典型的なサブミセルモデルでは，ミセル内側にはα_{s1}-，β-カゼインを主体とする疎水性領域の大きなサブミセルが，外側にはκ-カゼインを多く含む疎水性領域の小さなサブミセルが存在し，それらサブミセルのホスホセリンクラスターと，コロイド性リン酸カルシウムが架橋を形成して会合し，カゼインミセルが形成されている．ミセル表面のκ-カゼインは，親水性の結合糖鎖を外側に向けて配向することで，ミセルの水中での安定性，分散性を高めていると考えられる．

α_{s1}-カゼイン：ホルスタイン種では，主要な遺伝変異体が99%を占める．199個のアミノ酸残基からなる分子量約23,000のタンパク質で，N末側40～80領域にホスホセリンクラスターがあり，さらにこの領域にはアスパラギン酸やグルタミン酸などの酸性アミノ酸が集中している．親水性の高い40～80領域の両側には疎水性の高いアミノ酸が配置され，両親媒性構造となっている．またα-ヘリックスやβ-シートなどの立体構造の形成を阻害するプロリンが分子中に17個含まれているために，α-ヘリックスは13～20%程度，β-シートはおよそ17%と算出さ

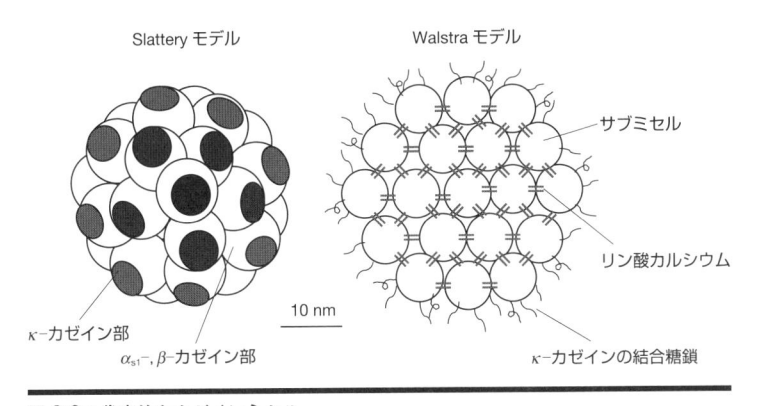

図9.2 ● 代表的なカゼインミセル

SlatteryのモデルおよびWalstraのモデル（1984）から作図．

れている．

α_{s2}-カゼイン：207個のアミノ酸残基からなる分子量約25,000のタンパク質である．ホスホセリンクラスターが3か所あること，N末端に酸性アミノ酸（特にグルタミン酸）が局在すること，さらにC末端に塩基性アミノ酸が多く配置されていることなどから，カゼインのなかでもっとも親水性である．

β-カゼイン：209個のアミノ酸残基からなる分子量約24,000のタンパク質で，N末端領域にはホスホセリンクラスターがあるほか，酸性アミノ酸が多く配置されていることから強い負電荷をもつ．全体的に50番目までに親水性アミノ酸が局在し，51番目以降は疎水性アミノ酸に富んだ典型的な両親媒性構造をもっている．また50番目以降に35個ものプロリンがあるため，α-ヘリックスは1～20％程度，β-シートはおよそ0～30％と算出されている．γ-カゼインはβ-カゼインのプラスミン分解ペプチドである．

κ-カゼイン：169個のアミノ酸残基からなる分子量約19,000のタンパク質で，システイン残基を含む，結合糖鎖をもつ，ホスホセリンは149番目残基と一部の127番目残基のみで，ホスホセリンクラスターがないなど，他のカゼインと異なる性質を示す．N末端から105番目までは疎水性アミノ酸に富み，パラκ-カゼインとよばれている．106番目以降のペプチドはグリコマクロペプチドとよばれ，疎水性アミノ酸比率が低く，さらに結合糖鎖を含むことから親水性が高い．凝乳酵素キモシンは，105番目のフェニルアラニンと106番目のメチオニンのペプチド結合を特異的に切断する．すると，カゼインミセルから親水性のグリコマクロペプチドが遊離し，ミセルが不安定化することから，カゼインが凝集して沈殿する．牛乳κ-カゼインの結合糖鎖は，常乳ではガラクトース，N-アセチルガラクトサミン，およびシアル酸を含み，初乳ではそれらに加えてN-アセチルグルコサミンも検出されている．グリコマクロペプチドには，病原菌付着阻止効果，インフルエンザウイルスの感染防御効果，抗菌歯垢効果などが報告されている．

ⅱ）乳清タンパク質

β-ラクトグロブリン：β-ラクトグロブリンは乳清タンパク質の約50％を占め，複数の遺伝変異体が確認されている．162アミノ酸残基からなる分子量約18,000の球状タンパク質で，その立体構造中に1つのα-ヘリックスと9つのβ-ストランドを含む．そのうち8本のβ-ストランドからなるβ-バレル（樽状）構造の内側（疎水性ポケット）には，レチノール（ビタミンA）のような疎水性物質をとり込むことができることから，腸管内でのレチノールの輸送に関与する可能性が指摘されている．またβ-ラクトグロブリンは2か所のジスルフィド結合のほかに，反応性の高い遊離のSH基をもち，加熱処理や高圧処理時に他のタンパク質とジスルフィド結合を介した重合体形成の要因となることから，加工特性に大きな影響を及ぼす．β-ラクトグロブリンに相当するタンパク質は人乳には含まれず，牛乳中の主要なアレルゲンとして知られている．このような乳タンパク質由来のアレルゲンを酵素分解したアレルゲン性低減ミルクも市販されている．

α-ラクトアルブミン：乳清タンパク質の約20％を占め，123アミノ酸残基からなる分子量約14,000のタンパク質で，ホルスタイン種では2つの遺伝変異体が報告されている．カルシウム結合性を有する球状タンパク質で，その立体構造，さらには遺伝子配列の類似性から，抗菌タンパク質のリゾチームと同一起源と考えられている．分子中8つのSH基はすべてジスルフィド結合しており，構造的に安定である．乳糖の合成を担うガラクトシルトランスフェラーゼの補因子機能を有するタンパク質でもある．

免疫グロブリン：牛乳中の主要な免疫グロブ

リン（Ig）は，IgG$_1$，IgG$_2$，IgM，IgAで，IgG$_1$をもっとも多く含む．ウシでは免疫グロブリンが胎盤を通過せず，乳を介して子牛に与えられる．そのためウシの初乳中には高濃度の免疫グロブリンが含まれており，新生子の腸管から吸収されて初期感染防御に働く．常乳（成乳）になると免疫グロブリン濃度は低下し，乳清タンパク質の1割程度になる．牛乳中の免疫グロブリンは血液から移行したものであるが，IgAはそのほとんどがJ鎖およびsecretory component（分泌小片：SC）と結合した分泌型IgAとして存在している．分泌型IgAは，消化酵素に対して耐性を示すことが知られている．

血清アルブミン：乳中のアルブミンは血清中のそれとまったく同一の分子で，583アミノ酸残基からなる分子量約66,000の球状タンパク質で，分子内に17か所のジスルフィド結合をもつ．脂肪酸，ビリルビン，無機イオンなどの結合性を有する．

ラクトフェリン：689アミノ酸残基からなる分子量約78,000の糖タンパク質で，アミノ酸配列相同性の高い（約40％）N-ローブ，C-ローブとよばれる2つのドメインがα-ヘリックス構造を有するペプチドでつながれた構造をしており，それぞれのドメインに1個の鉄イオンが結合する．小腸での鉄吸収を助けるとともに，微生物の成育に必要な鉄をキレート作用によって奪うことで強い抗菌活性を発揮する．

プロテオースペプトン：脱脂乳を95～100℃で30分間加熱し，pH 4.6に調製したときに沈殿しない「熱安定性タンパク質」がプロテオースペプトンである．今日ではプロテオースペプトンという用語は単一の成分を示す物質名ではなく，1つの画分名として慣用的に用いられている．電気泳動の移動度によってcomponent 3，5，8-slow，8-fastのように分類されてきたが，のちにcomponent 5，8-slow，8-fastは，β-カゼインのプラス

ミン分解物であることが明らかとなった．一方，component 3の主成分はアミノ酸135残基からなる糖タンパク質で，ラクトフォリンと命名された．ラクトフォリンはきわめて高い界面活性力を有し，天然の界面活性剤への応用が期待されている．

ⅲ）乳脂肪球皮膜タンパク質

脂肪球皮膜に存在するタンパク質は，複数の単純タンパク質と糖タンパク質を含み，牛乳中に0.1～0.3 mg/mL程度含まれる．その多くは泌乳中の乳腺細胞に由来し，キサンチンオキシターゼはその代表である．また，ブチロフィリン，DC36などの膜タンパク質も確認されている．

b．乳の脂肪

ⅰ）乳脂肪球

牛乳中には約3.8％の脂肪が含まれており，0.1～17 μmの脂肪球として乳中に分散している．脂肪球内部は非極性の脂質（トリアシルグリセロール，コレステロールエステル，レチノールエステルなど）で構成され，外側をリン脂質，コレステロール，タンパク質などからなる脂肪球皮膜（milk fat globule membrane：MFGM）が被覆して，安定なエマルジョンを形成している．牛乳1 mLに分散している脂肪球の数は15×10^9個で，表面積の平均は1 gの脂肪球あたり2.0 m^{2}に達する．脂肪球の約80％は直径1 μm以下のものであるが，脂質の90％以上は1～8 μmの脂肪球に存在する．

ⅱ）脂肪の分類

トリアシルグリセロール（TG）：脂肪成分の95％以上はTGであり，ジアシルグリセロール（DG）や遊離脂肪酸は，乳中リパーゼによる分解で生じる．牛乳TGを構成する脂肪酸を表9.1に示す．飽和脂肪酸のパルミチン酸とステアリン酸，一価不飽和脂肪酸のオレイン酸の割合が高い．また多価脂肪酸の割合は高くないが，リノール酸とリノレン酸が含まれる．これまでに定量された牛乳TGの

表 9.1 ● 牛乳 TG を構成する主要な脂肪酸とその重量（牛乳 1 kg 中）

脂肪酸		重量
酪酸	C4：0	1.2 g
ヘキサン酸	C6：0	0.8 g
オクタン酸	C8：0	0.5 g
デカン酸	C10：0	1.0 g
ラウリン酸	C12：0	1.1 g
ミリスチン酸	C14：0	3.6 g
ペンタデカン酸	C15：0	0.4 g
ペンタデカン酸（ant）	C15：0（ant）	0.2 g
パルミチン酸	C16：0	10.0 g
パルミチン酸（iso）	C16：0（iso）	0.1 g
ヘプタデカン酸	C17：0	0.2 g
ヘプタデカン酸（ant）	C17：0（ant）	0.2 g
ステアリン酸	C18：0	4.0 g
アラキジン酸	C20：0	0.1 g
デセン酸	C10：1	0.1 g
ミリストレイン酸	C14：1	0.3 g
パルミトレイン酸	C16：1	0.5 g
ヘプタデセン酸	C17：1	0.1 g
オレイン酸	C18：1	7.6 g
イコセン酸	C20：1	0.1 g
リノール酸	C18：2	0.9 g
リノレン酸	C18：3	0.1 g
アラキドン酸	C20：4	0.1 g

ant：分枝脂肪酸のうちアンテイソ酸
iso：分枝脂肪酸のうちイソ酸

80％以上は，炭素数が偶数の脂肪酸で構成されている．

短鎖の飽和脂肪酸（C4：0-C10：0）が比較的多く，それらは sn-3 位に偏って結合している．

短鎖飽和脂肪酸は，内在性あるいは添加リパーゼで切断され，遊離してチーズフレーバーに寄与する．反芻動物では，飼料の不飽和脂肪酸が第一胃（ルーメン）内の微生物により生物学的水素添加を受けるため，飼料による脂肪酸組成の変動は少ない．またルーメン微生物によりトランス脂肪酸が生成するため，乳製品には一般に総脂肪あたり約 3〜6％のトランス脂肪酸を含む．主要トランス脂肪酸は炭素数 18 のバクセン酸（t11-C18：1）であり，乳脂肪中の総トランス C18：1 異性体の約 30〜50％を占めている．

リン脂質および糖脂質：牛乳中のリン脂質および糖脂質は MFGM に局在する．リン脂質は全牛乳脂質の 0.2〜1％を占め，泌乳期による大きな変動はなく，牛乳 1 mL あたり 0.2〜0.3 mg 程度含まれる．牛乳のリン脂質は，ホスファチジルコリン，ホスファチジルエタノールアミン，スフィンゴミエリンで全リン脂質含量の 90％以上を占め，多価不飽和脂肪酸含量は TG に比べて高い．牛乳の主要な

中性糖脂質はグリコシルセラミドとラクトシルセラミドで、人乳にはガラクトシルセラミドが圧倒的に多いのとは対照的である。糖脂質の70％以上はMFGMと結合している。ガングリオシドはシアル酸を含むスフィンゴ糖脂質の総称で、乳中のガングリオシドの90％はMFGMに局在する。

ステロール：牛乳全ステロールの95％以上はコレステロールであり、そのうち約10％はコレステロールエステルである。総コレステロール含量は、飼料、季節、泌乳期によっても異なるが、$0.1 \sim 0.2$ mg/mLで、大部分は脂肪球に存在する。

c. 乳の糖類

ⅰ）乳糖（ラクトース）

牛乳は約4.5％の糖質を含むが、その99.8％を占める主要な糖質がラクトースであり、乳子の主要なエネルギー源となる。乳中のラクトース含量は、動物種によって大きく異なる。海獣類などではラクトースが高濃度の脂肪に置き換えられており、必須成分とはなっていない（付録D1）。ラクトースは、泌乳期の乳腺細胞において、β-ガラクトシルトランスフェラーゼと、α-ラクトアルブミンの働きで、D-グルコースのC4位にUDP-Galから D-ガラクトースがβ-1→4結合で転移することで生合成される2糖類で、化学的には4-O-β-ガラクトピラノシル-D-グルコピラノースとよばれる。ラクトースの化学構造を図9.3に示す。グルコースの1位の炭素が不斉炭素となるため、α-型とβ-型の光学異性体が存在する。ラクトースは甘味の少ない糖で、相対的な甘味度はショ糖を1.00とした場合0.15～0.4程度である。新生子は一定の期間、乳だけを食餌として成長することから、乳を大量に摂取する必要がある。そのため乳に含まれるラクトースの甘くない性質は好都合であると考えられている。ラクトースは胃で分解されずに小腸に至り、小腸上皮細胞膜に発現するβ-ガラクトシダーゼによりグルコースとガラクトースに分解され吸収される。また腸内細菌によっても分解され、乳酸などの有機酸が生成して消化管内のpHが低下することから、有害菌の生育を抑制し、腸の蠕動運動を促進するなど整腸作用にも働く。ラクトースの有する生理機能でもっとも重要な点は、ガラクトースの供給と考えられる。吸収されたガラクトースの大部分は代謝経路のなかでグルコース-1-リン酸に変換されて利用されるが、乳児期においてガラクトースは脳や神経細胞の発達のために、また糖タンパク質や糖脂質の構成成分として利用される。その他のラクトースの機能性としては、カルシウム吸収促進効果や骨代謝改善効果などが報告されている。

ⅱ）ラクトース以外の糖

牛乳中には乳糖以外に極微量の糖質が含まれている。遊離の単糖では、D-グルコース、D-ガラクトース、N-アセチルグルコサミン、β-2-デオキシ-D-リボース、およびミオイ

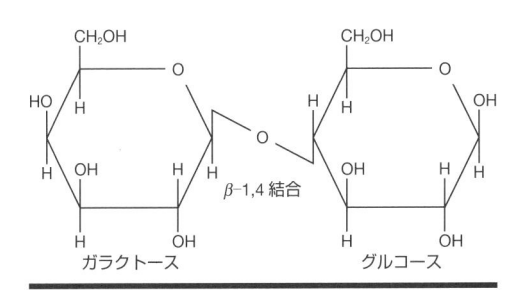

図 **9.3** ● α-ラクトースの化学構造

ノシトールが含まれる．またウシ常乳中には痕跡程度しか含まれていないが，初乳中には数種類の中性オリゴ糖および酸性オリゴ糖が含まれている．

d．ビタミンおよびミネラル

牛乳中には脂溶性ビタミンとしてビタミンA，D，E，K，水溶性ビタミンとしてB_1，B_2，B_6，B_{12}，ニコチン酸，パントテン酸，ビオチン，葉酸などが含まれる．特にB_2，B_1，B_6，B_{12}，パントテン酸などのB群についてよい供給源となっている．なかでもB_2は豊富に含まれ，蛍光をもつことから，乳清の黄緑色の原因となっている．牛乳に含まれるビタミンとミネラルの量は，食品成分表で参照できる．

ⅰ）脂溶性ビタミン

乳中のビタミンAは，主にレチノールのエステル型で存在し，プロビタミンとして$β$-カロテンが存在する．ビタミンDは，D_3およびその代謝産物の$25(OH)D_3$や$1,25(OH)_2D_3$が存在している．ビタミンEは，牛乳中では$α$-トコフェロールが約95％存在し，$γ$-トコフェロールが5％存在する．脂肪球内よりも脂肪球皮膜に多く存在する．ビタミンKは血液凝固因子としての働きをもつ．牛乳中には人乳中よりも約2倍多くビタミンKが含まれている．特にウシの第四胃のルーメン内微生物により，ビタミンK_2が生産されることから，K_2はK_1の数倍多く含まれる．日本では冬季よりも夏季に増加する．$β$-カロテンや$α$-トコフェロールは牧草生草から乳に移行するため，放牧飼育された乳牛の乳では$α$-トコフェロールが増加する．また日本では冬季よりも夏季に増加する．

ⅱ）水溶性ビタミン

水溶性ビタミンは，ルーメン微生物あるいはウシの組織で生合成されるため，生乳中の含有量は飼料の影響をほとんど受けない．しかし加熱や酸化により損失するものがあることから，牛乳・乳製品中の含有量は加工処理の影響を受ける．B_2，パントテン酸，ビオチン，ニコチン酸は耐熱性であるが，B_1，B_6，B_{12}，葉酸，およびCは熱に弱く，熱処理条件によっては損失量が大きくなる．しかし食品成分表では，生乳中（ホルスタイン種およびジャージー種，未殺菌）と普通牛乳中ビタミン含量に顕著な差はない．またB_2およびCは光に対して不安定であり，Cは酸化によっても損失する．

ⅲ）無機質

牛乳中には約0.7％の無機質が含まれ，主要なものはナトリウム，カリウム，カルシウム，マグネシウム，リン，亜鉛である．骨や歯の構成成分となるカルシウムとリンの存在比は1：1で，牛乳中ではコロイド性のリン酸カルシウムとしてカゼインミセルに含まれており，腸管から効率よく吸収される．

e．乳中の酵素

ⅰ）カゼインミセルに結合して存在する酵素

プラスミンは，セリンプロテアーゼに分類され，そのアミノ酸配列はトリプシンと高い相同性を示す．乳中で$α_s$，$β$-カゼインの分解を引き起こす．プラスミンは耐熱性が高く，加熱殺菌した乳中でも活性が残っているため，高温殺菌乳のような長期間保存される乳製品のカゼインの安定性に影響するほか，チーズの熟成にも関与すると考えられている．リポプロテインリパーゼは，本来は乳腺で機能する酵素であると考えられているが，牛乳中では大部分がカゼインミセルに結合している．未殺菌乳の乳脂肪球皮膜が物理的に破壊され脂肪滴が乳中に漏出すると，この酵素によって乳脂肪が分解され，ランシッド臭（酸敗臭）の原因となる．生乳から製造されるある種のチーズのフレーバー生成にも関与する．

ⅱ）乳脂肪球皮膜に存在する酵素

アルカリ性ホスファターゼは亜鉛を含む金属酵素で，75℃，15秒の加熱殺菌処理により失活することから，この酵素の熱失活の程

度は，牛乳の殺菌効率の指標として広く用いられている．キサンチンオキシターゼは，牛乳中では主要な酵素であるが，人乳にはほとんど含まれない．分子中に鉄およびモリブデンを含み，牛乳中のモリブデンのすべてがこの酵素に含まれる．カタラーゼは，乳中に混入する体細胞膜に由来する．そのため初乳や乳房炎乳では活性が高く，乳房炎の診断に用いられる．

ⅲ）遊離酵素

ラクトペルオキシダーゼは，ヘムをもつ糖タンパク質で，過酸化水素の存在下で牛乳中のチオシアン酸イオンを酸化し，細菌の生育阻害作用を引き起こすヒポチオシアン酸イオンを生成する．乳糖合成酵素である β-1,4-ガラクトシルトランスフェラーゼは，乳腺細胞内のゴルジ膜断片とともに牛乳中に移行し検出される．

B．生乳の検査

『食品衛生法』では，牛から搾ったままの未殺菌のミルクを生乳と規定している．生乳の品質は，含まれる乳成分の量に関する成分的乳質と，細菌汚染や乳房の健康程度に関する衛生的乳質から評価され，「乳及び乳製品の成分規格等に関する省令（乳等省令）」と「加工原料乳生産者補給金等暫定措置法（不足払い法）」で規格が定められている．乳等省令の別表二（一）「乳等一般の成分規格及び製造の方法の基準」には，牛乳・乳製品の規格基準が規定されており，別表二（七）「乳等の成分規格の試験法」には各成分の検査方法が示されている．

a．集乳時の検査

酪農家で生産された生乳は，バルククーラーで低温貯蔵され，当日または翌日に専用のタンクローリーで集乳される．集乳に従事する生乳集荷業務担当者は，現地での諸検査を実施するとともに，現地で判断できない乳成分，細菌数，体細胞数，抗生物質の残留等を検査するための試料採取を行う．酪農家での庭先検査の概略は次のとおりである．①乳温測定：バルク内生乳温度（正常乳温は4～5℃）を毎日確認する．②水平度チェック：バルクの水準器で月に1回以上確認する．③視覚・嗅覚検査：バルク内の生乳の色沢，組織，異物・異臭の有無について判定する．④乳量測定：タンクローリー設置の流量計，バルクタンク設置の乳量表示計等で測定する．⑤味覚検査：口に含み，においと味を確認する．⑥アルコール検査：生乳と70%エタノールとを1：1の割合で混合し，凝集ができないことを確認する．⑦比重検査：10～20℃の範囲の生乳を試料として，牛乳比重計（乳稠計）で測定する．また試料の乳温を測定し，全乳比重補正表により15℃での値に換算する．すべての検査に合格した生乳のみが集荷され，乳業工場やクーラーステーションに運ばれる．

b．受入検査

乳業工場などに運ばれた生乳は，計量後，受乳場に併設された生乳検査施設において乳脂肪分，無脂肪固形分，抗生物質の残留等の検査が実施される．近年ほとんどの生乳検査施設では，生乳検査用の迅速測定機器が導入されており，全乳固形分，無脂乳固形分，脂肪，タンパク質，乳糖，クエン酸，遊離脂肪酸などの乳成分量や，体細胞数，乳中尿素，氷点降下度，比重などの測定が自動化されている．また体細胞数と並び，衛生的乳質の指標となる細菌数はブリード法（一定の面積に塗抹した試料を染色し，光学顕微鏡でカウントして試料中の細菌数を推定する）で，抗生物質の残留はペーパーディスク法（*Geobacillus stearothermophilus* などの感受性菌を混釈した寒天平板表面に試料を含ませたペーパーディスクを置き，55℃で5時間培養する．試料にベンジルペニシリンが含まれていると，ディスク周囲の試験菌は発育が抑制され阻止円が形成される．阻止円の形成をもってベンジルペニシリンの有無を推測す

c. ポジティブリスト制度にかかわる生乳の定期検査

『食品衛生法等の一部を改正する法律』（平成15年5月30日公布）により，食品中に残留する農薬，動物用医薬品及び飼料添加物（以下，「農薬等」）に関するポジティブリスト制度が平成18年5月29日に施行された．これを受けて酪農乳業界は，生乳に農薬等が残留しない生産・管理システムの構築にとりくむとともに，システムが的確に機能していることを確認するため，定期的に生乳中の農薬等の残留検査を実施している．

d. 牛乳中の放射性物質の新たな基準値

食品中の放射性物質については，平成24年4月1日から「年間線量1ミリシーベルト以下」とする新たな基準値が適用されている．厚生労働省が制定した新たな基準値は「飲料水」「乳児用食品」「牛乳」「一般食品」の4区分で定められているが，「乳児用食品」や「牛乳」は，子どもの安全を優先する観点で設けられた区分である．この区分の食品は，流通するほとんどが国産であるという実態を考慮して，万が一すべての食品が基準値上限の値で汚染されていたとしても影響がないよう基準値を計算している．これにより「乳児用食品」と「牛乳」の放射性セシウムの基準値は「一般食品」の半分となる50 Bq/kgに設定されている．原乳（生乳）中の放射性核種検査は，厚生労働省が指定した対象自治体のクーラーステーションまたは乳業工場から定期的に検体を採取し，登録検査機関等（政府の代行機関として，認可を受けた製品検査を行うことができる検査機関）で継続的に実施している．

9.1.2 飲用乳の加工技術と品質
A. 飲用乳関連製品

法令に基づく飲用乳という規格はないが，一般に飲用乳とは『乳及び乳製品の成分規格等に関する省令（乳等省令）』で定める「牛乳」「特別牛乳」「成分調整牛乳」「低脂肪牛乳」「無脂肪牛乳」「加工乳」および「乳飲料」のことをさす（付録D6）．

a. 牛乳，特別牛乳，成分調整牛乳，低脂肪牛乳，無脂肪牛乳

生乳のみを原料とする．日本では特別牛乳を除き殺菌が義務づけられている．10℃以下での冷蔵が義務づけられているが，通常の超高温殺菌よりもさらに高い温度で加熱処理したロングライフ牛乳（LL牛乳）は，常温での輸送と保存が認められている．

「牛乳」とは，直接飲用に供する目的またはこれを原料とした食品の製造もしくは加工の用に供する目的で販売する牛の乳をいう．

「特別牛乳」とは，牛乳であって特別牛乳として販売するものをいう．特別牛乳搾取処理業の許可を受けた施設で搾取した生乳を処理して製造したものに限られる．特別牛乳は殺菌の操作を省略することができる．

「成分調整牛乳」とは，生乳から乳脂肪分その他の成分の一部を除去したものをいう．成分調整牛乳であって，乳脂肪分を除去したもののうち，無脂肪牛乳以外のものを「低脂肪牛乳」といい，ほとんどすべての乳脂肪分を除去したものを「無脂肪牛乳」という．成分調整牛乳は，2003年に乳等省令に規格が新設され，2008年から2009年にかけて急速に台頭したものの，2010年以降大幅に減退した．

b. 加工乳

生乳，牛乳もしくは特別牛乳またはこれらを原料として製造した食品を加工し，無脂乳固形分を8.0%以上含むものである（成分調整牛乳，低脂肪牛乳，無脂肪牛乳，発酵乳および乳酸菌飲料を除く）．原料として，牛乳のほか全粉乳，脱脂粉乳，濃縮乳，脱脂濃縮乳，無糖練乳，無糖脱脂練乳，クリームならびに添加物を使用していないバター，バターオイル，バターミルクおよびバターミルクパ

ウダーが使用される．製品には，それらの名称を配合割合の多い順に表示する必要がある．脂肪やビタミンなど特定の牛乳成分含量を調整できる．

c. 乳飲料

乳飲料は乳製品に区分され，生乳，牛乳もしくは特別牛乳またはこれらを原料として製造した食品を主要原料とした飲料である．『乳等省令』では乳固形分の規格を定めていないが，牛乳業界の自主規約である「飲用乳の表示に関する公正競争規約」によって，乳固形分（無脂乳固形分と乳脂肪分を合わせたもの）を 3.0% 以上含むことと定められている．乳成分以外に，甘味料，酸味料，香料，着色料，果汁，コーヒー抽出液など，『食品衛生法』で定められているものを使用することができる．

B. 飲用乳の製造工程

飲用乳の基本的な製造工程を図 9.4 に示す．

a. 受乳，清浄化，冷却および貯乳

酪農家で搾乳された生乳は，10°C 以下に冷蔵されてタンクローリーで牛乳工場へ運ばれ，受乳検査を受ける．原料乳は計量され，品質検査（アルコール検査，比重，酸度，脂肪率，無脂乳固形分，細菌数，抗生物質，色，風味など）のための検査試料採取後，ろ過器と遠心分離の原理を利用した清浄機（クラリファイヤー）により異物が除去され，10°C 以下に冷却されタンクに貯乳される．

b. 標準化

生乳は多くの要因により固形分（特に脂肪率）が変動する．原料乳の混合率によって目的とする脂肪率に調整することを標準化という．標準化は必要に応じて行われる．

c. 均質化

連続式殺菌装置では，予備加熱，均質化，殺菌，冷却が一連の工程として行われる．予備加熱された牛乳に均質機（ホモジナイザー）を使用して高圧力（10〜20 MPa）をかけ，約 100 μm の隙間を通過させることによって脂肪球（直径 1〜10 μm，平均 3〜4 μm）を細かく剪断（直径 1 μm 以下）することを均質化という．均質化により，脂肪の浮上を防止し，消化吸収を改善することができる．

d. 殺菌および冷却

人体に有害な微生物を死滅させるため，牛乳は『乳等省令』により「保持式により 63°C で 30 分間加熱するか，またはこれと同等以上の殺菌効果を有する方法で加熱殺菌すること」と定められている．表 9.2 に現在用いられている主な牛乳の殺菌方法を示す．

ⅰ) 低温保持殺菌法（LTLT 法）

原料乳を二重構造の円筒型タンクに入れ，二重壁内に蒸気または熱水を通して 63〜65°C で 30 分間保持後，冷水と置換して殺菌乳を冷却する方法である．バッチ式で連続処理ができないため大量生産には不向きであるが，長いスパイラルチューブを用いて 63°C，30 分間保持できるシステムが開発され，連続的に処理できるようになった．

ⅱ) 高温保持殺菌法（HTLT 法）

処理法は LTLT 法と同様であるが，加熱温度が 75°C と高く，保持時間が 15 分と短い．

ⅲ) 高温短時間殺菌法（HTST 法）

プレート式熱交換機を用い，72〜75°C で 15

受乳 → 清浄化 → 冷却 → 貯乳 → 標準化 → 予熱 → 均質化 → 殺菌 → 冷却 → 充填 → 出荷

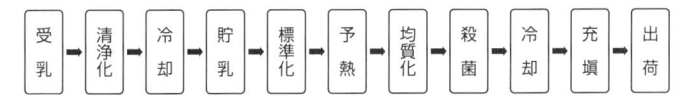

図 9.4 ● 牛乳類（牛乳，特別牛乳，成分調整牛乳，低脂肪牛乳，無脂肪牛乳）の製造工程

加工乳，乳飲料の場合，原料や添加物を混合溶解し，均質化，殺菌処理をする．

表 9.2 ● 牛乳の殺菌方法

殺菌方法	加熱温度，時間	加熱方法	死滅率
低温保持殺菌法	63～65℃，30分間	間接保持	約97%
高温保持殺菌法	75℃以上，15分間以上	間接保持	—
高温短時間殺菌法	72℃，15秒間以上	間接連続	約99%
超高温加熱殺菌	120～130℃，2～3秒間	間接/直接連続	ほぼ100%
超高温加熱殺菌（滅菌）	135～150℃，1～4秒間	間接/直接連続	—

秒間加熱後，ただちに10℃以下に冷却する方法である．プレート式熱交換機は，表面に波形あるいは球状突起をもつプレートを重ねたもので，加熱するときには原料乳と加熱媒体，冷却するときには殺菌乳と冷水がそれぞれ1枚おきに薄膜状になってプレートの間を流れる．

iv）超高温加熱殺菌（UHT法）

120～150℃で1～4秒間加熱する．プレート式熱交換機または多管式熱交換機（細い内管とこれを包む太い外管からなり，内管に牛乳，外管に冷熱媒体が流れる）による間接加熱方式のほか，牛乳に直接高圧加熱蒸気を注入（スチームインジェクション）あるいは高圧加熱蒸気内に牛乳を特殊ノズルで噴射（スチームインフュージョン）する直接加熱方式も利用される．直接加熱方式は広い表面積が蒸気に触れるため加熱時間がきわめて短時間ですみ，熱による化学変化を最小限にとどめた製品を製造することが可能である．UHT法は，加熱温度により殺菌のほかに滅菌も可能である．殺菌は病原性細菌を死滅させ食品衛生法上の安全性を確保することで，耐熱性細菌や芽胞など一部の細菌は死滅していない．一方，滅菌とはすべての細菌，芽胞を完全に死滅させた無菌の状態にすることをさす．

牛乳成分は加熱されることにより化学変化するため，殺菌方式によって牛乳の風味には違いがある．しかし，その好みは人それぞれである．最近，牛乳中に溶存している空気を脱気してから加熱殺菌することにより，牛乳の風味の変化を抑える製造システムが開発された．

e．充填および包装

殺菌後の二次汚染による品質劣化を防止するために，充填および包装は重要な工程であり，充填部環境，容器の殺菌，包装材の選択は製品の保存期限に関連する．日本ではUHT処理を行った要冷蔵製品はおよそ7～11日の賞味期限が一般的であるが，ESL（Extended Shelf Life，賞味期限延長）システム導入により10～14日の賞味期限を可能にしている製品もある．ESLシステムは，原料から製品に至る製造工程においてより高度な技術で製造し，徹底した管理システム体制を整備することで，設備・機器等の洗浄・殺菌レベルを向上させ，賞味期限の延長を可能にする．また，ロングライフ牛乳（LL牛乳）は，UHT処理後の滅菌乳を無菌充填機で包装したものである．無菌充填機はロール状の滅菌牛乳用包装紙を滅菌する工程と滅菌乳を充填包装する工程からなる．包装紙は紙容器にアルミ箔を貼り合わせ，長期保存中の外気や光，微生物の侵入を完全に防止できる素材でできている．包装紙は滅菌されチューブ型に成形され，滅菌乳が充填され，空気が混入しない状態でただちに密封され直方体に成形される．充填部は外気の汚染がないよう無菌空気で陽圧になっている．

f．出荷

賞味期限などの日付を印刷し，ただちに冷

蔵室に運び，10℃以下で貯蔵する．細菌数，成分，風味など必要な検査を行い，検査に合格した牛乳を保冷車で出荷する．

以上のように，牛乳は搾乳から充塡まですべての工程で冷却され，ほとんど空気に触れることなく衛生的につくられている．さらにHACCPシステムを導入し，総合衛生管理製造過程の承認を厚生労働大臣から受ける工場も多くなった．HACCPシステムとは，原料から製造・加工・出荷のすべての段階で起こりうる危害を事前に予測して，そのプロセスを重点的に管理することで安全な製品をつくるシステムのことをいう．

C. 飲用乳の品質

a. 乳等省令規格

乳および乳製品ならびにこれらを主原料とする食品に関し，"食品衛生法のなかで省令によって定めるとされた場合"，"成分規格および製造等の方法の基準"，"総合衛生管理製造過程の製造または加工の方法およびその衛生管理の方法の基準"，"承認の申請手続き"，"器具もしくは容器包装またはこれらの原材料の規格および製造方法の基準"の要領については『乳等省令』に規定されている（付録D6）．

『乳等省令』において，乳とは，生乳，牛乳，特別牛乳，生山羊乳，殺菌山羊乳，生めん羊乳，成分調整牛乳，低脂肪牛乳，無脂肪牛乳および加工乳をいい，乳製品とは，クリーム，バター，バターオイル，チーズ，濃縮ホエイ，アイスクリーム類，濃縮乳，脱脂濃縮乳，無糖練乳，無糖脱脂練乳，加糖練乳，加糖脱脂練乳，全粉乳，脱脂粉乳，クリームパウダー，ホエイパウダー，タンパク質濃縮ホエイパウダー，バターミルクパウダー，加糖粉乳，調製粉乳，発酵乳，乳酸菌飲料（無脂乳固形分3.0%以上を含むものに限る）および乳飲料をいう．飲用乳の代表として，牛乳の成分規格ならびに製造および保存の方法の基準を示す．

牛乳の成分規格ならびに製造および保存の方法の基準

i 成分規格

 無脂乳固形分　8.0%以上

 乳脂肪分　3.0%以上

 比重（15℃において）

  ジャージー種の牛の乳のみを原料とするもの以外のもの　1.028〜1.034

  ジャージー種の牛の乳のみを原料とするもの　1.028〜1.036

 酸度（乳酸として）

  ジャージー種の牛の乳のみを原料とするもの以外のもの　0.18%以下

  ジャージー種の牛の乳のみを原料とするもの　0.20%以下

 細菌数（標準平板培養法で1 mLあたり）　50,000以下

 大腸菌群　陰性

ii 製造の方法の基準

 保持式により63℃で30分間加熱殺菌するか，またはこれと同等以上の殺菌効果を有する方法で加熱殺菌すること．

iii 保存の方法の基準

 a 殺菌後ただちに10℃以下に冷却して保存すること．ただし，常温保存可能品（牛乳，成分調整牛乳，低脂肪乳，無脂肪牛乳，加工乳または乳飲料のうち，連続流動式の加熱殺菌機で殺菌した後，あらかじめ殺菌した容器包装に無菌的に充塡したものであって，食品衛生上10℃以下で保存することを要しないと厚生労働大臣が認めたもの）にあっては，この限りでない．

 b 常温保存可能品にあっては，常温を超えない温度で保存すること．

b. 公正競争規約による表示

「飲用乳の表示に関する公正競争規約」によって，牛乳類の種類別（牛乳，特別牛乳，成分調整牛乳，低脂肪牛乳，無脂肪牛乳，加

表 9.3 ● 飲用乳の表示に関する公正競争規約に基づく表示

一括表示項目	牛乳[*3]	加工乳	乳飲料
種類別名称	○	○	○
(常温保存可能品)[*1]	○	○	○
商品名	○	○	○
無脂乳固形分	○	○	
乳脂肪分	○	○	
植物性脂肪分			○
乳脂外動物性脂肪分			○
原材料名	○	○	○
殺菌	○	○	
内容量	○	○	○
消費期限または賞味期限	○	○	○
保存方法	○	○	○
開封後のとり扱い	○	○	○
製造所所在地[*2]	○	○	○
製造者	○	○	○

*1：(冷蔵庫に保存しなくてよい常温保存可能品はその文字を種類別名称の下に表示する.)
*2：厚生労働大臣に届け出た固有の記号の記載をもって製造所所在地の表示に代えることができる. その場合は, 製造者の欄にその事業者の所在地を表示するものとする.
*3：牛乳には, 特別牛乳・成分調整牛乳・低脂肪牛乳・無脂肪牛乳が含まれる.

〔(一社)日本乳業協会のWebサイト〕

表 9.4 ● 牛乳 200 mL 中の栄養成分 (200 mL = 206.4 g)

エネルギー	水分	タンパク質	脂質	炭水化物	無機質				ビタミン		
					ナトリウム	カリウム	カルシウム	リン	亜鉛	A	B₁	B₂
kcal	g	g	g	g	mg	mg	mg	mg	mg	μg	mg	mg
138	180	6.8	7.8	9.9	85	310	227	192	0.8	78	0.08	0.31

(日本食品標準成分表2010に基づき算出)

工乳, 乳飲料) に, 必要な表示項目, 表示の位置, 活字の大きさ, 禁止事項などが細かく規定されている (表9.3). 公正競争規約に基づいて正しく製造され, 商品の中身について正しい表示がなされている牛乳類については, 「公正マーク」が付けられている. 表示した成分値は, 認定検査機関の検査を年3回受けている.

c. 栄養特性

牛乳は, タンパク質, 脂質, 炭水化物がバランスよく含まれているだけではなく, 無機質, ビタミンも豊富に含まれている (表9.4).

牛乳・乳製品はカルシウムが多く含まれ吸収もよいので, 日本人に不足しがちなカルシウムを補うのに最適である. 牛乳200 mLには1日にとりたい量の35％に相当するカル

シウム 227 mg が含まれている．さらに牛乳カルシウムの吸収率は 40％ であり，小魚 33％，野菜 19％ に比べて優れている．一方，牛乳 200 mL には 138 kcal のエネルギーがあるが，これは 20 歳代の女性の 1 日に必要なエネルギー 1,950 kcal のわずか 7％ にすぎない．また，牛乳のタンパク質は必須アミノ酸をバランスよく含む良質なタンパク質であるとともに，カルシウムの吸収を助けるカゼインホスホペプチド（CPP），骨密度を高める働きがある乳塩基性タンパク質（MBP），感染予防や貧血の予防改善作用があるラクトフェリンなど，健康に役立つ機能性が明らかになってきた．

9.1.3 乳製品の加工技術と品質

哺乳動物の乳は新生子の生育に必要な栄養分を含んでおり，優れた食資源である．しかし，乳中の酵素や微生物汚染による変敗・腐敗が起きやすく，長期間の保存が難しい．このような背景のもと，乳の栄養分を保持しながら長期間の保存を可能にしたのが乳製品である．そのため，乳製品は人類にとって重要な食品となり，その加工技術は長年にわたり発展してきた．その歴史は古く，人類が野生動物を家畜化した紀元前 6000 年頃が乳加工の起源といわれ，チーズ製造に使われていたとされる土器も見つかっている．この時代には，人類はすでに乳加工技術を取得していたと考えられ，乳製品と人類は，長い間ともに進化してきたことが想像できる．

A. 乳脂肪関連製品（クリーム，バター，アイスクリーム類）

a．クリーム

『乳等省令』においてクリームとは「生乳，牛乳または特別牛乳から乳脂肪分以外の成分を除去したもの」を示し，その成分規格は「乳脂肪分 18.0％ 以上，酸度（乳酸として）0.20％ 以下，細菌数（標準平板培養法で 1 mL あたり）100,000 以下，大腸菌群陰性」と定められている．この成分規定を満たしているが，成分規格以外のものが添加されたもの，例えば，植物性油脂，乳化剤，安定剤などが添加されたコンパウンドクリームは「乳または乳製品を主要原料とする食品」に分類される．

乳脂肪は，遠心分離機（クリームセパレーター）を用いて原料乳から調製される．これは乳成分の比重の違いを利用し，比重の軽い乳脂肪と比重の重い無脂肪乳とを遠心分離する方法である．遠心分離後，クリームを加熱することで殺菌を行うと同時に，脂質分解による異臭発生の原因となる原料乳中のリパーゼ（脂質分解酵素）を失活させることが重要となる．原料となる乳脂肪は，乳腺細胞内で合成され，脂肪球として乳中に排出されたもので，脂肪球には脂質類のほか，β-カロテンや脂溶性ビタミン（ビタミン A，D，E，K）が含まれる．また，乳脂肪のもつなめらかさと風味がクリームの特徴である．

b．バター

バターとは「生乳，牛乳または特別牛乳から得られた脂肪粒を練圧したもの」で，その成分規格は「乳脂肪分 80.0％ 以上，水分 17.0％ 以下，大腸菌群陰性」と乳等省令で定義されている．また，バター類似製品として，クリームまたはバターからほとんどすべての乳脂肪分以外の成分を除去したバターオイルがあり，成分規格は「乳脂肪分 99.3％ 以上，水分 0.5％ 以下，大腸菌群陰性」と定められている．

バター製造には，バター製造用クリーム（乳脂肪分 30〜40％）が用いられる．一般的に，クリームの酸度が 0.20％ 以上の場合は，クリーム中に少量混在するカゼインの酸凝固や，脂肪の損失が起こるため，炭酸水素ナトリウムのような中和剤を用いてクリームを中和する．中和されたクリームは殺菌・冷却された後，3〜13℃ で 8 時間以上保持する（エージング）．エージングでは，乳脂肪が結晶化され，結晶の大きさや形が安定化する．エー

ジングしたクリームはチャーンという容器内で撹拌（チャーニング）し，脂肪球どうしを衝突させる．この工程で脂肪球表面の膜が破壊され，脂肪球に含まれる一部結晶化した脂肪や液状脂肪どうしがくっつきあい，少量の水がとり込まれたバター粒が生成される．これは，脂肪球が水中に乳濁したO/W（oil in water）型エマルジョンが，脂肪中に水滴が含まれるW/O（water in oil）型エマルジョンに相転換したことに起因すると考えられる（相転換説）．あるいはチャーニングにより破壊され，表面が部分的に疎水性になった乳脂肪球が気泡のまわりに集まり，気泡が破壊されて疎水性の脂肪球が融合した結果，バター粒が生成されると考えられる（泡沫説）．チャーニング後，バター粒とともに発生した液体（バターミルク）を除去する．バター粒を冷水で水洗いし，練圧することで均質な組織が形成され，塊状のバターとなる．練圧から塊状バターにする操作はワーキングとよぶ．加塩バターを製造するときは，終濃度が1.0〜2.0%程度となるようにバター粒に食塩を加え，練圧する．また，乳等省令による成分規定はないが，クリームに乳酸菌を添加して乳酸発酵させた発酵バターがある．主な製造の流れは前述したとおりだが，クリームに乳酸菌を添加し発酵させた後，チャーニングを行う．乳酸菌による発酵が進むことで，製造した発酵バターの酸味や，ジアセチル香，アセトイン香が強くなる．乳酸菌による発酵については，後述のD．発酵乳とチーズを参照されたい．

c．アイスクリーム類

アイスクリーム類は「乳またはこれらを原料として製造した食品を加工し，または主要原料としたものを凍結させたものであって，乳固形分3.0%以上を含むもの（発酵乳を除く）」と定義され，アイスクリーム，アイスミルク，ラクトアイスの3種類に分類される．乳等省令の成分規格では，アイスクリームは乳固形分が15.0%以上，うち乳脂肪分が8.0%以上，細菌数（標準平板培養法で1gあたり）100,000以下，大腸菌群陰性と定義されている．ただし，発酵乳または乳酸菌飲料を原料として使用したものにあっては，乳酸菌または酵母以外の細菌数が100,000以下と定義されている．アイスミルクは，乳固形分10.0%以上，うち乳脂肪分3.0%以上で，ラクトアイスは乳固形分3.0%以上と定義されている．アイスミルクおよびラクトアイスともに大腸菌群陰性，細菌数50,000以下で，発酵乳または乳酸菌飲料を原料として使用したものにあっては，乳酸菌または酵母以外の細菌数が50,000以下と定義されている．乳固形分が3.0%未満のものは氷菓といい，乳等省令では定義されていない一般食品に分類される．

アイスクリーム製造ではまず，牛乳やクリームなどの乳製品に甘味料，乳化剤などを混合し，ホモジナイザーで均質化を行い加熱殺菌する．このとき，クリーム製造と同様に，加熱することでリパーゼを完全に失活させる．原料を加熱後，ただちに冷却して凍結・硬化（フリージング）させる．フリージングでは，アイスクリームフリーザーを用いて混合した原材料を冷却し（−7〜−3℃），水分を凍結させながら撹拌する．このとき，気泡が混合した原材料にとり込まれることで容量が増加する．気泡の混入による容積量の増加率はオーバーランとよばれ，一般的には70〜100%である．フリージングは，氷晶，気泡，脂肪粒を均一に分布させ，アイスクリーム構造を形成する重要な工程である．フリージング後，−35℃以下に冷却・硬化され，製品となる．

B．濃縮乳関連

生乳，牛乳または特別牛乳を濃縮したものを「濃縮乳」という．乳脂肪分を除去した「脱脂濃縮乳」や，乳を乳酸菌で発酵させ，または乳に酵素もしくは酸を加えてできた乳清（ホエイ）を濃縮し，固形状にした「濃縮ホエイ」は濃縮乳関連乳製品である．乳等省令

で定められた成分規格は，「濃縮乳：乳固形分 25.5％以上，うち乳脂肪分 7.0％以上」「脱脂濃縮乳：無脂乳固形分 18.5％以上」で大腸菌陰性，細菌数（標準平板培養法で 1g あたり）100,000 以下と定められている．濃縮ホエイは，乳固形分 25.0％以上，大腸菌群陰性と定められている．

濃縮乳製造は，まず，製品規格に合わせて原料成分を標準化し，加熱して殺菌するとともに，原料中の酵素を失活させる．加熱された原料は，濃縮機で原料に含まれる水分を蒸発させることで濃縮される．濃縮乳は，アイスクリームや他の食品の副原料として利用されることが多い．

他の濃縮乳関連乳製品には，加糖練乳（生乳，牛乳または特別牛乳にショ糖を加えて濃縮したもの），加糖脱脂練乳（生乳，牛乳または特別牛乳の乳脂肪分を除去したものにショ糖を加えて濃縮したもの），無糖練乳（濃縮乳であって，直接飲用に供する目的で販売するもの），無糖脱脂練乳（脱脂濃縮乳であって直接飲用に供する目的で販売するもの）がある．加糖練乳は水分が少ないうえに，ショ糖が多く含まれていることから水分活性値（製品中の自由水の割合）が低く，微生物が生育しにくい状態となっている．無糖練乳および無糖脱脂練乳は，ショ糖を添加していないため加糖練乳よりも保存性は低く，直接飲用に供する目的で販売されるため，容器に入れた後に 115℃以上で 15 分間以上加熱殺菌することが義務づけられており，1g あたりの細菌数は 0 と定められている．

C. 粉乳関連

粉乳は，牛乳などの原料からほとんどすべての水分を除去し，粉末状にしたものである．粉乳関連製品として，「全粉乳（生乳，牛乳または特別牛乳を乾燥）」「脱脂粉乳（生乳，牛乳または特別牛乳の乳脂肪分を除去したものを乾燥）」「クリームパウダー（生乳，牛乳または特別牛乳の乳脂肪分以外の成分を除去したものを乾燥）」「ホエイパウダー（乳を乳酸菌で発酵させ，または乳に酵素もしくは酸を加えてできた乳清を乾燥）」「タンパク質濃縮ホエイパウダー（乳を乳酸菌で発酵させ，または乳に酵素もしくは酸を加えてできた乳清の乳糖を除去したものを乾燥）」「バターミルクパウダー（バターミルクを乾燥）」「加糖粉乳（生乳，牛乳または特別牛乳にショ糖を加えて乾燥または全粉乳にショ糖を加えたもの）」「調製粉乳（生乳，牛乳もしくは特別牛乳またはこれらを原料として製造した食品を加工し，または主原料とし，これに乳幼児に必要な栄養素を加え乾燥）」に分類される．ホエイパウダーとバターミルクパウダーは，それぞれチーズとバター製造から生み出される副産物であるホエイとバターミルクを利用して製造されたものである．乳児用調製粉乳は，その組成をヒトの母乳に近づけるため，アミノ酸類，ビタミン類，ミネラル類などの量を調整している．ヒトの母乳に比べて牛乳中に少ない成分として，ラクトフェリンがある．ラクトフェリンには殺菌作用などの有益な効果があるため，ラクトフェリンを増強している調製粉乳もある．また，腸内のビフィズス菌の生育を促すオリゴ糖が添加されている調製粉乳もある．逆に，ヒトの母乳に近づけるために栄養源を補填する一方で，アレルゲン性がありヒトの母乳には存在しない β-ラクトグロブリンを低減した調製粉乳も存在する．

粉乳製造では，水分除去工程が重要である．乳などの原料は，まず，濃縮装置で固形分濃度が 45％程度になるまで蒸発濃縮される．次いで，噴霧乾燥機に備えられた噴霧機で濃縮乳を乾燥室に噴霧し，熱風（130〜200℃）を乾燥室に送り込むことで濃縮乳を乾燥する．乾燥された粉乳は，粉乳粒子が集まった粒子集合体にするが（造粒），これは，形状と粒径の調整，および粉乳の溶解性や分散性などの向上を目的として行われる．この

ようにしてつくられた粉乳は,濃縮乳よりもさらに水分活性が少なく,微生物が非常に増殖しにくい状態となっており,長期保存が可能となる.

D. 発酵乳とチーズ
a. 乳酸菌

発酵乳とチーズのスターターとして用いられる乳酸菌は,乳凝固,風味,テクスチャーなど乳製品の品質に大きく影響する.乳酸菌は,消費したグルコース($C_6H_{12}O_6$)に対して50％以上の乳酸($C_3H_6O_3$)を生成し,乳酸を生成することが「乳酸菌」という名の由来である.乳中に含まれる乳糖(ラクトース)などの糖から乳酸を生成する乳酸発酵は,ホモ乳酸発酵とヘテロ乳酸発酵の2つに分類される.ホモ乳酸発酵をする乳酸菌として,*Lactococcus*属,*Streptococcus*属,*Enterococcus*属,*Pediococcus*属,*Vagococcus*属,*Lactobacillus*属の一部(*Lb. delbrueckii* subsp. *bulgaricus*,*Lb. helveticus*,*Lb. acidophilus*など)がある.一方,*Leuconostoc*属,*Oenococcus*属,*Weissella*属,*Carnobacterium*属,*Lactobacillus*属の一部(*Lb. casei*,*Lb. plantarum*,*Lb. fermentum*など)は,ヘテロ乳酸発酵をする乳酸菌である.

ホモ乳酸発酵では(図9.5),乳に含まれる乳糖(ラクトース:$C_{12}H_{22}O_{11}$)は,ラクトース-リン酸あるいはラクトースとして乳酸菌の菌体内にとり込まれ,1モルのラクトース(炭素数12)から4モルの乳酸(炭素数3)に変換される.ラクトース-リン酸としてとり込まれたものは,ホスホ-β-ガラクトシダーゼによってガラクトース-6-リン酸とグルコースに加水分解され(図9.5左側の代謝経路),ガラクトース-6-リン酸はタガトース-6-リン酸経路を経て解糖経路で乳酸へと代謝され,グルコースは解糖経路を経て乳酸へと代謝される.また,ラクトースとしてとりこまれたものは(図9.5右側の代謝経路),β-ガラクトシダーゼの作用を受けてグルコースとガラクトースに分解され,グルコースは解糖経路,ガラクトースはルロワール経路を経てグルコース-6-リン酸となり,解糖経路で乳酸に代謝される.

一方,ヘテロ乳酸発酵では(図9.6),1モルのラクトースから2モルの乳酸を生成する.菌体内にとり込まれたラクトースはガラクトースとグルコースに分解される.ガラク

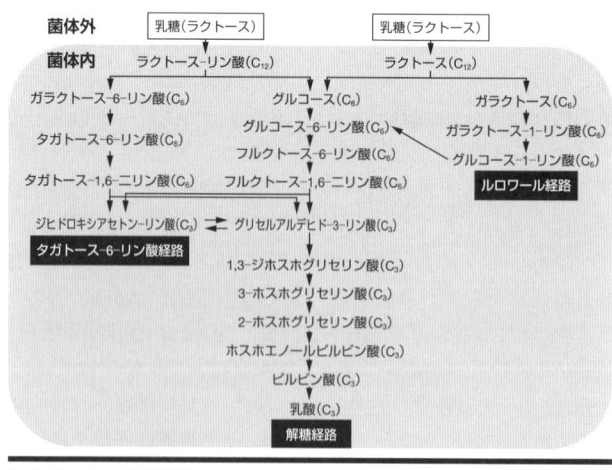

図9.5 ホモ乳酸発酵

Cの後の数字は炭素数を示す(例:C_{12}は炭素数12).

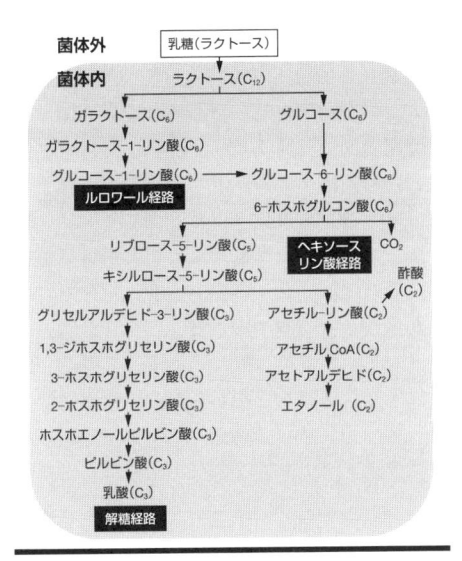

図9.6 ヘテロ乳酸発酵

Cの後の数字は炭素数を示す(例:C_{12}は炭素数12).

トースはルロワール経路を経てグルコース-1-リン酸となった後,右側の矢印でグルコース-6-リン酸となり,ヘキソースリン酸経路を経てキシルロース-5-リン酸と炭酸ガス(CO_2)へと変換される.キシルロース-5-リン酸はグリセルアルデヒド-3-リン酸とアセチル-リン酸へと変換され,前者はホモ乳酸発酵の場合と同様に,解糖経路を経て乳酸へと代謝され,後者は酢酸あるいはエタノールへと変換される.このように,乳酸菌の乳酸発酵によってラクトースが乳酸に分解されることで乳のpHが低下し,乳製品製造にとって重要な乳凝固が引き起こされ,乳製品の風味にも影響する.また,乳酸発酵とは別に,乳酸菌のもつクエン酸発酵能によって,原料乳中のクエン酸から,香気成分であるジアセチルおよびアセトインが生成される.

乳酸菌はラクターゼ(β-ガラクトシダーゼ)をもっているためラクトースを分解できるが,ラクターゼ活性が低下しているヒトの場合,ラクトースは消化されずに腸に残留し,他の腸内細菌によって異常発酵され腹痛が起きる,あるいは残留したラクトースを排出しようとして下痢の症状が起きる(このような症状は乳糖不耐症とよばれる).乳酸菌の乳酸発酵により乳中のラクトースは減少し,乳糖不耐症は起こりにくくなる(9.4.1項参照).

b. 発酵乳

発酵乳は「乳またはこれと同等以上の無脂乳固形分を含む乳等を乳酸菌または酵母で発酵させ,糊状または液状にしたものまたはこれらを凍結したもの」であり,ヨーグルトやケフィールなどが含まれる.発酵乳の成分規格は「無脂乳固形分8.0%以上,乳酸菌または酵母数(1 mLあたり)10,000,000以上,大腸菌群陰性」である.また,乳酸菌飲料は「乳等を乳酸菌または酵母で発酵させたものを加工し,または主要原料とした飲料(発酵乳を除く)」で,その成分規格は「無脂乳固形分3.0%以上,乳酸菌または酵母数(1 mLあたり)10,000,000以上,大腸菌群陰性」と定められ,乳酸菌または酵母数については,発酵させた後において,75℃以上15分間加熱するか,またはこれと同等以上の殺菌効果を有する方法で加熱殺菌したものは,この限りではないとされる.

ヨーグルト製造に使用される主な乳酸菌は,*Lactobacillus delbrueckii* subsp. *bulgaricus* (*Lb. bulgaricus*) や *Streptococcus salivarius* subsp. *thermophilus* (*S. thermophilus*) である.ただし,乳等省令では特に乳酸菌の種類は限定しておらず,上記2種以外にも,*Lb. acidophilus* やビフィズス菌などが用いられる.また,1種類の乳酸菌で発酵させるだけではなく,*Lb. bulgaricus* と *S. thermophilus* との共生関係を利用した混合スターターも用いられる.これは *Lb. bulgaricus* のプロテアーゼによるカゼイン分解で生じたペプチドやアミノ酸が *S. thermophilus* の生育を促進し,*S. thermophilus* の生成するギ酸は *Lb. bulgaricus* の生育を促進するという相互作用から成り立っている.

発酵乳の製造は，原料を混合・均質化し，殺菌して冷却後，乳酸菌スターターを添加し，容器に充填して発酵を行う．発酵では，乳酸発酵で生産された乳酸によって乳のpHが低下し，カード（凝固物）が形成される．カード形成後，冷却する．また，発酵後にカードを撹拌して破砕し，容器に充填する方法もある．発酵温度は，スターターの種類によるが，*Lb. bulgaricus*とS. *thermophilus*の混合スターターの場合は42～45℃となり，3～4時間でカード形成が起こる．発酵中に生成されるアセトアルデヒドはヨーグルトにとって重要な香気成分であり，*S. thermophilus*が生産する細胞外多糖は，ヨーグルトの粘性に影響する．近年では，これまでに選択されてきた発酵乳製造用スターターに加え，ヒトの健康によいとされるプロバイオティクス乳酸菌を添加した乳製品も多く開発されている（9.4.1項参照）．

c. チーズ類

「チーズ」は，ナチュラルチーズおよびプロセスチーズのことを示す．『乳等省令』の第2条17項においてナチュラルチーズとは「1. 乳，バターミルク，クリームまたはこれらを混合したもののほとんどすべて，または一部のタンパク質を酵素その他の凝固剤により凝固させた凝乳から乳清の一部を除去したものまたはこれらを熟成したもの」「2. 前号に掲げるもののほか，乳等を原料として，タンパク質の凝固作用を含む製造技術を用いて製造したものであって，同号に掲げるものと同様の化学的，物理的および官能的特性を有するもの」と定められ，成分規格の記載はない．プロセスチーズは「ナチュラルチーズを粉砕し，加熱溶融し，乳化したもの」と定義され，成分規格は「乳固形分40.0％以上，大腸菌群陰性」と定められている．

ナチュラルチーズの一般的な製造工程は，まず，原料乳を殺菌してチーズバットに移し，スターターとなる乳酸菌を入れる．短時間の乳酸発酵を行った後（通常30℃で発酵），酸度が0.22％程度になったら凝乳酵素を加えてカードを形成させる（酸度を上昇させることで凝乳を促進する）．このとき凝乳を促進するために塩化カルシウムを併せて添加する場合もある．次にカードナイフでカードを切断後，カードを収縮させるために加温（最終温度38℃程度，2～5分ごとに1℃昇温）しながら撹拌し（クッキング），乳清を除去する（シネレシス）．残ったカードを型詰めして成形し，圧搾して熟成させる．熟成期間はチーズの種類や熟成温度によって異なるが，超硬質タイプチーズ（グラナチーズ）の熟成期間は1年以上，硬質タイプチーズ（チェダーチーズ）では半年～1年程度である．チーズの種類によってスターターの種類もかわってくるが，中温性スターターである*Lactococcus lactis* subsp. *lactis*や*Lactococcus lactis* subsp. *cremoris*を用いることが多い．エメンタールチーズのように，高温（最高温度58℃）でカードを加熱する場合は，高温性スターターである*S. thermophilus*, *Lb. bulgaricus*, *Lb. helveticus*が用いられる．香気成分であるジアセチルおよびアセトインを生成する*Lactococcus lactis* subsp. *lactis* biovar *diacetylactis*や*Leuconostoc mesenteroides* subsp. *mesenteroides*は，クリームチーズやカッテージチーズのスターターとして用いられる．また，乳酸菌以外のスターターも多く存在し，エメンタールチーズ製造では乳酸菌とともにプロピオン酸菌が用いられ，カビタイプのチーズに用いられる青カビや白カビ，ウォッシュタイプチーズに用いられるリネンス菌などがある．

ナチュラルチーズ製造では，凝乳が重要な工程となる．凝乳には，レンネットという酵素剤が用いられるが，これはキモシンという凝乳酵素を主成分とする．キモシンは本来，子牛の第四胃から抽出されるが，微生物由来の凝乳酵素（微生物レンネット，ムコールレ

ンニン）がケカビの一種である *Rhizomucor miehei*（旧名：*Mucor miehei*）や *Rhizomucor pusillus*（旧名：*Mucor pusillus*）から発見され，キモシンと併用してチーズ製造に使用されるようになった．さらに，子牛由来キモシンを遺伝子組換え酵母やカビで合成・生産させる技術も生み出された．キモシンは，κ-カゼインのN末端から数えて105番目のフェニルアラニン残基と106番目のメチオニン残基を特異的に切断し，カゼインミセルの乳中での分散を不安定化することで凝乳を引き起こす．また，凝乳の進行は，原料乳の殺菌温度や Ca^{2+} 濃度なども関係する．チーズ製造での殺菌は一般的に，HTST法（72～75℃，15秒間）またはLTLT法（63～65℃，30分間）で行われるが，75℃程度で長時間加熱すると，κ-カゼインとβ-ラクトグロブリンが複合体を形成し，κ-カゼインがキモシンの作用を受けにくくなり，酵素反応が遅れ凝乳の遅延につながる．一方，非酵素反応として Ca^{2+} が乳凝固に寄与しているが，加熱することで Ca^{2+} が不溶化するため，不足分の塩化カルシウムを添加して凝乳を促進させる．

ナチュラルチーズ製造において，さまざまな酵素反応が乳成分を分解し，チーズをつくり上げている．乳酸菌によって乳糖が乳酸へと変換されるほか，乳酸菌およびレンネット・原料乳由来のプロテアーゼによって，乳タンパク質はペプチド，アミノ酸へと分解される．また，乳由来のリパーゼによって，脂肪はグリセロールと脂肪酸に分解される．グリセロールは甘みがあり，脂肪酸には酪酸，カプロン酸，カプリン酸などの香気成分が含まれる．脂肪分解は主に原料乳中のリパーゼによるものであるが，乳酸菌のもつリパーゼも脂肪分解に関与している．このようなタンパク質や脂肪の分解によって，チーズ特有の風味やテクスチャーが生み出されるため，乳酸菌スターターの選択がチーズの風味やテクスチャーを左右する．

乳酸菌などによって熟成が進行する一方，熟成中にスターター以外の微生物が増殖することがある．酪酸菌（*Clostridium* 属）は，熟成中に乳酸塩を発酵して酪酸を生成し，酪酸臭や風味異常が生じるほか，酪酸菌が生産するガスによってチーズにガスホールや亀裂が生じ，チーズの品質が損なわれる．また，他の食品と同様に，病原菌であるリステリア菌（*Listeria monocytogenes*）や黄色ブドウ球菌（*Staphylococcus aureus*）などに汚染されるおそれもあり，徹底した加熱殺菌・衛生管理が求められる．乳酸菌の役割は熟成だけではなく，乳酸によるpH低下や，乳酸菌が生産する抗菌物質によって有害微生物の生育を抑制する役割もある．

プロセスチーズは，単品あるいは数種類のナチュラルチーズを破砕し，乳化剤や香辛料を加えて加熱溶融後，型に流し込んでつくられたものである．原料に用いられるナチュラルチーズの風味はプロセスチーズの風味に大きく影響するため，原料の選択が重要であり，多くの場合は複数種類のナチュラルチーズが用いられる．プロセスチーズ製造では高温で加熱してナチュラルチーズを溶融するため，ナチュラルチーズの風味やテクスチャーを損なう欠点がある．一方，加熱することで酵素が失活し，乳酸菌が死滅しているために風味が変化しないことや，原料チーズの配分割合や乳化剤などで風味や物性を調整できるなどの利点がある．

9.2 食肉の構造・品質と加工品

9.2.1 食肉の構造
A. 食肉の種類と需給の現状

食肉とは，ウシ，ブタ，ヒツジ，ヤギ，ウマなどの家畜およびニワトリ，シチメンチョウ，アヒルなどの家禽から生産される畜肉および食鳥肉のことをいい，家畜・家禽の筋肉

そのものである．このため，由来する筋肉の構造や性質は食肉の品質に大きく影響を及ぼす．動物の筋肉はそれぞれの生態や形態，体の部位に応じて特性が異なり，一般に体格の大きい陸生動物は結合組織が発達している．またウシやブタでは，かた，ロース，ばら，ももなどの部位で結合組織の発達度が異なり，それが肉質にも影響を及ぼす．これらの部位の多くは複数の筋肉で構成され，それら筋肉の収縮特性や形状も肉質に影響を及ぼす．現在，日本人1人あたり年間約30 kgの肉類を摂取しており（平成23年度 国民健康・栄養調査結果から算出），その内訳は牛肉が20％，豚肉が40％，鶏肉が39％である（食料需給表，平成23年度概数）．食肉の供給量は，高度経済成長期の急速な需要増に伴い順調に伸びてきたが，1991年にはじまった牛肉の輸入自由化（関税化）などの影響により安価な輸入食肉の占める割合が増大してきた．現在の自給率は牛肉で40％，豚肉で52％，鶏肉で66％（重量ベース，食糧需給表，平成23年度）となっている．

B. 食肉の構造と性状

a. 化学的組成

食肉の成分組成は，おおむね水分65～75％，タンパク質20％，灰分1％，残りが脂質であり，一般に脂質の多い食肉はその分，水分が少ない（9.2.4項Aを参照）．タンパク質が多い一方，炭水化物は屠殺後の貯蔵過程で嫌気的解糖作用により分解されるため（9.2.2項で詳述）含量は1％未満と少なく，これが植物性食品と異なる特徴である．脂質の割合は，畜種，品種，部位によって大きく異なり，和牛ロースでは20％以上，鶏ささみでは1％未満の場合がある．

b. 組織学的性質

家畜・家禽の肉は横紋筋と平滑筋に大別される．横紋筋は骨格筋と心筋（心臓）を，平滑筋は腸や胃，血管，子宮など収縮性の中空器官の壁をそれぞれ構成する組織である．

食肉とは基本的に骨格筋のことをさすが，横隔膜など一部の骨格筋や平滑筋主体の組織を含む臓器類は畜産副生物として扱われる．

ⅰ）骨格筋組織

骨格筋は無数の筋線維とその間隙を満たす結合組織，血管，神経などからなる．黒毛和種牛などでは遺伝的特性から1つの筋組織内に大小の脂肪組織が混在しており，霜降りとよばれる脂肪交雑が形成される．骨格筋組織の構造は結合組織で補強されており，筋内膜，筋周膜，筋上膜，筋膜とよばれる膜が内側から順に筋線維を包むような構造をなしている（図9.7）．骨格筋組織の主体をなす筋線維は多核の細胞で，個体発生の過程で多数の筋芽細胞が融合して糸状に形成されたものである．細胞膜外層の基底膜で覆われた筋線維は，さらに外側を筋内膜，毛細血管や神経で覆われる．50～150本の筋線維が束ねられたものを第一次筋線維束とよび，この第一次筋線維束がさらに数十本集まって第二次筋線維束が形成される．筋線維束の周囲を覆うのが筋周膜であり，第一次および第二次筋線維束の

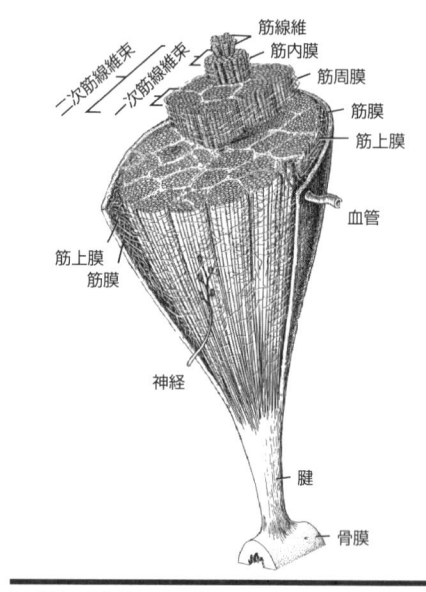

図 9.7 ● 骨格筋組織の構造

断面積の大小は，枝肉格付項目のひとつである"きめ"と関係がある．筋線維束の太さは，その骨格筋の運動量と発揮する力の大きさによって決まる．また，黒毛和種牛で筋肉内脂肪が沈着するのは筋周膜上である．筋線維束のさらに外層を覆うのが筋上膜である．この筋上膜は骨格筋間の隔壁になっており，この丈夫な筋膜を形成する．骨格筋組織の両端は結合組織が集束して強くしなやかな腱を形成し，骨膜につながっている．肉量が通常のウシに比べて増加するダブルマッスル現象は，筋芽細胞の増殖を抑制するマイオスタチン（ミオスタチン）の遺伝子変異のために筋細胞数が増大するものである．この現象は結合組織の変化や蓄積脂肪の減少を伴い，肉質にも影響を及ぼす．

ⅱ）筋線維とタンパク質成分

筋線維の内部ではタンパク質が規則的に配列された構造単位がくり返され，サルコメアとよばれる（図9.8）．サルコメアは骨格筋の収縮装置としての機能の最小単位であり，筋原線維ではこれが連続構造をとる．位相差顕微鏡下で筋線維を観察すると，明るく見える部分（Ⅰ帯）と暗く見える部分（A帯）のくり返しによる縞模様が認められ，横紋構造とよばれる．筋原線維タンパク質が骨格筋組織重量において占める割合はおおむね11%であり，筋漿タンパク質の6%，結合組織タンパク質の3%と比較して多い．このうち結合組織タンパク質の割合は骨格筋部位によって変動する．

筋原線維のA帯にはミオシン（骨格筋タ

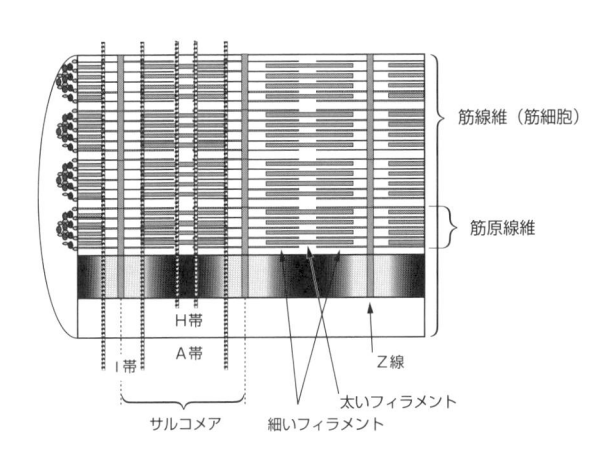

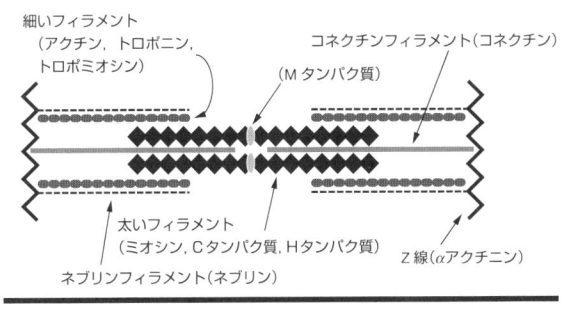

図9.8 ● 筋線維における筋原線維（上）とサルコメアの構造（下）
（　）内は各フィラメントの主要構成タンパク質．

ンパク質重量の43%）がCタンパク質（2%）およびMタンパク質（2%）に束ねられた太いフィラメントとアクチン（22%），トロポミオシン（5%），トロポニン（5%）を主要構成タンパク質とした細いフィラメントが存在する（図9.8）．I帯には細いフィラメントだけが存在する．この細いフィラメントはI帯を二分するZ線でつなぎとめられており，Z線から相対する方向に伸びている．Z線はサルコメアを仕切る構造であり，その主要タンパク質がαアクチニン（2%）である．トロポミオシンやトロポニンはCa^{2+}依存的にミオシンとアクチン間の相互作用を調節する調節タンパク質である．筋原線維にはこれら収縮および調節タンパク質のほか，コネクチン（10%）やネブリン（5%）のようにフィラメント間の構造維持や収縮時の弾性に寄与する構造タンパク質も存在する．コネクチンは現在知られているタンパク質のなかでもっとも分子量が大きい，太いフィラメントをZ線につなぐタンパク質として存在する．骨格筋の収縮は，ATP存在下で筋小胞体から放出されるCa^{2+}が細いフィラメント上のトロポニンに結合することで生じる．このとき，ATP分解活性をもつミオシンとアクチン間の相互作用が弱まり，太いフィラメントと細いフィラメントが互いの隙間に入り込むことで筋原線維が収縮する．

筋線維の細胞質に存在する水溶性のタンパク質を筋漿タンパク質とよぶ．筋漿タンパク質には酸素結合性のミオグロビンや解糖系酵素のクレアチンキナーゼ，グリセルアルデヒド-3-リン酸デヒドロゲナーゼなど非常に多くの種類がある．ミオグロビンは食肉の色素成分であり，その酸化還元状態が食肉・食肉加工品の色調においてきわめて重要である（9.2.3項Dで詳述）．また，解糖系酵素の活性は屠畜後に起こる急激なpH低下（9.2.2項で詳述）において重要であり，食肉の保水性などの品質に大きく影響を及ぼす．

iii）脂肪組織

脂肪組織は疎性結合組織であり，脂肪細胞が集まって構成されている．脂肪組織が貯蔵する脂肪は蓄積脂肪とよばれ，組織脂肪と区別される．脂肪組織は皮下脂肪，腎周囲脂肪，腹腔内脂肪，筋間脂肪として特定の体の部位に沈着し，畜種，性別，月齢，栄養状態によって大きく変動する．筋間脂肪は骨格筋組織間に分布し，ばらやロースなどのような部位でよくみられる．黒毛和種牛を肥育した際に筋線維束間の結合組織に沈着する筋肉内脂肪の含量と分布は，脂肪交雑として牛枝肉の格付に大きく影響する（9.2.3項Cで詳述）．近年，ブタにおいても脂肪交雑が比較的多い豚肉が生産されている．

脂肪組織に蓄積される脂質の大部分は中性脂質である．中性脂質のほとんどは脂肪酸3分子とグリセロール1分子がエステル結合してできるトリアシルグリセロールとして存在する．一般に，家畜の脂肪組織でみられる主な脂肪酸のうち，飽和脂肪酸であるパルミチン酸を多く含む牛肉脂肪の融点は比較的高く，リノール酸を多く含むブタやニワトリの脂肪では低い．脂肪交雑の多い黒毛和種牛肉では一般に穀物多給で肥育するため，粗脂肪含量が高く，そのうちオレイン酸の割合が50%程度も占めることから，他品種の牛肉に比べて脂肪の融点が低い傾向がある．

組織脂肪は組織における細胞構造や膜機能の維持に重要な役割を担う脂質であり，リン脂質やコレステロールが含まれる．蓄積脂肪とは異なり，飢餓時にエネルギー源として消費されることはない．

iv）結合組織

骨格筋組織のうち，筋線維以外の間質の大部分を結合組織が占める．骨格筋に存在する結合組織は筋内膜，筋周膜，筋上膜とよばれ，骨格筋組織の形状を保持するとともに，腱を通じて収縮時に発生する張力を骨格に伝える役割を果たしている．結合組織タンパク質の

多くは線維状で弾性をもち，ネットワーク構造を形成している．筋膜は部分肉を整形する際に除去されることが多いため，食肉の食感に関与するのは筋内膜および筋周膜である．骨格筋を構成する結合組織の質と量は月齢や部位により大きく異なる．コラーゲンの分子間架橋が家畜の加齢に伴い増加することで網目構造が不溶性になるため，老齢の家畜からとれる食肉は若齢家畜に比べてかたい．また，運動量の多い四肢の骨格筋では結合組織が発達するため，その食肉はヒレやロースに比べてかたい．

骨格筋組織における結合組織タンパク質の主体は多数のコラーゲン分子であり，なかでも 3 本の棒状ポリペプチド鎖による三重螺旋構造をとる I 型コラーゲンの含量は食肉のかたさに影響する．コラーゲン分子のアミノ酸組成は約 1/3 がグリシンであり，プロリンやヒドロキシプロリンも多いのが特徴的である．コラーゲン含量は可溶化の性質から中性塩可溶性，酸可溶性，不溶性の 3 種に大別できる．コラーゲンは加熱するとさまざまな長さの水溶性ゼラチンへと分解され，このゼラチン化のためにすね肉のようなかたい部位でも長時間の加熱調理によってやわらかくなる．骨格筋を構成する結合組織タンパク質にはコラーゲンのほか，エラスチン，プロテオグリカン，ラミニンやフィブロネクチンなどが存在する．

c．生理学的特性と肉質

骨格筋（食肉）組織構造の基本単位である筋線維は，その生理学的特性から遅筋型と速筋型に大別される．遅筋型は比較的遅い速度で収縮し，好気的代謝経路により収縮がくり返される持続的な運動に適している．速筋型は嫌気的代謝により比較的速い速度で収縮する．個々の骨格筋は家畜の成長過程で体の位置に適した運動特性を獲得し，その際に遅筋型と速筋型筋線維の最適な構成割合をもつ筋線維集合体を構築する．ミオシン，トロポニン，トロポミオシンなどの筋原線維タンパク質については遅筋型または速筋型の亜型（アイソフォーム）が存在し，筋線維内部ではその部位に最適な運動特性を発揮するために最適な亜型が発現する．筋漿タンパク質については，遅筋型筋線維でミオグロビンが多い一方，速筋型筋線維ではエノラーゼ，アルドラーゼなどの解糖系酵素が比較的多い．このため筋線維型は屠畜後の pH 低下に影響を及ぼす（9.2.2 項 A で詳述）．また，遅筋主体の骨格筋では速筋主体の骨格筋に比べ保水性が高く，またミオグロビンが多いため赤色度が強いことがわかっており，筋線維型の構成は死後変化を通じて肉質にさまざまな影響を及ぼす．

9.2.2　骨格筋から食肉への変換
A．骨格筋の死後変化

陸上で生活する家畜および家禽の骨格筋は，鮮度を重視する魚とは異なり，食用に供するには屠殺後一定期間の熟成（貯蔵）により物性を改善することが必要である．骨格筋から食肉への変換過程で，その物性は死後硬直時にもっともかたくなり，その後の熟成過程で軟化する．

a．死後硬直

家畜の屠殺から一定時間が経過すると，骨格筋は骨格や隣接部位による物理的制約を受けながら収縮のピークを迎えかたくなる．この過程が死後硬直であり，死後の動物骨格筋に特有の現象である．生きた骨格筋細胞ではグリコーゲン分解にはじまる嫌気的解糖作用および解糖系産物であるピルビン酸の好気的代謝である TCA サイクルにより ATP が産生され，これが消費されて運動が行われる．屠殺後は呼吸が停止し酸素供給が断たれるとともに，新たなグリコーゲンの合成も起こらないことから，解糖作用によるグリコーゲンの消費のみが進行する．好気的代謝である TCA サイクルも停止するため，ピルビン酸

から乳酸が生成し，これが筋肉内に蓄積される．このため屠殺直後よりpHは7付近から徐々に低下し，最終的にウシやブタで5.5程度となる．最終的に到達するpHを極限pHとよぶ．pHの低下により筋小胞体による細胞質からのCa^{2+}回収能が低下するとともにATP産生能も低下する．細胞質に過剰に存在するCa^{2+}がトロポニンに結合することで筋原線維は残存するATPを消費し生筋同様に収縮する．やがて収縮した状態でグリコーゲンがすべて消費されATPが新たに供給されなくなると，ミオシンはアクチンと結合したまま解離しなくなり，骨格筋は全体として伸長性を失ったかたい状態（死後硬直）となる．屠殺から死後硬直までの時間は条件によって異なるが，ウシで24時間，ブタで12時間，ニワトリで2時間程度である．死後硬直時のpH低下速度と極限pHは保水性など食肉の品質に影響を及ぼす．

b. 異常肉の発生

死後硬直現象に関与する酵素に遺伝子変異などがある場合，PSEやDFDなど，品質に問題のある異常肉が発生することがある．PSE豚肉（むれ肉）では，屠体の温度が高い状態のまま極限pHに達することから多くのタンパク質が変性し，肉色が淡く（pale），肉質はやわらかく（soft），保水性低下のため液汁が滲出しやすい（exudative）．PSEの原因のひとつとしてはリアノジンレセプター遺伝子の変異が知られている．PSE肉は多汁性に劣り，加工にも精肉にも適さない．DFD牛肉では，屠殺前の絶食や運動によるグリコーゲンの消費で極限pHが6以上となるため，肉色が暗赤色で（dark），保水性が高いために肉質が締まり（firm），肉表面が乾いた状態（dry）になる．DFD肉はpHが比較的高いため微生物で汚染されやすく，暗い色調という面もあって一般に好まれない．

c. 食肉の熟成

死後硬直を起こした骨格筋を放置しておくと，死後硬直の完了後に解硬または硬直融解とよばれる軟化がはじまり，熟成とよばれる過程に入る（図9.9）．この過程は死後硬直の逆反応ではなく，もとの生筋の状態には戻ることはない．熟成ではCa^{2+}依存性プロテアーゼのカルパインなどが活性化され，食肉のかたさに寄与する筋原線維タンパク質などが分解されるとともにZ線が脆弱化し，筋原線維が断片化し軟化が進む．なかでもトロポニンTは熟成中の分解が顕著なため，トロポニンT断片の生成量は熟成の指標となる．同時にタンパク質分解が進むことで味に関係するアミノ酸やペプチドが増加する．また，ATPの分解によりうま味成分のひとつであるイノシン酸も増加する．筋原線維タンパク質に比べ，コラーゲンなどは10日間程度の熟成では分解されず，筋周膜など結合組織の脆弱化は3週間程度の長期熟成で観察される．熟成による食肉中のアミノ酸やイノシン酸などの物質変動はもとの骨格筋固有の収縮や代謝の特性を反映しており，部位によって異なる．遅筋主体の骨格筋は速筋主体の骨格筋に比べて屠殺後の乳酸産生量が低いため，ブタでは極限pHが遅筋主体の骨格筋では5.8程度であるのに対して速筋主体の骨格筋では5.5程度と低い．

食用とするために必要な熟成期間は畜種により異なる．硬直の80％が解けるのに必要

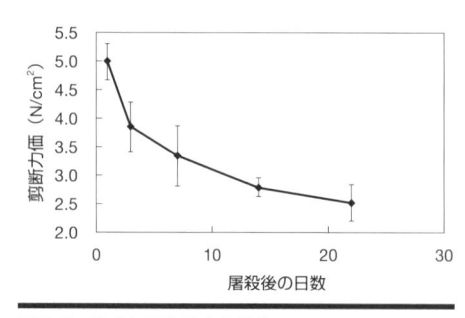

図 9.9 ● 熟成に伴う牛肉の軟化

ウシの腰最長筋を2℃で貯蔵し，Warner-Bratzler型剪断力測定装置により測定．

な期間は，温度が1℃の場合で，最大硬直期が比較的遅いウシでは10日間，ブタでは5日間，ニワトリで0.5日間である．現在，消費される食肉のほとんどが解硬後に部分肉として真空包装されて熟成に入るが，これをウエットエイジングとよぶ．銘柄牛肉などでは，品質向上を図って1か月以上の長期熟成を行うこともある．牛肉の長期熟成にはウエットエイジング法のほかに，温度や湿度，空気循環などの条件を管理する好気的なドライエイジング法がある．脂肪交雑のある牛肉では，赤味と脂肪の共存と好気的な条件の下，熟成中に微生物による作用で特有の熟成香が生成する．

9.2.3 食肉の流通・格付と品質評価
A. 食肉処理
　食肉は家畜もしくは食鳥より，屠殺および解体処理を経て生産される．屠殺は『と畜場法』(昭和28年法律第114号)に定められた措置をもって，同法施行令および施行規則に示された設備ならびに衛生管理のもとに行う必要がある．『と畜場法』が対象としている家畜は「牛，馬，豚，めん羊および山羊」の5種であり，これらを同法では獣畜とよぶ(第3条)．また，と畜場は，生後1年以上のウシもしくはウマまたは1日に10頭を超える獣畜を屠殺し，または解体する規模を有する一般と畜場と，それ以外の簡易と畜場に分類されている．

　食鳥については『食鳥処理の事業の規制及び食鳥検査に関する法律』(平成2年法律第70号)に定められた措置をもって，同法施行規則に定められた衛生管理および検査のもとに行う必要がある．同法が対象としている食鳥は「鶏，あひる，七面鳥」である(第2条)．食鳥処理とは食鳥を屠殺し，およびその羽毛を除去することとともに，屠体の内臓を除去することをさし，これらを行う施設を食鳥処理場とよぶ．

B. 食肉の流通
a. 食肉の流通形態
　食肉はほとんどの場合，枝肉，部分肉および精肉といった形態で流通する．

ⅰ）枝肉
　ウシ，ブタ，ウマ，ヒツジ，ヤギを屠畜したのちに内臓を除去し，脊椎の部分で左右に二分割したものを枝肉とよぶ．ウシ，ブタの枝肉は，十分冷却された状態で格付に供される(9.2.3項Cで詳述)．また，ウシ，ブタについて競りにかける場合は，枝肉の状態で競りにかけられ，価格が付与される．

ⅱ）部分肉
　枝肉は，ウシにおいては牛部分肉取引規格，ブタにおいては豚部分肉取引規格に基づいて分割および除骨・整形される．このように分割・整形されたものを部分肉とよぶ．ウシについては表9.5のように大分割，小分割ならびに整形が行われ，13種の部分肉に調製される．ブタについては表9.5のように分割および整形が行われる．

ⅲ）精肉
　部分肉を消費段階に適したスライス，角切り，ミンチなどの直接調理できる形態に調製したものを精肉とよぶ．小売店において，食肉は多くの場合精肉として販売される．テーブルミートともよばれる．部位表示は食肉小売品質基準により，ウシおよびブタについては表9.5に示すように部分肉を細分し表示が行われる．

ⅳ）鶏肉の場合
　食用のニワトリである食鶏については，食鶏取引規格ならびに食鶏小売規格により処理および表示される．食鶏を放血および脱羽したものを屠体，屠体から腎臓を除く内臓と総排泄腔，気管および食道を除去したものを中ぬきとよぶ．中ぬきは頭やあし，頸皮の処理によってⅠ～Ⅴ型の5種類に分類される．屠体もしくは中ぬきから解体して調製されたものを解体品と総称し，表9.6のような主品目，

表 9.5 ● 牛および豚枝肉の部分肉取引規格による分割・整形および品質基準による部位表示

牛			豚			
部分肉取引規格		小売品質基準	部分肉取引規格			小売品質基準
大分割	小分割	部位表示	分割	整形	細分	部位表示
まえ	かた	牛かた	かた	うで	うで	豚ネック,豚かた
	すね	牛すね			かたばら	豚ばら
	かたばら	牛ばら		かたロース	かたロース	豚かたロース
	かたロース	牛かたロース	ロース	ロース	ロース	豚ロース
	ネック	牛ネック	ばら	ばら	ばら	豚ばら
ともばら	ともばら	牛ばら	もも	もも	うちもも	豚もも
ロインおよびもも	ヒレ	牛ヒレ			しんたま	
	リブロース	牛リブロース			そともも	豚そともも
	サーロイン	牛サーロイン	ヒレ	ヒレ	ヒレ	豚ヒレ
	うちもも	牛もも				
	しんたま					
	らんいち	牛らんぷ				
	そともも	牛そともも				
	すね	牛すね				

〔牛部分肉取引規格,豚部分肉取引規格,食肉小売品質基準〕

副品目ならびに二次品目が得られる.

b. トレーサビリティ

日本における牛海綿状脳症(BSE)の発生に対応し,その蔓延防止を図るため,牛肉については『牛の個体識別のための情報の管理及び伝達に関する特別措置法』(平成15年法律第72号)に基づきトレーサビリティ制度が運用されている.本制度により,国内で産まれたすべてのウシと輸入牛に10桁からなる個体識別番号が印刷された耳標が装着され,出生から屠殺までの飼養地などがデータベースに記録される.また,枝肉,部分肉,精肉と加工され流通する過程で仕入れの相手先などが帳簿に記録・保存されることとなっている.飼養地等の記録は個体識別番号に基づき,インターネットを通じて閲覧可能である.豚肉および鶏肉については,法律面での規定はなされていないものの,ガイドラインが制定されており,自主的にとりくむことが可能な状況となっている.

C. 格付

食肉は一定の規格により格付が実施され,これらに基づき取引などが行われる.

a. 牛枝肉の格付

牛枝肉の格付は,牛枝肉取引規格により行われる.格付の対象は腎臓と腎臓脂肪を残した冷却枝肉であり,また子牛の枝肉には適用しない.格付は枝肉を第六肋骨と第七肋骨の間で平直に切り開いたものの歩留および肉質についてそれぞれ等級づけすることで行われ,最終的に歩留等級と肉質等級の併記により格付けされる(表9.7).格付結果は等級印および瑕疵印として枝肉表面に捺印される.

ⅰ)歩留等級

歩留等級は,枝肉切開面における胸最長筋面積,「ばら」の厚さ,皮下脂肪の厚さ,冷と体重量から歩留基準値を求め,この値に基づきA,BおよびCの3区分に等級づけされる.歩留は区分Aがもっとも高く,区分Cがもっとも低い.また,筋間脂肪が厚い場

表 9.6 ● 鶏肉の解体品

解体品	主品目	骨つき肉	手羽類	手羽もと,手羽さき,手羽なか,手羽はし
			むね類	骨付きむね,手羽もと,つきむね肉
			もも類	骨付きもも,骨付きうわもも,骨付きしたもも
		正肉類		むね肉,もも肉,正肉,特製むね肉,特製もも肉,特製正肉
	副品目			ささみ,ささみ(すじなし),こにく,かわ,あぶら,もつ,きも,きも(血ぬき),すなぎも,すなぎも(すじなし),がら,なんこつ
	二次品目			手羽なか半割り,ぶつ切り,切りみ,ひき肉

〔食鶏小売規格〕

表 9.7 ● 牛枝肉の格付

		肉質等級				
		1	2	3	4	5
歩留等級	A	A1	A2	A3	A4	A5
	B	B1	B2	B3	B4	B5
	C	C1	C2	C3	C4	C5

〔牛枝肉取引規格〕

合や「もも」の厚みに欠ける場合は,歩留基準値による区分よりも1等級下に格付けできる.

ⅱ) 肉質等級

肉質等級は,枝肉切開面における脂肪交雑,肉の色沢,肉の締まりおよびきめ,脂肪の色沢と質の4項目をそれぞれ5区分の等級で評価し,項目別等級のうちもっとも低いものがその枝肉の肉質等級となる.肉質等級は5がもっとも高く,1がもっとも低い.脂肪交雑,肉色,脂肪色についてはそれぞれ脂肪交雑基準(ビーフ・マーブリング・スタンダード,B.M.S,十二段階),牛肉色基準(ビーフ・カラー・スタンダード,B.C.S,七段階),牛脂肪色基準(ビーフ・ファット・スタンダード,B.F.S,七段階)とよばれるシリコン樹脂製の基準モデルに基づき目視で判定される.B.M.S.については,シリコン樹脂モデルにおいてはいわゆる「小ザシ」(細かい脂肪交雑)が加味されていないことから,2008年以降はシリコン樹脂モデルに加えて「小ザシ」を加味した各等級の写真を作成し,脂肪交雑等級判定の適用基準の明確化が図られている.

ⅲ) 瑕疵

牛枝肉における瑕疵は,等級とは別途判定され表示される.瑕疵は「多発性筋出血(シミ)」「水腫(ズル)」「筋炎(シコリ)」「外傷(アタリ)」「割除(カツジョ)」の5種類および「その他」に分類される.

b. 豚枝肉の格付

豚枝肉の格付は,豚枝肉取引規格により行われる.格付の対象は皮はぎ,湯はぎの冷却枝肉または温枝肉であり,品種,年令,性別にかかわらず適用する.牛枝肉と異なり枝肉の切開は行わない.格付は最終的に特上,上,中,並の4区分に等級づけされるが,これら等級に該当しないものや,外観,肉質,脂肪質が特に悪いもの,異臭があるもの,割除部が多いもの,汚染が著しいものなどは等外とされる.格付結果は等級印として枝肉表面に

捺印される.

ⅰ）重量および背脂肪厚,外観

枝肉の半丸重量と第九～第十三胸椎関節部直上における脂肪厚の関係からまず等級が判定される.この基準は皮はぎと湯はぎについて別々に規定されている.次いで外観として均称,肉づき,脂肪付着,仕上げについて,それぞれ極上～並の4区分に等級づけされる.

ⅱ）肉質

上記の等級判定に次いで,肉質として肉の締まりおよびきめ,肉の色沢,脂肪の色沢と質,脂肪の沈着について,それぞれ極上～並の4区分に等級づけされる.肉色および脂肪色については豚肉色基準（ポーク・カラー・スタンダード,P.C.S,六段階）および豚脂肪色基準（ポーク・ファット・スタンダード,P.F.S,四段階）とよばれるシリコン樹脂製の基準モデルが定められている.

ⅲ）瑕疵

牛枝肉格付規格と異なり,豚枝肉格付規格では瑕疵を独自に判定しないが,既述したように,質が特に悪いものや割除,汚染などについては格付そのものを等外と判定することで対応している.

c. 食鶏の取引規格

食鶏については,3か月齢未満の食鶏である「若どり」の屠体および中ぬきについて,食鶏取引規格に示された品質標準に基づいて格付が行われる.いずれにおいても項目は形態,肉づき,脂肪のつき方,鮮度,筆羽・羽毛,外傷等,異物の付着,異臭により判定されるが,中ぬきの場合はこれに水切りが加わる.これら項目により,屠体および中ぬきのいずれについても,A級もしくは格外の2区分のいずれかに格付けされる.「若どり」以外の,3か月齢以上5か月齢未満の「肥育鶏」,5か月齢以上の「親おす」「親めす」については,上記品質標準は適用されない.

d. 海外における格付

海外においても食肉に関する格付制度が運用されている.ここでは代表例としてアメリカおよびオーストラリアについて述べる.

ⅰ）アメリカ

アメリカにおいては,農務省（USDA）により牛枝肉,豚枝肉,羊枝肉についてそれぞれ格付規格が運用されている.牛枝肉においては肉質等級と歩留等級がそれぞれ定められている.肉質等級においては,椎骨や肋骨の形状,赤身肉の色およびきめから判定される成熟度（maturity）と脂肪交雑の組み合わせにより等級づけされる.歩留等級においては,皮下脂肪厚,腎臓,骨盤および心臓に付着した脂肪,ロース芯面積および温屠体重から係数が求められる.

ⅱ）オーストラリア

オーストラリアにおいては,Meat Standard Australia とよばれる規格で格付が行われる.これは豪州食肉生産者事業団により運用されており,畜種,性別,月齢といったウシの生体時の情報や,発育度,熟成期間,肉色,脂肪色,脂肪交雑等の肉質により等級付けされる.最終的には部分肉の段階で,格付および最適な熟成期間がラベルとして表示される.このように,部位ごとに熟成期間も含めて格付および表示する点が本規格の特徴といえる.

D. 品質とその評価法

食肉の品質には,栄養素の給源としての品質（一次機能）,官能特性（二次機能）,生体調節機能（いわゆる機能性,三次機能）があるが,本項目では二次機能に属する品質について述べる.栄養については9.2.4項を,生体調節機能については9.4.2項をそれぞれ参照されたい.官能特性を構成する要素には,食肉の格付や購入時に影響を及ぼす色調と,実際に喫食した際に感じる食感,味,香りがある.

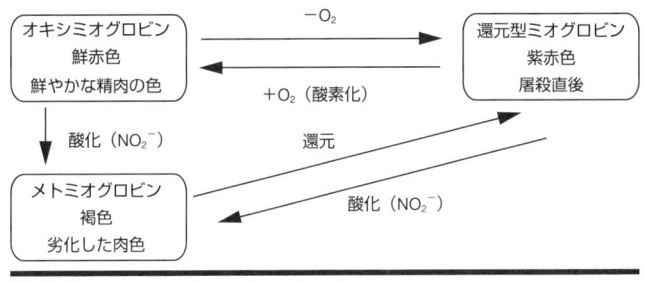

```
オキシミオグロビン   ─O₂ →   還元型ミオグロビン
鮮赤色          ←         紫赤色
鮮やかな精肉の色  +O₂(酸素化)  屠殺直後
```

図9.10 ● ミオグロビンの反応経路と呈色

（※図中の反応：酸化(NO₂⁻)→メトミオグロビン（褐色、劣化した肉色）、還元、酸化(NO₂⁻)）

a. 色調

肉色は，格付において重要な要素であるとともに，消費者の嗜好にも影響を及ぼす．肉色を形成する主な因子はミオグロビンであり，これらが空気中の酸素と反応することでさまざまな化学種に変化する（図9.10）．メトミオグロビンが増加すると肉色は茶褐色となり，メトミオグロビン割合が30％を超えると消費者の購入意欲が減少すると報告されている．肉色および脂肪色は表面の反射スペクトルにより測定され，その表現には$L^*a^*b^*$表色系が用いられる．

b. 食感

食感は，食肉の嗜好性において重要な要素である．食肉の食感においては，主にやわらかさとジューシーさ，脂肪の融解性が重要と考えられている．やわらかさの機器分析には，ワーナー・ブラツラー剪断力価の測定が多く用いられる．これは，内部温度が72℃になるまで加熱した食肉サンプルを直径0.5インチの円柱状に調製し，これをV字型の治具を用いて筋線維に垂直に剪断した際の最大応力を測定するものである．ジューシーさの指標には加熱損失や加圧保水性，圧搾肉汁率などが用いられる．脂肪の融解性は脂肪酸組成による影響が大きく，一般的に不飽和脂肪酸が多いほど融点が低く，溶けやすい．ブタにおいては特に給与飼料の影響を受けやすいことがよく知られている．融解性の機器分析としては，ガラス製キャピラリー中に充填した脂肪を水中で昇温させ上昇融点を求める方法が多く用いられる．

c. 味

食品の味は，基本的には五基本味とよばれる酸味，甘味，塩味，苦味およびうま味で構成されると考えられており，食肉においてはこれらのうちうま味と酸味が重要と考えられている．食肉のうま味においては，アミノ酸であるグルタミン酸ならびに核酸であるイノシン酸の両うま味物質が重要と考えられている．これらうま味成分濃度は熟成により増加し（9.2.2項），食肉らしい味の発現を担っていると考えられている．また，少なくとも鶏肉については，鶏肉らしい味の発現においてグルタミン酸が必須であることが明らかとなっている．酸味については死後硬直の過程で生成する乳酸が主にもたらしている．これらのほかにも食肉らしい味の化学的因子として，加熱により生成する「こく」や「あつみ」を呈する成分や，熟成により生成する酸味抑制ペプチドの存在が明らかにされている．

d. 香り

食肉の香りは，生鮮香気と加熱香気に大別して考えられている．生鮮香気には酸臭や血液臭が含まれる．揮発成分としてはカルボニル化合物が同定されているが，これらが生鮮香気に及ぼす影響は明らかではない．加熱香気は，加熱条件により100℃以下で生成するボイル肉香気と100℃を超える温度で生成するロースト肉香気がある．これらに動物特異

臭が加わり，加熱肉の香りとして感じられると考えられている．加熱香気は含硫複素環式化合物，メイラード反応産物，アルデヒド類，ケトン類，ラクトン類など多くの成分により形成される．これら香気は熟成により変動する．

動物特異臭はヒトが食肉を食べたときの畜種の判別に用いられている．食肉を食べたときに畜種間の違いとして感じられる官能的因子は味であると考えられがちであるが，実際には，食肉を咀嚼する際に動物特異臭が鼻腔に抜けて口中香として感じられ，これに各畜種に独特な食感が加わることで，畜種間の違いとして認知されている．

食肉の不快臭（オフフレーバー）としては，性臭，糞臭，酸化臭などが知られている．性臭としては，未去勢の雄豚におけるボア臭がよく知られ，これはアンドロステノンが寄与している．酸化臭は脂質過酸化により生じるカルボニル化合物などによるもので，加熱肉を再加熱することで生じるウォームド・オーバー・フレーバーがよく知られる．酸化臭の生じやすさの指標としてはチオバルビツール酸法による脂質過酸化物（TBARS値）が多く用いられる．また，牧草を給与した家畜の食肉においてはパストラルフレーバーとよばれる香りが生じることがあり，これは不快臭に分類されている例が多い．

9.2.4 食肉の栄養
A. 食肉の化学組成
食肉の主要な成分は水分とタンパク質，脂質，無機質，炭水化物である．表9.8に主要な食肉の化学組成を示す．

B. 食肉の栄養学的性質
三大栄養素のうち，食肉の主要な栄養成分はタンパク質と脂質である．食肉では，屠殺後にグリコーゲンが分解されるため（9.2.2項），炭水化物の給源としての意味は小さい．また，無機質および一部のビタミンについては，食肉は良好な給源である．

a. タンパク質
タンパク質は食肉成分のおおよそ20％を占めるが，脂肪含量の多寡によってその割合は異なる．タンパク質の栄養学的な性質はアミノ酸組成で決まるが，代表的な食肉タンパク質のアミノ酸組成は表9.9のとおりである．FAO/WHO/UNU評点パターンから計算した場合，牛サーロインおよび豚ロース（いずれも脂身なし）においては制限アミノ酸はなくアミノ酸スコアは100であり，タンパク質の優れた給源といえる．

b. 脂質
脂質は食肉成分のなかで含量の変動が大きい成分である．食肉における脂質としては，主に皮下脂肪と筋肉内脂肪を考えればよい．脂質のほとんどはトリアシルグリセロールであり，ほかにコレステロールと脂溶性ビタミンを含む．トリアシルグリセロールの栄養学的な特性は脂肪酸組成による（表9.10）．食肉中の脂質において，多くの場合，もっとも割合が高いのはオレイン酸であり，次いでパルミチン酸，ステアリン酸などが多い．ブタやニワトリにおいてはリノール酸の割合も高い．ブタやニワトリの場合は給与飼料中の脂肪酸組成が比較的反映されやすいが特徴である．

c. 無機質
食肉はカリウム，リン，ナトリウムなどの無機質を含む（表9.11）．食肉中の鉄はミオグロビンに含まれるヘム鉄である．鉄の吸収率は，非ヘム鉄が5％程度であるのに対し，ヘム鉄は20％程度とされており，このことから食肉は鉄の良好な給源である．また，肝臓は亜鉛を多く含み，良好な給源である．

d. ビタミン
食肉は動物の筋肉組織であることから，動物が生きるために必要なビタミンを含むが（表9.11），食品としては特に水溶性のビタミンB群の給源としての特徴をもつ．なか

でも豚肉はビタミンB_1を牛肉の10〜20倍も含んでおり，重要な給源である．また，肝臓はビタミンB類やビタミンAおよびDのよい給源である．

表9.8 ● 食肉の主要成分

			可食部100gあたりのg数				
			水分	タンパク質	脂質	炭水化物	灰分
うし	和牛肉	サーロイン 赤肉，生	55.9	17.1	25.8	0.4	0.8
	乳用肥育牛肉	サーロイン 赤肉，生	68.2	21.1	9.1	0.6	1.0
	輸入牛肉	サーロイン 赤肉，生	72.1	22.0	4.4	0.5	1.0
ぶた	大型種肉	ロース 赤肉，生	70.3	22.7	5.6	0.3	1.1
にわとり	若鶏肉	もも 皮なし，生	76.8	18.5	3.9	0.0	1.0

〔日本食品標準成分表2010〕

表9.9 ● 食肉のアミノ酸含量

			可食部100gあたりのmg数														
			イソロイシン	ロイシン	リジン	含硫アミノ酸	芳香族アミノ酸	トレオニン	トリプトファン	バリン	ヒスチジン	アルギニン	アラニン	アスパラギン酸	グルタミン酸	グリシン	プロリン	セリン
うし	和牛肉	サーロイン 皮下脂肪なし，生	55	99	110	48	88	56	13	58	47	74	70	110	180	51	47	48
	乳用肥育牛肉	サーロイン 皮下脂肪なし，生	52	93	100	47	86	52	14	57	47	78	71	110	180	67	54	46
ぶた	大型種肉	ロース 赤肉，生	53	95	100	47	89	55	14	57	53	76	69	110	180	57	48	48
にわとり	若鶏肉	もも 皮なし，生	54	95	100	46	88	55	14	56	48	78	69	110	180	57	47	50

〔日本食品標準成分表2010〕

表 9.10 ● 食肉の脂肪酸含量

			可食部 100 g あたりの mg 数					
			パルミチン酸	ステアリン酸	パルミトレイン酸	オレイン酸	リノール酸	α-リノレン酸
うし	和牛肉	サーロイン赤肉,生	5,900	2,300	1,100	12,000	540	27
	乳用肥育牛肉	サーロイン赤肉,生	2,300	1,000	330	3,800	330	14
	輸入牛肉	サーロイン赤肉,生	1,000	500	140	1,700	62	25
ぶた	大型種肉	ロース赤肉,生	730	390	94	1,500	300	10
にわとり	若鶏肉	もも皮なし,生	790	250	200	1,400	410	14

〔日本食品標準成分表 2010〕

表 9.11 ● 食肉の無機質およびビタミン含量

			可食部 100 g あたりの mg 数									
			無機質						ビタミン			
			ナトリウム	カリウム	カルシウム	リン	鉄	亜鉛	A(レチノール当量)	D	B_1	B_{12}
うし	和牛肉	サーロイン赤肉,生	42	260	4	150	2.0	4.2	2	0	0.07	1.4
	乳用肥育牛肉	サーロイン赤肉,生	60	340	4	190	2.1	3.8	5	0	0.07	0.9
	輸入牛肉	サーロイン赤肉,生	48	360	4	190	2.2	3.9	4	0	0.06	0.8
		肝臓,生	55	300	5	330	4.0	3.8	1,100	0	0.22	52.8
ぶた	大型種肉	ロース赤肉,生	48	360	5	210	0.7	1.9	4	0.1	0.80	0.3
		肝臓,生	55	290	5	340	13.0	6.9	13,000	1.3	0.34	25.2
にわとり	若鶏肉	もも皮なし,生	50	220	9	150	2.1	2.3	17	0	0.10	0.6

〔日本食品標準成分表 2010〕

9.2.5 畜産副産物
A. 定義と分類
　家畜生体から枝肉を生産した残りを畜産副産物とよぶ．畜産副産物には原皮が含まれるが，原皮以外の畜産副産物を畜産副生物とよぶ．畜産副生物は可食臓器類と非可食臓器類に分類される．原皮は皮革生産に供される（9.5節参照）．

B. 畜産副生物
a. 可食臓器類
　畜産副生物のうち「モツ」「ホルモン」などと一般的によばれる可食部については可食臓器類と分類され，バラエティーミート，ファンシーミートなどとも呼称される．これらには臓器のみではなく，実際にはホホニク，ハラミといった，枝肉には含まれない骨格筋も含まれている．可食臓器類については，ウシは26部位，ブタは22部位について可食副生物小割整形処理基準に基づき名称が定められている．なお，ウシについては，脳・眼球を含む頭蓋部（舌と頬肉を除く），脊髄，背根神経節，および回腸遠位部（盲腸との接合部分から2 mまでの部分）を特定危険部位とよび，これらはBSEの原因となる異常プリオンが蓄積されやすいことから食用や工業用原料として供されることなく全量が焼却処分される．

b. その他の畜産副生物
　可食臓器類以外の畜産副生物としては，非可食臓器類や脂肪骨，血液などがある．

C. レンダリング
　畜産副生物を処理して油脂を製造することをレンダリングとよぶ．レンダリングの主な生産物は食用油脂と工業用・飼料用油脂である．ウシ，ブタ，家禽の部位を考慮した新鮮な脂肪を生脂とよび，これを原料としたレンダリング生産物が食用油脂となる．一方，骨・内臓を原料とした油脂を骨油とよび，工業用や飼料用の原料となる．また，油脂を除去した残渣の代表的な製品が肉骨粉である．レンダリングにおいては『食品衛生法』（昭和22年法律第233号）と『化製場に関する法律』（昭和23年法律第140号）が規制法である．化製場とは獣畜の肉，皮，骨，臓器などを原料として皮革，油脂，にかわ，肥料，飼料その他を製造するために設けられた施設とされており，このためレンダリング施設も化製場に分類される．死亡獣畜のうち家畜伝染病獣畜については，『家畜伝染病予防法』の規定によりレンダリングでは処理しない．

9.2.6 食肉加工および加工品とその品質
A. 食肉製品の分類
　食肉を原料とする食肉加工品のうち，ハム・ソーセージ・ベーコンその他これに類するものが食肉製品とよばれ，そのまま食することができるように製造されたものが多い．豚肉で製造されるものが一般的だが，牛肉や鶏肉などを用いることもある．原料肉を肉塊のままでつくる製品（ハム，ベーコンなどの単味品）と，細切した原料肉を混ぜ合わせてつくる製品（ソーセージ類，プレスハム）に大別される．『農林物資の規格化及び品質表示の適正化に関する法律（JAS法）』（昭和25年法律第175号），おける品質表示基準ならびに公正競争規約において，日本における食肉製品の名称とその定義がなされている．一方，食品衛生的観点から，現行の『食品衛生法』では4つに分類され，製法や保存温度などが規定されている（表9.12）．

B. 加工技術と原理
a. 塩漬
　塩漬とは「食肉を食塩，発色剤等を加え低温で漬け込みを行うこと（公正競争規約）」で，食肉製品の加工においてもっとも重要な工程のひとつである．本来は塩蔵による保蔵効果が主であるが，後述の結着性や保水性の発現，色調や風味，食感の改善などをもたらす．食塩と発色剤（亜硝酸塩，硝酸塩）のほかに，必要に応じて調味料や香辛料，糖類，結着増

表9.12 ● 食品衛生法に基づく食肉製品の分類

分類	製造基準概要	保存基準	製品例
乾燥食肉製品	水分活性が0.87未満となるまで乾燥するもの	常温	ドライソーセージ、ジャーキーなど
非加熱食肉製品	食塩と亜硝酸塩の添加が規定され、低温で乾燥・燻煙するもの	4℃以下または10℃以下、または常温*	生ハム、セミドライソーセージなど
特定加熱食肉製品	肉塊を原料とするもので、中心部を60℃で12分間またはこれと同等以上加熱するもの	4℃以下または10℃以下	ローストビーフなど
加熱食肉製品	中心部を63℃で30分間またはこれと同等以上加熱するもの	10℃以下または常温	ロースハム、ソーセージ、プレスハムなど

＊：製品の水分活性およびpHにより異なる．

強剤などを加えた塩漬剤を、肉塊に直接すり込んだり（乾塩漬法）、塩漬剤を溶かした溶液（塩漬液、ピックル）に原料肉を漬け込んだり（湿塩漬法）、塩漬液を強制的に注入したり（注入法）して行われる．

b. 肉挽き・細切・混和

ソーセージで主に行われる工程である．肉挽き機（チョッパー、グラインダー）を用いて挽き肉を得る工程に続いて、香辛料や脂肪などを混ぜ合わせるには、ボウルカッター（サイレントカッター）を用いてさらに細切しながら行ったり、ミキサーを用いて細切しないで行うこともある．

c. 充填・結紮

充填機（スタッファー）を用いて、肉塊や練り肉（ソーセージエマルジョン）をケーシングとよばれる天然腸や人工の筒状のものに詰める作業を充填という．人工ケーシングには、セルロース、セロハン、ビニールなどでつくられる非可食性ケーシングと、コラーゲンでつくる可食性ケーシングがある．また、クリップを用いたり、製品どうしで両端を縛る操作を結紮という．

d. 燻煙

もともとは、不完全燃焼して発生した木材の煙成分を製品に付着させ、保存性を高めるための保蔵法のひとつであった．しかし、近年では低温流通が発達したために、保蔵よりも特有の風味づけに主眼が置かれている．針葉樹では樹脂が多くススがつきやすいため、サクラやナラ、ヒッコリーなどの広葉樹が一般に用いられる．木材の乾留によって調製した燻液を用いる促成法（液燻法）もある．

e. 加熱

製品の殺菌と、塩漬で溶出した塩溶性タンパク質による加熱ゲルを形成させることが目的である．加熱食肉製品では、食品衛生法により製品の中心温度が63℃で30分間、もしくはそれと同等以上の加熱が定められている．実際には結合組織の過剰な熱収縮による風味の劣化を避けるため、70〜75℃程度の温度条件で長時間加熱することが一般的である．近年では湯煮よりもスモークハウス内で燻煙と蒸煮を連続的に行うことにより省力化が図られている．

f. 冷却・包装

加熱後、速やかに冷却して適切な包装材で包装することにより、微生物の付着と増殖を防ぐ．現在では、防湿性や熱接着性に加えて、ガスバリア性や保香性、光線遮断性、強靭性、耐熱性などを有する多層構造のプラスチックフィルムが包装材に多く使用されている．酸化や退色などの品質劣化を起こす酸素や紫外線を遮断できるように、これらの包装材を用いて真空包装やガス置換包装などを行うことにより保存性の向上と賞味期限の延長が可能

となった.

C. 食肉製品の製法

a. ハム類

JAS法に基づくハム類の製造工程を図9.11に示す. 加熱ハムと非加熱ハムで大きく製法が異なるが, 前述の加工技術を組み合わせて製造されており, 塩漬は必須の工程である. 各製造工程は, 食品衛生法の製造基準において厳しく決められている. 加熱ハムでは原料肉の部位により名称が異なる. ハムとは後肢をさすことから, 海外では豚の大腿部（もも）の肉塊を原料とするが, 日本では形態的に単一の肉塊でつくられたものをさすことが多く, ロースハムが7割以上を占める.

b. ベーコン類

図9.12に示すように, JAS法におけるベーコン類は, 整形した原料豚肉を塩漬して燻煙したものと定義されて加熱は必須ではない. ただし, 食品衛生法による分類に応じて, 決められた製造基準で製造されるが, 加熱されたものが多い. 原料肉の部位によって名称は異なるが, 豚ばら肉でつくられたものを単にベーコンとよぶ.

c. ソーセージ類

挽き肉にした原料肉を調味料・香辛料で調味して練り合わせて, ケーシングなどに充填したものに, 燻煙や加熱, 乾燥などの加工を組み合わせて施した食肉製品で, その種類は

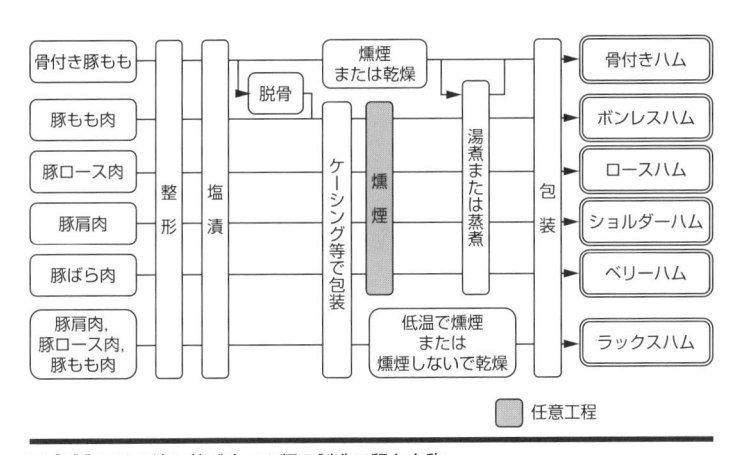

図9.11 ● JAS法に基づくハム類の製造工程と名称

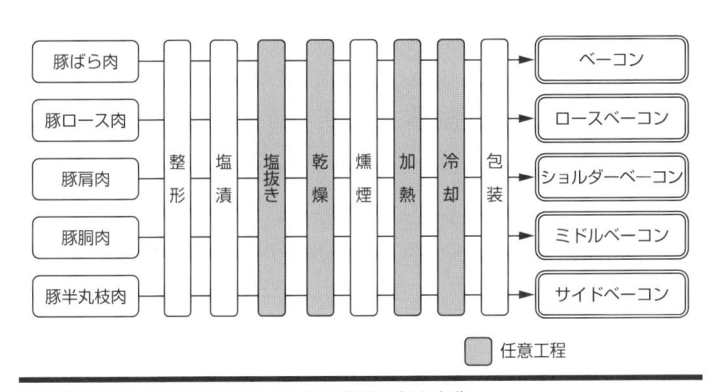

図9.12 ● JAS法に基づくベーコン類の製造工程と名称

きわめて多い．JAS法でも11種類が定義されているが，日本で製造・消費されている約7割がウィンナーソーセージとよばれる，羊腸もしくは太さ20 mm未満のケーシングに充填したソーセージである．太さで規定しているのは日本独自の規格であり，製品の太さが20 mm以上36 mm未満もしくは豚腸に詰められたものをフランクフルト・ソーセージ，36 mm以上もしくは牛腸に詰められたものをボロニアソーセージと規定している．また，乾燥の程度により，ドライソーセージ（水分35％以下）やセミドライソーセージ（水分55％以下），塩漬していない無塩漬ソーセージ，レバーを加えたレバーソーセージやレバーペーストなどがある．

d. プレスハム

塩漬した肉塊につなぎを加えて調味料や香辛料で調味して充填し，燻煙や加熱処理を施したもので，ハムとソーセージの中間的なものである．日本で開発された独自の製品で，JASではつなぎの割合が20％以下で，各々の肉塊は10 g以上でなければならないと定められている．JASに適合しないものは公正競争規約においてチョップドハムと称される．

e. その他

ローストビーフは，ミオグロビンなどの肉色素タンパク質が熱変性しない温度で加熱調理されることが特徴で，通常の加熱条件より温和な条件の特定加熱食肉製品（食品衛生法）の基準で製造される．

特別な生産や製造方法を特徴とする特定JAS規格において，熟成ハム類，熟成ベーコン類，熟成ソーセージ類の規格がある．原料肉を低温で一定期間以上（ハム類：7日，ベーコン類：5日，ソーセージ類：3日）塩漬することを特徴とし，これにより特有の風味を十分に醸成させる．

D. 食肉製品の品質

a. 結着性・保水性

挽き肉や肉小塊に塩を加えて撹拌すると粘性が生じ，加熱すると互いに接着して弾力性を示すようになる．これはミオシンなどの筋原線維タンパク質が加塩により可溶化されて加熱ゲルを形成するためで，結着性とよばれる．結着性の良否は食肉製品の品質と密接な関係がある．

また，形成された加熱ゲルは網目構造をしており，そのなかに水や脂肪を保持して，やわらかくジューシーな食感をもたらすことができる．さらに，加塩によって筋原線維タンパク質の見かけ上の等電点が移動し，お互いの反発力が高まり，タンパク質の周囲に水分子を保持できるようになる．これらの性質を保水性とよび，結着性と同様に食肉製品の品質を左右する．

低温流通の整っていない時代では，死後硬直前の食肉で食肉製品をつくっていたため，食塩のみで十分の結着性が発生した．しかし，現在のように死後硬直を経た食肉ではアクチン-ミオシン間の硬直結合が形成されているため，食塩によるミオシンの溶出が制限される．また，近年の減塩嗜好から食塩の使用量も減り，塩溶性タンパク質の溶出量が減少し，結着性や保水性の低下が避けられない．硬直結合を解離させる働きのある結着増強剤（ポリリン酸塩）を使用することにより，ミオシンの抽出効率が飛躍的に増加して結着性・保水性が増強される．

b. 発色

塩漬剤から発生した一酸化窒素が，ミオグロビンのヘム鉄に配位することにより，安定なニトロシルミオグロビンを形成する．ニトロシルミオグロビンは生ハムなどの非加熱食肉製品の色調の主体である．ニトロシルミオグロビンは加熱しても，一酸化窒素が配位して鉄の電荷が二価のままの変性グロビンニトロシルヘモクロムとなり，加熱食肉製品特有

の美しい色調を呈する．

　一方，パルマハムなどの発色剤を用いない非加熱食肉製品中では，亜鉛プロトポルフィリンIXが形成されて，製品の色調に大きく寄与することが明らかにされたが，その形成機構については不明なところが多い．

c. 風味

　発色剤（亜硝酸塩や硝酸塩）の作用により，食肉製品は独特な好ましい風味が醸成される．さらに，塩漬した食肉では加熱後のヘム鉄の電荷が二価のまま維持されるため，三価鉄による酸化の触媒作用を抑え，脂質の酸化に伴う不快臭の発生などを抑制することができる．

d. 保存性

　もともと保蔵食品から派生した食肉製品では，さまざまな保蔵法を組み合わせてつくられているため保存性の向上が期待できる．特に乾燥食肉製品や非加熱食肉製品に分類されるものの多くは塩分含量の高いものや乾燥されたものであるため，保存性に優れたものが多い．しかし，減塩嗜好と低温流通のために食塩添加量も減少しており，あまり保蔵効果を期待できない．一方，発色剤の亜硝酸塩は，致死率の高い食中毒菌であるボツリヌス菌に対して，芽胞の発芽と増殖に強い抑制作用がある．

E. 食肉製品の規格基準

　食肉製品の規格基準には『食品衛生法』に基づいて食品衛生にかかわる規格基準と『JAS法』に基づく JAS 規格（日本農林規格）とよばれる品質規格がある．

a. 食品衛生法に基づく規格基準

　食品一般の規格基準に加え，食肉製品の規格基準として「成分規格」「製造基準」ならびに「保存基準」が食品衛生法において定められている．それぞれの規格基準には「一般規格（基準）」と「個別規格（基準）」があり，前者はすべての食肉製品が守るべき規格基準で，後者は表 9.12 の食肉製品群の製品特性や食品衛生的観点に応じてそれぞれ細かく設定されている．成分規格の一般規格において，食肉製品中の残存亜硝酸根（1 kg につき 0.070 g を超えてはならない）が定められている．個別規格では，乾燥食肉製品に水分活性の規定がある以外は，すべて微生物規格で，大腸菌，大腸菌群，クロストリジウム属菌および黄色ブドウ球菌の 5 種類の微生物が製品特性や製造法に応じて組み合わせて設定されている．

b. 日本農林規格（JAS 規格）

　JAS 規格は飲食料品等が一定の品質や特別な生産方法でつくられていることを保証するもので，食肉製品では，品位，成分，性能等の品質について基準を定めた一般 JAS 規格のものが多い．前述のように，製造工程で熟成を行う特定 JAS 規格とよばれる規格もある．食肉製品の一般 JAS 規格では，ベーコン類やハム類，プレスハム，ソーセージ，混合ソーセージ，ハンバーガーパティ，チルドハンバーグステーキならびにチルドミートボールの 8 種類に規格がある．そのうち品質に幅がある製品では特級，上級，標準などに等級区分されている．品質基準の項目は種類によって若干異なるが，品位とよばれる官能的評価に加えて，粗タンパク質含量，水分含量，デンプン含有率，使用原料肉，食品添加物やその他の使用原材料などが規定されている．しかし，製造技術の進歩や消費者の信頼，製品の多様化も相まって JAS 格付数量は近年低下している．

9.3　卵および卵製品の品質と機能

　食としての卵の歴史は古く，ニワトリの飼育は今から 8500 ～ 9000 年前にはじまったといわれている．紀元前 27 年から約 300 年間続いた古代ローマ帝国では，食用卵を生産する養鶏業者が現れ，オムレツなどの卵料理も開発され，その時代のフルコースは卵には

じまりリンゴで終わったと伝えられている．日本では，江戸時代後期から卵の利用が庶民に広まり，1784年には卵料理を103種類も紹介した『万宝料理秘密箱（別名：たまご百珍）』が出版されている．

明治時代には商業的採卵養鶏がはじまった．「巨人・大鵬・卵焼き」は高度経済成長期を代表する言葉であるが，日本の卵の消費量は，経済成長とともに伸び，1965年頃から世界有数の卵消費国になった．そして，現在も年間1人あたり約330個と日本の卵消費量は世界トップクラスである．

卵はおいしさもさることながら，栄養価が高く，起泡性や加熱凝固性や乳化性などの食品物性機能を有し，世界中で消費されている．近年の鶏卵生産は，システム化が進み，世界の生産量は1990年から2007年までの17年間で，世界人口の増加とともに3520万tから6260万tとなり78%もの増産となっている．一方，近年の日本の鶏卵生産量は年間約250万t（約400億個）で推移し，これは中国の約1800万t，アメリカの約480万tに次ぐ世界第3位である．

日本の卵の消費形態は約50%がパック卵として家庭で消費され，約30%が業務用として流通し，外食産業やコンビニの弁当や惣菜などに利用されている．そして，残りの約20%が割卵されて，卵白や卵黄あるいは全卵などの液卵やそれらを乾燥した粉末卵などに加工され，多くの加工食品に利用されている．

9.3.1 卵の成分とその組成
A. 卵の構造とその成分

卵の構造を図9.13に示す．卵の重量は鶏種や日齢で変動（40〜80 g）するが，一般的な白色レグホーン種の平均卵重は約66 gで，その構成比は卵殻部が約10%，卵白部が約60%，そして卵黄部が約30%である．

a. 卵殻部の構成と成分

卵殻部は外側からクチクラ，卵殻，卵殻膜からなる．クチクラは新鮮卵の卵殻表面を覆っている糖タンパク質の膜（厚さ0.01〜0.05 mm）で，親鳥が排卵時に卵殻表面についた粘液が乾燥したものである．その主な役割は卵内への微生物の侵入防止である．卵殻は主として炭酸カルシウムからなる多孔質で，卵の中身を保護している．その厚さは平均0.20〜0.35 mmで，鶏種や日齢，季節や飼育条件などで若干異なる．卵殻には直径15〜65 μmの気孔が，7,000〜17,000個/m^2もあり，孵化時には胚へのガス交換が行われている．卵殻膜は厚さ20 μmの内膜と50 μmの外膜の2層からなり，その90%は繊維状のタンパク質で，脂質と糖質がそれぞれ2〜3%ずつ含まれている．なお，産卵時

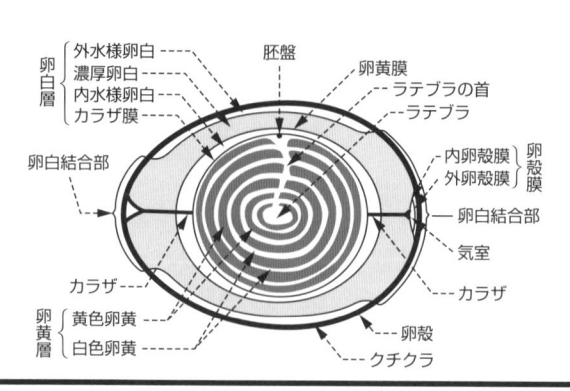

図9.13● 卵の構造

に輸卵管内と外界の温度差で卵の内容物が収縮するが，そのとき気孔の多い卵殻鈍端部から，空気が内外卵殻膜の間に入り気室が形成される．気室は，鶏卵の保存日数とともに卵内の水分が蒸発するので大きくなり，鶏卵の鮮度判定にも使われている．

b. **卵白部の構成と成分**

卵白は外水様卵白，濃厚卵白，内水様卵白の3層およびカラザからなる．新鮮卵を割卵すると外水様卵白が広がり，濃厚卵白が内水様卵白と卵黄を閉じ込めた状態でゲル上に盛り上がる．新鮮な鶏卵ほど濃厚卵白の盛り上がりが高く，その高さが鶏卵鮮度の尺度（ハウユニット）となっている．濃厚卵白も水様性卵白も水分が約90%，タンパク質が10%，炭水化物が0.4%で，脂質は含まれない．それぞれのタンパク質の組成も，オボムチン以外は，ほぼ同じでオボアルブミンが54%，オボトランスフェリンが12%，オボムコイドが11%と続く（表9.13）．

オボムチンは卵白タンパク質の約3.5%を占める巨大な糖タンパク質で，繊維状の構造体がゲルを形成し，特に卵白の粘稠性に関与する．濃厚卵白のオボムチン含量は水様性卵白の含量より約2倍多い．カラザのタンパク質の約半分はオボムチンで，その粘稠な繊維構造を形成している．卵黄の表面はカラザ層で覆われ，その両端からカラザコードが卵殻の鋭端部と鈍端部まで伸びて固定されている．このカラザと濃厚卵白の存在により，卵黄は常に卵の中心に保持されている．

c. **卵黄部の構成と成分**

卵黄は半透明の卵黄膜に覆われ，卵白と仕切られている．卵黄膜はそれぞれ厚さ約 $4\,\mu m$ の内層と外層の2層構造で，その成分組成はタンパク質82%，糖質17%，脂質0.9%で，糖はすべてタンパク質と結合している．卵黄膜の内側には直径 $2\,mm$ 程度の白い斑点があり，これが有精卵では胚盤（無精卵では卵核）である．卵黄は外側から中心に向かっ

表 9.13 ● 主要な卵白タンパク質の性質と特徴

名称	含量(%)	分子量	アミノ酸残基数	等電点	糖含量(%)	N末端アミノ酸	特徴
オボアルブミン	54	45 kDa	385	4.9	3	Ac-Gly	リン酸化タンパク質
オボトランスフェリン	12	77 kDa	683	6.1	2	Ala	別称コンアルブミン，金属イオン，特に鉄と強く結合
オボムコイド	11	28 kDa	185	4.1	22.0	Ala	トリプシシン阻害活性
G_2 グロブリン	4	49 kDa	—	5.5	5.6	—	起泡性に関与
G_3 グロブリン	4	49 kDa	—	4.8	6.2	—	起泡性に関与
オボムチン	3.5	180〜720 kDa	2,108 (α)	5	15 (α) 50 (β)	Met	シアル酸含有糖タンパク質，粘稠性
リゾチーム	3.4	14.3 kDa	129	10.7	0	Lys	溶菌性
オボインヒビター	1.5	49 kDa	447	5.1	6	Val	トリプシシン阻害活性
オボグリコプロテイン	1	30 kDa	—	4.4	16	—	シアル酸含有糖タンパク質
オボフラボプロテイン	0.8	32 kDa	219	4	14	Pyro-Glu	リボフラビン結合性
オボマクログロブリン	0.5	162×4 kDa	1,437×4	4.5	9	Lys	別称オボスタチン，プロテアーゼ阻害活性
アビジン	0.05	68.3 kDa	128×4	10	8	Ala	ビオチン結合性
シスタチン	0.05	12.7 kDa	116	5.1	0	Ser (Gly)	チオールプロテアーゼ阻害

て白色卵黄層（厚さ 0.3 ～ 0.4 mm），黄色卵黄層（厚さ約 2 mm）がくり返しみられ，中心には比重の高いラテブラが存在する．生命の発生の場である胚盤は，そのラテブラと白色卵黄でつながっている．そのため，卵が回転しても比重の違いにより，常に胚盤が上向きになり親鳥の体温が直接伝わりやすくなっている．

卵黄は水分約 50％，タンパク質約 17％，脂質約 30％からなる．脂質はタンパク質と複合体を形成し，リポタンパク質として存在する．また，卵黄は構造的に不均質であり，超遠心分離をすると，約 4：1 の割合で，上澄（プラズマ）と沈殿（グラニュール：顆粒）に分けられる．両者のタンパク質組成は異なり，それぞれ水溶性タンパク質とリポタンパク質からなる複雑な構成である．表 9.14 に主要な卵タンパク質とその特徴を示す．

d. 卵の脂質成分とその特徴

卵の脂質含量は約 30％で，そのほとんどがリポタンパク質のかたちで卵黄に存在する．卵黄脂質の主要な成分は，中性脂質（65％）とリン脂質（30％）とコレステロール（4％），その他はカロテノイドや色素などが少量含まれている．卵黄脂質の脂肪酸組成は，オレイン酸（C18：1）が 41.4％ともっとも多く，次いでパルミチン酸（C16：0）が 25.2％，リノール酸（C18：2）が 15.8％，ステアリン酸（C18：0）が 8.6％，パルミトオレイン酸（C16：1）が 2.2％，アラキドン酸（C20：4）が 1.8％，ドコサヘキサエン酸（DHA）（C22：6）が 1.4％と続く．脂肪酸組成は飼料によって著しく変動する．特に不飽和脂肪酸を多く含む油脂を飼料に加えた場合は，DHA などの不飽和脂肪酸の含量が高くなる．

表 9.14 ● 主要な卵黄タンパク質の種類と特徴

	存在区分	組成（％）	分子量		特徴
低密度リポタンパク質（LDL）	プラズマおよび顆粒	65.0	10,300 kDa （LDL1） 3,300 kDa （LDL2）		脂質含量は約 90％，アポタンパク質としてアポビテレニン I-VI がある
リポビテリン（高密度リポタンパク質 HDL）	顆粒	16	400 kDa	（α, β-リポビテリン，2 量体として）	脂質含量は約 25％，アポタンパク質の分子量は 125, 80, 40, 30 kDa
リベチン	プラズマ	10	80 kDa	α-リベチン	血清アルブミンと同じ
			40 kDa, 42 kDa	β-リベチン	ビテロゲニンの C 末端・断片
			180 kDa	γ-リベチン	IgY（血清 IgG に相当）ともよばれる
ホスビチン	顆粒	4	33 kDa, 45 kDa		もっともリン酸化されているタンパク質のひとつ
卵黄リボフラビン結合タンパク質	プラズマ	0.4	36 kDa		卵白フラボプロテインや血清リボフラビン結合タンパク質と類似
その他	主にプラズマ	4.6			ビオチン結合タンパク質，チアミン結合タンパク質，ビタミン B_{12} 結合タンパク質，レチノール結合タンパク質，卵黄トランスフェリンなど

中性脂質は，卵が孵化する過程で主にエネルギー源となる．リン脂質とコレステロールは，雛(ひな)の体細胞や脳神経細胞の細胞膜（リン脂質二重層）の構造をつくる主成分となる．卵黄リン脂質は，その84％がホスファチジルコリン（PC），12％がホスファチジルエタノールアミン（PE），2％がスフィンゴミエリン（SM），2％がリゾホスファチジルコリン（LPC），その他で構成されている．卵黄リン脂質は高い乳化特性をもち，化粧品や医薬品などに利用されている．また，その生理的効果として，血清脂質代謝の改善（コレステロール，中性脂肪の上昇抑制），動脈硬化の予防，肝臓脂質代謝（脂肪肝）の改善，脂溶性ビタミンの吸収促進効果などが注目されている．

e. 卵のコレステロールについて

コレステロールは動物の神経組織に多く存在し，ステロイドホルモン（性ホルモンや副腎皮質ホルモンなど）や胆汁酸の原料としても重要な必須成分である．卵はもっともコレステロールを多く含む食品（250 mg/卵）である．卵黄コレステロールの約85％が遊離型で約15％がエステル型のコレステロールである．

1968年にアメリカ心臓協会が動脈硬化による心疾患との関係で，コレステロールの多い卵の摂取制限（週に3個まで）とした．その結果，ノンコレステロールという言葉が世界に広まり，アメリカの卵の消費は激減した．しかし，長年にわたる疫学研究の解析により，卵の摂取が心疾患のリスクを高めるものではないことが証明され，2002年にアメリカ心臓協会も卵の摂取制限を撤回した経緯があり，卵の消費も徐々に回復してきた．

f. 卵の糖質

糖質は卵に0.3％含まれ，その多くは卵白中に溶けているグルコースである．卵の調理や加工時に，このグルコースによるアミノカルボニル反応で褐変することがある．それを防止するため，特に卵白粉末の製造時には酵母菌や微生物あるいはグルコース酸化酵素などで脱糖することが行われている．

g. 卵のビタミン

卵のビタミン（表9.15）は，脂溶性ビタミンのみならず，その大部分が卵黄に局在している．ビタミンCは含まれず，ナイアシンとビタミンB_6の含量も少ないが，これ以外のビタミンについては日本人の食事摂取基準2010年版の推奨量・目安量の値と比較すると，卵1個で摂取できるビタミンの量は1日の必要量の10〜20％である．卵のビタミン含量は飼料の影響を受けて変わる．特に脂溶性ビタミンや色素は卵黄に移行しやすいので，商品価値を高めるためにビタミンを強化した卵が生産されている．

h. 卵のミネラル（無機質）その他

ミネラルのほとんどは卵殻に含まれ，その95％は炭酸カルシウムである．卵白や卵黄中のミネラル含量は少ない（表9.15）．孵化時には，卵白・卵黄中のカルシウム濃度が低く，胚の骨の形成には不足する．しかし，胚の発生の途中で骨格の形成がはじまる頃，血管が伸びて卵殻に達し，そこからカルシウムを吸収し骨形成に利用する．その結果，卵殻は薄くなり，孵化のときに雛は殻を破って出やすくなる．

卵黄カロテノイドはすべて飼料に由来し，卵黄の黄橙色はこの色素による．卵黄の色を濃厚にするためには，キサントフィルのルテインやゼアキサンテンなどを多く含む緑葉が有効である．

B. 卵の栄養機能

卵の栄養成分と卵1個から得られる栄養素摂取比率を表9.15に示す．栄養成分は日本食品分析表（五訂）から抜粋し，市場に流通する標準的な卵1個の全卵液量を60g（卵黄18g，卵白42g）とした場合の各部分の成分値を計算した．また，日本人の食事摂取基準（2005年版）から，身体活動レベルが「ふ

表9.15 ● 鶏卵の成分（五訂日本食品成分表）と卵1個あたりの栄養素摂取比率

	可食部 100 g あたり			卵1個あたり			卵1日1個で得られる 摂取比率（%）	日本人の食事摂取基準（2005年版より）生活活動強度ふつうの18〜69歳平均
	全卵	卵黄	卵白	全卵 60 g	卵黄 18 g	卵白 42 g		
エネルギー (kcal)	151	387	47	90.6	69.7	19.7	3.5%（男） 4.5%（女）	2570（男）〜2000（女）kcal/日 エネルギー推定エネルギー必要量
水分 (g)	76.1	48.2	88.4	45.7	8.7	37.1		
タンパク質 (g)	12.3	16.5	10.5	7.38	2.97	4.41	12%（男） 15%（女）	60（男）〜50（女）g/日 推奨量
脂質 (g)	10.3	33.5	微量	6.18	6.03	—	9.8%（男） 12.5%（女）	20〜25%エネルギーが目標量
炭水化物 (g)	0.3	0.1	0.4	0.18	0.02	0.17	0.03%（男） 0.04%（女）	50〜70%エネルギーが目標量
灰分 (g)	1.0	1.7	0.7	0.60	0.31	0.29		
ナトリウム (mg)	140	48	180	84.0	8.6	75.6	14%（男女）	600 mg/日（男女）推定平均必要量
カリウム (mg)	130	87	140	78.0	15.7	58.80	3.9%（男） 4.9%（女）	2000（男）1600（女）mg/日 目安量
カルシウム (mg)	51	150	6	30.6	27.0	2.5	4.1%（男） 4.6%（女）	750（男）670（女）mg/日 推奨量
マグネシウム (mg)	11	12	11	6.60	2.16	4.62	1.9%（男） 2.4%（女）	350（男）280（女）mg/日 推奨量
リン (mg)	180	570	11	108	103	5	10%（男） 12%（女）	1050（男）900（女）mg/日 目安量
鉄 (mg)	1.8	6	微量	1.08	1.08	—	15%（男） 11%（女）	7.5（男）10.5（女）mg/日 推奨量
亜鉛 (mg)	1.3	4.2	0	0.78	0.76	0	8.9%（男） 11%（女）	9（男）7（女）mg/日 推奨量
銅 (mg)	0.08	0.2	0.02	0.05	0.04	0.01	6.3%（男） 7.1%（女）	0.8（男）0.7（女）mg/日 推奨量
ビタミンA (μg)	150	480	0	90.0	86.4	0	12%（男） 15%（女）	750（男）600（女）μg/日 推奨量
ビタミンD (μg)	3	6	0	1.80	1.08	0	36%（男女）	5 μg/日（男女）目安量
ビタミンE (mg)	1.1	3.6	0	0.55	0.65	0	7.3%（男） 8.3%（女）	9（男）8（女）mg/日 目安量
ビタミンK (μg)	13	40	1	7.80	7.20	0.42	10%（男） 12%（女）	75（男）65（女）μg/日 目安量
ビタミンB$_1$ (mg)	0.06	0.21	0	0.04	0.04	0	2.8%（男） 3.6%（女）	1.4（男）1.1（女）mg/日 推奨量
ビタミンB$_2$ (mg)	0.43	0.52	0.36	0.26	0.09	0.16	20%（男） 25%（女）	1.5（男）1.2（女）mg/日 推奨量
ナイアシン (mg)	0.1	0	0.1	0.06	0.00	0.04	0.7%（男） 0.8%（女）	15（男）12（女）mg当量/日 推奨量
ビタミンB$_6$ (mg)	0.08	0.26	0	0.05	0.05	0	3.6%（男） 4.2%（女）	1.4（男）1.2（女）mg/日 推奨量
ビタミンB$_{12}$ (μg)	0.9	3	0	0.54	0.54	0	21%（男女）	2.4 μg/日（男女）推奨量
葉酸 (μg)	43	140	0	25.8	25.2	0	11%（男女）	240 μg/日（男女）推奨量
パントテン酸 (mg)	1.45	4.33	0.18	0.87	0.78	0.08	15%（男） 18%（女）	6（男）5（女）mg/日 目安量
ビタミンC (mg)	0	0	0	0.00	0.00	0.00	0%	100 mg/日（男女）推奨量
飽和脂肪酸 (g)	2.84	9.22	微量	1.58	1.66	—		
一価不飽和脂肪酸 (g)	3.72	11.99	微量	2.23	2.16	—		
多価不飽和脂肪酸 (g)	1.44	5.39	微量	0.86	0.97	—		
コレステロール (mg)	420	1400	1	252	252	0	34%（男） 42%（女）	750（男）600（女）mg/日未満 目標量
食物繊維 (g)	0	0	0	0.00	0.00	0	0%	22.8 g/日 目安量
食塩相当量 (g)	0.4	0.1	0.5	0.24	0.02	0.21	2.7%（男） 1.9%（女）	7.5（男）10.5（女）mg/日 目安量

推定エネルギー必要量：エネルギー不足のリスクおよび過剰のリスクがもっとも少なくなる摂取量
推奨量：ある性や年齢層の人の集団で、ほとんど（97〜98%）の人が、1日の必要量を満たすと推定される1日の摂取量
目安量：推奨量が算定できない場合、ある性や年齢層の人が良好な栄養状態を維持するのに十分な量
目標量：生活習慣病の一次予防のために、現在の日本人が当面の目標とすべき摂取量、またはその範囲

つう」に分類される 18～69 歳が 1 日に必要とする，推定エネルギー必要量，各種栄養素の推奨量，目安量，および目標量などを男女別に平均化した．その平均値と卵 1 個の成分値から，人が 1 日に必要な各種栄養素量に対し，卵 1 個から得られる比率（摂取比率）を計算してまとめた（図 9.14）．

卵に足りない栄養素はビタミン C と食物繊維だけで，卵からは多くの栄養素をバランスよく，しかも濃縮された状態で得ることができる．平均的な卵のエネルギーは約 90 Kcal で，これは私たちが 1 日に必要とする推定エネルギー必要量に対して，男性で 3.5％，女性で 4.5％に相当する．同様な観点から各栄養素の摂取比率を計算した結果，コレステロールの摂取比率がとびぬけて高く，男性で 34％，女性で 42％となった．日本人の栄養摂取基準のなかで，コレステロールについては生活習慣病予防の観点から目標値が定められている．卵 1 個のコレステロールの栄養摂取比率からすると，1 日卵 2 個までとなる．しかし，近年の疫学研究では卵の摂取量と心疾患のリスクは関係ないことが知られており，卵を食べて血中コレステロール値の上がりやすい人以外は，1 日あたりの卵数の制限は一応の目安として考慮すれば十分であろう．

その他の栄養素の摂取比率で 20％を超えるのは，ビタミン D, B_2, B_{12} であった．また，10％を超える栄養素は，タンパク質と脂質，ミネラルではリン，鉄，亜鉛，ビタミンでは A, K, 葉酸，パントテン酸であった．このように，卵は人の体をつくる大切な栄養成分を量的にも質的にも効率よく濃縮した状態で含む食品である．卵 1 個から得るエネルギー（男性で 3.5％，女性で 4.5％）以上に，その摂取によりタンパク質やビタミンやミネラルなどの栄養成分を効率よく摂取できることを

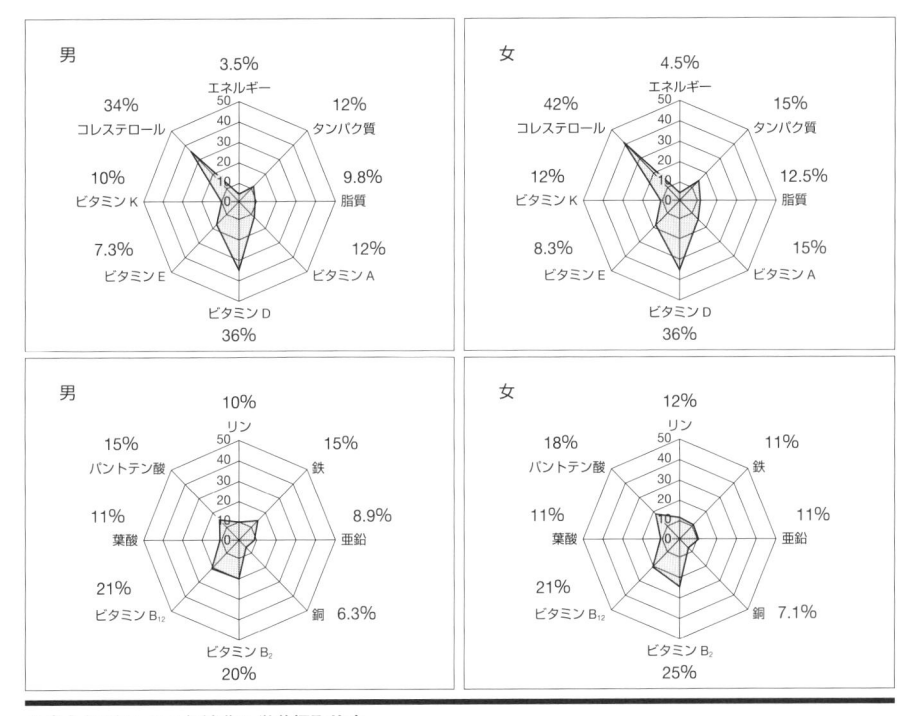

図 **9.14** ● 卵 1 日 1 個消費の栄養摂取比率

再認識したい．卵は，健康の維持および増進に必要な種々の栄養素を濃縮して蓄積したカプセルであり，いわば食生活における「究極のサプリメント食品」ともいえる．

9.3.2 卵の品質と機能
A. 卵の生産

卵がパック入り鶏卵として消費者に届くには，まず毎日産まれてくる新鮮な卵が最寄りの鶏卵包装選別施設（Grading and Pakaging Center：GPセンター）へ搬入される．GPセンター内では，吸引移動装置で鶏卵をラインに乗せ，卵殻表面を洗浄および乾燥する．次いで，透光検査で検査員が汚卵やヒビ割れ卵や血卵を除去し，さらに自動汚卵検査，自動ヒビ卵検査や血卵検査装置を通り，場合によっては卵殻表面を紫外線殺菌した後，重量選別，パック詰め工程を経て出荷される．通常，卵は産まれてからおよそ2～3日で店頭に並ぶ．

殻付き卵の洗浄は，卵殻表層のクチクラが剥離するため好ましくないが，鶏糞が付着した卵は商品価値がないため，日本国内のパック卵はすべて洗卵されている．次亜塩素酸ナトリウムやオゾンなどの殺菌剤を添加した温水を用い，回転ブラシで洗卵した後，温水ですすいで乾燥する．洗卵により卵殻上の細菌数は1/10～1/100に減少するが，卵殻が水に濡れると細菌が気孔を通過しやすくなる危険性があり，洗卵後は速やかに乾燥させることが殻付き卵の品質保持に重要である．

GPセンターで紙やプラスチック製の卵容器（パック）に詰められ，市場に流通している鶏卵をパック卵とよぶ．パック卵には，農林水産省通知の鶏卵取引規格（パック詰鶏卵規格）により，重量規格（表9.16）が厳密に定められている．そして，その販売には卵重，選別包装者，賞味期限（生食期限），保存方法，使用方法などを表示したラベルの添付が定められている．

表9.16 ● パック詰め鶏卵規格

種類	基準（鶏卵1個の重量）	ラベルの色
LL	70 g 以上～76 g 未満	赤
L	64 g 以上～70 g 未満	橙
M	58 g 以上～64 g 未満	緑
MS	52 g 以上～58 g 未満	青
S	46 g 以上～52 g 未満	紫
SS	40 g 以上～46 g 未満	茶

B. 卵の品質と鮮度
a. 品質と鮮度の変化

殻付き卵の品質の変化は，まず卵殻表層のクチクラの剥離，卵白のpHや粘性の変化，卵殻膜や卵黄膜の強度変化など（物理的・化学的な品質変化）からはじまり，保存温度や期間によっては卵殻表面の付着細菌が内部へ侵入し，最終的には内容成分が腐敗する（微生物的な品質変化）．

通常，殻付き卵は産卵の前後で大きな環境変化を受ける．産卵鶏の卵管内CO_2分圧は0.1気圧，空気中のCO_2分圧は0.0003気圧である．したがって，産卵の直後から，卵白に溶けているCO_2が卵殻の気孔を通過して外部へ散逸しはじめる．これに伴い，卵白のpHは7.5（産卵直後）から，数日間で約9.5に上昇する．また，経時的に濃厚卵白の水溶化（オボムチンの構造変化）と卵黄膜の強度低下が進む．以上の化学的・物理的な品質変化は環境の温度が高いほど早く進む．

b. 微生物による品質変化

一般的に産卵直後の鶏卵内部は無菌であるが，卵殻表面には卵1個あたり100～100万個の細菌が付着している．これら細菌の内部への侵入は，卵殻表層のクチクラ，卵殻の構造や卵殻膜により物理的に防御されるが，洗卵によるクチクラの剥離があったり卵殻表面が濡れていると，細菌が気孔を通過しやすくなり卵殻膜まで達する．しかし，新鮮鶏卵の卵白は粘性が高く，さらに抗菌成分（リゾ

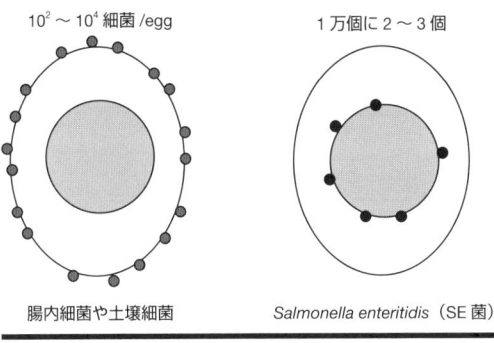

図 9.15 ● On Egg 汚染と In Egg 汚染

図上部ラベル:
- $10^2 \sim 10^4$ 細菌/egg
- 1万個に2〜3個
- 腸内細菌や土壌細菌
- *Salmonella enteritidis*（SE 菌）

チーム，オボトランスフェリン，アビジンなど）を含むため，細菌は増殖しにくい．

一方，卵黄は栄養成分に富み，細菌の優れた培地として知られている．新鮮卵の卵黄は中心に保持されているが，鮮度変化に伴い，特に濃厚卵白が水様性卵白に変化すると，比重の小さい卵黄は浮上して卵殻膜に密着する．この場合，卵殻を通過して卵殻膜に達した細菌が直接卵黄に侵入し腐敗しやすくなる．卵殻表面の細菌が卵内に侵入して起こる鶏卵の腐敗を On Egg 汚染という（図9.15）．

近年，*Salmonella enteritidis*（SE 菌）が感染して卵巣や輸卵管に定着した産卵鶏は，頻度は少ないが，SE 菌を殻付き卵の内部（卵黄や卵白）に保有した状態で産卵することが問題となっている．これを In Egg 汚染という．いずれにせよ，殻付き卵の品質の経時変化は，最終的に細菌による鶏卵の内部腐敗につながり，食中毒の原因になることから，殻付き卵の品質保持技術の理解が大切である．

C. 品質と鮮度の判定法

殻付き卵の品質および鮮度の判定法は，卵を割らずに調べる方法（非破壊検査）と，卵を割って卵白や卵黄の状態を調べる方法がある．次に代表的な鮮度判定法について，その判別原理と測定方法の概略を述べる．

a. 卵を割らずに調べる方法

透過光検査と気室の高さ測定がある．前者は卵を回転させながら，60 W の電球光を直径 3 cm の穴から卵に当て，透過光を観察する方法である．簡易的には懐中電灯に厚紙を巻きつけて透過光検査を行うこともできる．透過光検査専用の装置があり，卵白部分は明るく見え，卵黄は暗く見えるため，殻付き卵中での卵黄位置を知ることができる．透過光検査は厳密な鮮度判定はできないが，卵殻のひび割れ，腐敗卵（全体が黒く見える），異物卵（血液や肉片を含むもの）などの検査には有効であり，GP センターや液卵工場ではインライン透過光検査が行われている．鶏卵の取引規格では，外観・透光検査による等級区別が決められている．

気室の高さ測定は，透過光で卵の部鈍端部にある気室の大きさ（高さ）を調べる方法である．卵の保存期間が長くなると卵殻の気孔から水分が蒸発し，同時に空気が侵入して気室が大きくなる．産卵直後の気室高は約 2 mm 程度で，室温に 1 週間の保存で約 3 mm になり，1 か月保存では約 8 mm になる．

b. 割卵して卵白部分を調べる方法

ハウユニット（Haugh unit：HU）は 1937 年に Raymond Haugh が開発した方法で，殻付き卵の鮮度判定にもっともよく利用されている．あらかじめ卵重量（w g）を測定した卵を，水平なガラス板上に割卵し，濃厚卵白

の高さ（h mm）を測定する．ハウユニット（HU）は次式から算出される．

ハウユニット（HU）＝
$100 \times \log(h - 1.7 w^{0.37} + 7.6)$

ハウユニットを測定する装置として，卵質測定台と卵質計（卵白高測定機）が，また簡易測定用として，卵質計算尺（ハウユニット算出用換算尺）が市販されている．新鮮卵のHUは80〜90で鮮度が低下するとHUも低下する．日本ではHUによる等級分けは行われていないが，アメリカではHU72以上がAA（食用），71〜55がA（食用），54〜31がB（加工用），30以下がC（一部加工用）とランク分けされている．

c. 割卵して卵黄部分を調べる方法

卵黄係数（Yolk Index）は，割卵して卵白を分離した卵黄を水平なガラス板上にのせ，卵黄の高さ（H mm）と直径（D mm）を測定し，卵黄係数は高さ/直径（H/D）で計算する．新鮮卵の卵黄係数は0.36〜0.44であるが，鮮度の変化に伴い低下する．

D. 卵の微生物汚染

産卵鶏の排泄物は輸卵管の出口付近につながった総排泄腔から排泄される．そのため卵殻表面は無菌ではなく，1個あたり数百から数千万もの細菌が付着している．一方，鶏卵の内部は無菌といわれているが，保存期間が長いと卵殻上の細菌が内部に侵入（On Egg汚染）する．また，産卵鶏に食中毒のSE菌が感染して卵巣に定着すると，生まれながらにして卵黄膜上にSE菌を保菌した汚染卵（In Egg汚染）が産卵される．このSE汚染卵は1万から数千個に1個ぐらいの割合で流通している．鶏卵は無菌ではなく，生卵を食べる日本では，1999年11月よりパック卵の賞味期限表示が義務化され，生で食べることができる期間が示されている．賞味期限の切れた卵は加熱調理して食べる．

a. On Egg汚染の防止

卵殻の表面は洗卵後でも無菌的ではない．したがって，殻付き卵の流通販売や家庭での保存では，卵殻付着菌で他の食品を汚染しないようにすることや，ひび割れ卵の廃棄など，殻付き卵のとり扱いに注意する必要がある．また，卵殻付着菌は卵殻が濡れていると水中を浮遊し，気孔を通じて内部に侵入しやすくなる．鶏卵を細菌懸濁液に浸漬した実験では，かなりの菌数が気孔を通過し，卵殻内や卵殻膜内に侵入することが認められている．したがって，パック卵の流通販売や家庭内での保存では，特に冷蔵庫への出し入れなどで，卵殻表面に水滴がつかないように注意する必要がある．

b. In Egg汚染の防止

1989年頃からSE菌による食中毒が急増し，その原因食品として鶏卵とその加工品が多く報告されている．殻付き卵のOn Egg汚染は，厚生省や農水省から出された衛生管理対策の徹底で防止可能であるにもかかわらず，SE菌による食中毒が急増しているため，その原因は産卵時にすでにSE菌を殻付き卵内に保有しているIn Egg汚染卵によるといわれている．

In Egg汚染の防止対策としては，SE菌感染鶏を排除する目的で，輸入種鶏雛の検疫が強化されている．また，近年はSE菌の不活化ワクチンの輸入承認がなされ，1998年度から一部の養鶏業者で使用されはじめた．さらに，殻付き卵の流通販売や保存に対しては，特に日本人は生卵を食する習慣があることから，厚生省を中心にIn Egg汚染対策が検討され，殻付き卵の「賞味期限」表示や鶏卵を使った調理食品の加熱殺菌などの法制化が進められている．このような状況に対応して，鶏卵の出荷流通業者団体からなる「鶏卵日付等表示検討委員会」は自主基準を決め，1998年8月から，殻付き卵の「賞味期限」表示がはじまり，翌年11月に義務化された．賞味

期限はサルモネラ菌の増殖速度を基に算出され，10℃保存では産卵日から50日，20℃では23日，30℃では6日，これに各家庭の冷蔵庫（10℃以下）での保存期間を7日間と設定して加算し，賞味期限が決めることとした．通常はパック詰め後14日間程度の賞味期限設定が多いが，消費者から実際の産卵日を示す要望が高まり，2010年4月からは，鶏卵業界の自主ルールにより「産卵を起点として21日以内を限度（25℃以下保存）とする賞味期限に統一された．

c．殻付き卵の低温保存

殻付き卵の鮮度を示すハウユニットや卵黄係数の低下など化学的・物理的な品質変化は，保存温度が高いほど促進される．殻付き卵を種々の温度で保存したときのハウユニットの変化を図9.16に示す．特に冷蔵庫（4～6℃）冬の室内（4.5～15℃）の保存では，ハウユニットの低下が明らかに抑制される．殻付き卵の鮮度保持には，少なくとも15℃以下の保存条件で流通および販売し，また，家庭内では冷蔵庫で保存することが望ましい．

殻付き卵の細菌汚染と保存温度の関係については，On Egg 汚染の場合，洗卵後8月の自然温度下で14日間，細菌の卵内侵入がみられなかったが，21日間では卵内に10^7オーダーの細菌が見出されたとの報告がある．一方，In Egg 汚染の場合，殻付き卵中でサルモネラ菌は4℃ではまったく増殖せず，10℃でのその増殖はきわめて遅いと報告されている．通常，殻付き卵中に占めるSE菌汚染卵（In Egg 汚染）の割合は0.03％程度で，汚染菌数は鶏卵1個あたり数個程度と少なく，SE菌の増殖速度を考慮した「賞味期限」内は食中毒の心配がないとされている．いずれにしても，殻付き卵の鮮度や品質保持は，流通，販売，消費に至るまで15℃以下の低温を保持するコールドチェーンの実施が好ましい．

E．栄養強化卵の種類

産卵鶏を種々の栄養素を添加した飼料で飼育すると，栄養素によっては効率よく鶏卵へ移行することが知られている．このような鶏の産卵生理を利用し，通常，卵の栄養素に加え，さらにビタミン，ミネラル，必須脂肪酸などの栄養素を強化した高付加価値鶏卵の生産が行われている．栄養素のなかでも鶏卵へ移行しやすいものとしにくいものがある．ヨウ素，フッ素，マンガンなどのミネラル類，水溶性および脂溶性ビタミン類，リノール酸，α-リノレン酸，エイコサペンタエン酸（EPA），ドコサヘキサエン酸（DHA）などの不飽和脂肪酸は容易に移行するが，カルシウム，マグネシウム，鉄，ビタミンC，アミノ酸などは移行しにくい．一般的に飼料中に添加した脂溶性栄養素は主として卵黄に，水溶性栄養素は卵黄のみならず卵白にも移行する．なお，高度不飽和脂肪酸は卵黄中のリン脂質の構成脂肪酸としてとり込まれる．

栄養強化卵とは，「鶏卵の表示に関する公正競争規約」（平成21年3月27日施行）のなかで，鶏卵の栄養成分の量を増量させる目的をもって鶏の飼料に栄養成分を加えることなどにより，可食部分（卵黄および卵白）について，別に定めた栄養素の増加量（表9.17）を満たす鶏卵であり，定期的な成分分析により，栄養成分の量が検証されているものに限ると定義されている．そして，栄養強化卵であることを表示する場合は，栄養強化卵の基

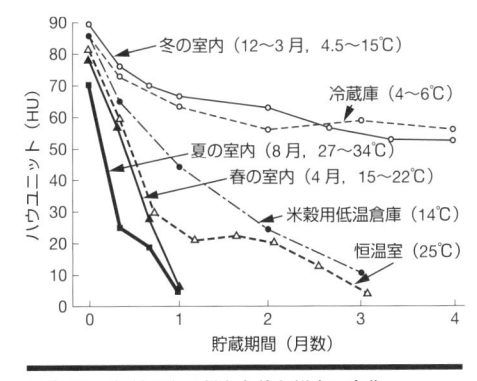

図9.16 ● 殻付き卵の保存条件と鮮度の変化

表 9.17 ● 栄養強化卵の栄養素の種類とその増量基準

栄養表示基準（平成 15 年厚生労働省告示第 176 号）別表第 4 の第 1 欄に掲げる栄養成分
可食部 100 g あたりの量が，通常の鶏卵の栄養成分に比べて記載量以上増加していること

タンパク質	7.5 g	マグネシウム	38 mg	ビタミンB_2	0.17 mg	葉酸	30 μg
食物繊維	3 g	ナイアシン	1.7 mg	ビタミンB_6	0.15 mg	ヨウ素	240 μg
亜鉛	1.05 mg	パントテン酸	0.83 mg	ビタミンB_{12}	0.30 μg	DHA	60 mg
カルシウム	105 mg	ビオチン	6.8 μg	ビタミンC	12 mg	α-リノレン酸	22 mg
鉄	1.13 mg	ビタミンA	68 μg	ビタミンD	0.75 μg		
銅	0.09 mg	ビタミンB_1	1.2 mg	ビタミンE	1.2 mg		

準を満たす栄養成分が明瞭となるように，増減または付加された栄養成分名および可食部分 100 g あたりの成分量を明記するとともに，一般消費者が比較しやすいように通常の鶏卵の栄養成分量と対比して表示しなければならない．なお，通常の鶏卵に含まれない栄養成分にあっては，その栄養成分名の可食部分 100 g あたりの含有量の単位を明記して記載するとともに，通常の鶏卵に含まれない栄養成分であることを併記しなければならない．現在，商業ベースでは，ヨウ素，葉酸，ビタミンA，ビタミンD，ビタミンE，α-リノレン酸，DHA，鉄分等を含むの栄養強化卵が市販されている．栄養強化卵は，その価格は通常の鶏卵より高く設定されているが，種々の生理機能を有する栄養成分が，身近な卵から摂取できる利点は，食と健康の観点からも有意義である．

F. 卵のアレルゲンと栄養阻害成分

食物アレルギーの発生件数は卵によるものがもっとも多い．卵は代表的な食物アレルゲンであり，食品衛生法により特定原材料として指定されている．すなわち卵を加工食品に利用した場合には表示が義務づけられている．卵アレルギーで抗原となる成分（アレルゲン）はタンパク質であり，オボアルブミン，オボムコイドが主なアレルゲンとして認められている．食物アレルギーの食事療法では，原因食品（成分）を含まないアレルゲン除去食の使用が主流となっている．加熱加工などによりタンパク質が変性されている食品では，症状が軽減される場合もあるが，オボムコイドは熱変性を受けにくく，固ゆで卵からでもアレルゲン性をもったかたちで抽出されるほどである．

生卵を食した場合の問題もある．卵白タンパク質のオボインヒビターは，消化酵素のトリプシンやキモトリプシンと結合し酵素活性を阻害するため，消化器官の発達が十分ではない幼児などには生卵を食べさせないほうがよいとされている．また，卵白タンパク質のアビジンは水溶性ビタミンのビオチンと強く結合して吸収を妨げるので，生卵白を大量に摂取するとビオチン欠乏症（卵白障害）が引き起こされることが知られている．両タンパク質とも加熱により変性するので，調理によりこのような現象を除くことができる．卵白が種々の消化酵素に対する阻害活性をもつのは，本来，卵が他の動物に食べられないためのしくみかもしれない．

9.3.3　卵製品の品質と機能
A. 卵の加工特性

食品加工における鶏卵の機能は，ゲル化性（保水性），起泡性，乳化性，呈味性などが重要である．ゲル化は鶏卵タンパク質の加熱変性が関与する．卵白は 60℃ からゲル化がはじまり，80℃ で完全に凝固する．卵黄は 65℃ からゲル化がはじまり，75℃ でかたく固まる．起泡性は卵白中のタンパク質，乳化

性は卵黄中のタンパク質−脂質複合体（リポタンパク質）の特性による．また，呈味性は主に卵黄成分が関与し，卵黄を酵素（プロテアーゼやリパーゼ）で加水分解すると呈味性が増強する．

a. 加熱ゲル化性

卵白は多種類のタンパク質からなるコロイド溶液であり，環境条件（温度，pH，イオン強度，タンパク質濃度，物理的処理）によりタンパク質分子の構造が変化し凝集やゲル化する．凝集はタンパク質分子間の結合力が非常に強い場合に起こり，タンパク質分子が水を排出しながら結合して巨大な凝集沈殿物をつくる現象をいう．また，ゲル化とはタンパク質−タンパク質とタンパク質−水間の結合力にあるバランスが存在する場合に起こり，タンパク質分子は部分的に会合し，巨大な三次元網目構造を形成する．この網目構造のなかに水分子が固定され巨大な構造体（ゲル）となる現象をいう．

卵白は 60〜65℃でゲル化がはじまり，80℃でかたいゲルになる．加熱温度が低いとゲル化に時間がかかりゲルはやわらかく，温度が高いと短時間でゲル化し，かたいゲルとなる．卵白を希釈しタンパク質濃度を低下させるとゲル化する温度が高くなりやわらかいゲルが形成される．一方，タンパク質濃度を高めるとゲル化する温度が低くなり，かたいゲルができる．

新鮮な鶏卵の卵白は pH が 7.6〜7.9 である．この鶏卵を 25℃で 6 日間保存した場合，卵白の pH は 9.2〜9.5 に上昇する．これは鶏卵が保存中に炭酸ガスを放出し，これに伴い卵白の pH が上昇するためである．

タンパク質の分子表面はアミノ酸のカルボキシル基とアミノ基が共存する．したがって，アルカリ性 pH ではカルボキシル基が解離し，負電荷が優勢となり，酸性 pH ではアミノ基の解離により正電荷が優位となる．また等電点 pH ではこれらの正負電荷が等しく，タンパク質分子は電気的に中性となって，分子間の電気的反発力がもっとも少なく，加熱により凝集沈殿物ができやすくなる．

タンパク質は両性電解質であり，分子表面の電荷は共存する電解質の影響を受ける．塩化ナトリウムのような塩の添加はタンパク質表面の極性基の解離を抑制し，タンパク質分子間の反発力を減少させる．したがって，加熱により分子表面に露出した疎水基間の疎水結合が影響を受ける．塩類の適度な添加は卵白のゲル化性を強めるが，過度の塩濃度では逆にゲル化性を弱める．

また，一般的にタンパク質の加熱変性は糖類により保護される．糖類は水との親和性が強く，加熱変性で表面の疎水性が増加した卵白タンパク質の疎水結合に対して影響を与えるからである．したがって，砂糖やソルビトールなどの糖類の添加は卵白のゲル化温度を高くし，ゲルをやわらかくする．

現在，タンパク質の加熱ゲル化は次のプロセスで進むとまとめられている．

①加熱により，タンパク質分子のブラウン運動が盛んになり，タンパク質の構造がほぐれて内部に埋もれていた疎水性アミノ酸が分子表面に露出する．この構造変化は不可逆的なものである．

②表面の疎水性が高められたタンパク質分子は疎水結合で会合がはじまる．

③タンパク質は両性電解質で，その分子表面には電荷が存在し，電気的な反発力が働いている．タンパク質分子の会合は，その環境（タンパク質濃度，pH，塩濃度など）により大きく影響を受け，疎水結合力と電気的な反発力のバランスにより凝集あるいはゲル化が起こる．

④タンパク質分子内の SH も加熱により活性化され，SH 基どうしが反応してジスルフィド（S−S）結合が生じ，凝集物あるいはゲルの構造がより強固なものとなる．

b. 起泡性

泡立つ条件は液体に溶けている溶質が界面張力を下げる性質，すなわち界面活性をもつことである．界面活性をもつ物質は溶液中にあっても界面に集まろうとする．界面活性物質は分子内に親水基と疎水基を有し，分子は親水基を水相に疎水基を気体相に向けて配列する．気体が溶液内に入って泡ができるとき，界面活性物質は泡の壁面に吸着して膜を形成するため，多数の泡の集まり（泡沫）ができる．泡沫は時間経過に伴って，膜のなかの水が流れ出し（排液），次第に薄くなって泡は破れ，最終的には泡沫の容積が減少する．泡沫の安定性は泡を支える膜の安定性に影響される．すなわち，膜が固体あるいはそれに近い性質であれば泡沫はきわめて安定であるが，液体でできた泡沫の寿命は短い．

タンパク質溶液は親水性の高分子が溶解したコロイド溶液で，溶質であるタンパク質は溶液の界面張力を下げる性質，すなわち界面活性を有する．安定な泡沫を形成するタンパク質は泡の界面に吸着した後，分子の構造が変化し，分子どうしの会合により安定な膜を形成する．

現在，優れた起泡性を有するタンパク質の条件は次のようにまとめられている．
①気泡操作中に素早く泡の表面に吸着されるタンパク質
②タンパク質の構造変化が早く起こり泡の表面に再配列されるタンパク質
③タンパク質分子間の相互作用により強固な膜構造を形成するタンパク質

卵白の起泡性は起泡力と泡沫の安定性で評価される．起泡力は同一条件で起泡させた場合の泡沫の量や高さあるいは泡沫形成に使われた溶液の量などを指標に測定される．また，泡沫の安定性は時間経過に伴う泡沫の減少量や泡沫からの排液量を指標に測定される．また，卵白を用いて実際にエンゼルケーキやメレンゲを調製し，それら泡沫利用食品のボリュームや組織における泡の細かさなどを評価する方法もある．

鶏卵は保存中に濃厚卵白が水様性卵白に変化し卵白の粘度が低下する．新鮮な鶏卵では卵白の約50％が濃厚卵白であるが，これを25℃で保存すると，経時的に減少し，12日間の保存では約30％にまで減少した．鶏卵の鮮度（ハウユニット，卵白の粘度）と卵白の起泡性を調べた結果，卵白の粘度低下に伴い，特に泡沫安定性が顕著に低下した（図9.17）．

卵白液を加熱殺菌すると起泡性が低下し，それで作成したエンゼルケーキは組織が悪くボリュームも小さくなる．これは卵白構成タンパク質のオボトランスフェリンが加熱により変性し不溶化するためといわれている．

卵白の加熱殺菌による起泡性低下を抑制するため，オボトランスフェリンの熱安定性を増強する研究が多く行われている．オボトランスフェリンの熱変性温度は63℃であるが，鉄，銅，アルミニウムなどの金属イオンと結合したオボトランスフェリンのそれは84℃

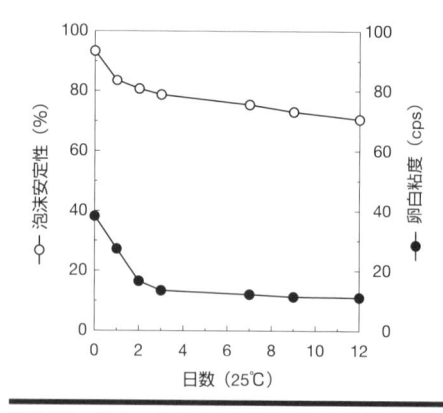

図 9.17 ● 殻付き卵の保存日数とその卵白の粘度および泡安定性の関係

殻付き卵を25℃で0～12日間保存し，保存日数の異なる卵白液を調製した．
卵白液（300 mL）を泡立てて比重を0.15に調整した泡沫を25℃で30分放置して，排液と泡沫とに分けて重量を測定した．泡安定性は残存泡沫重量％として計算した．

になる．したがって，卵白液に硫酸アルミニウムを添加し，オボトランスフェリンの熱変性温度を高め，卵白の起泡力の低下を抑制する方法が知られている．また，オボトランスフェリンに対して親和性の高いリン酸塩やクエン酸塩を卵白に添加することにより，オボトランスフェリンの加熱変性を抑え，卵白の起泡力の低下を抑制する方法もある．

また，卵白液にグリセリンやソルビトールなどの増粘安定剤を添加して，その粘度を高めると泡沫安定性が改良される．一般的に，溶液の粘度が高いほど泡沫の安定性は向上するが起泡力は低下する．したがって，卵白の起泡性には適度な粘性が必要である．

卵白液に卵黄が混入した場合にも起泡力が低下する．卵黄中の脂質が消泡剤として働くためであり，混入した卵黄を除くことにより起泡力は回復する．その方法としては，遠心分離により除去する方法，リパーゼ処理で混入した卵黄脂質を酵素的に分解する方法が報告されている．

c. 乳化性

油と水のようにお互いに混ざり合わない2つの液体の一方を他方へ分散させることを乳化といい，できたものをエマルジョンという．乳化剤は分子内に疎水基（親油基）と親水基を有し，油液界面に吸着して安定なエマルジョンの形成に役立つ．エマルジョンは水中油滴（O/W）型と油中水滴（W/O）型がある．O/W型エマルジョンは電気伝導性があり，W/O型エマルジョンにはそれがない．

乳化食品には牛乳，アイスクリーム，ホイップクリーム，コーヒークリーム，マーガリン，マヨネーズ，ドレッシングなどがあるが，卵黄を乳化剤として利用する食品はマヨネーズ，ドレッシングが有名である．鶏卵の構成物では卵黄が乳化力に優れ，全卵の乳化力は卵黄の1/2，卵白には乳化力がほとんどなく，卵白は1/4といわれている．

食品タンパク質の乳化性は，主に乳化容量（emulsifying capacity）と乳化安定性（emulsifying stability）で現される．乳化容量はタンパク質液に油を少しずつ添加し乳化させるとき，O/W型乳化からW/O型乳化へ相転移するまでに添加した油の量で示される．乳化安定性はエマルジョンを一定時間放置して，分離される油相あるいは水相の量で示される．

卵黄を凍結すると卵黄タンパク質の変性に伴い経時的な粘度上昇がみられる．そして凍結解凍した卵黄は不可逆的にゲル化する．卵黄は凍結に伴い乳化容量の低下を引き起こし，また乳化安定性も悪くなることが知られている．殺菌卵黄の凍結保存（−25℃）実験の結果では，1週間の保存により卵黄の乳化容量は凍結前の67％に低下した（表9.18）．また，乳化容量はその後，変化が少なく，20週間保存した卵黄でも62％の乳化容量を示した．

凍結による卵黄の粘度増加とゲル化に伴う乳化特性の低下は砂糖や食塩を卵黄重量の10％添加することで抑制することができる．10％加塩凍結卵黄はマヨネーズやドレッシング，10％加糖凍結卵黄はアイスクリームやプリンの製造に利用することができる．

表 9.18 ● 卵黄の乳化活性に及ぼす卵黄凍結保存期間の影響

保存期間（週）	0	1	2	5	10	20
コーンオイル(g)	920	615	630	583	610	570
変化率（％）	100	66.8	69.5	63.4	66.3	62

卵黄を殺菌（62.5℃，3.5分間）した後，−25℃で凍結保存した．経時的に解凍し，その30gに2％食塩，10％食酢を混合した後，コーンオイルを添加しながらコロイドミルで乳化し，O/W乳化がW/O乳化に変化する最大コーンオイル添加量を乳化活性として測定．

卵黄の殺菌温度と乳化力の関係が調べられている．未殺菌卵黄と比較して62℃で5分間殺菌した卵黄は乳化容量が増加したが，67℃，73℃，78℃では，殺菌温度が高くなると乳化容量がわずかに低下した．また，4％低密度リポタンパク質（LDL）溶液を各温度で5分間加熱した場合，乳化容量と乳化安定性ともに，75℃までは安定で，75～80℃で急激に低下した．

卵黄を乳化剤とするO/W型のエマルジョンにおいては，食塩の添加は乳化安定性を向上し，酢酸の添加はその濃度が増加するほど乳化容量が減少するといわれている．表9.19は卵黄の乳化容量と食塩および酢酸濃度の関係を示すもので，私たちのデータにおいても食塩濃度が高い場合において酢酸濃度の増加により卵黄の乳化容量が減少した．

卵黄を乾燥すると乳化力が低下する．この原因として，乾燥に伴い，卵黄リポタンパク質の脂質が遊離し，この脂質が卵黄粉末の溶解性を低下させ，また卵黄の乳化力を低下させると報告されている．これを防ぐために，卵黄を乾燥する前に糖類を添加する方法が利用されている．

鶏卵の卵黄は良質な乳化剤としてマヨネーズなどの製造に利用されているが，その高い乳化力は，主に卵黄の主要構成物質であるリポタンパク質によるとされている．リポタンパク質はタンパク質と脂質が種々の割合で結合した巨大な複合体を形成している．その主成分であるLDL（低密度リポタンパク質）は卵黄脂質の90％を占める．LDLは中性脂質を中核として，その表面にリン脂質とタンパク質を配した分子量数100万の巨大な球状の分子である．

タンパク質の乳化性はタンパク質分子の表面構造，特に表面疎水性が関係するといわれている．牛血清アルブミン（BSA）は表面疎水性が大きく，優れた乳化性を示すタンパク質であるが，LDLの乳化容量はBSAより高い．また，LDLはBSAより油滴への吸着性が大きく非常に微細な油滴粒子を形成し，その結果，乳化安定性もLDLエマルジョンはBSAエマルジョンより著しく安定である．このLDLの優れた乳化特性はLDLを構成するタンパク質あるいはリン脂質単独の作用によるものではなく，タンパク質と脂質が形成する複合体の構造によるものであることがわかっている．

B. 卵製品の種類と特徴

卵製品は，液卵（全卵，卵白，卵黄液）や乾燥粉末卵のように加工度が低いものから，鶏卵のゲル化性，起泡性，乳化性などを利用した食品（プリン，メレンゲ，マヨネーズなど）のように加工度が高いものまで数多くある．また，鶏卵からはリゾチーム，卵黄油，

表9.19 ● 卵黄の乳化活性と食塩および食酢の添加量の関係

食塩添加量(%)	食酢添加量(%)					
	0	1	2	3	4	5
2	1,000	1,030	1,100	1,100	1,060	1,000
4	1,050	950	940	770	800	900
6	1,100	1,020	960	750	750	780
8	1,120	1,050	950	700	720	750
10	1,100	1,030	950	750	730	725

卵黄を殺菌（62.5℃，3.5分間）した後，その30gに食塩と食酢の添加濃度を変えて混合し，次いでコーンオイルを添加しながらコロイドミルで乳化し，O/W乳化がW/O乳化に変化する最大コーンオイル添加量を乳化活性として測定した．

卵黄レシチン，卵黄抗体（IgY），卵殻カルシウムなどの有用成分が分画精製され，加工食品のみならず，化粧品や医薬品用素材としても利用されている．

a. 液卵・凍結液卵

液卵とは「液卵製造施設等の衛生指導要領」によると，卵を割って卵殻をとり除いただけのもの（ホール液卵），卵黄または卵白を分離してとり出したもの（卵黄液，卵白液），卵黄および卵白を混合したもの（全卵液），ならびにこれらに加塩または加糖したものと定義されている．無菌的な卵はなく，液卵は上記衛生指導要領に則り，液卵製造施設で原則として加熱殺菌（表9.20）され，直に8℃以下で冷却され流通される．液卵の用途は製菓・製パン業界を中心に，たまご惣菜，畜肉・水産加工品，麺類などに利用されている．

凍結液卵は液卵を凍結したもので，−18℃以下で保存および流通されるものをいう．卵白は凍結により起泡性が若干低下するが，加熱ゲル化性の劣化はほとんどない．主に，凍結卵白の加熱ゲル化性は水産練り製品に利用されている．一方，卵黄は凍結によりリポタンパク質が凍結変性し，その溶解性や乳化性が低下する．したがって，卵黄を単独で凍結することはなく，凍結変性を防止する目的で10～30％の砂糖や10％食塩を添加する．凍結卵黄の用途は，加塩卵黄がマヨネーズ，ドレッシングの原料として，加糖卵黄がカスタードクリーム，アイスクリームなどの製菓用原料として利用されている．

b. 乾燥粉末卵

乾燥粉末卵は常温で流通，保存できる加工卵として，製菓製パン，畜肉加工品，製麺業界などで使用されている．また，製粉業界では，業務用および家庭用のホットケーキミックスやバターミックスなどのプレミックス粉末の配合原料として利用されている．全卵や卵白や卵黄粉末の製造方法は，殻付き卵を割卵し，ろ過，均質化，加熱殺菌した液卵を噴霧乾燥する．これは液卵を140～180℃の熱風中に噴霧して乾燥する方法で，乾燥時に蒸発潜熱が奪われるので，粉末温度は50℃程度に保たれ，熱変性はそれほど起こらず，水分5～10％程度の乾燥粉末が得られる．通常，卵白の粉末化はメーラード反応を抑制し保存性を向上させる目的で，卵白液の脱糖処理（酵母発酵法や酵素利用法）を行った後に粉末化される．

c. 酵素処理卵

酵素処理卵は，卵風味を強化する目的で液卵をプロテアーゼやリパーゼで分解した製品である．液卵をプロテアーゼ処理すると，その熱凝固性が消失し，起泡性や乳化性を向上させることが可能である．熱凝固性のない酵素処理卵黄は，プリンやレトルトソースの原料として応用される．また，酵素処理卵の用途は卵風味の増強剤として，クッキー，カスタードクリームなどの菓子類やマヨネーズ，ドレッシングなどの風味増強，水産練製品，畜肉製品の風味改善などに利用されている．

d. 殻付き卵製品（ピータン，味付きゆで卵，薫製卵）

殻付き卵製品では，ピータンが歴史も古く有名である．本来，中国でアヒルの卵を原料とし，石灰や木灰と泥で卵を覆い，約半年の熟成期間中に卵殻から浸透させた強アルカリ性で鶏卵タンパク質を変性凝固させたもので

表9.20 ● 各種液卵の加熱殺菌条件

液卵	連続式殺菌	バッチ式殺菌
全卵液	60.0℃ 3.5 分間	58.0℃ 10 分間
卵黄液	61.0℃ 3.5 分間	59.0℃ 10 分間
卵白液	56.0℃ 3.5 分間	54.0℃ 10 分間
10％加塩卵黄液	63.5℃ 3.5 分間	
10％加糖卵黄液	63.0℃ 3.5 分間	
20％加糖卵黄液	65.0℃ 3.5 分間	
30％加糖卵黄液	68.0℃ 3.5 分間	
20％加糖全卵液	64.0℃ 3.5 分間	

中国料理に使用される．味付きゆで卵は，茹でた直後の卵を冷却した飽和食塩水へ浸漬すると，大きな温度差で卵殻より中身が強く収縮し，飽和食塩水が気孔から卵殻内に吸引される現象を利用してつくられている．また，それを薫製にして，スモーク味を付与した味付き燻製卵も生産されている．

e. ゆで卵

大量生産用にゆで卵の自動殻剥き装置が開発されている．通常，ゆで卵は殻を剥いた後に保存料を配合した調味液と袋詰めして再殺菌後，弁当やおでんの素材として冷蔵流通されている．大量生産では殻の剥きやすさが重要である．新鮮卵より冷蔵保存を3～7日行った殻付き卵を加圧蒸気で加熱する方法がもっとも殻が剥きやすいといわれている．

f. マヨネーズ

植物油70～80％と食酢約10％に卵黄（または全卵）と食塩やマスタードなどの香辛料を加えて乳化させた水中油滴型乳化食品である．卵黄のリポタンパク質の強力な乳化力を利用している．その製造法は卵黄と食酢の一部と食塩などの香辛料を乳化機に入れ，植物油を添加しながら乳化させた後，食酢で風味調製して容器充塡される．JAS規格では，水分30％以下，油脂65％以上の成分規格がある．また，卵黄や卵白以外の乳化安定剤や着色料は使用できない．

g. 卵豆腐

鶏卵を原料とする惣菜で，代表的な製品がポリ容器詰めの卵豆腐である．製造法は生卵に対し150～200％のだし汁を加えて均質化し，「す」が発生しないように脱気したのち，ポリ容器充塡し，80～85℃，30～40分間ボイルして製造される．ボイル温度が90℃を超えたり，pHが高くなると，含硫アミノ酸から硫化水素が発生し，卵黄の鉄イオンと反応して黒く変化するので注意を要する．

h. たまご惣菜

家庭調理の簡略化，外食産業の発達に伴い，従来，家庭料理としてつくられていたオムレツ，だし巻，スクランブルエッグなどのたまご惣菜が生産されている．製造法は，家庭調理の延長ではあるが，連続生産可能な専用の機械が開発され利用されている．また，その流通は冷凍あるいは冷蔵流通で，弁当，寿司および調理パンなどの食材として利用されている．

i. 卵飲料

卵を使用したソフトドリンクとしてミルクセーキが一般的である．海外においては卵，砂糖，生クリームなどを混合した飲物（エッグノッグ）とか，香料，ブランデーなどを加えたオランダのリキュールであるアドヴォカート（advocaat）などがある．

j. たまご具材

卵焼きやスクランブルエッグ風の乾燥具材である．通常，卵液に粉末卵，デンプン，調味料などを配合した高粘度ペースト状の原料液卵をトンネル型の電子レンジ（マイクロ波加熱機）で焼成し，一定の大きさに切断後，乾燥して製造される．マイクロ波加熱は表面と内部を均一に加熱できる利点があり，卵原料の内部からも水分蒸発が起こり発泡しながらスポンジ状に調理乾燥される．そのため，マイクロ波加工卵は，熱湯で短時間に復元されやすい特徴があり，インスタント食品の具材として用いられる．

k. 錦糸卵・クレープエッグ

表面が加熱された円筒形の回転ドラムでシート状に加工する卵製品である．液卵，デンプン，調味料を配合した原料ミックスをドラムに付着させ，ドラム内部の電熱加熱とドラムの外側からの補助的加熱で焼成する．乾燥品は常温流通が可能である．錦糸卵は冷し中華麺やばら寿司の食材として，また，クレープエッグはアイスクリームや製菓製パン用のたまごシートとして利用されている．

l. インスタント卵スープ

凍結乾燥法を応用した卵製品で，液卵にデ

ンプンや調味料を配合し，それを加熱して鱗片状の凝固物に加工した後，小型容器に充塡して凍結乾燥する．凍結乾燥法で製造された卵スープは非常に熱水復元性がよく食感もソフトである．

9.4 畜産物の健康機能性

9.4.1 乳・乳製品

牛乳は人にとって必要な栄養素をバランスよく含み，一次機能，二次機能ともに優れた食品である．さらに近年，三次機能としての健康機能性に関与する成分情報やエビデンスが蓄積され，乳由来の成分を用いた食品や乳には含まれない機能性成分を強化した乳飲料，乳製品の一部が特定保健用食品として市販されている．製品としての牛乳は均質化と加熱殺菌処理を受けており，生乳において活性をもつタンパク質の多くは変性している．牛乳に含まれるカゼインはいわゆる高次構造を有さず，牛乳中の酵素，あるいは消化管における消化酵素などで容易に切断や修飾を受ける．発酵乳においては，乳酸菌の働きによるタンパク質分解や，pHの低下，発酵代謝産物がそれらに加わる．さらにチーズでは熟成が進み，その結果生じたペプチドなどが機能性を獲得している場合もある．ここでは乳，発酵乳・乳酸菌飲料，チーズのそれぞれについての健康機能性をその機能別に紹介する．

A. 乳の健康機能性

a. 免疫調節機能・感染防御

乳タンパク質の多くは，代謝機能が未発達な乳児を病原菌などから守るために重要な役割を果たしている．ウシの初乳には子牛の生育に必須な免疫グロブリンG（IgG）が多く含まれ，子牛を感染から守る機能を果たすが，数日後には全免疫グロブリン濃度は0.7～1.0 mg/mLに減少する．牛乳中のIgGの抗原結合活性や抗原と結合した後のさまざまな反応を惹起するエフェクター活性は，低温保持殺菌や脱脂乳への乾燥処理ではほとんど低下しないことが知られている．

ラクトフェリンは鉄結合能をもつ多機能タンパク質であり，乳，汗，涙などの外分泌液中に含まれ，抗菌活性，抗ウイルス活性により生体防御に寄与している．ナチュラルキラー細胞や樹状細胞の活性化，炎症性サイトカイン（TNF-αやIL-6）の産生抑制およびIL-8の産生促進などにより免疫システムを調節する作用を有する．ラクトフェリンの抗菌活性作用は強い鉄結合能により細菌の生育に必要な鉄を奪うためと考えられている．ラクトフェリンから胃内のペプシン分解によって生じるペプチドであるラクトフェリシンはラクトフェリンの数十から数百倍の抗菌活性をもち，グラム陰性菌，グラム陽性菌および真菌の細胞膜へ直接作用して抗菌活性を示す．一方，ビフィズス菌には抗菌活性を示さず，乳児の腸内菌叢形成に寄与すると考えられている．これらの機能を活用するため，ラクトフェリンを添加した調整乳などが市販されている．

b. 血圧調整

アンジオテンシン変換酵素（ACE）は，不活性型のアンジオテンシンIから血圧上昇効果を有する活性型のアンジオテンシンIIへ変換する．したがってACEの酵素活性を阻害することにより，血圧降下作用の発現が期待できる．乳タンパク質の消化酵素による分解ペプチド，あるいは発酵乳においては乳酸菌の産生する酵素によって生じたペプチドのなかにはACE阻害活性を示すものが見出され，これらの活性を強化した製品が開発されている．ACE阻害ペプチドとしては，ラクトトリペプチド（Ile-Pro-Pro，Val-Pro-Pro），ラクトキニン（Ala-Leu-Pro-Met-His-Ile-Arg）などが知られており，腸管から吸収され血中に入ると考えられている．ACE阻害活性のほか，抗高血圧作用を有するオピオイド様ペプチドについても報告がある．

c. 神経の鎮静化

トリプトファンは，脳内の神経伝達物質であるセロトニンやメラトニンの原料であり，精神機能の維持に重要な働きを有する．乳タンパク質はトリプトファンの良質な供給源で，100 g あたり生乳は 40 mg 程度，チーズは 600〜700 mg 程度のトリプトファンを含む．消化管でタンパク質の加水分解により生じたトリプトファンは小腸粘膜の腸クロム親和細胞によりセロトニンに変換される．全身に存在するセロトニンの 90% はこの細胞に存在し腸管運動を制御している．セロトニンは血小板にも高濃度に含まれており，毛細血管を収縮させることにより止血機構に関与する．腸管から吸収されたトリプトファンの一部は血液脳関門を通過して脳内に入りセロトニンに変換され，さらにメラトニンへと変換され概日リズムを形成する．トリプトファンの通常の食事に含まれる量以上の過剰な経口摂取は危険性が指摘されている．

乳タンパク質を分解したペプチドのなかにはオピオイド受容体に結合できる能力をもつペプチドが存在する．オピオイドとは中枢神経や末梢神経に存在するオピオイド受容体への結合を介して鎮痛作用などモルヒネに類似する作用をもつ物質の総称である．食品由来のオピオイド様ペプチドが消化管のオピオイド受容体に作用することにより，ヒスタミンの放出，ムチン分泌の増加，腸の蠕動運動の抑制等に寄与する．乳タンパク質由来のオピオイド様ペプチドとしては，カゼイン由来の β-カゾモルフィン，カゾキシン，α-ラクトアルブミン由来の α-ラクトルフィン（Tyr-Gly-Leu-Phe），β-ラクトルフィン（Tyr-Leu-Leu-Phe）などが知られている．

d. 骨密度の増加

カルシウムは，体内でもっとも量の多いミネラルであり，その 99% は骨および歯として存在する．生理的には，血液凝固や心臓の機能，筋収縮などに関与し，体内で重要な役割を担っている．牛乳 100 g 中にカルシウムは 110 mg 含まれ，その吸収率は 40% と高く，ほかの食品に比べ優れていることが特徴である．この理由としてカゼインとの複合体の形成，乳糖や次に述べるカゼインホスホペプチド（CPP）の吸収促進作用などが推定されており，発酵乳では乳酸によりカルシウムの溶解性が上がるためさらにカルシウム吸収が向上する．カルシウムの欠乏に起因する，くる病，骨軟化症，低カルシウム血症，骨粗鬆症の治療においてはカルシウムの摂取の有効性が示唆されている．

カゼインホスホペプチド（CPP）は，カゼインを部分加水分解して得られるホスホセリン残基を含むペプチドの総称で，小腸下部でのカルシウムの吸収を助け，骨を丈夫にするといわれている．特定保健用食品では個別に製品ごとの安全性・有効性が評価されており，CPP を関与成分とし「カルシウム等の吸収を高める」との表示が許可された食品がある．また，CPP-非結晶リン酸カルシウム複合体（CPP-ACP）を関与成分とし「歯の健康維持に役立つ」との表示が許可された食品がある．

乳塩基性タンパク質（MBP）は牛乳の乳清（ホエイ）に約 1% 含まれる塩基性タンパク質の総称で，骨芽細胞の増殖促進，破骨細胞の分泌する骨吸収プロテアーゼであるカテプシンの活性を阻害し，結果として骨密度を高める働きを有する．MBP を関与成分として，「骨の健康が気になる方に適する」旨の表示ができる特定保健用食品が許可されている．効果があるとされる MBP の摂取量は 1 日 20〜40 mg であり，牛乳に換算すると約 1 L に相当する．

e. 脂肪燃焼

共役リノール酸（CLA）とは共役ジエン構造を有するリノール酸の位置異性体および構造異性体の総称である．反芻動物の消化管内で微生物によって産生されるため，CLA は牛乳や乳製品に多く含まれる．乳脂肪中の

CLA濃度は飼育条件により変動するが，およそ0.3～1.0%である．CLAには脂肪を分解するホルモン感受性リパーゼを活性化する作用があり，脂肪燃焼効果をもつと考えられている．また，高い抗酸化作用をもつため，動脈硬化の原因となる酸化LDL（悪玉コレステロール）が血管壁に沈着するのを防止する．ヒトにおける有効性については体脂肪増加の抑制についての報告がある．

B. 発酵乳・乳酸菌の健康機能性

発酵乳や乳酸菌飲料は主に乳酸菌やビフィズス菌をスターターとして醸成されるが，これらの生理機能については，スターター菌体自体によるものと発酵成分によるものがある．ここでは乳酸菌の働きを中心に述べる．乳酸菌は代表的なプロバイオティクス（Probiotics：「適量摂取により宿主の健康維持に有益な働きをする生きた微生物」（FAO/WHO））であり，機能性研究が世界的に行われている．乳酸菌の機能性は，菌種ではなく，菌株に特異的なものであり，すべての乳酸菌が機能性を有するというわけではない．

a. 整腸作用

ヒトにおいて，発酵乳を摂取することにより腸内環境の改善がみられたとする報告は多く，お腹の調子を整えるのに役立つといった特定の保健の用途に資する旨を表示し，特定保健用食品として販売されている発酵乳も存在する．腸管内には成人でおよそ100種類，総細菌数100兆個以上の腸内細菌が棲息し，複雑な菌叢を形成している．腸内菌叢は乳幼児から老年期に至るまで生涯を通じて変動する．そのため発酵乳の摂取による整腸作用は，人体にとって有害な菌の増殖を抑制し，良好な細菌叢を腸管内で維持させるという重要な意味をもつ．乳酸菌の整腸作用のメカニズムとしては，酸（乳酸，酢酸など）生成による腸管内pH低下に基づく有害菌の増殖抑制，抗菌性物質（ジアセチル，過酸化水素，バクテリオシンなど）の産生，乳酸菌と有害菌と

の栄養素の競合，病原菌の凝集，腸管上皮細胞付着部位における乳酸菌と有害菌の競合などが考えられている．このうちバクテリオシンはタンパク質性の物質であり，通常はその類縁菌に対して作用し，細菌の細胞膜を破壊して細胞内物質を漏出させ，菌の生存率を低下させるタイプのものがよく知られている．また，乳酸菌の腸上皮細胞への付着については付着因子の研究も行われており，一部遺伝的な解析も進んでいる．そのほか，スターターにより生成された乳酸による腸の蠕動運動の亢進による整腸作用も知られている．

また，乳製品中における乳酸菌の役割のひとつとして乳糖不耐症の軽減が挙げられる．乳糖不耐症は乳や乳製品を食べた後，乳糖の消化不良が原因で起こる胃腸の不調（腹部膨張，腹鳴，腹痛，下痢などの症状）のことであり，その原因として一次性（遺伝性），二次性（環境要因：小腸の病気など），一過性に分かれている．日本人の多くは，乳児期は正常なβ-ガラクトシダーゼ活性をもつが，成長とともに活性が低下する．発酵乳製造に使用される乳酸菌はβ-ガラクトシダーゼを有するものが多く，その乳糖分解活性によって発酵乳中の乳糖量は原料乳よりも低減しており，さらに乳酸菌のβ-ガラクトシダーゼは腸管内においても作用することから，発酵乳の摂取では乳糖不耐症を起こさない人が多いとされる．また，発酵乳の粘性による消化管内移動速度の低下も消化不良症状改善の一因とされている．

b. 免疫調節作用

ある種の乳酸菌について，マクロファージの活性化や免疫担当細胞からのサイトカイン産生促進，免疫グロブリンAの産生量の増加などの免疫賦活作用が報告されている．また，近年のアレルギー患者の増加に伴い，I型アレルギー（アトピー性皮膚炎や花粉症などを含む）反応を引き起こす免疫グロブリンE抗体産生を乳酸菌により抑制する研究が進

んでいる．さらに，ある種の乳酸菌を妊婦とその生まれてきた子どもに投与した場合，非投与群に比べ，子どものアトピー性湿疹の発症率が半分になったという報告が出されている．乳幼児の急性下痢の原因となるロタウイルスに対しても，免疫グロブリンＡ抗体産生を増強する乳酸菌の効果が報告されている．乳酸菌による当該作用に関与する因子についても研究が進んでおり，菌体構成成分としては，細胞壁，リポテイコ酸，リポタンパク質，DNAのCpGモチーフなどが報告され，細胞外に産生する成分としては粘性物質などが報告されている．近年，細菌の構成成分を特異的に認識する免疫担当細胞の受容体群（Toll-like receptor）が見出され，これら受容体群を介した宿主側からのアプローチも進んでいる．近年の花粉症の増加に伴い，花粉症の症状緩和などの免疫調節機能を有する乳酸菌を利用した製品が市販されているが，特定保健用食品の認可には至っていない．

c．**血清コレステロール低下作用ほか**

食生活の欧米化による高脂血症の患者数の増加に伴い，発酵乳や乳酸菌による血清コレステロール低下作用が注目されており，ヒトにおいても報告がある．乳酸菌による当該作用の機構については一部明らかにされている．すなわち脂肪の乳化には胆汁が必要であり，胆汁に含まれる胆汁酸は通常タウリンやグリシンと抱合された形で分泌されるが，乳酸菌のなかには抱合型胆汁酸（タウロコール酸など）を一次胆汁酸（コール酸など）へ加水分解する菌株が存在する．脱抱合された胆汁酸は腸管より再吸収されずに排出される．また，乳酸菌体が胆汁酸やコレステロールを吸着し，体内における胆汁酸レベルが低下すると肝臓におけるコレステロールからの胆汁酸合成が活性化し，結果的に血清中のコレステロールレベルが低下すると考えられている．一方，乳酸菌体以外の発酵乳中の成分に血清コレステロール低下作用と関連があるとする報告は少ない．また，使用する乳酸菌によっては，コレステロール低下が認められなかった例もあり，ヒトにおける効果の検証を経た製品の開発が期待されている．

上記以外にも乳酸菌のさまざまな効用が報告されている．例えば，ある種の乳酸菌は胃がんの原因菌であるピロリ菌の増殖を抑制することが示されており，この乳酸菌を利用した発酵乳が製品化されている．そのほか，内臓脂肪蓄積抑制効果，抗腫瘍効果，糖尿病や関節炎に対しての効果，肌の状態の改善効果などについても報告がある．

C．チーズの健康機能性

チーズについても機能性研究が行われているが，発酵乳や乳酸菌飲料に比べると報告が少なく，主として細胞レベル，実験動物レベルでの報告にとどまっている．これまでに発酵乳や乳酸菌体のほか，ある種のチーズにも抗変異原性があることが明らかにされている．またある種の乳酸菌を用いたチーズ中には，抗酸化作用に関する成分が含まれていることが報告されている．さらに，日本および欧州では，熟成させないフレッシュチーズや熟成タイプのチーズを用いた，プロバイオティックチーズに関する研究も行われている．ある種のチーズを高齢者に摂取させた場合，自然免疫系のパラメーターのいくつかが増強されたとの報告もある．乳酸菌がプロバイオティクスとしての機能を十分に発揮するためには，口から摂取したのち生きたまま腸まで到達することが重要であるとされているが，チーズは，含有する乳中成分が乳酸菌を消化管ストレス（胃酸，胆汁酸など）から保護するため，乳酸菌を消化管に届けるためのよいキャリアであると期待されている．

9.4.2　肉・肉製品

食肉は，主に水分とタンパク質，脂質で構成されており，そのほかにもビタミン類やミネラル類を含む．9.2.4項でも触れたように，

栄養学的には必須アミノ酸がバランスよく含まれているため、タンパク質供給源として理想的な食品と考えられる．また，食肉中に含まれるビタミンA，B群およびEは補酵素としての働きをもち，生体内の代謝や合成に寄与する．さらに食肉に含まれるミネラルのひとつである鉄は，ヘム鉄として存在するため，植物などの非ヘム鉄に比べて小腸からの吸収効率が非常によい特徴を有する．

近年，食品には3つの機能があると提唱されている．1つめの機能（一次機能）は栄養素としての働きであり，肉・肉製品の一次機能は前述のとおりである．2つめの機能（二次機能）はおいしさへの寄与であるが，肉・肉製品の嗜好性のよさは周知の事実であろう．3つめの機能（三次機能）は生体調節機能であり，疾病の予防や回復に寄与する働きをさす．この生体調節作用が科学的根拠に基づいて証明され，消費者庁から許可を受けた食品は「特定保健用食品（トクホ）」となり，食品でありながら医薬品と同様に効果や効能を表示することができる．しかし，現在，特定保健用食品における保健の用途として認められているものは「お腹の調子を整える」や「コレステロールが高めの方に適する」などの9項目に限られている．このほかにも健康にかかわる機能は積極的に研究されており，肉・肉製品を由来とするものも数多く報告されている．その主なものは次のとおりである．

A. タンパク質・アミノ酸・アミノ酸誘導体

a. コラーゲン

コラーゲンは骨，軟骨，腱，皮膚に多く存在するタンパク質である．細胞と細胞を接着する細胞外マトリックスを構成する成分でもあるため，食肉中にも全タンパク質の約20％の割合で含まれる．コラーゲンにはアミノ酸配列や構造が異なる分子種が存在する．このうち，生体内でもっとも存在量の多いⅠ型コラーゲンは骨粗鬆症モデルマウスにおいて，骨密度の増加や大腿骨の破断強度を増加させると報告されている．また，軟骨に多いⅡ型コラーゲンは臨床試験において関節リウマチの症状が軽減されるとの報告がなされている．コラーゲンはアミノ酸組成の1/3をグリシンが占め，プロリン含量が高く，必須アミノ酸のトリプトファンを含まないため，タンパク質としての栄養価は低い．

b. エラスチン

エラスチンはコラーゲンと類似したアミノ酸組成をもつタンパク質で，組織のかたさ（弾力性）に関与する．エラスチンを皮膚解析に多用されるヘアレスマウスに経口摂取させると，皮膚の粘弾性が上昇し，表皮の肥厚が抑制され，エラスチンの前駆体であるデスモシン量が皮膚中で増加することが報告されている．

c. トリプトファン

トリプトファンは側鎖にインドール環をもつ芳香族アミノ酸で，必須アミノ酸のひとつである．

神経伝達物質であるセロトニンや，松果体ホルモンであるメラトニンの前駆体となる．セロトニンはノルアドレナリンやドーパミンの作用を調整し，精神の安定に寄与する．また，メラトニンは概日リズムを司り，睡眠に関与する．トリプトファンの摂取を制限すると，これらの物質の産生量が減少する．肉中に含まれるトリプトファンの量は他の食品に比べると多く，可食部100gあたり，牛肉，豚肉，鶏肉ともに250mg程度含まれている．この値は鶏卵の約1.3倍，牛乳の約6倍である．

d. カルニチン

カルニチンは，タンパク質に結合したリジン残基と遊離のメチオニンから生合成されるアミノ酸誘導体であり，エネルギー産生と脂肪酸代謝に関与する．心筋と骨格筋に多く存在し，心血管疾患，糖尿病，栄養失調や肥満時に筋肉中の存在量の減少が認められる．牛肉や羊肉，山羊肉で100gあたり100〜

200 mg 含まれており，ヒトでの1日あたりのカルニチン生合成量である 20 mg を充足できる．カルニチンの摂取により耐糖能障害が改善し，総エネルギー消費量が増加するという報告がなされている．

e. 肉タンパク質・肉タンパク質抽出液

牛肉の赤身あるいは乳タンパク質をマウスに長期給餌し，3週目に遊泳時間を，4週目に懸垂持続時間を測定したところ，牛肉摂取群でいずれも有意な運動持続時間の延長が認められている．すなわち，牛肉摂取により肉体的な抗疲労効果が期待される．また，鶏肉抽出液（チキンエキス）の摂取は，計算や記憶などの精神疲労を軽減することも報告されている．

B. 生理活性ペプチド

a. ヒスチジン関連ジペプチド（カルノシン，アンセリン）

カルノシンは，β-アラニンとL-ヒスチジンがペプチド結合したジペプチドであり，アンセリンは，カルノシンのL-ヒスチジン残基がメチル化された構造をもつ．両ジペプチドは豚ロース（可食部100 g あたり約900 mg）や鶏むね肉（同約1,200 mg）に，高濃度で含まれている．カルノシンの健康機能性としては，抗酸化作用や運動時における疲労軽減効果が知られている．カルノシンの抗酸化作用は，ヒスチジンのイミダゾール環による活性酸素種消去作用に由来する．また，疲労軽減効果は，カルノシンが緩衝作用を有するため，高強度の運動下でも筋肉中のpHの低下を抑制すると説明されている．

b. 血圧上昇抑制ペプチド

長期間にわたる高血圧は脳卒中，虚血性心疾患，腎障害を引き起こすことが知られている．血圧を上昇させる生体内機序のひとつに，レニン-アンジオテンシン系がある．不活性なペプチドホルモンであるアンジオテンシンI が，組織中のアンジオテンシン変換酵素（ACE）によって分解され，強力な昇圧ペプチドであるアンジオテンシンII が生成される．食肉あるいは副生物を由来とするタンパク素を酵素処理して得られた加水分解物中からACE 阻害ペプチドが見出されており，病態モデル動物である高血圧自然発症ラットや軽症高血圧のヒトに対して経口摂取により血圧を低下させる作用を有することが証明されている．

c. 中性脂肪上昇抑制ペプチド

中性脂肪は脂肪酸がグリセロールとエステル結合したものであり，皮下脂肪や血中に存在する．血中の中性脂肪量は動脈硬化や脳卒中など心血管病の発症と深くかかわっており，この値が高い場合（150 mg/dL）には，高中性脂肪血症と診断され，治療が必要となる．ヘモグロビンから調製されたグロビンタンパク質加水分解物は食後の中性脂肪上昇を抑制することが明らかにされている．この作用機序は二段階で説明されている．すなわち，膵臓の脂肪分解酵素（膵リパーゼ）の活性を阻害することで，食事中から摂取された脂肪が分解されず，腸管からのとり込み量が減る．さらに，腸管から吸収され血中へと移行した中性脂肪に対しては，血中のリポタンパクリパーゼを活性化することで，遊離脂肪酸とグリセロールに分解が促進され，食後の血中中性脂肪の上昇を抑えることが確認されている．

d. 血中コレステロール低下ペプチド

コレステロールは，細胞膜の構成成分であり，胆汁酸の産生，ビタミンの生成や代謝，あるいはホルモンの前駆体として，生体内で重要な役割を担っている．血中では，輸送タンパク質であるリポタンパク質と結合して存在する．リポタンパク質のうち，LDL（low density lipoprotein）と結合したコレステロールは，血管壁に沈着し，アテローム性動脈硬化の原因となることが知られている．したがって，循環器疾患のリスクを下げるためにも，血中コレステロール値の管理は重要である．豚肉タンパク質を酵素処理して調製した

ペプチドは，ラット血漿中のコレステロールを低減させる効果を有することが明らかにされている．このペプチドのコレステロール低下作用は，腸管からの胆汁酸の排泄促進によると推察されている．

C. 脂質
a. 共役リノール酸

共役リノール酸（CLA）は，反芻動物のルーメン内でリノレン酸から生成される異性体である．CLA は抗肥満作用やアテローム性動脈硬化予防，抗糖尿病，抗酸化作用，骨形成作用があると報告されている．一方で，脂肪肝や大腸がん，高プロインスリン血症を誘発する負の効果も報告されている．

b. アラキドン酸

アラキドン酸は，脂肪酸の ω 末端から 6 番目に 2 重結合をもつ不飽和脂肪酸である．これまでアラキドン酸は生理活性物質であるイコサノイドの原料となるため，過剰の摂取は血栓の形成やアレルギー症状の誘発が問題となっていた．しかし，近年，アラキドン酸からアナンダマイドとよばれる至福感をもたせる神経伝達物質が生成されることが明らかにされており，肉および肉製品の摂取との関連が示唆されている．

c. ω-3 脂肪酸

ω-3 脂肪酸は，脂肪酸の ω 末端から 3 番目に二重結合をもつ不飽和脂肪酸であり，炭素数の違いにより α-リノレン酸，エイコサペンタエン酸（EPA），ドコサヘキサエン酸（DHA）の種類がある．ω-3 脂肪酸の摂取により，結腸癌の発症リスクの低減や心血管疾患（イベント）発症の予防になると報告されている．ω-3 脂肪酸の一種である α-リノレン酸は，牧草から供給されるため，放牧されているウシやヒツジ，ウマ，家ウサギなどの肉は他の家畜のものに比べて多くの ω-3 脂肪酸を含む．

9.4.3 卵・卵製品

卵は牛乳や食肉と並んで良質なタンパク質と脂質を有し，栄養的にきわめて優れ，生活に不可欠な食品のひとつである．特に卵（受精卵）は条件さえ整えば孵化することから，生命のカプセルともよばれ，次世代の雛になるために必要なあらゆる物質を十分量蓄えている．孵化途中の卵には細胞の増殖や分化にかかわる因子，抗酸化成分，赤血球や白血球の増殖因子，卵殻カルシウム可溶化因子や骨形成（カルシウム不溶化）因子など，さまざまな生理機能を有する成分が存在するはずである．

インドネシアやフィリピンでは，アヒルの孵化途中の卵を茹でたもの（バロット）が滋養強壮によいと好んで食べられている．日本では孵化卵は食べないが，同じく滋養強壮目的で生卵を飲む，あるいは食べる習慣がある．昔は病気のお見舞いに生卵をもっていった．このように，生命のカプセルでもある卵には，古くから滋養強壮，疾病回復，保健機能などが期待されている．そして，これらの健康機能性のいくつかは，現在の科学技術の発展に伴って物質レベルで解明されつつある（図 9.18，表 9.21）．

ここでは，卵・卵製品の健康機能性における，リゾチーム，リン脂質，シアル酸，卵黄抗体（IgY）などについて解説する．

A. 鶏卵に含まれる有用成分とその生理活性
a. リゾチーム

リゾチームは，1922 年，A. Fleming により鼻汁中の溶菌酵素として発見された．それは卵白中にも約 0.3％含まれている．その溶菌活性はグラム陽性菌の細胞壁の主成分であるペプチドグリカン鎖を加水分解することによる．したがって，リゾチームは *Micrococcus* 属や *Bacillus* 属などのグラム陽性菌に対して溶菌作用を示すが，大腸菌などグラム陰性菌に対してはほとんど溶菌作用を示さない．

リゾチームの薬学的効果は種々報告され，

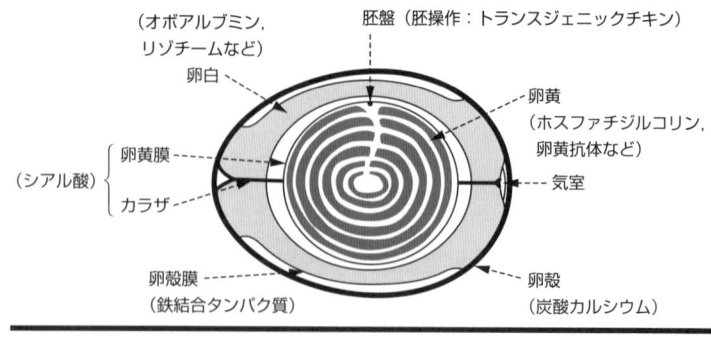

図9.18 ● 鶏卵の構造と医薬的利用価値

表9.21 ● 鶏卵中に含まれる生理活性成分

部位	成分名	分類	生理機能および用途
卵殻	炭酸カルシウム	無機質	カルシウムの供給
卵殻膜	卵殻膜タンパク質	タンパク質	2価金属イオン結合活性
卵黄膜 カラザ	シアル酸	酸性糖	インフルエンザウイルスの感染阻害剤や抗炎症剤, 抗がん剤, 去痰剤など (医薬)
卵白	オボアルブミン オボトランスフェリン オボムコイド リゾチーム	タンパク質	タンニン酸アルブミン下痢止め剤 (医薬) 鉄イオンの輸送 代表的な卵白アレルゲン物質 抗炎症剤 (風邪薬, 目薬), 抗菌活性
卵黄	ホスビチン 卵黄抗体 (IgY) 卵黄油 ホスファチジルコリン	タンパク質 脂質	鉄イオンの貯蔵 親鶏由来の免疫グロブリン (感染病予防) アラキドン酸, DHA, コレステロール 老人性認知症の改善効果

特に塩化リゾチームは慢性副鼻腔炎, 風邪の経口治療薬, あるいは点眼薬などとして広く用いられている. また食品用としては, その溶菌作用が鮮度保持剤として利用されている.

b. 卵黄レシチン (卵黄リン脂質)

卵黄リン脂質の84%がホスファチジルコリン (PC) であり, 大豆レシチン (大豆リン脂質) と比較して約3倍もPC含量が高い. また, 多価不飽和脂肪酸であるアラキドン酸やDHAを多く含んでいる. これらの多価不飽和脂肪酸は脳の主要な構成脂肪酸であり, 胎児や新生児の発育に必須である. また, アラキドン酸は局所ホルモンであるプロスタグランジンやロイコトリエンなどの前駆体としても利用され, 炎症やアレルギー反応などの生理活性に関与する.

なお, PCは神経伝達物質のアセチルコリンの前駆体として利用されるため慢性運動不調やアルツハイマー病などの神経系疾患に対する神経機能の改善や向上の可能性があると示唆されている. また, 卵黄レシチンは必須脂肪酸の供給源となるのみならず, 強い乳化力を有するため難溶性あるいは酸化を受けやすい医薬品の乳化ないしはリポソーム化剤として用いられている.

c. シアル酸

シアル酸は酸性糖で, ノイラミン酸 (neuraminic acid) のアミノ基やヒドロキシ基が置換された物質の総称である. 主として脊椎動物の糖タンパク質や糖脂質の糖鎖構成

成分で,糖鎖の非還元末端に存在し,細胞膜の負電荷性や,その他の生理機能に寄与している.鶏卵中には,特にカラザと卵黄膜に高濃度に含まれている.

最近,シアル酸およびその誘導体を化学的・酵素的に合成し,その生理活性を医薬に活用する試みが行われている.例えば,インフルエンザウイルスが感染細胞内で増殖し,放出されるときに必要なシアリダーゼのインヒビターとして合成されたシアル酸のアナログである 4-guanidino-NeuAc2en が,リレンザという抗インフルエンザウイルス薬として発売されている.

シアル酸の製造は,かつて海燕の巣を原料としたため,とても高価なものであったが,鶏卵のカラザや卵黄膜から,あるいは大腸菌による発酵法により,さらに近年ではシアル酸誘導体医薬としてシアル酸の需要が高まったことから,グルコサミンを原料とした酵素合成法により安価に大量のシアル酸がつくられている.

d. 卵黄抗体(IgY)

動物は体内に侵入してきた病原菌やウイルス(抗原)に対して,血液中にそれらの感染力を消去する特異的抗体をつくり病気から免れる.血液中の特異的抗体は,哺乳類では胎盤やミルクを介し,鳥類では卵黄を介して子どもへ伝えられ,新生児の病気予防に役立っている.すなわち,産卵鶏に抗原を注射すると,その卵の卵黄中に大量の特異的抗体が蓄積される.

ⅰ)IgY の生産

従来,特異的抗体(ポリクローナル抗体)の調製は,ウサギなどの哺乳類小動物に抗原を何度も注射し,過免疫状態にした動物から採血し,その血清から得られている.しかしニワトリの母子間免疫移行を利用すれば,産卵鶏を過免疫し,その産まれた卵より卵黄を分離し精製すればよく,採血の必要はない(図 9.19).

通常,ニワトリは年間約 250 個の卵を産み,その卵 1 個には 100 mg 以上の IgY が含まれている.これは 1 g の抗体を精製するのに卵 10 個あれば可能であることを意味している.鶏卵を用いた特異抗体の調製法は,哺乳類小動物を用いる従来の特異的抗体の調製法と比較して抗体の大量調製法に適している.

ⅱ)IgY の特徴と利用

IgY と哺乳類の IgG との相違点を表 9.22 にまとめる.タンパク化学的な比較では構造

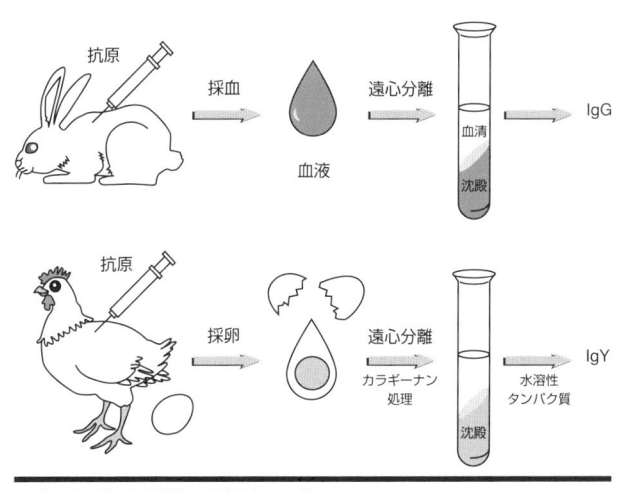

図 9.19 ● 特異的抗体の調製法の比較

表 9.22 ● 卵黄抗体（IgY）と哺乳類血液抗体（IgG）の比較

1) 分子量：IgY は約 18 万，IgG は約 15 万，H 鎖が大きい．
   IgY の H 鎖定常領域は 4 個のドメインからなる（IgG は 3 個）．
2) 等電点：IgY は約 6.0，IgG より約 pH 1 単位低い．
3) 熱変性温度：IgY は 73.9℃，ウサギ IgG は 77.0℃．
4) IgY の糖鎖には末端にグルコース基を有するものがある．
5) IgY は哺乳類の補体を活性化しない．
6) IgY はプロテイン A や G（IgG 結合タンパク質）と結合しない． ⎫
7) IgY はリウマチ因子（IgG の Fc 部分に対する自己抗体）と結合しない． ⎬ 臨床検査試薬として最適
8) IgY は哺乳類細胞の Fc レセプターと結合しない． ⎭

表 9.23 ● 受動免疫 IgY の研究開発状況

［感染症の予防］
　　抗ヒトロタウイルス IgY（研究：ボランティア試験）
　　抗ニキビ菌 IgY（研究：ボランティア試験）
　　抗虫歯菌 IgY（食品：タブレット，ペットフード）
　　抗 H. Pylori IgY（食品：ヨーグルト，タブレット）
　　抗 P. aeruginosa IgY（医薬：フェーズⅢ　スイス）
　　抗狂犬病ウイルス IgY（研究：動物試験）
　　抗子牛ロタウイルス IgY（家畜飼料・動物薬）
　　抗子豚大腸菌下痢症 IgY（家畜飼料・動物薬）
　　抗うなぎパラコロ病 IgY（水産混合飼料）
［その他の利用］
　　抗 Galα1-3Gal IgY（研究：臓器移植の拒絶反応を予防）
　　抗インフルエンザウイルス IgY（機能性フィルターへの利用）

や耐熱性など興味深い相違点があるが，特異的抗体として抗原に対する特異的結合能は同等である．この IgY の抗原結合能は臨床検査や研究用の免疫試薬として利用できる．また，食品の卵から大量調製可能な抗体として，近年は IgY を食品や飼料として利用する経口受動免疫の研究が注目されている．

経口受動免疫とは感染症病原体に対する特異抗体を経口投与し，口腔内および消化管内での病原体の付着感染を予防する方法である．IgY を用いた感染症の予防や臓器移植の拒絶反応抑制に関する研究が進められているが（表 9.23），現在までに虫歯予防抗体やピロリ菌除菌抗体などを配合した食品が商品化されている．

9.5　皮革・毛皮製品

9.5.1　皮革の品質と機能

有史以前から，人類は動物の肉を食べた後に残る皮を履物，衣服，袋物，敷物，水筒などに利用してきた．現代においても，皮革は食肉産業から産出される大量の皮を処理するための環境に優しく持続可能な有効利用方法のひとつである．

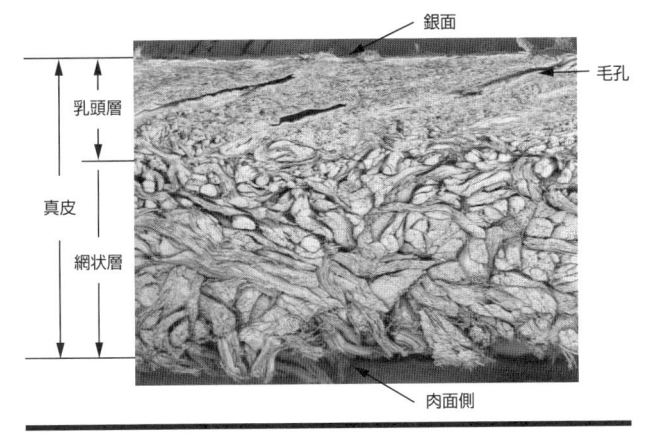

図 9.20 ● 牛革断面写真

A. 皮革の品質

革の品質は，原料となる動物の皮に依存し，基本的には動物の組織構造や構成成分が深く関与するものである．皮の主要成分はコラーゲンとよばれるタンパク質である．図9.20に牛革の断面の写真（走査電子顕微鏡像）を示す．革として利用されるのは真皮であり，毛根部を境として2つの層に分かれている．真皮の表面に近い部分は乳頭層，その下を網状層とよび，前者は比較的細いコラーゲン繊維からなり，後者は太いコラーゲン繊維束が交絡している．また，石灰漬けで表皮が除去された後の乳頭層の表面を銀面とよぶ．原料皮の種類や年齢，個体，部位に応じて，これらの構造は異なる．しかし，革が製造工程でどのような化学修飾を受けたか，どのように表面が仕上げられたかにより，その品質や特性は変化する．さらに，種々の用途に要求される性質を付与されるため，革の性状は複雑かつ多様性を示す．

a. 原料皮の種類

ⅰ）牛皮

革製品の大部分は牛皮が使用されている．成牛皮はステアハイド（去勢雄牛皮）が代表的なものであり，カウハイド（雌牛皮）やブルハイド（雄牛皮）などがある．これらは大判で厚く，繊維組織が比較的均一で充実している．若干の部位差はあるが平均した品質で，安定した製品が得られる．カーフスキン（小牛皮）は，生後6か月くらいまでの子牛の皮で，薄く，きめが細かく，繊維束も細く，しなやかで傷が少なく上質とされる．キップスキン（中牛皮）は生後6か月〜2年くらいまでの牛皮で，カーフよりもきめは粗いが，厚さがあり，強度に優れる．

ⅱ）豚皮（ピッグスキン）

国内で自給が可能であるが，大半は原料皮のまま輸出されている．組織の部位差が大きく，バット（尻）部が密で厚く，革とした場合にかたくなりがちである．3本の太くて長い剛毛が対をなし真皮を貫いている．銀面に独特な凹凸が多く，豚特有の銀面模様をなす．真皮は充実し，摩擦に強い．靴の裏革によく使われる．

ⅲ）羊皮（シープスキン）

羊皮は品種が多く，多種多様であるが，大きく分けてヘアーシープとウールシープに分けられる．なお，子羊皮はラムスキンという．ヘアーシープは，熱帯地域に多く，毛の品質は悪いが，皮は良質である．強度があり，軽くて柔軟性に優れている．ゴルフ手袋や防寒材料として利用されている．ウールシープは

ウールをとるために品種改良されたもので，寒冷地域に多い．被毛の数が多く，空隙が多く，繊維の交絡が少ない．乳頭層と網状層のつながりが疎で，この部分で二分しやすい．軽くて柔軟であるが強度に劣る．衣料，手袋，袋物，靴の甲革や裏革などに用いられる．

iv）ヤギ皮（ゴートスキン）

非常に種類が多い．大きさ（年齢）によりゴートとキッドに分類される．薄くてやわらかであるが強度がある．銀面は特有の凹凸をもち，毛穴の形に特徴があり耐摩耗性に優れている．靴の甲革，衣料，ハンドバッグなどに用いられる．

v）馬皮

繊維構造は牛皮に比較して粗い．大きく，やわらかさがあることが特徴である．なお，尻の部分は緻密な層がありコードバンとよばれる．植物タンニンで鞣し，独特の光沢をもつように仕上げる．ランドセル，ベルト，時計バンドなどに利用される．

vi）その他

哺乳類では，シカ皮，カンガルー皮などが用いられる．爬虫類ではワニ，トカゲ，ヘビ，魚類ではサメ，エイ，鳥類ではダチョウ，エミューなどが利用されている．CITES（Convention on International Trade in Endangered Species of Wild Fauna and Flora：絶滅のおそれのある野生動植物の種の国際取引に関する条約（ワシントン条約））によって許可されたものが利用されている．それぞれの動物に独特な銀面模様が珍重されている．

b．皮革の製造

原料皮は皮革の製造工程でさまざまな化学処理や機械的処理を受け，その特性が決定される．皮革製造の概略を図9.21に示す．皮は鞣しによって耐熱性が上昇し，耐薬品性が向上し，防腐性が高まり，乾燥による硬化や変形の少ない革（鞣し後を革とよぶ）に変えることができる．皮革製造工程すべてを含めて鞣しということもある．

i）準備工程

準備工程は，原料皮から毛や表皮などの表皮系成分（ケラチン）と非コラーゲン成分（球状タンパク質，糖タンパク質，脂質など）を除去し，コラーゲンとしての純度を高める工程である．水漬け，フレッシング，脱毛・石灰漬け，再石灰漬け，脱灰・ベーチング（酵解）などの工程がある．石灰と硫化物に浸漬する脱毛・石灰漬けがもっとも重要であり，この処理により，毛，表皮や不必要なタンパク質が除去される．皮は膨潤し，繊維構造が緩められ，ほぐされる．

ii）鞣し工程

ピックリング（浸酸）と鞣しを含めて鞣し工程という．準備工程を経て得られた皮に鞣剤を作用させ，コラーゲン繊維に化学的な架橋を形成させ安定化する工程である．鞣剤の種類は，クロム塩，アルミニウム塩，植物タンニン，合成タンニン，アルデヒド類などがある．それぞれの鞣剤によってコラーゲンとの結合挙動が異なるため，耐熱性，風合い，機械的性質も大きく異なる．

代表的な鞣しであるクロム鞣しは処理時間が短い，工程管理が容易，価格が安い，鞣剤のなかでもっとも高い耐熱性が得られる，染色性に優れる，強度に優れるなどの利点がある．可塑性にやや劣るが，あらゆる革製品に用いられている．植物タンニン鞣しは古来より行われてきた．染色を行わない場合は茶褐色で，光により暗色化しやすい．堅ろうで摩耗に強く，伸びが小さい．可塑性が大きく，成形性がよい．耐熱性はクロム鞣しと比較すると劣る．靴表底，中底，馬具，鞄などに使用されている．

iii）再鞣・染色・加脂工程

鞣した革に，用途に応じた特性，色，柔軟性，触感などを付与する工程である．シェービング，中和，再鞣（再鞣しともいう），染色，加脂の工程がある．

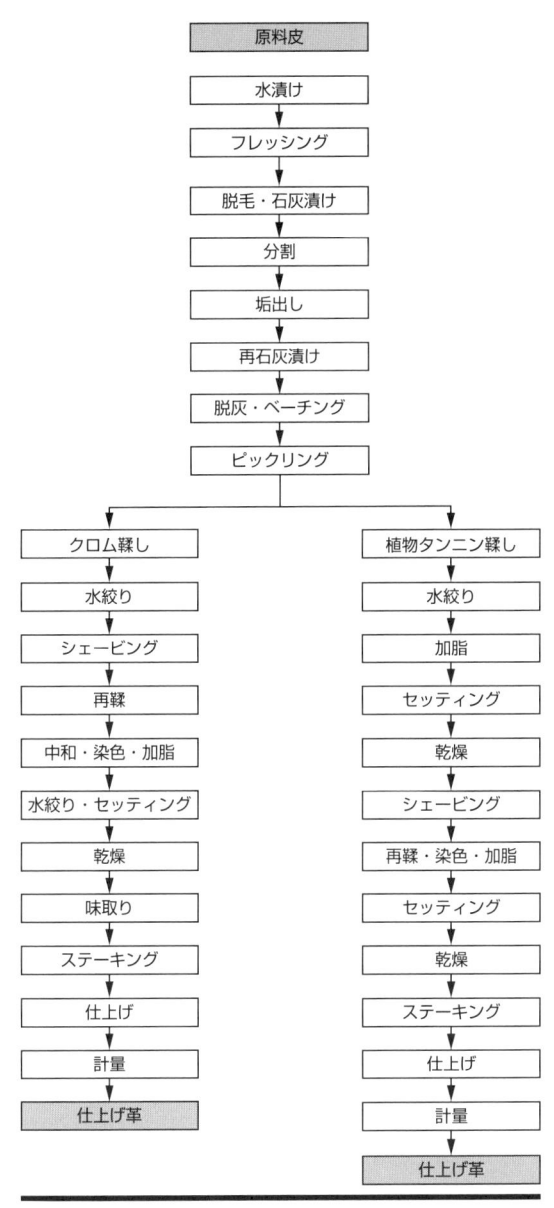

```
原料皮
  ↓
水漬け
  ↓
フレッシング
  ↓
脱毛・石灰漬け
  ↓
分割
  ↓
垢出し
  ↓
再石灰漬け
  ↓
脱灰・ベーチング
  ↓
ピックリング
  ↓
┌─────┴─────┐
↓           ↓
クロム鞣し    植物タンニン鞣し
↓           ↓
水絞り       水絞り
↓           ↓
シェービング   加脂
↓           ↓
再鞣        セッティング
↓           ↓
中和・染色・加脂  乾燥
↓           ↓
水絞り・セッティング シェービング
↓           ↓
乾燥        再鞣・染色・加脂
↓           ↓
味取り       セッティング
↓           ↓
ステーキング   乾燥
↓           ↓
仕上げ       ステーキング
↓           ↓
計量        仕上げ
↓           ↓
仕上げ革     計量
            ↓
            仕上げ革
```

図 9.21 ● 皮革製造工程

iv) 仕上げ工程

主な目的は,審美的価値を高めることおよび物理的特性を高めることである.一般にベースコート(下塗り),ミドルコート(中塗り),トップコート(上塗り)を施すことが多い.乾燥,味入れ,ステーキング,塗装,プレス処理などの工程がある.

c. 革の種類(仕上げによる分類)

i) 銀付き革

動物皮の本来の銀面を生かして仕上げた革

の総称である．仕上げ方法によって，素上げ革，アニリン革，セミアニリン革，顔料仕上げ革，グレージング仕上げ革などがある．これらの仕上げ方法によって革の感触や染色堅ろう性は大きく異なる．

ii）銀磨り革（コレクトレザー）

銀面をサンドペーパーなどでバフィングし，塗装仕上げした革である．銀面が削られているので，表面に革本来の凹凸や毛穴模様がない．銀面の傷や欠陥が軽減されるため，銀面の状態が均一となり歩留りがよくなる．しかし，塗装量が多いため外観的には革らしさが欠けている．主に成牛革で行われている．

iii）型押し革

植物タンニン革，またはクロム鞣剤と植物タンニンとの複合鞣し革の表面にさまざまな模様の型を押しつけた革のことである．

iv）スエード

革の肉面（裏面）をバフィングし，ベルベット上のケバをもつように起毛させた革である．毛足が短く，やわらかな手触りが特徴である．

v）ベロア

成牛革など繊維組織が粗い革の肉面をバフィングしたもの．ケバがやや長く，粗い．

vi）ヌバック

スエードと異なり，銀面側をバフィングしてケバ立てた革である．スエードに比較するとケバが繊細で短く，ビロード状を呈している．

vii）バックスキン

雄鹿（buck）の銀面を除去して，ケバ立てた革できわめて柔軟である．

viii）シュリンク革

鞣しの段階で革の表面を収縮させて，独特のシワをつけた革のことをいう．

ix）エナメル革

パテントレザーともいう．本来は，革の表面にボイル亜麻仁油またはワニスの塗布，乾燥をくり返し，光沢のある強い皮膜をつくって仕上げていた．現在は，ウレタンなどの耐摩耗性の高い光沢のある合成樹脂仕上げ剤が用いられている．

x）床革

皮を2層以上に分割して得られた，銀面をもたない床皮を原料とした革である．表面への厚い塗装，型押し，合成樹脂シートの貼りつけを行って利用される．

B．革の機能と特性

革はそのユニークな特性により太古の時代から使われてきた．強度，通気性，保温性，吸湿性，放湿性，水蒸気透過性，耐摩耗性などの優れた機能性をもつ．また，使えば使うほどなじみ，愛着が湧く素材である．

a．革の銀面模様

動物の種類に応じて特異的な天然の銀面模様があり，同じものがなく，銀面模様の美しさにつながる．銀面の繊維は特に細くてしなやかであり，触感に優れている．

b．保温性

革には微細な間隙が多く，多くの空隙をもっている．これらの空隙には空気の層が多い．空気は熱を伝えにくい特性をもつため，保温性を高める要因となっている．

c．革の水分特性

革（コラーゲン）には各種の親水性基があり，これらは反応性が高く，水などを結合しやすくなっている．また，革は微細な間隙が多く，多孔性の組織である．そのため，湿度が高くなれば繊維の間隙中に水分を容易にとり込み，湿度が低くなればとり込んだ水分は出ていく．外気の湿度変化に応じて水分をとり込んだり放出したりする性質が「革は呼吸している」という言葉で表現されている．

d．熱特性

革は低温（約−100℃）や高温（約120℃）においても，合成材料のように風合いを大きく変化することなく，非常に幅広い温度で使用することができる．そのため，極寒の地や砂漠のような高温の地域でも使用されてい

る．生皮の耐熱性は約 60℃ であるが，鞣しによって上昇する．標準状態（水分約 15%）における耐熱性は約 120℃ と高い．水に濡れると革の耐熱性は低下し，クロム鞣しは 80〜120℃，植物タンニン鞣しは 70〜90℃ である．また，革は難燃性で軟化点や融点は存在しない．

e. 弾性と可塑性

弾性はクロム鞣し革に特徴的な特性である．これに対して，可塑性は植物タンニン鞣し革で特徴的である．鞣しや再鞣の組み合わせによって種々の特性を付与することが可能であり，種々の形状に成形加工が容易となる．また，靴や衣料などでは優れた着用感を与えることができる．

f. 革の繊維構造と強度

古来より丈夫で長持ちする素材として利用されてきた．天然素材としては，非常に堅ろうであり，耐摩耗性も高い．革は動物の種類，年齢，性別ばかりではなく，部位によっても繊維の密度，絡み具合，走行の方向，厚さが異なり，革の強度や伸びなどの機械的性質に影響している．革の周辺部は厚みが薄いので強度も弱い．

g. 染色堅ろう性

革の染色堅ろう性は繊維と比較してやや劣っているのが現状である．特に革の特長を生かした感触のよい，ナチュラルな風合いを出した革をつくろうとすると色が落ちやすくなる．色を落ちないように仕上げ塗膜を厚くすると，革らしさが失われる．

9.5.2 毛皮の品質と機能
A. 毛皮の品質
a. 毛皮の構造

毛皮は「毛」と「皮」の部分から構成されている．毛の部分は，表面に見える太くて長い上毛（guard hair：保護毛，刺毛）とその下に生えている短くやわらかい下毛（under fur：綿毛）からなる．上毛は体を守る役割をしており，弾力性，耐水性に富み，つやがあり色彩も美しく，動物の特徴を表している．下毛は上毛に隠れて密生しており，動物の体温の発散を防ぎ，防寒の役割をしている．

毛を構成する主要タンパク質はケラチンであるが，毛の組織構造により組成が異なる．毛の主要部分を占めるコルテックス細胞層の外表をクチクラ層が覆っている．クチクラ層の主な機能はコルテックス細胞層を機械的に保護することである．クチクラ層は動物の種類によりその形態が異なり，毛表面の性質に深く関係している．

b. 季節換毛

哺乳動物は季節によって毛が生えかわる（季節換毛）のが一般である．これらは夏毛と冬毛とよばれ，特に冬毛は冬の寒さに耐えられるように，細かな毛が密生し，上毛も長く，毛皮の品質は優れている．毛周期は活性期，退行期，休止期に分類される．活性期は毛包が皮の皮下組織にまで深く伸張し，毛の成長も盛んである．退行期は毛が生えかわる準備に入る期間であり，毛の活発な成長が衰え，毛包が萎縮し短くなる．休止期は，毛の成長が止まり，毛包の下部が消失し浅い．したがって，毛皮としてはく皮するのは，冬毛が完成する毛包が浅い退行期から休止期に向かう時期である．この時期を本節（プライム）という．本節よりも早期にはく皮したものは節早，本節の後にはく皮したものは節遅れとよばれる．これらには毛が抜けやすいものがある．

c. 生息環境

毛皮の品質においては，毛皮動物の生息地も大きく影響する．気温が低い高緯度地方の毛皮動物ほど，良質な毛皮を産出する．これは寒冷であればあるほど，その厳しい寒さに耐えるために，良質な冬毛をまとうからである．

d. 毛皮の種類
ⅰ）ミンク

一般にはアメリカミンクである．突然変異種の品種改良により毛色の違う種が多数の国で飼育されている．上毛は強くしなやかで光沢に富んでいる．下毛は密生しており，保温力を高めている．

ⅱ）セーブル

黒テンともよぶ．毛色は黒褐色から黄褐色までさまざまであるが，全身が漆黒のものがもっとも貴重なものとされる．特に冬毛が長く豪華にみえる．上毛は長く，やわらかく，しなやかで光沢に富む．下毛はやわらかく，シルキーで深く密生している．保温力が高く，軽量である．古代から珍重され，王侯貴族の毛皮といわれている．

ⅲ）キツネ

レッドフォックス（赤ギツネ）は南米を除く，北極圏から温帯地域まで幅広く生息している．寒いところに生息するものほど毛の品質は高い．上毛は長く，その色調は薄い黄色みを帯びた赤色から深い赤褐色まで幅広い．下毛は白〜灰色である．シルバーフォックス（銀ギツネ）はレッドフォックスの突然変異種によって生まれた．上毛は長く，銀色と黒色があり明瞭なものほど良質とされる．下毛はやや長く，密度は普通である．ブルーフォックス（青ギツネ）はホッキョクギツネの種類で，もっとも極寒の地に生息している．キツネのなかではもっとも産出量が多い．上毛は長いがシルバーフォックスよりも短くシルキーである．下毛はやや長く密度が高い．全体的にはグレーである．耐久性に優れており，保温力は非常に高い．

ⅳ）ウサギ（ラビット）

品種改良のため多種多様である．中短毛であり，上毛はやわらかであるが，折れたり切れたりしやすい．刈り毛（シェアード）処理をすると，その欠点が解消される．下毛の密度は普通である．染色が容易で，比較的安価であるため広範囲に使われている．

ⅴ）チンチラ

元来アンデス山脈に生息していた．毛皮のなかでも特にソフトな風合いであり，肌触りが優れている．上毛は退化しすべてが下毛であり，絹のようになめらかでやわらかい．短毛であり，毛の密度も非常に高いが，薄くデリケートであるため耐久性は低い．

e. 毛皮の製造

毛皮の製造は皮革製造とは異なり，脱毛工程を行わないため石灰などは使用しない．脱脂・洗浄工程で十分に脂肪分を除去することが重要である．また，鞣しは主にミョウバンなどを使って行われる．余剰の汚れ，薬品などはおがくず太鼓によって除去する．毛を傷つけないように細心の注意が必要である．染色する場合には鞣しの後に染色工程を行うが，酸性染料で染色する高温染色と酸化染料で染色する低温染色がある．

f. 毛皮の機能性と特性
ⅰ）保温力に優れる

毛皮の最大の特性であり，極寒の地ではいまだに毛皮にとってかわるものはない．毛はそれ自体に熱の伝導率が少ないという特性をもっている．さらに，細かな下毛が密生していることにより，毛と毛の隙間にあるさまざまな層で空気を大量に含み，良好な絶縁体となり保温力を高めている．

ⅱ）耐水性がある

毛の最外層はクチクラ層で覆われており，機械的な強さの源となっている．動物種によってこの層の数は異なっている．撥水性（はっすい）があり，特に上毛の撥水性が高い．

ⅲ）通気性が高い

革と同様に通気性，透湿性，吸湿性，放湿性に優れている．また，毛の最外層のクチクラ層は，撥水性であるが，内部にあるコルテックスは親水性である．スケールの開閉によって，撥水性と保水性を同時にもつ素材であり，快適性に優れる要因となっている．

iv）耐久性が高い

　毛は，通常のタンパク質分解酵素や薬品には不溶性であり，分解しにくい物質である．したがって，手入れを怠らなければ長期間の使用に耐える．

v）感触がすばらしい

　毛皮が本来もつ感触は，何物にも変えがたく人類の歴史とともに使われている．しっとりとし，ふわふわし，やわらかで優雅な肌触りをもつ．

9.5.3　皮革・毛皮の品質評価
A．皮革の品質評価
a．レザーマーク

　国際タンナーズ協会（International Council of Tanners：ICT）によって，天然皮革の品質に対する信頼性を高めるためにレザーマークが定められた．日本でも，革，靴，鞄，衣料，手袋，ベルト，ハンドバッグにおいて，それぞれレザーマークを基本としたマークを使用している．レザーマークは，消費者に対して他素材との識別を容易にするものである．

b．革の試験方法

　革の試験方法の代表的なものは JIS K 6550 の革試験方法であり，物理試験や化学試験の試験方法が規定されているが，現在 ISO 規格と整合性をもたせるため改正作業中である．また，JIS K 6551 靴用革には，靴用革の品質規格が規定されている．さらに，衣料用革については，JIS K 6552 衣料用革試験方法に試験方法が，JIS K 6553 衣料用革にその品質規格が規定されている．これらも順次改正する計画である．

　国際的な革の規格は，ISO の TC120（革の専門委員会）が審議機関である．実質的な活動は，欧州標準化委員会の CEN TC 289 と国際皮革技術者化学者協会連合会（IULTCS）の共同で行っている．ISO 規格は JIS 規格と比較すると，その数や試験方法も

図 9.22 ● 日本エコレザーの認定マーク

多岐にわたっている．

c．エコレザー

　環境問題への意識が高まりから，1990 年代中頃から革・革製品専用の環境ラベルが相次いで発表された．日本でも 2006 年に「日本エコレザー基準」が NPO 法人日本皮革技術協会によって提案された．その後，(一財)日本環境協会により皮革製品がエコマーク対象商品になり，2009 年から(一社)日本皮革産業連合会によって日本エコレザー基準認定事業がはじまった（図 9.22）．日本エコレザーは，天然皮革であることが必要で，食用となる家畜動物，床革，取引証明書のある野生動物や養殖動物が含まれる．主な認定条件は，排水・廃棄物が適正に管理された工場で製造された革であること，臭気が基準値以下であること，有害化学物質が基準値以下であること，発がん性染料を使用していないこと，染色摩擦堅ろう度が基準値以上であることなどである．

B．毛皮の品質評価

　毛皮の品質評価は，毛並み，毛の色，光沢，やわらかさ，しなやかさ，毛の弾力性，肌触り，毛の密度（下毛の密生）などで行われる．毛皮は動物種によって，毛並みに特徴があり品質が決まるが，年齢，性別，生息地，季節によっても品質は異なる．一般には寒冷地の

動物が良質な毛皮をもち，また冬毛が良質なものとされている．また，毛皮はこれらの品質特性だけで評価されるものではなく，毛皮のもつ豪華な雰囲気，優雅さ，美しさや肌触りのよさなど感覚的な特性も重要視されている．

毛皮にはJIS規格やISO規格は存在しない．毛皮の品質に関する問題点は，毛抜け，皮の破れや硬化などの物理的特性の劣化および変退色が大部分を占めている．毛抜け，破れ，硬化などは，毛を支えている皮の部分の寄与が大きく，毛皮の毛抜き強さの測定が有効である．また，毛の光劣化については顕微鏡観察による表面の形態観察，FTIR測定，アルカリによるタンパク質抽出率によって評価できる．

毛皮専業者の団体として，(一社)日本毛皮協会 (JFA) があり，毛皮に関する調査研究，情報の収集および情報提供を行っている．JFAに加盟している企業はJFAマークを製品につけることができる．JFAマークは信用，信頼，安心を表すマークである．

皮革が食肉副産物の有効利用であることとは異なり，毛皮は毛皮のために動物の命を奪うことになる．そのため，動物愛護や動物の権利に対する意識の高まりから，毛皮の利用に対しては国際的な反対運動がある．

9.6 生産段階における安全性

9.6.1 フードチェーンアプローチ

消費者の食の安全に対する関心が高まっており，消費者へより安全な国産畜産物を安定的に供給する基盤を早急に構築していく必要がある．また，畜産物については，農場で生産された家畜が屠畜場で屠殺・解体された後，食肉処理場で処理され，また，酪農では，複数の農場で生産された生乳が集乳され，乳業工場で処理されるなど，消費者のもとに届くまでに多段階の生産および流通加工の段階を経ることから，各段階で汚染リスクが発生する可能性がある．

最終的な畜産物の安全性のいっそうの向上を図るためには，家畜生産段階においては，適切な飼養衛生管理を行い，生産段階に特有の危害要因（微生物，注射針や抗生物質など獣医療行為に伴うものなど）について可能な限り生産段階でコントロールし，病原微生物の汚染等が少なく健康な家畜を生産することが重要である．さらに，関係する各製造段階や地域が一体となって，リスク低減のための管理にとりくんでいくこと，農場から消費者まで各段階でやるべきことを行っていくこと（フードチェーンアプローチ）が重要である（図9.23）．

このため，『家畜伝染病予防法』に基づく飼養衛生管理基準に基づき基礎的な衛生対策を推進するとともに，飼養衛生管理を効率的，効果的に実施するためHACCP（危害要因分析・必須管理点）の考え方をとり入れ，家畜の所有者自らが危害要因分析をし，管理点を設定し，実際に危害要因をコントロールする飼養衛生管理（いわゆる農場HACCP）のとりくみが進められている．

このとりくみの対象となる微生物(病原体)は『家畜伝染病予防法』における家畜伝染性疾病の発生予防の対象となるそれとは異なるが，飼養衛生管理の向上による微生物のコントロールという観点からは本質的に同義である．

飼養衛生管理を適切に実施し，微生物などをコントロールすることにより，安全な畜産物の供給，家畜疾病の発生予防により生産性の向上，さらには重要な家畜伝染病の発生予防につながることになる．

9.6.2 これまでのとりくみ

1996年から畜産農場へHACCPの考え方をとり入れた衛生管理を導入するため，家畜保健衛生所を中心に畜産農場における食中毒

- 生きた家畜による農場特有の危害（微生物が常在，治療（薬，注射）など）
- 生産農場から消費者のもとに届くまでに多段階の加工流通工程
- 汚染リスクの発生はそれぞれの工程が互いに密接に関与

それぞれの段階で，できることを，しっかりやることが大事

フードチェーンアプローチ

生産段階 → 加工流通段階 → 消費段階

農場から消費者へ一貫した衛生管理による安全な畜産物の供給

生産農場 ／ 屠畜場，乳業工場【加工】／ 生協，小売り【流通】／ 消費者

農場HACCPのとりくみ ／ 食品衛生法などにおけるHACCPなどのとりくみ

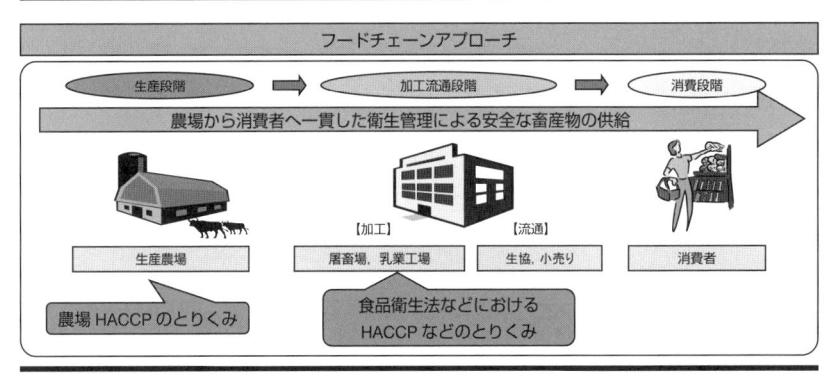

図9.23 ● 畜産物の衛生上の特性とフードチェーンアプローチ

細菌等の状況などの危害要因の実態調査を実施し，これらの実態調査結果をもとに2002年にHACCPの考え方をとり入れた「家畜の生産段階における衛生管理ガイドライン」（以下，「衛生管理ガイドライン」）が作成された．

衛生管理ガイドラインはHACCPの考え方に基づき，危害を制御または減少させる手法について畜種ごとにモデル的に示したもので，これをもとに農場の衛生管理にHACCPの考え方をとり入れていこうとしたものである．2003年からは各都道府県の家畜保健衛生所を中心にしたモデル地域・農場において，この衛生管理ガイドラインに基づいた衛生管理，すなわちHACCPの考え方による衛生管理にとりくんでいる．

また平成15年（2003年）の『家畜伝染病予防法』の改正に伴い，飼養衛生管理基準が法的に位置づけられた（具体的な基準は平成16年（2004年）に策定）．飼養衛生管理基準は，家畜の飼養者が最低限実施すべき基本的な衛生管理の基準である．飼養衛生管理基準は平成23年（2011年）の法改正を踏まえ，それまで畜種共通だった基準が畜種別の詳細な基準に見直された．

HACCPをとり入れた衛生管理のモデル実施を進めていくなかで，とりくみを進めている農場から自らのとりくみを認めてほしいとの要望があったことや，農場HACCPの普及にあたっては，消費者等第三者からの信頼が不可欠であることから，平成21年（2009年）に農林水産省は「畜産農場における飼養衛生管理向上の取組認証基準（農場HACCP認証基準）」を公表した．

この認証基準に基づく認証は，その透明性，公正性等を図り適切に実施していく必要があることから，(社)中央畜産会が中心となって認証体制についてさらに検討がなされ，農場HACCP認証の適正化，普及・推進を図るために認証機関や学識経験者などを会員とした農場HACCP認証協議会が2011年3月に設立された．(社)中央畜産会などが認証機関に指定され，2011年12月から認証審査が開始されている（図9.24）．

9.6.3　農場HACCP認証基準

一般的に，HACCPの構築には「危害要因分析必須管理点（HACCP）システムおよび

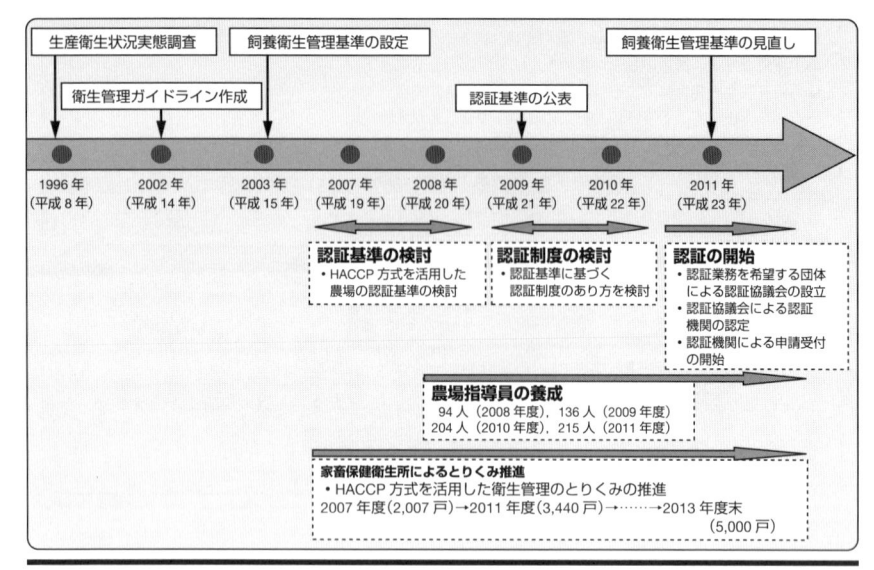

図9.24 ● 生産農場におけるHACCPのとりくみに関する経緯

手順1	HACCPチームの編成	手順6	（原則1）	危害分析（HA）
手順2	対象品目の明確化	手順7	（原則2）	重要管理点（CCP）の設定
手順3	意図する用途の確認	手順8	（原則3）	許容限界の設定
手順4	フローダイアグラムの作成	手順9	（原則4）	監視方法の設定
手順5	フローダイアグラムの現場確認	手順10	（原則5）	改善措置の設定
		手順11	（原則6）	検証方式の設定
		手順12	（原則7）	文書化・記録方法の設定

図9.25 ● 危害要因分析必須管理点（HACCP）システムおよびその適用のためのガイドライン
FAO/WHOの合同食品規格委員会（Codex）食品衛生の一般的原則・附属文書（1997年採択）

その適用のためのガイドライン」（FAO/WHOの合同食品規格委員会（Codex））（以下，「コーデックスガイドライン」）に示されている12手順（7原則）の適用が基本となる（図9.25）．

農場HACCP認証基準は，このコーデックスガイドラインを基本とし，農場での飼養衛生管理が日々向上するよう，導入されたシステムの評価，改善といったシステムマネジメントに関する要求事項についても規定している．これらは農場HACCP認証基準の第I部で規定されており，これが認証の際の基準となる（図9.26）．

第II部は各畜種（乳用牛，肉用牛，豚，採卵鶏，肉用鶏）ごとに農場HACCPをモデル的に示したものであり，畜舎の要件，家畜のとり扱い，従事者の衛生と安全などについて整理している．農場の現場では必ずしも第II部で示すモデルどおりとはならないことに留意が必要である．各農場の施設や従事する人員数等農場ごとの事情により一般的衛生管理プログラムやHACCP計画は異なるものになる．

前述のように家畜の飼養者が最低限遵守すべき飼養衛生管理基準が2011年に畜種ごと

● 第Ⅰ部　認証基準

家畜生産農場において，HACCPの考え方をとり入れた衛生管理の導入に必要な基礎的な要求事項を設定

第1章	範囲，引用文書，用語	用語の定義　など
第2章	経営者の責任	経営者によるHACCP実施の誓約，HACCPチームの任命，内部・外部コミュニケーションの確立　など
第3章	危害要因分析の準備	原材料，用途，工程一覧図（フローダイアグラム）の文書化・保持・更新など
第4章	一般的衛生管理プログラムの確立とHACCP計画の作成	危害要因分析の実施とCCP・許容限界の決定，監視方法・是正措置の確立　など
第5章	教育・訓練	従事者の教育・訓練の実施　など
第6章	評価，改善および衛生管理システムの更新	内部検証の実施，消費者や出荷先からの情報収集・分析，衛生管理システムの改善　など
第7章	衛生管理文書リストおよび文書，記録に関する要求事項	各要件に関する農場の衛生管理文書の作成　など

● 第Ⅱ部　畜種別衛生管理規範

各家畜（乳用牛，肉用牛，豚，採卵鶏，肉用鶏）ごとに，HACCPを適応した農場の衛生管理をモデル的に整理

1. 施設・設備の要件	・施設の立地，構造（豚：おがくず豚舎，乳用牛：生乳処理施設） ・給餌，給水，排水装置の構造　など
2. 施設・設備・機器の衛生管理	・施設・設備・器具の衛生管理（乳用牛：搾乳器具，採卵鶏：集卵設備） ・洗浄・消毒プログラム ・野生動物，衛生害虫の防除　など
3. 原材料	・素畜，飼料の受入要件と管理（豚：精液の管理，採卵鶏・肉用鶏：輸入元農場でのサルモネラ検査）　など
4. 家畜・畜産物のとり扱い	・健康管理 ・薬剤投与等の衛生管理（乳用牛：生乳の管理，採卵鶏：卵の管理）　など
5. 出荷畜・畜産物の運搬	・車輌，器具の要件 ・出荷畜の衛生管理（乳用牛：生乳の管理，採卵鶏：卵の管理）　など
6. 出荷畜・畜産物に関する情報	・出荷先からの情報収集と出荷先への情報提供　など
7. 従事者の衛生と安全	・従事者の健康，清潔，身品　など
8. 従事者の教育・訓練	・従事者への教育・訓練　など
9. 重要管理事項 　コントロールすべき危害の管理ポイント	・要求事項，検証，文書化・記録 健康管理，抗菌性物質等の残留，注射針の残留，有害微生物の異常汚染，搾乳器具の点検（乳用牛），鶏卵の衛生管理（採卵鶏）

図 9.26 ● 農場HACCP認証基準の概要

に策定された．また，衛生管理ガイドラインでは，農場HACCP導入の前提となる飼養衛生管理の方法を畜種ごとに一般的衛生管理マニュアルとして整理された．認証基準でも第Ⅱ部として畜種別の規範が整理されており，これらをもとにした一般的衛生管理の確立が農場HACCPを導入するための前提となる．

　HACCPは考え方であり，その考え方によりつくった計画などが実際に実行・運用されることが重要である．実際の衛生管理は認証を受けたHACCP計画どおりに行われていなかったという事態に陥らないように現場で実施可能なものとなるようにしていくことが必要である．実際の認証においても，構築されたシステムが確実に機能しているかについて審査される．

第10章
畜産環境と排泄物利用

10.1 畜産環境

10.1.1 畜産環境の現状

　日本の畜産は，発展を続け，その総生産額は1980年に3.2兆円に達した．1991年までは2.9兆～3.2兆円規模で推移したが，その後は漸減して，1994年以降，2.5兆円前後の規模で横ばい傾向にある．

　2000年から2012年までの変化をみると，日本の飼養頭羽数は，乳用牛で16％と減少幅は大きいが，肉用牛，豚，採卵鶏での減少は5％以下であり，ブロイラーではむしろ若干増加している．飼養戸数に関しては，いずれの畜種でも減少しており，ブロイラー以外の乳用牛，肉用牛，豚，採卵鶏ではすべて40％を超える減少割合であり，畜産農家数の顕著な減少が認められる．これらに伴って1戸あたりの飼養頭羽数は，いずれの畜種に関しても増加しており，乳用牛で35％，肉用牛および採卵鶏で60％以上，豚では84％の顕著な増加が認められる．すなわち，2000年以降の日本の畜産業を概観すると，総生産量としては，ほぼ安定期を迎えた状態であるが，農家数は減少を続け，農家あたりの飼養規模は拡大を続けているといえる．

　限られた地域で多数の家畜が飼養されることによって環境問題が引き起こされることが1990年代から指摘されてきたが，現在，その潜在的危険性はより増している．例えば豚の場合，1990年の1戸あたり平均飼養頭数は315頭であったが，2012年では1,667頭で，5.3倍に増加しており，養豚場の大型化は顕著である．すなわち，畜産業の大規模化および地域的集中に伴い，狭い限られた地域で多量の糞尿が発生し，環境問題につながる危険性が増している．

　『家畜排せつ物の管理の適正化及び利用の促進に関する法律（家畜排せつ物法）』が平成16年に完全施行され，現在，ほとんどすべての畜産経営は，この法律に適合した糞尿処理を実施しており，この法律が制定された1999年以前のような大きな環境問題は起きていない．しかし，畜産環境問題は依然として発生している．畜産経営に起因する苦情発生戸数でみると，『家畜排せつ物法』が完全施行された2004年には2,622戸であり，その戸数は毎年減少し，2012年度の調査では1,862戸となったが，苦情発生率（苦情発生戸数／畜産農家総数）は2005年以降，1.9～2.0％であり，一定割合の苦情が発生している．2012年度でみると，悪臭関連がもっとも多く（55.5％），水質汚濁（25.4％）がこれに次ぐ．また畜種としては，豚（29.5％）と乳用牛（28.4％）に対するものが多く，次いで鶏（19.9％），肉用牛（18.0％）となっている．

　かつては『家畜排せつ物法』の完全施行に伴い，施設の改善は急速に行われ，畜産環境保全はいっそう推進されていくものと思われていたが，農家あたりの飼養規模の拡大や地域における混住化が進み，畜産環境問題はなおも一定の割合で存在する現状にある．

図 10.1 ● モンゴルの放牧家畜
ウシ・ヒツジ・ヤギが同一の地域に放牧されており，過放牧による草地の荒廃，排泄物による水飲み場周辺環境および水質の悪化や感染症の蔓延が危惧されている．

10.1.2　畜産環境の保全

日本の畜産環境問題の中心は悪臭や水質汚濁であるが，世界的には河川や湖沼の富栄養化や地下水汚染，砂漠化，酸性雨が問題となっており，反芻動物のルーメンから発生するメタンによる地球温暖化も注視されている．

日本の2011年度における農業分野からの温室効果ガス排出量は，日本の温室効果ガス総排出量の1.9%にすぎない．しかし，農業分野における畜産業由来の温室効果ガス排出量割合は，家畜のルーメンなど消化管由来のメタン（CH_4）が25.9%，排泄物の管理過程から発生するメタンが8.4%，亜酸化窒素（N_2O）が21.3%であり，畜産由来のものが農業分野からの排出量の55.6%を占める．特にメタンおよび亜酸化窒素は，それぞれ，二酸化炭素（CO_2）の21倍，310倍の地球温暖化係数をもち，微量の排出が大きな温室効果につながることから，それらの発生に留意する必要がある．

日本の家畜排泄物に含まれる窒素やリンは，国内の農地への還元が可能な総量以下とされるが，家畜飼養頭数の多い地域では過多となっている．特に生産される排泄物を還元するための農地をもたない養鶏や養豚，採草地面積を考慮せずに飼養頭数を増やした酪農家などの場合，糞尿やメタン発酵消化液の処理や生産されたコンポストの利用に苦慮する場合が増えている．

排泄物の処理や利用方法の決定に際しては，草地や耕地への還元，周辺農家での需要，流通の方法，耕種農家が求める品質，運搬や施肥の作業のしやすさなどを十分に考慮して策定する．さらに，周辺環境や地域環境，流域環境，さらには地球環境に調和し，環境破壊につながらない方法を見出す必要がある．

10.1.3　畜産環境の諸制度および法規制

畜産環境保全を進めるために各種の法律が制定されている．中心となるのが『公害対策基本法』（昭和42年法律第132号）であり，公害の防止および環境保全の推進がうたわれている．直接に畜産の排泄物処理・利用に関係する法律を次に列挙する．家畜糞尿の肥料利用，埋め立て廃棄に関するもので，糞尿を廃棄物として位置づけその使用方法を制限する『廃棄物の処理および清掃に関する法律』（昭和45年法律第137号），公共水域への排出水を規制する『水質汚濁防止法』（昭和45年法律第138号），海面埋め立て処分，海洋投棄処分に関する『海洋汚染防止法』（昭和45年法律第136号），悪臭の発生に対する『悪臭防止法』（昭和46年法律第91号），焼却・火力乾燥に関する『大気汚染防止法』（昭和43年法律第97号）などがある．これらの法律の内容は改正を経てきており，例えば悪臭防止法における規制対象物質は拡大し，家畜から発生しやすい低級脂肪酸が規制対象に加えられている．また，水質汚濁防止法で規制される排水中の窒素化合物の規制値も厳しくなってきている．平成11年（1999年）にアンモニア性窒素に0.40を乗じたものに亜硝酸性窒素と硝酸性窒素を合計した量100 mg/L以下という一律排水基準が設定され，平成13年7月施行されている．しかし，この基

準にただちに対応することが困難な業種として，畜産業を含む40業種については，3年の期限で暫定排水基準が設定された．3年ごとに業種の見直しが行われ，平成16年には26業種，平成19年には21業種，平成22年には15業種と適用業種は減ったが，畜産業には暫定排水基準が適用されてきた．平成25年7月に行われた見直しでも，畜産業に対しては暫定措置が施されたが，基準値は900 mg/Lであったものが700 mg/Lに引き下げられている．

平成11年11月1日，『家畜排せつ物の管理の適正化及び利用の促進に関する法律』（平成11年法律第8号）が施行され，平成16年11月1日をもって完全施行された．これは家畜排泄物の処理・保管の基準を定め，これにかかわる行政指導や罰則のほか，利用の促進に関する事項を規定したものである．野積み・素堀りといった不適切な処理を単に規制するためのものではなく，農畜産業の健全な発展とともに，大気・水環境の保全，循環型社会の構築をめざしたものである．家畜排泄物の管理の適正化のための，技術開発，農家の指導，施設整備のための補助・融資および税制措置などの各種支援策が行われている．

10.2 畜産環境の浄化

10.2.1 悪臭防除

A. 畜産由来の悪臭関連苦情と悪臭防止法

畜産経営に起因する環境問題では，悪臭関連の苦情がもっとも多く，2012年現在，約6割（農水省調べ）を占める．畜種別でみると，豚と乳用牛が3割前後と多く，次いで鶏，肉用牛の順である．発生件数は減少傾向にあるものの，農家戸数の減少が顕著なため，単位農家戸数あたりの苦情の発生件数は減少していない．以前は田園地帯であったところに住宅地が造成され，畜産農家との距離が近くなる事例もあり，発生率が低下しないのひとつの要因となっていると考えられる．

悪臭については，『悪臭防止法』（昭和46年制定）に基づいて規制対象地域が指定され，排出規制が行われている．『悪臭防止法』では，事業所の敷地境界線における悪臭の強さが，六段階臭気強度表示法の臭気強度2.5から3.5に対応する22種類の「特定悪臭物質」の濃度で規制基準が定められている．「特定悪臭物質」による規制では，原因物質を特定しやすく防止対策が立てやすいという利点がある．一方，畜産関連臭気は，多種の物質がさまざまな濃度で混合した複合臭であることが多く，特定悪臭物質を個別に評価するのでは規制効果が十分ではない．そのため「特定悪臭物質」の濃度規制に代わり，「臭気指数」による規制が行われる場合もある（表10.1）．「臭気指数」とは，人間の嗅覚でその臭気を感じられなくなるまで希釈したときの希釈倍数の値の対数に10を乗じた値であり，「三点比較式臭袋法」とよばれる嗅覚測定法により算定される．なお，特定悪臭物質に指定されたもののうち，畜産に関係が深い臭気物質は，アンモニア，硫黄化合物4種（メチルメルカプタン，硫化水素，硫化メチル，二硫化メチル），揮発性脂肪酸4種（プロピオン酸，ノルマル酪酸，ノルマル吉草酸，イソ吉草酸）およびトリメチルアミン，アセトアルデヒドなどである．

B. 畜産現場での臭気発生抑制

畜産現場で臭気が発生するのは，主に畜舎，排泄物処理施設，および堆肥や液肥の散布場所である．梅雨時から夏季の高温多湿時や，臭気が希釈・拡散されにくい気流条件では，畜産現場付近に臭気が滞留したり，団塊状のまま移動する可能性が高くなるので特に注意する必要がある．

a. 畜舎からの臭気

畜舎からの発生は，畜舎内に糞尿が混合された状態で堆積し，嫌気状態が続いた場合に

表 10.1 ● 悪臭防止法で定める特定悪臭物質の濃度と畜産業における臭気指数の規制基準

規制基準（下限値と上限値）		臭気強度 2.5	3.5
特定悪臭物質*	1 アンモニア	1	5
	2 メチルメルカプタン	0.002	0.01
	3 硫化水素	0.02	0.2
	4 硫化メチル	0.01	0.2
	5 二硫化メチル	0.009	0.1
	6 トリメチルアミン	0.005	0.07
	7 アセトアルデヒド	0.05	0.5
	8 プロピオンアルデヒド	0.05	0.5
	9 ノルマルブチルアルデヒト	0.009	0.08
	10 イソブチルアルデヒド	0.02	0.2
	11 ノルマルバレルアルデヒド	0.009	0.05
	12 イソバレルアルデヒド	0.003	0.01
	13 イソブタノール	0.9	20
	14 酢酸エチル	3	20
	15 メチルイソブチルケトン	1	6
	16 トルエン	10	60
	17 スチレン	0.4	2
	18 キシレン	1	5
	19 プロピオン酸	0.03	0.2
	20 ノルマル酪酸	0.001	0.006
	21 ノルマル吉草酸	0.0009	0.004
	22 イソ吉草酸	0.001	0.01
臭気指数	養豚業	12	18
	養牛業	11	20
	養鶏場	11	17

＊：濃度（ppm）

特に高まる．また，サイレージなど飼料由来の臭気も存在する．畜舎での臭気抑制の基本は，畜舎内の清掃と，排泄された糞と尿を速やかに舎外に排出し，舎内を常に乾燥状態に保つことである．粉塵とともに臭気物質が運ばれることから，清掃には糞尿の搬出のみならず除塵による防臭効果もある．また，畜舎を新設する場合は，臭気の発生を考慮した畜舎構造（ウインドレス畜舎，排泄物からの水分の蒸発や糞尿の分離搬出が容易な構造など）や，畜舎配置を工夫することも重要である．次に畜種別に説明する．

養豚で導入事例の多いすのこ式や平床式豚舎では揮発性脂肪酸類の濃度が高く，おがくずを敷く発酵床式豚舎ではアンモニア濃度が高くなる．ブタは，他のブタが見え，飲水器の近くで床面が湿っている場所で排泄をするという特異な排糞習性をもつ．排糞場所を認識させ，その床面をすのこにするなど，糞尿の分離搬出を早期に行う．

牛舎では，繋ぎ飼い式，フリーストール，牛房飼い式が多く採用されている．繋ぎ飼い式では，糞尿溝に排泄させるようにし，バーンクリーナーによる除糞を欠かさないようにする．フリーストール式では，自由に行動できるため牛体が汚染されやすくなるので，牛舎の清掃とバーンスクレーパーを毎日稼動させることが必要である．肉牛に多い牛房飼い式では，おがくずなどの敷料に水分や臭気物質が吸収・吸着されるので，定期的にローダーなどで除糞を行う．

鶏舎では，尿酸を伴って糞が排出されるため，尿酸の分解により数日でアンモニアが生成される．採卵鶏舎は，ケージ飼いで，糞が落下し堆積する構造となっている場合がほとんどであり，高床式では長期間にわたり糞尿が堆積されるため，開放鶏舎では悪臭苦情の対象になりやすい．堆積する場合は送風などにより速やかに水分を低下（40％以下）させる必要がある．低床式では除糞装置を設け，頻繁に糞を搬出する．

b．排泄物処理施設からの臭気

排泄物は固形状（糞，敷料など），糞尿混合のスラリー状，汚水状（尿など）の各性状に応じ，固形状のものは主に堆肥化，乾燥，焼却など，スラリー状のものは液肥化，メタン発酵など，汚水状のものは汚水浄化などにより処理される．

臭気が特に問題になるのは，堆肥化，乾燥，焼却，スラリー・尿汚水の曝気あるいは貯留，汚水処理の前後の貯留，糞や未熟堆肥あるいは嫌気状態の糞尿混合液を農耕地に散布する場合などである．

堆肥化では，適切な条件では，不快度の高い悪臭が生じにくいが，アンモニアは高濃度に発生するので，必要に応じて脱臭装置を使用する．糞の乾燥過程では，開放型のハウス乾燥の場合，アンモニア，揮発性脂肪酸などが発生するため，土壌脱臭処理などが利用されることもある．大規模養鶏や寒冷地などでは火力乾燥が用いられることがあるが，強烈な不快臭気が発生する．糞を焼却処理する場合も同様で，これらには燃焼脱臭法が使われることが多い．

液肥化では，堆肥化と同様，曝気中はアンモニアを主体とする臭気が発生する．装置の密閉性を高め，脱臭装置を利用することが可能である．メタン発酵では，嫌気条件であるが，装置が密閉構造なために臭気が問題になることはほとんどない．

汚水処理でもっとも一般的な活性汚泥法では，良好に処理が行われていればむしろ臭気物質が分解されるので，汚濁物質の負荷を処理能力以下に抑え，曝気量が不足しないよう運転管理する．固液分離，貯留，余剰汚泥の脱水などの臭気が出やすい設備はできるだけ閉鎖的な環境下で速やかに処理することが重要である．

圃場に還元するときの臭気対策では，スラリーや尿汚水を散布する前に曝気し液状堆肥にしておくことや，速やかな覆土や土中施用を行うこと，過剰施用とならないようにすることなどがある．

c．臭気抑制資材

畜舎や排泄物処理過程での臭気発生を抑制する方法として，臭気対策資材が広く利用されている．資材には微生物のほか，鉱物質や植物質，酵素などを含むものがあり，飼料添加型，畜舎散布型，堆肥化処理での添加などの利用がある．注意すべきは，効果の検証が不十分なものが多いことと，適正な飼養管理，排泄物処理のもとでの利用が前提であるという点である．

C．脱臭技術

臭気の発生を抑制しきれず，また臭気が強い場合には，脱臭処理の必要な場合もある．脱臭法にはその原理から大別して，物理的方法（水洗法，吸着法など），化学的方法（薬液吸収法，燃焼法，中和・マスキング法など），生物学的方法（生物脱臭法）がある．発生場

所や，臭気物質の濃度・発生量を把握したうえで脱臭法を検討する．異なる原理の脱臭法を組み合わせて用いることもある．

畜産現場でよく利用される方法には，水槽の底部に臭気を吹き込む水洗脱臭法，水洗脱臭の効率化のために酸性薬液を利用する薬液吸収法，おがくず，チップなどによる吸着脱臭法がある．水洗脱臭法の場合は，不溶性の臭気には向かず，またいずれの方法でも臭気物質が飽和状態になった状態で使用しつづけることのないように運転管理する必要がある．さらに水洗脱臭法では臭気を吸収した水を処理する必要がある．オゾンの酸化力を利用して臭気物質を酸化分解するオゾン酸化法では，硫化水素やメチルメルカプタンなどが比較的分解されやすい．一方，オゾンは毒性が強く，労働衛生的許容濃度は 0.1 ppm であるため，注意が必要である．臭気成分を 700～800℃の高温あるいは触媒を用いて 300℃付近の低温で燃焼分解する燃焼法は，高濃度の悪臭物質を排水処理などを伴わずに効率的に脱臭できるが，燃料費の負担を軽減するためのとりくみやダイオキシン対策などが求められる．

主に微生物の働きを利用して臭気成分を分解する方法では，土壌脱臭，堆肥脱臭，ロックウール脱臭，種々の微生物保持材料を用いた充填塔式脱臭，そして活性汚泥脱臭などが畜産現場で比較的よく利用される．いずれも臭気成分量が微生物の分解能力以下であれば，脱臭性能が持続され，脱臭材料の交換はほとんど必要ない．

堆肥化時の脱臭技術として，堆肥原料に送風するのではなく，吸引することでアンモニアを回収する吸引通気式堆肥化システムや，設備費やランニングコストを抑え，高窒素濃度堆肥を生産できるローダー切り返し式堆肥脱臭システムなど，脱臭と同時に糞由来の窒素を再資源化するシステムが近年開発されている．

10.2.2　水質汚染の防止

水質汚染防止のための家畜糞尿処理は，家畜排泄物管理において経営の存続にとってもっとも重要な管理技術のひとつである．水質汚濁関連の苦情発生戸数は畜産関係苦情総数の 25％を占め，各畜種で多少の違いはあるが畜産の典型的環境問題といえる．畜種ごとの苦情内容では，乳用牛，肉用牛と養豚経営では水質汚濁関連苦情戸数の割合が特に高く，早急な改善が求められている．

A. 畜産経営からの汚水にかかわる法規

家畜排泄物の不適切な管理がもたらす周辺水環境への影響は甚大である．糞尿の不用意な流出は，河川などの表水を通して湖沼や沿岸水域の藻類の異常繁殖などを引き起こす懸念があるほか，地下水の硝酸塩汚染を引き起こして飲料水の質の低下，さらには健康被害をもたらす恐れがある．このため畜産経営は有機性汚濁物質，窒素とリンなどの富栄養化物質の点源負荷として環境規制の対象となっている．平成 16 年 11 月に本格施行となった『家畜排せつ物の管理の適正化及び利用の促進に関する法律』は，適用対象規模の農家（ウシなら 10 頭以上，ブタなら 100 頭以上等）に対して畜舎からの糞尿早期搬出，清掃の徹底などの畜産経営内の糞尿管理に関する基本的事項を再確認，徹底させるものである．これまで曖昧になっていた家畜排泄の貯留施設や管理基準が明記され，家畜排泄物の基本的特性を踏まえた地下水汚染防止の管理が改めて求められた．この基本的糞尿とり扱いにかかわる法令に加えて，『水質汚濁防止法』『湖沼水質保全特別措置法』では，公共水域（河川や湖沼など）に畜産経営から一定量以上の排出水がある場合の届け出や排出制限が定められている．特に畜産に関する有害物質として硝酸性窒素が指定され，アンモニア，アンモニウム化合物および亜硝酸・硝酸化合物の排水基準について，平成 13 年 7 月に一律排水基準（100 mg/L：アンモニア態窒素 ×0.4

＋亜硝酸態窒素＋硝酸態窒素の合量）が定められた．この規制ではすべての畜種の畜産農家について，平成16年7月から第二次暫定排水基準900 mg/Lが設定されて，平成25年7月にはこの値が700 mg/Lに引き下げられている．また生活環境項目として全窒素，全リンや大腸菌などの排水基準が定められ，水環境の質を低下させないための浄化処理などの環境保全対策が求められている．特に窒素・リンの排水基準については，養豚経営については平成25年10月1日に暫定排水基準（窒素170 mg/L，リン25 mg/L：平成30年9月末日まで）が再設定されたが，それ以外の畜産農家については一般排水基準（窒素120 mg/L，リン16 mg/L）が適用されることとなった．このような全国一律の基準に加えて，多くの都道府県や河川ではさらに厳しい規制値を自治体の状況に応じて定めている．

B. 畜舎汚水の一般性状

畜産経営から排出され浄化が求められる汚水として，家畜糞尿，畜舎洗浄水やパーラー排水などの雑排水がある．これらに含まれる水質汚濁物質，すなわち，公共水系に水質汚濁をもたらすために除去が求められる物質は，有機物（生物化学的酸素要求量（BOD）や化学的酸素要求量（COD）などで評価される），窒素やリンなどである．これらに加えて，大腸菌やクリプトスポリジウムなどの排出についても抑制が求められている．これらの畜舎汚水に含まれる水質汚濁の大半は家畜の糞尿自体に由来する．養豚経営では肥育豚1頭あたり糞として2.1 kg（有機物420 g，窒素8.3 g，リン6.5 g），尿として3.8 kg（有機物19 g，窒素25.9 g，リン2.2 g）の汚濁負荷が毎日畜舎で排泄されるが，通常このすべてを浄化処理するわけではない．肥料元素である窒素やリンが豊富に含まれる糞尿を液肥として利用する方法も，肥料として還元する農用地がある場合には望ましい選択肢である．また，おがくずなどの資材とともに堆肥化して経営外で利用することもできる．こうした資源リサイクルを考慮したうえで，どうしても浄化する必要がある汚水のみを処理している．このため養豚経営の浄化処理で一般的に処理される汚水としては，BOD 700〜8,000 mg/L，全窒素500〜1,800 mg/L，全リン100〜200 mg/L程度の汚濁物質を含んでいることが想定される．

C. 畜舎汚水の浄化処理

畜舎で発生した家畜排泄物が混入した液状の汚水は，継続的に肥料として利用可能な農用地が畜産経営内や近傍にない場合には浄化処理を行う必要がある．畜産経営で発生するすべての汚水は，汚水中の汚濁物質である有機物，窒素やリンなどの除去を行った後に公共水系に放流される．汚水の浄化処理システムは，汚水中の汚濁物質の除去に適した複数の処理方法を組み合わせて構成される．また，この処理方法を各汚水の性状に合わせて汚水浄化の全体システムが合理的に配置・設計されている．

a. 汚水処理の方法

特定の汚濁物質を除去するためにとられる処理方法には，物理学的な方法，化学的な方法と生物学的な方法がある．物理学的な方法には重力沈降，加圧浮上，ふるい，スクリーンなどによる分離や活性炭などへの吸着があり，いずれも主に汚水中から懸濁物質（溶存しない固形物；suspended solid：SSとして汚水の汚濁指標で表される）を分離・回収して除去する方法である．畜舎汚水では，糞に由来する懸濁物質中にリンの大部分，窒素や有機物も高濃度で含まれていることから懸濁物質の除去は汚水浄化に不可欠である．化学的な方法には硫酸バン土やポリ塩化アルミなどの凝集剤を汚水に添加して懸濁物を沈殿分離させる方法がある．凝集剤の使用により，物理学的な方法と合わせて汚水中の汚濁物質が効率よく安定して除去し，処理後の排水が

水質基準を常に遵守できる．しかし，凝集剤は高価であり凝集後の汚泥の処理にやや難があるため，常にコスト削減が必要な畜産経営では限られた使用にとどまる．生物学的な処理方法は畜舎汚水中の溶解した汚濁物質，特に有機物（BOD）や窒素とリンの除去の中心的な除去法である．生物学的な方法には，活性汚泥とよばれる微生物群を中心に好気的な曝気処理と脱窒のための嫌気処理を組み合わせた活性汚泥法が主に畜舎汚水浄化では導入され，同じ活性汚泥微生物を利用した処理である生物膜法や酵母による汚水処理法，嫌気性消化法（メタン発酵）なども採用されている．

b．汚水浄化処理のシステムと浄化工程

汚水浄化処理システムでは，大きく3つの工程を経て汚水が浄化処理されている．すなわち，前処理，本処理と高次処理である．さらに汚水から汚濁物質をとり除くシステム以外に，汚水浄化の結果発生する余剰な汚泥を処理する施設が必要となる．現在，多くの畜産汚水処理施設で本処理工程として活性汚泥法が採用されているが，この本処理工程が十分に浄化機能を発揮するために，前処理とよばれる工程で汚濁負荷をある程度低下させておくことが必要である．また，処理後の放流水質を周辺の規制基準に適合させるための高次処理が必要となることもある．高次処理が設けられていることで安心して水質浄化処理が行えるが，高次処理は一般にコストがかかる．

c．汚水浄化処理システムの管理

汚水浄化処理は，経営内外で利用が難しい液状の家畜排泄物について水質汚濁物質である有機物，窒素やリンなどを除去して処理水を公共水域に影響を与えることのないように排水する公害防止システムである．このシステム管理にあたっては浄化の本処理工程である生物学的処理（多くの場合は活性汚泥法）が正常に機能するようにコントロールすることがもっとも重要である．活性汚泥微生物は，季節（温度条件）や汚水の負荷条件などで浄化処理性能に大きく影響されるため，毎日の処理水はもちろん流入汚水の管理も重要な処理水水質管理要件となる．また浄化処理システムに流入させる汚水から前処理工程で汚濁負荷のもととなる糞の除去を徹底することは，汚水浄化効率の安定・向上だけではなく，処理にかかる薬品や電気使用を最小限に抑えることで経済的にも効果のある管理である．

活性汚泥法は，20世紀初頭から下水道分野で浄化技術として採用されてきた完成された技術ではあるものの，畜産農家が独自に維持管理するには難解なシステムである．特に汚水中から汚濁物質を汚泥としてとり除き，浄化された処理水を分離できるように活性汚泥とよばれる微生物群を制御していくために，汚泥濃度（汚泥の引き抜き），好気・嫌気的条件の設定（ブロア稼働時間による酸素供給と嫌気工程の制御）や汚水の滞留時間の設定（処理時間の設定や汚泥と浄化処理水の分離）などが適切に管理されなくてはならない．このような管理には専門的な知識と経験が必要であるため，汚水浄化を専門とした維持管理業者に管理の一部を委託，あるいはアドバイスを定期的に受けることが望ましい．

肥育豚の場合，平均体重が人間とほぼ同じ約60 kgでありながら，ブタ1頭の糞尿量は人間の3.6人分，BODで10人分となる．仮に常時3,000頭の肥育豚が飼養される養豚経営で導入される汚水浄化処理システムの規模は，BOD換算で3万人の小都市の下水道システムに比肩する．畜舎の周辺環境を保全しつつ畜産経営を継続していくために経済的に許される限り，浄化施設設計にあたっても余裕のある設計・設置が望ましい．

10.2.3　家畜騒音の防除

近年，宅地開発が進み，従来郊外にあった養鶏場や養豚場など，家畜の飼育現場と一般市民の居住地域が隣接するような地域がみら

れるようになってきた．それに伴い，畜産環境がもたらす騒音も大きな問題となりつつある．

通常，環境騒音は『環境基本法』の「騒音に係る環境基準について」における各地域条件の基準値（住宅地域で 50～60 dB．幹線道路条件によっては 70 dB まで）に基づき，『公害対策基本法』の実施法である「騒音規制法」により規制される．畜産環境に関する騒音規定は特にないが，実際訴訟問題まで発展しているケースも多数報告されており，対応が必要な課題と考えられる．

畜産現場における騒音は，大きく分けて飼育管理作業にかかわる機械の運転音と家畜の発声に伴うものの2種類がある．機械音については，日々の作業で使用されるトラクターや運搬車などの可動音やエンジン音，糞尿処理機器の摩擦音，畜舎施設の通気や換気などに使用する空調機器の送風音，コンプレッサーや給餌施設などの可動音などが原因であり，家畜の発声に伴うものは，養鶏場における早朝の鳴声や養豚場における子豚の鳴き声，闘争やストレスに伴う発声などが原因とされる．

一般に騒音の防除においては，騒音の発生源となる音源の除去と音の低減の2つの方法がとられる．音源の除去という観点から考えると，機械の整備による摩擦音の改善や主な鳴声騒音の原因とされる雄鶏の飼養羽数の削減，闘争緩和のための飼養密度や給餌環境の改善といった対策があるが，騒音源となる機械の稼働時間の変更や鳴声に影響する明暗期の調整などの苦情対象の騒音の発生時間をコントロールすることも対策として有効となる．また，音の伝わりを低減するという考え方からすれば，ひとつは音源と受信者の距離を物理的に離すことで，音源からの音量を低下させるという方法（距離的減衰対策）があり，騒音の発生源となる施設の設置場所の移動などが主な対策となる．さらに，特に周波数の高い騒音に効果が認められている方法と

して，遮蔽板や防音パネルを音源と受信者の間に設置するというような方法（障害物による減衰対策）もあり，飼育舎のウインドレス化による遮音なども有効な対策としてとり入れられている．

一方で騒音の問題は，周辺住民に及ぼす影響だけではなく，家畜への影響の観点からも配慮が必要となる．これまで問題とされてきたものとしては，ジェット機やヘリコプターの離着陸時に空港および飛行ルート周辺に及ぼす航空騒音，建設作業に伴うショベルカーや杭打ち機など工事機械の可動騒音，自動車や鉄道の走行騒音，ダム建設などに使われる発破音，畜舎内におけるさまざまな機器作業音などがあり，騒音に伴って起こる振動の影響も加えて，突発的・不定期かつ高頻度なものほど侵害性が高いことが報告されている．

騒音の家畜への影響としては，採卵鶏やブロイラーでは，発育阻害，産卵率の低下，飼料要求量の上昇，深胸筋粗タンパク質量の減少，血点卵の増加，豚では，分娩時間の長時間化，泌乳量の低下，母豚による子殺しの増加，乳用山羊では，乳量の減少や脳波異常（覚醒時間の延長），乳用牛では，発情時間の延長，受胎性や泌乳量の低下，LH サージ・卵巣機能の異常などが報告されており，家畜の生産性，健康性を考えた場合，対応が不可欠な要因と考えられる．なお，ラットやウサギなど実験動物を用いた騒音調査においても，妊娠中断や不妊，卵巣肥大，分娩率の低下などが報告されており，騒音は動物の自律神経活動（特に交感神経系）やプロラクチンやプロジェステロン，成長ホルモンなどの内分泌機能に混乱を生じさせている可能性が指摘されている．

対策については，前述と同様，騒音源の除去と騒音の低減が基本となるが，主に外部環境から農場への騒音の防除となることから，受信対象としての視点から対応を考えていく必要がある．

10.2.4 家畜害虫の防除

家畜害虫の問題は，家畜のストレスによる生産性低下の問題と病原体の媒介という衛生上の問題，そして人間の生活環境に及ぼす不快条件としての問題の大きく3つに大別される．本項では，特に上記の問題害虫とされるアブ・ダニ・ハエの被害と防除対策について解説する．

A. アブ類による被害とその防除

アブ類は，乳牛や肉牛，ウマなどの大型家畜において吸血の被害が多く報告されている．アブはカとは異なり，口吻により対象の皮膚を切り裂き，そこから滲出する血液を舐めとるという吸血方法をとる．したがって，吸血時には家畜に強い痛痒感を与え，ストレスとなる．また，家畜はアブの吸血から逃れるために，身震いや尾振りなどの忌避行動に多くの時間を費やさねばならない．その結果，家畜の摂食を抑制し，肥育牛では，増体重の低下，搾乳牛では泌乳量の減少，育成牛では乳房硬結損傷などの被害をもたらすことが報告されている．また，牛白血病，野兎病などの疾病の媒介の可能性も指摘されており，家畜の衛生管理上，対策が必要な害虫のひとつとされている．

発生盛期は主に夏季で，吸血部位は家畜の背部から体側部に集中する．そのため，ピレスロイド系やカーバメイト系殺虫剤などの薬剤の畜体施用が，主な防除対策として実施されている．しかし，薬剤防除は，アブの吸血後の殺虫効果はある程度期待できるものの，吸血活動を防除できるわけではない．また，搾乳牛には使用できないものもあるため注意が必要である．近年は，嗅覚刺激（炭酸ガス）や視覚刺激（黒色筐体）を誘引としたアブトラップの設置により，アブを捕殺し，家畜飼育環境における個体数を全体的に減らすことで被害を抑えるという方法も対策のひとつとして考案されている．

B. ダニ類による被害とその防除

ダニ類については吸血の被害もあるが，ウシの法定伝染病であるピロプラズマ病（牛バベシア病）を媒介することが大きな問題とされている．全国的には，特にフタトゲチマダニによる被害が多く報告されているが，九州や亜熱帯地方では，オウシマダニの被害も大きな問題となっている．

加害害虫であるマダニ類は，主に野山や放牧地に生息することから，ピロプラズマ病は，育成牛を初めて放牧するときなどに感染する．原虫は赤血球中に寄生することから，感染牛は貧血を起こし，発育停滞，繁殖障害，乳生産量の減少の誘導，重篤な場合は死亡することもある．

ダニは，吸血活動のため畜体にとりついている期間が長いことから，防除対策には成虫を直接駆除する薬剤防除が効果的である．ピレスロイド系フルメトリン1％製剤を家畜の頭から尾根部まで滴下する方法であるポアオン（プアオン，pour-on）が一般的で，入牧開始時から定期的に塗布することで駆除することができる．なお，必ずダニがピロプラズマ原虫を保有しているわけではないので，感染牛がいない場合は，ダニがいたとしても感染フリーであるため，放牧によりピロプラズマに感染することはない．

C. ハエ類による被害とその防除

ハエ類は，世界中でもっとも一般的な衛生害虫の一種として広く認知されている．家畜の飼育環境下では，主に汚水の溜まる場所や堆肥置き場などを発生源とし，人間の生活環境にも容易に侵入することから，大量発生は周辺住民に不潔・不快感を与え，臭気問題とともに，たびたび畜産農場と周辺住民との間に軋轢を生む原因となっている．古くはチフス菌や赤痢菌，近年はポリオウイルスやインフルエンザウイルスなど病原性微生物を媒介することも報告されており，公衆衛生の観点からも対策が必要な畜産環境問題として注目

されている．

ハエのライフサイクルは10日から2週間くらいと非常に早いことに加え，産卵場所や成虫の活動場所が異なることもある．したがって，防除対策は，定期的に実施するとともに，幼虫（ウジ）と成虫それぞれに対して行う必要がある．基本的な幼虫対策としては，発生源となる糞尿の除去や排水管理の徹底などがあるが，そのほかの対策として堆肥の切り返しによる発酵熱での虫卵やウジの殺滅や，IGR剤（昆虫成長調整剤：幼虫の脱皮や蛹化を阻害）の発生源への噴霧なども実施されている．一方，成虫に対しては，毒餌による誘引殺虫や殺虫剤の虫体への直接散布，ハエのとまる可能性のある場所への残留効果がある薬剤の噴霧，さらには誘引トラップ（ハエとり紙など）を利用した物理的防除対策などを組み合わせて実施されている．

10.3 排泄物資源

日本において，家畜排泄物は『廃棄物の処理及び清掃に関する法律（廃棄物処理法）』によって産業廃棄物として指定されており，発生量は年間約8700万tにのぼっている．これは全産業廃棄物排出量の約20%と，汚泥に次いで多い．家畜排泄物は窒素，リン酸，カリウムなどの肥料成分が多量に含まれているため，作物への養分供給源として機能する．

また，土壌の化学性，物理性を改善する土壌改良材としての性質ももっている．このため，家畜排泄物は農業にとって有用な資源であるといえる．しかし，家畜排泄物は悪臭や汚物感があり，運搬も困難である．さらに病原細菌や雑草種子が残存している可能性もあり，そのまま利用することには問題がある．このため，家畜排泄物は適切な管理および加工を行い，作物や土壌に利用する必要がある．本項では家畜排泄物の成分組成，およびその加工法として乾燥処理，堆肥化処理，液状堆肥化処理，その他の利用法について述べる．

10.3.1 排泄物の成分組成

家畜排泄物のうち，糞は消化器に生息している微生物，消化器の分泌物，未消化の飼料で構成される．この組成は家畜の種類および飼料の種類により異なる．畜種による糞の成分含量を無機態に換算した場合の割合を表10.2に示す．家畜排泄物には肥料の三大要素である窒素，リン酸，カリウムが含まれている．例えば1年間に発生する排泄物中の窒素量は70万tと換算される．日本で使用される化学肥料の窒素は約43万tであるので，化学肥料の約1.5倍の窒素成分が家畜排泄物として生産されることとなる．また，上記の成分のほか，カルシウム，マグネシウムなどのさまざまな微量元素も含まれている．糞中に含まれる成分の多くは有機態として存在し

表10.2 ● 各畜種における糞尿の成分組成

畜種		乾物率 %	全C %	全N %	P_2O_5 %	K_2O %	CaO %	MgO %	試料数
牛	糞	19.9	6.9	0.43	0.35	0.35	0.34	0.17	100
	尿	0.7		0.19		0.62	0.01	0.01	6
豚	糞	30.6	12.6	1.10	1.70	0.46	1.26	0.48	62
	尿	2.0		0.65	2.80				11
採卵鶏	糞	36.3	12.6	2.24	1.88	1.12	3.96	0.52	50
ブロイラー	糞	59.6	–	2.38	2.65	1.77	0.95	0.46	2

ているため，土壌に糞を施用した場合，土壌微生物により無機態に分解された後，作物に吸収される．このため一度に多量に施用した場合，有機態成分が急激に分解されるため，土壌の異常還元が起こるほか，悪臭の発生，病原性生物の残存，植物生育阻害物質の産生，窒素飢餓などを引き起こし，作物の生育に影響を与える場合がある．一方，尿には無機塩類や尿素などの易分解性有機物が多く含まれているため，土壌に施用した場合，すぐに作物に吸収される即効性肥料として働く．しかし，ナトリウムやカリウムの塩化物，硫酸塩も含まれているため，多量に施用すると土壌の塩濃度が増加し，作物に影響を与える場合がある．

畜種別の糞の成分組成をみると，牛糞は豚糞や鶏糞に比べると乾物率が低く，窒素をはじめとする成分割合も少ない．濃厚飼料を給与した場合はその割合成分が高くなるが，牧草を給与した場合はカリウムや繊維質の割合が高くなる．

豚糞の窒素は牛糞と同程度だが，リン酸は鶏糞と同じくらい高い．一般に成分量は牛糞と鶏糞の中間である．

鶏糞は糞尿の混合物として発生する．このため，窒素，リン，カリウムなどの肥料成分の含有率が他の畜種に比べ高い．また，採卵鶏にはカルシウムを多く含む飼料が給与されるため，糞中もカルシウムの含量が顕著に高くなる．

肥料取締法において，家畜排泄物および堆肥は「特殊肥料」に分類され，販売や譲渡する場合は品質表示が義務づけられている．表示事項には肥料の種類，表示者の氏名，原料のほか，主な成分の含量（窒素，リン酸，加里，銅，亜鉛，石灰，炭素窒素比，水分）がある．流通している家畜排泄物や堆肥を土壌に施用する際は，これらの表示に基づき，適切な施肥設計を立てる必要がある．

10.3.2　乾燥処理
A．乾燥の目的

排出された家畜糞はそのままでは水分量が高く，泥状で汚物感がある．また酸素が浸透しない部分は嫌気状態となるため，保管中に有機物が嫌気分解され，悪臭物質や生育阻害物質に変換される場合がある．乾燥処理では，水分量を約20％に下げることで糞中に存在する微生物の活動を停止させ，有機物の分解を抑えることができる．また，悪臭が低減し，貯蔵や輸送などのとり扱いも容易となる．吸湿などによる水分量の上昇に留意すれば，長期保存が可能である．しかし，乾燥処理した家畜排泄物は堆肥化と異なり，有機物が十分な分解を受けているわけではない．つまり排泄物中の易分解性有機物が存在したままであるので，土壌に多量に施用した場合，生の排泄物を施用した場合と似たような土壌の異常還元や作物への生育障害を引き起こす可能性がある．

鶏糞では乾燥処理が利用される割合が高い．これは鶏糞に含まれる肥料成分が高く，化学肥料の代用として活用されるからである．

B．乾燥の原理

乾燥は，水の蒸発または昇華によって起こる．蒸発は液体が気体に変化すること，昇華は固体から液体を経ずに気体となることをさす．一般に乾燥処理は氷点以上で行われるため，蒸発現象が中心となる．物質の表面にある水は，外部からエネルギーを与えられなくても，飽和水蒸気濃度との差により蒸発する．実際には，接触面の温度，接触する空気の湿度と風速に依存し，気温20℃，風速3 m，湿度60％の場合，蒸発速度は時間あたり約224.7 g/m^{2}である．

家畜排泄物の効率のよい乾燥処理のためには，自然蒸発だけではなく，外部から太陽光などの熱エネルギーを与え，水分を蒸発させる．温度が25℃の場合，水1 kgを蒸発させるために必要なエネルギーは約583 kcal

(2.44 MJ) である．実際の施設で家畜排泄物を乾燥させるためには，エネルギーを損失する要因が多く存在するため，それ以上のエネルギー (800～2,000 kcal) が必要である．乾燥に用いられる熱エネルギーには，化石燃料，電熱，太陽熱，発酵熱 (微生物により有機物が分解された際に発生する熱) などがある．一般的には太陽熱が用いられているが，その乾燥能力は 1 m^2 あたりに換算すると，1 kg/日 (冬季)～4 kg/日 (夏季) である．蒸発速度と蒸発量は温度に依存する．また，材料の水分量と空気中の水分量の差が大きいほど蒸発速度は大きくなる．つまり，できるだけ温度が高く，かつ乾燥した空気を用いることで効率的な乾燥が期待できる．このためヒーターによる空気の加熱や，自然風や電気ファンによる送風が行われる．さらに水分の蒸発は表面でのみ起こることから，表面積を広くとることも乾燥処理には効果的である．

C. 乾燥の方法

前述のとおり，乾燥処理は鶏糞において主に利用されている．重油・灯油などの燃料エネルギーを用いた火力乾燥のため，寒冷地で多く採用されている．しかし燃料代すなわち処理コストが高くなること，過乾燥の可能性があることが問題である．現在では太陽熱を中心とした自然エネルギーが多く用いられている．もっとも一般的に用いられている方法はハウス乾燥である．これはビニールハウス内に鶏糞を 20 cm 程度の厚さに広げ，機械撹拌装置で糞塊を細かく砕きながら 30 日間ほど処理する．ハウス内に入る太陽熱と自然風に加え，さらに電気ファンによる送風で乾燥効率を高める場合が多い．

また，ハウス内で堆肥化も行い，その発酵熱で乾燥を行う方法も存在する．これは発酵乾燥とよばれ，太陽熱や自然風に加え発酵熱も利用し乾燥することができる．現在はヒーターやバーナーなどの加温装置を備えた密閉型の施設が普及しており，高い発酵熱と送風により乾燥効率が高いことが特徴である．

10.3.3 堆肥化処理
A. 堆肥化の目的

家畜排泄物の不適切な処理は悪臭・水質汚濁を引き起こすため，適切な管理が求められる．国内では『家畜排せつ物の管理の適正化及び利用の促進に関する法律 (家畜排せつ物法)』が平成16年11月に本格的に施行された．この法律により，家畜排泄物の再生利用が促進され，その割合は約90％にもなる．特に地球温暖化防止および環境保全型農業を推進するうえで堆肥化による利用が重要視されている．易分解性有機物の存在は，作物や土壌へ利用する際に重要となる．乾燥処理のように易分解性有機物が多量に含まれている場合は，土壌の異常還元や作物の生育障害を招く可能性がある．一方，分解が進行しすぎると土壌へ有機物が供給できない．堆肥化では易分解性有機物のほとんどは分解されるものの，すべてが分解を受けるわけではない．また，難分解性有機物や分解産物である無機態の酸化物が含まれる．すなわち，堆肥化は排泄物を肥料として有用な有機物および無機物が適度に含有しているものに変換することでもある．また家畜排泄物堆肥中の成分は元来植物由来の有機成分であるので，土壌に施用することで資源循環が達成される．そのほか，排泄物そのものを使用した場合に起こる問題が解決される．次に堆肥化の利点を示す．

a. 肥料成分の安定化

家畜排泄物に含まれる有機物は，微生物にとって容易に分解される易分解性有機物が主である．これは土壌に施用すると土壌微生物により急激に分解される．したがって土壌中の酸素が微生物により消費され，酸素が欠乏した還元状態になりやすい．堆肥化過程では易分解性有機物が分解され，無機態成分に変換される．このため堆肥を土壌に施用しても土壌が急激な還元状態になることがない．

b. 汚物感の解消

排出された家畜糞は泥状で臭気が強い．これは運搬などのとり扱い時に作業効率を著しく低下させることになる．堆肥化すると，材料に含まれる未消化飼料が分解され，原型を残さない．また，分解による発熱で水分が蒸発し乾燥が進むため，最終的には茶褐色のやわらかい，あるいはサラサラした土壌のような外見となる．これは作業者にとっては運搬時のとり扱いが容易になり，作業も容易となるため，非常に重要な項目である．

c. 悪臭物質の低減

家畜糞からは悪臭が発生する．主な悪臭成分はアンモニア，低級脂肪酸（VFA：酪酸，吉草酸など），含硫化合物（硫化水素，メチルメルカプタン），インドール，スカトールなどである．これらの成分は堆肥化過程において，微生物により分解除去されるため，完成した堆肥には悪臭がない．しかし，堆肥化過程では悪臭成分が発生する場合もある．堆肥化初期には有機態窒素の分解によりアンモニアが発生しやすい．また，堆積物内部に酸素が十分に供給されていないと，嫌気性微生物により有機物が分解されVFAが発生してしまう．このため，堆肥化を適正に行うためには，堆積物内部にまで酸素を供給し，好気的状態を保つことが重要である．十分な好気状態下では好気性微生物により悪臭成分が分解される．

d. 病原微生物，雑草種子の死滅，不活化

堆肥化が進行すると微生物による分解活動により堆肥が発熱し，温度が上昇する．この熱はしばしば70℃を超える．この熱は家畜排泄物に含まれていた病原性微生物（病原菌，寄生虫卵，害虫）を死滅させるほか，未消化の雑草種子の不活化にも寄与する．病原微生物，雑草種子の死滅，不活化には一般に60℃以上を数日維持することで達成される．これにより，作業者への病原微生物の感染，土壌へ施用した場合の土壌汚染を防ぐができる．さらに日本では家畜用の乾燥飼料の大半が輸入されているため，家畜糞に混入している牧草や雑草の種子は国外の種である場合が多い．堆肥化が不十分であった場合，堆肥の流通に伴う外来植物種の拡散，および国内の植物生態系の撹乱が引き起こされる可能性が考えられる．植物種子のほとんどは堆肥化における熱で不活化されるため，この問題を解決することができる．

e. 減量化

家畜排泄物は水分量が多く，乾燥に要する蒸発潜熱が高いため，焼却効率が低くなるほか，ダイオキシンが発生するリスクも高い．堆肥化による熱により水分が蒸発し，重量や密度が低下するため，堆肥化は排泄物の減量化にも効果的である．

B. 堆肥化の原理

堆肥には約 $10^8 \sim 10^{13}$ cells/g の微生物が存在する．堆肥化の原理は，自己発熱を伴った，微生物群集による易分解性有機物の好気的分解および変化である．このため堆肥化は微生物によるバイオテクノロジーと言い換えることもできる．堆肥化はどの畜種の排泄物でも適用されている処理法である．畜種による堆肥成分を表10.3に示す．

堆肥化処理には一般に1〜6か月の期間が必要であるが，処理開始時から終了時までさまざまな微生物がかかわっており，それらの増殖および活性に影響する主な因子（温度，pH，水分量，酸素量）が同時に著しく変化する．処理過程における材料の変化は分解される有機物，あるいは温度によっていくつかの段階に分けることができる．それをまとめると大きく次の四段階となる．

①初期（25〜40℃）：排泄物中の糖，アミノ酸，タンパク質などの易分解性有機物が，酸素が十分に供給されている場合，好気性微生物により好気的に分解される．例えば，有機物中の炭素は好気的分解により二酸化炭素と水となり，大気中に放出される．また，熱

表 10.3 ● 各畜種における堆肥の成分組成

畜種		水分 %	灰分 %	pH	EC mS/cm	全N %	全C %	P_2O_5 %	K_2O %	CaO %	MgO %	試料数
乳牛	平均	52.2	28.6	8.6	5.6	2.2	36.6	1.8	2.8	4.4	1.5	318
	標準偏差	14.0	11.3	0.2	1.4	0.7	6.4	1.1	1.2	2.2	0.8	
肉牛	平均	52.2	23.3	8.2	5.9	2.2	39.3	2.6	2.8	3.0	1.3	304
	標準偏差	13.1	8.3	0.8	1.3	0.6	4.5	1.2	1.0	2.8	0.6	
豚	平均	36.6	30.0	8.3	6.7	3.5	36.5	5.6	2.7	8.3	2.4	144
	標準偏差	13.0	9.9	1.1	1.6	1.1	4.7	2.8	1.1	6.4	1.0	
採卵鶏	平均	22.4	50.4	9.0	7.9	2.9	26.3	6.2	3.6	25.7	2.2	127
	標準偏差	9.7	10.4	0.6	2.0	0.9	5.2	2.5	1.1	10.4	0.8	
ブロイラー	平均	33.0	27.5	7.9	8.5	3.8	37.4	4.2	3.6	8.9	1.9	27
	標準偏差	12.8	11.0	1.1	2.5	1.1	5.6	1.8	1.4	6.3	0.5	

図 10.2 ● 撹拌処理による堆肥化の様子（高温期）

が発生するため温度が上昇する．
②高温期（35～65℃）（図 10.2）：易分解性有機物の分解熱により温度は 60℃以上，ときには 70～80℃に達する．この時期までにほとんどの易分解性有機物は分解される．材料中の好気的な部分では二酸化炭素が，嫌気的な部分では有機酸が生成される．好気条件を維持するためには切り返しや撹拌を行い，酸素を材料に断続的に供給する必要がある．またタンパク質やアミノ酸などの有機態窒素はアンモニア態窒素に分解される．pH はアンモニア態窒素の増加や二酸化炭素の発生などにより上昇するため，アンモニア態窒素は

アンモニアガスとして揮散する．
③温度低下期：易分解性有機物の減少により微生物の分解活動が低下するため，温度は降下する．一方，飼料や敷料などに含まれる難分解性有機物のセルロースやリグニンなどが分解されはじめる．
④成熟期：堆肥に含まれる有機物は少なくなり，微生物がこれ以上分解できない物質（無機物質や腐植酸）が蓄積する．

また，堆肥化の終了を判定するために腐熟度といわれる指標が用いられる．化学的指標としては炭素/窒素比（C/N 比）や硝酸態窒素濃度，生物学的指標としては発芽率，物理学的指標としては温度，色調変化など，さまざまな項目がある．

C. 堆肥化の方法

堆肥化を進行させるには，適正な水分量や酸素量の維持，温度，微生物への栄養源の供給が挙げられる．

水分量は微生物に直接的あるいは間接的に影響を与える．堆肥材料の重量が一定であった場合，水分量が 40％以下で微生物の増殖速度が遅くなり，15％を下回ると活動が停止してしまう．一方，水分量が多いと酸素供給速度が遅くなり，コンポスト化速度に影響

を与える．水分量が80％以上の場合，酸素供給効率が大きく低下し堆肥は嫌気状態になり，堆肥化は進まない．家畜排泄物の水分量は畜種によるが，牛糞は80〜85％，豚糞は約70％と高いため，このままでは嫌気状態になりやすい．このため，材料に酸素が入り込む間隙をつくることが重要である．一般には稲わら，麦わら，おがくずなどを材料に混合する．これは副資材といわれる．副資材は水分量が低いため，混合することで材料の水分量を適正値に調節できるほか，間隙に酸素が供給される．適正な水分量は堆肥化する材料によって異なるが，牛糞を材料とした場合70％以下で堆肥化が可能となり，50〜60％で良好な堆肥化が期待できる．酸素量に関しては過多，あるいは欠乏すると微生物の分解活動に影響を与える．酸素を供給しすぎた場合，熱損失が大きくなり，微生物の活動に適正な温度を保てなくなるため分解が遅くなる．一方，酸素が欠乏すると前述のとおり嫌気状態となる．有機物の分解を促進するためには温度を可能な限り低下させないように通気量を調節することが重要である．処理する糞の種類や量，季節などにより異なるが，一般に水分70％以下の場合は100 L以下/分/m^3，70％以上の場合は100〜150 L/分/m^{3}の通気量が必要となる．また，有機物分解が活発に行われる堆肥化初期は酸素要求量も大きいため，通気量を高くし，処理が進行し有機物分解速度が低下してきたら徐々に通気量を下げるといった通気量のコントロールをする．さらに，通気によって堆肥化で発生した悪臭物質が大気中に揮散することもあるため，通気量の調節は悪臭の抑制にも考慮して行う必要がある．

　排泄物中には栄養源が十分に含まれるため，栄養源の追加は必須ではない．しかし，微生物のエネルギー源として廃食油を加え，堆肥化を促進する試みが行われている．また，微生物数の増加を目的として，堆肥化開始時に完熟堆肥を戻し堆肥として加えたり，有用な微生物を微生物資材として加えたりすることも広く行われている．戻し堆肥は堆肥化促進のほか，おがくずなどの副資材の使用量を減らすことが可能であるため，特に利用されている．しかし副資材より水分量が多いため，水分調整が難しいこと，堆肥の無機塩濃度が高くなりやすいことに留意する必要がある．

　堆肥化において重要な温度帯は，初期の温度上昇で通過する中温帯（20〜40℃）と，高温期の高温帯（約50〜60℃）である．さらに70℃以上に到達することが重要である．しかし一般的な施設における堆肥化では，外部からの温度制御による昇温はコストの観点から困難である．このため温度調節は通気量の調節程度でのみコントロールすることになり，完全に制御はできない．ただし，処理が進行しても温度が高温に到達しない場合は，水分量あるいは酸素量が適正ではないことが考えられる．特に水分量と酸素量が多すぎることが原因である場合がほとんどなので，処理過程の途中でも適正な値に調節しなければならない．

　処理を行う施設にはもっとも簡易的なコンクリート盤を備えた堆積施設，機械式撹拌装置を備えた開放型施設，さらに加温装置を備え施設面積や処理期間を縮小した密閉式装置などがある．また，通気装置も一般に設置されることが多い．どの施設を用いる場合でも，前述したように栄養・酸素・水分の制御が堆肥化の要となる．

10.3.4　液状堆肥化利用

　家畜糞尿の混合物で，水分量が87％以上の流動性のあるものをスラリーとよぶ．この処理は堆肥化処理と同様に好気的処理を行うため，液状堆肥化といわれる．これは主に乳牛排泄物の処理に適用される．通常の堆肥のように土壌に施用することで，作物の生育改善を図ることができる．

A. 液状堆肥の適用範囲

液状堆肥は長距離運搬や貯蔵が困難であるため，流通ルートにのりづらい．液状堆肥の利用は，液状堆肥を作成する箇所の周囲に施用可能な土地が確保できる場合に限られる．

B. 液状堆肥化の目的

液状堆肥化の目的は堆肥化と同様，スラリー中の有機物を微生物により分解し，肥料としてとり扱いやすく衛生的なものに変換することである．特にスラリーは水分量が高いため，貯留したままでは嫌気状態となり，悪臭や生育阻害物質が発生する原因となる．また，スラリーの処理が不十分なまま使用すると，スラリー中に多量に含まれる易分解性有機物が土壌で急激に分解され，土壌の異常還元を招く．このため，スラリーを資源として有効活用するためには，好気的処理により有機物や悪臭を分解することが重要となる．

C. 液状堆肥化の方法

スラリーには未消化の飼料，敷料が含まれており，そのままでは液状堆肥化過程における吸引，圧送，散布が困難である．そこでまず固液分離で前処理を行ってこれらを除去する．またスラリーそのままでは自然に酸素が入り込むことも，副資材によって水分量を調節することは困難である．液状堆肥化では酸素量が非常に重要となるため，反応槽で曝気装置による曝気を行い，十分な酸素を液体中に供給しなければならない．曝気によって槽内が好気状態となり，微生物による好気的分解が行われる．通常の堆肥化と同様，分解熱により温度が上昇し，ときには60～70℃に到達することもある．高温により病原性微生物の死滅や植物種子の不活化も可能となる．また，悪臭となるアンモニアなども分解され，臭気が低減される．

10.3.5 その他の利用

家畜排泄物には有機物や各種無機成分が含まれているため，既述した処理法以外にもさまざまな利用法が存在する．

A. 飼料化

かつて家畜排泄物とイネ科の牧草や飼料を混合し，乳酸発酵することで飼料化する試みが1960年代から1980年代にかけて行われていた．これは排泄物（waste）とサイレージ（silage）との合成語「ウエイストレージ（wastelage）」とよばれ，日本でも牛糞にふすまなどを加えて生産する研究がされていた．この牛糞サイレージは生糞に比べウシの嗜好性が高く，病原菌である大腸菌の存在も認められなかったと報告されている．しかし，糞に蓄積された重金属が飼料化により家畜に移行する可能性が考えられる．また，他の病原菌や寄生虫，植物種子の残存についての研究例が少ないため，家畜排泄物の衛生的な利用法としては検証が必要であるといえる．

B. 昆虫を利用した処理，利用法

昆虫のなかには食糞性のものが存在する．家畜排泄物をこれらの昆虫に処理させる試みが行われている．例えば排泄物にハエの卵を接種し，孵化した幼虫に排泄物を処理させ，有機物を分解させるズーコンポストが一例である．また，クヌギやおがくずなどの代わりに，家畜排泄物あるいは堆肥を用いて昆虫（甲虫）を生産する例も存在する．

C. 魚介類の生産

東南アジアの一部においては，家畜排泄物を魚やプランクトンの餌とし，養殖を行う方法がとられている．しかし，それに代わる濃厚飼料の利用により，家畜排泄物の処理が困難となり，不適切な処理による水質汚染などが問題となってきている．

10.4 家畜排泄物のエネルギー利用

10.4.1 バイオガス生産

バイオガスとはメタン発酵により生成する可燃性成分を含むガスのことであり，主成分はメタン（約65％）と二酸化炭素（約35％）

で，そのほか，極微量の硫化水素，水素，窒素を含む．メタン発酵とは，多種多様な嫌気性細菌やメタン細菌などの作用によって引き起こされる反応であり，液状または固形状の発酵原料（有機性廃棄物など）を嫌気状態に保つことで進行する．

A. メタン発酵の背景

メタン発酵技術は古くから利用されており，ヨーロッパではすでに17世紀には生物資源から，19世紀はじめには家畜糞尿から燃焼可能なバイオガスを生産している．このような歴史的経緯から，ヨーロッパではこれまでにかなりの数のメタン発酵設備が建設され稼動している．

メタン発酵は1950年からほぼ20年ごとに世界中で盛んに研究されてきた．1950年代は第二次世界大戦後のエネルギー不足，1970年代は石油危機，1990年代は多様なエネルギー源の探索が主な目的で，メタン発酵は世界のエネルギー問題と深くかかわってきた．

最近はエネルギー問題に環境問題が加わり，メタン発酵への関心がさらに強まっている．

B. メタン発酵の原理

図10.3に示すとおり，メタン発酵は大きく分けて2つの段階の反応から成り立っている．第一段階は多種多様な嫌気性細菌による酸発酵過程であり，これは炭水化物，タンパク質，脂肪，繊維など複雑な有機物が加水分解や可溶化を経て糖類，ペプチド，アミノ酸，高級脂肪酸など比較的単純な有機物に分解する低分子化プロセスと，それらがさらにプロピオン酸など低級脂肪酸や酢酸，水素，二酸化炭素などに分解する酸生成プロセスからなる．

第二段階はメタン細菌によるメタン生成過程であり，第一段階で分解生産された低級脂肪酸や酢酸などをさらに分解したり，水素や二酸化炭素などから合成したりしてメタンを生成する，ガス化プロセスである．生成されるメタンのうち低級脂肪酸や酢酸などが分解

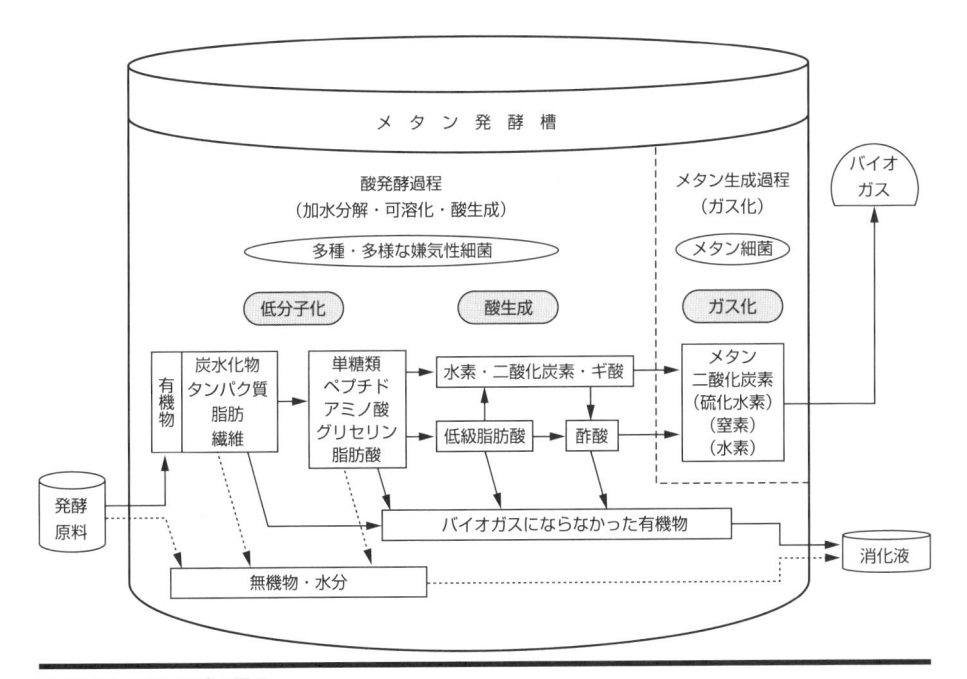

図 **10.3** ● メタン発酵の原理

して生成される割合が約7割，水素や二酸化炭素などから合成される割合が約3割といわれている．このようにメタン発酵では酸発酵過程とメタン生成過程がコンビネーションよく進行する必要がある．なお，メタン発酵の結果，ガス化されなかった有機物や無機物，水分は消化液（残渣）として排出される．

メタン発酵法を固形分濃度で分類すると，湿式と乾式の2つのタイプに分けられる．湿式メタン発酵は発酵槽内の固形分濃度を4～12％程度として運転する古くからある方法である．一方，乾式メタン発酵は固形分濃度を15～40％に高めて運転する方法である．この方法は近年，生ごみ・汚泥・屎尿・古紙などの高固形分原料の処理用として開発された．

メタン発酵は発酵槽内を適温に保つことが重要である．メタン発酵過程では熱はほとんど発生しないため，発酵槽内を最適温度に維持するために加熱するのが一般的である．熱源として生産したバイオガスなどを用いることもある．メタン発酵は一般に中温発酵と高温発酵に分類され，最適温度範囲はそれぞれ35℃前後，および50～55℃の範囲である．ただし，これ以外に20℃程度の低温発酵やまったく無加温の発酵槽も存在する．

メタン発酵の原料としては，一般的には下水汚泥，家畜糞尿が用いられるが，ほかに屠畜場，野菜・果物加工場，ビール工場，ワイン工場，乳製品工場，製紙工場などからの残渣，あるいは古紙，生ごみも用いられている．原料によって分解速度や単位重量あたりのバイオガス発生量は異なる．

C. 畜産分野におけるメタン発酵の利用状況

メタン発酵は簡易なものから高度技術を用いたものまで存在し，畜産分野でもさまざまなタイプのメタン発酵施設が稼働している．

簡易なものとしては，家畜糞尿を原料にメタン発酵を行い，得られたバイオガスを地域のローカルエネルギー源（台所用熱源）としている施設がある．このようなきわめて小規模施設は主に発展途上にある国の農村部で数多く稼働しており，インドでは約126万基，中国では約500万基が稼働しているとの推計もある．ベトナムをはじめ東南アジアでは近年，バイオガスダイジェスター（BGD）と称するメタン発酵施設が使われている（図10.4）．家畜の糞尿を乾燥させて燃焼させるよりは効率がよいとされ，いずれの地域でも地域振興のひとつとして進められている．日本で1970年～1980年頃にあったメタン発酵ブームの際に畜産農家に導入されたのは，この簡易型のものである．1981年に農林水産省が実施した調査では，全国で34基のメタン発酵施設が稼働し，そのうち養豚が23基ともっとも多く，次いで酪農，養鶏，肥育牛の順であった．しかし，これらの施設のうち現在も稼働しているのはわずかである．

一方，高度技術型のメタン発酵施設は主にヨーロッパにおいて家畜糞尿や生ごみ，汚泥を原材料として大規模な実施設が稼働している．メタン発酵処理を経た家畜糞尿（消化液）は農地還元時に悪臭を軽減できることもあり，この高度技術型のメタン発酵施設が近年，北海道を中心に日本の畜産現場に導入されている（図10.5）．家畜糞尿のみで稼働させている施設のほか，バイオガス発生量を増大させるために生ごみや紙などを添加している施設もある．消化液は雑草の種子や有害微生物などの死滅を目的として高温殺菌（70℃，1時間）したのち貯留槽に貯留し，圃場や畑地にて液肥として利用するケースが多い．また，得られたバイオガスを原料とし，ボイラーで熱を，発電機で電力を製造するケースが多い．バイオガスは硫化水素を含んでいる場合が多く，そのままボイラーや発電機で利用するとこれら設備の金属部分の腐食などを引き起こすため，利用に先立ち脱硫を実施する必要がある．

日本国内で自社開発しているメーカーもあ

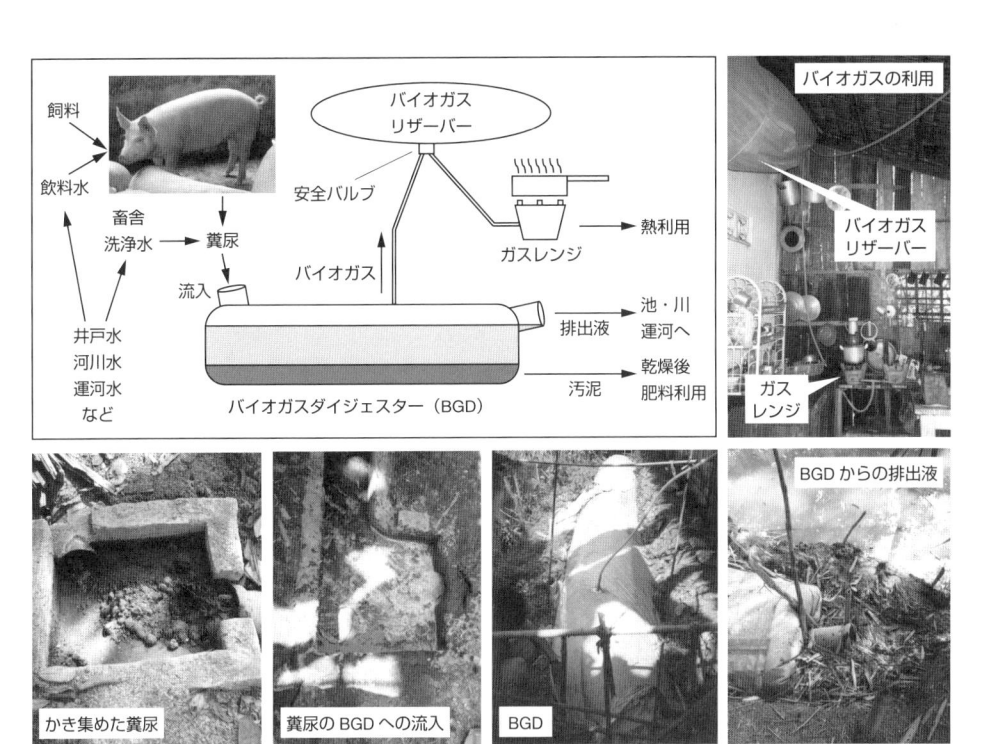

図10.4● メコンデルタ（ベトナム南部）のバイオガスダイジェスターシステム

るものの，多くの場合，外国においてすでにほぼ完成された技術が導入されているので，各技術の完成度は比較的高いが，日本の家畜糞尿を対象とした場合のノウハウの蓄積，設置・運転コストの低減化などが課題となっている．また，メタン発酵の結果発生する消化液を液肥として散布できる場所の有無によって施設のプロセス構成が大きく異なる．散布できない場合は浄化施設を付設し当該地域の放流基準にまで浄化しなければならないため，設置コスト・運転コストいずれにも大きく影響する．このことから，実際にメタン発酵設備の導入を検討する場合はこの点をよく考慮しなければならない．デンマークをはじめ大型のメタン発酵設備が数多く稼働しているヨーロッパでは，地域熱供給システムなどが完備し，バイオガス発電に関しても数々の優遇措置がとられているケースが多く，これらのことがメタン発酵施設の普及を促進している．

農林水産省の調査では，家畜糞尿を受け入れているメタン発酵施設は，2012年2月の時点で北海道の47基をはじめ国内で78基が稼働している．これらの施設にて処理されている家畜糞尿の合計は年間約95万tであり，国内で年間に発生する総家畜糞尿量約8,400万tのおよそ1.1％である．しかし，2012年7月からスタートした再生可能エネルギー固定価格買取制度（FIT）においてメタン発酵ガス化発電の買取価格が40.95円/kWhと高額に設定されたことから，メタン発酵への期待が今後よりいっそう高まるものと考えられる．

10.4 家畜排泄物のエネルギー利用

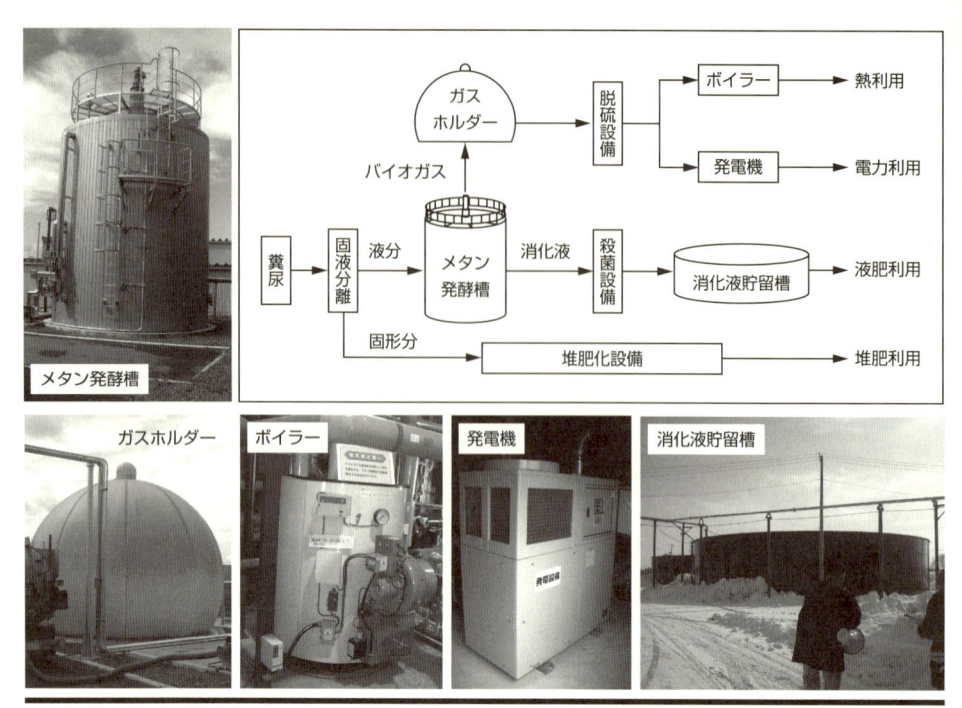

図 10.5 ● 高度技術型メタン発酵プラント

10.4.2 直接燃焼

家畜糞は多くの場合，堆肥化ののち農地にて利用されているが，地域によっては堆肥の需要に対し供給が過多となっている．比較的含水率が低い鶏糞などでは，糞を燃焼させて処理・再資源化・エネルギー回収を行っている例もある．

焼却炉には，その燃焼室の構造により，火格子式（ストーカ炉），固定床式，回転炉（ロータリーキルン），多段炉，流動式，噴霧燃焼式などがある．特に含水率の低い鶏糞を対象とした設備として鶏糞ボイラーがある．鶏糞ボイラーは，燃焼の結果，得られた熱を鶏舎の加温に用いるなど自己完結的なエネルギー利用が可能である．原料である鶏糞の水分率が低ければ固体燃料としての保管が比較的容易であることなど優れた面をもっている．しかし，年間に必要な燃料の半分以上は冬季に集中するため，大量の鶏糞の保管が必須となることに加え，重油などの液体燃料と異なり完全な自動運転は難しく，問題点もある．鶏糞ボイラーの焼却灰中には約30％近いリン酸が含まれており，カリウムも10％を超える．窒素と有機物はほとんど含んでいないため，リンおよびカリウムの供給を目的とした肥料あるいは飼料としての活用が可能である．

家畜糞を焼却処理した際の廃ガスには，加熱温度にもよるが，さまざまな臭気成分が含まれる．例えば，比較的低温時にはアンモニアや低級脂肪酸など通常の臭気成分が発生し，炭化のはじまる温度になるといわゆる焦げ臭が加わる．しかし，炉内温度を約700℃以上に保てば臭気成分は熱分解される．通常のブロイラー鶏舎の鶏糞敷料混合物の含水率は20〜30％であるが，これであれば700℃

以上といった炉内温度は容易に保つことができる．近年，社会問題となっているダイオキシン発生を防ぐためには，水分の少ない糞を投入する必要がある．

2012年2月現在，国内で稼働している直接燃焼施設にて処理されている家畜糞尿の合計は年間約50万tで，国内の総家畜糞尿量のおよそ0.6%である（農林水産省調べ）．しかし，再生可能エネルギー固定価格買取制度（FIT：2012年7月スタート）において廃棄物（木質以外）燃焼発電の買取価格が17.85円/kWhと設定されたことから，家畜糞の直接燃焼発電への期待が今後高まるものと考えられる．

10.4.3 炭化利用

炭化とは，酸素を与えない状態で可燃性有機物に間接的に350～500℃の熱を与え，蒸し焼きにして炭素を分離析出させる工程である．酸素存在下で進行する燃焼とは異なる．さらに，酸化性雰囲気でこの炭化物の細孔を発達させる賦活工程を施したものが活性炭である．家畜糞を炭化する技術は進んでおり，最近，家畜糞の炭化処理設備は増加傾向にある．一部には活性炭にまで加工している設備もある．

一方，家畜糞を原料とした炭化物は土壌改良材や肥料として，炭化物および活性炭は臭気対策資材や汚水浄化資材としての利用が検討されている．今後，経済性の検討も含め，さらなる研究が望まれる．

10.4.4 熱分解利用

熱分解液化は，還元状態でバイオマスを加熱してオイル状の液体燃料を作成し，これをボイラー燃料として用いる方法で，装置は比較的簡単である．材料を常圧，あるいはわずかに加圧して300～700℃で加熱すると，重油状の液体燃料オイルが得られる．ただし，得られたオイルは原料バイオマスとほとんど変わらない組成（C，H，O）で，発熱量はそれほど高くはない．得られたオイルには副生成物として生じる水が混合している．オイルの質も高くはないので，ボイラー燃料，ディーゼル発電用が想定されている．用途開発が課題であり，畜産分野ではほとんど使われていない．

近年，高温高圧の加圧熱水を用いてバイオマスを化学物質，あるいはエネルギー物質に変換させる技術の開発が進められている．触媒と反応温度を変えることによって異なる生成物ができる．本プロセスで扱うのは，乾燥が適さない含水率の高いバイオマスである．直接液化では反応温度250～300℃，炭酸ナトリウムなどのアルカリ触媒金属を使って反応させると，重油状オイルが生成する．低温ガス化は，反応温度300～350℃，ニッケル金属触媒を使うと，水素やメタンといったガスが得られる．いずれも現段階では研究開発段階の技術であるが，畜産分野での検討はあまり進んでいない．

畜産分野で最近話題となっているものに超臨界水利用技術がある．水の場合，臨界温度が374℃，臨界圧力が218気圧であり，この臨界点を超えると超臨界水となる．超臨界状態の水は非常に大きな分解力と拡散性をもち，有機物との親和性が大きいことがすでに示されている．この超臨界水を用いてバイオマスを再資源化することが可能であり，家畜排泄物も対象となりうる．反応炉に灰分由来のスケール様物質が固着する問題があるが，実用化に向けた研究が進められている．

10.5 排泄物の制御（飼養形態ととり扱い）

家畜排泄物の性状は，家畜の種類，畜舎構造，季節によって大きく異なり，さらにそのとり扱い方については畜舎からの搬出後にどのように貯留・利用されるかなどの条件に

畜種	飼養形態	敷料の有無	糞尿排出方法	排出糞尿の性状
乳牛・肉用牛	繋ぎ飼育	あり	バーンクリーナー，手作業	固・液分離
乳牛・肉用牛	繋ぎ飼育	なし	床下貯留，搬出	糞尿混合（スラリー）
乳牛・肉用牛	放し飼育	あり	バケットローダー　など	糞尿・敷料混合物
乳牛・肉用牛	放し飼育	なし	バーンスクレーパー　など	糞尿混合（スラリー）
ブタ	ストール飼育	あり	スクレーパー，手作業	固・液分離
ブタ	平床飼育	あり	バケットローダー　など	糞尿・敷料混合物
ブタ	平床飼育	なし	水洗，手作業　など	糞尿混合（スラリー）
ブタ	すのこ飼育	あり・なし	バーンスクレーパー　など	固・液分離または糞尿混合（スラリー）
ブタ	すのこ飼育	なし	床下貯留，搬出	糞尿混合（スラリー）
ニワトリ（産卵鶏・ブロイラー）	ケージ飼育	なし	バーンスクレーパー　など	固形物
ニワトリ（産卵鶏・ブロイラー）	平床飼育	あり	バケットローダー　など	糞尿・敷料混合物

図 10.6 ● 飼養形態と排泄物処理法および排泄物性状の関係

よって大きく異なることになる（図10.6）．近年では，多頭羽飼育による大規模な飼養形態に移行しており，『家畜排せつ物の管理の適正化及び利用の促進に関する法律』に基づいた処理が義務づけられている．日本では利用促進の面から，排泄物は乾燥もしくは堆肥化されており，特に堆肥化では適正な初期水分割合の調整が心がけられている．畜舎から出る排泄物の性状は，固形状（水分80％以下），スラリー状（水分80～95％），液状（水分95％以上）に大別されるが，家畜種によって処理方法も異なる．さらに近年では，各家畜の飼養形態に対してアニマルウェルフェア（AW）の概念が提唱されてきており，今後の対応が求められている．ただし，動物を主体として行動の自由を保証した飼養管理，衛生管理の環境条件の科学的改革が提唱されているなかで，排泄物処理にかかわる空気の性状についてのみ国際的な規約で数値設定が行われ，畜舎内のアンモニア濃度を25 ppm以下と定めている．今後，日本独自のAW概念の導入が進むことで排泄物の処理法も変化することになると考えられるが，次に現状での各家畜種の主な飼養形態と排泄物の性状およびそのとり扱い方について概説する．

10.5.1 乳牛

A. 哺乳子牛と育成牛

乳牛では分娩と同時に母子分離を行い，母牛から授乳されることはなく，初乳も人工哺乳する．したがって，哺乳子牛では感染症の予防を目的として新生子牛用のケージやカーフハッチを用いた個別飼育が多くみられる．近年は経営規模に応じてスーパーカーフハッチなどを利用した早期の群飼育への馴致もとり入れられている．離乳までの期間は，飼育環境の湿度を低く保つことと保温効果から育成牛や泌乳牛に比べ多量の敷料を敷いてい

る．離乳後の育成牛は，フリーバーンやパドック，ペンなどの平床施設で同じ生育ステージの個体を集めて群飼することにより飼育管理の省力化が図られる．また，群飼には普段の採食行動などにおいても競争が認められ，発育が促されるとともに発情の見逃しを防止できる利点がある．このような平床の牛舎で敷料が敷き詰められていれば，尿は敷料に浸み込み，糞はウシが歩行することで敷料に混ぜ込まれることから踏み込み式ともいわれる．敷料の少ない施設では床上に落とされた排泄物はバーンスクレーパーなどで機械的にかき出される．床面がすのこになって，排泄物と敷料が床下に落ちるすのこ式牛舎もある．敷料を利用しない場合は，床にゆるやかな傾斜が設けられており，上部から水洗して糞と尿を糞尿溝に落とし込み，両者が混合されてスラリー状となる．

B．搾乳牛

泌乳中の搾乳牛はストールにつながれて飼養される繋ぎ飼い方式と繋留されないフリーストール方式とに大きく分けられる．

ウシの頸部をスタンチョンやカラーなどで保定する繋ぎ飼いでは，一般的に牛床の後躯側に糞尿溝を設け，溝内部にバーンクリーナーが設置される．バーンクリーナーは等間隔に糞尿溝を巡回するL字型のパドルがあり，エレベーター下部で固液分離が施され，敷料や糞などの固形物は上部に運び出されて畜舎外の堆肥場に蓄積される．分離された尿などの液体は副尿溝に流れ込み，尿溜めに貯留される．この方式とは別に，牛床のすぐ後ろの糞尿溝上にすのこが敷かれ，糞および尿がともにすのこの隙間から敷料なしで落とされる自然流下式がある．この方式では糞尿が混合されたスラリー状で搬出される．

広く普及するようになったフリーストール方式，ルースバーン方式などの放し飼い方式の牛舎では床がコンクリートとなっているのでウシの転倒予防や体温保持が可能となる寝床としてゴムマットなどを敷くが，敷料は利用しない傾向にある．牛舎内の糞尿はバーンスクレーパーやショベルローダーなどでかき集められる．集積した糞尿は固液分離が円滑に行われる場合は固形物主体に堆肥化が行われ，固液分離が円滑ではない場合はスラリー状のまま貯留される．

搾乳牛の飼養では搾乳施設が併設されており，利用設備の洗浄水が搾乳処理後に毎回汚水に加わるため，他の畜産施設に比べ汚水処理量が多くなる．したがって，固液分離が円滑に進められた場合には堆肥場のみではなく，単独での汚水処理施設の設置が必要となる．

C．乳牛の排泄物をとり扱う際のポイント

搾乳牛は牛乳生産に要する水分補給の関係で飲水量が多く，そのため糞は主要家畜のなかでもっとも水分含量が高く，85％前後であり，尿量も多いことから，堆肥化に好ましい水分含量65％程度の状態で搬出することは難しい．また，高泌乳牛になればなるほど，糞量，尿量および水分含量も多くなる傾向にある．ウシは，起立直後や移動中に排糞・排尿する頻度が高い傾向にある．そのため，繋ぎ飼いではウシを立たせてしばらくしてからパドックや放牧地に移動させることで移動途中の排泄物量を少なくすることができる．また，ウシは排泄時に尾を上げると同時に背中を丸める特徴があり（図10.7），繋ぎ飼育では牛床の後端をしばしば汚し，これが横臥するウシの乳房や後躯を汚す原因となる．ウシの排泄行動時に背中を丸めるといった習性を利用して排泄場所を矯正する器具にカウトレーナーがある．これは丸めて高くなった背中に尖った金属板が接触するとともに低電流・高電圧の電気ショックなどを与えるようにしたもので，背中を伸ばすことにより，排泄物は確実に糞尿溝に落ちる．また，放し飼い方式の牛舎では，飼槽や給水槽付近で排泄頻度が高い．搾乳への誘導策として搾乳舎内

図10.7 ● 排泄時の姿勢
特徴として尾が上がり，背中が丸くなる．カウトレーナー（矢印）による馴致で後方に移動しているため，その位置が頚部の上側に設置されているようにみえる．

で給餌することが多いが，これを止めることにより，搾乳舎内での排泄が激減し，搾乳環境を衛生的な状態に改善できることが確認されている．フリーストール牛舎での排泄物搬出はバーンスクレーパーなどで省力的に行われるが，糞尿混合のスラリー状態であり，一般的には，搬出後に糞尿の固液分離が可能であれば固形物はコンポスト化され，液状分は汚水処理の工程に供される．

10.5.2　肉牛（和牛）
A. 繁殖牛

和牛の繁殖雌牛は分娩前までの期間は少頭数での群飼または繋ぎ飼いで飼育される．分娩が近づくと分娩房（単房）に移され，分娩後から母子分離するまでの期間は子牛とともに飼養される．母子飼育においては子牛の転倒によるけがなどの事故防止や保温および衛生のため比較的多量の敷料が用いられ，肥育牛に比べて手厚く管理される傾向にある．用語として母子分離と離乳が混同されやすいが，生活空間を同じくしない状況が母子分離であり，子牛を引き離した母牛は分娩前と同様の飼育管理が実践される．一方の子牛はカーフハッチで個別飼育されたり，同程度のステージにある子牛と群飼育され，必要に応じて母牛のところに牽引し，授乳を受けることがある．乳牛の雄子牛や乳牛との交雑種子牛（F1）は，乳牛である母牛による哺乳を受けることなく離乳までの全期間を人工哺乳で過ごす．一般的に母子分離後は代用乳などで哺乳され，併せて離乳用の人工乳や良質の乾草などの固形飼料が自由摂取できる状況にある．ただし，哺乳されている限り，哺乳子牛であり，母子分離されていても離乳とはよばない．

B. 肥育牛

少頭数での肥育では，繋留での個別飼育が実施される．しかし，大規模経営では群飼が主であり，一般的に肥育ステージごとに飼養される．群飼する牛舎は平床が多く，床にはおがくずなどの敷料を敷き，踏み込み式としていることが多い．敷料の扱いとして排泄物が浸み込む許容量を超えた場合は，まとめて搬出して新しい敷料に入れ替えることもあるが，新しい敷料を継ぎ足すだけの場合もある．また，多量の敷料を長期間用いて，そこで堆肥化させる発酵床とよばれる方法もある．発酵床は必ずしも省力的ではなく，排泄物の量に合わせて敷料の種類や量を調整する必要があり，撹拌を必要とする場合もある．また，内層で十分な発酵熱が得られない場合には衛生面でも注意が必要である．乳牛と同様にすのこ床方式があり，ほとんど敷料を用いずに排泄物はスラリー状として貯留・搬送される．

C. 肉用牛の排泄物をとり扱う際のポイント

国内での牛肉生産対象は，和牛，乳牛の雄牛，乳牛との交雑種（F1）となる．肉牛は乳牛と比べ，飲水量が少なく，排泄される糞の量および水分は少なく，尿量も少ないため，とり扱いが容易である．肉牛の排泄物はほとんどが堆肥処理されるが，場合によっては乾燥処理も実施される．乾燥処理には十分な敷料の確保が前提であり，敷料の入手に経費がかかる．後述するブタやニワトリでは飲水量

を制限して排泄物の水分含量を低下させる工夫を行う場合があるが，肉牛は糞の水分を削減する目的で乳牛と同様の飲水制限をすることはない．

10.5.3 ブタ
A. 肥育豚

　肥育豚は平床での群飼とケージ等での単飼に大別される．ブタには一定の場所に排泄し，寝食と排泄の場所を区別する特徴がある．豚舎構造として，古いタイプのデンマーク式豚舎やその改良型と環境制御や予防衛生に配慮したウインドレス豚舎などがあり，それぞれにブタの習性を利用している．ウインドレス豚舎では照明，換気などを制御するとともに排泄物の処理は床下にブレード式あるいはベルトコンベアー式の除去施設を設置し，床下に落とした糞尿の排除を定時的に行う．デンマーク式豚舎では，糞は手作業で搬出され，尿は平床についた勾配で豚房外の尿溝に流れて，糞尿は分離される．改良型豚舎は豚房の一部をすのこ床として，糞尿ともにすのこ床下に落下させ，床下で糞と尿を分離するための傾斜や尿溝など構造に工夫がある．また，スクレーパーやベルトコンベアーによって糞尿を混合して搬出するケースもある．床下に施設を設定した場合に，不具合が生じるとその対応が困難であるため，新しい豚舎ではとりつけられないことが多い．除糞清掃の際に水洗する施設もあるが，汚水が増大する欠点がある．近年では大規模経営により一豚房内の頭数が増大し，多量の敷料投入で泥濘化を避け，ブタに踏み込ませて一肥育期終了まで利用する方式が採用されており，一部ではその床で堆肥化させる発酵床としている．排泄物と敷料は肥育豚出荷後，一度に搬出される．内部温度が上昇しない場合には，寄生虫や疾病の発生も懸念されるため注意が必要である．ビニールハウスで発酵床を実施している場合があり，ハウス豚舎ともよばれる．

B. 繁殖豚と子豚

　繁殖豚は分娩近くになるまでは，肥育豚と同様に飼育され，分娩が近づくと哺育・分娩用ストールに移され，子豚を離乳するまでその状態となる．子豚は母豚の横のスペースに敷料を十分に入れた保育箱を設置し，保育箱と母豚の乳房の間を自由に行き来して，保育される．この間の排泄物は手作業またはスクレーパーで除去される．AW 概念が進行している諸外国では分娩豚のストール飼育を禁止し，分娩豚も群飼として飼料摂取時にだけストールのように個別の枠組みに出向いて摂取できる型式としている．当然，子豚の哺乳などはフリースペースで行い，そこには十分な敷料を提供することとなっている．

C. ブタの排泄物をとり扱う際のポイント

　ブタの特徴として糞よりも尿のほうが多い．施設的に糞と尿は混合してスラリー状となりやすいことから，臭気発生を予防するうえで糞尿分離はできるだけ早い段階で実施する必要がある．国内の養豚施設では排泄物を肥料として利用できる農耕地をほとんど有していないため，固形分は乾燥糞や堆肥として搬出する．液状分は，耕種農家との連携がない場合は，活性汚泥法等で浄化後，河川放流することになる．処理費用および労力削減の面から，汚水の増加を回避するべく，敷料で液分を吸収することや，専用のニップルドリンカーでこぼれ水を減らしたり，リキッドフィーディングによって飲水量を低減させるなどの工夫がされている．近年では低タンパク質のアミノ酸添加飼料を給与することが飲水量の低減ならびに排尿量の低減に有効であることが明らかになり実用化されている．

10.5.4 ニワトリ
A. 産卵鶏

　一般に採卵鶏は多段式のケージで飼育されている．ケージから床の高さによって低床式と高床式に大別される．低床式では床面の構

造によって，平面床，すのこ床，ピット構造床などとよばれる．鶏糞はケージ下の床もしくは，各段の下に敷かれたシートに堆積される．大型養鶏場では，4～5段のケージ飼いを行っており，各段のケージ下に設けたベルトコンベアーで自動的に糞を運び出す．すのこ床は鶏糞が乾燥しやすい反面，除糞作業が手作業となる欠点がある．平面床やピット構造床は機械による除糞が可能で，スクレーパーやベルトコンベアーが利用されている．高床式は基本的には2階建てであり，2階でケージ飼育し，1階に鶏糞を堆積する．飼育開始から淘汰されるまで鶏糞は搬出せず，オールアウト後に一度に搬出する．よって，低床式よりも搬出物の水分含量は低くなる．AWの概念から飼育管理法の改善がとりくまれている諸外国ではバタリーケージにおける飼育が禁止され，ネスト，止まり木，砂浴び場等への自由移動が可能なエイビアリー方式などの非ケージ飼育システムやエンリッチドケージシステムの導入が進行している．

B. ブロイラー

ブロイラーは一般的に平飼いで，籾殻やおがくずなどの敷料を敷いた床上で群飼される．飼育期間は35～60日前後であり，鶏舎における導入と搬出を一度に行うオールイン・オールアウト方式がとられる．大規模な施設での排泄物はブロイラー出荷後にショベルローダーなどを使って搬出され，小規模では手作業での運び出しとなる．産肉性（増体）を低下させないために床を暖房する場合がある．また，ウインドレス鶏舎でも十分な換気をしており，排泄物は乾燥し，水分が40％以下になることもある．乾燥鶏糞をボイラー用燃料として利用し，床面暖房が施される施設もある．

C. ニワトリの排泄物をとり扱う際のポイント

ニワトリは総排泄腔（cloaca）から糞尿混合で排泄し，水分は60～70％前後である．他の家畜と比べて水分含量は低く，肥料として乾燥鶏糞の利用が多い．ウインドレス鶏舎でもケージ下の排泄物堆積場所へのファンによる通風やダクトなどで強制的に送風（トンネル乾燥ともいう）し，堆肥化できるほどの水分含量に乾燥させることもある．排泄物の水分含量を抑制するには自由飲水させず，ニップルドリンカーを用いて飲水制限することも効果が高い．ただし，AWの概念から給水制限を行うことは今後肯定されなくなるであろう．

10.6　家畜排泄物の管理施設工学

10.6.1　固液分離

家畜糞尿の処理において固体と液体を分離することは，家畜糞尿の有効活用および処理過程の負荷削減，ハンドリングにおいて重要である．通常，固体分は乾燥，堆肥化，また近年では燃料化も行われている．液体については排水処理されている．また，圃場などに土地還元できるところでは，糞尿混合による液状処理や，メタンガスをエネルギーガスとして得るメタン発酵がなされ，その後，液肥としての散布がなされている．

A. 畜舎構造による固液分離技術

ブタやウシは，糞と尿を別に排泄する．それぞれを排泄直後に分離可能であれば，糞尿処理にかかる労力，費用は削減できる．よって，畜舎内で可能な限り糞と尿を分離することが望まれる．そのためには，畜舎構造の改善だけではなく飼養管理の変更も必要となる．

豚舎内では，糞と尿が完全に分離できる豚舎構造にするため，ケージ豚房に簡易汚水処理装置としての土壌ろ床を立体的に結合した糞尿分離豚舎がつくられている．

平飼コンクリート床豚房では，ケージの豚房の下に波板トタンを傾斜させて設置し，その上に糞受け用の穴あきトレイを置き，糞尿分離を図っている．波板トタン上を流下した

尿汚水は第一受槽に貯留され，さらにポンプで波板トタン下部の土壌ろ床でろ過される構造である．

すのこ式肥育牛舎の糞尿分離状況，排出される尿汚水の性状などは，年間平均のすのこ上の糞の水分は77.1％，搬出糞の水分が75.9％であることから，すのこによる固液分離効果がみられた．尿汚水の排出量は，肥育牛1頭あたり1日14L程度で，尿汚水に対する糞の混入率は重量比で5.6％程度と推定された．

B．固液分離機

固液分離機による牛糞尿の固液分離は，糞尿の性状，固液分離機の機種および使用方法によって分離液や分離固形物の性状が変わる．そのため，機種選定を含めた適正使用法の確立が望まれる．

酪農家で普及割合が高い固液分離機に，ドラムスクリーン，水平ベルトスクリーン，多板式の3種類がある．

ドラムスクリーンと水平ベルトスクリーンはローラプレス方式となる．ローラプレス方式とは，分離用の穴のあいたスクリーンとローラの間に糞尿を投入する構造で，構造が簡便で処理能率が高く利用度も多い．

ドラムスクリーンでは，円筒形の回転するスクリーンとローラにより分離がなされる．細かなスリットを設けたドラム状のスクリーンを回転させ，このスクリーンをスカム含有水や汚泥が通過する際，阻止した夾雑物がスクリーン表面に付着し，原水中の夾雑物を分離・除去する．

また，水平ベルトスクリーンは，ベルトが移動しながらローラによって水が分離されるものである．

多板式とは，中空の板多数を重ね，その間隔（0.25mm）を利用して汚水の分離を行うものである．固定板と1枚間隔に入った揺動板が連動で動くため，目詰まりを防ぎ，除去した固形物をスクリューで圧縮しながら水分

を除去し，機外に排出する．豚糞では，生糞含水率76.7％のものが73％に低下する．また，牛糞では，生糞含水率83.5％のものが77.3％にまで低下し，固液分離がなされている．

このほか，スクリュープレス式，遠心分離式，ピストン押し出し式などがある．

スクリュープレス方式は，スクリューと圧搾板により固液分離を行う方式で，ホッパから糞尿を搬送するスクリューオーガーの軸径が出口に向かって太くなり，この過程で糞尿を圧搾分離する．圧搾力が強く固形分の水分を相当下げられるが能率は低い．

10.6.2 堆肥化

堆肥化とは，微生物による好気性発酵を行い，糞尿に含まれる水分，易分解性の有機物を減少させるものである．

堆肥化することで，糞尿の減量化，有機質肥料としての利用が可能になる．また，糞尿特有の悪臭も堆肥化することでなくなる．

堆肥化には，大きく分けて3つの方法がある．①堆積・切り返し型，②堆積・強制通気型，③撹拌型である．

①堆積・切り返し型では，屋根のある堆肥舎に糞尿を堆積させ，1週間に一度程度，ショベルローダーを用いて切り返す．それにより，堆積させた糞尿の内部に空気を送り込み，好気発酵を促すものである．本システムは，スペースとショベルローダーがあれば可能である．そのため，施設建設にかかる初期投資が小さくすむ利点があり，広く普及している．しかし，易分解性有機物が分解し，安定な堆肥を得るためには長い時間がかかる．また，切り返すための労力が必要などの欠点がある．

②堆積・強制通気型では，堆積舎の下に強制通気が可能な溝があり，その溝から送風機を用いて堆積した糞尿に空気を送り込む．この場合，堆積した糞中に空気の通りがよくなる

よう，通常，籾殻やおがくずなどによって含水率60～65％に調整する．強制通気の場合には，連続的に酸素を堆積した糞尿に送り込むことが可能なため，好気性微生物の有機物分解速度が速くなり，堆積型の堆肥化に比較して腐熟に達成する時間は短縮される利点がある．

適正な通気量は，原料の含水率が70％以下では100 L以下/分/m^3，70％以上では100～150 L/分/m^3である．

③撹拌型は，ロータリー方式，スクープ方式がある．ロータリー方式では，多数の撹拌棒や耕耘爪がついた軸を回転させて堆肥化材料の撹拌と移送を行うものである．スクープ方式は，スラットコンベアーで原料を斜め上に移送し，後方へ落とすことで切り返しするものである．

このほかに密閉型発酵装置もある．密閉した円筒状の発酵槽が回転し，撹拌と通気を行う．通常は加温装置がついており，強制的に加温，通気可能であることから処理時間が短時間ですむ．

堆肥の評価には腐熟度という表現が用いられる．腐熟とは，易分解性有機物が分解され微生物による急速な分解や成分変化が起こらない状態のことをいう．腐熟に達していない未熟な堆肥では，田畑へ施用した際，土のなかで有機物分解を起こし，土中の酸素を消費するため，作物の根腐れの原因となる．そのため，堆肥の腐熟度を確認することは重要である．

十分な腐熟度を得るためには，堆肥化過程で60～80℃の高温に温度上昇させる必要がある．易分解性有機物が分解する際に発酵熱が発生し，堆肥の温度は70～80℃に達する．堆積物の温度が，上記の高温を維持している場合には，まだ易分解性有機物が含まれていると判断できる．また，堆積物温度が外気温と同等まで低下した場合には，易分解性有機物はほぼ分解されたと判断できる．

しかし，堆積物の含水率が著しく低下した場合には，好気性微生物の活性も低下するため，易分解性有機物の分解も起こらないこともあるので，温度低下のみで易分解性有機物が分解されたと即，判断するのは危険である．

このほかに，腐熟に従い増加するCEC（陽イオン交換容量）測定や，腐熟に従い増加する硝酸態窒素を測定するジフェニルアミン測定による判定，コマツナ種子を用いた発芽試験が腐熟度を知る方法としてある．

10.6.3 汚水処理

家畜の糞尿を固液分離した後の液体は，有機物，窒素，リンを高濃度に含有するので，排水するためにはこれらを処理する必要がある．排水基準として，一律の排水基準に準じることになっている．一律排水基準の生活環境項目では，pH 5.8～8.6, BOD 160 mg/L（日間平均120 mg/L），COD 160 mg/L（日間平均120 mg/L），SS 200 mg/L（日間平均150 mg/L），大腸菌群数日間平均3,000個/cm^3，窒素120 mg/L（日間平均60 mg/L），リン16 mg/L（日間平均8 mg/L）である．ただし，『水質汚濁防止法』に基づく「アンモニア，アンモニウム化合物及び亜硝酸・硝酸化合物」の排水基準における畜産農業由来排水については，第四次暫定排水基準（600 mg/L：平成31年6月末日まで）が設定されている．

畜産排水処理には，好気性微生物による活性汚泥処理法が一般的に行われる．活性汚泥とは，原生動物や後生動物，細菌類の好気性微生物が固まりになったフロックを形成したものである．これらの微生物は酸素を消費しながら有機物分解を行い増殖する．高濃度の好気性微生物を維持するために空気を水中に送る目的で曝気(エアレーション)が行われる．

活性汚泥に流入した汚水は，活性汚泥中の微生物によって，その有機物，アンモニア，リンが分解・同化されて微生物体として変換

されるか，あるいは二酸化炭素や窒素ガスとして水中から放出される．そして，曝気が停止し，活性汚泥のフロックが沈降すると，分離した上清は処理水として浄化された状態になり，排水可能になる．

活性汚泥における処理効率を高めるためには，次の7つの項目に注意する必要がある．酸素，温度，pH，栄養素，阻害物質，活性汚泥濃度，流入汚水の量と濃度である．

酸素は，少ないと微生物活性が低下し，多すぎるとフロックが壊れて沈降性が悪くなる．温度は，活性汚泥中の微生物が好む15～30℃が望ましい．pHは6.5～7.5がよい．栄養素はバランスが重要であり，BOD：窒素：リン比が100：5：1が最低でも必要である．阻害物質には，消毒剤，殺虫剤，抗生物質，食塩がある．活性汚泥濃度は処理槽内の濃度を3,000～10,000 mg/Lを維持することが重要である．流入汚水濃度はBOD 3,000 mg/Lが限界といわれ，1,500 mg/Lが望ましい．流入量は一般的に曝気槽の半分以下の容量が望ましい．

活性汚泥法などの好気性微生物による排水処理では，エアレーションによる電力消費量が大きく，標準活性汚泥法では，地球温暖化影響にかかわる排出係数の内訳として主に電力消費に由来するCO_2（54%），生物処理で発生するN_2O（23%）および処理水に含まれる窒素が放流された水環境で変換されるN_2O（15%）によると報告されている．近年，排水処理における消費エネルギーを削減する排水処理方法が望まれている．

窒素除去方法として，微生物による除去では，アンモニウムイオンの酸化による亜硝酸イオンの生成，亜硝酸イオンの酸化による硝酸イオン，できた硝酸イオンの還元による亜硝酸イオンを経ての脱窒の過程を経る必要がある．なお，アンモニアが亜硝酸を経て硝酸になる過程を硝化とよぶ．

これらそれぞれの反応段階は異なる微生物が担っている．アンモニア酸化にはアンモニア酸化細菌，アンモニア酸化古細菌，亜硝酸酸化には亜硝酸酸化細菌が関与している．さらに，脱窒には脱窒菌が関与する．脱窒に至るまで酸化反応と還元反応の組み合わせが必要なことから，窒素除去のためには，処理槽に酸化槽（好気槽）と還元槽（嫌気槽）が必要になる．

このほか，排水中のアンモニア態窒素と亜硝酸態窒素の比が約1：1の場合には，アンモニアの嫌気性酸化，Anammox反応（嫌気性アンモニア酸化反応）が起こる．

$$NH_4^+ + 1.32\, NO_2^- + 0.132\, HCO_3^- + 0.512\, H^+$$
$$\rightarrow 1.02\, N_2 + 0.26\, NO_3 + 0.132\, CH_2O_{0.5}N_{0.15} + 2.19\, H_2O$$

Anammox反応は，曝気を減らせるなどの利点があり，現在，省エネルギー型の排水処理として注目されている反応である．

そのほかの処理方法としては，生物膜法による除去がある．生物膜法とは，プラスチックやセラミック担体の表面に微生物を付着させ，その付着微生物によって排水処理を行うものである．生物膜では，膜の表層と膜の深層で酸素濃度条件が異なるため，好気条件と嫌気条件が自然と形成される．このため，窒素除去には適しているといわれる．しかし，担体コストがかかる，閉塞を起こすといった欠点もある．

リンの除去は，排水処理として必要なだけではなく，今後，リン資源の有効活用のためにも除去したリンを回収し，再資源化することが必要となっている．

リン回収方法のひとつに鉄電解法がある．鉄電解法とは，水に浸漬した2枚の鉄板間に直流電流を流すと，陽極よりFe^{2+}が溶出し，酸化してFe^{3+}になったものがPO_4^{3-}と反応して不溶性の$FePO_4$になって沈殿するものである．

次にHAP法である．HAP法とは，液中の

PO_4^{3-} と Ca^{2+} および H^- の反応によって生成するヒドロキシアパタイト（HAP，$Ca_{10}(OH)_2(PO_4)_6$）の晶析現象を利用した方法で，

$$10\ Ca^{2+} + 2OH^- + 6\ PO_4^{3-} \rightleftarrows Ca_{10}(OH)_2(PO_4)_6$$

となる．HAP法は，リンを含む廃水に Ca^{2+} および OH^- を添加し，過飽和状態（準安定域）で種結晶と接触させ，種結晶表面にヒドロキシアパタイトを晶析させて，液中のリンを除去・回収する．種結晶には，リン鉱石，骨炭，ケイ酸カルシウム水和物などが利用されている．

このほかMgと反応させるMAP法がある．液中の PO_4^{3-} と NH_4^+，Mg^{2+} の反応によって生成するリン酸マグネシウムアンモニウム（MAP，$MgNH_4PO_4 \cdot 6H_2O$）の晶析現象を利用した方法で，

$$Mg^{2+} + NH_4^+ + PO_4^{3-} + 6\ H_2O \rightleftarrows MgNH_4PO_4 \cdot 6H_2O$$

となる．MAP法はリンとアンモニウムを含む廃水が対象となり，畜産排水処理に適している．一例として，嫌気消化槽の脱水ろ液に Mg^{2+} を添加し，弱アルカリ領域でMAPを生成させる方法がある．一般的にMAPの結晶成長速度は速いため，脱リン槽には別途脱リン材を充塡する必要がなく，運転できる．

また近年，エネルギーをほとんど使わない省エネ型の排水処理として，人工湿地による排水処理が注目され，畜舎排水処理も行われている．人工湿地とは，通常の湿地を模擬して人工的につくられた植栽された湿地様の場である．さまざまなタイプがあるなかで，鉛直流タイプの人工湿地の場合には，70 cm程度の深さのある枡のなかに，礫や砂，土などの材が敷き詰められており，その上部にアシなどの植物が植栽されている．排水は，人工湿地の植栽部分上部に設置されたパイプからシャワー状に人工湿地内へ降り注ぎ，上から下に向かって排水は流れていく．その間，土壌によるろ過作用，ろ材のろ過作用，土壌微生物による分解などの作用によって排水が浄化される．活性汚泥法に必要なエアレーションが不要であること，排水の流入にポンプを使用せず，重力を活用したサイフォン式による送水をするため，排水処理にかかる消費エネルギーが削減可能である．また，ビオトープのような効果をもつなどの排水処理以外の役割を担うことも可能なため，新たな処理方法として注目されている．

10.6.4 メタン発酵

メタン発酵とは，糞尿混合物を嫌気性処理するものであり，最終産物としてメタンガスと二酸化炭素，微量の硫化水素が得られる．メタンガス濃度は通常55～60%含まれているため，バイオガスを燃焼させ，エネルギーを回収することができる．

メタン発酵では，糞尿が加水分解し，酸生成反応として有機酸にまで分解される．その後，有機酸が，さらに酢酸，水素に変換され，それらを利用してメタン生成古細菌がメタンガスをつくる．それぞれの段階を担う微生物群は異なっている（図10.8）．

メタン発酵の発酵温度として，中温発酵では25～40℃，高温発酵では50～55℃といわれているが，多くのメタン発酵では，中温発酵を35℃，高温発酵を55℃で運転している．投入原料の濃度は固形物濃度6～8%，有機物負荷量約10 kg/m³ 槽・日で，滞留時間は10～30日となっている．

家畜によって糞尿成分が異なるため，重量あたりのガス発生量が異なる（表10.4）．

メタン発酵には，UASB（upflow anaerobic sludge blanket）法や完全混合法，嫌気性接触法，嫌気性ろ床法などがある．UASB法は，ビール工場排水の処理に多く採用されている．それは，ビール工場排水には家畜糞尿に比較して固形物がほとんど含まれないためで

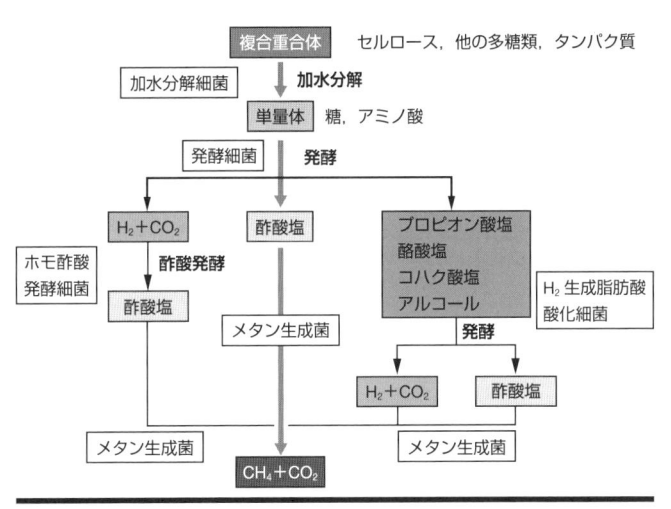

図 10.8 ● メタン生成までの流れ

表 10.4 ● 家畜排泄物の違いによるメタン生成率

家畜排泄物	分解率の典型的な範囲 (分解 VS/投入 VS)	メタン濃度 (NL-CH_4/N-バイオガス)	生成メタン (NL-CH_4/g-分解 VS)
豚排泄物	0.45～0.55	約65%	約0.650
豚排泄物（分離液）	0.50	約65%	約0.650
乳牛排泄物	0.25～0.35	約60%	約0.500
肉牛排泄物	—	約60%	約0.500
鶏糞	0.43～0.53	—	—

ある．UASB 法は，嫌気性微生物が自己造粒したグラニュールとよばれる直径 1～3 mm 程度の粒を槽に詰め，下から排水を供給し，排水はグラニュールのフィルターを上に向かって通りながら処理されるしくみである．UASB 法は，非常に効率の高い処理方法であり，HRT 2～3 時間，COD 負荷 10～30 kg COD/m^3/日を高効率に除去可能である．しかし，固形物が多く含まれる排水類には不適である．そのため，固形物を多く含む家畜糞尿の場合には完全混合型が一般的である．

これまで，畜産分野に導入されたメタン発酵装置は全国で 50 基ほどある．京都府八木町にあるメタン発酵装置では，1 日約 60 t の乳牛糞尿，豚糞尿，農産加工物残渣を処理しており，受入原料の約半分は乳牛糞尿が占めている．このときのバイオガス発生量（CH_4 65%，CO_2 35%）は 2,089 Nm^3/日となっている．

良好なメタン発酵を維持するためには，pH，有機酸濃度，アンモニア濃度，温度を管理することが必要である．特に pH はもっとも目安となる．通常，メタン発酵では，メタンガスへの変換が滞ると pH が酸性に傾く．メタン生成古細菌のメタン生成に最適な pH は，一般的に pH 6.6～7.6 といわれているため，pH 低下はメタン生成効率を低下させる．また，一般的に，畜産排泄物のメタン

発酵では，酸生成，メタン生成の相分離はされず，完全混合状態のため，通常，pHは中性付近に保持することが望ましい．

pH調整のための薬剤として，重炭酸ソーダ（NaHCO$_3$）が用いられる．しかし，消化液を液肥として牧草地や田畑へ散布することを考えた場合には，このナトリウムイオンが作物栽培の阻害になるため，できる限りpH調整剤は入れなくてもよいようにすることが望ましい．一般的な目安として，通常，土壌の電気伝導度（EC）1 mS/cm以上になると強塩耐性作物以外の作物には阻害が現れはじめるといわれている．

pH低下の原因は，酸生成段階で生成するプロピオン酸や酪酸が分解されず，蓄積することによる場合が多い．プロピオン酸や酪酸が蓄積しないように運転することが重要である．

メタン発酵で得られたバイオガスを用いて，ガスエンジンやガスタービンを動かして発電することも可能である．前述の京都府八木町のメタン発酵では，得られたバイオガスを利用して発電しており，3,034 kWh/日の発電のうち，544 kWh/日を外部供給している．

また，ガスエンジンからの排熱を利用するコージェネレーションシステムも行われている．これにより，バイオガス由来の熱量の約25％が電力変換され，残りの40～50％が熱変換されることになる．

2012年7月より施行された，再生可能エネルギー固定価格買取制度では，調達期間20年間は，メタン発酵で得られた電力は40.95円/kWhで売電可能になる．これまで畜産におけるメタン発酵は，排泄物処理と得られたエネルギーの自己消費にとどまっていたが，電力の売電というかたちでの新たな収入も可能になってきている．

メタン発酵で得られた消化液は，通常，排水処理がなされているが，農地還元可能な土地がある地域では液肥として利用されている．乳牛糞と野菜くずを半分ずつ混合して，メタン発酵をしている千葉県香取市にある山田バイオマスプラントでは表10.5のような成分になっており，3～4 t/10 aを畑に散布し，すぐに混和している．液肥運搬は2 tトラックの架台やバキュームカーによって行い，液肥の散布は液肥散布車を用いている．ニンジン，ホウレンソウ，ムギ，レタス，エダマメなどの栽培に利用されている．液肥の肥料成分を考慮し施肥量を決めて使用すれば，通常の肥料と同様に活用できるといわれている．メタン発酵施設から消化液施用農地が約12 km離れている場合には，消化液を排水処

表10.5 ● 山田バイオマスプラントの消化液の成分　　（乳牛糞：野菜くず＝1：1）

	成分	消化液1tあたりの含有量
含水率	97.4％	−
pH	7.4	−
EC（電気伝導度）	1.4 S/m	−
全窒素	1,800 mg/L	1.8 kg
アンモニア態窒素	730 mg/L	0.73 kg
硝酸態窒素	＜1 mg/L	0 kg
リン酸	1,000.0 mg/L	1.0 kg
カリウム	3,100 mg/L	3.1 kg
全炭素	8,800 mg/L	8.8 kg

理して出される温室効果ガスに比較して半分以下に抑制されることが示されている．

メタン発酵システムの導入によって持続可能な運用を行うためには，メタン発酵で得られる生産エネルギーと運用にかかる消費エネルギーの収支がプラスになる必要がある．そのためには前述のような消化液の液肥利用，また，メタン発酵施設の設置場所と液肥施用農場との位置関係などを考慮する必要がある．このように，家畜排泄物処理のメタン発酵を中心とした資源循環システムを構築するためには，地域全体の物質の流れを十分に把握する必要がある．

10.7 家畜排泄物の資源循環

家畜排泄物は，乳肉卵に次ぐ，第四の生産物に位置づけることができる．

畜産の大規模化に伴い，排泄物はやっかいな廃棄物として扱われるようになったが，かつては重要な肥料として大切に扱われており，現在でもウシなどの排泄物を乾燥後に燃料に活用している国も少なくない．

日本における排泄物の処理・利用方法としては，コンポスト化による肥料利用が主流であるが，生産されるコンポストが低品質で，自家の採草地や空き地への散布にとどまる場合も多い．よりよい品質のものを生産することにより，周辺に限らず広域の耕種農家などに販売することが可能となり，良質なコンポストをつくることにより，資源としての家畜排泄物の循環が進む．

資源循環を行う場合，生産から利用，廃棄まで含めたライフサイクルアセスメント（LCA）によって，総合的に地球環境への影響を評価する場合が多い．この考え方に立つと，コンポストの場合は，生産過程で発生する温室効果ガスである亜酸化窒素や二酸化炭素，耕地への運搬や施肥のための車両が使用する燃料などを最小限にとどめることが重要

である．現在，ただちにとりうる対策は，コンポストを生産地の近隣の草地や耕地で利用することであり，耕種農家との連携が重要となる．また，コンポスト過程からのアンモニア揮散は酸性雨の原因となり，特にヨーロッパでは注意が払われており，この点に関する留意も必要である．

家畜排泄物からのエネルギー回収も重要である．鶏糞ボイラーによる発電が行われているが，ボイラーのコストが高いことや，燃焼灰の利活用が困難であることにより，普及はあまり進んでいない．

汚水や排泄物を原料にして，メタン発酵を行わせ，エネルギーを回収することも行われている．

発生したメタンをそのままガス燃料として，自家内または，地域に配給して利用する方法があり，実際に利用している国々もある．

また，メタンを燃料とした発電も導入されつつある．その発電方法としては，メタンを燃焼させタービンを回転させて発電する方法，メタンを燃料にしてエンジンを稼働させる方法，メタンから水素をとり出し，その水素を燃料電池に供給して発電する方法がある．家畜排泄物を水素発酵して，直接に水素を回収する方法も研究されている．メタン発酵の残渣として消化液が発生するが，これは液肥として利用可能である．メタン発酵により，腸管由来の病原性微生物や糞に含まれる雑草の種子は殺滅され，安全で，養分に富んだ肥料が生産される．この方法を用いることによって，家畜排泄物－メタン発酵－消化液の肥料利用といった資源循環が可能となり，さらには発電によるエネルギー供給が可能となる．原子力発電所をもたないオーストリアや原子力発電からの脱却を図っているドイツでは，すでにこのような資源循環システムが実用化されて運用されており，日本においても，今後，家畜排泄物を用いた再生可能エネルギーの生産は増加するものと思われる．特

にメタン発酵は，都市部への電力供給だけではなく，災害に強い地域自立型のエネルギー供給システムを地方に構築する核となるものであり，地域の雇用にもつながる．

今後，家畜排泄物を，第四の生産物，すなわち肥料およびエネルギーを生産するための原料としてさらに高度に活用すべきであろう．

第11章
畜産法規・制度

11.1 畜産法規

11.1.1 概要

畜産に関する法規・制度を概観すると、畜産にかかる生産振興の基本となるもの、家畜および畜産物の価格の安定を図るもの、家畜の流通の適正化を図るもの、家畜や畜産物の衛生に関するもの、畜産物等の安全性の確保に関するものおよび畜産生産における環境保全に関するものなどがある。

近年の制度改正については、国内での口蹄疫や高病原性鳥インフルエンザの発生に対応して家畜伝染病の早期発見や水際検疫の強化などを内容とする『家畜伝染病予防法』が2011年に改正された。また、『養蜂振興法』については、趣味養蜂家の増加など養蜂業界を巡る環境の変化に対応し、養蜂を行う者の届出義務を養蜂業者以外の者へ拡大することなどを内容とする法律が2012年に改正された。畜産物および畜産にかかる主な法律は表11.1に示すとおりである。

11.1.2 酪農及び肉用牛生産の振興に関する法律

（昭和29年6月14日法律第182号、平成23年8月30日法律第105号最終改正）

A. 沿革と目的

本法は、1954年に制定された『酪農振興法』を前身とし、1983年に『酪農及び肉用牛生産の振興に関する法律』となった。本法の目的は、酪農および肉用牛生産の健全な発達ならびに経営の安定を図り、併せて牛乳・乳製品および牛肉の安定的な供給に資することにある。前身となった『酪農振興法』は、酪農が全国に広がっていくなか、酪農家が散在し集乳、処理、加工の面において非効率な状態にあったことを背景として、①集落酪農地域制度、②生乳等の取引の公正を図るための措置を内容として成立した。

その後、景気後退を契機に、牛乳乳製品の

表11.1 ● 主な畜産の法令

区　分	法律名
生産振興の基本となるもの	酪農及び肉用牛生産の振興に関する法律、家畜改良増殖法、養鶏振興法、養蜂振興法
価格安定に関するもの	畜産物の価格安定に関する法律、加工原料乳生産者補給金等暫定措置法、肉用子牛生産安定等特別措置法、飼料需給安定法
流通の適正化に関するもの	家畜取引法、家畜商法
家畜・畜産物の衛生に関するもの	家畜伝染病予防法、家畜保健衛生所法、獣医師法、獣医療法、薬事法
畜産物等の安全に関するもの	飼料の安全性の確保及び品質の改善に関する法律、愛がん動物用飼料の安全性の確保に関する法律、牛の個体識別のための情報の管理及び伝達に関する特別措置法、牛海綿状脳症対策特別措置法
環境保全に関するもの	家畜排せつ物の管理の適正化及び利用の促進に関する法律
その他	競馬法

需要が伸び悩み，生乳の取引価格（乳価）にかかわる紛争が多発したことから，1959年に，①市町村が酪農経営の改善目標等を定める計画制度，②都道府県に対する酪農事業施設の設置等の届出制度，③生乳取引に係る紛争処理を解決するための都道府県知事によるあっせん・調停制度，④牛乳乳製品を学校給食に供することによる消費増進措置などが設けられた．

さらに，1965年に『加工原料乳生産者補給金等暫定措置法』の制定に合わせて改正され，①国，都道府県，市町村を通じ一貫した施策を講じるための酪農近代化計画制度の創設，②集約酪農地域の指定基準の改正が措置された．

他方，肉用牛生産は，1960年代の高度経済成長とともに急速に発展したものの，飼養規模の拡大や肥育期間の短縮などによって生産性の向上に努め，経営基盤を強化する必要があった．また，酪農家で生産される乳用種雄子牛を利用する乳用種肥育が拡大し，国内産牛肉の相当部分が乳用種に占められることとなり，酪農と肉用牛生産の整合性を保ちつつ，その振興を図ることが重要となった．

このため，1983年に『酪農及び肉用牛生産の振興に関する法律』に改正され，①酪農近代化計画制度への肉用牛生産の振興に関する事項の追加，②経営改善計画の認定制度と資金融通制度の創設などが措置された．その後は，1999年に地方分権一括法による所要の改正，2011年に地域主権一括法による所要の改正が行われている．

なお，日本の酪農および肉用牛生産の本法制定当時（1981年度）と30年後の状況をまとめると表11.2のようになっている．

B. 酪農・肉用牛生産近代化計画制度

農林水産大臣が，おおむね5年ごとに，通常10年後を目標年度として基本方針を定め，それを受けて，都道府県知事が都道府県計画を定め，さらに市町村長が市町村計画を定めるという制度である．なお，1999年の食料・農業・農村基本法の制定以降は，同法に基づく食料・農業・農村基本計画に合わせて変更されている．

a. 酪農および肉用牛生産の近代化に関する基本方針

農林水産大臣は，基本方針において，①酪農・肉用牛生産の近代化に関する基本的な指針，②生乳・牛肉の需要見通しに即した生乳の地域別の見通し，生乳の地域別の生産数量の目標，牛肉の生産数量の目標ならびに乳牛および肉用牛の地域別の飼養頭数の目標，③近代的な酪農経営および肉用牛経営の基本的指標，④集乳および乳業の合理化ならびに肉用牛および牛肉の流通の合理化に関する基本的な事項，⑤その他酪農・肉用牛生産の近代化に関する重要事項を定めなければならない．

表11.2 ● 日本の酪農および肉用牛生産

	1981年度	2011年度
酪農		
酪農家戸数[*]	99千戸	20千戸
経産牛頭数[*]	1,312千頭	943千頭
1戸あたり経産牛頭数[*]	13.3頭	46.9頭
経産牛1頭あたり年間乳量	5,053 kg	8,034 kg
生乳生産量	6,848千t	7,534千t
自給率（牛乳・乳製品）	84%	65%
農業産出額	8,295億円	7,506億円
肉用牛生産		
肉用牛飼養戸数[*]	340千戸	65千戸
肉用牛頭数[*]	2,382千頭	2,723千頭
1戸あたり肉用牛頭数[*]	7.0頭	41.8頭
牛肉生産量	483千t	505千t
自給率（牛肉）	71%	40%
農業産出額	3,720億円	4,625億円

[*]：戸数および頭数の1981年度は1982年2月1日，2011年度は2012年2月1日時点．農業産出額は暦年（1～12月）．肉用牛には子取り用雌牛を含む．

b. 都道府県計画

 都道府県知事は，基本方針と調和をとりつつ，生乳の生産数量の目標ならびに乳牛および肉用牛の飼養頭数の目標，②酪農・肉用牛経営方式の指標などを定めた都道府県計画を作成することができる．

c. 市町村計画

 市町村長は，乳牛または肉用牛の飼養頭数および飼養密度，農用地等の利用に関する条件などが農林水産省令で定める一定の要件を満たす場合には，都道府県計画との調和を図りつつ，市町村計画を作成することができる．

C. 経営改善計画と長期・低利融資

 市町村計画を作成した市町村長は，酪農または肉用牛経営を営む者が作成した経営改善計画が，市町村計画に照らし適切なものであることなど一定の基準に適合すると認めるときは申請に基づき認定し，日本政策金融公庫などは，認定を受けた者に対して，申請に基づき当該計画の実施のために必要な資金の貸付を行うものとされている．

D. 集約酪農地域制度

 農林水産大臣は，生乳の濃密生産団地として形成することが必要と認められる地域を，都道府県知事の申請に基づき，集約酪農地域として指定することができる．その際，都道府県知事は，乳牛の飼養頭数の増加や飼料の自給度の向上，集乳および乳業の合理化に関することなどを記載した集約酪農振興計画を定めることとされている．

E. 生乳などの取引について

 生乳などの販売に関する契約について，当事者は，書面により明らかにしたうえで，その写しを都道府県知事に提出しなければならない．また，都道府県知事は，生乳などの取引に関する紛争に対してあっせんまたは調停を行うものとされている．

F. 牛乳乳製品の消費増進措置

 国は，牛乳乳製品の消費の増進を図ることにより酪農の健全な発達に資するため，国内産の牛乳乳製品を学校給食の用に供することを促進するとともに，文部科学大臣との協議のうえ，国内産の牛乳の学校給食に対する供給に関する目標を定め，公表しなければならないものとされている．

11.1.3 家畜改良増殖法

（昭和25年5月27日法律第209号，平成26年6月13日法律第69号最終改正）

A. 目的

 本法は，①家畜の改良増殖を計画的に行うための措置，②優良な種畜の確保に関する制度，③家畜人工授精および家畜受精卵移植に関する規制，④家畜の登録に関する制度，の4本の柱から構成されており，このような制度を通して家畜の改良増殖を促進することにより，畜産の振興を図り，併せて農業経営の改善に資することを目的としている．

B. 家畜改良増殖目標

 畜産振興の基礎である家畜の改良増殖を計画的・効率的に推進するため，農林水産大臣は，おおむね5年ごとに，その後の10年間を対象に，牛，馬，豚などの畜種ごとに，能力・体型および頭数などについての向上の目標を定めることとされている．

 また，都道府県知事は家畜改良増殖目標に即して当該都道府県における家畜の改良増殖に関する計画（家畜改良増殖計画）を定めることができる．この家畜改良増殖計画には，①家畜の改良増殖の目標，②計画の期間，③優良雄畜および供卵牛の配置，利用および更新に関する事項，④家畜の能力検定の実施および改善に関する事項，⑤家畜改良増殖技術の改良および普及に関する事項などを定めることとされている．なお，都道府県知事が家畜改良増殖計画を定めた場合，国は，当該家畜改良増殖計画の実施に必要な援助を行うよう努めることとされている．

C. 種畜検査

 種畜として的確なものを選定・確保し，適

正な利用を図るため，家畜の雄（牛，馬および家畜人工授精用の豚が対象）は農林水産大臣が毎年定期的に行う種畜検査（定期種畜検査）を受けなければならない．

種畜検査は，伝染性・遺伝性疾患および繁殖機能障害についての衛生検査と血統・能力・体型による等級判定からなり，これに合格し，種畜証明書の交付を受けたものでなければ種付けまたは家畜人工授精用精液の採取の用に供することは，原則としてできないこととされている．

また，年度途中に種畜として海外から輸入される雄畜については農林水産大臣が，また幼齢・移動などで定期種畜検査を受検できなかった雄畜については都道府県知事が行う臨時種畜検査を受けることができる．

D. 家畜人工授精

家畜人工授精は，牛，馬，めん羊，山羊または豚の雄から精液を採取・処理し雌に注入する技術であり，本法において，①獣医師または家畜人工授精師でなければ家畜人工授精を行ってはならないこと，②家畜人工授精用精液の採取・処理は，家畜人工授精所などにおいて行わなければならないこと，③家畜人工授精用精液を採取した獣医師または家畜人工授精師は，速やかにこれを検査し，容器に収め封を施し，家畜人工授精用精液証明書を添付しなければならないことなどの規制が定められている．

E. 家畜体内受精卵移植

家畜体内受精卵移植は，牛その他政令で定める家畜の雌から受精卵を採取・処理し雌に移植する技術であり，本法において，①伝染性・遺伝性疾患を有しないことについての獣医師の診断書の交付を受けたものでなければ家畜体内受精卵の採取の用に供してはならないこと，②獣医師でなければ家畜体内受精卵の採取・処理を行ってはならないこと，③家畜体内受精卵の処理は家畜人工授精所などにおいて行わなければならないこと，④家畜体内受精卵を採取した獣医師は，速やかにこれを検査し，容器に収め封を施し，家畜体内受精卵証明書を添付しなければならないことなどの規制が定められている．

F. 家畜体外受精卵移植

家畜体外受精卵移植は，牛その他政令で定める家畜の雌またはその屠体から採取した卵巣から未受精卵を採取・処理し，体外受精を行い，これにより生じた受精卵を処理し雌に移植する技術であり，本法において，①家畜卵巣を採取する者において，伝染性・遺伝性疾患を有しないことについての獣医師の診断書の交付を受けたものであることを確認しなければ家畜卵巣の採取の用に供してはならないこと，②獣医師または家畜人工授精師でなければ雌の家畜の屠体から家畜卵巣を採取してはならない（生体からの家畜卵巣の採取は獣医師に限定される）こと，③獣医師または家畜人工授精師でなければ家畜未受精卵の採取・処理，家畜体外受精，家畜体外受精卵の処理・移植を行ってはならないこと，④家畜未受精卵の採取・処理，家畜体外授精または家畜体外受精卵の処理は，家畜人工授精所などにおいて行わなければならないこと，⑤家畜卵巣を採取した獣医師または家畜人工授精師は，その家畜卵巣から家畜未受精卵を採取・処理し家畜体外授精を行ったのち，これにより生じた家畜体外受精卵を検査し，容器に収め封を施し，家畜体外受精卵証明書を添付しなければならないことなどの規制が定められている．

G. 家畜登録事業

家畜登録事業は，家畜の血統，能力または体型について審査を行い，一定の基準に適合するものを登録する事業である．

これを行おうとする者は，事業の実施に関する家畜登録規程を定め，農林水産大臣の承認を受けなければならないとされている．

なお，登録規程においては，①登録する家畜の種類，②登録の種類および方法，③審査

の基準に関する事項，④登録手数料に関する事項，⑤家畜登録簿に関する事項を定めることとされている．

11.1.4　養鶏振興法
（昭和35年4月1日法律第49号，平成16年6月2日法律第76号最終改正）

A. 目的
本法は，養鶏の振興を図り，農家経済の安定と国民の食生活の改善に資することを目的として，優良な資質を備える鶏の普及のための制度および養鶏経営の改善の措置などを定めることとしている．

B. 標準鶏と標準鶏由来の種卵および雛に関する表示
優良品種の鶏の普及を奨励するため標準鶏の認定制度を設け，標準鶏由来の種卵および雛について，種鶏業者や孵化業者がその旨の表示を附すことができるように定めている．これにより，養鶏農家が優良な資質を備える雛を容易に識別して購入できるようにしている．現在までのところ，標準鶏の対象種として単冠白色レグホーン種や横はんプリマスロック種など計6品種が定められている．

C. 種鶏業者と孵化業者の施設整備
種鶏業者は，鶏が伝染性疾病にかからないようにするため，飼養施設に消毒用施設の整備が求められている．また孵化業者は，孵卵舎の清掃を容易にし衛生的な管理が可能となるよう床面をコンクリート敷または板敷とするなどの施設整備が求められている．

D. 孵化業者の登録
養鶏農家が雛を購入する際の参考となるよう，孵化業者の所有している施設が一定の基準に適合していることや，孵化について十分な経験を有する技術者がいるなどの要件を満たした場合，孵化業者は都道府県知事の登録を受けることができる．

E. 国および都道府県の措置
国および都道府県は，優良な種鶏を生産する施設の整備や優良種鶏の確保等の措置を講じるとともにその適切かつ効率的な配布に努めることが求められている．また，種鶏業者および孵化業者の施設の取得・改良などに要する資金の融通のあっせんができることなどが定められている．

11.1.5　畜産物の価格安定に関する法律
（昭和36年11月1日法律第183号，平成14年12月4日法律第126号最終改正）

A. 沿革
本法は，主要な畜産物の価格安定を図ることにより，畜産およびその関連産業の健全な発達を促進し，併せて国民の食生活の改善に資することを目的としている．

畜産物の価格安定や需給調整に関する施策は，本法の制定以前にも，主として牛乳乳製品についてはある程度存在していた．例えば1957年頃の乳価下落時には，閣議了解に基づきさまざまな応急措置が講ぜられ，1959年には『酪農振興法』の改正により生乳取引契約の整備などが行われた．しかし，これらの措置はいずれも緊急対策的色彩が強かったことから，恒久的な価格安定制度の確立が各方面から要請されていた．

こうしたなか，1961年に『畜産物の価格安定に関する法律』が成立し，畜産振興事業団（現(独)農畜産業振興機構）を通じて畜産物の価格安定操作が行われることとなった．なお，同年には農業基本法がすでに成立しており，本法は基本法関連法律とよばれる多くの法律のひとつとして，農業基本法の規定する政策理念に対して具体的な裏づけを与えるものとして制定された．

その後，数次の改正が行われ，1962年には国内産牛乳を学校給食の用に供する事業などが，1966年には輸入牛肉の買入れ，売渡しが，それぞれ畜産振興事業団の業務として追加された．

ところで，指定食肉の価格安定制度は，当

初は豚肉についてのみ発足した．これは，いわゆるピッグサイクルとよばれる価格の周期変動が存在するためである．この変動は，豚の繁殖力が旺盛であること，豚肉価格に対する供給の弾力性が大きいことおよび需要に対する豚肉生産の反応に時間的なずれがあることなどに起因すると考えられており，おおむね4～5年を周期とし，その価格の変動幅は非常に大きいものがあった．こうした価格変動を防止することによって，養豚経営や消費者に与える悪影響を緩和するため，価格安定制度が設けられたわけである．

これに対し，牛肉価格は比較的安定的に推移していたことから，畜産振興事業団による輸入牛肉の買入れおよび売渡しのみによって価格の安定を図ってきた．しかし，1972年以降，オイルショックなどに伴い牛肉価格が乱高下した際，輸入調整による価格安定制度は不十分であることが明白となった．こうして1975年には牛肉についても指定食肉制度が発足した．

その後，1991年からの牛肉の輸入数量制限の廃止に備え，1988年には同事業団による輸入牛肉の買入れなどが廃止され，同時に主要な畜産物に関する情報の収集などの業務が追加された．また，1996年には行政改革の一環として，畜産振興事業団と蚕糸砂糖類価格安定事業団を統合して農畜産業振興事業団が設置された．さらに2001年に閣議決定された特殊法人等整理合理化計画に基づき，2003年に農畜産業振興事業団と野菜供給安定基金を統合して㈵農畜産業振興機構が設置され，現在に至っている．なお，1965年以降，『加工原料乳生産者補給金等暫定措置法』（以下，「暫定措置法」）により，原料乳および指定乳製品については本法の大部分の適用が停止されているところである．

B．対象畜産物

原料乳および指定乳製品については，農林水産省令で定める規格に該当するものが本法の対象となる（ただし前述のとおり，原料乳および指定乳製品については本法の大部分の適用が『暫定措置法』によって停止されている）．また指定食肉については，豚肉および牛肉であって農林水産省令で定める規格に適合するものが本法の対象となる．なお，鶏卵については価格安定制度の対象とはなっていないものの，生産者団体による自主調整措置（後述）の対象となっている．

C．牛乳乳製品および指定食肉の価格安定

農林水産大臣は，毎会計年度の開始前に，あらかじめ食料・農業・農村政策審議会の意見を聴いたうえで，①原料乳および指定食肉の安定基準価格，②指定乳製品の安定下位価格，③指定乳製品および指定食肉の安定上位価格を定めるものとされている．なお，原料乳および指定乳製品については，前述したとおり，暫定措置法により本規定の適用が停止されていることから，次の指定食肉についてのみ説明する．

ここで安定基準価格とは，指定食肉の価格がその価格を下回って低落することを防ぐために定められるものであり，一方，安定上位価格とは，指定食肉の価格がその価格を超えて騰貴することを防ぐために定められるものである．すなわち，指定食肉の価格安定制度とは，指定食肉の価格をこれらの安定価格帯の範囲内に保つ制度となっている．そして，この制度を担保するため，次に説明するさまざまな措置が規定されている．

D．農畜産業振興機構による指定食肉の買入れおよび売渡し

農畜産業振興機構は，中央卸売市場において，安定基準価格で指定食肉を買い入れることができる．また，生産者団体（農協または農協連合会）の申込みにより，中央卸売市場以外の場所において，安定基準価格を基準として政令で定めるところにより算出される価格で，指定食肉を買い入れることができる．

農畜産業振興機構は，指定食肉の価格が安

定上位価格を超えて騰貴するおそれがあると認められる場合には，指定食肉を中央卸売市場において売り渡すものとされており，原則として一般競争入札によって行われる．

2016年2月の環太平洋パートナーシップ協定（TPP協定）の締結に伴い，肉用牛肥育経営および養豚経営の安定のため，本法の改正が行われ，肉用牛・肉豚の販売価格が標準的な生産費を下回った場合には，農畜産業振興機構がその差額を補補填する交金金制度が法制化された（施行はTPPが効力を生ずる日）．

E. 生産者団体による自主調整措置

生産者団体は，指定食肉の価格が著しく低落し，または低落するおそれがあると認められる場合は，その価格を維持することを目的として，指定食肉の保管・販売に関する計画を定め，農林水産大臣の認定を受けることができる．こうした計画の実施に要する費用につき，農畜産業振興機構は必要な助成をすることができる．

F. 鶏卵の価格安定

指定食肉と異なり，鶏卵については農畜産業振興機構による価格安定制度が設けられていないものの，生産者団体による自主調整措置が設けられている．具体的には，生産者団体は，鶏卵の価格が著しく低落し，または低落するおそれがあると認められる場合は，その価格を維持することを目的として，指定食肉の保管・販売に関する計画を定め，農林水産大臣の認定を受けることができる．また，こうした計画の実施に要する費用につき，農畜産業振興機構は必要な助成をすることができる．

G. 農畜産業振興機構

農畜産業振興機構は，本法さらには後述する暫定措置法や『肉用子牛生産安定等特別措置法』などにおいて重要な役割を果たしている．ここでは，農畜産業振興機構の目的および機能について概説する．

農畜産業振興機構は既述したとおり，1996年に畜産振興事業団が蚕糸砂糖類価格安定事業団と統合し，さらに2003年に野菜供給安定基金と統合して成立した独立行政法人であることから，その果たす機能は多岐にわたっている．このうち畜産分野に限っていえば，その目的は，主要な畜産物の安定に必要な業務を行うとともに，畜産業の価格の振興に資するための事業についてその経費を補助する業務を行い，もって畜産業の健全な発展ならびに国民消費生活の安定に寄与することとされている．

また，その具体的な業務内容は，①畜産物の価格安定に必要な業務を行うこと，②国内産の牛乳を学校給食の用に供する事業に対してその経費を補助し，畜産業の振興に資するための事業であって農林水産省令で定めるものについてその経費を補助すること，③畜産物などに関する情報を収集し，整理し，および提供することとされている．

このほか暫定措置法において，①加工原料乳についての生産者補給交付金の交付，②指定乳製品などの輸入，③当該業務に係る指定乳製品等の買入れ，交換および売渡しなどの業務を，また『肉用子牛生産安定等特別措置法』において，肉用子牛についての生産者補給交付金の交付などの業務を行うこととされている．

11.1.6 加工原料乳生産者補給金等暫定措置法

（昭和40年6月2日法律第112号，平成26年6月13日法律第67号最終改正）

A. 本法制定の背景と目的

日本の酪農は1950年代に入り，牛乳・乳製品に対する需要の増大を背景にめざましい発展を遂げた．しかしながら，1960年代半ばには，生乳生産が増加しつづけていた一方，飲用需要の伸びが鈍化しはじめたことから，生乳需給が緩和し，乳製品在庫の増加，乳製

品価格の低落となって現れた．

こうした需給状況から，生乳価格の引下げを求める乳業者と，生産者の間で乳価紛争が頻発するなど『畜産物の価格安定等に関する法律』（現『畜産物の価格安定に関する法律』）に基づく牛乳乳製品価格安定制度の効果が疑問視され，抜本的な酪農対策の構築が求められるに至った．

この制度とは，農林水産大臣が生乳の再生産の確保を旨とした安定基準価格を定め，乳業者がこれを下回る価格で原料乳を買い入れる，または買い入れるおそれがある場合は，買入価格引き上げの勧告を行うとともに，指定乳製品（バター，脱脂粉乳など）についても安定価格帯を定め，これを指標に畜産振興事業団が買い入れ・売渡しを行うものであった．このころには，原料乳の安定基準価格を生乳の生産コストに見合う水準に設定しようとすれば，指定乳製品の安定価格帯は高水準にならざるをえず，消費の減退と乳製品価格低落により畜産振興事業団は常時乳製品買入れを余儀なくされ，放出の機会がないままデッドストックが累積していくといった矛盾が生じてきた．

本法は，以上のような事態を踏まえ，牛乳乳製品の需要の動向と生乳の生産事情の変化に対処し，日本の酪農・乳業の合理化が一定水準に達するまでの当分の間，畜産振興事業団に，①生乳生産者団体に対する加工原料乳に係る生産者補給交付金の交付，②一元的な乳製品輸入，③②の業務に係る買入れ・交換・保管・売渡しの3つの業務を行わせることにより，生乳の価格形成の合理化と牛乳乳製品の価格の安定を図り，酪農および関連産業の健全な発展と国民の食生活の改善に資することを目的に1965年に制定された．

B．これまでの主な改正
a．1994年改正
1993年12月のガット・ウルグアイ・ラウンド農業合意によって，指定乳製品等（バター，脱脂粉乳など）についても，従来の輸入数量制限措置を関税化し，一定の関税相当量を支払いさえすれば誰でも自由に輸入できるしくみへ移行するとともに，畜産振興事業団によるカレントアクセス輸入（基準期間の輸入数量の維持）の実施などを国際的に約束することとなった．

これに伴い1994年に本法について，①畜産振興事業団による一元輸入規定の廃止，②民間輸入に係る指定乳製品等の買入れ・売渡し措置の導入，③カレントアクセスに係る指定乳製品等の輸入・売渡しに関する規程の整備などを内容とする改正が行われた．

b．2000年改正
1966年に本法が施行されて以降，生乳のうち相対的に取引条件が不利な加工原料乳について，製品である乳製品の価格から逆算して乳業メーカーが支払うことが可能な乳代と，生産費からみて加工原料乳地域（生産される生乳の相当部分が加工原料乳であると認められる地域）の生乳の再生産を確保していくのに必要と考えられる価格を政府が定め，これら行政価格の差額を生産者に対して補填してきた（不足払い）．

しかしながら，このしくみについては，加工原料乳の生産者に一定水準の手取りが確保される結果，生産者に販売価格の動向が伝わらず，生産者・生産者団体の生産・販売努力が促進されにくいものになっているとの問題が指摘されるようになった．

このような状況を踏まえ，需要動向に応じた加工原料乳の生産を推進するため，市場評価が生産者手取りに的確に反映されるよう，不足払い制度が見直されることとなった．具体的には，価格形成を市場実勢に委ねるため，①行政価格を廃止し，不足払い方式から生産費等の動向を基本に一定のルールに基づいて毎年度算定される補給金単価による助成方式への変更，②不足の需給変動などによる価格低落に対する新たな措置の導入などを内容と

する大幅な改正が 2000 年に行われた．

C．法律の内容
a．加工原料乳生産者補給金の交付
加工原料乳生産者補給金制度は，日本の酪農施策の根幹をなすものであるので，11.2.3 A に詳細を述べる．

b．指定乳製品等の輸入等
本法においては，国内における乳製品の価格安定，酪農・乳業の経営安定を図る観点から，①㈶農畜産業振興機構（以下，「機構」）による指定乳製品等のカレントアクセス輸入および価格高騰時の輸入，②機構以外の者が指定乳製品等を輸入する場合の機構による当該指定乳製品等の買入れ，売戻しに関する規程が置かれている．

ⅰ）機構による輸入
ガット・ウルグアイ・ラウンド農業合意によってカレントアクセス分として輸入が義務づけられた指定乳製品等については，機構に輸入品目，時期，数量の決定および輸入を行わせることとしている．これは低税率で輸入される乳製品がなんらの調整もなく国内に流通すれば，国内の乳製品の需給や価格の安定が図られなくなるおそれがあることなどによるものである．

また，主要乳製品の市況を一定水準で安定させることにより，消費の安定，酪農・乳業の安定に資するため，価格が著しく騰貴し，または騰貴するおそれがある場合には，機構は農林水産大臣の承認を受けて指定乳製品等を輸入することができることとされている．

こうして輸入された指定乳製品等は，指定乳製品の価格および消費の安定を図るため一般競争入札により乳業者をはじめとする実需者に売り渡される．

ⅱ）機構以外の者の輸入に係る指定乳製品の機構による買入れ・売戻し
1994 年改正により，誰でも関税相当量さえ支払えば指定乳製品等が輸入できるようになったが，これらの者が支払う関税相当量の一部については，機構が当該乳製品を買い入れ，これに一定額を上乗せして売り戻すという方法で機構が徴収することとされた．

これは，関税相当量を支払って指定乳製品等が輸入されるようになった場合に予想される国内酪農・乳業への影響に対処するため，これにより得られる差益を機動的に加工原料乳生産者補給金や関連助成措置などにあてることができるようにするためである．

なお，飼料用や学校給食用の脱脂粉乳など特定の用途に使用されるものについては，指定乳製品の需給や価格の安定に悪影響を及ぼすおそれがないものとして関税割当の対象とされている．関税割当を受けてこれらを輸入する者は，当該特定用途以外にその指定乳製品等が使用されることとなった場合には，機構に売り渡し，および機構への売渡しを確保する旨の契約を輸入前に機構と締結することとなっている．

11.1.7　肉用子牛生産安定等特別措置法
（昭和 63 年 12 月 22 日法律第 98 号，平成 20 年 4 月 11 日法律第 12 号最終改正）

A．沿革および目的
日本の肉用牛生産は，1965 年半ば以降の経済の高度成長に伴う牛肉需要の増大などを背景として発展しつつ，国内生産だけでは需要をまかないきれない分については，牛肉の価格と需給の安定を図ることを踏まえ，輸入割当制度の下で畜産振興事業団（現　機構）が輸入牛肉の一元的な買入れ・売渡しを行ってきた．しかし，この輸入割当制度については，輸入数量制限をめぐる厳しい国際情勢や，日本の国際的立場も考慮のうえ，1988 年に日米・日豪間の協議を経て，1991 年からこれを撤廃し，関税を支払えば誰でも牛肉を自由に輸入できるものとされた．

この牛肉の輸入自由化により，国産牛肉の需給および価格に影響を及ぼし，日本の肉用

牛生産に重大な影響を与えると見込まれたため，輸入牛肉に対抗しうる価格水準で国産牛肉を供給できる生産体制を早急に整備していくことが求められた．しかし，内外価格差の実情，日本の国土条件の制約などからみて，ただちにこれを実現することはきわめて困難であり，放置すれば輸入牛肉の増大による国産牛肉価格の低下を要因とした肥育経営の経営悪化，これに伴う肥育経営のコストの相当部分を占める肉用子牛の買いたたきなどの事態が懸念された．

このため，そのような事態に対し，肉用牛生産の基盤である肉用子牛生産の安定その他畜産の健全な発展を図り，農業経営の安定に資するため，機構に肉用子牛に対して補給金を交付する業務などを行わせるとともに，食肉にかかる畜産振興施策の実施のための財源に関する特別な措置を講ずることを目的に『肉用子牛生産安定等特別措置法』が制定された．

B. 肉用子牛生産者補給金制度

牛肉の輸入自由化は，国産牛肉価格の低下とこれに伴う肥育経営の経営悪化をもたらし，肥育農家はこれに対処するために肥育コストの低減といった経営の合理化や肉質の向上といった付加価値の向上などによる経営体質の強化が急務となった．その際，肥育コストの相当部分を占める肉用子牛価格にコスト削減分を転嫁する事態が想定された．

このため，肉用子牛生産安定等特別措置法において，肉用子牛の再生産を確保する観点の肉用子牛生産者補給金制度が設けられた．

当制度は，農林水産大臣が指定する家畜市場における肉用子牛の四半期ごとの平均売買価格が，農林水産大臣の定める保証基準価格を下回った場合に，都道府県肉用子牛価格安定基金協会（以下，「指定協会」）が生産者に対し，生産者補給金を交付することとし，その財源にあてるため，機構が指定協会に生産者補給交付金（ただし，保証基準価格と後述する合理化目標価格の差額を限度）を交付することとした．また，平均売買価格が農林水産大臣の定める合理化目標価格を下回った場合には，交付する生産者補給金の一部にあてるための積立金（以下，「生産者積立金」）の一部とするため，機構および都道府県は，指定協会に対し生産者積立助成金を交付することとした．

すなわち，平均売買価格が保証基準価格と合理化目標価格の間にある場合には，機構が交付する生産者補給交付金を財源として10割が支払われ，平均売買価格が合理化目標価格を下回った場合には，それらに加え，積立金からその差の9割が生産者補給金として支払われるしくみとなっている．

なお，①保証基準価格は，肉用子牛の生産条件・需給事情その他の経済事情を考慮し，肉用子牛の再生産を確保することを旨とし，②合理化目標価格は，牛肉の国際価格の動向，肉用牛の肥育に要する合理的な費用の額などからみて，肉用牛生産の健全な発展を図るため，肉用子牛生産の合理化によりその実現を図ることが必要な肉用子牛の生産費を基準として，それぞれ食料・農業・農村政策審議会畜産部会に諮問して定められている．なお，当制度の対象となる肉用子牛は，①6か月以上12か月齢未満で販売されたもの，②自家保留して12か月齢まで飼育したことを指定協会が確認したものとなっている．

11.1.8 家畜取引法

（昭和31年6月1日法律第123号，平成25年6月14日法律第44号最終改正）

A. 目的

本法の目的は，家畜市場における公正な取引と適正な価格形成を確保するため，必要最小限度の規制と地域家畜市場の再編整備を促進し，これにより家畜流通の円滑化を図り，畜産の振興に寄与することである．

主な内容は，①家畜市場の登録，②家畜市

場について一定の規制，③地域家畜市場の再編整備の推進になっている．

B．家畜市場の登録

本法でいう家畜市場は，「家畜取引のために開設される市場であって，つなぎ場と売場を設けて定期的または継続して開場されるもの」である．

また，家畜市場を開設して運営する場合は，その所在地を管轄する都道府県知事の登録を受けることが必要であり，登録基準は基本的に申告者の資力信用と当該市場の業務規程の適否である．

C．家畜市場についての規制

本法には，家畜市場の開設者と売買参加者に関する規制が定められている．

まず，開設者に関しては，①家畜取引が開始されるまでに，年齢，性別，家畜の血統，能力または経歴を証明する書類の有無，疾病の有無，体重を公表すること，②家畜市場の開場日における毎日の家畜取引の頭数と価格を開催日の翌日までに公表すること，③市場開場日には獣医師を配置し，取引当事者の要求に応じて獣医師の検査を行わせること，④年間の開場日数に応じた一定の基準に適合する構造の施設を設けること，⑤代金決済は開設者自らが行うこととなっている．

また，売買参加者に関しては，①代金決済は必ず開設者を経ること，②談合を禁止することとされている．

さらに家畜市場における家畜売買は，原則としてせり売りまたは入札の方法によることとされている．

D．地域家畜市場の再編整備

家畜市場は，一般的に取引規模が小さかったため購買に参加する者も少なくせり価格が上がらず，1頭あたりの手数料が高く設定されるなど生産者にとって不利な状況であったり，購買者にとっても多くの市場を巡回しなければ必要頭数を確保できないという問題があった．このため，家畜市場の整理統合を図り，一市場あたりの上場頭数の増加や多数の購買者の参加により適正価格の形成を推進することが必要であった．

家畜市場の再編整備を図るため本法では，①地域家畜市場の再編整備を行うことが畜産振興のために必要と認められる一定の地域を，当該地域家畜市場の開設者からの申請に基づいて「市場再編整備地域」として都道府県知事は指定することができ，②前記の申請をする地域家畜市場の開設者は，指定区域内の他のすべての地域家畜市場の開設者と協議のうえ，その同意を得て当該区域に係る市場再編整備計画を定め，これを申請書に添付しなければならないとされている．

なお，国および都道府県は，市場再編整備計画の円滑な実施を確保するため，市場開設者に対して，助言，指導，その他必要な援助を行うよう努めるものとされている．

11.1.9　家畜商法

（昭和24年6月10日法律第208号，平成17年7月26日法律第87号最終改正）

A．目的

本法の制定当時の状況としては，農家における家畜の生産は副業的なもので規模がきわめて小さいことから，取引は主に農家の庭先で行われ，かつ農家の家畜売買に関する知識が乏しく，不当な買いたたきを受けたり，代金決済にかかる争いが絶えないといった状況がみられた．このため，一部の悪質な業者を排除し，家畜商自体の資質向上と社会的信用の向上が強く求められていた．

本法は，このような状況を背景として，家畜商について免許，営業保証金の供託などの制度を実施して家畜商の業務の健全な運営を図り，家畜取引の公正を確保することを目的に制定された．

B．家畜商の免許と登録

家畜商の免許は，法定の資格要件を備えかつ欠格要件に該当しない者に対して，都道府

県知事から与えられるものである．

資格要件としては，①都道府県等が開催する家畜の取引の業務に関し必要な知識を修得させることを目的とする講習会の課程を修了した者，②家畜取引の業務に従事する使用人その他の従業者として前述の講習会の課程を終了した者を置くもののいずれかとされている．

また，欠格要件としては，①成年被後見人または被保佐人，②禁錮以上の刑に処せられ，または家畜商法，家畜伝染病予防法，家畜取引法に違反して罰金の刑に処せられ，その執行を終わった日または執行を受けないことが確定した日から2年を経過しない者，③家畜商の免許の取消しがあった日から2年を経過しない者などとなっており，該当する場合は免許は与えられない．

C. 家畜商の営業保証金

取引上の事故が起きた場合に備え，取引の相手方を保護し，その損害を補塡するため，営業保証金の供託制度が設けられている．この制度により，家畜商の責任に帰すべき事由によって相手方に損害が生じた場合には，家畜商に対する請求権が発生し，供託された営業保証金から支払いを受けることができることとされている．

D. 立入検査

都道府県知事は，本法の施行に必要な限度において，その職員に家畜商の事業所に立入り，帳簿書類を検査させることができるとされている．

11.1.10　飼料需給安定法

（昭和27年12月29日法律第356号，平成18年6月21日法律第90号最終改正）

A. 沿革および目的

本法制定当時は飼料の統制が外された直後で，しかも外貨不足という事態から十分な飼料の輸入が行われず，国内の飼料価格が不安定な状態であった．

このため，政府が輸入飼料の買入れ・保管・売渡しを計画的に行うことによって飼料の需要と価格の安定を図り，畜産の振興に寄与することを目的として本法が制定された．

B. 対象となる飼料

この制度の対象となる輸入飼料は，輸入に係る麦類，ふすま，とうもろこし，その他農林水産大臣が指定するものとされており，現在指定されているのは，大豆油かす，大豆，こうりゃん，脱脂粉乳，魚かす，魚粉である．

C. 飼料需給計画

農林水産大臣は，毎年，飼料需給計画を策定することとされている．これに基づき政府操作の必要数量（買入れ，売渡し，在庫数量）が決定されている．

なお，飼料のうち，とうもろこし等は輸入が自由化されており，現在飼料需給計画が策定されているのは，国家貿易を行っている飼料用麦（大麦・小麦）のみである．

D. 飼料用麦の買入れ・売渡し

飼料用麦については，2007年度からその全量を，国家貿易の枠内で，輸入業者と国内実需者があらかじめ結びついたSBS（売買同時契約）方式による買入れ，売渡しを実施している．

国家貿易による飼料用麦の輸入は無税となっているが，国は，その売渡しに際し，港湾諸経費などの最低限の必要経費のみを国内実需者から徴収している．

E. 飼料の需給ひっ迫時の特例

政府は国内の飼料需給がひっ迫し，その価格が著しく高騰した場合においてこれを安定させるため，特に必要があると認められるときには食料・農業・農村政策審議会に諮り，その所有にかかる小麦を売渡すに際し，その相手方に対し小麦から生産されるふすまの譲渡・使用につき地域・時期の指定や価格の制限などの条件を付すことができるとされている．

11.1.11　家畜伝染病予防法

（昭和26年5月31日法律第166号，平成26年6月13日法律第69号最終改正）

A．目的

　畜産の振興および畜産物の安定供給を図るうえで，家畜の伝染性疾病の国内への侵入を防止し，また，すでに日本に存在する疾病の発生を予防するとともに，万が一発生した際にはその蔓延を防止するために迅速かつ的確な防疫措置を講ずることが重要である．そのため本法は，家畜の伝染性疾病の発生を予防し，および蔓延を防止することにより畜産の振興を図ることを目的として1951年に制定された法律である．

　その後，畜産情勢の変化や家畜衛生の諸問題に対応して各種の改正が行われてきたが，特に2010年度の口蹄疫や高病原性鳥インフルエンザの発生を踏まえ，2011年4月に改正され，家畜伝染病の発生の予防，早期の通報，迅速な初動などに重点を置いた家畜防疫体制の強化が図られた．

　本法において家畜の伝染性疾病のうち，もっとも重要な疾病を「家畜伝染病」と，家畜伝染病に準ずる重要な疾病を「届出伝染病」とそれぞれ定め，これらを合わせて「監視伝染病」と総称している．

a．家畜伝染病

　家畜の伝染性疾病のうち28種類の疾病については，①経済的損失が非常に大きい，②伝播力が非常に強い，③予防・治療法がない，④人への影響が大きいという要件を満たすか否かを総合的に判断して家畜伝染病に指定されている．また，それぞれの家畜伝染病には対象家畜が定められており，その家畜についてのものだけを家畜伝染病としている．なお，家畜伝染病にかかっている家畜を「患畜」といい，患畜である疑いがある家畜を「疑似患畜」という．

b．届出伝染病

　家畜防疫行政上，家畜伝染病に準ずる重要な71種類の伝染性疾病を届出伝染病として農林水産省令で定め，その早期発見に努め，初動防疫の徹底を図るため，獣医師に対して届出義務を課している．

c．特定家畜伝染病防疫指針

　総合的に発生の予防および蔓延の防止のための措置を講ずる必要のある特定の家畜伝染病については，発生予防，発生時の初動措置などについて具体的かつ技術的な指針（特定家畜伝染病防疫指針）を定め，その指針に基づき，国，地方公共団体，関係機関などが連携して所要の措置を講ずることとしている．現在，口蹄疫，牛疫，牛肺疫，アフリカ豚コレラ，豚コレラ，高病原性鳥インフルエンザおよび低病原性鳥インフルエンザ，牛海綿状脳症について，それぞれ特定家畜伝染病防疫指針が公表されている．

B．家畜の伝染性疾病の発生の予防

　家畜防疫は，発生を未然に防ぐための措置と，発生に伴ってその蔓延を防止するための措置に大別される．発生予防の措置としては，家畜（牛・水牛・鹿・めん羊・山羊，豚・いのしし，鶏その他家禽，馬）の飼養に係る衛生管理の方法に関し家畜の所有者が遵守すべき基準（飼養衛生管理基準）が定められており，家畜の所有者はこれを遵守し，家畜の飼養に係る衛生管理を行わなければならないとされている．

C．家畜伝染病の蔓延の防止

a．患畜などの届出義務

　家畜伝染病が発生した際，その蔓延を防止するための防疫措置を迅速かつ効果的に実施するため，獣医師および家畜の所有者などはその発生に際し遅滞なく都道府県知事に届け出ることを義務づけられている．また，届出を受けた都道府県知事は，遅滞なくその旨を公示し，市町村長などに通報するとともに農林水産大臣に報告しなければならないとされている．

b. 一定の症状を示す家畜を発見した場合の届出

口蹄疫，高病原性鳥インフルエンザおよび低病原性鳥インフルエンザについては，早期に発見し通報するため，表11.3に示す家畜が指定された症状を呈していることを発見した獣医師または家畜の所有者は，遅滞なく，最寄りの家畜保健衛生所などに届け出ることが義務づけられている．

c. 屠殺の義務

家畜伝染病のなかで伝播力が強烈で家畜に及ぼす影響が特に大きい牛疫，牛肺疫，口蹄疫，豚コレラ，アフリカ豚コレラ，高病原性鳥インフルエンザおよび低病原性鳥インフルエンザの患畜等の所有者は，家畜防疫員の指示に従い，ただちにこれを殺さなければならないとされている．

D. 輸出入検疫など

外国から輸入される動物・畜産物などを介して動物の伝染性疾病が国内に侵入することを防止するほか，外国に動物の伝染性疾病を広げるおそれのない動物・畜産物などを輸出することによって日本の畜産振興に寄与しようとするため，空海港において輸出入される動物や畜産物を対象に動物検疫が行われている．また，人や物を介した動物の伝染病の病原体の侵入を防止する対策として，入国者に対する靴底消毒，検疫探知犬を活用した携帯品検査などが行われている．口蹄疫などの発生国・地域から入国する航空機や船舶においては，機内・船内アナウンスや質問票の配布により，海外で家畜の飼養施設に訪問した者および日本入国後に家畜に触れる予定のある旅客に対して，動物検疫所に立ち寄ることを案内し，必要に応じて手荷物の消毒や衛生指導が行われている．

E. 病原体の所持に関する措置

家畜の生産に対し大きな影響を及ぼす伝染性疾病の病原体について適切な管理を図るため，国内において家畜伝染病予防法施行規則で定められた病原体を所持する際には許可または届出が必要とされている．

表11.3 ● 一定の症状を示す家畜を発見した場合の届出

1. 牛・水牛・鹿・めん羊・山羊・豚・いのししの場合
次の①～③のいずれかの症状を呈していること

症　状	対象疾病
①次のいずれにも該当 ・39.0℃以上の発熱 ・泡沫性流涎，跛行，起立不能，泌乳量の大幅な低下または泌乳の停止 ・口腔内，鼻部，蹄部，乳頭などに水疱，糜爛，潰瘍など（鹿を除く）	口蹄疫
②同一の畜房内において，複数の家畜の口腔内，鼻部，蹄部，乳頭等に水疱，糜爛，潰瘍など	
③同一の畜房内において，半数以上の哺乳畜が当日および前日の2日間において死亡	

2. 鶏・あひる・うずら・きじ・だちょう・ほろほろ鳥・七面鳥の場合
次の①・②のいずれかの症状を呈していること

症　状	対象疾病
①同一の家禽舎内において，1日の家禽の死亡率が遡った21日間における平均の家禽の死亡率の2倍以上となること	高病原性鳥インフルエンザ
②薬事法で承認された動物用生物学的製剤を使用した場合，当該家禽にA型インフルエンザウイルスの抗原またはA型インフルエンザウイルスに対する抗体が確認されること	高病原性鳥インフルエンザまたは低病原性鳥インフルエンザ

11.1.12　牛海綿状脳症対策特別措置法
（平成14年6月14日法律第70号，平成15年7月16日法律第119号最終改正）

A．目的
　2001年9月，日本で初めて牛海綿状脳症（以下，「BSE」）が確認され，その後，消費者および畜産農家の間に混乱が広がり，食の安全・安心の確立に向けた政策の抜本的な改革にとりくむことが喫緊の課題とされた．そこで本法はBSEの発生を予防し，および蔓延を防止するための特別の措置を定めることにより，安全な牛肉を安定的に供給する体制を確立し，もって国民の健康の保護ならびに肉用牛生産および酪農，牛肉に係る製造，加工，流通および販売の事業，飲食店営業等の健全な発展を図ることを目的として制定された法律であり，日本におけるBSE対策の基本的指針となるものである．

B．牛の肉骨粉を原料とする飼料の使用の禁止
　本法により，牛の肉骨粉を原料または材料とする飼料は牛に使用してはならず，また，製造，販売，輸入してはならないとされている．

C．死亡した牛の届出および検査
　48か月齢以上の牛が死亡したときは，獣医師またはその所有者は都道府県にその旨を届け出なければならないとされている．また，その届出を受けた都道府県は当該牛についてBSEに係る検査をすることとされている．

D．屠畜場における検査
　屠畜場内で解体された厚生労働省関係牛海綿状脳症対策特別措置法施行規則で定められた月齢以上の牛の肉，内臓，血液，骨および皮は，都道府県等が行うBSEに係る検査を経た後でなければ，屠畜場外へ持ち出してはならないとされている．

11.1.13　獣医師法
（昭和24年6月1日法律第186号，平成25年12月13日法律第103号最終改正）

A．沿革
　現行の『獣医師法』は1949年に制定されて以来，獣医師国家試験の受験資格に関する制度について一部改正は行われたものの，実質的な改正は行われることなく経過してきた．しかしながら，獣医師をとりまく社会情勢や国民生活の様式は著しく変化し，それに伴い獣医師に対する国民のニーズはいっそう多様化，高度化し，多岐にわたる分野においてさまざまな役割を果たすことが求められるようになった．このような情勢の変化に対応するため，1992年に獣医師法は大幅に改正が行われ，資格法にふさわしい事項に特化された獣医師法と，獣医療を提供する体制の確保に関する内容とする獣医療法の2本立ての法体系となった．その後も獣医師法は他法令の改正などに伴い，診療簿および検案簿の保存期間などについて一部改正された．

B．総則
　獣医師は，飼育動物（一般に人が飼育する動物）に関する診療，飼育動物に関する保健衛生の指導，その他の獣医事（食鳥検査業務，家畜防疫業務など）を任務とすることで，動物に関する保健衛生の向上，畜産業の発達および公衆衛生の向上に寄与するものとされている．また，獣医師でないものは，獣医師またはこれにまぎらわしい名称を用いてはならないとされている．

C．獣医師の免許
　獣医師は，獣医師国家試験に合格し，農林水産省に備えた獣医師名簿に登録された者をさす．獣医師名簿に登録された者は，農林水産大臣の免許を受けたこととなり，獣医師免許証が交付される．
　未成年者，成年被後見人または被保佐人は獣医師免許を受けることはできず，心身の障害により獣医師の業務を適正に行うことがで

きない者として農林水産省令で定める者，麻薬中毒者，罰金以上の刑に処せられた者，獣医事に関する不正の行為があった者なども，獣医事審議会の意見を聴いたうえで免許を与えないことがある．

また，すでに免許を受けた者であっても，成年被後見人または被保佐人に該当することとなった場合は免許がとり消され，心身の障害により獣医師の業務を適正に行うことができない者として農林水産省令で定める者，麻薬中毒者，罰金以上の刑に処せられた者，獣医事に関する不正の行為があった者などのほか，正当な理由なく診療の求めに応じなかった者，獣医師法第22条に基づく届出を行わなかった者は，獣医事審議会の意見を聴いたうえで免許がとり消されるか，一定期間の業務停止が命じられることがある．

D. 獣医師国家試験

獣医事審議会は，農林水産大臣の監督のもと，飼育動物の診療を行ううえで必要とされる獣医学に関する知識および技能，獣医師として必要な公衆衛生に関する知識および技能について，毎年少なくとも1回，獣医師国家試験を行わなくてはならないとされている．

獣医師国家試験は，①学校教育法に基づく大学（短期大学を除く）において獣医学の正規の課程を修めて卒業した者，②外国の獣医学校を卒業し，または外国で獣医師の免許を得た者であって，獣医事審議会が①の者と同等以上の学力および技能を有すると認定した者，③外国の獣医学校を卒業し，または外国で獣医師免許を得た者のうち，②に該当する者を除く者で，獣医事審議会で獣医師国家試験予備試験を受けることが適当であるとの認定を受け，かつ獣医師国家試験予備試験に合格した者が受けることができる．

E. 臨床研修

獣医師免許を取得後，診療を業務とする獣医師は，大学の獣医学に関する学部もしくは学科の附属施設である診療施設または農林水産大臣の指定する診療施設において，6か月以上にわたる臨床研修を行うよう努めることとされている．

F. 診療業務の制限

畜産業の発達，公衆衛生の向上などの観点からの重要性，疾病の発生状況などを考慮し，公共の福祉を図る観点から必要性が高いと判断される，牛，馬，めん羊，山羊，豚，犬，猫，鶏，うずら，その他，獣医師が診療を行う必要があるものとして政令で定めるもの（オウム科，カエデチョウ科，アトリ科全種）の診療業務は，獣医師のみが行えることとされている．

G. 獣医師の義務

次のa～eのことが獣医師に対して義務づけられている．

a. 獣医師による診察・検案

獣医師が診断書や検案書の交付，飼育動物に対して劇毒薬，生物学的製剤，その他，農林水産省令で定める医薬品（要指示医薬品および使用規制対象医薬品）の処方・投与を行う場合，獣医師は自ら診察もしくは検案を行わなくてはならない．また，出生証明書もしくは死産証明書を交付する場合も，自ら出産に立ち会わなくてはならない．

b. 応召の義務

獣医師の任務の公共性から，診療を業務とする獣医師は，本人が重病であるなど正当な理由がある場合を除き，診療の求めに応じなければならない．また，診断書，検案書，出生証明書もしくは死産証明書の交付を求められた場合も，これに応じなければならない．

c. 保健衛生の指導

獣医師は，飼育動物の診療の際，飼育者に対して飼育動物に関する保健衛生の向上のための指導を行わなくてはならない．

d. 診療簿および検案簿の作成・保存

診療または検案を行った獣医師は，診療または検案に関する事項を遅滞なく記載し，牛，水牛，しか，めん羊および山羊の診療簿およ

び検案簿であれば8年間，その他の動物の診療簿および検案簿であれば3年間保存しなくてはならない．

e. 獣医師の住所などの届出

獣医師は2年ごとに，氏名，住所，職業の内容などを都道府県知事を経由して農林水産大臣に届け出なければならない．

H．獣医事審議会

獣医事審議会は，獣医師国家試験，臨床研修施設の指定に関する事項，獣医療を提供する体制の整備を図るための基本方針の策定に関する事項および獣医師・診療施設の広告事項の範囲に関する事項などについて調査審議を行うこととされている．委員の数は20名で，獣医師が組織する団体を代表する者，学識経験者で構成される．

11.1.14 獣医療法

（平成4年5月20日法律第46号，平成23年8月30日法律第105号最終改正）

A．沿革

1992年に『獣医療法』が制定される前は，適切な獣医療の確保のため『獣医師法』に基づいて診療施設を開設した者の届出を義務づけるとともに，獣医師の業務に関する広告についてその適正を確保するための措置を講ずることにより図られてきた．

しかしながら，産業動物獣医師の高齢化が進むなど獣医師の確保が困難な地域が発生し，畜産業への影響が懸念されるほか，X線装置の普及，診療施設整備の進展などに伴い，診療施設が一定の水準を満たし，かつそれについて適切な管理が行われることが要請され，さらに獣医師や診療施設の業務に関して適切な情報を飼育動物の飼育者に提供していくことが重要になってきている．

このような情勢の変化を踏まえ，飼育動物の診療施設の開設および管理に必要な事項ならびに獣医療を提供する体制の整備を図るために必要な事項を定めることなどにより，適切な獣医療の確保を図ることを目的として，1992年に資格法に特化した『獣医師法』と別に，新たに『獣医療法』が制定された．

B．診療施設の開設および管理

獣医療法における診療施設とは，獣医師が飼育動物（一般に人が飼育する動物）の診療の業務を行う施設をいう．診療施設を開設した者（以下，「開設者」）は，開設日から10日以内に都道府県知事に農林水産省令で定める事項を届け出なければならない．また，診療施設の休止，廃止または届出事項の変更があった場合も，開設者は休止，廃止または変更の事実があった日から10日以内に都道府県知事に届け出なければならない．

診療施設の構造設備については，飼育動物が逃げ出すことを防ぐ設備を設けるなど，農林水産省令に定める基準に適合しなければならない．また，診療施設の管理者は獣医師であり，診療施設の構造設備，医薬品等の管理，飼育動物の収容に関して農林水産省令に定める事項を遵守しなければならない．

診療施設を開設せずに，往診のみによって飼育動物の診療業務を行う獣医師や，往診のみによって獣医師に飼育動物の診療業務を行わせる者も，その住所を診療施設とみなして都道府県知事に届け出なければならない．また，農林水産省令で定める診療用機器などの管理者も獣医師であり，農林水産省令に定める事項を遵守しなければならない．

C．獣医療を提供する体制の整備

時代とともに変化していく獣医療の需要に的確に対応するため，国と都道府県は獣医療をとりまく事態を踏まえ，計画的に体制の整備を図ることとしている．

このことについて，農林水産大臣は獣医事審議会の意見を聴いたうえで獣医療を提供する体制の整備を図るための基本方針（以下，「基本方針」）を定めなければならず，都道府県はこの基本方針の内容に即し，獣医療を提供する体制の整備を図るための計画（以下，

「都道府県計画」）を定めることができるとされている．

1992年11月には，2000年度を目標年度とする基本方針が初めて公表され，2010年8月には2020年度を目標年度とする基本方針が公表されている．

また，都道府県計画に基づいて診療施設の整備を実施しようとする場合，都道府県知事に提出した診療施設整備計画が都道府県計画に照らして適切であり，かつ畜産業の振興に資するための診療施設の整備に係るものであるとの認定を受けることで，㈱日本政策金融公庫から長期かつ低利の貸付を受けることができるようになる．

D．広告の制限

獣医師もしくは獣医師以外の者であっても，獣医師または診療施設の業務に関する技能，療法または経歴に関する事項は広告してはならないとされている．ただし，技能，療法等に関する事項にもかかわらず，獣医師または診療施設の専門科目，獣医師の学位または称号，家畜体内受精卵の採取を行うこと，家畜防疫員であること，都道府県家畜畜産物衛生指導協会の指定獣医師であること，家畜共済などの嘱託獣医師または当該組合などの指定獣医師であることは広告しても差し支えないとされている．

11.1.15 医薬品，医療機器等の品質，有効性及び安全性の確保に関する法律

（昭和35年8月10日法律第145号，平成27年6月26日法律第50号）

A．目的

本法は略称を『薬機法』といい，その目的は，医薬品，医薬部外品および医療機器が，保健衛生において重要なものであることから，これらの品質，有効性および安全性の確保のために必要な規制を行い，国民および動物の保健衛生の向上を図ることである．

B．定義

「医薬品」とは，①日本薬局方に収められている物，②人または動物の疾病の診断，治療もしくは予防に使用されることが目的とされている物で，機械器具などでない物，③人または動物の身体の構造もしくは機能に影響を及ぼすことが目的とされている物で，機械器具などではない物である．例えば，「診断」ではツベルクリンやヨーニンなどの診断液，「治療」ではペニシリンなどの抗生物質など，「予防」ではニューカッスル病や狂犬病などのワクチン類がある．

「医薬部外品」とは，作用が緩和なもので機械器具などではない物である．例えば，口臭や体臭の防止，人または動物の保健のためにする，ねずみ，はえ，蚊，のみなどの駆除または防止を目的とする物である．ただし，医薬品として使用されることも目的とする物は除かれることになる．

「医療機器」とは，人または動物の疾病の診断，治療もしくは予防に使用され，人または動物の身体の構造もしくは機能に影響を及ぼすことが目的とされている物である．例えば，エックス線装置や医療用はさみなどがあり，薬事法施行令（昭和36年政令第11号）で定められている．

C．薬事・食品衛生審議会

薬事・食品衛生審議会は厚生労働省に置かれ，審議会には，薬事分科会および食品衛生分科会が設置されている．医薬品の承認など薬事法の規定による事項は，薬事分科会において処理される．

なお，薬事・食品衛生審議会に意見を聴かなければならない事項は，医薬品などの承認や基準の設定などである．

D．製造販売業，製造業および販売業

a．製造販売業

ⅰ）製造販売業の許可

製造販売とは，製造（他に委託して製造する場合を含み，他から委託を受けて製造を

する場合を含まない）をし，または輸入をした医薬品などを販売，賃貸または授与することをいう．

医薬品などの製造販売業を行うものは，医薬品などの種類に対応した区分ごとに農林水産省大臣の許可を受けなければ，医薬品などの製造販売をしてはならない．許可の要件は，①市販後安全対策の観点から，医薬品などの品質管理の方法（GQP）および製造販売後安全管理の方法（GVP）が一定の基準に適合していること，②申請者が必要な要件を満たしていることである．

ⅱ）製造販売承認

医薬品などの製造販売を行うには，その製造販売を行う品目ごとに農林水産大臣の承認を受けなければならない．承認の要件は，①申請者が製造販売業の許可を受けていること，②医薬品などを製造する製造所が製造業の許可を受けていること，③医薬品などが申請に係る効能・効果を有すること，④医薬品などの製造方法および品質管理の方法が一定の基準（GMPソフト）に適合していることである．

b．製造業

医薬品などの製造を行うものは，製造所ごとに農林水産大臣の許可を受けなければ，医薬品などを製造してはならない．許可の要件は，①製造所の構造設備が一定の基準（GMPハード）に適合していること，②申請者が製造販売業と同様に必要な要件を満たしていることである．

c．販売業

薬局開設者または販売業の許可を都道府県知事より受けたものでなければ，医薬品の販売，授与，販売または授与の目的で貯蔵もしくは陳列をしてはならない．ただし，製造販売業者がその製造などをした医薬品を製造販売業者，製造業者，薬局開設者または販売業者などに，製造業者がその製造した医薬品を製造販売業者または製造業者に，それぞれ販売，授与，販売または授与の目的で貯蔵もしくは陳列することは認められている．

高度管理医療機器の販売については，都道府県知事の許可が必要となっており，管理医療機器の販売については，都道府県への届出が必要となっている．一般医療機器および医薬部外品の販売については，特段の規制はない．

E．医薬品などの基準および検定・検査

保健衛生上特別の注意を要する医薬品については，製法，性状，品質，貯法などについて必要な基準を設けることができることになっており，動物用生物学的製剤基準や動物用抗生物質医薬品基準などがある．

動物用生物学的製剤は，農林水産省動物医薬品検査所での検定を受け，合格しなければ，販売，授与，販売または授与の目的で貯蔵もしくは陳列してはならない．ただし，ワクチンの高度な製造および管理制度であるシードロットシステムに基づいて製造されたワクチン（シードロット製剤）の一部については検定を実施せず，流通段階で収去した製品を検査し，検査結果が不適である場合は，回収，破棄することとなる．

動物用血液型判定用抗体については，農林水産省動物医薬品検査所での検査を受けることが命じられており，検査結果が不適である場合は，回収，破棄することとなる．検査は，最初の30ロットが対象であるが，製造販売承認などを受けた日から2年を超えた場合は除かれる．

F．医薬品のとり扱い

a．毒劇薬

医薬品のうち，急性毒性または慢性毒性の強いものや安全域の狭いものなどは，毒劇薬に指定される．毒劇薬は，毒薬は「毒」，劇薬は「劇」の表示をしなければならない．14歳未満のものには販売できない，貯蔵，陳列する場合は，他のものと区別し，施錠（毒薬に限る）して貯蔵，陳列しなければならないなどの規制がある．

b. 要指示医薬品

副作用を起こしやすいまたは耐性菌を発生しやすい医薬品については，農林水産大臣が要指示医薬品として指定している．医薬品の販売業者は，要指示医薬品を獣医師の処方せんの交付または指示を受けたもの以外に販売できない．

c. 使用規制対象医薬品

医薬品のうち適正に使用しなければ畜産物中に残留し，人の健康を損なうおそれのあるものについては，農林水産大臣が，使用できる対象動物，用法および用量，使用禁止期間などの基準を定めることができる．使用者はこの基準を遵守しなければならない．

なお，獣医師法（昭和24年法律第186号）において，毒劇薬，ワクチンなどの生物学的製剤，要指示医薬品，抗生物質などの使用規制対象医薬品の投与または処方については獣医師の診察が義務づけられている．

G. 許可業者以外の医薬品の製造・輸入の禁止

家畜の所有者の自主的な判断により製造・輸入した医薬品の使用によって，人の健康に悪影響を及ぼす畜産物が生産される事態を未然に防ぐために，①製造業の許可を受けた者以外の製造，②製造販売業の許可を受けた者以外の輸入は禁止されている．

ただし，試験研究の目的で使用するために製造または輸入する場合などは，例外的に製造または輸入の禁止措置の適用から除外されている．

H. 未承認医薬品の使用の禁止

「G. 許可業者以外の医薬品の製造・輸入の禁止」と同様の観点から，安全性の確認されていない未承認医薬品の使用を防ぐために，容器または被包に製造販売業者名などが記載されている医薬品以外の医薬品を食用動物に使用することは禁止されている．

ただし，試験研究の目的で医薬品を使用する場合などは，例外的に使用禁止措置の適用から除外されている．

11.1.16 飼料の安全性の確保及び品質の改善に関する法律

（昭和28年4月11日法律第35号，平成26年6月13日法律第69号最終改正）

A. 沿革および目的

本法は飼料や飼料添加物の製造等に関する規制，飼料の公定規格の設定およびこれによる検定等を行うことにより，飼料の安全性の確保と品質の改善を図り，公共の安全の確保と畜産物の生産の安定に寄与することを目的としている．

本法が制定された当時は戦後の食糧不足の時代が続いており，悪質な飼料が横行していたため消費者の飼料に対する不安が大きく，これを解消する必要があった．このため，ふすま，魚粉，油かすなどの飼料の検査や登録などを行い，その品質保全と公正な取引を確保することを目的として『飼料の品質改善に関する法律』として本法が成立した．

その後，1960年代半ば（昭和40年代）における畜産物の需要と生産の拡大に伴い，畜産経営の多頭化，集団化など飼養形態の変化が進み，飼料の種類，品質，給与の実態が大きく変化してきた．特に幼畜の損耗防止や飼料の品質低下防止のため，各種の飼料添加物の使用が急速に拡大し，農林水産廃棄物などの新飼料の出現頻度が高まってきた．

このため1975年に本法の大幅な改正が行われ，飼料添加物を新たに本法の規制対象に加えるとともに，飼料および飼料添加物（飼料等）の製造方法等の基準，規格の制定に関する規定，特定飼料等に関する規定および飼料製造管理者の設置に関する規定を追加したほか，題名も『飼料の安全性の確保及び品質の改善に関する法律』と改められた．また，畜産農家が飼料の栄養成分を正確に識別できるよう，表示制度も整備充実された．

1999年には地方分権の推進を図るため，

従来機関委任事務として整理されていた製造業者および輸入業者に対する安全性の確保に係る立入検査等の事務について農林水産大臣から都道府県知事への法定受託事務に移行され，また，それ以外の立入検査等の事務については自治事務として整理された．なお，都道府県知事がこれらの事務を行った際には，販売の禁止等農林水産大臣の権限行使の前提になるものであることから，農林水産大臣に報告することとされている．

2001年に日本でもBSE感染牛が発生し，その感染源として肉骨粉を含む飼料が強く疑われていた．このことを踏まえ，2002年には飼料等の流通・使用を把握するとともに，有害畜産物が生産されるおそれのある飼料等の流通を確実に防ぐため，飼料等の廃棄等の命令，飼料等の製造業者等の届出，飼料製造業者等が帳簿に記載すべき事項および保存期間ならびに飼料の使用者に対する立入検査等の規定の改正および追加が行われた．

2003年には，食の安全・安心の確保および公益法人改革の観点から，特定飼料等製造業者および規格設定飼料製造業者に対する登録制度の導入，登録検定制度への移行，指定飼料等の輸入の届出の義務づけ，有害飼料等の製造，輸入，販売および使用の禁止ならびに厚生労働大臣への公衆衛生の見地からの意見の聴取，その他所用の規定の追加および改正がなされた．

B. 定義

本法における「家畜等」とは，牛，めん羊，山羊，しか，豚，鶏，うずら，みつばちのほか，ぶり，まだい，こい，うなぎ，にじます，あゆ，ぎんざけなど全23種の養殖水産動物も含まれている．

また，飼料とは，これらの家畜等の栄養に供することを目的として使用されるもので，農家段階で使用されることとなるすべてのものが規制対象となる飼料とされている．

飼料添加物とは，①飼料の品質低下の防止（具体的には，飼料の酸化防止，カビ発生の防止，粘結剤，乳化剤など），②飼料の栄養成分その他の有効成分の補給（具体的には，ビタミン，ミネラル，アミノ酸などの補給），③飼料が含有している栄養成分の有効な利用の促進（抗生物質，合成抗菌剤，着香料，呈味料，酵素，乳酸菌など）という3つの用途に供することを目的として飼料に添加，混和，浸潤その他の方法によって用いられるもので，農林水産大臣が指定するものとされている．

C. 製造方法の基準および成分規格

本法でいう安全性の確保とは，①有害畜産物（家畜等の肉，乳その他の食用に供する生産物で人の健康を損なうおそれのあるもの）の生産の防止，②家畜に被害が生じることによる畜産物の生産阻害の防止を意味している．これを達成するために本法で農業資材審議会の意見を聴いて，農林水産大臣が飼料および飼料添加物の製造・使用・保存の方法・表示につき基準を定め，またはこれらの成分につき規格を定めることができるとしている．

また，当該基準に適合しない方法によって飼料等を販売の用に供するために製造し，または使用することを禁じている．

さらに，規格が定められた飼料および飼料添加物（以下，「飼料等」）のうち，その使用などが原因となって有害畜産物が生産され，または家畜に被害が生じることにより畜産物の生産が阻害されるおそれが特に強いものとして，落花生油かすと抗菌性物質製剤（農林水産大臣が指定したものを除く）については㈱農林水産消費安全技術センターの検定を受け合格したこと，または製造工程全般にわたり高度な製造・品質管理を行う能力のあるものとして農林水産大臣の登録を受けた特定飼料等製造業者が製造したことを示す表示を付して販売することが義務づけられている．

D. 有害物質を含む飼料等の販売の禁止

製造・販売などの過程で事故などにより有害物質が混入した飼料等や，使用の経験が少ないため有害でない旨の確証がない飼料等の使用が原因となって有害畜産物が生産され，または家畜に被害が生じて畜産物の生産が阻害されることを防止するため，農林水産大臣は農業資材審議会の意見を聴いて，製造業者，輸入業者または販売業者に対し，当該飼料等の製造などを禁止し，または使用者に対して当該飼料の使用を禁止することができる．

E. 有害な飼料等の廃棄等の命令

製造等の基準または成分規格等に適合しない飼料等または販売を禁止すべき飼料等を違法に販売した場合の対応措置として，農林水産大臣は必要な限度で当該製造業者，輸入業者または販売業者に対し，当該飼料等の廃棄回収など実害の発生を回避するために必要な措置命令をすることができる．

F. 有害物質が含まれる可能性のある輸入飼料等の届出

海外の生産地の異常気象などにより，一時的に有害物質が混入する可能性が生じ，飼料の成分規格などに違反する可能性のあるものについて，より厳重な監視を行い，このようなものをとり扱う事業者や畜産農家などにも注意を促す必要があるため，農林水産大臣が指定した飼料等を輸入しようとするときは，その旨を届け出なければならないこととされている．農林水産大臣はこの届出に基づき，当該輸入業者に対する報告徴取や立入検査などを実施し，その結果に基づいて，有害物質が含まれる可能性が高い場合などには製造の禁止などの手続きに移行することとなる．

G. 飼料製造管理者の設置義務

製造方法についての基準が定められた飼料等のうち，製造業者の側でも製造過程において特別の注意を払い，適正な管理を行うことが必要と考えられるものがあることから，一定の飼料等の製造業者に対し，その事業場ごとに一定の水準以上の知識経験を有する飼料製造管理者を置かせ，その製造を実地に管理させることとされている．

H. 公定規格

飼料の栄養成分に関する品質の改善を目的として，飼料の種類を指定して飼料中のタンパク質，脂肪などの含有率等の栄養成分に関し，必要な事項についての規格を農林水産大臣が定めることとしている（公定規格）．これが定められている飼料を規格設定飼料といい，農林水産大臣が登録した者または都道府県による検定を受けて公定規格に適合している場合，その旨を示す規格適合表示を付すことができる．また，製造・品質管理の方法などが一定の要件を満たす規格設定飼料の製造業者については，農林水産大臣の登録を受けたうえで自主検査を実施し，自ら規格適合表示を付して販売することができるとされている．

I. 品質に関する表示の基準

畜産農家が飼料の購入に際し，その栄養成分に関する品質をより正確に識別できるようにするため，大豆油かす，フェザーミール，肉骨粉，肉粉および血粉など品質格差の大きい単体飼料等につき，栄養成分量，使用原料の名称と一部原料の配合率などの表示が義務づけられている．

J. 厚生労働大臣との関係

基準および規格の設定をはじめとして，有害物質を含む飼料等の販売の禁止，有害な飼料等の廃棄などの命令を行う際には，厚生労働大臣に公衆衛生の見地から意見を聴かなければならないこととされている．また，厚生労働大臣は意見を述べるとともに，当該措置を要請することができることとされている．

11.1.17　愛がん動物用飼料の安全性の確保に関する法律

（平成 20 年 6 月 18 日法律第 83 号）

A．沿革および目的

本法は，愛玩動物用飼料の製造等に関する規制を行うことにより，愛玩動物用飼料の安全性の確保を図り，もって愛玩動物の健康を保護し，動物の愛護に寄与することを目的としている．

近年の愛玩動物の飼育数の増加に加え，2007 年 3 月には，アメリカにおいて，メラミンが混入した愛玩動物用飼料の使用が原因となり多数の犬および猫に健康被害が生じた．これらを契機に，既存の法律では規制の対象とならない愛玩動物用飼料の安全性を確保するための新法として本法が制定された．本法は農林水産省と環境省が共管している．

B．定義

本法における「愛玩動物」とは，愛玩することを目的として飼養されるもので，政令で犬および猫と定められている．また，「愛玩動物用飼料」とは，愛玩動物の栄養に供することを目的として使用されるものとされている．

C．愛玩動物用飼料の製造方法および表示の基準ならびに成分規格

本法では，農業資材審議会および中央環境審議会の意見を聴いて，農林水産大臣および環境大臣が，愛玩動物用飼料の製造の方法・表示につき基準を定め，または成分につき規格を定めることができることとしている．また，当該基準・規格に適合しない愛玩動物用飼料を製造，輸入または販売することを禁じている．

D．有害な物質を含む愛玩動物用飼料の製造等の禁止

愛玩動物用飼料の使用が原因となって愛玩動物の健康が害されることを防止するために必要があると認めるときは，基準または規格に定めるところによらず，農林水産大臣および環境大臣は，農業資材審議会および中央環境審議会の意見を聴いて，製造業者，輸入業者または販売業者に対し，当該愛玩動物用飼料の製造，輸入または販売を禁止することができる．

E．有害な物質を含む愛玩動物用飼料の廃棄等の命令

製造等の基準または成分規格に適合しない愛玩動物用飼料等を違法に販売した場合の対応措置として，農林水産大臣および環境大臣は，必要な限度で当該製造業者，輸入業者または販売業者に対し，当該愛玩動物用飼料の廃棄・回収など，実害の発生を回避するために必要な措置命令をすることができる．

F．製造業者等の届出および帳簿の備え付け

流通の起点である製造業者および輸入業者に関する情報を把握することで，安全性に問題のある愛玩動物用飼料が流通した場合に迅速な対応がとられるよう，これらの業者に届出義務を課している．

また，基準または規格が定められた愛玩動物用飼料の製造業者，輸入業者等は，製造，輸入または譲り渡しに関する事項を帳簿に記載し，これを保存（最終の記載から 2 年間）しなければならない．

G．報告の徴収および立入検査等

農林水産大臣または環境大臣は，愛玩動物用飼料の製造業者等に対して，報告の徴収および立入検査などを実施することができる．

11.1.18　家畜排せつ物の管理の適正化及び利用の促進に関する法律

（平成 11 年 7 月 28 日法律第 112 号，平成 23 年 8 月 30 日法律第 105 号最終改正）

A．沿革

家畜排泄物は，これまで畜産業から産出される資源として，農作物や飼料作物の生産に有効に利用されてきた．しかしながら，畜産経営の大規模化の進行，高齢化に伴う農作業の省力化などを背景として，家畜排泄物の資

源としての利用が困難となるとともに，いわゆる野積みや素掘りをはじめとする家畜排泄物の不適切な管理が多くみられるようになり，家畜排泄物の管理のあり方をめぐり，畜産農家と地域住民との間で問題が生じる事例が見受けられるようになった．

特に野積み・素掘りをめぐっては，河川への流出や地下水への浸透などの発生源となり，硝酸性窒素やクリプトスポリジウムによる人の健康への影響を招くおそれもあることから，早急にその解消を図る必要が生じている．また，環境問題に対する国民の意識が高まるなかで，家畜排泄物の適正な管理を確保し，堆肥利用を通じた農業の持続的発展に資する土づくりに積極的に活用するなど，資源としての有効利用をいっそう促進することが重要な課題となったことなどが背景となり，1999年7月に『家畜排せつ物の管理の適正化及び利用の促進に関する法律』（以下，『家畜排せつ物法』）が成立し，同年11月1日から施行された．

なお，本法のうち，後述する管理基準については5年間の猶予期間があり，2004年から施行されている．

B. 目的

畜産業を営む者による家畜排泄物の管理に関する事項を定めるとともに，家畜排泄物の処理の高度化を図るための施設の整備を計画的に促進する措置を講ずることにより，家畜排泄物の管理の適正化および利用の促進を図り，畜産業の健全な発展を進めることとされている．

C. 定義

本法では，家畜排泄物は，牛，豚，鶏および馬の排泄物として指定されているが，これらの家畜の糞尿だけではなく，堆肥，液肥，排泄物からの排汁，糞尿のメタン発酵残渣など，化学的分解や希釈を十分に受けておらず，環境負荷物質が糞尿に比べて大きく低減されていないものも含まれると解釈されている．

D. 管理基準

本法では，牛10頭，豚100頭，鶏2,000羽，馬10頭以上を飼養する畜産農家等は，家畜排泄物を堆肥舎などの管理施設で管理することと規定されている．

管理施設は，固形状の排泄物であれば，コンクリート等の汚水が浸透しない不浸透性の床で適当な覆いおよび側壁を設けること，液状の家畜排泄物であれば不浸透性の貯留槽とすることなど，構造的な基準を満たす必要があるが，必ずしも柱や屋根を備える必要はなく，ビニールハウスや防水シートなどを用いても基準を満たすことは可能である．また，管理施設は，定期的な点検，破損時の修繕，維持管理についても義務づけられている．このほか，家畜排泄物の年間の発生量，処理の方法および処理数量についても記録されなければならない．

E. 行政指導・処分・罰則

『家畜排せつ物法』は，管理基準の遵守を図るうえで，畜産農家による自発的な改善を誘導し，これを促すのに効果的な措置を段階的にとることを基本としている．

このため，都道府県知事が管理基準に違反している農家などに対する場合は，指導・助言というソフトな手段からはじめて，さらに必要な場合に勧告を行い，それでも改善措置がとられない場合に命令を行い，この命令に従わない場合に50万円以下の罰金というように，十分な手順を踏むこととされている．

F. 報告徴収，立入検査

都道府県知事は，行政指導・処分を行う場合において，必要に応じて畜産農家に報告を求めたり，職員に立入検査を行わせることができる．これらを忌避・妨害した場合には20万円以下の罰金が科せられる．

G. 利用の促進

本法では，家畜排泄物の利用の促進について，農林水産大臣が定める基本方針によって一定の基本的な方向が示され，基本方針に

沿ったかたちで都道府県計画が定められることとなっている．また，家畜排泄物の利用の促進に不可欠な施設整備については，都道府県計画に基づき認定を受けた畜産農家は，㈱日本政策金融公庫の低利・長期の融資を受けることができる．

H. 基本方針

農林水産大臣は，本法に基づき，家畜排泄物の利用の促進を図るための基本方針において，家畜排泄物の利用の促進に関する基本的な方向，処理高度化施設（送風装置や撹拌装置を備えた堆肥舎，メタン発酵槽，鶏糞ボイラー施設など）の整備に関する目標，家畜排泄物の利用促進に関する技術の向上などについて示すこととなっている．

平成11年11月に公表された当初の基本方針では，家畜排泄物は，日本農業の自然循環機能の維持増進を図る観点から，堆肥化を基本として有効利用していくことが重要であり，良質な堆肥の安定的な生産のために，処理施設の整備を推進することと位置づけ，また，このほか，低コストで効率的な家畜排泄物の処理・利用技術の研究開発，地域における指導・普及体制の整備，耕種農家と畜産農家との相互連携，自給飼料基盤の強化などについて基本的な考え方が示された．

基本方針は，畜産業をとりまく情勢の変化を踏まえて見直され，平成19年3月に公表された現在の基本方針については，耕畜連携の強化，ニーズに即した堆肥づくり，家畜排泄物のエネルギーとしての利用等の推進によりポイントをおいた内容となっている．

I. 都道府県計画

都道府県は，基本方針に即して，整備を行う処理高度化施設の内容やその他の処理高度化施設の整備に関する目標のほか，家畜排泄物の利用の目標や技術研修など家畜排泄物の利用の促進に関する技術の向上に関する事項について計画を定めることができるとされている．

J. 処理高度化施設整備計画と融資

畜産農家は，処理高度化施設を整備しようとする場合には，整備の内容および実施時期，必要な資金の額・調達方法などを示した処理高度化施設整備計画を策定し，都道府県知事に提出することができる．都道府県知事は，その高度化計画が，都道府県計画に照らし適切なものであるか，達成される見込みが確実であるかを審査し，高度化計画を認定する．この認定を受けた畜産農家は，㈱日本政策金融公庫から，処理高度化施設の整備を実施するために必要な長期・低利資金の貸付けを受けることができるとされている．

K. 研究開発

国および都道府県は，家畜排泄物の堆肥化，その他の利用の促進に必要な技術の向上を図るため，技術の研究開発を推進し，その成果の普及に努めることとされている．

11.1.19 牛の個体識別のための情報の管理及び伝達に関する特別措置法

（平成15年6月11日法律第72号）

A. 法制度の趣旨

2001年9月，日本で初めてBSEの発生が確認され，BSE感染牛の映像等のマスコミ報道もあり，国民の牛肉の安全性に対する信頼を大きく揺るがす事態となった．そのため政府は，このような事態に対処するため，①BSEの蔓延を防止するための措置を的確に実施し，②牛肉の安全性に対する信頼を確保する観点から，牛の個体識別情報を生産および流通段階で確実に伝達する制度として『牛の個体識別のための情報の管理及び伝達に関する特別措置法』を2003年6月に公布した．

これにより，日本で飼養されるすべての牛が個体識別番号によって情報が一元的に管理され，BSE患畜が発見された場合，同居牛，疑似患畜の特定が迅速に行われることが可能となるとともに，牛肉の生産情報を広く提供

することが可能となった．

B．制度の概要

本法は，大きく分けて，牛の個体ごとの出生から屠殺（または死亡）までの生産段階と，牛肉の流通段階からなる．

生産段階では，牛を管理する者が，牛1頭ごとに10桁の個体識別番号が印字された耳標を両耳に装着し，牛の管理者等の届出に基づき，個体識別番号ごとの牛の性別，種類に加え，出生から屠殺（または死亡）までの飼養地等の情報を国に届出，国は個体識別台帳にそれらの情報を一元的に管理することを義務づけ，求めに応じて公表し，透明性を確保している．

一方，牛肉の流通段階では，屠畜する者や牛肉を販売する業者や特定料理（後述）の提供を主たる事業とする者は，特定牛肉（後述）にその牛の個体識別番号を表示し，消費者まで牛の個体情報を伝達する．また，それらの牛肉の仕入れと販売状況を帳簿に記録することを併せて義務づけているため，小売店の精肉からと畜場の枝肉までさかのぼった追跡調査も可能となっている．

ここで特定牛肉とは，個体識別台帳に記録されている牛から得られた牛肉であって，枝肉や部分肉がこれに該当し，内臓や舌，小間切れ，ひき肉，牛肉を原材料とする製造・加工品や調理品は除外している．また，特定料理とは国産牛肉を材料とする焼肉，しゃぶしゃぶ，すき焼きおよびステーキである．

C．罰則等

a．生産段階

①牛の管理者等に対する耳標装着義務，②管理者および屠畜者等に対する出生，輸入，移動，屠畜等の届出義務，③すべての者に対する耳標のとり外し等の禁止，これらの違反に対する罰則がある．

b．流通段階

屠畜者，販売業者，特定料理提供業者に対する①個体識別番号の表示義務，②帳簿の備付義務，これらの違反に対する罰則がある．

c．立入検査等

以上の実施を確認するために，法により義務づけられた各段階の対象者に対し，農林水産大臣が立入検査等を行うこととしている．

11.1.20 動物の愛護及び管理に関する法律

（昭和48年10月1日法律第105号，平成26年5月30日法律第46号最終改正）

A．目的

本法は，動物の虐待および遺棄の防止，動物の適正なとり扱いその他動物の健康および安全の保持等の動物の愛護に関する事項を定めて国民の間に動物を愛護する気風を招来し，生命尊重，友愛および平和の情操の涵養に資するとともに，動物の管理に関する事項を定めて動物による人の生命，身体および財産に対する侵害ならびに生活環境の保全上の支障を防止し，もって人と動物の共生する社会の実現を図ることを目的としている．

B．適用対象動物

適用対象動物は，ペットといわれている家庭動物（愛玩動物）や動物園等で展示されている展示動物だけではなく，実験利用に供される実験動物，畜産利用に供される産業動物（畜産動物）も対象としている．

また本法は，基本原則として「動物が命あるものであることにかんがみ，何人も，動物をみだりに殺し，傷つけ，又は苦しめることのないようにするのみでなく，人と動物の共生に配慮しつつ，その習性を考慮して適正に取り扱うようにしなければならない（法第2条第1項）」と規定している．しかし，その対象動物（利用目的）によって，動物愛護の具体的な考え方は大きく異なる．家庭動物については「終生飼養」が基本となるのに対して，実験動物や産業動物等は致死的利用が中心となるために「苦痛の軽減等」に重点が置かれており，実験動物や産業動物に関しては

専ら理念法として機能するものと考えることもできる．

C．産業動物への適用

本法の各種措置を定めた規定ごとに動物種の対象範囲は異なっており，各種措置の目的等に応じて，その対象動物種は犬や猫に適用を限定した規定から，飼養動物一般に広く適用される規定までさまざまである．産業動物においては，主に基本原則（法第2条）および本法第7条第7項に基づき環境大臣が関係行政機関の長と協議して定めた動物の飼養および保管に関しよるべき基準のうちの「産業動物の飼養及び保管に関する基準」が適用され，飼養者は，生理，生態，習性等を理解し，かつ愛情をもって飼養するよう努めるとともに責任をもってこれを保管し，畜産動物による人の生命，身体または財産に対する侵害および人の生活環境の汚損を防止するよう努めることとされている．

D．罰則

愛護動物（産業動物を含む）をみだりに殺し，または傷つけた者は，2年以下の懲役または200万円以下の罰金に処することとされている．

また，みだりに給餌もしくは給水をやめ，酷使し，またはその健康および安全を保持することが困難な場所に拘束することにより衰弱させること，自己の飼養し，または保管する愛護動物であって疾病にかかり，または負傷したものの適切な保護を行わないこと，排泄物の堆積した施設または他の愛護動物の死体が放置された施設であって自己の管理するものにおいて飼養し，または保管することその他の虐待を行った者，遺棄した者は100万円以下の罰金に処することとされている．

11.1.21　養蜂振興法

（昭和30年8月27日法律第180号，平成24年6月27日法律第45号最終改正）

A．沿革

蜂群の配置を適正にする等の措置を講じて，蜂蜜，蜜ろう等の蜜蜂による生産物の増産を図り，併せて農作物等の花粉受精の効率化に資するため，1955年に議員立法により制定された．養蜂業者に対し，住所地の知事への養蜂の届出を義務づけるとともに，他の都道府県へ転飼する場合の許可制を定めるほか，蜜源植物の保護増殖，蜂蜜の販売業者の表示義務，養蜂業者に対する助成等について規定している．蜜源植物の状況に応じ，養蜂業者が所有する蜂群の均衡のとれた配置を地域の実情に精通する都道府県が行うことで，有限である蜜源を最大限有効活用し，養蜂振興を図ることを目的としている．

B．改正のポイント

趣味養蜂家の増加等を背景に，蜂群配置の調整や蜜蜂の飼養管理技術の普及が課題となっていることから，2012年6月に議員立法により一部改正が行われた．これにより，養蜂業者に課されている養蜂の届出の義務を養蜂業者のほか蜜蜂の飼育を行う者にも課す，届出義務対象者の拡大，蜜蜂の適正管理，都道府県の指導強化や国・地方公共団体による蜜源増殖などが新たに盛り込まれた．

C．法律の概要

都道府県は，当該都道府県の区域における蜂群配置の適正および防疫の迅速かつ的確な実施を図るため，蜜蜂の飼育の状況および蜜源の状態の把握，蜂群配置にかかる調整，転飼の管理その他の必要な措置を講ずるものとする．国および地方公共団体は，蜜源植物の病害虫の防除および蜜源植物の増殖にかかる活動への支援，その他の蜜源植物の保護および増殖に関し必要な施策を講ずるものとする．蜜蜂の飼育を行うものは，衛生的な飼養管理を行うなど蜜蜂の適切な管理に努めるものとする．法律の施行に必要な限度において，都道府県は養蜂業者に対する報告聴取および立入検査を行うこと，規定に違反した場合に

は罰金および過料に処することが規定されている．

11.2 畜産制度・施策

11.2.1 世界の畜産の現状
【世界の家畜生産と貿易】
A. 家畜生産動向
a. 肉牛・牛肉

世界の牛飼養頭数は，米国農務省海外農業局（USDA/FAS）によると，2010年ベースで10億1000万頭となる．国別でみると，世界でもっとも飼養頭数が多いのは，インド3億1640万頭（世界の飼養頭数に占める割合31.3%）で，次いでブラジルの1億8516万頭（同18.3%），中国1億543万頭（同10.4%），アメリカ9388万頭（同9.3%），アルゼンチン4906万頭（4.9%）と上位5か国で，世界の飼養頭数に占める割合が74.3%となる．また，地域別でみると，南アジア地域3億1640万頭に続き，南アメリカ2億8999万頭（同28.7%），北アメリカ1億2874万頭（同13.4%），東アジア地域1億1289万頭（同11.2%）となる．

生産量（枝肉ベース）は，全体で5729万tとなる．国別でみると，アメリカ1205万t（世界の生産量に占める割合21.0%），次いでブラジル912万t（同15.9%），中国560万t（同9.8%），インド284万t（同5.0%），アルゼンチン262万t（同4.6%）となる．また，地域別でみると，北アメリカ1506万t（同27.1%），南アメリカ1437万t（同25.1%），欧州（EU-27）805万t（同14.0%），東アジア地域638万t（同11.1%），南アジア地域431万t（同7.5%）となる．

輸出量（枝肉ベース）は，全体で784万tとなる．国別でみるとブラジル156万t（世界の輸出量に占める割合19.9%），オーストラリア137万t（同17.5%），アメリカ104万t（同13.3%），インド92万t（同11.7%），ニュージーランド53万t（同6.8%）となる．また，地域別でみると，南アメリカ249万t（同30.2%），オセアニア190万t（同26.2%），北アメリカ167万t（同23.0%）となる．

b. 肉豚・豚肉

世界の豚飼養頭数は7億9323万頭となる．国別でみると，中国4億6996万頭（世界の飼養頭数に占める割合59.2%），次いでアメリカ6489万頭（同8.2%），ブラジル3512万頭（同4.4%），ロシア1724万頭（2.2%），カナダ1247万頭（同1.6%）となる．

生産量（枝肉ベース）は全体で1億293万tとなる．国別でみると，中国5107万t（世界の生産量に占める割合49.6%），次いでアメリカ1019万t（同9.9%），ブラジル320万t（同3.1%）となる．また，地域別でみると，東アジア地域5462万t（同53.1%），次いで欧州（EU-27）2257万t（同21.9%），北アメリカ1313万t（同12.8%）となる．

輸出量（枝肉ベース）は全体で608万tとなる．国別でみると，アメリカ192万t（世界の輸出量に占める割合31.5%），次いでカナダ116万t（同19.1%），ブラジル62万t（同10.2%）となる．地域別でみると，北アメリカ315万t（同51.8%），欧州（EU-27）176万t（同28.9%）となる．

c. 鶏肉

生産量（可食処理ベース（骨付き））は全体で7787万tとなる．国別でみると，アメリカ1656万t（世界の生産量に占める割合21.3%），次いで中国1255万t（同16.1%），ブラジル1231万t（同15.8%），メキシコ282万t（同3.6%），インド265万t（同3.4%）となる．また，地域別でみると，北アメリカ2041万t（同26.2%），次いで南アメリカ1619万t（同20.8%），東アジア地域1506万t（同19.3%），欧州（EU-27）920万t（同11.8%）となる（表11.4）．

表 11.4.A ● 主要国の畜産物概況

品目別概況

肉牛・牛肉（2010年）

地域名（国名）	牛飼養頭数（千頭）	生産量（千t）	輸入量（千t）	輸出量（千t）
北アメリカ地域	128,743	15,064	1,581	1,669
カナダ	12,670	1,273	247	523
メキシコ	22,192	1,745	296	103
アメリカ合衆国	93,881	12,046	1,042	1,043
カリブ海地域		51	12	0
ドミニカ共和国	―	46	5	0
中央アメリカ地域		364	45	149
コスタリカ	―	95	5	19
エルサルバドル	―	28	28	0
グアテマラ	―	77	9	3
ホンジュラス	―	27	3	0
ニカラグア	―	137	0	118
南アメリカ地域	289,989	14,371	379	2,491
アルゼンチン	49,057	2,620	3	277
ブラジル	185,159	9,115	35	1,558
コロンビア	30,845	885	2	3
ウルグアイ	11,828	530	0	347
ベネズエラ	13,100	348	143	0
パラグアイ	―	490	1	296
欧州連合（27か国）	88,300	8,048	437	338
他のヨーロッパ地域		209	60	3
旧ソ連（12か国）	29,655	3,072	1,115	208
ロシア	20,677	1,435	1,075	5
ウクライナ	4,827	428	5	19
ベラルーシ	4,151	250	1	181
カザフスタン	―	407	16	1
ウズベキスタン	―	445	1	0
中東地域		550	755	55
北アフリカ地域	6,200	477	364	0
エジプト	6,200	345	260	0
他のアフリカ地域		1,053	129	9
南アフリカ共和国	―	835	8	9
南アジア地域	316,400	4,312	2	953
インド	316,400	2,842	0	917
パキスタン	―	1,470	2	36

（つづく）

表 11.4.A ● 主要国の畜産物概況（つづき）

品目別概況

肉牛・牛肉（2010年）

地域名（国名）	牛飼養頭数（千頭）	生産量（千t）	輸入量（千t）	輸出量（千t）
東南アジア地域		559	330	8
フィリピン	—	236	138	2
ベトナム	—	295	8	0
東アジア地域	112,885	6,383	1,411	54
中国	105,430	5,600	40	51
日本	4,376	515	721	1
韓国	3,079	247	366	2
台湾	—	6	130	0
香港	—	15	154	0
オセアニア地域	37,823	2,772	21	1,898
オーストラリア	27,906	2,129	10	1,368
ニュージーランド	9,917	643	11	530
合計	1,009,995	57,285	6,641	7,835

注1：飼養頭数にはバッファローを含む．数量は枝肉換算ベース
注2：国別内訳は主要国のみ記載

表 11.4.B ● 主要国の畜産物概況

品目別概況

肉豚：豚肉（2010年）

地域名（国名）	豚飼養頭数（千頭）	生産量（千t）	輸入量（千t）	輸出量（千t）
北アメリカ地域	86,331	13,132	1,260	3,153
カナダ	12,465	1,771	183	1,159
メキシコ	8,979	1,175	687	78
アメリカ合衆国	64,887	10,186	390	1,916
カリブ海地域		233	59	0
中央アメリカ地域		107	55	1
南アメリカ地域	35,122	4,480	113	750
ブラジル	35,122	3,195	1	619
チリ	—	498	17	130
欧州連合（27か国）	152,198	22,571	25	1,755
他のヨーロッパ地域		742	137	13
旧ソ連（12か国）	28,595	3,178	1,200	64
ロシア	17,236	1,920	916	1
ウクライナ	7,577	631	146	1
ベラルーシ	3,782	327	95	62

（つづく）

表11.4.B ● 主要国の畜産物概況（つづき）

品目別概況
肉豚：豚肉（2010年）

地域名（国名）	豚飼養頭数（千頭）	生産量（千t）	輸入量（千t）	輸出量（千t）
他のアフリカ地域		287	140	3
東南アジア地域		3,196	264	21
フィリピン	―	1,247	159	0
シンガポール	―	19	104	1
ベトナム	―	1,930	1	19
東アジア地域	488,681	54,620	2,422	281
中国	469,960	51,070	415	278
日本	10,000	1,292	1,198	1
韓国	8,721	1,110	382	0
台湾	―	845	58	2
香港	―	120	347	0
オセアニア地域	2,302	387	220	41
オーストラリア	2,302	339	183	41
合計	793,229	102,933	5,895	6,082

注1：枝肉換算ベース
注2：国別内訳は主要国のみ記載

表11.4.C ● 主要国の畜産物概況

品目別概況
鶏肉（2010年）

地域名（国名）	生産量（千t）	輸入量（千t）	輸出量（千t）
北アメリカ地域	20,408	721	3,223
カナダ	1,023	124	147
メキシコ	2,822	549	7
アメリカ合衆国	16,563	48	3,069
カリブ海地域	138	254	0
中央アメリカ地域	184	70	7
南アメリカ地域	16,192	350	3,570
アルゼンチン	1,680	9	214
ブラジル	12,312	1	3,272
ベネズエラ	650	237	0
チリ	525	67	79
コロンビア	1,025	36	5
欧州連合（27か国）	9,202	681	929
他のヨーロッパ地域	3	28	0

（つづく）

表11.4.C ● 主要国の畜産物概況（つづき）

品目別概況

鶏肉（2010年）

地域名（国名）	生産量（千t）	輸入量（千t）	輸出量（千t）
旧ソ連	3,493	1,018	77
ロシア	2,310	656	5
ウクライナ	733	144	32
中東地域	3,178	1,888	151
クウェート	46	122	1
サウジアラビア	426	681	10
アラブ首長国連邦	40	195	9
トルコ	1,430	0	110
イラン	765	59	0
他のアフリカ地域	1,359	870	16
南アフリカ共和国	1,300	240	16
南アジア地域	2,650	0	2
インド	2,650	0	2
東南アジア地域	5,116	322	459
インドネシア	1,460	0	0
マレーシア	945	39	9
フィリピン	750	123	8
タイ	1,280	1	432
ベトナム	616	40	1
東アジア地域	15,061	1,587	407
中国	12,550	286	379
日本	1,290	789	8
韓国	653	106	16
台湾	558	111	4
香港	10	295	0
オセアニア地域	888	5	26
オーストラリア	888	5	26
合計	77,872	7,794	8,867

注1：可食処理ベース（骨付き）
注2：国別内訳は主要国のみ記載

B. 主要地域の主要品目別生産貿易概況
a. アメリカ
i）肉牛・牛肉

　アメリカは，世界の牛肉生産量の約1/5を占める最大の生産国であり，また，同時に世界最大の牛肉輸入国でもある．肉牛産業は農産物販売額に占める割合が最大となっており，アメリカ農業のなかでももっとも重要な部門のひとつとなっている．

　子牛生産は，家族経営による粗放的な生産・管理が行われる一方，育成された肥育素牛は，大規模なフィードロットで効率的な穀物肥育

が行われている．肉牛の流通面では，大手パッカーによる寡占化が顕著となっている．

アメリカはブラジル，オーストラリアに次ぐ輸出国であったが，2003年12月に牛海綿状脳症（BSE）の発生が確認され，多くの国が牛肉の輸入禁止措置を講じたことから，牛肉輸出量が大幅に減少した．アメリカはBSE発生後，BSEに対する監視（サーベイランス）体制の強化などを行い，一定の輸出条件を附したうえで輸出を再開し，2005年以降，輸出量は順調に回復した．日本向け輸出は2006年，生後20か月齢以下で特定危険部位（SRM）が除去されていることを条件として解禁され，2013年2月から輸入対象が30か月齢以下に引き上げられ，年々輸出量は増加している．

ii）肉豚・豚肉

アメリカの養豚産業は，アイオワ州やイリノイ州を中心とするコーンベルト地帯において，伝統的に穀物生産や肉牛経営の副業として営まれてきた．近年，ひとつの経営形態として，食肉パッカーが自ら養豚場を所有するなどのインテグレーション（垂直統合）が進み，コーンベルト地帯から離れたノースカロライナ州などでも生産が拡大した．現在は飼養技術の進展や大規模化などにより全米で効率的な生産体制を確立している．

肉豚の輸入量（枝肉ベース）は，国別でみると，カナダからの輸入量が総輸入量の8割を占め，デンマークが約1割となっている．また，生体豚の輸入は，ほぼ100％がカナダからのものである．カナダからの輸入頭数は，同国の飼養頭数の減少，食肉の原産地表示（COOL）の強化などの影響により減少傾向で推移している．

輸出量（枝肉ベース）は，2009年は世界的な景気の後退による需要の減退や，新型インフルエンザ（H1N1）発生に伴う各国の輸入禁止措置により，一時的に減少したものの，その後，2010年の輸出再開により輸出需要は回復している．最大の輸出先である日本向けは，輸出量の約3割となっている．そのほかメキシコ，カナダ，韓国も主な輸出先となっている．

iii）鶏肉

アメリカの養鶏産業は，飼料穀物の大生産地という利点を活かし，生産から流通までの一貫したインテグレーションの進展により，きわめて効率的な生産を行っている．また，不需要部位のもも肉を中心として，鶏肉の生産量の約2割弱を輸出すると同時に，国内では，消費者の健康志向から，むね肉を中心に消費を伸ばしている．

ブロイラーの輸出量は2005年以降増加傾向で推移していたものの，2009年，2010年と2年連続で減少した．2010年における主要輸出先国の動向をみると，メキシコ向けは低価格志向の高まりなどから，前年をかなり上回り最大の輸出先国となった．一方，これまで最大の輸出先国であったロシア向けは，関税割当量の減少などが響き，前年の4割強まで大きく落ち込んだ．

b．EU

i）肉牛・牛肉

EUは，多様な気候，風土に加えて歴史的な背景のもと，多種多様な品種の牛が飼養されており，肉牛の生産構造は加盟国によってかなり異なる．主要生産国は，フランス，ドイツ，イギリス，スペイン，イタリアである．

牛肉の輸入については，ガット・ウルグアイ・ラウンド合意に基づき，いくつかの関税割当や東欧諸国との特恵制度が設けられている．輸入量はEUにおけるBSE発生の影響で，2003年には純輸入地域となったが，2009年の金融危機以降ユーロ安により減少に転じている．主な輸入先は，ブラジル，アルゼンチン，ウルグアイとなっている．

輸出は，従来からロシア，北アフリカおよび中東などが主要輸出先となっている．BSEの影響により輸出は減少していたが，金融危

機以降のユーロ安により価格競争力が高まり，2010年には純輸出地域となっている．近年は優秀な遺伝資源を有しているという優位性を活かしてトルコやロシアなどに対する生体牛輸出が増加しており，生体牛輸出量は約1/3を占める．

ⅱ）肉豚・豚肉

EUは豚肉自給率109％の純輸出地域であり，主要生産国は，ドイツ，スペイン，フランス，デンマーク，ポーランドとなっている．輸出は，デンマークの輸出量がもっとも多く，次いでドイツ，ポーランドとなる．最近，ポーランドとハンガリーは輸出量を伸ばしてきている．EUの生産量は加盟国間で差が大きいものの，食肉消費量に占める割合は豚肉がもっとも大きい．

c．オーストラリア

オーストラリアは，生産量の4割弱を国内で消費し，残りを海外に仕向ける牛肉輸出国である．2010年はブラジルに次ぐ世界2位の輸出国となった．日本にとっても最大の輸入相手先国で，2010年の輸入量の7割をオーストラリア産が占めた．

肉牛生産は，牧草地を利用した放牧肥育に依存しており，干ばつなどの気象条件の影響を受けやすい生産構造となっている．また，北部の熱帯気候や南部の温帯気候といった気候条件に対応するために，アバディーンアンガス種やヘレフォード種など温帯種，ブラーマン種など熱帯種と，多種多様な品種が飼養されている．

牛肉輸出の国別シェア（2010年）をみると，日本向けが全輸出量の38.6％，アメリカ向けが同20.0％，韓国向けが同13.5％となっている．フィードロットの飼養頭数は，オーストラリア全体のわずか3％であるが，そのうち約6割が輸出され，大半が日本向けとなっている．

d．ニュージーランド

ニュージーランドは，牛肉生産量において
は世界全体でわずか1％程度を占めるに過ぎないが，生産量の8割以上が輸出に仕向けられ，輸出シェアでは6.8％と世界5位の牛肉輸出国である（2010年）．

肉牛生産は，温暖で降雨に恵まれた自然条件を活かし，牧草地を利用した放牧肥育が大半となっており，穀物肥育は例外的である．また，肥育牛の1/3程度は乳用種または乳用種・肉用種の交雑種であり，乳用種雄牛および経産牛は北米市場などに輸出される加工原料用牛肉（ひき材用途）となるなど，酪農部門が牛肉生産と密接に関係しているのも特徴のひとつである．

屠畜頭数をみると，牧草の生育や生乳生産とリンクしており，季節変動する．牧草が減少し生乳生産が終了する5月に屠畜のピークを迎え，その後は減少し，冬場の9月にはピーク時の3月から5月の1/3程度となる．

牛肉輸出の国別シェア（2010年）をみると，アメリカ向けが全輸出量の42.5％，韓国向けが同9.0％，日本向けが同9.0％となっている．

e．アルゼンチン

アルゼンチンの肉牛生産は，肥沃な世界の穀倉地帯のひとつといわれるパンパ地域を中心にアバディーンアンガス，ヘレフォードなどヨーロッパ品種およびその交雑種による放牧肥育が一般的である．

2007年5月に北パタゴニアB地域とよばれるリオネグロ州とネウケン州が国際獣疫事務局（OIE）より口蹄疫ワクチン非接種清浄地域として認定されている．また，BSEの清浄性は無視できるリスクの国と評価されている．

2010年の牛肉輸出量（枝肉ベース）は，政府の輸出登録制度や輸出課徴金制度といった輸出管理政策や干ばつなどによる飼養頭数の減少から前年を大幅に下回った．輸出国別シェアは，生鮮肉はロシア向け25.4％，イスラエル向け同18.8％，チリ向け同12.7％，

加工肉はアメリカ向け同40.4%，EU向けのヒルトン枠（一定基準を満たす骨なし高級生鮮牛肉に係る関税割当制度）はドイツが全体の5割をそれぞれ占めた．

f．ブラジル
ⅰ）肉牛・牛肉

ブラジルの肉牛生産は，約1億7230万haの広大な草地を利用した放牧肥育が中心で，耐暑性に優れたインド原種のゼブに属するネローレを主体に飼養されている．

2010年の輸出量（枝肉ベース）は，イラン向け，エジプト向けなど新規市場への輸出が増加した一方で，ロシア向け，香港向けなどの伝統的市場への輸出が減少した．主要輸出先国はロシア，イラン，エジプトであり，これら3か国で全体の55%を占めた．

2007年に南部のサンタカタリーナ州がブラジル初の口蹄疫ワクチン非接種清浄地域としてOIEより認定されている．また，BSEの清浄性は管理されたリスク国と評価されている．

ⅱ）鶏肉

ブラジルはアメリカ，中国に次ぐ生産量を誇り，輸出量は世界最大で生産量の1/4を輸出している．

国際金融危機の影響が緩和した2010年は，内需・外需の高まりを背景に生産量・輸出量ともに過去最高を記録した．

輸出を形態別にみると，パーツ（解体品）が約6割，丸鶏が4割となっている．輸出国別シェアは，丸鶏の主要市場であるサウジアラビア向けが輸出量の2割を占める最大の市場となったのをはじめ，次いでパーツの主要市場である日本向け，香港向けがそれぞれ1割を占める．

g．中国
ⅰ）肉豚・豚肉

庭先養豚とよばれる飼養頭数3〜5頭の零細農家が多いなかで，トウモロコシ価格の高騰などにより零細農家の廃業や異業種からの参入などにより規模拡大が進んでいる．しかしながら，依然として飼養頭数50頭未満の小規模農家が，全農場（家）の95%，出荷頭数の35%を占める（2010年）．飼養頭数は，2006年のPRRS（豚繁殖・呼吸障害症候群）により大幅に減少したが，豚肉価格の上昇により生産意欲が高まったことから生産の回復をみせた．

2010年上半期には豚肉価格が低迷し，肥育豚のみならず繁殖母豚の淘汰により再び減少した．中国における豚肉生産量は，価格変動に敏感な零細農家における飼養頭数の変動に大きく影響されている．

ⅱ）鶏肉

豚肉に次ぐ生産量である鶏肉の生産は，日本向けを主体とした加熱調製品の輸出も増加しており増加傾向にある．一方，輸入量は，冷凍カット・内臓肉が2009年以降，アメリカ産に対するアンチダンピング調査により減少傾向にあった．調査の終了により2012年は再び増加しており，鶏肉の消費量は増加傾向にある．特に豚肉の価格が高騰した場合には，豚肉よりも安価な鶏肉の消費が増加する．

【主要国の畜産施策】
A．アメリカ
a．乳製品価格支持制度（DPPSP）と連邦生乳マーケッティングオーダー制度（FMMO）

DPPSPは，米国農務省（USDA）の一機関である商品金融公社（CCC）が，支持価格でチーズ，バターおよび脱脂粉乳を買い上げることにより，加工原料乳の価格を間接的に支持する制度である．

この制度は2008年農業法において，これまでの加工原料乳価格支持制度のしくみを実質的に維持したうえで，加工原料乳の支持価格を定めることで直接的に加工原料乳の価格を支持するのではなく，主要乳製品の支持価格を法律で定めることで間接的に支持する制度に変更したものである．その際，名称も『乳

製品価格支持制度』に改め，2008年農業法の実施時期と同じく2012年12月まで実施することとされた．

一方，FMMOは，1937年『農産物販売協定法（The Agricultural Marketing Agreement Act of 1937）』に基づき実施されており，オーダー地域内でとり引きされる飲用規格生乳について，用途別の裁定取引価格を設定するとともに，生乳取扱業者に対して生産者へのプール乳価での支払いを義務づけることにより，生産者に対しては安定的な市場を確保すること，また，消費者に対しては適当な価格で十分な量の良質な飲用乳を供給することを目的としたものである．

FMMOは2000年1月から紆余曲折を経て，①オーダー数の再編統合（31から10へ），②生乳の用途区分の再分類（3区分から4区分へ），③最低取引価格設定に用いる多成分価格形成システムに基づいた基礎価格導入などの変更が加えられた．

b. チェックオフ制度

アメリカにおける畜産物の消費拡大運動は生産者などが拠出する賦課金（チェックオフ）により賄われている．チェックオフ制度は1954年に『羊毛法（Wool Act）』により制度が確立された羊毛をはじめ，18種類の農産物について制度が設けられ現在に至っている．

このうち『酪農生産安定法（The Dairy Production Stabilization Act of 1983）』は，牛乳・乳製品の需要促進を行い，生乳の余剰を減らすことにより酪農経営の安定を図ることを目的に制定された．このため，事業の原資として生乳生産者からチェックオフを徴収し，乳製品の販売促進，需要拡大および栄養教育ならびにこれらのための研究を行うこととされている．また『飲用牛乳販売促進法（The Fluid Milk Promotion Act of 1990）』は，飲用牛乳の消費拡大と需要回復を図ることを目的に制定され，飲用牛乳を製造・販売している製造業者からのチェックオフを原資に飲用牛乳の販売促進，需要拡大および栄養教育ならびにこれらのための研究を行うこととされている．

また『牛肉販売促進・調査研究法（The Beef Promotion and Research Act of 1985）』は，牛肉および牛肉製品の消費の維持・拡大を図ることを目的に制定され，生産者等から徴収されるチェックオフを原資に，牛肉および牛肉製品の販売促進，需要拡大および栄養教育ならびにこれらのための研究を行うこととされている．

USDAはチェックオフに資金提供は行わないが，国内法によりその拠出を生産者などに義務づけることにより制度の安定的な運営を保証するとともに，その資金の用途が法により制限された調査・研究ならびに消費拡大のために適切に活用されているか監視し，毎年上下両院農業委員会に報告することが求められている．

c. 飼料穀物

飼料穀物については，1996年『農業法』により，政府の定める目標価格と市場価格（またはローンレート）の差を補塡する不足払い制度とこれに関連する減反計画が廃止され，作付けが自由化された．一方，その代替措置として，市場価格とは切り離されたかたちで，過去の作付面積などの実績に基づき，一定の金額が支払われる農家直接固定支払い制度が導入された．このほかの主なものとしては，生産者が農産物を担保に商品金融公社（CCC）からローンレート（過去の市場価格をもとに算出）での融資を受けるマーケティングローン（価格支持融資制度）などがある．なお，飼料穀物価格が需給緩和の影響で，1996年の秋をピークに下落し，生産者所得が減少したことを受け，農家直接固定支払い制度の単価に上乗せするかたちで，1998年から2001年まで，毎年，緊急支援措置が講じられた．こうしたなか，紆余曲折を経て成

立した2002年新農業法では，価格支持融資や農家直接固定支払いを存続させるとともに，1996年農業法で廃止された不足払い制度に類似した直接支払い制度（価格変動対応型支払い：価格の変動に応じ目標価格との差額を補填）が新設された．2008年農業法では，生産者の収入が作物ごとに設定された保証水準を下回った場合に支給される収入変動対応型支払い制度が創設された．また，2008年農業法では，天候不順や自然災害などによるリスク対策として補助的農業災害支援制度が創設されている．

B. EU

a. 酪農

ⅰ）生乳生産割当（クオータ）制度

国別に生産割当枠（クオータ）を定めている．この枠を超過した部分については，ペナルティとして指標価格の115％の課徴金が課せられる．クオータ譲渡は加盟国間では認められていないが，国内の農家間での売却やリースなどによる譲渡のほか，政府によるクオータの買上げ・再配分などが認められている．なお，クオータ制度は2014年度まで継続されることとなっている．

ⅱ）乳製品の介入買入れ

バター，脱脂粉乳の介入買入れなどによる乳製品の価格支持により，間接的に生乳価格を支持している．バターについては，市場価格が介入価格の92％を下回った場合，加盟国の介入機関が，入札方式によるバターの介入買入れを行う．また，脱脂粉乳については，3月1日～8月31日の間，加盟国の介入機関が介入価格で買い入れる．なお，介入買入れ限度数量は，脱脂粉乳が10万9千t，バターが3万tと設定されている．

ⅲ）輸出補助金

EU産乳製品の国際競争力の確保を目的とし，チーズ，バター，脱脂粉乳などの輸出の際，輸出補助金が交付されている．輸出補助金の単価は，販売・輸送コストなどを勘案して域内の市場価格と国際価格との差に基づき設定される．

ⅳ）域内消費の促進

脱脂乳，脱脂粉乳の飼料用消費に対する補助，牛乳の学校給食用消費に対する補助などが行われているが，脱脂乳，脱脂粉乳の飼料用消費に対する補助については，2006年以降予算がついておらず，学校給食用消費に対する補助のみが行われている．

b. 牛肉

ⅰ）介入買入れ

牛肉価格の一定水準の維持を目的として，域内の牛肉価格が下落した場合，加盟国の介入機関が牛肉を買い入れるなど，市場から隔離することが認められている．アジェンダ2000のCAP改革により2002年7月から介入価格は，1tあたり2,224€の基本価格に置き換えられた．また，同時に民間在庫補助は，EU平均市場価格が基本価格の103％を下回った場合に実施されることとなった．

ⅱ）直接支払い

2000年度以降の介入価格引き下げにより減少した農業所得を補償するため，繁殖雌牛奨励金などの奨励金の単価が引き上げられたほか，新たに屠畜奨励金が新設された．これらは，直接支払いの枠組みのなかで生産者に対して支払われる．

①繁殖雌牛奨励金（Suckler cow premium）：繁殖雌牛を飼養する肉用牛生産者（生乳出荷量が0または生乳生産枠（クオータ）が120t以下の生産者）に対し，1頭あたり200€の奨励金が交付される．

②特別奨励金（Beef special premium）：雄牛や去勢牛を飼養する生産者に対し，肉牛の生存中に2回（10か月齢および22か月齢（雄牛は1回のみ））まで，各農家90頭を限度として，去勢牛1頭あたり150€，雄牛1頭あたり210€の奨励金が交付される．

③屠畜奨励金：牛を一定期間飼養後，屠畜または域外に輸出した生産者に対し，8か月齢

以上の牛1頭あたり80€，1か月齢超7か月齢未満の子牛1頭あたり50€の奨励金が交付される．

④輸出補助金：EU産牛肉の輸出を促進するため，輸出補助金が交付されている．輸出補助金の単価は，域内の市場価格と国際価格との差に基づき，品目ごと，輸出先ごとに設定される．

⑤BSE関連対策：2011年7月1日から食用に供される牛のBSE検査対象月齢を48か月齢超から72か月齢超（ブルガリアおよびルーマニアを除くEU25か国）へと引き上げた．切迫屠畜（病気の場合など，緊急の場合に屠場以外で行われる屠畜）または屠畜前検査で異常の見つかった牛については48か月齢超（ブルガリアおよびルーマニアを除くEU25か国．ブルガリアおよびルーマニアは24か月齢）としている．

c．豚肉

ⅰ）民間在庫補助

域内の豚肉価格が下落した場合，特定の豚肉を一定期間在庫する者に対し補助金が交付される．

ⅱ）輸出補助金

EU産豚肉の国際競争力を維持し，輸出を促進するため，輸出補助金が交付されている．輸出補助金の単価は，域内の市場価格と国際価格の差に基づき，部位ごと，輸出先ごとに設定される．

C．オーストラリア

a．牛肉

肉牛や牛肉の需給を管理する制度政策は特になく，生産者はマーケット動向を勘案しつつ経営を行っている．家畜検疫検査局（AQIS）などの政府機関が防疫政策を，食肉家畜生産者事業団（MLA）などの業界団体が販売促進，研究開発，マーケット情報の提供などを行っているが，これらの事業財源の多くは，生産者課徴金（強制徴収）によるものである．

D．ブラジル

a．飼料穀物政策

農業政策は，1991年1月に成立した農業法に基づいて実施されている．同法は，農業生産の拡大と生産性の向上，食糧供給の安定，地域格差の是正を目的とし，主要な制度として，農業融資や取引支援策がある．これらの主要政策としては，生産者を対象に，収穫時の価格暴落による農家の所得減少リスクを軽減することを目的とした生産者コストを保証する最低価格保証制度がある．最低価格は，毎年，作付け前に発表される．各作物別の新しい最低価格の設定は，作付け意向に影響する重要な要素となるため，作付けを誘導する政策手段でもある．2010/11年度は，生産性の向上により収益は保障されるとの判断の下，改正は行われず前年の価格が引き継がれた．最低価格設定の対象となるのは，とうもろこし，大豆，米，綿花，フェイジョン豆などの主要作物である．

E．中国

a．豚肉

豚肉生産政策については，豚肉の増産を目的として，政府は，養豚場（養豚農家）の畜舎の改修，優良品種の導入，防疫管理の徹底，糞尿等汚染物の適正処理等に対する財政支援に加えて，生産者の借入金の利子助成措置を講じている．価格安定政策については，2012年「豚市場価格の周期的な変動を緩和する調整準備案」（2009年豚価格の過度な下落防止調整準備案（暫定）の改正）に基づき，政府が豚の生産量や市場価格のモニタリング制度を構築し，豚価格の急激な価格変動を回避するための監視を行う．また，政府は豚肉の調整保管も実施している．政府は，豚出荷価格ととうもろこし卸売価格の比率を七段階設定し，豚肉価格の変動に応じて，市場での自主的な調整を促すための警告や豚肉の介入買い入れ・放出などの措置を講じている．

また，繁殖母豚の優良品種の導入について

は，1頭あたりの補助金が支給される畜産良種補助金政策が実施されている．

b．鶏肉

鶏肉生産政策については，ブロイラー生産者（企業）に対し，増値税（日本でいう消費税）や法人税の減免，輸出税の還付などがあり，ブロイラーの生産振興が実施されている．

また，家畜衛生対策については，疾病発生時の生産者に対する損失補償などの支援体制が確立されている．

11.2.2　日本の基本的農業政策

農業は，地域経済のなかで重要な地位を占めるとともに，安全な食料の安定供給や多面的機能の発揮といった国民生活にとって重要な役割を担っている．

こうしたなか，世界の食料事情については，途上国の人口増加や経済発展に伴う資源や食料消費の増加などにより総じてひっ迫基調で推移してきている．一方，国内農業については，消費者や食品産業の多様なニーズに生産量や品質面で十分に対応しているとはいいがたく，食料自給率（熱量ベース）は1990年度の48％から2012年には39％へと20年余りで10％近く低下している（表11.5）．また，農産物価格の低迷などによる農業所得の減少，担い手不足の深刻化，高齢化などによる農村の活力低下といった厳しい状況に直面している．

このような日本農業が抱える課題を克服し農業・農村の再生を期するためには，農業の高付加価値化を進めながら所得の増大を図るとともに，意欲ある担い手が安心して農業に参入し，継続して従事できる環境を整え，品質や安心安全といった消費者ニーズに適した生産体制への転換を図るなど，これまで以上に国内農業の体質強化に積極的にとりくんでいく必要がある．

21世紀の農政の基本指針である『食料・農業・農村基本法』（1999年制定）の基本理

表11.5　食料自給率の推移　　　　　　　　　　　　　　　　　　　　　　　　　　（単位：％）

年度		1970	1980	1990	2000	2005	2007	2008	2009	2010	2011	2012（概算）
品目別自給率	米	106	100	100	95	95	94	95	95	97	96	96
	小麦	9	10	15	11	14	14	14	11	9	11	12
	野菜	99	97	91	81	79	81	82	83	81	79	78
	牛肉	90	72	51	34	43	43	44	43	42	40	42
	豚肉	98	87	74	57	50	52	52	55	53	52	53
	鶏肉	98	94	82	64	67	69	70	70	68	66	66
	鶏卵	97	98	98	95	94	96	96	96	96	95	95
	牛乳・乳製品	89	82	78	68	68	66	70	71	67	65	65
総合食料自給率												
	熱量ベース	60	53	48	40	40	40	41	40	39	39	39
	生産額ベース	85	77	75	71	69	66	65	70	69	67	68
飼料自給率		38	28	26	26	25	25	26	25	25	26	26

注1：品目別自給率の算出は次式による．
　　自給率＝国内生産量/国内消費仕向量×100（重量ベース）
　2：熱量ベースおよび生産額ベースの総合自給率の算出はそれぞれ次式による．
　　自給率＝国産供給熱量/国内総供給熱量×100（熱量ベース）
　　自給率＝食料の国内生産額/食料の国内消費仕向額×100（生産額ベース）
　3：飼料自給率についてはTDN（可消化養分総量）に換算した数量を用いて算出している．

念を具体化するため，新たな「食料・農業・農村基本計画」が2010年3月に策定された（注：基本法制定以来3度目の基本計画）．

この基本計画には食料，農業および農村に関する施策の基本方針や具体的に講ずべき事項が掲げられているほか，農業生産および食料消費の両面にわたるとりくみ指針として食料自給率の目標が掲げられている．

また，新たな基本計画では，食料・農業・農村政策を日本の「国家戦略」と明確に位置づけるとともに「国家のもっとも基本的な責務として食料の安定供給の確保」や「国民全体で農業・農村を支える社会の創造」という農政の推進にあたっての国および国民全体の責務についても明記されている．

食料自給率については，水田をはじめとした国内の生産資源を最大限活用するとともに，従来以上に消費者の理解を得ながら需要に応えた生産を行い，さらに輸入原料に依存する食品を国産原料に置き換えるなどのとりくみを通じて，2020年には自給率50%（2008年，41%）をめざすこととしている．また，飼料自給率については国産粗飼料の生産拡大や飼料用米の利用拡大等を通じて38%（2008年，26%）への拡大を目標としている．

食料については，食の安全と消費者の信頼を確保するため「後始末よりは未然防止」の考え方を基本とし，食品の安全性の向上やフードチェーンにおけるとりくみ（トレーサビリティ，GAP，HACCP）の拡大を掲げている．また，食育や地産地消の推進など，国産農産物の生産と食生活の結びつきの強化などが示されている．

農業については，意欲あるすべての農業者が農業を継続し，自らの農業経営の発展にとりくむことができる環境を整えるため，2010年から水田農業をかわきりに「戸別所得補償制度」が事業化された．またこれを土台に農業者の創意工夫による六次産業化のとりくみや規模拡大の推進など競争力のある経営体の育成・確保などをめざしている．

農村については，農業・農村の六次産業化の推進である．農業者による生産・加工・販売の一体化や，農業と第二次・第三次産業の融合などにより，農山漁村に由来するバイオマスなどのあらゆる資源と食品産業，観光産業等の地域の「産業」とを結びつけ，地域ビジネスの展開と新たな業態の創出をめざしている．

基本計画においては，品目ごとに克服すべき課題を明確にしつつ政府による施策の実施と関係者の努力により達成される生産数量を目標として掲げている．

生乳，牛肉，豚肉，鶏肉，鶏卵といった畜産物については，国産畜産物の需要の掘り起こしと国産飼料（飼料作物，エコフィードなど）の利用拡大により畜産分野の自給率の向上を図ることを基本に，生乳については拡大，食肉については維持，鶏卵については抑制的な生産目標を見込んでいる．

こうしたとりくみを前提にした2020年度の生産数量目標は，生乳800万t（2008年度（以下，同）795万t），牛肉52万t（52万t），豚肉126万t（126万t），鶏肉138万t（138万t），鶏卵245万t（255万t）としている．

一方，生産資材の飼料作物については，優良品種の開発・普及や飼料生産基盤の確保による生産性の向上等を図りつつ生産を拡大し，527万TDNt（435万TDNt）と意欲的な生産を見込んでいる．

11.2.3 日本の畜産に関する制度・施策
A．酪農

日本の酪農施策の根幹をなす制度として，『加工原料乳生産者補給金等暫定措置法』（昭和40年制定）に基づく加工原料乳生産者補給金制度が設けられている．

a．制度の概要

本制度は，加工原料乳の価格の不利性を補塡するための生産者補給金の交付を通じ，加

工原料乳の再生産が可能な条件を確保するとともに，毎年，牛乳乳製品の需給状況に即して補給金交付の対象となる加工原料乳の最高限度の数量（限度数量）を設定することを通じて，生乳全体の需給の安定を図ることが目的である．

具体的には，補給金単価に，指定生乳生産者団体が受託販売した加工原料乳の数量（限度数量を超える場合は限度数量）を乗じた額を生産者に交付するものであり，これは，機構→指定生乳生産者団体→生産者というルートで行われる．この交付が円滑に行われるよう地域ブロックごとに生乳生産者団体が指定されている．また，指定生乳生産者団体が乳業者から受けとった用途別の乳代は，生産者が指定生乳生産者団体に販売を委託した数量を基準として，補給金と合わせ，プール計算により生産者への支払が行われている．

補給金単価は，生乳の生産費，生乳や乳製品の需給状況などを考慮し，加工原料乳地域における生乳の再生産を確保することを旨として一定のルールに基づき定められている．限度数量についても，飲用牛乳や乳製品の需給状況などを考慮して定められている．

なお，現在，『加工原料乳生産者補給金等暫定措置法』に基づき，不測の需給変動などによる加工原料乳の価格低落に備えるため，生産者の拠出と国の助成により造成する資金（負担割合1：3）から価格低落の一定割合（8割）を補塡する経営安定対策が講じられており，補給金の交付は，この対策の生産者積立金を行う生産者に限定されている．これは補給金は国の財政支出により交付されるものであるが，厳しい財政事情の下でもこのような支援を行う対象としては，自らも経営安定に向けた備えを講じている者に限ることが適当であるとの考え方に基づくものである．

b．制度のもつ機能

本制度によって，加工原料乳の価格の不利性が補塡され，生乳の再生産が確保されるとともに，限度数量の設定を通じて生乳全体の需給安定が図られていることは前述のとおりである．

これに加え，指定生乳生産者団体を通じて生産者補給金が交付されることにより期待される機能も重要である．

すなわち，この生産者補給金の交付においては，地域ブロックごとに生産者団体を指定し，この指定生乳生産者団体に生乳の用途別取引を実施させ，用途に応じた取引乳価を設定させるとともに，この指定生乳生産者団体の受託販売に係る加工原料乳のみを生産者補給金の交付対象とすることにより，区域内の生乳の一元集荷体制を促進し，経済的な立場の強化とそれを通じて経済的合理性をもった乳価形成を行わしめている．また，用途別取引を乳業者と指定生乳生産者団体との間で行わせる一方，用途別の乳代をプール精算し，生産者交互の公平性を確保している．

B．肉用牛

日本における肉用牛生産は，子牛生産と肥育に分業化された形態が主流であるが，繁殖・肥育や育成・肥育の一貫生産も進展してきている．黒毛和種などの肉専用種では，肉用子牛を生産する繁殖経営が生後10か月程度まで子牛を育成し，家畜市場等を通じて肥育経営に販売，その後約1年半肥育され牛肉向けに出荷される場合が多い．また，ホルスタイン種等の乳用種と乳用種と肉専用種の交雑種では，酪農経営において生乳生産のための副産物として生産された初生牛（ぬれ子）を育成経営が購入し約半年間育成し，家畜市場や農協などを通じて肥育経営に販売，その後1年から1年半程度肥育され出荷する形態のほか初生牛の購入から肥育まで一貫して行う形態も増加している．このため，日本における肉用牛施策としては，繁殖（育成）経営対策，肥育経営対策および両者を対象とした対策などが実施されている．

もともと牛肉については国境措置として輸

入割当制度がとられ，国内肉用牛生産の保護が行われていたが，1988年の日米・日豪合意により1991年から輸入が自由化（関税化による輸入数量制限の撤廃）されることとなった．これに伴い，牛肉価格が低下した場合には肉用牛経営，特に肥育素牛供給を担う繁殖経営や育成経営は相当程度影響を受けることが想定されたため，1988年に輸入自由化の代償措置として『肉用子牛生産安定等特別措置法』が制定された．この法律には，輸入自由化により最終的な影響を受ける繁殖（育成）経営すなわち肉用子牛の生産者に対する「肉用子牛生産者補給金」の交付に必要な財源を各都道府県の指定協会（生産者と契約し補給金を交付する主体）に交付する制度事務を㈳農畜産業振興機構が担うこと，輸入牛肉等についての関税収入を肉用子牛等対策（肉用子牛生産者補給金の交付，肉用牛等の経営安定対策，食肉や家畜等の流通の合理化，食肉生産に関する畜産の振興等）に仕向けることなどが規定されており，日本の肉用牛施策の根幹を成している．

肉用牛施策のうち繁殖（育成）経営対策としては，前述の肉用子牛生産者補給金制度が柱となっており，四半期ごとの子牛の平均売買価格が農林水産大臣が品種別に定める保証基準価格を下回った場合に生産者補給金を交付することにより肉用子牛生産の安定を図っている．これに加え，子牛の出荷までの生産期間が長いため資本回転率が低く多額の運転資金を必要とし子牛価格の変動の影響を受けやすいことを踏まえ，肉専用種を対象に平均売買価格が家族労働費の8割を確保する水準として設定された発動基準を下回った場合に，その差額の3/4を交付する肉用牛繁殖経営支援事業が，肉用子牛生産者補給金制度を補完する対策として実施されている（2014年度現在）．

また，肥育経営対策としては，経営の安定を図るため，枝肉価格の低下や生産コストの上昇により肥育経営の収益性が悪化した場合に，生産者と国からの助成による積立金（拠出割合は生産者：国＝1：3）から，粗収益と生産費との差額の8割を補塡する肉用牛肥育経営安定特別対策事業が措置されている．本事業の前身事業は牛肉の輸入自由化時に措置されたものであり，当初は，自由化に伴う国産牛肉価格の低下が生産資材である肉用子牛（肥育素牛）に転嫁されるまでの一時的な収益悪化に対応する緊急措置として実施されたものであった．その後，肥育素牛の導入から肥育牛の出荷まで1年から2年の期間を要するため，その間の生産コストの変動や枝肉価格の低下などにより経営が不安定になりやすい肥育経営の特徴に対応した経営安定対策として，しくみの見直しを受けながら実施されている．

このほかには，①地域の裁量を高めた肉用牛生産の体質強化のための地域内一貫生産体制の確立，子牛生産部門の協業化や外部化・分業化などに関する共同利用施設などの整備に対する支援や，②新規参入の円滑化，高齢化に対応する肉用牛ヘルパーのとりくみ，中核的繁殖経営の育成のための増頭，地方特定品種の特徴を活かした生産，離島等の条件不利地域への支援等の肉用牛の経営安定対策を補完する対策などが実施されている．

C. 養豚

養豚産業の安定的発展を支援するものとして，『畜産物の価格安定に関する法律』に基づく制度のほか，養豚経営安定対策事業がある．

養豚経営安定対策事業は，2010年度から㈳農畜産業振興機構（以下，「機構」）において実施されている．本事業は，生産者（事業に参加している養豚事業者）と機構（補助金）が1：1の割合で負担金を拠出し積み立てた資金を財源として，一定の発動基準を満たした場合に，補塡金を機構から直接，各事業参加者に交付するものである．

事業に参加する養豚事業者は，毎年度当初に年間の事業対象頭数を設定し，当該頭数分の負担金（豚枝肉価格の動向を踏まえ，1頭あたり単価を設定）を機構に納付する．一方，補塡は，年間の事業対象頭数を上限として実際に出荷された頭数を対象に行われる．すなわち，負担金は保険でいう掛金に相当するもので，出荷頭数が事業対象頭数を下回った場合でも事業対象頭数分の負担金を納付する必要がある．

この事業は2012年度までは四半期ごとに計算される平均枝肉価格（農林水産省「食肉流通統計」により公表される全国28市場の「並」以上に格付けされた枝肉の加重平均価格）が，保証基準価格（460円/kg）を下回った場合に，その差額の8割を補塡金として交付するしくみであった．2013年度からは配合飼料価格高騰などによる期中での急激な生産コストの変動にも適切に対応した補塡が行えるよう，これまで固定していた保証基準価格というしくみを見直し，四半期終了時に1頭あたりの平均粗収益と生産コストを計算し，粗収益が生産コストを下回っていた場合に，その差額の8割を補塡する方式に変更された．

また，豚枝肉価格には，出荷頭数の変動の影響により，春から夏にかけて高く，秋から冬にかけて安いという季節変動があり，本事業では，この枝肉価格の特徴を踏まえ，年間を通じた所得減少を補塡するという考え方に立ったしくみとしている．具体的には，補塡の発動がない期間は通算して平均枝肉価格を計算するというもので，例えば，ある四半期に補塡が発動しなかった場合，次の四半期終了時には，前四半期から通算して平均枝肉価格や粗収益を計算する．

現在の養豚経営安定対策事業が開始される以前は，ガット・ウルグアイ・ラウンド農業合意を機に，1995～2007年度まで，地域肉豚生産安定基金造成事業が実施され，各県の生産者などが自主的に基金を積み立てて実施していた肉豚の価格差補塡事業に対し，各県の基金が枯渇した際にバックアップする形で養豚経営の安定を支援していた．さらに2008～2009年度は，積立金の1/4相当を国が補助するかたちに充実した．しかしながら，各県ごとの保険設計に基づき，県ごとに基金を造成し，補塡金の発動基準や補塡対象を定めていたため，発動基準が低い県などでは基金不足が起きやすく，生産者団体から，全国一律の公平なしくみ，国の負担割合の引き上げ，機構から生産者への直接交付等の要望があった．

これを受け，2010年度から，機構において，前述した全国一律のしくみによる養豚経営安定対策事業が開始され，生産者と国の積立金の負担割合も，それまでの3：1から1：1へと引き上げられたところである．

D．養鶏

鶏卵需要は，気温が高い夏場は低下するものの，秋冬にはおでんや鍋物，またクリスマスケーキ需要などに支えられて増加するという特徴があり，価格もこれに伴い，春から夏にかけて低下傾向で推移し，お盆過ぎから冬にかけては上昇傾向で推移していく．これは，採卵鶏は約150日齢で産卵を開始し，平均的な淘汰時期である550日齢程度までは一定量の産卵が続き，季節的な需要に合わせた供給量の調整ができないため，夏場には供給が需要を上回り価格が低下することを意味している．価格の低下は収入の低下を招き，生産者にとっては経営が不安定に陥りやすいことから，国は補助事業として，鶏卵生産者経営安定対策事業を措置している．本事業内容は次のa，bに示すとおりであり，鶏卵価格が低落した場合に，補塡金の交付や鶏卵の需給改善を促すことにより，鶏卵生産者の経営と鶏卵価格の安定を図ることを目的としている（図11.1）．

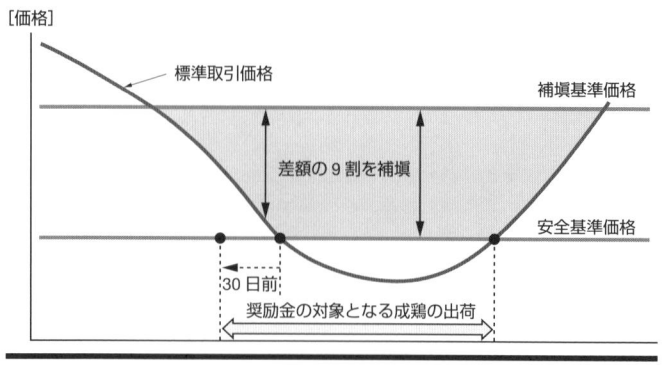

図11.1 ● 鶏卵の価格安定制度のしくみ

a. 鶏卵価格差補塡事業

　国と生産者が積み立てた資金を財源にして，鶏卵の標準取引価格が補塡基準価格を下回った場合，その差額（安定基準価格との差額を上限とする）の9割を補塡金として生産者に交付する．

b. 成鶏更新・空舎延長事業

　鶏卵の標準取引価格が通常の季節変動幅である安定基準価格を超えて大幅に下落した場合，成鶏の更新にあたって長期の空舎期間を設け，鶏卵の需給調整に協力した生産者に対し国が奨励金を交付する．

E. 自給飼料生産

　輸入飼料への依存体質から脱却し，国産飼料基盤に立脚した畜産を実現することは，国土の有効活用，資源循環型畜産の確立および環境負荷の低減などによる環境保全，食料自給率の向上の観点からも重要である．

　食料・農業・農村基本計画（2010年3月）では，2020年度目標として飼料自給率については38％の目標を設定しているが，当該目標の設定に関しては，酪農・肉用牛繁殖牛については，粗飼料の完全自給と利用率の向上による国産粗飼料の利用を意欲的に見込むとともに，中小家畜である豚，鶏については，配合飼料原料としての国産の糟糠類の利用のほか，飼料用米・エコフィードの利用が見込まれている．

　また，当該目標の達成に向け，酪農および肉用牛生産の近代化を図るための基本方針（2012年7月）では，中長期的な視点に立った地域資源の有効利用による自給飼料基盤に立脚した酪農および肉用牛生産への転換に向けた施策の展開を進めることとするとともに，輸入穀物飼料の過度の依存の改善に向け，粗飼料利用性の向上などを見込んでいる．

　このため，飼料自給率の向上に向けて，飼料作物生産に関し，次のようなとりくみを関係者・関係機関が一体となって推進することが重要である．

a. 草地の生産性の向上

　飼料作物を生産する草地は，善良な管理に努めても土壌固化や雑草の侵入により10年程度で生産性が低下する．このため，従前から行われている草地基盤整備に加え，低コストでの草地更新が可能となる簡易草地更新技術の活用やマメ科牧草導入のとりくみを進め，良質粗飼料の確保に努めることが必要である．

　また，低温などの不良環境下でも収量安定性の高い牧草・とうもろこしのTDN多収品種の育成・普及ならびにその種子の安定供給等が進められているところであり，これらの利用により効率的な飼料生産を行うことが必要である．

b. 飼料作物生産・利用の労働負担軽減・高度化

　国産粗飼料の増産を図るため，また，生産の効率化により生産者の労働負担の軽減を図るため，飼料生産受託組織（コントラクター）の育成および活用を進め，併せて低コスト化・高品質化を進めることが重要となる．コントラクターについては，新設や新たな作業受託に対し受託面積に応じた支援が行われているほか，経営の高度化に必要な施設の整備等が進められてきた．このような支援の後押しなどにより，現在，北海道・九州を中心に多くのコントラクターが設立されている．

　さらに，飼料調製・配合を共同で行うTMR（total mixed rations）センターは，飼料生産の労働負担軽減や良質飼料供給を推進するための重要施策として，施設整備が進められており，支援策も有効活用しつつ飼料生産受託組織およびTMRセンターの活用を図ることが重要である．

c. 放牧の推進

　放牧は飼養管理・飼料生産作業の省力化に加え，飼料費の節減の観点からも有効なとりくみである．このため，乳用牛および肉用牛の育成牛については公共牧場への放牧が広く利用されている．酪農では，放牧地を複数に区分し牧草の状況に合わせて牛を移動させる輪換放牧が一部でとりくまれているが，牛の損耗や乳量の低下を防止する十分な管理技術が求められることから，適切な技術指導が重要となる．このようななか，耕作放棄地や未利用地の有効活用の一環として，放牧利用のための電気牧柵の整備などが進められているが，2010年の放牧実績は32万3,000頭であり，直近で最高であった2007年度の34万頭からやや減少している．

d. 耕畜連携の推進

　飼料自給率の向上を図るため，土地資源の有効利用を図ることが重要であることから，耕畜連携のとりくみとして，転作田や田の裏作における飼料用稲を含む飼料作物の作付けを推進するため，飼料用稲などの飼料生産技術の向上を図るとともに，耕種農家が生産した粗飼料を畜産農家に供給し，畜産農家から提供された堆肥を耕種農家が利用する耕畜連携のとりくみが進められてきた．

　さらに，飼料用稲（飼料用米，WCS（Whole Crop Silage）用稲）の生産については，耕種農家，畜産農家の双方に利点があり，土地資源の有効活用が図られることから，経営所得安定対策交付金が交付されることも相まって，飼料用稲の作付面積が拡大しており，自給飼料原料としての一角を担うようになっている．

　したがって，土地資源の有効活用の観点からも，低コスト化を図りつつ，引き続き飼料用稲の有効利用を進めていく必要がある．

e. 今後の方向性

　飼料作物の利用促進のためには，高品質で低コストかつ省力化が図られるような自給飼料生産のとりくみが進められる必要がある．これまでの品種改良，技術開発の推進などにより飼料作物を低コストかつ省力的に利用できる環境が整備されてきており，日本農業が国際競争力の波にさらされるなか，飼料作物は生産コストにおいても輸入粗飼料に対抗可能（輸入飼料価格92円/TDN kgに対し，自給飼料生産費用価44円/TDN kg：2009年）であることもあり，食料向けの穀物や畑作物の作付けが行われない（または行えない）土地においては，飼料作物は土地資源の有効活用の観点から重要な位置づけとなる．

　このため，飼料作物生産については，生産性向上と低コスト・多収量の飼料作物の生産を基本とし，飼料生産を担う人材の育成も進めることが重要となる．

F. 飼料の流通

a. 流通飼料

　飼料は，乾牧草・サイレージ・稲わらなどの粗飼料と，とうもろこし・麦類・糟糠類などの濃厚飼料に分けられるが，畜産経営が自

ら生産する自給飼料に対して，経営外から購入する飼料を流通飼料という．日本においては，農地面積や生産コストの点から粗飼料以外の自給飼料の生産は困難であり，濃厚飼料はその多くが海外から輸入されている．このため，流通飼料の大半は濃厚飼料であり，流通飼料と濃厚飼料を同義に扱うことも多い．輸入された乾牧草などの粗飼料は輸入粗飼料とよんで流通飼料と区分することも多い．

b．**濃厚飼料と配合飼料**

とうもろこし・麦類・糟糠類などの濃厚飼料に，油脂，ビタミン，ミネラルなどを混合し，必要な栄養分をすべてまかなえるようにした飼料を配合飼料という．中小家畜においては，発育段階別に混合割合を変えた配合飼料のみで飼育することが一般的である．また，大家畜においては，粗飼料と配合飼料を組み合わせて飼育することが一般的である．

配合飼料の主な原料は，とうもろこし，こうりゃん，小麦，大麦，大豆油かすなどであり，輸入国は，アメリカ，オーストラリア，カナダ，アルゼンチンなどである．近年の輸入量は，毎年 1400 万 t 程度である．なかでもとうもろこしは，配合飼料原料の 4 割強を占める重要な原料であり，そのほとんどをアメリカに依存してきた．近年，アメリカにおけるバイオエタノール向け需要量の増加等により，とうもろこしの需給が逼迫傾向で推移していることから価格が高止まりする傾向にあり，これに対応するため，調達先の多元化が試みられている．アメリカ以外の調達先として，ブラジル，アルゼンチン，ウクライナなどからの輸入が増加する傾向にある．一方，これらの国々は，港湾施設などの整備が不十分であったり，輸送日数がアメリカよりかかること，政府の判断で輸出が規制される可能性があることなど，安定供給に対するリスクもある．

c．**配合飼料の需給安定**

配合飼料の安定供給に対するリスクとしては，大型ハリケーンやミシシッピー川・パナマ運河の航行制限，輸出港の港湾ストライキによる原料到着の遅れに加え，先の東日本大震災で発生した配合飼料工場の被災による配合飼料の生産の停滞などもある．これらのリスクに対応するため，日本では 2014 年 3 月末現在，とうもろこし，こうりゃんについて(公社)配合飼料供給安定機構が 60 万 t を備蓄し，不測の事態が発生した際にはこれを放出（貸付）し安定供給に努めている．

d．**配合飼料の価格安定**

配合飼料価格の高騰は，畜産経営に大きな影響を与えるため，生産者と飼料メーカーが積み立てる通常補塡基金と，国と飼料メーカーが積み立てる異常補塡基金の二段階の基金による配合飼料価格安定制度を設け，配合飼料価格の高騰に対する激変緩和を行っている．このうち，基礎部分にあたる通常補塡については，当該四半期の配合飼料価格が，直近 1 年間の平均配合飼料価格を超える場合，その超える額を限度に補塡することになっている．また，当該四半期の輸入原料価格が，直近 1 年間の輸入原料価格に原則として 115％ を乗じた価格を超える場合，異常補塡基金からも補塡することになっている．

e．**エコフィードの活用**

国内の食品産業から発生する食品残渣は，適切な処理・加工を行えば，飼料原料として利用することが可能である．一定比率以上の食品残渣を利用した飼料をエコフィードとして認証している．エコフィードは，食品残渣の焼却や埋却処分を減らすとともに，飼料自給率の向上にもつながることから，その利用促進を図っていく必要がある．

G．家畜の流通

a．**家畜市場**

家畜市場は，せり取引などによる公正な家畜取引と取引家畜の大量集中化による適正な価格形成の場として，家畜取引法に基づき開設・運営されているものであり，家畜流通に

大きな役割を果たしている．

家畜市場は，全国に 149 か所（2012 年，休市場を含む）あるが，ピーク時（1961 年 1,477 か所）の 1/10 程度と再編整備が進んでいる．家畜市場を開設者別にみると，農協などの生産者団体が 8 割，家畜商組合が 1 割で，その他は地方公共団体等となっている．畜種別では，全体の 7 割が牛のみの市場であり，牛・豚の両方を扱う市場は 1 割未満となっている．

b. 家畜商

家畜商の登録者数は，1980 年の 62,000 人をピークに減少傾向にあり，2012 年末で 46,000 人となっている．

家畜商は家畜の流通において農協系統とならび重要な役割を果たしており，家畜市場取引を購買者別にみると，肉専用種では子牛の 18％，成牛で 45％のシェアを，乳用種の初生牛では 47％，子牛で 40％，成牛で 64％のシェアを，子豚では 20％のシェアを占めている．また，従来から家畜の流通分野だけではなく，自ら肉用牛の生産に携わり，優良肉用子牛の育成・肥育を行う生産者として，さらには広範な知識と技術を活かして地域の畜産農家を指導するなど，多面的な役割を果たしている．

c. 牛の流通

肉専用種の子牛では，個体間の資質にばらつきが多いことや従来から家畜市場での取引の慣行があったことなどにより市場取引の割合が大きく，2012 年の出生頭数の 8 割を占めている．

乳用種の初生牛（ぬれ子）では，酪農家からの販売は初生牛段階が大半を占めること，頭数・規模などについてまとまった取引が可能となることなどから，比較的市場取引の割合が高く，2012 年では出生頭数の 48％を占めている．一方，子牛では農協などへの委託による市場外流通が多いこと，初生牛からの一貫肥育経営が多いこと，個体ごとの資質のばらつきが少なく取引価格が体重 × 単価（市場価格を参考とする場合が多い）で設定されることが一般的であることなどから，市場取引割合は出生頭数のうち 15％となっている．

また，肥育牛を含む成牛においては，家畜市場における生体取引に代わり，食肉卸売市場，産地食肉センターなどにおける枝肉取引が主流となっているため，市場取引の割合は小さい．2012 年における屠畜頭数に占める割合は肉専用種 12％，交雑種を含む乳用種で 19％となっている．

d. 豚の流通

子豚では一貫経営の進展などから取引頭数が減少するとともに市場取引もわずかであり，2012 年では出生頭数に対して 0.4％となっている．

肉豚についても生産者自ら，または農協への委託による屠畜場出荷が大半を占める現状において，市場取引の割合はきわめて小さい．

H. 食肉の流通

a. 国産食肉

国産食肉は生産者（農場）から消費者（食卓）へ至る流通工程のなかで，生体→枝肉→部分肉→精肉とその形状や重量を大きく変化させる．食肉処理施設（屠畜場）へ出荷された牛や豚は，①頭部，皮，内臓などが除かれた枝肉に加工された後，代金精算が行われる．例えば，販売単価が 2,000 円 /kg で枝肉重量が 450 kg の牛ならば 90 万円が生産者に支払われる．②枝肉は骨や脂肪などが除かれ，さらにロース，バラなどの部位別に分割されて部分肉に加工される．食肉卸売業者や食肉加工業者など業者間の取引は主として部分肉より行われる．③部分肉はスライスやカットなどの加工が行われ，最終的に精肉となって消費者へ提供される．なお，精肉として提供される肉の重量は生体重の 40〜45％位である（図 11.2）．

国産食肉の流通の要である食肉処理施設は，試験場などに併設したものを除き全国に

179か所（2013年4月現在）あり，その機能によって①食肉卸売市場併設屠畜場（以下，「食肉卸売市場」），②産地食肉センター，③その他屠畜場に大別される（図11.3）．

食肉卸売市場では，枝肉取引規格に基づく格付を受けた枝肉をせり売買するとともに品種や規格別の平均価格等を公表している．このため，協議によって枝肉価格を決める相対取引においても食肉卸売市場が公表する価格を基準にして円滑な価格決定を行うことが可能となっている．この機能は「建値形成機能」とよばれ，食肉卸売市場がもつ重要な機能となっている．さらに，東京や大阪など大都市に設置された中央食肉卸売市場および『畜産物の価格安定に関する法律』に基づく指定を受けた地方食肉卸売市場（指定市場）は，国産食肉の価格が暴落や暴騰した場合に㈱農畜産業振興機構が行う牛肉または豚肉（指定食肉）の買入れや売渡しを通じて価格の安定にも寄与している．2012年に食肉卸売市場で取引された国産食肉の数量は牛肉で全体の35％，豚肉では全体の13％にすぎないが，建値形成機能等をもつ食肉卸売市場は日本の食肉流通において重要な役割を担っている．

産地食肉センターは，主に産地に設置される屠畜解体と部分肉加工を一貫的かつ衛生的に行う機能をもつ食肉処理施設であり，国産食肉の流通コストの低減と安全性の向上に寄与している．最近では食肉卸売市場と産地食肉センターの両方の機能を併せもつ食肉処理施設が整備されつつある．

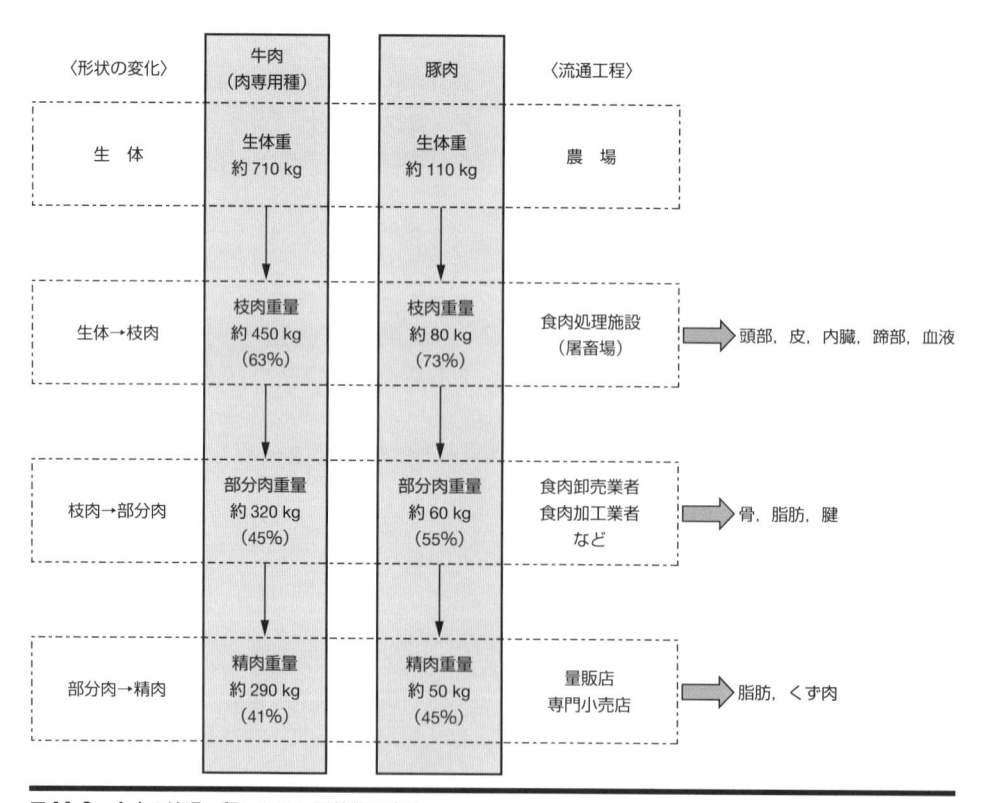

〈形状の変化〉	牛肉（肉専用種）	豚肉	〈流通工程〉	
生体	生体重 約710 kg	生体重 約110 kg	農場	
生体→枝肉	枝肉重量 約450 kg (63%)	枝肉重量 約80 kg (73%)	食肉処理施設（屠畜場）	⇒ 頭部, 皮, 内臓, 蹄部, 血液
枝肉→部分肉	部分肉重量 約320 kg (45%)	部分肉重量 約60 kg (55%)	食肉卸売業者 食肉加工業者 など	⇒ 骨, 脂肪, 腱
部分肉→精肉	精肉重量 約290 kg (41%)	精肉重量 約50 kg (45%)	量販店 専門小売店	⇒ 脂肪, くず肉

図11.2 ● 食肉の流通工程における形状等の変化

注：カッコ内の数値は生体重を100とした場合の重量比率（歩留比率）

b. 輸入食肉

豚肉は1971年度，牛肉は1991年度より輸入が自由化されている．輸入豚肉については，一定の価格水準（基準輸入価格）を下回ったものから差額を徴収するとともに，基準輸入価格を超えたものに対しては従価税（2012年度現在4.3％）を課す差額関税制度が設けられている．さらに，ガット・ウルグアイラウンド交渉に基づき輸入量が一定水準を超えた場合には基準輸入価格を引き上げる緊急措置が設けられている．

牛肉については，1991年4月に70％の関税率が設定されたが，1993年度には50％に，ガット・ウルグアイラウンド交渉に基づき2000年度には38.5％に引き下げられた．なお，牛肉についても輸入量が一定水準を超えた場合には関税率をWTO上の約束水準である50％まで引き戻す緊急措置が設けられている．

国産品に比べて価格が安く，人気の高い部位を集中的に仕入れることが容易な輸入食肉は，加工品向けや外食向けを中心に需要を伸ばしており，牛肉では1990年に36万6,000 tであった輸入量（部分肉ベース）が2013年には53万5,000 tへ，豚肉では1990年に34万3,000 tであった輸入量（部分肉ベース）が2013年には73万8,000 tへ増加している．

また，2013年の国別輸入量をみれば，牛肉ではオーストラリア（全輸入量の54％）およびアメリカ（同35％）が主要輸入先となっており，豚肉ではアメリカ（同38％），カナダ（同19％）およびデンマーク（同

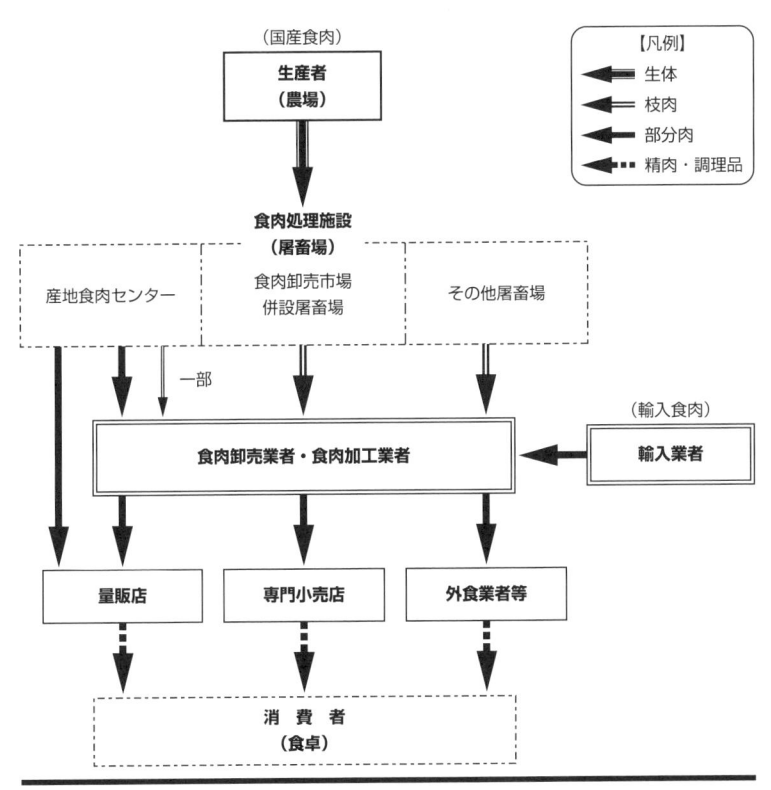

図11.3● 食肉の流通工程（概念図）

11.2 畜産制度・施策

15％）が主要輸入先となっている．輸入食肉は，輸入業者から食肉卸売業者や食肉加工業者を経て，量販店，専門小売店，外食業者などにおいて精肉や調理品として消費者へ提供される（図11.3）．

I. 畜産環境
a. 概況

日本の畜産は，食生活の多様化に伴う畜産物の消費増などを背景に大きな発展を遂げ，農業の基幹的部門へと成長してきた．しかしながら，1戸あたりの飼養規模の拡大や地域における混住化の進行，環境問題への関心の高まりなどを背景として，畜産経営に起因した悪臭や水質汚濁などの環境問題が発生するようになった．また，地球温暖化に対する関心が高まるなか，温暖化対策は，産業，運輸，家庭等の部門を問わず対応が求められており，農林水産業も例外ではない．

国内の畜産業から発生する家畜排泄物の量は年間約8000万tというきわめて大きなバイオマス資源のひとつである．家畜排泄物は，肥料三要素，微量要素，有機物等を多く含み，従来から資源として農作物や飼料作物生産に有効に利用されてきたところであるが，一方で，畜産経営に起因する環境問題の多くは，家畜排泄物の不適正な処理や管理が主な発生要因と考えられる．

このため，畜産に起因する環境問題の解決を図るためには，家畜排泄物の処理や管理の適正化とともに，その利活用を進めていくことが重要であり，畜産農家は，各種環境関連法令に基づく規制等への適切な対応やバイオマスとしての利活用の推進などが求められている．

b. 関係法令

ⅰ）家畜排せつ物の管理の適正化及び利用の促進に関する法律

本法では，牛10頭，豚100頭，鶏2,000羽，馬10頭以上を飼養する畜産農家などは，家畜排泄物をコンクリートなどの不浸透性材料で汚水の流出防止などの措置の施された堆肥舎などで管理することと規定している．

また，農林水産大臣が定める基本方針とこれに即した都道府県計画に基づき認定を受けた畜産農家は，家畜排泄物の利用の促進に必要な施設整備を実施するために，㈱日本政策金融公庫の低利・長期の融資を受けることが可能となっている．

ⅱ）水質汚濁防止法

本法では，一定規模以上の工場・事業場（特定事業場）について，都道府県知事への届出を義務づけるとともに，排出される水質汚濁物質について物質の種類ごとに排水基準を定めている．また，届出書に記載されている排出水の水質項目について1年に1回以上の測定とその結果の記録・保存（3年間）を義務づけている．

畜産については，牛房：50 m^2 以上，豚房：200 m^2 以上，馬房：500 m^2 以上を有する畜産事業場が，特定事業場として本法の規制の対象となっている．

排水基準については，カドミウムなど28の健康項目と水素イオン濃度などの15の生活環境項目について，排水口における許容濃度が示されている．なお，許容濃度については，自然的・社会的条件から，都道府県が判断すれば，地域を限定したうえで一定の範囲内でより厳しい基準を課すこともできることとなっている．

畜産に関係のある項目は，健康項目としては，アンモニア，アンモニウム化合物，亜硝酸化合物および硝酸化合物（硝酸性窒素等）が，生活環境項目としては，BOD，COD，大腸菌群数，窒素含有量，リン含有量などが規制されている．

このほか，湖沼や閉鎖性海域および流入する河川などへ排水している事業場のうち，1日あたりの平均的な排出水の量が50 m^3 以上の工場・事業場に対しては，富栄養化の原因物質である窒素・リンに関する排水基準が設

定されている．東京湾，伊勢湾，瀬戸内海の三水域の関係地域では，環境に排出される汚濁物質の総量を一定量以下に削減する総量規制が実施されている．

iii）湖沼水質保全特別措置法

本法では，都道府県知事が指定する湖沼の関係地域においては，牛房：40 m² 以上，豚房：160 m² 以上，馬房：400 m² 以上を有していれば，施設の設置の届出などが義務づけられている．また，水質汚濁防止法で規定される特定事業場のうち1日あたりの平均的な排出水の量が 50 m³ 以上の事業場について，汚濁負荷量が規制されている．

iv）悪臭防止法

本法では，都道府県知事が指定する規制地域内の工場・事業場の事業活動に伴って発生する悪臭について必要な規制を行うことなどにより生活環境を保全し，国民の健康の保護に資することを目的とし，22 の特定悪臭物質および臭気指数を排出規制の対象としている．規制は，事業場の敷地境界，煙突等の排気口，排出水の3つの地点があり，畜産については主に敷地境界における規制の対象となる．また，規制地域内の事業場の設置者は，悪臭を伴う事故の発生があった場合，ただちに市町村長に通報し，応急措置を講じるなどの義務がある．

v）廃棄物の処理及び清掃に関する法律

本法では，家畜排泄物は産業廃棄物として規定されている．ただし，廃棄物とは，一般的には利用・売却することができないため不要となった物と解釈され，家畜排泄物が廃棄物にあたるか否かについては，その管理の態様などから判断される．例えば，畜産農家が家畜排泄物の処理を民間業者に委託したり，長期間野積み状態で放置したような場合などは，一般的には産業廃棄物とみなされ，本法の規制を受けるものと解される．他方，畜産農家自ら家畜排泄物を堆肥化し，利用する場合には堆肥原料として扱われるのが一般的である．家畜排泄物を産業廃棄物としてとり扱う場合には，本法に基づき，保管・収集・運搬・処分に関して基準に従う必要があり，業としてこれらの処理を行う者は産業廃棄物処理業の許可を受ける必要がある．

vi）肥料取締法

本法では，堆肥は特殊肥料と位置づけ，堆肥を業として生産，輸入，販売しようとする者は，都道府県知事に届出を行う必要がある．また，販売などにあたっては，主要成分の量，原料などについて本法の基準に基づき表示する必要がある．

vii）地球温暖化対策の推進に関する法律

本法では，温室効果ガスを一定量以上排出する者に対して，温室効果ガスの排出量の算定と国への報告を義務づけ，国が報告されたデータを集計・公表することとなっている．この制度は，①排出者自らが排出量を算定することによる自主的とりくみのための基盤の確立，②情報の公表・可視化による国民・事業者全般の自主的とりくみの促進・気運の醸成を狙いとしており，畜産に関しては，①家畜の飼養（消化管内発酵（メタン）），②家畜排泄物の管理（メタン，亜酸化窒素）が報告の対象となっている．

viii）バイオマス活用推進基本法

本法では，バイオマスの活用の推進に関し，基本理念を定め，バイオマスの活用の推進に関する施策を総合的かつ計画的に推進し，もって持続的に発展することができる経済社会の実現に寄与することを目的としている．

ix）電気事業者による再生可能エネルギー電気の調達に関する特別措置法

本法に基づく，再生可能エネルギーの固定価格買取制度においては，再生可能エネルギー源（太陽光，風力，水力，地熱，バイオマス）を用いて発電された電気を，国が定める固定価格で一定の期間電気事業者に調達を義務づけている．家畜排泄物も，バイオマスのひとつとして位置づけられ，メタン発酵や

鶏糞ボイラーなどによる発電が制度の対象となっている.

J. 家畜衛生

日本においては,『家畜伝染病予防法』『薬機法』『飼料の安全性の確保及び品質の改善に関する法律』などに基づき,家畜衛生に係る措置を講じているところである.国際物流の進展により世界中の人,物がきわめて短時間に大量に移動する状況のなか,日本の畜産の発展や国民の食生活の多様化を背景に畜産物の輸入が増加しており,海外からの家畜の伝染性疾病の侵入の危険性は高い状況にある.また,家畜における耐性菌の問題や飼料の安全性の確保についても引き続き重要な課題であり,これらについて法令に基づき的確な措置を行っている.

a. 家畜伝染病予防法に基づく防疫体制

『家畜伝染病予防法』は,家畜の伝染性疾病を予防し,および蔓延を防止することにより,畜産の振興を図ることを目的とする,日本における家畜防疫に関する基本法である.同法に基づき,日本の家畜防疫体制は,①国は,国内における防疫措置として,家畜防疫のための方針の策定・改定を行い,都道府県等と連携して防疫対策を実施するとともに,海外からの家畜の伝染性疾病の病原体の侵入を防止するための水際措置として,国の機関である動物検疫所を通じて,輸出入検疫を実施すること,②都道府県は,国内における具体的な防疫措置の実施主体として,都道府県の機関である家畜保健衛生所を通じて,当該防疫措置を実施することを基本としている.日本における家畜防疫体制のしくみは図11.4に示すとおりである.

b. 国内防疫

家畜伝染病予防法における国内防疫措置として,家畜の伝染性疾病を予防する措置と,家畜伝染病の発生に伴ってその蔓延を防止するための措置が規定されている.同法においては第2章に家畜の伝染性疾病の発生の予防について規定しており,これらの措置は,基本的には,家畜の所有者自らがその経済活動または社会的責務として行うべきものであるが,公益的な見地からその措置の一部については最低限の要求について規定している.また,第3章においては,家畜伝染病の発生に関し,その届出から家畜伝染病の制圧,撲滅に至るまでの一連の措置を規定している.家畜伝染病の発生予防措置と蔓延防止措置は表裏一体あるいは重複する部分もあるが,概念

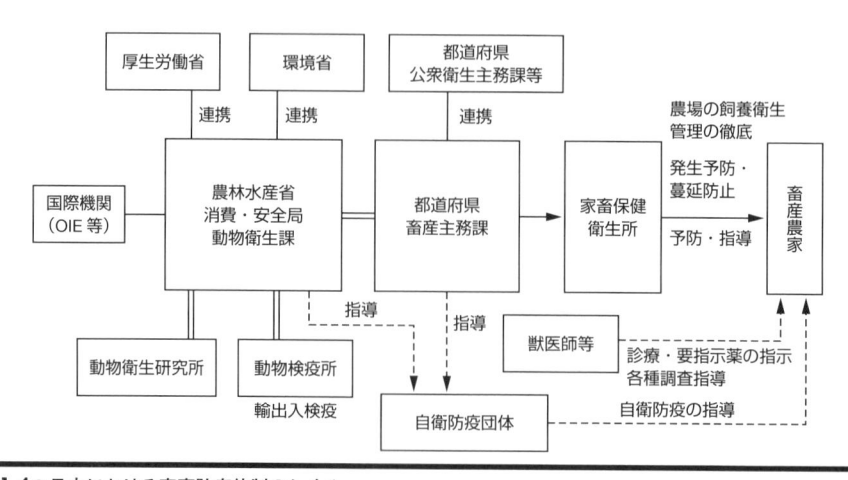

図11.4 ● 日本における家畜防疫体制のしくみ

的には，第2章で発生が認められる以前における予防措置を，第3章で発生が認められた後における一連の蔓延防止措置を規定している．

実際の防疫措置は，都道府県が実施することとされており，各都道府県知事が行う発生予防措置として，検査，注射，薬浴または投薬の指示，検査を行った際の証明書の交付等を行う．また，家畜伝染病が発生した際に都道府県知事（家畜防疫員が行う場合を含む）は殺処分命令，家畜の所有者が行う死体等の焼却または埋却に対する指示，家畜などの移動の制限，家畜の所有者が行う消毒の指示などを行う．なお，防疫措置を実際に行うのは各都道府県に設置されている家畜保健衛生所の家畜防疫員である．

c. 輸出入検疫

輸出入検疫においては，家畜の伝染性疾病の病原体は家畜のみではなく，それと同属あるいは類似する動物によっても持ち込まれる可能性があることから，それらの動物も検査の対象とし，その死体およびこれらの動物由来の畜産物などを要検査対象物（以下，「指定検疫物」）としている．

日本への指定検疫物の輸入については『家畜伝染病予防法』で輸出国政府機関の発行する検査証明書の添付を義務づけるとともに，輸入時に家畜防疫官による検査を受けなければならないとしており，この検査結果に基づいて殺処分・焼却・消毒などの措置を講じている．このほかに輸入検疫上，特に重要視されている家畜の伝染性疾病（牛疫，口蹄疫，アフリカ豚コレラ）の日本への侵入防止のための措置として，「地域」と「物」を指定して，特定の物の輸入を禁止する措置を講じており，これらの3種の疾病以外の家畜の伝染性疾病であっても日本に重大な影響を及ぼすおそれがあると判断された場合は，輸入停止などの措置を講じている．

輸出入検疫は動物検疫所において実施しており，このほかに『狂犬病予防法』に基づく犬などの輸出入検査，『感染症の予防及び感染症の患者に対する医療に関する法律』に基づくサルの輸入検査，および『水産資源保護法』に基づく水産動物の輸入検査を実施している．動物検疫所は，横浜に本所を置き，全国に7支所，17出張所を設置しており，402名の家畜防疫官を配置し，法令に基づいて指定された港および飛行場において輸出入動物および畜産物などの検査，検査に基づく措置を実施している（数字は2015年度末現在）．

d. 動物薬事

動物用医薬品等については，動物用医薬品等の品質，有効性および安全性の確保を行うために，人用の医薬品等と同様，『薬機法』の規制を受け，獣医療上その必要性が高い動物用医薬品および医療機器の研究開発の促進のために必要な措置を講じている．

動物用医薬品などの製造販売などを行うにあたっては許可・承認が必要である．例えば，製造販売を業として行う場合には，農林水産大臣の許可が必要であり，製造販売には農林水産大臣の品目ごとの承認が必要である．加えて，これらの動物用医薬品は市販後も有効性・安全性についての再評価などを受けることが必要である．また，動物用医薬品および高度管理医療機器の販売業には都道府県知事の許可が必要である．

動物用医薬品等のとり扱いについてもさまざまな規制を定めており，毒劇薬および要指示医薬品の販売方法の制限，立入検査，改善命令，治験（承認申請に必要な臨床試験の実施）の届出について定められている．

動物用医薬品については，製造業の許可を受けた者以外の者による輸入の禁止について規定しており，未承認医薬品を食用動物に使用することを禁止することについても規定している．また，適正に使用しなければ畜水産物中に残留して人の健康を損なうおそれのある動物用医薬品について，使用基準が設定さ

れており，基準を守らない場合には罰則も適用される．

『薬事法』に規定されている立入検査などを行うために農林水産大臣，都道府県知事はその職権を行わせるために薬事監視員を置き，当該業務を行うこととしている．

e．飼料安全

飼料については『飼料の安全性の確保及び品質の改善に関する法律』（以下，「飼料安全法」）において，飼料および飼料添加物の製造等に関する規制，飼料の公定規格の設定およびこれによる検定などを行うことにより，飼料の安全性の確保および品質の改善を図り，公共の安全の確保と畜産物の生産の安全に寄与することを目的としている．

『飼料安全法』の対象となる家畜等は，牛，めん羊，山羊，しか，豚，鶏，うずら，みつばちのほか，ぶり，まだい，こい，うなぎ，にじますなど全23種の養殖水産動物も含まれている．また，『飼料安全法』の対象となる飼料はこれらの家畜などの栄養に供することを目的としているもので，農家の生産段階で使用されることとなるすべての飼料が規制対象となる．また，飼料添加物とは，飼料の品質低下の防止などの3つの用途に供することを目的として，飼料に添加，混和などを行って用いられる物で，農林水産大臣が指定するものとされている．

『飼料安全法』でいう安全性の確保とは，有害畜産物の生産の防止や家畜に被害が生じることによる畜産物の生産阻害の防止等を意味しており，これを達成するために飼料・飼料添加物の製造・使用・保存の方法・表示につき規格を定めることができることとしているなど万全を期している．

K．牛の個体識別とトレーサビリティ

a．これまでの牛個体識別にかかるとりくみ

牛1頭ごとに生涯唯一の個体識別コード（個体識別番号）を付与し，それを印字した耳標などを装着して個体を特定する「家畜個体識別システム」は，1990年代初頭，オランダやデンマークを中心にEU域内で確立され，牛個体識別情報の統一による改良の効率化や経営支援体制の充実に成果を上げていた．

日本においても酪農関係者などを中心として個体識別システムに対する機運が高まり，1995年度から家畜個体識別システムの研究に着手し，1997年から2001年にかけてモデル事業が実施され，血統登録，牛群検定，人工授精などの情報の連携について検討が進められてきた．

b．BSE（牛海綿状脳症）の発生とトレーサビリティ制度

2001年9月，日本でBSEが発生したことを受け，緊急に国内に飼養されているすべての牛（およそ450万頭）を対象に牛の個体識別を実施することとされ，2002年5月頃までに10桁の個体識別番号を印字した耳標（個体識別耳標）が装着された．さらに，これらの個体識別情報について，同年10月には㈳家畜改良センターに家畜個体識別全国データベース（個体識別システム）が構築され，農場から屠畜場までの異動履歴が把握できるようになった．

その後，牛肉の安全に対する信頼確保やBSEの蔓延防止措置の的確な実施を目的とした『牛の個体識別のための情報の管理及び伝達に関する特別措置法』（平成15年法律第72号）が制定され，2003年12月より生産段階（出生から屠殺まで）について施行され，2004年12月より流通段階（屠殺から販売業者または料理店まで）について施行されたことにより，農場から食卓までの牛（牛肉）の異動が把握できるようになった．

c．牛の個体識別システムの活用方向

日本の個体識別システムは，結果的に，牛のトレーサビリティの確保を目的として構築されたが，この個体識別情報は，育種改良や経営支援などへの活用の可能性をもっている．

実際に，オランダやデンマークなどで確立された「牛の個体識別システム」の活用方法は，トレーサビリティのほかに，個体識別システムを中心とした各機関とのデータ連携をめざしたものであり，機関ごとに異なった番号で管理されている情報（登録機関による血統情報，泌乳や産肉能力といった検定情報，人工授精や分娩などの繁殖情報，疾病や診療履歴など）を，個体識別番号をキーとして連携することが可能となっている．

これにより，①牛個体情報の一体的な活用による経営支援の高度化および情報提供などの向上，②改良の精度の向上および促進，③畜産関係団体の事業・業務の効率化，④牛個体の識別を必要とする制度および補助事業の適性かつ効率的な執行の確保などへの活用が可能であることから，日本においてもとりくみを推進しているところである．

d. 個体情報活用にあたっての留意事項

牛の個体識別システムは多方面への活用が期待される一方，牛個体の異動履歴のほか，管理者やそれに係る団体，各種関係機関の情報など，さまざまな個人情報を含むことから，システムのセキュリティーとそれを扱う者の管理意識，また，提供された情報のとり扱いには十分な注意が必要となっている．

L. 畜産物の安全に関するリスクコミュニケーション

2001年に日本で初めての牛海綿状脳症（BSE）感染牛が発見されたことを契機に，日本では食品安全行政の見直しが行われ，リスクアナリシス（risk analysis）の考え方が導入された．

食品安全分野においてリスクアナリシスとは，食品に含まれるハザード（hazard）を摂取することによって人の健康に悪影響を及ぼす可能性がある場合に，その発生を防止し，またはそのリスクを低減するための枠組みをいう．食品安全のリスクアナリシスにおけるハザードとは，健康に悪影響をもたらす可能性をもつ食品中の生物学的，化学的または物理学的な物質，または食品の状態をさし，具体的には，ノロウイルス，カビ毒の一種であるアフラトキシン，重金属などが例として挙げられる．リスクとは，食品中にハザードが存在する結果として生じる健康への悪影響のおきる確率とその悪影響の程度の関数をさす．

リスクアナリシスは，リスク評価（risk assessment），リスク管理（risk management）およびリスクコミュニケーション（risk communication）からなる．リスク評価とは，食品中のハザードを摂取することによってどのような健康への悪影響がどのような確率で起きうるかを科学的に評価するプロセスをいい，リスク評価の結果を踏まえて，人々の食生活の状況や技術的な実行可能性などを考慮し，リスクをなるべく小さくするための対策を実施することをリスク管理という．そして，リスクアナリシスの全過程において，リスクそのものやリスクに関連したものについて，消費者や生産者を含むすべての関係者間で相互に情報や意見を交換し，その意見をリスク評価やリスク管理に反映させるリスクコミュニケーションが行われる．具体的には，消費者・生産者・製造業者・研究者・行政関係者などの関係者が一同に集まり，互いに情報や意見交換を行う意見交換会，情報媒体を通じた情報・意見の交換，パブリックコメントの実施などが挙げられる．

日本では2003年7月の『食品安全基本法』の施行に伴い内閣府食品安全委員会が設置され，リスク評価を食品安全委員会，リスク管理を主に厚生労働省と農林水産省が担い，連携してリスクコミュニケーションを行っている．また2009年9月には消費者庁が発足し，関係省庁が実施するリスクコミュニケーションの調整を担うこととなった（図11.5）．

畜産物の安全に関する具体例としては，家畜に使用される抗菌性物質がある．従来から

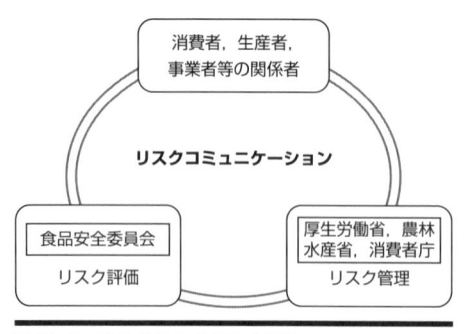

図 11.5 ● 政府全体の食品安全行政

　飼料添加物や動物用医薬品として使用されてきた抗菌性物質の使用により薬剤耐性菌が選択されるおそれがある．この薬剤耐性菌が食品を介して人の健康に悪影響を与えることが指摘されていることを受けて，2003年12月，農林水産省は食品安全委員会に家畜への抗菌性物質使用が人の健康に及ぼすリスクの科学的評価を依頼し，評価結果に応じてリスク管理を見直すこととした．この諮問に先立ち，農林水産省は諮問内容に関する意見交換会を実施した．その後，2003年7月から8月にかけて，食品安全委員会は安全性評価の考え方に関するパブリックコメントや意見交換会を行った．これらのリスクコミュニケーションを経て，2003年9月，食品安全委員会は家畜への抗菌性物質の使用により選択される薬剤耐性菌の食品健康影響に関する評価指針を示した．この指針に従って，食品安全委員会では，動物用抗菌性物質が家畜などに使用された場合に選択された薬剤耐性菌が食品を介して人に健康上の影響を与える可能性およびその程度が評価されている．また，農林水産省が行った意見交換会において，一部の獣医療現場で獣医師の無診察による指示書交付等の違法行為が行われていることが指摘された．これを受け，2002年12月，農林水産省は要指示医薬品制度に関する法令遵守の徹底について関係団体に通知書を発出した．このことは意見交換会における意見が施策に反映された一例である．

　家畜に使用される抗菌性物質については，その後，食品安全委員会のリスク評価結果を受けて，農林水産省としてのリスク管理措置策定指針が作成され，2013年12月には「畜産物生産における動物用抗菌性物質製剤の慎重使用に関する基本的な考え方」が公表されている．

　また，近年の食品安全に関する大きなテーマとして，食品中の放射性物質に関する問題がある．2011年3月に発生した東日本大震災に伴い，東京電力福島第一原子力発電所において事故が発生し，環境中に放射性物質が放出された．これを受けて厚生労働省はただちに食品中の放射性物質の暫定規制値を設定し，暫定規制値を超える放射性物質を含む食品が流通しないよう，放射性物質濃度の検査や検査結果に基づく出荷制限等の指示を実施した．この暫定規制値は，緊急を要するため食品安全委員会の評価を受けずに定めたものであったため，厚生労働省は食品安全委員会に食品健康影響評価を要請し，食品安全委員会は，2011年11月に評価結果をとりまとめ答申した．厚生労働省は，これを受けて新たな基準値の検討を開始し，2011年12月に新基準値の案が示された．その後，2012年1月から2月にかけてパブリックコメントや意見交換会を行い，これらの結果などを踏まえて，2012年4月から新たな基準値が適用された．この意見交換会には，厚生労働省に加えて，リスク評価機関である食品安全委員会や農業生産現場におけるリスク管理を担当する農林水産省も出席し，消費者をはじめとする関係者との意見交換が行われた．

第11章　畜産法規・制度

出典一覧

(敬称略)

図2.2　兵庫県立播磨農業高等学校
図2.3　全国和牛登録協会
図2.5　中川　剛〔木曽馬保存会〕
図2.6　長嶺夏子〔ノーザンファーム〕
図2.13, 2.14, 2.15, 2.16, 2.18　塚原洋子〔American Institute for Goat Research Langston University〕
図2.44　眞鍋　昇，哺乳類の生殖生物学(高橋迪雄監修)，図2-20，p.88，学窓社(1999)
図2.46　加藤喜太郎・山内昭二，改著 家畜比較解剖図説，下巻，828図，p.85，養賢堂(1995)
図2.47　加藤喜太郎・山内昭二，改著 家畜比較解剖図説，下巻，862図，p.107，養賢堂(1995)
図2.48　正木淳二ほか，最新 家畜家禽繁殖学，図3-1，p.39，養賢堂(1982)
図2.54　日本比較内分泌学会出版委員会，日本比較内分泌学会ニュース，126，13，日本比較内分泌学会(2007)
図2.55　森　裕司〔東京大学大学院農学生命科学研究科〕
図2.63, 2.64　農業・食品産業技術総合研究機構：写真で見る繁殖技術
　　　　http://www.naro.affrc.go.jp/nilgs/breeding/skill/027393.html
表2.16　岡野　彰，農林水産技術研究ジャーナル，11(8)，表1，32，農林水産情報協会(1988)
図2.65　I. M. Sheldon et al., Biol. Rep., **81**(6), FIG.1., 1026(2009)　Reprinted with permission from the Society for the Study of Reproduction.
図3.1　金井克晃，新編 畜産ハンドブック(扇元敬司ほか編)，図3.1，p.110，講談社(2006)
図3.3　金井克晃，新編 畜産ハンドブック(扇元敬司ほか編)，図3.2，p.111，講談社(2006)
図3.5　金井克晃，新編 畜産ハンドブック(扇元敬司ほか編)，図3.4，p.115，講談社(2006)
図3.12　上家哲，新編 畜産大事典(田先威和夫監修)，図Ⅰ-7-1，p.642，養賢堂(1996)を改変
図3.13　中島恵一〔北海道農業研究センター〕
図3.16　田中正仁，新編 畜産ハンドブック(扇元敬司ほか編)，図3.12，p.132，講談社(2006)
図3.17　上家　哲，新編 畜産大事典(田先威和夫監修)，図Ⅰ-7-5，p.648，養賢堂(1996)を改変
図3.18　小原嘉昭，ルミノロジーの基礎と応用―高泌乳牛の栄養整理と疾病対策(小原嘉昭編)，図5.1.1，p.174，農山漁村文化協会(2006)を改変
図3.23　佐藤　繁，ルミノロジーの基礎と応用―高泌乳牛の栄養整理と疾病対策(小原嘉昭編)，図8.1.1，p.237，農山漁村文化協会(2006)
図3.24　佐藤　繁，ルミノロジーの基礎と応用―高泌乳牛の栄養整理と疾病対策(小原嘉昭編)，図8.3.1，p.250，農山漁村文化協会(2006)
図3.26　吉村幸則，新動物生殖学(佐藤英明編)，図11.6，p.146，朝倉書店(1991)
図3.27　高橋和昭，新編 畜産ハンドブック(扇元敬司ほか編)，図3.21，p.141，講談社(2006)
図6.1　假屋喜弘，新畜産ハンドブック(扇元敬司ほか編)，図3.23，p.110，講談社(1995)
図6.2　森田琢磨，家畜管理学(三村耕ほか)，図2-69，p.106，養賢堂(1980)を改変
図6.3　C：佐藤衆介〔東北大学大学院農学研究科〕
図7.3　田中吉紀，シンプル微生物学 改訂第4版(東　匡伸ほか編)，図3-11，p.93，南江堂(2009)を改変

表7.7 中央畜産会，日本標準飼料成分表(2001年版)，38-41，52-53(2001)
表7.8 敖日格楽ほか，日本草地学会報，49(2)，Table3，161(2003)
表7.9 中央畜産会，日本飼料標準・肉牛用(2001年版)，表4.11.1.2，79(2001)
表7.10，7.11 農林水産省：飼料の適正使用について，p.13-14
　　　http://www.maff.go.jp/j/syouan/tikusui/siryo/pdf/chikusan.pdf
表7.12 BSEに関する飼料規制　http://www.maff.go.jp/j/syouan/tikusui/siryo/pdf/siryo_bse.pdf
図9.5 山本憲二，乳酸菌とビフィズス菌のサイエンス(日本乳酸菌学会編)，図2-2-1，p.130，京都大学学術出版会(2010)
図9.6 山本憲二，乳酸菌とビフィズス菌のサイエンス(日本乳酸菌学会編)，図2-2-2，p.132，京都大学学術出版会(2010)
図9.7 R. クルスティッチ，立体組織学図譜II 組織篇(藤田恒夫監訳)，図版125，p.257，西村書店(1986)に加筆；R. V. Krstić, *Die Gewebe des Menschen und der Säugetiere*, Tafel 125, p.257, Springer(1988)
図9.8 上：大江美香〔畜産草地研究所〕
表9.13 土居幸雄，畜産物利用学(齋藤忠夫ほか編)，表3-4，p.228，文永堂出版(2011)
表9.14 土居幸雄，畜産物利用学(齋藤忠夫ほか編)，表3-5，p.231，文永堂出版(2011)
図9.16 田名部尚子ほか，卵の調理と健康の科学(佐藤泰ほか)，p.88，図2-23，弘学出版(1989)
付録A2 伊藤章，新畜産ハンドブック(扇元敬司ほか編)，p.526-527，講談社(1984)
付録B1(1) 農業・食品産学技術総合研究機構編，日本飼養標準・乳牛(2006年版)，p.23-32，中央畜産会(2007)より抜粋
付録B1(2) 農業・食品産学技術総合研究機構編，日本飼養標準・肉用牛(2009年版)，p.31-50，中央畜産会(2008)より抜粋
付録B1(3) 農業・食品産学技術総合研究機構編，日本飼養標準・豚(2013年版)，p.10-19，中央畜産会(2013)より抜粋
付録B1(4) 農業・食品産学技術総合研究機構編，日本飼養標準・家禽(2011年版)，p.12-15，中央畜産会(2012)より抜粋
付録D7 小堤恭平，動物資源利用学(伊藤敞敏ほか編)，p.191，図III-29，文永堂出版(1998)を改変
付録D8 小堤恭平，動物資源利用学(伊藤敞敏ほか編)，p.189，図III-28，文永堂出版(1998)

国家公務員採用試験の過去問題（抜）

解　説

　国家公務員採用試験は2012年から大きく変更された．これまでのⅠ種，Ⅱ種，Ⅲ種試験が廃止され，総合職試験および一般職試験に再編された．また，総合職試験に院卒者試験が創設された．これにより，国家公務員Ⅰ種畜産職採用試験は，総合職試験の農業科学・水産の試験区分（院卒者試験および大卒程度試験）となった．試験種目は，基礎能力試験（多肢選択式）および専門試験（多肢選択式）からなる第一次試験と専門試験（記述式），政策関連試験（院卒と大卒で試験内容が異なる）および人物試験からなる第二次試験から構成される．詳細は下記のURLを参照されたい．

人事院ホームページ
http://www.jinji.go.jp/top.htm

採用試験の基本的な見直し
http://www.jinji.go.jp/saiyo/shiken_minaoshi.htm

採用情報ナビ
http://www.jinji.go.jp/saiyo/saiyo.htm

　第一次試験の専門試験（多肢選択式）は3部からなり，全体で140題出題され，そのうち40題を選択し解答する．
- Ⅰ部は，生物資源に関する基礎［生物資源科学，食料事情，統計学］が5題出題され，全員が全問を解答する．
- Ⅱ部は，選択A，選択B（各10題）合わせて20題出題され，そのうち農業科学に関する基礎［農業・畜産業，生物学に関する基礎］の問題である選択A（農業科学系）と水産学に関する基礎である選択B（水産系）のどちらかを選択し，10題を解答する．
- Ⅲ部は，合計115題出題され，23科目（各5題）から5科目を選択し，計25題解答する．

畜産関係は，家畜育種学，家畜繁殖学，家畜生理学，家畜飼養学・家畜栄養学・飼料学・家畜管理学，畜産一般［畜産物生産・畜産物加工・畜産物流通］の5科目．
　第二次試験の専門試験（記述式）は，20科目（各1題）から2科目選択し，解答する．畜産関係は，家畜育種学，家畜繁殖学，家畜生理学，家畜飼養学・家畜栄養学・飼料学・家畜管理学の4科目である．
　ここでは，2012年と2013年に出題された問題から若干問題を抜粋して記載する．

専門試験（多肢選択式）

Ⅰ部（必須問題）

【1】生物における代謝に関する記述として最も妥当なのはどれか．
1. 生体内のエネルギー代謝では，ATPがその仲立ちとして働いている．ATPは，アデニンとリボースが結合したアデノシンに，リン酸3個が結合した化合物で，このリン酸同士の結合が切れると多量のエネルギーを放出する．ATPから1個のリン酸がとれるとADPとなる．
2. 乳酸菌及び酵母はともに細菌であり，前者は乳酸発酵を，後者はアルコール発酵を行うことが知られている．解糖は，激しく活動中の動物の筋肉などでみられるが，その過程は乳酸発酵と同様，グルコース1分子が2分子のオキサロ酢酸に分解され，その後，4分子の乳酸が生成される．
3. 好気呼吸の過程は，解糖系，クエン酸回路，電子伝達系の3段階に分けられる．このうち，クエン酸回路は細胞質基質に，電子伝達系はミトコンドリアのマトリックスに存在する．好気呼吸の反応全体では，グルコース1分子当たり10分子のATPが生成される．
4. 植物の光合成には複数の反応過程がある．水を分解して酸素を合成する反応は葉緑体のストロマで起こり，光エネルギーを必要としない．一方，カルビン・ベンソン回路では，光エネルギーとATPを用いて二酸化炭素を固定し，有機物（炭水化物）を合成する．
5. 植物は無機窒素化合物をもとに窒素同化を行うが，マメ科植物では，根粒菌による窒素固定も行われている．根粒菌は，大気中の窒素を酸化して硝酸態窒素に変え，これをマメ科植物に供給し，自らはその酸化の際に生じる化学エネルギーを用いて炭酸同化を行う独立栄養生物である．

(2013年)：答　1

【2】集団に含まれる要素全部を調査することを全数調査といい，集団の中から標本を抽出して調査を行い，その結果を基に全体を推定することを標本調査という．標本調査及び全数調査に関する記述として最も妥当なのはどれか．

1. 標本調査の標本数は母集団の数にかかわらず，母集団の10％程度が適切とされている．母集団が大きく調査が困難な場合は標本数を減らすが，調査の正確さが著しく下がることとなる．その場合も，標本数を少しでも増やすことができれば，それに比例して正確さが向上する．
2. 標本の抽出で行われる単純無作為抽出とは，母集団リストから最初に乱数表などを用いて無作為に1件を抜き取った後，その標本から等間隔に抽出するなど，単純な規則に基づいてサンプリングする方法であり，労力と時間がかからない方法として，主に簡易な調査で活用されている．
3. 標本調査の結果として得られた推計値の正確さを表す数値に標準誤差があり，推計値の大きさに対する標準誤差の百分率を標準誤差率という．抽出方法によらず，標準誤差率5％とは，真の値が推計値の±5％以内に必ずあることを示している．
4. 全数調査は統計自体の意義に加え，他の方法で調査を行う際の基準や標本調査の抽出指標としての意義をもつ．我が国では，作物統計や農業経営統計調査は法律上全数調査と定められているが，国勢調査や農林業センサスは費用対効果の観点から，現在は全数調査と定められていない．
5. 全数調査では，標本を用いるために発生する標本誤差はないものの，回答者の錯覚などによる回答誤差や，本来対象でない者を調査する適用不能誤差などの非標本誤差は起こり得る．非標本誤差は，標本誤差のように確率的な評価を行うことが困難であり，全数調査においてもこれを抑える配慮が必要である．

(2013年)：答　5

【3】次は，統計的手法に関する記述であるが，A～Dに当てはまるものの組合せとして最も妥当なのはどれか．

「ある食品会社が，X地方及びY地方において，X地方から100人，Y地方から200人の住民を無作為に選び出し，a産，b産，c産の3種類の米の試食会を催した．各地方から選出した全員に対し，最も気に入った米を一つ挙げてもらい，その人数を集計したところ，表1のような調査結果となった．この結果について，X地方，Y地方の住民に米の好みに違いがあるといえるかを「X地方とY地方では米の好みに違いがない」という帰無仮説を立てて検討することとした．

表1

米の種類	X地方	Y地方	合計
a産	21	69	90
b産	65	115	180
c産	14	16	30
合計	100	200	300

帰無仮説が正しいとしたときの　A　は，表2のとおりとなる．

表2

米の種類	X地方	Y地方	合計
a産	30	60	90
b産	60	120	180
c産	10	20	30
合計	100	200	300

表1の値と表2の値の差異の度合いとして　B　値を求めたところ，7.08となった．
　B　分布の有意水準5％の場合の限界値は，自由度2で5.99，自由度3で7.82である．この場合，自由度　C　であることから，有意水準を5％とすると，帰無仮説は　D　．」

	A	B	C	D
1.	不偏分散	t	3	棄却される
2.	不偏分散	χ^2	2	棄却されない
3.	期待値	t	2	棄却されない
4.	期待値	χ^2	2	棄却される
5.	期待値	χ^2	3	棄却されない

(2013年)：答　4

【4】タンパク質に関する記述として最も妥当なのはどれか．

1. タンパク質は生体の様々な生命活動に関与しており，例えば，染色体を構成するミオシン，筋原繊維に含まれるヒストン，ホルモンとして働くインスリンなどがある．また，タンパク質の消化酵素であるリパーゼ本体もタンパク質である．
2. タンパク質を構成するアミノ酸は30種類あり，中には硫黄を含むアミノ酸も存在する．タンパク質は，多数のアミノ酸がペプチド結合でつながったポリペプチドからなり，ヘモグロビンはヘムを含む2種類のポリペプチドが1本ず

つ集まった二次構造をつくる．
3．細胞膜には，受動輸送を行う，膜を貫通したタンパク質があり，これはチャネルと呼ばれる．ナトリウムチャネルはNa^+を選択的に通過させる．一方，ナトリウムポンプは能動輸送の仕組みを持ち，ATPのエネルギーを用いてNa^+を細胞外にくみ出し，K^+を細胞内に取り込んでいる．
4．細胞性免疫において体内で生成される抗体は，免疫グロブリンというタンパク質である．スギ花粉症では，抗体が直接的に目や鼻の粘膜を破壊することにより，目のかゆみや鼻水などの症状を引き起こす．一方，人工的に作成した抗体はワクチンと呼ばれ，予防接種に用いられている．
5．タンパク質は食品の主要成分の一つである．アミロースは小麦粉に含まれるタンパク質であり，強力粉ほどその含量が高い．牛乳に含まれるカゼインは50℃程度の加熱で変性して凝固し，牛乳液面に薄い皮膜を形成する．カニを茹でると赤くなるのもタンパク質の熱変性の例である．

(2012年)：答　3

【5】我が国の食料自給率及び食料安全保障に関する記述として最も妥当なのはどれか．
1．総合食料自給率は，食料全体における自給率を示す指標として，供給熱量ベースと重量ベースの二通りの方法で算出されており，いずれの方法においても，畜産物については，輸入した飼料を使って国内で生産された分も，国産に算入している．
2．他の先進国と比較して，我が国の総合食料自給率（供給熱量ベース）は，ドイツと並び，最低水準にあるが，穀物自給率（飼料用を含む，重量ベース）については，我が国では主食用の米を自給していることから，世界177の国・地域の中では上位である．
3．品目別自給率（重量ベース）を昭和60年度と平成22年度で比較すると，果実は7割台から3割台へ低下している．また，畜産物のうち，鶏卵は両年度とも9割以上である一方，牛肉は7割台から4割台へ低下している．
4．現行の「食料・農業・農村基本計画」及び「水産基本計画」においては，平成32年度の総合食料自給率（供給熱量ベース）を70%，平成29年度の食用魚介類の自給率（重量ベース）を90%とする目標が設定されている．
5．国民に対する食料の安定供給を図るためには，食料自給率の向上とともに，輸入の安定化と備蓄が重要である．我が国においては，全ての農産物について関税の撤廃を行うとともに，国が法律に基づき，米のほか，砂糖類，油脂類の備蓄を行っている．

(2012年)：答　3

【6】近年の世界の食料事情に関する記述として最も妥当なのはどれか．
1．農産物の貿易率（生産量に占める貿易量の割合）は，世界全体でみると50%程度となっている．水産物については，農産物と比較して腐敗しやすく貯蔵性が低いという特性があるため，貿易率は農産物より低く，近年は20%程度で推移している．
2．中国などにおける経済発展を背景にした肉類摂取の増加とそれに伴う魚離れ，世界的な貿易状況の悪化を背景に，世界の食用水産物需要と水産物貿易は近年減少してきている．一方，食肉については，BSEの影響により牛肉の需要は減少傾向にあるものの，豚肉と鶏肉は，中国やインドなどでの大幅な需要増を背景に，需要量・貿易量とも増加してきている．
3．地球温暖化が食料生産に与える影響が懸念されているが，気候変動に関する政府間パネル（IPCC）は，特に高緯度地域では，地域の平均気温が1～2℃上昇するだけで干ばつが頻発し，生産性が低下すると予測している．一方，低～中緯度地域では，地域の平均気温が1～3℃上昇しても，作物によっては生産性がわずかに向上すると予想している．
4．世界的な穀物の国際価格の高騰が問題となっているが，FAOによると，これには世界各地の天候不順，世界人口の増加や新興国の経済成長による需要拡大，バイオ燃料向け需要の増大，資材価格の高騰による生産コスト増大など，多くの要因が複合的に影響しているものとみられ，また，投機資金の商品市場への流入も要因となっている可能性が指摘されている．
5．1996年以降世界の遺伝子組換え作物の栽培面積は拡大してきていたが，2008年からは縮小に転じている．これは，遺伝子組換え作物の安全性に対する消費者の強い不安感を背景に，EU及び中国において，一切の商業栽培が禁止されたことによる．

(2012年)：答　4

【7】統計学の基本概念に関する記述として最も妥当なのはどれか．
1．標準偏差は，要素の平均値と各要素の差の絶対値を平均したものであり，算出が容易であるものの，偏差の2乗を平均して求める分散に比べ，

散らばりの程度を鋭敏に反映するため，分布の形状を示す代表値として広く用いられている．
2．正規分布は，ポアソン分布とも呼ばれ，さいころを10回振ったとき1の目の出る回数の分布のように，独立試行の確率計算から求められたものである．自然科学や社会科学でみられる実験データ，観測データのほとんどがこの分布に従っている．
3．相関係数は，通常，－1から1までの間の値をとり，この値が大きいとき変数間の相関関係が強いと考えられている．したがって，相関係数が1のときに相関関係が最も強く，－1のときは相関関係がないことになる．
4．モードは，度数分布の代表値の一つで，度数が最も多いクラスの値のことである．測定者にとって，最も多く観測したデータ値として，実感を伴う代表値であるものの，クラスの幅のとり方によって，モードが二つ以上現れたり，値が異なるなどの不安定さを含んでいる．
5．対象を全て調査することを全数調査といい，対象集団から一部を抽出して調査し，その結果から全体を推定することを標本調査という．標本調査には標本誤差や回答誤差，適用不能誤差などの誤差が生じて不正確となるが，全数調査にはこれらの誤差が生じない．

(2012年)：答　4

Ⅱ部（分野選択）

【1】次は，哺乳類や鳥類の体温調節に関する記述であるが，A～Eに当てはまるものの組合せとして最も妥当なのはどれか．

「哺乳類や鳥類などの恒温動物は，外界の温度が変化しても体温を一定に保つことができる．外界の温度が低いときは，皮膚からの刺激が体温調節中枢である　A　に伝えられる．その結果，　B　が興奮し，血管や立毛筋を収縮させることで皮膚からの熱放散を減少させたり，筋肉をふるえさせることで熱を発生させたりする．一方，甲状腺から　C　，副腎髄質からアドレナリン，副腎皮質から糖質コルチコイドなどのホルモンが分泌され，肝臓での物質分解などを高めて熱の発生を促している．外界の温度が高いときは，　D　により汗腺の活動が促進され，熱放散を促し，また，　E　により肝臓や筋肉での熱の発生が抑えられる．このように自律神経とホルモンが熱発生と熱放散とをコントロールすることにより体温調節が行われている．」

	A	B	C	D	E
1.	脳下垂体中葉	副交感神経	チロキシン	副交感神経	交感神経
2.	脳下垂体中葉	交感神経	パラトルモン	交感神経	副交感神経
3.	視床下部	副交感神経	パラトルモン	交感神経	副交感神経
4.	視床下部	交感神経	パラトルモン	交感神経	副交感神経
5.	視床下部	交感神経	チロキシン	交感神経	副交感神経

(2013年)：答　5

【2】細胞分裂に関する記述として妥当なのはどれか．
1．細胞分裂には，体をつくる細胞が増えるときの体細胞分裂と，生殖のための細胞を生じる減数分裂の二通りがある．体細胞分裂では，分裂期の最初に染色体の複製が行われ，その後，核内の染色体がランダムに分配されるとともに，核外遺伝子どうしの融合・分裂が起きる．
2．植物細胞における体細胞分裂の核分裂では，一般に，中心体が二つに分かれて細胞の両極に移動し，それぞれから紡錘糸が伸びて染色体の動原体に結びつき，極核がつくられる．染色体は極核の中央の面に並び，その後，両極へ移動する．
3．体細胞分裂では，前期の途中から核分裂と並行して細胞質分裂が始まり，これによりミトコンドリアなどの細胞小器官も分配される．一般に，植物細胞では，赤道面で外側からくびれが入って細胞を二分するが，動物細胞では，まず赤道面に細胞板ができて細胞を二分する．
4．減数分裂では，第一分裂と第二分裂の2回の細胞分裂が起こり，1個の母細胞から4個の娘細胞が生じる．動物では，精子形成の場合にはこの4個は精子となるが，卵形成の場合には4個のうち1個のみが卵となり，他の3個はやがて消失する．
5．減数分裂では，母細胞に2本ずつある形や大きさの等しい二価染色体が，分裂の間に1本ずつに分かれて生殖細胞に入る．その結果，染色体数は，減数分裂前の母細胞の4nから生殖細胞のnとなり，4分の1へと減少する．

(2012年)：答　4

【3】家畜の繁殖，増殖に関する記述として最も妥当なのはどれか．
1．家畜の条件は，繁殖が人間の制御下にあることであるため，産業目的で飼育されていても，カイコやミツバチのような昆虫や，放牧されている牛，平飼いの鶏のように自由交配を行うものは，家畜にはあたらない．
2．季節により生殖器官の機能や形態の消長があることなどによって，1年のうち特定の時期にしか繁殖活動が認められない動物を季節繁殖動物

といい，1年を通じて繁殖可能な動物を周年繁殖動物という．家畜化された乳牛は周年繁殖動物である．
3．家畜の季節繁殖性は，暗期の時間の長さが大きな要因となっている．暗期が短い季節（春〜初夏）に繁殖活動を行う動物を短日動物，逆に暗期が長い季節（秋〜初冬）に繁殖活動を行う動物を長日動物という．
4．人工授精は雌畜の優れた遺伝形質を効率よく利用するための技術である．現在では，家畜の改良・増殖の重要な手段の一つとして広く普及しており，特に競走馬のサラブレッドの繁殖に利用されている．
5．1996年フランスにおいて，受精卵クローン羊の「ドリー」が誕生して以降，牛，山羊，豚でも受精卵クローンの作出に成功している．受精卵クローンでは流産，過大子症候群，免疫機構の異常などが高頻度で出現することが報告されている．

(2012年)：答　2

【4】次は，ニワトリの形質の遺伝に関する記述であるが，A〜Dに当てはまるものの組み合わせとして最も妥当なのはどれか．

「羽色が黒色の遺伝子 E をホモでもつミノルカと褐色の遺伝子 e をホモでもつニューハンプシャーを交配すると，その雑種第1代（F_1）の羽色は黒色になる．このように F_1 に現れる形質を優性といい，現れない形質を劣性という．この F_1 どうしを交配した雑種第2代（F_2）における　A　の比は，$EE：Ee：ee=1：2：1$ となり，メンデルの　B　に従っている．
　鶏冠にはクルミ冠，マメ冠，バラ冠及び単冠の4種類がある．これらの形質発現には二つの遺伝子座が関与し，マメ冠を出現させる優性の遺伝子 P，バラ冠を出現させる優性の遺伝子 R がある．P と R の両方が存在するとクルミ冠が生じ，劣性の遺伝子 p 及び r のみであると単冠となる．ヘテロのクルミ冠（$PpRr$）と単冠（$pprr$）を交配するとクルミ冠：マメ冠：バラ冠：単冠が　C　で出現する．優性個体に対して劣性ホモ個体を交配することを　D　といい，交配相手の　A　を知ることができる．」

	A	B	C	D
1．	遺伝子型	独立の法則	1：1：1：1	後代検定
2．	遺伝子型	分離の法則	9：3：3：1	検定交雑
3．	遺伝子型	分離の法則	1：1：1：1	検定交雑
4．	表現型	独立の法則	1：1：1：1	後代検定
5．	表現型	分離の法則	9：3：3：1	検定交雑

(2012年)：答　3

Ⅲ部（科目選択）

【1】交配に関する記述A〜Eとその名称の組合せとして最も妥当なのはどれか．

A．飼育している品種が他の品種に比較して著しく能力が劣っている場合，優れた能力を持つ他品種を数代にわたって交配し，能力の向上を図っていくもので，在来種，未改良種の改良に用いられる．
B．この交配では，F_1 の雌，雄ともに生殖可能又は少なくとも一方の性で生殖可能の場合が多く，雌，雄ともに生殖不能となることは少ない．ヨーロッパ牛とインド牛の交配では高い実用性を示し，これによってヨーロッパ牛にダニ熱の抵抗性などを付与することができる．
C．血縁的に近縁関係にあるものの交配であり，家畜の場合では，集団内平均近交係数が10〜13％，血縁係数20〜25％を有するものどうしの交配となる．血縁的には近縁関係にある優秀な個体を繁殖圏内に取り入れ，優れた能力を持った繁殖集団を維持することができる．
D．この交配では，F_1 で雌，雄ともに生殖不能又はいずれか一方の性が生殖不能となり，一般に実用性のあるものは少ない．ヨーロッパ牛とアメリカ野牛の交配では F_1 は雑種強勢を示し，耐寒性，ダニ熱に対する抵抗性があり，肉質もよくなるが，F_1 の雄で生殖不能となる．
E．同じ品種又は内種内での交配を意味し，特定の品種や内種がもつ形態的特徴や能力上の特徴を長期にわたって保持しながら，徐々に能力の向上を図る場合に行われている．

	A	B	C	D	E
1．	累進交配	種間交配	系統交配	属間交配	純粋交配
2．	累進交配	属間交配	近親交配	遠縁交配	純粋交配
3．	近縁交配	種間交配	系統交配	遠縁交配	累進交配
4．	近縁交配	属間交配	近親交配	遠縁交配	純粋交配
5．	近縁交配	遠縁交配	近親交配	属間交配	累進交配

(2013年)：答　1

【2】ブタの品種に関する記述として最も妥当なのはどれか．

1．ハンプシャー種は，イギリスで改良された品種であり，毛色は黒色で肩から前肢にかけて白帯がある．顔が尖り，耳は小さめで立っている．体長は中等で背脂肪が厚く肉量は少ないが，産子数が多くほ育能力が高いことから，三元交雑の繁殖雌系として利用されることが多い．
2．デュロック種は，ドイツで改良された品種であり，毛色は赤褐色で，顔はややしゃくれ，耳は小さく先端が前に垂れている．産子数は7，8

643

頭と少なく，体重も雄で250kg程度とやや軽いが，強健で耐寒性に優れ，肉質が優れていることから，三元交雑の仕上げ雄系として利用されることが多い．
3．金華豚は，中国上海市北部の嘉定を中心に江蘇省に分布する在来豚であり，良質のハム肉を産する．毛色はほぼ全身黒色で，四肢の先端が白，頭部が大きく，広い額には深い皺があり，耳は大きく垂れている．産子数は，初産で約10頭，3産以降は15，16頭である．
4．アグーは，我が国在来のニホンイノシシを改良した琉球豚の一種であり，毛色は全身茶褐色，強健で扱いやすく粗食に耐える．体格は外来種と比べても遜色ないが，産子数は4，5頭と少ない．脂肪は多いがコレステロール値が低く，肉質はやわらかく，うま味とアミノ酸成分が多い．
5．バークシャー種は，イギリス原産のブタに地中海地方とアジア原産の豚が交配され，改良された品種であり，毛色は黒六白と呼ばれ，頭と体全体が黒色で鼻端，四肢端，尾房が白い．早熟，早肥で粗飼料の利用性に優れ，肉質がやわらかく精肉に適している．

(2013年)：答　5

【3】量的形質の遺伝及び選抜に関する記述A〜Dのうちから，妥当なもののみを挙げているのはどれか．
A．同一遺伝子座にある対立遺伝子A_1，A_2において，ヘテロ接合体A_1A_2型の遺伝子型値が2種類のホモ接合体型A_1A_1，A_2A_2の遺伝子型値の平均にならない場合，エピスタシス効果が存在するという．エピスタシス効果が存在し，ヘテロ型の個体でホモ型の個体よりも形質の発現の程度が高くなることを完全優性という．
B．育種価は，ある個体が無作為に交配を行ったときに生まれてくる子の遺伝子型値の平均値の集団平均からの偏差の2倍と定義される．育種価は親から子へ加法的に受け継がれる相加的遺伝子型値であり，家畜の選抜によって改良する際の重要な評価基準である．
C．複数の形質について遺伝的改良を行う場合の選抜法には，独立淘汰水準法，選抜指数法，相互反復選抜法などがある．独立淘汰水準法は，ある一つの形質について選抜を行い，その形質の改良目標が達成されてから第二の形質について選抜を始めるというように一つずつ選抜していく方法である．
D．二つ又はそれ以上の形質間の関連性を相関といい，その程度は相関係数で表される．形質間の相関が遺伝的要因によってもたらされているものを遺伝相関といい，乳牛では，乳量と乳脂率との間に負の遺伝相関がある．これは，乳量に加え，乳脂率も重視する我が国では望ましくない関係であり，選抜の際に工夫を要する．
1．A，B
2．A，C
3．B，C
4．B，D
5．C，D

(2013年)：答　4

【4】家畜の発情に関する記述として最も妥当なのはどれか．
1．発情とは妊娠可能な雌が雄の乗駕を許容する状態のことである．ブタは当て雄を使った試情により発情と授精適期の確認を行うことが多いが，ウシ，ヤギ，ヒツジなどの反すう動物は，雌も乗駕意欲を示すため，雌だけの集団でも乗駕行動により発情の確認が可能である．
2．発情行動は，黄体から分泌されるプロジェステロンの血中濃度が低下し，卵胞から分泌されるエストロジェンの濃度が上昇することによって発現し，ウシでは乗駕許容以外にも，咆哮，挙動不安，行動量の増加，体温の変化，乳量の減少など，様々な兆候が現れる．
3．正常なウシの発情周期は，18〜24日の範囲にあり，平均21日である．発情周期の長さは年齢とともに短縮する傾向にあり，経産牛の平均は未経産牛より約1日短い．季節によっても変化し，夏は長く，冬は短くなる．また，栄養状態が良いと長く，悪いと短くなる傾向がある．
4．ウシの発情持続時間は品種によって若干異なるが，同一品種内では斉一性が高く，年齢，産歴，栄養状態に関係なく，黒毛和種では約20時間，ホルスタイン種では約16時間である．日長や温湿度など環境による影響もほとんど受けないため，季節変動も少ない．
5．発情終了後正常に受精しなかったウシでは，受胎に向け増殖していた子宮粘膜が剥離し，排卵の2〜3日後に外陰部から血の混じった粘液の漏出が認められることがある．この現象は経産牛より内部生殖器の小さい未経産牛で多く観察され，受精確認の指標として利用されている．

(2013年)：答　2

【5】家畜の繁殖障害に関する記述として最も妥当なのはどれか．
1．卵胞嚢腫は，卵胞が排卵せずに長期間存続するものである．卵胞は質的に変性し，一般に正常卵胞より小さいことが多い．ウシでは発生頻度は低いが，ブタやウマでは繁殖障害の主要疾患と

なっている．治療にはインヒビンが用いられる．
2．黄体遺残は，黄体が退行せずに長期間存続するもので，永久黄体ともいう．存続する黄体によってその後の卵胞の発育が抑制され，無発情期間が続くようになる．この原因としては，子宮内膜における黄体退行因子の産生低下や退行因子の卵巣への輸送障害などが考えられている．
3．ウシでは異性双子で生まれた雌の1割近くが不妊となり，これをフリーマーチンという．フリーマーチンの雌では外部生殖器は正常な雌型を示すが，生殖腺や内部副生殖器は雄性化している．異性双子の雌がフリーマーチンの場合，雄にも性分化の異常がみられることが多い．
4．リピートブリーダーとは，卵巣や副生殖器に何らかの異常が認められ，発情期ごとに3回以上の交配を行っても受胎しないものをいう．リピートブリーダーの雌は，発情が微弱である，発情周期が短いなどの特徴を示すことが多い．
5．伝染性流産は，細菌，ウイルスなどの感染によって起こり，細菌性疾病には，ブタに流産や早産を起こすアカバネ病やウシ・ブタなどに感染するブルセラ病が，ウイルス性疾病には，ヒツジ・ヤギなどに胎子のミイラ変性を起こすオーエスキー病がある．

(2013年)：答　2

【6】家畜の熱生産と環境生理に関する記述として最も妥当なのはどれか．
1．家畜が体表の血管の拡張，収縮など物理的調節だけで体温維持が可能な温度域を適温域といい，その中で体温調節が全く不要な温度域を熱性中性圏という．寒冷時には飼料摂取量が減少し，熱エネルギーとして放出される割合が多くなる結果，飼料の利用効率は減少する．
2．飼料の摂取に伴う咀しゃく，消化吸収などの一連の過程においてエネルギーが消費され熱が発生する．このような摂食に伴う発熱効果を特異動的効果と呼び，糖質，タンパク質，脂質の順で大きくなる．これらの栄養素が混合給与されると，特異動的効果は単体の和より増加し，飼料全体では20％程度となる．
3．家畜の放熱には，伝導，放射のような顕熱放散と不感性蒸せつ，対流，発汗，熱性多呼吸のような潜熱放散がある．顕熱放散による熱放散は気温，湿度に関係なく一定であるが，潜熱放散は高温下では増加し，高湿下では阻害され，効率が下がる．
4．体温調節機構としての温度受容器は，体表の全面に存在するが，血管，消化器には存在しない．受容器のうち，鼻腔，口腔，乳房，陰嚢にあるものは，熱放散に関しての感受性が低い．子畜や雛の体温調節機能は未発達であるため，成畜より温度管理を徹底して行う必要がある．
5．ホルスタイン種は，暑熱環境下では，乳量が減少し，乳質に関しても，乳脂肪，無脂固形分，乳糖の減少が起こることが多い．暑熱対策は飼料面，施設面から行われ，飼料面では，消化性に優れた良質粗飼料の給与やエネルギー含量の高い飼料への切替えが行われる．

(2013年)：答　5

【7】ニワトリのカルシウム代謝に関する記述A〜Dの正誤の組合せとして最も妥当なのはどれか．
A．カルシウムは，骨の形成・維持や卵殻形成のほか，血液の凝固にも重要な役割を果たす．ニワトリが体内に保持しているカルシウムのうち，約90％が骨に含まれており，骨内カルシウムの約半分が炭酸カルシウムの形態で存在している．
B．小腸で吸収されたカルシウムは，一時的に全てが骨として貯留され，骨吸収により血液中に動員されて利用される．骨吸収は上皮小体ホルモンによって抑制され，カルシトニンやエストロジェンによって促進される．
C．カルシウム濃度の調節にはビタミンDが関与している．小腸絨毛内にはビタミンDレセプターが存在しており，活性型ビタミンDである1,25-ジヒドロキシビタミンDは，このレセプターを介してカルシウム結合タンパクの合成を促進し，カルシウムの吸収を増加させる．
D．血液中のカルシウムはイオン化型と結合型で存在する．産卵期のニワトリでは，イオン化型カルシウムが卵巣での卵黄前駆物質合成に消費されて低下するため，イオン化型と結合型を合わせた血中の総カルシウム濃度は，産卵開始前の未成熟鶏や雄鶏に比べて低くなる．

	A	B	C	D
1.	正	正	誤	誤
2.	正	誤	正	正
3.	誤	正	誤	誤
4.	誤	誤	正	正
5.	誤	誤	正	誤

(2013年)：答　5

【8】ビタミンとミネラルに関する記述として最も妥当なのはどれか．
1．脂溶性ビタミンに属するものにはビタミンA，D，Eがあり，動物体内に蓄積されやすい．一方，水溶性ビタミンに属するものにはビタミン

B群, C, Kがあり, 体内に蓄積されにくい. 反すう動物ではビタミンB群, C, Kはいずれも第一胃内微生物によって合成されるため, 飼料に添加する必要がない.
2. β-カロテンは, 腸管壁でレチノールに転換され, その転換効率には動物種による違いはない. さらに, レチノールは, レチニルエステルとなって肝臓に蓄積される. β-カロテン含量は, 青草やサイレージでは低いが, 長時間天日乾燥させた乾草では高い.
3. ビタミンDは動物性のD_3と植物性のD_2があり, これが不足すると骨のミネラル含量が低下する. ビタミンEは, セレンを含むグルタチオンペルオキシダーゼとともに, 過酸化物の分解や生成抑制を行うことにより細胞膜の保護に重要な役割を果たしている.
4. ビタミンB群は, 動物の肝臓や穀類の胚乳などに多く含まれ, 体内での栄養素の代謝に関係する補酵素として重要である. ビタミンB群にはB_1, B_2, ナイアシン, B_6, パントテン酸, B_{12}, 葉酸, ビオチン, コリンがあり, 第一胃内での ビタミンB_{12}の合成にはマンガンが必要である.
5. ウシのグラステタニーは, 血中や脳脊髄液のマグネシウム濃度が著しく低下することによって生じる急性のけいれん症状である. 反すう動物でのマグネシウムの主な吸収部位は小腸であり, 窒素やカリウム濃度の高い牧草を摂取することによりマグネシウムの吸収効率が高まる.

(2013年):答 3

【9】肉牛の飼養に関する記述として最も妥当なのはどれか.
1. 現在我が国では, 肉牛総飼養頭数のうちの6割が肉用種で占められ, その品種としては黒毛和種, 無角和種, 褐毛和種, 日本短角種などがある. 肉用種のうち黒毛和種は最も大型で, 枝肉の脂肪交雑, きめ, 締まりなど肉質が優れており, 肉用種総飼養頭数の8割を占める.
2. ウシでは, 母牛から胎子に胎盤を通じて免疫グロブリンの移行が行われることから, 新生子牛に初乳を給与しなくても免疫作用に影響はない. 6週齢頃までは, 子牛は発育に必要な栄養素を母乳だけで摂取できるが, 反すう胃機能の発達を促すために5~6週齢から固形飼料を併用する.
3. 黒毛和種と乳用種では肥育開始時期が異なる. 黒毛和種は生後6~7か月齢より肥育を始め, 22か月齢, 体重690kg程度で出荷, 乳用種は生後9~10か月齢より肥育を始め, 30か月齢, 体重760kg程度で出荷するのが平均的である.
4. 粗飼料の給与量を高めた肥育の場合, 粗飼料からのTDN給与割合は, 肥育牛の増体効率を考慮すると, 肥育前期に35%以上, 後期に20%以下にするのが合理的である. この肥育方法は, ウシの健康増進と同時に, 地域の自給粗飼料源の活用促進にもつながると考えられる.
5. 黒毛和種では, 一般に, 肥育開始から出荷までの肥育期間を5~7段階のステージに分けて飼料配分を調整している. 肥育の第1段階においては, 粗飼料は給与せず, 第2段階以降に比べエネルギー含量が高く, 粗タンパク質含量が低い濃厚飼料を給与する.

(2013年):答 4

【10】次は, 食肉の塩漬に関する記述であるが, A~Eに当てはまるものの組合せとして最も妥当なのはどれか.

「食肉製品の製造において重要な工程が塩漬であり, もともとは食肉の A を主目的として行われていた. 今日では塩漬により風味, 色調, 食感など食肉製品の総合的な品質が決定されている. 塩漬は, 原料肉に食塩, B , 調味液などを含む塩漬剤を直接すり込んだり, 塩漬剤を溶かした溶液に漬け込んだりして行われる.

塩漬により食肉製品の食感が向上するが, これには塩漬剤に用いられる食塩とポリリン酸塩が重要な役割を担っている. これらの物質の作用により筋原線維の構造変化が起こり, C が向上して食肉製品として望ましいやわらかさが得られる.

また, 塩漬中に B から生成する D は, 原料肉中のミオグロビンに結合し, E を形成する. E は安定したミオグロビンの誘導体で, 未加熱の塩漬肉や生ハムなどの桃赤色の色調の主体である.」

	A	B	C	D	E
1.	熟成	亜硝酸ナトリウム	保水性	一酸化窒素	メトミオグロビン
2.	熟成	炭酸水素ナトリウム	均質性	二酸化炭素	ニトロソミオグロビン
3.	熟成	炭酸水素ナトリウム	保水性	二酸化炭素	メトミオグロビン
4.	防腐	亜硝酸ナトリウム	均質性	一酸化窒素	メトミオグロビン
5.	防腐	亜硝酸ナトリウム	保水性	一酸化窒素	ニトロソミオグロビン

(2013年):答 5

【11】次は, 家畜生産における国際的なアニマルウェルフェアの考え方に関する記述であるが, A~Dに当てはまるものの組合せとして最も妥当なのはどれか.

Animal welfare means how an animal is coping with the conditions in which it lives. An animal is in a good state of welfare if (as indicated by scientific evidence) it is healthy, comfortable, well ☐ A ☐, safe, able to express innate behaviour, and if it is not suffering from ☐ B ☐ states such as pain, fear, and distress. Good animal welfare requires disease prevention and ☐ C ☐ treatment, ☐ D ☐ shelter, management, nutrition, humane handling and humane slaughter/ killing. Animal welfare refers to the state of the animal; the treatment that an animal receives is covered by other terms such as animal care, animal husbandry, and humane treatment.

	A	B	C	D
1.	concentrated	vigorous	veterinary	appropriate
2.	concentrated	unpleasant	natural	cramped
3.	nourished	vigorous	veterinary	cramped
4.	nourished	unpleasant	natural	cramped
5.	nourished	unpleasant	veterinary	appropriate

(2013年)：答　5

専門（記述式）試験問題

【1】家畜育種に関する以下の問いに答えなさい．
(2013年)
(1) 家畜の形質を量的形質と質的形質に大別することがあるが，量的形質，質的形質とはどのようなものか，特徴をそれぞれ説明しなさい．
(2) 家畜集団における遺伝的構成に関する以下の問いに答えなさい．
① メンデル集団とはどのようなものか説明しなさい．
② ハーディ・ワインベルグの法則について説明しなさい．
③ ある形質は，二つの共優性を持つ対立遺伝子 A_1 と A_2 によって支配されており，表現型が A_1 型，A_1A_2 型，A_2 型の三つの型に分類されている．ある集団750頭について，当該形質について表現型別の頭数を調査したところ，表のとおりの結果となった．この集団の遺伝子頻度と遺伝子型頻度を求めなさい．ただし，計算にあたって，途中の過程も示すこと．

表現型	頭数
A_1	360
A_1A_2	120
A_2	270
計	750

(3) 交雑に関する以下の用語を説明しなさい．
① 三元交雑
② 戻し交雑
③ 循環交雑
(4) 育種価と育種価の推定に関する以下の問いに答えなさい．
① 育種価とはどのようなものか説明しなさい．
② 育種価の推定方法について，BLUP法に触れつつ説明しなさい．
③ 育種価の推定で用いるモデルを二つ以上挙げ，それぞれについて説明しなさい．
(5) 遺伝率について，定義及び求め方を説明しなさい．

【2】家畜の繁殖に関する以下の問いに答えなさい．
(2013年)
(1) 生殖機能の内分泌調節に関する以下の問いに答えなさい．
① 下垂体から分泌されるゴナドトロピンについて，
　A．家畜のゴナドトロピンを全て挙げ，その正式名称と略称を示しなさい．
　B．Aで挙げたもののそれぞれについて，構造的特徴を述べなさい．
　C．Aで挙げたもののそれぞれについて，雄の性腺における主な作用を述べなさい．
　D．Aで挙げたもののそれぞれについて，雌の性腺における主な作用を述べなさい．
② ヒトとウマの絨毛性性腺刺激ホルモンについて，
　A．それぞれの構造的特徴を述べなさい．
　B．本来の動物における作用とウシに投与したときの作用を述べなさい．
③ 視床下部-下垂体-性腺のホルモンによる相互の分泌調節機構について，雌雄の違いを含めて説明しなさい（略図を描いて示してもよい）．
(2) ウシの発情周期と授精に関する以下の問いに答えなさい．
① 発情周期（発情期-黄体期）に伴う，以下のA，B，Cの生殖器の変化を述べなさい．
　A．卵巣
　B．子宮
　C．子宮頸管
② 授精時期の判定に利用されるAM-PM法について，
　A．AM-PM法とはどのような方法か具体的に述べなさい．
　B．AM-PM法によって判定が可能となる根拠を ☐ ☐ 内の用語を全て用いて説明しなさい．ただし，用語を用いた箇所に下線を付すこと．

発情開始，発情終了，排卵，卵子，精子，受精能

③ 卵胞波（卵胞発育波：follicular wave）を人為的に調節する方法を三つ挙げ，それぞれの原理を説明しなさい．また，卵胞波を調節する意義を述べなさい．

(3) 我が国におけるウシの人工授精受胎率を年ごとに比較すると，年次が進むにつれて低下する傾向にあり，平成20年代は平成元年頃と比べて肉用種で数％，乳用種では十数％低下している．乳牛における受胎率の低下は世界的な傾向となっているが，我が国におけるウシの受胎率低下について，想定される原因を全て挙げ，それが受胎率低下につながるとされる理由を述べなさい．

【3】家畜の生理に関する以下の問いに答えよ．（2012年）
(1) 反芻動物における尿素再循環機能について，☐内の用語を全て用いて説明せよ．

アンモニア，肝臓，血液，微生物タンパク質（菌体タンパク質），ルーメン壁

(2) 豚の膵臓に関する外分泌・内分泌について，以下の問いに答えよ．
① 膵液に含まれる「タンパク質分解酵素」，「その前駆物質」，「前駆物質を酵素に転換する活性化物質」の具体的な物質名をそれぞれ2組ずつ挙げよ．
② 膵液の分泌を調節するホルモンの名称を二つ挙げよ．
③ ランゲルハンス島A細胞から分泌されるホルモンについて述べよ．
(3) 反芻動物では，飼料として摂取した炭水化物のほとんどは，第一胃内に生息する微生物により，揮発性脂肪酸（VFA）の形に転換される．この時に転換される主要なVFAの名称を三つ挙げ，それぞれについて，転換後どのように吸収され，利用されるか簡潔に説明せよ．
(4) 家畜の泌乳について，以下の問いに答えよ．
① 泌乳の維持に関するホルモンのうち，吸乳，搾乳など乳頭に加わる刺激により，脳下垂体の「前葉」及び「後葉」から分泌されるホルモンの名称を一つずつ挙げよ．
② 泌乳牛における成長ホルモンの増乳効果について，☐内の用語を全て用いて説明せよ．

インスリン，栄養素，乳腺，乳糖合成，非エステル結合型脂肪酸（NEFA）

(5) 鶏の赤血球及び血小板の形状の特徴について，哺乳動物との相違点を踏まえて説明せよ．

【4】家畜の栄養，飼養，飼料に関する以下の問いに答えなさい．（2013年）
(1) ウシへのタンパク質給与に関する以下の問いに答えなさい．
① ウシの代謝タンパク質及びそれを考慮したタンパク質の給与方法について，☐内の用語を全て用いて説明しなさい．ただし，用語を用いた箇所に下線を付すこと．

微生物タンパク質，リサイクル窒素，代謝タンパク質供給量，代謝タンパク質要求量

② ウシにおいて，ルーメン微生物タンパク質の合成量を高める意義について説明しなさい．
(2) 乳牛のミネラルバランスに関する以下の問いに答えなさい．
① ミネラルバランスの指標として用いられている陽イオン−陰イオン差（DCAD）を求める際に用いる4種類のミネラルを全て挙げなさい．
② 乳牛のミネラル代謝に関連する疾病に乳熱がある．その症状，発生原因，予防法について説明しなさい．
(3) 反すう家畜のエネルギー代謝に関する以下の問いに答えなさい．
① 反すう家畜の基礎代謝量の測定では，対象となる家畜をどのような状態におく必要があるか．測定の条件（家畜の状態）を三つ挙げ，それぞれについてその理由を説明しなさい．
② 間接熱量測定法による反すう家畜のエネルギー代謝量測定について，開放式呼吸試験装置を用いる方法を例に，装置等で実際に測定するもの及びその測定値から算定するプロセスを示しつつ，説明しなさい．
(4) 家畜・家禽からの窒素やリンの排せつ量の低減は，環境保全の観点からも重要である．産卵鶏において，生産性を落とさず排せつ窒素量を低減するために，どのような飼料給与を行えばよいか，留意点を明確にして，述べなさい．
(5) サイレージの好気的変敗に関する以下の問いに答えなさい．
① 好気的変敗とはどのようなものか，その発生に関与する要因を挙げ，発生過程でのサイレージの変化に触れつつ説明しなさい．
② サイレージに好気的変敗が発生した場合の問題点について説明しなさい．
③ サイレージの好気的変敗の発生防止法を二つ以上挙げ，それぞれについて説明しなさい．

畜産キーワードと略語

1. 「国家公務員採用試験問題」に出現した主要な語彙を中心として収集して説明する．
2. ＊は英文出題語を示す．
3. ▶は参照するキーワードを示す．

キーワード（五十音順）

キーワード	英語	説 明
IFN	interferon	▶インターフェロン
IGF	insulin-like growth factor	▶インスリン様成長因子
アイスクリーム	ice cream	乳や乳製品に砂糖，乳化剤，香料などを撹拌凍結させた乳製品．乳等省令で乳固形分15％以上，乳脂肪分8.0％以上と規定．
アイスクリームミックス	ice cream mix	アイスクリーム製造に使う原料を調合したもの．乳，乳製品，砂糖，乳化剤，安定剤，香料などが使われる．
アイスミルク	ice milk	アイスクリーム類．乳等省令で乳固形分10.0％以上，乳脂肪分3.0％以上と規定．植物性タンパク質，脂肪また香料などを添加することもある．
褐毛和種（あかげわしゅ）	Japanese Brown	日本原産の和牛の一種で，毛色は褐色から黄褐色．熊本系と高知系がある．
悪臭	offensive odor, malodor, bad smell	不快感を与える臭気をいい，畜産由来の悪臭は，アンモニア，アミン，VFA（揮発性脂肪酸）などの混合臭気である．
アクチビン	activin	インヒビンのβ鎖だけの二量体で，FSH（卵胞刺激ホルモン）の放出効果がある．
アクチン繊維	actin filament	筋肉や絨毛，細胞突起などにみられる直径5nmの細いフィラメントで細胞の運動に関係している．
味入れ	conditioning	乾燥した皮革を適当な水分状態に調整する作業．
アシドーシス	acidosis	動物生体の血液pHの酸−塩基平衡がくずれて酸性側に傾いた状態．
アスコリー試験	Ascoli test	家畜伝染病である炭疽の診断法のひとつ．臓器乳剤などの熱抽出抗原で免疫血清による沈降反応を行う．
後産停滞	retention of placenta	家畜の後産排出が遅れること．子宮内膜炎などにより繁殖障害の原因になる．
アンジオテンシノーゲン	angiotensinogen	血漿中に存在する糖タンパク質でアンジオテンシンの前駆体．肝臓で合成される．
アンジオテンシン	angiotensin	血漿中に存在する糖タンパク質でアンジオテンシノーゲンから生成され，血圧上昇作用をもつ．
安定剤	stabilizer	食品安定剤．食品の化学的，物理的変化を防ぐ添加物．ペクチン，ゼラチン，カラギーナン，レシチンなどを使用する．
アンドロジェン	androgen	雄性ホルモン様の作用を示すステロイドホルモンの総称．主に精巣から分泌される．
ES細胞	embryonic stem cell	胚性幹細胞．初期胚に由来する未分化細胞で，経代培養可能な細胞．遺伝子改変動物の作出などに使用する．
育種	breeding	家畜の既存品種や系統を対象として，選抜，交配をくりかえしながら特定の形質を改良していくこと．
育種価	breeding value	家畜の親から子へ確実に伝えられる遺伝的能力．個体の育種価は集団平均からの偏差として表される．

キーワード	英語	説明
育種目標	breeding object	家畜を育種する際に，どのような能力や形質をもつ家畜をつくり出すのかという目標.
育成率	growing viability, rate of raising	同腹または同一孵化の子畜が育成を終え性成熟に達した割合. 子畜数が多いニワトリやブタでは重要な経営指標のひとつ.
異常肉	abnomal meat	白く滲水性のPSE肉やかたく暗赤肉のDFD肉，また，軟脂豚，黄豚，異常臭肉，多発性出血肉，筋肉水腫などがある.
ET技術	embryo transfer technology	▶受精卵移植技術
遺伝子型	genotype	家畜の遺伝子構成. 対立遺伝子に優劣のある場合は表現型では区別できない.
遺伝子座	gene locus	遺伝子の染色体や染色体地図上の位置.
遺伝子操作	gene manipulation	ゲノムDNAがもつ遺伝情報を人工的に操作して変えること.
遺伝子頻度	gene frequency	ある集団における特定遺伝子座の対立遺伝子の頻度. すべての対立遺伝子の頻度の合計は1になる.
遺伝相関	genetic correlation	2つの形質の育種価間の関係の強さを示す. −1〜＋1の間にある.
遺伝的改良速度	rate of genetic gain, rate of genetic improvement	世代の長さが異なる場合に，選抜によって一定期間あたりに遺伝的に改良される量.
遺伝的改良量	genetic gain	選抜された親から生じた子の世代平均と親の世代選抜前平均との差.
遺伝的多様性	genetic diversity	家畜の多様性のなかで，遺伝子の影響によって生じた遺伝的変異に起因する部分.
遺伝的似通い	genetic resemblance	家畜の血縁個体間にみられる発現形質の似通いの程度.
遺伝的能力評価	genetic evaluation	家畜の遺伝的能力を種々の形質または情報から推定すること.
遺伝的パラメーター	genetic parameter	ある家畜集団のさまざまな形質の遺伝率と形質の間での遺伝相関.
遺伝率	heritability	表現型分散に対する遺伝分散の割合. 狭義には相加的遺伝分散の割合. 選抜による改良の可能性の指標となる.
移動平均	moving average	時系列データ解析の方法. 一定期間の平均値を，その期間の中央時点値として，全系列をひとつずつ移動しながら計算する.
EPA	Economic Partnership Agreement	▶経済連携協定
インスリン	insulin	膵臓ランゲルハンス島β細胞で合成，分泌されるペプチドホルモン. 血糖値を低下させ，細胞膜グルコース輸送速度に影響を与える.
インスリン様成長因子	insulin-like growth factor：IGF	血中に存在するインスリン様細胞増殖活性をもつペプチド性物質. 2種類が知られている.
インターフェロン	interferon	サイトカインの一種. ウイルスの増殖を抑制する生体内タンパク質. 白血球がつくるα型, 繊維芽細胞がつくるβ型, 感作T細胞がつくるγ型がある.
陰嚢ヘルニア	scrotal hernia*	腸が鼠径管のなかから陰嚢に脱出している状態.
インヒビン	inhibin	性腺から分泌されるホルモンで，下垂体前葉に作用して卵胞刺激ホルモンの分泌を抑制する.
VFA	volatile fatty acid	▶揮発性脂肪酸
ウォルフ管	Wolffian duct	未分化の胚において副生殖器の発生過程で，中腎細管が伸びて排泄腔に連絡したもの. 排泄機能をもつ. 雌では退化するが, 雄では精巣上体, 精管, 精嚢などが分化形成される.
牛海綿状脳症	bovine spongiform encephalopathy：BSE	プリオン病原体によるウシの伝達性神経疾患. 類縁疾病にヒツジのスクレイピー（scrapie）がある.
牛脂肪色基準	beef fat standard：BFS	脂肪色を等分に区分した判定基準. 等級5はBFS No.1〜4, 等級4はNo.1〜5, 等級3はNo.1〜6, 等級2はNo.1〜7, 等級1は等級5〜2に該当しない.
牛脂肪交雑基準	beef marbling standard：BMS	脂肪交雑の連続的変化を示す12の適用基準. 等級5はBMS No.8〜12, 等級4はNo.5〜7, 等級3はNo.3〜4, 等級2はNo.2, 等級1はNo.1のもの.

キーワード	英語	説明
うで	picnic shoulder	ウシやブタの部分肉の名称．第五～七肋骨間で背線と直角に切断した肩関節直上部で背線と平行に切り開き，肩甲骨上端部で背線と平行に切り離した腹部．
裏革	lining leather	靴の甲を裏から補強するために用いられる革．
ウルグアイ・ラウンド農業合意	Uruguay Round Agreement on Agriculture：URAA	WTOの前身GATT体制の貿易国際交渉（ラウンド交渉）農業での合意事項．1993年に牛肉輸入自由化，コメ最低輸入量確保等を合意．
AI	artificial insemination	▶人工授精
AIDS（エイズ）	aquired immunodefiency syndrome	後天性免疫不全症候群．性感染症．ヒト免疫不全ウイルス（HIV）感染による重篤な全身性免疫不全疾患で高発症率と死亡率を示す．
易感染性宿主	compromised host	微生物に感染しやすくなった動物．免疫不全，がん罹患，免疫抑制剤の繁用，放射線被曝などに多発する．
液性免疫	humoral immunity	体液性免疫．抗体依存免疫．血清中の抗体が抗原決定基に結合して引き起こす反応系をさす．
液体燃料	liquid fuel	ここではバイオマスをガス化して化学反応によって合成したジメチルエーテルやエタノールなどをさす．
液卵	liquid egg	割卵した鶏卵液．通常，低温殺菌したのち，容器に充填し，低温流通する加工品．菓子や加工食品の原料となる．
ACTH	adrenocorticotropic hormone	▶副腎皮質刺激ホルモン
エージング	aging	バターを製造する際にできあがり時のバターの組織や硬度を適正にするために，殺菌後のクリームを5～10℃で8時間放置すること．
SRIF	somatotropin releasing inhibiting factor	▶ソマトスタチン
SOD	superoxide dismutase	▶スーパーオキシドディスムターゼ
ST	somatotropin	▶ソマトトロピン
エストラジオール	estradiol	雌に発情を誘起させる物質で，卵胞，黄体，胎盤で生成される．
エストロジェン	estrogen	ホルモンの一種．雌に発情を誘起させる作用をもつ物質の総称．
SPF	specific pathogen free	特定病原微生物が存在していない動物．SPF豚．
枝肉	carcass	家畜と体から剥皮，内臓を摘出し，頭部，四肢端，尾部を除去したもの．
枝肉価格	dressed carcass price	枝肉取引による価格．生体より枝肉のほうが，評価や重量が正確であることから，枝肉による取引が行われている．
枝肉格付	grading	枝肉の評価基準規格に基づいて等級別に分けること．牛肉は，歩留等級（A, B, C）と肉質等級（5, 4, 3, 2, 1）を連結して表示する．豚枝肉は，極上，上，中，並，等外に格付けされる．
枝肉重量	dressed weight	取引で使う半丸枝肉の重量．肉温度が5℃程度の冷枝肉として秤量する．
枝肉成績	dressed record	歩留等級と肉質等級によって表示する．牛肉は歩留等級と肉質等級の連結表示，豚肉は極上から等外の五段階に格付けする．
枝肉歩留	dressing	家畜屠殺時の生体重とその際に生産された枝肉重量との比率．24時間絶食状態で屠殺した際の標準的歩留はウシで60％前後，ブタで65％前後．
X染色体	X chromosome	雄のヘテロ型動物の2種類性染色体のひとつ．他のY染色体に比べ大きく遺伝子数も多い．雌の2本のX染色体の1本は不活化されている．
エネルギー要求量	energy requirement	動物が生体の維持や生産に使うために必要なエネルギー量．
エネルギー利用効率	effeicy of energy utilization	転換効率．摂取した飼料中の代謝エネルギーを生産物などに利用できる効率のこと．

キーワード	英語	説明
FAO	Food and Agriculture Organization	国連食糧農業機関．食料，農業に関する国際的機関．国連機関のひとつで1945年設立．本部はローマ．
FSH	follicle stimulating hormone	▶卵胞刺激ホルモン
FFA	free fatty acid	▶遊離脂肪酸
FTA	Free Trade Agreement	▶自由貿易協定
ELISA（エライザ）	enzyme-linked immunosorbent assay	抗原や抗体を固体表面に吸着させ検体を酵素基質の呈色で検出する方法．BSE検出に用いられている．
エラスチン	elastin	肉や皮などに含まれる結合組織．弾性線維を形成する不溶性のタンパク質．靭帯や大動脈に多く含まれ，数倍に伸長できる．
エリスロポエチン	erythropoietin	腎臓から分泌される糖タンパク質の造血ホルモン．赤血球の産生をコントロールする．骨髄幹細胞に作用して赤血球の分化を促進する．
LH	luteinizing hormone	▶黄体形成ホルモン
LPS	lipopolysaccharide	▶リポ多糖体
遠位尿細管	distal uriniferous tubule	尿細管のひとつ．糸球体から遠い部分で集合管に結合する．ナトリウムイオンと水分の再吸収を行い，ホメオスタシスに重要な働きをする．
エンドファイト	endophyte	植物体内で共生している真菌や細菌などをいう．エンドファイト感染牧草は，家畜にしばしば毒性を示す．例：コリネトキシン中毒．
黄体	corpus luteum*	卵巣で成熟卵胞が排卵された後に形成される組織．プロジェステロンを分泌して受胎に向けた子宮に変化を起こす．
黄体形成ホルモン	luteinizing hormone：LH	下垂体前葉から分泌される性腺刺激ホルモン．卵胞刺激ホルモン（FSH）と協同で卵巣に作用して卵胞発育を促して排卵，黄体形成を誘起する．
黄体退行	luteolysis	排卵によって形成された黄体組織が，次第に機能的・形態的に退行すること．なお，黄体退行誘起物質を黄体退行因子という．
オーシスト	oocyst	コクシジウム，クリプトスポリジウムやトキソプラズマなど胞子虫類の生活環のなかで娘虫体を包含する嚢子．接合嚢子．
ODA	Official Development Assistance	▶政府開発援助
オプソニン	opsonin	細菌などの表面に結合して，食細胞による食作用を促進する血清因子．
オボグロブリン	ovogloblin	卵白中に含まれるグロブリン．食品加工では優れた泡立ち剤である．
温室効果ガス	greenhouse gas	地球温暖化をもたらすガス．二酸化炭素の温室効果を1とすると，メタンは21倍，亜酸化窒素は310倍の地球温暖化係数．
解糖	glycolysis	グルコースを代謝してピルビン酸を生成し，クエン酸回路による酸化へと導く経路．さらに生体内生合成経路の前駆体を供給したり，飼料由来のガラクトースやフルクトースを代謝する経路でもある．
外部環境	external environment	家畜の生活に影響を与える家畜をとりまく環境．
外来遺伝子	foreign gene	遺伝子導入の際，細胞や動物個体に新たに導入する遺伝子．
介卵感染	egg infection	鳥類の垂直感染伝播．体内で形成される卵内への病原菌の移行，または卵殻表面への付着菌が卵内に侵入する例などがある．
改良速度	rate of improvement	選抜によって一定期間あたりに遺伝的に改良される量．
核移植	nuclear transfer	核を別の細胞に挿入する技術．核を除去した卵子に核を直接注入する方法と，核をもつ細胞と融合させる方法に大別される．
角化細胞	keratinocyte	表皮の大部分を占める角化する細胞．細胞内にケラチンを蓄積して細胞壁が肥厚し，やがて表面から脱落する．
格付評価	grading evaluation	牛枝肉や豚枝肉の品質について規格基準に基づいた等級に分けること．

キーワード	英語	説明
家系選抜法	family selection	きょうだい（兄弟）など家系の記録に基づき選抜する方法.
加工牛肉	processed beef	食品衛生法上は牛枝肉を部分別に整形したものをいう．一般には塩蔵品，燻製品や缶詰，ミンチ，スライスなどに加工した牛肉のことをいう．
加重平均	weighted mean	観測値に観測値それぞれの重み付けをして求めた平均.
下垂体後葉	posterior lobe of hypophysis	下垂体を構成する組織のひとつ．神経組織で2種類のホルモン（オキシトシン，バソプレッシン）を分泌する．
下垂体後葉ホルモン	posterior pituitary hormone	下垂体後葉から分泌されるホルモン．オキシトシンとバソプレッシンが代表的ホルモン．
下垂体前葉	anterior lobe of hypophysis	下垂体を構成する組織のひとつ．腺組織で6種類のホルモンを分泌する．
下垂体前葉ホルモン	anterior pituitary hormone	下垂体前葉から分泌されるホルモン．成長ホルモン，プロラクチン，甲状腺刺激ホルモン，副腎皮質刺激ホルモン，卵胞刺激ホルモン，黄体形成ホルモンの6種類．
下垂体ホルモン	pituitary hormone	下垂体から分泌されるホルモンの総称．前葉から6種類，中葉から1種類，後葉から2種類のホルモンが見つかっている．
カゼイン	casein	人乳に約1%，牛乳に2.5%含まれる成分．牛乳中のカゼインは全タンパク質中の80％を占め，リンが結合したリンタンパク質である．球状のコロイド粒子を形成する．
化石燃料	fossil fuel	石炭や石油，天然ガスなどの太古の動物や植物の死骸が，地下深くの温度や圧力により変化した有機性燃料．
かた	fore quarter	部分肉名称．牛肉では枝肉の「まえ」から前肢付着部において前肢を胸部から分離した部位．
かたロース	shoulder	部分肉名称．牛肉では「まえ」から「かた」をとり外し，第五肋骨から1/3に相当する部分．豚肉では「かた」から「うで」を切り離した背部．
家畜改良増殖法	Domestic Animal Improvement Law	優良な家畜の改良増殖を推進することを目的とした法律．供用する種畜は検査に合格していること，人工授精，受精卵移植には資格がいること，国はおおむね5年ごとに10年先の改良増殖の目標を定めることなどが定められている．
家畜単位	animal unit	家畜の換算単位．日本では，ウシ1＝ウマ1＝ブタ5＝ヒツジ・ヤギ10＝ウサギ50＝家禽100
家畜排せつ物法	Law Concerning the Appropriate Treatment and Promotion of Utilization of Livestock Manure	1999年11月1日施行．家畜排泄物の管理適正化と利用促進措置を定め，一定規模農家に保管施設管理を義務づけ，監督官庁の施設整備計画策定を課している．
割球	blastomere	卵割によって生じる形態的に未分化な細胞．分割球ともいう．
活性汚泥法	activated sludge process	微生物の集合体である活性汚泥を利用した汚水処理方法．曝気により微生物に酸素を供給して好気的に浄化し，沈殿や膜により活性汚泥と浄水を分離したのち放流する．
GATT（ガット）（関税及び貿易に関する一般協定）	General Agreement of Tariffs and Trade	貿易に関する基本的な国際ルール．1948年成立．GATTは協定そのもののことであるが，ジュネーブに本部をもち，貿易ルールの見直し，運営を行っていたことから，GATT体制として認知されていた．1995年にWTOに引き継がれた．
過排卵	superovulation*	1回の排卵で正常な数以上の卵子を排卵すること．
過排卵誘起	induction of superovulation	ホルモン投与などで，人為的に1回の排卵で正常な数以上の卵子を排卵させること．
カーフスターター	calf starter	出生後まもない子牛に対して離乳のために給与する人工乳などの飼料．
カーフハッチ	calf hutch	出生直後の子牛を1頭ずつ隔離飼育するために設置された小屋．
芽胞（胞子）	spore	培養条件の悪い場合に形成され，全代謝機能は停止するが生命は維持される．休眠状態の細菌．熱や乾燥に強い．
顆粒球	granulocyte	多核白血球．骨髄に由来する免疫担当細胞で，細胞質顆粒のギムザ染色で好中球，好酸球，好塩基球に分けられる．

キーワード	英語	説明
環境調和型の農業生産	environment-friendly agricultural production	農業は環境に対して正負の影響を与えていることを認識し，総体的にみて，環境に負の影響を与えないような農業生産を行う必要があるという考え方．近年これに基づく研究，農業施策が行われている．
環境負荷物質	environmental load substance	環境（大気，水，土壌，自然環境）に負荷を与える物質．
乾燥鶏糞	dried chicken manure	鶏の尿は固形であることから他の畜種よりも糞尿の水分が低く，肥料成分に富むことから堆肥化せず乾燥して化学肥料の代用として用いられることが多い．
甘味料	sweetener	食品に甘味を付与する目的で添加する食品添加物．砂糖のような糖質系甘味料と非糖質系甘味料には，天然甘味料と合成甘味料がある．
記憶細胞	memory cell	免疫用語．特異抗原による初感作を記憶保持している細胞で，再刺激に対して速やかに反応して二次免疫反応を惹起する．
危害分析重要管理点	Hazard Analysis and Critical Control Point	▶HACCP（ハサップ）
幾何平均	geometric mean	n個のデータをすべて掛け合わせたもののn乗根．
季節繁殖動物	seasonal breeder	特定の季節のみ繁殖行動を行う動物．例えば，ウマ，ヒツジ，シカなど．
基礎系統	base strain	育種をはじめるときに使われる系統．
基礎豚	base pig	育種をはじめるときに使われるブタ．
基礎品種	base breed	育種をはじめるときに使われる品種．
揮発性脂肪酸	volatile fatty acid：VFA	低級脂肪酸．短鎖脂肪酸．酢酸，プロピオン酸，酪酸などの低分子脂肪酸．
起泡性	forming property	泡立つ性質のこと．卵白，卵黄は容易に気泡する．特に卵白の気泡性は高く，構成するタンパク質による．オボトランスフェリンが安定した気泡性を示す．
基本組織系	fundamental tissue system	植物の組織系のひとつで，表皮系および維管束系を除いた残りのすべての部分．
キモシン	chymosin	牛乳を凝固させるプロテアーゼの一種で，チーズを製造する際に使用するレンネットに含まれる凝乳酵素．
逆転写酵素	reverse transcriptase	RNAを鋳型としてDNA鎖を合成する酵素．
吸乳刺激	suckling stimulant	吸乳や搾乳の刺激によって，下垂体後葉からはオキシトシンが分泌され乳汁が排出される．また，前葉からはプロラクチンとACTHが分泌される．
牛房式牛舎	pen barn	柵で囲まれた牛房のなかでウシを飼う方式の牛舎．
QTL	quantitative traits loci	▶量的形質遺伝子座
胸腺	thymus	T細胞を成熟させる器官で，前駆細胞よりT細胞への成熟分化と増殖を誘導する．
きょうだい検定	sib test	当該個体の記録が得られない形質について，きょうだいの記録を測定して育種価の推定を行うこと．
共通農業政策	common agricultural policy	生産・価格政策をEUが実施し，これを補完する政策を各加盟国が実施するもので，これにより農産物の貿易自由化への助成や環境保全のため糞尿処理能力で飼養頭羽数を制限したり，糞尿のエネルギー化を図っている．
巨核細胞	megakaryocyte	骨髄の巨核芽球が成熟した巨大な細胞．核のみが有糸分裂と融合をくり返し巨大な核になった細胞で，この細胞から血小板が形成される．
キーリング	killing	毛皮の染色前に行う工程で，洗浄およびケラチンのSS結合を加工分解して，毛の膨潤性を高め染色性を良好にすること．
筋胃	muscular stomach, gizzard	鳥類の胃の一部で腺胃に続く胃のこと．内部に砂や小石があり，食物を粉砕混合し消化しやすくする．

キーワード	英語	説明
近位尿細管	proximal uriniferous tubule	尿細管のうち糸球体から近いほうの部分で遠位尿細管につながる．ここでほぼすべての糖と60％以上の水分，電解質が再吸収される．
緊急輸入制限措置	safeguard（measure）	▶セーフガード
近交系	inbred strain, inbred line	近親交配をくり返して確立された系統．
近交系間交配	incrossing	同一品種あるいは内種のなかで少なくとも4世代にわたり近親交配した近交系間の交配．
近交系間雑種	incross	同一品種あるいは内種のなかで少なくとも4世代にわたり近親交配した近交系間の交配でできた雑種．
近交係数	inbreeding coefficient	共通祖先の個体から由来した共通の遺伝子が存在する程度を表す指標．
近交退化	inbreeding depression	近親交配をくり返して個体の近交度が高まると適応性が低下し，繁殖性，強健性などの能力が低下すること．
筋細胞	muscle cell	▶筋繊維，筋線維
近親交配	inbreeding	集団のなかで，親子，きょうだいなど強い血縁関係にあるものどうしで交配すること．
筋繊維，筋線維	muscle fiber	筋肉を構成する特殊な細胞で，収縮能が高度に発達し運動を担う．
銀面	grain	製革工程で毛および表皮を除去した真皮の表面．
グラステタニー	grass tetany	放牧牛や放牧羊の低マグネシウム血症．草地土壌のマグネシウム欠乏およびカリウム過剰が原因である．全身硬直や痙攣などヒト破傷風に似た神経症状を示す．
クラミジア	chlamydia	オウム病や性行為感染症の原因菌である．偏性細胞内寄生細菌である．リケッチアに似ているがベクターを必要としない．
グリコシド	glycoside	配糖体．糖どうしあるいは糖と他の化合物が結合したもの．
クリーム	cream	牛乳中の脂肪分に富んだ部分．乳脂肪と脱脂乳の比重差を利用して分離する．乳製品としては乳脂肪分18％以上と規定されている．
クリームセパレーター	cream separator	乳脂肪と脱脂乳の比重差を利用して連続的に分離する装置．分離機は，ボウル，ボウル内分離板，脂肪濃度調節バルブ，駆動部で構成される．
グルカゴン	glucagon	膵臓のランゲルハンス島のA細胞から分泌されるホルモン．肝臓でグリコーゲンの分解とアミノ酸からの糖新生を促進して血糖値を上昇させる．
グルココルチコイド	glucocorticoid	副腎皮質ホルモンのうち糖新生を司るホルモン．肝臓での糖新生，末梢組織でのタンパク質異化，脂肪組織での脂肪分解を促進して炎症反応を抑制する効果もある．
グレージング	glazing	革の銀面に平滑性と光沢を付与することを目的として，めのう，ガラス，金属のローラーによって強い圧力を加えながら摩擦する作業．通常，銀面にタンパク質系仕上げ剤，ワックスなどを塗布してから行う．
黒毛和種	Japanese Black	日本原産の和牛の一種で，代表的な肉用牛．脂肪交雑に優れる．毛色は黒褐色．
計画交配	planned mating	乳牛や肉牛などで優秀な若雄牛の生産を目的に，予測育種価に基づき高能力の雌牛と種雄牛を交配すること．
経気道感染	air-borne infection, droplet-borne infection	空中に浮遊するエアロゾルや感染動物からの飛沫中の病原菌が呼吸器を介して他の動物に感染すること．
経口感染	oral infection	病原微生物の混入した飲食物などを摂取して感染すること．
経済形質	economic trait	家畜の能力に関与する形質で，家畜の経済価値とかかわりをもつ形質．
経済連携協定	Economic Partnership Agreement：EPA	二国または二地域・国間の貿易以外の経済活動は経済連携協定（EPA）とよばれ，自由貿易協定（FTA）よりも幅広い協定である．現在では二国間交渉はEPAに移行してきている．

キーワード	英語	説明
経産牛	delivered cow	出産を経験したことがある雌牛.
形質転換	transformation	細胞の遺伝形質が外部から導入されたDNAにより変化すること.
系統間交配	line cross, strain cross	同一品種内の系統間あるいは異なる品種の系統間の交配.
系統造成	strain development	育種目標に応じた素材を集めて基礎集団をつくり, 集団内で選抜交配をくり返し, 育種目標に沿った改良を進めて系統を作出すること.
経皮感染	percutaneous infection	病原菌が皮膚創傷や節足動物などに刺されて起こる感染. 注射器などの医療行為でも皮膚感染はある.
鶏卵タンパク質	egg protein	卵黄, 卵白中には, それぞれ約16%, 10%含有し, 主なものは卵黄の低密度リポタンパク質, 卵白のオボアルブミンである.
血縁係数	coefficient of relationship	二個体間の遺伝的似通いを示す係数.
欠乏症	deficiencies*	飼料中の栄養素やエネルギー, ミネラル, 微量要素の不足によって起こる栄養異常.
検定群	testing herd	能力検定を行うときに後代検定のうち検定場において実施する間接検定で, 肥育や泌乳能力の測定に用いられる動物群.
原料乳	raw material milk	牛乳および乳製品製造の原料となる乳で, 一般的には生乳のことをいい, 搾乳したままの乳のこと.
子	offspring*	交配によって産まれた個体.
甲革	upper leather	靴の甲部の表革として使用される革.
交雑種	crossbred	異なる品種や系統間の交配により作出された子.
甲状腺機能	function of thyroid gland	甲状腺ホルモンを分泌して熱産生や脂肪代謝またタンパク質合成を促進する機能.
甲状腺ホルモン	thyroid hormone：TH	甲状腺のろ胞細胞で合成・分泌されるヨウ素を含むホルモン. 熱産生や脂肪代謝, タンパク質合成を促進し, 成長に不可欠.
光線管理	lighting control	ニワトリなどで人為的に光環境を制御し, 性成熟の調整, 産卵の促進, 飼料効率の向上を行うこと.
後代	progeny*	ある個体の子孫.
後代検定	progeny test	個体の遺伝的能力をその後代の成績から評価する検定方法. 主に雄の選抜に用いられ, 泌乳や産肉能力, 繁殖能力の推定に使われる.
耕畜連携	cooperation with cultivation and animal production	耕種農業と畜産が有機的に結びつくことにより, 環境負荷を地力増進に転換するほか, 労働の過不足解消, 販売方向上などにつなげること.
口蹄疫	foot and mouth disease	偶蹄類のウイルス性急性熱性伝染病で, 口周囲, 舌, 蹄部に水疱を形成する. 致死性の高い海外悪性伝染病で口蹄疫防疫要領に基づき防疫が行われる.
後天性免疫不全症候群	acquired immunodeficiency syndrome：AIDS	▶AIDS（エイズ）
交配計画	mating plan	交配の組み合わせや時期, 回数などを決めること.
交配方法	mating method	交配技術で, 自然交配と人工授精に大別される.
交配様式	mating system	集団や品種・系統内で交配を行うときに, 交配の組み合わせを決定する基準により分類される交配の仕方.
好発時期	prevalent season	気象条件は病原体の増殖・伝播に影響することから, ある種の感染病の流行は季節の影響を受ける.
厚壁細胞	sclerenchymatous cell	植物細胞で細胞壁が一様に肥厚し木化して成熟したのち原形質を失う細胞.
高密度飼育	high stock density housing	平飼いのブロイラー飼育や採卵鶏のウインドレス鶏舎の多段ケージ飼育などで単位面積あたりの飼養羽数が多い状態（1 m^2 あたり10羽以上）で飼育すること.
香料	spicery	香気生成を目的とし, 食品に加える添加物.

キーワード	英語	説明
呼吸	respiration*	生物が生命維持エネギーを得るために、酸素をとり込んで栄養物を燃焼し、二酸化炭素を排出する過程.
国際食品規格	international food standard	人の健康を守る視点から策定されている食品の国際規格. ともに国際機関であるFAOとWHOが合同の委員会を設け策定している.
個体選抜法	mass selection, individual selection	個体自身の記録をもとに選抜すること.
ゴーダチーズ	gouda cheese	オランダ原産. 牛乳を原料とした半硬質タイプ. 組織は緻密で小さな不定形の気孔が散在し、温和な風味が日本人の嗜好に合う.
鼓張症	bloat	反芻動物の第一胃(ルーメン)に多量のガスが貯留して排泄されず腹部が著しく膨満した状態. マメ科牧草や変敗穀類の給与に起因することが多く、急性では呼吸障害で死亡することもある.
骨格筋	skeletal muscle	1つまたは複数の間接をまたいで骨に付着し、関節の運動に働く筋肉.
骨髄系細胞	myeloid cell	骨髄の幹細胞、骨髄芽球は成熟して顆粒をもつ好中球、好酸球、好塩基球、マスト細胞、単球、マクロファージ、血小板、樹状細胞に分化する.
コルチコイド	corticoid	副腎皮質ホルモン. 副腎皮質で合成されるステロイドホルモンの総称. グルココルチコイドとミネラルコルチコイドに大別され、グルココルチコイドは糖新生、タンパク異化、脂肪分解、炎症抑制などに、ミネラルコルチコイドは電解質バランスと血圧の恒常性維持に働く.
コールドショートニング	cold shortening	低温収縮、低温短縮などともいう. ウシ、ヒツジ、ニワトリが死直後に急速に冷却された場合、骨格筋が著しくかたくなる現象.
コレステロール	cholesterol	脊椎動物に含まれるステロールで、生体膜の構成成分. 胆汁酸やステロイドホルモンの前駆体となる物質.
コーンミール	corn meal	トウモロコシの顆粒を加工したもの. 粗挽きしたものを焼いて押しつぶし乾燥したものなどがある.
コンポスト	compost	▶堆肥
最低輸入量	minimum access trade quantity	各種の国際的貿易交渉の結果として決められた最低限の輸入量. ミニマムアクセスともいう.
サイトカイン	cytokine	リンパ球の産生するリンホカイン、マクロファージの産生するモノカインを含む免疫関連細胞の分泌する免疫調節物質の総称.
細胞質遺伝	cytoplasmic inheritance	ミトコンドリアなどのように細胞質に含まれる物質の遺伝子によって形質が次世代に伝えられる現象.
細胞性免疫	cellular immunity	T細胞が分化した感作リンパ球が抗原認識を担う反応系で、種々の化学伝達物質を分泌して感染アレルギー反応や移植拒絶反応などを発現したり、直接ウイルス感染細胞や腫瘍細胞を傷害する.
細胞融合	cell fusion	精子と卵子の受精のように、細胞どうしの細胞膜が融合して、あらたな細胞を形成すること.
在来牛	native cattle	特定の地域で古くから飼養され、その地域の環境に適応したウシ.
最良線形不偏予測法	best linear unbiased prediction method	▶BLUP(ブラップ)法
削蹄	hoof cutting, hoof triming	ウシやウマの蹄を削ること.
ささ身	breast meat (M. pectoralis profundus)	鶏肉の部分肉名称で深胸筋をいう. 食鶏取引規格では副品目としてとり扱われ、鶏肉のなかではもっともやわらかで上肉とされている.
さし	marbling	筋肉内への脂肪の交雑. 脂肪が筋肉をとりまく筋周膜や筋内膜にまで蓄積したもので、さしの多少が肉質を判定する重要な要素となっている.
雑種強勢	heterosis, hybrid vigour	品種、系統間の雑種が、両親よりも優れた形質を示す現象. ヘテローシスともいう.

キーワード	英語	説明
雑種強勢効果	heterosis effect	ヘテローシスの大きさのことで，交雑集団と近交系の平均の差をいう.
雑種利用	utilization of crossbred	異なる品種や系統間の交配により作出された雑種を生産や育種に用いること.
砂漠化	desertification	乾燥，半乾燥および乾性半湿潤地域における気候変動や人間の活動などによって生じる土地の劣化.
サーロイン	sirloin	ウシ枝肉部分肉の名称．第十～十一胸椎間で切断したときのもも側のロース部位のこと．肩側をリブロースという．ロース芯の面積はサーロインのほうが大きい.
酸化池法	oxidation ditch method	オキシデーションディッチ法ともいう．回転ブラシやブロアーを用いて池や溝に貯留した汚水を曝気処理する方法で，オランダで考案された．設置コストは安いが比較的面積が必要.
三元交配	three way cross	三品種あるいは三系統を用いた交雑法．ブタでよく用いられ，二品種間の交雑種を雌として3番目の品種を雄として交配する.
産子数	litter size, brood size	一腹（産）子数．同じ個体から生まれた子動物のことで死産も含める.
算術平均	arithmetic mean	n個のデータの総和をnで割ったもの.
酸性雨	acid rain, acidic deposition	一般的には化石燃料の燃焼で生じる硫黄酸化物や窒素酸化物による酸性の雨をさすが，家畜排泄物から揮散するアンモニアは樹木や土壌で，硝化菌の作用で硝酸になることから，これも酸性雨の原因として扱われる.
CA貯蔵	controlled atmosphere strage	空気中の窒素，酸素，二酸化炭素の割合を調整し，長期に鮮度を保つ貯蔵システム．低温との併用が原則.
C/N比	C/N ratio	炭素率．堆肥および堆肥材料中の炭素Cと窒素Nの比率．微生物の増殖に影響するため，堆肥化速度はこの影響を受け，一般に堆肥化の進行に伴ってC/N比は低下する.
シェービング	shaving	皮革の内面側の表層面を回転する刃ロールで削る作業.
子宮収縮	construction of uterus	発情期にエストロジェンの作用で感受性の高まっている子宮が，交尾時の刺激により分泌されたオキシトシンの作用で収縮すること．また，子宮は分娩時にも胎児の娩出のため収縮する.
糸球体包	glomerular capsule	腎臓の組織．糸球体を囲んでおり，糸球体でろ過された尿を尿細管に誘導する．ボーマン嚢ともいう.
死後硬直	rigor mortis	動物が死後一定時間経過後に筋肉が収縮してかたくなる現象．ATPが消失することにより筋肉は収縮したままの状態におかれる.
支持細胞	Sertoli cell	▶セルトリ細胞
視床下部	hypothalamus	脳組織の一部で，間脳の下部に位置し，下垂体に接する．自律神経の制御に必要な多くの神経ホルモンを分泌する中枢.
指数選抜法	index selection	複数形質を同時に改良するときに，各形質に相対的重み付けをして，それらの総和を指数値として選抜する方法.
雌性二次性徴	female secondary sexual character	生殖腺以外の生殖腺付属器官および外部生殖器，体型などで雌に特有の形質.
自然交配	natural mating	雌と雄とを直接交尾させることによって受精させる交配.
持続感染	persistent infection	潜伏感染，慢性感染，遅発性感染がある．ウイルス感染後もウイルスが体内に残存しており感染が持続すること.
質的形質	qualitative trait	毛色や角の有無などのように，非連続的な変異で，単純なメンデル遺伝をする形質.
GH	growth hormone	▶成長ホルモン
GnRH	gonadotropin releasing hormone	▶性腺刺激ホルモン放出ホルモン
GTH	gonadotropin, gonadotropic hormone	▶性腺刺激ホルモン

キーワード	英語	説明
CDC	Centers for Disease Control and Prevention	米国疾病予防管理センター．1946年創設．感染症防止対策，生活習慣病，交通事故，家庭内暴力，麻薬などの社会問題や労働災害，公害，自然災害に起因する保健問題などに対処する．
シボ	break	革の外観的品質を評価する重要な項目のひとつ．革の銀面を内側に折り曲げたときにできるしわ状態をいう．このしわが細かく均一である革は，シボがよい，またはシボだちがよいと評価される．
脂肪交雑	marbling	さし．食肉，特に牛肉の肉質を表す指標で，食肉中に脂肪が交雑している状態．
JAS法	Japan Agricultural Standards Law	日本農林規格（JAS規格）など農林物質の規格と食品の品質表示の適正化を定めた法律．
シュヴォン	chevon	食用の山羊肉．
終宿主	final host	寄生虫の有性生殖が行われる宿主．もしくは成虫を保有している宿主．
就巣性	broodiness	雌鶏が巣について産んだ卵をあたため，さらに孵化した雛を育てる性質．プロラクチンが関与する．
従属栄養生物	heterotroph*	生活や増殖に有機物を必要とする生物．
集団	population*	個体群．2個以上の個体からなる群．
自由貿易協定	Free Trade Agreement：FTA	二国または二地域・国間の貿易について原則的な無関税とり決めのこと．WTOの交渉は時間がかかることから，近年，二国間貿易ルールを決めるFTA交渉が進んでいる．貿易以外の経済活動を含むものは，経済連携協定（EPA）とよばれ，FTAよりも幅広いので二国間交渉はこちらに移行してきている．
シュヴレ	chevre	山羊乳から製造したチーズ．
シュヴレット	chevrette	やわらかく薄い子山羊皮革．
受精能獲得	capacitation	雌の生殖道内に射出された精子が，生殖道内で卵子本体に接近し侵入して受精するのに必要な生理学的変化を起こすこと．
受精卵移植技術	embryo transfer technology, ET technology	供胚動物から採取した胚あるいは体外で作出した胚を，発情周期を同期化した受胚動物に移植し，子を生産する技術．
受精卵クローン	embryonic clone	初期胚割球を除核した未受精卵へ核移植して作出したクローン．
受精率	fertility*	排卵した卵子または用いた卵子数に対する受精卵の割合．家禽では孵卵を開始した卵に対する受精卵の割合をいう．
受胎能力	fertility, fertile activity	雌が胚を着床させて育てることができる能力のこと．
受胎率	conception rate, fertility	交配あるいは人工授精した頭数に対する受胎頭数の割合．
受胚雌	recipient	受精卵（胚）を移植する雌．レシピエントともいう．
種雌豚	brood sow	改良または増殖に用いる血統の明確な雌のブタ．
順繰り選抜法	tandem selection	複数形質を同時に改良するときに，まず1つの形質について数世代選抜し，次に別の形質について選抜する方法．
純粋種	pure bred	品種として認定されているもの．または同一品種間の交配で生まれた子．
乗駕	mounting	交尾を行うため，雄が発情した雌の後方から自分の前駆を雌の背に乗り上がる行動．
硝化菌	nitrifying bacteria, nitrifier	アンモニウムを亜硝酸に変えるアンモニア酸化細菌と亜硝酸を酸化して硝酸に変える亜硝酸酸化細菌群．両者は共存して有毒なアンモニアを硝酸に変える．
硝化作用	nitrification	アンモニア態窒素が微生物の働きで硝酸態窒素まで変化する反応．
上限臨界温度	upper critical temperature	恒温動物が物理的調節だけで体温を一定に維持できる外界温度の上限．
硝酸還元	nitrate reduction	硝酸態窒素がアンモニア態窒素に還元されること．

キーワード	英語	説明
硝酸性窒素	nitrate nitrogen	硝酸態窒素ともいう．土壌などに含まれる硝酸塩を窒素量で表したもの．
除角	dehorning	ウシやヤギなどの角を切断するか，角が生える前に除くこと．
食中毒	foodborne illness, foodborne disease, food poisoning	有毒物質の含まれた飲食物を摂取したことによって起こる中毒の総称．食品中毒ともいう．
食品衛生法	Food Sanitation Law	国民に安全な食品を提供することを目的とする法律．国内のBSE発生や偽装表示問題があり，2003年に大幅改正．規格・基準を厳しくし，監視・検査体制を強化している．
食品廃棄物	food waste	食品由来の廃棄物で，食品製造過程からの副産物や流通過程からの売れ残り食品の廃棄物．外食や家庭内調理くず，また食べ残しなどからなる．
食品表示制度	food display system	食品の由来，成分，安全性等について表示を行う際に基準を定めたもの．日本では，食品衛生法，JAS法，健康増進法および米トレーサビリティ法により規定されている．
食料・農業・農村基本法	Basic Law on Food, Agriculture and Rural Areas	1999年に制定された農業政策の根幹を定めた法律．食料，農業および農村に関する施策を総合的，計画的に推進すること目的としており，施策に関する基本的理念および実現のための事項を定めている．
食料自給率	food self-support rate	国内消費量を国内生産量で除した率．食品の含有熱量をもとに国内生産量の原材料に輸入のものがあった場合には，それを減じて計算することが一般的．ほかに金額，重量をベースに計算することもある．
暑熱環境	heat circumstance	生体をとりまく環境の温度が高い状態，またはそのような環境．
暑熱ストレス	heat stress	▶熱ストレス
自律機能	autonomic function	生体の生命維持にとって基本的な循環・呼吸・消化・代謝・分泌・体温維持・排泄・生殖の機能．
自律神経	autonomic nervous	大脳の支配から独立して自動的に働く神経のこと．交感神経と副交感神経があり互いに制御しあう．
人工授精	artificial insemination：AI	雌を受胎させるために注入器で精液を雌の生殖道内に注入すること．
人工乳	synthetic milk	出生後まもない子牛に対して離乳のために給与する飼料．母乳に近似の組成の粉末またはペレット状の飼料．
新生子牛	newborn calf	出生まもない子牛のことで，体温調節機能などが発達して環境適応できるようになるまでの幼動物．
陣痛	labor pains	分娩時に起こる子宮の収縮作用により母体側が感じる痛み．
深部体温	body temperature	動物の体の温度で，体内の熱産生と外部への熱放散との熱平衡で決まる．
垂直感染	vertical infection	感染した母体から子に病原体が移行する微生物感染様式．経胎盤感染，産道感染，母乳感染の経路がある．
水平感染	horizontal infection	母子感染以外の動物やヒトの個体から個体への感染．
スタンチョンストール	stanchion stall	繋ぎ飼い式牛舎におけるウシの繋留方式のひとつで，ウシの頸部を挟むようにして繋留する．
ステーキング	staking	乾燥してかたくなった革をもみほぐす作業．
ステロイドホルモン	steroid hormone	ステロイド核をもつホルモンの総称．アンドロジェン，エストロジェン，プロジェスチン，副腎皮質ホルモンなどがある．
スーパーオキシドジスムターゼ	superoxide dismutase：SOD	スーパーオキシドの毒性から好気性微生物を防御するために不均化を触媒する金属酵素の一群．
スーパーカーフハッチ	super calf hutch	カーフハッチで2か月齢まで飼育後，6～8頭の群で約6か月齢まで収容する屋外簡易施設．
スピロヘータ	spirochaeta	細長い螺旋の細菌名称．トレポネーマ，ボレリア，レプトスピラなど動物やヒトに病原性を示す菌が属している．
性決定領域	sex determining region	ゲノム上で性の決定に働く遺伝子が存在する領域．

キーワード	英語	説明
精細管	seminiferous tubule	精巣の管状組織で内部で精子がつくられる器官.
性周期	estrous cycle*	妊娠しない場合の生殖周期.
性成熟	sexual maturity	成長過程で生殖機能が確立すること. 雄は射精機能, 雌は交配して妊娠が可能になる状態になる.
性腺刺激ホルモン	gonadotropin, gonadotropic hormone：GTH	卵胞刺激ホルモン (FSH), 黄体形成ホルモン (LH), ヒトおよびウマ絨毛性性腺刺激ホルモン (hCG, eCG) などがある.
性腺刺激ホルモン放出ホルモン	gonadotropin releasing hormone：GnRH	性腺刺激ホルモンの合成, 分泌を促進するホルモン.
性染色体	sex chromosome	核型を構成する染色体から常染色体を除いた1対の染色体. 哺乳類はホモ型XXが雌, ヘテロ型XYが雄. 鳥類では雌がヘテロ型ZW, 雄がホモ型ZZ.
精祖細胞	spermatogonium	精子のもととなる細胞. 精巣内の精細管の基底部に位置し, 有糸分裂をくり返して精子細胞をつくり出す.
生体重量	live body weight	屠殺前の生きている状態における体重.
生体防御作用	defense mechanism	外来性異物であれ, 自己由来の異物成分, 老廃物, 不用成分であれ, 非自己抗原決定基の有無にかかわらず, 処理して恒常性を維持しようとする作用.
成長促進物質	growth factor	動物の成長や増殖を促進する物質.
成長速度	growth rate	動物や植物の全体または器官の重量や長さの単位時間あたりの増加量.
成長ホルモン	growth hormone：GH	下垂体前葉で合成されるホルモンで, 骨細胞の増殖, アミノ酸のとり込みやタンパク質合成を増加させて成長を促進する作用がある.
精嚢腺	seminal vesicle	雄の副生殖腺のひとつ. 白色または黄色を帯びた粘稠な液を分泌する.
政府開発援助	Official Development Assistance：ODA	先進国が開発途上国の開発を支援するために行う公的援助.
生物価	biological value：BV	タンパク質の栄養価を示す単位のひとつで, 吸収された窒素のうち利用された窒素の割合を示す.
生物農薬	biological pesticide	植物の害虫を駆除するために利用される天敵の昆虫.
生物膜法	biofilm process	接触材やろ材などの担体表面に形成される膜状の微生物叢 (生物膜) を利用した汚水処理法. 活性汚泥法と比べて微生物の食物連鎖が長くなるので汚泥量は少なくなる.
生物量	biomass	▶バイオマス
精母細胞	primary spermatocyte	精祖細胞の数回の分裂により生じた細胞のこと. 次に減数分裂を起こして精子細胞になる.
世界食糧サミットローマ宣言	Declaration of Roman Summit on the Foods of World	1996年ローマで開催された世界食料サミットの際, 採択された宣言.「2015年までに栄養不足人口を半減させる」という目標などの4つの行動計画が含まれる.
世界保健機関	World Health Organization：WHO	人の健康に関する国際的な規則, とりくみなどについて検討する機関. 国連機関のひとつ. 1948年設立. 本部はニューヨーク. 同じく国連機関であるFAOと食品の国際的な規格について検討している.
接触感染	contact infection	感染動物との接触により起こる感染. 性病などの直接感染とインフルエンザなどの飛沫や手指などを介する間接感染がある.
セーフガード	safeguard (measure)	緊急輸入制限措置. WTOなどの国際ルールによって輸入が急増した際に緊急に, 輸入停止または制限する措置. 豚肉, 牛肉についてこの措置をとることが認められている.
切断選抜	truncated selection	切断型選抜. ある集団から一定の形質値以上の個体をすべて選抜して, それ以下の個体をすべて淘汰すること.
セッティング	setting out	革の乾燥工程の前処理として, 染色・加脂後の膨順革を伸ばし, 表面を平滑にするとともに形を整える作業. 伸ばしともいう.

キーワード	英語	説明
セルトリ細胞	Sertoli cell	支持細胞．精細管の基底膜上に位置して，精細胞を包み込み精子への分化を栄養的に支持する．
腺胃	glamdular stomach	鳥類の胃は筋胃と腺胃からなる．腺胃は哺乳類の胃底腺部に相当し，消化酵素を分泌し消化を行う．
仙座靱帯，仙坐靱帯	sacroisciatic ligament	骨盤にある靱帯のひとつ．分娩時にホルモンの作用で弛緩して，骨盤の可動性を高めて分娩しやすくする．
染色体	chromosome	細胞分裂中期に赤道板上に出現する核由来の構造物．DNA，RNA，タンパク質から構成されている．
蠕虫（ぜんちゅう）	helminth	原虫類以外の内部寄生虫の総称．学術名称ではない．
潜熱放散量	latent heat loss	家畜が体外に水分の蒸発により放出する熱量．
選抜効率	efficiency of selection	選抜による遺伝的改良量の相対的な大きさ．
選抜差	selection differential	親の世代における選抜前の平均と選抜後の平均値の差．
選抜指数式	selection index	複数形質を同時に改良する際に各形質に相対的重み付けをし，それらを総和した値．
選抜指数法	index selection	▶指数選抜法
潜伏感染	latent infection	間欠的に急性感染様の感染を起こし，その間は感染性のウイルスが検出されるが，それ以外の時期にウイルスは検出されない．
潜伏精巣	cryptorchildism*	胎子期に精巣が腹腔から陰嚢へ移行せず出生後も腹腔内にとどまってしまう状態．
全卵	whole egg	可食部でいう場合は卵黄部と卵白部を併せたものすべてを含むが，廃棄部も含めていう場合は卵殻部も含めた全体をさす．
前立腺	prostate, prostate gland	雄の副生殖腺のひとつ．膀胱頚の背位にある．前立腺液は射精に先立って尿道を洗浄する役割をもつ．
双角子宮	bicornuate uterus	子宮の形態のひとつ．ウマ，ブタのように子宮体と左右一対の子宮角をもち，子宮腔に隔壁がなく単一の腔になっている．
相関反応	correlated response	ある形質に選抜を加えたときに別の形質に現れる遺伝的変化．
早期離乳	early weaning	自然な離乳よりも早く，強制的に母親から離して離乳させること．
総合育種価	aggregate breeding value	複数形質を改良する場合の各形質の相対経済価値と育種価の積和．
草食家畜	herbivorous animal, herbivore	草類など植物を主に餌とする動物．
双胎	twins	2個の胎子を体内に同時に有する状態．
増体能力	ability of weight gain	体重を増加させる能力．
相同染色体	homologous chromosome	減数分裂で対をなす染色体．1対の染色体は両親の配偶子に由来する．両染色体上の同位置には同形質に関する遺伝子が位置する．
そともも	lower thigh	なかにく．牛枝肉の名称．ももの外部位に位置して大腿二頭筋を大腿四頭筋から分離して半腱様筋が付いた枝肉のこと．
そ嚢	ingluvies	砂嚢．鳥類の消化器で食道に続く薄壁の膨大部のこと．食物の一時的貯蔵所として機能している．特に穀物を食べる鳥で発達している．
ソマトスタチン	somatotropin releasing inhibiting factor：SRIF, somatostatin：SS	成長ホルモン放出抑制因子．下垂体からの成長ホルモン分泌を抑制する物質．
ソマトトロピン	somatotropin：ST	成長ホルモン．下垂体前葉の好酸性のsomatotrophsで産生される成長促進ペプチド．
ソマトメジンC	somatomedin C	成長ホルモンの骨成長促進作用を仲介する物質．ソマトメジンAとC，インスリン様増殖因子，増殖刺激活性体をいう．
第一胃	rumen*	ルーメン．反芻胃．反芻動物の胃．消化液は分泌しないが，微生物発酵によって消化作用が進行する．
第一制限アミノ酸	the first limiting amino acid	食品タンパク質の必須アミノ酸中，欠乏しているものを制限アミノ酸といい，欠乏の程度がもっとも大きいものを第一制限アミノ酸という．

キーワード	英語	説明
体液防御因子	humoral defense factors	体液中の抗体，補体，リゾチーム，トランスフェリンまたサイトカインのインターフェロンなど異物抵抗因子のこと．
体温調節	thermoregulatory	恒温動物が外気温の変化などに対応してその恒温性を維持すること．
体外受精	in vitro fertilization：IVF	精子と卵子を体外で操作し受精させること．
体外受精卵移植技術	IVF embryo transfer	体外受精で作出した胚を，発情周期を同期化した受胚動物に移植し子を生産する技術．
体外成熟	in vitro maturation	未成熟な卵胞内卵子を体外で培養し，第二成熟分裂中期まで成熟させ，受精可能な状態にすること．
退行性疾患	regressive disease	老化や長期の低栄養に伴う筋肉，骨，臓器などの萎縮変性や機能の低下により起こる非感染性疾患．
体細胞クローン	somatic clone	体細胞をドナーとして未受精卵に核移植して作出された動物．形質の個体複製，遺伝子組換え動物作出，遺伝資源保存などに応用が期待される．
第三胃	omasum*	反芻動物の胃のひとつで，第二胃と第四胃の間に位置する．内部に多数の葉状の襞がみられる．
代謝エネルギー	metabolizable energy：ME	飼料のエネルギー価を表す単位．摂取飼料の総エネルギーから糞，尿，メタンなど排出されるエネルギーを差し引いた値．
代償性成長	compensatory growth	発育期に，飼料不足などで発育を抑制された動物が，飼料充足によって発育の遅れをとり戻す急激な成長をすること．
対症療法	symptomatic therapy	病気の原因に対してではなく，その時の症状を軽減するために行われる治療法．痛みに鎮痛剤を与える．
タイストール	tie stall	繋留の一方式．ウシに首輪をしてロープなどでストール前方に繋ぐ方式．種々のタイプがある．
堆積物	heap, pile	堆肥化するために積まれた敷料や家畜の糞尿などの山．
耐凍性	freezability	精子の凍結感作に耐えうる能力をいい，精子の活力回復率で表す．
体内受精卵移植技術	embryo transfer	過剰排卵処理後に人工授精して子宮や卵管から胚を回収して，発情周期を同期化した受胚動物に移植し子を生産する技術．
第二胃	reticulum*	反芻動物の胃のひとつで，第一胃の前腹位にある．内部に蜂の巣状の襞がみられる．
堆肥	compost	コンポスト．各種有機性廃棄物を主に好気的に分解し，成分を安定化させて有機質肥料に変換する．
堆肥化処理	composting process	好気的条件下における有機物資材の生物学的分解過程．切返しを行う堆積発酵と各種装置を用いる強制発酵（急速堆肥化，撹拌方式）の処理方式がある．
堆肥生産	compost production	家畜排泄物は有機性肥料として用いられるが，不適切な処理は硝酸性窒素の地下水汚染や病原体の水源汚染など健康被害が起こることから積極的堆肥生産が行われる．
胎餅	vomanes, hipomanes	尿膜液中に浮遊したり，糸状の結合組織で尿膜とつながっている黄褐色または暗褐色の固形物．
胎便	meconium	新生児が分娩後1～2日間に排泄する便．
胎膜	fetal membrane	胎子を囲んでいる膜のことで，絨毛膜，尿膜および羊膜の総称．
第四胃	abomasums*	反芻動物の胃のひとつで，第三胃と十二指腸の間に位置する．胃液を分泌し消化を行う．
対立遺伝子	allele	染色体上の同一座位に位置する遺伝子．
多核顆粒球	granular leukocyte	細胞質にペルオキシダーゼ陽性顆粒が観察され，核が分節状を呈する白血球．
多型性	polymorphism	同種や同品種内で，同じ形質や同じ遺伝情報のタイプが2つ以上存在すること．
多精拒否反応	block to polyspermy	1個の精子が卵子に侵入すると，それ以外の精子は受精できなくなる現象．

キーワード	英語	説明
多精子受精	polyspermy	多精受精．1個の卵子に2個以上の精子が侵入する現象．
多胎妊娠	prolificacy	一度に多数の胎子を受胎して妊娠すること．
脱脂粉乳	skim milk powder	生乳から乳脂肪分を除去した脱脂乳を乾燥し粉末状にしたもの．乳等省令では乳固形分95.0％以上，水分5.0％以下の成分規格と規定されている．
WHO	World Health Organization	▶世界保健機関
WTO	World Trade Organization	貿易に関する国際的な規則，とりくみなどについて検討する機関．国連機関のひとつ．1995年設立．本部はジュネーブ．農産物貿易も検討対象であり，合意の結果が国内農業に与える影響も大きく，交渉について国民の関心は高い．
ダブルマッスル	double muscle	豚尻．ウシの体型がブタのように，ももあるいは前肢基部にある筋肉が肥大して脂肪量が少なくなる形質．
チアノーゼ	cyanosis	藍青（らんせい）症．皮膚や粘膜が青紫色になった状態．血液中の酸素減少による．呼吸困難や血行障害によって起こる．
チェダーチーズ	cheddar cheese	イギリス原産．現在では世界でもっとも広く生産されている生産量の多い硬質チーズ．原料は牛乳で，熟成期間4〜8か月でかたく緻密な組織をもつ．
地球温暖化	global warming	大気中の温室効果ガス濃度の上昇に伴う地球の温暖化．特に畜産に関連する温室効果ガスとしてはメタンと亜酸化窒素がある．
畜産環境問題	animal product environmental issue	家畜を飼育することで環境に与える負の影響に関する問題．土壌汚染，水質汚濁，大気汚染，騒音，悪臭，衛生昆虫の発生などが含まれる．
致死因子	lethal factor	致死遺伝子．微生物病原性決定因子．炭疽菌では亜鉛依存性プロテアーゼが本体で，マクロファージが溶解する．
着床	implantation	受精胚が母体によって認識され，栄養膜部分が子宮壁に接着し，胚と子宮間に連絡ができること．
チャーニング	churning	牛乳またはクリームに物理的な衝撃を与えて脂肪球を凝集させること．バター製造における重要な工程のひとつ．
中間宿主	intermediate host	寄生虫の無性生殖が行われる宿主．もしくは幼虫がその体内で発育する宿主．
長期在胎	prolonged gestation, delayed birth	正常な妊娠期間よりも長く，胎子が在胎すること．
頂端分裂組織	apical meristem	植物の茎，葉，根などの先端に存在して細胞を増殖する組織．
調和平均	harmonic mean	n個のデータに対して，データの逆数の相加平均の逆数．
繋ぎ飼い式牛舎	stall barn	ウシを1頭ずつ繋留する方式の牛舎．
ツベルクリン反応	tuberculin skin test	結核症の診断法．Ⅳ型アレルギー．遅延型アレルギー．
坪入れ	measuring	革の表面積を測定すること．以前は1尺四方を1坪と呼称していたが，1959年よりメートル法のデシ（10 cm×10 cm）に移行した．1坪=9.18デシ
DFD肉	DFD meat（dark firm dry meat, abnormal meat）*	硬質低浸出性で濃赤肉色の異常肉で牛肉に多い．出荷前ストレスによるグリコーゲンや乳酸量が低下が原因とされる．
TMR	total mixed ration	乳牛の養分要求量に合うように，粗飼料，濃厚飼料，添加物などをすべて混合し均質にしたもの．
T細胞	T cell	Tリンパ球．造血幹細胞から発生し，胸腺で成熟したのち，抗体産生，細胞媒介細胞障害，遅延型過敏症，炎症などの制御に関与するリンパ球の一種で，多くのサブセットが存在する．
ティートカップ	teatcup	ミルカーの一部で，乳頭にとりつけて搾乳する部分．
テストステロン	testosterone	代表的な雄性ホルモン．雄では精巣のライディッヒ細胞から分泌される．雄の二次性徴の発現，精子形成に作用する．
転化糖	invert sugar	ショ糖が加水分解されグリコシド結合が切れて生成されたグルコースとフラクトースの混合物．
転換効率	effeciency of energy utilization	▶エネルギー利用効率

キーワード	英語	説明
転写調節因子	transcription regulatory factor	転写調節遺伝子．特定のDNA配列に結合し，その近傍にある標的遺伝子の発現を制御するタンパク質．
凍害保護物質	substance to protect from frost damage	凍結によるタンパク質の変性，香味抜け，退色，氷結晶の成長など品質劣化阻止物質で，糖類などが使用される．
凍結精液	frozen semen	ドライアイス-アルコールや液体窒素で長期保存するために凍結された精液．
糖新生	gluconeogenesis	体内で炭水化物以外の物質から糖を合成すること．
透明帯	zona pellucida	哺乳類卵子の周囲に存在する糖タンパク質膜．受精時に多精子進入を阻止し，また受精後は初期胚を保護する．
特用家畜	minor livestock	ダチョウ，シカ，イノシシ，ウサギ，スイギュウなど主要な家畜や家禽以外の家畜種をいう行政用語．
独立淘汰水準法	independent culling level selection	複数形質を同時に改良するときに，各形質ごとに独立の選抜基準を設定し，すべての基準に合格した個体を選抜する方法．
土壌改善効果	soil improvement effect	植物の生産性に悪影響を及ぼす土壌の成分を改善したときの効果．
土壌消毒	soil sterization	土壌病が蔓延した場合にとられる処置．一般には農薬を散布して殺菌するが，太陽熱を利用した加熱殺菌もある．
土地改良材	soil conditioner	植物栄養に供して栽培に資するために土壌中に施される物質．ゼオライト，腐植質，堆肥などが用いられる．
ドナー細胞	donor cell	核移植において除核した卵子に導入する細胞．
止め雄	terminal sire	ブタなどの育種で三元交雑をつくる際に，最初の二元交雑で作出した雌に交配する雄．
トランスジェニックブタ	transgenic pig	人為的に外来遺伝子をゲノム内に導入されたブタ．
トリヨードサイロニン	triiodothyronine：T3	甲状腺ホルモンのひとつ．甲状腺のろ胞細胞で生成されヨウ素を含む．代謝を促進し，成長に不可欠である．
トレーサビリティシステム	traceability system	食品などの生産や流通に関する履歴情報を追跡・遡及することができる方式．
貪食作用	phagocytosis	食作用．マクロファージや好中球などの食細胞が，微生物など外来異物を摂取すること．
内層脂肪	innerlayer subcutaneous	ブタの皮下脂肪は，結合組織を隔てて真皮網様層に沈着する外層脂肪と内側に沈着する内層脂肪に区分される．
内臓脂肪	offal fat	動物腹腔部の臓器．胃，腸，腎臓の周辺に付着した胃間膜，腸間膜，腎臓脂肪などの脂肪や，これらから溶出した脂肪酸をいう．
内部環境	internal environment	家畜の生理に影響を与える生体内部の体液的状態．
内分泌器官	endocrine organ	1個の器官として独立した内分泌腺．
ナチュラルチーズ	natural cheese	原料に乳，脱脂乳，部分脱脂乳，クリームなどを用い凝固させ，その凝固物からホエイを排出して得られる新鮮なまたは熟成した乳製品．
ナッパ革	nappa leather	羊皮，ヤギ皮を，手袋や衣料用に仕上げたやわらかい銀付き革のこと．柔軟に仕上げられたクロムなめし成牛革の甲革や袋物用革などもナッパという．
軟質チーズ	soft cheese	かたさで区別するチーズ分類の方法のひとつ．軟質は無脂乳固形分に対する水分が67％以上，チーズ中の水分含量では55～80％程度の製品をいう．
肉骨粉	meat and bone meal	飼料や肥料原料で不可食部分の内臓などの加熱処理物のこと．耐熱性プリオンが病因とされるBSEの原因といわれる．
肉用牛	beef cattle	肉生産に用いられる牛．
肉用牛繁殖経営	cow-calf farming	肉用牛の繁殖雌牛を飼養して子牛を生産し販売することを目的とする経営．

キーワード	英語	説明
肉用牛肥育経営	cattle fattening farming	肉生産用の肥育素牛を購入し肥育して販売することを目的とする経営.
肉用種	beef breed	肉専用種. 肉生産用に改良された牛で, 肉付きがよく, 枝肉歩留がよい. ヘレフォード, アンガス, また黒毛和種などは役肉兼用種から肉用種に改良された.
二次性徴	secondary sexual character	生殖腺以外で, 雌雄に特有の形質で性判別できる生殖腺付属器官および外部生殖器の特徴.
日産卵量	egg mass	産卵鶏の生産指標のひとつ. 平均卵重と産卵率の積.
乳化剤	emulsifier	界面活性の機能をもち, 食品に乳化, 分散, 浸透, 洗浄, 起泡, 消泡などの目的に使う食品添加物.
乳酸菌	lactic acid bacterium (複数形 bacteria)	糖類を発酵して主に乳酸を生成する細菌の総称. 乳製品をはじめとする自然界に広く分布している.
乳酸発酵	lactic acid fermentation	炭水化物から乳酸を生成する発酵過程, 乳酸を生成するホモ乳酸発酵と酢酸, アルコール, 酢酸, 二酸化炭素などを生産するヘテロ乳酸の過程がある.
乳脂肪率	milk fat ratio	食品衛生法ではゲルベル法を用いて測定する. 濃硫酸で脂肪以外の成分を溶解して, これを遠心分離で浮遊する脂肪滴を重量パーセントで表す. 一般的には3.5%前後である.
乳タンパク質	milk protein	牛乳に含まれるタンパク質の混合物. 等電点4.6で沈殿するカゼインと上澄液部のアルブミン, グロブリンがある.
乳タンパク率	milk protein ratio	濃硫酸で加熱分解後, 蒸留によって窒素化合物中の窒素量として求めた数値に6.38を乗じて, 重量パーセントで表示する. 通常は3.0%前後である.
乳等省令	Ministerial Ordinance Concerning Compositional Standards, etc. for Milk and Milk Products	「乳及び乳製品の成分規格等に関する省令」が正式名称. 乳および乳製品ならびに, これらを主原料にする食品に関して食品衛生法に関連した法的規制である.
乳量水準	standard of milk yield	飼育する経産牛が生産する年間総乳量について, 1頭の泌乳量として算出した数値（kg/頭/年）のことをいう.
妊娠期間	length of pregnancy, gestation length	哺乳類の雌で卵子が受精し, 体外に娩出されるまでの期間.
熱産生量	heat production	維持に要したエネルギーと熱増加の和.
熱ストレス	heat stress	暑熱ストレス. 生体に加えられた高温環境または高い内部温度の刺激.
熱性多呼吸	thermal polypnea, panting	暑熱環境下, 家畜が体温を一定に保つために体熱の放散を行うときの呼吸の形態.
熱的中性圏	thermoneutral zone	動物がエネルギー消費を伴う体温調節反応を必要としない環境温度の範囲.
熱放散量	heat loss	生体から外部環境へ放出される体熱の量.
ネフロン	nephron	腎単位. 腎臓にある長く湾曲した管状構造物. 血液のろ過を行う腎小体と尿細管から形成される.
ネフロンループ	nephron loop	▶ヘンレ係蹄
農業基本法	Basic Agricultural Law	1961年に制定された農政策の根幹を定めた法律. 農業を他産業並みに生産性を向上させ, 農業従事者の所得を増大して他産業従事者と均衡する生活ができることを目的としていた. 1999年に食料・農業・農村基本法が制定されたため廃止された.
農業恐慌	agricultural panic	1930年代, 金融恐慌, 世界大恐慌の影響を受け, 日本の農産物価格が著しく低下したうえに, 都市生活者が農村に流入した大恐慌のこと.
農業資材	agricultural materials	農業生産に利用されるすべての材料. 種子, 種苗, 農薬, 肥料, 飼料, 動物用医薬品, 子畜など.
農業生産法人	agricultural production corporation	農地法の要件を満たしている農地を所有または賃借している農業経営を行う法人. 農事組合法人, 合名会社, 合資会社, 株式会社, 有限会社の形態がある.

キーワード	英語	説明
農業総生産	agricultural gross production	農業生産活動による最終生産物の総生産額．農産品の品目別生産額から種子，飼料などの中間生産物を減じて算出される．
農業の自然循環機能	natural circulate function of agriculture	生命がもつ物質の循環機能（有機物が微生物，植物，動物を経て土壌に戻る循環で生物が果たす役割）を農業ももっているという考え方．
農業の多面的機能	many-sided functions of the agriculture	農業には食料生産のほか，国土の保全，水源の涵養，自然環境の保全，良好な景観形成，また文化継承などと多面的機能があるという考え方．
農薬取締法	Agricultural Chemicals Regulation Law	1948年制定．農薬の品質の適正化と安全，適正な使用を確保することを目的としており，登録した農薬のみが製造，流通等ができることになっている．
胚移植技術	embryo transfer	▶受精卵移植技術
パイエル板	Peyer's patches	GALT（腸管付属リンパ組織）のひとつ．小腸粘膜下織に存在して抗原のとり込み，処理，提示を担当する．免疫細胞が集積して異物に対応する分泌型IgA産生誘導や粘膜誘導型寛容に関与する．
バイオマス	biomass	生物量．生体活動に伴って生成する動物または植物，微生物を物量換算した有機物のことであるが，一般には有機系廃棄物を含めた生物量をさすことが多い．
敗血症	sepsis	化膿性病巣から病原菌が血中にくり返し入り，毒素による中毒症状を示し，二次的に転移性膿瘍をつくる感染症．
胚盤胞	blastocyst	哺乳類の胚の発生初期の過程．将来，胎子となる内部細胞塊と胎盤を形成する栄養外胚葉とに形態的に分化する．
排卵誘起	induced ovulation	人為的処置によって排卵を起こさせること．
剥皮	skinning	家畜を屠殺解体して枝肉にする過程のこと．屠体を真皮に沿って皮毛を除く操作．
HACCP（ハサップ）	hazard analysis and critical control point	危害分析重要管理点．品質管理のより作業工程の重要箇所を点検する．食品製造や家畜飼養管理にも採用している．
バソプレッシン	vasopressin	下垂体後葉ホルモンのひとつ．抗利尿作用をもつ．
破損卵発生率	rate of egg waste	産卵後，出荷までの間に卵殻が壊れる割合．
バター	butter	牛乳からのクリームを撹拌して得た脂肪粒を均一に練圧したもの．乳等省令による成分規格では乳脂肪分80.0％以上，水分17.0％以下と定められている．
発酵熱	respiration heat	易分解性有機物が微生物により好気分解される際に発生する熱で，堆肥化の過程では70〜80℃付近の熱が発生する．発酵消毒．
発情前期	proestrous*	発情周期のなかで，発情休止期から発情期に移行する時期．
ハーデイ・ワインベルグ平衡（法則）	Hardy-Weinberg's law	ある閉鎖群集団で，選抜や外部からの移入がなく無作為交配で集団が維持される場合，集団内の遺伝子頻度，遺伝子型頻度は何世代たっても一定で平衡状態にあること．
放し飼い式牛舎	loose bran	ウシを牛舎に繋いで飼うのではなく，囲いのなかで群で放し飼いにする方式．ルースバーンともいう．
バフィング	buffing	バフ．皮革の表面をサンドペーパーで除去すること．
パブリックコメント	public comment	行政の施策を講じようとする際，あらかじめ広く一般からその施策について意見を聴取すること．
ばら	belly	三枚肉．部分肉の名称．ウシでは，ともばらとかたばらに区分する．ブタでは枝肉の中間をロース（背腰部）とばら（腹部）に区分する．
ハロセン遺伝子	halothane gene	ブタの遺伝子のひとつで，ハロセン麻酔によってストレス症候群を引き起こす遺伝子．
半きょうだい交配	half-sib cross	父または母が共通なきょうだいどうしの交配．
繁殖季節	breeding season	繁殖活動を行う季節．一定の季節に限られる動物を季節繁殖動物，一年中繁殖活動を行う動物を周年繁殖動物という．

キーワード	英 語	説 明
繁殖経営	cow-calf farming, feeder pig production farm	子畜を生産し，販売することを目的として家畜を飼育する経営.
繁殖障害	reproductive disorder	繁殖の過程のすべての段階で生じる生産を阻害する方向に影響する生理現象の総称.
繁殖適齢	breeding age	繁殖に供するのに適した月齢または年齢.
繁殖能力	reproductive ability	繁殖できる能力．または雌1個体が，一生もしくは一定期間内に生産する子畜あるいは卵の数.
反芻家畜	ruminant	ウシ，ヤギ，ヒツジ，ラクダなど反芻する家畜の総称.
伴性遺伝	sex-linked inheritance	ホモ配偶子型の性染色体（哺乳類ではX，鳥類ではZ染色体）上にある遺伝子により遺伝すること.
反復率	repeatability *	同一個体で何度も測定できる形質について，測定値間の似通いの程度を示したもの.
PRL	prolactin	▶プロラクチン
肥育牛	fattening cattle	肉牛は屠畜前の一定期間に栄養価の高い飼料を給与して，肉量を増やすとともに，脂肪沈着を増加させて肉質を改善するいわゆる肥育を行っているウシ.
肥育素牛	feeder cattle	肥育に用いるための離乳後の子牛や雌牛.
BSE	bovine spongiform encephalopathy	▶牛海綿状脳症
BFS	beef fat standard	▶牛脂肪色基準
BMS	beef marbling standard	▶牛脂肪交雑基準
PSE豚肉	pale soft exudative pork	むれ肉．ふけ肉．飼育中のストレスが原因とされる変質した豚肉．白色弾力に欠けて筋漿液が異常に多くなる．類語は軟脂豚の水豚（みずぶた）.
光環境	photo environment	家畜をとりまく環境のうち，光が関係する環境要因で，明るさや明暗周期のこと.
B細胞	B cell	Bリンパ球．リンパ球系幹細胞が，やがて形質細胞に分化して抗体産生を担当する．液性免疫に関与するリンパ球の一種.
PG	prostaglandin	▶プロスタグランジン
PCR（法）	polymerase chain reaction (method)	ポリメラーゼ連鎖反応．核酸の特定領域を増幅させる方法．感受性が高く，種々の病原体や検体検出に用いられている.
BCG	bacille calmette-guérin	結核症の予防接種の弱毒生ワクチン．ウシ型結核菌を230代にわたって継代培養して病原性を失わせた菌株を用いている.
微小管	microtubule	細胞にある微少な中空の管．細胞の運動や形の形成，保持に働く.
ピックリング	pickling	脱灰・ベーチングが終わった弱アルカリ性の皮を，酸と塩の混合溶液に浸漬処理して，次のなめしに都合のよいpHにする作業.
必須アミノ酸	essential amino acids：EAA	動物の体内で合成できないか，または合成速度が遅くて要求量を満たせないため飼料として与える必要のあるアミノ酸.
ビーティング	beating	毛皮を竹の棒などで強く打つこと．これは毛足を立たせたりしわをとったりするために行う．軽くたたくときにはパッティング（patting）という.
一腹（産）子数	litter size, brood size	ブタなどの多胎動物における同一分娩で生まれた子どもの数.
泌乳量	milk yield	雌畜が分泌する乳の量.
BV	biological value	▶生物価
表現型	phenotype	遺伝子型に基づいて発現した形質.
標識遺伝子	genetic marker	マーカー遺伝子ともいい，遺伝解析に利用するものをいう．対立遺伝子間で優劣がなく，共優性である必要がある.
日和見感染	opportunistic infection	感染に対しての抵抗力が低下したために，健康なヒトには病原性を示さない弱毒菌による感染が起こること.

キーワード	英語	説明
ヒレ	fillet	部分肉の名称．腰椎に沿って左右に位置し，歩留まりが約2%前後と少ないことからいずれの家畜にとっても最高級の肉とされる．ウシではテンダーロインとも称される
ファブリキウス嚢	bursa of fabricius	鳥類のみにみられる中枢性リンパ組織．総排泄腔の近くにあり，B細胞を分化成熟させる．
フィードロット	feedlot	肉牛肥育の仕上げ時に濃厚飼料を多給する集団肥育方式．元来は家畜の肥育飼育場という意味．肥育場経営会社．
風味	flavor	フレーバー．食品の呈味性に関与する味覚，嗅覚とそれ以外の感覚（触覚など）で感じるものの総合である．
富栄養化	eutriphication	窒素やリンなどの栄養塩類の流入によって，生物生産性の低い貧栄養から生物生産性の高い富栄養状態に変化すること．湖沼や内湾などの閉鎖性水域では過剰な富栄養化によって水質が悪化し，水生生物の生息が困難となる．
孵化	hatching	卵生あるいは卵胎生動物の胚が発育し，卵膜あるいは卵殻を破って外界に出ること．
副黄体	accessory corpus luteum	妊娠黄体の機能を補足する黄体のこと．ウマにみられる．
腹腔内脂肪	abdominal fat	腹腔内に蓄積された脂肪．
副資材	amendment	堆肥製造の際に混合する麦稈，籾殻，おがくず，樹皮などのこと．C/N改善，水分調節，通気性改善で発酵が促進される．
副腎皮質機能	function of adrenal cortex	副腎皮質ホルモンを産生し，糖新生，蛋白質化，脂肪分解，炎症抑制，電解質バランスと血圧の恒常性維持などに，代謝や恒常性維持に重要な役割を果たす．
副腎皮質刺激ホルモン	adrenocorticotropic hormone：ACTH	下垂体前葉で生産・放出されるホルモン．副腎皮質の発育を促進して糖質コルチコイドの生産・分泌を促す．
複数形質	multiple traits	2個以上の形質．
ふけ肉	pale soft exudative pork	▶PSE豚肉
不顕性感染	inapparent infection	生体内で病原体の存在や増殖が，抗体価などで確かめられているが，病状を示さない症状をいう．
腐植物質	humus	植物が土壌中で化学的変化や微生物分解によって生成された黒色の天然高分子電解質．臭気成分の吸着作用がある．
不斉炭素原子	asymmetric carbon atom	分子中で4つの異なる原子あるいは置換基と結合した炭素原子のことで，光学異性体が存在する．
不全	failures*	適切に機能しないこと．または行う能力のないこと．
普通牛乳	ordinary liquid milk	食品標準成分を示す食品名として使われ，乳等省令でいう牛乳のことである．
不妊	sterility*	生殖器の異常や疾患によって繁殖障害を起こし，妊娠できない状態．
部分肉	cut meat	カット肉．牛枝肉また豚枝肉を分割して除骨，整形した状態の肉．ウシでは13部分肉，ブタは5または6部分肉ある．
プラズマ細胞	plasma cell	形質細胞．B細胞が成熟分化したもので抗体を産生する．
BLAD（ブラッド）	bovine leukocyte adhesion deficiency	牛白血球粘着不全症．乳牛のホルスタインにみられる遺伝病．肺炎などの感染症を起こして若齢時に死亡する．原因遺伝子が特定されており，遺伝子診断で保因の有無が判定できる．
BLUP（ブラップ）法	best linear unbiased prediction method	最良線形不偏予測法．環境や血統情報による補正を行い，個体の育種価を推定するときに用いられる．
プリオン	prion	タンパクが主体で核酸をもたない感染粒子．ろ過性の病原体で物理学的処理（紫外線，熱）や薬剤に対して高い抵抗性を示す．BSE，クロイツフェルト・ヤコブ病の病因とされている．
フリース重量	fleece weight*	1年間のヒツジ1頭分の羊毛量．
フリーストール	free stall	放し飼い式牛舎．敷料を節約するために休息場などに設けられた伏臥可能な自由に出入りできる収容区画．

キーワード	英語	説明
フリーストール牛舎	free stall barn	放し飼い式牛舎のひとつで、牛床が1頭ずつに仕切られているが、ウシを拘束せずに自由に寝たり移動したりできるようにしてある牛舎.
フリーマーチン	free martin	ウシの異性双胎あるいは多胎で、雌胎子が正常な性分化をせずに生殖腺や生殖器に異常を生じて不妊となる現象.
不良遺伝子	inferior gene	遺伝病、形態や代謝、生理機能などで異常を起こす形質の遺伝子.
不良形質	inferior trait	遺伝病、形態や代謝、生理機能などで異常を起こす形質.
不良劣性遺伝子	inferior recessive gene	遺伝病、形態や代謝、生理機能などで異常を起こす形質の遺伝子で劣性遺伝するもの.
ブルーミング	blooming	食肉の表面が空気にふれて明るい鮮紅色に変わる現象.
フレッシング	freshing	皮の裏側（内面）の結合組織や脂肪などを削りとってきれいにする作業. 裏打ち、銓（せん）打ちともいう.
フレーバー	flavor	▶風味
プレーンヨーグルト	plane yogurt	乳酸菌によるカード形成、発酵臭を生かした製品で香料、安定剤、甘味料などの添加物は使わない.
ブロイラー	broiler	肉用若鶏の総称. 肉質はやわらかく、肉色は淡く、脂肪含量が少ないので淡白である.
プロジェステロン	progesterone	黄体や胎盤から分泌されるホルモン. 子宮内膜を分泌期の構造に変化させ、受精卵の着床、妊娠の維持のために作用する.
プロスタグランジン	prostaglandin：PG	生体の細胞機能の調節因子. 多様な生理的役割を果たすが、おもに平滑筋の収縮、アレルギー反応、血液凝固、発熱、生殖機能では雌の黄体退行因子、排卵、着床、分娩、雄の射精などがある.
プロセスチーズ	process(ed) cheese	ナチュラルチーズの1または2種類以上を粉砕して溶融塩（乳化剤）を加えて加熱溶融したものを成形したもの. 加熱殺菌されているので保存性がよい.
フロック	flock	活性汚泥などにみられる羊毛状に細菌が固まった凝集塊.
プロモーター領域	promoter region	RNAポリメラーゼが結合して転写をはじめるDNAの領域.
プロラクチン	prolactin：PRL	垂体前葉から分泌されるタンパク質ホルモン. 鳥類では就巣性や渡り行動、哺乳類では乳腺の発育、乳汁分泌に関与する.
分割	splitting	裏すき. 皮革の厚さを調整するために水平に分割する作業. 銀面のついた層とその下層部（床）を2層以上に分割する.
分割球	blastomere	▶割球
分娩	parturition, delivery	妊娠している雌が胎子を体外に排出する出産のこと.
分娩開口期	opening period	分娩の経過のうち、初期の段階で子宮頸管が開口する時期.
粉卵	powder egg	全液卵、卵黄、卵白の保存期間を延長するために乾燥技術によって粉末状にしたもの. 一般的には噴霧乾燥が用いられる.
ヘアースリップ	hair slip	原皮の毛が抜けやすい状態. 鮮度低下の指標のひとつである. 原皮に細菌が侵入、増殖して、毛包や基底層が分解されると、毛は容易に抜けるようになる.
閉鎖群	closed herd	外部からの遺伝子導入のない閉鎖的な集団.
閉鎖群育種	closed herd breeding	育種目標に応じた素材を集めて基礎集団をつくり、選抜交配をくり返すこと. 集団遺伝的能力を改良し、また遺伝的斉一性を高める育種手法.
ベーコン	bacon	豚のばら肉を整形し、塩漬、燻煙したもの. かた肉を原料としたものはショルダーベーコン、ロース肉はロースベーコンと区別している.
β-エンドルフィン	β-endorphin	脳下垂体中葉と後葉から、ストレスなどを受けると分泌される物質で、脳内のモルヒネ受容体に結合して鎮痛作用を示す.
β酸化	β-oxidation	脂肪酸が分解される過程で生成されるアシルCoAがミトコンドリア内で酸化されアセチルCoAになる反応.

キーワード	英語	説明
β-リジン	β-lysine	動物の体液性防衛機構に関与する殺菌作用のある物質．ウマ，ウサギ，ラット血清中タンパク質で，血液凝固の際に白血球などから出てくる．
ベーチング	bating	酵解．柔軟で伸びがあり，銀面が平滑できれいな革にするために，皮を酵素処理する作業．
ヘテローシス	heterosis	▶雑種強勢
ヘモグロビン	hemoglobin	赤血球の細胞内にある色素，酸素運搬の機能を果たしている．
ヘンディ産卵率	hen-day rate of egg production	家禽の雌が一定期間に産んだ卵の数を，用いた雌の1日を単位とする延べ羽数で割った百分率．
扁桃	tonsil	リンパ系器官のひとつ．リンパ球やプラズマ細胞を形成する．口蓋扁桃，舌扁桃，咽頭扁桃などがある．
ペントースリン酸回路	pentosephosphate cycle	炭水化物の代謝経路のひとつ．解糖系でできたグルコース-6-リン酸からリブロース-5-リン酸，リボース-5-リン酸を経て解糖系に戻る経路でNADPHを供給する．核酸やヌクレオチドの合成にも関係する．
ヘンレ係蹄	loop of Henle	腎臓の尿細管のうち近位尿細管と遠位尿細管の間の部分で大きなループを形成している構造物．ネフロンループともいう．
貿易率	trade rate	ある物品について，世界の総生産量に占める貿易量の割合．
胞胚期	blastula	胚の初期発生過程で，桑実胚の次の発育段階．桑実胚の内部に腔所が生じ，内部細胞塊と外細胞塊に分かれてくる．
放牧	grazing, pasturing	草地や野草地，林地などに草食家畜を放して直接草を採食利用させること．
放牧圧	grazing pressure	放牧地の植生に影響する家畜の採食，踏みつけ，排糞尿の3つの作用のこと．
放牧飼養	open yard feeding	草地や野草地，林地などに草食家畜を放して家畜を飼うこと．
放牧地	pasture, range	牧区に利用する草地，野草地，林地あるいは耕地のこと．
放牧病	grazing disease	家畜の放牧時に多発する疾病や発生すると被害の大きい疾病のこと．グラステタニーやピロプラズマ病などがある．
母子免疫	maternal immunity	母体の産生した抗体が血中から胎盤，羊膜または乳汁を介し，胎児，新生児に移行して得られる受動免疫のこと．
ホスビチン	phosvitin	卵黄のタンパク質で約10%のリンを含み，全アミノ酸の54%がリン酸と結合したセリンからなる．
ボックス仕上げ	box finish	靴用甲革の仕上げの方法のひとつ．革にグレージングを施したのち，ネック（首）からバット（腰）へ，次にそれと直行するように二方向にシボ付けを行い，銀面（革の表面）の美しい四角のシボを付けることを特徴としている．
牧区面積	paddock area	放牧地を牧柵で区切ったときの区画の面積．
哺乳動物	mammal	脊椎動物のうち，子どもを乳腺の分泌物により哺乳する動物の総称．
ボーマン嚢	Bowman's capsule	▶糸球体包
ポリフェリン尿症	porphyrinuria	尿中にポリフェリンが排出される遺伝病で，ウシでは劣性遺伝し，ブタでは優勢遺伝すると考えられている．
マウンティング行動	mounting behavior	牛群内で他のウシに乗駕行動をとること．発情期などに多いが，ブラー（bully，いじめ）などの異常行動でもある．
マクロファージ	macrophage	動物生体に侵入する病原体や異物に食作用を発現する食細胞である．殺菌，殺ウイルス，抗原提示など多彩な機能をもつ．細胞表面に多くの受容体をもち，多くのサイトカイン産生を誘導して特異的感染防御も示す．全身の各組織に分布しており，存在している組織で個々の特有の名称がある．
マレック病抵抗性	resistance to Mareck's disease	ニワトリ白血病抵抗性．ニワトリの品種や系統により白血病発生に対する抵抗性が異なるが，その遺伝的抵抗性はMHC抗原などをコードするB遺伝子座に支配されている．

キーワード	英語	説明
慢性感染	chronic infection	ウイルスは常時検出されるが症状を呈することのない状態．もしくは感染成立後，長期間を経てから発症するもの．
ミオグロビン	myoglobin	骨格筋に含有されている食肉の色調に関与する色素タンパク質．プロトヘムとタンパク質グロビンから構成されている．
未熟卵	premature ovum	卵巣内でまだ排卵可能にまで発達していない卵．
ミニマムアクセス	minimum access trade quantity	▶最低輸入量
ミューラー管	Müllerian duct	未分化の胚において副生殖器の発生過程で現れる．雄は退化するが，雌では卵管，子宮，腟前部が分化形成される．
ミルキング	milking	搾乳ともいう．乳を搾ること．
ミルキングパーラー	milking parlor	ミルキングセンター．搾乳専用の施設．
無作為交配	random mating	家畜の交配様式のひとつ．集団のなかから無作為にとり出した雌雄間で交配を行うこと．
無脂乳固形分率	ratio of solid not fat	牛乳の全固形分から脂肪分を差し引いた残りの成分を無脂乳固形分，牛乳100に対するその重量比を無脂乳固形分率という．一般的には8.6％前後である．
無性生殖	asexual reproduction	配偶子が関係しない生殖様式の総称．
ムートン	mouton	本来はヒツジの肉を意味するが，表地は毛皮で，裏地はビロード状に仕上げた革．
むれ肉	pale soft exudative pork	▶PSE豚肉
メタン発酵	methane fermentation	偏性嫌気性のメタン生成細菌によって，水素，短鎖脂肪酸，低級アルコールなどを基質としてメタンを生成する過程．
メト化	met-heme pigment formation	食肉中のヘム色素の酸化現象．オキシミオグロビンがメトミオグロビンに酸化されて，肉色が赤色から褐色に変わること．
MOET（モエット）	multiple ovulation and embryo transfer	ウシの育種計画で，過排卵処理と胚移植技術を組み合わせて，多数の全きょうだい産子を作出し，遺伝的改良を高めること．
戻し交配	back cross	雑種第一代（F1）とその作出に用いた一方の親品種・系統または親とを交配すること．
もも	ham	牛肉または豚肉の部位名称．牛肉では仙骨と腰椎との結合部を切り離した後躯をいう．豚肉では腰椎をロースにつけた背線に直角に切断した部位をいう．
有機資源	organic matter	資源化・リサイクル可能な有機性の各種産業ならびに生活廃棄物をいう．
有糸分裂	mitosis	細胞の核分裂の際に，染色体や紡錘体の形成を伴う分裂．体細胞分裂と成熟分裂がある．
優性遺伝子	dominant gene	メンデル遺伝でヘテロ接合体でも形質が発現する遺伝子．例としてウシの無角，ニワトリのバラ冠がある．
有畜農業	stock-holding agriculture	耕種，園芸農業に家畜を導入して畜力，地力増進，食生活の改善等を図ることとしたもの．1931年に農林省令として奨励された．
遊離脂肪酸	free fatty acid：FFA	エステル化されていない脂肪酸．血中の遊離脂肪酸は細胞にとり込まれて脂質の合成素材になる．
溶菌酵素	bacteriolytic enzyme	体液やリソソームに含まれるリゾチームやβ-グルクロニダーゼなどの加水分解酵素．菌体の消化分解を行う．
羊膜	amnion	胎子を囲む胎膜のひとつ．内部に羊水を貯えて胎子を保護する．
予乾	wilting*	牧草サイレージ調製のときに，刈取り後にあらかじめ水分含量を60～70％程度に下げること．
予測育種価	predicted breeding value	評価個体の育種価を形質の表現型値をもとに計算によって予測した値．
四元交雑	four way cross	4つの品種や系統による2種類のF1を父母とするF1間の交雑法．各品種や系統の特性とともに雑種強勢が期待できる．
ライディッヒ細胞	Leydig cell	精巣の間質にある内分泌細胞．テストステロンを分泌する．

キーワード	英語	説明
ラクトアイス	lacto ice	アイスクリーム類のなかの一種．乳固形分3.0%以上含むことと規定されている．植物油脂を使用したものが多い．
ラクトフェリン	lactoferrin	主に乳汁中に存在し，涙，唾液などにも見出される鉄結合性の糖タンパク質．鉄吸収促進，静菌作用，細胞増殖促進などの生理機能がある．
ラグーン	lagoon	家畜糞尿を長期間貯留して部分的に処理する人工池．ゴムシートなどで土壌浸透を防止していない素堀りは，家畜排せつ物法により禁止されている．
卵黄	yolk	鶏卵の約30%を占める卵黄膜に包まれた球状体で，水分46%，脂質36%，タンパク質16%，糖質0.2%，灰分1.6%である．
卵黄脂質	yolk lipid	卵黄固形分の60%以上を占め，主成分はトリグリセリドとリン脂質で，少量のコレステロールやセレブロシドなども含まれる．
卵黄タンパク質	yolk protein	多くは脂質と結合したリポタンパク質で，低密度リポタンパク質（LDL）が65%を占め，また，リベチン，ホスビチン，高密度リポタンパク質（HDL）を含有する．
卵殻	egg shell	外部環境と内部を保護する役割をする．全鶏卵重量の約10%を占め，炭酸カルシウムを主成分とする．空気を通す孔があり，最外面はクチクラ層で覆われている．
卵管漏斗部	infundibulum（of oviduct）	卵管が卵巣に向けて漏斗状に開く部分で，卵巣から排卵された卵子を収容するところ．
ランゲルハンス島B細胞	Langerhans island B cell	膵島．ランゲルハンス島．膵臓の実質に散在する内分泌腺に存在する細胞でインスリンを分泌する．
卵細胞膜	oolemma	卵子の表面にある細く短い微絨毛をもつ膜．
卵重	egg weight	取引規格では6区分が色ラベルで区分されている．Mサイズは58～64gである．卵重は鮮度指標とするハウユニット算出に必要な数値でもある．
卵巣疾患	ovarian disorders	繁殖障害を引き起こす卵胞嚢腫，黄体嚢腫，黄体遺残などの卵巣疾患の総称．
卵白係数	albumen index	鶏卵鮮度表示．卵白の高さを卵白の最長径と最短径の平均で割った値．新鮮卵の卵白係数は0.14～0.17である．
卵白タンパク質	albumen protein	卵白タンパク質の50～60%はオボアルブミンで占められ，また，コンアルブミン，オボムコイドなど13種が存在する．
ランプ	rump	牛枝肉の英国式カットによる部分肉名称．日本規格でいう「らんいち」にあたり，ももの部位の背側に位置する．
卵胞期	follicular phase	卵胞が発育し，排卵するまでの時期．
卵胞刺激ホルモン	follicle stimulating hormone：FSH	下垂体前葉分泌性腺刺激ホルモン．雌では卵胞上皮細胞を分裂増殖して卵胞の発育促進，雄では精細管を発育して精子形成を促進する．
卵胞発育	follicular development*	卵胞が発育することで，卵巣にある原始卵胞からはじまり，一次卵胞，二次卵胞を経て胞状卵胞へと発育する．
卵胞膜	theca folliculi	卵胞発育時に卵胞周囲に形成される膜．卵胞膜は外卵胞膜と内卵胞膜に分化する．
リキッドフィーディング	liquid feeding	ブタの飼育時に，飲水と飼料をコンピュータで発育に合せて計量混合して，パイプで飼槽または豚房・母豚ごとに配送するシステム．
リケッチア	rickettsia	細菌の一種．偏性細胞寄生性．動物には節足動物（ベクター）の媒介によって感染する．発疹チフス・紅斑病・ツツガムシ病などの病原菌．
リゾチーム	lisozyme	細菌細胞壁を加水分解する働きを有する酵素．卵白中の含量が高く，医薬品分野に広く利用されている．
律速段階	rate-determining step	1つの化学反応がいくつかの過程で構成されるときに，反応速度がもっとも遅い過程．

キーワード	英語	説明
リパーゼ	lipase	トリグリセリドをグリセリンと脂肪酸に加水分解する反応を触媒する酵素.
リベチン	livetin	卵の卵黄を構成するタンパク質.
リボソーム	ribosome	動物細胞の粗面小胞体に付着するRNAとタンパク質の複合体からなる微小な粒子状のもの.
リポ多糖体	lipopolysaccharide：LPS	内毒素．グラム陰性菌細胞壁の外膜に存在する．多糖部分はO抗原本体，リピドAの部分は毒性をもつ.
リポタンパク質	lipoprotein	レシチン，コレステロールなどの脂質と結合したタンパク質で，生体膜の構成成分として重要な機能をもつ.
量的形質	quantitative trait	泌乳や産肉など表現型値が量的に表されて，ほぼ正規分布の連続的変異を示す形質．各効果は小さい複数の遺伝子に支配される.
量的形質遺伝子座	quantitative trait loci：QTL	家畜の量的形質を遺伝的に制御する遺伝子群.
リラキシン	relaxin	黄体から分泌されるホルモンで，妊娠中期から後期に分泌量が増加する.
リンパ系細胞	lymphoid cell	分化したリンパ系幹細胞は表面抗原と機能によってB細胞，T細胞，NK細胞，NKT細胞に大別され，B細胞，T細胞には各々機能的に異なるサブセットが存在する.
リンパ節	lymph node	リンパ球を主体とする小器官で生体内に広く分布する．樹枝状細胞やマクロファージがT細胞に抗原を提示し，抗原提示を受けたT細胞がB細胞を活性化する場.
輪番交配	rotational mating	2品種以上を逐次循環させて交配すること．一般に雌側のみを循環させ，雄は純粋種を使用する.
累進交配	grading	在来種などの未改良の品種に，改良品種を数世代くり返し交配を重ねることで，能力を改良する交配方法.
ルースバーン	loose barn	▶放し飼い式牛舎
ルーメン	rumen*	▶第一胃
冷蔵肉	cold meat	屠殺直後の枝肉を急速冷却（0℃近く）して湿度87〜90%,風速0.5 m/秒程度の条件で貯蔵された肉.
冷凍肉	refrigeration meat	一般には保存を目的として食肉を凍結した凍結肉（frozen meat）である．なお，冷凍肉の広義の意味には冷却肉も含むこともある.
レシチン	lecithin	リン脂質で，トリグリセリドの脂肪酸1個がリン酸化合物と置換したもの．乳化剤としての食品添加物として大豆，卵黄から抽出される.
レシピエント	recipient	▶受胚雌
劣性遺伝子	recessive gene	メンデル遺伝で，ヘテロ接合体では形質が発現しないほうの対立遺伝子.
レプチン	leptin	脂肪細胞で合成・分泌され，摂食や代謝に関与するホルモン.
連鎖	linkage	2つ以上の遺伝子座が同じ染色体上の近傍にあるため，それらの遺伝子が相伴って子孫に伝えられる現象.
連鎖地図	linkage map	連鎖関係のある遺伝子群について遺伝子間の連鎖の程度を相対的な距離として直線上に図示したもの.
レンダリングプラント	rendering plant	食肉を生産する過程で，副次的に派生する内臓や骨，脂肪，皮，血液，その他の副産物を食用，工業用あるいは飼肥料を処理・加工する工場.
レンニン	rennin	ウシの第四胃に存在するタンパク質分解酵素．牛乳を凝固させる性質があり，チーズ製造に利用される.
ロイン	loin	米国式カットによる部分肉名称．日本規格でいう「ロース」にあたる.
ロース	loin	食肉の部分肉名称．牛肉の第七肋骨と仙骨間の「ともばら」を鋸断分離した部分．豚肉では第五または第六胸椎と腰椎間から「ばら」を除いた部分.

キーワード	英語	説明
ロース芯	loin eye	ロース部の中央部に位置する胸最長筋．牛取引規格で歩留まり等級を決める計算式に断面積が使われる．この部位は肉質等級評価にも使われている．
ロースハム	loin roll	塩漬した豚ロース肉をケーシングに充塡し，燻煙または燻煙しないでボイルした加工品．
ローファットミルク	low fat milk	低脂肪乳．部分脱脂乳あるいは乳脂肪分0.5%以上3.0%未満，無脂乳固形分8.0%以上の成分規格を満たす加工乳に用いる商品名．
ロールベーラー	round baler*	乾草やわらを束ねる機械．
ロールベール	rolled bale	集草列を拾い上げ，巻き込みながらボール状にラップされた乾燥飼料．

略語 (アルファベット順)

略語	英語	日本語
ABP	androgen binding protein	アンドロジェン結合タンパク質
ACTH	adrenocorticotropic hormone	副腎皮質刺激ホルモン
ADCC	antibody dependent cell mediated cytotoxicity	抗体依存性細胞傷害，抗体依存性細胞媒介性細胞傷害
AI	artificial insemination	人工授精
AIDS（エイズ）	aquired immunodefiency syndrome	後天性免疫不全症候群
AMH	anti-Müellerian hormone	抗ミューラー管ホルモン
AMPH-B	amphotercin B	アムホテリシンB
APC	antigen presenting cell	抗原提示細胞
ARC	Agricultural Research Council	英国農業研究機構
ASP	autumn saved pasture	秋期備蓄草地
BCG	bacille calmette-guérin	カルメット・ゲラン桿菌．結核予防の弱毒生ワクチン
BFS	beef fat standard	牛脂肪色基準
BLAD（ブラッド）	bovine leukocyte adhesion deficiency	牛白血球粘着不全症
BLUP（ブラップ）法	best linear unbiased prediction method	最良線形不偏予測法
BMS	beef marbling standard	牛脂肪交雑基準
BSE	bovine spongiform encephalopathy	牛海綿状脳症
bST	bovine somatotropin	牛ソマトトロピン
BV	biological value	生物価
cAMP	cyclic adenosine monophosphate	サイクリックAMP（環状アデノシン3′,5′-リン酸）
CDC	Centers for Disease Control and Prevention	米国疾病予防管理センター
CDI法	conformation dependent immunoassay method	CDI-5テスト（構造依存性免疫検査法）
CIP	cleaning in place	定置洗浄
CJD	Creutzfeldt-Jakob disease	クロイツフェルト・ヤコブ病
CRH	corticotropin releasing hormone	副腎皮質刺激ホルモン放出ホルモン
CSD	cat-scratch disease	猫ひっかき病
CVM	complex vertebral malformation	牛複合脊椎形成不全症

略語	英語	日本語
CWD	chronic wasting disease	慢性消耗性疾患
DAF	decay accelerating factor	補体制御因子のひとつ
DCAD	dietary cation anion deference	飼料のカチオン・アニオン・バランス
DFD 肉	DFD meat (dark firm dry meat)	ディエフディ肉
DG	diacylglycerol	ジアシルグリセロール
DOTS	directly observed treatment, short-course	直視監視下短期化学療法
DUMPS (ダンプス)	deficiency of uridine 5'-monophosphate synthase	ウリジル酸合成酵素欠損症
EAA	essential amino acids	必須アミノ酸
eCG	equine chorionic gonadotropin	ウマ絨毛性性腺刺激ホルモン
EG 細胞	embryonic germ cell	胚性生殖細胞
EIA	enzyme immunoassay	酸素免疫測定法
ELISA (エライザ)	enzyme-linked immunosorbent assay	固相酵素抗体法,固相酵素免疫測定法
EPA	Economic Partnership Agreement	経済連携協定
ES 細胞	embryonic stem cell	胚性幹細胞
ESL	extended shelf life	品質保持期限の延長
EUE	exotic ungulate encephalopathy	外来性有蹄類脳症
FAO	Food and Agriculture Organization	国連食糧農業機関
FFA	free fatty acid	遊離脂肪酸
FFI	fatal familial insomnia	致死性家族性不眠症
FGF	fibroblast growth factor	線維芽細胞成長因子
FRP	fiber reinforced plastics	繊維強化されたプラスチック
FSE	feline spongiform encephalopathy	猫海綿状脳症
FSH	follicle stimulating hormone	卵胞刺激ホルモン
FTA	Free Trade Agreement	自由貿易協定
GATT	General Agreement of Tariffs and Trade	関税及び貿易に関する一般協定
GFR	glomerular filtration rate	糸球体ろ過量
GH	growth hormone	成長ホルモン
GHRH	growth hormone releasing hormone	成長ホルモン放出ホルモン
GnRH	gonadotropin releasing hormone	性腺刺激ホルモン放出ホルモン
GP センター	grading and packaging center	殻付卵の洗浄,検査,重量選別,包装を行う施設
GSS	Gerstmann-Straeussler-Scheinker disease	ゲルストマン・ストロイスラーシャインカー病
GTH	gonadotropin, gonadotropic hormone	性腺刺激ホルモン
HACCP (ハサップ)	hazard analysis and critical control point	危害分析重要管理点
hCG	human chorionic gonadotrophin	ヒト絨毛性性腺刺激ホルモン
HGF	hepatocyte growth factor	肝細胞増殖因子
HSP	heat shock protein	熱ショックタンパク質
HTST法	high-temperature short-time method	高温短時間殺菌法

略語	英語	日本語
ICAR	International Committee for Animal Recording	家畜能力検定国際委員会
ICSI	intracytoplasmic sperm injection	卵細胞質内精子注入法
IFN	interferon	インターフェロン
Ig	immunoglobulin	免疫グロブリン
IGF	insulin-like growth factor	インスリン様成長因子
IP3	inositol trisphosphate	イノシトール三リン酸（イノシトール-1,4,5-3リン酸）
JAS法	Japan Agricultural Standards Law	農林物資の規格化及び品質表示の適正化に関する法律
LAMP法	loop-mediated isothermal amplification method	遺伝子増殖法のひとつ
LH	luteinizing hormone	黄体形成ホルモン
LHRH	luteinizing hormone releasing hormone	黄体形成ホルモン放出ホルモン
LL牛乳	long life milk	ロングライフ牛乳
LOS	large offspring syndrome	過大子症候群
LPS	lipopolysaccharide	リポ多糖体
LTLT法	low-temperature long-time method	低温保持殺菌法
MACE（メイス）法	Multiple-trait Across Country Evaluation method	多国間評価法
MCZ	miconazole	ミコナゾール
ME	metabolizable energy	代謝エネルギー
MHC	major histocompatibility complex	主要組織適合性複合体
MIS	Müellerian inhibiting substance	ミューラー管抑制因子
MOET（モエット）	multiple ovulation and embryo transfer	過剰排卵胚移植
MPF活性	maturation promoting factor activity	成熟促進因子活性
MS	microsatellite	マイクロサテライト
MSTN	myostatin	ミオスタチン
NEFA	non-esterized fatty acid	非エステル脂肪酸
NRC	National Research Council	米国研究機構
NTP	Nippon Total Profit Index	総合指数
ODA	Official Development Assistance	政府開発援助
OECD	Organization for Economic Cooperation and Development	経済協力開発機構
OIE	World Organisation for Animal Health (Office International des Epizooties)	国際獣疫事務局
OX（OXT）	oxytocin	オキシトキシン
PERV	porcine endogenous retrovirus	ブタ内在性レトロウイルス
PCR（法）	polymerase chain reaction (method)	ポリメラーゼ連鎖反応（法）
PG	prostaglandin	プロスタグランジン
PGC	primordial germ cell	始原生殖細胞
PKC	protein kinase C	プロテインキナーゼC
PL	placental lactogen	胎盤性ラクトジェン

略　語	英　語	日本語
PLC	phospholipase C	ホスホリパーゼC
PMSG	pregnant mare serum gonadotropin	妊馬血清性腺刺激ホルモン
POMC	proopiomelanocortin	プロオピオメラノコルチン
PRL	prolactin	プロラクチン
PSE 豚肉	pale soft exudative pork	ふけ肉，むれ肉，PSE肉，ピーエスイー肉
PSS	porcine stress syndrome	豚ストレス症候群
QTL	quantitative trait loci	量的形質遺伝子座
REML（レムル）法	restricted maximum likelihood method	制限付き最尤法
RFC	residual feed consumption	残渣飼料消費量
RIA	radio immunoassay	放射免疫測定法，ラジオイムノアッセイ
RPS法	renewables portfolio standard	電気事業者による新エネルギー等の利用に関する特別措置法
RVI	roughage value index	粗飼料価指数
SNP	single nucleotide polymorphism	一塩基多型
SOD	superoxide dismutase	スーパーオキシドジスムターゼ
SPF	specific pathogen free	エスピーエフ，特定病原体不在
SRIF	somatotropin releasing inhibiting factor	ソマトスタチン
Sry/SRY	sex determining region Y gene	性決定遺伝子
ST	somatotropin	ソマトトロピン
Tdy/TDY	testis determining locus on the Y chromosome	精巣決定遺伝子
TGF	transforming growth factor	形質転換成長因子（トランスフォーミング増殖因子）
TH	thyroid hormone	甲状腺ホルモン
TMK	transmissible mink encephalopathy	伝達性ミンク脳症
TMR	total mixed ration	ティーエムアール，（完全）混合飼料
TRH	thyrotropin releasing hormone	甲状腺刺激ホルモン放出ホルモン
TSE	transmissible spongiform encephalopathy	伝達性海綿状脳症
UHT法	ultra-high-temperature treatment method	超高温加熱処理法
UME	utilized metabolizabe energy	有効代謝エネルギー
URAA	Uruguay Round Agreement on Agriculture	ウルグアイ・ラウンド農業合意
vCJD	variant Creutzfeldt-Jakob disease	変異型クロイツフェルト・ヤコブ病
VFA	volatile fatty acid	揮発性脂肪酸
WHO	World Health Organization	世界保健機関
WTO	World Trade Organization	世界貿易機関

付録

A. **育種・繁殖関連**
  A1. 家畜の名称および関連用語（679）
  A2. ウシのボディコンディション（680）
  A3. 主な家畜の体部名称（682）
  A4. 主な家畜の生理値（685）
  A5. 主な家畜の妊娠期間と産子数（686）
  A6. 主な動物の乳頭数と位置（686）
  A7. 主な家畜の胎子発育過程（687）
  A8. 交尾後の哺乳動物における胚発生過程（688）
  A9. 家畜の登録団体（688）
  A10. 家畜改良増殖目標（689）

B. **飼養・栄養関連**
  B1. 主な家畜の飼養標準（692）
  B2. 家畜の主なミネラル一覧（703）
  B3. 家畜の主なビタミン一覧（704）

C. **衛生・福祉関連**
  C1. 家畜の伝染病（705）
  C2. 動物の福祉基準（708）

D. **畜産物関連**
  D1. 主な動物の乳汁組成（710）
  D2. 牛品種別の乳汁組成と乳量（711）
  D3. 原料乳と乳飲料の規格基準（711）
  D4. アイスクリーム類の規格基準（712）
  D5. 発酵乳・乳酸菌飲料の規格基準（712）
  D6. 乳等省令における成分規格（713）
  D7. 牛肉の部位（714）
  D8. 豚肉の部位（714）

E. **法規・制度など**
  E1. 家畜の飼養動向（715）
  E2. 畜産物取引規格（715）
  E3. 飼料需給の推移（721）
  E4. 畜産経営の収益性の推移（725）
  E5. 畜産物卸売価格の推移（726）
  E6. 畜産物自給率の推移（728）
  E7. 畜産物需給の推移（728）
  E8. 畜産物の小売価格の国際比較（729）
  E9. 農業総産出額の推移（730）
  E10. 畜産食品生産量の推移（730）
  E11. 畜産関係予算の概要（732）

（　）内の数字は掲載ページを示す．

A. 育種・繁殖関連

A1. 家畜の名称および関連用語

和名・学名[†]	成長・状態による名称（総称名・英名）
ウシ Bos taurus	一般名 cattle．種雄牛 bull．雌成牛 cow．未経産牛（3歳未満） heifer．去勢雄牛 ox または bullock．去勢雄若牛 steer．分娩間近の雌牛 springer．子牛（雌雄） calf．牛肉 beef．子牛肉（約3か月齢） veal．
ウマ Equus caballus	一般名 horse．種雄馬 stallion または stud horse．雌馬 mare．去勢雄馬 gelding．子馬 foal．雄子馬（4歳齢まで） colt．雌子馬 filly．
ブタ Sus scrofa	一般名 swine（pig）．種雄豚 boar．雌豚 sow．去勢雄豚 hog．未経産雌豚 gilt．一腹子の子豚 farrow．豚肉 pork．
ヒツジ Ovis aries	一般名 sheep．種雄羊 ram または buck．雌成羊 ewe．去勢雄羊 wether（2週齢以内早期去勢）または hog（当歳）．子羊（1歳齢未満） lamb．成熟前雌羊 ewe lamb．門歯が抜けた老羊 gummer．若羊肉 lamb．成羊肉 mutton．
ヤギ　Capra hircus	一般名 goat．雄山羊 buck．雌成山羊 doe．子山羊（1歳齢未満） kid．山羊肉 chevon．
ニワトリ Gallus gallus	一般名 chicken．雄鶏 cock．雌鶏 hen．去勢鶏 capon．雛 chick．肉用若鶏 broiler．産卵鶏 layer．
その他	アヒル　Anas platyrynchos．　一般名 duck． ガチョウ　Anser cygnoides（ヨーロッパ系），Anser anser（中国系）．　一般名 goose． シチメンチョウ　Meleagris gallopavo．　一般名 turkey．
	雌の親動物 dam．雄の親動物 sire．成熟後去勢動物 stag．発情発見用あて雄 teaser．

†：学名は野生原種についてのみ表記する．本文についても同様である．

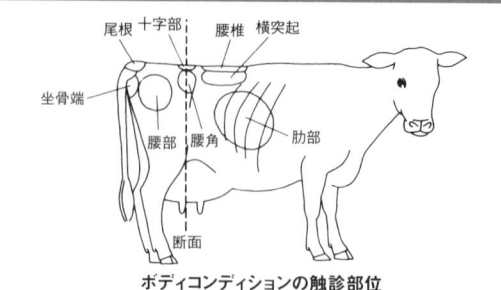

A2. ウシのボディコンディション

ボディコンディションの触診部位

図中ラベル: 尾根, 十字部, 腰椎, 横突起, 坐骨端, 腰部, 腰角, 肋部, 断面

断面

【コンディションスコア1】

棘突起・背部	先端の肉付きは不十分で突出している. 触感はとがっている.
腰 部	顕著な突出. 外観は棚状.
腰角・坐骨	十分な肉がなく, とがっている.
坐骨と腰角の間	顕著なくぼみ.
尾根下部坐骨間の部位	顕著なくぼみ.
陰門部	突出.

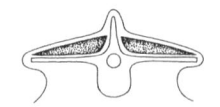

【コンディションスコア2】

棘突起・背部	先端外観上みられる (スコア1ほど突出していない).
棘突起・腰部	明確な棚状あるいは突出を形成せず.
背 線	ある程度の肉付き.
椎 骨	外観上みることはできないが, 触感で容易に区別できる.
腰角・坐骨端	腰角は突出. また両者の間はくぼみを形成.
坐骨と腰角の間	ある程度のくぼみ.
陰門部	突出した外観を呈しない.

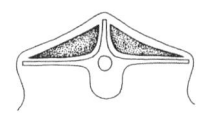

【コンディションスコア3】

棘突起・背部	先端はなめらかな外観を呈し, 最低の指圧で触感.
棘突起・腰部	横突起はなだらかで棚状にみえない.
椎 骨	背線, 腰部, 臀部の移行が連続している.
尾 根	丸い外観.
腰角・坐骨端	なめらかで丸み.
尾根部・坐骨間の部位	皮下脂肪沈着の兆候なく, なめらか.

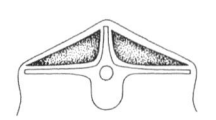

【コンディションスコア4】

棘突起・背部	強い指圧でのみ区別できる.
棘突起・腰部	横突起は丸く平滑で, 棚状部位は消失.
背 線	腰部および臀部で平ら.
尾 根	背線の延長として, なめらかで丸み.
腰角間	平ら.
尾根部・坐骨間周辺	皮下脂肪の沈着.

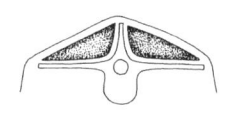

【コンディションスコア5】

背 線	厚い皮下脂肪に覆われている.
腰角・坐骨端	不明瞭.
尾根部	脂肪がまいている.

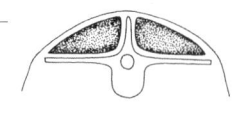

付録

【コンディションスコア 1】
- 各々の肋骨に薄い組織が覆っている状態.
- 背部, 腰部, 尻の部分の骨は突出している.
- 腰角や坐骨部の骨はシャープに突出し, わずかに組織で覆われており, 骨と骨の間は深くくぼんでいる.
- 尾根部の根元は深く沈み, 両側坐骨間も同様である. 骨状の突出は鋭くなっており, 靭帯や陰唇は顕著になっている.

【コンディションスコア 2】
- 個々の肋骨は触診できるが, それほど顕著ではない.
- 腰骨の端はシャープに触れるものの, より厚い組織で覆われている.
- 突出している腰部の骨の端は, 明確に上から吊るした出っ張り状とはなっていない.
- 背部, 腰部, 尻などの個々の骨は, 肉眼では明白ではないが, 触診すると容易に判別できる.
- 腰角, 坐骨は突出しているが, それらの両端の間の (組織などの) くぼみは, より軽度である.
- 尾根部と坐骨との間はまだくぼんでいるが, 多少肉 (脂肪も) がついてきている.

【コンディションスコア 3】
- 腰部の横突起 (ショートリブ) は, 若干の指圧を加えることにより触知される.
- 全体的に腰部の横突起 (ショートリブ) は丸く見え, 棚状のようすはよりいっそう見えにくくなってくる.
- 背部はその端がより丸く見え, 個々の骨を触知するには, 強い指圧を加えないとならない.
- 腰角と坐骨はより丸く, スムースになっている.
- 坐骨と丸くなった尾根部のまわりはスムースに見え, 脂肪の沈着はいまだない.

【コンディションスコア 4】
- 個々の腰部の横突起 (ショートリブ) は, 強い指圧だけで触知できる.
- 腰部の横突起 (ショートリブ) は平らか丸く見え, 棚状になったようすはなくなっている.
- 背部の背線は丸く, スムースになっている.
- 腰部, 尻の部分は丸く, スムースになっている.
- 腰部は丸く, 両腰角の間も平らになっている.
- 尾根部や坐骨のまわりは丸く, 明確な脂肪の沈着がみられる.

【コンディションスコア 5】
- 背骨部位の, 腰部の横突起 (ショートリブ), 腰角, 坐骨部位の骨端などは明確ではなくなり, 皮下脂肪の沈着は明らかなものとなっている.
- 尾根部は脂肪組織に埋まっているような感がある.

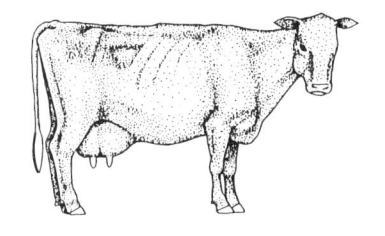

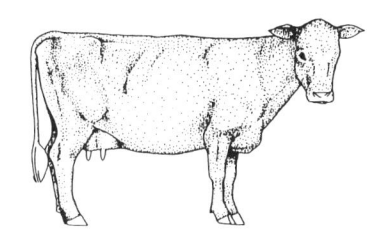

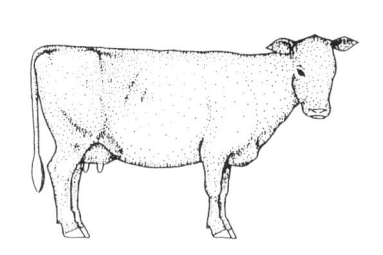

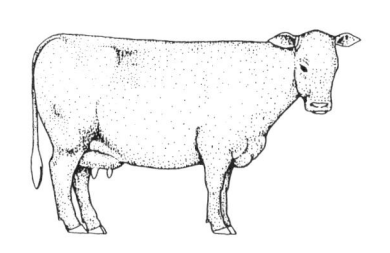

A3. 主な家畜の体部名称

(1) ウ シ

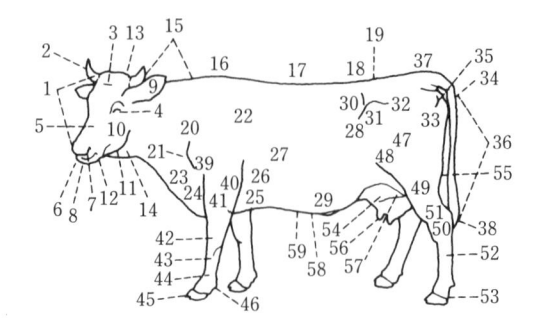

1：頭，2：角，3：額，4：眼，5：鼻，6：鼻鏡，7：鼻孔，8：口，9：耳，10：頰，11：顎，12：頤（おとがい），13：後頭，14：咽喉，15：項（うなじ），16：き甲，17：背，18：腰，19：十字部，20：肩，21：肩端，22：肩後，23：前胸，24：胸垂，25：胸底，26：腋，27：肋，28：膁（ひばら），29：腹，30：腰角，31：寛，32：尻，33：臀，34：臀端，35：坐骨結節，36：尾，37：尾根，38：尾毛，39：上腕，40：肘，41：前腕，42：前膝，43：前管，44：繫，45：蹄，46：副蹄，47：股，48：後膝，49：脛，50：飛節，51：飛端，52：後管，53：蹄冠，54：乳房，55：乳鏡，56：乳頭，57：乳房静脈，58：乳静脈，59：乳窩

(2) ウ マ

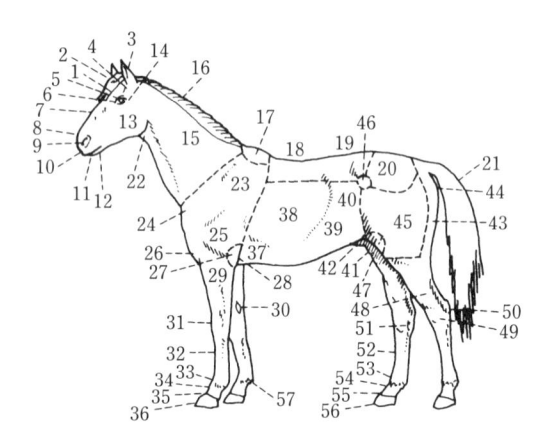

1：額，2：鬣（まえがみ），3：耳，4：眼盂（がんう），5：眼窩，6：眼，7：鼻（鼻梁），8：鼻端，9：鼻孔，10：上唇，11：下唇，12：頤，13：頰，14：顳顬（こめかみ），15：頸，16：鬣（たてがみ），17：き甲，18：背，19：腰，20：尻，21：尾，22：咽頭，23：肩，24：肩端，25：胸前，26：上腕，27：肘，28：肘端，29：前腕，30：附蟬（ふぜん），31：前膝，32：中手（前管），33：球節，34：繫，35：蹄冠，36：蹄，37：帯径（おびみち），38：肋，39：腹，40：膁，41：精巣，42：包皮，43：臀，44：臀端，45：股，46：腰角，47：後膝，48：脛，49：飛節，50：飛端，51：附蟬，52：後管，53：球節，54：繫，55：蹄冠，56：蹄

(3) ブ　タ

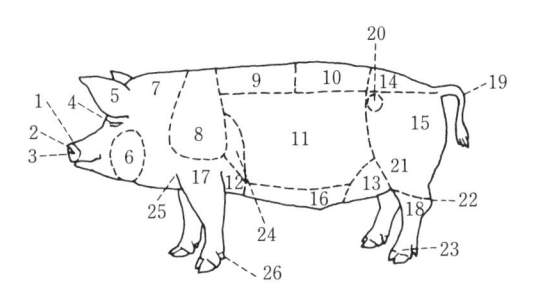

1：鼻，2：吻鼻，3：鼻孔，4：眼，5：耳，6：頬，7：頸，8：肩，9：背，10：腰，11：脇腹，12：腋，13：膁，14：尻，15：腿，16：下腹，17：前肢，18：後肢，19：尾，20：腰角，21：膝，22：飛節，23：繋，24：胸，25：胸前，26：距（けづめ），副蹄

(4) ヒツジ

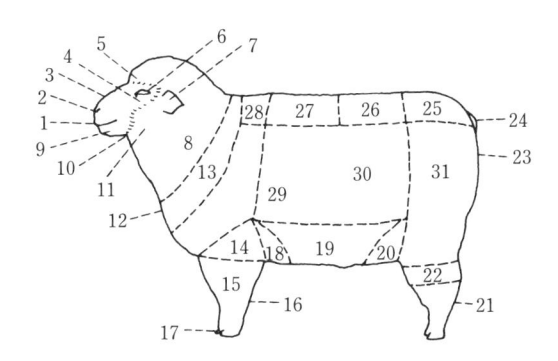

1：口，2：鼻孔，3：鼻，4：顔，5：額，6：眼，7：耳，8：頸，9：唇，10：咽頭，11：顎，12：胸前，13：肩脈，14：上腕，15：肘，16：前肢，17：蹄，18：腋，19：下腹，20：膁，21：後肢，22：飛節，23：臀部，24：尾，25：尻，26：腰，27：背部，28：き甲，29：胸囲，30：胴，31：股

(5) ニワトリ

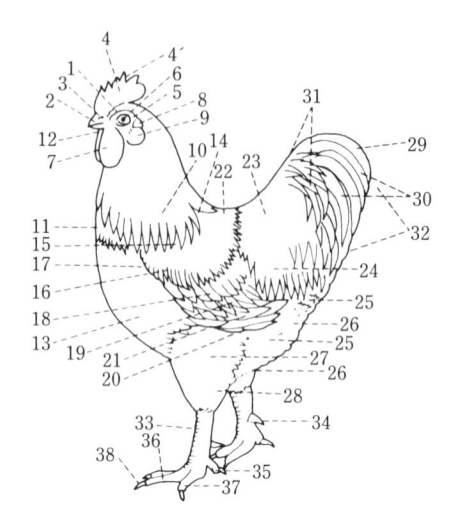

1：頭, 2：嘴, 3：鼻孔, 4：冠, 4´：冠歯, 5：顔, 6：眼, 7：肉垂, 8：耳, 9：耳朶, 10頸羽, 11：頸前羽, 12：咽頭, 13：胸, 14：岬羽, 15：肩, 16：翼羽, 17：翼前, 18：覆翼羽, 19：覆主翼羽, 20：副翼羽, 21：主翼羽, 22：背, 23：腰, 24：鞍羽, 25：体羽, 26：軟羽, 27：下腿, 28：膝, 29：謡羽（うたいばね）, 30：小謡羽, 31：覆尾羽, 32：主尾羽, 33：脛, 34：距, 35：第1趾, 36：第2趾, 37：第4趾, 38：鉤爪

A4. 主な家畜の生理値

(1) 心拍数, 呼吸数, 血圧

動物種	心拍数（回/分）	呼吸数（回/分）	血圧（mmHg）最大～最小
ウマ	44（23～70）	12（8～16）	140～90
ウシ	65（60～70）	30（15～40）	145～90
ヒツジ	75（60～120）	19（15～40）	135～90
ヤギ	90（70～135）	（15～40）	130～85
ブタ	（55～86）	（10～25）	130～90
イヌ	(100～130)	22（15～30）	130～90
ネコ	120（110～140）	26（20～30）	125～75
ウサギ	205（123～304）	39	110～65
ラット	328（261～600）	97	116～90
マウス	534（324～858）	163	110～70
ニワトリ	（200～300）	（20～40）	150～120
ヒト	70（58～104）	12	120～80

(2) 直腸温

動物種	平均（℃）	範囲
ウマ（雄）	37.6	37.2～38.1
（雌）	37.8	37.3～38.2
ウシ	38.6	38.0～39.3
ヒツジ	39.1	38.3～39.9
ヤギ	39.1	38.5～39.7
ブタ	38.9	37.9～39.9
イヌ	38.9	37.9～39.9
ネコ	38.6	38.1～39.2
ウサギ	39.5	38.6～40.1
ラット		35.1～38.1
マウス	37.4	
ニワトリ	41.7	40.6～43.0
ヒト	36.9	36.4～37.4

(3) 尿量, 糞量, 摂取量

動物種	尿量（L/日）	糞量（kg/日）	摂取量（L/日）（飲料および飼料水分）
ウマ	3～6	25	15～35
ウシ	6～12	25	15～50
ヒツジ	0.5～1.5	1	1～3
ヤギ	0.5～1.5	1	1～3
ブタ	2～4	3	1.5～3.5
イヌ	0.5～1.0		0.6～1.1
ネコ	0.1～0.2		0.04～0.06
ウサギ	0.1～0.3	0.04	0.2～0.3
ラット	0.010～0.015	0.01	0.016～0.034
マウス	0.001～0.003	0.002	0.003～0.006
ニワトリ	—	0.15	0.1～0.3
ヒト	1～1.5	0.13	0.46～2.73

(4) 血液性状

動物種	赤血球			白血球	血小板
	赤血球数（百万/μL）	直径（μm）	ヘマトクリット（%）	白血球数（千/μL）	血小板数（十万/μL）
ウマ	7.5	5.5	35.0	9	3.3
ウシ	6	5.7	35.0	8	5
ヒツジ	10	5.1	38.0	8	4
ヤギ	14	4.1	28.0	10	0.5
ブタ	6.5	6.1	42.0	12	3.25～7.15
イヌ	6	7.3	45.0	12	2～9
ネコ	8.5	5.7	37.0	10	4～5
ウサギ	5	7.0	41.5	9	5.3
モルモット	5.4	7.0	42.0	12	7.2
ラット	8	6.2	46.0	14	4.5
マウス	9.3	5.7	41.5	8	2.7
ニワトリ	3.5	7.5～12.0	32.0	25	0.2～0.3
ヒト	5	7.2	44.5	7	3

A5. 主な家畜の妊娠期間と産子数

家畜名		妊娠期間（日）	産子数（頭）
ウ シ	乳用種		
	ホルスタイン	279 (278〜282)	
	ジャージー	279 (270〜285)	
	エアシャー	278	
	ガーンジー	284	
	ブラウンスイス	290 (288〜291)	
	乳用ショートホーン	282	1
	肉用種		
	アバディーン・アンガス	279	
	ヘレフォード	285 (243〜316)	
	黒毛和種	285	
	褐毛和種	287	
	無角和種	281	
	日本短角種	285	
ウ マ	サラブレッド	338 (301〜349)	
	アラブ	337 (301〜371)	1
	ペルシュロン	322 (321〜345)	
ヒツジ	メリノー	150 (144〜156)	1〜3
	コリデール	150	
ヤ ギ	ザーネン	154	1〜3
	トッケンブルグ	150 (136〜157)	
ブ タ	ランドレース	114 (111〜119)	
	デュロック	114 (102〜118)	4〜14
	ハンプシャー	114	
	大ヨークシャー	114 (103〜128)	
イ ヌ		63 (59〜68)	1〜8
ネ コ		63 (56〜65)	4〜5

A6. 主な動物の乳頭数と位置

動物種	乳頭総数	位置別の数			一乳頭あたり開口乳管数
		胸部	腹部	鼠蹊部	
ウ シ	4	—	—	4	1
ヤギ・ヒツジ	2	—	—	2	1
ウ マ	2	—	—	2	2
ブ タ	10〜16	胸部〜鼠蹊部にわたる			2
ゾ ウ	2	2	—	—	10〜11
イ ヌ	10	2	6	2	8〜14
ネ コ	8	2	6	—	3〜7
ウサギ	10	4	4	2	8〜10
モルモット	2	—	—	2	1
ハムスター	14	6	6	2	1
ラ ッ ト	12	6	2	4	1
マ ウ ス	10	6	2	2	1
ヒ ト	2	2	—	—	15〜25
クジラ	2	—	—	2	1
カンガルー	4	—	4	—	15
スンクス	6	—	2	4	2

A7. 主な家畜の胎子発育過程

(1) ウシ

妊娠日齢(日)	体重	体長 (cm)	特徴
30	0.3〜0.5 g	0.8〜1.0	頭および四肢が区別できる．胎盤は付着していない．
60	8〜30 g	6〜8	蹄と陰嚢が認められる．口蓋閉鎖．胎盤は付着し，レンズ大の胎子胎盤発生．
90	200〜400 g	13〜17	口唇，顎，眼瞼，陰嚢に被毛発生．
120	1,000〜2,000 g	22〜32	眉毛発生．蹄は発育して帯黄色となる．羊膜に斑点ができる．角窩出現．
150	3,000〜4,000 g	30〜45	眉と口唇に被毛発生．陰嚢中に精巣下降．乳頭発生．
180	5〜10 kg	40〜60	耳翼内側，角窩周辺，鼻口部および尾端に被毛発生．
210	8〜18 kg	55〜75	管部および背部に被毛発生．尾端に長毛発生．
240	15〜25 kg	60〜80	体表全面に軟毛発生．切歯はまだ生えない．
270	20〜50 kg	70〜100	体表全面に長い被毛発生．切歯生える．

(2) ウマ

妊娠日齢(日)	体重	体長 (cm)	特徴
30	0.2 g	0.9〜1.0	目，口および肢の原基が認められる．胎膜は妊角のみ．
60	10〜20 g	4.0〜7.5	口唇，鼻孔および蹄の原基を認める．眼瞼は一部閉鎖．胎盤は付着していないが子宮体に及ぶ．
90	100〜180 g	10〜14	胎盤に絨毛発生．ただし付着は不十分．乳頭および蹄の発生．
120	700〜1,000 g	15〜20	外部生殖器形成．ただし精巣はまだ陰嚢内に下降していない．胎盤付着．
150	1,500〜3,000 g	25〜37	眼窩縁および尾端に繊細な被毛発生．包皮の発生はまだ．
180	3〜5 kg	35〜60	口唇，眼瞼，鼻に被毛発生．まつ毛，たてがみも発生．
210	7〜10 kg	55〜70	口唇，鼻，眉，眼瞼，耳縁，尾端，背部に軟毛発生．
240	12〜18 kg	60〜80	たてがみ，尾毛は密に．背部，四肢端に被毛発生．
270	20〜27 kg	80〜90	体表全面に短小で繊細な被毛．
300	25〜40 kg	70〜130	体表全面に短い被毛．包皮発達．たてがみおよび尾毛増加．
330	30〜50 kg	100〜150	全身被毛で完全に覆われ，固有の毛色を示す．精巣下降．

(3) ブタ

妊娠日齢	胎子体長 (cm)
14日	0.27
19日	0.8
20日	0.9
22日	1.4
4週	1.8
5週	3.0
7週	8.0
10週	13.0
14週	18.0
17週	25.0

(4) ヒツジ

妊娠日齢	胎子体長 (cm)
18日	0.6
2〜3週	1.0
4週	1.5
6週	2.2
7週	3.0
8週	5.0
9週	9.0
10週	13.0
12週	16.0
15週	27.0
17週	38.0
20週	50.0

A8. 交尾後の哺乳動物における胚発生過程

日数	マウス	ラット	ウサギ	ヤギ	ヒツジ	ブタ	ウシ[†2]
1	1[†1]	1	1～2	1	1	1	1
2	2～4	2	4～16	2～4	2～4	2～4	2
3	8～	4	桑実胚	4～8	4～8	4～8	4～8
4	桑実胚 胚盤胞～脱出胚盤胞	8～	胚盤胞	8～16	8～16	8～ 桑実胚	8～16
5	—	桑実胚 胚盤胞～脱出胚盤胞	—	16～ 桑実胚	16～ 桑実胚	胚盤胞	16
6	—	—	—	桑実胚～胚盤胞	桑実胚～胚盤胞	脱出胚盤胞	桑実胚
7	—	—	—	胚盤胞～脱出胚盤胞	胚盤胞～脱出胚盤胞	—	胚盤胞
8	—	—	—	脱出胚盤胞	脱出胚盤胞	—	胚盤胞
9	—	—	—	—	—	—	脱出胚盤胞

†1：発育ステージを表す．†2：排卵後

A9. 家畜の登録団体

登録団体	対象家畜品種
（公社）全国和牛登録協会	ウシ：黒毛和種，褐毛和種（高知系），無角和種
（一社）日本あか牛登録協会	ウシ：褐毛和種（熊本系）
（一社）日本短角種登録協会	ウシ：日本短角種
（一社）日本ホルスタイン登録協会	ウシ：ホルスタイン，ブラウンスイス，エアシャー，ガーンジー
日本ジャージー登録協会	ウシ：ジャージー
（公社）ジャパン・スタッドブック・インターナショナル	ウマ：サラブレッド，アラブなど軽種馬
（公社）日本馬事協会	ウマ：軽種馬以外（ペルシュロン，北海道和種，木曽馬など）
（一社）日本養豚協会	ブタ：ランドレース，大ヨークシャー，中ヨークシャー，バークシャー，ハンプシャー，デュロック
（一社）ジャパンケネルクラブ	イヌ：136種（公認犬種339種）
（公社）日本コリークラブ	イヌ：コリー類
（公社）日本シェパード犬登録協会	イヌ：シェパード
（公社）畜産技術協会	ヒツジ：コリデール，サフォーク，サウスダウン，ロムニマーシュ，ボーダーレスター ヤギ：日本ザーネン

（公社）：公益社団法人，（一社）：一般社団法人

A10. 家畜の改良増殖目標 (農林水産省, 2015年3月, 一部改変)

(1) 乳用牛

乳用雌牛の能力に関する育種価目標数値（ホルスタイン種全国平均）

	乳量	乳成分			初産月齢
		乳脂率	無脂乳固形分率	乳タンパク質率	
現在	kg/年 +74.2 (8,100 kg)	kg/年 +1.9 (3.9%)	kg/年 +6.3 (8.8%)	kg/年 +2.1 (3.3%)	(25か月)
目標 (2025年度)	(8,500〜9,000 kg)	現在の改良量を引き続き維持 （現在の乳成分率を引き続き維持）			(24か月)

注1：泌乳能力は，搾乳牛1頭あたり305日，2回搾乳の場合のものである．
注2：目標数値は乳量および乳成分量の遺伝的な能力向上を示す数値であり，2015年度から2025年度にかけての改良量の年あたり平均量である．（ ）内は乳量および乳成分量の現在と目標年度の数値である．

(2) 肉用牛

		去勢肥育牛の能力に関する目標数値					繁殖雌牛の体型に関する目標数値			
	品種	肥育開始体重	肥育終了体重	枝肉重量	1日平均増体量	肉質等級	体高	胸囲	かん幅	体重
		kg	kg	kg	kg		cm	cm	cm	kg
現在	黒毛和種	290	755	475	0.77	3.7	130	187	47	487
	褐毛和種	305	750	480	0.90	2.8	134	196	50	585
	日本短角種	245	745	450	0.87	2.0	133	199	49	585
	乳用種	280	770	435	1.14	2.0	—	—	—	—
	交雑種	280	795	500	0.90	2.6	—	—	—	—
目標 (2025年度)	黒毛和種	270	740	480	0.86	3〜4	130	190	48	520
	褐毛和種	300	750	480	0.99	3	134	200	50	600
	日本短角種	250	730	440	0.99	2	133	203	51	600
	乳用種	280	775	450	1.25	2	—	—	—	—
	交雑種	260	790	500	1.09	3	—	—	—	—

注1：去勢肥育牛の能力に関する目標数値は，肥育期間短縮をめざしたもので，一般的な肥育方法で実施した終了月齢として，黒毛和種24から26か月まで，褐毛和種23か月，日本短角種23か月，乳用種19か月，交雑種23か月程度とした．
注2：「肉質等級」は，肉質の維持または向上をめざしつつ，効率的な肥育を図るための目安である．
注3：交雑種とは，品種間の交配により生産されたもので，多くはホルスタイン種の雌牛に黒毛和種の種雄牛を交配することにより生産されている．
注4：体型目標の体重は適度な栄養状態にある雌牛のものである．ただし，分娩前後を除く．
注5：体型目標数値は，高知系の褐毛和種および無角和種においては，黒毛和種に準ずる．

種雄牛の能力に関する育種価目標数値

	品種	日齢枝肉重量	脂肪交雑
		g	B.M.S. No.
現在	黒毛和種	0 (495)	0 (5.8)
	褐毛和種	0 (576)	0 (3.8)
	日本短角種	0 (561)	0 (2.1)
目標 (2025年度)	黒毛和種	＋72	±0
	褐毛和種	＋74	±0
	日本短角種	＋64	±0

繁殖能力に関する目標数値

	初産月齢	分娩間隔（日数）
	か月	か月
現在	24.4	13.3 (405日)
目標 (2025年度)	23.5	12.5 (380日)

注1：育種価向上値は親牛がその子に及ぼす遺伝的能力向上効果のことであり，基準年＝0として算出されるもの．2025年度の目標数値は，同年に評価される種雄牛のうち直近年度に生産された種雄牛の数値（育種価）と基準年（2006年度）に生まれた種雄牛の数値（育種価）の差である．

注2：現在の欄の（　）内は，枝肉情報として収集した値の平均である．

(3) 豚

純粋種豚の能力に関する目標数値

	品種	繁殖能力		産肉能力			
		一腹あたり育成頭数	一腹あたり子豚総体重	飼料要求率	1日平均増体量	ロース芯の太さ	背脂肪層の厚さ
		頭	kg		g	cm²	cm
現在	バークシャー	9.0	51	3.3	706	30	2.0
	ランドレース	9.8	62	2.9	881	36	1.6
	大ヨークシャー	10.3	61	2.9	907	36	1.6
	デュロック	8.2	45	2.9	912	38	1.5
目標 (2025年度)	バークシャー	9.8	57	3.2	750	32	2.0
	ランドレース	11.0	69	2.8	950	36	1.6
	大ヨークシャー	11.5	69	2.8	970	36	1.6
	デュロック	9.0	53	2.8	1030	38	1.5

注1：繁殖能力の数値は，分娩後3週齢時の母豚1頭あたりのものである．
注2：産肉能力の数値（飼料要求率を除く）は，雄豚の産肉能力検定（現場直接検定）のものである．
注3：飼料要求率は，体重1kgを増加させるために必要な飼料量である．
注4：飼料要求率および1日平均増体量の数値は，体重30kgから105kgまでの間のものである
注5：ロース芯の太さおよび背脂肪層の厚さは，体重105kg到達時における体長2分の1部位のものである．

肥育素豚生産用母豚の能力に関する数値

	一腹あたり生産頭数	育成率	年間分娩回数	一腹あたり年間離乳頭数
	頭	%	回	頭
現在	11.0	90	2.3	22.8
目標 (2025年度)	11.8	95	2.3	25.8

肥育豚の能力に関する数値

	出荷日齢	出荷体重	飼料要求率
	日	kg	
現在	189	114	2.9
目標 (2025年度)	180	114	2.8

注：育成率および一腹あたり年間離乳頭数は，分娩後3週齢時のものである．

(4) 鶏

	卵用鶏の能力に関する目標数値						肉用鶏の能力に関する目標数値			
	飼料要求率		鶏卵の生産能力				飼料要求率	体重	育成率	出荷日齢
			産卵率	卵重量	日産卵量	50%産卵日齢				
現在	g/個 2.0	(124)	% 87.9	g 61〜63	g 54〜55	日 143	2.0	g 2,870	% 96	日 49
目標(2025年度)	2.0	(124)	88.0	61〜63	54〜55	143	1.9	2,900	98	49

注1:卵用鶏の産卵率,卵重量,日産卵量および飼料要求率は,それぞれの鶏群の50%産卵日齢に達した日から1年間における数値である.
注2:卵用鶏の飼料要求率の( )内は,1個(62g)あたりの鶏卵を生産するために必要な飼料量(g)であり,参考値である.
注3:肉用鶏の飼料要求率は,雌雄の出荷日齢における平均体重および餌付けから出荷日齢までの期間に消費した飼料量から算出したものである.
注4:体重は,雄雌の出荷日齢時の平均体重である.
注5:育成率は,出荷日齢時における育成率である.
注6:出荷日齢は,平均的な出荷体重(2.9 kg)の到達日齢であり,参考値である.

B. 飼養・栄養関連

B1. 主な家畜の飼養標準

(1) 乳 牛

①非妊娠雌牛の育成に要する養分量 (1日1頭あたり)

体重 (kg)	週齢 (週)	増体日量 (kg)	乾物量 (kg)	粗タンパク質 CP (g)	可消化養分総量 TDN (kg)	代謝エネルギー ME (Mcal)	カルシウム Ca (g)	リン P (g)	ビタミンA (1,000 IU)	ビタミンD (1,000 IU)
45	1	0.35	0.54	122	0.76	2.73	8	4	3.5	0.27
		0.40	0.56	135	0.79	2.84	9	5	3.5	0.27
		0.50	0.60	160	0.84	3.05	11	6	3.5	0.27
50	3	0.50	0.72	163	0.91	3.30	12	6	3.9	0.30
		0.60	0.80	188	0.97	3.53	14	7	3.9	0.30
		0.70	0.87	214	1.04	3.75	16	8	3.9	0.30
		0.80	0.94	240	1.10	3.98	18	9	3.9	0.30
75	7	0.80	2.55	390	1.56	5.65	18	10	5.9	0.45
		0.90	2.64	423	1.65	5.98	20	11	5.9	0.45
		1.00	2.73	455	1.74	6.31	22	12	5.9	0.45
100	11	0.80	2.99	413	1.94	7.01	18	10	7.8	0.60
		0.90	3.09	446	2.05	7.42	19	10	7.8	0.60
		1.00	3.18	478	2.17	7.83	20	11	7.8	0.60
150	19	0.60	3.69	492	2.34	8.47	19	11	11.7	0.90
		0.80	3.88	569	2.66	9.63	20	12	11.7	0.90
		0.90	3.97	608	2.82	10.21	21	13	11.7	0.90
200	26	0.60	4.58	552	2.91	10.51	20	14	15.6	1.20
		0.80	4.76	628	3.30	11.95	22	15	15.6	1.20
		0.90	4.85	666	3.50	12.67	23	15	15.6	1.20
250	35	0.60	5.46	611	3.44	12.42	22	16	19.5	1.50
		0.80	5.65	687	3.91	14.13	24	17	19.5	1.50
		0.90	5.74	725	4.14	14.98	25	18	19.5	1.50
300	44	0.50	6.25	633	3.67	13.27	23	17	23.4	1.80
		0.70	6.44	708	4.21	15.22	24	18	23.4	1.80
		0.90	6.62	783	4.75	17.17	25	19	23.4	1.80
350	55	0.50	7.14	692	4.12	14.89	23	18	27.3	2.10
		0.70	7.32	766	4.72	17.09	25	19	27.3	2.10
		0.90	7.51	840	5.33	19.28	26	20	27.3	2.10
400	67	0.40	7.93	714	4.22	15.25	24	18	31.2	2.40
		0.60	8.11	788	4.89	17.67	25	19	31.2	2.40
		0.80	8.30	861	5.56	20.10	26	21	31.2	2.40
450	81	0.40	8.81	773	4.61	16.66	27	26	35.1	2.70
		0.60	9.00	846	5.34	19.31	28	28	35.1	2.70
		0.80	9.18	919	6.07	21.95	29	29	35.1	2.70
500	98	0.20	9.51	758	4.19	15.16	27	26	39.0	3.00
		0.40	9.70	831	4.99	18.03	27	27	39.0	3.00

②成雌牛の維持に要する養分量 (1日1頭あたり)

体重 (kg)	乾物量 (kg)	粗タンパク質 CP (g)	可消化養分総量 TDN (kg)	代謝エネルギー ME (Mcal)	カルシウム Ca (g)	リン P (g)	ビタミンA (1,000 IU)	ビタミンD (1,000 IU)
350	5.95	365	2.60	9.41	14	10	15	2.1
400	6.80	404	2.88	10.40	16	11	17	2.4
450	7.65	441	3.14	11.36	18	13	19	2.7
500	8.50	478	3.40	12.30	20	14	21	3.0
550	9.35	513	3.65	13.21	22	16	23	3.3
600	10.20	548	3.90	14.10	24	17	25	3.6
650	11.05	581	4.14	14.97	26	19	28	3.9
700	11.90	615	4.38	15.83	28	20	30	4.2
750	12.75	647	4.61	16.67	30	21	32	4.5
800	13.60	679	4.84	17.49	32	23	34	4.8

注1：産次による維持に要する養分量の補正（泌乳牛のみを対象とする）
　　初産分娩までは，成雌牛の維持に要する養分量の代わりに，育成に要する養分量を適用する．初産分娩から2産分娩までの維持要求量は，増体量を考慮し，成雌牛の維持の要求量の130％，また，2産分娩から3産分娩までは115％の値を適用する．ただし，ビタミンAおよびDについては，この補正を行わない．
　2：ここでいう維持のエネルギー要求量は泌乳牛用の飼料を想定して算出しており，乾乳牛（妊娠末期のものを除く）に対して用いる場合は，給与飼料の代謝率の違いによる代謝エネルギーの利用効率の低下を考慮して，エネルギーについてのみここで示した要求量の110％の値を用いる．

③分娩前9〜4週間に維持に加える養分量 (1日1頭あたり)

胎子の品種 （胎子数）	粗タンパク質 CP (g)	可消化養分総量 TDN (kg)	代謝エネルギー ME (Mcal)	カルシウム Ca (g)	リン P (g)	ビタミンA (1,000 IU)	ビタミンD (1,000 IU)
初産：乳用種（S）	364	1.23	4.43	14	6	20	2.4
経産：乳用種（S）	398	1.34	4.85	14	6	20	2.4
肉用種（S）	221	0.91	3.30	10	4	20	2.4
肉用種（T）	335	1.44	5.22	15	7	20	2.4
交雑種（S）†	250	1.07	3.88	12	5	20	2.4

†：ホルスタイン種と黒毛和種の交雑種（F1）
注1：母牛の体重を600 kgとした．
　2：(S)は単胎 single，(T)は双胎 twin

④分娩前3週間に維持に加える養分量 (1日1頭あたり)

胎子の品種 （胎子数）	粗タンパク質 CP (g)	可消化養分総量 TDN (kg)	代謝エネルギー ME (Mcal)	カルシウム Ca (g)	リン P (g)	ビタミンA (1,000 IU)	ビタミンD (1,000 IU)
初産：乳用種（S）	485	1.63	5.91	18	8	20	2.4
経産：乳用種（S）	531	1.79	6.47	18	8	20	2.4
肉用種（S）	289	1.22	4.40	13	6	20	2.4
肉用種（T）	437	1.93	6.97	20	9	20	2.4
交雑種（S）†	327	1.43	5.17	16	7	20	2.4

†：ホルスタイン種と黒毛和種の交雑種（F1）
注1：母牛の体重を600 kgとした．
　2：(S)は単胎 single，(T)は双胎 twin

⑤産乳に要する養分量 (1日1頭あたり)

乳脂率 (%)	粗タンパク質 CP (g)	可消化養分総量 TDN (kg)	代謝エネルギー ME (Mcal)	カルシウム Ca (g)	リン P (g)	ビタミンA (1,000 IU)	ビタミンD (1,000 IU)
2.8	64	0.28	1.01	2.6	1.5	1.5	2.4
3.0	65	0.29	1.04	2.7	1.5	1.5	2.4
3.5	69	0.31	1.11	2.9	1.7	1.7	2.4
4.0	74	0.33	1.18	3.2	1.8	1.8	2.4
4.5	78	0.35	1.26	3.4	1.9	1.9	2.4
5.0	82	0.37	1.33	3.6	2.1	2.1	2.4
5.5	86	0.39	1.40	3.9	2.2	2.2	2.4
6.0	90	0.41	1.48	4.1	2.3	2.3	2.4

注1：乳量15 kgにつき，維持と産乳を加えた養分量を4％増給する．
　2：ビタミンDの要求量は，乳量にかかわらず体重1 kgあたり4.0 IUであり，ここでは体重を600 kgとした．

(2) 肉用牛

①雌牛の育成に要する養分量 (1日1頭あたり)

体重 (kg)	増体日量 DG (kg)	乾物量 DM (kg)	粗タンパク質 CP (g)	可消化養分総量 TDN (kg)	代謝エネルギー ME (Mcal)	カルシウム Ca (g)	リン P (g)	ビタミンA (1,000 IU)
25	0.6	0.57	180	0.71	2.91	9	5	1.1
50	0.8	0.94	245	1.13	4.60	13	8	2.1
75	0.8	1.50	311	1.50	5.98	17	9	3.2
100	1.0	2.52	403	2.13	8.35	25	12	4.2
125	1.0	3.25	554	2.51	9.71	27	12	5.3
150	1.0	4.24	765	2.94	10.65	32	14	6.4
175	1.0	4.76	789	3.30	11.95	31	14	7.4
200	1.0	5.26	811	3.65	13.21	31	15	8.5
250	0.8	5.98	757	3.93	14.22	26	14	10.6
300	0.8	6.86	797	4.50	16.31	26	15	12.7
350	0.8	7.70	833	5.06	18.31	26	16	14.8
400	0.6	8.02	775	4.98	18.02	22	16	17.0
450	0.4	8.02	709	4.69	16.98	20	17	19.1

②成雌牛の維持に要する養分量 (1日1頭あたり)

体重 (kg)	乾物量 DM (kg)	粗タンパク質 CP (g)	可消化養分総量 TDN (kg)	代謝エネルギー ME (Mcal)	カルシウム Ca (g)	リン P (g)	ビタミンA (1,000 IU)
350	5.00	402	2.50	9.1	11	12	14.8
400	5.53	441	2.76	10.0	12	13	17.0
450	6.04	479	3.02	10.9	14	15	19.1
500	6.54	515	3.27	11.8	15	16	21.2
550	7.02	551	3.51	12.7	17	18	23.3
600	7.49	585	3.75	13.6	18	20	25.4

③妊娠末期2か月間に維持に加える養分量（1日1頭あたり）

粗タンパク質 CP (g)	可消化養分総量 TDN (kg)	代謝エネルギー ME (Mcal)	カルシウム Ca (g)	リン P (g)
212	0.83	3.01	14	4

注：分娩前2か月間に維持に加える1日あたり乾物量は1.5 kgを目安として示すことができる．

④授乳中に維持に加える養分量 (1日1頭あたり)

粗タンパク質 CP (g)	可消化養分総量 TDN (kg)	代謝エネルギー ME (Mcal)	カルシウム Ca (g)	リン P (g)
97	0.36	1.32	2.5	1.1

注：授乳量1 kgあたり維持に加えるべき乾物量は0.5 kgを目安として示すことができる．

⑤肉用種去勢牛の肥育に要する養分量　　　　　　　　　　　　　　　　　　　　　　　　　　　（1日1頭あたり）

体重 (kg)	増体日量 DG (kg)	乾物量 DM (kg)	粗タンパク質 CP (g)	可消化養分総量 TDN (kg)	代謝エネルギー ME (Mcal)	カルシウム Ca (g)	リン P (g)	ビタミンA (1,000 IU)
200	1.00 1.20	5.71 6.24	844 962	4.00 4.46	14.48 16.14	33 38	15 17	8.5 13.2
250	1.00 1.20	6.66 7.19	884 998	4.58 5.09	16.57 18.43	33 38	16 18	10.6 16.5
300	1.00 1.20	7.39 7.92	911 1,021	5.08 5.64	18.39 20.41	33 37	17 19	12.7 19.8
350	1.00 1.20	7.93 8.47	928 1,033	5.52 6.11	19.99 22.13	33 37	19 20	14.8 23.1
400	1.00 1.20	8.32 8.86	935 1,036	5.91 6.53	21.40 23.63	32 36	20 21	17.0 26.4
450	0.80 1.00	8.05 8.58	839 935	5.62 6.26	20.34 22.65	29 32	20 21	19.1 19.1
500	0.80 1.00	8.21 8.74	838 929	5.91 6.56	21.40 23.74	29 32	21 22	21.2 21.2
550	0.60 0.80	7.77 8.30	747 833	5.52 6.17	19.97 22.35	26 29	21 22	23.3 23.3
600	0.40 0.60	7.28 7.82	663 744	5.09 5.75	18.44 20.82	24 27	22 22	25.4 25.4
650	0.40 0.60	7.32 7.85	664 740	5.31 5.97	19.24 21.60	25 27	23 24	27.6 27.6
700	0.40	7.37	665	5.52	19.99	26	24	29.7
750	0.40	7.47	669	5.72	20.70	26	26	31.8

⑥肉用種雌牛の肥育に要する養分量　　　　　　　　　　　　　　　　　　　　　　　　　　　（1日1頭あたり）

体重 (kg)	増体日量 DG (kg)	乾物量 DM (kg)	粗タンパク質 CP (g)	可消化養分総量 TDN (kg)	代謝エネルギー ME (Mcal)	カルシウム Ca (g)	リン P (g)	ビタミンA (1,000 IU)
200	0.8 1.0	4.54 4.85	667 766	3.19 3.52	11.56 12.76	26 31	13 15	8.5 8.5
250	0.8 1.0	5.37 5.74	701 798	3.78 4.17	13.67 15.08	26 31	14 16	10.6 10.6
300	0.8 1.0	6.16 6.58	732 827	4.33 4.78	15.67 17.29	26 30	15 17	12.7 12.7
350	0.8 1.0	6.91 7.38	761 852	4.86 5.36	17.59 19.41	26 30	16 18	14.8 14.8
400	0.6 0.8 1.0	7.03 7.64 8.16	664 787 876	4.78 5.37 5.93	17.30 19.44 21.45	22 26 29	16 18 19	17.0 17.0 17.0
450	0.6 0.8 1.0	7.68 8.35 8.91	721 812 897	5.22 5.87 6.47	18.90 21.24 23.43	23 26 29	18 19 20	19.1 19.1 19.1
500	0.6 0.8	8.31 9.03	747 835	5.65 6.35	20.45 22.99	23 25	19 20	21.2 21.2
550	0.6 0.8	8.93 9.70	771 856	6.07 6.82	21.97 24.69	23 25	20 21	23.3 23.3
600	0.4 0.6	8.56 9.53	704 795	5.62 6.48	20.34 23.45	22 24	21 21	25.4 25.4
650	0.4 0.6	9.09 10.12	729 817	5.97 6.88	21.60 24.90	23 24	22 23	27.6 27.6

⑦乳用種去勢牛の肥育に要する養分量 (1日1頭あたり)

体重 (kg)	増体日量 (kg)	乾物量 (kg)	粗タンパク質 CP (g)	可消化養分総量 TDN (kg)	代謝エネルギー ME (Mcal)	カルシウム Ca (g)	リン P (g)	ビタミンA (1,000 IU)	ビタミンD (IU)
40	0.4	0.66	137	0.72	2.90	14	5	1.7	240
	0.6	0.75	189	0.82	3.32	21	8	1.7	240
50	0.6	0.99	227	0.97	3.86	21	8	2.1	300
	0.8	1.11	287	1.09	4.34	27	10	2.1	300
75	0.8	2.11	522	1.67	6.04	27	11	3.2	450
	1.0	2.32	620	1.85	6.70	34	13	3.2	450
100	0.8	2.60	551	1.99	7.21	28	11	4.2	600
	1.0	2.84	650	2.20	7.95	34	13	4.2	600
125	0.8	3.09	580	2.30	8.34	28	12	5.3	750
	1.0	3.37	679	2.53	9.17	34	14	5.3	750
150	0.8	3.61	609	2.61	9.43	28	12	6.4	900
	1.0	3.93	709	2.86	10.36	34	14	6.4	900
200	1.0	5.25	830	3.58	12.97	34	16	8.5	
	1.2	5.55	937	3.88	14.03	40	17	13.2	
250	1.2	6.40	975	4.55	16.45	39	18	16.5	
	1.4	6.71	1,079	4.87	17.63	45	20	16.5	
300	1.2	7.17	1,006	5.17	18.71	39	20	19.8	
	1.4	7.51	1,108	5.54	20.05	44	21	19.8	
350	1.2	7.86	1,033	5.76	20.84	39	21	23.1	
	1.4	8.23	1,132	6.16	22.32	44	22	23.1	
400	1.2	8.49	1,055	6.32	22.86	39	22	26.4	
	1.4	8.88	1,152	6.76	24.47	44	23	26.4	
450	1.2	9.06	1,074	6.85	24.79	39	23	29.7	
	1.4	9.48	1,169	7.32	26.51	43	24	29.7	
500	1.2	9.59	1,090	7.36	26.63	39	24	33.0	
	1.4	10.02	1,182	7.86	28.47	43	25	33.0	
550	1.2	10.07	1,103	7.85	28.40	39	25	36.3	
	1.4	10.53	1,192	8.83	30.35	42	26	36.3	
600	1.0	10.00	1,024	7.73	27.97	35	25	25.4	
	1.2	10.52	1,114	8.32	30.11	39	26	39.6	
650	1.0	10.40	1,036	8.15	29.51	35	26	27.6	
	1.2	10.94	1,122	8.77	31.75	38	27	42.9	
700	0.8	10.15	959	7.89	28.57	33	27	29.7	
	1.0	10.77	1,046	8.57	31.10	36	28	29.7	
750	0.8	10.49	970	8.27	29.93	33	28	31.8	
	1.0	11.12	1,054	8.97	32.46	36	29	31.8	
800	0.6	10.09	895	7.87	28.50	31	29	33.9	
	0.8	10.80	980	8.63	31.25	34	29	33.9	

⑧交雑種去勢牛の肥育に要する養分量 (1日1頭あたり)

体重 (kg)	増体日量 (kg)	乾物量 (kg)	粗タンパク質 CP (g)	可消化養分総量 TDN (kg)	代謝エネルギー ME (Mcal)	カルシウム Ca (g)	リン P (g)	ビタミンA (1,000 IU)
200	0.8	4.82	701	3.21	11.63	28	13	8.5
	1.0	5.17	808	3.53	12.78	33	15	8.5
250	1.0	5.97	842	4.14	14.99	33	16	10.6
	1.2	6.33	945	4.50	16.28	38	18	16.5
300	1.0	6.68	870	4.71	17.06	33	17	12.7
	1.2	7.09	970	5.11	18.50	37	19	19.8
350	1.0	7.33	893	5.25	19.00	33	19	14.8
	1.2	7.77	991	5.69	20.60	37	20	23.1
400	1.0	7.91	912	5.76	20.85	32	20	17.0
	1.2	8.38	1,007	6.24	22.59	36	21	26.4
450	1.0	8.45	928	6.24	22.61	32	21	19.1
	1.2	8.95	1,020	6.76	24.48	36	22	29.7
500	0.8	8.36	850	6.13	22.20	29	21	21.2
	1.0	8.94	942	6.71	24.29	32	22	21.2
550	0.8	8.80	864	6.55	23.70	29	22	23.3
	1.0	9.40	953	7.16	25.91	32	23	23.3
600	0.8	9.20	876	6.95	25.14	29	23	25.4
	1.0	9.82	961	7.59	27.47	32	24	25.4
650	0.6	8.85	801	6.63	23.99	27	24	27.6
	0.8	9.57	887	7.33	26.54	29	24	27.6
700	0.6	9.18	814	6.97	25.23	28	25	29.7
	0.8	9.91	895	7.71	27.89	30	26	29.7
750	0.6	9.49	824	7.31	26.44	28	26	31.8
	0.8	10.24	902	8.07	29.21	30	27	31.8

(3) ブタ

①1日あたり養分要求量

区分		子豚				肥育豚			養殖育成豚			妊娠豚[†2]	授乳豚[†2]
体重	(kg)	1～5	5～10	10～20	20～30	30～50	50～70	70～115	60～80	80～100	100～130	175	200
期待増体日量	(kg)	0.20	0.25	0.47	0.65	0.78	0.85	0.85	0.60	0.55	0.50		
風乾飼料量[†1]	(kg)	0.26	0.41	0.85	1.29	1.86	2.41	3.07	2.19	2.29	2.44	2.13	5.35
体重に対する比率	(%)	8.7	5.5	5.7	5.2	4.7	4.0	3.3	3.1	2.5	2.1	1.2	2.8
粗タンパク質 [CP]	(g)	62	90	162	219	288	349	399	274	286	305	266	803
可消化エネルギー [DE]	(Mcal)	1.01	1.52	2.89	4.4	6.14	7.96	10.12	6.74	7.04	7.52	6.56	17.66
可消化養分総量 [TDN]	(g)	230	340	660	1,000	1,390	1,800	2,290	1,530	1,600	1,710	1,490	4,010
カルシウム [Ca]	(g)	2.3	3.3	6.0	8.4	11.2	13.3	15.4	16.4	17.2	18.3	16.0	40.1
非フィチンリン [Non-phytin P]	(g)	1.4	1.8	3.4	3.9	5.0	5.5	6.1	9.9	10.3	11.0	9.6	24.1
ナトリウム [Na]	(g)	0.65	0.82	1.28	1.55	1.86	2.41	3.07	3.3	3.4	3.7	3.2	10.7
塩素 [Cl]	(g)	0.65	0.82	1.28	1.42	1.5	1.9	2.5	2.6	2.7	2.9	2.6	8.6
カリウム [K]	(g)	0.78	1.2	2.2	3.2	4.3	4.6	5.2	4.4	4.6	4.9	4.3	10.7
マグネシウム [Mg]	(g)	0.1	0.2	0.3	0.5	0.7	1.0	1.2	0.9	0.9	1.0	0.9	2.1
鉄 [Fe]	(mg)	26	41	68	90	112	121	123	175	183	195	170	428
亜鉛 [Zn]	(mg)	26	41	68	90	112	121	154	110	115	122	107	268
マンガン [Mn]	(mg)	1.0	1.6	2.6	3.2	3.7	4.8	6.1	21.9	22.9	24.4	21.3	53.5
銅 [Cu]	(mg)	1.6	2.5	4.3	5.8	7.4	8.4	9.2	11.0	11.5	12.2	10.7	26.8
ヨウ素 [I]	(mg)	0.04	0.06	0.12	0.18	0.26	0.34	0.43	0.31	0.32	0.34	0.30	0.75
セレン [Se]	(mg)	0.08	0.12	0.21	0.26	0.28	0.36	0.31	0.33	0.34	0.37	0.32	0.80
ビタミンA	(IU)	570	900	1,490	1,970	2,420	3,130	3,990	8,760	9,160	9,760	8,520	10,700
ビタミンD	(IU)	57	90	170	226	280	360	460	440	460	490	430	1,070
ビタミンE	(IU)	4.2	6.6	9.4	14.2	20.5	26.5	33.8	96.4	100.8	107.4	94	235
ビタミンK	(mg)	0.1	0.2	0.4	0.6	0.9	1.2	1.5	1.1	1.1	1.2	1.1	2.7
チアミン	(mg)	0.39	0.41	0.85	1.29	1.86	2.41	3.07	2.19	2.29	2.44	2.13	5.35
リボフラビン	(mg)	1.04	1.44	2.55	3.55	4.65	4.82	6.14	8.21	8.59	9.15	7.99	20.06
パントテン酸	(mg)	3.1	4.1	7.7	11	14.9	16.9	21.5	26.3	27.5	29.3	25.6	64.2
ニコチン酸	(mg)	5.2	6.2	10.6	14.4	18.6	19.3	21.5	21.9	22.9	24.4	21.3	53.5
ビタミンB_6	(mg)	0.52	0.62	1.30	1.61	1.86	2.41	3.07	2.19	2.29	2.44	2.13	5.35
コリン	(mg)	156	205	340	452	560	720	920	2,740	2,860	3,050	2,660	5,350
ビタミンB_{12}	(μg)	5.2	7.2	12.8	16.1	18.6	19.3	15.4	32.9	34.4	36.6	32.0	80.3
ビオチン	(mg)	0.02	0.02	0.04	0.06	0.09	0.12	0.15	0.44	0.46	0.49	0.43	1.07
葉酸	(mg)	0.08	0.12	0.26	0.39	0.56	0.72	0.92	2.85	2.98	3.17	2.77	6.96
リジン	(g)	3.6	5.1	9.6	13.2	15.9	17.3	17.3	11.2	11.7	12.4	10.8	46.8
有効リジン	(g)	3.4	4.3	8.2	11.2	13.5	14.7	14.7	9.5	9.9	10.5	9.2	39.8
メチオニン＋シスチン	(g)	2.2	3.0	5.9	8.1	9.7	10.6	10.6	7.7	8.1	8.6	7.2	25.7
有効メチオニン＋シスチン	(g)	2.1	2.6	5.0	6.9	8.2	9.0	9.0	6.5	6.9	7.3	6.1	21.8
フェニルアラニン＋チロシン	(g)	3.4	4.8	9.1	12.5	15.1	16.4	16.4	11.2	11.7	12.4	8.3	53.8
トレオニン	(g)	2.3	3.3	6.2	8.6	10.3	11.2	11.2	8.7	9.1	9.7	9.1	32.8
有効トレオニン	(g)	2.2	2.8	5.3	7.3	8.8	9.5	9.5	7.4	7.7	8.2	7.7	27.9
トリプトファン	(g)	0.7	1.0	1.8	2.5	3.0	3.3	3.3	2.2	2.3	2.5	1.7	8.9

†1：風乾飼料量は、②に示したエネルギー含量の飼料を用いた場合のエネルギー要求量を満たすための量で、不断給餌時の飼料摂取量を示すものではない。

†2：妊娠豚および授乳豚の体重は、それぞれ3産次の交配時および分娩後の値。

② 養分要求量　—風乾飼料中含量—

区　分		子豚				肥育豚			養殖育成豚	妊娠豚	授乳豚
体　重	(kg)	1〜5	5〜10	10〜20	20〜30	30〜50	50〜70	70〜115	60〜130	130〜215	165〜230
期待増体日量	(kg)	0.20	0.25	0.47	0.65	0.78	0.85	0.85	0.55		
粗タンパク質 [CP][†]	(g)	24.0	22.0	19.0	17.0	15.5	14.5	13.0	12.5	12.5	15.0
可消化エネルギー [DE]	(Mcal/kg)	3.88	3.70	3.40	3.40	3.30	3.30	3.30	3.08	3.08	3.30
可消化養分総量 [TDN]	(%)	88	84	77	77	75	75	75	70	70	75
カルシウム [Ca]	(%)	0.90	0.80	0.70	0.65	0.60	0.55	0.50	0.75	0.75	0.75
非フィチンリン [Non-phytin P]	(%)	0.55	0.45	0.40	0.30	0.27	0.23	0.20	0.45	0.45	0.45
ナトリウム [Na]	(%)	0.25	0.20	0.15	0.12	0.10	0.10	0.10	0.15	0.15	0.20
塩　素 [Cl]	(%)	0.25	0.20	0.15	0.11	0.08	0.08	0.08	0.12	0.12	0.16
カリウム [K]	(%)	0.30	0.28	0.26	0.25	0.23	0.19	0.17	0.20	0.20	0.20
マグネシウム [Mg]	(%)	0.04	0.04	0.04	0.04	0.04	0.04	0.04	0.04	0.04	0.04
鉄 [Fe]	(mg/kg)	100	100	80	70	60	50	40	80	80	80
亜　鉛 [Zn]	(mg/kg)	100	100	80	70	60	50	50	50	50	50
マンガン [Mn]	(mg/kg)	4.0	4.0	3.0	2.5	2.0	2.0	2.0	10.0	10.0	10.0
銅 [Cu]	(mg/kg)	6.0	6.0	5.0	4.5	4.0	3.5	3.0	5.0	5.0	5.0
ヨウ素 [I]	(mg/kg)	0.14	0.14	0.14	0.14	0.14	0.14	0.14	0.14	0.14	0.14
セレン [Se]	(mg/kg)	0.30	0.30	0.25	0.20	0.15	0.15	0.10	0.15	0.15	0.15
ビタミンA	(IU/kg)	2,200	2,200	1,750	1,525	1,300	1,300	1,300	4,000	4,000	2,000
ビタミンD	(IU/kg)	220	220	200	175	150	150	150	200	200	200
ビタミンE	(IU/kg)	16	16	11	11	11	11	11	44	44	44
ビタミンK	(mg/kg)	0.5	0.5	0.5	0.5	0.5	0.5	0.5	0.5	0.5	0.5
チアミン	(mg/kg)	1.5	1.0	1.0	1.0	1.0	1.0	1.0	1.0	1.0	1.0
リボフラビン	(mg/kg)	4.0	3.5	3.0	2.75	2.5	2.0	2.0	3.75	3.75	3.75
パントテン酸	(mg/kg)	12	10	9	8.5	8	7	7	12	12	12
ニコチン酸	(mg/kg)	20	15	12.5	11.2	10	8	7	10	10	10
ビタミンB_6	(mg/kg)	2.0	1.5	1.5	1.3	1.0	1.0	1.0	1.0	1.0	1.0
コリン	(mg/kg)	600	500	400	350	300	300	300	1,250	1,250	1,000
ビタミンB_{12}	(μg/kg)	20	17.5	15	12.5	10	8.0	5.0	15	15	15
ビオチン	(mg/kg)	0.08	0.05	0.05	0.05	0.05	0.05	0.05	0.20	0.20	0.20
葉　酸	(mg/kg)	0.3	0.3	0.3	0.3	0.3	0.3	0.3	1.3	1.3	1.3
リジン	(%)	1.38	1.24	1.13	1.02	0.85	0.72	0.56	0.51	0.51	0.87
有効リジン	(%)	1.31	1.05	0.96	0.87	0.72	0.61	0.48	0.43	0.43	0.74
メチオニン＋シスチン	(%)	0.84	0.76	0.69	0.62	0.52	0.44	0.34	0.34	0.34	0.48
有効メチオニン＋シスチン	(%)	0.80	0.65	0.59	0.53	0.44	0.37	0.29	0.29	0.29	0.41
トレオニン	(%)	0.90	0.81	0.73	0.66	0.55	0.47	0.36	0.43	0.43	0.61
有効トレオニン	(%)	0.86	0.69	0.62	0.56	0.47	0.40	0.31	0.37	0.37	0.52
トリプトファン	(%)	0.26	0.24	0.21	0.19	0.16	0.14	0.11	0.08	0.08	0.17

† : 粗タンパク質含量は、トウモロコシ、大豆かす主体飼料としたときのアミノ酸要求量を満たす含量である。

③繁殖雌豚の1日あたりのエネルギー要求量[†1]

区分		妊娠豚						授乳豚					
産次	(kg)	1	2	3	4	5	6	1	2	3	4	5	6
体重	(kg)	130	155	175	190	205	215	165	185	200	215	225	230
風乾飼料量[†2]	(kg)	2.04	2.11	2.13	2.24	2.22	2.17	4.51	5.25	5.35	5.45	5.52	5.55
粗タンパク質[CP]	(g)	255	264	266	280	278	271	677	788	803	818	828	833
可消化エネルギー[DE]	(Mcal)	6.29	6.49	6.56	6.89	6.84	6.68	14.87	17.33	17.66	17.99	18.2	18.31
可消化養分総量[TDN]	(g)	1,430	1,470	1,490	1,560	1,550	1,520	3,370	3,930	4,005	4,080	4,130	4,150

†1: 妊娠豚および授乳豚の体重は，それぞれ交配時および分娩後の値．妊娠期間中の母体の増体重は，初産で35 kg，2産で30 kg，3～4産次で25 kg，5産で20 kg，6産で15 kgとした．また，授乳豚では，哺乳子豚数を10頭とし，1日あたり泌乳量は，初産で6.5 kg，経産豚で7.5 kgとし，授乳28日間における母豚の体重減少量は7 kgを前提としている．

†2: 風乾飼料量は，風乾飼料中の養分要求量に示したエネルギー含量の飼料を用いた場合のエネルギー要求量を満たすための量で，不断給餌時の飼料摂取量を示すものではない．

(4) ニワトリ

①エネルギー・タンパク質・無機物およびビタミン要求量

栄養素	区分	卵用鶏およびブロイラー種鶏					ブロイラー	
		育成期			産卵期			
		幼雛 (0～4週齢)	中雛 (4～10週齢)	大雛 (10～産卵)	産卵鶏[†]	種鶏	前期 (0～3週齢)	後期 (3週齢以後)
代謝エネルギー	(Mcal/kg)	2.90	2.80	2.70	2.80	2.75	3.10	3.10
粗タンパク質[CP]	(%)	19.0	16.0	13.0	15.5	15.5	20.0	16.0
カルシウム[Ca]	(%)	0.80	0.70	0.60	3.33	3.40	0.90	0.80
非フィチンリン[Non-phytin P]	(%)	0.40	0.35	0.30	0.30	0.30	0.45	0.40
マグネシウム[Mg]	(%)	0.06	0.06	0.06	0.05	0.05	0.06	0.06
カリウム[K]	(%)	0.37	0.34	0.25	0.15	0.15	0.30	0.24
ナトリウム[Na]	(%)	0.15	0.15	0.15	0.12	0.12	0.20	0.15
塩素[Cl]	(%)	0.15	0.15	0.15	0.12	0.12	0.20	0.15
鉄[Fe]	(mg/kg)	80.0	60.0	40.0	45.0	60.0	80.0	80.0
銅[Cu]	(mg/kg)	5.0	4.0	4.0	—	—	8.0	8.0
亜鉛[Zn]	(mg/kg)	40.0	40.0	35.0	35.0	45.0	40.0	40.0
マンガン[Mn]	(mg/kg)	55.0	55.0	25.0	25.0	33.0	55.0	55.0
ヨウ素[I]	(mg/kg)	0.35	0.35	0.35	0.20	0.20	0.35	0.35
セレン[Se]	(mg/kg)	0.12	0.12	0.12	0.12	0.12	0.12	0.12
ビタミンA	(IU/kg)	2,700	2,700	2,700	4,000	4,000	2,700	2,700
ビタミンD_3	(IU/kg)	200	200	200	500	500	200	200
ビタミンE	(IU/kg)	10.0	10.0	5.0	5.0	10.0	10.0	10.0
ビタミンK	(mg/kg)	0.5	0.5	0.5	0.5	1.0	0.5	0.5
チアミン	(mg/kg)	2.0	1.8	1.3	0.7	0.7	2.0	1.8
リボフラビン	(mg/kg)	5.5	3.6	1.8	2.5	3.8	5.5	3.6
パントテン酸	(mg/kg)	10.0	10.0	10.0	2.0	7.0	9.3	6.8
ニコチン酸	(mg/kg)	29.0	27.0	11.0	10.0	10.0	37.0	7.8
ビタミンB_6	(mg/kg)	3.1	3.0	3.0	2.5	4.5	3.1	1.7
ビオチン	(mg/kg)	0.15	0.15	0.10	0.10	0.10	0.15	0.15
コリン	(mg/kg)	1,300	1,300	500	1,050	1,050	1,300	750
葉酸	(mg/kg)	0.55	0.55	0.25	0.25	0.35	0.55	0.55
ビタミンB_{12}	(μg/kg)	0.009	0.009	0.003	0.003	0.020	0.009	0.004
リノール酸	(%)	1.0	1.0	1.0	1.0	1.0	1.0	1.0

†: 日産卵量56 gの場合（産卵ピーク時）

②アミノ酸要求量

アミノ酸	卵用鶏およびブロイラー種鶏									ブロイラー			
	幼 雛 (0～4週齢)		中 雛 (4～10週齢)		大 雛 (10～産卵)		産卵期 (産卵鶏†)		産卵期 (種 鶏)		前 期 (0～3週齢)		後 期 (3週齢以後)	
	(g/Mcal)	(%)	(g/Mcal)	(%)	(g/Mcal)	(%)	(g/羽/日)	(%)	(g/Mcal)	(%)	(g/Mcal)	(%)	(g/Mcal)	(%)

アミノ酸	(g/Mcal)	(%)	(g/Mcal)	(%)	(g/Mcal)	(%)	(g/羽/日)	(%)	(g/Mcal)	(%)	(g/Mcal)	(%)	(g/Mcal)	(%)
アルギニン	3.51	1.02	2.91	0.81	2.31	0.62	0.65	0.70	0.65		3.90	1.21	3.44	1.07
グリシン+セリン	2.46	0.71	2.04	0.57	1.62	0.44	0.51	0.55	0.51		3.90	1.21	3.56	1.10
ヒスチジン	0.91	0.26	0.77	0.22	0.59	0.16	0.16	0.17	0.16		1.10	0.34	0.94	0.29
イソロイシン	2.07	0.60	1.75	0.49	1.38	0.37	0.52	0.56	0.52		2.50	0.78	2.19	0.68
ロイシン	3.80	1.10	2.98	0.83	2.41	0.65	0.76	0.82	0.76		3.75	1.16	3.40	1.06
リジン	2.93	0.85	2.05	0.57	1.55	0.42	0.65	0.70	0.65		3.75	1.16	3.13	0.97
有効リジン	—	—	—	—	—	—	0.55	0.59	0.55		3.16	0.98	2.58	0.80
メチオニン	1.03	0.30	0.93	0.26	0.69	0.18	0.33	0.36	0.33		1.47	0.46	1.19	0.37
有効メチオニン	—	—	—	—	—	—	0.28	0.30	0.28		1.33	0.41	1.06	0.33
メチオニン+シスチン	2.07	0.60	1.73	0.48	1.48	0.40	0.54	0.58	0.54		2.90	0.90	2.25	0.70
有効(メチオニン+シスチン)	—	—	—	—	—	—	0.49	0.53	—		—	—	—	—
フェニルアラニン	1.89	0.55	1.58	0.44	1.24	0.33	0.44	0.47	0.44		2.25	0.70	2.03	0.63
フェニルアラニン+チロシン	3.51	1.02	2.91	0.81	2.31	0.62	0.77	0.83	0.77		4.20	1.30	3.80	1.18
トレオニン	2.39	0.69	2.00	0.56	1.28	0.35	0.45	0.49	0.45		2.47	0.77	2.26	0.70
有効トレオニン	—	—	—	—	—	—	0.35	0.38	0.35		2.10	0.65	1.77	0.55
トリプトファン	0.59	0.17	0.48	0.13	0.38	0.10	0.17	0.18	0.17		0.72	0.22	0.56	0.17
バリン	2.14	0.62	1.82	0.51	1.41	0.38	0.57	0.62	0.57		2.80	0.87	2.56	0.79
プロリン	—	—	—	—	—	—	—	—	—		1.88	0.58	1.72	0.53
粗タンパク質 [CP] (%)		19.0		16.0		13.0	15.5	16.7	15.0			20.0		16.0
代謝エネルギー [ME] (Mcal/kg)		2.90		2.80		2.70	2.80	0.30	2.75			3.10		3.10
(MJ/kg)		12.1		11.7		11.3	11.7	1.26	11.5			13.0		13.0

†：日産卵量56 gの場合（産卵ピーク時）

(5) ウ マ

軽種馬飼養標準

		体 重 (kg)	増体日量 DG (kg)	可消化エネルギー DE (Mcal)	粗タンパク質 CP (g)	リジン Lys (g)	カルシウム Ca (g)	リン P (g)	マグネシウム Mg (g)	ビタミンA (1,000 IU)
哺乳期	2か月齢	130	1.15	8	330		23	13	3.4	
	4か月齢	195	1.00	9	430		25	14	4.2	
育成期	10か月齢	315	0.45	17.5	780	34	27	15	5.3	28
	15か月齢	405	0.40	20.5	920	39	29	16	6.6	35
	22か月齢	450	0.20	26.5	1,120	45	40	22	9.9	40
成 馬	競走期	455～475	—	27～35	1,300	46	47	29	15.1	46
繁殖期	妊娠後期	640	0.50	25	1,100	38	47	36	12.0	85
	授乳前期	570		31	1,600	57	61	41	12.2	76
	授乳後期	570		28	1,200	42	42	26	9.8	76

(6) ヒツジ

	体重 (kg)	1日あたり増体量 (kg)	乾物重		可消化養分総量 TDN (kg)	可消化エネルギー DE (Mcal)	粗タンパク質 CP (g)	カルシウム Ca (g)	リン P (g)	ビタミンA (1,000 IU)
			1頭あたり (kg)	体重あたり (%)						
哺乳子羊が必要とする養分量										
	10	0.35	0.45	4.5	0.43	1.87	86	6.4	3.0	0.47
	20	0.25	0.71	3.5	0.56	2.45	92	5.1	2.5	0.94
	30	0.15	0.96	3.2	0.69	3.03	98	3.7	2.0	1.41
雌羊の育成に要する養分量										
	40	0.08	1.24	3.1	0.74	3.27	108	2.8	1.8	1.88
	50	0.08	1.46	2.9	0.88	3.87	119	3.1	2.1	2.35
	60	0.08	1.68	2.8	1.01	4.44	130	3.4	2.3	2.82
成雌羊の妊娠初期から中期の15週間に要する養分量										
	70	0.06	1.13	1.6	0.75	3.30	110	3.6	2.9	3.29
	80	0.06	1.24	1.5	0.82	3.60	119	3.8	3.2	3.76
	90	0.06	1.34	1.5	0.88	3.89	128	4.0	3.6	4.23
成雌羊の妊娠末期6週間に要する養分量										
単胎羊	70	0.14	1.30	1.9	0.86	3.77	139	5.6	4.4	5.95
	80	0.14	1.40	1.8	0.92	4.07	148	5.7	4.8	6.80
	90	0.14	1.50	1.7	0.99	4.37	156	5.9	5.3	7.65
双胎羊	70	0.22	1.48	2.1	0.97	4.29	179	7.9	5.2	5.95
	80	0.22	1.58	2.0	1.04	4.60	188	8.0	5.6	6.80
	90	0.22	1.68	1.9	1.11	4.89	196	8.2	6.1	7.65
成雌羊の授乳前期8週間に要する養分量										
単子授乳羊	60	−0.07	1.92	3.2	1.27	5.59	276	6.7	5.5	5.10
	70	−0.07	2.03	2.9	1.34	5.90	285	6.9	5.9	5.95
	80	−0.07	2.13	2.7	1.41	6.20	294	7.0	6.4	6.80
双子授乳羊	60	−0.12	2.25	3.8	1.49	6.56	347	9.0	6.8	6.00
	70	−0.12	2.36	3.4	1.56	6.87	356	9.2	7.2	7.00
	80	−0.12	2.46	3.1	1.63	7.17	365	9.3	7.6	8.00
成雌羊の授乳後期8週間に要する養分量										
単子授乳羊	60	0	1.44	2.4	0.95	4.18	174	4.6	4.0	5.10
	70	0	1.54	2.2	1.02	4.49	183	4.8	4.4	5.95
	80	0	1.65	2.1	1.09	4.79	192	4.9	4.8	6.80
双子授乳羊	60	0	1.75	2.9	1.16	5.11	226	6.5	4.8	5.10
	70	0	1.86	2.7	1.23	5.42	235	6.7	5.2	5.95
	80	0	1.96	2.5	1.30	5.72	244	6.8	5.6	6.80
成雌羊の回復期（乾乳期）に要する養分量										
	60	0.05	1.25	2.1	0.75	3.32	112	3.6	2.5	2.82
	70	0.05	1.37	2.0	0.82	3.63	121	3.8	2.8	3.29
	80	0.05	1.49	1.9	0.89	3.93	131	4.0	3.1	3.76
肥育に要する養分量										
雌子羊	30	0.18	1.12	3.8	0.87	3.82	127	4.4	2.3	1.41
	40	0.18	1.25	3.1	0.96	4.24	125	4.5	2.6	1.88
	50	0.18	1.36	2.7	1.05	4.64	123	4.7	2.8	2.35
雄子羊	30	0.25	1.12	3.7	0.86	3.80	155	5.6	2.8	1.41
	40	0.25	1.32	3.3	1.01	4.47	156	5.8	3.1	1.88
	50	0.25	1.51	3.0	1.16	5.12	157	6.0	3.4	2.35

B2. 家畜の主なミネラル一覧

名称	生物学的性質・機能	供給源	欠乏症	備考
主要ミネラル				
カルシウム リン	骨, 歯の主成分 筋収縮, 細胞内情報伝達, エネルギー代謝などの生体機能	Ca：動物質飼料（魚粉, 肉粉, 骨粉）, 炭酸カルシウム P：米ぬか, ふすま, リン酸カルシウム	くる病（子畜）, 骨軟症（成畜）	豚, 家禽では, 非フィチンリンを考慮する必要
ナトリウム 塩素	体液の酸塩基平衡, 浸透圧調整, 神経伝達	食塩	食欲不振, 成長抑制	
カリウム	体液の酸塩基平衡, 筋収縮, 神経伝達	牧草類	食欲不振	通常, 添加は不要
マグネシウム	骨形成, 酵素の活性化, 神経伝達	油かす類, ぬか類	神経過敏症, グラステタニー	通常, 添加は不要
イオウ	タンパク質中に存在			
微量ミネラル				
鉄	ヘモグロビン, チトクロム等の構成成分		貧血, 抗病性低下	哺乳子豚では欠乏の可能性
銅	セルロプラスミン等の構成成分		成長低下, 骨形成異常, 低色素貧血	過剰給与は環境汚染にも
亜鉛	各種酵素の構成成分		食欲不振, 成長抑制	
マンガン	酵素の構成成分		軟骨形成異常	家禽では不足しやすい
ヨウ素	甲状腺ホルモンの構成成分	魚粉, ヨウ化カリウム	甲状腺種	
セレン	グルタチオンパーオキシターゼの構成成分, 抗酸化機能	セレン入り酵母	白筋症, 繁殖障害	ビタミンEと相補的な作用
コバルト	ビタミンB_{12}の構成成分		食欲減退, くわず病	
クロム	インスリンの補酵素			

B3. 家畜の主なビタミン一覧

名称	生物学的性質・機能	供給源	欠乏症	備考
脂溶性ビタミン				
ビタミンA	視覚機能，上皮組織の機能，免疫機能の維持	動物性飼料 トウモロコシ，牧草にプロビタミンA	夜盲症，筋肉水腫，繁殖性低下	
ビタミンD	Caの吸収と代謝	穀類，天日乾草	くる病，骨軟症	日光浴が効果
ビタミンE	抗酸化機能	生草類	筋萎縮症，浮腫，繁殖性低下	
ビタミンK	血液凝固	アルファルファ，魚粉	血液凝固不全，内出血	消化管内微生物によっても合成される
水溶性ビタミン				
ビタミンB_1（チアミン）	脱炭酸酵素の補酵素	穀類，ぬか類	ビタミンB群は反芻動物ではルーメン内微生物により，単胃動物では消化管内微生物によって合成され，その欠乏は比較的少ない	
ビタミンB_2（リボフラビン）	補酵素FMN，FADの成分	脱脂乳，ホエイ		
ニコチン酸（ナイアシン）	NAD，NADP等の補酵素の一成分	アルファルファ，魚粉，酵母		
ビタミンB_6（ピリドキシン）	アミノ酸代謝に関与する酵素の補酵素			
ビオチン	カルボキシラーゼ等の補酵素			
パントテン酸	補酵素の成分，炭水化物・脂質代謝に関与	ぬか類，アルファルファ，魚粉		
葉酸	アミノ酸，核酸代謝に関係する補酵素			
ビタミンB_{12}	アミノ酸，核酸代謝に関係する補酵素，コバルトを含む	動物性飼料		
コリン	脂質代謝，神経系に関与		脂肪肝，成長抑制，繁殖性低下	
ビタミンC（アスコルビン酸）	各種酸化還元反応に関与	緑色植物	衰弱，臓器における出血	牛，豚では体内で合成

C. 衛生・福祉関連

C1. 家畜の伝染病

(a) 法定伝染病

伝染性疾病の種類	家畜の種類[†]
牛疫	牛, めん羊, 山羊, 豚, 水牛, しか, いのしし
牛肺疫	牛, しか
口蹄疫	牛, めん羊, 山羊, 豚, 水牛, しか, いのしし
流行性脳炎	牛, 馬, めん羊, 山羊, 豚, 水牛, しか, いのしし
狂犬病	牛, 馬, めん羊, 山羊, 豚, 水牛, しか, いのしし
水胞性口炎	牛, 馬, 豚, 水牛, しか, いのしし
リフトバレー熱	牛, めん羊, 山羊, 水牛, しか
炭疽	牛, 馬, めん羊, 山羊, 豚, 水牛, しか, いのしし
出血性敗血症	牛, めん羊, 山羊, 豚, 水牛, しか, いのしし
ブルセラ病	牛, めん羊, 山羊, 豚, 水牛, しか, いのしし
結核病	牛, 山羊, 水牛, しか
ヨーネ病	牛, めん羊, 山羊, 水牛, しか
ピロプラズマ病（バベシア・ビゲミナ，バベシア・ボービス，バベシア・エクイ，バベシア・カバリ，タイレリア・パルバ，タイレリア・アヌラタに限る）	牛, 馬, 水牛, しか
アナプラズマ病（アナプラズマ・マージナーレに限る）	牛, 水牛, しか
伝達性海綿状脳症	牛, めん羊, 山羊, 水牛, しか
鼻疽	馬
馬伝染性貧血	馬
アフリカ馬疫	馬
小反芻獣疫	めん羊, 山羊, しか
豚コレラ	豚, いのしし
アフリカ豚コレラ	豚, いのしし
豚水胞病	豚, いのしし
家きんコレラ	鶏, あひる, うずら, 七面鳥
高病原性鳥インフルエンザ	鶏, あひる, うずら, きじ, だちょう, ほろほろ鳥, 七面鳥
低病原性鳥インフルエンザ	鶏, あひる, うずら, きじ, だちょう, ほろほろ鳥, 七面鳥
ニューカッスル病	鶏, あひる, うずら, 七面鳥
家きんサルモネラ感染症 サルモネラ・エンテリカ（血清型がガリナルムであるものであって，生物型がプローラムまたはガリナルムであるものに限る）	鶏, あひる, うずら, 七面鳥
腐蛆病	みつばち

[†]: 家畜の種類名は法規に従った.

(b) 届出伝染病

伝染性疾病の種類	家畜の種類[†]
ブルータング	牛, 水牛, しか, めん羊, 山羊
アカバネ病	牛, 水牛, めん羊, 山羊
悪性カタル熱	牛, 水牛, しか, めん羊
チュウザン病	牛, 水牛, 山羊
ランピースキン病	牛, 水牛
牛ウイルス性下痢・粘膜病	牛, 水牛
牛伝染性鼻気管炎	牛, 水牛
牛白血病	牛, 水牛
アイノウイルス感染症	牛, 水牛
イバラキ病	牛, 水牛
牛丘疹性口炎	牛, 水牛
牛流行熱	牛, 水牛
類鼻疽	牛, 水牛, しか, 馬, めん羊, 山羊, 豚, いのしし
破傷風	牛, 水牛, しか, 馬
気腫疽	牛, 水牛, しか, めん羊, 山羊, 豚, いのしし
レプトスピラ症（レプトスピラ・ポモナ, レプトスピラ・カニコーラ, レプトスピラ・イクテロヘモリジア, レプトスピラ・グリポティフォーサ, レプトスピラ・ハージョ, レプトスピラ・オータムナーリス及びレプトスピラ・オーストラーリスによるものに限る）	牛, 水牛, しか, 豚, いのしし, 犬
サルモネラ症（サルモネラ・ダブリン, サルモネラ・エンテリティディス, サルモネラ・ティフィムリウム及びサルモネラ・コレラエスイスによるものに限る）	牛, 水牛, しか, 豚, いのしし, 鶏, あひる, 七面鳥, うずら
牛カンピロバクター症	牛, 水牛
トリパノソーマ病	牛, 水牛, 馬
トリコモナス病	牛, 水牛
ネオスポラ症	牛, 水牛
牛バエ幼虫症	牛, 水牛
ニパウイルス感染症	馬, 豚, いのしし
馬インフルエンザ	馬
馬ウイルス性動脈炎	馬
馬鼻肺炎	馬
馬モルビリウイルス肺炎	馬
馬痘	馬
野兎病	馬, めん羊, 豚, いのしし, 兎
馬伝染性子宮炎	馬
馬パラチフス	馬
仮性皮疽	馬
伝染性膿疱性皮膚炎	しか, めん羊, 山羊
ナイロビ羊病	めん羊, 山羊

[†]：家畜の種類名は法規に従った．

伝染性疾病の種類	家畜の種類[†]
羊痘	めん羊
マエディ・ビスナ	めん羊
伝染性無乳症	めん羊, 山羊
流行性羊流産	めん羊
トキソプラズマ病	めん羊, 山羊, 豚, いのしし
疥癬（カイセン）	めん羊
山羊痘	山羊
山羊関節炎・脳脊髄炎	山羊
山羊伝染性胸膜肺炎	山羊
オーエスキー病	豚, いのしし
伝染性胃腸炎	豚, いのしし
豚エンテロウイルス性脳脊髄炎	豚, いのしし
豚繁殖・呼吸障害症候群	豚, いのしし
豚水疱疹	豚, いのしし
豚流行性下痢	豚, いのしし
萎縮性鼻炎	豚, いのしし
豚丹毒	豚, いのしし
豚赤痢	豚, いのしし
鳥インフルエンザ	鶏, あひる, うずら, 七面鳥
低病原性ニューカッスル病	鶏, あひる, うずら, 七面鳥
鶏痘	鶏, うずら
マレック病	鶏, うずら
伝染性気管支炎	鶏
伝染性喉頭気管炎	鶏
伝染性ファブリキウス嚢病	鶏
鶏白血病	鶏
鶏結核病	鶏, あひる, うずら, 七面鳥
鶏マイコプラズマ病	鶏, 七面鳥
ロイコチトゾーン病	鶏
あひる肝炎	あひる
あひるウイルス性腸炎	あひる
兎ウイルス性出血病	兎
兎粘液腫	兎
バロア病	みつばち
チョーク病	みつばち
アカリンダニ症	みつばち
ノゼマ病	みつばち

C2. 動物の福祉基準

動物の愛護及び管理に関する法律（抜）

第一章　総則

（目的）

第一条　この法律は，動物の虐待及び遺棄の防止，動物の適正な取扱いその他動物の健康及び安全の保持等の動物の愛護に関する事項を定めて国民の間に動物を愛護する気風を招来し，生命尊重，友愛及び平和の情操の涵養に資するとともに，動物の管理に関する事項を定めて動物による人の生命，身体及び財産に対する侵害並びに生活環境の保全上の支障を防止し，もつて人と動物の共生する社会の実現を図ることを目的とする．

（基本原則）

第二条　動物が命あるものであることにかんがみ，何人も，動物をみだりに殺し，傷つけ，又は苦しめることのないようにするのみでなく，人と動物の共生に配慮しつつ，その習性を考慮して適正に取り扱うようにしなければならない．

2　何人も，動物を取り扱う場合には，その飼養又は保管の目的の達成に支障を及ぼさない範囲で，適切な給餌及び給水，必要な健康の管理並びにその動物の種類，習性等を考慮した飼養又は保管を行うための環境の確保を行わなければならない．

第三条　（普及啓発）
第四条　（動物愛護週間）

第二章　基本指針等

（基本指針）

第五条　環境大臣は，動物の愛護及び管理に関する施策を総合的に推進するための基本的な指針（以下「基本指針」という．）を定めなければならない．

（動物愛護管理推進計画）

第六条　都道府県は，基本指針に即して，当該都道府県の区域における動物の愛護及び管理に関する施策を推進するための計画（以下「動物愛護管理推進計画」という．）を定めなければならない．

第三章　動物の適正な取扱い

第一節　総則

第七条　（動物の所有者又は占有者の責務等）
第八条　（動物販売業者の責務）
第九条　（地方公共団体の措置）

第二節　第一種動物取扱業者

（第一種動物取扱業の登録）

第十条　動物（哺乳類，鳥類又は爬虫類に属するものに限り，畜産農業に係るもの及び試験研究用又は生物学的製剤の製造の用その他政令で定める用途に供するために飼養し，又は保管しているものを除く．以下この節から第四節までにおいて同じ．）の取扱業（動物の販売（その取次ぎ又は代理を含む．次項，第十二条第一項第六号及び第二十一条の四において同じ．），保管，貸出し，訓練，展示（動物との触れ合いの機会の提供を含む．次項及び第二十四条の二において同じ．）その他政令で定める取扱いを業として行うことをいう．以下この節及び第四十六条第一号において「第一種動物取扱業」という．）を営もうとする者は，当該業を営もうとする事業所の所在地を管轄する都道府県知事（地方自治法（昭和二十二年法律第六十七号）第二百五十二条の十九第一項の指定都市（以下「指定都市」という．）にあつては，その長とする．以下この節から第五節まで（第二十五条第四項を除く．）において同じ．）の登録を受けなければならない．

2　前項の登録を受けようとする者は，次に掲げる事項を記載した申請書に環境省令で定める書類を添えて，これを都道府県知事に提出しなければならない．

第十一条から第二十四条　省略

第三節　第二種動物取扱業者

第四節　周辺の生活環境の保全等に係る措置

第二十五条　都道府県知事は，多数の動物の飼養又は保管に起因した騒音又は悪臭の発生，動物の毛の飛散，多数の昆虫の発生等によつて周辺の生活環境が損なわれている事態として環境省令で定める事態が生じていると認めるときは，当該事態を生じさせている者に対し，期限を定めて，その事態を除去するために必要な措置をとるべきことを勧告することができる．

2　都道府県知事は，前項の規定による勧告を受けた者がその勧告に係る措置をとらなかつた場合において，特に必要があると認めるときは，その者に対し，期限を定めて，その勧告に係る措置をとるべきことを命ずることができる．

3　都道府県知事は，多数の動物の飼養又は保管が適正でないことに起因して動物が衰弱する等の虐待を受けるおそれがある事態として環境省令で定める事態が生じていると認めるときは，当該事態を生じさせている者に対し，期限を定めて，当該事態を改善するために必要な措置をと

るべきことを命じ，又は勧告することができる．
4 都道府県知事は，市町村（特別区を含む．）の長（指定都市の長を除く．）に対し，前三項の規定による勧告又は命令に関し，必要な協力を求めることができる．

第五節 動物による人の生命等に対する侵害を防止するための措置

第六節 動物愛護担当職員

第四章 都道府県等の措置等

　第三十五条 （犬及び猫の引取り）
　第三十六条から第三十九条 省略

第五章 雑則

第六章 罰則

附　則　抄

D. 畜産物関連

D1. 主な動物の乳汁組成

(%)

動物	脂肪	タンパク質		乳糖	灰分	全固形分
		カゼイン	ホエイ			
ウシ	3.7	2.8	0.6	4.8	0.7	12.7
ゼブー	4.7	2.6	0.6	4.9	0.7	13.5
ヤク	6.5	5.8		4.6	0.9	17.3
スイギュウ	7.4	3.2	0.6	4.8	0.8	17.2
ヤギ	4.5	2.5	0.4	4.1	0.8	13.2
ヒツジ	7.4	4.6	0.9	4.8	1.0	19.3
トナカイ	16.9	11.5		2.8	—	33.1
キリン	12.5	4.8	0.8	3.4	0.9	22.9
ヒトコブラクダ	4.5	2.7	0.9	5.0	0.7	13.6
ウマ	1.9	1.3	1.2	6.2	0.5	11.2
ロバ	1.4	1.0	1.0	7.4	0.5	11.7
ブタ	6.8	2.8	2.0	5.5	—	18.8
インドゾウ	11.6	1.9	3.0	4.7	0.7	21.9
クロサイ	0.0	1.1	0.3	6.1	0.3	8.1
イヌ	12.9	5.8	2.1	3.1	1.2	23.5
ネコ	4.8	3.7	3.3	4.8	1.0	—
フェレット	8.0	3.2	2.8	3.8	0.8	23.5
ホッキョクグマ	33.1	7.1	3.8	0.3	1.4	47.6
オットセイ	53.3	4.6	4.3	0.1	0.5	65.4
ウェッデルアザラシ	42.1	11.3	4.5	1.0	—	57.2
バンドウイルカ	33.0	3.9	2.9	1.1	0.7	41.7
シロナガスクジラ	42.3	7.2	3.7	1.3	1.4	57.1
ウサギ	18.3	13.9		2.1	1.8	32.8
モルモット	3.9	6.6	1.5	3.0	0.8	16.4
ゴールデンハムスター	4.9	6.7	2.7	4.9	1.4	22.6
ハイイロリス	24.7	5.0	2.4	3.7	1.0	39.6
ラット	10.3	6.4	2.0	2.6	1.3	21.0
マウス	13.1	7.0	2.0	3.0	1.3	29.3
ハリネズミ	10.1	7.2		2.0	2.3	20.6
ホオヒゲコウモリ	17.9	12.1		3.4	1.6	40.5
ヒト	3.8	0.4	0.6	7.0	0.2	12.4
チンパンジー	3.7	1.2		7.0	0.2	11.9
アカゲザル	4.0	1.1	0.5	7.0	—	15.4
ハリモグラ	19.6	8.4	2.9	2.8	0.8	—
バージニアオポッサム	11.3	8.4		1.6	1.7	23.2
アカカンガルー	3.4	2.3	2.3	6.7	1.4	20.0

乳汁は常乳組成を示す.

D2. 牛品種別の乳汁組成と乳量

品　種	脂　肪 (%)	タンパク質		乳　糖 (%)	灰　分 (%)	全固形分 (%)	乳　量 (kg)/日
		カゼイン (%)	ホエイ (%)				
ホルスタイン	3.8	2.3	0.7	4.5	0.7	12.0	25～35
ホルスタイン（初乳）	5.2	5.9	3.5	3.1	1.0	18.7	—
エアシャー	4.0	2.7	0.6	4.6	0.7	12.7	19～27
ジャージー	5.0	3.1	0.6	4.7	0.8	14.2	19～25
ガーンジー	4.6	2.9	0.6	4.8	0.8	13.7	18～26
ブラウンスイス	3.8	2.7	0.5	4.8	0.7	12.7	21～29
ショートホーン	3.5	3.3		4.7	0.7	12.3	17～25
黒毛和種	6.0	2.6	1.1	4.7	0.8	15.2	—
黒毛和種（初乳）	3.6	3.9	2.5	4.1	0.8	14.9	—

初乳以外は常乳.

D3. 原料乳と乳飲料の規格基準

A. 原料乳の規格基準

生乳の規格に関しては「加工原料乳生産者補給金等暫定措置法施行規則（不足払い法）」と食品衛生法に基づく「乳および乳製品の成分規格等に関する省令（乳等省令）」に定められている．不足払い法では，色沢および組織，風味，比重（15℃で1.028～1.034），アルコール試験（反応の呈しないもの），乳脂肪分（2.8%以上），酸度（乳酸として0.18%以下）と定められている．牛乳，乳製品の規格については乳等省令と公正取引委員会からの「不当景品類及び不当表示防止法」に基づく「公正競争規約」によって適正な品質と表示が確保されている．

B. 乳飲料の規格基準（乳等省令）

a. 成分規格については付録D6を参照
b. 乳飲料の製造及び保存の方法の基準（乳等省令）

ⅰ）牛乳
製造の方法：保持式により摂氏63度で30分間加熱殺菌するか，又はこれと同等以上の殺菌効果を有する方法で加熱殺菌すること．
保存の方法：殺菌後直ちに摂氏10度以下に冷却して保存すること．ただし，常温保存可能品にあっては，この限りではない．常温保存可能品にあっては，常温を超えない温度で保存すること．

ⅱ）特別牛乳
製造の方法：特別牛乳さく取処理業の許可を受けた施設でさく取した生乳を処理して製造すること．殺菌する場合は保持式により摂氏63～65度で30分間加熱殺菌すること．
保存の方法：処理後（殺菌した場合にあっては殺菌後）直ちに摂氏10度以下に冷却して保存すること．

ⅲ）殺菌山羊乳
製造の方法は，牛乳の例によること．また，保存の方法は，殺菌後直ちに摂氏10度以下に冷却して保存すること．

ⅳ）成分調整牛乳，低脂肪牛乳，無脂肪牛乳
製造及び保存の方法は牛乳の例によること

ⅴ）加工乳
製造の方法のうち，殺菌の方法は，牛乳の例によること．また，保存の方法は牛乳の例によること．

ⅵ）乳飲料
製造の方法：原料は殺菌の過程において破壊されるものを除き，摂氏62度で30分間加熱殺菌する方法又はこれと同等以上の殺菌効果を有する方法により殺菌すること．
保存の方法：保存性のある容器に入れ，かつ，摂氏120度で4分間加熱殺菌する方法又はこれと同等以上の殺菌効果を有する方法により加熱殺菌したものを除き，牛乳の例によること．

D4. アイスクリーム類の規格基準

種類	成分規格	製造方法の基準
アイスクリーム	・乳固形分15.0%以上うち乳脂肪分8.0%以上 ・細菌数（標準平板培養法で1g当たり100,000以下，ただし，発酵乳又は乳酸菌飲料を原料として使用したものにあっては，乳酸菌又は酵母以外の細菌の数が100,000以下とする． ・大腸菌群陰性	・アイスクリームの原水は，飲用適の水であること． ・アイスクリームの原料（発酵乳及び乳酸菌飲料を除く．）は，摂氏68度で30分間加熱殺菌するか，又はこれと同等以上の殺菌効果を有する方法で殺菌すること． ・氷結管からアイスクリームを抜き取る場合に，その外部を温めるため使用する水は，飲用適の流水であること． ・アイスクリームを容器包装に分注する場合は分注機械を用い，打栓する場合は打栓機械を用いること． ・アイスクリームの融解水は，これをアイスクリームの原料としないこと．ただし，上記による加熱殺菌をしたものは，この限りでない．
アイスミルク	・乳固形分10.0%以上うち乳脂肪分3.0%以上 ・細菌数（標準平板培養法で1g当たり50,000以下，ただし，発酵乳又は乳酸菌飲料を原料として使用したものにあっては，乳酸菌又は酵母以外の細菌の数が50,000以下とする． ・大腸菌群陰性	・アイスクリームの例によること．
ラクトアイス	・乳固形分3.0%以上 ・細菌数（標準平板培養法で1g当たり50,000以下，ただし，発酵乳又は乳酸菌飲料を原料として使用したものにあっては，乳酸菌又は酵母以外の細菌の数が50,000以下とする． ・大腸菌群陰性	・アイスクリームの例によること．

D5. 発酵乳・乳酸菌飲料の規格基準

種類		成分規格	製造方法の基準
発酵乳		・無脂乳固形分8.0%以上 ・乳酸菌又は酵母数1mL当たり10,000,000以上 ・大腸菌群陰性	・発酵乳の原水は，飲用適の水であること． ・発酵乳の原料（乳酸菌，酵母，発酵乳及び乳酸菌飲料を除く．）は，摂氏62度で30分間加熱殺菌するか，又はこれと同等以上の殺菌効果を有する方法で殺菌すること．
乳酸菌飲料	乳製品	・無脂乳固形分3.0%以上 ・乳酸菌数又は酵母数1mL当たり10,000,000以上．ただし，発酵させた後において，摂氏75度以上で15分間加熱するか，又はこれと同等以上の殺菌効果を有する方法で加熱殺菌したものは，この限りでない． ・大腸菌群陰性	・乳酸菌飲料の原液の製造に使用する原水は，飲用適の水であること． ・乳酸菌飲料の原液の製造に使用する原料（乳酸菌及び酵母を除く．）は，摂氏62度で30分間加熱殺菌するか，又はこれと同等以上の殺菌効果を有する方法で殺菌すること． ・乳酸菌飲料の原液を薄めるのに使用する水等は，使用直前に5分間以上煮沸するか，又はこれと同等以上の効力を有する殺菌操作を施すこと．
	乳等を主原料とする食品	・無脂乳固形分3.0%未満 ・乳酸菌数又は酵母数1mL当たり1,000,000以上 ・大腸菌群陰性	・乳酸菌飲料（無脂乳固形分3.0%以上のもの）の例によること．

D6. 乳等省令における成分規格

区分	項番号	種類	比重 (15℃)	酸度 (%)	乳固形分 (%)	無脂乳固形分 (%)	乳脂肪 (%)	糖分 (%)	水分 (%)	細菌数 (1 mL または 1 g)	大腸菌群	備考
乳	2	生乳	1.028〜1.034	0.18 以下	—	—	—	—	—	—	—	—
	3	牛乳	1.028〜1.034	0.18 以下	—	8.0 以上	3.0 以上	—	—	直接個体鏡検法 400 万以下	陰性	
	4	特別牛乳	1.028〜1.034	0.17 以下	—	8.5 以上	3.3 以上	—	—	標準平板培養法 3 万以下	陰性	
	5	生山羊乳	1.030〜1.034	0.20 以下	—	—	—	—	—	標準平板培養法 400 万以下	—	
	6	殺菌山羊乳	1.030〜1.034	0.20 以下	—	8.0 以上	3.6 以上	—	—	直接個体鏡検法 400 万以下	陰性	
	7	生めん羊乳	—	—	—	—	—	—	—	—	—	
	8	成分調整牛乳	—	0.18 以下	—	8.0 以上	—	—	—	標準平板培養法 5 万以下	陰性	
	9	低脂肪牛乳	1.030〜1.036	0.18 以下	—	8.0 以上	0.5 以上, 1.5 以下	—	—	標準平板培養法 5 万以下	陰性	
	10	無脂肪牛乳	1.032〜1.038	0.18 以下	—	8.0 以上	0.5 未満	—	—	標準平板培養法 5 万以下	陰性	
	11	加工乳	—	0.18 以下	—	8.0 以上	—	—	—	標準平板培養法 10 万以下	陰性	
乳製品	13	クリーム	—	0.20 以下	—	—	18.0 以上	—	—	標準平板培養法 10 万以下	陰性	
	14	バター	—	—	—	—	80.0 以上	—	17 以下	—	—	
	15	バターオイル	—	—	—	—	99.3 以上	—	0.5 以下	—	—	
	17	ナチュラルチーズ	—	—	—	—	—	—	—	—	—	
	18	プロセスチーズ	—	—	40.0 以上	—	—	—	—	—	—	
	19	濃縮ホエイ	—	—	25.0 以上	—	—	—	—	—	—	
	21	アイスクリーム	—	—	15.0 以上	—	8.0 以上	—	—	標準平板培養法 10 万以下	陰性	
	22	アイスミルク	—	—	10.0 以上	—	3.0 以上	—	—	標準平板培養法 5 万以下	陰性	
	23	ラクトアイス	—	—	3.0 以上	—	—	—	—	標準平板培養法 5 万以下	陰性	
	24	濃縮乳	—	—	25.5 以上	—	7.0 以上	—	—	—	—	
	25	脱脂濃縮乳	—	—	25.0 以上	18.5 以上	7.5 以上	—	—	標準平板培養法 10 万以下	陰性	
	26	無糖脱脂れん乳	—	—	—	18.5 以上	—	—	—	標準平板培養法 0	陰性	
	27	加糖れん乳	—	—	28.0 以上	—	8.0 以上	58.0 以下	27.0 以下	標準平板培養法 5 万以下	陰性	
	28	加糖脱脂れん乳	—	—	25.0 以上	25.0 以上	—	58.0 以下	29.0 以下	標準平板培養法 5 万以下	陰性	
	29	全粉乳	—	—	95.0 以上	—	25.0 以上	—	5.0 以下	標準平板培養法 5 万以下	陰性	
	30	脱脂粉乳	—	—	95.0 以上	—	—	—	5.0 以下	標準平板培養法 5 万以下	陰性	
	31	クリームパウダー	—	—	95.0 以上	—	50.0 以上	—	5.0 以下	標準平板培養法 5 万以下	陰性	
	32	ホエイパウダー	—	—	95.0 以上	—	—	—	5.0 以下	標準平板培養法 5 万以下	陰性	
	33	たんぱく質濃縮ホエイパウダー	—	—	95.0 以上	乾燥乳たんぱく質 15.0 以上, 80.0 以下	—	—	5.0 以下	標準平板培養法 5 万以下	陰性	
	34	バターミルクパウダー	—	—	95.0 以上	—	—	—	5.0 以下	標準平板培養法 5 万以下	陰性	糖分は乳糖含む
	35	加糖粉乳	—	—	70.0 以上	—	18.0 以上	25.0 以下	5.0 以下	標準平板培養法 5 万以下	陰性	糖分は乳糖含む
	36	調製粉乳	—	—	50.0 以上	—	—	—	5.0 以下	標準平板培養法 5 万以下	陰性	糖分は乳糖除く
	37	発酵乳	—	—	—	8.0 以上	—	—	—	乳酸菌又は酵母 1000 万以上	陰性	
	38	乳酸菌飲料	—	—	—	3.0 以上	—	—	—	乳酸菌又は酵母 1000 万以上	陰性	
乳主原	39	乳飲料	—	—	—	3.0 未満	—	—	—	乳酸菌又は酵母 100 万以上	陰性	
	40	乳酸菌飲料	—	—	—	—	—	—	—	—	陰性	

ジャージー乳の場合、生乳、牛乳の比重は 1.028〜1.036、酸度は 0.20 以下、特別牛乳の比重は 1.028〜1.036、酸度は 0.19 以下。
標準平板培養法は培養と略す。

D7. 牛肉の部位

①ネック（neck），②かた（chuck），③かたロース（chuck loin），④かたばら（brisket），⑤ヒレ（tender loin），⑥リブロース（rib loin），⑦サーロイン（loin end：short loin），⑧ともばら（beef belly：flank），⑨うちもも（top side），⑩しんたま（thick flank），⑪らんいち（らんぷ）（rump：sirloin butt），⑫そともも（silver side），⑬すね（shank）

D8. 豚肉の部位

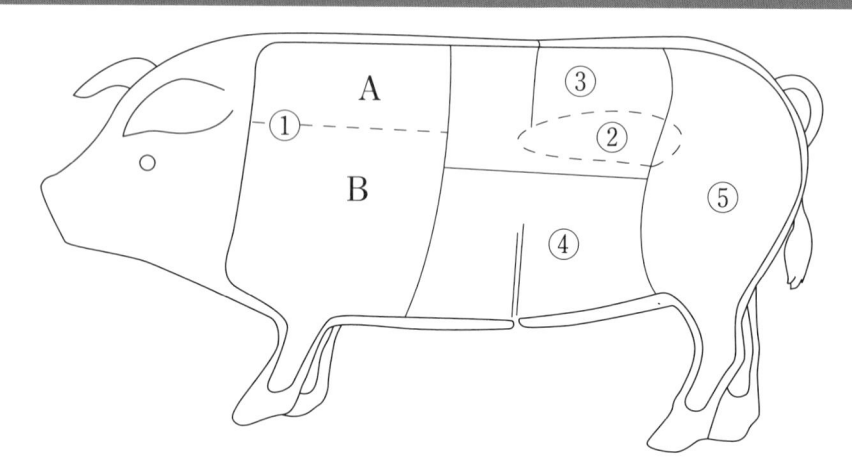

①かた（shoulder）（A：かたロース（Boston butt）＋B：うで（picnic）），②ヒレ（tender loin），③ロース（loin），④ばら（belly），⑤もも（ham）

E. 法規・制度など

E1. 家畜の飼養動向

区分／年		1975	1985	1995	2000	2005	2008	2009	2010	2011	2012	2013
乳用牛	戸数（千戸）	160.1	82.4	44	34	28	24	23	22	21	20	19
	頭数（千頭）	1,787	2,111	1,951	1,764	1,655	1,533	1,500	1,484	1,467	1,449	1,423
	1戸あたり頭数（頭）	11.2	25.6	44.0	52.5	59.7	62.8	64.9	67.8	69.9	72.1	73.4
肉用牛	戸数（千戸）	473.6	298	170	117	90	80	77	74	70	65	61
	頭数（千頭）	1,857	2,587	2,965	2,823	2,747	2,890	2,923	2,891	2,763	2,723	2,642
	1戸あたり頭数（頭）	3.9	8.7	17.5	24.2	30.7	35.9	37.8	38.9	39.7	41.8	43.1
豚	戸数（千戸）	223.4	83.1	19	12	—	7	7	—	6	6	6
	頭数（千頭）	7,684	10,718	10,250	9,806	—	9,745	9,899	—	9,768	9,735	9,685
	1戸あたり頭数（頭）	34.4	129.0	545.2	838.1	—	1,347.9	1,436.7	—	1,625.3	1,667.0	1,738.8
採卵	戸数（戸）	509.8	124.1	7,310	4,890	—	3,300	3,110	—	2,930	2,810	2,650
	成鶏雌羽数（千羽）	116.4	127.6	146,630	140,365	—	142,523	139,910	—	137,352	135,477	133,085
	1戸あたり羽数（羽）	229	1,037	20,059	28,704	—	43,189	44,987	—	46,878	48,212	50,221
ブロイラー	戸数（戸）	11.5	7.0	3,853	3,082	2,652	2,456	2,392	—	—	—	2,420
	羽数（千羽）	87.7	150.2	119,682	108,410	102,277	102,987	107,141	—	—	—	131,624
	1戸あたり羽数（羽）	7,596	21,383	31,100	35,200	38,600	41,900	44,800	—	—	—	54,400

資料：農林水産省「畜産統計」，「食肉流通統計調査結果の概要」，1985年，1995年および2000年は「家畜の飼養動向」

注1：採卵鶏は種鶏を除く.
 2：1985年および2010年は，農林業センサスの調査年のため，豚，採卵鶏の調査は休止.
 3：2010年以降，「食肉流通統計調査結果の概要」におけるブロイラーの飼養戸数・飼養羽数の調査は休止．2013年は「畜産統計」

E2. 畜産物取引規格

(1) 牛枝肉取引規格（抜）

枝肉の状態で，歩留等級（A～C）と肉質等級（5～1）を組み合わせた15段階で表示する．なお，肉質等級は4項目について判定し，その項目別等級のうち，最も低い等級に基づき決定する．

①歩留等級

等級	歩留基準値	歩留
A	72以上	部分肉歩留が標準より良いもの
B	69以上72未満	部分肉歩留の標準のもの
C	69未満	部分肉歩留が標準より劣るもの

②肉質等級

肉質等級		判定項目別の等級区分				
	判定項目	1	2	3	4	5
脂肪交雑	B.M.S.No.	1	2	3, 4	5～7	8～12
肉の色沢	B.C.S.NO.	2～5等級以外劣るもの	1～7	1～6	2～6	3～5
肉の締まり及びきめ	締り	劣る	標準に準ずる	標準	やや良い	かなり良い
	きめ	粗い	標準に準ずる	標準	やや細かい	かなり細かい
脂肪の色沢と質	B.F.S.No.	2～5等級以外劣るもの	1～7	1～6	1～5	1～4
	光沢と質		標準に準ずる	標準	やや良い	かなり良い

資料：公益社団法人　日本食肉格付協会

(2) 豚枝肉取引規格（抜）

等級		極上	上	中	並	等外
重量及び背脂肪の厚さの範囲（半丸）		皮はぎ35kg以上39kg以下，湯はぎ38kg以上42kg以下	皮はぎ32.5kg以上40kg以下，湯はぎ35.5kg以上43kg以下	皮はぎ30kg以上42.5kg以下，湯はぎ33kg以上45.5kg以下	皮はぎ30kg未満42.5kg超過，湯はぎ33kg未満45.5kg超過	(1) 以上の等級のいずれにも該当しないもの (2) 外観又は肉質の特に悪いもの (3) 黄豚又は脂肪の質の特に悪いもの (4) 牡臭その他異臭のあるもの (5) 衛生検査による割除部の多いもの (6) 著しく汚染されているもの
外観	均称	長さ，広さが適当で厚く，もも，ロース，ばら，かたの各部がよく充実して，釣合の特に良いもの	長さ，広さが適当で厚く，もも，ロース，ばら，かたの各部が充実して，釣合の良いもの	長さ，広さ，厚さ，全体の形，各部の釣合において，いずれにも優れたところがなく，また大きな欠点のないもの	全体の形，各部の釣合ともに欠点の多いもの	
	肉づき	厚く，なめらかで肉づきが特に良く，枝肉に対する赤肉の割合が脂肪と骨よりも多いもの	厚く，なめらかで肉づきが良く，枝肉に対する赤肉の割合が，おおむね脂肪と骨よりも多いもの	特に優れたところもなく，赤肉の発達も普通で，大きな欠点のないもの	薄く，付着状態が悪く，赤肉の割合が劣っているもの	
	脂肪付着	背脂肪及び腹部脂肪の付着が適度のもの	背脂肪及び腹部脂肪の付着が適度のもの	背脂肪及び腹部脂肪の付着に大きな欠点のないもの	背脂肪及び腹部脂肪の付着に欠点の認められるもの	
	仕上げ	放血が十分で，疾病などによる損傷がなく，取扱の不適による汚染，損傷などの欠点のないもの	放血が十分で，疾病などによる損傷がなく，取扱の不適による汚染，損傷などの欠点のほとんどないもの	放血普通で，疾病などによる損傷が少なく，取扱の不適による汚染，損傷などの大きな欠点のないもの	放血がやや不十分で，多少の損傷があり，取扱の不適による汚染などの欠点の認められるもの	
肉質	肉の締まり及びきめ	締まりは特に良く，きめが細かいもの	締まりは良く，きめが細かいもの	締まり，きめともに大きな欠点のないもの	締まり，きめともに欠点のあるもの	
	肉の色沢	肉色は，淡灰紅色で，鮮明であり，光沢の良いもの	肉色は，淡灰紅色で又はそれに近く，鮮明で光沢の良いもの	肉色，光沢ともに特に大きな欠点のないもの	肉色は，かなり濃いか又は過度に淡く，光沢の良くないもの	
	脂肪の色沢と質	色白く，光沢があり，締まり，粘りともに特に良いもの	色白く，光沢があり，締まり，粘りともに良いもの	色沢普通のもので，締まり，粘りともに大きな欠点のないもの	やや異色があり，光沢も不十分で，締まり粘りともに十分でないもの	
	脂肪の沈着	適度のもの	適度のもの	普通のもの	過少か又は過多のもの	

資料：公益社団法人　日本食肉格付協会

(3) 鶏卵の取引規格（抜）

(a) 箱詰鶏卵規格

1 種類は，次の基準によりLL，L，M，MS，S及びSSとする．

種類	基準
LL	包装中の鶏卵1個の重量が70グラム以上，76グラム未満であるもの
L	包装中の鶏卵1個の重量が64グラム以上，70グラム未満であるもの
M	包装中の鶏卵1個の重量が58グラム以上，64グラム未満であるもの
MS	包装中の鶏卵1個の重量が52グラム以上，58グラム未満であるもの
S	包装中の鶏卵1個の重量が46グラム以上，52グラム未満であるもの
SS	包装中の鶏卵1個の重量が40グラム以上，46グラム未満であるもの

2 等級は，種類ごとに次の基準により特級，1級，2級とする．

		特級	1級	2級
等級及び品質		包装中に特級の品質の鶏卵が個数で80％以上あり，かつ，それ以外は1級品質の鶏卵であるもの	包装中の鶏卵がすべて1級の品質以上であるもの	包装中の鶏卵がすべて2級の品質以上であるもの
容器材質	正味重量	10キログラム		
	外装	外箱は，ダンボール製とし，その丈夫さがJIS一種破裂度8.8以上であり，かつ新箱であるか又は清潔で外形美を失わないもの．		
	内装	卵座式であり，清潔で弾力性があり，かつ，強いもの		
容器寸法	外側の長さ / 種類	縦 (cm)	横 (cm)	高さ (cm)
	4A型	50.0	25.0	27.0
	4B型	46.0	30.0	23.0
	3型	49.0	30.5	21.5

(備考) (ア) 容器の外装は，古箱を使用する場合は，出荷者固有の商標入りのものとする．

(イ) 内装の項で，卵座式とは，フラット又はトレイをいう．

(注) (1) 鶏卵の個体の品質の区分は，外観検査，透光検査，又は割卵検査した場合の鶏卵の各部分の状態によって，次のように特級，1級，2級及び級外に区分する．この場合の検卵方法は，通常外観検査及び透光検査によるものとし，割卵検査は，透光検査によっては判断し難い場合に行うものとする．

事項 \ 等級		特級（生食用）	1級（生食用）	2級（加熱加工用）	級外（食用不適）
外観検査及び透視検査した場合	卵殻	卵円形，ち密できめ細かく，色調が正常なもの 清浄，無傷正常なもの	いびつ，粗雑，退色などわずかに異常のあるもの 軽度汚卵，無傷なもの	奇形卵 著しく粗雑なもの 軟卵 重度汚卵，液漏れのない破卵	カビ卵 液漏れのある破卵 悪臭のあるもの
透光検査した場合	卵黄	中心に位置し，輪郭はわずかに見られ，扁平になっていないもの	中心をわずかにはずれるもの 輪郭は明瞭であるもの やや扁平になっているもの	相当中心をはずれるもの 扁平かつ拡大したもの 物理的理由によりみだれたもの	腐敗卵 孵化中止卵 血玉卵 みだれ卵 異物混入卵
	卵白	透明で軟弱でないもの	透明であるが，やや軟弱なもの	軟弱で液状を呈するもの	
	気室	深さが4ミリメートル以下でほとんど一定しているもの	深さが8ミリメートル以下で若干移動するもの	深さが8ミリメートルを超えるもので大きく移動するもの	
割卵検査した場合	拡散面積	小さなもの	普通のもの	かなり広いもの	
	卵黄	円く盛り上がっているもの	やや扁平なもの	扁平で卵黄膜の軟弱なもの	
	濃厚卵白	大量を占め，盛り上がり，卵黄をよく囲んでいるもの	少量で，扁平になり，卵黄を充分に囲んでいないもの	ほとんどないもの	
	水様卵白	小量のもの	普通量のもの	大量を占めるもの	

(備考)（ア）1級の軽度汚卵は，汚卵（ふん便，血液，卵内容物，羽毛等で汚染されているもの．）で，洗浄後汚れが残らないもの又は汚れの痕跡にとどまるもの．

（イ）2級の軟卵は，卵殻膜は健全であり，かつ，卵殻が欠損し，又は希薄であるもの．

（ウ）2級の重度汚卵は，洗浄しても汚れの残る汚卵．

（エ）2級の破卵は，①：透光検査で発見されるひびのあるもの．
　　　　　　　　　②：卵殻は破れているが卵殻膜は正常のもの．
　　　　　　　　　③：卵殻及び卵殻膜が破れているもの．

（オ）級外の破卵は，卵殻膜が破れ液漏れしているもの．

（カ）級外の血玉卵は，肉眼により明らかに多量の血液の混入が確認できるもの．（例えば，血塊混入・血液拡散がみられるもの．）ただし，米粒程度のものは，血斑卵であり，級外の血玉卵とは異なる．

（キ）級外のみだれ卵は，卵黄が潰れているもの．ただし，物理的理由によるものは除く．

（ク）透光検査については，有色卵は白玉卵に比較し内容物の確認が一層困難であることから，検卵機通過速度を緩め検卵精度を上げる等の措置を行うものとする．

（ケ）等級の区分については，気室に関する事項を除いては，その判定基準は標準品の設定等により，検卵者の見方の統一を図り，格付けの公正を期するものとする．

（コ）気室の深さについては，実際にその深さを測定することは困難であるので，検卵者の目測によるものとし，その訓練を行うものとする．また，気室は，まま横にある場合もあるので，その場合は正常の位置の場合に準じて判定するものとする．

（サ）血玉卵，異物混入卵等は，透光検査でなければ判定できない．したがって，格付けに当たっては必ず透光検査を実施するのが適当である．

(2) 格付け標準は，消費地における荷受時の品質判定基準になっているので，格付けする場合は，輸送の距離及び時間などによる品質の低下を考慮に入れて格付けするものとする．

(3) 卵殻の表面に日付け等を印刷又は貼付してあるもの及びコーティング処理を施したものについては，規格格付けの対象としない．

(b) 加工卵規格

事項		区分	凍結全卵	凍結卵黄	凍結卵白
品質		卵固形分（パーセント）	24以上	43以上	11以上
		粗脂肪（パーセント）	10以上	28以上	0.1以下
		粗蛋白質（パーセント）	11以上	14以上	10以上
		pH	7.2〜7.8	6.1〜6.4	8.5〜9.2
		風味	正常	正常	正常
		細菌数（1グラム中）	5,000以下	5,000以下	5,000以下
		大腸菌群	陰性	陰性	陰性
		サルモネラ属細菌及びその他の病原菌	陰性	陰性	陰性
		添加物	なし	なし	なし
容器		材質	金属等衛生的であり，かつ流通過程において破損し，又は凍結卵の商品価値を低下させるおそれのないもの		
	寸法	外側の長さ / 種類	縦（cm）	横（cm）	高さ（cm）
		8型	23.8	23.8	17.3
		10型	23.8	23.8	23.0
		12.5型	16.4	22.9	37.0
		16型	23.8	23.8	35.0

（備考）凍結卵の品質の測定は，次の方法による．

　　試料：容器1個から100グラムを採取する．

　　測定方法

　　　固形物：混砂法（105℃±1℃）による．

　　　粗脂肪：A.O.A.C法（塩酸分解）又は単分子膜法による．

　　　粗蛋白質：ケルダール法により測定された全窒素含有量に6.25を乗ずる．

　　　pH：ガラス電極pHメータによる．

　　　細菌数：平板培養法による．

　　　サルモネラ属細菌：サルモネラ属菌試験法による．（試料は，容器1個から25グラムを採取する．）

(4) 食鶏取引規格（抜）

定義

(1) この取引規格において,「食鶏」とは食用に供する健康鶏又はその部分をいい,「生体」とは生きている食鶏をいい,「と体」とは食鶏を放血・脱羽したものをいい,「中ぬき」とはと体から内臓（腎臓を除く.），総排泄腔，気管及び食道を除去したものをいい,「解体品」とはと体又は中ぬきから分割又は採取したもの（胸腺，甲状腺及び尾腺を除去したものに限る.）をいう．ただし，中ぬきについては，尾部の有無は任意とする．

(2) この取引規格において,「生鮮品」とは鮮度が良く凍結していないと体，中ぬき及び解体品（輸送中の鮮度保持のために表面のみが氷結状態になっているものを含む.）をいい,「凍結品」とは生鮮品を速やかに凍結し，その中心温度をマイナス15度C以下に下げ，以後平均品温をマイナス18度C以下に保持するように凍結貯蔵したものをいう．

(3) この取引規格において「若どり」とは3か月齢未満の食鶏をいい,「肥育鶏」とは3か月齢以上5か月齢未満の食鶏をいい,「親めす」とは5か月齢以上の食鶏の雌をいい「親おす」とは5か月齢以上の食鶏の雄をいう．

(4) 親めすに係る生体，と体及び中ぬきについては，それぞれ「卵用種」及び「肉用種」に区分する．

(5) この取引規格において,「骨つき肉」とは解体品で骨つきのものをいい,「正肉類」とは解体品で骨を除去した皮つきのもの（「ささみ」,「こにく」及び「あぶら」を除く.）をいう．

(6) この取引規格において,「主品目」とは解体品のうち骨つき肉及び正肉類をいい,「副品目」とは主品目以外のもので「二次品目」を除いたものをいい,「二次品目」とは主品目又は副品目を分割し，ぶつ切りし，細切りし，挽き，又は骨肉分離機で分離したものをいう．

格付要件

食鶏の品質基準は，若どりの生体，と体及び中ぬきについて定め，その格付けに際しては，そのものが品質標準表の全項目を満足することを要件とする．

処理加工要件

(1) 生体については，と殺直前の消化器官内の残留物を僅少にしなければならない．

(2) と体については，放血及び脱羽を十分に行わなければならない．また，脱羽のための湯漬けは，と体の皮膚及び肉が生鮮状態を保持しうる温度及び時間の範囲内で行わなければならない．

(3) 中ぬき及び解体品については，処理加工及び冷却の過程で吸着した水分を十分に排除しなければならない．

E3. 飼料需給の推移

(1) 飼料需給表

(単位：TDN 千 t)

区分				1965年度	1970	1971	1972	1973	1974	1975	1976	1977	1978	1979	1980	1981	1982	1983	1984	1985	1986	1987	1988	1989	1990	1991
需要量			A	13,359	18,395	18,740	20,253	20,549	20,026	19,867	21,402	22,782	24,114	25,529	25,107	24,899	25,491	26,271	26,476	27,596	28,148	28,707	28,732	28,623	28,517	28,572
供給量（消費量）	国内産	粗飼料	B	4,519	4,656	4,625	4,737	4,538	4,784	4,793	4,815	4,879	5,181	5,175	5,118	5,168	5,441	5,192	5,130	5,278	5,352	5,313	5,161	5,197	5,310	5,073
		濃厚飼料 国産原料	C	2,771	2,297	3,323	3,153	2,605	2,077	2,060	1,944	1,844	1,792	1,888	1,965	2,283	2,694	2,570	2,185	2,310	2,280	2,241	2,290	2,223	2,187	2,268
		濃厚飼料 輸入原料	D	1,136	2,176	2,287	2,475	2,358	2,526	2,639	2,690	2,805	3,102	3,181	3,038	3,180	3,217	3,312	3,330	3,454	3,451	3,492	3,547	3,580	3,509	3,309
		小計	E	3,907	4,473	5,610	5,628	4,963	4,603	4,699	4,634	4,649	4,894	5,069	5,003	5,463	5,911	5,882	5,515	5,764	5,731	5,733	5,837	5,803	5,696	5,577
		計 (B＋E)	F	8,426	9,129	10,235	10,365	9,501	9,387	9,492	9,449	9,528	10,075	10,244	10,121	10,631	11,352	11,074	10,645	11,042	11,083	11,046	10,998	11,000	11,006	10,650
	輸入	粗飼料	G	—	—	—	—	—	—	—	—	—	—	—	—	—	—	—	—	430	608	655	847	853	932	1,088
		濃厚飼料	H	—	—	—	—	—	—	—	—	—	—	—	—	—	—	—	—	—	—	—	—	—	—	—
		小計	I	4,932	9,266	8,506	9,888	11,048	10,639	10,375	11,952	13,255	14,039	15,285	14,986	14,268	14,139	15,197	15,831	16,124	16,457	17,006	16,887	16,770	16,579	16,834
	供給計	粗飼料 (B＋G)	J	4,519	4,656	4,625	4,737	4,538	4,784	4,793	4,815	4,879	5,181	5,175	5,118	5,168	5,441	5,192	5,130	5,708	5,960	5,968	6,008	6,050	6,242	6,161
		濃厚飼料 (E＋H)	K	8,839	13,739	14,116	15,516	16,011	15,242	15,074	16,586	17,904	18,933	20,354	19,989	19,731	20,050	21,079	21,346	21,888	22,188	22,739	22,724	22,573	22,275	22,411
		合計	A	13,358	18,395	18,741	20,253	20,549	20,026	19,867	21,401	22,783	24,114	25,529	25,107	24,899	25,491	26,271	26,476	27,596	28,148	28,707	28,732	28,623	28,517	28,572

飼料自給率

(単位：%)

	1965年度	1970	1971	1972	1973	1974	1975	1976	1977	1978	1979	1980	1981	1982	1983	1984	1985	1986	1987	1988	1989	1990	1991
純国内産飼料自給率 (B＋C)/A × 100	55	38	42	39	35	34	34	32	30	29	28	28	30	32	30	28	27	27	26	26	26	26	26
純国内産粗飼料自給率 B/J × 100	—	—	—	—	—	—	—	—	—	—	—	—	—	—	—	—	92	90	89	86	86	85	82
純国内産濃厚飼料自給率 C/K × 100	31	17	24	20	16	14	14	12	10	9	9	10	12	13	12	10	11	10	10	10	10	10	10

(つづく)

(つづき)

区分				1992	1993	1994	1995	1996	1997	1998	1999	2000	2001	2002	2003	2004	2005	2006	2007	2008	2009	2010	2011	2012	2013	2014(概算)
需要量			A	28,476	28,241	27,550	27,098	26,600	26,496	26,173	26,003	25,481	25,373	25,713	25,491	25,107	25,164	25,249	25,316	24,930	25,640	25,204	24,753	24,172	23,955	23,711
供給量（消費量）	国内産	粗飼料	B	5,056	4,527	4,705	4,733	4,529	4,518	4,453	4,290	4,491	4,350	4,394	4,073	4,194	4,197	4,229	4,305	4,356	4,188	4,164	4,080	3,980	3,864	3,888
		濃厚飼料 国産原料	C	2,206	2,150	2,196	2,239	2,227	2,152	2,104	2,039	2,179	1,995	1,948	1,897	2,182	2,214	1,967	2,120	2,090	2,155	2,122	2,358	2,206	2,281	2,544
		濃厚飼料 輸入原料	D	3,324	3,374	3,591	3,558	3,669	3,638	3,766	3,982	3,757	3,894	4,087	4,164	3,928	3,842	3,960	3,503	3,680	3,713	3,672	3,578	3,281	3,405	3,541
		小計	E	5,530	5,524	5,787	5,797	5,896	5,790	5,870	6,021	5,936	5,889	6,035	6,061	6,110	6,056	5,927	5,623	5,770	5,868	5,794	5,935	5,487	5,686	6,085
		計 (B+E) =	F	10,586	10,051	10,492	10,530	10,425	10,308	10,323	10,311	10,427	10,239	10,429	10,134	10,304	10,253	10,156	9,928	10,126	10,056	9,958	10,015	9,467	9,550	9,973
	輸入	粗飼料	G	1,074	1,240	1,134	1,179	1,282	1,243	1,256	1,305	1,265	1,223	1,269	1,314	1,371	1,288	1,271	1,241	1,180	1,205	1,205	1,188	1,246	1,139	1,074
		濃厚飼料	H	16,816	16,950	15,924	15,389	14,893	14,945	14,594	14,387	13,789	13,911	14,015	14,043	13,432	13,623	13,822	14,147	13,623	14,379	14,041	13,550	13,459	13,266	12,664
		小計	I	17,890	18,190	17,058	16,568	16,175	16,188	15,850	15,692	15,054	15,134	15,284	15,357	14,803	14,911	15,093	15,388	14,803	15,584	15,246	14,738	14,705	14,405	13,738
	供給計	粗飼料 (B+G) =	J	6,130	5,767	5,839	5,912	5,811	5,761	5,709	5,595	5,756	5,573	5,663	5,387	5,565	5,485	5,500	5,546	5,536	5,393	5,369	5,268	5,225	5,003	4,962
		濃厚飼料 (E+H) =	K	22,346	22,474	21,711	21,186	20,789	20,735	20,464	20,408	19,725	19,800	20,050	20,104	19,542	19,678	19,749	19,770	19,393	20,247	19,835	19,485	18,946	18,952	18,748
		合計	A	28,476	28,241	27,550	27,098	26,600	26,496	26,173	26,003	25,481	25,373	25,713	25,491	25,107	25,163	25,249	25,316	24,930	25,640	25,204	24,753	24,172	23,955	23,711

飼料自給率

	1992	1993	1994	1995	1996	1997	1998	1999	2000	2001	2002	2003	2004	2005	2006	2007	2008	2009	2010	2011	2012	2013	2014
純国内産飼料自給率 (B+C)/A×100	26	24	25	26	25	25	25	24	26	25	25	23	25	25	25	25	26	25	25	26	26	26	27
純国内産粗飼料自給率 B/J×100	82	78	81	80	78	78	78	77	78	78	78	76	75	77	77	78	79	78	78	77	76	77	78
純国内産濃厚飼料自給率 C/K×100	10	10	10	11	11	10	10	10	11	10	10	9	11	11	10	11	11	11	11	12	12	12	14

(資料) 農林水産省生産局畜産部畜産振興課

(注) 1. TDN (可消化養分総量) とは、エネルギー含量を示す単位であり、飼料の実量とは異なる。
2. 供給量の国内産の濃厚飼料のうち「国産原料」とは、国内産に由来する濃厚飼料 (国内産飼料用小麦・大麦等) であり、輸入食料原料から発生した副産物 (輸入大豆から搾油した後発生する大豆油かす等) を除いたものである。
3. 1984年度までの輸入は、すべて濃厚飼料とみなしている。

(2) 飼料作物の作付面積および収穫量

		1970年	1990年	2000年	2005年	2010年	2011年	2012年	2013年	2014年	2015年
作付面積 (千ha)	全国	665.9	1,046.0	934.7	905.8	911.4	933.0	931.6	915.1	924.3	975.2
	北海道	366.4	613.4	613.2	603.3	601.1	600.8	598.7	596.5	592.7	594.9
	都府県	299.5	432.1	321.5	320.5	310.3	332.2	332.8	318.6	331.6	380.3
	作物別 牧草	472.6	837.2	809.2	782.4	759.1	755.1	750.8	745.5	737.8	737.6
	青刈りトウモロコシ, ソルガム	76.8	162.2	120.7	105.4	110.1	109.8	109.0	109.0	108.8	107.6
haあたり収量（トン）		36.7	43.1	41.7	40.1	38.2	37.5	36.4	35.9	36.3	37.4
飼料作物収穫量（千TDNトン）		2434	4485	3928	3693	3625	3527	3532	3431	3522	3803

農林水産省「作物統計」「耕地及び作付面積統計」より作成

(3) 自給飼料生産コストと購入飼料価格の推移

(単位：円/TDN kg, 円/ドル)

区分／年		1990年	2000年	2005年	2010年	2011年	2012年	2013年	2014年
自給飼料生産費用価									
乾牧草	全国	76	62	57	59	60	55	61	66
	北海道	75	60	58	60	60	53	57	62
	都府県	83	60	54	57	59	60	74	76
サイレージ	全国	76	65	64	66	68	63	64	68
	北海道	65	67	61	62	63	61	61	64
	都府県	94	74	77	80	91	74	78	85
輸入粗飼料価格									
ヘイキューブ		91	77	90	87	96	106	108	131
乾牧草		119	70	73	86	97	109	103	109
稲わら		135	98	113	92	94	99	108	120
配合飼料価格		74	63	66	72	75	77	83	84
為替レート		145	110	113	88	80	80	98	106

資料：「自給飼料生産費用価」「配合飼料価格」は，農林水産省「牛乳生産費調査」「日本標準飼料成分表」から算出
「輸入粗飼料価格」は，農家段階の価格で生産局畜産部調べ
「為替レート」は，東京外国為替市場・銀行間直物取引の中心レート平均

注1：「自給飼料生産費用価」は，飼料生産にかかった材料費（種子，肥料等），固定材費（建物，農機具）などの合計．
2：「物材費ベース」は，「自給飼料生産費用価」から牧草等の飼料作物の生産に要した労働費を除いたもの．
3：「自給飼料生産費用価」および「輸入粗飼料価格」は1 TDNあたりに換算した．

(4) トウモロコシのシカゴ相場の推移

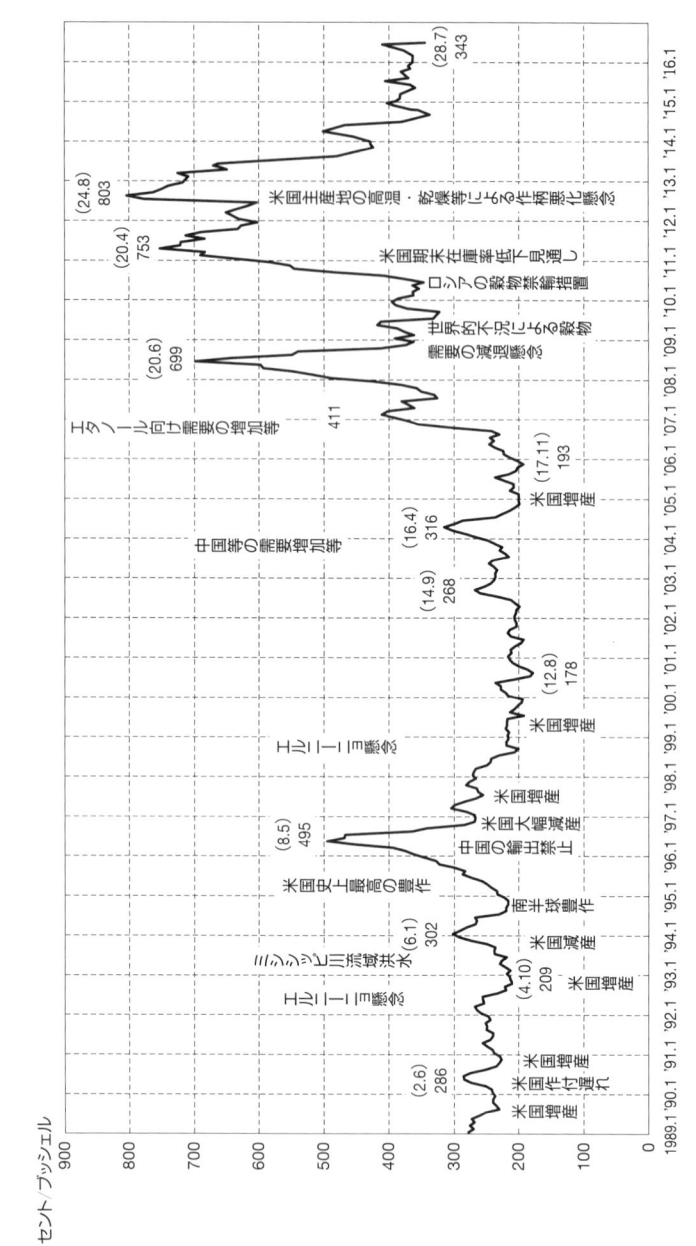

セント/ブッシェル

E4. 畜産経営の収益性の推移

(1) 肉用牛経営の収益性の推移

(単位：円)

区分／年度		1995年度	2005年度	2010年度	2011年度	2012年度	2013年度	2014年度
繁殖農家	繁殖雌牛1頭あたり所得	170,892	241,187	49,711	48,663	60,614	22,244	183,446
	1日あたり家族労働報酬	5,915	10,899	―				
肥育農家 去勢若齢	肥育牛1頭あたり所得	137,398	170,001	41,596	▲20,081	3,871	45,122	99,854
	1日あたり家族労働報酬	13,124	25,412	4,831				
肥育農家 交雑種	肥育牛1頭あたり所得	―	117,711	30,544	▲96,327	▲96,750	▲31,212	▲7,407
	1日あたり家族労働報酬	―	31,493	5,184				
肥育農家 乳用種雄	肥育牛1頭あたり所得	59,196	65,056	▲30,752	▲75,168	▲80,693	▲54,100	▲41,046
	1日あたり家族労働報酬	15,273	29,047	―				

資料：農林水産省「畜産物生産費調査」

注1：所得には，肉用子牛生産者補給金，肉用牛肥育経営安定対策事業，配合飼料価格安定制度等の補塡金は含まない．
 2：2009年度以降の数値は，税制改正における減価償却計算の見直しを踏まえて算出．
 3：肥育農家のうち交雑種については，1995年度は調査していない．

(2) 酪農経営の収益性の推移

(単位：円)

区分／年度	1995年度	2005年度	2010年度	2011年度	2012年度	2013年度	2014年度
搾乳牛1頭あたり所得	255,158	195,791	175,880	170,604	183,019	178,665	224,342
1日あたり家族労働報酬	14,585	12,398	12,130	12,051	13,208	13,026	17,141

資料：農林水産省「畜産物生産費調査」

注1：所得には，配合飼料価格安定制度の補塡金は含まない．
 2：2009年度以降の数値は，税制改正における減価償却計算の見直しを踏まえて算出．

(3) 養豚経営の収益性の推移

(単位：円)

区分／年度	1995年度	2005年度	2010年度	2011年度	2012年度	2013年度	2014年度
肥育豚1頭あたり所得	6,249	6,304	4,913	2,330	1,003	3,159	9,024
1日あたり家族労働報酬	13,737	17,798	15,827	6,196	1,190	―	―

資料：農林水産省「畜産物生産費調査」

注1：所得には，配合飼料価格安定制度の補塡金は含まない．
 2：2009年度以降の数値は，税制改正における減価償却計算の見直しを踏まえて算出．

E5. 畜産物卸売価格の推移

(1) 牛枝肉卸売価格の推移

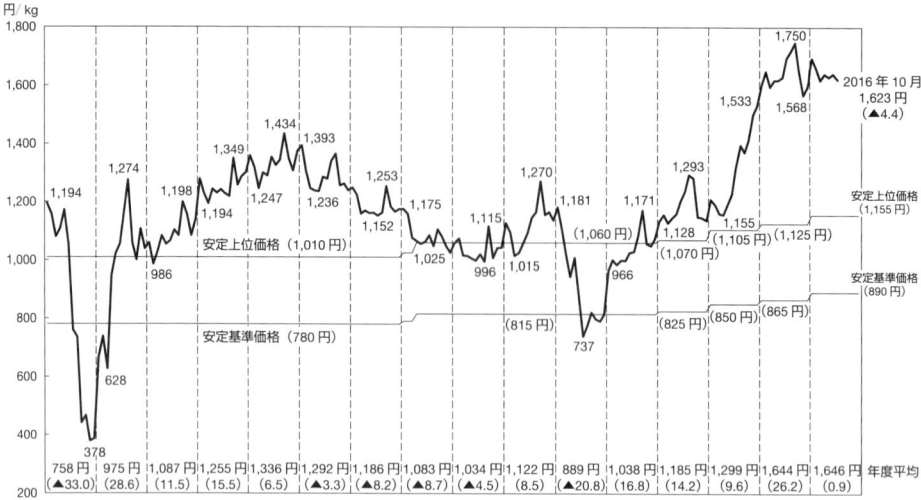

円/kg

年度	価格	(対前年度騰落率)
2001年度	758円	(▲33.0)
'02年度	975円	(28.6)
'03年度	1,087円	(11.5)
'04年度	1,255円	(15.5)
'05年度	1,336円	(6.5)
'06年度	1,292円	(▲3.3)
'07年度	1,186円	(▲8.2)
'08年度	1,083円	(▲8.7)
'09年度	1,034円	(▲4.5)
'10年度	1,122円	(8.5)
'11年度	889円	(▲20.8)
'12年度	1,038円	(16.8)
'13年度	1,185円	(14.2)
'14年度	1,299円	(9.6)
'15年度	1,644円	(26.2)
'16年度	1,646円	(0.9)

2016年10月 1,623円 (▲4.4)

安定上位価格: (1,010円) → (1,060円) → (1,070円) → (1,105円) → (1,125円) → (1,155円)
安定基準価格: (780円) → (815円) → (825円) → (850円) → (865円) → (890円)

資料：農林水産省「畜産物流通統計」
注1：価格は東京および大阪の中央卸売市場における去勢和牛・乳用肥育去勢牛などの「B2・B3」規格の加重平均値（省令価格）
注2：（ ）内は対前年度騰落率
注3：2015年10月分は速報値

(2) 豚枝肉卸売価格の推移

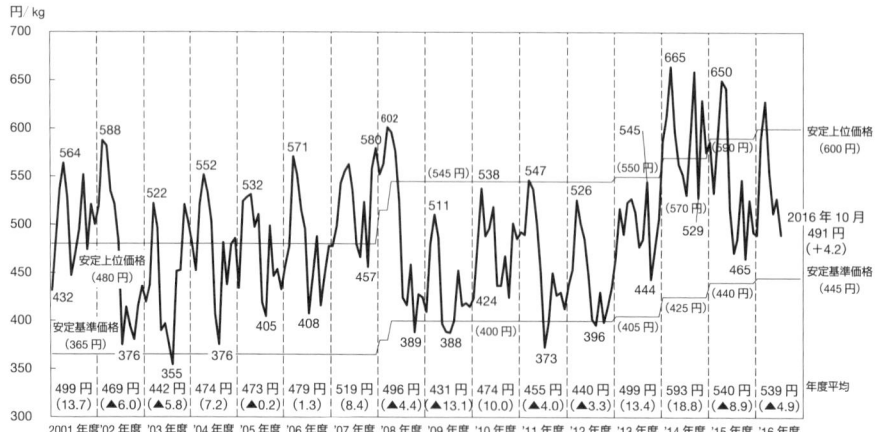

円/kg

年度	価格	(対前年度騰落率)
2001年度	499円	(13.7)
'02年度	469円	(▲6.0)
'03年度	442円	(▲5.8)
'04年度	474円	(7.2)
'05年度	473円	(▲0.2)
'06年度	479円	(1.3)
'07年度	519円	(8.4)
'08年度	496円	(▲4.4)
'09年度	431円	(▲13.1)
'10年度	474円	(10.0)
'11年度	455円	(▲4.0)
'12年度	440円	(▲3.3)
'13年度	499円	(13.4)
'14年度	593円	(18.8)
'15年度	540円	(▲8.9)
'16年度	539円	(▲4.9)

2016年10月 491円 (+4.2)

安定上位価格: (480円) → (545円) → (550円) → (570円) → (590円) → (600円)
安定基準価格: (365円) → (400円) → (405円) → (425円) → (440円) → (445円)

資料：農林水産省「畜産物流通統計」
注1：価格は東京および大阪の中央卸売市場における「極上・上」規格の加重平均値（省令価格）
注2：（ ）内は対前年度騰落率
注3：2015年10月分は速報値

(3) ブロイラー卸価格の推移

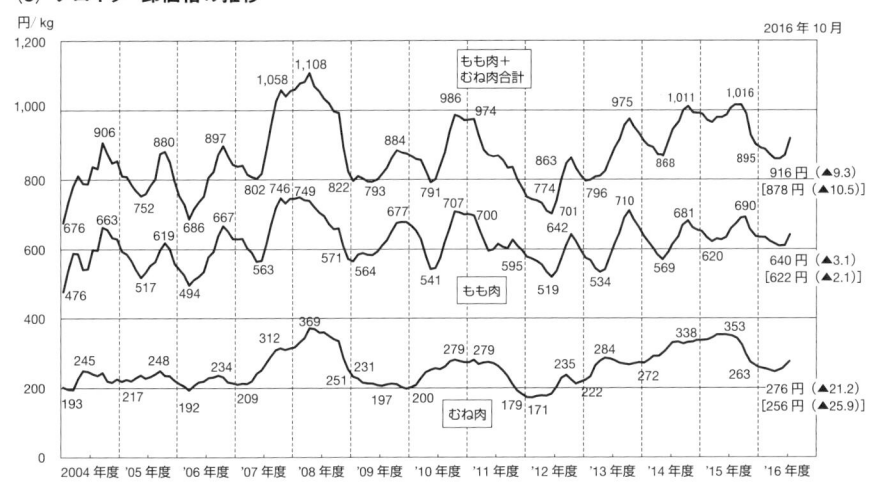

円/kg　　2016年10月

もも肉＋むね肉合計：916円（▲9.3）［878円（▲10.5）］
もも肉：640円（▲3.1）［622円（▲2.1）］
むね肉：276円（▲21.2）［256円（▲25.9）］

もも肉＋むね肉合計の主な値：676, 906, 880, 897, 1,058, 1,108, 986, 974, 884, 863, 774, 796, 975, 1,011, 1,016, 895

もも肉の主な値：476, 663, 752, 619, 686, 667, 802, 746, 749, 822, 793, 791, 707, 677, 700, 541, 571, 564, 595, 519, 642, 701, 534, 710, 569, 681, 620, 690

むね肉の主な値：193, 245, 217, 248, 192, 234, 209, 312, 369, 251, 231, 197, 200, 279, 279, 235, 179, 171, 222, 284, 272, 338, 353, 263

資料：農林水産省「食鳥市況情報（東京）」
注1：（ ）内は対前年同月比
注2：もも肉＋むね肉合計は，もも肉1kg卸売価格とむね肉1kg卸売価格の単純合計

(4) 鶏卵卸売価格（標準取引価格）の推移

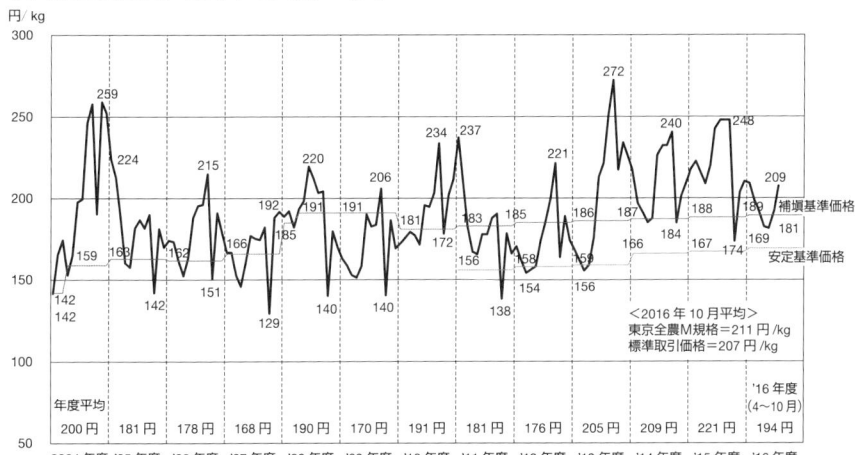

円/kg

＜2016年10月平均＞
東京全農M規格＝211円/kg
標準取引価格＝207円/kg

補塡基準価格
安定基準価格

年度平均：
2004年度 200円
'05年度 181円
'06年度 178円
'07年度 168円
'08年度 190円
'09年度 170円
'10年度 191円
'11年度 181円
'12年度 176円
'13年度 205円
'14年度 209円
'15年度 221円
'16年度（4〜10月）194円

資料：JA全農調べ
注：標準取引価格は，東京・大阪の規格卵の加重平均である．

E6. 畜産物自給率の推移

(単位：%)

区分／年度	1975	1985	1995	2000	2005	2008	2009	2010	2011	2012(概算)
牛乳・乳製品	81	85	72	68	68	70	71	67	65	65
肉類（計）	77	81	57	52	54	56	57	56	54	55
牛肉	81	72	39	34	43	44	43	42	40	42
豚肉	86	86	62	57	50	52	55	53	52	53
鶏肉	97	92	69	64	67	70	70	68	66	66
鶏卵	97	98	96	95	94	96	96	96	95	95

資料：農林水産省「食料需給表」

E7. 畜産物需給の推移

(単位：千t，%)

区分／年		1975	1985	1995	2000	2005	2008	2009	2010	2011	2012(概算)
牛乳・乳製品	需要量	6,160	8,785	11,800	12,309	12,144	11,315	11,114	11,366	11,627	11,790
	生産量	5,006	7,436	8,467	8,415	8,293	7,945	7,881	7,631	7,534	7,608
	牛乳等向け	3,179	4,307	5,152	5,003	4,739	4,415	4,219	4,110	4,083	4,011
	乳製品向け	1,709	3,015	3,186	3,307	3,472	3,451	3,587	3,451	3,387	3,538
	自家消費	118	114	129	104	82	80	76	70	64	59
	輸出量	0	0	4	13	8	19	26	24	8	9
	輸入量	1,016	1,579	3,286	3,952	3,836	3,503	3,491	3,528	4,025	4,191
牛肉	需要量	426	781	1,531	1,576	1,151	1,189	1,194	1,242	1,241	1,235
	生産量	335	556	590	521	497	518	516	512	505	514
	輸出量	0	0	0	0	0	0	1	1	1	1
	輸入量	91	225	941	1,055	654	671	679	731	737	722
豚肉	需要量	1,231	1,831	2,071	2,208	2,540	2,464	2,349	2,419	2,475	2,435
	生産量	1,023	1,559	1,299	1,256	1,242	1,260	1,318	1,277	1,278	1,295
	輸出量	0	0	0	0	0	3	3	1	1	1
	輸入量	208	272	772	952	1,298	1,207	1,034	1,143	1,198	1,141
鶏肉	需要量	784	1,466	1,830	1,878	1,970	2,031	1,957	2,080	2,137	2,186
	生産量	759	1,354	1,252	1,195	1,293	1,395	1,413	1,417	1,378	1,457
	輸出量	3	3	3	3	2	7	9	11	4	7
	輸入量	28	115	581	686	679	643	553	674	763	736
合計	需要量	2,441	4,078	5,432	5,662	5,661	5,684	5,500	5,741	5,853	5,900
	生産量	2,117	3,469	3,141	2,972	3,032	3,173	3,247	3,206	3,161	3,273
	輸出量	3	3	3	3	2	10	13	13	6	9
	輸入量	327	612	2,294	2,693	2,631	2,521	2,266	2,548	2,698	2,636
鶏卵	需要量	1,862	2,199	2,659	2,656	2,619	2,646	2,608	2,619	2,621	2,629
	生産量	1,807	2,160	2,549	2,535	2,469	2,535	2,508	2,506	2,483	2,507
	輸出量	0	0	0	0	0	1	1	1	0	1
	輸入量	55	39	110	121	151	112	101	114	138	123

資料：農林水産省「牛乳乳製品統計」「食料需給表」

注1：牛乳等向け，乳製品向けは，2003年度以降新しい調査定義に基づいており，2002年度以前の数値とは接続しない。
　2：牛肉，豚肉は枝肉ベース，鶏肉は骨付きベースに換算，鶏卵の輸出入量は殻付きベース。
　3：牛肉には煮沸肉，鶏肉には七面鳥，その他の家禽肉を含む。
　4：需要量は生産量－輸出量＋輸入量

E8. 畜産物の小売価格の国際比較

(1) 牛肉（ロース：100 g）

調査年次	東京	換算価格（円）						価格比（東京＝100）					
		ニューヨーク	ロンドン	パリ	ジュネーブ	ハンブルグ	シンガポール	ニューヨーク	ロンドン	パリ	ジュネーブ	ハンブルグ	シンガポール
2002年	390	213	243	202	414	—	150	55	62	52	106	—	39
2003年	379	240	248	223	420	—	162	63	65	59	111	—	43
2004年	377	204	257	297	553	—	196	54	68	79	147	—	52
2005年	398	248	265	294	560	—	253	62	67	74	141	—	63
2006年	386	295	332	279	596	—	265	76	86	72	155	—	69

(2) 豚肉（肩肉：100 g）

調査年次	東京	換算価格（円）						価格比（東京＝100）					
		ニューヨーク	ロンドン	パリ	ジュネーブ	ハンブルグ	シンガポール	ニューヨーク	ロンドン	パリ	ジュネーブ	ハンブルグ	シンガポール
2002年	160	111	125	82	201	—	69	70	78	52	126	—	43
2003年	160	117	126	86	248	—	63	73	78	53	155	—	40
2004年	155	122	135	125	326	—	78	79	87	80	210	—	50
2005年	157	131	119	128	363	—	89	83	75	82	231	—	57
2006年	159	144	112	142	296	—	98	90	71	89	186	—	62

(3) 鶏肉（胸肉：100 g）

調査年次	東京	換算価格（円）						価格比（東京＝100）					
		ニューヨーク	ロンドン	パリ	ジュネーブ	ハンブルグ	シンガポール	ニューヨーク	ロンドン	パリ	ジュネーブ	ハンブルグ	シンガポール
2002年	97	96	200	130	234	—	90	99	206	134	241	—	90
2003年	99	110	224	134	256	—	65	111	226	136	259	—	65
2004年	98	98	230	199	333	—	68	100	235	203	340	—	69
2005年	119	116	190	239	351	—	73	97	159	201	295	—	61
2006年	121	141	261	220	292	—	73	116	216	181	241	—	61

(4) 牛乳（1000 mL）

調査年次	東京	換算価格（円）						価格比（東京＝100）					
		ニューヨーク	ロンドン	パリ	ジュネーブ	ハンブルグ	シンガポール	ニューヨーク	ロンドン	パリ	ジュネーブ	ハンブルグ	シンガポール
2002年	193	176	96	138	130	—	221	91	50	71	67	—	114
2003年	185	146	96	147	127	—	160	79	52	79	69	—	86
2004年	184	141	102	139	145	—	164	76	55	75	79	—	89
2005年	182	164	115	146	135	—	189	90	63	80	74	—	104
2006年	182	173	142	175	128	—	212	95	78	96	70	—	116

(5) 鶏卵（2002～2003年：1 kg, 2004～2006年：L サイズ10個入り）

調査年次	東京	換算価格（円）						価格比（東京＝100）					
		ニューヨーク	ロンドン	パリ	ジュネーブ	ハンブルグ	シンガポール	ニューヨーク	ロンドン	パリ	ジュネーブ	ハンブルグ	シンガポール
2002年	348	308	487	395	575	—	227	89	140	114	165	—	65
2003年	306	297	391	452	444	—	194	97	128	147	145	—	63
2004年	236	194	292	367	387	—	153	82	124	156	164	—	65
2005年	217	202	318	410	425	—	268	93	146	189	196	—	124
2006年	222	310	309	418	545	—	244	139	139	188	245	—	110

注1：東京の価格は、原則として総務省「小売物価統計」による。ただし「牛肉（ロース）および「牛乳」の価格は農畜産業振興機構、「鶏肉（胸肉）」は農林水産省試算値。海外の価格は日本貿易振興機構調べ。

2：小売価格の国際比較については、各国固有の食習慣の違いなどにより、食料品の品質、規格、販売・消費形態等が異なることなどにより、個別品目および厳密な比較を行うことには困難な面があることに留意する必要がある。

3：本調査は2006年調査をもって終了した。

E9. 農業総産出額の推移

(単位：億円)

区分／年			1980年	1990年	2000年	2005年	2010年	2011年	2012年
	農業総産出額		102,625	114,927	91,295	85,119	81,214	82,463	85,251
耕種	計		69,660	82,952	66,026	59,396	55,127	56,394	58,790
	米		30,781	31,959	23,210	19,469	15,517	18,497	20,286
	野菜		19,037	25,880	21,139	20,327	22,485	21,343	21,896
	果実		6,916	10,451	8,107	7,274	7,497	7,430	7,471
畜産	計		32,187	31,303	24,596	25,057	25,525	25,509	25,880
	乳用牛		8,086	9,055	7,675	7,834	7,725	7,506	7,746
		うち生乳	6,715	7,634	6,822	6,759	6,747	6,579	6,874
	肉用牛		3,705	5,981	4,564	4,730	4,639	4,625	5,033
	豚		8,334	6,314	4,616	4,987	5,291	5,359	5,367
	鶏		9,752	8,622	7,023	6,889	7,352	7,530	7,239
		うち鶏卵	5,748	4,778	4,247	4,346	4,419	4,505	4,204
	養蚕		1,510	466	20	—	—	—	—
	その他畜産物		799	865	699	619	518	489	496
加工農産物			778	673	673	666	562	560	581

資料：農林水産省「生産農業所得統計」

注：養蚕は，表中2005年以降についてその他畜産物に含めている．

E10. 畜産食品生産量の推移

(1) 飲用牛乳等生産量の推移

(単位：千kL, %)

区分／年度			1980年度	1990年度	2000年度	2005年度	2010年度	2011年度	2012年度
飲用牛乳等計			3,980.5	4,974.5	4,565.1	4,262.3	3,717.1	3,659.2	3,547.0
	伸び率		3.1	3.2	−1.7	−3.2	−1.6	−1.6	−1.6
	牛乳		3,232.8	4,274.6	3,923.5	3,792.6	3,048.0	3,085.6	3,047.4
		伸び率	4.9	2.6	1.0	−3.4	−2.2	1.2	−1.2
	加工乳・成分調整牛乳		747.6	699.9	641.6	469.7	669.1	573.5	499.6
		伸び率	−4.2	6.8	−15.7	−1.7	1.0	−14.3	−12.9
乳飲料			622.9	821.6	1,198.2	1,207.4	1,215.4	1,297.2	1,345.3
	伸び率		−4.1	7.8	−6.6	1.9	2.8	6.7	3.7
はっ酵乳			118.3	305.3	684.4	801.8	836.9	896.2	987.8
	伸び率		−0.5	3.6	−5.1	2.5	2.2	7.1	10.3
乳酸菌飲料			138.6	200.7	174.0	172.3	179.8	179.9	162.4
	伸び率		−21.3	−6.5	−1.0	−0.2	−7.4	0.1	−9.7

資料：農林水産省「牛乳乳製品統計」

注：伸び率は対前年

(2) 主要乳製品生産量

(単位：t, %)

区分／年度		1980年度	1990年度	2000年度	2005年度	2010年度	2011年度	2012年度
バター		65,172	74,722	79,929	85,467	70,119	63,071	70,118
	伸び率	－1.7	－7.2	－10.8	6.1	－14.5	－10.1	11.2
脱脂粉乳		127,432	177,062	184,650	189,737	148,786	134,912	141,431
	伸び率	－2.9	－3.5	－6.1	3.9	－12.6	－9.3	4.8
練乳類		75,145	63,618	40,868	40,274	41,749	43,817	41,366
	伸び率	5.9	－3.6	－3.7	－5.7	－4.2	5.0	－5.6
全粉乳		32,704	33,692	17,989	14,523	14,242	13,166	12,307
	伸び率	4.5	1.9	－1.2	－0.9	18.6	－7.6	－6.5
チーズ		66,088	84,058	120,557	123,170	127,029	134,305	132,286
	伸び率	－2.5	0.5	－3.5	3.1	3.3	5.7	－1.5
調整粉乳		64,887	55,719	34,625	31,225	32,015	24,830	24,742
	伸び率	0.6	－8.5	－0.7	－11.5	－10.6	－22.4	－0.4
クリーム		－	44,718	79,961	92,053	107,984	114,211	112,897
	伸び率	－	7.0	10.4	0.9	4.2	5.8	－1.2
アイスクリーム（千kL）		97.1	145.2	98.4	119.8	131.9	139.4	138.7
	伸び率	－4.6	1.6	－15.4	6.4	3.3	5.7	－0.5

資料：農林水産省「牛乳乳製品統計」

注：伸び率は対前年

(3) 食肉加工食品生産量の推移

(単位：t, %)

区分／年度		1980年度	1990年度	2000年度	2005年度	2010年度	2011年度	2012年度
ハム	ロースハム	51,848	84,722	87,436	80,870	80,962	83,354	82,880
	ボンレスハム	20,719	22,271	18,784	12,778	8,155	7,882	7,718
	プレスハム	101,523	54,762	25,423	29,126	27,056	26,809	27,401
	その他	8,857	16,354	17,468	15,755	14,295	15,673	17,000
	計	182,947	178,109	149,112	138,529	130,468	133,718	134,998
ベーコン		38,262	69,273	77,613	76,998	80,825	85,600	86,052
ソーセージ		181,391	275,865	292,462	278,839	293,457	298,238	301,052
合計		402,600	523,247	519,188	494,365	504,750	517,555	522,102
	対前年比	100.1	96.9	98.9	98.5	100.0	102.5	100.9

資料：(社)日本食肉協議会「食肉加工品等流通調査」

注1：その他のハムは、骨付きハム、ラックスハム、ベリーハム、ショルダーハム、その他のハム類である．

2：表中の2000年度までは農林水産省生産局調べ

E11. 畜産関係予算の概要（平成26年度に実施している主な予算）

(1) 経営安定対策
- 酪農　　　「加工原料乳生産者補給金制度」（所要額：311億円）
　　　　　　　（加工原料乳に新たにチーズ向け生乳を含めて補給金の対象にする）
　　　　　　「加工原料乳生産者経営安定対策事業」
　　　　　　「国産乳製品供給安定対策事業」（チーズ向け生乳供給安定対策事業から分離）（予算額：6億円）
　　　　　　「持続的酪農経営支援事業」（予算額：62億円）
- 肉用牛繁殖　「肉用子牛生産者補給金制度」（所要額：213億円）
　　　　　　「肉用牛繁殖経営支援事業」（所要額：159億円）
- 肉用牛肥育　「肉用牛肥育経営安定特別対策事業（新マルキン事業）」（所要額：869億円）
- 豚　　　　「養豚経営安定対策事業」（所要額：100億円）
- 採卵鶏　　「鶏卵生産者経営安定対策事業」（予算額：52億円）

(2) 畜産振興対策
- 「高収益型畜産体制構築事業」【新規】（予算額：0.7億円）
- 「畜産収益力向上緊急支援リース事業」（25年度補正予算額：70億円）
- 「多様な畜産・酪農推進事業」（予算額：6億円）
- 「国産牛乳乳製品需要・消費拡大対策」（予算額：9億円）

(3) 飼料対策
- 「飼料穀物備蓄対策事業」（予算額：16億円）
- 「飼料増産総合対策事業」（予算額：14億円）
- 「配合飼料価格安定制度の異常補塡基金への積増し」（25年度補正予算額：100億円）
- 「配合飼料価格高騰対応業務出資金」（25年度補正予算額：10億円）

(4) 畜産物価格関連対策
- 「酪農生産基盤維持緊急支援事業」【新規】（予算額：10億円）
- 「加工原料乳供給安定緊急特別対策事業」【新規：1年限り】（予算額：4億円）
- 「酪農経営安定対策補完事業」【拡充】（予算額：13億円）
- 「肉用牛経営安定対策補完事業」【拡充】（予算額：34億円）
- 「食肉流通改善合理化支援事業」【拡充】（予算額：33億円）
- 「養豚経営安定対策補完事業」【新規】（予算額：1億円）
- 「畜産特別資金融通事業」（融資枠：500億円）
- 「畜産動産担保融資活用推進事業」【新規】（予算額：0.46億円）
- 「国産畜産物安心確保等支援事業」【拡充】（予算額：5億円）
- 「飼料自給力強化支援事業」（24年度補正予算で措置した事業の実施期間延長・抜本見直し：127億円）
- 「生乳需要基盤強化対策事業」（24年度補正予算で措置した事業の実施期間延長・運用改善：14億円）

(5) その他の対策
- 「強い農業づくり交付金」（予算額：234億円の内数，25年度補正予算額：111億円の内数）
- 「産地活性化総合対策事業」（予算額：29億円）
- 「農業農村整備事業（公共）」（予算額：2,689億円の内数）
- 「農山漁村地域整備交付金（公共）」（予算額：1,122億円の内数）

索 引

【あ行】

REML法 48
RNA 39
IFN（インターフェロン） 345
IFN τ（インターフェロンτ） 101
愛玩動物 603
愛玩動物用飼料 603
愛がん動物用飼料の安全性の確保に関する法律 603
Ig（免疫グロブリン） 350, 472
IgE 351
IgA 351
IGF-1（インスリン様増殖因子-1） 148
IgM 351
IgG 351, 525
IgD 351
IgY 533
アイスクリーム 484
アイノウイルス感染症 361, 449
青刈作物 185
青刈飼料 199
青耳病 438
赤カビ病原 458
アカクローバ 192
褐毛和種 17
アカバネ病 360, 449
アカリンダニ症 373, 466
アグー 25
悪臭 548
悪臭防止法 548, 631
悪性カタル熱 360, 430
アクチビン 84, 87
アクチン 492
亜酸化窒素 547

味 499
アスコスフェラ症 452
アスペルギルス症 453
圧ぺんフレーク処理 180
アドレナリン 140
アナプラズマ病 363, 421
Anammox反応 575
アニサキス症 467
アニマルウェルフェア 337
アニマルモデル 48
アバディーンアンガス 19
アヒル 37, 277, 308
あひるウイルス性腸炎 431
あひる肝炎 371, 434
アブ 555
油かす類 177
アフラトキシン 457
アブラヤシ 310
アフリカ馬疫 366, 434
アフリカ豚コレラ 368, 429
アミノ酸 214
アミノ酸有効率 244
アミノ酸要求量 244
アメニティ機能 288
アメリカ腐蛆病 402
アラキドン酸 531
アラブ 21
アルドステロン 144
アルパカ 37
α-ラクトアルブミン 472
アルファルファ 191
アレルギー 351
アレルギー性気管支肺アスペルギルス症 454
アレルゲン 472, 518
アレンの規則 320

アロマターゼ	70
アンゴラ	27, 34
アンジオテンシン	144
アンジオテンシン変換酵素	525
アンセリン	529
アンチコドン	40
アンドロジェン	76, 83, 88
アンドロステンジオン	83
アナフィラキシー反応	351
アンモニア処理	209
EFSA(欧州食品安全機関)	3
eCG(ウマ絨毛性性腺刺激ホルモン)	85, 89
イエダニ類	468
胃潰瘍	385
育種	13, 39
育種価	45, 48
育種目標	47, 50
育雛	274
育成馬	258
萎縮性鼻炎	369, 417
異常肉	494
移送	374
イタリアンライグラス	189
一塩基多型	41
一塩基多型マーカー	63
Ⅰ型過敏症	351
一次リンパ器官	347
5つの自由	335
遺伝共分散	47
遺伝子型	42
遺伝子型値	45
遺伝子組換え	120
遺伝子組換え飼料	395
遺伝子診断	64
遺伝子導入	124
遺伝性疾患	43
遺伝相関	47
遺伝的改良量	48
遺伝的能力評価	51
遺伝的パラメーター	48

遺伝病	379
遺伝分散	47
遺伝率	47
イヌリン	143
イネホールクロップサイレージ	187
イバラキ病	361, 435
医薬品，医療機器等の品質，有効性及び安全性の確保等に関する法律（薬機法）	598
医療機器	598
In Egg汚染	515
陰茎	74
インスリン	139
インスリン様増殖因子-1	148
インターフェロン	345
インターフェロンτ	101
インターブル	52
イントロン	40
インヒビン	84, 87, 92
インプリンティング	41
VEGF(血管内皮細胞増殖因子)	148
V-スコア	208
ウエイストレージ	562
ウエストナイル感染症	439
ウェットフィーディング	184
ウォルフ管	70
ウサギ	34
兎ウイルス性出血病	373, 436
兎粘液腫	373, 429
ウシ	13, 17, 305
牛RSウイルス感染症	361
牛アデノウイルス症	432
牛ウイルス性下痢・粘膜病	361, 440
牛枝肉取引規格	496
牛海綿状脳症	364, 400, 426, 634
牛海綿状脳症対策特別措置法	595
牛カンピロバクター症	362, 418
牛丘疹性口炎	361, 427
牛クローディン16欠損症	381
牛13因子欠損症	380
牛大腸菌症	409

牛短脊椎症	382	栄養外胚葉	101
牛チェディアック・東症候群	381	栄養障害	395
牛伝染性鼻気管炎	361, 430	栄養生長	192
牛乳頭腫	432	AM-PM法	95
牛の個体識別のための情報の管理及び伝達に関する特別措置法	496, 605	ACE(アンジオテンシン変換酵素)阻害活性	525
牛肺疫	424	ACTH(副腎皮質刺激ホルモン)	138
牛肺虫症	364	エージング	483
牛バエ幼虫症	364, 466	AW(アニマルウェルフェア)	337
牛白血病	361, 446	ADCC(抗体依存性細胞傷害)	348
牛白血球粘着性欠如症	382	ATP	230
牛バンド3欠損症	380	APC(抗原提示細胞)	349
牛複合脊椎形成不全症	381	液状堆肥化	561
牛ブルータング様疾患	435	エキソン	40
牛ヘモフィルス・ソムナス感染症	363	液肥	550
牛ヘルペスウイルス1型感染症	430	液卵	523
牛モリブデン補酵素欠損症	381	エクイリン	86
牛流行熱	361, 445	エクイレニン	86
ウズラ	33, 277	エクストルーダー処理	180
ウマ	14, 19	エコフィード	268, 394, 626
馬喉嚢真菌症	453	SRY遺伝子	69
馬インフルエンザ	366, 442	SE(*Salmonella enteritidis*)菌	515
馬ウイルス性動脈炎	366, 447	SS(懸濁物質)	552
ウマ絨毛性性腺刺激ホルモン	85	SNP(一塩基多型)	41, 67
馬伝染性貧血	366	SNPマーカー	63
馬伝染性子宮炎	367, 417	*SOX9*遺伝子	69
馬伝染性貧血	446	エストラジオール	82
ウマバベシア病	463	エストリオール	86
馬パラチフス	367, 411	エストロジェン	82, 88, 90, 92
馬ヒストプラズマ症	453	エストロン	82
馬鼻肺炎	366, 447	エストロンサルフェート	104
馬モルビリウイルス肺炎	366, 443	SPF	265, 388
ウリジル酸合成酵素欠損症	382	SBO	426
		枝肉	495
衛生管理ガイドライン	543	枝肉形質	54
HAP法	575	エナメル革	538
HGF	147	エネルギー代謝	230
hCG(ヒト絨毛性性腺刺激ホルモン)	85, 89	エピジェネティクス	79
HTST法(高温短時間殺菌法)	479	エピジェネティック	41
HTLT法(高温保持殺菌法)	479	FSH(卵胞刺激ホルモン)	80, 87, 89
HPA軸	316		

FMMO（連邦生乳マーケッティングオーダー制度）	615	汚水処理	552, 574
FGF（線維芽細胞増殖因子）	148	オゾン	551
Fc フラグメント	351	オナガドリ	32
エボラ出血熱	448	オピオイド様ペプチド	526
mRNA	39	ω-3 脂肪酸	531
MHC（主要組織適合遺伝子複合体）分子	349	オリゴ糖類	216
MACE 法	52	オルフ	428
MAP 法	576	On Egg 汚染	515
MSTN（ミオスタチン）	148	温室効果ガス	547
MS（マイクロサテライト）マーカー	63		
エラスチン	529		

【か行】

LH（黄体形成ホルモン）	80	カード	488
LH サージ	81	海外悪性伝染病	373
LL 牛乳（ロングライフ牛乳）	478	疥癬	365
エルシニア症	411	疥癬ダニ	468
エルシニア食中毒	412	害虫	555
LTLT 法（低温保持殺菌法）	479	介入価格	617
遠位尿細管	144	カウトレーナー	569
炎症	346	香り	499
塩漬	503	化学的酸素要求量（COD）	552
エンドファイト	396	家禽コレラ	371, 415
エンバク	186	家禽サルモネラ感染症	371, 411
		核	130
オウシマダニ	555	顎口虫症	467
欧州食品安全機関	3	格付	496
黄癬症	456	獲得免疫	347
黄体	76, 93	加工型	2
黄体形成ホルモン	80	加工原料乳生産者補給金等暫定措置法	587
嘔吐下痢症	436	加工乳	478
オウム病	419	可消化粗タンパク質	243
オーエスキー病	368, 430	可消化養分総量	232, 240
オオシャモ	32	過剰排卵誘起	115
O/W（水中油滴）型エマルジョン	484, 521	下垂体	137
オーチャードグラス	189	下垂体門脈	80
オーバーラン	484	カゼイン	471
オオムギ	187	カゼインホスホペプチド（CPP）	526
オールイン・オールアウト方式	572	カゼインミセル	471
尾かじり	326	型押し革	538
オキシトシン	80, 138	家畜	1, 601
オクラトキシン	458	家畜化	3, 13

家畜改良増殖法	583	監視伝染病	401
家畜市場	591, 627	間性	71
家畜商	627	感染	353
家畜商法	591	完全混合飼料	212
家畜真菌症	457	感染症	353
家畜伝染病	359, 401, 593	完全生殖周期	92
家畜伝染病予防法	401, 542, 593	乾草	175, 208
家畜登録事業	584	乾燥処理	557
家畜取引法	590	乾燥粉末卵	523
家畜排せつ物の管理の適正化及び利用の促進に関する法律（家畜排せつ物法）	546, 551, 603, 630	患畜	593
		肝蛭症	364, 465
家畜排せつ物法（家畜排せつ物の管理の適正化及び利用の促進に関する法律）	546, 551, 603, 630	乾乳	250
		乾乳期間	162
家畜福祉審議会（FAWC）	335	ガンボロ病	436
家畜防疫体制	632		
ガチョウ	38	疑似患畜	593
割球	100	希釈分節	144
活性汚泥法	550	気腫疽	362, 404
ガット・ウルグアイ・ラウンド	588	キスペプチン	80
カビ毒	396, 457	寄生虫症	465
カリウム	395	季節繁殖動物	92
仮性狂犬病	430	木曽馬	21
仮性結核	412	ギニアグラス	191
仮性皮疽	367, 453	揮発性脂肪酸	215
顆粒球	348	基盤造成	290
顆粒層細胞	88	起泡性	520
カルシウム	526	キャッサバ	310
カルシウムオシレーション	98	キャリア	353
カルシトニン	139	牛疫	360, 442
カルニチン	529	牛群検定	50
カルノシン	529	牛舎	330, 569
換羽	173	急性胃腸炎	436
眼球形成異常症	381	急性鼓脹症	393
環境	318	QTL（量的形質遺伝子座）	44, 64, 67
環境基本法	554	牛痘	427
環境共分散	47	牛肉販売促進・調査研究法	616
環境相関	47	牛乳	478
環境保全機能	287	牛乳殺菌	480
肝細胞増殖因子	147	Q熱	420
カンジダ症	454	牛肺疫	363
間質細胞	83	牛皮	535

共役リノール酸（CLA）	526, 531
狂犬病	444
狂水症	444
強制換羽	173
競走馬	261
供胚畜	111
莢膜細胞	83
ギラン・バレー症候群	418
近位尿細管	143, 144
筋原線維	491
近交係数	44
銀磨り革	538
筋線維	145, 491
筋組織	133
銀付き革	537
筋肉	145
クォーターホース	21
クオータ制度	617
グラステタニー症	393, 395
クラッチ	172
クリープフィーディング	391
クリーム	483
グリコーゲン	216
クリプトコッカス症	455
クリプトスポリジウム症	364, 372, 464
クリミア・コンゴ出血性熱	450
グルカゴン	139
クレアチニン	143
グレインソルガム	177
グレリン	160
クローン	62, 119
黒毛和種	17
クロム鞣し	536
燻煙	504
毛	125
頸管鉗子法	111
鶏舎	331, 572
鶏痘	370, 428
系統造成	57

鶏糞ボイラー	566
鶏卵	165
鶏卵成分	512
ケージ飼い	332
ケーシング	504
毛皮	539
血液	141
血縁係数	44
結核病	362, 406
血管内皮細胞増殖因子	148
結合組織	492
結紮	504
血漿	142
血小板	142, 349
血清アルブミン	473
結着性	506
ゲッチンゲンミニブタ	24
ケトーシス	387
ケトン尿症	387
ゲノミック育種価	53, 65
ゲノミック選抜	65
ゲノムインプリンティング	79
ゲノム評価	53, 65
ケミカルスコア	244
ケモタキシス	346
ゲル化	519
検疫	633
健康機能性	525
減数分裂	68
懸濁物質（SS）	552
顕熱放散	318
現場後代検定	54
顕微授精	119
媾疫	459
好塩基球	349
高温短時間殺菌法	479
高温保持殺菌法	479
公害対策基本法	547
耕起造成法	290
好気的変敗	204

公共牧場	299
抗原	349
抗原提示細胞	349
光合成	193
交雑	58
好酸球	349
恒常性	134, 353
甲状腺	138
甲状腺刺激ホルモン	138
公正競争規約	481
公正マーク	482
酸素解離曲線	140
酵素処理卵	523
酵素分析	220
抗体	350
抗体依存性細胞傷害	348
後代検定	50
好中球	349
口蹄疫	359, 397, 432
公定規格	602
交尾排卵	92
高病原性鳥インフルエンザ	370, 440
抗病性	344
抗利尿ホルモン	138, 144
固液分離機	573
コーデックスガイドライン	544
コーニッシュ	30
小型ピロプラズマ症	392
呼吸器	140
呼吸器系アスペルギルス症	454
コクシジウム症	460
黒死病	412
黒頭病	459
穀類	176
湖沼水質保全特別措置法	631
個体識別	65, 634
個体識別番号	606
鼓脹症	386
骨格	126
骨格筋	128, 490
コドン	39
コラーゲン	493, 529, 535
コリデール	28
Colling	16
ゴルジ体	131
コルチゾール	104
コレステロール	235, 475, 511, 528, 529
混合飼料	212
コントラクター	198
コンプリートフィード	212

【さ行】

SARS（重症急性呼吸器症候群）	446
ザーネン	25
再生可能エネルギー固定価格買取制度	578
サイトカイン	351
採胚	116
栽培ヒエ	187
細胞	130
細胞骨格	131
細胞膜	130
細胞溶解性反応	352
採卵鶏	9, 273
サイレージ	176, 200
サイロ	201
サイロキシン	138
サウスダウン	28
作付体系	197
搾乳	163
さく癖	326
さし	149
サトウキビ	310
サフォーク	28
サラブレッド	21
サルコチスティス病	367
サルコメア	491
サル痘	428
サルモネラ症	362, 409
3Rの原則	342
Ⅲ型過敏症	353
産業動物	607

三元交雑	58, 265	シナプス	135
産後起立不能症	387	シバヤギ	27
産地食肉センター	628	脂肪壊死症	387
山地酪農	301	脂肪肝症	386
三点比較式臭袋法	548	脂肪交雑	54, 149, 490, 492
産卵	171	脂肪酸	215
産卵数	59	脂肪組織	492
		シマウマ	21
シアル酸	532	霜降り	149, 490
GH（成長ホルモン）	137	ジャージー	17
GnRH（性腺刺激ホルモン放出ホルモン）	80, 89	JAS規格（日本農林規格）	507
COD（化学的酸素要求量）	552	JAS法（農林物資の規格化及び品質表示の適正化に関する法律）	503
CG（絨毛性性腺刺激ホルモン）	85	暑熱	253
GTH（性腺刺激ホルモン）	80, 87	暑熱ストレス	164
GPセンター	514	獣医師国家試験	596
ジェスタージェン	84	獣医事審議会	597
シェトランド・ポニー	21	獣医師法	595
シカ	37	獣医療法	597
趾間腐爛	393	雌雄鑑別	43
子宮	75	臭気	548
糸球体ろ過	143	集合管	144
子宮内膜杯	85	重症急性呼吸器症候群	446
始原生殖細胞	69, 77, 123	就巣	173
死後硬直	493	充填	504
支持組織	133	習得的行動	312
脂質	215	周年繁殖動物	92
脂質代謝	233	周年放牧	301
視床下部	79	絨毛性性腺刺激ホルモン	85
雌性前核	99	集約放牧	300
自然乾燥	209	集卵	334
自然排卵	92	宿主寄生体関係	346
自然免疫	344	熟成	494
シチメンチョウ	38, 277	受精	96, 170
実験動物	38	受精卵移植	584
実験動物福祉基準	342	受精卵クローン	62, 119
質的形質	42	主席卵胞	92
疾病	355	種畜検査	584
地鶏	276	出血性敗血症	362, 414
シトリニン	458	受胚畜	111
シトルリン血症	382	授粉昆虫	281

種雄牛	257	食料自給率	619
シュリンク革	538	食感	499
春機発動期	91	食鶏取引規格	498
上位性効果	46	初乳	249
消化	222	自律神経	135
硝化	575	尻つつき	326
消化試験	221	飼料	174, 601
消化率	221	飼料安全法（飼料の安全性の確保及び品質の改善に関する法律）	174, 393, 600, 634
使用規制対象医薬品	600		
小規模移動放牧	300	飼料エネルギー	231
常在微生物叢	346	飼料エネルギー評価法	240
硝酸塩	395	飼料作物	184
脂溶性ビタミン	217, 476	飼料需給安定法	592
常染色体	42, 68	飼料成分	218
消毒	358	飼料添加物	179, 396
小児性コレラ	436	飼料の安全性の確保及び品質の改善に関する法律（飼料安全法）	174, 393, 600, 634
小脳	136		
小反芻獣疫	364, 444	飼料用イネ	187
上皮小体	139	飼料要求率	60
上皮小体ホルモン	139, 144	飼料用米	177, 188, 394
上皮組織	132	シロクローバ	192
飼養標準	239	真菌性気嚢炎	453
小胞子症	457	神経細胞	134
小胞体	131	神経組織	133
賞味期限	516	神経内分泌	79
食作用	346	人工乾燥	209
触診	356	人工湿地	576
食草行動	298	人工授精	95, 105, 379, 584
食中毒	410	人工腟法	108
食鳥処理の事業の規制及び食鳥検査に関する法律	495	侵襲性アスペルギルス症	454
		腎症候性出血熱	451
食道溝反射	136	心臓	142
食肉	489		
食肉卸売市場	628	スイギュウ	36, 306
食肉成分	500	水質汚濁防止法	547, 551, 630
食肉流通	627	膵臓	139
食品衛生法	477	膵ソマトスタチン	139
食品残渣	179	垂直伝播	353
食肉製品分類	504	水田放牧	301
植物タンニン鞣し	536	水土保全機能	292
食物アレルギー	518	水平伝播	353

項目	ページ
膵ペプチド	139
水胞性口炎	360, 368, 445
水溶性ビタミン	218, 476
ズーノーシス	401, 457
スーラ病	459
スエード	538
スクレイピー	365
スターター	486
スタンダードブレッド	21
スタンチョンストール	330
スタンディング	94
ステアハイド	535
ステロイドホルモン	171
ストラウス反応	416
ストレス	374
スプライシング	40
スラリー	550, 561
精液採取	108
性決定遺伝子	69
制限給餌	183
制限付き最尤法	48
性行動	314
生産病	383
精子	76, 77, 96
精漿	96
正常抗体	347
生殖器	73
生殖系列キメラ	123
生殖結節	73
生殖細胞	77
生殖周期	91
生殖生長	192
性ステロイドホルモン	82, 91, 172
性成熟	90
性腺刺激ホルモン	80, 171
性腺刺激ホルモン放出ホルモン	80
性染色体	39, 42, 68
性選別	72
性選別精液	106
精巣	73, 76
精巣下降	71
製造かす類	178
生態系	282
生体恒常性	134, 353
生体防御	344
成長ホルモン	137
生得的行動	312
精肉	495
生乳	477
生乳生産割当制度	617
精嚢腺	74
性判別	117
西部ウマ脳炎	438
生物価	244
生物化学的酸素要求量（BOD）	552
生物多様性	288
生物膜法	575
性分化	69
成分調整牛乳	478
セイヨウミツバチ	35
脊髄	135
赤血球	141
接合菌症	455
摂食行動	316
ZP	97
節早	539
施肥	196
ゼブー	14, 17
セルロース	216
セロトニン	526
線維芽細胞増殖因子	148
繊維成分	219
専業経営	2
潜在性子宮内膜炎	104
潜在精巣	71
染色体	39, 42
先体反応	97
選択的スプライシング	40
蠕虫症	467
セントラルドグマ	39
潜熱放散	318

選抜	47
選抜指数法	48
選抜正確度	48, 62
選抜反応	48
旋毛虫症	467
洗卵	334
前立腺	74
騒音	553
相加的遺伝子型値	46
早期離乳隔離飼育	266
草原	286
桑実胚	100
双翅類	468
草地	286
草地更新	292
草地生態系	283
草地造成	289
相同染色体	42
ソウルウイルス	451
ソーセージ	505
即時型アレルギー	351
粗飼料	175
速筋	493
ソマトトロピン	159
ソルガム	185

【た行】

第一胃炎・肝膿瘍症候群	385
第一胃不全角化症	385
第一次産業	1
体液	137
体温調節	318
体外受精	118
体細胞クローン	62, 119
胎子	102
代謝エネルギー	242
代謝タンパク質システム	244
代謝プロファイルテスト	252
タイストール	330

体性神経	135
大腸菌感染症	408
大脳	136
胎盤	102
胎盤性ラクトージェン	86
胎盤停滞	104
堆肥	550
堆肥化	573
堆肥化処理	558
堆肥成分	560
大ヨークシャー種	22
第四胃変位	385
タイレリア病	463
ダウナー牛症候群	387
多精受精	98
ダチョウ	277
脱臭	550
脱窒	575
多糖類	216
ダニ	555
W/O（油中水滴）型エマルジョン	484, 521
WQプロジェクト	340
ダブルマッスル（Double-muscle）	149, 491
卵	165, 508
卵成分	508
卵豆腐	524
多面的機能	287
単胃動物	222
炭化	567
単球	348
炭水化物	216
炭水化物代謝	232
炭疽	361, 401
単蹄	382
単糖類	216
タンパク質	214
タンパク質代謝	236
タンパク質要求量	244
チーズ	488, 528
チェックオフ制度	616

項目	ページ
遅延型アレルギー	353
遅延型過敏症	353
遅筋	493
畜産	1
畜産副産物	503
畜産物消費量	5
畜産物生産量	2
畜産物の価格安定に関する法律	585
畜舎	328
畜舎環境	323
腟	75
窒素	395
窒素固定	194
チモシー	189
チャーニング	484
着床	102
着床性増殖	84
チュウザン病	360, 434
中心小体	131
中枢神経	135
中性脂肪	215
中毒	395
中ヨークシャー種	24
超高温加熱殺菌	480
腸炭疽	401
腸チフス	410
超臨界	567
チョーク病	373, 452
直接検定	53
直接支払い	617
直腸検査	356, 377
直腸腟法	111
通風乾燥	209
ツツガムシ類	469
つっぱり病	388
繋ぎ飼い式牛舎	330
角	126
ツベルクリン反応	406
ツメダニ類	468
蔓	16, 53

項目	ページ
tRNA	40
Th細胞	347
$DAX-1$遺伝子	69
TSH（甲状腺刺激ホルモン）	138
DNA	39
DNAマーカー	63
DFD	150, 494
TMR（（完全）混合飼料）	212
$Dmrt1$遺伝子	70
T細胞	347
T_3（サイロキシン）	138
TG（トリアシルグリセロール）	473
TDN（可消化養分総量）	232, 240
TPP	12
DPPSP（乳製品価格支持制度）	615
T_4（トリヨードサイロニン）	138
低温保持殺菌法	479
低級脂肪酸	547
定時授精	106
低脂肪牛乳	478
低水分サイレージ	206
低病原性鳥インフルエンザ	441
低病原性ニューカッスル病	443
蹄葉炎	388
適温域	318
テストステロン	83
デタージェント分析	219
デュロック種	23
電解質コルチコイド	140
電気事業者による再生可能エネルギー電気の調達に関する特別措置法	631
展示動物福祉基準	343
伝染性喉頭気管炎	431
伝染性胃腸炎	368
伝染性海綿状脳症	365, 366
伝染性角結膜炎	363
伝染性気管支炎	370
伝染性喉頭気管炎	371
伝染性コリーザ	372
伝染性膿疱性皮膚炎	364, 428
伝染性ファブリキウス嚢病	371, 436

伝染性無乳症	365, 424
伝達性海綿状脳症	426
デンプン	216
デンプン価	241
冬季嘔吐症	436
登記・登録制度	58
凍結精液	108
糖質	216
糖質コルチコイド	140
トウテンコウ	32
東部ウマ脳炎	437
動物愛護管理法(動物の愛護及び管理に関する法律)	342
動物検疫	375, 594
動物質飼料	178
動物の愛護及び管理に関する法律(動物愛護管理法)	342, 606
動物福祉	334
動物由来感染症	401
動物用医薬品	633
透明帯	97
透明帯反応	98
トウモロコシ	177, 185
トウヨウミツバチ	36
トールフェスク	190
トキソプラズマ症	370, 461
特異的抗体	533
毒劇薬	599
特殊肥料	557
特定家畜伝染病防疫指針	593
特定危険部位	503
特定保健用食品	529
特別牛乳	478
特別奨励金	617
床革	538
年あたり遺伝的改良量	61, 66
屠畜奨励金	617
と畜場法	495
届出伝染病	401, 593
トナカイ	37
ドブラバウイルス	451
ドライフィーディング	184
トランスファー RNA	40
トリアシルグリセロール	473, 474
鳥インフルエンザ	370, 441
トリコテセン	458
トリコモナス病	363, 458
鶏肉	495
トリパノソーマ病	363, 367, 459
トリヒナ症	467
トリプトファン	526, 529
トリヨードサイロニン	138
トレーサビリティ	496, 634
豚舎	331, 571

【な行】

内卵胞膜細胞	83, 88
ナイロビ羊病	365, 449
ナチュラルチーズ	488
生草	175
鉛	396
鞣し	536
II型過敏症	352
肉色	499
肉牛	53, 253
肉質等級	497
肉用牛舎	330
肉用子牛生産安定等特別措置法	589
肉用子牛生産者補給金制度	590
肉用鶏	276
二次リンパ器官	347
日長時間	172
ニパウイルス感染症	369, 443
日本在来馬	21
日本在来豚	25
日本短角種	17
日本脳炎	366, 368, 439
日本農林規格	507
乳飲料	479

乳塩基性タンパク質（MBP）	526	ネオスポラ症	363, 462
乳及び乳製品の成分規格等に関する省令（乳等省令）	477	猫ひっかき病	418
		熱帯飼料資源	308
乳化性	521	熱帯畜産	303
ニューカッスル病	370, 442	熱的中性圏	319
乳牛	50, 248	熱分解	567
乳酸菌	486, 527	ネフロン	143
乳酸発酵	202		
乳児嘔吐下痢症	436	脳	135
乳脂肪	155, 473	農業基本法	2, 10
乳清	484	農業総産出額	6
乳清タンパク質	472	農業法	616
乳製品	483	農耕	1, 3
乳製品価格支持制度（DPPSP）	615	濃厚飼料	176
乳成分	154, 470	濃縮乳	484
乳腺	126, 152	農場HACCP認証基準	545
乳タンパク質	154, 470	農畜産業振興機構	587
乳糖	155, 475	農用馬	264
乳等省令（乳及び乳製品の成分規格等に関する省令）	477, 481	ノゼマ病	373, 466
		ノミ	467
乳糖不耐症	487	ノルアドレナリン	140
乳熱	386		

【は行】

ニューハンプシャーレッド	31	ハーディ-ワインベルクの法則	44
乳房	152	胚移植	111, 379
乳房炎	362, 388	バイオガス	562
乳用牛舎	330	バイオテクノロジー	61
ニューロン	134	バイオベッド豚舎	331
尿石症	387	バイオマス活用推進基本法	631
尿色	356	廃棄物の処理及び清掃に関する法律	631
尿道球腺	74	配合計算	182
ニワトリ	14, 29, 58, 273, 308	配合飼料	174, 183
鶏結核病	371, 407	排水基準	547, 551, 574
鶏コクシジウム病	372	排泄物	556
鶏サルモネラ症	371	排泄物成分	556
鶏大腸菌症	372, 408	肺炭疽	401
鶏白血病	371, 447	排尿	144
鶏ブドウ球菌症	372	胚発生	99
鶏マイコプラズマ病	372, 425	胚盤胞	101
妊娠	102	肺ヒストプラズマ症	453
ぬか類	177		

排卵	76, 92, 168	繁殖雌牛奨励金	617
ハウス豚舎	331	繁殖雌馬	262
ハウユニット	60, 165, 515	反芻動物	225
ハエ	555	ハンターンウイルス	451
白癬症	456	ハンタウイルス感染症	450
白体	93	ハンタウイルス肺症候群	451
白ろう病	452	ハンプシャー種	24
HACCP（危害要因分析・必須管理点）	542	伴侶動物福祉基準	343
HACCPシステム	481		
播種	195	PRRS	369
播種性血管内凝固症候群	419	Bウイルス病	432
播種床造成	290	BSE（牛海綿状脳症）	400, 426, 634
破傷風	367, 403	PSE	150, 494
バゾプレッシン	138, 144	PMSG	89
バター	483	肥育牛	256
発芽	192	肥育豚	266
麦角アルカロイド	458	B細胞	347
白筋症	150	PG（プロスタグランジン）	84
バックスキン	538	PCR（ポリメラーゼ連鎖反応）	63
白血球	141	PGE_2	85
発酵TMR	213	BCS（ボディコンディションスコア）	252
発酵床	570	$PGF_{2\alpha}$	85, 90
発酵乳	487, 527	ピータン	523
発情行動	94	PTH（上皮小体ホルモン）	139, 144
発情周期	92	BOD（生物化学的酸素要求量）	552
発情同期化	106, 115	皮革	534
発色剤	507	ヒストプラズマ症	453
馬痘	366, 428	ヒストモナス病	459
放し飼い式牛舎	330	ヒゼンダニ症	365
バヒアグラス	191	鼻疽	366, 415
バベシア病	363, 463	ビタミン	217
ハム	505	ヒツジ	13, 28, 269, 307
パラインフルエンザ	361	羊痘	365, 428
パラチフス	410	必須脂肪酸	215
バリケン	37	蹄	125
バロア病	373, 465	ヒト絨毛性性腺刺激ホルモン	85
パンゴラグラス	190	泌乳	152, 156
繁殖経営	7	泌乳曲線	162
繁殖障害	376	泌乳持続性	162
繁殖豚	267	皮膚	125
繁殖雌牛	254	皮膚糸状菌症	363, 456

皮膚真菌症	456	豚丹毒	369, 404
皮膚炭疽	401	フタトゲチマダニ	392, 555
肥満細胞	349	豚繁殖・呼吸障害症候群	368, 438
表型共分散	47	豚マイコプラズマ肺炎	369
表型選抜	48	豚流行性下痢	369, 446
表型相関	47	不断給餌	183
表型分散	46	不動反応	95
表現型値	45	乳糖不耐症	527
日和見感染	347	歩留等級	496
平飼い	332	部分肉	495
肥料取締法	631	プマラウイルス	451
ピロプラズマ病	363, 367, 463	不明熱	421
品種識別	65	ブラーマン	19
		ブラキアリアグラス	190
フードチェーンアプローチ	542	BLUP	16, 48
フェストロリウム	190	フリーク法	208
不完全生殖周期	92	フリーストール	330
複合型	2	ブリード法	477
複合経営	2	フリーマーチン	71
匐行疹	456	プリオン	365, 426
副資材	561	プリマスロック	30
福祉品質プロジェクト	340	ブルータング	360, 435
副腎皮質	139	ブルセラ病	362, 413
副腎皮質刺激ホルモン	138	ブルトン	21
ふけ肉	150	フレーメン	323
不耕起造成法	290	プレスハム	506
腐熟度	574	ブロイラー	276
腐蛆病	279, 372, 402	プロジェステロン	84, 90
ブタ	14, 22, 55, 264, 307	プロスタグランジン	84
豚インフルエンザ	442	プロセスチーズ	489
豚枝肉取引規格	497	プロタミン	98
豚エンテロウイルス性脳脊髄炎	368, 433	プロテオースペプトン	473
豚胸膜肺炎	369	プロトゾア	228
豚コレラ	368, 438	プロバイオティクス	527
豚尻	150	プロポリス	278
豚水疱疹	369, 436	プロモーター配列	40
豚水胞病	368, 433	プロラクチン	80
豚ストレス症候群	382	粉乳	485
豚生殖器・呼吸器症候群	438	分娩	104
豚赤痢	369, 422	分娩性低カルシウム血症	386
豚大腸菌症	408	分娩誘起	104

平均効果	45	ホエイ	484
ヘイレージ	206	保健休養機能	288
Bakewell	15	ポジティブリスト制度	478
ベーコン	505	母子免疫	351
βアゴニスト	149	保水性	506
β-ガラクトシダーゼ	527	母性行動	315
β作動薬	149	補体	345
β-ラクトグロブリン	472	ボディコンディションスコア	252, 263
へこへこ病	369	ポニー	20
ペスト	412	ホメオスタシス	134, 353
ヘテロ	42	ホメオレシス	158
ヘテロ乳酸発酵	486	ホモ	42
ベネズエラウマ脳炎	438	ホモ乳酸発酵	486
ヘミセルロース	217	ポリメラーゼ連鎖反応	63
ベルクマンの規則	320	ホルスタイン	17
ペルシュロン	21	ホルモン	137
ヘルパーT細胞	347	ホロホロチョウ	38, 277
ペレット加工	181	本節	539

【ま行】

ペレニアルライグラス	190	マールブルグ病	448
ヘレフォード	19	マイクロサテライトマーカー	63
ベロア	538	マイコトキシン中毒	453, 457
変異型クロイツフェルト・ヤコブ病	426	マイロ	177
ヘンドラウイルス感染症	443	マウンティング	94
ヘンレ係蹄	144	マエディ・ビスナ	365, 447
		マクロファージ	348
ボア	26	マダニ類	468
ポアオン	555	末梢神経	135
防疫	357	マメ科牧草	393
蜂群崩壊症候群	278	マヨネーズ	524
放射性物質	400	マレック病	370, 431
法定伝染病	401	マンソン裂頭条虫症	467
放牧依存度	295		
放牧型	2	ミオクローヌス	426
放牧強度	295	ミオグロビン	492, 499
放牧行動	298	ミオシン	491
放牧施設	297	ミオスタチン	148, 491
放牧馴地	296	ミクロスポルム症	457
放牧草地	293	水	214
放牧病	389		
放牧密度	296		
放卵	169		

ミツバチ	35, 278	野兎病	365, 412
ミトコンドリア	130	UHT法(超高温加熱殺菌)	480
ミニブタ	24, 68	UASB法	576
ミネラル	217	誘起泌乳	160
ミューラー管	70	有鉤条虫症	466
ミルカー	333	優性	42
ミルキングパーラー	333	有性生殖	68
ミンク	540	雄性前核	99
		遊牧	3
無角和種	17	遊牧型	2
無菌充填機	480	油脂	235
無鉤条虫症	466	輸出補助金	617, 617
ムコール症	455	輸送ストレス	327
無脂肪牛乳	478	輸送熱	361, 432
無性生殖	68	ゆで卵	524
むれ肉	150		
		養鶏振興法	585
梅山豚	24	要指示医薬品	600
メタン	547	養蜂振興法	607
メタン生成	577	羊毛法	616
メタン発酵	563, 576	ヨーネ病	362, 407
メッセンジャーRNA	39	ヨーロッパ腐蛆病	402
メラトニン	321, 526	Ⅳ型過敏症	353
メリノ	28		
免疫グロブリン	350, 472	**【ら行】**	
免疫担当細胞	347		
免疫複合体反応	353	ライディッヒ細胞	83
メンデル遺伝	42	ライフサイクル	92
		ライムギ	187
MOET法	62	ライム病	423
		卵殻	169
【や行】		酪酸菌	489
		酪酸発酵	202
ヤギ	13, 25, 269, 307	ラクダ	37
山羊関節炎・脳脊髄炎	365, 447	ラクトース	475
山羊伝染性胸膜肺炎	365, 425	ラクトフェリン	473, 525
山羊痘	365, 428	酪農及び肉用牛生産の振興に関する法律	581
ヤク	37	酪農振興法	581
薬事・食品衛生審議会	598	酪農生産安定法	616
野草地	302	ラッサ熱	447
薬機法	598, 633		

ラテブラ	510
ラマ	37
ラムスキン	535
卵黄	165, 166, 509
卵黄係数	516
卵黄遮断	98
卵黄タンパク質	510
卵管	75, 168
卵子	78, 167
卵巣	74, 76, 166
ランドレース種	23
卵白	165, 169, 509
ランピースキン病	360, 429
ランビエの絞輪	134
卵胞	76, 78, 166
卵胞刺激ホルモン	80
卵胞波	92
卵胞閉鎖	168
リキッドフィーディング	184
リグニン	217
リスクコミュニケーション	635
リステリア症	363, 405
リソソーム	131
リゾチーム	345, 531
リフトバレー熱	364, 452
リボソーム	40, 131
流行性脳炎	366, 368
流行性羊流産	365, 420
流産	103, 378
量的形質	42
量的形質遺伝子座	44, 64
リラキシン	84
リン脂質	235
輪癬症	456
リンパ	143
リンパ球	347
リンパ節炎	453
類鼻疽	367, 416
ルーメンアシドーシス	385
ルーメン細菌	228
ルーメン真菌	229
ルーメンパラケラトーシス	385
ルーメン微生物	227
レグホーン	29
レザーマーク	541
レシチン	532
劣性	42
レニン	144
レニン-アンジオテンシン-アルドステロン系	144
レプチン	160
レプトスピラ症	362, 422
レンダリング	503
連邦生乳マーケティングオーダー制度 (FMMO)	615
ロイコチトゾーン病	372, 464
ローズグラス	191
ローストビーフ	506
ロードアイランドレッド	31
ロタウイルス下痢症	436
ロタウイルス病	435
ロバ	20
ロボット病	388
ロングライフ牛乳	478

【わ行】

ワーナー・ブラッラー剪断力価	499
和牛	17, 53
ワクチン	358
ワシントン条約	536
わら	176
ワラビ	396

NDC 640	767 p	21cm	

最新 畜産ハンドブック

2014年7月10日　第1刷発行
2023年5月22日　第6刷発行

編　者　扇元敬司・韮澤圭二郎・桑原正貴・寺田文典・
　　　　中井　裕・杉浦勝明

発行者　髙橋明男

発行所　株式会社　講談社　　KODANSHA
　　　　〒112-8001　東京都文京区音羽2-12-21
　　　　　　販　売　(03) 5395-4415
　　　　　　業　務　(03) 5395-3615

編　集　株式会社　講談社サイエンティフィク
　　　　代表　堀越俊一
　　　　〒162-0825　東京都新宿区神楽坂2-14　ノービィビル
　　　　　　編　集　(03) 3235-3701

印刷所　株式会社双文社印刷
製本所　大口製本印刷株式会社

落丁本・乱丁本は，購入書店名を明記のうえ，講談社業務宛にお送り下さい．送料小社負担にてお取替えします．なお，この本の内容についてのお問い合わせは講談社サイエンティフィク宛にお願いいたします．定価はカバーに表示してあります．

© K. Ogimoto, K. Nirasawa, M. Kuwahara, F. Terada, Y. Nakai and K. Sugiura, 2014

本書のコピー，スキャン，デジタル化等の無断複製は著作権法上での例外を除き禁じられています．本書を代行業者等の第三者に依頼してスキャンやデジタル化することはたとえ個人や家庭内の利用でも著作権法違反です．

JCOPY 〈(社)出版者著作権管理機構　委託出版物〉
複写される場合は，その都度事前に(社)出版者著作権管理機構(電話 03-5244-5088, FAX 03-5244-5089, e-mail : info@jcopy.or.jp)の許諾を得て下さい．

Printed in Japan

ISBN 978-4-06-153739-2